Normen-Handbuch

Elektrotechniker-Handwerk

ZVEH

Normen-Handbuch

Elektrotechniker-Handwerk

DIN-Normen
und technische Regeln
für die Elektroinstallation

4., aktualisierte Auflage 2011

Stand der abgedruckten Normen: November 2010

Herausgeber:

DIN Deutsches Institut für Normung e. V.

Herausgeber: DIN Deutsches Institut für Normung e. V.

© 2011 Beuth Verlag GmbH
Berlin · Wien · Zürich
Burggrafenstraße 6
10787 Berlin

Telefon: +49 30 2601-0
Telefax: +49 30 2601-1260
Internet: www.beuth.de
E-Mail: info@beuth.de

Satz: B & B Fachübersetzergesellschaft mbH, Berlin
Druck: Mercedes-Druck, Berlin
Gedruckt auf säurefreiem, alterungsbeständigem Papier nach DIN EN ISO 9706

ISBN 978-3-410-21264-5

Inhalt

Hinweis zur Handwerksordnung

Als „zulassungspflichtiges Handwerkgewerbe“ verbleibt auch in der Neufassung der am 1. 1. 2004 in Kraft getretenen Handwerksordnung das Elektrotechniker-Handwerk.

Angepasst an die technische Entwicklung stehen diesem Berufszweig mit unterschiedlichen Geschäftsfeldern seit 1. 8. 2003 folgende neue attraktive Ausbildungsberufe offen:

der Lehrberuf Elektroniker/-in
- Fachrichtung Energie- und Gebäudetechnik
- Fachrichtung Automatisierungstechnik
- Fachrichtung Informations- und Telekommunikationstechnik

der Monoberuf Systemelektroniker/-in

Vorwort des ZVEH

Die Kenntnis einschlägiger DIN-Normen als anerkannte Regeln der Technik ist im „gefahrgeneigten" Elektrotechniker-Handwerk von zentraler Bedeutung. Deshalb wurde vom DIN Deutsches Institut für Normung e. V. in Zusammenarbeit mit dem Zentralverband der Deutschen Elektro- und Informationstechnischen Handwerke dieses neue Praxishandbuch mit einer Sammlung berufsbezogener Normen aus dem Bereich Elektroinstallation erstellt. Damit steht dem elektrohandwerklichen Unternehmer und seinen Mitarbeitern eine Arbeitsunterlage zur Verfügung, die die Planung und Ausführung elektrischer Anlagen erleichtert und gleichzeitig den Elektrotechnikerbetrieb wettbewerbsfähiger macht.

Gewiss lassen sich in diesem Normen-Handbuch nicht alle Spezialgebiete erfassen. Der ZVEH ist jedoch davon überzeugt, mit dieser Normenauswahl ein Nachschlagewerk und Fundstellenverzeichnis zur Förderung der beruflichen Fachkompetenz der angeschlossenen Mitgliedsbetriebe geschaffen zu haben.

Das Praxishandbuch ist in vier Sachgebiete gegliedert:

1. Elektroinstallationstechnik
2. Bautechnik · Wärmetechnik
3. Dokumentation · Sicherheitskennzeichen · Symbole · Schutzeinrichtungen
4. Technische Vertragsbedingungen · Prüfprotokolle, Formulare

Mehrere Tabellen und Übersichten weiterer Normen und technischer Vorschriften vervollständigen dieses Praxishandbuch. Ein Stichwortverzeichnis am Schluss des Buches erschließt die abgedruckten Normen vom Inhalt her.

Das vorliegende Buch ist zusammen mit der „VDE-Auswahlreihe für das Elektrotechniker-Handwerk" – erschienen im VDE-Verlag – Bestandteil der Richtlinie des Bundes-Installateurausschusses „Werkstattausrüstung von Betrieben des Elektrotechniker-Handwerks". Beide Publikationen sind in den Vorbereitungskursen auf die Meisterprüfung und bei der Ablegung der Meisterprüfung anerkannte Hilfsmittel.

Allen Mitarbeitern, die an dem Zustandekommen dieses Buches mitgewirkt haben, sei an dieser Stelle gedankt.

Walter Tschischka

Präsident Zentralverband der Deutschen Elektro- und Informationstechnischen Handwerke (ZVEH)

Hinweise für den Anwender von DIN-Normen

Was sind DIN-Normen?

Das DIN Deutsches Institut für Normung e. V. erarbeitet Normen und Standards als Dienstleistung für Wirtschaft, Staat und Gesellschaft. Die Hauptaufgabe des DIN besteht darin, gemeinsam mit Vertretern der interessierten Kreise konsensbasierte Normen markt- und zeitgerecht zu erarbeiten. Hierfür bringen rund 26 000 Experten ihr Fachwissen in die Normungsarbeit ein. Aufgrund eines Vertrages mit der Bundesregierung ist das DIN als die nationale Normungsorganisation und als Vertreter deutscher Interessen in den europäischen und internationalen Normungsorganisationen anerkannt. Heute ist die Normungsarbeit des DIN zu fast 90 Prozent international ausgerichtet.

DIN-Normen können nationale Normen, Europäische Normen oder Internationale Normen sein. Welchen Ursprung und damit welchen Wirkungsbereich eine DIN-Norm hat, ist aus deren Bezeichnung zu ersehen:

DIN (plus Zählnummer, z. B. DIN 4701)

Hier handelt es sich um eine nationale Norm, die ausschließlich oder überwiegend nationale Bedeutung hat oder als Vorstufe zu einem internationalen Dokument veröffentlicht wird (Entwürfe zu DIN-Normen werden zusätzlich mit einem „E“ gekennzeichnet, Vornormen mit einem „SPEC“). Die Zählnummer hat keine klassifizierende Bedeutung.

Bei nationalen Normen mit Sicherheitsfestlegungen aus dem Bereich der Elektrotechnik ist neben der Zählnummer des Dokumentes auch die VDE-Klassifikation angegeben (z. B. DIN VDE 0100).

DIN EN (plus Zählnummer, z. B. DIN EN 71)

Hier handelt es sich um die deutsche Ausgabe einer Europäischen Norm, die unverändert von allen Mitgliedern der europäischen Normungsorganisationen CEN/CENELEC/ETSI übernommen wurde.

Bei Europäischen Normen der Elektrotechnik ist der Ursprung der Norm aus der Zählnummer ersichtlich: von CENELEC erarbeitete Normen haben Zählnummern zwischen 50000 und 59999, von CENELEC übernommene Normen, die in der IEC erarbeitet wurden, haben Zählnummern zwischen 60000 und 69999, Europäische Normen des ETSI haben Zählnummern im Bereich 300000.

DIN EN ISO (plus Zählnummer, z. B. DIN EN ISO 306)

Hier handelt es sich um die deutsche Ausgabe einer Europäischen Norm, die mit einer Internationalen Norm identisch ist und die unverändert von allen Mitgliedern der europäischen Normungsorganisationen CEN/CENELEC/ETSI übernommen wurde.

DIN ISO, DIN IEC oder DIN ISO/IEC (plus Zählnummer, z. B. DIN ISO 720)

Hier handelt es sich um die unveränderte Übernahme einer Internationalen Norm in das Deutsche Normenwerk.

Weitere Ergebnisse der Normungsarbeit können sein:

DIN SPEC (Vornorm) (plus Zählnummer, z. B. DIN SPEC 1201)

Hier handelt es sich um das Ergebnis einer Normungsarbeit, das wegen bestimmter Vorbehalte zum Inhalt oder wegen des gegenüber einer Norm abweichenden Aufstellungsverfahrens vom DIN nicht als Norm herausgegeben wird. An DIN SPEC (Vornorm) knüpft sich die Erwartung, dass sie zum geeigneten Zeitpunkt und ggf. nach notwendigen Veränderungen nach dem üblichen Verfahren in eine Norm überführt oder ersatzlos zurückgezogen werden.

Beiblatt: DIN (plus Zählnummer) Beiblatt (plus Zählnummer), z. B. DIN 2137-6 Beiblatt 1

Beiblätter enthalten nur Informationen zu einer DIN-Norm (Erläuterungen, Beispiele, Anmerkungen, Anwendungshilfsmittel u. Ä.), jedoch keine über die Bezugsnorm hinausgehenden genormten Festlegungen. Sie werden nicht mit „Deutsche Norm" überschrieben. Das Wort Beiblatt mit Zählnummer erscheint zusätzlich im Nummernfeld zu der Nummer der Bezugsnorm.

Die in den Verzeichnissen in Verbindung mit einer DIN-Nummer verwendeten Abkürzungen bedeuten:

E	Entwurf
Bbl	Beiblatt
V	Vornorm
A	Änderung
Gek	Gekürzt
EN	Europäische Norm (EN), deren Deutsche Fassung den Status einer Deutschen Norm erhalten hat
ISO	Deutsche Norm, in die eine Internationale Norm der ISO unverändert übernommen wurde
IEC	Deutsche Norm, in die eine Norm der IEC unverändert übernommen wurde
VDE	Normen, die gleichzeitig VDE-Bestimmungen bzw. VDE-Richtlinien sind, wurden ab Januar 1985 mit einer Benummerung versehen, die aus den Verbandszeichen DIN und der VDE-Nummer besteht. Alle Zitierungen von bestehenden Normen wurden auf die neue Benummerung umgestellt.
BDEW	Bundesverband der Energie- und Wasserwirtschaft
AGI	Arbeitsgemeinschaft Industriebau e. V.
DVGW	Deutscher Verein des Gas- und Wasserfaches e. V.
EU/EWG RL	Richtlinien der Europäischen Gemeinschaften/Union
FTZ	Deutsche Tele[illegible], Zentrale; früher: Forschungs- und Technologiezentrum
RAL	Deutsches Institut für Gütesicherung und Kennzeichnung e. V.
VdS	Verband der Schadenversicherer e. V.
VdTÜV	Vereinigung der Technischen Überwachungs-Vereine e. V.

Verzeichnis abgedruckter Dokumente
(nach Sachgebieten geordnet)

DIN-Nummernverzeichnis

(en): von dieser Norm gibt es auch eine von DIN herausgegebene englische Übersetzung

Sachgebiet 1

Elektroinstallationstechnik

Elektrische Anlagen in Wohngebäuden; Erläuterungen zu RAL-RG 678*)

Neben den von der Bauwirtschaft vorgegebenen Ausschreibungen für elektrische Anlagen in Wohngebäuden – die im Wesentlichen auf DIN 18015-1 (siehe Seite 371 ff.) basieren – ist der Elektrotechniker im Wohnungsbau sowohl beim Neubau als auch bei der Modernisierung überwiegend der alleinige Gesprächspartner des Kunden.

Tabelle 2 von DIN 18015-2 enthält nur **einen** Ausstattungswert und bietet deshalb keine Vergleichsmöglichkeiten.

Auf der Basis eines beim Institut für Bauforschung e.V. (IfB) in Auftrag gegebenen Gutachtens „Elektroinstallation im Wohnungsbau, Anforderungen, Planung und Bewertung" führte die Hauptberatungsstelle für Elektrizitätsanwendung**) eine Sternkennzeichnung mit drei Ausstattungswerten ein und beantragte deren Registrierung beim RAL Deutsches Institut für Gütesicherung und Kennzeichnung e.V., Siegburger Straße 39, 53757 Sankt Augustin.

Im Vorwort der unter der Bezeichnung **RAL-RG 678** „Elektrische Anlagen in Wohngebäuden – Anforderungen", Ausgabe März 2011, vorliegenden RAL-Druckschrift begründet die HEA diese Registrierung wie folgt:

- Eindeutige und rationelle Verständigung der Partner, die zur einfachen Markttransparenz für den Bewohner sowohl auf dem Bau- als auch Immobilien-Sektor führt.
- Akzeptable Lösung des Problems durch Ausstattungswerte für jeden Anwendungszweck.
- Der informierte Bewohner entscheidet seinen Bedürfnissen entsprechend selbst; deswegen können nicht allein wirtschaftliche Interessen den Umfang der Elektroinstallation bestimmen.
- Fortfall erheblich teurerer und vielfach durch Selbsthilfe unfallträchtiger und gefährlicher Nachinstallationen.
- Schutz vor unzureichenden Planungen, die den Wohnwert erheblich beeinträchtigen.

Der Nachweis des Ausstattungsumfangs erfolgt durch Sicht- und Zählkontrolle und ist vom Elektrotechniker im Stromkreisverteiler, auf der Rechnung bzw. auf einem gesonderten Beleg zu bestätigen.

Die auf den Seiten 4 bis 7 abgebildeten drei Ausstattungswerte bestätigen, dass für jeden Anwendungszweck entsprechende Elektroinstallationen angeboten werden.

Da nach DIN 18015 eine unterschiedliche Beurteilung von Elektroinstallationen in Wohngebäuden in der Bundesrepublik Deutschland ausgeschlossen ist, ergibt sich für den Elektrotechniker bei Benutzung der HEA-Tabellen ein erheblicher Rationalisierungseffekt.

Anmerkung:

Siehe auch „ABC der Elektroinstallation", EW Medien und Kongresse GmbH Frankfurt am Main, ISBN 978-3-8022-0969-7.

---

*) Wiedergegeben mit Erlaubnis des RAL Deutsches Institut für Gütesicherung und Kennzeichnung e.V.

**) heute: Fachverband für Energie-Marketing und -Anwendung (HEA) e.V. beim VDEW, Reinhardtstr. 32, 10117 Berlin

Ausstattungwert	**Kennzeichnung**	**Qualität**	**siehe Abschnitt 7**
1	★	Mindestausstattung gemäß DIN 18015-2	Tabelle 1
2	★★	Standardausstattung	Tabelle 2
3	★★★	Komfortausstattung	Tabelle 3
1 ***plus***	★ ***plus***	Mindestausstattung gemäß DIN 18015-2 und Vorbereitung für die Anwendung der Gebäudesystemtechnik gemäß DIN 18015-4	Tabelle 4
2 ***plus***	★★ ***plus***	Standardausstattung und mindestens ein Funktionsbereich gemäß DIN 18015-4	Tabelle 5
3 ***plus***	★★★ ***plus***	Komfortausstattung und mindestens zwei Funktionsbereiche gemäß DIN 18015-4	Tabelle 6

Tabelle 1 Mindestausstattungumfang für den Ausstattungswert 1

Ausstattungswert: **1** — Kennzeichnung: ★

Symbol	Steckdosen, Anschlüsse (Anzahl der Steckdosen, Beleuchtungs- und Kommunikationsanschlüsse)	Küche [a) b)]	Kochnische [b)]	Bad	WC-Raum	Hausarbeitsraum [b)]	Wohnzimmer [a)] bis 20 m^2	Wohnzimmer [a)] über 20 m^2	Esszimmer	je Schlaf-, Kinder-, Gäste-, Arbeitszimmer, Büro [b)] bis 20 m^2	je Schlaf-, Kinder-, Gäste-, Arbeitszimmer, Büro [b)] über 20 m^2	Flur bis 3 m	Flur über 3 m	Freisitz	Abstellraum	Hobbyraum	zur Wohnung gehörender Keller-/Bodenraum, Garage	Keller-/Bodengang je 6 m Ganglänge
	Steckdosen, allgemein	5	3	2[e)]	1	3	4	5	3	4	5	1	1	1	1	3	1	1
	Beleuchtungsanschlüsse	2	1	2	1	1	2	3	1	1	2	1	2[g)]	1	1	1	1	1
	Telefon-/Datenanschluss (IuK)						1		1	1		1						
	Steckdosen für Telefon/Daten						1		1	1		1						
	Radio-/TV-/Datenanschluss (RuK)	1					2		1	1								
	Steckdosen für Radio / TV / Daten	3					6		3	3								
	Kühlgerät, Gefriergerät	2	1															
	Dunstabzug	1																
	Anschluss für Lüfter [c)]			1	1													
	Rollladenantriebe																	
	Besondere Verbrauchsmittel (Anzahl der Anschlüsse für besondere Verbrauchsmittel mit eigenem Stromkreis)																	
	Elektroherd (3x230V)	1																
	Backofen																	
	Dampfgarer																	
	Mikrowellenkochgerät	1																
	Geschirrspülmaschine	1																
	Waschmaschine [f)]	1		1		1											1	
	Wäschetrockner [f)]	1		1		1											1	
	Bügelstation, Dampfbügelstation					1												
	Warmwassergerät [d)]	1		1	1													
	Saunaheizgerät (3x230V)	soweit vorhanden/geplant																
	Whirlpool	soweit vorhanden/geplant																
	Heizgerät [d)]			1														

Stromkreisverteiler, Beleuchtungs- und Steckdosenstromkreise, Hauskommunikationsanlage

Stromkreisverteiler	in Mehrraumwohnungen mindestens vierreihige, in Einraumwohnungen mindestens dreireihige Stromkreisverteiler	
Beleuchtungs-und Steckdosenstromkreise (zusätzlich zu den oben aufgeführten Stromkreisen für besondere Verbrauchsmittel)	**Wohnfläche der Wohnung in m^2**	**Anzahl Stromkreise**
	bis 50	3
	über 50 bis 75	4
	über 75 bis 100	5
	über 100 bis 125	6
	über 125	7
Hauskommunikationsanlage	Klingel oder Gong, Türöffner und Gegensprechanlage	

a) In Räumen mit Essecke ist die Anzahl der Anschlüsse und Steckdosen um jeweils 1 zu erhöhen.
b) Die den Bettplätzen und den Arbeitsflächen von Küchen, Kochnischen und Hausarbeitsräumen zugeordneten Steckdosen sind mindestens als Zweifach-Steckdosen vorzusehen. Sie zählen jedoch in der Tabelle als jeweils nur eine Steckdose.
c) Sofern eine Einzellüftung vorgesehen ist. Bei fensterlosen Bädern oder WC-Räumen ist die Schaltung über die Allgemeinbeleuchtung mit Nachlauf auszuführen.
d) Sofern die Heizung/Warmwasserversorgung nicht auf andere Weise erfolgt.
e) Davon ist eine Steckdose in Kombination mit der Waschtischleuchte zulässig.
f) In einer Wohnung nur jeweils einmal erforderlich.
g) Von mindestens zwei Stellen aus schaltbar.

Tabelle 2 Mindestausstattungumfang für den Ausstattungswert 2

Symbol	Ausstattungswert 2 / Kennzeichnung ★★	Wohnbereich																
		Küche [a) b)]	Kochnische [b)]	Bad	WC-Raum	Hausarbeitsraum [b)]	Wohnzimmer [a)] bis 20 m²	Wohnzimmer [a)] über 20 m²	Esszimmer	je Schlaf-, Kinder-, Gäste-, Arbeitszimmer, Büro [b)] bis 20 m²	je Schlaf-, Kinder-, Gäste-, Arbeitszimmer, Büro [b)] über 20 m²	Flur bis 3 m	Flur über 3 m	Freisitz	Abstellraum	Hobbyraum	zur Wohnung gehörender Keller-/Bodenraum, Garage	Keller-/Bodengang je 6 m Ganglänge
Steckdosen, Anschlüsse		**Anzahl der Steckdosen, Beleuchtungs- und Kommunikationsanschlüsse**																
	Steckdosen, allgemein	10	4	4[e)]	2	8	8	11	5	8	11	2	3	2	2	6	2	1
	Beleuchtungsanschlüsse	3	2	3	1	2	2	3	1	2	3	2	2[g)]	2	1	2	1	1
	Telefon-/Datenanschluss (IuK)	1				1	1	2	1	1	2	1		1		1		
	Steckdosen für Telefon/Daten	2				2	2	4	2	2	4	2		2		2		
	Radio-/TV-/Datenanschluss (RuK)	1				1	2	3	1	1				1		1		
	Steckdosen für Radio / TV / Daten	3				3	6	9	3	3				3		3		
	Kühlgerät, Gefriergerät	2	1															
	Dunstabzug	1																
	Anschluss für Lüfter [c)]			1	1													
	Rollladenantriebe	Anschlüsse entsprechend der Anzahl der Antriebe																
Besondere Verbrauchsmittel		**Anzahl der Anschlüsse für besondere Verbrauchsmittel mit eigenem Stromkreis**																
	Elektroherd (3x230V)	1																
	Backofen	1																
	Dampfgarer	1																
	Mikrowellenkochgerät	1																
	Geschirrspülmaschine	1																
	Waschmaschine [f)]			1		1											1	
	Wäschetrockner [f)]			1		1											1	
	Bügelstation, Dampfbügelstation					1												
	Warmwassergerät [d)]	1		1	1													
	Saunaheizgerät (3x230V)	soweit vorhanden/geplant																
	Whirlpool	soweit vorhanden/geplant																
	Heizgerät [d)]			1														
Stromkreisverteiler, Beleuchtungs- und Steckdosenstromkreise, Hauskommunikationsanlage																		
	Stromkreisverteiler	die Größe richtet sich nach der Anzahl der einzubauenden Betriebsmittel zzgl. Reserveplätze, in Mehrraumwohnungen mindestens vierreihige, in Einraumwohnungen mindestens dreireihige Stromkreisverteiler																
	Beleuchtungs-und Steckdosenstromkreise (zusätzlich zu den oben aufgeführten Stromkreisen für besondere Verbrauchsmittel)	1		1		1	1	2	1	1	2			1		1	1	
	Hauskommunikationsanlage	Klingel oder Gong, Türöffner und Gegensprechanlage mit mehreren Wohnungssprechstellen																

a) In Räumen mit Essecke ist die Anzahl der Anschlüsse und Steckdosen um jeweils 1 zu erhöhen.
b) Die den Bettplätzen und den Arbeitsflächen von Küchen, Kochnischen und Hausarbeitsräumen zugeordneten Steckdosen sind mindestens als Zweifach-Steckdosen vorzusehen. Sie zählen jedoch in der Tabelle als jeweils nur eine Steckdose.
c) Sofern eine Einzellüftung vorgesehen ist. Bei fensterlosen Bädern oder WC-Räumen ist die Schaltung über die Allgemeinbeleuchtung mit Nachlauf auszuführen.
d) Sofern die Heizung/Warmwasserversorgung nicht auf andere Weise erfolgt.
e) Davon ist eine Steckdose in Kombination mit der Waschtischleuchte zulässig.
f) In einer Wohnung nur jeweils einmal erforderlich.
g) Von mindestens zwei Stellen aus schaltbar.

Tabelle 3 Mindestausstattungumfang für den Ausstattungswert 3

Ausstattungswert 3 – Kennzeichnung ★★★	Küche [a] [b]	Kochnische [b]	Bad	WC-Raum	Hausarbeitsraum [b]	Wohnzimmer [a] bis 20 m²	Wohnzimmer [a] über 20 m²	Esszimmer	je Schlaf-, Kinder-, Gäste-Arbeitszimmer, Büro [b] bis 20 m²	je Schlaf-, Kinder-, Gäste-Arbeitszimmer, Büro [b] über 20 m²	Flur bis 3 m	Flur über 3 m	Freisitz	Abstellraum	Hobbyraum	zur Wohnung gehörender Keller-/Bodenraum, Garage	Keller-/Bodengang je 6 m Ganglänge
Steckdosen, Anschlüsse	**Anzahl der Steckdosen, Beleuchtungs- und Kommunikationsanschlüsse**																
Steckdosen, allgemein	12	4	5[e]	2	10	10	13	7	10	13	3	4	3	2	8	2	1
Beleuchtungsanschlüsse	3	2	3	2	3	3	4	2	3	4	2	2[g]	2	1	2	1	1
Telefon-/Datenanschluss (IuK)	1		1		1	1	2	1	1	2	1		1		1		
Steckdosen für Telefon/Daten	2		2		2	2	4	2	2	4	2		2		2		
Radio-/TV-/Datenanschluss (RuK)	1		1		1	2	3	1	2				1		1		
Steckdosen für Radio / TV / Daten	3		3		3	6	9	3	6				3		3		
Kühlgerät, Gefriergerät	2	1															
Dunstabzug	1																
Anschluss für Lüfter [c]			1	1													
Rollladenantriebe	Anschlüsse entsprechend der Anzahl der Antriebe																
Besondere Verbrauchsmittel	**Anzahl der Anschlüsse für besondere Verbrauchsmittel mit eigenem Stromkreis**																
Elektroherd (3x230V)	1																
Backofen	1																
Dampfgarer	1																
Mikrowellenkochgerät	1																
Geschirrspülmaschine	1																
Waschmaschine [f]			1		1											1	
Wäschetrockner [f]			1		1											1	
Bügelstation, Dampfbügelstation					1												
Warmwassergerät [d]	1		1	1													
Saunaheizgerät (3x230V)	soweit vorhanden/geplant																
Whirlpool	soweit vorhanden/geplant																
Heizgerät [d]			1														
Stromkreisverteiler, Beleuchtungs- und Steckdosenstromkreise, Hauskommunikationsanlage																	
Stromkreisverteiler	die Größe richtet sich nach der Anzahl der einzubauenden Betriebsmittel zzgl. Reserveplätze, in Mehrraumwohnungen mindestens vierreihige, in Einraumwohnungen mindestens dreireihige Stromkreisverteiler																
Beleuchtungs-und Steckdosenstromkreise (zusätzlich zu den oben aufgeführten Stromkreisen für besondere Verbrauchsmittel)	1		1		1	1	2	1	1	2	1		1		1	1	
Hauskommunikationsanlage	Klingel oder Gong, Türöffner und Gegensprechanlage mit mehreren Wohnungssprechstellen, Video-Türstationen, Gefahrenmeldeanlagen																

a) In Räumen mit Essecke ist die Anzahl der Anschlüsse und Steckdosen um jeweils 1 zu erhöhen.
b) Die den Bettplätzen und den Arbeitsflächen von Küchen, Kochnischen und Hausarbeitsräumen zugeordneten Steckdosen sind mindestens als Zweifach-Steckdosen vorzusehen. Sie zählen jedoch in der Tabelle als jeweils nur eine Steckdose.
c) Sofern eine Einzellüftung vorgesehen ist. Bei fensterlosen Bädern oder WC-Räumen ist die Schaltung über die Allgemeinbeleuchtung mit Nachlauf auszuführen.
d) Sofern die Heizung/Warmwasserversorgung nicht auf andere Weise erfolgt.
e) Davon ist eine Steckdose in Kombination mit der Waschtischleuchte zulässig.
f) In einer Wohnung nur jeweils einmal erforderlich.
g) Von mindestens zwei Stellen aus schaltbar.

März 2003

Licht und Beleuchtung

Beleuchtung von Arbeitsstätten

Teil 1: Arbeitsstätten in Innenräumen
Deutsche Fassung EN 12464-1:2002

DIN
EN 12464-1

ICS 91.160.10

Mit
DIN EN 12665:2002-09
teilweiser Ersatz für die
2002-09 zurückgezogene
Norm
DIN 5035-1:1990-06;
teilweiser Ersatz für
DIN 5035-2:1990-09,
DIN 5035-3:1988-09,
DIN 5035-4:1983-02,
DIN 5035-7:1988-09
DIN 67505:1986-09 und
DIN 67528:1993-12

Light and lighting — Lighting of work places —
Part 1: Indoor work places;
German version EN 12464-1:2002

Lumière et éclairage — Éclairage des lieux de travail —
Partie 1: Lieux de travail intérieur;
Version allemande EN 12464-1:2002

Die Europäische Norm EN 12464-1:2002 hat den Status einer Deutschen Norm.

Nationales Vorwort

Die Europäische Norm EN 12464-1 ist in der Arbeitsgruppe 2 „Beleuchtung von Arbeitsstätten" des CEN/TC 169 „Licht und Beleuchtung" ausgearbeitet worden. Für die deutsche Mitarbeit war der Arbeitsausschuss FNL 4 „Innenraumbeleuchtung mit künstlichem Licht" im Normenausschuss Lichttechnik (FNL) verantwortlich.

Die Beleuchtung von Arbeitsstätten ist in Deutschland bisher in den Normen der Reihe DIN 5035 behandelt, wobei die zurückgezogene Norm DIN 5035-1:1990-06 die Begriffe und allgemeinen Anforderungen festlegte und die Normen DIN 5035-2:1990-09, DIN 5035-3:1988-09, DIN 5035-4:1983-02 und DIN 5035-7:1988-09 die Richtwerte für Arbeitsstätten in Innenräumen und im Freien, die Festlegungen zur Beleuchtung in Krankenhäusern, die speziellen Festlegungen für die Beleuchtung von Unterrichtsstätten und die Festlegungen zur Beleuchtung von Räumen mit Bildschirmarbeitsplätzen und mit Arbeitsplätzen mit Bildschirmunterstützung enthalten.

Mit DIN EN 12665:2002-09 wurden die grundlegenden Begriffe und Kriterien für die Festlegung von Anforderungen an die Beleuchtung erstmals auf europäischer Ebene festgelegt, wobei sich Änderungen gegenüber DIN 5035-1:1990-06 ergaben. Deshalb wurde DIN 5035-1:1990-06 mit Erscheinen von DIN EN 12665:2002-09 zurückgezogen. Es ist beabsichtigt, die in der vorliegenden Norm DIN EN 12464-1 und in DIN EN 12665:2002-09 nicht berücksichtigten Inhalte der zurückgezogenen Norm DIN 5035-1:1990-06 kurzfristig unter der bisherigen Norm-Nummer DIN 5035-1 neu zu veröffentlichen und diese anschließend im Hinblick auf den fortgeschrittenen Stand der Technik zu überarbeiten.

Fortsetzung Seite 2
und 38 Seiten EN

Normenausschuss Lichttechnik (FNL) im DIN Deutsches Institut für Normung e. V.
Normenausschuss Bauwesen (NABau) im DIN
Normenausschuss Dental (NADENT) im DIN
Normenausschuss Informationstechnik (NI) im DIN

Die vorliegende Norm DIN EN 12464-1 ersetzt unter anderem teilweise DIN 5035-2:1990-09. Es ist beabsichtigt, die dort, nicht jedoch in der vorliegenden Norm DIN EN 12464-1 behandelte Beleuchtung von Arbeitsstätten im Freien zukünftig in einem bereits in Bearbeitung befindlichen weiteren Teil zu EN 12464 festzulegen und DIN 5035-2:1990-09 mit der Veröffentlichung der nationalen Übernahme dieser Norm zurückzuziehen.

Mit Blick auf den fortgeschrittenen Stand der Technik ist ferner beabsichtigt, die in der vorliegenden Norm DIN EN 12464-1 nicht berücksichtigten und deshalb weiter gültigen Inhalte der Normen DIN 5035-3:1988-09, DIN 5035-4:1983-02 und DIN 5035-7:1988-09 zu überarbeiten und unter der jeweiligen bisherigen Norm-Nummer neu zu veröffentlichen. Mit E DIN 5035-7:2001-10 liegt bereits ein erstes derartiges Arbeitsergebnis vor.

Änderungen

Gegenüber der 2002-09 zurückgezogenen Norm DIN 5035-1:1990-06 sowie DIN 5035-2:1990-09, DIN 5035-3:1988-09, DIN 5035-4:1983-02, DIN 5035-7:1988-09, DIN 67505:1986-09 und DIN 67528:1993-12 wurden folgende Änderungen vorgenommen:

a) Grundlegende Begriffe und Kriterien für die Festlegung von Anforderungen an die Beleuchtung vollständig überarbeitet und in DIN EN 12665 zusammengefasst;

b) Grundlegende Kriterien für die Beleuchtungsplanung und Anforderungen an die Beleuchtung von Arbeitsstätten in Innenräumen unter Berücksichtigung der geänderten Begriffe und Kriterien neu festgelegt und in DIN EN 12464-1 zusammengefasst.

Frühere Ausgaben

DIN 5035: 1935-11, 1953-07, 1963-08
DIN 5035-1: 1972-01, 1979-10, 1990-06
DIN 5035-2: 1972-01, 1979-10, 1990-06, 1990-09
DIN 5035-3: 1974-02, 1988-09
DIN 5035-4: 1983-02
DIN 5035-7: 1988-09
DIN 67505: 1975-10, 1986-09
DIN 67505-1: 1962-07
DIN 67505-2: 1962-06
DIN 67528: 1976-05, 1992-06, 1993-12

EUROPÄISCHE NORM

EUROPEAN STANDARD

NORME EUROPÉENNE

EN 12464-1

November 2002

ICS 91.160.10

Deutsche Fassung

Licht und Beleuchtung

Beleuchtung von Arbeitsstätten

Teil 1: Arbeitsstätten in Innenraümen

Light and lighting —
Lighting of work places —
Part 1: Indoor work places

Lumière et éclairage —
Eclairage des lieux de travail —
Partie 1: Lieux de travail intérieur

Diese Europäische Norm wurde vom CEN am 16. Oktober 2002 angenommen.

Die CEN-Mitglieder sind gehalten, die CEN/CENELEC-Geschäftsordnung zu erfüllen, in der die Bedingungen festgelegt sind, unter denen dieser Europäischen Norm ohne jede Änderung der Status einer nationalen Norm zu geben ist. Auf dem letzten Stand befindliche Listen dieser nationalen Normen mit ihren bibliographischen Angaben sind beim Management-Zentrum oder bei jedem CEN-Mitglied auf Anfrage erhältlich.

Diese Europäische Norm besteht in drei offiziellen Fassungen (Deutsch, Englisch, Französisch). Eine Fassung in einer anderen Sprache, die von einem CEN-Mitglied in eigener Verantwortung durch Übersetzung in seine Landessprache gemacht und dem Management-Zentrum mitgeteilt worden ist, hat den gleichen Status wie die offiziellen Fassungen.

CEN-Mitglieder sind die nationalen Normungsinstitute von Belgien, Dänemark, Deutschland, Finnland, Frankreich, Griechenland, Irland, Island, Italien, Luxemburg, Malta, Niederlande, Norwegen, Österreich, Portugal, Schweden, Schweiz, Spanien, der Tschechischen Republik und dem Vereinigten Königreich.

EUROPÄISCHES KOMITEE FÜR NORMUNG
EUROPEAN COMMITTEE FOR STANDARDIZATION
COMITÉ EUROPÉEN DE NORMALISATION

Management-Zentrum: rue de Stassart, 36 B-1050 Brüssel

Ref. Nr. EN 12464-1:2002 D

Inhalt

Vorwort

Dieses Dokument EN 12464-1:2002 wurde vom Technischen Komitee CEN/TC 169 „Licht und Beleuchtung" erarbeitet, dessen Sekretariat vom DIN gehalten wird.

Diese Europäische Norm muss den Status einer nationalen Norm erhalten, entweder durch Veröffentlichung eines identischen Textes oder durch Anerkennung bis Mai 2003, und etwaige entgegenstehende nationale Normen müssen bis Mai 2003 zurückgezogen werden.

Entsprechend der CEN/CENELEC-Geschäftsordnung sind die nationalen Normungsinstitute der folgenden Länder gehalten, diese Europäische Norm zu übernehmen: Belgien, Dänemark, Deutschland, Finnland, Frankreich, Griechenland, Irland, Island, Italien, Luxemburg, Malta, Niederlande, Norwegen, Österreich, Portugal, Schweden, Schweiz, Spanien, die Tschechische Republik und das Vereinigte Königreich.

Anhang A ist informativ.

Dieses Dokument enthält Literaturhinweise.

Einleitung

Um es Menschen zu ermöglichen, Sehaufgaben effektiv und genau durchzuführen, sollte eine geeignete und angemessene Beleuchtung vorgesehen werden. Diese Beleuchtung kann durch Tageslicht, künstliche Beleuchtung oder eine Kombination von beiden erzeugt werden.

Die Güte der Sehleistung und des Sehkomforts wird für sehr viele Arbeitsplätze durch die Art und Dauer der Tätigkeit bestimmt.

Für die meisten Arbeitsplätze in Innenräumen und deren zugehörigen Flächen legt diese Norm in Bezug auf Quantität und Qualität der Beleuchtung die Anforderungen an Beleuchtungssysteme fest. Zusätzlich werden Empfehlungen für die Umsetzung guter Beleuchtung gegeben.

Es ist wichtig, dass neben den spezifischen Anforderungen, die in der Tabelle der Beleuchtungsanforderungen (Abschnitt 5) aufgeführt sind, auch die Anforderungen der anderen Abschnitte dieser Norm erfüllt werden.

1 Anwendungsbereich

Diese Europäische Norm legt die Anforderungen an die Beleuchtung von Arbeitsstätten in Innenräumen im Hinblick auf Sehleistung und Komfort fest. Alle üblichen Sehaufgaben, einschließlich der am Bildschirm, sind berücksichtigt.

Diese Europäische Norm legt keine Anforderungen an die Beleuchtung von Arbeitsstätten im Hinblick auf den betrieblichen Arbeitsschutz fest und wurde nicht im Anwendungsbereich von Artikel 137 der Europäischen Verträge erarbeitet, obwohl die lichttechnischen Anforderungen, die in dieser Norm enthalten sind, üblicherweise auch die Anforderungen im Hinblick auf Sicherheit erfüllen. Anforderungen an die Beleuchtung von Arbeitsstätten im Hinblick auf den betrieblichen Arbeitsschutz können in nach Artikel 137 der Europäischen Verträge erlassenen Richtlinien enthalten sein, in der nationalen Rechtsetzung der Mitgliedstaaten in Umsetzung dieser Direktiven oder in anderer nationaler Rechtsetzung der Mitgliedstaaten.

Diese Norm legt weder spezielle Lösungen fest, noch schränkt sie die Freiheit der Planer ein, neue Techniken zu erkunden oder innovative Techniken einzusetzen.

Diese Norm ist nicht anzuwenden auf die Beleuchtung von Arbeitsplätzen im Freien und im Untertage-Bergbau.

2 Normative Verweisungen

Diese Europäische Norm enthält durch datierte oder undatierte Verweisungen Festlegungen aus anderen Publikationen. Diese normativen Verweisungen sind an den jeweiligen Stellen im Text zitiert, und die Publikationen sind nachstehend aufgeführt. Bei datierten Verweisungen gehören spätere Änderungen oder Überarbeitungen nur zu dieser Europäischen Norm, falls sie durch Änderung oder Überarbeitung eingearbeitet sind. Bei undatierten Verweisungen gilt die letzte Ausgabe der in Bezug genommenen Publikation (einschließlich Änderungen).

EN 12193, *Licht und Beleuchtung — Sportstättenbeleuchtung.*

EN 12665:2002, *Licht und Beleuchtung — Grundlegende Begriffe und Kriterien für die Festlegung von Anforderungen an die Beleuchtung.*

prEN 13032-1, *Angewandte Lichttechnik — Messung und Darstellung photometrischer Daten von Lampen und Leuchten — Teil 1: Messung.*

CIE 117, *Psychologische Blendung in der Innenraumbeleuchtung.*

3 Begriffe

Für die Anwendung dieser Europäischen Norm gelten die Begriffe in EN 12665:2002 sowie die folgenden Begriffe.

ANMERKUNG Dieser Abschnitt definiert Begriffe und Größen, die für das Verständnis dieser Norm wichtig sein können und die eventuell nicht in IEC 60050-845 festgelegt sind.

3.1
Sehaufgabe
Sehrelevante Elemente der auszuführenden Arbeit.

ANMERKUNG Hauptsächlich sehrelevant sind die Größe des zu erkennenden Objektes, dessen Leuchtdichte, dessen Kontrast gegenüber dem Hintergrund und dessen Darbietungsdauer.

3.2
Bereich der Sehaufgabe
Teilbereich des Arbeitsplatzes, in dem die Sehaufgabe ausgeführt wird. Ist die Größe und/oder die Lage des Bereiches der Sehaufgabe nicht bekannt, muss der Bereich als Bereich der Sehaufgabe angenommen werden, in dem die Sehaufgabe auftreten kann.

3.3
unmittelbarer Umgebungsbereich
den Bereich der Sehaufgabe umgebende, sich im Gesichtsfeld befindende Fläche von mindestens 0,5 m Breite

3.4
Wartungswert der Beleuchtungsstärke ($\bar{E}_m$)
Wert, unter den die mittlere Beleuchtungsstärke auf einer bestimmten Fläche nicht sinken darf

ANMERKUNG Es handelt sich um die mittlere Beleuchtungsstärke zu dem Zeitpunkt, an dem eine Wartung durchzuführen ist.

3.5
Abschirmwinkel
Winkel zwischen der horizontalen Ebene und der Blickrichtung, unter der die leuchtenden Teile der Lampen in der Leuchte gerade sichtbar sind

3.6
Bildschirm
Schirm zur Darstellung alphanumerischer Zeichen oder zur Grafikdarstellung, ungeachtet des Darstellungsverfahrens [90/270/EEC]

3.7
Gleichmäßigkeit der Beleuchtungsstärke
Verhältnis der kleinsten Beleuchtungsstärke zur mittleren Beleuchtungsstärke auf einer Fläche (siehe auch IEC 60050-845 / CIE 17.4: 845-09-58 Gleichmäßigkeit der Beleuchtungsstärke)

4 Kriterien der Beleuchtungsplanung

4.1 Lichtklima

Für die Umsetzung einer guten Beleuchtung sind zusätzlich zur erforderlichen Beleuchtungsstärke weitere quantitative und qualitative Gütemerkmale der Beleuchtung zu berücksichtigen.

Die Anforderungen an die Beleuchtung werden bestimmt durch das Erfüllen folgender Bedürfnisse:

— Sehkomfort, er vermittelt den arbeitenden Menschen das Gefühl des Wohlbefindens und trägt so indirekt zu einer hohen Produktivität bei,

— Sehleistung, sie ermöglicht den arbeitenden Menschen, Sehaufgaben auch unter schwierigen Umständen und über längere Zeit auszuführen,

— Sicherheit.

Die Hauptmerkmale für die Bestimmung des Lichtklimas sind:

— Leuchtdichteverteilung,

— Beleuchtungsstärke,

— Blendung,

— Lichtrichtung,

— Lichtfarbe und Farbwiedergabe,

— Flimmern,

— Tageslicht.

Grenzwerte der Beleuchtungsstärke, der psychologischen Blendung und der Farbwiedergabe sind in Abschnitt 5 festgelegt.

4.2 Leuchtdichteverteilung

Die Leuchtdichteverteilung im Gesichtsfeld bestimmt den Adaptationszustand, der die Sehleistung beeinflusst.

Eine ausgewogene Adaptationsleuchtdichte wird benötigt zur Erhöhung von:

— Sehschärfe,

— Kontrastempfindlichkeit (Differenzierung von kleinen Leuchtdichteunterschieden),

— Leistungsfähigkeit der Augenfunktionen (wie Akkommodation, Konvergenz, Pupillenveränderung, Augenbewegungen usw.).

Die Leuchtdichteverteilung im Gesichtsfeld beeinflusst auch den Sehkomfort. Aus den angegebenen Gründen sollte Folgendes vermieden werden:

— zu hohe Leuchtdichten, die Blendung verursachen können,

— zu hohe Leuchtdichteunterschiede, die durch ständige Umadaptation Ermüdung verursachen können,

— zu niedrige Leuchtdichten und zu niedrige Leuchtdichteunterschiede, die eine unattraktive und wenig anregende Arbeitsumgebung schaffen.

Die Leuchtdichten aller Oberflächen sind wichtig. Sie hängen vom Reflexionsgrad der Oberflächen und der Beleuchtungsstärke auf den Oberflächen ab.

Für die Hauptflächen eines Raumes werden folgende Reflexionsgrade empfohlen:

— Decken: 0,6 bis 0,9

— Wände: 0,3 bis 0,8

— Arbeitsflächen: 0,2 bis 0,6

— Boden: 0,1 bis 0,5

4.3 Beleuchtungsstärke

Die Beleuchtungsstärke und ihre Verteilung im Bereich der Sehaufgabe und im Umgebungsbereich haben großen Einfluss darauf, wie schnell, wie sicher und wie leicht eine Person die Sehaufgabe erfasst und ausführt.

Alle in dieser Norm festgelegten Beleuchtungsstärkewerte sind Wartungswerte der Beleuchtungsstärke und dienen der Sehleistung und dem Sehkomfort.

4.3.1 Empfohlene Beleuchtungsstärken im Bereich der Sehaufgabe

Die im Abschnitt 5 angegebenen Werte sind Wartungswerte der Beleuchtungsstärke auf der Bewertungsfläche des Bereiches der Sehaufgabe, die horizontal, vertikal oder geneigt sein kann. Unabhängig vom Alter und Zustand der Beleuchtungsanlage darf die mittlere Beleuchtungsstärke für die jeweilige Aufgabe nicht unter den im Abschnitt 5 angegeben Wert fallen. Die Werte gelten für übliche Sehbedingungen und berücksichtigen folgende Faktoren:

— Psychologische und physiologische Aspekte wie Sehkomfort und Wohlbefinden,

— Anforderungen der Sehaufgabe,

— visuelle Ergonomie,

— praktische Erfahrung,

— Sicherheit,

— Wirtschaftlichkeit.

Der Wert der Beleuchtungsstärke kann um wenigstens eine Stufe der Beleuchtungsstärken-Skala (siehe unten) angepasst werden, wenn die Sehbedingungen von den üblichen Annahmen abweichen.

Ein Faktor von ungefähr 1,5 stellt den kleinsten signifikanten Unterschied dar für eine gerade wahrnehmbare Beleuchtungsstärkeänderung. Unter üblichen Beleuchtungsbedingungen sind ungefähr 20 lx notwendig, um ansatzweise Gesichtszüge erkennen zu können. Dies ist daher der niedrigste Wert der Beleuchtungsstärken-Skala. Die empfohlene Beleuchtungsstärken-Skala (in lx) ist:

20 — 30 — 50 — 75 — 100 — 150 — 200 — 300 — 500 — 750 — 1 000 — 1 500 — 2 000 — 3 000 — 5 000

Der geforderte Wartungswert der Beleuchtungsstärke sollte erhöht werden, wenn:

— die Sehaufgabe für den Arbeitsablauf kritisch ist,

— die Behebung von Fehlern zu erhöhten Kosten führen,

— Genauigkeit oder höhere Produktivität von großer Bedeutung sind,

— das Sehvermögen der arbeitenden Person unter dem Durchschnitt liegt,

— die Sehaufgabe besonders kleine Details oder besonders niedrige Kontraste aufweist,

— die Sehaufgabe für eine besonders lange Zeit ausgeführt werden muss.

Der geforderte Wartungswert der Beleuchtungsstärke darf niedriger gewählt werden, wenn:

— die Sehaufgabe besonders große Details oder besonders hohe Kontraste aufweist,

— die Sehaufgabe nur besonders kurzzeitig ausgeführt wird.

An ständig besetzten Arbeitsplätzen darf der Wartungswert der Beleuchtungsstärke nicht weniger als 200 lx betragen.

4.3.2 Beleuchtungsstärken des unmittelbaren Umgebungsbereiches

Die Beleuchtungsstärke des unmittelbaren Umgebungsbereiches hängt von der Beleuchtungsstärke im Bereich der Sehaufgabe ab und sollte eine ausgewogene Leuchtdichteverteilung im Gesichtsfeld schaffen.

Starke örtliche Wechsel der Beleuchtungsstärke in der Umgebung des Arbeitsbereiches können zu visueller Überlastung und Unbehagen führen.

Die Beleuchtungsstärke des unmittelbaren Umgebungsbereiches kann niedriger sein als die Beleuchtungsstärke des Bereiches der Sehaufgabe, darf aber die in Tabelle 1 angegeben Werte nicht unterschreiten.

Tabelle 1 — Gleichmäßigkeiten und Zusammenhang zwischen der Beleuchtungsstärke des unmittelbaren Umgebungsbereiches und der Beleuchtungsstärke im Bereich der Sehaufgabe

Beleuchtungsstärke des Bereiches der Sehaufgabe lx	**Beleuchtungsstärke des unmittelbaren Umgebungsbereiches** lx
$\geq$ 750	500
500	300
300	200
$\leq$ 200	E_{Aufgabe}
Gleichmäßigkeit: $\geq$ 0,7	Gleichmäßigkeit: $\geq$ 0,5

Zusätzlich zur Beleuchtungstärke im Bereich der Sehaufgabe muss die Beleuchtung auch eine angemessene Adaptations-Leuchtdichteverteilung entsprechend 4.2 erzeugen.

4.3.3 Gleichmäßigkeit

Der Arbeitsbereich muss so gleichmäßig wie möglich beleuchtet werden. Die Gleichmäßigkeit der Beleuchtungsstärke im Arbeitsbereich und der unmittelbaren Umgebung darf nicht geringer sein, als in Tabelle 1 angegeben.

4.4 Blendung

Blendung wird durch helle Flächen im Gesichtsfeld hervorgerufen und kann entweder als psychologische Blendung oder als physiologische Blendung erfahren werden. Die durch Reflexe auf spiegelnden Oberflächen verursachte Blendung ist allgemein bekannt als Schleierreflexion oder Reflexblendung.

Um Fehler, Ermüdung und Unfälle zu vermeiden, ist es wichtig, Blendung zu begrenzen.

Bei Arbeitsplätzen im Innenraum kann psychologische Blendung unmittelbar von hellen Leuchten oder Fenstern herrühren. Wenn die Grenzen der psychologischen Blendung eingehalten werden, tritt in der Regel auch keine nennenswerte physiologische Blendung auf.

ANMERKUNG Für Blickwinkel oberhalb der Horizontalen ist hinsichtlich der Vermeidung von Blendung besondere Sorgfalt geboten.

4.4.1 Psychologische Blendung

Der Grad der Direktblendung durch Leuchten einer Beleuchtungsanlage im Innenraum ist nach der Tabellenmethode des CIE Unified Glare Rating-Verfahrens (UGR) zu bestimmen. Es basiert auf der Formel:

$$UGR = 8 \log_{10} \left(\frac{0{,}25}{L_b} \sum \frac{L^2 \omega}{p^2} \right)$$

Dabei ist:

L_b die Hintergrundleuchtdichte in $\text{cd} \times \text{m}^{-2}$, berechnet als $E_{ind} \times \pi^{-1}$ mit E_{ind} als vertikale Indirektbeleuchtungsstärke am Beobachterauge,

L die mittlere Leuchtdichte in $\text{cd} \times \text{m}^{-2}$ der Lichtaustrittsfläche jeder Leuchte in Richtung des Beobachterauges,

ω der Raumwinkel in Steradiant (sr) der Lichtaustrittsfläche jeder Leuchte, bezogen auf das Beobachterauge,

p Positionsindex nach Guth für jede einzelne Leuchte, abhängig von deren räumliche Abweichung von der Hauptblickrichtung.

Alle bei der Ermittlung des UGR-Wertes getroffenen Annahmen müssen in der Planungsdokumentation aufgeführt werden. Der UGR-Wert der Beleuchtungsanlage darf den in Abschnitt 5 angegebenen UGR-Grenzwert nicht überschreiten.

ANMERKUNG 1 Die Änderung des UGR-Wertes für unterschiedliche Beobachterpositionen in einem Raum kann mit Hilfe der Formel (oder der erweiterten UGR-Tabelle) ermittelt werden. Grenzwerte für diesen Fall stehen noch nicht zur Verfügung.

ANMERKUNG 2 Wenn der größte UGR-Wert in einem Raum den UGR-Grenzwert gemäß Abschnitt 5 überschreitet, sollten Angaben über die geeignete Anordnung der Arbeitsplätze gemacht werden.

ANMERKUNG 3 Psychologische Blendung durch Fenster ist noch nicht abschließend untersucht. Hierfür steht zurzeit kein geeignetes Blendungsbewertungsverfahren zur Verfügung.

4.4.2 Abschirmmaßnahmen gegen Blendung

Helle Lichtquellen können eine Blendung hervorrufen und eine Herabsetzung der Sehleistung verursachen. Dies ist z. B. dadurch zu vermeiden, indem Lampen in geeigneter Weise abgeschirmt oder Fenster durch Jalousien abgedunkelt werden.

Für die in Tabelle 2 angegebenen Lampen-Leuchtdichten muss der zugehörige Mindestabschirmwinkel eingehalten werden.

ANMERKUNG Die Werte in Tabelle 2 gelten nicht für „Uplighter" (Leuchten mit ausschließlichem Lichtaustritt in den oberen Halbraum) oder für unter Augenhöhe montierte Leuchten.

Tabelle 2 — Mindestabschirmwinkel bei festgelegten Lampen-Leuchtdichten

Lampen-Leuchtdichte $kcd \times m^{-2}$	**Mindestabschirmwinkel**
20 bis < 50	15°
50 bis < 500	20°
≥ 500	30°

4.4.3 Schleierreflexionen und Reflexblendung

Reflexionen hoher Leuchtdichte auf der Sehaufgabe können die Erkennbarkeit der Sehaufgabe verändern. Schleierreflexionen und Reflexblendung können verhindert oder reduziert werden durch:

— geeignete Anordnung der Leuchten und Arbeitsplätze,

— Oberflächengestaltung (matte Oberflächen),

— Leuchtdichtebegrenzung der Leuchten,

— Vergrößerung der leuchtenden Fläche der Leuchten,

— helle Decken und helle Wände.

4.5 Lichtrichtung

Gerichtetes Licht kann eingesetzt werden, um Objekte hervorzuheben, Oberflächenstrukturen hervortreten zu lassen sowie das Aussehen der Menschen im Raum zu verbessern. Dies wird mit dem Begriff „Modelling" beschrieben. Die Beleuchtung einer Sehaufgabe mit gerichtetem Licht kann auch Auswirkungen auf die Erkennbarkeit haben.

4.5.1 Modelling

Modelling bezeichnet die Ausgewogenheit zwischen diffuser und gerichteter Beleuchtung und ist ein wesentliches Merkmal der Beleuchtungsqualität für praktisch alle Innenräume. Das allgemeine Erscheinungsbild eines Innenraumes verbessert sich, wenn die baulichen Merkmale, die Menschen sowie die Gegenstände darin so beleuchtet werden, dass Form und Oberflächenstrukturen deutlich und auf angenehme Weise erkennbar sind. Dies wird erreicht, wenn das Licht merkbar eine Vorzugsrichtung besitzt; es entstehen so die für ein gutes Modelling wichtigen eindeutigen Schatten.

Die Beleuchtung sollte nicht zu stark gerichtet sein, weil sich sonst zu harte Schatten bilden. Sie sollte auch nicht zu diffus sein, da sonst der Modellingeffekt verloren geht und sich ein unattraktives Lichtklima ergibt.

4.5.2 Gerichtete Beleuchtung von Sehaufgaben

Die Beleuchtung aus einer bestimmten Richtung kann Feinheiten einer Sehaufgabe herausheben, ihre Sichtbarkeit verbessern und die Durchführung der Aufgabe erleichtern. Schleierreflexionen und Reflexblendung sollten vermieden werden, siehe 4.4.3.

4.6 Farbaspekte

Die Farbqualität einer Lampe mit annähernd weißem Licht wird durch zwei Eigenschaften gekennzeichnet:

— der Lichtfarbe der Lampe,

— die Farbwiedergabe, welche das farbige Aussehen von Gegenständen und Personen beeinflusst, die von dieser Lampe beleuchtet werden.

Diese beiden Eigenschaften sind voneinander getrennt zu betrachten.

4.6.1 Lichtfarbe

Die „Lichtfarbe" einer Lampe bezieht sich auf die wahrgenommene Farbe des (von ihr abgestrahlten) Lichtes. Sie wird durch ihre ähnlichste Farbtemperatur (T_{CP}) beschrieben.

Die Lichtfarbe kann gemäß Tabelle 3 auch verbal beschrieben werden.

Die Auswahl der Lichtfarbe ist eine Frage der Psychologie, der Ästhetik und dessen, was als natürlich angesehen wird. Die Wahl hängt von dem Beleuchtungsstärkeniveau, den Farben des Raums und der Möbel, vom Klima der Umgebung und dem Anwendungsfall ab. In warmen Klimazonen wird allgemein eine höhere Farbtemperatur bevorzugt, in kaltem Klima eher eine niedrigere.

Tabelle 3 — Lichtfarben von Lampen

Lichtfarbe	Ähnlichste Farbtemperatur T_{CP}
Warmweiß	unter 3 300 K
Neutralweiß	von 3 300 K bis 5 300 K
Tageslichtweiß	über 5 300 K

4.6.2 Farbwiedergabe

Für die Sehleistung, die Behaglichkeit und das Wohlbefinden ist es wichtig, dass die Farben der Umgebung, der Objekte und der menschlichen Haut natürlich und wirklichkeitsgetreu wiedergegeben werden, dies lässt Menschen attraktiv und gesund aussehen.

Sicherheitsfarben müssen immer als solche erkennbar sein (siehe auch ISO 3864).

Zur objektiven Kennzeichnung der Farbwiedergabe-Eigenschaften einer Lichtquelle wurde der Allgemeine Farbwiedergabe-Index R_a eingeführt. Der höchstmögliche R_a Wert ist 100. Dieser Wert nimmt bei abnehmender Farbwiedergabequalität ab.

Lampen mit einem Farbwiedergabe-Index kleiner als 80 sollten in Innenräumen, in denen Menschen für längere Zeit arbeiten oder sich aufhalten, nicht verwendet werden. Ausnahmen davon sind möglich bei bestimmten örtlichen Gegebenheiten und/oder Tätigkeiten (z. B. in hohen Hallen), jedoch sind geeignete Maßnahmen zu ergreifen, damit an festen ständig besetzten Arbeitsplätzen und dort, wo Sicherheitsfarben fehlerfrei erkannt werden müssen, eine höhere Farbwiedergabe sichergestellt ist.

Die Mindestwerte des Farbwidergabe-Indexes für verschiedene Innenräume (Bereiche), Aufgaben oder Tätigkeiten sind in Abschnitt 5 angegeben.

4.7 Flimmern und Stroboskopische Effekte

Flimmern verursacht Störungen und kann physiologische Effekte wie Kopfschmerzen hervorrufen.

Stroboskopeffekte können gefährliche Situationen erzeugen, indem sie die Wahrnehmung rotierender oder sich hin- und herbewegender Maschinenteile ändern.

Beleuchtungssysteme sollten so ausgelegt werden, dass Flimmern und Stroboskopeffekte vermieden werden.

ANMERKUNG Dies kann z. B durch die Verwendung gleichspannungsversorgter Glühlampen oder durch den Betrieb von Glüh- oder Entladungslampen mit hohen Frequenzen (ca. 30 kHz) erreicht werden.

4.8 Wartungsfaktor

Die Beleuchtungsanlage sollte mit einem alle Einflüsse berücksichtigenden Wartungsfaktor geplant werden, der für die vorgesehene Beleuchtungseinrichtung, die räumliche Umgebung und den festgelegten Wartungsplan errechnet wurde.

Die empfohlene Beleuchtungsstärke für jede Aufgabe ist als Wartungswert der Beleuchtungsstärke angegeben. Der Wartungsfaktor hängt vom Alterungsverhalten der Lampe und der Vorschaltgeräte, der Leuchte, der Umgebung und vom Wartungsprogramm ab.

Der Planer muss:

— den Wartungsfaktor angeben und alle Annahmen aufführen, die bei der Bestimmung des Wertes gemacht wurden,

— die Beleuchtungseinrichtung entsprechend der Raumnutzung festlegen,

— einen umfassenden Wartungsplan erstellen, der das Intervall für den Lampenwechsel, das Intervall für die Reinigung der Leuchten und des Raumes und die Reinigungsmethoden enthalten muss.

4.9 Energiebetrachtungen

Eine Beleuchtungsanlage sollte die Beleuchtungsanforderungen eines bestimmten räumlichen Bereiches erfüllen, ohne Energie zu verschwenden. Es ist jedoch wichtig, hierbei keinen Kompromiss zu Lasten der lichttechnischen Gütemerkmale der Beleuchtung einzugehen, nur um den Energieverbrauch zu senken.

Dies erfordert den Einsatz von geeigneten Beleuchtungssystemen, Steuerungs- bzw. Regelungs-Einrichtungen sowie die Nutzung des verfügbaren Tageslichtes.

4.10 Tageslicht

Tageslicht kann die Beleuchtung einer Sehaufgabe ganz oder teilweise übernehmen. Es ändert sich im Lauf des Tages in seiner Beleuchtungsstärke und seiner spektralen Zusammensetzung und sorgt so im Raum für Veränderungen. Aufgrund des seitlichen Lichteinfalls durch die Fenster kann das Tageslicht eine besondere Leuchtdichteverteilung im Raum sowie ein typisches Modelling erzeugen.

Fenster können Sichtkontakt nach draußen herstellen, was von den meisten Menschen bevorzugt wird.

In Räumen mit Fenstern nimmt das vorhandene Tageslicht mit der Entfernung vom Fenster stark ab. Um die erforderliche Beleuchtungsstärke am Arbeitsbereich und eine ausgewogenen Leuchtdichteverteilung im Raum sicherzustellen, ist eine zusätzliche Beleuchtung notwendig. Automatisches oder manuelles Einschalten und/oder Dimmen kann angewandt werden, um ein angemessenes Zusammenwirken von elektrischer und natürlicher Beleuchtung zu erreichen.

Um die Blendung durch das durch die Fenster fallende Tageslicht zu vermeiden, sind gegebenenfalls Abschirmmaßnahmen vorzusehen.

4.11 Beleuchtung von Bildschirmarbeitsplätzen

4.11.1 Allgemeines

Die Beleuchtung von Bildschirmarbeitsplätzen muss für alle Aufgaben geeignet sein, die dort anfallen können, z. B. dem Lesen direkt vom Bildschirm, dem Lesen von gedruckten Texten, dem Schreiben auf Papier, dem Arbeiten an der Tastatur.

Für diese Bereiche müssen die Gütemerkmale der Beleuchtung und das Beleuchtungssystem entsprechend der Art des Raumes, der Sehaufgabe oder der Tätigkeit nach Abschnitt 5 ausgewählt werden; in einigen Ländern gelten zusätzliche Anforderungen.

Das Arbeiten an einem Bildschirm oder unter bestimmten Umständen an der Tastatur kann durch Reflexionen beeinträchtigt werden, die physiologische und psychologische Blendung hervorrufen. Es ist deshalb notwendig, Leuchten so auszuwählen, einzusetzen und anzuordnen, dass Reflexionen hoher Leuchtdichte vermieden werden.

Der Planer muss den Bereich für die Leuchtenmontage ermitteln, der zu Störungen führen kann, und die Art und Anordnung der Leuchten so auswählen, dass keine störenden Reflexionen entstehen.

4.11.2 Leuchtdichtegrenzen für Leuchten mit nach unten gerichtetem Lichtstrom

Dieser Abschnitt legt Grenzen für die Leuchtdichte von Leuchten fest, die sich bei normaler Blickrichtung im Bildschirm spiegeln könnten.

Tabelle 4 legt für Arbeitsplätze mit Bildschirmen, die senkrecht oder bis zu 15° geneigt sind, die Grenzen der mittleren Leuchtdichte der Leuchten fest. Die angegebenen Leuchtdichten dürfen für Ausstrahlungswinkel rundum, ab 65° und darüber, gemessen gegen die nach unten gerichtete Vertikale, nicht überschreiten.

ANMERKUNG Bei bestimmten speziellen Anwendungen, z. B. bei reflexempfindlichen Bildschirmen oder variabler Bildschirmneigung, sollten die in Tabelle 4 angegebenen Leuchtdichtegrenzwerte auf geringere Ausstrahlungswinkel der Leuchte, z. B. 55°, bezogen werden.

Tabelle 4 — Grenzwerte der Leuchtdichte von Leuchten, die sich im Bildschirm spiegeln können

Bildschirmklasse nach ISO 9241-7	**I**	**II**	**III**
Bildschirmgüte	gut	mittel	schlecht
Mittlere Leuchtdichte von Leuchten die sich im Bildschirm spiegeln	$\leq$ 1 000 cd $\times$ m^{-2}		$\leq$ 200 cd $\times$ m^{-2}

5 Verzeichnis der Beleuchtungsanforderungen

Die Anforderungen an die Beleuchtung für die verschiedenartigen Räume und Tätigkeiten sind in den Tabellen von 5.3 angegeben.

5.1 Aufbau der Tabellen

In Spalte 1 wird jedem Raum (Bereich), jeder Aufgabe oder Tätigkeit eine Bezugsnummer zugeordnet.

In Spalte 2 sind die Räume (Bereiche), Sehaufgaben oder Tätigkeiten aufgeführt, für die spezifische Anforderungen angegeben sind. Wenn ein besonderer Raum (Bereich), eine Aufgabe oder Tätigkeit nicht aufgeführt ist, sollten die Werte einer ähnlichen, vergleichbaren Situation angewendet werden.

In Spalte 3 ist der Wartungswert der Beleuchtungsstärke ($\bar{E}_m$) auf der Bewertungsfläche (siehe 4.3) für Räume (Bereiche), Sehaufgaben oder Tätigkeiten der Spalte 2 angegeben.

ANMERKUNG Lichtsteuerung/-regelung kann für die notwendige Flexibilität bei verschiedenartigen Sehaufgaben vorzusehen sein.

In Spalte 4 sind die UGR-Grenzwerte (UGR_L) aufgeführt, sofern sie für die in Spalte 2 aufgeführte Situation anwendbar sind (siehe 4.4).

In Spalte 5 sind die Farbwiedergabe-Indizes (R_a) aufgeführt (siehe 4.6.2), die für die Anwendungen gemäß Spalte 2 mindestens erforderlich sind.

Spalte 6 enthält Hinweise und Anmerkungen für Ausnahmen und Besonderheiten der in Spalte 2 aufgeführten Situationen.

5.2 Verzeichnis der Räume (Bereiche), Aufgaben und Tätigkeiten

Tabelle 5.1: Verkehrszonen und allgemeine Bereiche innerhalb von Gebäuden

1.1 Verkehrszonen

1.2 Pausen-, Sanitär- und Erste-Hilfe-Räume

1.3 Kontrollräume

1.4 Lager- und Kühlräume

1.5 (Hoch-)Regallager

Tabelle 5.2: Industrielle und handwerkliche Tätigkeiten

2.1 Landwirtschaft

2.2 Bäckereien

2.3 Zement, Zementwaren, Beton, Ziegel

2.4 Keramik, Fliesen, Glas, Glaswaren

2.5 Chemische Industrie, Kunststoff- und Gummiindustrie

2.6 Elektro-Industrie

2.7 Nahrungs- und Genussmittelindustrie

2.8 Gießerei und Metallguss

2.9 Friseure

2.10 Schmuckherstellung

2.11 Wäschereien und chemische Reinigung

2.12 Leder und Lederwaren

2.13 Metallbe- und -verarbeitung

2.14 Papier und Papierwaren

2.15 Kraftwerke

2.16 Druckereien

2.17 Walz-, Hütten- und Stahlwerke

2.18 Textilherstellung und -verarbeitung

2.19 Automobilbau

2.20 Holzbe- und -verarbeitung

Tabelle 5.3: Büros

Tabelle 5.4: Verkaufsräume

Tabelle 5.5: Öffentliche Bereiche

5.1 Allgemeine Bereiche

5.2 Restaurants und Hotels

5.3 Theater, Konzerthallen, Kinos

5.4 Messen und Ausstellungshallen

5.5 Museen

5.6 Büchereien

5.7 Parkgaragen

Tabelle 5.6: Ausbildungseinrichtungen

6.1 Kindergärten, Spielschulen (Vorschulen)

6.2 Ausbildungsstätten

Tabelle 5.7: Gesundheitseinrichtungen

7.1 Mehrzweckräume

7.2 Personalräume

7.3 Bettenzimmer, Wöchnerinnenzimmer

7.4 Untersuchungsräume (allgemein)

7.5 Augenärztliche Untersuchungsräume

7.6 Ohrenärztliche Untersuchungsräume

7.7 Räume der bildgebenden Diagnostik

7.8 Entbindungsräume

7.9 Behandlungsräume (allgemein)

7.10 Operationsbereich

7.11 Intensivstation

7.12 Zahnärztliche Behandlungsräume

7.13 Laboratorien und Apotheken

7.14 Sterilräume

7.15 Obduktionsräume und Leichenhallen

Tabelle 5.8: Verkehrsbereiche

8.1 Flughäfen

8.2 Bahnanlagen

5.3 Beleuchtungsanforderungen für Räume (Bereiche), Aufgaben und Tätigkeiten

Tabelle 5.1 — Verkehrszonen und allgemeine Bereiche innerhalb von Gebäuden

1.1	**Verkehrszonen**				
Ref. Nr.	**Art des Raumes, Aufgabe oder Tätigkeit**	$\bar{E}_m$	UGR_L	R_a	**Bemerkungen**
1.1.1	Verkehrsflächen und Flure	100	28	40	1. Beleuchtungsstärke auf dem Boden. 2. R_a und UGR ähnlich den angrenzenden Bereichen. 3. 150 lx, wenn auch Fahrzeuge die Verkehrsfläche benutzen. 4. Die Beleuchtung der Aus- und Eingänge soll eine Übergangszone schaffen, um einen plötzlichen Wechsel der Beleuchtungsstärke zwischen Innen und Außen während des Tages oder der Nacht zu vermeiden. 5. Es sollte dafür Sorge getragen werden, Blendung von Fahrern und Fußgängern zu vermeiden.
1.1.2	Treppen, Rolltreppen, Fahrbänder	150	25	40	
1.1.3	Laderampen, Ladebereiche	150	25	40	
1.2	**Pausen-, Sanitär- und Erste-Hilfe-Räume**				
Ref. Nr.	**Art des Raumes, Aufgabe oder Tätigkeit**	$\bar{E}_m$	UGR_L	R_a	**Bemerkungen**
1.2.1	Kantinen, Teeküchen	200	22	80	
1.2.2	Pausenräume	100	22	80	
1.2.3	Räume für körperliche Ausgleichsübungen	300	22	80	
1.2.4	Garderoben, Waschräume, Bäder, Toiletten	200	25	80	
1.2.5	Sanitätsräume	500	19	80	
1.2.6	Räume für medizinische Betreuung	500	16	90	$T_{CP} \geq 4\,000$ K.
1.3	**Kontrollräume**				
Ref. Nr.	**Art des Raumes, Aufgabe oder Tätigkeit**	$\bar{E}_m$	UGR_L	R_a	**Bemerkungen**
1.3.1	Räume für haustechnische Anlagen, Schaltgeräteräume	200	25	60	
1.3.2	Telex- und Posträume, Telefon-Vermittlungsplätze	500	19	80	
1.4	**Lager- und Kühlräume**				
Ref. Nr.	**Art des Raumes, Aufgabe oder Tätigkeit**	$\bar{E}_m$	UGR_L	R_a	**Bemerkungen**
1.4.1	Vorrats- und Lagerräume	100	25	60	200 lx, wenn dauernd besetzt.
1.4.2	Versand- und Verpackungsbereiche	300	25	60	

Tabelle 5.1 — Verkehrszonen und allgemeine Bereiche innerhalb von Gebäuden (fortgesetzt)

1.5	**(Hoch-)Regallager**				
Ref. Nr.	**Art des Raumes, Aufgabe oder Tätigkeit**	$\bar{E}_m$	UGR_L	R_a	**Bemerkungen**
1.5.1	Fahrwege ohne Personenverkehr	20	–	40	Beleuchtungsstärke auf dem Boden.
1.5.2	Fahrwege mit Personenverkehr	150	22	60	Beleuchtungsstärke auf dem Boden.
1.5.3	Leitstand	150	22	60	

Tabelle 5.2 — Industrielle und handwerkliche Tätigkeiten

2.1	**Landwirtschaft**				
Ref. Nr.	**Art des Raumes, Aufgabe oder Tätigkeit**	$\bar{E}_m$	UGR_L	R_a	**Bemerkungen**
2.1.1	Beschicken und Bedienen von Fördereinrichtungen und Maschinen	200	25	80	
2.1.2	Viehställe	50	–	40	
2.1.3	Ställe für kranke Tiere, Abkalbställe	200	25	80	
2.1.4	Futteraufbereitung, Milchräume, Gerätereinigung	200	25	80	
2.2	**Bäckereien**				
Ref. Nr.	**Art des Raumes, Aufgabe oder Tätigkeit**	$\bar{E}_m$	UGR_L	R_a	**Bemerkungen**
2.2.1	Vorbereitungs- und Backräume	300	22	80	
2.2.2	Endbearbeitung, Glasieren, Dekorieren	500	22	80	
2.3	**Zement, Zementwaren, Beton, Ziegel**				
Ref. Nr.	**Art des Raumes, Aufgabe oder Tätigkeit**	$\bar{E}_m$	UGR_L	R_a	**Bemerkungen**
2.3.1	Trocknen	50	28	20	Sicherheitsfarben müssen erkennbar sein.
2.3.2	Materialaufbereitung, Arbeiten an Öfen und Mischern	200	28	40	
2.3.3	Allgemeine Maschinenarbeiten	300	25	80	Für hohe Hallen siehe 4.6.2.
2.3.4	Grobformen	300	25	80	Für hohe Hallen siehe 4.6.2.
2.4	**Keramik, Fliesen, Glas, Glaswaren**				
Ref. Nr.	**Art des Raumes, Aufgabe oder Tätigkeit**	$\bar{E}_m$	UGR_L	R_a	**Bemerkungen**
2.4.1	Trocknen	50	28	20	Sicherheitsfarben müssen erkennbar sein.
2.4.2	Materialaufbereitung, allgemeine Maschinenarbeiten	300	25	80	Für hohe Hallen siehe 4.6.2.
2.4.3	Emaillieren, Walzen, Pressen, Formen einfacher Teile, Glasieren, Glasblasen	300	25	80	Für hohe Hallen siehe 4.6.2.

Tabelle 5.2 — Industrielle und handwerkliche Tätigkeiten (fortgesetzt)

2.4	**Keramik, Fliesen, Glas, Glaswaren** (fortgesetzt)				
Ref. Nr.	**Art des Raumes, Aufgabe oder Tätigkeit**	$\bar{E}_m$	UGR_L	R_a	**Bemerkungen**
2.4.4	Schleifen, Gravieren, Polieren von Glas, Formen kleiner Teile, Herstellung von Glasinstrumenten	750	19	80	Für hohe Hallen siehe 4.6.2.
2.4.5	Schleifen optischer Gläser, Kristallglas, Handschleifen und Gravieren, Arbeiten an mittelgroßen Teilen	750	16	80	
2.4.6	Feine Arbeiten, z. B. Schleifen von Verzierungen (Dekorationsschleifen), Handmalerei	1 000	16	90	$T_{CP} \geq 4\,000$ K.
2.4.7	Herstellung/Bearbeitung synthetischer Edelsteine	1 500	16	90	$T_{CP} \geq 4\,000$ K.
2.5	**Chemische Industrie, Kunststoff- und Gummiindustrie**				
Ref. Nr.	**Art des Raumes, Aufgabe oder Tätigkeit**	$\bar{E}_m$	UGR_L	R_a	**Bemerkungen**
2.5.1	Verfahrenstechnische Anlagen mit Fernbedienung	50	–	20	Sicherheitsfarben müssen erkennbar sein.
2.5.2	Verfahrenstechnische Anlagen mit gelegentlichen manuellen Eingriffen	150	28	40	
2.5.3	Ständig besetzte Arbeitsplätze in verfahrenstechnischen Anlagen	300	25	80	
2.5.4	Präzisionsmessräume, Laboratorien	500	19	80	
2.5.5	Arzneimittelherstellung	500	22	80	
2.5.6	Reifenproduktion	500	22	80	
2.5.7	Farbprüfung	1 000	16	90	$T_{CP} \geq 4\,000$ K.
2.5.8	Zuschneiden, Nachbearbeiten, Kontrollarbeiten	750	19	80	
2.6	**Elektro-Industrie**				
Ref. Nr.	**Art des Raumes, Aufgabe oder Tätigkeit**	$\bar{E}_m$	UGR_L	R_a	**Bemerkungen**
2.6.1	Kabel- und Drahterherstellung	300	25	80	Für hohe Hallen siehe 4.6.2.
2.6.2	Wickeln — große Spulen — mittlere Spulen — feine Spulen	 300 500 750	 25 22 19	 80 80 80	 Für hohe Hallen siehe 4.6.2. Für hohe Hallen siehe 4.6.2. Für hohe Hallen siehe 4.6.2.
2.6.3	Imprägnieren von Spulen	300	25	80	Für hohe Hallen siehe 4.6.2.
2.6.4	Galvanisieren	300	25	80	Für hohe Hallen siehe 4.6.2.
2.6.5	Montagearbeiten — grobe, z. B. große Transformatoren — mittelfeine, z. B. Schalttafeln — feine, z. B. Telefone — sehr feine, z. B. Messinstrumente	 300 500 750 1 000	 25 22 19 16	 80 80 80 80	 Für hohe Hallen siehe 4.6.2. Für hohe Hallen siehe 4.6.2.
2.6.6	Elektronikwerkstätten, Prüfen, Justieren	1 500	16	80	

Tabelle 5.2 — Industrielle und handwerkliche Tätigkeiten (fortgesetzt)

2.7	**Nahrungs- und Genussmittelindustrie**				
Ref. Nr.	**Art des Raumes, Aufgabe oder Tätigkeit**	$\bar{E}_m$	UGR_L	R_a	**Bemerkungen**
2.7.1	Arbeitsplätze und -zonen in — Brauereien, auf Malzböden, — zum Waschen, zum Abfüllen in Fässern, zur Reinigung, zum Sieben, zum Schälen, — zum Kochen in Konserven- und Schokoladenfabriken, — Arbeitsplätze und -zonen in Zuckerfabriken, — zum Trocknen und Fermentieren von Rohtabak, Gärkeller	200	25	80	
2.7.2	Sortieren und Waschen von Produkten, Mahlen, Mischen, Abpacken	300	25	80	
2.7.3	Arbeitsplätze und kritische Zonen in Schlachthöfen, Metzgereien, Molkereien, Mühlen, auf Filterböden in Zuckerraffinerien	500	25	80	
2.7.4	Schneiden und Sortieren von Obst und Gemüse	300	25	80	
2.7.5	Herstellung von Feinkost-Nahrungsmitteln, Küchenarbeit, Herstellung von Zigarren und Zigaretten	500	22	80	
2.7.6	Kontrolle von Gläsern und Flaschen, Produktkontrolle, Garnieren, Sortieren, Dekorieren	500	22	80	
2.7.7	Laboratorien	500	19	80	
2.7.8	Farbkontrolle	1 000	16	90	$T_{CP} \geq 4\,000$ K.

2.8	**Gießerei und Metallguss**				
Ref. Nr.	**Art des Raumes, Aufgabe oder Tätigkeit**	$\bar{E}_m$	UGR_L	R_a	**Bemerkungen**
2.8.1	Begehbare Unterflurtunnel, Keller usw.	50	–	20	Sicherheitsfarben müssen erkennbar sein
2.8.2	Bühnen	100	25	40	
2.8.3	Sandaufbereitung	200	25	80	Für hohe Hallen siehe 4.6.2.
2.8.4	Gussputzerei	200	25	80	Für hohe Hallen siehe 4.6.2.
2.8.5	Arbeitsplätze am Kupolofen und am Mischer	200	25	80	Für hohe Hallen siehe 4.6.2
2.8.6	Gießhallen	200	25	80	Für hohe Hallen siehe 4.6.2.
2.8.7	Ausleerstellen	200	25	80	Für hohe Hallen siehe 4.6.2.
2.8.8	Maschinenformerei	200	25	80	Für hohe Hallen siehe 4.6.2.
2.8.9	Hand- und Kernformerei	300	25	80	Für hohe Hallen siehe 4.6.2.
2.8.10	Druckgießerei	300	25	80	Für hohe Hallen siehe 4.6.2.
2.8.11	Modellbau	500	22	80	Für hohe Hallen siehe 4.6.2.

Tabelle 5.2 — Industrielle und handwerkliche Tätigkeiten (fortgesetzt)

2.9	**Friseure/Coiffeure**				
Ref. Nr.	**Art des Raumes, Aufgabe oder Tätigkeit**	$\bar{E}_m$	UGR_L	R_a	**Bemerkungen**
2.9.1	Haarpflege	500	19	90	
2.10	**Schmuckherstellung**				
Ref. Nr.	**Art des Raumes, Aufgabe oder Tätigkeit**	$\bar{E}_m$	UGR_L	R_a	**Bemerkungen**
2.10.1	Bearbeitung von Edelsteinen	1 500	16	90	$T_{CP} \geq 4\,000$ K.
2.10.2	Herstellung von Schmuckwaren	1 000	16	90	
2.10.3	Uhrenmacherei (Handarbeit)	1 500	16	80	
2.10.4	Uhrenherstellung (automatisch)	500	19	80	
2.11	**Wäschereien und chemische Reinigung**				
Ref. Nr.	**Art des Raumes, Aufgabe oder Tätigkeit**	$\bar{E}_m$	UGR_L	R_a	**Bemerkungen**
2.11.1	Wareneingang, Auszeichnen und Sortieren	300	25	80	
2.11.2	Waschen und chemische Reinigung	300	25	80	
2.11.3	Bügeln und Pressen	300	25	80	
2.11.4	Kontrolle und Ausbessern	750	19	80	
2.12	**Leder und Lederwaren**				
Ref. Nr.	**Art des Raumes, Aufgabe oder Tätigkeit**	$\bar{E}_m$	UGR_L	R_a	**Bemerkungen**
2.12.1	Arbeiten an Bottichen, Fässern, Gruben	200	25	40	
2.12.2	Schaben, Spalten, Schleifen, Walken der Häute	300	25	80	
2.12.3	Sattlerarbeiten, Schuhherstellung: Steppen, Nähen, Polieren, Pressen, Zuschneiden, Stanzen	500	22	80	
2.12.4	Sortieren	500	22	90	$T_{CP} \geq 4\,000$ K.
2.12.5	Lederfärben (maschinell)	500	22	80	
2.12.6	Qualitätskontrolle	1 000	19	80	
2.12.7	Farbprüfung	1 000	16	90	$T_{CP} \geq 4\,000$ K.
2.12.8	Schuhmacherei	500	22	80	
2.12.9	Handschuhherstellung	500	22	80	
2.13	**Metallbe- und -verarbeitung**				
Ref. Nr.	**Art des Raumes, Aufgabe oder Tätigkeit**	$\bar{E}_m$	UGR_L	R_a	**Bemerkungen**
2.13.1	Freiformschmieden	200	25	60	
2.13.2	Gesenkschmieden	300	25	60	
2.13.3	Schweißen	300	25	60	
2.13.4	Grobe und mittlere Maschinenarbeiten: Toleranzen ≥ 0,1 mm	300	22	60	

Tabelle 5.2 — Industrielle und handwerkliche Tätigkeiten (fortgesetzt)

2.13	**Metallbe- und -verarbeitung** (fortgesetzt)				
Ref. Nr.	**Art des Raumes, Aufgabe oder Tätigkeit**	$\bar{E}_m$	UGR_L	R_a	**Bemerkungen**
2.13.5	Feine Maschinenarbeiten, Schleifen: Toleranzen < 0,1 mm	500	19	60	
2.13.6	Anreißen, Kontrolle	750	19	60	
2.13.7	Draht- und Rohrzieherei, Kaltverformung	300	25	60	
2.13.8	Verarbeitung von schweren Blechen: Dicke ≥ 5 mm	200	25	60	
2.13.9	Verarbeitung von leichten Blechen: Dicke < 5 mm	300	22	60	
2.13.10	Herstellung von Werkzeugen und Schneidwaren	750	19	60	
2.13.11	Montagearbeiten:				
	— grobe	200	25	80	Für hohe Hallen siehe 4.6.2.
	— mittelfeine	300	25	80	Für hohe Hallen siehe 4.6.2.
	— feine	500	22	80	Für hohe Hallen siehe 4.6.2.
	— sehr feine	750	19	80	Für hohe Hallen siehe 4.6.2.
2.13.12	Galvanisieren	300	25	80	Für hohe Hallen siehe 4.6.2.
2.13.13	Oberflächenbearbeitung und Lackierung	750	25	80	
2.13.14	Werkzeug-. Lehren- und Vorrichtungsbau, Präzisions- und Mikromechanik	1 000	19	80	

2.14	**Papier und Papierwaren**				
Ref. Nr.	**Art des Raumes, Aufgabe oder Tätigkeit**	$\bar{E}_m$	UGR_L	R_a	**Bemerkungen**
2.14.1	Arbeiten an Holländern, Kollergängen, Holzschleiferei	200	25	80	Für hohe Hallen siehe 4.6.2.
2.14.2	Papierherstellung und -verarbeitung, Papier- und Wellpappemaschinen, Kartonagenfabrikation	300	25	80	Für hohe Hallen siehe 4.6.2.
2.14.3	Allgemeine Buchbinderarbeiten, z. B. Falten, Sortieren, Leimen, Schneiden, Prägen, Nähen	500	22	80	

2.15	**Kraftwerke**				
Ref. Nr.	**Art des Raumes, Aufgabe oder Tätigkeit**	$\bar{E}_m$	UGR_L	R_a	**Bemerkungen**
2.15.1	Kraftstoff-Versorgungsanlagen	50	–	20	Sicherheitsfarben müssen erkennbar sein.
2.15.2	Kesselhäuser	100	28	40	
2.15.3	Maschinenhallen	200	25	80	Für hohe Hallen siehe 4.6.2..
2.15.4	Nebenräume, z. B. Pumpenräume, Kondensatorräume usw.; Schaltanlagen (in Gebäuden)	200	25	60	

Tabelle 5.2 — Industrielle und handwerkliche Tätigkeiten (fortgesetzt)

2.15	**Kraftwerke** (fortgesetzt)				
Ref. Nr.	**Art des Raumes, Aufgabe oder Tätigkeit**	$\bar{E}_m$	UGR_L	R_a	**Bemerkungen**
2.15.5	Schaltwarten	500	16	80	1. Schalttafeln sind oft vertikal angeordnet. 2. Helligkeitssteuerung kann erforderlich sein. 3. Bildschirmarbeit siehe 4.11.
2.15.6	Außen-Schaltanlagen	20	–	20	Sicherheitsfarben müssen erkennbar sein.
2.16	**Druckereien**				
Ref. Nr.	**Art des Raumes, Aufgabe oder Tätigkeit**	$\bar{E}_m$	UGR_L	R_a	**Bemerkungen**
2.16.1	Zuschneiden, Vergolden, Prägen, Ätzen von Klischees, Arbeiten an Steinen und Platten, Druckmaschinen, Matrizenherstellung	500	19	80	
2.16.2	Papiersortierung und Handdruck	500	19	80	
2.16.3	Typensatz, Retusche, Lithographie	1 000	19	80	
2.16.4	Farbkontrolle bei Mehrfarbendruck	1 500	16	90	$T_{CP} \geq$ 4 000 K.
2.16.5	Stahl- und Kupferstich	2 000	16	80	Bezüglich der Lichtrichtung siehe 4.5.2.
2.17	**Walz-, Hütten- und Stahlwerke**				
Ref. Nr.	**Art des Raumes, Aufgabe oder Tätigkeit**	$\bar{E}_m$	UGR_L	R_a	**Bemerkungen**
2.17.1	Produktionsanlagen ohne manuelle Eingriffe	50	–	20	Sicherheitsfarben müssen erkennbar sein.
2.17.2	Produktionsanlagen mit gelegentlichen manuellen Eingriffen	150	28	40	
2.17.3	Produktionsanlagen mit ständigen manuellen Eingriffen	200	25	80	Für hohe Hallen siehe 4.6.2.
2.17.4	Brammenlager	50	–	20	Sicherheitsfarben müssen erkennbar sein.
2.17.5	Hochofen	200	25	20	Sicherheitsfarben müssen erkennbar sein.
2.17.6	Walzstraße, Haspel, Scheren- / Trennstrecken	300	25	40	
2.17.7	Steuerbühnen, Kontrollstände	300	22	80	
2.17.8	Test-, Mess- und Inspektionsplätze	500	22	80	
2.17.9	Begehbare Unterflurtunnel, Bandstrecken, Keller usw.	50	–	20	Sicherheitsfarben müssen erkennbar sein.

Tabelle 5.2 — Industrielle und handwerkliche Tätigkeiten (fortgesetzt)

2.18	**Textilherstellung und -verarbeitung**				
Ref. Nr.	**Art des Raumes, Aufgabe oder Tätigkeit**	$\bar{E}_m$	UGR_L	R_a	**Bemerkungen**
2.18.1	Arbeitsplätze und -zonen an Bädern, Ballen aufbrechen	200	25	60	
2.18.2	Krempeln, Waschen, Bügeln, Arbeiten am Reißwolf, Strecken, Kämmen, Schlichten, Kartenschlagen, Vorspinnen, Jute- und Hanfspinnen	300	22	80	
2.18.3	Spinnen, Zwirnen, Spulen, Winden	500	22	80	Stroboskopische Effekte vermeiden.
2.18.4	Zetteln, Weben, Flechten, Stricken	500	22	80	Stroboskopische Effekte vermeiden.
2.18.5	Nähen, Feinstricken, Maschenaufnehmen	750	22	80	
2.18.6	Entwerfen, Musterzeichnen	750	22	90	$T_{CP} \geq 4\,000$ K.
2.18.7	Zurichten, Färben	500	22	80	
2.18.8	Trocknungsraum	100	28	60	
2.18.9	Automatisches Stoffdrucken	500	25	80	
2.18.10	Noppen, Ketteln, Putzen	1 000	19	80	
2.18.11	Farbkontrolle, Stoffkontrolle	1 000	16	90	$T_{CP} \geq 4\,000$ K.
2.18.12	Kunststopfen	1 500	19	90	$T_{CP} \geq 4\,000$ K.
2.18.13	Hutherstellung	500	22	80	

2.19	**Automobilbau**				
Ref. Nr.	**Art des Raumes, Aufgabe oder Tätigkeit**	$\bar{E}_m$	UGR_L	R_a	**Bemerkungen**
2.19.1	Karosseriebau und Montage	500	22	80	
2.19.2	Lackieren, Spritzkabinen, Schleifkabinen	750	22	80	
2.19.3	Lackieren: Ausbessern, Inspektion	1 000	19	90	$T_{CP} \geq 4\,000$ K.
2.19.4	Polsterei	1 000	19	80	
2.19.5	Endkontrolle	1 000	19	80	

2.20	**Holzbe- und -verarbeitung**				
Ref. Nr.	**Art des Raumes, Aufgabe oder Tätigkeit**	$\bar{E}_m$	UGR_L	R_a	**Bemerkungen**
2.20.1	Automatische Bearbeitung, z. B. Trocknung, Schichtholzherstellung	50	28	40	
2.20.2	Dämpfgruben	150	28	40	
2.20.3	Sägegatter	300	25	60	Stroboskopische Effekte vermeiden.
2.20.4	Arbeiten an der Hobelbank, Leimen, Zusammenbau	300	25	80	
2.20.5	Schleifen, Lackieren, Modelltischlerei	750	22	80	
2.20.6	Arbeiten an Holzbearbeitungsmaschinen, z. B. Drechseln, Kehlen, Abrichten, Fugen, Schneiden, Sägen, Fräsen	500	19	80	Stroboskopische Effekte vermeiden.

Tabelle 5.2 — Industrielle und handwerkliche Tätigkeiten (fortgesetzt)

2.20	**Holzbe- und -verarbeitung** (fortgesetzt)				
Ref. Nr.	**Art des Raumes, Aufgabe oder Tätigkeit**	$\bar{E}_m$	UGR_L	R_a	**Bemerkungen**
2.20.7	Auswahl von Furnierhölzern	750	22	90	$T_{CP} \geq 4\,000$ K.
2.20.8	Marketerie, Holzeinlegearbeiten	750	22	90	$T_{CP} \geq 4\,000$ K.
2.20.9	Qualitätskontrolle	1 000	19	90	$T_{CP} \geq 4\,000$ K.

Tabelle 5.3 — Büros

3	**Büros**				
Ref. Nr.	**Art des Raumes, Aufgabe oder Tätigkeit**	$\bar{E}_m$	UGR_L	R_a	**Bemerkungen**
3.1	Ablegen, Kopieren, Verkehrszonen usw.	300	19	80	
3.2	Schreiben, Schreibmaschine-schreiben, Lesen, Datenverarbeitung	500	19	80	Bildschirmarbeit siehe 4.11.
3.3	Technisches Zeichnen	750	16	80	
3.4	CAD-Arbeitsplätze	500	19	80	Bildschirmarbeit: siehe 4.11.
3.5	Konferenz- und Besprechungsräume	500	19	80	Beleuchtung sollte regelbar sein.
3.6	Empfangstheke	300	22	80	
3.7	Archive	200	25	80	

Tabelle 5.4 — Verkaufsräume

4	**Verkaufsräume**				
Ref. Nr.	**Art des Raumes, Aufgabe oder Tätigkeit**	$\bar{E}_m$	UGR_L	R_a	**Bemerkungen**
4.1	Verkaufsbereich	300	22	80	Beleuchtungsstärke und Blendungsbegrenzung sind von der Geschäftsart abhängig.
4.2	Kassenbereich	500	19	80	
4.3	Packtisch	500	19	80	

Tabelle 5.5 — Öffentliche Bereiche

5.1	**Allgemeine Bereiche**				
Ref. Nr.	**Art des Raumes, Aufgabe oder Tätigkeit**	$\bar{E}_m$	UGR_L	R_a	**Bemerkungen**
5.1.1	Eingangshallen	100	22	80	UGR nur wenn anwendbar.
5.1.2	Garderoben	200	25	80	
5.1.3	Warteräume	200	22	80	
5.1.4	Kassen/Schalter	300	22	80	

Tabelle 5.5 — Öffentliche Bereiche (fortgesetzt)

5.2	**Restaurants und Hotels**				
Ref. Nr.	**Art des Raumes, Aufgabe oder Tätigkeit**	$\bar{E}_m$	UGR_L	R_a	**Bemerkungen**
5.2.1	Empfangs-/Kassentheke, Portiertheke	300	22	80	
5.2.2	Küchen	500	22	80	Es sollte eine Übergangszone zwischen Küche und Restaurant vorhanden sein.
5.2.3	Restaurants, Speiseräume, Funktionsräume	–	–	80	Die Beleuchtung sollte so gestaltet sein, dass eine angemessene Atmosphäre geschaffen wird.
5.2.4	Selbstbedienungsrestaurants	200	22	80	
5.2.5	Buffet	300	22	80	
5.2.6	Konferenzräume	500	19	80	Beleuchtung sollte regelbar sein.
5.2.7	Flure	100	25	80	Während der Nacht ist ein geringeres Niveau zulässig.
5.3	**Theater, Konzerthallen, Kinos**				
Ref. Nr.	**Art des Raumes, Aufgabe oder Tätigkeit**	$\bar{E}_m$	UGR_L	R_a	**Bemerkungen**
5.3.1	Übungsräume, Umkleideräume	300	22	80	Beleuchtung am Make-up-Spiegel darf nicht blenden.
5.4	**Messen und Ausstellungshallen**				
Ref. Nr.	**Art des Raumes, Aufgabe oder Tätigkeit**	$\bar{E}_m$	UGR_L	R_a	**Bemerkungen**
5.4.1	Allgemeinbeleuchtung	300	22	80	
5.5	**Museen**				
Ref. Nr.	**Art des Raumes, Aufgabe oder Tätigkeit**	$\bar{E}_m$	UGR_L	R_a	**Bemerkungen**
5.5.1	Lichtunempfindliche Ausstellungsstücke				Die Beleuchtung wird hauptsächlich von den Ausstellungsanforderungen bestimmt.
5.5.2	Lichtempfindliche Ausstellungsstücke				1. Die Beleuchtung wird hauptsächlich von den Ausstellungsanforderungen bestimmt. 2. Schutz gegen Schädigung ist von höchster Wichtigkeit.
5.6	**Büchereien**				
Ref. Nr.	**Art des Raumes, Aufgabe oder Tätigkeit**	$\bar{E}_m$	UGR_L	R_a	**Bemerkungen**
5.6.1	Bücherregale	200	19	80	
5.6.2	Lesebereiche	500	19	80	
5.6.3	Theken	500	19	80	

Tabelle 5.5 — Öffentliche Bereiche (fortgesetzt)

5.7	**Parkgaragen**				
Ref. Nr.	**Art des Raumes, Aufgabe oder Tätigkeit**	$\bar{E}_m$	UGR_L	R_a	**Bemerkungen**
5.7.1	Ein- und Ausfahrtwege (während des Tages)	300	25	20	1. Beleuchtungsstärke am Boden. 2. Sicherheitsfarben müssen erkennbar sein.
5.7.2	Ein- und Ausfahrtwege (während der Nacht)	75	25	20	1. Beleuchtungsstärke am Boden. 2. Sicherheitsfarben müssen erkennbar sein.
5.7.3	Fahrwege	75	25	20	1. Beleuchtungsstärke am Boden. 2. Sicherheitsfarben müssen erkennbar sein.
5.7.4	Park-/Abstellflächen	75	–	20	1. Beleuchtungsstärke am Boden. 2. Sicherheitsfarben müssen erkennbar sein. 3. Eine hohe vertikale Beleuchtungsstärke erhöht die Erkennbarkeit menschlicher Gesichter und damit das Gefühl der Sicherheit.
5.7.5	Schalter	300	19	80	1. Reflexe an den Fenstern sind zu vermeiden. 2. Blendung von außen ist zu vermeiden.

Tabelle 5.6 — Ausbildungseinrichtungen

6.1	**Kindergärten, Spielschulen (Vorschulen)**				
Ref. Nr.	**Art des Raumes, Aufgabe oder Tätigkeit**	$\bar{E}_m$	UGR_L	R_a	**Bemerkungen**
6.1.1	Spielzimmer	300	19	80	
6.1.2	Krippenräume	300	19	80	
6.1.3	Bastelräume (Handarbeitsräume)	300	19	80	
6.2	**Ausbildungsstätten**				
Ref. Nr.	**Art des Raumes, Aufgabe oder Tätigkeit**	$\bar{E}_m$	UGR_L	R_a	**Bemerkungen**
6.2.1	Unterrichtsräume in Grund- und weiterführenden Schulen	300	19	80	Beleuchtung sollte steuerbar sein.
6.2.2	Unterrichtsräume für Abendklassen und Erwachsenenbildung	500	19	80	Beleuchtung sollte steuerbar sein.
6.2.3	Hörsäle	500	19	80	Beleuchtung sollte steuerbar sein.
6.2.4	Wandtafel	500	19	80	Reflexblendung vermeiden.
6.2.5	Demonstrationstisch	500	19	80	In Hörsälen 750 lx.
6.2.6	Zeichensäle	500	19	80	
6.2.7	Zeichensäle in Kunstschulen	750	19	90	$T_{CP} \geq 5\,000$ K.
6.2.8	Räume für technisches Zeichnen	750	16	80	
6.2.9	Übungsräume und Laboratorien	500	19	80	
6.2.10	Handarbeitsräume	500	19	80	

Tabelle 5.6 — Ausbildungseinrichtungen (fortgesetzt)

6.2	**Ausbildungsstätten** (fortgesetzt)				
Ref. Nr.	**Art des Raumes, Aufgabe oder Tätigkeit**	$\bar{E}_m$	UGR_L	R_a	**Bemerkungen**
6.2.11	Lehrwerkstätten	500	19	80	
6.2.12	Musikübungsräume	300	19	80	
6.2.13	Computerübungsräume	300	19	80	Bildschirmarbeit siehe 4.11.
6.2.14	Sprachlaboratorien	300	19	80	
6.2.15	Vorbereitungsräume und Werkstätten	500	22	80	
6.2.16	Eingangshallen	200	22	80	
6.2.17	Verkehrsflächen, Flure	100	25	80	
6.2.18	Treppen	150	25	80	
6.2.19	Gemeinschaftsräume für Schüler / Studenten und Versammlungsräume	200	22	80	
6.2.20	Lehrerzimmer	300	19	80	
6.2.21	Bibliotheken: Bücherregale	200	19	80	
6.2.22	Bibliotheken: Lesebereiche	500	19	80	
6.2.23	Lehrmittelsammlung	100	25	80	
6.2.24	Sporthallen, Gymnastikräume, Schwimmbäder (allgemeine Nutzung)	300	22	80	Für besondere Nutzungen gelten die Anforderungen in EN 12193.
6.2.25	Schulkantinen	200	22	80	
6.2.26	Küchen	500	22	80	

Tabelle 5.7 — Gesundheitseinrichtungen

7.1	**Mehrzweckräume**				
Ref. Nr.	**Art des Raumes, Aufgabe oder Tätigkeit**	$\bar{E}_m$	UGR_L	R_a	**Bemerkungen**
					Alle Beleuchtungsstärken auf dem Boden.
7.1.1	Warteräume	200	22	80	
7.1.2	Flure: während des Tages	200	22	80	
7.1.3	Flure: während der Nacht	50	22	80	
7.1.4	Tagesaufenthaltsräume	200	22	80	
7.2	**Personalräume**				
Ref. Nr.	**Art des Raumes, Aufgabe oder Tätigkeit**	$\bar{E}_m$	UGR_L	R_a	**Bemerkungen**
7.2.1	Dienstzimmer	500	19	80	
7.2.2	Personal-Aufenthaltsräume	300	19	80	
7.3	**Bettenzimmer, Wöchnerinnenzimmer**				
Ref. Nr.	**Art des Raumes, Aufgabe oder Tätigkeit**	$\bar{E}_m$	UGR_L	R_a	**Bemerkungen**
					Zu hohe Leuchtdichten im Gesichtsfeld der Patienten sind zu vermeiden.

Tabelle 5.7 — **Gesundheitseinrichtungen** (fortgesetzt)

7.3	**Bettenzimmer, Wöchnerinnenzimmer** (fortgesetzt)				
Ref. Nr.	**Art des Raumes, Aufgabe oder Tätigkeit**	$\bar{E}_m$	UGR_L	R_a	**Bemerkungen**
7.3.1	Allgemeinbeleuchtung	100	19	80	Beleuchtungsstärke auf dem Boden.
7.3.2	Lesebeleuchtung	300	19	80	
7.3.3	Einfache Untersuchungen	300	19	80	
7.3.4	Untersuchung und Behandlung	1 000	19	90	
7.3.5	Nachtbeleuchtung, Übersichtsbeleuchtung	5	–	80	
7.3.6	Baderäume und Toiletten für Patienten	200	22	80	
7.4	**Untersuchungsräume (allgemein)**				
Ref. Nr.	**Art des Raumes, Aufgabe oder Tätigkeit**	$\bar{E}_m$	UGR_L	R_a	**Bemerkungen**
7.4.1	Allgemeinbeleuchtung	500	19	90	
7.4.2	Untersuchung und Behandlung	1 000	19	90	
7.5	**Augenärztliche Untersuchungsräume**				
Ref. Nr.	**Art des Raumes, Aufgabe oder Tätigkeit**	$\bar{E}_m$	UGR_L	R_a	**Bemerkungen**
7.5.1	Allgemeinbeleuchtung	300	19	80	
7.5.2	Untersuchung des äußeren Auges	1 000	–	90	
7.5.3	Lese- und Farbsehtests mit Sehtafeln	500	16	90	
7.6	**Ohrenärztliche Untersuchungsräume**				
Ref. Nr.	**Art des Raumes, Aufgabe oder Tätigkeit**	$\bar{E}_m$	UGR_L	R_a	**Bemerkungen**
7.6.1	Allgemeinbeleuchtung	300	19	80	
7.6.2	Untersuchung des Ohres	1 000	–	90	
7.7	**Räume der bildgebenden Diagnostik**				
Ref. Nr.	**Art des Raumes, Aufgabe oder Tätigkeit**	$\bar{E}_m$	UGR_L	R_a	**Bemerkungen**
7.7.1	Allgemeinbeleuchtung	300	19	80	
7.7.2	Bildgebende Diagnostik mit Bildverstärkern und Fernsehsystemen	50	19	80	Bildschirmarbeit siehe 4.11.
7.8	**Entbindungsräume**				
Ref. Nr.	**Art des Raumes, Aufgabe oder Tätigkeit**	$\bar{E}_m$	UGR_L	R_a	**Bemerkungen**
7.8.1	Allgemeinbeleuchtung	300	19	80	
7.8.2	Untersuchung und Behandlung	1 000	19	80	
7.9	**Behandlungsräume (allgemein)**				
Ref. Nr.	**Art des Raumes, Aufgabe oder Tätigkeit**	$\bar{E}_m$	UGR_L	R_a	**Bemerkungen**
7.9.1	Dialyse	500	19	80	Beleuchtung sollte regelbar sein.
7.9.2	Dermatologie	500	19	90	
7.9.3	Endoskopieräume	300	19	80	

Tabelle 5.7 — Gesundheitseinrichtungen (fortgesetzt)

Ref. Nr.	Art des Raumes, Aufgabe oder Tätigkeit	$\bar{E}_m$	UGR_L	R_a	Bemerkungen
7.9	**Behandlungsräume (allgemein)** (fortgesetzt)				
Ref. Nr.	**Art des Raumes, Aufgabe oder Tätigkeit**	$\bar{E}_m$	UGR_L	R_a	**Bemerkungen**
7.9.4	Verbandsräume	500	19	80	
7.9.5	Medizinische Bäder	300	19	80	
7.9.6	Massage und Strahlentherapie	300	19	80	
7.10	**Operationsbereich**				
Ref. Nr.	**Art des Raumes, Aufgabe oder Tätigkeit**	$\bar{E}_m$	UGR_L	R_a	**Bemerkungen**
7.10.1	Vorbereitungs- und Aufwachräume	500	19	90	
7.10.2	Operationsräume	1000	19	90	
7.10.3	Operationsfeld				$\bar{E}_m$: 10 000 bis 100 000 lx.
7.11	**Intensivstation**				
Ref. Nr.	**Art des Raumes, Aufgabe oder Tätigkeit**	$\bar{E}_m$	UGR_L	R_a	**Bemerkungen**
7.11.1	Allgemeinbeleuchtung	100	19	90	Beleuchtungsstärke auf dem Boden.
7.11.2	Einfache Untersuchungen	300	19	90	Beleuchtungsstärke auf dem Bett.
7.11.3	Untersuchung und Behandlung	1000	19	90	Beleuchtungsstärke auf dem Bett.
7.11.4	Nachtüberwachung	20	19	90	
7.12	**Zahnärztliche Behandlungsräume**				
Ref. Nr.	**Art des Raumes, Aufgabe oder Tätigkeit**	$\bar{E}_m$	UGR_L	R_a	**Bemerkungen**
7.12.1	Allgemeinbeleuchtung	500	19	90	Beleuchtung sollte blendfrei für den Patienten sein.
7.12.2	Im Patientenbereich	1 000	–	90	
7.12.3	In der Mundhöhle	5 000	–	90	Werte höher als 5 000 lx können erforderlich sein.
7.12.4	Weißabgleich der Zähne	5 000	–	90	$T_{CP} \geq 6\,000$ K.
7.13	**Laboratorien und Apotheken**				
Ref. Nr.	**Art des Raumes, Aufgabe oder Tätigkeit**	$\bar{E}_m$	UGR_L	R_a	**Bemerkungen**
7.13.1	Allgemeinbeleuchtung	500	19	80	
7.13.2	Farbprüfung	1 000	19	90	$T_{CP} \geq 6\,000$ K.
7.14	**Sterilräume**				
Ref. Nr.	**Art des Raumes, Aufgabe oder Tätigkeit**	$\bar{E}_m$	UGR_L	R_a	**Bemerkungen**
7.14.1	Sterilisationsräume	300	22	80	
7.14.2	Desinfektionsräume	300	22	80	
7.15	**Obduktionsräume und Leichenhallen**				
Ref. Nr.	**Art des Raumes, Aufgabe oder Tätigkeit**	$\bar{E}_m$	UGR_L	R_a	**Bemerkungen**
7.15.1	Allgemeinbeleuchtung	500	19	90	
7.15.2	Obduktions- und Seziertisch	5 000	–	90	Werte höher als 5 000 lx können erforderlich sein.

Tabelle 5.8 —Verkehrsbereiche

8.1	**Flughäfen**				
Ref. Nr.	**Art des Raumes, Aufgabe oder Tätigkeit**	$\bar{E}_m$	UGR_L	R_a	**Bemerkungen**
8.1.1	Ankunfts- und Abflughallen, Gepäckausgabe	200	22	80	Für hohe Hallen siehe 4.6.2.
8.1.2	Verkehrsbereiche, Rolltreppen, Fahrbänder	150	22	80	
8.1.3	Informationsschalter, Check-in-Schalter	500	19	80	Bildschirmarbeit siehe 4.11.
8.1.4	Zoll- und Passkontrollschalter	500	19	80	Vertikale Beleuchtung ist wichtig.
8.1.5	Wartebereiche	200	22	80	
8.1.6	Gepäckaufbewahrungsräume	200	25	80	
8.1.7	Bereiche der Sicherheitsüberprüfung	300	19	80	Bildschirmarbeit siehe 4.11.
8.1.8	Flugsicherungsturm	500	16	80	1. Beleuchtung sollte dimmbar sein. 2. Bildschirmarbeit siehe 4.11. 3. Blendung durch Tageslicht sollte vermieden werden. 4. Reflexionen in Fenstern sollten vermieden werden, insbesondere Nachts.
8.1.9	Flugzeughallen für Tests und Reparaturen	500	22	80	Für hohe Hallen siehe 4.6.2.
8.1.10	Bereiche für Triebwerktests	500	22	80	Für hohc Hallen siehe 4.6.2.
8.1.11	Messbereiche in Flugzeughallen	500	22	80	Für hohe Hallen siehe 4.6.2.
8.2	**Bahnanlagen**				
Ref. Nr.	**Art des Raumes, Aufgabe oder Tätigkeit**	$\bar{E}_m$	UGR_L	R_a	**Bemerkungen**
8.2.1	Bahnsteige und Personenunterführungen	50	28	40	
8.2.2	Schalter und Bahnhofshallen	200	28	40	
8.2.3	Schalter- und Büros für Fahrkarten und Gepäck	300	19	80	
8.2.4	Warteräume	200	22	80	

6 Überprüfungen

6.1 Beleuchtungsstärke

Bei der Überprüfung einer Anlagenplanung muss die Lage der Messpunkte mit den Rasterpunkten übereinstimmen, die bei der Planung verwendet wurden.

Für nachfolgende Messungen sind dieselben Rasterpunkte zu verwenden.

Die Beleuchtungsstärke einer Sehaufgabe ist in der Fläche zu messen, in der sich die Sehaufgabe befindet.

ANMERKUNG Bei der Überprüfung der Beleuchtungsstärke sollte darauf geachtet werden, dass das verwendete Beleuchtungsstärkemessgerät kalibriert ist, die Lampen- und Leuchtendaten den veröffentlichten photometrischen Daten entsprechen und die für die Planung angenommenen Reflexionseigenschaften mit den realen Werten übereinstimmen.

Der Mittelwert der Beleuchtungsstärke und die Gleichmäßigkeit muss berechnet werden. Sie dürfen nicht unter den Werten liegen, die in Abschnitt 5 beziehungsweise Tabelle 1 festgelegt sind.

6.2 UGR-Grenzwerte

Überprüfbare UGR-Werte sind durch das Tabellenverfahren wie in CIE Publikation 117 beschrieben zu erstellen und müssen für die Dokumentation der Leuchtenanordnung von den Leuchtenherstellern zur Verfügung gestellt werden. Hersteller, die UGR-Tabellen veröffentlichen und diese mit anderen Abstand-zu-Höhen-Verhältnis erstellt haben, als in der CIE Publikation 117 beschrieben, müssen dieses Verhältnis angeben. Die Reflexionseigenschaften und Abmessungen des Raumes sowie die Anordnung der Leuchten mit den Planungsunterlagen zu vergleichen.

Die Beleuchtungsanlage muss den Planungsannahmen entsprechen.

6.3 Farbwiedergabe-Index

Für die Lampen, die in der Planung vorgesehen sind, muss der Lampenhersteller überprüfbare Angaben über den Farbwiedergabe-Index (R_a) liefern. Die Lampen müssen mit den Planungsunterlagen verglichen werden.

Die Art der Lampen muss in den Planungsunterlagen festgelegt sein.

6.4 Leuchten-Leuchtdichte

Die mittlere Leuchtdichte der Lichtaustrittsflächen der Leuchte muss in der C-Ebene in Intervallen von 15°, beginnend bei 0° für die Ausstrahlwinkel γ 65°, 75° und 85° gemessen und/oder berechnet werden. Üblicherweise werden diese Angaben durch den Hersteller angegeben, basierend auf dem maximalen Lichtstrom (Lampe/ Leuchte).

Die Werte dürfen nicht die Grenzen der Tabelle 4 überschreiten (siehe auch prEN 13032-1).

Anhang A
(informativ)

A-Abweichung

A-Abweichung: Nationale Abweichung, die auf Vorschriften beruht, deren Veränderung zum gegenwärtigen Zeitpunkt außerhalb der Kompetenz des CEN/CENELEC-Mitglieds liegt.

Diese Europäische Norm fällt nicht unter eine EU-Richtlinie.

In Dänemark gilt diese A-Abweichung anstelle der Festlegungen der Europäischen Norm so lange, bis sie zurückgezogen ist.

Dänemark

Dänische Bauvorschriften BR 95 und BR S 98, veröffentlicht von der National Building and Housing Agency.

in Zusammenhang mit den Abschnitten 4, 5 und 6

Entsprechend der Dänischen Bauvorschriften BR 95 und BR S 98 ist der Anwendung von DS 700 vorgeschrieben.

Literaturhinweise

CIE 29.2 1986 Innenraumbeleuchtung, zweite Ausgabe

CIE 40 1978 Berechnungsverfahren für Innenbeleuchtung (Basisverfahren).

CIE 60 1984 Sehleistung und Bildschirmarbeitsplätze.

CIE 97 1994 Wartung von Innenraumbeleuchtungsanlagen.

IEC 60050-845 Internationales elektrotechnisches Wörterbuch — Kapitel 845 „Beleuchtung".

ISO 3864 Sicherheitsfarben und Sicherheitszeichen.

ISO 8995 Grundlagen der visuellen Ergonomie — Die Beleuchtung von Arbeitssystemen in Innenräumen.

ISO 9241-6 Ergonomische Anforderungen an Bildschirmgeräte für Bürotätigkeiten — Teil 6: Leitsätze für die Arbeitsumgebung.

ISO 9241-7 Ergonomische Anforderungen an Bildschirmgeräte für Bürotätigkeiten — Teil 7: Anforderungen an visuelle Anzeigen bezüglich Reflexionen.

90/270/EWG Richtlinie des Rates vom 29. Mai 1990 über die Mindestvorschriften bezüglich der Sicherheit und des Gesundheitsschutzes bei der Arbeit an Bildschirmgeräten.

Stichwortverzeichnis der Räume (Bereiche), Aufgaben und Tätigkeiten

Oktober 2007

DIN EN 12464-2

ICS 91.160.20

Mit DIN EN 12464-1:2003-03
Ersatz für
DIN 5035-2:1990-09

Licht und Beleuchtung – Beleuchtung von Arbeitsstätten – Teil 2: Arbeitsplätze im Freien; Deutsche Fassung EN 12464-2:2007

Light and lighting –
Lighting of work places –
Part 2: Outdoor work places;
German version EN 12464-2:2007

Lumière et éclairage –
Éclairage des lieux de travail –
Partie 2: Lieux de travail extérieurs;
Version allemande EN 12464-2:2007

Gesamtumfang 32 Seiten

Normenausschuss Lichttechnik (FNL) im DIN

Nationales Vorwort

Die Beleuchtung von Arbeitsstätten wurde in Deutschland seit 1935 in der Norm DIN 5035 behandelt, die 1972 im Zuge einer Überarbeitung in mehrere Teile aufgeteilt wurde.

Mit dem Übergang der nationalen auf die europäische Normung wurde CEN/TC 169/WG 2 beauftragt, die unterschiedlichen Regeln in den Mitgliedsstaaten von CEN in eine einheitliche Europäische Norm zu überführen Angesichts sehr unterschiedlicher nationaler Auffassungen erwies sich dies als schwierige Aufgabe, und es wurde beschlossen, zunächst nur die Beleuchtung von Arbeitsstätten in Innenräumen zu behandeln. Hier führten die langjährigen, sehr engagiert geführten Beratungen schließlich zur Verabschiedung und Veröffentlichung der EN 12464-1. Bei der Internationalen Beleuchtungskommission (CIE) parallel geführte Arbeiten mündeten fast zeitgleich in der Veröffentlichung der gegenüber EN 12464-1 sehr ähnlichen Internationalen Norm CIE S 008, die von der ISO übernommen und als Folgeausgabe zu ISO 8995 veröffentlicht wurden.

Die von CEN/TC 169/WG 2 anschließend erarbeiteten Festlegungen zur Beleuchtung von Arbeitsstätten im Freien wurden wenig später als Entwurf prEN 12464-2 veröffentlicht, wobei weitgehend zeitgleich auch hier bei der CIE ähnliche Normungsarbeiten im Technischen Komitee CIE/TC 5-13 durchgeführt wurden. Angesichts einer zwischenzeitlich zwischen CIE und CEN geschlossenen Vereinbarung über eine gegenseitige Zusammenarbeit war dann aber nicht mehr einzusehen, weshalb es im Hinblick auf eine Norm über die Beleuchtung von Arbeitsstätten im Freien erneut zur Veröffentlichung abweichender Regelungen bei CIE/ISO und CEN kommen sollte. Statt dessen einigten sich die zuständigen Gremien darauf, zwar noch getrennte — inhaltlich aber bereits gleiche — Entwürfe bei CIE und CEN zur öffentlichen Umfrage zu bringen, anschließend aber alle Kommentare gemeinsam zu verhandeln, als Ergebnis bei der CIE eine inhaltlich gemeinsam getragene Norm zu veröffentlichen, diese als ISO- und als EN-ISO-Norm zu übernehmen. Gleichzeitig leitete die ISO ein Verfahren ein, die Nummer der bestehenden Norm ISO 8995 über die Beleuchtung von Arbeitsstätten in Innenräumen in ISO 8995-1 abzuändern.

Diese Planung wurde erfolgreich umgesetzt und die CIE veröffentlichte die Internationale Norm CIE S 015, die anschließend sowohl der ISO als auch CEN zur Übernahme als gemeinsame Norm ISO 8995-2 bzw. EN ISO 8995-2 angeboten und von beiden Partnern übernommen werden sollte. Da bei der Abstimmung auf ISO-Ebene die notwendige Zustimmung nicht zustande kam, werden die Festlegungen als DIN EN 12464-2 veröffentlicht.

Die vorliegende Norm DIN EN 12464-2 beruht also auf den Arbeiten von CEN/TC 169/WG 2, in Deutschland im April 2003 veröffentlicht als E DIN EN 12464-2. Für die nationale Mitarbeit waren beim Normenausschuss Lichttechnik (FNL) die Arbeitsausschüsse FNL 11/FGSV 3.9 „Außenbeleuchtung“ und FNL 4 „Innenraumbeleuchtung mit künstlichem Licht“ zuständig.

Änderungen

Gegenüber DIN 5035-2:1990-09 wurden folgende Änderungen vorgenommen:

a) Anpassung der Begriffe an DIN EN 12665 und DIN EN 12464-1;

b) die Aufteilung der Arbeitsstätten im Freien erfolgt detaillierter, wodurch die Planung vereinfacht wird;

c) Festlegung eines Beleuchtungsstärkerasters für die Berechnung und Überprüfung;

d) vollständige Überarbeitung der Blendungsbewertung;

e) Einführung von Kriterien zur Beurteilung der Störwirkung des Lichts.

Frühere Ausgaben

DIN 5035: 1935-11, 1953-07, 1963-08
DIN 5035-2: 1972-01, 1979-10, 1990-06, 1990-09

EUROPÄISCHE NORM
EUROPEAN STANDARD
NORME EUROPÉENNE

EN 12464-2

Juli 2007

ICS 91.160.10; 13.180

Deutsche Fassung

Licht und Beleuchtung — Beleuchtung von Arbeitsstätten — Teil 2: Arbeitsplätze im Freien

Light and lighting —
Lighting of work places —
Part 2: Outdoor work places

Lumière et éclairage —
èclairage des lieux de travail —
Partie 2 : Lieux de travail extérieurs

Diese Europäische Norm wurde vom CEN am 16. Januar 2006 angenommen.

Die CEN-Mitglieder sind gehalten, die CEN/CENELEC-Geschäftsordnung zu erfüllen, in der die Bedingungen festgelegt sind, unter denen dieser Europäischen Norm ohne jede Änderung der Status einer nationalen Norm zu geben ist. Auf dem letzten Stand befindliche Listen dieser nationalen Normen mit ihren bibliographischen Angaben sind beim Management-Zentrum des CEN oder bei jedem CEN-Mitglied auf Anfrage erhältlich.

Diese Europäische Norm besteht in drei offiziellen Fassungen (Deutsch, Englisch, Französisch). Eine Fassung in einer anderen Sprache, die von einem CEN-Mitglied in eigener Verantwortung durch Übersetzung in seine Landessprache gemacht und dem Management-Zentrum mitgeteilt worden ist, hat den gleichen Status wie die offiziellen Fassungen.

CEN-Mitglieder sind die nationalen Normungsinstitute von Belgien, Bulgarien, Dänemark, Deutschland, Estland, Finnland, Frankreich, Griechenland, Irland, Island, Italien, Lettland, Litauen, Luxemburg, Malta, den Niederlanden, Norwegen, Österreich, Polen, Portugal, Rumänien, Schweden, der Schweiz, der Slowakei, Slowenien, Spanien, der Tschechischen Republik, Ungarn, dem Vereinigten Königreich und Zypern.

EUROPÄISCHES KOMITEE FÜR NORMUNG
EUROPEAN COMMITTEE FOR STANDARDIZATION
COMITÉ EUROPÉEN DE NORMALISATION

Management-Zentrum: rue de Stassart, 36 B- 1050 Brüssel

Ref. Nr. EN 12464-2:2007 D

Inhalt

Vorwort

Dieses Dokument (EN 12464-2:2007) wurde vom Technischen Komitee CEN/TC 169 „Licht und Beleuchtung" erarbeitet, dessen Sekretariat vom DIN gehalten wird.

Diese Europäische Norm muss den Status einer nationalen Norm erhalten, entweder durch Veröffentlichung eines identischen Textes oder durch Anerkennung bis Januar 2008, und etwaige entgegenstehende nationale Normen müssen bis Januar 2008 zurückgezogen werden.

Es wird auf die Möglichkeit hingewiesen, dass einige Texte dieses Dokuments Patentrechte berühren können. CEN [und/oder CENELEC] sind nicht dafür verantwortlich, einige oder alle diesbezüglichen Patentrechte zu identifizieren.

EN 12464 „*Licht und Beleuchtung — Beleuchtung von Arbeitsstätten*" wird in 2 Teilen veröffentlicht:

— Teil 1: *Arbeitsstätten in Innenräumen*;

— Teil 2: *Arbeitsplätze im Freien*

Entsprechend der CEN/CENELEC-Geschäftsordnung sind die nationalen Normungsinstitute der folgenden Länder gehalten, diese Europäische Norm zu übernehmen: Belgien, Bulgarien, Dänemark, Deutschland, Estland, Finnland, Frankreich, Griechenland, Irland, Island, Italien, Lettland, Litauen, Luxemburg, Malta, Niederlande, Norwegen, Österreich, Polen, Portugal, Rumänien, Schweden, Schweiz, Slowakei, Slowenien, Spanien, Tschechische Republik, Ungarn, Vereinigtes Königreich und Zypern.

Einleitung

Um es Menschen zu ermöglichen, Sehaufgaben im Freien effektiv und genau insbesondere während der Nacht durchzuführen, muss eine geeignete und angemessene Beleuchtung vorgesehen werden.

Das Niveau von Sichtbarkeit und Sehkomfort, das in einem großen Teil der Arbeitsstätten/Arbeitsplätze im Freien erforderlich ist, wird durch die Art und Dauer der Tätigkeit bestimmt.

Diese Norm legt Anforderungen fest für die Beleuchtung von Sehaufgaben an den meisten Arbeitsstätten/Arbeitsplätzen im Freien und deren zugeordneten Bereichen im Hinblick auf die Quantität und Qualität der Beleuchtung. Zudem werden Empfehlungen für eine gute Beleuchtungspraktik gegeben.

Es ist wichtig, dass neben allen spezifischen Anforderungen, die in der Tabelle der Beleuchtungsanforderungen (siehe Abschnitt 5) aufgeführt sind, auch die Anforderungen der anderen Abschnitte dieser Norm erfüllt werden.

1 Anwendungsbereich

Diese Norm legt die Anforderungen an die Beleuchtung von Arbeitstätten/Arbeitsplätzen im Freien fest, die den Erfordernissen im Hinblick auf Sehkomfort und Sehleistung entsprechen. Alle üblichen Sehaufgaben sind berücksichtigt.

Diese Europäische Norm legt keine Anforderungen an die Beleuchtung von Arbeitsstätten im Hinblick auf den betrieblichen Arbeitsschutz fest und wurde nicht im Anwendungsbereich von Artikel 137 der Europäischen Verträge erarbeitet, obwohl die lichttechnischen Anforderungen, die in dieser Norm enthalten sind, üblicherweise auch die Anforderungen im Hinblick auf Sicherheit erfüllen. Anforderungen an die Beleuchtung von Arbeitsstätten im Hinblick auf den betrieblichen Arbeitsschutz können in nach Artikel 137 der Europäischen Verträge erlassenen Richtlinien enthalten sein, in der nationalen Rechtsetzung der Mitgliedstaaten in Umsetzung dieser Direktiven oder in anderer nationaler Rechtsetzung der Mitgliedstaaten.

Diese Norm legt weder spezielle Lösungen fest, noch schränkt sie die Freiheit des Planers ein, neue Techniken zu erkunden oder innovative Techniken einzusetzen.

2 Normative Verweisungen

Die folgenden zitierten Dokumente sind für die Anwendung dieses Dokuments erforderlich. Bei datierten Verweisungen gilt nur die in Bezug genommene Ausgabe. Bei undatierten Verweisungen gilt die letzte Ausgabe des in Bezug genommenen Dokuments (einschließlich aller Änderungen).

EN 1838, *Angewandte Lichttechnik – Notbeleuchtung*

EN 12193, *Licht und Beleuchtung — Sportstättenbeleuchtung*

EN 12665, *Licht und Beleuchtung — Grundlegende Begriffe und Kriterien für die Festlegung von Anforderungen an die Beleuchtung*

EN 13032-2, *Licht und Beleuchtung — Messung und Darstellung photometrischer Daten von Lampen und Leuchten — Teil 3: Darstellung von Daten für die Notbeleuchtung von Arbeitsstätten*

EN 13201 (alle Teile), *Straßenbeleuchtung*

ISO 3864-1, *Graphical symbols — Safety colours and safety signs — Part 1: Design principles for safety signs in workplaces and public areas*

CIE 150:2003, *Leitfaden zur Begrenzung der Störlichtwirkungen von Außen- Beleuchtungsanlagen*

CIE 154:2003, *Wartung von Außenbeleuchtungsanlagen*

3 Begriffe

Für die Anwendung dieses Dokuments gelten die Begriffe nach EN 12665 und die folgenden Begriffe.

ANMERKUNG Dieser Abschnitt legt Begriffe und Größen fest, die in dieser Norm genutzt werden und wichtig für diese Norm sind und die eventuell nicht in IEC 60050-845/CIE, 17.4 [3] festgelegt sind.

3.1
Geltungszeit
Zeitraum in dem strengere Anforderungen (an die Begrenzung der Störwirkung) gestellt werden; wird häufig als Nutzungsbedingung der Beleuchtung von Behörden vorgegeben, vornehmlich von örtlichen Verwaltungen

3.2
Ungleichmäßigkeit
U_d
Verhältnis der kleinsten Beleuchtungsstärke (Leuchtdichte) zur größten Beleuchtungsstärke (Leuchtdichte) (auf) einer Fläche

3.3
Grenzwert der Blendungsbewertung
GR_L
oberer Grenzwert der Blendung nach dem CIE Blendungsbewertungsverfahren

3.4
Wartungswert der Beleuchtungsstärke
$\bar{E}_m$
Wert, unter den die mittlere Beleuchtungsstärke auf der bestimmten Fläche nicht sinken darf

ANMERKUNG Es handelt sich um die mittlere Beleuchtungsstärke zu dem Zeitpunkt, bei dem eine Wartung durchgeführt werden sollte.

3.5
Störwirkung
(Streu-) Licht, das aufgrund von Quantität, Richtung oder spektraler Eigenschaften in einem bestimmten Zusammenhang Belästigung, Beeinträchtigung oder Ablenkung verursacht oder die Möglichkeit verringert, wichtige Informationen zu sehen

3.6
Streulicht
Licht, das von einer Beleuchtungsanlage emittiert wird und das außerhalb der bestimmungsgemäßen Grenzen fällt, für die die Beleuchtungsanlage ausgelegt ist

3.7
Umgebungsbereich
Ein Streifen, der den Bereich der Sehaufgabe innerhalb des Gesichtsfelds umgibt

ANMERKUNG Dieser Streifen sollte mindestens eine Breite von 2 m haben.

3.8
Bereich der Sehaufgabe
Teilbereich der Arbeitstätten/Arbeitsplätze, in dem die Sehaufgabe ausgeführt wird. Für Arbeitsstätten/Arbeitsplätze, wo die Größe und/oder die Lage des Bereichs der Sehaufgabe nicht bekannt sind, ist der Bereich der Bereich der Sehaufgabe, in dem die Sehaufgabe auftreten kann.

3.9
Gleichmäßigkeit der Beleuchtungsstärke
U_o
Verhältnis der kleinsten Beleuchtungsstärke (Leuchtdichte) zur mittleren Beleuchtungsstärke (Leuchtdichte) (auf) einer Fläche

ANMERKUNG Siehe auch IEC 60050-845/CIE 17.4 [3];845-09-58 Gleichmäßigkeit der Beleuchtungsstärke

3.10
oberer Lichtanteil
ULR
Anteil des Lichtstroms der Leuchte(n), der oberhalb der Horizontalen abgestrahlt wird, wenn die Leuchte(n) sich in ihrer installierten Position und Lage befindet/befinden

3.11
Sehaufgabe
Sehrelevante Elemente der auszuführenden Arbeit

ANMERKUNG Die hauptsächlich sehrelevanten Elemente sind die Größe des zu erkennenden Objektes, dessen Leuchtdichte, dessen Kontrast gegenüber dem Hintergrund und dessen Darbietungsdauer.

3.12
Arbeitsstätte
Ort in den Gebäuden des Unternehmens und/oder Betriebes, der zur Nutzung für Arbeitsplätze vorgesehen ist, einschließlich jedes Ortes auf dem Gelände des Unternehmens und/oder Betriebes, zu dem Arbeitnehmer im Rahmen ihrer Arbeit Zugang haben

3.13
Arbeitsplatz
die Kombination und räumliche Anordnung der Arbeitsmittel innerhalb der Arbeitsumgebung unter den durch die Arbeitsaufgaben erforderlichen Bedingungen

4 Kriterien der Beleuchtungsplanung

4.1 Lichtumgebung

Für eine gute Beleuchtungspraktik ist es wesentlich, dass zusätzlich zur geforderten Beleuchtungsstärke andere quantitative und qualitative Erfordernisse erfüllt werden.

Die Anforderungen an die Beleuchtung werden bestimmt durch das Erfüllen dreier Bedürfnisse des Menschen:

- Sehkomfort, bei dem die arbeitenden Menschen ein Gefühl des Wohlbefindens haben, indirekt auch zu einer hohen Produktivität beitragend,
- Sehleistung, bei der die arbeitenden Menschen in der Lage sind, Sehaufgaben auch unter schwierigen Umständen und über längere Zeit auszuführen,
- Sicherheit.

Hauptmerkmale für die Bestimmung der Lichtumgebung sind:

- Leuchtdichteverteilung,
- Beleuchtungsstärke,
- Blendung,
- Lichtrichtung,
- Farbwiedergabe und Lichtfarbe,
- Flimmern.

Werte der Beleuchtungsstärke, der Blendungsbewertung und der Farbwiedergabe sind in Abschnitt 5 angegeben.

4.2 Leuchtdichteverteilung

Die Leuchtdichteverteilung im Blickfeld bestimmt den Adaptationszustand der Augen, der die Sichtbarkeit der Sehaufgabe beeinflusst.

Eine gut ausgewogene Leuchtdichteverteilung wird benötigt zur Erhöhung von:

— Sehschärfe (Schärfe des Sehens),

— Kontrastempfindlichkeit (Unterscheidung von kleinen relativen Leuchtdichteunterschieden),

— Leistungsfähigkeit der Augenfunktionen (wie z. B. Akkommodation, Konvergenz, Pupillenveränderung, Augenbewegungen).

Die Leuchtdichteverteilung im Blickfeld beeinflusst auch den Sehkomfort. Plötzliche Änderungen der Leuchtdichte sollten vermieden werden.

4.3 Beleuchtungsstärke

Die Beleuchtungsstärke und ihre Verteilung auf dem Bereich der Sehaufgabe und dem Umgebungsbereich haben großen Einfluss darauf, wie schnell, wie sicher und wie leicht eine Person die Sehaufgabe erfasst und ausführt.

Alle in dieser Norm festgelegten Beleuchtungsstärkewerte sind Wartungswerte der Beleuchtungsstärke und sorgen für Sehkomfort, Sehleistung und Erfordernisse der Sicherheit.

4.3.1 Beleuchtungsstärke auf dem Bereich der Sehaufgabe

Die im Abschnitt 5 angegebenen Werte sind Wartungswerte der Beleuchtungsstärke für den Bereich der Sehaufgabe auf der Bewertungsfläche, die horizontal, vertikal oder geneigt sein kann. Unabhängig vom Alter und Zustand der Beleuchtungsanlage darf die mittlere Beleuchtungsstärke für die jeweilige Sehaufgabe nicht unter den im Abschnitt 5 angegebenen Wert fallen.

ANMERKUNG Die Werte gelten für übliche Sehbedingungen und berücksichtigen folgende Faktoren:

— Psycho-physiologische Aspekte wie Sehkomfort und Wohlbefinden,

— Anforderungen für Sehaufgaben,

— visuelle Ergonomie,

— praktische Erfahrung,

— Sicherheit,

— Wirtschaftlichkeit.

Der Wert der Beleuchtungsstärke darf um wenigstens eine Stufe der Beleuchtungsstärken-Skala (siehe unten) angepasst werden, wenn die Sehbedingungen von den üblichen Annahmen abweichen.

Ein Faktor von ungefähr 1,5 stellt den kleinsten signifikanten Unterschied in der subjektiven Wirkung der Beleuchtungsstärke dar. Die empfohlene Beleuchtungsstärke-Skala (in lx) ist:

5 – 10 – 15 – 20 – 30 – 50 – 75 – 100 – 150 – 200 – 300 – 500 – 750 – 1 000 – 1 500 – 2 000

Der geforderte Wartungswert der Beleuchtungsstärke sollte erhöht werden, wenn:

— die visuelle Arbeit kritisch ist,

— sich die Sehaufgabe oder der arbeitende Mensch bewegen,

— Fehler kostspielig zu beheben sind,

— Genauigkeit oder höhere Produktivität von großer Bedeutung ist,

— das Sehvermögen der arbeitenden Person geringer ist als üblich,

— Details der Sehaufgabe besonders klein sind oder niedrige Kontraste aufweisen,

— die Sehaufgabe für eine ungewöhnlich lange Zeit ausgeführt werden muss.

Der geforderte Wartungswert der Beleuchtungsstärke darf niedriger gewählt werden, wenn:

— Details der Sehaufgabe besonders groß sind oder hohe Kontraste aufweisen,

— die Sehaufgabe für eine ungewöhnlich kurze Zeit oder bei nur seltenen Gelegenheiten ausgeführt wird.

4.3.2 Beleuchtungsstärke der Umgebung

Die Beleuchtungsstärke von Umgebungsbereichen muss in Beziehung stehen zu der Beleuchtungsstärke im Bereich der Sehaufgabe und sollte eine ausgewogene Leuchtdichteverteilung im Blickfeld schaffen.

Starke örtliche Schwankungen der Beleuchtungsstärke um den Bereich der Sehaufgabe herum können zu visueller Belastung und zu Beeinträchtigung führen.

Die Beleuchtungsstärke der Umgebungsbereiche kann niedriger sein als die Beleuchtungsstärke des Bereiches der Sehaufgabe, darf aber die in Tabelle 1 angegebenen Werte nicht unterschreiten.

Tabelle 1 — Zusammenhang von Wartungswerten der Beleuchtungsstärke des Umgebungsbereiches zum Bereich der Sehaufgabe

Beleuchtungsstärke im Bereich der Sehaufgabe lx	**Beleuchtungsstärke im Umgebungsbereich** lx
$\geq$ 500	100
300	75
200	50
150	30
$50 \leq \bar{E}_m \leq 100$	20
< 50	keine Angabe

Zusätzlich zur Beleuchtungsstärke im Bereich der Sehaufgabe muss die Beleuchtung auch eine angemessene Adaptations-Leuchtdichte entsprechend 4.2 erzeugen.

4.3.3 Beleuchtungsstärke-Raster

Für die Bereiche der Sehaufgabe und die Umgebungsbereiche muss ein Raster-System erstellt werden, um die Punkte festzulegen, in welchen die Beleuchtungsstärkewerte berechnet und überprüft werden können.

Raster, die näherungsweise quadratisch sind, werden bevorzugt. Das Längen-zu-Breiten-Verhältnis einer Rasterzelle muss zwischen 0,5 und 2 liegen (siehe auch EN 12193). Die Rastergröße darf maximal

$$p = 0{,}2 \cdot 5^{\log d} \tag{1}$$

betragen.

Dabei ist

d die längere Seite der Fläche (m), wenn das Verhältnis der längeren zu der kürzeren Seite kleiner als 2 ist, andernfalls ist d die kürzere Seite der Fläche, und

p die maximale Rasterzellengröße (m).

Der Wert von p sollte stets kleiner oder gleich 10 m sein.

4.3.4 Gleichmäßigkeit und Ungleichmäßigkeit

Der Bereich der Sehaufgabe muss so gleichmäßig wie möglich beleuchtet werden. Die Gleichmäßigkeit der Beleuchtungsstärke im Bereich der Sehaufgabe darf nicht geringer sein als die Werte, die in Abschnitt 5 angegeben sind. Die Gleichmäßigkeit der Umgebung darf nicht geringer sein als 0,10.

In einigen Fällen wie z. B. bei Bahnbereichen ist auch die Ungleichmäßigkeit ein wichtiges Qualitätsmerkmal.

4.4 Blendung

Blendung ist eine Empfindung, die durch helle Flächen im Blickfeld hervorgerufen wird und entweder als psychologische Blendung oder als physiologische Blendung erfahren werden kann. Blendung, die durch Reflexionen auf spiegelnden Oberflächen verursacht wird, ist allgemein bekannt als Schleierreflexion oder Reflexblendung.

Es ist wichtig, die Blendung von Nutzern zu begrenzen, um Fehler, Ermüdung und Unfälle zu vermeiden.

ANMERKUNG Besondere Sorgfalt ist geboten, um Blendung zu vermeiden, wenn die Blickrichtung oberhalb der Horizontalen verläuft.

4.4.1 Blendungswert

Die Blendung, die unmittelbar durch Leuchten einer Beleuchtungsanlage im Freien erzeugt wird, ist nach der CIE Blendungswert (*GR*)–Methode zu bestimmen, basierend auf der Formel:

$$GR = 27 + 24 \log_{10} \left(\frac{L_{\mathrm{vl}}}{L_{\mathrm{ve}}^{\;0{,}9}} \right) \tag{2}$$

Dabei ist

L_{vl} die gesamte Schleierleuchtdichte in cd/m², welche von der Beleuchtungsanlage verursacht wird. Sie ist die Summe der Schleierleuchtdichten, die von den einzelnen Leuchten verursacht werden. ($L_{\mathrm{vl}} = L_{\mathrm{v1}} + L_{\mathrm{v2}} + \ldots + L_{\mathrm{vn}}$). Die Schleierleuchtdichte der einzelnen Leuchten wird berechnet als $L_{\mathrm{v}} = 10 \cdot (E_{eye} \cdot \theta^{-2})$, wobei E_{eye} die Beleuchtungsstärke am Auge des Beobachters auf einer Ebene senkrecht zur Blickrichtung ist (2° unter horizontal, siehe Bild 1) und θ der Winkel zwischen der Blicklinie des Beobachters und der (Licht-)Ausstrahlrichtung der einzelnen Leuchte ist.

L_{ve} die äquivalente Schleierleuchtdichte des Umfeldes in cd/m^2. Ausgehend von der Annahme, dass die Reflexion des Umfeldes vollkommen diffus erfolgt, kann die äquivalente Schleierleuchtdichte berechnet werden als $L_{ve} = 0{,}035 \cdot \rho \cdot E_{hav} \cdot \pi^{-1}$. Dabei ist ρ der mittlere Reflexionsgrad und E_{hav} die mittlere horizontale Beleuchtungsstärke des Bereichs.

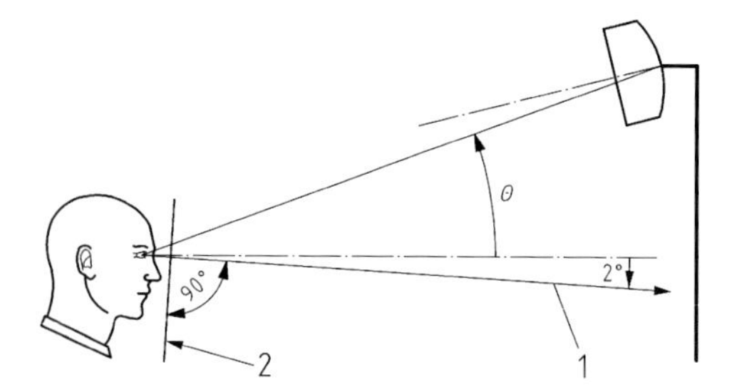

Legende

1 Blickrichtung

2 Ebene von E_{eye}

Bild 1 — Der Winkel zwischen der Blickrichtung des Beobachters und der Richtung des Lichteinfalls der einzelnen Leuchte

ANMERKUNG *GR* sollte berechnet werden in Rasterpositionen nach 4.3.3, in 45°-Intervallen radial um die Rasterpunkte wobei die 0°-Richtung parallel zu der längeren Seite des Bereichs der Sehaufgabe angenommen werden soll.

Alle bei der Bestimmung des *GR*-Wertes getroffenen Annahmen müssen in der Dokumentation der Planung aufgeführt werden. Der *GR*-Wert der Beleuchtungsanlage darf den in Abschnitt 5 angegebenen GR_L-Grenzwert nicht überschreiten.

4.4.2 Schleierreflexionen und Reflexblendung

Reflexionen hoher Helligkeit auf der Sehaufgabe können die Sichtbarkeit der Sehaufgabe verändern, in der Regel nachteilig. Schleierreflexionen und Reflexblendung können verhindert oder reduziert werden durch folgende Maßnahmen:

— geeignete Anordnung der Leuchten und Arbeitsstätten/Arbeitsplätze,

— Oberflächengestaltung (z. B. matte Oberflächen),

— Leuchtdichtebegrenzung der Leuchten,

— Vergrößerung der leuchtenden Fläche der Leuchte.

4.5 Störwirkung

Um die nächtliche Umgebung zu schützen und zu verbessern, ist es notwendig, Störwirkungen (auch als Lichtverschmutzung bekannt) zu begrenzen, welche ernsthafte physiologische und ökologische Probleme für Personen und Umwelt verursachen können.

Die Grenzwerte für die Störwirkung von Außenbeleuchtungsanlagen zur Minimierung von Problemen für Menschen, Flora und Fauna sind in Tabelle 2 angegeben, für Nutzer von Straßen in Tabelle 3.

Tabelle 2 — Maximal zulässige Störwirkungen von Außenbeleuchtungsanlagen

Umweltzone	Licht am Immissionsort		Lichtstärke der Leuchte		nach oben gerichtetes Licht	Leuchtdichte	
	E_v		I		ULR	L_b	L_s
	lx		cd		%	$cd \cdot m^{-2}$	$cd \cdot m^{-2}$
	Vor Geltungszeit[a]	nach Geltungszeit	Vor Geltungszeit	nach Geltungszeit		Gebäude-fassade	Schilder
E1	2	0	2 500	0	0	0	50
E2	5	1	7 500	500	5	5	400
E3	10	2	10 000	1 000	15	10	800
E4	25	5	25 000	2 500	25	25	1 000

[a] Im Fall, dass eine Geltungszeit nicht gegeben ist, dürfen die höheren Werte nicht überschritten werden und die niedrigeren Werte sollten vorzugsweise als Grenzwerte herangezogen werden.

Dabei ist

E1 dunkle Bereiche, wie z. B. Nationalparks oder geschützte Stätten;

E2 Bereiche mit geringer Gebietshelligkeit, wie z. B. Industriegebiete oder Wohngebiete in ländlicher Umgebung;

E3 Bereiche mit mittlerer Gebietshelligkeit, wie z. B. Industriegebiete oder Wohngebiete in Vororten;

E4 Bereiche hoher Gebietshelligkeit, wie z. B. Stadtzentren und Geschäftszentren

und

E_v ist der Maximalwert der vertikalen Beleuchtungsstärke am Immissionsort in lx;

I ist die Lichtstärke jeder einzelnen Lichtquelle in der potenziellen Störrichtung in cd;

ULR ist der Anteil des Lichtstroms der Leuchte(n), der oberhalb der Horizontalen abgestrahlt wird, wenn die Leuchte(n) sich in ihrer installierten Position und Lage befindet/befinden in %;

L_b ist die höchste mittlere Leuchtdichte einer Fassade eines Gebäudes in $cd \cdot m^{-2}$;

L_s ist die höchste mittlere Leuchtdichte von Schildern in $cd \cdot m^{-2}$.

Tabelle 3 — Höchstwerte der Schwellwerterhöhung für Anlagen, die keine Straßenbeleuchtung darstellen

Licht-technische Parameter	Straßenklassifizierung [a]			
	Keine Straßenbeleuchtung	ME5	ME4/ME3	ME2/ME1
Schwellwert-erhöhung (TI)[b, c, d]	15 % auf der Basis einer Adaptations-leuchtdichte von 0,1 cd · m^{-2}	15 % auf der Basis einer Adaptations-leuchtdichte von 1 cd · m^{-2}	15 % auf der Basis einer Adaptations-leuchtdichte von 2 cd · m^{-2}	15 % auf der Basis einer Adaptations-leuchtdichte von 5 cd · m^{-2}

[a] Straßenbeleuchtungsklassifizierung wie in EN 13201-2 angegeben

[b] TI-Berechnung wie in EN 13201-3 angegeben

[c] Grenzen gelten da, wo bei Verkehrsteilnehmern die Fähigkeit abnimmt, wichtige Informationen zu sehen. Die angeführten Werte gelten für relevante Positionen und für Blickrichtungen in Bewegungsrichtung.

[d] Tabelle 5.2 in CIE 150:2003 enthält entsprechende Werte für die Schleierleuchtdichte L_V.

4.6 Gerichtete Beleuchtung

Gerichtete Beleuchtung kann eingesetzt werden, um Objekte hervorzuheben, Oberflächenstrukturen hervortreten zu lassen sowie das äußere Erscheinungsbild von Menschen zu verbessern. Dies wird mit dem Begriff „Modelling" beschrieben. Die gerichtete Beleuchtung einer Sehaufgabe kann auch Auswirkungen auf die Sichtbarkeit haben.

4.6.1 Modelling

Modelling bezeichnet die Ausgewogenheit zwischen diffusem und gerichtetem Licht. Es ist ein wesentliches Merkmal der Beleuchtungsqualität für praktisch alle Anwendungen. Die Menschen und Gegenstände sollten so beleuchtet werden, dass Form und Oberflächenstrukturen deutlich und angenehm dargestellt werden. Dies wird erreicht, wenn das Licht hauptsächlich aus einer Richtung kommt; dann bilden sich die eindeutigen Schatten, die für ein gutes Modelling so wichtig sind.

Die Beleuchtung sollte nicht zu stark gerichtet sein, weil sich sonst harte Schatten bilden.

4.6.2 Gerichtete Beleuchtung der Sehaufgaben

Beleuchtung aus einer bestimmten Richtung kann Einzelheiten innerhalb einer Sehaufgabe zum Vorschein bringen, ihre Sichtbarkeit erhöhen und die Durchführung der Aufgabe erleichtern. Schleierreflexionen und Reflexblendung sollten vermieden werden, siehe 4.4.2.

4.7 Farbaspekte

Die Farbqualität einer Lampe mit annähernd weißem Licht wird durch zwei Eigenschaften gekennzeichnet:

— die Lichtfarbe der Lampe selber,

— die Farbwiedergabe, welche das farbige Aussehen von Gegenständen und Personen beeinflusst, die von dieser Lampe beleuchtet werden.

Diese beiden Eigenschaften sind voneinander getrennt zu betrachten.

4.7.1 Lichtfarbe

Die „Lichtfarbe" einer Lampe bezieht sich auf die wahrgenommene Farbe (Farbart) des abgestrahlten Lichtes. Sie wird durch ihre ähnlichste Farbtemperatur (T_{CP}) beschrieben.

Die Lichtfarbe kann wie in Tabelle 4 auch beschrieben werden.

Tabelle 4 — Lichtfarben von Lampen

Lichtfarbe	Ähnlichste Farbtemperatur T_{cp} K
Warmweiß	unter 3 300
Neutralweiß	von 3 300 bis 5 300
Tageslichtweiß	über 5 300

Die Auswahl der Lichtfarbe ist eine Frage der Psychologie, der Ästhetik und dessen, was als natürlich angesehen wird.

4.7.2 Farbwiedergabe

Für die Sehleistung, die Behaglichkeit und das Wohlbefinden ist es wichtig, dass Farben in der Umgebung, von Objekten und von menschlicher Haut natürlich wiedergegeben werden.

Zur objektiven Kennzeichnung der Farbwiedergabe-Eigenschaften einer Lichtquelle ist der Allgemeine Farbwiedergabe-Index R_a eingeführt worden. Der höchstmögliche R_a-Wert ist 100. Dieser Wert nimmt bei abnehmender Farbwiedergabequalität ab.

Sicherheitsfarben müssen immer als solche erkennbar sein und Lichtquellen müssen daher einen Farbwiedergabeindex ≥ 20 aufweisen (siehe auch ISO 3864-1).

Der Mindestwert des Farbwiedergabe-Indexes für bestimmte Bereiche, Aufgaben oder Tätigkeiten ist in Abschnitt 5 angegeben.

4.8 Flimmern und stroboskopische Effekte

Flimmern verursacht Störungen und kann physiologische Effekte wie Kopfschmerzen hervorrufen.

Stroboskopeffekte können zu gefährlichen Situationen führen, indem sie die wahrgenommene Bewegung rotierender oder sich hin- und herbewegender Maschinenteile ändern.

Beleuchtungssysteme sollten so ausgelegt werden, dass Flimmern und Stroboskopeffekte vermieden werden.

ANMERKUNG Dies kann im Allgemeinen erreicht werden durch technische Maßnahmen, die auf den gewählten Lampentyp abgestimmt sind (z. B. durch Betreiben von Entladungslampen mit hohen Frequenzen).

4.9 Wartungsfaktor

Die Beleuchtungsanlage sollte mit einem Wartungsfaktor geplant werden, der für die vorgesehene Beleuchtungseinrichtung, die räumliche Umgebung und den festgelegten Wartungsplan errechnet wurde, wie in CIE 154:2003 festgelegt ist.

Die empfohlene Beleuchtungsstärke für jede Sehaufgabe ist als Wartungswert der Beleuchtungsstärke angegeben. Der Wartungsfaktor hängt ab von den Wartungsmerkmalen der Lampe und des Vorschaltgerätes, der Leuchte, der Umgebung und vom Wartungsprogramm.

Der Planer muss:

— den Wartungsfaktor angeben und alle Annahmen aufführen, die bei der Bestimmung des Wertes gemacht wurden,

— die Beleuchtungseinrichtung entsprechend der Anwendungsumgebung festlegen,

— einen umfassenden Wartungsplan erstellen, der das Intervall für den Lampenwechsel, das Intervall für die Reinigung der Leuchten und die Reinigungsmethoden enthalten muss.

4.10 Energiebetrachtungen

Eine Beleuchtungsanlage sollte die Beleuchtungsanforderungen eines bestimmten Bereiches erfüllen, ohne Energie zu verschwenden. Es ist jedoch wichtig, hierbei nicht die visuellen Aspekte einer Beleuchtungsanlage zu vernachlässigen, nur um den Energieverbrauch zu senken. Dies erfordert den Einsatz von geeigneten Beleuchtungssystemen, Steuerungs- bzw. Regelungs-Einrichtungen.

4.11 Nachhaltigkeit

Es sollten Überlegungen zur Nachhaltigkeit einer Beleuchtungsanlage erfolgen. Die gewählte Beleuchtungsausstattung muss für den vorgesehenen Zweck geeignet sein.

4.12 Notbeleuchtung

Eine Notbeleuchtung sollte vorhanden sein, um beim Ausfall der Stromversorgung des normalen Beleuchtungssystems zu wirken (siehe EN 1838).

5 Verzeichnis der Beleuchtungsanforderungen

Die Beleuchtungsanforderungen für verschiedene Bereiche, Sehaufgaben und Tätigkeiten sind in den Tabellen von 5.3 angegeben (siehe auch EN 12193).

Beleuchtungsempfehlungen im Hinblick auf Sicherheit und Gesundheit bei der Arbeit sind im Anhang A angegeben.

5.1 Aufbau der Tabellen 5.1 bis 5.15

— Spalte 1 führt die Bezugsnummer für jeden Bereich, jede Sehaufgabe oder Tätigkeit auf.

— Spalte 2 führt die Bereiche, Sehaufgaben oder Tätigkeiten auf, für die spezifische Anforderungen angegeben sind. Wenn der besondere Bereich bzw. die besondere Sehaufgabe oder Tätigkeit nicht aufgeführt ist, sollten die Werte einer ähnlichen, vergleichbaren Situation angewendet werden.

— Spalte 3 gibt den Wartungswert der Beleuchtungsstärke $\bar{E}_m$ auf der Bewertungsfläche (siehe 4.3) für Bereiche, Sehaufgaben oder Tätigkeiten an, die in Spalte 2 angegeben sind.

ANMERKUNG Im Hinblick auf die Vielfalt der zu erledigenden Sehaufgaben kann eine Lichtsteuerung/-regelung erforderlich sein, um die angemessene Flexibilität zu erzielen.

— Spalte 4 gibt den Mindestwert der Gleichmäßigkeit der Beleuchtungsstärke U_o auf der Bewertungsfläche (siehe 4.3) für Bereiche, Sehaufgaben oder Tätigkeiten an, die in Spalte 2 angegeben sind.

— Spalte 5 gibt den Grenzwert der Blendungsbewertung (GR_L) an, da wo diese für die in Spalte 2 angeführten Situationen anwendbar sind (siehe 4.4).

— Spalte 6 gibt die Farbwiedergabe-Indizes (R_a) (siehe 4.7.2) für die Situation an, die in Spalte 2 angeführt ist.

— Spalte 7 enthält Hinweise und Fußnoten für Ausnahmen und Besonderheiten für die Situationen, die in Spalte 2 aufgeführt sind.

5.2 Verzeichnis der Bereiche, Sehaufgaben und Tätigkeiten

5.3 Beleuchtungsanforderungen für Bereiche, Sehaufgaben und Tätigkeiten

Tabelle 5.1 — Allgemeine Verkehrsbereiche bei Arbeitsstätten/Arbeitsplätzen im Freien

Ref. Nr.	Art des Bereiches, der Aufgabe oder Tätigkeit	$\bar{E}_m$ lx	U_o –	GR_L –	R_a –	Bemerkungen
5.1.1	Gehwege, ausschließlich für Fußgänger	5	0,25	50	20	
5.1.2	Verkehrsflächen für sich langsam bewegende Fahrzeuge (max. 10 km/h), z. B. Fahrräder, Lastwagen, Bagger	10	0,40	50	20	
5.1.3	Regelmäßiger Fahrzeugverkehr (max. 40 km/h)	20	0,40	45	20	In Werften und Docks kann GR_L = 50 sein.
5.1.4	Fußgänger-Passagen, Fahrzeug-Wendepunkte, Be- und Entladestellen	50	0,40	50	20	

ANMERKUNG Für Verkehrswege sind die entsprechenden Empfehlungen zur Straßenbeleuchtung für Verkehrswege zu beachten, da es keine internationale Normen gibt.

Tabelle 5.2 — Flughäfen

Ref. Nr.	Art des Bereiches, Aufgabe oder Tätigkeit	$\bar{E}_m$ lx	U_o –	GR_L –	R_a –	Bemerkungen
						1. Direktes Licht in Richtung des Kontrollturms und landender Flugzeuge muss vermieden werden. 2. Direktes Licht, das von Flutlichtanlagen oberhalb der Horizontalen ausgestrahlt wird, sollte auf ein Minimum begrenzt werden.
5.2.1	Flugzeughallen-Vorfeld	20	0,10	55	20	
5.2.2	Flughafengebäude-Vorfeld	30	0,20	50	40	
5.2.3	Ladebereiche	50	0,20	50	40	
5.2.4	Tanklager	50	0,20	50	40	
5.2.5	Flugzeugwartungsbereiche	200	0,50	45	60	

Tabelle 5.3 — Baustellen

Ref. Nr.	Art des Bereiches, Aufgabe oder Tätigkeit	$\bar{E}_m$ lx	U_o –	GR_L –	R_a –	Bemerkungen
5.3.1	Aufräumarbeiten, Ausschachtungen und Beladen	20	0,25	55	20	
5.3.2	Baubereiche, Verlegen von Entwässerungsrohren, Transport, Hilfs- und Lagerarbeiten	50	0,40	50	20	
5.3.3	Montage von Tragwerkelementen, einfache Bewehrungsarbeiten, Schalungsarbeiten und Fertigteilmontage, Verlegen von elektrischen Leitungen und Kabeln	100	0,40	45	40	
5.3.4	Verbinden von Tragwerkelementen, anspruchsvolle Montage von elektrischen Leitungen, Maschinen und Versorgungsleitungen	200	0,50	45	40	

Tabelle 5.4 — Kanäle, Schleusen und Hafenanlagen

Ref. Nr.	Art des Bereiches, Aufgabe oder Tätigkeit	$\bar{E}_m$ lx	U_o –	GR_L –	R_a –	Bemerkungen
5.4.1	Kaianlagen (Wartebereiche) an Kanälen und Schleusen	10	0,25	50	20	
5.4.2	Landungsbrücken und Übergänge ausschließlich für Fußgänger	10	0,25	50	20	
5.4.3	Schleusenbedien- und Überwachungsbereiche	20	0,25	55	20	
5.4.4	Frachtabfertigung, Be- und Entladung	30	0,25	55	20	Für das Lesen von Beschriftungen: $\bar{E}_m$ = 50 lx
5.4.5	Fahrgastbereiche in Passagierhäfen	50	0,40	50	20	
5.4.6	Verbinden von Schläuchen, Rohren und Seilen	50	0,40	50	20	
5.4.7	Gefahrenstellen an Geh- und Fahrwegen	50	0,40	45	20	

Tabelle 5.5 — Landwirtschaftliche Betriebe

Ref. Nr.	Art des Bereiches, Aufgabe oder Tätigkeit	$\bar{E}_m$ lx	U_o –	GR_L –	R_a –	Bemerkungen
5.5.1	Landwirtschaftsbetriebshöfe	20	0,10	55	20	
5.5.2	(offene) Geräteschuppen	50	0,20	55	20	
5.5.3	Sortierpferche für Tiere	50	0,20	50	40	

Tabelle 5.6 — Tankstellen

Ref. Nr.	Art des Bereiches, Aufgabe oder Tätigkeit	$\bar{E}_m$ lx	U_o –	GR_L –	R_a –	Bemerkungen
5.6.1	Park- und Abstellplätze für Fahrzeuge	5	0,25	50	20	
5.6.2	Ein- und Ausfahrten: dunkle Umgebung (z. B. ländliche Bereiche und Vorstädte)	20	0,40	45	20	
5.6.3	Ein- und Ausfahrten: helle Umgebung (z. B. Städte)	50	0,40	45	20	
5.6.4	Luftdruck- und Wasserprüfstellen und andere Servicebereiche	150	0,40	45	20	
5.6.5	Messgeräte-Ablesebereiche	150	0,40	45	20	

Tabelle 5.7 — Industrieanlagen und Lagerbereiche

Ref. Nr.	Art des Bereiches, Aufgabe oder Tätigkeit	$\bar{E}_m$ lx	U_o –	GR_L –	R_a –	Bemerkungen
5.7.1	Kurzzeitiges Hantieren mit großen Bauteilen und Rohstoffen, Be- und Entladen von sperrigen Gütern	20	0,25	55	20	
5.7.2	Ständiges Hantieren mit großen Bauteilen und Rohstoffen, Be- und Entladen von Fracht, Aktionsbereiche von Kränen, offene Ladeplattformen	50	0,40	50	20	
5.7.3	Lesen von Beschriftungen, überdachte Ladeplattformen, Verwendung von Werkzeugen, Herstellung von Stahlbetonfertigteilen	100	0,50	45	20	
5.7.4	Anspruchsvolle Elektro-, Maschinen- und Rohrinstallationen, Inspektion	200	0,50	45	60	Nutzung von örtlicher Beleuchtung

Tabelle 5.8 — Im Meer gelegene Gas- und Ölförderanlagen

Ref. Nr.	Art des Bereiches, Aufgabe oder Tätigkeit	$\bar{E}_m$ lx	U_o –	GR_L –	R_a –	Bemerkungen
5.8.1	Meeresoberfläche unter der Plattform	30	0,25	50	20	
5.8.2	Leitern, Treppen, Gehwege	100	0,25	45	20	Auf Trittflächen
5.8.3	Bootsanlegebereiche, Transportbereiche	100	0,25	50	20	
5.8.4	Hubschrauberlandeplatz	100	0,40	45	20	1. Direktes Licht in Richtung des Kontrollturms und landender Fluggeräte muss vermieden werden. 2. Direktes Licht, das von Flutlichtanlagen oberhalb der Horizontalen ausgestrahlt wird, sollte auf ein Minimum begrenzt werden
5.8.5	Bohrturm	100	0,50	45	40	
5.8.6	Berarbeitungsbereiche	100	0,50	45	40	
5.8.7	Rohrleitungsdepot/Deck	150	0,50	45	40	
5.8.8	Prüfplatz, Rüttler, Bohrkopf	200	0,50	45	40	
5.8.9	Pumpenbereiche	200	0,50	45	20	
5.8.10	Rettungsbootsbereiche	200	0,40	50	20	
5.8.11	Bohrboden, Bohrfläche, Plattform am Bohrturm	300	0,50	40	40	Besondere Vorsicht ist beim Betreten erforderlich.
5.8.12	Schlammraum, Probennahme	300	0,50	40	40	
5.8.13	Rohölpumpen	300	0,50	45	40	
5.8.14	Anlagenbereiche	300	0,50	40	40	
5.8.15	Drehtisch	500	0,50	40	40	

Tabelle 5.9 — Parkplätze

Ref. Nr.	Art des Bereiches, Aufgabe oder Tätigkeit	$\bar{E}_m$ lx	U_o –	GR_L –	R_a –	Bemerkungen
5.9.1	Geringes Verkehrsaufkommen, z. B. Parkplätze von Geschäften, Reihenhäusern und Wohnblöcken, Abstellbereiche für Fahrräder	5	0,25	55	20	
5.9.2	Mittleres Verkehrsaufkommen, z. B. Parkplätze von Warenhäusern, Bürogebäuden, Fabriken, Sportanlagen und Mehrzweckhallen	10	0,25	50	20	
5.9.3	Hohes Verkehrsaufkommen, z. B. Parkplätze von Schulen, Kirchen, großen Einkaufszentren, großen Sportanlagen und Mehrzweckhallen	20	0,25	50	20	

Tabelle 5.10 — Erdölchemische und andere risikoreiche Industrieanlagen

Ref. Nr.	Art des Bereiches, Aufgabe oder Tätigkeit	$\bar{E}_m$ lx	U_o –	GR_L –	R_a –	Bemerkungen
5.10.1	Handhabung von Servicewerkzeugen, Betätigung von Handventilen, Ein- und Ausschalten von Motoren, Anzünden von Brennern	20	0,25	55	20	
5.10.2	Be- und Entladen von Containerfahrzeugen und Waggons mit ungefährlichen Stoffen, Inspektion von Leckagen, Rohrleitungen und Dichtungen	50	0,40	50	20	
5.10.3	Be- und Entladen von Containerfahrzeugen und Waggons mit gefährlichen Stoffen, Auswechseln von Pumpendichtungen, allgemeine Servicearbeiten, Ablesen von Messinstrumenten	100	0,40	45	40	
5.10.4	Be- und Entladestellen von Brennstoffen	100	0,40	45	20	
5.10.5	Reparatur von Maschinen und elektrischen Einrichtungen	200	0,50	45	60	Nutzung von örtlicher Beleuchtung

Tabelle 5.11 — Energie-, Elektrizitäts-, Gas- und Heizkraftwerke

Ref. Nr.	Art des Bereiches, Aufgabe oder Tätigkeit	$\bar{E}_m$ lx	U_o –	GR_L –	R_a –	Bemerkungen
5.11.1	Personenbewegung innerhalb elektrischer Sicherheitsbereiche	5	0,25	50	20	
5.11.2	Handhabung von Servicewerkzeugen, Kohle	20	0,25	55	20	
5.11.3	Gesamte Inspektion	50	0,40	50	20	
5.11.4	Allgemeine Servicearbeiten und Ablesen von Messinstrumenten	100	0,40	45	40	
5.11.5	Windkanäle: Service und Wartung	100	0,40	45	40	
5.11.6	Reparatur von elektrischen Einrichtungen	200	0,50	45	60	Nutzung von örtlicher Beleuchtung

Tabelle 5.12 — Bahnen und Straßenbahnen

Ref. Nr.	Art des Bereiches, Aufgabe oder Tätigkeit	$\bar{E}_m$ lx	U_o –	GR_L –	R_a –	Bemerkungen
	Bahnbereiche einschließlich Bereiche für Kleinbahnen, Straßenbahnen, Einschienenbahnen, Kleinstbahnen, U-Bahnen usw.					Blendung der Fahrzeugführer ist zu vermeiden.
5.12.1	Gleisanlagen in Personenverkehrsbereichen, Abstellgleise	10	0,25	50	20	$U_d \geq 1/8$
5.12.2	Bahnanlagen: Bereitstellungsfläche, Gleisbrems-, Weichen- und Verteilbereiche	10	0,40	50	20	$U_d \geq 1/5$
5.12.3	Ablaufbergbereiche	10	0,40	45	20	$U_d \geq 1/5$
5.12.4	Gütergleisanlagen, mit zeitweiligen Arbeitsvorgängen	10	0,25	50	20	$U_d \geq 1/8$
5.12.5	nicht überdachte Bahnsteige, Land- und Regionalverkehr mit geringem Personenaufkommen	15	0,25	50	20	1. Besondere Aufmerksamkeit gilt der Bahnsteigkante 2. $U_d \geq 1/8$
5.12.6	Gehwege	20	0,40	50	20	
5.12.7	höhengleiche Bahnübergänge	20	0,40	45	20	
5.12.8	nicht überdachte Bahnsteige, Vorort- und Regionalverkehr mit hohem Personenaufkommen, oder Fernverkehr mit geringem Personenaufkommen	20	0,40	45	20	1. Besondere Aufmerksamkeit gilt der Bahnsteigkante 2. $U_d \geq 1/5$
5.12.9	Gütergleisanlagen, mit ununterbrochenen Arbeitsvorgängen	20	0,40	50	20	$U_d \geq 1/5$
5.12.10	nicht überdachte Laderampen im Güterbereich	20	0,40	50	20	$U_d \geq 1/5$
5.12.11	Wartung von Zügen und Lokomotiven	20	0,40	50	40	$U_d \geq 1/5$
5.12.12	Umschlagbereiche in Bahnanlagen	30	0,40	50	20	$U_d \geq 1/5$
5.12.13	Abkoppelbereich	30	0,40	45	20	$U_d \geq 1/5$
5.12.14	Treppen auf Bahnhöfen kleiner und mittlerer Größe	50	0,40	45	40	
5.12.15	nicht überdachte Bahnsteige, Fernverkehr	50	0,40	45	20	1. Besondere Aufmerksamkeit gilt der Bahnsteigkante 2. $U_d \geq 1/5$
5.12.16	überdachte Bahnsteige, Regionalverkehr oder Fernverkehr mit geringem Personenaufkommen	50	0,40	45	40	1. Besondere Aufmerksamkeit gilt der Bahnsteigkante 2. $U_d \geq 1/5$
5.12.17	überdachte Laderampen in Güterbereichen, mit zeitweiligen Arbeitsvorgängen	50	0,40	45	20	$U_d \geq 1/5$
5.12.18	überdachte Bahnsteige, Fernverkehr	100	0,50	45	40	1. Besondere Aufmerksamkeit gilt der Bahnsteigkante 2. $U_d \geq 1/3$

Tabelle 5.12 — Bahnen und Straßenbahnen (fortgesetzt)

Ref. Nr.	Art des Bereiches, Aufgabe oder Tätigkeit	$\bar{E}_m$ lx	U_o –	GR_L –	R_a –	Bemerkungen
5.12.19	Treppen auf großen Bahnhöfen	100	0,50	45	40	
5.12.20	überdachte Laderampen in Güterbereichen, mit ununterbrochenen Arbeitsvorgängen	100	0,50	45	40	$U_d \geq 1/5$
5.12.21	Inspektionsgrube	100	0,50	40	40	Nutzung von örtlicher Beleuchtung mit geringer Blendung

Tabelle 5.13 — Sägewerke

Ref. Nr.	Art des Bereiches, Aufgabe oder Tätigkeit	$\bar{E}_m$ lx	U_o –	GR_L –	R_a –	Bemerkungen
5.13.1	Umgang mit Holz an Land und zu Wasser, Sägemehl- und Holzspan-Fördereinrichtungen	20	0,25	55	20	
5.13.2	Sortieren von Holz an Land und zu Wasser, Holzentladestellen und Bretterbeladestellen, Hebeeinrichtungen zum Beladen der Förderbänder, Stapeln	50	0,40	50	20	
5.13.3	Lesen von Adressen und Markierungen an Brettern	100	0,40	45	40	
5.13.4	Klassifizierung und Verpackung	200	0,50	45	40	
5.13.5	Beschicken von Schäl- und Spaltmaschinen	300	0,50	45	40	

Tabelle 5.14 — Schiffswerften und Docks

Ref. Nr.	Art des Bereiches, Aufgabe oder Tätigkeit	$\bar{E}_m$ lx	U_o –	GR_L –	R_a –	Bemerkungen
5.14.1	Allgemeinbeleuchtung des Werftgeländes, Lagerbereiche für vorgefertigte Waren	20	0,25	55	40	
5.14.2	Kurzzeitiger Umgang mit großen Teilen	20	0,25	55	20	
5.14.3	Reinigungsarbeiten am Schiffsrumpf	50	0,25	50	20	
5.14.4	Anstrich- und Schweißarbeiten am Schiffsrumpf	100	0,40	45	60	
5.14.5	Montage elektrischer und mechanischer Bauteile	200	0,50	45	60	

Tabelle 5.15 — Wasser- und Abwasseranlagen

Ref. Nr.	Art des Bereiches, Aufgabe oder Tätigkeit	$\bar{E}_m$ lx	U_o –	GR_L –	R_a –	Bemerkungen
5.15.1	Gebrauch von Werkzeugen, Bedienung handbetätigter Ventile, In- und Außerbetriebsetzen von Motoren, Dichten von Rohrleitungen, Rechenwerk	50	0,40	45	20	
5.15.2	Umgang mit Chemikalien, Undichtigkeitsprüfungen, Pumpenwechsel, allgemeine Wartungsarbeiten, Ablesen von Instrumenten	100	0,40	45	40	
5.15.3	Reparaturarbeiten an Motoren und elektrischen Einrichtungen	200	0,50	45	60	

6 Überprüfungen

Die Überprüfung einer Beleuchtungsanlage muss durch Messung, Berechnung oder durch Kontrolle der Daten (siehe auch EN 13032-2) erfolgen.

6.1 Beleuchtungsstärke

Für die Überprüfung von Beleuchtungsstärken und Gleichmäßigkeiten, die mit bestimmten Sehaufgaben zusammenhängen, müssen Messungen der Beleuchtungsstärke in der Ebene der Sehaufgabe erfolgen und die Lage der gewählten Messpunkte muss mit den bei der Planung genutzten Planungspunkten oder Raster übereinstimmen.

ANMERKUNG Bei Überprüfung der Beleuchtungsstärke sollte die Kalibrierung des verwendeten Beleuchtungsstärkemessgerätes, die Übereinstimmung der Lampen- und Leuchtendaten mit den veröffentlichten photometrischen Daten und die Übereinstimmung der für die Planung angenommenen Reflexionsgrade mit den realen Werten in Betracht gezogen werden.

Die mittlere Beleuchtungsstärke und die Gleichmäßigkeit dürfen nicht unter den Werten liegen, die in Abschnitt 5 bzw. Tabelle 1 angegeben sind.

6.2 Blendungswert

Die Überprüfung muss durch Kontrolle der Planungsdaten und Einflussgrößen, die der Planung zugrunde gelegt sind, erfolgen. Alle Annahmen müssen angegeben werden.

6.3 Farbwiedergabe-Index

Für die Lampen, die in der Planung vorgesehen sind, muss der Lampenhersteller überprüfbare Angaben über den Farbwiedergabe-Index (R_a) liefern. Die Lampen müssen den Anforderungen entsprechen.

Die Lampen müssen wie in der Planung angegeben sein.

6.4 Störlicht

Die berechneten Werte für E_v, I, ULR, L_b, L_s und TI müssen vom Planer der Anlage zur Verfügung gestellt werden.

Die Überprüfung von E_v, L_b, und L_s muss durch Messung unter Berücksichtigung aller Planungsannahmen erfolgen.

Anhang A
(informativ)

Beleuchtungsanforderungen hinsichtlich Betriebssicherheit und Anlagenschutz

Risikoart	$\bar{E}_m$ lx	U_0 –	GR_L –	R_a –	Bemerkungen
Sehr geringes Sicherheitsrisiko, z. B. — Lagerflächen mit gelegentlichem Fahrzeugverkehr in Fabrikgeländen; — Kohlenlager in Kraftwerken; — Holzlagerplätze, Sägemehl und Spanholzbereiche in Sägewerken; — Gelegentlich benutzte Wartungsgänge und Treppen, Abwasserreinigungs- und Durchlüftungsbecken, Filter- und Klärschlammaufbereitungs-Becken in Wasserwerken und Kläranlagen.	5	0,25	55	20	
Geringes Sicherheitsrisiko, z. B. — Allgemeinbeleuchtung in Häfen; — Bereiche, in denen gefahrlose Arbeiten verrichtet werden, gelegentlich benutzte Bühnen und Treppen in petrochemischen und anderen gefährdeten Industrieanlagen; — Holzlagerflächen in Sägewerken.	10	0,40	50	20	In Häfen ist U_0 = 0,25 zulässig
Mittleres Sicherheitsrisiko, z. B. — Fahrzeug-Abstellflächen und Container-Abfertigungsanlagen mit regelmäßigem Kraftfahrzeugverkehr in Häfen, Fabrikgeländen und Lagerbereichen; — Fahrzeug-Abstellflächen und Förderanlagen in petrochemischen und anderen gefährdeten Industrieanlagen; — Tanklager in Kraftwerken; — Allgemeinbeleuchtung und Fertigteillager-Bereiche in Werften und Hafenanlagen; — Häufig benutzte Treppen, Filter- und Beckenanlagen in Wasserwerken und Kläranlagen.	20	0,40	50	20	In Werften und Docks ist U_0 = 0,25 zulässig
Hohes Sicherheitsrisiko, z.B. — Gießereien, Holz- und Stahllager, Fundament-Gruben und Arbeitsbereiche entlang der Baugrube; — Feuer-, explosions-, vergiftungs- und strahlungsgefährdete Bereiche in Häfen, Industrieanlagen und Lagerflächen; — Tanklager, Kühltürme, Kessel-, Verdichtungs-, Pumpen-, und Absperr-Anlagen, Rohrleitungen, Arbeitsbühnen, häufig benutzte Treppen, Förderanlagen, elektrische Schaltanlagen in petrochemischen und anderen gefährdeten Industrieanlagen; — Schaltanlagen in Kraftwerken; — Förderanlagen, feuergefährdete Bereiche in Sägewerken.	50	0,40	45	20	Auf Baustellen und in Sägewerken ist GR_L = 50 zulässig

Literaturhinweise

[1] EN 12464-1, *Licht und Beleuchtung — Beleuchtung von Arbeitsstätten — Teil 1: Arbeitsstätten in Innenräumen*

[2] EN 13032-1, *Licht und Beleuchtung — Messung und Darstellung photometrischer Daten von Lampen und Leuchten - Teil 1: Messung und Datenformat*

[3] IEC 60050-845/CIE 17.4, *Internationales Wörterbuch der Elektrotechnik — Kapitel 845: „Lichttechnik"*

[4] CIE 112:1994, *Blendungsbewertungssystem für Außenbeleuchtungsanlagen und Beleuchtungsanlagen für Sport im Freien*

[5] CIE 115:1995, *Empfehlungen für die Beleuchtung von Straßen für Fußgänger und motorisierten Verkehr*

[6] CIE 129:1998, *Leitfaden zur Beleuchtung von Arbeitsplätzen im Freien*

[7] CIE 140:2000, *Berechnungsmethoden für Straßenbeleuchtung*

Index der Bereiche, Sehaufgaben oder Tätigkeiten

September 2002

	Licht und Beleuchtung Grundlegende Begriffe und Kriterien für die Festlegung von Anforderungen an die Beleuchtung Deutsche Fassung EN 12665:2002	DIN EN 12665

ICS 01.040.91; 91.160.01

Ersatz für
DIN 5035-1:1990-06

Light and lighting — Basic terms and criteria for specifying lighting requirements —
German version EN 12665:2002

Lumière et éclairage — Termes de bases et critères pour la spécification des exigences en éclairage —
Version allemande EN 12665:2002

Die Europäische Norm EN 12665:2002 hat den Status einer Deutschen Norm.

Nationales Vorwort

Zuständig für die in dieser Norm behandelte Thematik ist der FNL/FNF 1 „Größen, Bezeichnungen und Einheiten" im Normenausschuss Lichttechnik (FNL) des DIN. Der Inhalt dieser Norm entspricht der Europäischen Norm EN 12665 „Licht und Beleuchtung — Grundlegende Begriffe und Kriterien für die Festlegung von Anforderungen an die Beleuchtung", die in der Arbeitsgruppe 1 „Allgemeine Begriffe und Gütemerkmale — Definitionen" unter der Beteiligung der Fachleute des FNL/FNF 1 erarbeitet worden ist.

Änderungen

Gegenüber DIN 5035-1:1990-06 wurden folgende Änderungen vorgenommen:

— Die in DIN 5035-1 festgelegten Begriffe und Anforderungen wurden z. T. überarbeitet und im Zusammenhang mit der Europäischen Normung wurden im Bereich der Angewandten Lichttechnik im CEN/TC 169 weitere Begriffe aufgenommen.

Frühere Ausgaben

DIN 5035: 1935-11, 1953-07, 1963-08
DIN 5035-1: 1972-01, 1979-10, 1990-06

Fortsetzung 32 Seiten EN

Normenausschuss Lichttechnik (FNL) im DIN Deutsches Institut für Normung e. V.
Normenausschuss Farbe (FNF) im DIN

EUROPÄISCHE NORM
EUROPEAN STANDARD
NORME EUROPÉENNE

EN 12665

Mai 2002

ICS 01.040.91; 91.160.01

Deutsche Fassung

Licht und Beleuchtung

Grundlegende Begriffe und Kriterien für die Festlegung von Anforderungen an die Beleuchtung

Light and lighting —
Basic terms and criteria for specifying lighting requirements

Lumière et éclairage —
Termes de base et critères pour la spécification des exigences en éclairage

Diese Europäische Norm wurde vom CEN am 21. Januar 2002 angenommen.

Die CEN-Mitglieder sind gehalten, die CEN/CENELEC-Geschäftsordnung zu erfüllen, in der die Bedingungen festgelegt sind, unter denen dieser Europäischen Norm ohne jede Änderung der Status einer nationalen Norm zu geben ist. Auf dem letzten Stand befindliche Listen dieser nationalen Normen mit ihren bibliographischen Angaben sind beim Management-Zentrum oder bei jedem CEN-Mitglied auf Anfrage erhältlich.

Diese Europäische Norm besteht in drei offiziellen Fassungen (Deutsch, Englisch, Französisch). Eine Fassung in einer anderen Sprache, die von einem CEN-Mitglied in eigener Verantwortung durch Übersetzung in seine Landessprache gemacht und dem Management-Zentrum mitgeteilt worden ist, hat den gleichen Status wie die offiziellen Fassungen.

CEN-Mitglieder sind die nationalen Normungsinstitute von Belgien, Dänemark, Deutschland, Finnland, Frankreich, Griechenland, Irland, Island, Italien, Luxemburg, Malta, Niederlande, Norwegen, Österreich, Portugal, Schweden, Schweiz, Spanien, der Tschechischen Republik und dem Vereinigten Königreich.

EUROPÄISCHES KOMITEE FÜR NORMUNG
EUROPEAN COMMITTEE FOR STANDARDIZATION
COMITÉ EUROPÉEN DE NORMALISATION

Management-Zentrum: rue de Stassart, 36 B-1050 Brüssel

Ref. Nr. EN 12665:2002 D

Inhalt

Vorwort

Diese Europäische Norm EN 12665:2002 wurde vom Technischen Komitee CEN/TC 169 „Licht und Beleuchtung" erarbeitet, dessen Sekretariat vom DIN gehalten wird.

Diese Europäische Norm muss den Status einer nationalen Norm erhalten, entweder durch Veröffentlichung eines identischen Textes oder durch Anerkennung bis November 2002, und etwaige entgegenstehende Normen müssen bis November 2002 zurückgezogen werden.

Die Anhänge A, B und C sind informativ. Diese Norm enthält eine Bibliographie.

Entsprechend der CEN/CENELEC-Geschäftsordnung sind die nationalen Normungsinstitute der folgenden Länder gehalten, diese Europäische Norm zu übernehmen: Belgien, Dänemark, Deutschland, Finnland, Frankreich, Irland, Island, Italien, Luxemburg, Malta, Niederlande, Norwegen, Österreich, Portugal, Schweden, Schweiz, Spanien, die Tschechiche Republik und das Vereinigte Königreich.

Einleitung

Diese Europäische Norm beschreibt grundlegende Rahmenbedingungen, die bei der Festlegung von Anforderungen an die Beleuchtung anzuwenden sind.

Für viele Anwendungen übliche Begriffe werden hier definiert. Weitere Begriffe, spezifisch für spezielle Anwendungen, sind in den einschlägigen Normen festgelegt.

Falls ein Begriff in der CIE-Publikation 17.4/1987, Internationales Wörterbuch der Lichttechnik (IEC Publikation 50, Internationales Elektrotechnisches Wörterbuch, Kapitel 845: Beleuchtung) festgelegt ist, ist dieser hier identisch übernommen. Für einige Begriffe werden zusätzliche Erläuterungen in Anhang A gegeben.

Die Anforderungen an die Raumbeleuchtung werden von folgenden Zielen bestimmt:

— angemessene Beleuchtung für Sicherheit und Bewegung;

— Bedingungen, die die Sehleistung und die Farbwahrnehmung erleichtern;

— akzeptabler Sehkomfort für die in dem Raum befindlichen Personen.

Die relative Wichtigkeit dieser Faktoren ist für die verschiedenen Anwendungen unterschiedlich. Die Anforderungen an die Beleuchtung für den Sehkomfort und das Wohlbefinden sind oft höher als die für die reine Sehleistung. Z. B. kann eine einfache Sehaufgabe darin bestehen, schwarze Zeichen auf einem weißen Untergrund zu unterscheiden. Dafür ist die Farbwiedergabequalität der Beleuchtung unwichtig, nicht aber für das Erscheinungsbild des Raumes und der Personen. Räumliche und zeitliche Veränderungen der Beleuchtung spielen für die visuelle Behaglichkeit auch eine Rolle und können helfen, den unterschiedlichen Bedürfnissen der einzelnen Menschen einer Gruppe gerecht zu werden.

Auch der Energieverbrauch sowie der Wartungsaufwand sollten berücksichtigt werden.

Parameter, die für gute Sehbedingungen und effiziente Beleuchtungsanlagen benötigt werden, sind vielen Anwendungen gemeinsam. Diese werden in Abschnitt 4 dieser Norm behandelt.

1 Anwendungsbereich

In dieser Norm werden grundlegende Begriffe für alle lichttechnischen Anwendungen definiert; spezielle Begriffe mit begrenztem Anwendungsbereich sind in besonders dafür vorgesehenen Normen enthalten. Diese Norm legt auch Rahmenbedingungen für die Festlegung der Anforderungen an Beleuchtung fest. Dabei werden Einzelheiten zu den Gesichtspunkten dargestellt, die bei der Festlegung dieser Anforderungen zu berücksichtigen sind.

2 Normative Verweisungen

Diese Europäische Norm enthält durch datierte oder undatierte Verweisungen Festlegungen aus anderen Publikationen. Diese normativen Verweisungen sind an den jeweiligen Stellen im Text zitiert, und die Publikationen sind nachstehend aufgeführt. Bei datierten Verweisungen gehören spätere Änderungen oder Überarbeitungen nur zu dieser Europäischen Norm, falls sie durch Änderung oder Überarbeitung eingearbeitet sind. Bei undatierten Verweisungen gilt die letzte Ausgabe der in Bezug genommenen Publikation (einschließlich Änderungen).

CIE-Publikation 17.4:1987, *Internationales Wörterbuch der Lichttechnik — IEC-Publikation 50, Kapitel 845: Beleuchtung.*

ISO/CIE 10527:1991, *Colorimetric observers.*

3 Begriffe

Für die Anwendung dieser Europäischen Norm gelten die folgenden Begriffe.

3.1 Auge und Sehen

3.1.1 Adaption

Vorgang der Anpassung des Sehorgans an vorherige und gegenwärtige Lichtreize unterschiedlicher Leuchtdichte, spektraler Strahlungsverteilung und Winkelausdehnung.

ANMERKUNG 1 Man spricht auch von Helladaptation und Dunkeladaptation, je nachdem, ob die Leuchtdichte des Gesichtsfeldes mindestens einige Candela je Quadratmeter oder kleiner als einige Hundertstel Candela je Quadratmeter ist.

ANMERKUNG 2 Die Anpassung an räumliche Frequenzen, Orientierungen, Ausdehnungen usw. ist in diese Definition eingeschlossen.

[IEC 50 (845)/CIE 17.4; 845-02-07]

3.1.2 Akkommodation

Anpassung der Brennweite der Augenlinse, durch die ein in einer bestimmten Entfernung befindliches Objekt auf der Netzhaut scharf abgebildet wird. [IEC 50 (845)/CIE 17.4; 845-02-44]

3.1.3 Sehschärfe

1. Qualitativ: Fähigkeit, unter kleinem Sehwinkel dicht nebeneinander liegende Punkte oder Linien getrennt wahrnehmen zu können.

2. Quantitativ: Beliebige Maßzahl zur räumlichen Auflösung, wie z. B. der Reziprokwert des kleinsten Winkels (gemessen im Allgemeinen in Minuten), unter dem das Auge zwei benachbarte Gegenstände (Punkte, Linien oder festgelegte Reize) gerade noch als getrennt wahrnehmen kann.

[IEC 50 (845)/CIE 17.4; 845-02-43]

3.1.4 Helligkeit

Merkmal einer Gesichtsempfindung, aufgrund dessen ein Teil des Gesichtsfeldes mehr oder weniger Licht auszusenden scheint.

[IEC 50 (845)/CIE 17.4; 845-02-28]

3.1.5 Kontrast

1. Subjektiv: Bewertung des Unterschiedes zweier unmittelbar aneinandergrenzender oder zeitlich aufeinander folgender Gesichtseindrücke (Leuchtdichtekontrast, Helligkeitskontrast, Farbkontrast, Simultankontrast, Sukzessivkontrast usw.).

2. Objektiv: Größe, die mit dem empfundenen Helligkeitskontrast korrelieren soll, üblicherweise durch eine der Formeln definiert, die die Leuchtdichten der betrachteten Lichtreize berücksichtigen, z. B. $\Delta L/L$ nahe der Wahrnehmungsschwelle, oder L_1/L_2 für sehr viel größere Leuchtdichten.

[IEC 50 (845)/CIE 17.4, 845-02-47]

3.1.6 Helligkeitskontrast

Subjektive Bewertung des Helligkeitsunterschiedes zwischen zwei oder mehreren Flächen, die gleichzeitig oder aufeinander folgend gesehen werden.

3.1.7 Farbkontrast

Subjektive Bewertung des Farbunterschiedes zwischen zwei oder mehreren Flächen, die gleichzeitig oder aufeinander folgend gesehen werden.

3.1.8 Blendung

Sehzustand, der als unangenehm empfunden wird oder eine Herabsetzung der Sehfunktion zur Folge hat, verursacht durch eine ungünstige Leuchtdichteverteilung oder durch zu hohe Kontraste.

[IEC 50 (845)/CIE 17.4; 845-02-52]

3.1.9 Flimmern

Eindruck der Unstetigkeit visueller Empfindungen, hervorgerufen durch Lichtreize mit zeitlicher Schwankung der Leuchtdichten oder der spektralen Verteilung.

[IEC 50 (845)/CIE 17.4; 845-02-49]

3.1.10 Gesichtsfeld

Vom Auge (in einer bestimmten Position und Blickrichtung) gesehene Fläche bzw. Raumzone.

ANMERKUNG Es sollte angegeben werden, ob sich das Gesichtsfeld auf ein oder zwei Augen bezieht.

3.1.11 Sehleistung

Leistung des visuellen Systems, wie sie beispielsweise durch die Geschwindigkeit und die Genauigkeit gemessen wird, mit welcher eine Sehaufgabe gelöst wird.

[IEC 50 (845)/CIE 17.4; 845-09-04]

3.1.12 Sehkomfort

Subjektives Wohlbefinden, bewirkt durch die visuelle Umgebung.

3.2 Licht und Farbe

3.2.1 Lichtstrom (Φ)

Größe, die aus der Strahlungsleistung Φ_e durch die Bewertung der Strahlung gemäß ihrer Wirkung auf den photometrischen Normalbeobachter CIE erhalten wird. Für photopisches Sehen gilt:

$$\Phi = K_m \int_0^\infty \frac{d\Phi_e(\lambda)}{d\lambda} V(\lambda) d\lambda$$

wobei

$$\frac{d\Phi_e(\lambda)}{d\lambda}$$

die spektrale Verteilung der Strahlungsleistung und V(λ) der spektrale Hellempfindlichkeitsgrad ist.

Einheit: lm

ANMERKUNG Hinsichtlich der Werte K_m (photopisches Sehen) und K'_m (skotopisches Sehen) siehe IEC 50 (845)/CIE 17.4; 845-01-56.

[IEC 50 (845)/CIE 17.4; 845-01-25]

3.2.2 Lichtstärke (einer Strahlungsquelle in einer gegebenen Richtung) (***I***):

Quotient aus dem Lichtstrom $d\Phi$, der von einer Strahlungsquelle in ein Raumwinkelelement $d\Omega$ ausgesandt wird, das die gegebene Richtung enthält, und dem Raumwinkelelement.

$$I = \frac{d\Phi}{d\Omega}$$

Einheit: cd = lm · sr^{-1}

[IEC 50 (845)/CIE 17.4; 845-01-31]

3.2.3 Leuchtdichte (in einer gegebenen Richtung, in einem gegebenen Punkt einer realen oder imaginären Oberfläche) (L):

Größe definiert durch die Formel

$$L = \frac{d\Phi}{dA \cos\Theta d\Omega}$$

Dabei ist

$d\Phi$ der Lichtstrom, der in einem elementaren Bündel durch den gegebenen Punkt geht und sich in dem Raumwinkel $d\Omega$, der die gegebene Richtung enthält, ausbreitet;

dA eine Querschnittsfläche dieses Bündels, die den gegebenen Punkt enthält;

θ der Winkel zwischen der Normalen der Querschnittsfläche und der Richtung des Bündels.

Einheit: cd · m^{-2} = lm · m^{-2} · sr^{-1}

ANMERKUNG Siehe Anmerkungen 1 bis 5 zu IEC 50 (845)/CIE 17.4; 845-01-34.

[IEC 50 (845)/CIE 17.4; 845-01-35]

3.2.4 Mittlere Leuchtdichte ($\overline{L}$)

Leuchtdichte, gemittelt über eine bestimmte Fläche oder einen bestimmten Raumwinkel.

Einheit: $cd \cdot m^{-2}$

3.2.5 Minimale Leuchtdichte (L_{min})

Kleinste Leuchtdichte in den relevanten Punkten einer bestimmten Fläche.

Einheit: $cd \cdot m^{-2}$

ANMERKUNG Die relevanten Punkte, an denen die Leuchtdichten zu bestimmen sind, sind in einschlägigen Normen festzulegen.

3.2.6 Maximale Leuchtdichte (L_{max})

Größte Leuchtdichte in den relevanten Punkten einer bestimmten Fläche.

Einheit: $cd \cdot m^{-2}$

ANMERKUNG Die relevanten Punkte, an denen die Leuchtdichten zu bestimmen sind, sind in einschlägigen Normen festzulegen.

3.2.7 Wartungswert der Leuchtdichte ($\overline{L}_m$)

Wert der mittleren Leuchtdichte, der nicht unterschritten werden darf. Zum Zeitpunkt der Unterschreitung sollte eine Wartung durchgeführt werden.

Einheit: $cd \cdot m^{-2}$

3.2.8 Neuwert der Leuchtdichte ($\overline{L}_i$)

Mittlere Leuchtdichte einer neuen Anlage.

Einheit: $cd \cdot m^{-2}$

3.2.9 Leuchtdichtekontrast

Photometrische Größe, die mit dem Helligkeitskontrast korrelieren soll, üblicherweise definiert durch eine von mehreren Formeln, die die Leuchtdichten der betrachteten Lichtreize berücksichtigen (siehe auch 3.1.5; [IEC 50 (845)/CIE 17.4; 845-02-47]).

ANMERKUNG Leuchtdichtekontrast kann als Leuchtdichteverhältnis definiert werden, durch

$C_1 = L_2 / L_1$ (üblicherweise für zeitlich aufeinander folgende Lichtreize),

oder durch folgende Formel

$C_2 = (L_2 - L_1)/L_1$ (üblicherweise für gleichzeitig gesehene Flächen),

oder falls die Flächen der verschiedenen Leuchtdichten in ihrer Größe vergleichbar sind und ein Mittelwert bestimmt werden soll, kann stattdessen die folgende Formel benutzt werden

$C_3 = (L_2 - L_1)/0,5\,(L_2 + L_1)$,

Dabei ist

L_1 die Leuchtdichte des Hintergrundes oder des größten Teiles des Gesichtsfeldes,

L_2 die Leuchtdichte des Objektes.

3.2.10 Gleichmäßigkeit der Leuchtdichte

Verhältnis der minimalen zur mittleren Leuchtdichte.

ANMERKUNG Das Verhältnis der minimalen zur maximalen Leuchtdichte wird auch verwendet, wobei dies dann ausdrücklich zu vermerken ist.

3.2.11 Beleuchtungsstärke (an einem Punkt einer Oberfläche) (E):

Quotient des Lichtstroms $d\Phi$, der auf ein den Punkt enthaltendes Element der Oberfläche auftrifft, und der Fläche dA dieses Elements.

Äquivalente Definition: Integral des Ausdrucks $L \cdot \cos\theta \cdot d\Omega$, gebildet über denjenigen Halbraum, der von dem gegebenen Punkt aus sichtbar ist. Dabei ist L die Leuchtdichte in dem gegebenen Punkt in den verschiedenen Richtungen der einfallenden elementaren Strahlenbündel mit dem Raumwinkel $d\Omega$ und θ der Winkel zwischen jedem dieser Bündel und der Normalen der Oberfläche in dem gegebenen Punkt.

$$E = \frac{d\Phi}{dA} = \int_{2\pi sr} L \cos\Theta \, d\Omega$$

Einheit: lx = lm · m^{-2}

[IEC 50 (845)/CIE 17.4; 845-01-38]

3.2.12 Mittlere Beleuchtungsstärke ($\overline{E}$)

Beleuchtungsstärke, gemittelt über eine bestimmte Oberfläche.

Einheit: lx

ANMERKUNG In der Praxis kann sie entweder bestimmt werden durch den gesamten auf die Fläche auffallenden Lichtstrom, geteilt durch die gesamte Fläche, oder als Mittelwert der Beleuchtungsstärken einer repräsentativen Zahl von Punkten dieser Fläche.

3.2.13 Minimale Beleuchtungsstärke (E_{min})

Kleinste Beleuchtungsstärke der relevanten Punkte auf einer bestimmten Fläche.

Einheit: lx

ANMERKUNG Die relevanten Punkte, an denen die Beleuchtungsstärken zu bestimmen sind, sind in einschlägigen Normen festzulegen.

3.2.14 Maximale Beleuchtungsstärke (E_{max})

Größte Beleuchtungsstärke der relevanten Punkte auf einer bestimmten Fläche.

Einheit: lx

ANMERKUNG Die relevanten Punkte an denen die Beleuchtungsstärken zu bestimmen sind, sind in einschlägigen Normen festzulegen.

3.2.15 Wartungswert der Beleuchtungsstärke ($\overline{E}_m$)

Wert, unter den die mittlere Beleuchtungsstärke auf einer bestimmten Fläche nicht sinken darf. Zum Zeitpunkt der Unterschreitung sollte eine Wartung durchgeführt werden.

Einheit: lx

3.2.16 Neuwert der Beleuchtungsstärke ($\bar{E}_i$)

Mittlere Beleuchtungsstärke einer neuen Anlage.

Einheit: lx

3.2.17 Raumbeleuchtungsstärke (an einem Punkt) (E_o):

Durch die Formel

$$E_o = \int_{4\pi sr} L \, d\Omega$$

gegebene Größe.

Dabei ist

$d\Omega$ der Raumwinkel jedes der elementaren Bündel, die durch den gegebenen Punkt gehen, und

L die Leuchtdichte in diesem Punkt.

Einheit: lx

(siehe auch IEC 50 (845)/CIE 17.4; 845-01-40 Raumbeleuchtungsstärke)

3.2.18 Halbräumliche Beleuchtungsstärke (an einem Punkt) (E_{hs})

Gesamter Lichtstrom, der auf die Mantelfläche einer sehr kleinen Halbkugel um den gegebenen Punkt fällt, geteilt durch die Mantelfläche dieser Halbkugel. Die Grundfläche der Halbkugel ist horizontal, wenn nicht anders angegeben.

Einheit: lx

3.2.19 Zylindrische Beleuchtungsstärke (in einem Punkt, für eine Richtung) (E_z)

Durch die Formel

$$E_z = 1/\pi \int_{4\pi sr} L \sin\varepsilon \, d\Omega$$

gegebene Größe.

Dabei ist

$d\Omega$ der Raumwinkel jedes der elementaren Bündel, die durch den gegebenen Punkt gehen,

L die Leuchtdichte in diesem Punkt und

ε der Winkel zwischen jedem der Bündel und der gegebenen Richtung. Falls nicht anders angegeben, ist diese Richtung vertikal.

Einheit: lx

(siehe auch IEC 50 (845)/CIE 17.4; 845-01-41 zylindrische Beleuchtungsstärke)

3.2.20 Halbzylindrische Beleuchtungsstärke (in einem Punkt) (E_{sz})

Gesamter Lichtstrom, der auf die gekrümmte Oberfläche eines sehr kleinen Halbzylinders um den gegebenen Punkt fällt, geteilt durch die gekrümmte Oberfläche dieses Halbzylinders. Die Achse des Halbzylinders ist vertikal, wenn nicht anders angegeben. Die Richtung der gekrümmten Oberfläche sollte angegeben werden.

Einheit: lx

3.2.21 Gleichmäßigkeit der Beleuchtungsstärke

Verhältnis der minimalen Beleuchtungsstärke zur mittleren Beleuchtungsstärke (siehe auch IEC 50 (845)/CIE 17.4; 845-09-58)

ANMERKUNG Es wird auch das Verhältnis der minimalen Beleuchtungsstärke zur maximalen Beleuchtungsstärke verwendet, wobei dies dann aber explizit zu vermerken ist.

3.2.22 Bezugsfläche; Messfläche

Fläche, auf die man Beleuchtungsstärkewerte bezieht oder auf der sie gemessen werden.

[IEC 50 (845)/CIE 17.4; 845-09-49]

3.2.23 Physiologische Blendung

Blendung, die eine Herabsetzung der Sehfunktionen zur Folge hat, ohne dass damit ein unangenehmes Gefühl verbunden sein muss.

[IEC 50 (845)/CIE 17.4; 845-02-57]

3.2.24 Psychologische Blendung

Blendung, bei welcher ein unangenehmes Gefühl hervorgerufen wird, ohne dass damit eine merkbare Herabsetzung des Sehvermögens verbunden sein muss.

[IEC 50(845)/CIE 17.4; 845-02-56]

3.2.25 Schleierreflexionen

Spiegelreflexionen, die auf dem beobachteten Sehobjekt erscheinen und durch Kontrastverminderung teilweise oder völlig die zu sehenden Einzelheiten verschleiern.

[IEC 50 (845)/CIE 17.4; 845-02-55]

3.2.26 Lichtumgebung

Beleuchtung mit Rücksicht auf ihre physiologischen und psychologischen Einflüsse.

[IEC 50 (845)/CIE 17.4; 845-09-03]

3.2.27 Farbwiedergabe

Auswirkung einer Lichtart auf den Farbeindruck von Objekten, die mit ihr beleuchtet werden, im bewussten oder unbewussten Vergleich zum Farbeindruck der gleichen Objekte unter einer Bezugslichtart.

ANMERKUNG Im Deutschen wird der Begriff "Farbwiedergabe" auch für den Bereich der Farbreproduktion angewendet.

[IEC 50 (845)/CIE 17.4; 845-02-59]

3.2.28 Allgemeiner Farbwiedergabe-Index CIE 1974 (R_a)

Mittelwert der speziellen Farbwiedergabe-Indizes CIE 1974 für einen festgelegten Satz von acht Testfarben.

[IEC 50 (845)/CIE 17.4; 845-02-63]

3.2.29 Farbreiz

Sichtbare Strahlung, die durch unmittelbare Reizung der Netzhaut bunte oder unbunte Farbempfindungen hervorruft.

[IEC 50 (845)/CIE 17.4; 845-03-02]

3.2.30 Farbwerte (einer Farbvalenz)

Beträge dreier Primärvalenzen eines trichromatischen Systems, mit denen für eine gegebene Farbvalenz ein Farbabgleich erhalten wird.

ANMERKUNG In den normierten trichromatischen Systemen der CIE werden die Farbwerte mit den Symbolen X, Y, Z und X_{10}, Y_{10}, Z_{10} bezeichnet.

[IEC 50 (845)/CIE 17.4; 845-03-22]

3.2.31 Farbwertanteile

Verhältnisse der drei Farbwerte zu ihrer Summe.

ANMERKUNG 1 Da die Summe aus den drei Farbwertanteilen den Wert 1 ergibt, genügen zwei von ihnen zur Bestimmung der Farbart.

ANMERKUNG 2 In den normierten trichromatischen Systemen der CIE werden die Farbwertanteile mit den Symbolen x, y, z und x_{10}, y_{10}, z_{10} bezeichnet.

[IEC 50 (845)/CIE 17.4; 845-03-33]

3.2.32 Farbart

Eigenschaft einer Farbvalenz, definiert durch die Farbwertanteile oder durch bunttongleiche (oder kompensative) Wellenlänge und ihren spektralen Farbanteil.

[IEC 50 (845)/CIE 17.4; 845-03-34]

3.2.33 Farbtemperatur (T_c)

Temperatur des Planckschen Strahlers, bei der dieser eine Strahlung der gleichen Farbart hat, wie der zu kennzeichnende Farbreiz.

Einheit: K

ANMERKUNG Der Ausdruck reziproke Farbtemperatur mit der Einheit K^{-1} wird ebenfalls benutzt.

[IEC 50 (845)/CIE 17.4; 845-03-49]

3.2.34 Ähnlichste Farbtemperatur (T_{cp})

Temperatur des Planckschen Strahlers, bei der dessen Farbe der des zu kennzeichnenden Farbreizes bei gleicher Helligkeit und unter festgelegten Beobachtungsbedingungen am ähnlichsten ist.

Einheit: K

ANMERKUNG 1 Die vereinbarte Methode zur Bestimmung der ähnlichsten Farbtemperatur eines Farbreizes besteht darin, dass man in einer Farbtafel die Temperatur auf dem Planckschen Kurvenzug bestimmt, die sich aus dem Schnittpunkt mit einer der vereinbarten Linien gleicher Farbtemperatur ergibt, auf der der zu kennzeichnende Farbreiz liegt (siehe CIE-Publikation 15).

ANMERKUNG 2 Die reziproke ähnlichste Farbtemperatur wird anstelle der reziproken Farbtemperatur entsprechend immer dann benutzt, wenn es sich um die ähnlichste Farbtemperatur handelt.

[IEC 50 (845)/CIE 17.4; 845-03-50]

3.2.35 Verschmelzungsfrequenz (bei gegebenen Bedingungen)

Grenzfrequenz einer Folge von Lichtreizen, oberhalb derer das Flimmern nicht wahrnehmbar ist.

[IEC 50 (845)/CIE 17.4; 845-02-50]

3.2.36 Reflexionsgrad (für auftreffende Strahlung mit gegebener spektraler Verteilung, Polarisation und geometrischer Verteilung) (ρ)

Verhältnis der zurückgeworfenen Strahlungsleistung oder des zurückgeworfenen Lichtstroms zur auffallenden Strahlungsleistung oder zum auffallenden Lichtstrom unter den gegebenen Bedingungen.

Einheit: 1

[IEC 50 (845)/CIE 17.4; 845-04-58]

3.2.37 Transmissionsgrad (für auftreffende Strahlung mit gegebener spektraler Verteilung, Polarisation und geometrischer Verteilung) (τ)

Verhältnis der durchgelassenen Strahlungsleistung oder des durchgelassenen Lichtstroms zur auffallenden Strahlungsleistung oder zum auffallenden Lichtstrom unter den gegebenen Bedingungen.

Einheit: 1

[IEC 50 (845)/CIE 17.4; 845-04-59]

3.2.38 Absorptionsgrad (α)

Verhältnis der absorbierten Strahlungsleistung oder des absorbierten Lichtstroms zu der auffallenden Strahlungsleistung bzw. zum auffallenden Lichtstrom unter gegebenen Bedingungen.

Einheit: 1

[IEC 50 (845)/CIE 17.4; 845-04-75]

3.2.39 Photometrie

Messung von Größen, die sich auf Strahlung beziehen, die nach einer gegebenen spektralen lichttechnischen Wirkungsfunktion, z. B. $V(\lambda)$ oder $V'(\lambda)$ bewertet ist.

[IEC 50 (845)/CIE 17.4; 845-05-09]

3.3 Beleuchtungsmittel

3.3.1 Lampe

Quelle optischer Strahlung, meist im sichtbaren Bereich.

ANMERKUNG Dieser Ausdruck wird gelegentlich auch zur Bezeichnung bestimmter Arten von Leuchten benutzt.

[IEC 50 (845)/CIE 17.4; 845-07-03]

3.3.2 Vorschaltgerät

Vorrichtung, die zwischen den Versorgungsstromkreis und eine oder mehrere Entladungslampen geschaltet ist und hauptsächlich dazu dient, den Lampenstrom auf den geforderten Wert zu begrenzen.

ANMERKUNG Ein Vorschaltgerät kann auch einen Transformator für die Versorgungsspannung enthalten, den Leistungsfaktor korrigieren und die erforderlichen Voraussetzungen für die Zündung der Lampe(n) schaffen.

[IEC 50 (845)/CIE 17.4; 845-08-34]

3.3.3 Leuchte

Gerät, durch welches das von einer oder mehreren Lampen erzeugte Licht verteilt, gefiltert oder umgewandelt wird. Es umfasst alle Teile, die zur Befestigung und zum Schutz der Lampen erforderlich sind, nicht aber die Lampen selbst und, falls erforderlich, Schaltkreise sowie die Vorrichtungen zum Anschluss an das elektrische Versorgungsnetz.

ANMERKUNG Der englische Begriff "lighting fitting" ist veraltet.

[IEC 50 (845)/CIE 17.4; 845-10-01]

3.3.4 Referenzvorschaltgerät

Induktives Vorschaltgerät, vorgesehen als Vergleichsnormal bei der Vorschaltgeräte-Prüfung, zum Aussuchen von Referenzlampen und zur Prüfung von Lampen aus der laufenden Produktion unter genormten Betriebsbedingungen.

[IEC 50 (845)/CIE 17.4; 845-08-36]

3.3.5 Referenzlampe

Entladungslampe, die zur Prüfung von Vorschaltgeräten ausgesucht ist, und die bei Betrieb unter bestimmten Bedingungen mit einem Referenz-Vorschaltgerät elektrische Eigenschaften erreicht, die nahe bei den in der entsprechenden Norm festgelegten Zielwerten liegen.

[IEC 50 (845)/CIE 17.4; 845-07-55]

3.3.6 Bemessungswert des Lichtstromes (eines Lampentyps)

Anfangswert des Lichtstromes eines gegebenen Lampentyps, der vom Hersteller oder vom verantwortlichen Händler für den Betrieb der Lampe unter genormten Bedingungen angegeben wird.

Einheit: lm

ANMERKUNG 1 Der Anfangslichtstrom ist der Lichtstrom einer Lampe nach einer kurzen Alterungszeit, die in der entsprechenden Lampennorm festgelegt ist.

ANMERKUNG 2 Der Bemessungswert des Lichtstromes wird manchmal im Lampenstempel angegeben.

ANMERKUNG 3 Im Französischen früher "flux lumineux nominal".

[IEC 50 (845)/CIE 17.4; 845-07-59]

3.3.7 Lichtausbeute einer Strahlungsquelle (η)

Quotient aus dem ausgesandten Lichtstrom und der von der Strahlungsquelle verbrauchten Leistung.

Einheit: lm/W

ANMERKUNG Es ist anzugeben, ob die von gegebenenfalls vorhandenen Zubehörteilen (z. B. von Vorschaltgeräten) verbrauchte Leistung in der von der Strahlungsquelle verbrauchten Leistung enthalten ist.

[IEC 50 (845)/CIE 17.4; 845-01-55]

3.3.8 Betriebswirkungsgrad (einer Leuchte)

Verhältnis des gesamten Lichtstromes der Leuchte, gemessen unter festgelegten Praxisbedingungen mit den zugehörigen Lampen und Vorschaltgeräten, zur Summe der einzelnen Lichtströme dieser Lampen bei Betrieb außerhalb der Leuchte mit den gleichen Vorschaltgeräten unter festgelegten Bedingungen.

ANMERKUNG Nur für Glühlampenleuchten sind der optische Wirkungsgrad und der Betriebswirkungsgrad praktisch gleich.

[IEC 50 (845)/CIE 17.4; 845-09-39]

3.3.9 Arbeitswirkungsgrad (einer Leuchte) (η_W)

Verhältnis des gesamten Lichtstromes der Leuchte, gemessen unter festgelegten Praxisbedinungen mit den zugehörigen Lampen und Vorschaltgeräten, zur Summe der einzelnen Lichtströme dieser Lampen bei Betrieb außerhalb der Leuchte mit einem Referenz-Vorschaltgerät unter festgelegten Bedingungen.

3.3.10 Vorschaltgerät-Lichtstromfaktor

Verhältnis des Lichtstroms, den eine Referenz-Lampe bei Betrieb an einem bestimmten, die betreffende Fertigungsserie kennzeichnenden Vorschaltgerät ausstrahlt, zu dem Lichtstrom derselben Lampe bei Betrieb am Referenz-Vorschaltgerät.

[IEC 50 (845)/CIE 17.4; 845-09-63]

3.3.11 Unterer Betriebswirkungsgrad (einer Leuchte)

Verhältnis des unteren halbräumlichen Lichtstromes der Leuchte, gemessen unter festgelegten Praxisbedingungen mit den zugehörigen Lampen und Vorschaltgeräten, zur Summe der einzelnen Lichströme dieser Lampen bei Betrieb außerhalb der Leuchte mit den gleichen Vorschaltgeräten unter festgelegten Bedingungen.

ANMERKUNG Nur für Glühlampenleuchten sind der Leuchtenwirkungsgrad und der Betriebswirkungsgrad praktisch gleich.

[IEC 50 (845)/CIE 17.4; 845-09-40]

3.3.12 Oberer Betriebswirkungsgrad (einer Leuchte)

Verhältnis des oberen halbräumlichen Lichtstromes der Leuchte, gemessen unter festgelegten Praxisbedingungen mit den zugehörigen Lampen und Vorschaltgeräten, zur Summe der einzelnen Lichströme dieser Lampen bei Betrieb außerhalb der Leuchte mit den gleichen Vorschaltgeräten unter festgelegten Bedingungen.

ANMERKUNG Nur für Glühlampenleuchten sind der Leuchtenwirkungsgrad und der Betriebswirkungsgrad praktisch gleich.

3.3.13 (Räumliche) Verteilung der Lichtstärke (einer Lichtquelle)

Darstellung der Werte der Lichtstärken einer Lichtquelle in Abhängigkeit von den Richtungen im Raum mittels Kurven oder Tabellen.

[IEC 50 (845)/CIE 17.4; 845-09-24]

3.3.14 Beleuchtungswirkungsgrad (einer Beleuchtungsanlage, für eine Bezugsfläche)

Verhältnis des von der Bezugsfläche empfangenen Lichtstroms zu der Summe der Lichtströme der einzelnen Lampen der Beleuchtungsanlage.

[IEC 50 (845)/CIE 17.4; 845-09-51]

3.3.15 Raumwirkungsgrad (einer Beleuchtungsanlage, für eine Bezugsfläche) (*U*)

Verhältnis des von der Bezugsfläche empfangenen Lichtstroms zu der Summe der Gesamtlichtströme der einzelnen Leuchten der Beleuchtungsanlage.

[IEC 50 (845)/CIE 17.4; 845-09-53]

3.3.16 Lampenlichtstrom-Wartungsfaktor

Verhältnis des Lampenlichtstroms zu einem bestimmten Zeitpunkt zum anfänglichen Lampenlichtstrom (siehe auch CIE-Publikation 97)

3.3.17 Lampenlebensdauerfaktor

Anteil der Gesamtzahl der Lampen, die zu einem bestimmten Zeitpunkt unter festgelegten Bedingungen und einer bestimmten Schaltfrequenz weiterhin betriebsbereit sind (siehe auch CIE-Publikation 97).

3.3.18 Leuchten-Wartungsfaktor

Verhältnis des Betriebswirkungsgrades einer Leuchte zu einem bestimmten Zeitpunkt zum Betriebswirkungsgrad der neuen Leuchte (siehe auch CIE-Publikation 97)

3.3.19 Abschirmung

Mittel, um Lampen und Flächen hoher Leuchtdichte der direkten Betrachtung zur Verringerung der Blendung zu entziehen.

ANMERKUNG Bei der Allgemeinbeleuchtung wird unterschieden zwischen voll abgeschirmten Leuchten, teilabgeschirmten Leuchten und nicht abgeschirmten Leuchten.

[IEC 50 (845)/CIE 17.4; 845-10-29]

3.3.20 Abschirmwinkel (einer Leuchte)

Winkel zwischen der nach unten gerichteten Vertikalen und der Richtung, aus der die Lampen und die Flächen hoher Leuchtdichte gerade nicht sichtbar sind.

[IEC 50 (845)/CIE 17.4; 845-10-30]

3.4 Tageslicht

3.4.1 Sonnenstrahlung

Von der Sonne ausgehende elektromagnetische Strahlung.

[IEC 50 (845)/CIE 17.4; 845-09-76]

3.4.2 Direkte Sonnenstrahlung

Derjenige Teil der extraterrestrischen Sonnenstrahlung, der als Parallelstrahlung nach selektiver Schwächung in der Atmosphäre die Erdoberfläche erreicht.

[IEC 50 (845)/CIE 17.4; 845-09-79]

3.4.3 Diffuse Himmelsstrahlung

Derjenige Teil der Sonnenstrahlung, der in Folge seiner Streuung an Luftmolekülen, Aerosol- und Wolkenpartikeln oder anderen Partikeln die Erde erreicht.

[IEC 50 (845)/CIE 17.4; 845-09-80]

3.4.4 Globalstrahlung

Summe von direkter Sonnenstrahlung und diffuser Himmelsstrahlung.

[IEC 50 (845)/CIE 17.4; 845-09-81]

3.4.5 Sonnenlicht

Sichtbarer Anteil der direkten Sonnenstrahlung.

[IEC 50 (845)/CIE 17.4; 845-09-82]

ANMERKUNG Im Zusammenhang mit aktinischen Effekten optischer Strahlung wird dieser Begriff im Sprachgebrauch gewöhnlich für Strahlungen benutzt, die sich über den sichtbaren Bereich hinaus erstrecken.

3.4.6 Himmelslicht

Sichtbarer Anteil der diffusen Himmelsstrahlung.

[IEC 50 (845)/CIE 17.4; 845-09-83]

ANMERKUNG Im Zusammenhang mit aktinischen Effekten optischer Strahlung wird dieser Begriff im Sprachgebrauch gewöhnlich für Strahlungen benutzt, die sich über den sichtbaren Bereich hinaus erstrecken.

3.4.7 Tageslicht

Sichtbarer Anteil der Globalstrahlung.

[IEC 50 (845)/CIE 17.4; 845-09-84]

ANMERKUNG Im Zusammenhang mit aktinischen Effekten optischer Strahlung wird dieser Begriff im Sprachgebrauch gewöhnlich für Strahlungen benutzt, die sich über den sichtbaren Bereich hinaus erstrecken.

3.4.8 Tageslichtquotient (D)

Verhältnis der Beleuchtungsstärke in einem Punkt einer gegebenen Ebene, die durch direktes oder indirektes Himmelslicht bei angenommener oder bekannter Leuchtdichteverteilung erzeugt wird, zur Horizontalbeleuchtungsstärke bei unverbauter Himmelshalbkugel. Die Anteile des direkten Sonnenlichtes an beiden Beleuchtungsstärken bleiben hierbei unberücksichtigt.

ANMERKUNG 1 Einflüsse der Verglasung, Verschmutzung usw. sind eingeschlossen.

ANMERKUNG 2 Bei der Berechnung der Innenraumbeleuchtung muss der Beitrag des direkten Sonnenlichtes gesondert berücksichtigt werden.

[IEC 50 (845)/CIE 17.4; 845-09-97]

3.5 Beleuchtungsanlagen

3.5.1 Allgemeinbeleuchtung

Im Wesentlichen gleichmäßige Beleuchtung eines Raumes ohne Berücksichtigung der besonderen Erfordernisse für einzelne Raumteile.

[IEC 50 (845)/CIE 17.4; 845-09-06]

3.5.2 Arbeitsplatzorientierte Allgemeinbeleuchtung

Für die Beleuchtung einer Zone eines Raumes vorgesehene Allgemeinbeleuchtung, bei welcher die Beleuchtungsstärke an bestimmten Plätzen, beispielsweise an Arbeitsplätzen, erhöht ist.

[IEC 50 (845)/CIE 17.4; 845-09-08]

3.5.3 Platzbeleuchtung; Arbeitsplatzbeleuchtung

Beleuchtung einer speziellen Sehaufgabe, die zusätzlich zur Allgemeinbeleuchtung und von dieser getrennt schaltbar eingesetzt wird.

[IEC 50 (845)/CIE 17.4; 845-09-07]

3.5.4 Abstand (in einer Beleuchtungsanlage)

Abstand zwischen den Lichtschwerpunkten benachbarter Leuchten einer Beleuchtungsanlage.

[IEC 50 (845)/ CIE 17.4; 845-09-66]

3.5.5 Abstand/Höhe-Verhältnis

Verhältnis des Abstandes zu der Höhe der geometrischen Mittelpunkte der Leuchten über der Bezugsebene.

ANMERKUNG Bei Innenraumbeleuchtung ist die Bezugsebene gewöhnlich die horizontale Arbeitsebene; bei Außenbeleuchtung ist die Bezugsebene gewöhnlich der Boden.

3.5.6 Notbeleuchtung

Beleuchtung, die bei Störung der Stromversorgung der allgemeinen künstlichen Beleuchtung wirksam wird.

[IEC 50 (845)/CIE 17.4; 845-09-10]

3.5.7 Direkte Beleuchtung

Beleuchtungsart mittels Leuchten mit einer solchen Lichtstärkeverteilung, dass der Anteil des Lichtstroms, der die unendlich ausgedehnt angenommene Nutzebene direkt erreicht, 90 % bis 100 % beträgt.

[IEC 50 (845)/CIE 17.4; 845-09-14]

3.5.8 Vorwiegend direkte Beleuchtung

Beleuchtungsart mittels Leuchten mit einer solchen Lichtstärkeverteilung, dass der Anteil des Lichtstroms, der die unendlich ausgedehnt angenommene Nutzebene erreicht, 60 % bis 90 % beträgt.

[IEC 50 (845)/CIE 17.4; 845-09-15]

3.5.9 Gleichförmige Beleuchtung

Beleuchtungsart mittels Leuchten mit einer solchen Lichtstärkeverteilung, dass der Anteil des Lichtstroms, der die unendlich ausgedehnt angenommene Nutzebene erreicht, 40 % bis 60 % beträgt.

[IEC 50 (845)/CIE 17.4; 845-09-16]

3.5.10 Vorwiegend indirekte Beleuchtung

Beleuchtungsart mittels Leuchten mit einer solchen Lichtstärkeverteilung, dass der Anteil des Lichtstroms, der die unendlich ausgedehnt angenommene Nutzebene erreicht, 10 % bis 40 % beträgt.

[IEC 50 (845)/CIE 17.4; 845-09-17]

3.5.11 Indirekte Beleuchtung

Beleuchtungsart mittels Leuchten mit einer solchen Lichtstärkeverteilung, dass der Anteil des Lichtstroms, der die unendlich ausgedehnt angenommene Nutzebene direkt erreicht, 0 % bis 10 % beträgt.

[IEC 50 (845)/CIE 17.4; 845-09-18]

3.5.12 Gerichtete Beleuchtung

Beleuchtungsart, bei der die Beleuchtung auf der Nutzebene oder auf einem Objekt aus einer bestimmten Richtung erfolgt.

[IEC 50 (845)/CIE 17.4; 845-09-19]

3.5.13 Diffuse Beleuchtung, gestreute Beleuchtung

Beleuchtungsart, bei der die Beleuchtung auf der Nutzebene oder auf einem Objekt aus keiner bestimmten Richtung erfolgt.

[IEC 50 (845)/CIE 17.4; 845-09-20]

3.5.14 Flutlicht-Beleuchtung

Beleuchtung einer Szene oder eines Objektes, üblicherweise durch Scheinwerfer, um deren Beleuchtungsstärke gegenüber der Umgebung beträchtlich zu erhöhen.

[IEC 50 (845)/CIE 17.4; 845-09-21]

3.5.15 Anstrahlung

Beleuchtung, die die Beleuchtungsstärke einer begrenzten Fläche oder eines Gegenstandes relativ zur Umgebung bei möglichst geringem Streulicht sehr beträchtlich erhöht.

[IEC 50 (845)/CIE 17.4; 845-09-22]

3.5.16 Stroboskopischer Effekt

Scheinbare Änderung der Bewegung und/oder des Erscheinungsbildes eines bewegten Objekts, wenn das Objekt durch Licht mit sich verändernder Intensität beleuchtet wird.

ANMERKUNG Um scheinbaren Stillstand oder konstante Änderung einer Bewegung zu erhalten, ist es erforderlich, dass sowohl die Objektbewegung als auch der Wechsel der Lichtintensität periodisch sind und eine bestimmte Beziehung zwischen der Objektbewegung und der Lichtänderungsfrequenz besteht. Der Effekt ist nur zu beobachten, wenn die Amplitude der Lichtänderung oberhalb ein bestimmter Grenzen liegt. Die Bewegung des Objekts kann eine Dreh- oder Schubbewegung sein.

3.5.17 Elektrischer Anschlusswert

Maximaler Leistungsbedarf der Beleuchtungsanlage pro Flächeneinheit (für Innenräume und Außenflächen) oder pro Längeneinheit (für Straßenbeleuchtung).

Einheit: W/m² (für Flächen) oder kW/km (für Straßenbeleuchtung)

3.5.18 Wartungsfaktor

Verhältnis der mittleren Beleuchtungsstärke auf der Nutzebene nach einer gewissen Benutzungsdauer einer Beleuchtungsanlage zu der mittleren Beleuchtungsstärke, die man unter denselben Bedingungen bei einer neuen Anlage erhält.

ANMERKUNG 1 Die Begriffe „depreciation factor" (im Englischen) und „facteur de dépréciation" (im Französischen) wurden früher benutzt, um den Reziprokwert des oben genannten Verhältnisses zu bezeichnen.

ANMERKUNG 2 Die Lichtverluste berücksichtigen die Verschmutzung von Leuchten und Raumflächen und die Abnahme des Lichtstroms der Lampen.

[IEC 50 (845)/CIE 17.4; 845-09-59]

3.5.19 Raumoberflächen-Wartungsfaktor

Verhältnis der Raumoberflächenreflexionswerte zu einer bestimmten Zeit zu den Anfangsreflexionswerten (siehe auch CIE-Publikation 97)

3.5.20 Lebensdauer einer Beleuchtungsanlage

Zeitraum, nach dem die Anlage nicht mehr instand gesetzt werden kann, um die erforderliche Funktion zu erfüllen, da vorhandene Mängel nicht mehr behoben werden können.

3.5.21 Wartungszyklus

Wiederholungszyklus von Lampenwechsel, Lampen-/Leuchtenreinigung und Reinigung der Raumoberfläche (siehe auch CIE-Publikation 97)

3.5.22 Wartungsplan

Liste von Anweisungen, Wartungszyklus und Wartungsverfahren festlegend (siehe auch CIE-Publikation 97)

3.6 Beleuchtungsmessung

3.6.1 Photometer

Gerät zur Messung von photometrischen Größen.

[IEC 50 (845)/CIE 17.4; 845-05-15]

3.6.2 Farbmessgerät

Gerät zur Messung von farbmetrischen Größen, wie etwa der Farbwerte einer Farbvalenz.

[IEC 50 (845)/CIE 17.4; 845-05-18]

3.6.3 Beleuchtungsstärkemesser; Beleuchtungsmesser (CH); Luxmeter (CH)

Gerät zur Messung von Beleuchtungsstärken.

[IEC 50 (845)/CIE 17.4; 845-05-16]

3.6.4 Leuchtdichtemesser

Gerät zur Messung von Leuchtdichten.

[IEC 50 (845)/CIE 17.4; 845-05-17]

3.6.5 Reflektometer

Gerät zur Messung von Reflexionskennzahlen.

[IEC 50 (845)/CIE 17.4; 845-05-26]

3.6.6 Messfeld (eines Photometers)

Fläche, die alle Punkte im Objektraum enthält, deren Strahlung vom Empfänger empfangen wird.

3.6.7 V(λ)–Anpassung

Anpassung der spektralen Empfindlichkeit eines Empfängers an die photopische spektrale Empfindlichkeit des menschlichen Auges (siehe auch IEC 50 (845)/CIE 17.4; 845-01-22 und 845-01-23, ISO/CIE 10527).

3.6.8 Kosinusanpassung

Anpassung eines Empfängers hinsichtlich des Einflusses der Einfallsrichtung des Lichtes.

ANMERKUNG Die gemessene Beleuchtungsstärke ist bei einem "idealen Empfänger" proportional zu dem Kosinus des Winkel des einfallenden Lichtes. Der Winkel des einfallenden Lichtes ist der Winkel zwischen der Lichtrichtung und der Senkrechten zur Empfängerfläche.

4 Rahmenbedingungen für die Festlegung von Anforderungen an die Beleuchtung

Die Haupt-Planungsparameter, die berücksichtigt werden müssen, wenn die lichttechnischen Anforderungen für eine bestimmte Anwendung festgelegt werden, sind in 4.1 bis 4.8 beschrieben. Diese Parameter sollen in der in 4.1 bis 4.8 empfohlenen Form angegeben werden. Für einige dieser Parameter kann eine Auswahl bevorzugter Werte angegeben werden, die anzuwenden sind. Zusätzliche Parameter können erforderlich sein für spezielle Anwendungen.

4.1 Beleuchtungsstärke

Die Beleuchtungsstärke muss als Wartungswert der Beleuchtungsstärke angegeben werden, wobei einer der folgenden Werte für $\overline{E}_{m}$ zu wählen ist:

1×10^{N} lx; $1{,}5 \times 10^{N}$ lx; 2×10^{N} lx; 3×10^{N} lx; 5×10^{N} lx; $7{,}5 \times 10^{N}$ lx (wobei N eine ganze Zahl ist)

Die Fläche, für die die Beleuchtungsstärke zu berechnen oder zu messen ist, soll angegeben werden.

4.2 Leuchtdichte

Die Leuchtdichte ist als Wartungswert der Leuchtdichte anzugeben, wobei einer der folgenden Werte für $\overline{L}_{m}$ zu wählen ist:

1×10^{N} cd/m²; $1{,}5 \times 10^{N}$ cd/m² ; 2×10^{N} cd/m² ; 3×10^{N} cd/m²; 5×10^{N} cd/m²; $7{,}5 \times 10^{N}$ cd/m²

(wobei N eine ganze Zahl ist)

Die Fläche, für die die Leuchtdichte zu berechnen oder zu messen ist, soll angegeben werden.

4.3 Blendung

4.3.1 Physiologische Blendung

Physiologische Blendung kann in verschiedener Weise beschrieben werden. Wenn die Schwellenwerterhöhung benutzt wird, sind die folgenden TI-Werte zu verwenden (siehe CIE-Publikation 31):

5 %; 10 %; 15 %; 20 %; 25 %; 30 %.

Wenn "Glare rating" verwendet wird, sind die folgenden GR-Werte zu benutzen (siehe CIE-Publikation 112):

10; 20; 30; 40; 45; 50; 55; 60; 70; 80; 90.

4.3.2 Psychologische Blendung

Die psychologische Blendung kann mit Hilfe einer "psychometrischen Skala" beschrieben werden, die aus psychophysikalischen Untersuchungen abgeleitet ist.

Wenn das UGR-Verfahren verwendet wird, sind folgende UGR-Werte zu benutzen (siehe CIE-Publikation 117):

10; 13; 16; 19; 22; 25; 28.

4.4 Farbe

4.4.1 Farbwiedergabe

Für die Planung müssen Anforderungen an die Farbwiedergabe unter Benutzung des allgemeinen Farbwiedergabeindexes angegeben werden, wobei einer der folgenden R_a Werte zu benutzen ist:

20; 40; 60; 80; 90.

4.4.2 Farbe einer Lichtquelle

Die Farbe einer Lichtquelle kann durch ihre ähnlichste Farbtemperatur beschrieben werden.

4.5 Energie

Die Energie, die von einer Beleuchtungsanlage verbraucht wird, um die lichttechnischen Anforderungen zu erfüllen, hängt von der Anschlussleistung, der Nutzungsdauer und dem Steuerungsregime ab. Zielvorgaben für den Energieverbrauch in kWh pro Jahr und Flächeneinheit oder Länge sollen einen effizienten Energieeinsatz fördern.

4.6 Wartung

Ein Wartungsfaktor ist festzulegen (siehe CIE-Publikation 97).

4.7 Messungen

Messverfahren sind für alle Beleuchtungsanwendungen anzugeben.

4.8 Genauigkeit/Unsicherheit

Genauigkeit/Unsicherheit und Toleranzen sind sowohl für Berechnungen als auch für Messungen vor Ort anzugeben.

Anhang A
(informativ)

Zusätzliche Erläuterungen zu definierten Begriffen

Zu **3.1.1 Adaptation**: Vorgang der Anpassung des visuellen Systems an Leuchtdichte und Farbe des Gesichtsfeldes bzw. der Endzustand dieses Vorganges.

Zu **3.1.2 Akkomodation**: Anpassung der Brechkraft der Augenlinse, um das Bild eines Objektes auf der Netzhaut scharf abzubilden.

Zu **3.1.3 Sehschärfe**: Fähigkeit, feine Details getrennt zu sehen, die einen sehr kleinen Sehwinkel am Auge einschließen.

ANMERKUNG Quantitativ kann sie ausgedrückt werden durch den Reziprokwert des Winkels in Bogenminuten am Eingang der Pupille, unter dem die Details gerade noch getrennt erkennbar sind.

Zu **3.1.4 Helligkeit**: Merkmal der visuellen Wahrnehmung, verknüpft mit der Lichtsstärke, die von einer bestimmten Fläche abgestrahlt wird. Sie ist die subjektive Entsprechung zur Leuchtdichte.

Zu **3.1.8 Blendung**: Siehe auch 3.2.23 und 3.2.24.

Zu **3.2.1 Lichtstrom** (Φ): Größe, abgeleitet aus dem Strahlungsfluss (Strahlungsleistung) durch Bewertung der Strahlung entsprechend der spektralen Empfindlichkeit des menschlichen Auges (nach der CIE-Definition des photometrischen Normalbeobachters). Er ist die von einer Lichtquelle ausgestrahlte oder von einer Fläche empfangene Lichtleistung.

Einheit: Lumen (lm)

ANMERKUNG 1 In dieser Definition gelten für die spektrale Empfindlichkeit des photometrischen Normalbeobachters der CIE die Werte der Funktion des spektralen Hellempfindlichkeitsgrades $V(\lambda)$.

ANMERKUNG 2 Definition des spektralen Hellempfindlichkeitsgrades siehe IEC 50 (845)/CIE 17.4; 845-01-22; Definition des photometrischen Normalbeobachters siehe IEC 50 (845)/CIE 17.4; 845-01-23; Definition des photometrischen Strahlungsäquivalents siehe IEC 50 (845)/CIE 17.4; 845-01-56. Siehe ISO/CIE 10527.

Zu **3.2.2 Lichtstärke** (einer Punktlichtquelle in einer bestimmten Richtung) **(I)**: Lichtstrom pro Raumwinkeleinheit in dieser Richtung, d. h. der Lichtstrom auf eine kleine Fläche, dividiert durch den Raumwinkel, den die Fläche von der Quelle aus gesehen einnimmt (siehe auch IEC 50 (845)/CIE 17.4; 845-01-31).

Einheit: 1 cd (Candela) = 1 lm/sr (sr = Steradiant)

ANMERKUNG Candela ist die photometrische SI-Basis-Einheit. Definition siehe IEC 50 (845)/CIE 17.4; 845-01-50.

Zu **3.2.3 Leuchtdichte** (L): Lichtstrom pro Raumwinkeleinheit, übertragen in einem elementaren Strahlenbündel durch diesen Punkt, der sich in der bestimmten Richtung ausbreitet, dividiert durch die Querschnittsfläche des Strahlenbündels, senkrecht zu seiner Richtung, die diesen Punkt enthält (siehe auch IEC 50 (845)/CIE 17.4; 845-01-35).

Sie kann auch definiert werden als:

a) Die Lichtstärke des von einem Flächenelement in einer bestimmten Richtung ausgestrahlten oder reflektierten Lichts, geteilt durch die Projektion des Flächenelementes in der gleichen Richtung.

b) Die von einem Lichtbündel auf einer zu seiner Richtung senkrechten Fläche erzeugte Beleuchtungsstärke, dividiert durch den Raumwinkel der Lichtquelle, von der beleuchteten Fläche aus gesehen.

Die Leuchtdichte ist das physikalische Maß des Reizes, der den Helligkeitseindruck hervorruft.

Zu **3.2.11 Beleuchtungsstärke**: Ist die Fläche horizontal bzw. vertikal orientiert, dann Horizontalbeleuchtungsstärke bzw. Vertikalbeleuchtungsstärke.

Zu **3.2.17 Raumbeleuchtungsstärke** (an einem Punkt) (E_o): Gesamter Lichtstrom, der auf die Oberfläche einer sehr kleinen Kugel um den gegebenen Punkt fällt, geteilt durch die Oberfläche dieser Kugel.

Zu **3.2.19 Zylindrische Beleuchtungsstärke** (in einem Punkt) (E_z): Gesamter Lichtstrom, der auf die Mantelfläche eines sehr kleinen Zylinders um den gegebenen Punkt fällt, geteilt durch die Mantelfläche dieses Zylinders. Die Achse des Zylinders ist senkrecht, wenn nicht anders angegeben.

Zu **3.2.23 Physiologische Blendung**: Physiologische Blendung kann direkt oder durch Reflexion entstehen.

Zu **3.2.24 Psychologische Blendung**: Psychologische Blendung kann direkt oder durch Reflexion entstehen.

Zu **3.2.27 Farbwiedergabe (einer Lichtquelle)**: Einfluss einer Lichtquelle auf den Farbeindruck von Objekten, verglichen mit dem Farbeindruck unter einer Bezugslichtquelle.

Zu **3.2.28 Allgemeiner Farbwiedergabe-Index** (einer Lichtquelle) (R_a): Wert, der angeben soll, inwieweit die Farbe der von einer Lichtquelle beleuchteten Objekte derjenigen entspricht, die sie unter einer Bezugslichtquelle haben.

ANMERKUNG R_a wird aus den Farbwiedergabeindizes für einen festgelegten Satz von acht Testfarben gebildet. R_a hat ein Maximum von 100, welches nur erreicht wird, wenn die Spektralverteilungen der Lichtquelle und der Bezugslichtart in ihrer Farbwirkung identisch sind (siehe CIE-Publikation 13.3).

Zu **3.2.30 Farbwerte**: Siehe auch CIE-Publikation 15.2

Zu **3.2.31 Farbwertanteile**: Siehe auch CIE-Publikation 15.2

Zu **3.2.32 Farbart**: Siehe auch CIE-Publikation 15.2

Zu **3.2.33 Farbtemperatur** (einer Lichtquelle) (T_c): Siehe auch CIE-Publikation 15.2

Zu **3.2.34 Ähnlichste Farbtemperatur** (einer Lichtquelle) (T_{cp}): Die CIE-Publikation 15 wurde inzwischen durch CIE-Publikation 15.2 ersetzt.

Zu **3.2.36 Reflexionsgrad (ρ)**: Verhältnis des von einer Fläche reflektierten Lichtstroms zum auffallenden Lichtstrom.

ANMERKUNG Der Reflexionsgrad hängt im Allgemeinen von der Richtung und spektralen Zusammensetzung des auffallenden Lichts und von der Oberflächenbeschaffenheit ab.

Zu **3.2.37 Transmissionsgrad (τ)**: Verhältnis des durch einen Körper transmittierten Lichtstroms zum auffallenden Lichtstrom.

ANMERKUNG Der Transmissionsgrad hängt im Allgemeinen von der Richtung und der spektralen Zusammensetzung des auffallenden Lichtes und von der Oberflächenbeschaffenheit ab.

Zu **3.2.38 Absorptionsgrad (α)**: Verhältnis des in einem Körper absorbierten Lichtstroms zum auffallenden Lichtstrom.

ANMERKUNG Der Absorptionsgrad hängt üblicherweise von der Richtung und der spektralen Zusammensetzung des einfallenden Lichtes und von der Oberflächenbeschaffenheit ab.

Zu **3.2.39 Photometrie**: Messungen von Größen, die sich auf Strahlung beziehen, die nach der spektralen Empfindlichkeit des menschlichen Auges bewertet wird (nach der CIE-Definition des photometrischen Normalbeobachters).

ANMERKUNG 1 Die für die spektrale Empfindlichkeit des photometrischen Normalbeobachters nach CIE benutzten Werte sind üblicherweise die der V(λ)-Funktion des spektralen Hellempfindlichkeitsgrades.

ANMERKUNG 2 Definition des spektralen Hellempfindlichkeitsgrades siehe IEC 50 (845)/CIE 845-01-022, für den photometrischen Normalbeobachter der CIE siehe IEC 50 (845)/CIE 845-01-23 und für das photometrische Strahlungsäquivalent siehe IEC 50 (845)/CIE 845-01-56. Siehe ISO/CIE 10527.

Zu **3.3.6 Bemessungswert des Lampenlichtstromes**: Für die meisten Lampen gilt, dass der Betrieb unter Referenzbedingungen stattfindet, d. h. bei einer Umgebungstemperatur von 25 °C, ohne Luftzug, frei hängend in der vorgegebenen (Brenn-)Position und mit dem vorgegebenen Referenz-Vorschaltgerät — siehe dazu aber auch die entsprechenden IEC-Normen für die jeweiligen Lampen.

Zu **3.3.7 Lichtausbeute einer Strahlungsquelle**: Falls nicht anders festgelegt, sind die Messbedingungen entsprechend den Referenzbedingungen aus den entsprechenden IEC-Normen zu wählen (siehe 3.3.6).

Zu **3.3.13 (Räumliche) Verteilung der Lichtstärke** (einer Lichtquelle): Lichtstärke einer Quelle (Lampe oder Leuchte) als Funktion der Richtung im Raum.

Zu **3.3.14 Beleuchtungswirkungsgrad**: Verhältnis des auf eine Referenzfläche einfallenden Lichtstromes zur Summe der Bemessungswerte der Lichtströme der installierten Lampen.

Zu **3.5.4 Abstand** (in einer Beleuchtungsanlage): Siehe IEC 50 (845)/CIE 17.4; 845-09-64 für die Definition des Lichtschwerpunktes.

Zu **3.5.18 Wartungsfaktor** (einer Beleuchtungsanlage): Verhältnis des Wartungswertes der Beleuchtungsstärke zur anfänglichen Beleuchtungsstärke (siehe CIE-Publikation 97).

ANMERKUNG Der Wartungsfaktor hängt ab von dem Lampenlichtstrom-Wartungsfaktor, dem Lampenlebensdauerfaktor, dem Leuchten-Wartungsfaktor und (für eine Raumbeleuchtungsanlage) von dem Raumoberflächen-Wartungsfaktor.

Anhang B
(informativ)

Index der Begriffe

Anhang C
(informativ)

A-Abweichungen

A-Abweichung: Nationale Abweichung, die auf Vorschriften beruht, deren Veränderung zum gegenwärtigen Zeitpunkt außerhalb der Kompetenz des CEN/CENELEC-Mitglieds liegt.

Diese Europäische Norm fällt nicht unter eine EU-Richtlinie

In den betreffenden CEN/CENELEC-Ländern gelten diese A-Abweichungen anstelle der Festlegungen der Europäischen Norm so lange, bis sie zurückgezogen sind.

Dänemark

Dänische Bauvorschriften BR 95 und BR S 98

Veröffentlicht von der National Building and Housing Agency

in Zusammenhang mit Abschnitten 3 und 4

Entsprechend den Dänischen Bauvorschriften BR 95 und BR S 98 ist die Anwendung von DS 700 und DS 704 vorgeschrieben.

DS 704 beinhaltet weitere zusätzliche Definitionen als die in Abschnitt 3 aufgeführten Definitionen.

DS 700 legt UGR-Anforderungen in Klassen fest, die um eine Stufe höher liegen als die in Abschnitt 4.3.2 festgelegten Klassen.

Literaturhinweise

EN 60064, *Glühlampen für den Hausgebrauch und ähnliche allgemeine Beleuchtungszwecke - Anforderungen an die Arbeitsweise (IEC 64:1993, modifiziert).*

EN 60081, *Röhrenförmige Leuchtstofflampen für allgemeine Beleuchtungszwecke.*

EN 60155, *Glimmstarter für Leuchtstofflampen (IEC 60155:1993).*

EN 60188, *Quecksilberdampf-Hochdrucklampen (IEC 60188:1974 + Änderung 1:1976 + Änderung 2:1979 + Änderung 3:1984, modifiziert).*

EN 60192, *Natriumdampf-Niederdrucklampen (IEC 60192:1973 + A1:1979 + A2:1988 + A3:1992).*

EN 60357, *Halogen-Glühlampen (Fahrzeuglampen ausgenommen) (IEC 60357:1982 + Änderung 1:1984, modifiziert).*

EN 60432-1, *Sicherheitsanforderungen an Glühlampen — Teil 1: Glühlampen für den Hausgebrauch und ähnliche Beleuchtungszwecke (IEC 60432-1:1999, modifiziert).*

EN 60432-2, *Sicherheitsanforderungen an Glühlampen — Teil 2: Halogen-Glühlampen für den Hausgebrauch und ähnliche Beleuchtungszwecke (IEC 60432-2:1999, modifiziert).*

EN 60598-1, *Leuchten — Teil 1: Allgemeine Anforderungen und Prüfungen (IEC 60598-1:1996, modifiziert).*

EN 60662, *Natriumdampf-Hochdrucklampen (IEC 60662:1980 + A1:1986 + A2:1987 + A3:1990, modifiziert).*

EN 60901, *Einseitig gesockelte Leuchtstofflampen — Anforderungen an Sicherheit und Arbeitsweise (IEC 60901:1996).*

Achtung zurückgezogenes Dokument: EN 60920 Vorschaltgeräte für röhrenförmige Leuchtstofflampen — Allgemeine und Sicherheitsanforderungen

EN 60921, *Vorschaltgeräte für röhrenförmige Leuchtstofflampen — Anforderungen an die Arbeitsweise (IEC 60921:1988 + Corrigendum April 1989, modifiziert).*

EN 60922, *Vorschaltgeräte für Entladungslampen (ausgenommen für röhrenförmige Leuchtstofflampen) — Allgemeine und Sicherheitsanforderungen (IEC 922:1989).*

EN 60923, *Vorschaltgeräte für Entladungslampen (ausgenommen röhrenförmige Leuchtstofflampen) — Anforderungen an die Arbeitsweise (IEC 60923:1995).*

EN 60924, *Gleichstromversorgte elektronische Vorschaltgeräte für röhrenförmige Leuchtstofflampen — Allgemeine und Sicherheitsanforderungen (IEC 924:1990).*

EN 60925, *Gleichstromversorgte elektronische Vorschaltgeräte für röhrenförmige Leuchtstofflampen — Anforderungen an die Arbeitsweise (IEC 60925:1989).*

EN 60926, *Startgeräte (andere als Glimmstarter) — Allgemeine und Sicherheitsanforderungen.*

EN 60927, *Startgeräte (andere als Glimmstarter) — Anforderungen an die Arbeitsweise (IEC 60927:1996).*

EN 60928, *Wechselstromversorgte elektronische Vorschaltgeräte für röhrenförmige Leuchtstofflampen — Allgemeine und Sicherheitsanforderungen (IEC 928:1990).*

EN 60929, *Wechselstromversorgte elektronische Vorschaltgeräte für röhrenförmige Leuchtstofflampen — Anforderungen an die Arbeitsweise (IEC 60929:1990 + Corrigendum Juni 1991).*

EN 60968, *Lampen mit eingebautem Vorschaltgerät für Allgemeinbeleuchtung — Sicherheitsanforderungen (IEC 60968:1988, modifiziert).*

EN 60969, *Lampen mit eingebautem Vorschaltgerät für Allgemeinbeleuchtung — Anforderungen an die Arbeitsweise (IEC 60969:1988).*

EN 61046, *Gleich- oder wechselstromversorgte elektronische Konverter für Glühlampen — Allgemeine und Sicherheitsanforderungen.*

EN 61047, *Gleich- oder wechselstromversorgte elektronische Konverter für Glühlampen — Anforderungen an die Arbeitsweise (IEC 61047:1991).*

EN 61048, *Kondensatoren für Entladungslampen-, insbesondere Leuchtstofflampen-Anlagen — Allgemeine und Sicherheitsanforderungen (IEC 61048:1991, modifiziert + Corrigendum 1992)/Achtung: Enthält Corrigendum von Dezember 1998.*

EN 61049, *Kondensatoren für Entladungslampen-, insbesondere Leuchtstofflampen-Anlagen — Leistungsanforderungen (IEC 61049:1991 + Corrigendum 1992, modifiziert).*

EN 61167, *Halogen-Metalldampflampen (IEC 61167:1992).*

EN 61195, *Zweiseitig gesockelte Leuchtstofflampen — Sicherheitsanforderungen (IEC 61195:1999).*

EN 61199, *Einseitig gesockelte Leuchtstofflampen — Sicherheitsanforderungen (IEC 61199:1999).*

ISO 8995, *Grundlagen der visuellen Ergonomie — Die Beleuchtung von Arbeitssystemen in Innenräumen.*

CIE Publication S002:1986, *Colorimetric observers (ISO/CIE 10527:1991).*

CIE Publication 12.2, *Recommendations for the lighting of roads for motorized traffic.*

CIE Publication 13.3, *Method of measuring and specifying colour rendering of light sources.*

CIE Publicaton 15.2, *Colorimetry.*

CIE Publication 16, *Daylight.*

CIE Publication 29.2, *Guide on interior lighting.*

CIE Publication 30.2, *Calculation and measurement of luminance and illuminance in road lighting.*

CIE Publication 31, *Glare and uniformity in road lighting installations.*

CIE Publication 49, *Guide on the emergency lighting of building interiors.*

CIE Publication 67, *Guide for the photometric specification and measurement of sports lighting installations.*

CIE Publication 68, *Guide to the lighting of exterior working areas.*

CIE Publication 69, *Methods of characterizing illuminance meters and luminance meters: performance, characteristics and specifications.*

CIE Publication 83, *Guide for the lighting of sports events for colour television and film systems.*

CIE Publication 88, *Guide for the lighting of road tunnels and underpasses.*

CIE Publication 97, *Maintenance of indoor electric lighting installations.*

CIE Publication 112, *Glare evaluation system for use within outdoor sports and area lighting.*

CIE Publication 117, *Discomfort glare in interior lighting.*

CIE Publication 121, *The photometry and goniophotometry of luminaires.*

Juli 2006

DIN 5035-3

ICS 91.160.10

Mit DIN EN 12464-1:2003-03
Ersatz für
DIN 5035-3:1988-09 und
DIN 67505:1986-09

Beleuchtung mit künstlichem Licht – Teil 3: Beleuchtung im Gesundheitswesen

Artificial lighting –
Part 3: Lighting of health care premises

Éclairage par lumière artificielle –
Partie 3: Éclairage dans le régime sanitaire

Gesamtumfang 23 Seiten

Normenausschuss Lichttechnik (FNL) im DIN
Normenausschuss Bauwesen (NABau) im DIN
Normenausschuss Rettungsdienst und Krankenhaus (NARK) im DIN

Inhalt

Bilder

Tabellen

Vorwort

Dieses Dokument wurde vom Arbeitskreis FNL/AK 4.3 „Krankenhausbeleuchtung" des Arbeitsausschusses FNL 4 „Innenraumbeleuchtung mit künstlichem Licht" im Normenausschuss Lichttechnik (FNL) im DIN erstellt.

DIN 5035, *Beleuchtung mit künstlichem Licht*, besteht aus:

— *Teil 2: Richtwerte für Arbeitsstätten in Innenräumen und im Freien*

— *Teil 3: Beleuchtung von Räumen im Gesundheitswesen*

— *Teil 4: Spezielle Empfehlungen für die Beleuchtung von Unterrichtsstätten*

— *Teil 6: Messung und Bewertung*

— *Teil 7: Beleuchtung von Räumen mit Bildschirmarbeitsplätzen*

— *Teil 8: Spezielle Anforderungen zur Einzelplatzbeleuchtung in Büroräumen und büroähnlichen Räumen*

Änderungen

Gegenüber DIN 5035-3:1988-09 und DIN 67505: 1986-09 wurden folgende Änderungen vorgenommen:

a) Norm vollständig überarbeitet

b) Norm an lichttechnische Festlegungen aus DIN EN 12464-1 angepasst, wie z. B. Festlegung des Wartungswertes der Beleuchtungsstärke

c) Inhalte von DIN 67505, soweit nicht bereits durch DIN EN 12464-1 ersetzt, aufgenommen

d) Anforderungen durch neue Sehaufgaben in der Medizintechnik wie z. B. bei minimal invasiver Chirurgie aufgenommen

Frühere Ausgaben

DIN 5035-3: 1974-02, 1988-09

DIN 67505: 1975-10, 1986-09

Einleitung

Die künstliche Beleuchtung von Räumen des Gesundheitswesens muss den besonderen Aufgaben und der Atmosphäre dieses Anwendungsbereiches der Beleuchtung mit künstlichem Licht Rechnung tragen. Deshalb muss der Beleuchtung und der Farbgestaltung verstärkte Aufmerksamkeit geschenkt werden. Sowohl die künstliche Beleuchtung als auch die farbliche Raumgestaltung dienen hier nicht nur dem mühelosen und fehlerfreien Bewältigen der arbeitsbedingten Sehaufgaben, sondern in allen Räumen, in denen sich Patienten aufhalten, auch den vielfältigen Bedürfnissen der Patienten nach Annehmlichkeit und Wohlbefinden und zur Unterstützung der Therapie. Daher muss bei möglichst weitgehender Einhaltung der in dieser Norm beschriebenen Gütemerkmale die Beleuchtung sorgfältig auf den vorgesehenen Raumzweck und auf die teils unterschiedlichen Sehaufgaben und Ansprüche der Menschen an die Beleuchtung abgestimmt werden.

Bei allen Räumen, die ausschließlich dem Aufenthalt des Patienten, nicht aber seiner Untersuchung oder Behandlung dienen (Tagesräume, Warteräume usw.), ist in erster Linie dem Empfinden des Patienten in physiologischer und psychologischer Hinsicht Rechnung zu tragen. Deshalb spielen hier, neben einer geeigneten Beleuchtung, auch die Farbgebung der Räume und Farbwiedergabe der Lichtquelle und eine ausreichende Beleuchtung mit Tageslicht eine wesentliche Rolle.

Schwierigkeiten für eine optimale Beleuchtung in Räumen des Gesundheitswesens ergeben sich immer dann, wenn die Sehaufgaben des Personals und die Bedürfnisse des empfindlicheren kranken Menschen miteinander in Widerspruch stehen. Die Bedürfnisse der Beschäftigten dominieren z. B. im Operationstrakt. Aber auch in derartigen Bereichen sollte, soweit möglich, das Empfinden des Patienten berücksichtigt werden. In Bettenräumen dominieren die Bedürfnisse des Patienten, sofern nicht die Dringlichkeiten der Behandlung oder Pflege zeitweilig dazu zwingen, die Anforderungen an die Beleuchtung für das behandelnde Personal in den Vordergrund zu stellen.

Die optimale Erfüllung gegensätzlicher Ansprüche ist durch die Installation mehrerer Beleuchtungssysteme möglich und sollte im Hinblick auf die Humanisierung und Rationalisierung der betrieblichen Abläufe im Gesundheitswesen angestrebt werden.

Wegen der besonderen hygienischen Erfordernisse in Räumen des Gesundheitswesens ist in allen Bereichen eine auch für Reinigungszwecke ausreichende Beleuchtung erforderlich.

1 Anwendungsbereich

Diese Norm legt im Zusammenhang mit DIN EN 12464-1 die Anforderungen und Empfehlungen an die künstliche Beleuchtung im Gesundheitswesen fest. Sie ergänzt DIN EN 12464-1 mit Anforderungen und Empfehlungen für Patienten, Pflegebedürftige, Beschäftigte und Besucher unter Berücksichtigung der unterschiedlichen Lichtbedürfnisse. Sofern in dieser Norm einzelne Bereiche im Gesundheitswesen nicht berücksichtigt sind, können vergleichbare Sehaufgaben bzw. Tätigkeiten und deren Anforderungen an die Beleuchtung herangezogen werden. Dies gilt auch für die Altenpflege und ähnliche Einrichtungen. Besondere Krankheitsbilder (z. B. Demenz und Parkinson) erfordern höhere und/oder andere Gütemerkmale der Beleuchtung. Für Räume der Veterinärmedizin können die hier festgelegten Anforderungen bei ähnlichen Sehaufgaben Anwendung finden. Diese Norm berücksichtigt nicht die Lichttherapie und verwandte Behandlungsverfahren.

Diese Norm gilt nicht für die Beleuchtung von Arbeitsstätten im Hinblick auf den betrieblichen Arbeitsschutz.

2 Normative Verweisungen

Die folgenden zitierten Dokumente sind für die Anwendung dieses Dokuments erforderlich. Bei datierten Verweisungen gilt nur die in Bezug genommene Ausgabe. Bei undatierten Verweisungen gilt die letzte Ausgabe des in Bezug genommenen Dokuments (einschließlich aller Änderungen).

DIN 5034, *Tageslicht in Innenräumen*

E DIN 5035-6, *Beleuchtung mit künstlichem Licht — Messung und Bewertung*

DIN 5035-7, *Beleuchtung mit künstlichem Licht — Teil 7: Beleuchtung von Räumen mit Bildschirmarbeitsplätzen*

DIN EN 1838, *Angewandte Lichttechnik — Notbeleuchtung*

DIN EN 12464-1:2003-03, *Angewandte Lichttechnik — Beleuchtung von Arbeitsstätten — Teil 1: Arbeitsstätten in Innenräumen*

DIN EN 12665:2002-09, *Angewandte Lichttechnik — Grundlegende Begriffe und Kriterien für die Festlegung von Anforderungen an die Beleuchtung*

DIN EN 50172:2005-01 (VDE 0108 Teil 100), *Sicherheitsbeleuchtungsanlagen*

DIN EN 60601-2-41 (VDE 0750-2-41), *Medizinische elektrische Geräte — Teil 2-41: Besondere Festlegungen für die Sicherheit von Operationsleuchten und Untersuchungsleuchten*

DIN EN ISO 9680, *Zahnheilkunde — Zahnärztliche Behandlungsleuchte*

3 Begriffe

Für die Anwendung dieses Dokuments gelten die in DIN EN 12665:2002-09 und DIN EN 12464-1:2003-03 angegebenen und die folgenden Begriffe, die aufgrund ihrer besonderen Bedeutung für diese Norm und aus Gründen des einfachen Umgangs mit der Norm unter Hinweis auf die Quelle wiedergegeben sind.

3.1
Sehaufgabe
sehrelevante Elemente der auszuführenden Arbeit

[DIN EN 12464-1:2003-03]

ANMERKUNG Hauptsächlich sehrelevant sind die Größe des zu erkennenden Objektes, dessen Leuchtdichte, dessen Kontrast gegenüber dem Hintergrund und dessen Darbietungsdauer.

3.2
Bereich der Sehaufgabe
Teilbereich des Arbeitsplatzes, in dem die Sehaufgabe ausgeführt wird. Ist die Größe und/oder die Lage des Bereiches der Sehaufgabe nicht bekannt, muss der Bereich als Bereich der Sehaufgabe angenommen werden, in dem die Sehaufgabe auftreten kann.

[DIN EN 12464-1:2003-03]

3.3
unmittelbarer Umgebungsbereich
den Bereich der Sehaufgabe umgebende, sich im Gesichtsfeld befindende Fläche von mindestens 0,5 m Breite

[DIN EN 12464-1:2003-03]

3.4
Wartungswert der Beleuchtungsstärke
$\bar{E}_{\mathrm{m}}$
Wert, unter den die mittlere Beleuchtungsstärke auf einer bestimmten Fläche nicht sinken darf. Zum Zeitpunkt der Unterschreitung sollte eine Wartung durchgeführt werden.

Einheit: lx

[DIN EN 12665:2002-09]

3.5
Wartungsfaktor
Verhältnis der mittleren Beleuchtungsstärke auf der Bezugsfläche nach einer gewissen Benutzungsdauer einer Beleuchtungsanlage zu der mittleren Beleuchtungsstärke, die man unter denselben Bedingungen bei einer neuen Anlage erhält

[DIN EN 12665:2002-09]

ANMERKUNG Der Wert des Wartungsfaktors ist abhängig von

— Alterung, Verschmutzung und Ausfall von Lampen,

— Alterung und Verschmutzung von Leuchten,

— Raumverschmutzung.

3.6
Wartungsplan
Liste von Anweisungen, Wartungszyklus und Wartungsverfahren festlegend (siehe auch CIE-Publikation 97)

ANMERKUNG Der Wartungszyklus ist der Wiederholungszyklus von Lampenwechsel, Lampen-/Leuchtenreinigung und Reinigung der Raumoberfläche (siehe CIE-Publikation 97).

3.7
Gleichmäßigkeit der Beleuchtungsstärke
Verhältnis der minimalen Beleuchtungsstärke zur mittleren Beleuchtungsstärke

[DIN EN 12665:2002-09]

3.8
psychologische Blendung
Blendung, bei der ein unangenehmes Gefühl hervorgerufen wird, ohne dass damit eine merkbare Herabsetzung des Sehvermögens verbunden sein muss

[DIN EN 12665:2002-09]

ANMERKUNG Zur Bewertung der psychologischen Blendung wird das UGR-Verfahren verwendet (siehe CIE-Publikation 117).

3.9
Allgemeiner Farbwiedergabe-Index
R_a
Mittelwert der speziellen Farbwiedergabe-Indizes CIE 1974 für einen festgelegten Satz von acht Testfarben

[DIN EN 12665:2002-09]

4 Allgemeine Anforderungen an die Beleuchtung

4.1 Allgemeines

Die unterschiedlichen Lichtbedürfnisse der Patienten und Beschäftigten sind bei der Planung zu berücksichtigen. Dies gilt insbesondere hinsichtlich der Dynamik und Lichtfarbe der Kunstlichtbeleuchtung und Tageslichtbeleuchtung.

Die Beleuchtung von Räumen mit Tageslicht ist in DIN 5034 geregelt.

Die speziellen beleuchtungstechnischen Anforderungen an die Beleuchtung des Raumes, der Aufgabe (Sehaufgabe) oder der Tätigkeit in Räumen des Gesundheitswesens sind in Anhang A wiedergegeben. Daneben gelten die in Abschnitt 5 erfolgten Festlegungen für die genannten bzw. entsprechenden Sehaufgaben oder Raumarten. Alle in dieser Norm festgelegten Wartungswerte der Beleuchtungsstärken sind Mindestwerte, deren Erhöhung in der Regel für die Patienten zu Wohlbefinden und Förderung der Genesung und für die Beschäftigten zu besserer Erkennbarkeit ihrer Sehaufgaben und zur Akzeptanz beiträgt. In allen Fällen, in denen das Niveau der Beleuchtung aufgrund der unterschiedlichen Sehaufgaben variabel (regelbar) sein muss, kann dies durch Schalten, Steuern, Regeln oder durch Kombination davon erfolgen. Die Anpassung der Lichtfarbe an das Beleuchtungsniveau ist dabei zu beachten.

Die Lichtfarbe und die Farbwiedergabe der verwendeten Lampen bestimmen das Farbklima des Raumes und beeinflussen die Stimmung und das Wohlbefinden. Die Lichtfarbe sollte bei bevorzugt auf Behaglichkeit ausgerichteten Beleuchtungsanforderungen warmweiß (ähnlichste Farbtemperatur $< 3\,300$ K) bei Beleuchtungsstärken zwischen 200 lx und 700 lx für den Bereich der Sehaufgabe und bevorzugt arbeitsorientierter Raumnutzung neutralweiß mit einer ähnlichsten Farbtemperatur zwischen 3 300 K und 5 300 K bei Beleuchtungsstärken von 500 lx sein. In Räumen mit höheren Anforderungen an die Farberkennung, wie zum Beispiel in dermatologischen oder zahnärztlichen Untersuchungs- und Behandlungsräumen, kann auch eine tageslichtweiße Lichtfarbe (ähnlichste Farbtemperatur $> 5\,300$ K) mit hohem Farbwiedergabeindex R_a bei Beleuchtungsstärken zwischen 500 lx und 1 000 lx erforderlich sein. Spezielle Anforderungen an die Lichtfarbe siehe Abschnitt 5 bzw. Tabellenwerte im Anhang A.

Der Wartungsfaktor und die ihm zugrunde liegenden Rahmenbedingungen müssen zwischen Planer und Investor, Betreiber oder sonstigen Verantwortlichen der Beleuchtungsanlage vereinbart werden. Dieser bestimmt wesentlich den Wartungsplan. Falls kein Wartungsfaktor vereinbart wird, ist bei geringer Nutzungsdauer oder geringem Verschmutzungsgrad ein Wert von 0,80 und bei normaler Nutzungsdauer oder in Bezug auf die Reinlichkeitsanforderungen in Räumen des Gesundheitswesens bei hohem Verschmutzungsgrad ein Wert von 0,67 heranzuziehen.

Für Beleuchtungsanlangen mit Operations- und Behandlungsleuchten sind die speziellen betrieblichen Anforderungen zu beachten, die, neben den produktbezogenen Festlegungen, in DIN EN 60601-2-41 (VDE 0750-2-41) und für Beleuchtungsanlagen mit zahnärztlichen Behandlungsleuchten in DIN EN ISO 9680 enthalten sind.

Die Gleichmäßigkeit der Beleuchtungsstärke für den Bereich der Sehaufgabe muss nach DIN EN 12464-1, sofern in Abschnitt 5 nicht anders festgelegt, 0,7 betragen. Für den unmittelbaren Umgebungsbereich ist eine Gleichmäßigkeit des Wartungswertes der Beleuchtungsstärke von 0,5 notwendig. Der Zusammenhang zwischen der Beleuchtungsstärke des unmittelbaren Umgebungsbereichs und der Beleuchtungsstärke im Bereich der Sehaufgabe ist in DIN EN 12464-1 festgelegt (siehe DIN EN 12464-1:2003-03, 4.3.2).

4.2 Referenzraster für Berechnung und Messung

Für die Überprüfung von Leuchtdichte-, Beleuchtungsniveaus und Gleichmäßigkeitsanforderungen ist es für Planungen und Beleuchtungsmessungen vor Ort ratsam, ein Raster festzulegen, so dass Beleuchtungsplaner und Nutzer eine gemeinsame Basis erhalten.

Die in diesem Dokument für Wartungswerte der Beleuchtungsstärke und Gleichmäßigkeiten angegebenen Werte beziehen sich auf die Definitionen des anzuwendenden Berechnungs- oder Messrasters nach E DIN 5035-6.

5 Spezielle Festlegungen zur Beleuchtung

5.1 Mehrzweckräume

5.1.1 Flure und Treppen

In Verkehrszonen des Gesundheitswesens ergeben sich häufig auch Sehaufgaben mit höheren Beleuchtungsanforderungen als bei üblichen Verkehrswegen. Flure und Treppen müssen so beleuchtet werden, dass sich sowohl am Tage als auch in der Nacht geringe Leuchtdichte-Unterschiede beim Übergang zwischen unterschiedlich beleuchteten Räumen ergeben. Während der Nachtstunden kann die Beleuchtungsstärke der Flure daher verringert werden. Es ist darauf zu achten, dass auch bei reduzierter Beleuchtungsstärke eine ausreichende örtliche Gleichmäßigkeit vorhanden ist. Bei Fluren, in denen Patienten liegend transportiert werden, ist besonderer Wert auf die angemessene Reduktion der für den liegenden Patienten wahrnehmbaren Leuchtdichten zu legen.

Die Gleichmäßigkeit auf der Mittelachse von betrieblichen Flurabschnitten muss ≥ 0,7 und in den jeweils angrenzenden betrieblichen Zonen bis 0,5 m vor die Wände ≥ 0,5 betragen.

Die Angaben zur Gleichmäßigkeit müssen auch bei der Beleuchtung von Treppenhäusern erfüllt werden. Die Erkennbarkeit von Treppenstufen ist sicherzustellen.

5.1.2 Warte- und Tagesaufenthaltsräume

In Warte- und Tagesaufenthaltsräumen ist in erster Linie dem Empfinden des Patienten und anderen Personen wie z. B. Begleitpersonen Rechnung zu tragen. Neben einer geeigneten Beleuchtung spielen hier das Tageslicht, die Farbgebung der Räume bzw. Raumzonen sowie die Farbwiedergabe der Lichtquelle eine wesentliche Rolle. Hier sollten deshalb bevorzugt auf die Behaglichkeit ausgerichtete Leuchten und Lampen mit entsprechender Lichtfarbe (empfohlener Wert < 3 300 K) eingesetzt werden.

Die Gleichmäßigkeit im gesamten Raum oder in unterschiedlichen Nutzungsbereichen des Raumes sollte 0,5 nicht unterschreiten. Dies gilt nicht für zusätzliche Akzentbeleuchtung.

5.1.3 Empfangsbereiche in gesundheitstechnischen Einrichtungen

In Empfangsbereichen sollte die Beleuchtung eine beruhigende Atmosphäre erzeugen. Ist der Empfangsbereich mit Bildschirmarbeitsplätzen ausgestattet, entsprechen die Anforderungen an die Allgemeinbeleuchtung denen einer üblichen Bürobeleuchtung nach DIN EN 12464-1 und DIN 5035-7.

5.2 Personalräume (Dienstzimmer, Aufenthaltsräume)

Arzt- und Schwesterndienstzimmer zeichnen sich dadurch aus, dass sie bei Tag und bei Nacht im Schichtbetrieb von verschiedenen Nutzern für unterschiedliche Aufgaben mit ggf. unterschiedlichen Bedürfnissen und zudem mit unterschiedlicher Besiedlungsdichte genutzt werden und dies jeden Tag im Jahr. Aus der Art des Betriebes lassen sich folgende Empfehlungen ableiten:

Das Tageslicht sollte optimal als Beleuchtung genutzt werden können, ggf. mit geeigneter Tageslichttechnik, wobei dem Wärmeeintrag besondere Rechnung getragen werden muss.

Die Beleuchtungsanlage sollte ein hohes Maß an individueller Einflussnahme auf die Höhe der Beleuchtungsstärke und die Art der Beleuchtung ermöglichen. Dies ist insbesondere im Nachtbetrieb von Bedeutung. Es sollten verschiedene Lichtszenarien einstellbar sein.

Mit Rücksicht auf das hohe Kommunikationsaufkommen sollte eine ausreichend hohe zylindrische Beleuchtungsstärke vorhanden sein.

Bei der Beleuchtung der Schrankzonen sollte berücksichtigt werden, dass die Schränke teilweise mit Glasscheiben versehen sind, sich in den Schränken oft Behälter aus Glas befinden und auch Beschriftungen mit geringer Schrifthöhe gelesen werden müssen.

Bei vorhandenen Bildschirmarbeitsplätzen in Arzt- und Schwesterndienstzimmern entsprechen die Anforderungen an die Allgemeinbeleuchtung denen einer üblichen Bürobeleuchtung nach DIN EN 12464-1 und DIN 5035-7. Dies gilt für die Beleuchtung mit Tageslicht wie für die künstliche Beleuchtung. Für spezielle Tätigkeiten mit höheren Sehanforderungen ist die Beleuchtungsstärke entsprechend zu erhöhen. Werden in Arztzimmern Untersuchungen vorgenommen, gelten die Anforderungen an die Beleuchtung nach 5.4. Mit Rücksicht auf Pausen- und Ruhezeiten kann eine separate stimmungsbetonte Beleuchtung von Arzt- und Schwesterndienstzimmern sowie in Besprechungszonen zweckmäßig sein.

Aufenthaltsräume dienen in der Regel als Pausen- oder Ruheräume und können ebenso stimmungsbetont beleuchtet werden.

5.3 Bettenzimmer, Wöchnerinnenzimmer

5.3.1 Allgemeine Anforderungen

Die Beleuchtung der Bettenzimmer bzw. Wöchnerinnenzimmer sollte einerseits dem Wohlbefinden des Patienten dienen, andererseits muss sie Untersuchungen oder Behandlungen (z. B. Visite, Entbindung oder auch Bestrahlungen von Säuglingen) ermöglichen. Diese Anforderungen können nur durch eine entsprechend differenzierte Beleuchtung erfüllt werden. Für ortsfest installierte Leuchten sollten warmweiße Lichtfarben zur Anwendung kommen.

Die für die Beleuchtung relevanten Bezugsebenen sind in Bild 1 dargestellt.

5.3.2 Allgemeinbeleuchtung

Die Allgemeinbeleuchtung sollte eine wohnliche Atmosphäre schaffen und für einfache Tätigkeiten ausreichen. Der Wartungswert der Beleuchtungsstärke gilt für die horizontale Bewertungsebene in 0,85 m über dem Boden. Die von dem im Bett befindlichen Patienten wahrgenommenen leuchtenden Flächen einer Leuchte sind auf eine mittlere Leuchtdichte von 1 000 cd/m^2 zu begrenzen. Die Leuchtdichte der Raumdecke darf an keiner Stelle 500 cd/m^2 überschreiten.

In Bettenzimmern für Säuglinge ist der Wartungswert der Beleuchtungsstärke wegen der intensiven Pflege- und Überwachungsarbeit durch das Krankenhauspersonal doppelt so hoch wie in allgemeinen Bettenzimmern. Dienen diese Bettenzimmer auch der Beobachtung der Säuglinge, so wird eine neutralweiße Lichtfarbe empfohlen.

5.3.3 Lesebeleuchtung

Für jeden Bettenplatz ist eine Lesebeleuchtung vorzusehen. Die Lage und Größe der Bezugsebene für den Wartungswert der Beleuchtungsstärke (Lesefläche) sind in Bild 1 dargestellt.

Maße in Meter

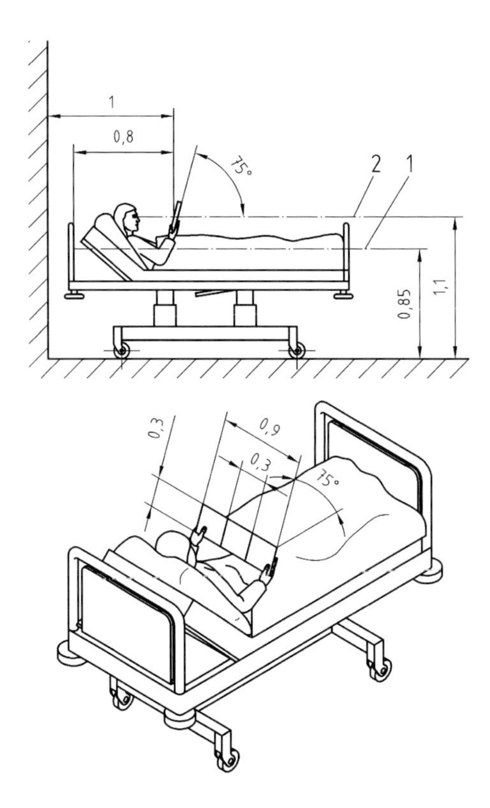

Legende

1 Untersuchungsebene

2 Leseebene

Bild 1 — Bezugsebenen am Bett des Patienten

Als Lesefläche wird eine um 75° gegen die Horizontale geneigte Fläche, 0,90 m breit und 0,30 m hoch, angenommen, deren Mittelpunkt 1,1 m über dem Boden liegt und einen Abstand von 0,80 m vom Kopfende des Bettes hat. Wenn der Abstand des Kopfendes von der Wand nicht bekannt ist, wird der Abstand mit 0,20 m angenommen.

Bei einer beweglichen Leseleuchte ist es ausreichend, wenn die Anforderung hinsichtlich des Wartungswertes der Beleuchtungsstärke in jedem innerhalb der Lesefläche möglichen Lesefeld von 0,30 m × 0,30 m erfüllt werden kann.

Um die Blendung in Mehrbettenräumen zu vermeiden, darf die Leuchtdichte der Leseleuchte im Umblickfeld von anderen Patienten 1 000 cd/m^2 nicht überschreiten.

ANMERKUNG Als Umblickfeld gilt die Gesamtheit aller Punkte, die bei ruhendem Körper auf dem Rücken in vorwiegend horizontaler Lage, bewegtem Kopf und bewegten Augen fixiert werden können.

5.3.4 Beleuchtung für Untersuchungen oder Behandlungen am Patientenbett

Für allgemeine Untersuchungen und/oder Behandlungen, die am Patientenbett durchgeführt werden, bezieht sich der Wartungswert der Beleuchtungsstärke auf die Längsachse der Untersuchungsebene (siehe Bild 1).

ANMERKUNG Die Beleuchtungsstärke der Untersuchungs- oder Behandlungsbeleuchtung kann sich aus allen Komponenten der Beleuchtung im Raum zusammensetzen.

Die Gleichmäßigkeit der Beleuchtungsstärke auf dieser Längsachse darf 0,5 nicht unterschreiten. Die Beleuchtung muss für die Beschäftigten, braucht aber nicht für Patienten blendfrei zu sein. Für Untersuchungen oder Behandlungen mit höheren Anforderungen an die Beleuchtung kann der Wartungswert der Beleuchtungsstärke auch durch ortsveränderliche Untersuchungsleuchten (nach DIN EN 60601-2-41 (VDE 0750-2-41)) erreicht werden.

ANMERKUNG Auch bei variablen Bettenhöhen – meist zwischen 0,55 m und 0,95 m – sollte für die Planung und Messung eine einheitliche horizontale Bewertungsebene für die Untersuchungs- oder Behandlungsbeleuchtung von 0,85 m über dem Boden zugrunde gelegt werden.

5.3.5 Nacht-/Übersichtsbeleuchtung

Die Nacht-/Übersichtsbeleuchtung muss es im Bedarfsfall dem Pflegepersonal während der Nachtstunden ermöglichen, sich im Patientenzimmer zu bewegen und die Patienten zu überwachen. Zur Vermeidung der Blendung der Patienten sollte diese Übersichtsbeleuchtung nach Möglichkeit durch indirekt über die Decke bzw. die Wände strahlende Leuchten realisiert werden. In Bettenräumen für Säuglinge wird ein höherer Wartungswert der Beleuchtungsstärke empfohlen.

ANMERKUNG Die in Anhang A festgelegten Beleuchtungsstärken sollten nicht wesentlich überschritten werden, um die Patienten nicht zu stören.

5.3.6 Orientierungsbeleuchtung

Die Orientierungsbeleuchtung muss ein Zurechtfinden im Raum während der Nachtstunden ermöglichen, ohne die schlafenden Patienten zu stören; die Leuchten sollten unterhalb der Liegeebene und im Türbereich angebracht sein; eine breit strahlende Lichtverteilung im unteren Halbraum der Leuchte ist anzustreben. Die Orientierungsbeleuchtung muss unabhängig von der übrigen Beleuchtung eingeschaltet werden können.

5.4 Untersuchungs- und Behandlungsräume

5.4.1 Allgemeine Festlegungen

Bei der Beleuchtung von Untersuchungs- und Behandlungsräumen werden im Allgemeinen der Untersuchungs- und Behandlungsbereich anders beleuchtet als die restlichen Raumzonen, wobei die Lichtfarbe der einzelnen Lichtquellen einander weitgehend entsprechen sollten, sofern nicht andere Erfordernisse vorliegen. Zusätzlich eingesetzte spezielle Untersuchungs- und Behandlungsleuchten müssen DIN EN 60601-2-41 (VDE 0750-2-41) entsprechen; der Farbwiedergabeindex $R_a \geq 85$ muss erfüllt sein.

ANMERKUNG 1 Die ähnlichste Farbtemperatur der Allgemeinbeleuchtung von Untersuchungs- und Behandlungsräumen sollte zwischen 3 800 K und 5 300 K betragen.

ANMERKUNG 2 Für die Arbeit an Bildschirmen gelten zusätzliche Festlegungen, siehe auch DIN 12464-1 und DIN 5035-7.

5.4.2 Allgemeine Untersuchungs- und Behandlungsräume

Der Wartungswert der Beleuchtungsstärke für Untersuchungen und Behandlungen kann durch eine arbeitsplatzorientierte Allgemeinbeleuchtung oder durch Allgemeinbeleuchtung in Verbindung mit einer zusätzlichen Untersuchungsbeleuchtung erreicht werden.

Die Lichtfarbe der Allgemeinbeleuchtung sollte der Untersuchungsbeleuchtung entsprechen.

ANMERKUNG Es wird eine neutralweiße Lichtfarbe empfohlen.

5.4.3 Spezielle Untersuchungs- und Behandlungsräume

5.4.3.1 Allgemeine Anforderungen

Für spezielle Untersuchungs- und Behandlungsräume sowie für die Notfallversorgung sind, je nach der Art der durchzuführenden Untersuchung und Behandlung und dem dafür erforderlichen Adaptationsniveau, sehr unterschiedliche Anforderungen an die Beleuchtung zu stellen.

Die Wartungswerte der Beleuchtungsstärke benachbarter Bereiche oder Räume dürfen nicht mehr als um den Faktor 10 voneinander abweichen. Andernfalls sind zusätzliche Adaptationsbereiche mit entsprechender Beleuchtungsstärke vorzusehen, um eine angemessene Adaptationszeit für die zwischen diesen Bereichen wechselnden Personen zu schaffen.

5.4.3.2 Augenärztliche Untersuchungs- und Behandlungsräume

Neben den allgemeinen augenärztlichen Untersuchungen, wie Untersuchungen des äußeren Auges oder Sehtests, ergeben sich je nach Art der Untersuchung weitere Anforderungen an die Beleuchtung. So sind für die Skiaskopie, für die Refraktometrie, für Ophthalmoskopie und Ophthalmometrie wesentlich geringere Wartungswerte der Beleuchtungsstärke der Allgemeinbeleuchtung angemessen. Für die Perimetrie und die Adaptometrie muss – je nach der speziellen Untersuchungsart – die Beleuchtungsstärke der Allgemeinbeleuchtung auf noch geringere Werte regelbar sein.

5.4.3.3 Ohrenärztliche Untersuchungs- und Behandlungsräume (Hals-, Nasen- und Ohrenheilkunde)

Für hals-, nasen- und ohrenärztliche Untersuchungen ist neben der Allgemeinbeleuchtung eine spezielle Beleuchtung am Untersuchungsort notwendig, die durch entsprechende Untersuchungsleuchten realisiert wird.

5.4.3.4 Räume der bildgebenden Diagnostik und Behandlungsverfahren

Bei der Beleuchtung von Räumen für bildgebende Diagnostik und Behandlungsverfahren richtet sich die Höhe der Allgemeinbeleuchtung nach dem Verfahren. Werden ausschließlich Röntgenaufnahmen angefertigt, gelten die Anforderungen an die Beleuchtung für Bild gebende Diagnostik mit Bildverstärkern. Bei Arbeiten mit Bilddarstellung auf Sichtgeräten ist die Möglichkeit einer Herabsetzung der Beleuchtungsstärke der Allgemeinbeleuchtung auf geringere Werte vorzusehen. Reflexblendungen auf dem Bildschirm müssen vermieden werden.

5.4.3.5 Entbindungsräume

Wegen einer möglichen längeren Verweildauer kann es notwendig sein, die Beleuchtungsstärke der Allgemeinbeleuchtung zeitweise zu verringern, um Blendung der Patientinnen während dieser Zeit zu vermeiden. Spezielle Untersuchungs- und Behandlungsleuchten nach DIN EN 60601-2-41 (VDE 0750-2-41) können erforderlich sein. Zusätzlich zur Allgemeinbeleuchtung kann eine akzentuierte Beleuchtung und die farbliche Gestaltung der Räume wesentlich zur Entspannung und zum Wohlbefinden beitragen.

5.4.3.6 Dialyseräume

Die Beleuchtung von Dialyseräumen hat die Aufgabe, die medizinisch notwendigen Sehaufgaben bei der Ein- und Ausleitung der Dialysebehandlung zu ermöglichen, wozu höhere Beleuchtungsstärken notwendig sind. Für Behandlungen mit darüber hinausgehenden Sehanforderungen ist eine zusätzliche Untersuchungs- bzw. Behandlungsbeleuchtung vorzusehen, siehe auch 5.4.2. Während der laufenden

Dialysebehandlung ist der Raum wie in Bettenräumen mit einer Allgemeinbeleuchtung, nach 5.3.2 zu versehen. Allerdings erfolgt die Dialysebehandlung im Allgemeinen in leicht nach hinten geneigter sitzender Körperhaltung. Zusätzlich ist eine Lesebeleuchtung wie in Bettenzimmern vorzusehen, siehe 5.3.3. Es wird die Lichtfarbe warmweiß empfohlen. Die Beleuchtung ist regelbar auszuführen.

5.4.3.7 Dermatologische Untersuchungs- und Behandlungsräume

Eine der wesentlichen Sehaufgaben in dermatologischen Untersuchungs- und Behandlungsräumen ist die genaue Diagnose von Veränderungen der Hautfarbe. Daher sind tageslichtweiße oder neutralweiße Lichtfarben mit hohem Farbwiedergabeindex erforderlich.

5.4.3.8 Endoskopieräume

Zur Vorbereitung endoskopischer Untersuchungen sind höhere Wartungswerte der Beleuchtungsstärke erforderlich als für die eigentliche endoskopische Untersuchung, die wegen der meist geringeren Leuchtdichte im optischen System des Endoskops eine Absenkung der Beleuchtungsstärke im Raum notwendig macht. Dies gilt sowohl für die direkte als auch die monitorgestützte Endoskopie. Beleuchtungsanforderungen bei bildgebenden Diagnostik und Behandlungsverfahren siehe auch 5.4.3.4.

5.4.3.9 Therapieräume

In Therapieräumen werden Patienten mit physikalischen, radiologischen oder elektromedizinischen Methoden behandelt. Dazu gehören auch Räume zur Krankengymnastik, Massage und für medizinische Packungen und Bäder. Zusätzlich zur Allgemeinbeleuchtung kann eine akzentuierte Beleuchtung und die farbliche Gestaltung der Räume wesentlich zur Entspannung und zum Behandlungserfolg beitragen. Hohe Leuchtdichten im Blickfeld des Patienten sind zu vermeiden.

ANMERKUNG Je nach Art der Therapie kann eine individuelle Anpassung des Beleuchtungsniveaus und der Lichtfarbe von Vorteil sein.

5.5 Operationsbereich (Operations- und Operationsnebenräume)

5.5.1 Allgemeine Anforderungen

Die Beleuchtung der Operationsräume muss stets im Zusammenhang mit der Operationsfeld-Beleuchtung geplant und ausgeführt werden. Dies erfordert drei unterschiedliche Beleuchtungsniveaus, die Operationsfeldbeleuchtung, die Operations-Umfeldbeleuchtung und die Allgemeinbeleuchtung.

5.5.2 Operations-Umfeldbeleuchtung und Allgemeinbeleuchtung

Bedingt durch Beleuchtungsstärken bis über 100 000 lx im Operationsfeld muss eine Operations-Umfeld-Beleuchtung vorgesehen werden, die Adaptationsstörungen durch zu hohe Leuchtdichteunterschiede zwischen Operationsfeld und Operationsumfeld begrenzt. Das Operationsumfeld ist eine zentral um den Operationstisch angeordnete Fläche. Die Abmessungen müssen durch den Planer bzw. Betreiber festgelegt werden. Ist eine Festlegung im Planungsstadium nicht möglich, sollte eine Fläche von 3 m × 3 m vorgesehen werden. Der Wartungswert der Beleuchtungsstärke im Operationsumfeld darf in einer Höhe von 1 m über dem Boden 1 000 lx nicht unterschreiten; 2 000 lx sind anzustreben. Deckenleuchten für die Operations-Umfeldbeleuchtung sollten möglichst nahe rings um den Operationstisch angeordnet werden, um die Blendung zu reduzieren und die Abschattung des Operationsfeldes durch das Operations-Team gering zu halten.

Die Beleuchtung des gesamten Operations-Raumes erfolgt durch eine Allgemeinbeleuchtung, zu der die Umfeldbeleuchtung ebenso beiträgt.

ANMERKUNG Um Reflexblendungen im Operationsfeld zu vermeiden, werden für Reflexionsgrade der Decke größer 0,7, der Wände größer 0,5, des Bodens größer 0,2, für Abdecktücher, Kleidung und Handschuhe des Operationsteams Reflexionsgrade kleiner 0,3 empfohlen. Alle Oberflächen, insbesondere die der Operations-Instrumente, sollten matt sein.

Die Umfeld- und die Grundbeleuchtung sollten der Lichtfarbe der Operations-Leuchte (nach DIN EN 60601-2-41 (VDE 0750-2-41)) weitgehend entsprechen. Lampen müssen eine neutralweiße Lichtfarbe mit einer ähnlichsten Farbtemperatur von mindestens 3 800 K und einem Farbwiedergabeindex $R_a \geq 90$ aufweisen.

Wird ein Operationsraum auch für minimalinvasive Chirurgie genutzt, müssen durch zusätzliche Schaltungen und Regelungen niedrige Beleuchtungsniveaus nach 5.4.3.4 bzw. 5.4.3.8 erreicht werden können. Dabei können verschiedene Arbeitsbereiche des Operationsraumes unterschiedliche Beleuchtungsniveaus erfordern, die sich nach der Art der Tätigkeit und Behandlungsmethode richten. Bei bestimmten OP-Techniken kann bei niedrigen Beleuchtungsniveaus eine abweichende Farbwiedergabe notwendig sein.

5.5.3 Beleuchtung am Operationsort

Die Operationsbeleuchtung erfolgt mit speziellen Leuchten nach DIN EN 60601-2-41 (VDE 0750-2-41), mit denen auch die Größe des Lichtfeldes dem Operationsfeld angepasst werden kann.

Der Farbwiedergabeindex $R_a \geq 85$ muss erfüllt sein.

ANMERKUNG Die ähnlichste Farbtemperatur sollte zwischen 3 800 K und 5 000 K liegen.

5.5.4 Vorbereitungs- und Aufwachräume (Operationsnebenräume)

Die Beleuchtung der Operationsnebenräume muss auf die Beleuchtung des Operationsraumes abgestimmt sein. Es sind Lampen gleicher Lichtfarbe und Farbwiedergabe wie im Operationsraum einzusetzen.

Die Beleuchtung von Aufwachräumen hat zwei Aufgaben zu erfüllen: Einerseits ist eine Allgemeinbeleuchtung vorzusehen, andererseits ist eine stark reduzierte Beleuchtung für die Aufwachphase des Patienten erforderlich, die blendarm für den liegenden Patienten sein muss. Durch eine Zusatzbeleuchtung sollte bei Bedarf eine Erhöhung der Beleuchtungsstärke am Bett möglich sein.

5.6 Intensivstation (Räume der Intensivmedizin)

Die Beleuchtung von Räumen der Intensivmedizin muss in erster Linie die Behandlung und ständige Überwachung schwerkranker Patienten ermöglichen. Dabei ist die Lage der Patienten und der medizinischen Geräten zu beachten.

Die Allgemeinbeleuchtung des Raumes erfolgt in drei Stufen: Geringe Beleuchtungsstärken wie im Bettenzimmer nach 5.3.3, höhere Beleuchtungsstärken für einfache Untersuchungen und Behandlungen am Patientenbett nach 5.3.4 und für hohe Beleuchtungsanforderungen im Bettenbereich entsprechend dem Untersuchungs- und Behandlungsbereich nach 5.4.

Zur Überwachung der Patienten während der Nacht und zur Beobachtung von medizinischen Geräten ist eine Übersichtsbeleuchtung vorzusehen. Angrenzende Räume mit Beobachtungsfenstern müssen ein daran angepasstes Beleuchtungsniveau mit einer blendungsfreien Beleuchtung aufweisen.

5.7 Zahnärztliche Untersuchungs- und Behandlungsräume

Die Allgemeinbeleuchtung zahnärztlicher Untersuchungs- und Behandlungsräume ist auf die Gütemerkmale (optische Anforderungen) der eingesetzten Behandlungsleuchte nach DIN EN ISO 9680 abzustimmen. Der Wartungswert der Beleuchtungsstärke für die Beleuchtung der Verkehrs- und Vorbereitungszonen des Behandlungsraumes E_1 und für die Zone E_2, die den Behandlungsplatz mit Ablageflächen auf den Behandlungseinrichtungen und auf oder in den Schrankelementen unmittelbar im Greifraum von Zahnarzt und Assistenz umfasst (siehe Bild 2), gilt für eine horizontale Bewertungsebene in 0,85 m über dem Boden. Diese Zone E_2 ist mindestens eine horizontale Fläche von 1,5 m × 1,5 m um das Behandlungsfeld E_2 (Mund des Patienten). Die Lichtfarbe der eingesetzten Lampen muss tageslichtweiß mit einem Farbwiedergabeindex $R_a \geq 90$ entsprechen.

ANMERKUNG 1 Der Patientenbereich E_2 umfasst den Behandlungsplatz mit Ablageflächen auf Behandlungseinrichtungen im Greifraum von Behandelnden und Assistenz.

ANMERKUNG 2 Die Direktblendung der meist liegenden Patienten kann reduziert werden, indem die Leuchten außerhalb des Patientenbereiches E_2 angeordnet werden (Bild 2). Zusätzliche Indirektbeleuchtung (in die Deckenbeleuchtung integriert oder separat) oder akzentuierte Beleuchtung erhöhen die Hintergrundleuchtdichte und reduzieren so die Direktblendung und tragen zu einem entspannenden Lichtklima bei.

ANMERKUNG 3 In einigen Fällen (z. B. bei Bild gebenden Verfahren (Räumen nach 5.4.3.4)) kann eine individuelle Anpassung des Beleuchtungsniveaus notwendig sein.

ANMERKUNG 4 Reflexionsgrade der Decke größer 0,7-0,9, der Wände von 0,5-0,8 und des Bodens größer 0,2 führen zu einer guten Leuchtdichteverteilung im Raum. Matte Oberflächen reduzieren Reflexblendung. Bei Dunkelheit erscheinen Fenster als dunkle Flächen. Helle Materialien von Vorhängen oder ähnlichen Einrichtungen hellen diese Flächen auf. Dies kann ggf. durch eine blendungsfreie Anstrahlung von oben unterstützt werden. Um Reflexblendungen im Behandlungsfeld E_3 (Mundbereich) zu vermeiden, werden für Abdecktücher, Kleidung und Handschuhe der Behandelnden und der Assistenz Reflexionsgrade kleiner 0,3 empfohlen. Alle Oberflächen sollten matt sein.

ANMERKUNG 5 Die Farben der Raumbegrenzungsflächen und die Körperfarben der Gegenstände im Raum bestimmen zusammen mit den Lichtquellen das Farbklima. Pastelltöne haben im Allgemeinen eine beruhigende Wirkung auf die Patienten und beeinflussen auch die Farbabmusterung nicht ungünstig. Größere Flächen gesättigter Farben können hingegen einen ungünstigen Einfluss haben.

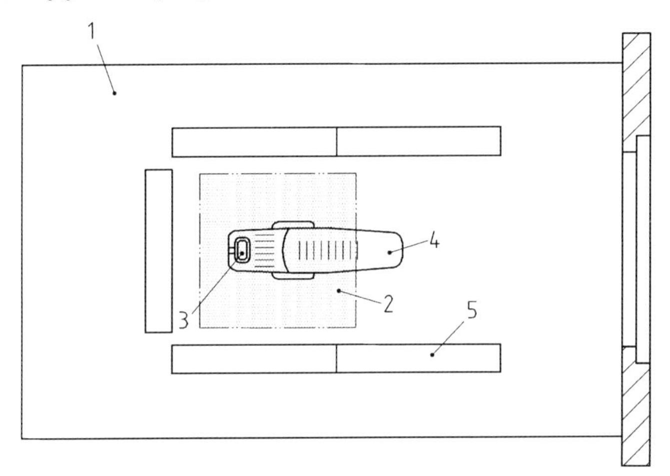

Legende

1 Verkehrs- und Vorbereitungszone des Behandlungsraums E_1

2 Patientenbereich E_2

3 Behandlungsfeld E_3 (Mund des Patienten)

4 Behandlungsstuhl

5 Leuchten

Bild 2 — Zahnärztlicher Untersuchungs- und Behandlungsraum: Behandlungsraum und Patientenbereich sowie Beispiel für die Anordnung von Leuchten

5.8 Zahntechnische Laboratorien

Die in zahntechnischen Laboratorien auszuführenden Arbeiten stellen hohe Anforderungen an die Beleuchtung. Das zu verarbeitende Material glänzt und ist überwiegend farbig. Die künstliche Beleuchtung muss hierauf Rücksicht nehmen. Direktblendung und Spiegelungen der Leuchtmittel auf den Werkstücken des Arbeitsplatzes sind zu vermeiden. Dies kann durch die Anordnung der Leuchten oder durch einen erhöhten Indirektanteil der Raumleuchten geschehen.

Bei allen Tätigkeiten, bei denen das Erkennen der Körperlichkeit eines Gegenstandes und seine Oberflächenbeschaffenheit wesentlich ist, kann durch gerichtete und flexibel einstellbare Zusatzbeleuchtung für ausreichende Kontrastbildung gesorgt werden. Reflexblendung durch störende Lichtreflexe auf der Arbeitsfläche, dem Werkstück oder dem Arbeitsplatz müssen unbedingt vermieden werden. Dies kann durch geeignete Leuchten und eine geeignete Anordnung der Leuchten im Raum oder am Arbeitsplatz erreicht werden.

Um eine Übereinstimmung der Beurteilungskriterien zu erhalten sollte bei Raumbeleuchtung und Zusatzbeleuchtung die gleiche Lichtfarbe (im Dentallabor üblich 5 400 K oder 6 500 K) verwendet werden.

Werden in unmittelbarer Nähe zueinander Tätigkeiten mit verschiedenen Anforderungen an die Farbwiedergabe durchgeführt, ist die Beleuchtung für die höheren Anforderungen an die Farbwiedergabe auszulegen.

Bei Beobachtung bewegter Gegenstände kann es zum stroboskopischen Effekt kommen. Dies kann zu Sehstörungen oder Täuschungen führen und erhöht somit die Unfallgefahr. Durch geeignete Maßnahmen kann dieser Effekt vermieden werden.

5.9 Laboratorien und Apotheken

Die in Laboratorien und Apotheken auszuführenden Arbeiten stellen hohe Anforderungen an die Beleuchtung.

Zur Auswertung von Laborproben muss die Lichtfarbe der eingesetzten Lampen tageslichtweiß mit einem Farbwiedergabeindex $R_a \geq 90$ entsprechen.

In Apotheken muss für das Einsortieren und für die Entnahme von Medikamenten eine ausreichende vertikale Beleuchtungsstärke an Regalen und/oder Schränken von 0,5 m bis 2,0 m Höhe erreicht werden.

5.10 Obduktionsräume und Leichenhallen

In Bereichen mit Obduktions- und Seziertischen kann gerichtetes Licht sinnvoll sein. Dies kann z. B. durch ortsveränderliche Untersuchungsleuchten (nach DIN EN 60601-2-41 (VDE 0750-2-41)) erreicht werden.

Die Allgemeinbeleuchtung sollte der Lichtfarbe der Behandlungsleuchte (nach DIN EN 60601-2-41 (VDE 0750-2-41)) weitgehend entsprechen. Lampen müssen eine neutralweiße Lichtfarbe mit einer ähnlichsten Farbtemperatur von mindestens 3 800 K und einem Farbwiedergabeindex $R_a \geq 90$ aufweisen.

5.11 Sonstige Räume des Gesundheitswesen

Für Empfangsräume ist neben der besonderen Beleuchtung, die dem Erscheinungsbild der Einrichtung dient, zu beachten, dass in der Regel auch Arbeitsplätze in diesem Raum untergebracht sind, für die die Anforderungen nach DIN EN 12464-1 oder DIN 5035-7 heranzuziehen sind.

Für Laborräume sind besondere Anforderungen hinsichtlich der Farbwiedergabe und Farberkennung zu beachten (siehe auch Anhang A).

Für die Beleuchtung weiterer Räume des Gesundheitswesens gelten die Anforderungen nach Anhang A. Sofern in dieser Norm einzelne Sehaufgaben bzw. Tätigkeiten oder Räume nicht berücksichtigt sind, sind dafür vergleichbare Sehaufgaben bzw. Tätigkeiten oder Räume und deren Anforderungen an die Beleuchtung heranzuziehen.

6 Notbeleuchtung/Antipanikbeleuchtung

Es sind DIN EN 50172 (VDE 0108 Teil 100) und die behördlichen Vorschriften, z. B. Krankenhausbauverordnung, zu beachten. Die lichttechnischen Mindestanforderungen an die Notbeleuchtung/Antipanikbeleuchtung nach DIN EN 1838 sind zu berücksichtigen.

Anhang A
(normativ)

Anforderungen an die Beleuchtung im Gesundheitswesen

Tabelle A.1 — Beleuchtungstechnische Gütekriterien und Hinweise für Räume im Gesundheitswesen

Nr.	Ref. Nr.[a]	Art des Raumes, Aufgabe oder Tätigkeit	$\overline{E}_m$	UGR_L	R_a	Bemerkungen
A.1	**Mehrzweckräume** (siehe auch 5.1)					alle Beleuchtungsstärken auf dem Boden
A.1.1	7.1.1	Warteräume	200	22	80	siehe auch 5.1.2
A.1.2	7.1.2	Flure: während des Tages	200	22	80	siehe auch 5.1.1
A.1.3		Flure im Operationsbereich	300	19	80	siehe auch 5.1.1
A.1.4	7.1.3	Flure: während der Nacht	50	22	80	siehe auch 5.1.1
A.1.5	7.1.4	Tagesaufenthaltsräume	200	22	80	siehe auch 5.1.2
A.1.6		Empfang	300	22	80	siehe auch 5.1.3
A.1.7		Empfang mit Bildschirmarbeit	500	19	80	siehe auch 5.1.3
A.2	**Personalräume** (siehe auch 5.2)					
A.2.1	7.2.1	Dienstzimmer	500	19	80	
A.2.2	7.2.2	Personal-Aufenthaltsräume	300	19	80	
A.3	**Bettenzimmer, Wöchnerinnenzimmer** (siehe auch 5.3)					
A.3.1	7.3.1	Allgemeinbeleuchtung	100	19	80	Beleuchtungsstärke auf dem Boden Beleuchtungsstärke in 0,85 m über dem Boden, siehe 5.3.2 Leuchtdichte der Leuchten und der Decke, siehe 5.3.2
A.3.2		Allgemeinbeleuchtung in Bettenräumen für Säuglinge	200	19	80	Beleuchtungsstärke in 0,85 m über dem Boden
A.3.3	7.3.2	Lesebeleuchtung	300	19	80	Definition der Leseebene und maximale Leuchtdichte der Leseleuchte, siehe 5.3.3
A.3.4	7.3.3	einfache Untersuchungen	300	19	80	Definition der Untersuchungsebene, siehe 5.3.3
A.3.5	7.3.4	Untersuchungen und Behandlung	1 000	19	90	ggf. mit ortsveränderlichen Leuchten
A.3.6	7.3.5	Nachtbeleuchtung, Übersichtsbeleuchtung	5	–	80	Beleuchtungsstärke in 0,85 m über dem Boden, siehe 5.3

[a] Referenznummer aus DIN 12464-1:2003-03

Tabelle A.1 (*fortgesetzt*)

Nr.	Ref. Nr.[a]	Art des Raumes, Aufgabe oder Tätigkeit	$\overline{E}_m$	UGR_L	R_a	Bemerkungen
A.3.7		Nachtbeleuchtung, Übersichtsbeleuchtung in Bettenräumen für Säuglinge	20	–	80	Beleuchtungsstärke in 0,85 m über dem Boden, siehe 5.3
A.3.8		Orientierungsbeleuchtung	–	–	80	siehe 5.3.6
A.3.9	7.3.6	Baderäume und Toiletten für Patienten	200	22	80	
A.4	**Untersuchungsräume (allgemein)** (siehe auch 5.4 und 5.4.2)					
A.4.1	7.4.1	Allgemeinbeleuchtung	500	19	90	
A.4.2	7.4.2	Untersuchung und Behandlung	1 000	19	90	
A.5	**Augenärztliche Untersuchungsräume** (siehe auch 5.4.3.2)					
A.5.1	7.5.1	Allgemeinbeleuchtung	300	19	80	
A.5.2	7.5.2	Untersuchung des äußeren Auges	1 000	–	90	örtliche Untersuchungsleuchte
A.5.3	7.5.3	Lese- und Farbsehtests mit Sehtafeln	500	16	90	
A.5.4		Skiaskopie, Refraktometrie, Ophthalmoskopie, Ophthalmometrie	50	19	90	Beleuchtung regelbar
A.5.5		Perimetrie, Adaptometrie	$\leq$ 10	19	90	Beleuchtung regelbar
A.6	**Ohrenärztliche Untersuchungsräume** (siehe auch 5.4.3.3)					
A.6.1	7.6.1	Allgemeinbeleuchtung	300	19	80	
A.6.2	7.6.2	Untersuchung des Ohres	1 000		90	
A.7	**Räume der bildgebenden Diagnostik- und Behandlungsverfahren** (siehe auch 5.4.3.4)					
A.7.1	7.7.1	Allgemeinbeleuchtung	300	19	80	
A.7.2	7.7.2	bildgebende Diagnostik mit Bildverstärkern und Fernsehsystemen	50	19	80	siehe auch DIN EN 12464-1 und DIN 5035-7
A.7.3		direkte Betrachtung an Sichtgeräten	30	–	80	Beleuchtung muss ggf. bis auf 1 lx regelbar sein.
A.8	**Entbindungsräume** (siehe auch 5.4.3.5)					
A.8.1	7.8.1	Allgemeinbeleuchtung	300	19	80	gegebenenfalls regelbare Beleuchtung
A.8.2	7.8.2	Untersuchung und Behandlung	1 000	19	80	ggf. mit ortsveränderlichen Leuchten

[a] Referenznummer aus DIN 12464-1:2003-03

Tabelle A.1 (*fortgesetzt*)

Nr.	Ref. Nr.[a]	Art des Raumes, Aufgabe oder Tätigkeit	$\overline{E}_m$	UGR_L	R_a	Bemerkungen
A.9	**Behandlungsräume (allgemein)** (siehe auch 5.4)					
A.9.1	7.9.1	Dialyse – Ein- und Ausleitung	500	19	80	Beleuchtung sollte regelbar sein, siehe auch 5.4.3.6.
A.9.2		– Allgemeinbeleuchtung	100	19	80	siehe auch 5.3.2 und 5.4.3.6
A.9.3		– Lesebeleuchtung	300	19	80	siehe auch 5.3.3 und 5.4.3.6
A.9.4	7.9.2	Dermatologie	500	19	90	siehe auch 5.4.3.7
A.9.5	7.9.3	Endoskopieräume	300	19	80	siehe auch 5.4.3.8
A.9.6		Endoskopische Untersuchungen	50	19	80	Beleuchtung ggf. zu noch geringeren Beleuchtungsstärken regelbar
A.9.7	7.9.4	Verbandsräume	500	19	80	
A.9.8	7.9.5	medizinische Bäder	300	19	80	siehe auch 5.4.3.9
A.9.9	7.9.6	Massage und Strahlentherapie	300	19	80	siehe auch 5.4.3.9
A.10	**Operationsbereich** (siehe auch 5.5)					
A.10.1	7.10.1	Vorbereitungs- und Aufwachräume	500	19	90	
A.10.2		Aufwachphase	100			blendfrei für den liegenden Patienten
A.10.3		Zusatzbeleuchtung	1 000	19	85	siehe auch 5.5.4
A.10.4	7.10.2	Operationsräume	1 000	19	90	
A.10.5		Operationsumfeld	2 000	19	90	anzustrebender Wartungswert der Beleuchtungsstärke 2 000 lx
A.10.6	7.10.3	Operationsfeld	–	–	–	E_C = 40 000 lx bis 160 000 lx; siehe auch DIN EN 60601-2-41
A.11	**Intensivstation** (siehe auch 5.6)					
A.11.1	7.11.1	Allgemeinbeleuchtung	100	19	90	Beleuchtungsstärke auf dem Boden Beleuchtungsstärke in 0,85 m über dem Boden, siehe 5.3 Leuchtdichte der Leuchten und der Decke, siehe 5.3.2
A.11.2	7.11.2	einfache Untersuchungen	300	19	90	Beleuchtungsstärke auf dem Bett

[a] Referenznummer aus DIN 12464-1:2003-03

Tabelle A.1 (*fortgesetzt*)

Nr.	Ref. Nr.[a]	Art des Raumes, Aufgabe oder Tätigkeit	$\overline{E}_m$	UGR_L	R_a	Bemerkungen
A.11.3	7.11.3	Untersuchungen und Behandlung	1 000	19	90	Beleuchtungsstärke auf dem Bett
A.11.4	7.11.4	Nachtüberwachung	20	19	90	Beleuchtungsstärke in 0,85 m über dem Boden, siehe 5.3
A.12	**Zahnärztliche Behandlungsräume** (siehe auch 5.7)					
A.12.1	7.12.1	Allgemeinbeleuchtung	500	19	90	Beleuchtung sollte blendfrei für den Patienten sein.
A.12.2	7.12.2	im Patientenbereich	1 000		90	siehe auch 5.7
A.12.3	7.12.3	in der Mundhöhle	5 000		85	Werte höher als 5 000 lx können erforderlich sein, siehe auch DIN EN ISO 9680.
A.12.4	7.12.4	Weißabgleich der Zähne	1 000		90	Farbtemperatur ≥ 6 000 K
A.13	**Zahntechnische Laboratorien** (siehe auch 5.8)					
A.13.1	–	Anfangs- und Endkontrolle, Zahnauswahl, Keramik, Kunststoffverblendung				Farbtemperatur > 5 000 K
		Allgemeinbeleuchtung	1 000	19	90	
		Arbeitsplatzbeleuchtung	1 500	19	90	gegebenenfalls mit gerichteter Zusatzbeleuchtung
A.13.2	–	Planen und Vermessen, Modellherstellung, Modellieren, Ausarbeiten:				
		Allgemeinbeleuchtung	1 000	19	80	
		Arbeitsplatzbeleuchtung	1 500	19	80	
A.13.3	–	Allgemeinbeleuchtung für Einbetten und Polieren	750	19	80	
A.13.4	–	Arbeitsplatzbeleuchtung für Polieren	1 500	19	80	gegebenenfalls mit gerichteter Zusatzbeleuchtung

[a] Referenznummer aus DIN 12464-1:2003-03

Tabelle A.1 (*fortgesetzt*)

Nr.	Ref. Nr.[a]	Art des Raumes, Aufgabe oder Tätigkeit	$\overline{E}_m$	UGR_L	R_a	Bemerkungen
A.13.5	–	Allgemeinbeleuchtung für Dublieren, Einbetten (Metall), Modellbeschleifen	500	19	80	
A.13.6	–	Arbeitsplatzbeleuchtung für Dublieren, Modellbeschleifen	1 000	19	80	gegebenenfalls mit gerichteter Zusatzbeleuchtung
A.13.7		Allgemeinbeleuchtung für Gießen und Löten	300	19	80	regelbar
A.14	**Laboratorien und Apotheken** (siehe auch 5.9)					
A.14.1	7.13.1	Allgemeinbeleuchtung	500	19	80	
A.14.2	7.13.2	Farbprüfung	1 000	19	90	Farbtemperatur ≥ 6 000 K
A 14.3		Regal-/Schrankbeleuchtung	200	19	80	gegebenenfalls mit Zusatzbeleuchtung
A.15	**Sterilräume**					
A.15.1	7.14.1	Sterilisationsräume	300	22	80	
A.15.2	7.14.2	Desinfektionsräume	300	22	80	
A.16	**Obduktionsräume und Leichenhallen** (siehe auch 5.10)					
A.16.1	7.15.1	Allgemeinbeleuchtung	500	19	90	
A.16.2	7.15.2	Obduktions- und Seziertisch	5 000	–	90	Werte höher als 5 000 lx können erforderlich sein.

[a] Referenznummer aus DIN 12464-1:2003-03

Literaturhinweise

DIN 67505:1986-09, *Beleuchtung zahnärztlicher Behandlungsräume und zahntechnischer Laboratorien*

DIN 13080:2003-07, *Gliederung des Krankenhauses in Funktionsbereiche und Funktionsstellen*

DIN EN 60598-2-25:1995-04, *Leuchten — Teil 2: Besondere Anforderungen; Hauptabschnitt 25: Leuchten zur Verwendung in klinischen Bereichen von Krankenhäusern und Gebäuden zur Gesundheitsfürsorge*

CIE-Publikation 97, *Wartung von Innenraumbeleuchtungsanlagen*

CIE-Publikation 117, *Psychologische Blendung in der Innenraumbeleuchtung*

November 2006

	DIN 5035-6	

ICS 17.180.20; 91.160.10

Ersatz für
DIN 5035-6:1990-12

Beleuchtung mit künstlichem Licht – Teil 6: Messung und Bewertung

Artificial lighting –
Part 6: Measurement and evaluation

Éclairage par lumière artificielle –
Partie 6: Mesure et évaluation

Gesamtumfang 31 Seiten

Normenausschuss Lichttechnik (FNL) im DIN

Inhalt

Bilder

Tabellen

Vorwort

Dieses Dokument wurde vom Arbeitskreis FNL/AK 4.6 „Messung und Bewertung" des Arbeitsausschusses FNL 4 „Innenraumbeleuchtung mit künstlichem Licht" im Normenausschuss Lichttechnik (FNL) im DIN erstellt.

DIN 5035 *Beleuchtung mit künstlichem Licht* besteht aus:

— *Teil 2: Richtwerte für Arbeitsstätten in Innenräumen und im Freien*

— *Teil 3: Beleuchtung im Gesundheitswesen*

— *Teil 4: Spezielle Empfehlungen für die Beleuchtung von Unterrichtsstätten*

— *Teil 6: Messung und Bewertung*

— *Teil 7: Beleuchtung von Räumen mit Bildschirmarbeitsplätzen*

— *Teil 8: Spezielle Anforderungen zur Einzelplatzbeleuchtung in Büroräumen und büroähnlichen Räumen*

— *Teil 8: Arbeitsplatzleuchten — Anforderungen, Empfehlungen und Prüfung (Entwurf)*

Zu der Normenreihe über Beleuchtung mit künstlichem Licht gehören die Normen DIN EN 12464-1, ISO/FDIS 8995-2 und DIN EN 12665.

Änderungen

Gegenüber DIN 5035-6:1990-12 wurden folgende Änderungen vorgenommen:

a) Überarbeitung der Norm sowie Anpassung an DIN EN 12464-1, DIN EN 12665, ISO/FDIS 8995-2,

b) Einführung zusätzlicher neuer fotometrischer Messverfahren mit bildauflösenden Leuchtdichtemessgeräten,

c) Verzicht auf besondere Festlegungen für die Messung und Bewertung der Operationsfeld-Beleuchtung, die in DIN EN 60601-2-41 „Besondere Festlegungen für die Sicherheit von Operationsleuchten und Untersuchungsleuchten" ausführlich behandelt werden.

Frühere Ausgaben

DIN 5035-6: 1983:11, 1990-12

Einleitung

Die Güte der Beleuchtung wird u. a. durch lichttechnische Gütemerkmale beschrieben. Für die Messung der fotometrischen Größen, die zur Kennzeichnung der lichttechnischen Gütemerkmale erforderlich sind, ist es notwendig, einheitliche Mess- und Bewertungsverfahren festzulegen.

Diese Norm enthält Anforderungen an die Messgeräte, gibt praktische Hinweise und Festlegungen zu Vorbereitung und Durchführung der Messungen und beschreibt, wie die Messwerte der fotometrischen Größen ausgewertet und dargestellt werden.

Die Festlegungen der Norm werden z. B. benötigt bei:

— der Untersuchung des Ist-Zustandes einer Beleuchtungsanlage zum Zweck der Überprüfung der Einhaltung von Richtlinien, Vorschriften und Normen, um ggf. eine Wartung, Instandsetzung oder Änderung der Anlage zu veranlassen (siehe DIN 31051);

— einem Vergleich verschiedener Beleuchtungsanlagen, z. B. in Musteranlagen, zum Zweck der Auswahl lichttechnisch und wirtschaftlich zweckmäßiger Lösungen.

Grundsätzlich kann die Norm auch für einen Vergleich der Ergebnisse von Planung und Messung herangezogen werden. Dabei ist zu beachten, dass folgende Randbedingungen die Ergebnisse beeinflussen:

— Bewertungsraster der lichttechnischen Größen für Planung und Messung;

— Anordnung der Leuchten und Lage des Bewertungsrasters für Planung und Messung;

— Lichtstrom der Lampen: bei Gasentladungslampen unter Berücksichtigung der eingesetzten Vorschaltgeräte, bei Niedervolthalogenglühlampen unter Berücksichtigung der eingesetzten Transformatoren;

— Umgebungstemperatur der Leuchten: bei Leuchten mit Lampen, deren Lichtstrom von der Temperatur abhängt;

— weitere Bedingungen: z. B. Möblierung, Reflexionsgrad.

1 Anwendungsbereich

Diese Norm gilt für die Messung und Bewertung der künstlichen Beleuchtung von Innenräumen und der künstlichen Beleuchtung von Flächen im Freien. Diese Norm trifft auch Festlegungen zur Messung der Sicherheitsbeleuchtung als Teil der Notbeleuchtung (entsprechend DIN EN 1838) einschließlich der Rettungszeichenleuchten und beleuchteter Rettungszeichen sowie der maschinenintegrierten Beleuchtung (entsprechend DIN EN 1837). Sie trifft keine Festlegungen zur Messung von optischen Sicherheitsleitsystemen.

Für die Messung der Beleuchtung von Sportstätten gilt DIN EN 12193.

Für die Messung der Straßenbeleuchtung gilt DIN EN 13201-4.

Für die Messung und Bewertung der Operationsfeldbeleuchtung gilt DIN EN 60601-2-41 (VDE 0750-2-41).

Für die Messung und Bewertung des Tageslichtes gilt DIN 5034-5.

2 Normative Verweisungen

Die folgenden zitierten Dokumente sind für die Anwendung dieses Dokuments erforderlich. Bei datierten Verweisungen gilt nur die in Bezug genommene Ausgabe. Bei undatierten Verweisungen gilt die letzte Ausgabe des in Bezug genommenen Dokuments (einschließlich aller Änderungen).

DIN 4844-1, *Graphische Symbole - Sicherheitsfarben und Sicherheitszeichen — Teil 1: Gestaltungsgrundlagen für Sicherheitszeichen zur Anwendung in Arbeitsstätten und in öffentlichen Bereichen (ISO 3864-1:2002 modifiziert)*

DIN 5032-7, *Lichtmessung — Teil 7: Klasseneinteilung von Beleuchtungsstärke- und Leuchtdichtemessgeräten*

DIN 5034-5, *Tageslicht in Innenräumen — Messung*

DIN 5035-7, *Beleuchtung mit künstlichem Licht — Teil 7: Beleuchtung von Räumen mit Bildschirmarbeitsplätzen*

DIN 5035-8, *Beleuchtung mit künstlichem Licht — Teil 8: Spezielle Anforderungen zur Einzelplatzbeleuchtung in Büroräumen und büroähnlichen Räumen*

DIN 5036-3, *Strahlungsphysikalische und lichttechnische Eigenschaften von Materialien — Teil 3: Messverfahren für lichttechnische und spektrale strahlungsphysikalische Kennzahlen*

DIN 5340, *Begriffe der physiologischen Optik*

DIN EN 1837, *Sicherheit von Maschinen — Maschinenintegrierte Beleuchtung*

DIN EN 1838, *Angewandte Lichttechnik — Notbeleuchtung*

DIN EN 12193, *Licht und Beleuchtung — Sportstättenbeleuchtung*

DIN EN 12464-1:2003-03, *Licht und Beleuchtung — Beleuchtung von Arbeitsstätten — Teil 1: Arbeitsstätten in Innenräumen*

DIN EN 12665, *Licht und Beleuchtung — Grundlegende Begriffe und Kriterien für die Festlegung von Anforderungen an die Beleuchtung*

DIN EN 13032-1, *Licht und Beleuchtung — Messung und Darstellung fotometrischer Daten von Lampen und Leuchten — Teil 1: Messung und Datenformat*

DIN EN 13032-2, *Licht und Beleuchtung — Messung und Darstellung fotometrischer Daten von Lampen und Leuchten — Teil 2: Darstellung der Daten für Arbeitsstätten in Innenräumen und im Freien*

DIN EN 13201-4, *Straßenbeleuchtung — Teil 4: Methoden zur Messung der Gütemerkmale von Straßenbeleuchtungsanlagen*

DIN EN 60051-1, *Direkt wirkende anzeigende elektrische Messgeräte und ihr Zubehör — Messgeräte mit Skalenanzeige — Teil 1: Definitionen und allgemeine Anforderungen für alle Teile dieser Norm*

DIN EN 60601-2-41 (VDE 0750-2-41), *Medizinische elektrische Geräte — Teil 2-41: Besondere Festlegungen für die Sicherheit von Operationsleuchten und Untersuchungsleuchten (IEC 60601-2- 41:2000)*

ISO/FDIS 8995-2:2005-09, *Lighting of work places — Part 2: Outdoor*

3 Begriffe

Für die Anwendung dieses Dokuments gelten die Begriffe nach DIN 5035-7, DIN 5035-8, DIN 5340, DIN EN 1837, DIN EN 1838, DIN EN 12464-1, DIN EN 12665, ISO/FDIS 8995-2:2005-09 und der folgende Begriff.

3.1
Abschirmwinkel
Winkel zwischen der horizontalen Ebene und der Blickrichtung, unter der die leuchtenden Teile der Lampen in der Leuchte gerade sichtbar sind

[DIN EN 12464-1:2003-03]

4 Anforderungen an die zu verwendenden Messgeräte

4.1 Klasseneinteilung

Die Güte von Beleuchtungsstärke- und Leuchtdichtemessgeräten wird durch verschiedene Eigenschaften bestimmt. Sie wird durch die Kenngrößen der Eigenschaften beschrieben und durch nur einen Wert — die Klasse des Fotometers — ausgedrückt.

Für die jeweilige Klasse der Beleuchtungsstärke- und Leuchtdichtemessgeräte sind Grenzwerte der Kenngrößen festgelegt, die nicht überschritten werden dürfen (siehe DIN 5032-7 und DIN EN 13032-1).

Eine Zuordnung von Anwendungen zur Klasse der Fotometer enthält Tabelle 1.

Tabelle 1 — Fotometerklassen

Klasse	Güte	Anwendung
A	Hohe	Präzisionsmessungen
B	Mittlere	Betriebsmessungen
C	Geringe	Orientierende Messungen

ANMERKUNG Die Messgeräte sollten mindestens alle 2 Jahre kalibriert werden.

4.2 Geräte zur Messung der Beleuchtungsstärke

4.2.1 Beleuchtungsstärkemessgerät (Luxmeter)

Das Beleuchtungsstärkemessgerät muss eine Auflösung von mindestens 1/100 des zu messenden Wertes der Beleuchtungsstärke besitzen.

Der Durchmesser der Lichteintrittsfläche des Fotometerkopfes des Beleuchtungsstärkemessgerätes darf 30 mm nicht überschreiten und muss kleiner als der Rasterpunktabstand eines Messrasters sein. Der Durchmesser ist im Messbericht anzugeben.

Der Fotometerkopf sollte, entsprechend der Messaufgabe, horizontal, vertikal oder beliebig geneigt ausgerichtet werden können (z. B. Libelle, Neigungsskala, kardanische Aufhängung).

4.2.2 Gerät zur Messung der zylindrischen Beleuchtungsstärke E_z

Die Messung der zylindrischen Beleuchtungsstärke E_z kann direkt mit einem Beleuchtungsstärkemessgerät, das mit einem integrierenden Fotometerkopf zur Messung der zylindrischen Beleuchtungsstärke ausgestattet ist, durchgeführt werden.

An dieses Messgerät sind die gleichen Anforderungen zu stellen wie an ein Beleuchtungsstärkemessgerät nach 4.2.1.

Die zylindrische Beleuchtungsstärke E_z kann näherungsweise als mittlere vertikale Beleuchtungsstärke aus Messungen der vertikalen Beleuchtungsstärken E_{vi} bestimmt werden. Die Messungen erfolgen z. B. in den 4 Raumrichtungen wie in Bild 1 dargestellt. Daraus ergibt sich E_z nach Gleichung (1).

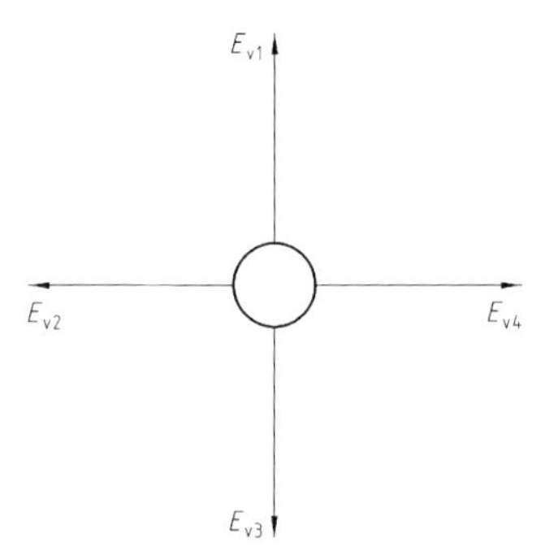

Bild 1 — Näherungsweise Bestimmung der zylindrischen Beleuchtungsstärke mithilfe von 4 vertikalen Beleuchtungsstärken

$$E_z \approx \frac{1}{4}\sum_{i=1}^{4} E_{vi} \qquad (1)$$

Dabei ist

E_z die zylindrische Beleuchtungsstärke, in lx;

E_{vi} die vertikale Beleuchtungsstärke in Richtung i, in lx.

ANMERKUNG Bei der näherungsweisen Bestimmung der zylindrischen Beleuchtungsstärke können, z. B. bei Beleuchtung durch einzelne Punktlichtquellen, große Abweichungen gegenüber integrierenden Fotometern auftreten.

4.2.3 Gerät zur Messung der halbzylindrischen Beleuchtungsstärke E_{hz}

Die Messung der halbzylindrischen Beleuchtungsstärke E_{hz} kann direkt mit einem Beleuchtungsstärkemessgerät, das mit einem Fotometerkopf zur Messung der halbzylindrischen Beleuchtungsstärke ausgestattet ist, durchgeführt werden.

An dieses Messgerät sind die gleichen Anforderungen zu stellen wie an ein Beleuchtungsstärkemessgerät nach 4.2.1.

Die halbzylindrische Beleuchtungsstärke E_{hz} kann näherungsweise als mittlere vertikale Beleuchtungsstärke aus Messungen der vertikalen Beleuchtungsstärken E_{vi} bestimmt werden. Die Messungen erfolgen z. B. in den 3 Raumrichtungen wie in Bild 2 dargestellt. Daraus ergibt sich E_{hz} nach Gleichung (2).

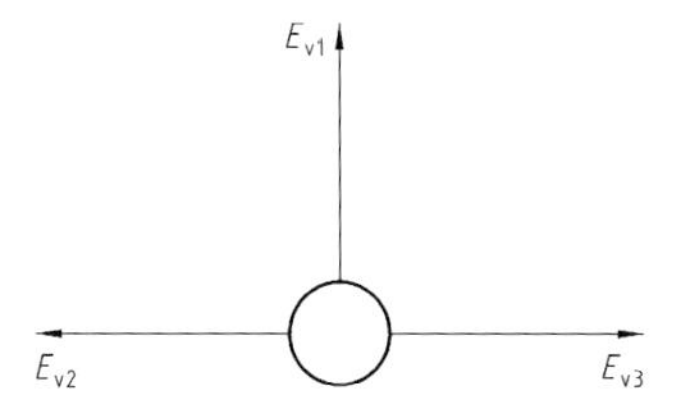

Bild 2 — Näherungsweise Bestimmung der halbzylindrischen Beleuchtungsstärke mithilfe von 3 vertikalen Beleuchtungsstärken

$$E_{hz} \approx 0{,}5\, E_{v1} + 0{,}25\, (E_{v2} + E_{v3}) \qquad (2)$$

Dabei ist

E_{hz} die halbzylindrische Beleuchtungsstärke in Richtung E_{v1}, in lx;

E_{vi} die vertikale Beleuchtungsstärke in Richtung i, in lx.

ANMERKUNG Bei der näherungsweisen Bestimmung der halbzylindrischen Beleuchtungsstärke können, z. B. bei Beleuchtung durch einzelne Punktlichtquellen, große Abweichungen gegenüber entsprechend integrierenden Fotometern auftreten.

4.3 Geräte zur Messung der Leuchtdichte L

4.3.1 Leuchtdichtemessgerät

Der gemessene Wert der Leuchtdichte L ist abhängig von der Größe des Messfeldes und dem Winkel, unter dem das Messfeld beobachtet wird (Beobachtungswinkel). Die Größe des Messfeldes ergibt sich aus dem Raumwinkel, unter dem das Messfeld gemessen wird (Messfeldwinkel) und dem Abstand des Fotometers vom Messfeld.

Das zu verwendende Leuchtdichtemessgerät muss eine Auflösung von mindestens 1/100 des zu messenden Wertes der Leuchtdichte besitzen.

Für die Bestimmung des Beobachtungswinkels, unter dem die Leuchtdichte L gemessen wird, ist das Leuchtdichtemessgerät mit Stativ und Winkelmesser zu verwenden.

4.3.2 Punktweise messendes Leuchtdichtemessgerät

Für punktweise Messungen der Leuchtdichte ist ein Leuchtdichtemessgerät entsprechend den Anforderungen nach 4.3.1 mit einem Messfeldwinkel kleiner oder gleich 1° zu verwenden.

4.3.3 Leuchtdichtemessgerät mit Messfeldwinkel größer 1°

Zur Messung der mittleren Leuchtdichte größerer Flächen kann ein Leuchtdichtemessgerät entsprechend den Anforderungen nach 4.3.1 mit Messfeldwinkeln größer 1° verwendet werden. Der Messfeldwinkel und der Abstand des Leuchtdichtemessgerätes vom Messfeld bestimmen die Messfeldgröße, für den der Mittelwert gilt.

4.3.4 Bildauflösendes Leuchtdichtemessgerät

Wird die Leuchtdichte mit einem bildauflösenden Leuchtdichtemessgerät gemessen, muss das Gerät die Anforderungen nach 4.3.1 erfüllen.

ANMERKUNG Bildauflösende Leuchtdichtemessgeräte realisieren eine Abbildung des Objektraumes in eine Bildebene und damit auch die Abbildungen von Richtungen im Raum auf Orte in der Bildebene. Mit bildauflösenden Leuchtdichtekameras können mit einer Messung eine Vielzahl von Punktleuchtdichten und somit Leuchtdichteverteilungen bzw. Leuchtdichtebilder und geometrische Parameter gemessen werden. Die mittlere Leuchtdichte wird aus den Punktleuchtdichten für relevante Flächen bestimmt.

4.4 Geräte zur Messung des Reflexionsgrades bei diffusem Lichteinfall ρ_{dif}

4.4.1 Gerät zur Messung des Reflexionsgrades ρ_{dif} nach DIN 5036-3

Ein Gerät zur Messung des Reflexionsgrades bei diffusem Lichteinfall ρ_{dif} muss den Anforderungen nach DIN 5036-3 entsprechen.

4.4.2 Näherungsverfahren zur Bestimmung des Reflexionsgrades ρ_{dif}

Zur näherungsweisen Bestimmung von ρ_{dif} gestreut reflektierender Oberflächen werden die Leuchtdichte L_F der zu bewertenden Fläche und die Leuchtdichte L_N eines am gleichen Ort und in gleicher Ebene angeordneten diffus reflektierenden Reflexionsnormals gemessen. ρ_{dif} wird näherungsweise berechnet nach:

$$\rho_{dif} \approx \frac{L_F}{L_N} \cdot \rho_N \quad (3)$$

Dabei ist

ρ_{dif} der Reflexionsgrad bei diffusem Lichteinfall;

L_F die Leuchtdichte der zu bewertenden Fläche;

L_N die Leuchtdichte des diffus reflektierenden Reflexionsnormals, das an der zu bewertenden Stelle und in gleicher Ebene angeordnet ist;

ρ_N der Reflexionsgrad des Reflexionsnormals.

Eine näherungsweise Bestimmung von ρ_{dif} kann auch mithilfe von Reflexionsgradtafeln [1] erfolgen. Dabei ist jedoch mit größeren Unsicherheiten zu rechnen [2].

4.5 Geräte zur Messung der Versorgungsspannung

Zur Messung der Versorgungsspannung muss ein analoges Spannungsmessgerät mindestens der Klasse 0,5 (Klassenzeichen nach DIN EN 60051-1) oder ein entsprechendes Digitalinstrument verwendet werden.

4.6 Geräte zur Messung der Temperatur

Zur Messung der Temperatur ist ein Messgerät zu verwenden, das eine Messung der Temperatur mit einer Messunsicherheit von 1 K ermöglicht.

5 Vorbereitung der Messungen

5.1 Erfassung der zu dokumentierenden Daten

Zur Vorbereitung der Messung und Dokumentation sind z. B. folgende Daten festzuhalten:

a) Nutzung und Art des Raumes und der Raumzonen bzw. der Bereiche der Arbeitsplätze im Freien sowie Aufgabe oder Tätigkeit;

b) Abmessungen des Raumes und der Raumzonen bzw. der Bereiche der Arbeitsplätze im Freien;

c) Angaben zur Einrichtung und Ausstattung;

d) Anordnung und Größe der zu messenden und zu bewertenden Bereiche, z. B. Bereich der Sehaufgabe, Umgebungsbereich sowie der zu bewertenden Teilfläche;

e) Angaben über spezielle Arbeitsplätze und Gefährdungen;

f) Wartungszustand des Raumes, z. B. Zeitpunkt der letzten Renovierung, Verschmutzungszustand, gegebenenfalls Angaben zu Reflexionseigenschaften der Raumbegrenzungsflächen;

g) lüftungstechnische Angaben bei luftgekühlten Räumen bzw. bei Abluftleuchten;

h) Messraster und/oder Lage der Messpunkte;

i) Zeitpunkt der Messung;

j) weitere die Messung beeinflussende Größen.

5.2 Erfassung der Daten der Beleuchtungsanlage

Folgende Daten sind im Bezug auf die zu messende Beleuchtungsanlage zu ermitteln und zu dokumentieren:

a) Anordnung der Leuchten;

b) Leuchten: Hersteller, Leuchtenbezeichnung und relevante fotometrische Daten nach DIN EN 13032-2;

c) Lampen: Hersteller, Lampenbezeichnung, Nennlichtstrom, allgemeiner Farbwiedergabeindex, ähnlichste Farbtemperatur nach DIN EN 13032-2;

d) Betriebsgeräte: Hersteller, Bezeichnung, Art (z. B. magnetische oder elektronische Vorschaltgeräte bzw. Transformatoren), Vorschaltgeräte-Lichtstrom-Faktor;

e) Geräte zur Steuerung und Regelung: Hersteller, Bezeichnung, Art und Steuer- bzw. Regelungszustand;

f) Alter der Beleuchtungsanlage;

g) Wartungszustand der Beleuchtungsanlage, z. B. Zeitpunkt der letzten Reinigung und des letzten Lampenwechsels, Verschmutzungszustand von Lampen und Leuchten.

6 Durchführung der Messungen

6.1 Allgemeines

Zur Untersuchung des Ist-Zustandes sind die Beleuchtungsanlagen im jeweiligen Betriebszustand zu messen.

Die Messung neuer Beleuchtungsanlagen ist bei nicht verschmutzten Leuchten durchzuführen.

Leuchtstofflampen und andere Entladungslampen müssen mindestens 100 h, Glühlampen mindestens 1 h jeweils im ungedimmten Zustand in Betrieb gewesen sein.

Vor Beginn der Messung sind die Lampen in den Leuchten im ungedimmten Zustand so lange einzubrennen, bis ein stationärer Zustand der Anlage erreicht ist.

ANMERKUNG 1 Der stationäre Zustand kann als erreicht angesehen werden, wenn drei — in Abständen von einigen Minuten — aufeinander folgende Messungen eines fotometrischen Wertes keine signifikanten Veränderungen mehr zeigen.

Bei dimmbaren Beleuchtungsanlagen muss die Messung im ungedimmten Zustand erfolgen, es sei denn, dass ein gedimmter Betriebszustand untersucht werden soll. Dann ist der Dimmzustand reproduzierbar zu kennzeichnen.

Während der Messung darf der Lichteinfall auf das Messfeld weder durch Messpersonen noch durch Gegenstände, die nicht zur Einrichtung gehören, gestört werden.

ANMERKUNG 2 Mögliche Störungen können durch Abschattungen und Reflexionen entstehen.

Die Messung der künstlichen Beleuchtung in Räumen ist je nach Vereinbarung durchzuführen bei:

— geschlossenen Lichtschutzvorrichtungen;

— nicht geschlossenen Lichtschutzvorrichtungen.

6.2 Ausschalten von Tageslicht

Die Messungen der künstlichen Beleuchtung im Freien oder in Räumen, die auch durch Tageslicht beleuchtet werden, sollten bei natürlicher Dunkelheit durchgeführt werden.

Kann in Räumen nur bei Tageslicht gemessen werden, sind die Fenster und Oberlichter lichtdicht abzudecken. Die Abdeckung muss einen Reflexionsgrad ρ_{dif} entsprechend dem der Verglasung bzw. der Lichtschutzvorrichtung aufweisen.

Kann Tageslicht nicht ausgeschlossen werden, ist sowohl bei eingeschalteter als auch danach bei ausgeschalteter künstlicher Beleuchtung zu messen. Aus der Differenz der beiden Messungen werden die Werte der künstlichen Beleuchtung ermittelt.

ANMERKUNG Da das Tageslicht stark schwanken kann, sollten die beiden Messungen bei bedecktem Himmel unmittelbar nacheinander durchgeführt werden.

6.3 Versorgungsspannung und Umgebungstemperatur

Da die Messergebnisse von Beleuchtungsstärke und Leuchtdichte von der Netzspannung abhängig sein können, muss die Versorgungsspannung und gegebenenfalls ihr zeitlicher Verlauf während der Lichtmessung gemessen werden.

Bei Beleuchtungsanlagen mit Lampen, deren Lichtstrom von der Temperatur abhängt, muss die Umgebungstemperatur der Leuchten gemessen werden.

ANMERKUNG Nicht in allen Fällen stimmt die Umgebungstemperatur der Leuchten mit der Raumtemperatur überein.

6.4 Messraster

Zur Messung der Beleuchtungsstärke und Leuchtdichte auf der jeweils relevanten Bewertungsfläche wird diese in rechteckige, möglichst quadratische Messfelder nach Bild 3 eingeteilt, deren Maße sich nach der Abmessung der gesamten Bewertungsfläche, der Lichtpunkthöhe, der Lichtverteilung der Leuchten und deren Anordnung sowie der angestrebten Genauigkeit der Auswertung richten. Das Seitenverhältnis eines Messfeldes darf 2 : 1 nicht überschreiten. Die Messung erfolgt im Mittelpunkt der Messfelder (Messfelder in Bild 3). Das Rastermaß der Messfelder darf dabei nicht mit dem Rastermaß der Leuchtenanordnung in Längs- und Querrichtung übereinstimmen. In diesem Falle ist die Anzahl der Messfelder zu vergrößern.

Die Anzahl der Messfelder in Längsrichtung a wird mit m, die Anzahl der Messfelder in Querrichtung b mit n bezeichnet.

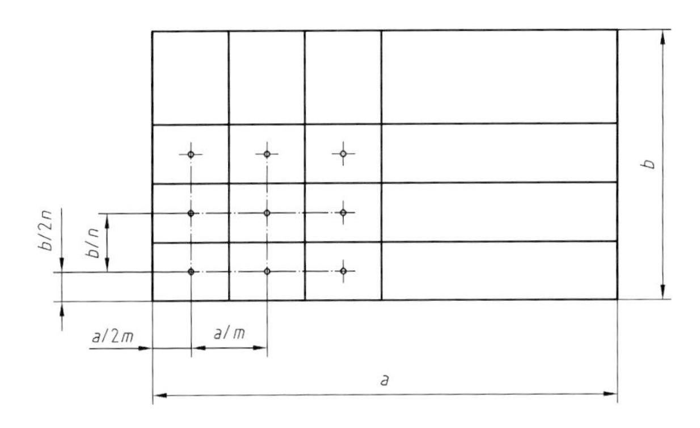

Legende

a Abmessung der längeren Seite der Bewertungsfläche

b Abmessung der kürzeren Seite der Bewertungsfläche

m Anzahl der Messfelder der längeren Seite *a*

n Anzahl der Messfelder der kürzeren Seite *b*

Bild 3 — Messraster

ANMERKUNG In der Praxis hat sich ein Rastermaß bewährt, bei dem die längere Seite eines Messfeldes nicht größer als p ist [3].

$$p = 0{,}2 \cdot 5^{\log_{10} d} \quad (4)$$

Dabei ist

p der Zahlenwert des größten Rastermaßes der längeren Seite a der Bewertungsfläche, angegeben in m;

d der Zahlenwert der Abmessung der längeren Seite a der Bewertungsfläche, wenn ein Seitenverhältnis der Bewertungsfläche von 2 : 1 nicht überschritten wird, sonst ist d der Zahlenwert der Abmessung der kürzeren Seite b der Bewertungsfläche, jeweils angegeben in m.

Die entsprechende Mindestanzahl m der Messfelder der längeren Seite a ist durch die nächst größere ungerade ganze Zahl von d/p gegeben. Die entsprechende Mindestanzahl n der Messfelder der kürzeren Seite b ergibt sich aus der nächst größeren ungeraden ganzen Zahl von $m \cdot b/d$.

Soll der Messaufwand z. B. bei großen Bewertungsflächen verringert werden, z. B. bei großer Bewertungsfläche wird empfohlen, die Anzahl der Messpunkte zu reduzieren. Durch die ungerade Anzahl der Messfelder ist sichergestellt, dass z. B. bei der Überprüfung einer Planung die Messung im Mittelpunkt jedes 2. Messfeldes erfolgen kann, wobei die Symmetrie der Messpunkte auf der Bewertungsfläche beibehalten wird.

In Bild 4 ist die Gleichung (4) grafisch dargestellt. Daraus kann für einen vorgegebenen Zahlenwert *d* die Anzahl der Messfelder *m* in Richtung der längeren Seite bestimmt werden.

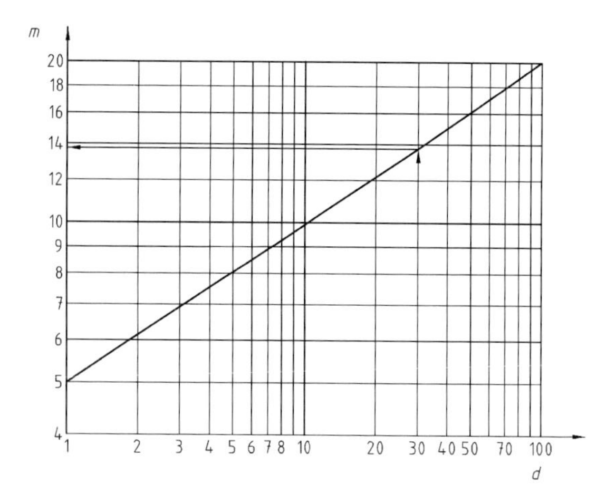

Legende

m Anzahl der Messfelder in der längeren Seite a (siehe Bild 3)

d Zahlenwert der Abmessung der längeren Seite *a* der Bewertungsfläche, wenn ein Seitenverhältnis der Bewertungsfläche von 2 : 1 nicht überschritten wird, sonst ist *d* der Zahlenwert der Abmessung der kürzeren Seite *b* der Bewertungsfläche, jeweils angegeben in m.

Bild 4 — Grafische Ermittlung der Anzahl der Messfelder nach Gleichung (4) mit eingezeichnetem Beispiel

Als Beispiel ist für eine Bewertungsfläche mit den Abmessungen $a = 30$ m und $b = 20$ m die grafische Ermittlung der Mindestanzahl der Messpunkte *m* dargestellt. Aus dem abgelesenen Wert ergibt sich der nächst größere ungerade ganzzahlige Wert $m = 15$. Für die Mindestanzahl der Messpunkte *n* der kürzeren Seite *b* ergibt sich nach $n \geq m \cdot b/d$ der nächst größere ungerade ganzzahlige Wert zu $n = 11$.

6.5 Messung der Beleuchtungsstärke

6.5.1 Allgemeines

Die Messung der Beleuchtungsstärke erfolgt als Einzelmessung oder im Messraster auf den relevanten Bewertungsflächen, die horizontal, vertikal oder geneigt sein können.

ANMERKUNG 1 Die Bewertungsflächen können sich z. B. beziehen auf:

— den Bereich der Sehaufgabe;

— den unmittelbaren Umgebungsbereich;

— den Umgebungsbereich;

— eine Teilfläche;

— den Raum oder die Raumzone;

— eine Bezugslinie.

Die Beleuchtungsstärken unterschiedlicher Bewertungsflächen sind getrennt zu messen. Die jeweiligen Messraster sind nach 6.4 festzulegen.

In eingerichteten Räumen mit hohen Aufbauten ist die Messung der Beleuchtungsstärke des gesamten Raumes oft nicht möglich. In diesem Fall sind die Beleuchtungsstärken in den einzelnen Raumzonen zu messen.

Symmetrieeigenschaften von Beleuchtung und Raum können zu einer Reduzierung des Messumfangs genutzt werden.

Die Beleuchtungsstärke auf den Bewertungsflächen kann auch durch Leuchtdichtemessungen bestimmt werden. Hierzu werden an den Messpunkten diffus reflektierende Reflexionsnormale mit bekanntem Reflexionsgrad ausgelegt. Die Messung wird sinnvollerweise mit einem bildauflösenden Leuchtdichtemessgerät nach 4.3.4 durchgeführt.

ANMERKUNG 2 Die Beleuchtungsstärke E ergibt sich nach Gleichung (5) aus dem Reflexionsgrad ρ des Reflexionsnormals und der gemessenen Leuchtdichte L mit Ω_0 = 1 Steradiant.

$$E = L \cdot \frac{\pi}{\rho} \cdot \Omega_0 \qquad (5)$$

Dabei ist

E die Beleuchtungsstärke, in lx;

L die Leuchtdichte, in cd • m^{-2};

ρ der Reflexionsgrad des Reflexionsnormals;

Ω_0 der Raumwinkel 1 Steradiant.

Die Messung der Sicherheitsbeleuchtung erfolgt nach 8.3.

6.5.2 Messung der horizontalen Beleuchtungsstärke E_h

Die horizontale Beleuchtungsstärke E_h ist an den jeweiligen Punkten des Messrasters auf der relevanten Bewertungsfläche zu messen.

6.5.3 Messung der vertikalen Beleuchtungsstärke E_v

Die vertikale Beleuchtungsstärke E_v ist an den jeweiligen Punkten des Messrasters auf der relevanten Bewertungsfläche zu messen.

6.5.4 Messung der Beleuchtungsstärke auf geneigten Ebenen E_α

Die Beleuchtungsstärke auf geneigten Ebenen E_α ist an den jeweiligen Punkten des Messrasters auf der relevanten geneigten Bewertungsfläche zu messen. Dabei ist der fotometerkopf so auszurichten, dass die Flächennormale der Lichteintrittsfläche mit der Flächennormalen der relevanten Bewertungsfläche übereinstimmt. Der Neigungswinkel α und die Orientierung der Bewertungsfläche ist anzugeben.

6.5.5 Messung der zylindrischen Beleuchtungsstärke E_z

Die zylindrische Beleuchtungsstärke E_z ist an den jeweiligen Punkten des Messrasters auf der relevanten Bewertungsfläche mit einem Gerät zur Messung der zylindrischen Beleuchtungsstärke nach 4.2.2 zu messen. Dabei steht die Achse des Zylinders senkrecht auf der Bewertungsfläche.

Soll eine Bewertung der Schattigkeit durch E_z/E_h erfolgen, so muss an diesen Punkten zusätzlich zur zylindrischen die horizontale Beleuchtungsstärke in derselben Höhe gemessen werden.

6.5.6 Messung der halbzylindrischen Beleuchtungsstärke E_{hz}

Die halbzylindrische Beleuchtungsstärke E_{hz} ist an den jeweiligen Punkten des Messrasters auf der relevanten Bewertungsfläche mit einem Gerät zur Messung der halbzylindrischen Beleuchtungsstärke nach 4.2.3 zu messen. Die gemessenen halbzylindrischen Beleuchtungsstärken gelten jeweils nur für eine Richtung. Dabei steht die Achse des Zylinders senkrecht auf der Bewertungsfläche.

ANMERKUNG Um den Messaufwand zu begrenzen, genügt eine Messung für jede Hauptblickrichtung.

6.6 Messung der Leuchtdichte *L*

6.6.1 Messung der Leuchtdichte von Bewertungsflächen

Um die Leuchtdichteverteilung von Bewertungsflächen beurteilen zu können, werden repräsentative Arbeitsplätze ausgewählt und die Leuchtdichteverteilungen in Beobachterrichtung gemessen. Die Messung erfolgt sinnvollerweise mit bildauflösenden Leuchtdichtemessgeräten nach 4.3.4. Erfolgt die Messung mit punktweise messenden Leuchtdichtemessgeräten nach 4.3.2, ist an winkelmäßig nicht zu weit auseinander liegenden Punkten (hinreichend enges Raster) zu messen. Gemessen wird vom Standort und in Augenhöhe des Nutzers.

ANMERKUNG Bewertungsflächen können sich z. B. beziehen auf:

— Sehaufgabe;

— unmittelbare Umgebung der Sehaufgabe;

— Raumbegrenzungsflächen.

6.6.2 Messung der höchsten Leuchtdichte

Höchste Leuchtdichten werden entweder mit punktweise messenden Leuchtdichtemessgeräten nach 4.3.2 oder mit bildauflösenden Leuchtdichtemessgeräten nach 4.3.4 gemessen.

Beim Einsatz punktweise messender Leuchtdichtemessgeräte ist zu beachten, dass die Maxima der Leuchtdichte zwischen den Messpunkten eines Messrasters liegen können und diese deshalb gegebenenfalls dort zu suchen sind.

6.6.3 Messung der mittleren Leuchtdichte von Leuchten

Die mittlere Leuchtdichte einer Leuchte kann mittels eines bildauflösenden Leuchtdichtemessgerätes nach 4.3.4 aus der gemessenen Leuchtdichteverteilung ermittelt werden. Näherungsweise kann die mittlere Leuchtdichte mit einem punktweise messenden Leuchtdichtemessgerät nach 4.3.2 durch eine Messung der örtlichen Leuchtdichte - bei jeweils gleicher vorgegebener Richtung - und Mittelwertbildung bestimmt werden.

ANMERKUNG Üblicherweise wird die mittlere Leuchtdichte von Leuchten aus dem Quotient der Lichtstärke in der vorgegebenen Richtung und der wirksamen Größe der leuchtenden Fläche der Leuchten berechnet (siehe DIN EN 13032-1).

Die Art der Leuchtdichtebestimmung ist anzugeben.

6.7 Messung und Bestimmung der Blendwirkung von Beleuchtungsanlagen

6.7.1 Messung des Abschirmwinkels α

Der Abschirmwinkel α der Leuchte ist der Leuchtendokumentation zu entnehmen oder mit einem entsprechenden Winkelmessgerät direkt zu bestimmen (siehe Bild 5).

ANMERKUNG In Bild 5 sind die Abschirmwinkel für 2 typische Leuchten dargestellt.

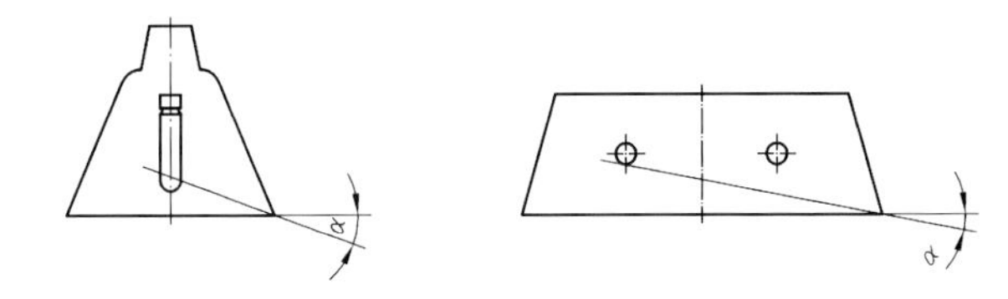

Bild 5 — Beispiele für Abschirmwinkel α

6.7.2 Messung und Bestimmung der Blendwirkung von Beleuchtungsanlagen in Innenräumen nach dem UGR-Verfahren (DIN EN 12464-1)

Zur Bestimmung der UGR-Werte sind folgende Leuchtdichten und ihr geometrischer Bezug i zu messen bzw. zu bestimmen (siehe auch [4]):

L_b Hintergrundleuchtdichte, in cd • m^{-2};

L mittlere Leuchtdichte der Lichtaustrittsfläche jeder Leuchte in Richtung des Beobachterauges, in cd • m^{-2};

Ω Raumwinkel der Lichtaustrittsfläche jeder Leuchte, bezogen auf das Beobachterauge, in Steradiant (sr);

p Positionsindex, abhängig von der räumlichen Abweichung von der Hauptblickrichtung.

Diese Größen lassen sich zweckmäßigerweise mit bildauflösenden Leuchtdichtemessgeräten nach 4.3.4 in Verbindung mit Winkelmesseinrichtungen messen.

Mit diesen Werten lassen sich die UGR-Werte von Beleuchtungsanlagen in Innenräumen für entsprechende Beobachterpositionen nach der mathematischen Approximation (6) bestimmen:

$$UGR = 8 \cdot \log_{10}\left(\frac{0{,}25}{L_b} \cdot \sum \frac{L^2 \cdot \Omega}{p^2}\right) \quad (6)$$

6.7.3 Messung und Bestimmung der Blendwirkung von Beleuchtungsanlagen für Arbeitsstätten im Freien nach der GR-Methode (ISO/FDIS 8995-2:2005-09)

Zur Bestimmung der GR-Werte sind folgende Leuchtdichten und ihr geometrischer Bezug zu messen bzw. zu bestimmen:

L_{vl} gesamte Schleierleuchtdichte der Beleuchtungsanlage in cd • m^{-2};

L_{ve} äquivalente Schleierleuchtdichte des Umfeldes in cd•m^{-2}.

Diese Größen lassen sich zweckmäßigerweise mit bildauflösenden Leuchtdichtemessgeräten in Verbindung mit Winkelmesseinrichtungen messen.

Mit diesen Werten lassen sich die GR-Werte von Beleuchtungsanlagen für entsprechende Beobachterpositionen nach der mathematischen Approximation (7) bestimmen:

$$GR = 27 + 24 \log_{10}\left(L_{vl} / L_{ve}^{0{,}9}\right) \quad (7)$$

Die Schleierleuchtdichte einer Beleuchtungsanlage L_{vl} kann auch als Summe der Schleierleuchtdichten einzelner Leuchten ($L_{vl} = L_{v1} + L_{v2} + \dots L_{vn}$) über die Messung der Beleuchtungsstärke, die von den einzelnen Leuchten am Beobachterauge erzeugt wird, ermittelt werden.

Die Schleierleuchtdichte einer einzelnen Blendlichtquelle ergibt sich aus (siehe Bild 6):

$$L_v = 10 \cdot E_{eye} \cdot \theta^{-2} \tag{8}$$

Dabei ist

L_v die Schleierleuchtdichte einer einzelnen Leuchte, in cd • m^{-2};

E_{eye} die Beleuchtungsstärke am Auge des Beobachters, in lx;

θ der Winkel zwischen Blickrichtung des Beobachters und Lichtausstrahlungsrichtung, in Grad.

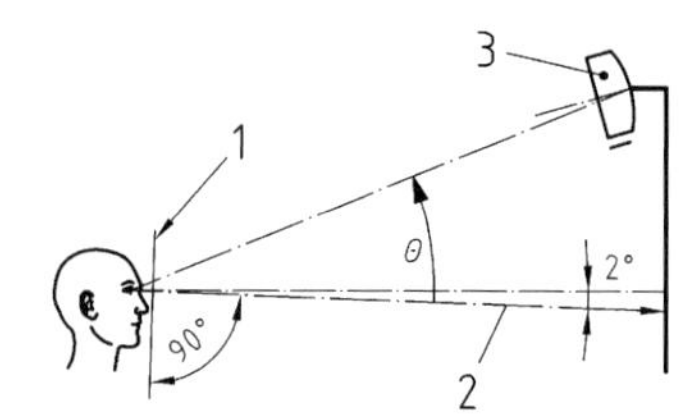

Legende

1 Ebene von E_{eye}

2 Blickrichtung

3 Leuchte

Bild 6 — Der Winkel zwischen der Blickrichtung des Beobachters und der Richtung des Lichteinfalls der einzelnen Leuchte

Die äquivalente Schleierleuchtdichte des Umfeldes L_{Ve} ergibt sich bei einem diffus reflektierenden Umfeld näherungsweise aus

$$L_{Ve} = 0{,}035 \cdot \rho \cdot \overline{E}_h \cdot \pi^{-1} \tag{9}$$

Dabei ist

L_{Ve} die äquivalente Schleierleuchtdichte des Umfeldes, in cd • m^{-2};

ρ der mittlere Reflexionsgrad des Umfeldes;

$\overline{E}_h$ die mittlere horizontale Beleuchtungsstärke des Umfeldes, in lx.

6.8 Messung und Bestimmung des Störlichtes von Außenbeleuchtungsanlagen (Lichtverschmutzung)

6.8.1 Messung der Beleuchtungsstärke zur Bestimmung der Lichtstärke von Störlichtquellen

Zur Überprüfung der höchsten zulässigen Lichtstärke von Störlichtquellen ist diese der Leuchtendokumentation der Hersteller zu entnehmen.

Sind die Werte nicht verfügbar, kann die Lichtstärke der Störlichtquelle näherungsweise durch Messung der Beleuchtungsstärke bestimmt werden. Hierzu muss der Messkopf mit einem zusätzlichen Tubus versehen werden, der nur die Leuchte erfasst. Die Beleuchtungsstärke wird in Richtung Störlichtquelle gemessen.

Die Lichtstärke der Störlichtquelle ergibt sich aus

$$I = E \cdot r^2 \cdot \Omega_0^{-1} \qquad (10)$$

Dabei ist

I die Lichtstärke der Störlichtquelle, in cd;

E die gemessene Beleuchtungsstärke in Richtung Störlichtquelle, in lx;

r Abstand zur Störlichtquelle, in m;

Ω_0 der Einheitsraumwinkel, in Steradiant (sr).

6.8.2 Messung der Leuchtdichten von Gebäudeflächen und Schildern

Für die Bewertung der Störwirkung durch zu helle Gebäudeflächen oder Schilder ist die höchste und die mittlere Leuchtdichte der Fassade bzw. der Schilder nach 6.6.2 und 6.6.3 zu messen.

6.9 Messung des Reflexionsgrades bei diffusem Lichteinfall ρ_{dif}

Der Reflexionsgrad bei diffusem Lichteinfall ρ_{dif} von kleinen oder ausgedehnten Flächen lässt sich mit Geräten nach 4.4 bestimmen. Bei ausgedehnten Flächen mit geringen Gradienten des Reflexionsgrades ρ_{dif} genügt es, diese an einzelnen repräsentativen Stellen zu messen. Bei ausgedehnten Flächen mit großen Gradienten müssen diese Flächen in hinreichend kleine Teilflächen unterteilt werden, in denen der Reflexionsgrad zu messen ist. Der Mittelwert des Reflexionsgrades ergibt sich aus:

$$\overline{\rho}_{dif} = \frac{1}{A} \cdot \sum_{i=1}^{n} \rho_{dif,i} \cdot A_i \qquad (11)$$

Dabei ist

$\overline{\rho}_{dif}$ der mittlere Reflexionsgrad der Gesamtfläche A;

A die Größe der Gesamtfläche, in m^2;

$\rho_{dif,i}$ der Reflexionsgrad der Teilfläche A_i;

A_i die Größe der Teilfläche, in m^2.

7 Auswertung und Darstellung

7.1 Raum- und Anlagedaten

Die Raumdaten nach 5.1 und die Daten der Beleuchtungsanlage nach 5.2 sind in geeigneter Weise zu dokumentieren, z. B. durch Zeichnungen, Fotos, ergänzende Beschreibungen.

Die Darstellung der Messwerte erfolgt grafisch, tabellarisch oder durch Fotos. Bei der Darstellung der Messergebnisse ist auf eine klare Kennzeichnung der Raumbereiche und Bewertungsflächen, der Messraster sowie auf eine eindeutige Zuordnung der Messwerte zu den Messfeldern zu achten. Die Größe und die Lage der Bewertungsflächen, die horizontal, vertikal oder geneigt sein können, sind anzugeben.

ANMERKUNG 1 Für eine anschauliche Darstellung kann eine perspektivische Zeichnung oder ein Foto der Arbeitsstätte hilfreich sein (siehe Bild 7 bis 10).

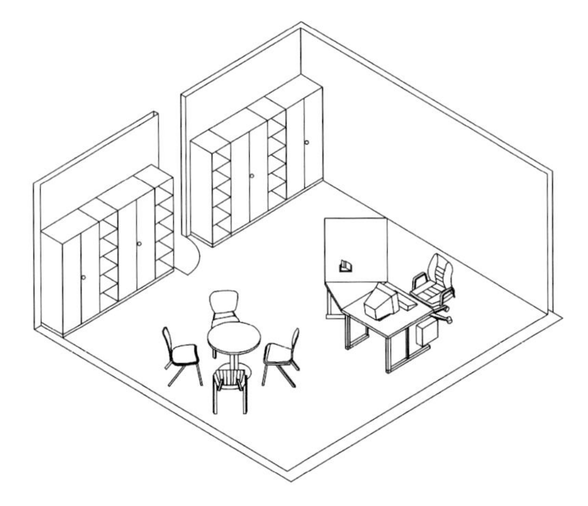

Bild 7 — Perspektivische Darstellung eines Büroraumes (Beispiel)

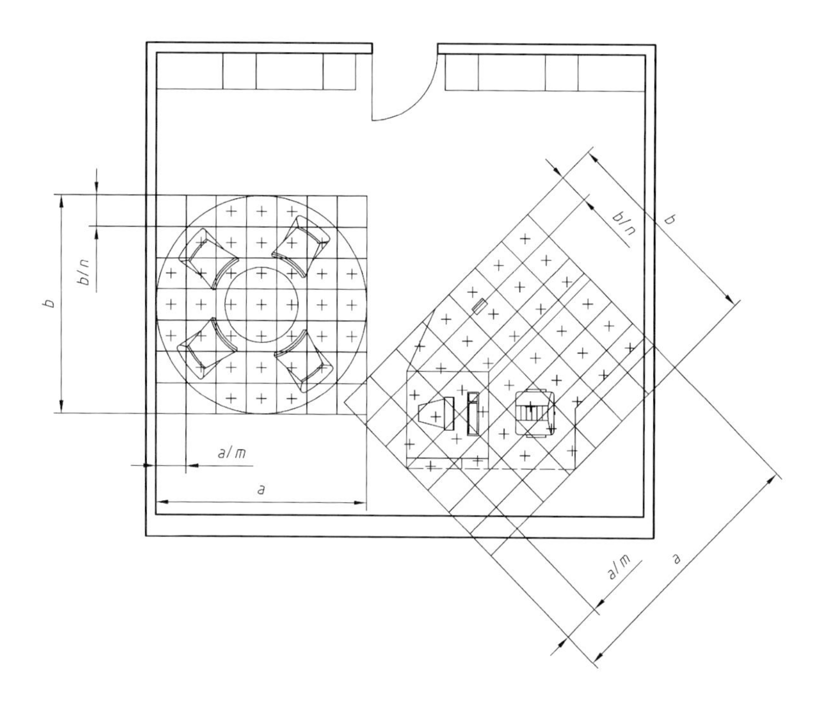

Bild 8 — Beispiel eines Messrasters von Bewertungsflächen eines Büroraumes nach Bild 7

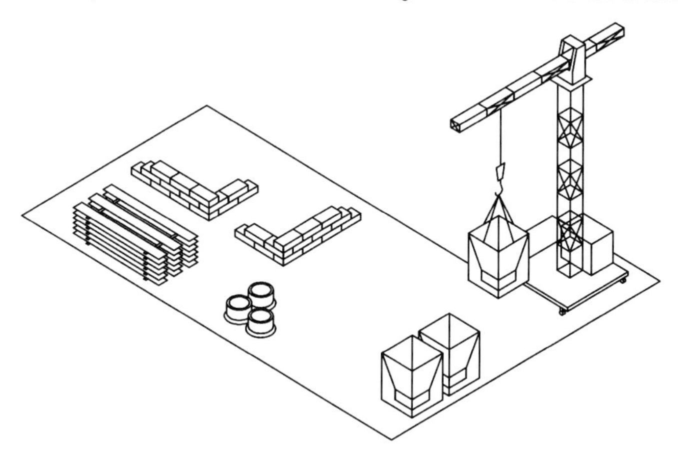

Bild 9 — Perspektivische Darstellung einer Arbeitsstätte im Freien (Beispiel)

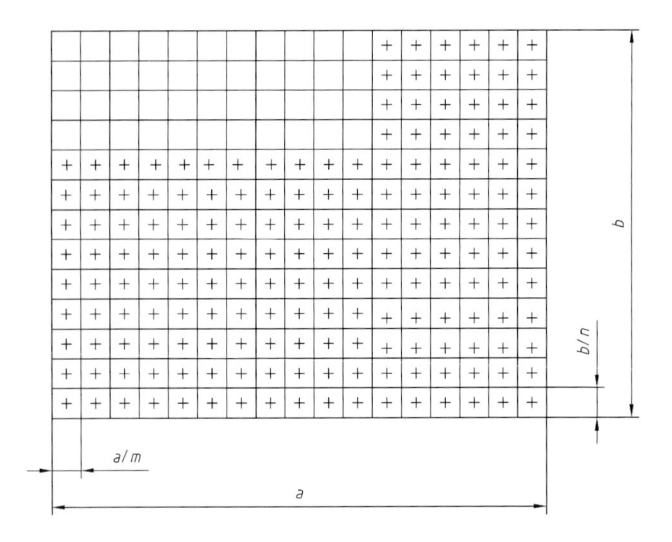

Bild 10 — Beispiel eines Messrasters der Bewertungsfläche der Arbeitsstätte im Freien nach Bild 9

ANMERKUNG 2 Bei der Messung mit bildauflösenden Leuchtdichtemessgeräten nach 4.3.4 können die Messwerte direkt in die Dokumentation übernommen werden. Unterschiedliche Darstellungsmöglichkeiten, wie kalibrierte Grau- oder Farbskalen (Pseudocolorierung), Isoflächen oder -linien liefern eine anschauliche Darstellung der Messwerte.

7.2 Korrektur der Messwerte

Die Messwerte für Beleuchtungsstärken und Leuchtdichten können auf die vereinbarte Betriebsspannung des Versorgungsnetzes umgerechnet werden. Der Korrekturfaktor für die Umrechnung auf die vereinbarte Betriebsspannung ist entweder vom Lampenhersteller zu erfragen oder nach Gleichung (12) zu bestimmen.

$$X_{\text{Korr}} = \left(\frac{U_{\text{N}}}{U_{\text{Mess}}} \right)^{\text{c}} \cdot X_{\text{Mess}} \qquad (12)$$

Dabei ist

X_{Korr} der korrigierte Messwert;

U_{N} die vereinbarte Betriebsspannung, in V;

U_{Mess} der Messwert der Versorgungsspannung, in V;

c der Exponent nach Tabelle 2;

X_{Mess} der Messwert.

Tabelle 2 — Beispiele für den Exponenten *c* für die Umrechnung auf die vereinbarte Betriebsspannung

Lampenart		Exponent *c*
Glühlampen (Netzspannungsglühlampen und Niedervolt-Halogenglühlampen)		3,6
Leuchtstofflampen	induktiver Betrieb	1,4
	kapazitiver Betrieb	0,6
	Duo-Schaltung	1,0
	elektronisches Betriebsgerät	laut Herstellerangaben
Quecksilberdampf-Hochdrucklampen		2,5
Halogen-Metalldampflampen		3,0
Natriumdampf-Niederdrucklampen		0
Natriumdampf-Hochdrucklampen		1,7

ANMERKUNG 1 Für LEDs können noch keine Zahlenwerte für den Exponenten c angegeben werden.

ANMERKUNG 2 Die Zahlenwerte für den Exponenten c nach Tabelle 2 sind repräsentative Werte. Sie können für jede Lampenart und Lampenleistung unterschiedlich sein, vom Betriebsgerät abhängen und außerdem bei Unterspannung anders als bei Überspannung sein.

ANMERKUNG 3 Elektronische Betriebsgeräte sind vielfach leistungsgeregelt. Abweichungen der Versorgungsspannung von der Nennspannung in bestimmten Grenzen haben in diesen Fällen keinen Einfluss auf die Lampenleistung. Eine Korrektur der Messwerte ist dann für einen eingeschränkten Bereich der Versorgungsspannung nicht notwendig.

7.3 Beleuchtungsstärke

Aus den Messwerten der Beleuchtungsstärke auf den Bewertungsflächen sind folgende Größen zu errechnen:

7.3.1 Mittlere Beleuchtungsstärke $\bar{E}$

Die mittlere Beleuchtungsstärke $\bar{E}$ der jeweiligen Bewertungsfläche wird aus den Messwerten der Beleuchtungsstärke an den Punkten des Messrasters ermittelt nach:

$$\overline{E} = \frac{1}{n} \cdot \sum_{i=1}^{n} E_{\mathrm{i}} \qquad (13)$$

Dabei ist

$\overline{E}$ die mittlere Beleuchtungsstärke der Bewertungsfläche, in lx;

n die Anzahl der Messpunkte;

i die Nummer des Messpunktes;

E_i die Beleuchtungsstärke am Messpunkt i, in lx.

7.3.2 Gleichmäßigkeit g_1

Die Gleichmäßigkeit g_1 der Beleuchtungsstärke wird für die jeweiligen Bewertungsflächen ermittelt nach:

$$g_1 = \frac{E_{min}}{\overline{E}} \qquad (14)$$

Dabei ist

g_1 die Gleichmäßigkeit der Beleuchtungsstärke der Bewertungsfläche;

E_{min} die geringste Beleuchtungsstärke an einem der Messpunkte nach 6.4, in lx;

$\overline{E}$ die mittlere Beleuchtungsstärke der Bewertungsfläche, in lx.

7.3.3 Gleichmäßigkeit g_2

Die Gleichmäßigkeit g_2 der Beleuchtungsstärke wird für die jeweiligen Bewertungsflächen ermittelt nach:

$$g_2 = \frac{E_{min}}{E_{max}} \qquad (15)$$

Dabei ist

E_{min} die geringste Beleuchtungsstärke an einem der Messpunkte nach 6.4, in lx;

E_{max} die höchste Beleuchtungsstärke an einem der Messpunkte nach 6.4, in lx.

7.4 Reflexionsgrad ρ_{dif}

Ist auf einer Bewertungsfläche der Reflexionsgrad ρ_{dif} weitestgehend konstant, ist es ausreichend für diese Fläche nur einen Wert anzugeben. Andernfalls ist ein mittlerer Reflexionsgrad $\overline{\rho}_{dif}$ nach Gleichung (11) in 6.9 zu ermitteln und anzugeben.

Die Reflexionsgrade der Teilflächen $\rho_{dif,i}$ sind grafisch oder tabellarisch darzustellen.

7.5 Leuchtdichte

Die Ergebnisse der Leuchtdichtemessungen müssen tabellarisch und/oder grafisch dargestellt werden. Eine anschauliche Darstellung liefert eine perspektivische Skizze und/oder ein Foto des Raumes vom jeweiligen Beobachterstandort aus, in die die Messwerte eingetragen werden.

Bei der Messung mit bildauflösenden Leuchtdichtemessgeräten nach 4.3.4 entstehen Leuchtdichtebilder (siehe Bild 11), die direkt in die Dokumentation übernommen werden können. Aus diesen Leuchtdichtebildern können die Messwerte an Punkten des Messrasters unmittelbar entnommen werden. Unterschiedliche Darstellungsmöglichkeiten der Leuchtdichteverteilungen durch leuchtdichteäquivalente kalibrierte Grau- oder Farbskalen (Pseudocolorierung) und durch Isoleuchtdichteflächen oder -linien (siehe Bild 12) erleichtern die Auswertung, z. B. hinsichtlich der Überprüfung der Forderung nach ausgewogenen Leuchtdichteverhältnissen im Raum.

Bild 11 — Beispiel eines Leuchtdichtebildes, aufgenommen mit einem bildauflösenden Leuchtdichtemessgerät

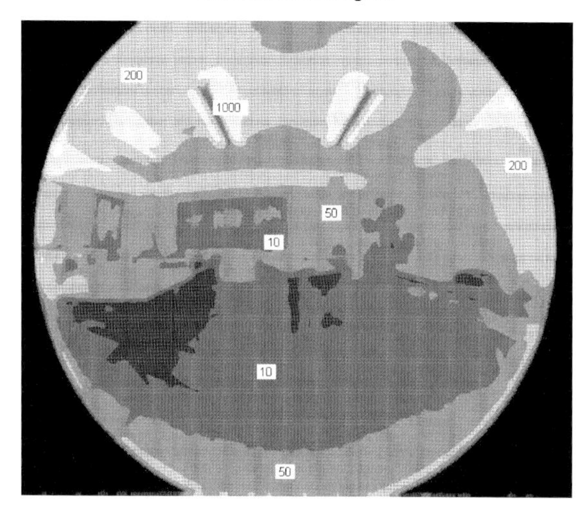

Bild 12 — Beispiel für die Darstellung von Isoleuchtdichtelinien

7.6 Blendung

Für die Bewertung der Direktblendung nach dem UGR-Verfahren für Arbeitsstätten in Innenräumen und der GR-Methode für Arbeitsstätten im Freien werden die UGR-Werte bzw. die GR-Werte berechnet (siehe 6.7.2 bzw. 6.7.3).

UGR- bzw. GR-Werte unterschiedlicher Beobachterpositionen können tabellarisch oder grafisch angegeben werden.

7.7 Lichtfarbe und Farbwiedergabeeigenschaften

Die Lichtfarbe wird durch die Angabe der ähnlichsten Farbtemperatur T_n, in K, die Farbwiedergabe durch die Angabe des allgemeinen Farbwiedergabeindexes R_a gekennzeichnet. Die jeweiligen Daten der in der Beleuchtungsanlage verwendeten Lampen sind den Herstellerangaben zu entnehmen und im Messbericht festzuhalten.

ANMERKUNG Lichtfarbe und Farbwiedergabe sind Eigenschaften der in der Beleuchtungsanlage installierten Lampen. Sie werden im Labor des Lampenherstellers durch Messung mit Dreibereichsfarbmessgeräten oder Spektralfotometern bestimmt.

8 Messung der Sicherheitsbeleuchtung

8.1 Spezielle Messgrößen

Spezielle Messgrößen der Sicherheitsbeleuchtung sind:

— zeitlicher Verlauf der Beleuchtungsstärke vom Beginn des Netzausfalls bis zum Erreichen der erforderlichen Beleuchtungsstärke;

— kleinste Beleuchtungsstärke E_{min} und größte Beleuchtungsstärke E_{max}.

8.2 Vorbereitung der Messungen

Die Anforderungen nach Abschnitt 5 sind zu beachten.

Die Messungen sind ohne Tageslicht und ohne die nicht zu bewertende künstliche Beleuchtung durchzuführen.

Werden bei der Überprüfung der Sicherheitsbeleuchtung der Anlage nicht der Ist-Zustand, sondern die Planungswerte überprüft, ist darauf zu achten, dass reflektierte Anteile, z. B. von Wänden, die Messwerte nicht beeinflussen.

8.3 Messungen

Abweichend zum Abschnitt 6 sind folgende Messungen durchzuführen:

— Bei batteriebetriebenen Anlagen sind die Beleuchtungsstärken für das Ende der Nennbetriebsdauer anzugeben.

— Bei Anlagen mit Ersatzstromaggregaten oder einem besonders gesicherten Netz ist die kleinste Spannung der Versorgung zu berücksichtigen.

ANMERKUNG 1 Die Abhängigkeit des Lichtstromes der Leuchten von der Versorgungsspannung ist in den Unterlagen der Hersteller enthalten oder kann nach 7.2 korrigiert werden.

— Die Beleuchtungsstärke ist in einer Höhe von 0,02 m über dem Boden zu messen.

ANMERKUNG 2 Falls durch die Bauform der Messgeräte erforderlich, kann die Messhöhe auf höchstens 0,1 m erhöht werden. In diesem Falle ist die Messhöhe anzugeben.

— Der zeitliche Verlauf der Beleuchtungsstärke ist vom Beginn des Netzausfalls nach DIN EN 1838 sowie nach den Festlegungen im Arbeitsschutzrecht, im Unfallverhütungsrecht, des Rechtes der überwachungsbedürftigen Anlagen und des Baurechtes zu bestimmen.

— Die Beleuchtungsstärken für die Sicherheitsbeleuchtung sind nach DIN EN 1838 zu messen. Für die Messung der Beleuchtungsstärken der Antipanikbeleuchtung und der Sicherheitsbeleuchtung für Arbeitsplätze mit besonderer Gefährdung sind in den Raumzonen die einzelnen Bewertungsflächen in ein geeignetes Messraster nach 6.4 zu unterteilen. Die kleinste und größte Beleuchtungsstärke ist in einem hinreichend engen Raster zu messen. Die mittleren Beleuchtungsstärken sind für Bewertungsflächen der Arbeitsplätze mit besonderer Gefährdung analog zu 7.3 zu berechnen und darzustellen. Sind die Beleuchtungsstärken ohne Reflexionsanteile zu messen, so sind diese Anteile durch geeignete Maßnahmen auszublenden.

ANMERKUNG 3 Die Messung der Beleuchtungsstärke ohne Reflexionsanteile kann näherungsweise durch einen vor dem Empfänger gesetzten Tubus erfolgen. Das Verhältnis des Tubusdurchmessers und der Tubuslänge ist so zu wählen, dass das Licht von jeder Stelle aus den Leuchten auf jede Stelle des Empfänger gelangt. Eine mögliche Messanordnung ist in [5] dargestellt. Eine weitere Möglichkeit besteht darin, die mittlere Leuchtdichte der Leuchten mit einem bildauflösenden Messgerät nach 4.3.4 zu messen und daraus die Beleuchtungsstärke zu ermitteln.

8.4 Prüfung weiterer Größen

Die Gleichmäßigkeit der Beleuchtungsstärke für Arbeitsplätze mit besonderer Gefährdung nach DIN EN 1838 ist anhand der Messungen nach 7.3 zu bestimmen.

Die Einhaltung der Grenzwerte der physiologischen Blendung nach DIN EN 1838 ist anhand der höchsten Lichtstärke der Leuchte in Abhängigkeit von der Montagehöhe zu bestimmen. Die höchste Lichtstärke der Leuchten ist den Angaben der Hersteller zu entnehmen.

ANMERKUNG Sind die Werte für die höchste Lichtstärke nicht verfügbar, ist für die näherungsweise Bestimmung eine mögliche Messanordnung in [5] dargestellt. Die höchste Lichtstärke lässt sich auch mit einem bildauflösenden Messgerät nach 4.3.4 aus der gemessenen Leuchtdichte der Leuchte bestimmen.

9 Messung an Rettungszeichenleuchten und beleuchteten Rettungszeichen

9.1 Spezielle Messgrößen

Die speziellen Messgrößen an Rettungszeichen für den Notbetrieb nach DIN EN 1838 und für den Netzbetrieb nach DIN 4844-1 sind:

a) Für hinterleuchtete Sicherheitszeichen (Rettungszeichenleuchten):

   1) Leuchtdichten des hinterleuchteten Sicherheitszeichens im Not- und Netzbetrieb;

   2) geringste und höchste Leuchtdichte der Fläche mit der grünen Sicherheitsfarbe;

   3) geringste und höchste Leuchtdichte der Fläche mit der weißen Kontrastfarbe;

   4) mittlere Leuchtdichte der Fläche mit der grünen Sicherheitsfarbe;

   5) mittlere Leuchtdichte der Fläche mit der weißen Kontrastfarbe;

   6) mittlere Leuchtdichte des gesamten Sicherheitszeichens.

b) Für beleuchtete Sicherheitszeichen (Rettungszeichen):

   1) kleinste Beleuchtungsstärke auf der Oberfläche der beleuchteten Sicherheitszeichen.

9.2 Messung

Die Leuchtdichten sind senkrecht zu den Sicherheitszeichen zu messen.

Die mittlere Leuchtdichte von hinterleuchteten Sicherheitszeichen ist durch eine bildauflösende Leuchtdichtemessung mit einem Leuchtdichtemessgerät nach 4.3.4 oder durch eine punktweise Messung der Leuchtdichte mit einem Leuchtdichtemessgerät nach 4.3.2 zu bestimmen. Bei einer punktweisen Messung ist die Anzahl und Lage der Messpunkte so zu wählen, dass sich ein repräsentativer Mittelwert über der gesamten Teilfläche bildet und die Extremwerte der Leuchtdichte erfasst werden.

Die geringste Beleuchtungsstärke auf beleuchteten Sicherheitszeichen wird durch eine punktweise Messung der Beleuchtungsstärke mit einem Beleuchtungsstärkemessgerät nach 4.2.1 bestimmt.

10 Messbericht

Der Messbericht muss folgende Angaben enthalten:

a) Zeitpunkt der Messung;

b) Name und Anschrift der Messpersonen;

c) genaue Bezeichnung des Gebäudes und des Raumes, in dem die Messung durchgeführt wurde, und Erfassung der Raumdaten nach 5.1;

d) Angabe der Daten der Beleuchtungsanlage entsprechend 5.2;

e) Bezeichnung der verwendeten Messgeräte und ggf. der Messverfahren;

f) Angabe des Durchmessers der Lichteintrittsfläche des Gerätes zur Messung der Beleuchtungsstärken;

g) Angabe des Messfeldwinkels des Gerätes zur Messung der Leuchtdichten;

h) Angabe der bei den Messungen vorhandenen Netzspannung und des entsprechenden Korrekturfaktors;

i) Angabe der Umgebungstemperatur der Leuchten während der Messung;

j) Besonderheiten bei der Messung;

k) Angabe der Messergebnisse nach Abschnitt 7;

l) Datum und Unterschrift.

11 Bewertung der Messergebnisse

Die Bewertung der Messergebnisse muss auf der Basis der Vorschriften, Normen und sonstigen Vereinbarungen erfolgen.

Literaturhinweise

DIN 5032-4, *Lichtmessung — Teil 4: Messungen an Leuchten*

DIN 5033-6, *Farbmessung — Teil 6: Dreibereichsverfahren*

DIN 5033-7, *Farbmessung — Teil 7: Messbedingungen für Körperfarben*

DIN 5033-8, *Farbmessung — Teil 8: Messbedingungen für Lichtquellen*

DIN 5034-1, *Tageslicht in Innenräumen — Teil 1: Allgemeine Anforderungen*

DIN 5036-1, *Strahlungsphysikalische und lichttechnische Eigenschaften von Materialien — Teil 1: Begriffe, Kennzahlen*

DIN 6169-1, *Farbwiedergabe — Teil 1: Allgemeine Begriffe*

DIN 31051, *Grundlagen der Instandhaltung*

DIN EN 60051-2, *Direkt wirkende anzeigende elektrische Messgeräte und ihr Zubehör — Messgeräte mit Skalenanzeige — Teil 2: Spezielle Anforderungen für Strom- und Spannungs-Messgeräte*

DIN EN 60598-1, *Leuchten - Teil 1: Allgemeine Anforderungen und Prüfungen*

CIE-Publikation Nr. 117, Discomfort glare in interior lighting 1995

[1] Handbuch für Beleuchtung, 5. Auflage, ecomed Verlagsgesellschaft, 1992

[2] Krochmann, J.; Langhanke, G.; Röhricht, W.: Die Ermittlung des Reflexionsgrades von Raumbegrenzungsflächen, Lichttechnik **30** (1979), S. 315–318

[3] Stockmar, A.: Basic concepts of computer aided lighting design — or how accurate are computer predicted fotometric values. Proceedings of the CIE Seminar on Computer Programs for Light and Lighting, Vienna, Publication No X005 (1992), p. 1–3

[4] LiTG-Publikation Nr. 20: Das UGR-Verfahren zur Bewertung der Direktblendung der künstlichen Beleuchtung in Innenräumen

[5] Weis, B.: Not-Beleuchtung, Pflaum Verlag, 1985

[6] Gall, D.; Kaase, H.; Hesse, J.; Kokoschka, S.: Vergleich von gemessenen und berechneten UGR-Werten, Tagungsband LICHT **98**, Bregenz 1998, S. 140–145

[7] Gall, D.: Leuchtdichte-Analysatoren eröffnen neue Möglichkeiten in der Lichtmesstechnik LICHT 1998, H 7/8, S. 698–700

[8] Wolf, S.; Gall, D.: Praktische Messung von Blendungsparametern am Beispiel des UGR. Tagungsbericht, 3. Internationales Forum für den lichttechnischen Nachwuchs „Lux-junior '97“, Dörnfeld 1997, S. 133–138

[9] Wolf, St.; Gall, D.; Nevoigt, J.: Leuchtdichte-Analysator zur Messung anlagenspezifischer Blendungsparameter, Licht **50** (1998) 11/12, S. 1040–1043

[10] Wolf, St.; Gall, D.: Luminance analysers — What they are and how do they work, 25. CIE Session San Diego 2003, D2 — 66 bis 99

[11] Walking, A.: Messung der UGR-Werte zur Beurteilung des Blendungsverhaltens einer Beleuchtungsanlage mittels bildauflösender Leuchtdichtemessung, Diplomarbeit TU Ilmenau 1995

[12] Krochmann, J.; Ye, G.: „Über die Messung der zylindrischen Beleuchtungsstärke“ Licht-Forschung **2** (1980), S. 103–107

[13] Krochmann, J.: „Über die Messung des Reflexionsgrades bei diffusem Lichteinfall“ Optik **49** (1978), S. 453–463

[14] Krochmann, J.: „Gerät zur Messung des Tageslichtquotienten“ Bundesanstalt für Arbeitsschutz und Unfallforschung, Forschungsbericht Nr. 295, Dortmund 1982

[15] Arbeitsstättenrichtlinie ASR 7/3 „Künstliche Beleuchtung“ zu § 7 Abs. 3 der Arbeitsstättenverordnung BArBl. 5 (1993), S. 62

August 2004

DIN 5035-7

ICS 91.160.10

Mit DIN EN 12464-1:2003-03
Ersatz für
DIN 5035-7:1988-09

Beleuchtung mit künstlichem Licht – Teil 7: Beleuchtung von Räumen mit Bildschirmarbeitsplätzen

Artificial Lighting –
Part 7: Lighting of interiors with visual displays work stations

Éclairage intérieur par lumière artificielle –
Partie 7: Éclairage de locaux avec postes de travail à écran

Gesamtumfang 38 Seiten

Normenausschuss Lichttechnik (FNL) im DIN

Inhalt

Seite

Vorwort

Die Neugestaltung der DIN 5035-7 war aus folgenden Gründen erforderlich:

- neue Bildschirmtechniken,
- veränderte Anforderungen durch die Arbeitsorganisation,
- neue Arbeitsformen und Arbeitstechniken,
- die Berücksichtigung individueller Nutzerbedürfnisse,
- die in den Vordergrund getretene Bedeutung des Tageslichtes,
- das Inkrafttreten der Bildschirmarbeitsverordnung,
- die europäischen Normungsarbeiten im Bereich der Lichtanwendung,
- die Übernahme der internationalen Normenreihe zur Bildschirmarbeit (ISO 9241) in die nationale Normung.

Die vorliegende Norm wurde vom Arbeitskreis FNL/AK 4.7 „Beleuchtung von Bildschirmarbeitsplätzen" des Normenausschusses Lichttechnik (FNL) im DIN erstellt.

DIN 5035 *Beleuchtung mit künstlichem Licht* besteht aus:

— *Teil 1: Begriffe und allgemeine Anforderungen*, zurückgezogen, teilweise ersetzt durch DIN EN 12464-1 und DIN EN 12665

— *Teil 2: Richtwerte für Arbeitsstätten in Innenräumen und im Freien*, ersetzt durch DIN EN 12464-1 und E DIN EN 12464-2,

— *Teil 3: Beleuchtung in Krankenhäusern*, teilweise ersetzt durch DIN EN 12464-1,

— *Teil 4: Spezielle Empfehlungen für die Beleuchtung von Unterrichtsstätten*, teilweise ersetzt durch DIN EN 12464-1,

— *Teil 6: Messung und Bewertung*,

— *Teil 7: Beleuchtung von Räumen mit Bildschirmarbeitsplätzen*,

— *Teil 8: Spezielle Anforderungen zur Einzelplatzbeleuchtung in Büroräumen und büroähnlichen Räumen.*

Änderungen

Gegenüber DIN 5035-7:1988-09 wurden folgende Änderungen vorgenommen:

— Vollständige Überarbeitung und Einführung folgender Punkte:

  — Inhalt an DIN EN 12464-1 angepasst;

  — Neue Begriffe „Wartungswert der Beleuchtungsstärke" und „UGR" (nach DIN EN 12665 und DIN EN 12464-1);

  — Empfehlungen für den Wartungsfaktor;

  — Aufteilung von Büroräumen in Arbeits- und Umgebungsbereiche;

  — Aufteilung der Arbeitsbereiche in Arbeits- und Benutzerflächen;

  — Einführung der Beleuchtungskonzepte „Raumbezogene Beleuchtung", „Arbeitsbereichsbezogene Beleuchtung" und „Teilflächenbezogene Beleuchtung" und Festlegung der jeweiligen beleuchtungstechnischen Gütekriterien;

  — Festlegung zulässiger Leuchtdichtewerte von Leuchten und Raumflächen in Abhängigkeit von der Bildschirmklasse und -polarität für die Begrenzung der Reflexblendung auf dem Bildschirm.

  — Empfehlung zu Leuchdichten von Arbeitsmitteln, Einrichtungsgegenständen und Raumbegrenzungsflächen in Abhängigkeit von der Bildschirmpolarität für eine ausgewogene Leuchtdichteverteilung im Gesichtsfeld.

Frühere Ausgaben

DIN 5035-7: 1988-09

Einleitung

Diese Norm enthält Anforderungen an Leuchten sowie Empfehlungen für die Planung und den Betrieb der Beleuchtung von Räumen mit Bildschirmarbeitsplätzen. Sie berücksichtigt die grundsätzlichen beleuchtungsrelevanten Aspekte der DIN EN ISO 9241-6 greift deren Gestaltungsziele auf, konkretisiert diese unter Einbeziehung der Anforderungen und Empfehlungen der DIN EN 12464-1 und bietet Lösungen für die planerische Umsetzung.

In der Norm werden somit unter Berücksichtigung anderer relevanter Normen Empfehlungen für die Beleuchtung formuliert, die sich aus den spezifischen Arbeits- und Sehaufgaben bei der Bildschirmarbeit und den anderen Sehaufgaben ergeben, die in Räumen mit Bildschirmarbeitsplätzen auftreten. Diese Empfehlungen richten sich primär an den Planer und den Betreiber der Arbeitsstätte, können aber auch für die Entwicklung neuer Leuchten- und Beleuchtungssysteme für die verschiedenen Formen der Bildschirmtechnik und Bildschirmarbeit zweckmäßig sein.

Da diese Norm in besonderem Maße die Arbeits- und Sehaufgaben am Bildschirmarbeitsplatz im Hinblick auf Beeinträchtigungsfreiheit berücksichtigt, ist ihre richtige Anwendung von einer sorgfältigen Analyse der Nutzung des Arbeitsplatzes abhängig. Dadurch wird auch eine höhere Akzeptanz der Beleuchtung durch den Nutzer erreicht.

1 Anwendungsbereich

Diese Norm enthält Empfehlungen zur Gestaltung der Beleuchtung im Hinblick auf die Erfüllung der visuellen Voraussetzungen zur erfolgreichen Durchführung von Tätigkeiten im Produktions- und Dienstleistungsgewerbe.

Diese Norm gilt nicht für die Beleuchtung von Arbeitsstätten im Hinblick auf den betrieblichen Arbeitsschutz.

Verbindliche Festlegungen zur Beleuchtung von Arbeitsstätten und Arbeitsplätzen, die aus Sicht des betrieblichen Arbeitsschutzes geboten sind, werden im staatlichen sowie berufsgenossenschaftlichen Vorschriften- und Regelwerk getroffen bzw. konkretisiert.

Diese Norm enthält — unter Berücksichtigung der genutzten Bildschirmtechnik (z. B. Kathodenstrahlgeräte, Flachbildschirme), der Aufstellung der Bildschirmgeräte, der Anordnung der Bildschirmarbeitsplätze sowie der unterschiedlichen Sehaufgaben und Sehbedürfnisse — spezielle Empfehlungen für die

— Beleuchtung von Räumen mit Bildschirmarbeitsplätzen,

— beleuchtungsbezogene Gestaltung von Räumen mit Bildschirmarbeitsplätzen,

— beleuchtungsbezogene Gestaltung des Bildschirmarbeitsplatzes,

— Beleuchtung und beleuchtungsbezogene Gestaltung einzelner Bildschirmarbeitsplätze, z. B. in Schalterhallen, in Fertigungsbereichen, in Lägern,

— Beleuchtung und beleuchtungsbezogene Gestaltung einzelner Bildschirmarbeitsplätze an Maschinen.

Obwohl diese Norm zu der Normenreihe DIN 5035 und zu der DIN EN 12464-1 gehört, werden auch relevante Aspekte und Einflüsse des Tageslichtes berücksichtigt; es werden z. B. Hinweise zur Begrenzung visueller Störungen durch Tageslicht (Fenster, Oberlichter) gegeben.

Ausgenommen vom Anwendungsbereich ist die Arbeit an:

— Fahrer- bzw. Bedienerplätzen von Fahrzeugen,

— Bildschirmgeräten an Bord von Verkehrsmitteln,

— Bildschirmgeräten, die hauptsächlich zur Benutzung durch die Öffentlichkeit bestimmt sind,

— tragbaren Bildschirmgeräten, sofern sie nicht regelmäßig an einem Arbeitsplatz eingesetzt werden,

— Rechenmaschinen, Registrierkassen und Geräten mit einer kleinen Daten- oder Messwertanzeigevorrichtung,

— Schreibmaschinen klassischer Bauart mit einem Display.

ANMERKUNG Diese Ausnahmen entsprechen denen der Bildschirmarbeitsverordnung.

2 Normative Verweisungen

Diese Norm enthält durch datierte oder undatierte Verweisungen Festlegungen aus anderen Publikationen. Diese normativen Verweisungen sind an den jeweiligen Stellen im Text zitiert, und die Publikationen sind nachstehend aufgeführt. Bei datierten Verweisungen gehören spätere Änderungen oder Überarbeitungen dieser Publikationen nur zu dieser Norm, falls sie durch Änderung oder Überarbeitung eingearbeitet sind. Bei undatierten Verweisungen gilt die letzte Ausgabe der in Bezug genommenen Publikation (einschließlich Änderungen).

DIN 5032-4, *Lichtmessung — Teil 4: Messungen an Leuchten.*

DIN 5036-3, *Strahlungsphysikalische und lichttechnische Eigenschaften von Materialien — Teil 3: Messverfahren für lichttechnische und spektrale strahlungsphysikalische Kennzahlen.*

DIN 67530, *Reflektometer als Hilfsmittel zur Glanzbeurteilung an ebenen Anstrich- und Kunststoff-Oberflächen.*

DIN EN 12464-1:2003-03, *Licht und Beleuchtung — Beleuchtung von Arbeitsstätten — Teil 1: Arbeitsstätten in Innenräumen; Deutsche Fassung EN 12464-1:2002.*

DIN EN 12665:2002-09, *Angewandte Lichttechnik — Grundlegende Begriffe und Kriterien für die Festlegung von Anforderungen an die Beleuchtung; Deutsche Fassung EN 12665:2002.*

DIN EN ISO 9241-7:1998-12, *Ergonomische Anforderungen für Bürotätigkeiten mit Bildschirmgeräten — Teil 7: Anforderungen an visuelle Anzeigen bezüglich Reflexionen (ISO 9241-7:1998); Deutsche Fassung EN ISO 9241-7:1998.*

3 Begriffe

Für die Anwendung dieser Norm gelten die in DIN EN 12665 und in DIN EN 12464-1 angegebenen sowie die folgenden Begriffe.

3.1
Bildschirmgerät
Funktionseinheit, die aus einem oder mehreren Bildschirmen, einem oder mehreren Eingabemitteln (z. B. Tastatur, Maus, Lichtstift) sowie einer Rechnereinheit mit Software (Betriebssystem, Anwenderprogramme) besteht

ANMERKUNG Diese Begriffsfestlegung weicht von der der Bildschirmarbeitsverordnung ab.

3.2
Bildschirm
Teil eines Bildschirmgerätes zur Darstellung von alphanumerischen Zeichen, Graphiken oder Bildern, unabhängig von der Art des Darstellungsverfahrens (z. B. CRT-Kathodenstrahlröhre, LCD-Flüssigkristallanzeige)

3.3
Bildschirmpolarität
unter positiver Polarität eines Bildschirmes wird die Darstellung dunkler Zeichen auf hellem Hintergrund, unter negativer Polarität die Darstellung heller Zeichen auf dunklem Hintergrund verstanden

3.4
Bildschirmklasse
Kennzeichnung eines Bildschirmes im Hinblick auf die Unempfindlichkeit der Anzeige gegenüber Störeinflüssen der Umgebungsbeleuchtung

ANMERKUNG Bildschirme, die für helle Umgebungsbedingungen vorgesehen sind, werden in Abhängigkeit von der visuellen Störwirkung durch

— Spiegelung heller Flächen,

— Minderung der Zeichenkontraste, d. h. Minderung der Sichtbarkeit der dargestellten Information auf der Bildschirmoberfläche

in Bildschirmklassen eingeteilt.

Nach DIN EN ISO 9241-7:1998-12 werden bezüglich der Gestaltung der Umgebungsbedingungen im Büro für Bildschirme drei Bildschirmklassen mit entsprechenden Anwendungshinweisen definiert:

Tabelle 1 — Bildschirmklassen nach DIN EN ISO 9241-7:1998-12

Bildschirmklasse nach DIN EN ISO 9241-7:1998-12	Güte des Bildschirms bezüglich Entspiegelung und Sichtbarkeit	Anwendungshinweise nach DIN EN ISO 9241-7:1998-12 bezüglich der Gestaltung der Umgebungsbedingungen im Büro
I	hoch	Geeignet für die Nutzung in üblicher Büroumgebung
II	mittel	Geeignet für die meisten, aber nicht alle Büroumgebungen
III	gering	Erfordert spezielle, kontrollierte Büroumgebungen
ANMERKUNG Diese Klasseneinteilung hat auch Gültigkeit für Bildschirme, die außerhalb von Bürobereichen angewendet werden. Ein und derselbe Bildschirm kann bei unterschiedlicher Bildschirmpolarität unterschiedlichen Bildschirmklassen zugeordnet sein.		

3.5
Bildschirmarbeitsplatz
Arbeitsplatz mit mindestens einem Bildschirmgerät und weiteren möglichen Arbeitsmitteln, z. B.:

— Geräte zur Datenausgabe (z. B. Drucker, Plotter),

— Externe Speichergeräte (z. B. Diskettenlaufwerk),

— Kommunikationshilfsmittel (z. B. Telefon, Faxgerät),

— sonstige Arbeitsmittel (z. B. Belege, Arbeitstisch, Arbeitsfläche, Arbeitsstuhl, Manuskripthalter)

sowie die unmittelbare Arbeitsumgebung.

3.6
einzelner Bildschirmarbeitsplatz
ein Bildschirmarbeitsplatz, der sich in einem Arbeitsraum befindet, der primär nicht für Bildschirmarbeit ausgelegt ist, z. B. in Schalterhallen, im Fertigungs- oder Lagerbereich

3.7
Arbeitsbereich in Büroräumen
räumlicher Bereich, in dem an verschiedenen Stellen die Sehaufgaben verrichtet werden

ANMERKUNG Im Folgenden werden Büroräume mit Bildschirmarbeitsplätzen betrachtet. In anderen Räumen mit Bildschirmarbeitsplätzen, z. B. in Fertigungsbereichen, kann sinngemäß verfahren werden.

In Räumen mit einem oder mehreren Bildschirmarbeitsplätzen sind im Allgemeinen mehrere unterschiedliche Arbeitsbereiche vorhanden, z. B.

— Arbeitsbereich Bildschirmarbeit,

— Arbeitsbereich Besprechung,

— Arbeitsbereich Lesetätigkeit an Schrank- und Regalflächen.

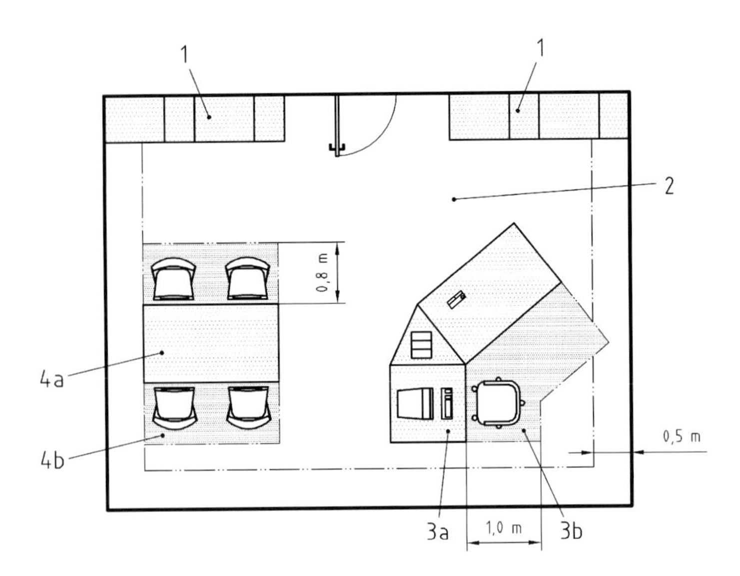

Legende

1 Arbeitsbereich Lesetätigkeit an Schrank- und Regalflächen
2 Umgebungsbereich
3a Arbeitsfläche
3b Benutzerfläche 3a und 3b: Arbeitsbereich Bildschirmarbeit
4a Tischfläche
4b Benutzerfläche 4a und 4b: Arbeitsbereich Besprechung

Bild 1a — Arbeitsbereiche in Räumen mit Bildschirmarbeitsplätzen (Aufsicht)

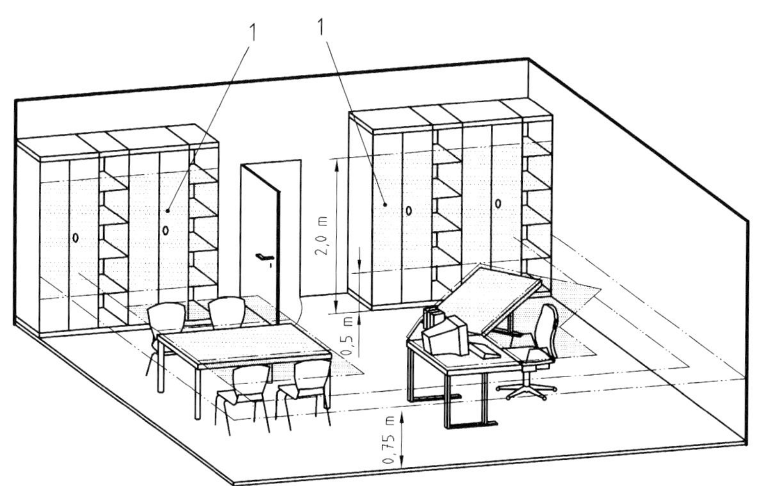

Legende

1 Arbeitsbereich Lesetätigkeit an Schrank- und Regalflächen

Bild 1b — Arbeitsbereiche in Räumen mit Bildschirmarbeitsplätzen (Ansicht)

Der Arbeitsbereich Bildschirmarbeit setzt sich zusammen aus (siehe Bild 1a und Bild 1b):

— Flächen, auf denen Sehaufgaben (siehe Abschnitt 4) durchgeführt werden. Diese Flächen können horizontal, geneigt oder vertikal angeordnet sein,

— Flächen, auf denen die dem unmittelbaren Fortgang der Arbeit dienenden Arbeitsmittel angeordnet sind,

— Flächen, die bei der funktions- und sachgerechten Ausübung der Bildschirmarbeit erforderlich sind (Benutzerflächen).

In den einzelnen Arbeitsbereichen können auch mehrere Tätigkeiten durchgeführt werden, die mit unterschiedlichen Sehaufgaben behaftet sind, z. B. Bildschirmarbeit **und** Besprechung.

Im Bürobereich setzen sich die Arbeitsbereiche für Bildschirmarbeit und Besprechung aus der projizierten Fläche der Arbeits- bzw. Tischflächen und der jeweiligen Benutzerfläche im Allgemeinen in einer Höhe von 0,75 m über dem Boden zusammen (siehe auch 5.2.2).

Die Definitionen und die erforderlichen Abmessungen der Arbeits- und Benutzerflächen sind in der Norm DIN 4543-1 festgelegt. Sie werden in der Berufsgenossenschaftlichen Information der Verwaltungs-Berufsgenossenschaft „Flächennutzung im Büro – Beispiele verschiedener Arbeitsplätze" (SP2.6/2) erläutert.

Der Arbeitsbereich Lesetätigkeit an Schrank- und Regalflächen setzt sich im Allgemeinen zusammen aus Flächen ab einer Höhe von 0,50 m bis zu einer Höhe von 2,00 m über dem Fußboden. Diese Flächen sind üblicherweise vertikal angeordnet.

3.8

Umgebungsbereich

der räumliche Bereich, der sich direkt an einen oder mehrere Arbeitsbereiche anschließt und bis 0,5 m vor die Raumwände reicht — sofern dort keine Arbeitsplätze angeordnet sind

3.9

zylindrische Beleuchtungsstärke (in einem Punkt) (E_z)

gesamter Lichtstrom, der auf die Mantelfläche eines sehr kleinen Zylinders um den gegebenen Punkt fällt, geteilt durch die Mantelfläche dieses Zylinders. Die Achse des Zylinders ist senkrecht, wenn nicht anders angegeben

ANMERKUNG 1 Siehe auch DIN EN 12665.

ANMERKUNG 2 Einheit: lx

3.10
Gleichmäßigkeit der Beleuchtungsstärke (g_1)
Verhältnis der kleinsten Beleuchtungsstärke E_{min} zur mittleren Beleuchtungsstärke $\bar{E}$ auf einer Fläche

(siehe auch IEC 60050-845/CIE17.4:845-09-58 Gleichmäßigkeit der Beleuchtungsstärke).

$g_1 = E_{min}/\bar{E}$

g_1 wird angewendet für horizontale, zylindrische und vertikale Beleuchtungsstärken.

3.11
Wartungswert der Beleuchtungsstärke ($\bar{E}_m$)
Wert, unter den nach DIN EN 12665 die mittlere Beleuchtungsstärke auf einer bestimmten Fläche nicht sinken darf

ANMERKUNG 1 Einheit: lx

ANMERKUNG 2 Der Wartungswert gilt für die horizontale, zylindrische und vertikale Beleuchtungsstärke.

ANMERKUNG 3 Der Wartungswert ist die mittlere Beleuchtungsstärke zu dem Zeitpunkt, an dem eine Wartung durchgeführt werden sollte.

ANMERKUNG 4 Der Index „m“ steht für das englische Wort „maintained.

3.12
Wartungsfaktor
Quotient aus dem Wartungswert und dem Neuwert der Beleuchtungsstärke

ANMERKUNG Der Wert des Wartungsfaktors ist abhängig von

— Alterung, Verschmutzung und Ausfall von Lampen,

— Alterung und Verschmutzung von Leuchten,

— Raumverschmutzung.

4 Arbeits- und Sehaufgaben

Bei der Arbeit an einem Bildschirmarbeitsplatz resultieren aus den Arbeitsaufgaben insbesondere folgende Sehaufgaben:

— Aufnehmen von Informationen, die auf dem Bildschirm dargeboten werden, z. B. Lesen von Texten, Betrachten von graphischen Darstellungen, Beobachten von technischen Prozessen mit Hilfe von Videobildern,

— Aufnehmen von Informationen, die nicht auf dem Bildschirm dargeboten werden, z. B. Lesen von Texten, Betrachten von graphischen Darstellungen, Lesen von Zeichen auf der Tastatur, Überwachen von technischen Abläufen,

— Kommunikation zwischen Menschen (z. B. Erkennen von Gesichtern),

— Aufnehmen von Informationen aus der Umgebung.

5 Grundlegende Kriterien und Gütemerkmale der Beleuchtung

5.1 Allgemeines

Die Empfehlungen für die Planung und Bewertung der Beleuchtung von Räumen mit Bildschirmarbeitsplätzen leiten sich aus einer Reihe grundlegender Kriterien und Gütemerkmale ab.

5.1.1 Grundlegende Kriterien

Die grundlegenden Kriterien betreffen insbesondere den Bildschirm, den Nutzer, das Tageslicht und die Arbeitsorganisation.

- Bildschirmbezogene Kriterien
    - Die Erkennbarkeit der Bildschirminformation ist in hohem Maße abhängig von der Umgebung des Arbeitsplatzes: helle Flächen, die sich aus Sicht des Nutzers auf der Bildschirmoberfläche spiegeln, können zu einer Beeinträchtigung der Informationsaufnahme führen; zu helle Flächen, die um den Bildschirm angeordnet sind, können zu Adaptationsstörungen führen.
    - Die Erkennbarkeit der Bildschirminformation ist u. a. abhängig von der auf der Bildschirmoberfläche vorhandenen Beleuchtungsstärke.
- Nutzerbezogene Kriterien
    - Durch geeignete Beleuchtung werden Fehlbeanspruchungen des visuellen Systems der Nutzer vermieden.
    - Die Nutzer können unterschiedliche Lichtbedürfnisse haben.

ANMERKUNG Die Beleuchtung kann jedoch nicht dem Zweck dienen, eine nicht bzw. ungenügend korrigierte Fehlsichtigkeit des Nutzers zu kompensieren.

-
    - Für den Nutzer eines Bildschirmes ergibt sich eine im Allgemeinen mehr in die Horizontale gehende Blickrichtung; im ungünstigsten Fall kann die Blickrichtung über die Horizontale hinausgehen (z. B. bei Prozess- oder Maschinensteuerungen).
    - Bei Wechsel zwischen Sitz- und Stehhaltung sowie bei dynamischem Sitzen ergeben sich unterschiedliche Augenpositionen und Blickrichtungen des Nutzers.
    - Eine ergonomische und ästhetische Gestaltung der Arbeits- und Umgebungsbereiche erhöht die Akzeptanz und das Wohlbefinden des Menschen.
    - Erkennbarkeit von Gesichtern, der Mimik und Gestik ist ein wesentliches Kriterium zur visuellen Kommunikation.
- Tageslichtbezogene Kriterien
    - Die Sichtverbindung nach außen hat eine positive psychische Wirkung auf den Menschen.
    - Das Tageslicht kann zu Direkt- und Reflexblendung sowie zur Kontrastminderung der Bildschirmanzeige führen. Sehr hohe Beleuchtungsstärken, z. B. bei zu nahe am Fenster aufgestellten Bildschirmgeräten, können die Sichtbarkeit der Information beeinträchtigen.

- Organisatorische Kriterien
  - Organisatorische Veränderungen können eine Veränderung der Raumsituation und neue Anordnungen der Arbeitsplätze bewirken.
  - Bestimmte Arbeitsformen können dazu führen, dass Arbeitsplätze von unterschiedlichen Personen mit unterschiedlichen Bedürfnissen genutzt werden (z. B. Schichtbetrieb, Desk Sharing).

5.1.2 Gütemerkmale

Die Gütemerkmale der Beleuchtung sind insbesondere lichttechnischer Art. Diese sind:

- Beleuchtungsniveau,
- Leuchtdichteverteilung,
- Begrenzung der Direktblendung,
- Lichtrichtung und Schattigkeit,
- Lichtfarbe und Farbwiedergabe,
- Begrenzung der Reflexblendung auf dem Bildschirm sowie auf den Arbeitsmitteln,
- Vermeidung störender Minderung der Sichtbarkeit der Bildschirminformation,
- Vermeidung von Flimmern der künstlichen Beleuchtung.

Die lichttechnischen Gütemerkmale sind über den Arbeitsbereich hinaus für den gesamten Raum von Bedeutung.

ANMERKUNG In dieser Norm wird bei den Überlegungen zu den lichttechnischen Gütemerkmalen keine Differenzierung zwischen kleinen und großen Räumen gemacht, da die sehaufgabenbezogenen Tätigkeiten unabhängig von der Raumröße sind.

Darüber hinaus sind auch von Bedeutung

- Gütemerkmale der Instandhaltung,
- Ökologie,
- Flexibilität und Variabilität der Beleuchtung,
- Ästhetik,
- biologische und psychologische Wirkungen.

5.2 Beleuchtungsstärke

5.2.1 Allgemeines

Die Qualität der Beleuchtung hängt in starkem Maße von der Erkennbarkeit räumlicher Objekte sowie von der Helligkeit vertikaler Flächen ab. Geeignete photometrische Größen zu deren Beschreibung sind die zylindrische Beleuchtungsstärke E_z und die vertikale Beleuchtungsstärke E_v.

Eine angenehme visuelle Kommunikation ist abhängig von der Erkennbarkeit der Gesichtszüge der anwesenden Personen. Eine zu deren Beschreibung geeignete photometrische Größe ist die zylindrische Beleuchtungsstärke E_z.

ANMERKUNG 1 Für eine gute Erkennbarkeit von Gesichtern werden Gesichts-Leuchtdichten im Bereich von etwa 15 cd/m² bis 20 cd/m² als ausreichend angesehen. Diesen Leuchtdichten entspricht ein Bereich der zylindrischen Beleuchtungsstärke von 150 lx bis 200 lx.

Eine gute Erkennbarkeit von und Lesbarkeit auf Objekten in Schränken und Regalen hängt von den vertikalen Beleuchtungsstärken E_v auf Schrank- und Regalflächen ab.

In den Tabellen 5 bis 8 sind für die Arbeits- und Umgebungsbereiche von Räumen mit Bildschirmarbeitsplätzen für die in 7.2 definierten Beleuchtungskonzepte empfohlene Wartungswerte der horizontalen, zylindrischen und vertikalen Beleuchtungsstärke sowie empfohlene Gleichmäßigkeiten angegeben. Diese Werte beziehen sich auf eingerichtete Räume bzw. eingerichtete Arbeits- und Umgebungsbereiche und stellen Mindestwerte dar.

ANMERKUNG 2 Geringere Beleuchtungsstärken werden außer bei ausschließlicher Betrachtung von Laufbildern (z. B. Videobildern) nicht empfohlen, weil die Sehleistung, die Leistungsbereitschaft und der Wachzustand sowie das Wohlbefinden des Menschen beeinträchtigt werden können.

ANMERKUNG 3 Für die Berechnung bzw. Messung von mittleren Beleuchtungsstärken und deren Gleichmäßigkeiten sind geeignete Punktraster erforderlich (siehe DIN 5035-6).

5.2.2 Horizontale Beleuchtungsstärke (E_h)

Die Wartungswerte der horizontalen Beleuchtungsstärke $\bar{E}_{h,m}$, die horizontalen Beleuchtungsstärken E_h und deren Gleichmäßigkeit g_1 beziehen sich in dieser Norm auf eine Bewertungsebene in Höhe von 30 mm über der jeweiligen Arbeitsfläche, z. B. bei Schreibtischen im Allgemeinen auf 0,75 m über dem Fußboden. Im Umgebungsbereich beziehen sich diese Größen auf die Höhe der Bewertungsebenen der angrenzenden Arbeitsflächen, z. B. in Büroräumen im Allgemeinen auf 0,75 m über dem Fußboden.

ANMERKUNG Diese Norm ist eine Anleitung für die Planung, den Betrieb und somit auch für die Überprüfung der Beleuchtung. Die Höhe der Bewertungsebene berücksichtigt daher die Höhe eines Photometerkopfes von 30 mm.

Bei einzelnen Bildschirmarbeitsplätzen, die sich in Arbeitsräumen befinden, die primär nicht für Bildschirmarbeit ausgelegt sind, z. B. in Schalterhallen, im Fertigungs- oder Lagerbereich sollte der Wartungswert der horizontalen Beleuchtungsstärke $\bar{E}_{h,m}$ = 500 lx betragen. Dieser Wartungswert basiert auf den in Abschnitt 4 aufgeführten Sehaufgaben, unabhängig von den in diesen Arbeitsräumen erforderlichen Beleuchtungsstärken.

BEISPIEL Bildschirmarbeitsplatz in einem Lagerraum, an dem Informationen sowohl von Belegen als auch vom Bildschirm aufgenommen werden müssen:

— Lagerraum: $\bar{E}_{h,m}$ = 200 lx,

— Arbeitsbereich Bildschirmarbeit: $\bar{E}_{h,m}$ = 500 lx .

5.2.3 Zylindrische Beleuchtungsstärke (E_z)

Die Wartungswerte der zylindrischen Beleuchtungsstärke $\bar{E}_{z,m}$, die zylindrischen Beleuchtungsstärken E_z und deren Gleichmäßigkeit g_1 beziehen sich in dieser Norm auf eine Höhe von 1,20 m über dem Fußboden (mittlere Höhe des Gesichtes einer sitzenden Person über dem Fußboden) und auf einen Zylinder mit senkrechter Achse, siehe 3.9.

Bei mittleren horizontalen Beleuchtungsstärken im Raum, im Arbeitsbereich bzw. im Umgebungsbereich, die höher als die in den Tabellen 5 bis 7 angegebenen empfohlenen Werte sind, sollten die jeweiligen mittleren zylindrischen Beleuchtungsstärken mindestens 0,33 × $\bar{E}_{h,m}$ sein.

Zu hohe zylindrische Beleuchtungsstärken am Bildschirm können zu einer Minderung der Erkennbarkeit der Bildschirminformation führen.

ANMERKUNG Näherungsweise kann die zylindrische Beleuchtungsstärke durch Berechnung oder Messung von vertikalen Beleuchtungsstärken ermittelt werden.

5.2.4 Vertikale Beleuchtungsstärke (E_v)

Die Wartungswerte der vertikalen Beleuchtungsstärke $\bar{E}_{v,m}$, die vertikalen Beleuchtungsstärken E_v und deren Gleichmäßigkeit g_1 beziehen sich in dieser Norm auf Schrank- und Regalflächen (siehe auch 3.7).

5.3 Leuchtdichteverteilung im Raum und Gestaltung der Oberflächen

5.3.1 Allgemeines

Zur Begrenzung visueller Fehlbeanspruchungen der Nutzer an Bildschirmarbeitsplätzen ist eine ausgewogene Leuchtdichteverteilung im Sehfeld von Bedeutung. Diese wird bestimmt durch die Reflexionseigenschaften und die durch die Beleuchtung erzeugten Leuchtdichten der Flächen im Raum.

5.3.2 Reflexionseigenschaften von Flächen im Raum

Die lichttechnischen Eigenschaften der Oberflächen von Arbeitsmitteln, Einrichtungsgegenständen und Raumbegrenzungsflächen beeinflussen in hohem Maße die Leuchtdichteverteilung. Daher sollten Reflexionsgrade, Glanzeigenschaften und Farben der Flächen im Raum so gewählt werden, dass zu hohe Leuchtdichteunterschiede vermieden werden und dass für den Nutzer des Bildschirmes keine störenden Spiegelungen heller Flächen auftreten. Aus lichttechnischer Sicht empfohlene Reflexionsgrade und Glanzeigenschaften sind in Tabelle 2 angegeben.

Tabelle 2 — Empfohlene Reflexionsgrade und Glanzeigenschaften in Räumen mit Bildschirmarbeitsplätzen

	Reflexionsgrad[a]	Glanzeigenschaften	
		Glanzgrad[b]	60° — Reflektometerwert[c]
Oberflächen von: Arbeitstischen, Schreibtischen, Werkbänken, Maschinen usw.	0,20 bis 0,50	matt bis halbmatt	≤ 20
Bildschirmgehäuse, Tastatur, Beleghalter	0,20 bis 0,50	matt bis halbmatt	≤ 20
Belege, Schreib- und Zeichenpapier	—	matt	≤ 3
Raumdecke	> 0,60	matt bis halbmatt	≤ 20
Raumwände	0,40 bis 0,80	matt bis halbmatt	≤ 20
Raumboden	0,15 bis 0,40	—	—
Größere Flächen unmittelbar hinter dem Bildschirm (z. B. Stellwände, Betriebseinrichtungen)	0,40 bis 0,80	matt bis halbmatt	≤ 20

ANMERKUNG Zum Erzielen geeigneter Raumatmosphären kann es notwendig sein, Materialien mit von dieser Tabelle abweichenden Reflexionsgraden und Glanzeigenschaften einzusetzen. In solchen Fällen ist eine besonders sorgfältige Abwägung der Planungskriterien unverzichtbar.

[a] Näherungsweise Bestimmung: mit Reflexionsgradtafeln
Messtechnische Bestimmung: nach DIN 5036-3

[b] Näherungsweise Bestimmung: mit Glanzgradtafeln

[c] Messtechnische Bestimmung: nach DIN 67530

5.3.3 Leuchtdichten von Flächen im Raum

Die in dieser Norm in Abhängigkeit von der Bildschirmpolarität empfohlenen mittleren Leuchtdichten von Arbeitsmitteln, von Schreibtisch-/Arbeitstischoberflächen sowie von größeren Flächen im Raum, z. B. Decken und Wände, siehe Bild 2, sind in der Tabelle 3 aufgeführt. Abweichungen bei kleineren Flächen sind unkritisch.

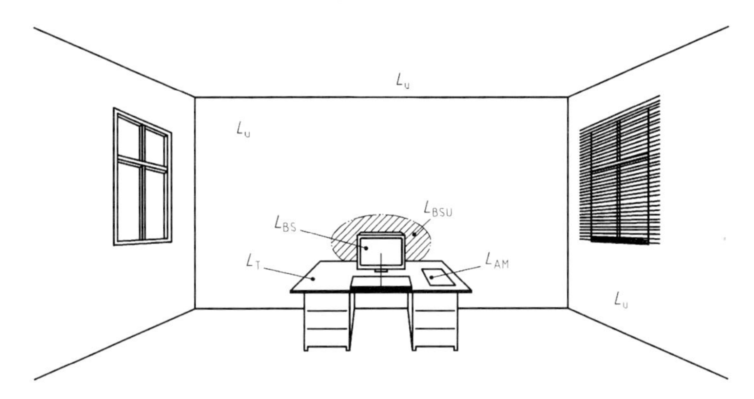

Bild 2 — Flächen und deren Kennzeichnung für die Bestimmung der empfohlenen Leuchtdichten im Räumen mit Bildschirmarbeitsplätzen

Tabelle 3 — Empfohlene Leuchtdichten in Räumen mit Bildschirmarbeitsplätzen bei $\bar{E}_{h,m}$ = 500 lx in Abhängigkeit von der Bildschirmpolarität

Arbeitsmittel, Einrichtungsgegenstände und Raumbegrenzungsflächen		Bildschirmpolarität	
		positiv	**negativ**
Bildschirmhintergrund (siehe Anmerkung 1)	L_{BS}	100 cd/m^2	10 cd/m^2
Arbeitsmittel, z. B. Beleg, Papiervorlage	L_{AM}	100 cd/m^2	100 cd/m^2
Schreib-/Arbeitstischoberfläche	L_T	30 bis 80 cd/m^2	30 bis 80 cd/m^2
Größere Flächen[a] im Raum	L_U	10 bis 1 000 cd/m^2	10 bis 200 cd/m^2
Größere Flächen[a], die sich hinter dem Bildschirm befinden	L_{BSU}	10 bis 500 cd/m^2	10 bis 50 cd/m^2

[a] Unter größeren Flächen werden Flächen verstanden, die dem Nutzer unter einem räumlichen Öffnungswinkel von mehr als 20° erscheinen.

ANMERKUNG 1 Ein heute typischer Wert der mittleren Leuchtdichte des Bildschirmhintergrundes von Bildschirmen mit positiver Polarität ist etwa 100 cd/m^2, von Bildschirmen mit negativer Polarität etwa 10 cd/m^2.

Die empfohlenen Leuchtdichten für die Arbeitsmittel, Einrichtungsgegenstände und Raumbegrenzungsflächen beziehen sich vorwiegend auf die Beleuchtung mit künstlichem Licht bei einem Wartungswert der horizontalen Beleuchtungsstärke von 500 lx. Aufgrund der positiven psychischen Wirkung des Tageslichtes werden Flächen höherer Leuchtdichte und größerer Leuchtdichteunterschiede verursacht durch das einfallende Tageslicht vom Nutzer akzeptiert.

Maßgebend bei der Bestimmung der Leuchtdichten im Gesichtsfeld sind die mittleren Leuchtdichten der relevanten Flächen.

ANMERKUNG 2 Diese Empfehlungen gelten im Allgemeinen auch für einzelne Bildschirmarbeitsplätze, wie z. B. im Fertigungsbereich.

5.3.4 Leuchtdichten an Fenstern und Lichtschutzvorrichtungen von Fenstern und Oberlichtern

Aufgrund der positiven psychischen Wirkung des Tageslichtes sowie dessen Informationsgehaltes im Hinblick auf die Außenwelt werden in hellen Räumen durch Fenster gesehene höhere Leuchtdichten von Flächen der natürlichen Umgebung (z. B. des Himmels) im Allgemeinen als nicht störend empfunden.

Helle Gebäudeflächen — gesehen durch Fenster — können jedoch schon bei geringeren Leuchtdichten als störend empfunden werden.

Zur Anordnung der Bildschirmgeräte zu den Fenstern siehe Abschnitt 6.

ANMERKUNG 1 Von den Nutzern werden an Lichtschutzvorrichtungen von Fenstern und Oberlichtern höhere Leuchtdichten akzeptiert als an den anderen Raumflächen.

ANMERKUNG 2 Nach der Bildschirmarbeitsverordnung müssen Fenster in Räumen mit Bildschirmarbeitsplätzen mit einer geeigneten, verstellbaren Lichtschutzvorrichtung ausgestattet sein.

5.4 Begrenzung der Direktblendung

5.4.1 Begrenzung der Direktblendung durch Leuchten

5.4.1.1 Allgemeines

Bei einzelnen Bildschirmarbeitsplätzen, die sich in einem Arbeitsraum befinden, der primär nicht für Bildschirmarbeit ausgelegt ist, z. B. in Schalterhallen, im Fertigungs- oder Lagerbereich kann die Direktblendung auch durch arbeitsplatz- oder gerätebezogene bzw. durch bauliche Maßnahmen begrenzt werden, siehe auch Abschnitt 8.

5.4.1.2 Begrenzung der Direktblendung nach dem CIE Unified Glare Rating-Verfahren (UGR)

Zur Begrenzung der Direktblendung durch Leuchten dürfen bestimmte UGR-Werte nicht überschritten werden, siehe DIN EN 12464-1.

ANMERKUNG Das CIE Unified Glare Rating-Verfahren (UGR) wird in DIN EN 12464-1:2003-03 erläutert. Das UGR-Verfahren kann nur bei direkt strahlenden und direkt/indirekt strahlenden Leuchten mit einem indirekten Lichtstromanteil von bis zu 65 % angewendet werden [1].

5.4.1.3 Begrenzung der Direktblendung durch leuchtende Decken

Zur Begrenzung der Direktblendung durch leuchtende Decken sollte die mittlere Leuchtdichte der Decke im kritischen Bereich des Ausstrahlungswinkels $45° \leq \gamma \leq 85°$ nicht mehr als 500 cd/m² betragen.

Leuchtende Decken sind Groß- oder Kleinrasterdecken sowie transmittierende oder reflektierende (z. B. bei indirekter Beleuchtung) Decken, bei denen im Ausstrahlungsbereich $45° \leq \gamma \leq 85°$ großflächig keine Leuchtdichteunterschiede von mehr als 10:1 auftreten.

ANMERKUNG Für leuchtende Groß- oder Kleinrasterdecken werden in [2] Leuchtdichtegrenzkurven vorgeschlagen.

5.4.2 Begrenzung der Direktblendung durch Fenster und Oberlichter

Direktblendung durch Fenster und Oberlichter sollte vermieden werden.

ANMERKUNG 1 Nach der Bildschirmarbeitsverordnung müssen Fenster in Räumen mit Bildschirmarbeitsplätzen mit einer geeigneten, verstellbaren Lichtschutzvorrichtung ausgestattet sein.

Oberlichter, die zu Direktblendung führen können, sollten ebenfalls mit Lichtschutzvorrichtungen ausgestattet sein.

ANMERKUNG 2 Siehe auch 5.3.4.

5.5 Begrenzung der Reflexblendung

5.5.1 Allgemeines

Reflexblendung entsteht durch Spiegelungen heller Flächen an glänzenden Oberflächen. Sie kann die visuelle Informationsaufnahme beeinträchtigen, (siehe auch [3]).

Die Störwirkung ist abhängig von

— den Reflexionseigenschaften der reflektierenden Fläche,

— der Größe, Leuchtdichte, Struktur des reflektierten Objektes,

— der Anordnung der reflektierenden Fläche zum reflektierten Objekt.

Durch geeignete lichttechnische Oberflächengestaltung der Arbeitsmittel und Gegenstände (siehe 5.3.2, Tabelle 2) sowie deren Anordnung im Raum kann Reflexblendung verringert oder vermieden werden.

Da die Reflexion winkelabhängig ist, haben die Lichteinfallsrichtung und damit die Anordnung der Bildschirmarbeitsplätze sowie die Anordnung der Leuchten und deren Leuchtdichteverteilung bei der Begrenzung der Reflexblendung eine große Bedeutung.

Es sollte immer versucht werden, durch geeignete Anordnung der Arbeitsplätze und Bildschirmgeräte Reflexblendung auf dem Bildschirm zu vermeiden. Für den Fall, dass dies nicht möglich ist, werden im Abschnitt 5.5.2 Beispiele für andere geeignete Maßnahmen angegeben.

5.5.2 Begrenzung der Reflexblendung auf dem Bildschirm

Die Reflexionseigenschaften der Bildschirmoberfläche, die Bildschirmpolarität sowie der Bildschirmkrümmungsradius beeinflussen in engem Zusammenhang mit den leuchtenden Flächen im Raum die visuelle Informationsaufnahme. Durch Entspiegelungsmaßnahmen der Bildschirmoberfläche werden Leuchtdichten und/ oder Konturenschärfe störender Spiegelbilder im Allgemeinen reduziert. Somit können im Vergleich zu Bildschirmen ohne Entspiegelungsmaßnahmen höhere Leuchtdichten von Flächen, die sich auf dem Bildschirm spiegeln, zugelassen werden. Die Leuchtdichtegrenzwerte der sich spiegelnden Flächen sind abhängig von:

— der Entspiegelung des Bildschirmes,

— der Bildschirmpolarität.

In Abhängigkeit von der Bildschirmklasse (siehe Tabelle 1) und der Bildschirmpolarität sollten die Leuchtdichtewerte von Leuchten und von denjenigen Flächen im Raum, die sich auf dem Bildschirm spiegeln, z. B. Wände, Einrichtungsgegenstände, Stellwände, Fenster und Oberlichter, die in Tabelle 4 angegebenen Werte der mittleren Leuchtdichte nicht überschreiten.

Für Raumflächen, die sich auf dem Bildschirm spiegeln, sind in Tabelle 4 auch Empfehlungen für maximale Leuchtdichtewerte gegeben. Diese beziehen sich auf Flächen, die dem Nutzer unter einem räumlichen Öffnungswinkel von 2° bis 5° erscheinen.

ANMERKUNG 1 Eine Fläche mit einem Durchmesser von etwa 15 cm bzw. 35 cm entspricht bei einem Abstand zwischen Nutzer und Fläche von etwa 4 m einem räumlichen Öffnungswinkel von 2° bzw. 5°.

Es sollte darauf geachtet werden, dass bei Flächen, die sich auf dem Bildschirm spiegeln, die Unterschiede zwischen maximaler und mittlerer Leuchtdichte relativ gering sind.

ANMERKUNG 2 Für Leuchten werden zz. nur Grenzwerte für mittlere Leuchtdichten gefordert. Die Begrenzung von Leuchtdichtespitzen wäre sinnvoll, hierfür gibt es jedoch noch keine geeigneten Bewertungskriterien und Messmethoden.

Durch den Krümmungsradius der Bildschirme wird der Raumwinkelbereich, aus dem störende Spiegelungen auftreten können, begrenzt, d. h. je flacher die Bildschirmoberfläche (d. h. bei großen Bildschirmradien) umso geringer ist dieser Raumwinkelbereich. Daher müssen die in Tabelle 4 angegebenen Werte der mittleren Leuchtdichte von Leuchten ab einem Ausstrahlungswinkel γ = 65° (siehe Bild 3) in den Ebenen C0, C15, C30 bis C345 (nach DIN 5032-4) mit $\Delta\varphi$ = 15° eingehalten werden. Ab diesem Ausstrahlungswinkel γ = 65° muss auch die Lampe abgeschirmt sein.

ANMERKUNG 3 Wenn in kleinen Büroräumen, z. B. Ein- und Zwei-Personenbüros, die Anordnung von Arbeitsplatz und Leuchten eindeutig festgelegt ist, kann die Begrenzung der mittleren Leuchtenleuchtdichte nur für den relevanten C-Ebenen-Bereich ausreichend sein, z. B. C0-C180 bzw. C90-C270.

Diese Anforderungen gelten für Bildschirme mit einer Diagonalen des sichtbaren Teiles des Bildschirmes $\leq$ 48 cm (19") und einem Neigungswinkel des Bildschirmes $\delta \leq$ 15° (siehe Bild 3).

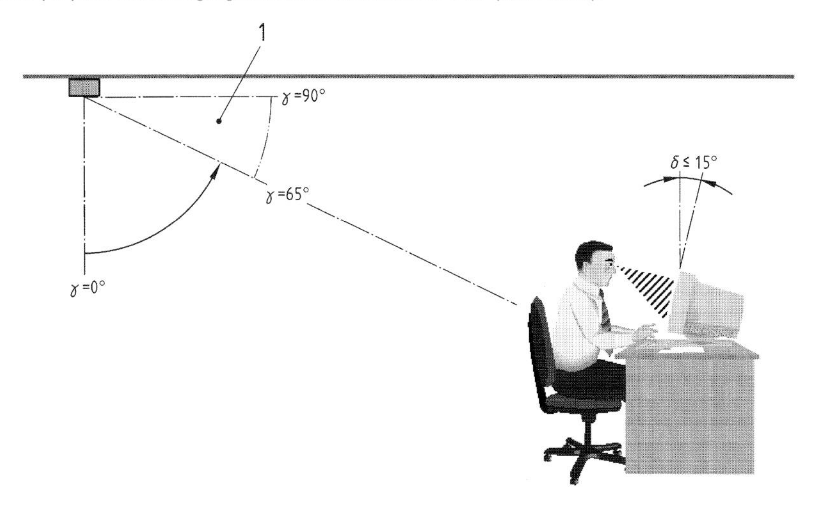

Legende

1 mittlere Leuchtdichte
$\leq$ 1 000 cd/m^2 bzw. 200 cd/m^2

Bild 3 — Geometrische Verhältnisse am Bildschirmarbeitsplatz

ANMERKUNG 4 Im Allgemeinen wird bei Bildschirmen mit Kathodenstrahlröhren (CRT) für die Größe des Bildschirmes die Größe der ganzen Diagonalen angegeben und nicht die des sichtbaren Teiles des Bildschirmes. Bei der Angabe der Diagonalen einer Kathodenstrahlröhre von 54 cm (21") beträgt die Diagonale des sichtbaren Teiles 48 cm (19""). Bei Flüssigkristall-Bildschirmen (LCD) wird dagegen in der Regel die Bildschirm-Diagonale des sichtbaren Teiles angegeben.

ANMERKUNG 5 Für Bildschirme mit einer Diagonalen des sichtbaren Teiles des Bildschirmes > 48 cm (19") oder für Neigungswinkel δ > 15° können zurzeit keine Festlegungen darüber getroffen werden, ab welchem Ausstrahlungswinkel γ die in Tabelle 4 angegebenen Werte der mittleren Leuchtdichte von Leuchten eingehalten werden müssen. Für diesen Fall sollten besondere Maßnahmen vorgesehen werden, z. B.

- Verwendung von Leuchten mit in Richtung zur Arbeitsfläche geringen Leuchtdichten,
- Verwendung von Leuchten, bei denen die in Tabelle 4 angegebenen Werte der mittleren Leuchtdichte von Leuchten bereits bei Ausstrahlungswinkeln γ< 65° eingehalten werden,
- besondere Zuordnung der Leuchten zum Bildschirm,
- Beleuchtungskonzept „Teilflächenbezogene Beleuchtung", siehe 7.2.3.

ANMERKUNG 6 Bei ebenen Bildschirmen (z. B. LCD-Bildschirme) der Bildschirmklasse I für beide Polaritäten, d. h. mit einer bezüglich Entspiegelung und Sichtbarkeit hohen Güte, können Bildschirmgrößen > 48 cm und Neigungswinkel δ >15° unproblematisch sein, wenn die in Tabelle 4 angegebenen Anforderungen eingehalten werden.

Tabelle 4 — Zulässige Leuchtdichtewerte von Leuchten und Raumflächen, die sich für den Nutzer auf dem Bildschirm spiegeln, in Abhängigkeit von der Bildschirmgüte bezüglich Entspiegelung und Sichtbarkeit sowie von der Polarität des Bildschirms

<table>
<tr><td>Bildschirmklasse
nach DIN EN ISO 9241-7:1998-12</td><td colspan="2">I</td><td colspan="2">II</td><td colspan="2">III</td></tr>
<tr><td>Güte des Bildschirms bezüglich Entspiegelung und Sichtbarkeit</td><td colspan="2">hoch</td><td colspan="2">mittel</td><td colspan="2">gering</td></tr>
<tr><td>Bildschirmpolarität</td><td>positiv (hell)</td><td>negativ (dunkel)</td><td>positiv (hell)</td><td>negativ (dunkel)</td><td>positiv (hell)</td><td>negativ (dunkel)</td></tr>
<tr><td>Leuchten, die sich auf dem Bildschirm spiegeln
mittlere Leuchtdichte</td><td colspan="3">≤ 1 000 cd/m²</td><td colspan="3">≤ 200 cd/m²</td></tr>
<tr><td>Leuchtende Raumflächen, die sich auf dem Bildschirm spiegeln:
mittlere Leuchtdichte
maximale Leuchtdichte</td><td colspan="3">≤ 1 000 cd/m²
≤ 2 000 cd/m²</td><td colspan="3">≤ 200 cd/m²
≤ 400 cd/m²</td></tr>
</table>

Die Anordnung der Bildschirme sollte so gewählt werden, dass Fenster und Oberlichter sich möglichst nicht auf dem Bildschirm spiegeln. Spiegeln sie sich dennoch, sollten die Leuchtdichten der Lichtschutzvorrichtungen auf die in Tabelle 4 angegebenen Werte begrenzt werden.

Bei einzelnen Bildschirmarbeitsplätzen, die sich in einem Arbeitsraum befinden, der primär nicht für Bildschirmarbeit ausgelegt ist, z. B. in Schalterhallen, im Fertigungs- oder Lagerbereich, kann die Reflexblendung auf dem Bildschirm auch durch arbeitsplatz- oder gerätebezogene bzw. durch bauliche Maßnahmen begrenzt werden, siehe auch Abschnitt 8.

5.5.3 Begrenzung der Reflexblendung auf den sonstigen Arbeitsmitteln

Reflexblendung auf den sonstigen Arbeitsmitteln (siehe 3.5) sollte begrenzt werden. Hierzu siehe 5.3.2 und [3].

5.6 Vermeidung störender Minderung der Sichtbarkeit der Bildschirminformation

Eine hohe Beleuchtungsstärke auf dem Bildschirm führt aufgrund starker Streuung des Lichtes am Bildschirmhintergrund zu einer starken Aufhellung (z. B. des Phosphors) und dadurch zu einer störenden Minderung der Zeichenkontraste.

ANMERKUNG Nach DIN EN 29241-3:1993-08 und DIN EN ISO 9241-6:2001-03 wird für den Bildschirm ein Zeichen-Hintergrund-Kontrast von mindestens 3:1 empfohlen.

Durch geeignete Anordnung der Arbeitsplätze zum Tageslicht bzw. zur künstlichen Beleuchtung, durch geeignete Bildschirme und Leuchtensysteme können solche Störungen vermieden werden.

5.7 Vermeidung von Flimmern der künstlichen Beleuchtung

Bei künstlicher Beleuchtung mit Gasentladungslampen können störende Flimmererscheinungen auftreten, die zu einer Beeinträchtigung der Sehleistung und vorzeitiger Ermüdung führen. Dies kann durch den Einsatz von Leuchten mit elektronischen Vorschaltgeräten vermieden werden.

6 Anordnung der Arbeitsplätze und Arbeitsmittel

Die grundlegenden Kriterien und Gütemerkmale der Beleuchtung bilden die Basis für die Anordnung der Bildschirmarbeitsplätze im Raum und für die Oberflächengestaltung der Möbel und Arbeitsmittel (siehe auch 5.3.2).

Die Begrenzung der Reflexblendung kann durch verschiedene Maßnahmen erfolgen. Ist es nicht möglich, Reflexblendung durch rein beleuchtungsbezogene Maßnahmen zu begrenzen, können eine geeignete Anordnung der Arbeitsplätze und Arbeitsmittel oder aber arbeitsmittelbezogene Maßnahmen dazu beitragen, die Reflexblendung auf dem Bildschirm und auf sonstigen Arbeitsmitteln zu begrenzen.

Folgende Anordnung der Arbeitsplätze und Arbeitsmittel wird empfohlen:

— Bildschirme sollten so angeordnet sein, dass sich für den Nutzer eine im Wesentlichen parallele Blickrichtung zur Hauptfensterfront ergibt. Bildschirme, im Besonderen der Klassen II und III, sollten nicht in unmittelbarer Fensternähe aufgestellt werden.

— Bildschirme sollten so angeordnet sein, dass sie nicht direkt unter Leuchten aufgestellt sind, die einen großen Anteil ihres Lichtstromes eng gebündelt nach unten lenken, z. B. tief strahlende Leuchten (siehe auch 5.6).

— Innerhalb der Arbeitsbereiche „Bildschirmarbeit" und „Besprechung" sollte auf der Fläche, in der sich die Sehaufgabe befindet (hier ist nicht die Sehaufgabe auf dem Bildschirm gemeint), keine Störung durch Reflexblendung auftreten. Leuchten, die in Richtung auf diese Fläche hohe Leuchtdichten aufweisen — z. B. tief strahlende Leuchten mit hohen Lichtstärken im Ausstrahlungsbereich von $-20° \leq \gamma \leq +20°$ — sollten nicht direkt über den Arbeitsplätzen angeordnet sein.

7 Beleuchtungskonzepte und Beleuchtungsarten für die künstliche Beleuchtung

7.1 Allgemeines

Zur Beleuchtung von Räumen mit Bildschirmarbeitsplätzen lassen sich unterschiedliche Beleuchtungskonzepte mit unterschiedlichen Beleuchtungsarten realisieren. Es ist nicht Aufgabe dieser Norm, die Entscheidung über die Auswahl eines der folgenden Beleuchtungskonzepte oder Beleuchtungsarten zu treffen. Dies ist vielmehr Aufgabe des Nutzers oder Betreibers in Abhängigkeit von Arbeitsabläufen und funktionalen Anforderungen an die Arbeitsplätze. Die technische Ausführung kann je nach Aufgabenstellung mit unterschiedlichen Leuchtensystemen erfolgen. Diese können an der Decke, an der Wand, am Möbel, auf dem Fußboden installiert oder frei aufstellbar sein.

7.2 Beleuchtungskonzepte

7.2.1 Raumbezogene Beleuchtung

Unter dem Beleuchtungskonzept „Raumbezogene Beleuchtung“ wird eine gleichmäßige Beleuchtung des Raumes oder von Raumzonen verstanden, die an allen Stellen etwa gleiche Sehbedingungen schafft.

Das Beleuchtungskonzept „Raumbezogene Beleuchtung“ wird empfohlen

— wenn im Raum überall gleiche Sehbedingungen vorherrschen sollen,

— wenn Arbeitsbereiche in der Planungsphase örtlich nicht zugeordnet werden können,

— wenn die räumliche Ausdehnung der Arbeitsbereiche in der Planungsphase nicht bekannt ist,

— wenn eine flexible Anordnung der Bildschirmarbeitsplätze vorgesehen ist.

Die empfohlenen Werte für die Beleuchtungsstärken und die Begrenzung der Direktblendung bei einer raumbezogenen Beleuchtung von Räumen mit Bildschirmarbeitsplätzen sind in Tabelle 5 aufgeführt. Dabei beziehen sich die Empfehlungen für die horizontalen und die zylindrischen Beleuchtungsstärken sowie für deren Gleichmäßigkeiten auf die Bewertungsebenen nach 5.2.2 und 5.2.3 für eine Fläche von der Größe der Grundfläche des Raumes bzw. der Raumzone, wobei ein Randstreifen von 0,5 m Breite unberücksichtigt bleibt — sofern dort keine Arbeitsplätze angeordnet sind.

7.2.2 Arbeitsbereichsbezogene Beleuchtung

Unter dem Beleuchtungskonzept „Arbeitsbereichsbezogene Beleuchtung“ wird eine Beleuchtung des Raumes verstanden, die die einzelnen Arbeitsbereiche und den Umgebungsbereich gesondert beleuchtet.

Voraussetzung für das Beleuchtungskonzept „Arbeitsbereichsbezogene Beleuchtung“ ist,

— dass die Anordnung der Arbeitsplätze und der Arbeitsbereiche bekannt ist.

Werden mobile Leuchtensysteme eingesetzt, eignet sich dieses Beleuchtungskonzept auch für Räume, in denen die Anordnung der Arbeitsbereiche in der Planungsphase nicht bekannt ist bzw. eine flexible Anordnung vorgesehen ist.

Empfohlen wird das Beleuchtungskonzept „Arbeitsbereichsbezogene Beleuchtung“, wenn

— Arbeitsplätze mit unterschiedlichen Aufgaben vorgesehen sind, die unterschiedliche Beleuchtungsbedingungen erfordern,

— durch die unterschiedlichen Helligkeitsniveaus der einzelnen Arbeitsbereiche und des Umgebungsbereiches Lichtzonen geschaffen werden sollen, die die Atmosphäre des Raumes positiv beeinflussen.

Die empfohlenen Werte für die Beleuchtungsstärken und die Begrenzung der Direktblendung bei einer arbeitsbereichsbezogenen Beleuchtung von Räumen mit Bildschirmarbeitsplätzen sind in Tabelle 6 aufgeführt. Dabei beziehen sich die Empfehlungen für die horizontalen und zylindrischen Beleuchtungsstärken sowie für deren Gleichmäßigkeiten auf die Bewertungsebenen nach 5.2.2 und 5.2.3 für die durch die Arbeitsbereiche und den Umgebungsbereich (siehe auch 3.8) festgelegten Flächen.

Die horizontale Beleuchtungsstärke im Tätigkeitsbereich, sollte nach Tabelle 6 einen Wartungswert von 500 lx nicht unterschreiten. Die minimale horizontale Beleuchtungsstärke im Tätigkeitsbereich sollte nach Tabelle 6 mindestens 300 lx betragen und darf nicht auf der Arbeitsfläche liegen.

7.2.3 Teilflächenbezogene Beleuchtung

Unter dem Beleuchtungskonzept „Teilflächenbezogene Beleuchtung" wird eine Beleuchtung des Raumes verstanden, die die einzelnen Arbeitsbereiche und den Umgebungsbereich gesondert beleuchtet und dabei eine stärkere Individualisierbarkeit der Beleuchtungsbedingungen ermöglicht. Dabei wird innerhalb des Arbeitsbereiches „Bildschirmarbeit" eine Teilfläche mit einer Breite von mindestens 600 mm und einer Tiefe von mindestens 600 mm beleuchtet. Auf diesen Teilflächen werden bestimmte Sehaufgaben verrichtet, z. B. Lesen und Schreiben von Texten sowie Betrachten von grafischen Darstellungen auf Papier.

Das Beleuchtungskonzept „Teilflächenbezogene Beleuchtung" wird empfohlen

- wenn es erforderlich ist, die Beleuchtung in einem Arbeitsbereich an unterschiedliche Tätigkeiten anzupassen,
- wenn die Beleuchtung an räumlich unterschiedlich orientierte Arbeitsmittel innerhalb des Arbeitsbereiches anpassbar sein soll,
- wenn die Beleuchtung an das individuelle Sehvermögen und an individuelle Erfordernisse des Nutzers anpassbar sein soll,
- wenn die Bewältigung schwieriger Sehaufgaben erforderlich ist,
- wenn eine Individualisierbarkeit der Beleuchtungsbedingungen ermöglicht werden soll.

Werden mobile Leuchtensysteme eingesetzt, eignet sich dieses Beleuchtungskonzept auch für Räume, in denen die Anordnung der Arbeitsbereiche in der Planungsphase nicht bekannt ist bzw. eine flexible Anordnung vorgesehen ist.

Die empfohlenen Werte für die Beleuchtungsstärken und die Begrenzung der Direktblendung bei einer teilflächenbezogenen Beleuchtung von Räumen mit Bildschirmarbeitsplätzen sind in Tabelle 7 aufgeführt. Dabei beziehen sich die Empfehlungen für die horizontalen und zylindrischen Beleuchtungsstärken sowie für deren Gleichmäßigkeiten auf die Bewertungsebenen nach 5.2.2 und 5.2.3 für die durch die Teilflächen, durch die verbleibenden Flächen der Arbeitsbereiche und durch den Umgebungsbereich (siehe auch 3.8) festgelegten Flächen.

Die mittlere horizontale Beleuchtungsstärke in der Bewertungsebene nach 5.2.2 sollte sich auf der Teilfläche deutlich von der auf der verbleibenden Fläche des jeweiligen Arbeitsbereiches und von der auf der Fläche des Umgebungsbereiches abheben und mindestens 750 lx betragen [4]. Zwischen der Teilfläche und der sie umgebenden Arbeitsbereichsfläche sollte ein weicher Übergang der Beleuchtungsstärke vorhanden sein.

Die minimale horizontale Beleuchtungsstärke im Arbeitsbereich sollte nach Tabelle 7 mindestens 300 lx betragen.

7.3 Beleuchtungsarten

7.3.1 Allgemeines

Die Lichtstärkeverteilung und die Anordnung der Leuchten in Bezug zum Arbeitsplatz beeinflussen in starkem Maße die Sehbedingungen am Arbeitsplatz.

Je nach Art der Lichtstärkeverteilung der Leuchten wird unterschieden in:

- Direktbeleuchtung,
- Indirektbeleuchtung,
- Direkt-/Indirektbeleuchtung.

7.3.2 Direktbeleuchtung

Bei Direktbeleuchtung wird der Lichtstrom der Leuchten direkt auf die Arbeitsflächen gelenkt und dadurch eine hohe Wirtschaftlichkeit erzielt.

Eine Begrenzung der Reflexblendung auf den Arbeitsmitteln kann erreicht werden, wenn die Leuchten seitlich über den Arbeitsplätzen angeordnet werden (langgestreckte Leuchten parallel zur Blickrichtung) oder wenn Leuchten mit — in Richtung zur Arbeitsfläche — geringer Leuchtdichte der leuchtenden Fläche eingesetzt werden. Es sollte darauf geachtet werden, dass die Arbeitsmittel und Arbeitsflächen matte Oberflächen haben (siehe Tabelle 2).

Der Einsatz von Leuchten mit tief strahlender Lichtstärkeverteilung bzw. von unten offenen Leuchten mit direktem Blick auf Lampen und/ oder deren Spiegelbilder kann führen zu

- Reflexblendung auf den Arbeitsmitteln,
- zu starker und harter Schattenbildung,
- unausgewogenem Verhältnis von vertikaler zu horizontaler Beleuchtungsstärke,
- zu hohen Beleuchtungsstärken auf Augenbrauen, Nase und Wangen („Lichtdruck"),
- Problemen bei Brillenträgern.

7.3.3 Indirektbeleuchtung

Bei Indirektbeleuchtung wird der Lichtstrom der Leuchten über Reflexion an der Decke, den Wänden oder anderen Reflexionsflächen in den Raum gelenkt. Die Wirksamkeit dieser Beleuchtungsart hängt in starkem Maße von den Reflexionseigenschaften der reflektierenden Flächen ab.

Die Lichtstärkeverteilung der Leuchten muss breitstrahlend sein, um

- eine gute Gleichmäßigkeit der Deckenleuchtdichte zu erzielen,
- Leuchtdichten an den Reflexionsflächen (wie z. B. der Decke), die sich im Bildschirm spiegeln können, gering zu halten.

Die Reflexionsflächen sollten Glanzgrade nach Tabelle 2 aufweisen.

Die Anordnung der Arbeitsplätze kann bei dieser Beleuchtungsart weitgehend unabhängig von der Anordnung der Leuchten gewählt werden, da bei Berücksichtigung der genannten Bedingungen die Reflexblendung an den Arbeitsmitteln relativ gering ist.

Bei Indirektbeleuchtung entsteht im Allgemeinen

- eine diffuse und schattenarme Lichtatmosphäre, die zu einem monotonen Raumeindruck führen kann,
- aufgrund zu hoher Deckenleuchtdichte ein ungünstiges Verhältnis zwischen der Leuchtdichte von Arbeitsgut sowie Arbeitsmitteln und der Leuchtdichte der Raumdecke.

ANMERKUNG Bei Indirektbeleuchtung muss mit kürzeren Wartungszyklen gerechnet werden, da die Verschmutzung der Leuchten sowie der Reflexionsflächen zu einem stärkeren Lichtstromabfall führen kann.

7.3.4 Direkt-/Indirektbeleuchtung

Bei Direkt-/Indirektbeleuchtung wird der Lichtstrom sowohl direkt als auch indirekt auf die Arbeitsflächen und in den Raum gelenkt, es ergeben sich im Allgemeinen angenehme Deckenleuchtdichten.

Grundsätzlich gelten die gleichen Kriterien wie bei Direkt- bzw. Indirektbeleuchtung, wobei sich bei optimaler Ausführung die Vorteile ergänzen und die Nachteile wesentlich verringern können.

Direkt-/Indirektbeleuchtung bietet eine größere Unabhängigkeit bezüglich der Anordnung der Arbeitsplätze als Direktbeleuchtung, da der direkt strahlende Anteil verringert ist. Dadurch ist die Gefahr von Reflexblendung ebenfalls reduziert.

Direkt-/Indirektbeleuchtung bewirkt durch ihr besseres Verhältnis von gerichtetem zu diffusem Licht bessere Leuchtdichteverhältnisse sowie eine angenehmere Schattigkeit als Direkt- bzw. Indirektbeleuchtung.

8 Beleuchtung einzelner Bildschirmarbeitsplätze

In Arbeitsräumen, die primär nicht für Bildschirmarbeit ausgelegt sind, z. B. in Schalterhallen, im Fertigungs- und Lagerbereich sowie in ähnlichen Arbeitsstätten, kann es neben den Arbeitsplätzen, an denen nicht am Bildschirm gearbeitet wird, auch einzelne Bildschirmarbeitsplätze geben. In solchen Arbeitsstätten ist es nicht zweckmäßig, die Beleuchtung des gesamten Raumes auf die lichttechnischen Anforderungen und Empfehlungen für Bildschirmarbeitsplätze auszulegen.

Zur ergänzenden Beleuchtung einzelner Bildschirmarbeitsplätze eignen sich auch Arbeitsplatzleuchten.

In Bezug auf die Begrenzung von Direkt- und Reflexblendung werden zweckmäßigerweise arbeitsplatzbezogene Maßnahmen gewählt wie

— Abschirmungen,

— Stellwände,

— Deckenelemente,

— Lichtsegel.

Bei der Auswahl dieser Maßnahmen ist darauf zu achten, dass die zulässigen Leuchtdichtewerte nach 5.5.2 eingehalten werden sollten. Die Spiegelung leuchtender Flächen von Leuchten mit Lampen sehr hoher Leuchtdichte am Bildschirm — wie sie z. B. bei der Beleuchtung durch Leuchten mit Hochdruckgasentladungslampen auftreten kann — ist besonders störend und sollte vermieden werden, z. B. durch die o. a. Maßnahmen.

9 Steuerung von Beleuchtungsanlagen

9.1 Allgemeines

Eine an die Erfordernisse des Nutzers angepasste Beleuchtung führt zu Wohlbefinden, einer höheren Konzentrationsfähigkeit, einer höheren Leistungsbereitschaft und damit zu einem gesteigerten Leistungsvermögen. Durch die Kombination unterschiedlicher Beleuchtungsarten sowie durch die Möglichkeit, deren Funktionen zu steuern bzw. zu regeln, können optimale Beleuchtungsbedingungen auch für verschiedene Arbeitsituationen und Tätigkeiten geschaffen werden.

9.2 Dimmen von Beleuchtungsanlagen

Bei der Darstellung der Bildschirminformation mit negativer Bildschirmpolarität und/oder mit geringen Kontrasten, wie sie z. B. auftreten können

— bei CAD-Arbeit,

— bei der Bearbeitung eingescannter Belege,

— beim Steuern und Überwachen von Anlagen,

— bei ausschließlichem Beobachten von Laufbildern

kann es zweckmäßig sein, im Arbeitsbereich Bildschirmarbeit je nach Bedarf die mittlere horizontale Beleuchtungsstärke bis auf einen Mindestwert von 200 Lux herab zu steuern und die mittlere Leuchtdichte von Leuchten und Decken zu reduzieren. Dies sollte jedoch nicht dazu führen, dass die Beleuchtungssituation an anderen Arbeitsplätzen unzulässig beeinträchtigt wird. Für gelegentlich auftretende sonstige Sehaufgaben sollte gegebenenfalls eine Arbeitsplatzleuchte vorgesehen werden.

9.3 Lichtmanagement

Die tageslichtabhängige Steuerung der künstlichen Beleuchtung sollte gegebenenfalls im Zusammenspiel mit der Steuerung von Lichtschutzvorrichtungen eine Beleuchtung nach den Empfehlungen dieser Norm sicherstellen. Soll eine Anpassung an verschiedene Arbeitssituationen und Tätigkeiten möglich sein, müssen die Leuchtensysteme steuer- bzw. regelbar sein. Übergeordnete Steuerungsfunktionen (z. B. zentrales Ein-/Ausschalten) können mit Gebäudemanagementsystemen realisiert werden. Generell sollte beachtet werden, dass automatische Steuerungsfunktionen auch durch den Nutzer individuell beeinflussbar sein sollen.

Wenn keine Steuerungssysteme vorhanden sind, sollte das Zu- und Abschalten einzelner Leuchten bzw. Leuchtengruppen durch Ein-/Ausschalter möglich sein.

10 Planung der Beleuchtung

10.1 Berücksichtigung des Tageslichts

Die lichttechnische Gestaltung von Räumen mit Bildschirmarbeitsplätzen sollte nicht nur die künstliche Beleuchtung, sondern grundsätzlich auch das Tageslicht berücksichtigen. Angestrebt werden sollte im Rahmen der natürlichen Gegebenheiten eine

— ausschließliche Nutzung von Tageslicht oder wenigstens

— eine Kombination von Tageslicht und künstlichem Licht.

Wesentlich höhere Beleuchtungsstärken als in dieser Norm angegeben, können positiven Einfluss auf das subjektive Wohlbefinden hervorrufen. Bei der Anordnung von Arbeitsplätzen in Fensternähe können solche Beleuchtungsniveaus erreicht werden. Dies kann jedoch bei der Arbeit am Bildschirm zu Beeinträchtigungen der Sichtbarkeit der Bildschirminformation führen.

ANMERKUNG 1 Nach der Arbeitsstättenverordnung müssen Arbeitsräume grundsätzlich eine Sichtverbindung nach außen haben.

ANMERKUNG 2 Nach der Bildschirmarbeitsverordnung müssen Fenster in Räumen mit Bildschirmarbeitsplätzen mit einer geeigneten, verstellbaren Lichtschutzvorrichtung ausgestattet sein (siehe auch 5.3.4 und 5.4.2).

10.2 Planung der künstlichen Beleuchtung

Aufgabe der Planung der künstlichen Beleuchtung ist die sachgerechte Auswahl, Kombination und Dimensionierung von Beleuchtungskonzepten (siehe 7.2), Beleuchtungsarten (siehe 7.3) und Leuchtensystemen unter Berücksichtigung der in 10.3 angeführten Kriterien.

Bei der Planung der künstlichen Beleuchtung sollten eine Reihe grundlegender Kriterien berücksichtigt werden, um eine ergonomisch richtige, ästhetisch befriedigende und akzeptanzfindende Beleuchtung zu erreichen, die die Gütemerkmale der Beleuchtung nach Abschnitt 5 erfüllt. Darüber hinaus sollten auch architektonische und ökonomische Kriterien in geeignetem Maße berücksichtigt werden.

Für die Beleuchtung von Räumen mit Bildschirmarbeitsplätzen können im Wesentlichen die drei prinzipiell unterschiedlichen Beleuchtungskonzepte herangezogen werden. Diese führen bei richtiger Gestaltung und Nutzung zu guten Beleuchtungsbedingungen. Die Wahl des Beleuchtungskonzeptes ist abhängig von den Anforderungen der Arbeitsorganisation in den betreffenden Arbeitsräumen und von der architektonischen Gestaltung des Raumes.

Zur Realisierung der Beleuchtungskonzepte können die unterschiedlichen Beleuchtungsarten verwendet werden, die nach architektonischen und ästhetischen Kriterien ausgewählt werden.

Für die künstliche Beleuchtung stehen Leuchtensysteme zur Verfügung, die sich durch unterschiedliche Eigenschaften und Eignungen auszeichnen. Je nachdem vereinbarten Planungsziel ergeben sich Lösungen, die sich in Beleuchtungskonzept und Beleuchtungsart unterscheiden.

10.3 Allgemeine Kriterien

Die Planung und Auswahl der Beleuchtung sollte insbesondere unter Berücksichtigung der lichttechnischen Gütemerkmale (siehe Abschnitt 5) und den folgenden Kriterien durchgeführt werden:

- Tätigkeits- und Organisationsmerkmale
  - Arbeitsaufgaben: z. B. CAD, Sachbearbeitung, Sekretariat, Medien,
  - Organisationsformen: z. B. Schichtarbeit, Teamarbeit.
- Raumeigenschaften
  - Art des Raumes und der Tätigkeit: z. B. Einpersonenbüro, Kombibüro, nonterritoriale Bürokonzepte,
  - Raumabmessungen,
  - Reflexionsgrade der Raumbegrenzungsflächen.
- Arbeitsplatzeigenschaften
  - Art und Anordnung der Arbeitsplätze bzw. Arbeitsbereiche,
  - Reflexionsgrade der Möblierung.
- Geräteeigenschaften
  - Art, Merkmale: z. B. Bildschirmklasse, Bildschirmpolarität, Neigung, Größe, Technik
  - Anordnung der Bildschirme.

- Lichtqualitätsmerkmale
  - Beeinträchtigungsfreiheit bei der Durchführung der Arbeit,
  - Erfüllung emotionaler Bedürfnisse: z. B. nach Privatheit, Kommunikation,
  - Harmonische Gestaltung der Umgebung: z. B. durch Design der Beleuchtungsanlage,
  - Zufriedenstellung der Nutzer: z. B. Akzeptanz,
  - Zufriedenstellung des Betreibers: z. B. Corporate Identity, ordnungsgemäßer Betrieb.
- Ökonomische und ökologische Bedingungen
  - Gleichzeitige Nutzung von Tageslicht und künstlicher Beleuchtung,
  - Einsatz wirtschaftlicher Leuchtensysteme,
  - Lichtmanagement,
  - Instandhaltung.
- Biologische und psychologische Kriterien
  - Ausreichende Nutzung des Tageslichtes,
  - Ausreichende Sichtverbindung nach außen,
  - Dynamisches Licht: z. B. Variation der Beleuchtungsstärke, Lichtverteilung und Lichtfarbe,
  - Individuelle Einflussnahme,
  - Vermittlung von Wohlbefinden.

ANMERKUNG Im Sinne eines ganzheitlichen Ansatzes sollte die Entsorgung bzw. die Wiederverwertbarkeit von Lampen und Leuchten in die Planung einbezogen werden.

11 Planungswerte für Räume mit Bildschirmarbeitsplätzen

11.1 Empfohlene Werte und Hinweise zu den lichttechnischen Gütemerkmalen für Räume mit Bildschirmarbeitsplätzen

Die empfohlenen Werte für den Wartungswert und für die Gleichmäßigkeit der mittleren horizontalen, zylindrischen und vertikalen Beleuchtungsstärken, für die Begrenzung der Direktblendung und für die Begrenzung der Reflexblendung auf dem Bildschirm sowie Anmerkungen und Hinweise sind in den Tabellen 5 bis 8 nach der Art des Raumes bzw. der Tätigkeit, sowie nach den unterschiedlichen Beleuchtungskonzepten sowie Arbeitsbereichen geordnet und sollten der Planung und Bewertung einer Beleuchtungsanlage zugrunde gelegt werden.

Ist der aktuelle Anwendungsfall nicht aufgeführt, sollten die empfohlenen Werte für einen ähnlichen, vergleichbaren Anwendungsfall sinngemäß verwendet werden.

In Räumen mit Bildschirmarbeitsplätzen sollen Lampen mit einem Allgemeinen Farbwiedergabe-Index $R_a \geq 80$ eingesetzt werden. Die Lichtfarbe sollte warmweiß oder neutralweiß sein.

Tabelle 5 — Empfohlene Werte der beleuchtungstechnischen Gütekriterien und Hinweise für Räume mit Bildschirmarbeitsplätzen; Raumbezogene Beleuchtung

1	2	3	4						5	6
Art des Raumes bzw. der Tätigkeit	Beleuchtungs-konzept	Arbeitsbereich/ Umgebungsbereich	Horizontale Beleuchtungsstärke		Zylindrische Beleuchtungsstärke		Vertikale Beleuchtungsstärke auf Schrank- und Regalflächen		Begrenzung der Direktblendung	Anmerkungen und Hinweise
			$\bar{E}_{h,m}$ lx	g_1	$\bar{E}_{z,m}$ lx	g_1	$\bar{E}_{v,m}$ lx	g_1	UGR-Wert	
Büroräume und büroähnliche Räume DV-Schulungs-räume	Raumbezogene Beleuchtung	Grundfläche des Raumes, siehe 7.2.1	500	0,60	175 $\bar{E}_{z,m} = 0{,}33 \times \bar{E}_{h,m}$	0,50	—	—	19	Es sollten an jedem Bildschirmarbeitsplatz die Empfehlungen der arbeitsbereichsbezogenen Beleuchtung für den Bereich Bildschirmarbeit beachtet werden. CAD-Arbeitsplätze und DV-Schulungsräume siehe auch 9.2
		Lesetätigkeiten an Schrank- und Regalflächen	—	—	—	—	175	0,50	19	Begrenzung der Direktblendung: Blick in Richtung auf Schrank-/Regalflächen CAD-Arbeitsplätze und DV-Schulungsräume siehe auch 9.2

ANMERKUNG Die Empfehlungen in dieser Tabelle unterscheiden sich nicht für kleine und große Büroräume, da die Sehaufgaben unabhängig von der Raumgröße sind.

Tabelle 6 — Empfohlene Werte der beleuchtungstechnischen Gütekriterien und Hinweise für Räume mit Bildschirmarbeitsplätzen; Arbeitsbereichsbezogene Beleuchtung

1	2	3	4		5		6			
Art des Raumes bzw. der Tätigkeit	Beleuchtungs- konzept	Arbeitsbereich/ Umgebungsbereich	Horizontale Beleuchtungsstärke		Zylindrische Beleuchtungsstärke		Vertikale Beleuchtungsstärke auf Schrank- und Regalflächen		Begrenzung der Direktblendung	Anmerkungen und Hinweise
			$\bar{E}_{h,m}$ lx	g_1	$\bar{E}_{z,m}$ lx	g_1	$\bar{E}_{v,m}$ lx	g_1	UGR-Wert	
Büroräume und büroähnliche Räume	Arbeitsbereichs- bezogene Beleuchtung	Bildschirmarbeit	500	$E_{min} \geq 300$ lx, jedoch nicht auf der Arbeitsfläche	175 $\bar{E}_{z,m} = 0,33 \times \bar{E}_{h,m}$	0,50	—	—	19	CAD-Arbeitsplätze siehe auch 9.2 UGR: Individuelle Berechnung für jeden Nutzer
		Besprechung	500	$E_{min} \geq 300$ lx, jedoch nicht auf der Tischfläche	175 $\bar{E}_{z,m} = 0,33 \times \bar{E}_{h,m}$	0,50	—	—	19	UGR: Individuelle Berechnung für jeden Nutzer
		Lesetätigkeiten an Schrank- und Regalflächen	—	—	—	—	175	0,50	19	Begrenzung der Direktblendung: Blick in Richtung auf Schrank-/Regalflächen CAD-Arbeitsplätze siehe auch 9.2
		Umgebung	300	0,50	100 $\bar{E}_{z,m} = 0,33 \times \bar{E}_{h,m}$	0,50	—	—	19	

Tabelle 7 — Empfohlene Werte der beleuchtungstechnischen Gütekriterien und Hinweise für Räume mit Bildschirmarbeitsplätzen; Teilflächenbezogene Beleuchtung

1	2	3	4						5	6
Art des Raumes bzw. der Tätigkeit	Beleuchtungs-konzept	Arbeitsbereich/ Umgebungsbereich	Horizontale Beleuchtungsstärke		Zylindrische Beleuchtungsstärke		Vertikale Beleuchtungsstärke auf Schrank- und Regalflächen		Begrenzung der Direktblendung	Anmerkungen und Hinweise
			$\bar{E}_{h,m}$ lx	g_1	$\bar{E}_{z,m}$ lx	g_1	$\bar{E}_{v,m}$ lx	g_1	UGR-Wert	
Büroräume und büroähnliche Räume	Teilflächen-bezogene Beleuchtung	Teilfläche für bestimmte Sehaufgaben mindestens 600 mm × 600 mm	750	0,70	—	—	—	—	—	Begrenzung der Direktblendung siehe DIN 5035-8
		Arbeitsbereich Bildschirmarbeit inklusive Teilfläche	—	$E_{min} \geq 300$ lx, jedoch nicht auf der Arbeitsfläche	175 $\bar{E}_{z,m} = 0{,}33 \times \bar{E}_{h,n}$	0,50	—	—	19	UGR: Individuelle Berechnung für jeden Nutzer
		Besprechung	500	$E_{min} \geq 300$ lx, jedoch nicht auf der Tischfläche	175 $\bar{E}_{z,m} = 0{,}33 \times \bar{E}_{h,m}$	0,50	—	—	19	UGR: Individuelle Berechnung für jeden Nutzer
		Lesetätigkeiten an Schrank- und Regalflächen	—	—	—	—	175	0,50	19	Begrenzung der Direktblendung: Blick in Richtung auf Schrank-/Regalflächen
		Umgebung	300	0,50	100 $\bar{E}_{z,m} = 0{,}33 \times \bar{E}_{r,m}$	0,50	—	—	19	

Tabelle 8 — Empfohlene Werte der beleuchtungstechnischen Gütekriterien und Hinweise für Räume mit Bildschirmarbeitsplätzen; Einzelne Bildschirmarbeitsplätze, Messstände, Steuerbühnen, Warten

1	2	3	4						5	6
Art des Raumes bzw. der Tätigkeit	Beleuchtungs-konzept	Arbeitsbereich/ Umgebungsbereich	Horizontale Beleuchtungsstärke		Zylindrische Beleuchtungsstärke		Vertikale Beleuchtungsstärke auf Schrank- und Regalflächen		Begrenzung der Direktblendung	Anmerkungen und Hinweise
			$\bar{E}_{h,m}$ lx	g_1	$\bar{E}_{z,m}$ lx	g_1	$\bar{E}_{v,m}$ lx	g_1	UGR-Wert	
Einzelne Bildschirmar-beitsplätze	Arbeitsbe-reichsbezogene Beleuchtung	Bildschirmarbeit	500	$E_{min} \geq 300$ lx, jedoch nicht auf der Arbeitsfläche	—	—	—	—	—	Zur Begrenzung der Direkt- und Reflexblendung siehe 5.4 und 5.5
	Teilflächenbe-zogene Beleuchtung	Teilfläche für bestimmte Sehaufgaben mindestens 600 mm × 600 mm	750	0,70	—	—	—	—	—	Zur Begrenzung der Direkt- und Reflexblendung siehe 5.4 und 5.5 Begrenzung der Direktblendung von Arbeitsplatzleuchten siehe DIN 5035-8
		Arbeitsbereich Bildschirmarbeit inklusive Teilfläche	—	$E_{min} \geq 300$ lx, jedoch nicht auf der Arbeitsfläche	—	—	—	—	—	Zur Begrenzung der Direkt- und Reflexblendung siehe 5.4 und 5.5
Messstände, Steuerbühnen, Warten	Raumbezogene Beleuchtung	Grundfläche des Raumes, siehe 7.2.1	500	0,70	—	—	—	—	16	siehe auch 9.2
	Arbeitsbe-reichsbezogene Beleuchtung	Bildschirmarbeit	500	$E_{min} \geq 300$ lx, jedoch nicht auf der Arbeitsfläche	—	—	—	—	16	siehe auch 9.2

11.2 Wartungsfaktor

Durch den Einsatz fortschrittlicher Lampen-, Betriebsgeräte- und Lampentechnologien sowie durch die Wahl zweckmäßiger Reflexionsgrade der Raumbegrenzungsflächen und der Möblierung kann der Planer die Beleuchtungsanlage hinsichtlich des Wartungsfaktors, der Wartungsintervalle und damit auch die Investitions- und Betriebskosten optimieren.

Bei Fehlen von relevanten Daten (siehe 3.12) oder für eine überschlägige Projektierung können die in der Tabelle 9 empfohlenen Referenzwerte [4] angesetzt werden.

Tabelle 9 — Empfohlene Referenzwerte für den Wartungsfaktor (bei Fehlen von relevanten Daten oder für eine überschlägige Projektierung)

Wartungsfaktor	Anwendungsbeispiel
0,67	Büro Saubere Raumatmosphäre
0,50	Andere Arbeitsstätten in Innenräumen Starke Verschmutzung
Basis: 3-jährige Wartungsintervalle und Einsatz fortschrittlicher Lampen-, Betriebsgeräte- und Lampentechnologien	

Anhang A
(informativ)

Erläuterungen

Im Folgenden werden die neu eingeführten Begriffe erläutert, die bei der Erstellung der neuen Ausgabe der Norm DIN 5035-7 Diskussionsschwerpunkte darstellten.

A.1 Arbeitsbereich

Für die Unterstützung neuer Arbeitsorganisationen und Arbeitsformen im Bürobereich und neuer Ansätze in der Beleuchtung ist es sinnvoll, Büroräume in Arbeitsbereiche zu unterteilen, wobei unter dem Arbeitsbereich der räumliche Bereich verstanden wird, in dem die jeweilige Arbeitsaufgabe verrichtet wird. Arbeitsbereiche sind z. B.

— Arbeitsbereich Bildschirmarbeit,

— Arbeitsbereich Besprechung,

— Arbeitsbereich Lesetätigkeit an Schrank- und Regalflächen.

Die Arbeitsbereiche umfassen in der Regel mehrere Bereiche von Sehaufgaben nach DIN EN 12464-1. Die örtliche Lage dieser Bereiche ist innerhalb eines Arbeitsbereiches in der Regel unterschiedlich und kann sich verändern.

Der Arbeitsbereich Bildschirmarbeit umfasst z. B. die Bereiche für folgende Sehaufgaben:

- Informationsaufnahme vom Bildschirm,
- Bedienen der Eingabemittel,
- übliche Schreib- und Lesetätigkeit
- visuelle Kommunikation,
- Informationsaufnahme und das Bedienen von weiteren Arbeitsmitteln, wie Telefon, Drucker u. a.

Der Arbeitsbereich Bildschirmarbeit setzt sich daher im Bürobereich nach DIN 4543-1 aus folgenden Flächen zusammen:

- Arbeitsflächen und
- Benutzerflächen

Der Arbeitsbereich Besprechung umfasst z. B. die Bereiche für folgende Sehaufgaben:

- visuelle Kommunikation,
- Informationsaufnahme von Besprechungsunterlagen,
- übliche Schreib- und Lesetätigkeit,
- gegebenenfalls die Informationsaufnahme und Eingabe am Notebook oder an anderen Geräten.

Der Arbeitsbereich Besprechung setzt sich daher im Bürobereich nach DIN 4543-1 aus folgenden Flächen zusammen:

— Tischfläche (Arbeitsfläche) und

— Benutzerfläche.

Der Arbeitsbereich Lesetätigkeit an Schrank- und Regalflächen umfasst z. B. die Bereiche für folgende Sehaufgaben:

- Erkennen von Beschriftungen,
- kurzzeitiges Lesen

Der Arbeitsbereich Lesetätigkeit an Schrank- und Regalflächen setzt sich daher zusammen aus:

— vertikalen Flächen an Schränken und Regalen von 0,50 m bis 2,00 m über dem Boden

Arbeitsflächen werden in der DIN 4543-1 als Flächen von Arbeitstischen und angrenzenden Flächen in Arbeitstischhöhe definiert. Dies sind in der Regel die Schreibtischflächen, bei Tischkombinationen zusätzlich die Flächen von dazugehörigen Verkettungselementen oder Beistellcontainern. Um die notwendigen Arbeitsmittel ergonomisch auf dem Arbeitstisch anordnen zu können, hat nach DIN 4543-1 die Arbeitsfläche grundsätzlich eine Breite von 1 600 mm und eine Tiefe von mindestens 800 mm. Werden für Tätigkeiten nur wenige Arbeitsmittel benötigt, z. B. bei ausschließlicher Tätigkeit am Bildschirm ohne Papiervorlagen, kann die Arbeitsfläche nach DIN 4543-1 bis auf eine Mindestbreite von 1 200 mm verringert werden. Schreibtische mit solch geringen Abmessungen von Arbeitsflächen werden häufig in Call-Centern eingesetzt.

Benutzerflächen schließen sich an die Arbeitsflächen an, auf diesen stehen die Arbeitsstühle. Die Benutzerfläche sollte ausreichend bemessen sein, um die natürlichen Bewegungsabläufe des Menschen nicht zu behindern, um für wechselnde Körperhaltungen (Sitzen und Stehen) angemessenen Platz zu bieten und um das dynamische Sitzen zu ermöglichen. Nach DIN 4543-1 beträgt die Tiefe der Benutzerfläche für den Arbeitsplatz mindestens 1 000 mm sowie für Besprechungs- und Besucherplätze mindestens 800 mm.

Dynamisches Sitzen, d. h. der Wechsel zwischen vorgeneigter, mittlerer und zurückgeneigter Sitzposition ist typisch für die Arbeitshaltung eines Nutzers am Bildschirmarbeitsplatz. Auch in der zurückgeneigten Sitzposition, wobei der Stuhl häufig etwas zurückgerollt wird, wird gelesen. Diese Sitzhaltung wird oft auch dann eingenommen, wenn der Nutzer sich an seinem Arbeitsplatz mit anderen unterhält.

Das Sitzen auf dem vom Tisch abgerückten Stuhl ist auch für den Arbeitsbereich Besprechung ein wesentliches Merkmal.

Aus diesen Gründen umfassen die Arbeitsbereiche Bildschirmarbeit und Besprechung im Bürobereich die Arbeits- und die Benutzerflächen, die daher auch entsprechend beleuchtet werden sollten. Für die visuelle Kommunikation ist es wichtig, gerade im Bereich der Benutzerfläche durch ausreichende zylindrische Beleuchtungsstärken eine gute Aufhellung der Gesichter zu erzielen.

A.2 Wartungswert der Beleuchtungsstärke

Die Einführung des Wartungswertes der Beleuchtungsstärken erfolgte im Konsens mit den europäischen Normungsaktivitäten.

A.3 Zylindrische Beleuchtungsstärke

Die zylindrische Beleuchtungsstärke wurde eingeführt, um einerseits eine gute visuelle Kommunikation zwischen den einzelnen Mitarbeitern zu ermöglichen — Kriterium ist gute Erkennbarkeit des Gesichtes — und andererseits eine angenehme Helligkeit vertikaler Flächen und somit eine angenehme Raumhelligkeit zu erreichen.

Durch die Einführung der zylindrischen Beleuchtungsstärke ist es nicht mehr erforderlich, für Großraumbüros höhere horizontale Beleuchtungsstärken zu fordern.

Literaturhinweise

DIN 4543-1, *Büroarbeitsplätze — Teil 1: Flächen für die Aufstellung und Benutzung von Büromöbeln; Sicherheitstechnische Anforderungen, Prüfung.*

DIN 5035-6, *Beleuchtung mit künstlichem Licht — Teil 6: Messung und Bewertung.*

DIN 5035-8, *Beleuchtung mit künstlichem Licht — Teil 8: Spezielle Anforderungen zur Einzelplatzbeleuchtung in Büroräumen und büroähnlichen Räumen.*

DIN EN 29241-3:1993-08, *Ergonomische Anforderungen für Bürotätigkeiten mit Bildschirmgeräten — Teil 3: Anforderungen an visuelle Anzeigen (ISO 9241-3:1992); Deutsche Fassung EN 29241-3:1993.*

DIN EN ISO 9241-5, *Ergonomische Anforderungen für Bürotätigkeiten mit Bildschirmgeräten — Teil 5: Anforderungen an Arbeitsplatzgestaltung und Körperhaltung (ISO 9241-5:1998); Deutsche Fassung EN ISO 9241-5:1999.*

DIN EN ISO 9241-6:2001-03, *Ergonomische Anforderungen für Bürotätigkeiten mit Bildschirmgeräten — Teil 6: Leitsätze für die Arbeitsumgebung (ISO 9241-6:1999); Deutsche Fassung EN ISO 9241-6:1999.*

IEC 60050-845 / CIE 17.4, *Internationales elektrotechnisches Wörterbuch — Kapitel 845: Beleuchtung.*

VDI 6011 Blatt 1, *Optimierung von Tageslichtnutzung und künstlicher Beleuchtung — Grundlagen.*

BGI 650 (SP 2.1), *Bildschirm- und Büroarbeitsplätze — Leitfaden für die Gestaltung.* [1)]

BGI 827 (SP 2.5), *Sonnenschutz im Büro — Hilfen für die Auswahl von geeigneten Blend- und Wärmeschutzvorrichtungen an Bildschirm- und Büroarbeitsplätzen.* [1)]

BGI 856 (SP 2.4), *Beleuchtung im Büro — Hilfen für die Planung von Beleuchtungsanlagen von Räumen mit Bildschirm- und Büroarbeitsplätzen.* [1)]

Berufsgenossenschaftliche Information der Verwaltungs-Berufsgenossenschaft „Flächennutzung im Büro — Beispiele verschiedener Arbeitsplätze" (SP2.6/2).

[1] LiTG-Publikation 20:2003 *Das UGR-Verfahren zur Bewertung der Direktblendung der künstlichen Beleuchtung in Innenräumen.* [2)]

[2] Range, H. D., Thiekötter, F. W. — Lichtforschung 1 (1979) Heft 1 „Begrenzung der Direktblendung bei leuchtenden Decken".

[3] LiTG-Publikation Nr. 13 (1991) *Der Kontrastwiedergabefaktor CRF — ein Gütemerkmal der Innenbeleuchtung.* [2)]

[4] Gall, D., Vandahl, C., Greiner Mai, U., Wolf, S., Helm, H.-P. — Schriftenreihe der Bundesanstalt für Arbeitsschutz (FB 753) *Einzelplatzbeleuchtung und Allgemeinbeleuchtung am Arbeitsplatz.*

[5] Stockmar, A., LICHT 6/2003; „Theorie und Praxis des Wartungsfaktors — Erläuterungen zum Konzept des Wartungsfaktors in DIN EN 12464-1".

Bildschirmarbeitsverordnung: Verordnung über Sicherheit und Gesundheitsschutz bei der Arbeit an Bildschirmgeräten (BildscharbV), BGBl I, 1996, Nr. 63, S. 1841–1845. [3)]

Arbeitsstättenverordnung: Verordnung über Arbeitsstätten (ArbStättV), BGBl I, 1975, Nr. 32, S. 729–742. [3)]

---

1) Bezugsquelle: Carl Heymanns Verlag KG, Luxemburger Str. 449, 50939 Köln

2) Bezugsquelle: Deutsche Lichttechnische Gesellschaft e.V., Burggrafenstr. 6, 10787 Berlin

3) Nachgewiesen in der DITR-Datenbank der DIN Software GmbH, zu beziehen bei: Beuth Verlag GmbH, 10772 Berlin (Hausanschrift: Burggrafenstr. 6, 10787 Berlin).

Juli 2007

DIN 5035-8

ICS 91.160.10

Ersatz für
DIN 5035-8:1994-05

Beleuchtung mit künstlichem Licht – Teil 8: Arbeitsplatzleuchten – Anforderungen, Empfehlungen und Prüfung

Artificial lighting –
Part 8: Workplace luminaries –
Requirements, recommendations and proofing

Éclairage par lumière artificielle –
Partie 8: Luminaires pour des lieux de travail –
Exigences, recommandations et essai

Gesamtumfang 21 Seiten

Normenausschuss Lichttechnik (FNL) im DIN
DKE Deutsche Kommission Elektrotechnik Elektronik Informationstechnik im DIN und VDE

Inhalt

Vorwort

Dieses Dokument wurde vom Arbeitskreis 4.8 "Leuchten am Arbeitsplatz" im NA 058-00-04 AA „Innenraumbeleuchtung mit künstlichem Licht“ des Normenausschusses Lichttechnik (NA 058) im DIN erarbeitet.

DIN 5035 *Beleuchtung mit künstlichem Licht* besteht aus:

— *Teil 2: Richtwerte für Arbeitsstätten in Innenräumen und im Freien*

— *Teil 3: Beleuchtung im Gesundheitswesen*

— *Teil 4: Spezielle Empfehlungen für die Beleuchtung von Unterrichtsstätten*

— *Teil 6: Messung und Bewertung*

— *Teil 7: Beleuchtung von Räumen mit Bildschirmarbeitsplätzen*

— *Teil 8: Arbeitsplatzleuchten — Anforderungen, Empfehlungen und Prüfung*

Zu der Normenreihe über Beleuchtung mit künstlichem Licht gehören die Europäischen Normen DIN EN 12464-1 (als Ersatz für DIN 5035-1, teilweiser Ersatz für DIN 5035-2, DIN 5035-3, DIN 5035-4 und DIN 5035-7), E DIN EN 12464-2 (vorgesehen als Ersatz für DIN 5035-2) und DIN EN 12665 (als Ersatz für DIN 5035-1).

Änderungen

Gegenüber DIN 5035-8:1994-05 wurden folgende Änderungen vorgenommen:

a) Der Titel der Norm wurde geändert:

alt: Teil 8: Spezielle Anforderungen zur Einzelplatzbeleuchtung in Büroräumen und büroähnlichen Räumen

neu: Teil 8: Arbeitsplatzleuchten — Anforderungen, Empfehlungen und Prüfung

b) Die Norm wurde vollständig neu gefasst.

c) Die Norm ist jetzt eine reine Produktnorm und nicht mehr wie bisher eine Beleuchtungsnorm mit Produktfestlegungen.

d) Die Norm legt insbesondere lichttechnische Merkmale fest, berücksichtigt aber auch mechanische Merkmale, Merkmale zu Anzeigen und Bedienelemente bzw. Stellteile sowie thermische Gebrauchstauglichkeitsmerkmale in den informativen Anhängen.

e) Die Norm gilt für Arbeitsplatzleuchten beliebiger Art und Nutzung und nicht mehr nur für Büroarbeitsplätze, wobei allerdings bestimmte Leuchten wie z. B. medizinische Leuchten nicht als Arbeitsplatzleuchten im Sinne dieser Norm verstanden werden.

f) Ein wesentliches neues Merkmal der Norm sind die Anforderungen an die umfassende Dokumentation der Produktmerkmale im Hinblick auf eine zweckdienliche Planung der Beleuchtung (z. B. nach DIN EN 12464-1), Beschaffung und Nutzung.

Frühere Ausgaben

DIN 5035-8:1994-05

Einleitung

Die Norm DIN 5035-8:1994-05 legte spezielle, insbesondere lichttechnische Anforderungen an die Einzelplatzbeleuchtung fest, die über die Anforderungen an die Allgemeinbeleuchtung nach DIN 5035-1 hinausgingen. Sie bestimmte zudem die erforderlichen Angaben des Leuchtenherstellers für die Dokumentation.

Eine Neufassung der Norm ist notwendig geworden,

- da Arbeitsplatzleuchten auch in anderen Bereichen als dem Bürobereich eingesetzt werden und in diesen Bereichen andere Erfordernisse vorliegen können,

- da die Praxis gezeigt hat, dass es sinnvoll ist, betriebsbezogene und produktspezifische Festlegungen zu trennen,

- da eine Reihe von harmonisierten europäischen Sicherheitsnormen sowie von lichttechnischen Normen verabschiedet bzw. überarbeitet worden ist, die zu berücksichtigen ist.

Die Norm DIN 5035-8 legt die lichttechnischen und weiteren Angaben zu den Arbeitsplatzleuchten in der Dokumentation des Herstellers fest. Diese Angaben sind notwendig, damit eine sachkundige Planung für eine Beleuchtung mit einer Arbeitsplatzleuchte durchgeführt werden kann.

Weiterhin fasst diese Norm die für Arbeitsplatzleuchten relevanten Festlegungen in Bezug auf Sicherheit und Ergonomie aus harmonisierten europäischen Normen zusammen.

Sie gibt an, wie die Messungen zu den lichttechnischen Angaben durchzuführen bzw. wie die Einhaltung der Festlegungen zu überprüfen sind.

1 Anwendungsbereich

Dieses Dokument legt Produktmerkmale, ihre Prüfung und die Anforderungen an ihre Dokumentation fest mit dem Ziel einer für den Zweck geeigneten Beschaffung und einer optimalen Nutzung.

Die Norm gilt für Arbeitsplatzleuchten beliebiger Art und Nutzung, wobei allerdings bestimmte Leuchten wie z. B. medizinische Leuchten nicht als Arbeitsplatzleuchten im Sinne dieser Norm verstanden werden.

Für die Anwendung dieses Dokuments gelten die Sicherheitsanforderungen nach DIN EN 60598-1 (VDE 0711-1):2005-03 in Verbindung mit den besonderen Anforderungen an ortsveränderliche Leuchten für allgemeine Zwecke nach DIN EN 60598-2-4 (VDE 0711-2-4):1998-05 bzw. an ortsfeste Leuchten nach DIN VDE 0711-201 (VDE 0711-201):1991-09.

Dieses Dokument richtet sich primär an Leuchtenhersteller und Prüfstellen, kann aber auch hilfreich für interessierte Beschaffer sein.

2 Normative Verweisungen

Die folgenden zitierten Dokumente sind für die Anwendung dieses Dokuments erforderlich. Bei datierten Verweisungen gilt nur die in Bezug genommene Ausgabe. Bei undatierten Verweisungen gilt die letzte Ausgabe des in Bezug genommenen Dokuments (einschließlich aller Änderungen).

DIN 5035-6, *Beleuchtung mit künstlichem Licht — Teil 6: Messung und Bewertung*

DIN EN 12464-1:2003-03, *Licht und Beleuchtung — Beleuchtung von Arbeitsstätten — Teil 1: Arbeitsstätten in Innenräumen*

DIN EN 12665, *Licht und Beleuchtung — Grundlegende Begriffe und Kriterien für die Festlegung von Anforderungen an die Beleuchtung*

DIN EN 13032-1, *Licht und Beleuchtung — Messung und Darstellung photometrischer Daten von Lampen und Leuchten – Teil 1: Messung und Datenformat*

DIN EN 60073 (VDE 0199), *Grund- und Sicherheitsregeln für die Mensch-Maschine-Schnittstelle, Kennzeichnung — Codierungsgrundsätze für Anzeigengeräte und Bedienteile*

DIN EN 60598-1 (VDE 0711-1):2005-03, *Leuchten — Teil 1: Allgemeine Anforderungen und Prüfungen; Deutsche Fassung EN 60598-1:2004*

DIN EN ISO 6385:2004-05, *Grundsätze der Ergonomie für die Gestaltung von Arbeitssystemen (ISO 6385:2004); Deutsche Fassung EN ISO 6385:2004*

DIN EN ISO 13732-1, *Ergonomie der thermischen Umgebung — Bewertungsverfahren für menschliche Reaktionen bei Kontakt mit Oberflächen — Teil 1: Heiße Oberflächen*

DIN VDE 0711-201 (VDE 0711-201):1991-09, *Leuchten — Teil 2: Besondere Anforderungen — Hauptabschnitt 1: Ortsfeste Leuchten für allgemeine Zwecke (IEC 60598-2-1:1979 + A1:1987); Deutsche Fassung EN 60598-2-1:1989*

3 Begriffe

Für die Anwendung dieses Dokuments gelten die Begriffe nach DIN EN 12464-1 und DIN EN 12665 sowie die folgenden Begriffe.

3.1
Arbeitsplatzleuchte
Leuchte, die

— einem Arbeitsplatz zugeordnet ist;

— sich in unmittelbarer Umgebung des Nutzers befindet;

— individuell nutzbar ist;

— gegebenenfalls, und dann werkzeuglos, durch den Nutzer ein- und verstellbar ist.

ANMERKUNG 1 Eine Arbeitsplatzleuchte ist eine Leuchte, die als zusätzliche Beleuchtung oder als integraler Bestandteil eines Beleuchtungskonzepts für spezielle Anforderungen an Sehaufgaben eingesetzt wird.

ANMERKUNG 2 Eine Arbeitsplatzleuchte kann als ortsfeste Leuchte nach DIN VDE 0711-201 (VDE 0711-01):1991-09, z. B. als abgependelte Leuchte, oder als ortsveränderliche Leuchte nach DIN EN 60598-2-4 (VDE 0711-2-4):1998-05, z. B. als Stand- oder Tischleuchte, ausgeführt sein.

3.2
Arbeitsplatz
die Kombination und räumliche Anordnung der Arbeitsmittel innerhalb der Arbeitsumgebung unter den durch die Arbeitsaufgaben erforderlichen Bedingungen

[DIN EN ISO 6385:2004-05]

3.3
Abschirmwinkel
Winkel zwischen der horizontalen Ebene und der Blickrichtung, unter der die leuchtenden Teile der Lampen in der Leuchte gerade sichtbar sind

[DIN EN 12464-1:2003-03]

3.4
Referenzfläche
Fläche, für die der Hersteller bestimmte lichttechnische Produktmerkmale der Arbeitsplatzleuchte dokumentiert

3.5
Referenzposition
Position der Arbeitsplatzleuchte in Bezug auf die Referenzfläche, für die der Hersteller bestimmte lichttechnische Produktmerkmale der Arbeitsplatzleuchte dokumentiert

ANMERKUNG Die Referenzposition schließt den Ort und die Ausrichtung der Lichtaustrittsfläche ein.

3.6 Gleichmäßigkeiten der Beleuchtungsstärke

3.6.1
Gleichmäßigkeit g_2 der Beleuchtungsstärke

g_2
Verhältnis der kleinsten Beleuchtungsstärke E_{min} zur größten Beleuchtungsstärke E_{max} auf einer Fläche

ANMERKUNG Siehe auch Kommentar bei IEC 60050-845 bzw. CIE 17.4: 845-09-58:1987.

$$g_2 = \frac{E_{min}}{E_{max}} \quad (1)$$

3.6.2
Gleichmäßigkeit g_3 der Beleuchtungsstärke

g_3
Verhältnis der Standardabweichung s aller Einzelwerte der Beleuchtungsstärke E_i zur mittleren Beleuchtungsstärke $\overline{E}$ auf einer Fläche

$$g_3 = \frac{s}{\overline{E}} \quad (2)$$

$$\text{mit } s = \sqrt{\frac{1}{n-1}\sum_{i=1}^{n}\left(E_i - \overline{E}\right)^2} \quad (3)$$

Dabei ist

n Anzahl der Einzelwerte der Beleuchtungsstärke

E_i Einzelwert der Beleuchtungsstärke

i laufender Index von 1 bis n

$\overline{E}$ Mittelwert der Beleuchtungsstärke

ANMERKUNG Die Gleichmäßigkeit g_3 verhält sich entgegengesetzt zur Gleichmäßigkeit g_2. Niedrige g_3-Werte bedeuten hohe Gleichmäßigkeit und umgekehrt.

3.7 Verstellparameter an Arbeitsplatzleuchten

3.7.1
Neigungswinkel der Lichtaustrittsfläche

α
Winkel, um den die Lichtaustrittsfläche der Arbeitsplatzleuchte gegenüber der Horizontalen geneigt werden kann

ANMERKUNG Beispiele siehe Bild 1 a).

3.7.2
Schwenkwinkel der Lichtaustrittsfläche

β
Winkel, um den die Lichtaustrittsfläche der Arbeitsplatzleuchte um die Schwenkachse geschwenkt werden kann

ANMERKUNG Beispiel siehe Bild 1 b).

3.7.3
Drehwinkel der Lichtaustrittsfläche

γ

Winkel, um den die Lichtaustrittsfläche der Arbeitsplatzleuchte gegenüber der Vertikalen gedreht werden kann

ANMERKUNG Beispiele siehe Bild 1 c).

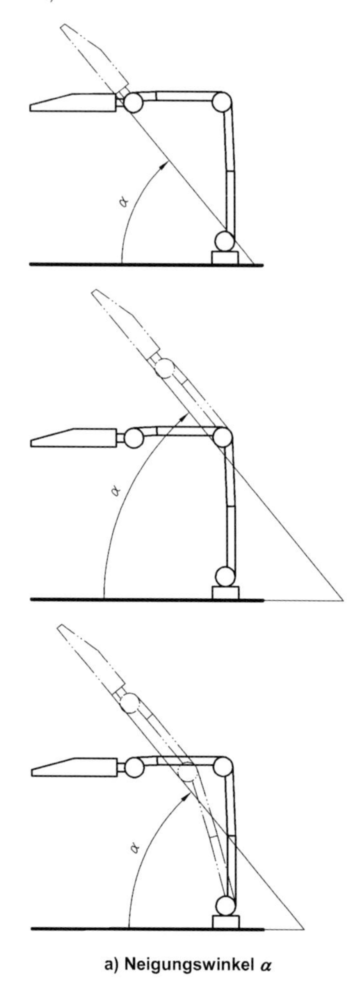

a) Neigungswinkel α

Bild 1 — Verstellparameter an Arbeitsplatzleuchten

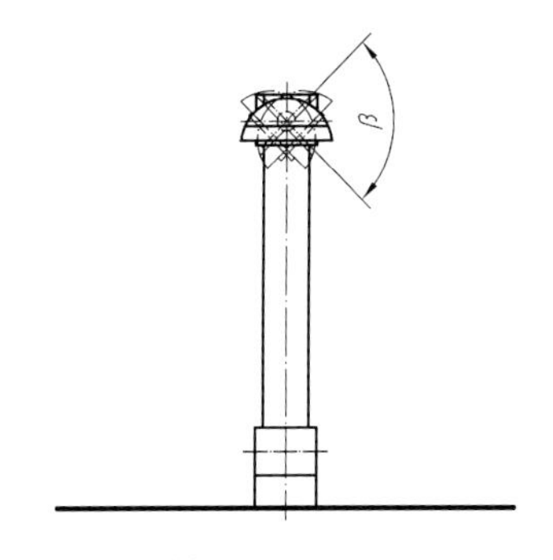

b) Schwenkwinkel β

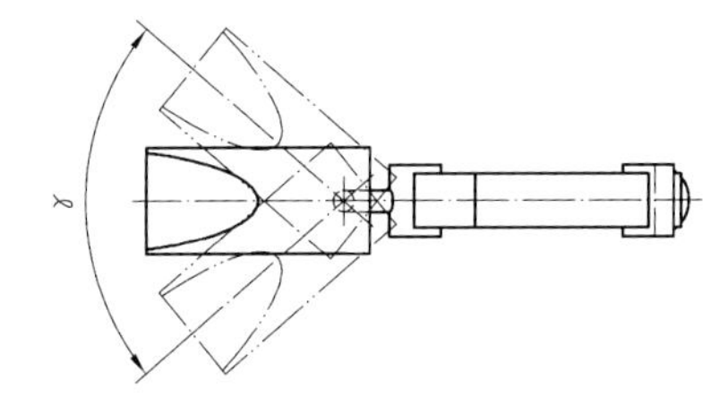

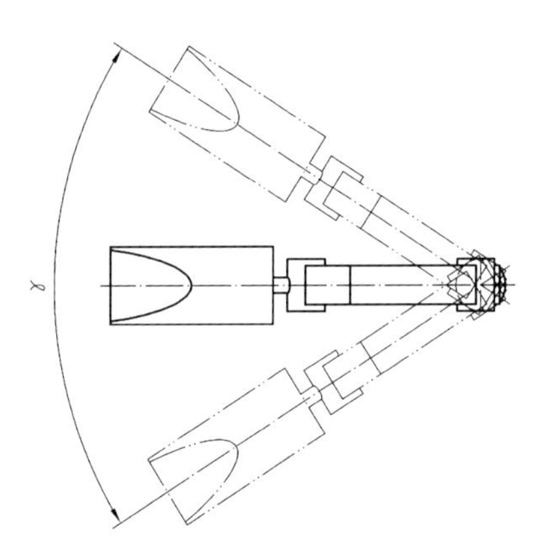

c) Drehwinkel γ

Bild 1 *(fortgesetzt)*

3.7.4
Höhenverstellbereich der Lichtaustrittsfläche
Δh
Bereich, in dem die Lichtaustrittsfläche der Arbeitsplatzleuchte bei gleicher Ausrichtung in der Höhe verstellt werden kann

ANMERKUNG Beispiel siehe Bild 2.

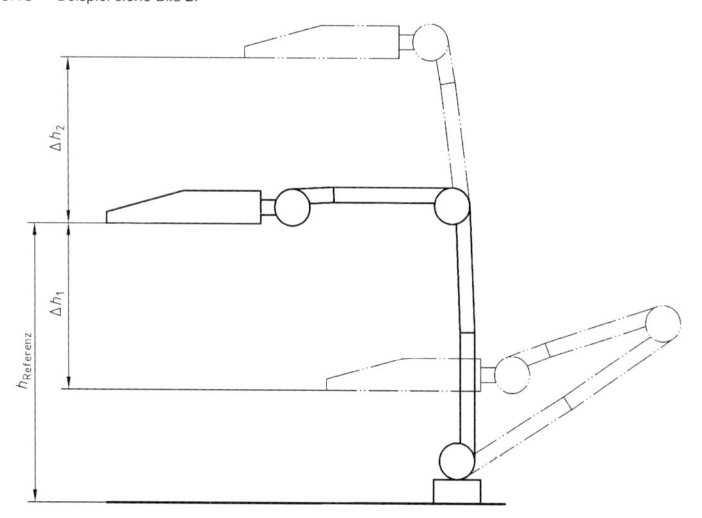

Bild 2 — Verstellparameter an Arbeitsplatzleuchten: Höhenverstellbereich Δh

3.8
Gebrauchstauglichkeitsmerkmale von Arbeitsplatzleuchten
Produktmerkmale, die die Eigenschaften von Arbeitsplatzleuchten kennzeichnen, so dass bei Nutzung der Arbeitsplatzleuchte durch bestimmte Benutzer bestimmte Ziele unter festgelegten Bedingungen effektiv, effizient und zufriedenstellend erreicht werden können

ANMERKUNG Arbeitsplatzleuchten werden für verschiedene Nutzerpopulationen, unterschiedliche Aufgaben und unterschiedliche Arbeitsumgebungen vorgesehen. Entsprechend müssen im Hinblick auf eine effektive, effiziente und zufrieden stellende Nutzung bestimmte Produktmerkmale unterschiedlich ausgeprägt sein.

4 Gebrauchstauglichkeitsmerkmale und Festlegungen

4.1 Allgemeines

Gebrauchstauglichkeitsmerkmale einer Arbeitsplatzleuchte sind:

— lichttechnische Merkmale;

— Einstellmöglichkeiten;

— akustische Merkmale;

— mechanische Merkmale;

— thermische Merkmale.

Die Anforderungen an die Gebrauchstauglichkeitsmerkmale einer Arbeitsplatzleuchte ergeben sich aus deren Anwendung. Damit bei der Auswahl der Arbeitsplatzleuchte und bei der Planung die Gebrauchstauglichkeitsmerkmale berücksichtigt werden können, müssen diese dokumentiert werden. Der Hersteller hat daher für die Arbeitsplatzleuchte eine Dokumentation entsprechend Abschnitt 5 mitzuliefern.

Sicherheitstechnische Anforderungen an Arbeitsplatzleuchten hinsichtlich der elektrischen, thermischen und mechanischen Sicherheit und zum Schutz gegen unerwünschte Strahlung werden in entsprechenden Regelwerken gestellt. Hierzu gehören insbesondere die relevanten Teile der Normenreihe DIN EN 60598 sowie DIN EN ISO 13732-1.

4.2 Festlegungen zur Dokumentation der lichttechnischen Merkmale und lichttechnische Festlegungen

4.2.1 Allgemeines

Arbeitsplatzleuchten zeichnen sich u. a. dadurch aus, dass sie am Arbeitsplatz ergänzend zu der Grundbeleuchtung eine bestimmte Lichtsituation erzeugen können, die für bestimmte Sehaufgaben besonders geeignet ist. Diese Eignung lässt sich an bestimmten lichttechnischen Merkmalen erkennen, wobei sich einige Merkmale auf Referenzflächen bzw. in der Referenzposition beziehen. Da diese lichttechnischen Merkmale für die Auswahl und die optimale Nutzung des Produkts von wesentlicher Bedeutung sind, müssen sie in der Dokumentation enthalten sein.

Es handelt sich um folgende Größen:

— die minimale, die maximale und die mittlere Beleuchtungsstärke, E_{min}, E_{max} und $\overline{E}$, auf der Referenzfläche in der jeweiligen Referenzposition;

— Gleichmäßigkeiten g_2 und g_3 der Beleuchtungsstärke auf der Referenzfläche in der jeweiligen Referenzposition;

hinsichtlich der Blendung:

— Abschirmwinkel;

— mittlere Leuchtdichte der Leuchte.

4.2.2 Referenzfläche und Referenzposition

Die Beleuchtungsstärken und die Gleichmäßigkeiten sind für mindestens eine Referenzfläche entsprechend Tabelle 1 unter Angabe der Referenzposition der Leuchte zu dokumentieren. Die Dokumentation kann auch für weitere, hier nicht angeführte Referenzflächen erfolgen.

Es wird empfohlen, dass die Dokumentation durch eine Abbildung ergänzt wird (siehe Bild 3).

Tabelle 1 — Referenzflächen und ihre Abmessungen

Referenzfläche	**Breite × Tiefe** [mm × mm]
RF1	150 × 150
RF2	300 × 300
RF3	600 × 600
RF4	1 200 × 800

ANMERKUNG 1 Die Abmessungen der aufgeführten Referenzflächen orientieren sich an den in der Praxis häufig vorgefundenen Bereichen der Sehaufgabe.

ANMERKUNG 2 Die Auswahl der Referenzflächen erfolgt entsprechend dem vorgesehenen Einsatz der Arbeitsplatzleuchte. Die lichttechnischen Produktmerkmale einer Arbeitsplatzleuchte, die eine sehr kleine Fläche eines Arbeitsbereiches ausleuchtet, werden vom Hersteller sinnvollerweise für die Referenzfläche RF1 dokumentiert (z. B. für Feinmontage); die lichttechnischen Produktmerkmale einer Arbeitsplatzleuchte, die eine sehr große Fläche eines Arbeitsbereiches ausleuchtet, werden sinnvollerweise für die Referenzfläche RF4 dokumentiert (z. B. Zeichenbrett).

Maße in mm

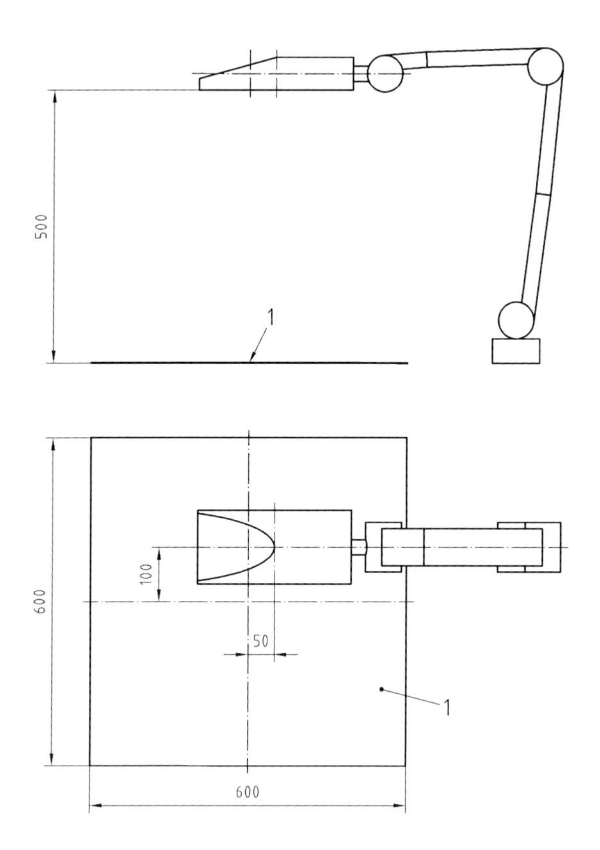

Legende
1 Referenzfläche

Bild 3 — Beispiel für die Darstellung einer Referenzposition für die Referenzfläche RF3

4.2.3 Beleuchtungsstärke auf der Referenzfläche in Referenzposition

Für die Referenzfläche sind jeweils der geringste Wert, der höchste Wert sowie der Mittelwert der Beleuchtungsstärke in Referenzposition zu dokumentieren.

4.2.4 Gleichmäßigkeit der Beleuchtungsstärke auf der Referenzfläche in Referenzposition

Die Referenzfläche sollte so gleichmäßig wie möglich beleuchtet werden:

— Die Gleichmäßigkeit g_2 auf der Referenzfläche muss in Referenzposition mindestens 0,20 betragen.

— Die Gleichmäßigkeit g_3 auf der Referenzfläche darf in Referenzposition maximal 1 betragen.

4.2.5 Begrenzung der Blendung

Zur Begrenzung der Blendung durch Arbeitsplatzleuchten sind produktbezogene Maßnahmen erforderlich.

Für Leuchten, die

— unter Augenhöhe betrieben werden, ist ein Abschirmwinkel von mindestens 0° einzuhalten;

— oberhalb der Augenhöhe betrieben werden, sind die Abschirmwinkel nach DIN EN 12464-1 einzuhalten.

ANMERKUNG 1 Größere Abschirmwinkel können sinnvoll sein, wenn die Leuchte geneigt und/oder geschwenkt werden kann.

Bei Leuchten mit transparenten Leuchtenkörpern (z. B. Leuchtenköpfen) bzw. bei Lichtstromanteilen in den oberen Halbraum muss die Möglichkeit des direkten Einblicks auf die Lampe durch konstruktive Abschirm-maßnahmen vermieden werden.

Je nach Anwendung der Arbeitsplatzleuchte und der Hintergrundleuchtdichte dürfen aus der Blickrichtung des Beobachters bestimmte Leuchtdichtewerte der Arbeitsplatzleuchte nicht überschritten werden. Um die Begrenzung der Blendung durch die Arbeitsplatzleuchte in der jeweiligen Anwendung bei der Planung bewerten zu können, ist die mittlere Leuchtdichte der leuchtenden Fläche der Arbeitsplatzleuchte in Abhängigkeit vom Ausstrahlwinkel zu dokumentieren.

ANMERKUNG 2 Die Leuchtdichtegrenzwerte werden in Regelungen zum Betrieb der Beleuchtungen festgelegt.

Hohe punktuelle Leuchtdichten sind zu vermeiden.

ANMERKUNG 3 Hierfür können keine Werte festgelegt werden, da es dazu keine gesicherten Erkenntnisse gibt.

4.3 Einstellmöglichkeiten

Einstellungen an Arbeitsplatzleuchten können mechanischer (z. B. örtliche Lage des Leuchtenkopfes) und elektrischer (z. B. Dimmung) Art sein.

Arbeitsplatzleuchten können in unterschiedlichem Maße einstellbar sein.

Die Art und der Grad der Einstellbarkeit der Arbeitsplatzleuchte ist zu dokumentieren.

Hinsichtlich der mechanischen Einstellungen sind vom Hersteller die maximal möglichen Neigungs-, Schwenk- und Drehwinkel sowie der Höhenverstellbereich zu dokumentieren.

Einstellungen an Arbeitsplatzleuchten durch den Nutzer müssen einfach und bei häufiger Betätigung schnell vorgenommen werden können.

Vom Nutzer gewählte Einstellungen dürfen sich nicht unbeabsichtigt, auch nicht über längere Zeiträume hinweg, verändern.

4.4 Anzeigen und Bedienelemente bzw. Stellteile

Anzeigen und Bedienelemente bzw. Stellteile müssen eindeutig zu erkennen bzw. zu bedienen sein.

Hängen Anzeigen und Stellteile bzw. Bedienelemente funktionell zusammen, so sollten diese so angeordnet sein, dass ihr funktioneller Zusammenhang erkennbar ist.

Bezüglich der Stellteile bzw. Bedienelemente ist insbesondere darauf zu achten, dass diese

— eine ergonomische Formgebung aufweisen;

— hinsichtlich ihrer Funktion eindeutig gestaltet sind (z. B. Betätigungsrichtung entspricht der Wirkrichtung, Farbgebung entspricht Bedeutung);

— leicht, d. h. ohne erhöhten Kraftaufwand, bedient werden können;

— für den Nutzer im Bedienbereich sichtbar angeordnet sind und vorzugsweise aus der üblichen Arbeitsposition heraus bedienbar sind;

— so gestaltet sind, dass sie nicht unbeabsichtigt betätigt werden;

— keine besondere Schulung benötigen und

— keine besonderen Werkzeuge zur Betätigung benötigen.

Die Anordnung der Stellteile bzw. Bedienelemente auf der Leuchte sollte zudem den vorgesehenen Aufstellort und die voraussichtliche Häufigkeit der Nutzung berücksichtigen.

Bezüglich der Anzeigen ist insbesondere darauf zu achten, dass diese

— aus der vorgesehenen Arbeitsposition heraus zu erkennen sind und

— hinsichtlich ihrer Ausführung den ergonomischen Anforderungen an die Informationsgestaltung entspricht, so dass die zu vermittelnde Information gut wahrgenommen werden kann.

Bei Anzeigen des Betriebszustandes muss DIN EN 60073 (VDE 0199) berücksichtigt werden.

ANMERKUNG 1 Es kann auch vorkommen, dass Anzeige und Bedienelement identisch sind. Dies ist z. B. dann der Fall, wenn das Bedienelement für die Stromversorgung auch Anzeige für den Betriebszustand ist.

ANMERKUNG 2 DIN EN 894, Teile 1 bis 3, enthalten entsprechende Anforderungen und Empfehlungen für die Auswahl, Gestaltung und Anordnung.

4.5 Weitere Gebrauchstauglichkeitsmerkmale und dazugehörige Festlegungen

4.5.1 Geräuschemission

Auf geringe Geräuschemission von Arbeitsplatzleuchten ist zu achten.

4.5.2 Optische Oberflächeneigenschaften

Die Oberflächen von Arbeitsplatzleuchten sollten einen Glanzgrad und Reflexionsgrad aufweisen, der beim Gebrauch üblicherweise nicht zu störenden Reflexionen führt.

ANMERKUNG Größere glänzende Teile der Arbeitsplatzleuchten können das Licht aus der Umgebung, z. B. das Tageslicht oder das Licht von Deckenleuchten, so reflektieren, dass es zu einer Blendung der Nutzer oder anderer Personen im Raum kommen kann. Außerdem kann es zu störenden Reflexionen auf Bildschirmanzeigen führen.

4.5.3 Mechanische Merkmale

Siehe informativer Anhang A.

4.5.4 Thermische Gebrauchstauglichkeitsmerkmale

Siehe informativer Anhang B.

5 Dokumentation

Zusätzlich zu den Anforderungen nach DIN EN 60598-1 (VDE 0711-1) gehören zu der Dokumentation einer Arbeitsplatzleuchte in dem jeweiligen Umfang insbesondere folgende Angaben:

— Referenzfläche;

— Referenzposition;

— lichttechnische Merkmale unter Angabe des Lichtstroms der eingesetzten Lampen;

— Einstellmöglichkeiten;

— Angaben zu den Abmessungen und zur Masse der Arbeitsplatzleuchte.

ANMERKUNG Hinsichtlich der Dokumentation der Kategorien zu den Oberflächentemperaturen kann die Tabelle des Anhanges B in Bezug genommen werden.

6 Messung und Prüfung

6.1 Allgemeines

Dieser Abschnitt enthält Festlegungen für die Prüfungen der Gebrauchstauglichkeitsmerkmale nach Abschnitt 4 und der Dokumentation nach Abschnitt 5.

ANMERKUNG Die Festlegungen zur Prüfung der Anforderungen aus anderen Normen sind in den jeweiligen Normen enthalten.

6.2 Messung und Prüfung der lichttechnischen Anforderungen

6.2.1 Allgemeines

Für die Messung und Prüfung der lichttechnischen Anforderungen von Arbeitsplatzleuchten sind die relevanten Festlegungen von DIN EN 13032-1 und DIN 5035-6 zu berücksichtigen.

Die Messungen sind mit Lampen durchzuführen, die nach DIN EN 13032-1 gealtert und photometrisch gemessen wurden. Die Messergebnisse sind auf den Nennlichtstrom zu beziehen.

6.2.2 Messung und Prüfung der Beleuchtungsstärken

Die Messungen und Prüfungen der Beleuchtungsstärken müssen in der vom Hersteller dokumentierten Referenzposition der Arbeitsplatzleuchte in Bezug zu der Referenzfläche erfolgen. In Abhängigkeit von der Größe der Referenzflächen ist diese in unterschiedlich feine Messfelder entsprechend Tabelle 3 zu unterteilen. Die Beleuchtungsstärken werden im Mittelpunkt der Messfelder gemessen. Aus den Messwerten E_i werden die kleinste Beleuchtungsstärke E_{min}, die größte Beleuchtungsstärke E_{max}, die mittlere Beleuchtungsstärke $\overline{E}$ sowie die Gleichmäßigkeiten g_2 und g_3 ermittelt.

Tabelle 2 — Messraster für Referenzflächen

Referenzfläche	Breite × Tiefe [mm × mm]	Maximales Messraster [mm × mm]	Anzahl der Messpunkte
RF1	150 × 150	15 × 15	10 × 10
RF2	300 × 300	30 × 30	10 × 10
RF3	600 × 600	60 × 60	10 × 10
RF4	1 200 × 800	100 × 100	12 × 8

6.2.3 Messung und Prüfung der Leuchtdichten

Die Leuchtdichte der Arbeitsplatzleuchte ist aus der photometrisch gemessenen Lichtstärkeverteilung nach DIN EN 13032-1 in Abhängigkeit vom Ausstrahlwinkel zu ermitteln. Die Schrittweiten für die Azimutwinkel (Drehwinkel Φ) betragen 15°, die Schrittweiten für den Elevationswinkel (Ausstrahlwinkel γ) betragen 5°.

6.3 Messung und Prüfung der Einstellungen

6.3.1 Anzeigen und Bedienelemente bzw. Stellteile

Die Prüfung der Erkennbarkeit der Anzeigen und Stellteile bzw. Bedienelemente erfolgt über Sichtprüfung. Diese erfolgt bei der Aufstellung und der üblichen Arbeitsposition, die in der Dokumentation für den bestimmungsgemäßen Gebrauch dokumentiert sind. Die Sichtprüfung schließt die Sichtbarkeit der Elemente sowie die Wahrnehmbarkeit der für die Nutzung dieser Elemente erforderlichen Information ein. Werden bei der Nutzung üblicherweise Schutzbrillen getragen, muss deren Einfluss bei der Prüfung berücksichtigt werden.

Die Prüfung auf Bedienbarkeit der Stellteile bzw. Bedienelemente erfolgt durch Betätigen dieser Elemente aus der üblichen Aufstellung und Arbeitsposition heraus, die in der Dokumentation für den bestimmungsgemäßen Gebrauch dokumentiert sind. Die Prüfung schließt die Erreichbarkeit sowie die Betätigung der Stellteile bzw. der Bedienelemente ein. Werden bei der Nutzung üblicherweise Schutzhandschuhe getragen, muss deren Einfluss bei der Prüfung berücksichtigt werden. Sind für die Bedienung der Stellteile bzw. Bedienelemente Werkzeuge vorgesehen, muss die Prüfung mit Hilfe dieser Werkzeuge erfolgen. Dabei ist nach der Gebrauchsanleitung vorzugehen.

6.3.2 Stabilität der Einstellungen

Die Stabilität der Einstellungen wird geprüft, nachdem die Arbeitsplatzleuchte den nach DIN EN 60598-1 (VDE 0711-1) vorgeschriebenen Lastwechseln unterzogen worden ist. Die Prüfung erfolgt durch Sichtprüfung in der hinsichtlich der Stabilität ungünstigsten Auslenkung.

6.4 Messung und Prüfung der sonstigen Anforderungen

6.4.1 Oberflächentemperaturen

Die Oberflächentemperaturen der Stellen bzw. Flächen der Arbeitsplatzleuchte, an denen Maximaltemperaturen zu erwarten sind, sowie die Stellen, die gezielt berührt werden müssen, sind bezüglich der Durchführung und des Messaufbaus in Übereinstimmung mit DIN EN 60598 zu messen.

ANMERKUNG Die Durchführung thermischer Messungen ist in der Normenreihe DIN EN 60598 im Detail geregelt (Aufbau, Prüfraum, Umgebungstemperatur, Prüfspannung, Beharrung, Genauigkeit der Messwerte).

6.5 Dokumentation

Die Dokumentation muss dahingehend geprüft werden, dass alle Informationen wie in 5.2 und 5.3 beschrieben enthalten sind.

Anhang A
(informativ)

Mechanische Merkmale

A.1 Schutzmaßnahmen gegen Quetschen

Teile der Arbeitsplatzleuchte können plötzlich und unkontrolliert mit motorischer oder mechanischer Kraftübertragung (z. B. mit Federkraft) aufeinander zu bewegt werden und für Finger und Hände eine Gefährdung im Hinblick auf Quetsch- und Scherverletzungen darstellen. Gefährdungen durch Quetschen und Scheren werden nach DIN EN ISO 12100-2 z. B. dadurch vermieden, indem der Mindestabstand zwischen den sich bewegenden Teilen so vergrößert wird, dass der betreffende Körperteil sicher in den Zwischenraum gelangen kann, oder indem der Zwischenraum so verkleinert wird, dass kein Körperteil hineingelangen kann. DIN EN 349 legt eine Methodik fest, die darauf beruht, dass bei der Gestaltung die Mindestabstände der Norm verwendet werden.

ANMERKUNG Die Mindestabstände nach DIN EN 349:1993-04 betragen für Finger 25 mm, für Hände 100 mm. Zur Vermeidung von Scherstellen kann entsprechend verfahren werden.

A.2 Schutzmaßnahmen gegen Schnittverletzungen

Scharfe Kanten von Teilen der Arbeitsplatzleuchte können zu Schnittverletzungen führen. Nach DIN EN 60598-1 (VDE 0711-1):2005-03, 4.25, dürfen Arbeitsplatzleuchten keine scharfen Kanten oder Stellen besitzen, die eine Gefahr für den Anwender bei der Montage, dem bestimmungsgemäßen Betrieb oder der Wartung darstellen. Bei Blechen können Maßnahmen wie z. B. Entgraten, Bördeln oder Formen zur Vermeidung von scharfen Kanten sinnvoll sein.

A.3 Standsicherheit

In DIN EN 60598-2-4 (VDE 0711-2-4):2005-03 sind Anforderungen im Hinblick auf die Standsicherheit ortsveränderlicher Arbeitsplatzleuchten festgelegt.

Anhang B
(informativ)

Thermische Gebrauchstauglichkeitsmerkmale

B.1 Oberflächentemperaturen

Teile von Arbeitsplatzleuchten, die beim bestimmungsgemäßen Gebrauch gezielt oder zufällig berührt werden können, können vor allem bei längerem Betrieb so hohe Oberflächentemperaturen aufweisen, dass es während der Bedienung oder beim unbeabsichtigten Berühren zu Verbrennungen oder Beeinträchtigungen beim Nutzer und bei anderen Personen kommen kann.

Die Grenzwerte für die Oberflächentemperaturen sind abhängig von der Nutzerpopulation, den Oberflächenmaterialien der Leuchtenteile und der Kontaktdauer mit den Leuchtenteilen. DIN EN ISO 13732-1:2004-04 (Ersatz für DIN EN 563 und DIN EN 13202) und DIN EN 60598-1 (VDE 0711-1) enthalten Grenzwerte für die Oberflächentemperaturen. In Tabelle B.1 sind die für die Nutzung von Arbeitsplatzleuchten relevanten Werte zusammengefasst.

ANMERKUNG Hinsichtlich der Nutzerpopulation werden die Arbeitsplatzleuchten in drei Kategorien eingeteilt (siehe Spalte 1 der Tabelle B.1).

Kategorie 1: Arbeitsplatzleuchte für die Nutzung durch eine beliebige Population. Unter beliebiger Population werden alle Personengruppen verstanden, d. h. Arbeitnehmer sowie Privatpersonen – hierzu gehören auch Personen mit geringerer Reaktionszeit und damit mit im Allgemeinen längerer Bediendauer, wie z. B. ältere Menschen sowie in ihrer Bewegung eingeschränkte (behinderte Menschen) und Kinder.

Kategorie 2: Arbeitsplatzleuchte für die Nutzung durch eine bestimmte Population und zufällige Berührung durch eine beliebige Population. Unter bestimmter Population werden Arbeitnehmer mit üblicher Reaktionszeit und Bediendauer verstanden. Die Arbeitsplatzleuchte kann aber auch in Bereichen eingesetzt werden, wo sie durch beliebige Population zufällig berührt werden kann.

Kategorie 3: Arbeitsplatzleuchte für die Nutzung durch eine bestimmte Population. Unter bestimmter Population werden Arbeitnehmer mit üblicher Reaktionszeit und Bediendauer verstanden.

Spalte 2 enthält Angaben zu den Oberflächenmaterialien der Arbeitsplatzleuchte.

Spalte 3 enthält die Grenzwerte für Oberflächentemperaturen der Leuchte, mit denen der Benutzer längere Zeit (z. B. bei der Bedienung) in Berührung kommt.

Spalte 4 enthält die Grenzwerte für Oberflächentemperaturen der Leuchte ohne die Lichtaustrittsfläche, mit denen der Benutzer zufällig in Berührung kommen kann.

Spalte 5 enthält die Temperaturgrenzwerte für die Lichtaustrittsfläche, mit denen der Benutzer zufällig in Berührung kommen kann.

Tabelle B.1 — Oberflächentemperaturen hinsichtlich verschiedener Kategorien

1	2	3	4	5
Kategorie	**Oberflächen-materialien der Leuchtenteile**	**Maximale Oberflächentemperaturen bei Kontakt mit den Leuchtenteilen**		
		gezieltes Berühren, z. B. der Bedienelemente	zufälliges Berühren (nicht der Lichtaustrittsfläche)	zufälliges Berühren (nur Licht-austrittsfläche)
Kategorie 1	metallene	max. 50 °C a)	max. 60 °C b)	
	nicht metallene	max. 55 °C a)	max. 75 °C b)	
Kategorie 2	metallene	max. 55 °C a)	max. 60 °C a)	c)
	nicht metallene	max. 65 °C a)	max. 75 °C a)	
Kategorie 3	metallene	c)	c)	c)
	nicht metallene	c)		

a) Werte aus E DIN EN ISO 13732-1:2004-04

b) Werte aus DIN EN 60598-2-10 (VDE 0711-2-10):2004-03

c) nach DIN EN 60598-1 (VDE 0711-1)

B.2 Wärmeabgabe

Die Wärmeabgabe der Arbeitsplatzleuchte sollte so sein, dass eine Beeinträchtigung des Nutzers, insbesondere im Bereich des Kopfes, durch Wärmestrahlung, -leitung und -konvektion so gering wie möglich ist.

Literaturhinweise

DIN EN 349:1993-06, *Sicherheit von Maschinen; Mindestabstände zur Vermeidung des Quetschens von Körperteilen; Deutsche Fassung EN 349:1993*

DIN EN 894-1, *Sicherheit von Maschinen — Ergonomische Anforderungen an die Gestaltung von Anzeigen und Stellteilen — Teil 1: Allgemeine Leitsätze für Benutzer-Interaktion mit Anzeigen und Stellteilen*

DIN EN 894-2, *Sicherheit von Maschinen — Ergonomische Anforderungen an die Gestaltung von Anzeigen und Stellteilen — Teil 2: Anzeigen*

DIN EN 894-3, *Sicherheit von Maschinen — Ergonomische Anforderungen an die Gestaltung von Anzeigen und Stellteilen — Teil 3: Anzeigen*

DIN EN 60529 (VDE 0470-1), *Schutzarten durch Gehäuse (IP-Code)*

Normenreihe DIN EN 60598, *Leuchten*

DIN EN 60598-2-4 (VDE 0711-2-4):1998-05, *Leuchten — Teil 2: Besondere Anforderungen; Hauptabschnitt 4: Ortsveränderliche Leuchten für allgemeine Zwecke; Deutsche Fassung EN 60598-2-4:1997*

DIN EN 60598-2-10 (VDE 0711-2-10):2004-03, *Leuchten — Teil 2-10: Besondere Anforderungen — Ortsveränderliche Leuchten für Kinder (IEC 60598-2-10:2003)*

DIN EN 62079 (VDE 0039), *Erstellen von Anleitungen — Gliederung, Inhalt und Darstellung (IEC 62079:2001)*

DIN EN ISO 12100-2, *Sicherheit von Maschinen — Grundbegriffe, allgemeine Gestaltungsleitsätze — Teil 2: Technische Leitsätze*

ISO/IEC Guide 37, *Bedienungsanleitungen für vom Endverbraucher genutzte Produkte*

IEC 60050-845, *International electrotechnical vocabulary, chapter 845: lighting*/ CIE 17.4:1987, *Internationales Wörterbuch der Lichttechnik*

VDI 4500 Blatt 1, *Technische Dokumentation — Begriffsdefinitionen und rechtliche Grundlagen*

Juli 1999

	Angewandte Lichttechnik **Notbeleuchtung** Deutsche Fassung EN 1838 : 1999	DIN EN 1838

ICS 91.160.10

Ersatz für
DIN 5035-5 : 1987-12

Lighting applications — Emergency lighting;
German version EN 1838 : 1999

Eclairagisme — Eclairage de secours;
Version allemande EN 1838 : 1999

Die Europäische Norm EN 1838 : 1999 hat den Status einer Deutschen Norm.

Nationales Vorwort

Zuständig für die in dieser Norm behandelte Thematik ist der FNL 16 „Notbeleuchtung" im Normenausschuß Lichttechnik (FNL) im DIN. Der Inhalt dieser Norm entspricht der Europäischen Norm EN 1838 „Angewandte Lichttechnik — Notbeleuchtung", die in der Arbeitsgruppe 3 „Notbeleuchtung" des CEN/TC 169 „Licht und Beleuchtung" unter Beteiligung der Fachleute des FNL 16 erarbeitet worden ist.

Diese Norm enthält Festlegungen zur Notbeleuchtung, die neben dieser Norm in Deutschland auch im Arbeitsschutzrecht, dem Unfallverhütungsrecht, des Rechtes der überwachungsbedürftigen Anlagen und des Baurechtes geregelt sind. Hierzu sind beispielhaft aufzuführen

— Unfallverhütungsrecht: ZH 1/190 „Regeln für die Sicherheit und Gesundheitsschutz an Arbeitsplätzen mit künstlicher Beleuchtung und für Sicherheitsleitsysteme",

— Arbeitsschutzrecht: ASR 7/4 „Sicherheitsbeleuchtung" sowie im

— Baurecht der Länder: Landesbauordnung (LBO).

Für die im Abschnitt 2 zitierte Internationale Norm wird im folgenden auf die entsprechende Deutsche Norm hingewiesen:

ISO 3864 siehe DIN 4844-3 „Sicherheitskennzeichnung; Ergänzende Festlegungen zu DIN 4844 Teil 1 und Teil 2"

Änderungen

Gegenüber DIN 5035-5 : 1987-12 wurden folgende Änderungen vorgenommen:

— Inhalt von DIN 5035-5 vollständig überarbeitet.

Frühere Ausgaben

DIN 5035-5: 1979-12, 1985-01, 1987-12

Nationaler Anhang NA (informativ)

Literaturhinweise

DIN 4844-3
Sicherheitskennzeichnung; Ergänzende Festlegungen zu DIN 4844 Teil 1 und Teil 2

DIN EN 60598-2-22 (VDE 0711 Teil 2-22)
Leuchten — Besondere Anforderungen — Leuchten für Notbeleuchtung (IEC 60598-2-22 : 1997, modifiziert); Deutsche Fassung EN 60598-2-22 : 1998 + Corrigendum 1999

E DIN EN 50172 (VDE 0108 Teil 100)
Die Anwendung von Sicherheitsbeleuchtungsanlagen; Deutsche Fassung prEN 50172 : 1993

Fortsetzung 8 Seiten EN

Normenausschuß Lichttechnik (FNL) im DIN Deutsches Institut für Normung e.V.
Deutsche Elektrotechnische Kommission im DIN und VDE (DKE)

EUROPÄISCHE NORM
EUROPEAN STANDARD
NORME EUROPÉENNE

EN 1838

April 1999

ICS 91.160.10

Deutsche Fassung

Angewandte Lichttechnik

Notbeleuchtung

Lighting applications — Emergency lighting

Éclairagisme — Éclairage de secours

Diese Europäische Norm wurde von CEN am 22. März 1999 angenommen.

Die CEN-Mitglieder sind gehalten, die CEN/CENELEC-Geschäftsordnung zu erfüllen, in der die Bedingungen festgelegt sind, unter denen dieser Europäischen Norm ohne jede Änderung der Status einer nationalen Norm zu geben ist.

Auf dem letzten Stand befindliche Listen dieser nationalen Normen mit ihren bibliographischen Angaben sind beim Zentralsekretariat oder bei jedem CEN-Mitglied auf Anfrage erhältlich.

Diese Europäische Norm besteht in drei offiziellen Fassungen (Deutsch, Englisch, Französisch). Eine Fassung in einer anderen Sprache, die von einem CEN-Mitglied in eigener Verantwortung durch Übersetzung in seine Landessprache gemacht und dem Zentralsekretariat mitgeteilt worden ist, hat den gleichen Status wie die offiziellen Fassungen.

CEN-Mitglieder sind die nationalen Normungsinstitute von Belgien, Dänemark, Deutschland, Finnland, Frankreich, Griechenland, Irland, Island, Italien, Luxemburg, Niederlande, Norwegen, Österreich, Portugal, Schweden, Schweiz, Spanien, der Tschechischen Republik und dem Vereinigten Königreich.

CEN

EUROPÄISCHES KOMITEE FÜR NORMUNG
European Committee for Standardization
Comité Européen de Normalisation

Zentralsekretariat: rue de Stassart 36, B-1050 Brüssel

Ref. Nr. EN 1838 : 1999 D

Inhalt

Vorwort

Diese Europäische Norm wurde vom Technischen Komitee CEN/TC 169 „Licht und Beleuchtung" erarbeitet, dessen Sekretariat vom DIN gehalten wird.

Diese Europäische Norm muß den Status einer nationalen Norm erhalten, entweder durch Veröffentlichung eines identischen Textes oder durch Anerkennung bis Oktober 1999, und etwaige entgegenstehende nationale Normen müssen bis Oktober 1999 zurückgezogen werden.

Entsprechend der CEN/CENELEC-Geschäftsordnung sind die nationalen Normungsinstitute der folgenden Länder gehalten, diese Europäische Norm zu übernehmen:

Belgien, Dänemark, Deutschland, Finnland, Frankreich, Griechenland, Irland, Island, Italien, Luxemburg, Niederlande, Norwegen, Österreich, Portugal, Schweden, Schweiz, Spanien, die Tschechische Republik und das Vereinigte Königreich.

Sie soll teilweise nationale Normen ersetzen, die lichttechnische Anforderungen an die Notbeleuchtung enthalten. Sie ist im Zusammenhang mit den Normen zu verstehen, die von CEN/TC 169 WG 7 „Messung und Darstellung von photometrischen Daten" erstellt werden und die im Zusammenhang mit prEN 50172 „Sicherheitsbeleuchtungsanlagen" stehen.

Anwender dieser im Anwendungsbereich von Artikel 118a des EG-Vertrags erstellten Europäischen Norm sollten sich der Tatsache bewußt sein, daß kein formaler rechtlicher Zusammenhang zwischen Normen und Richtlinien die gegebenenfalls nach Artikel 118a des EG-Vertrags erlassen wurden, besteht. Außerdem können durch die nationale Rechtssetzung in den Mitgliedstaaten Anforderungen definiert werden, die über die Mindestanforderungen einer nach Artikel 118a erlassenen Richtlinie hinausgehen. Die Beziehung zwischen der nationalen Rechtssetzung in Umsetzung von Richtlinien nach Artikel 118a und der vorliegenden Europäischen Norm kann im nationalen Vorwort der nationalen Norm, mit der die vorliegende Europäische Norm umgesetzt wird, erläutert werden.

Einleitung

Notbeleuchtung ist für den Fall vorgesehen, daß die allgemeine künstliche Beleuchtung ausfällt, und wird deshalb unabhängig von der Energieversorgung der allgemeinen künstlichen Beleuchtung gespeist.

Im Rahmen dieser Norm ist Notbeleuchtung ein übergeordneter Begriff, der mehrere Arten umfaßt, wie in Bild 1 dargestellt.

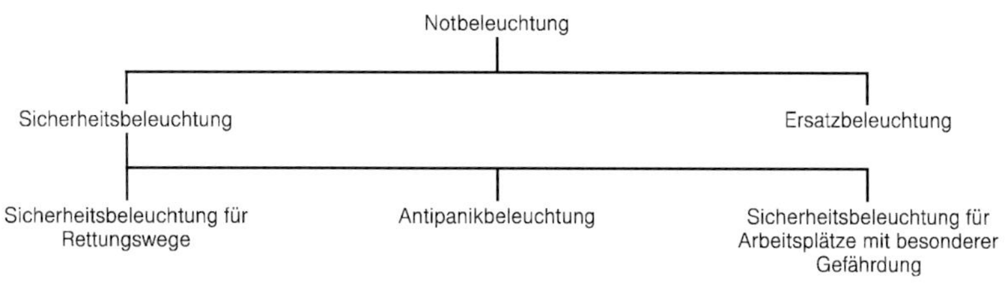

Bild 1: Arten der Notbeleuchtung

Die Anforderungen in dieser Norm sind die bei der Planung und dem Bau zu berücksichtigenden Mindestwerte und sind für die gesamte Zeit der Betriebsdauer bis zum Ende der Nutzungsdauer der Anlagen festgelegt; der Beitrag reflektierten Lichtes wird nicht berücksichtigt.

Das umfassende Ziel der Sicherheitsbeleuchtung ist, beim Ausfall der allgemeinen Stromversorgung ein gefahrloses Verlassen eines Ortes zu ermöglichen.

Ziel der Sicherheitsbeleuchtung für Rettungswege ist, Personen ein gefahrloses Verlassen eines Ortes zu ermöglichen, indem für ausreichende Sehbedingungen und Orientierung auf Rettungswegen und in speziellen Flächen/Gebieten gesorgt wird und sichergestellt wird, daß Brandbekämpfungs- und Sicherheitseinrichtungen leicht aufgefunden und benutzt werden können.

Ziel der Antipanikbeleuchtung ist, die Wahrscheinlichkeit einer Panik zu reduzieren und den Personen ein sicheres Erreichen der Rettungswege zu ermöglichen, indem für ausreichende Sehbedingungen und Orientierung gesorgt wird. Das Licht der Rettungsweg- und Antipanikbeleuchtung sollte nach unten auf die Bezugsebene gerichtet sein, aber auch Hindernisse bis zu 2 m über dieser Ebene beleuchten.

Ziel der Sicherheitsbeleuchtung für Arbeitsplätze mit besonderer Gefährdung ist, zur Sicherheit von Personen beizutragen, die sich in einem potentiell gefährlichen Arbeitsablauf oder einer potentiell gefährlichen Situation befinden, und angemessene Abschaltmaßnahmen zur Sicherheit weiterer vor Ort befindlicher Personen zu ermöglichen.

Es gibt Techniken, die bei zusätzlicher Anwendung zu konventionellen Notleuchten in Rettungswegen deren Wirksamkeit erhöhen. Diese Techniken werden in dieser Norm nicht behandelt.

Die Sehleistung ist von Person zu Person unterschiedlich, sowohl in Bezug auf die erforderliche Lichtmenge zur deutlichen Wahrnehmung eines Gegenstandes als auch auf die Zeit zur Adaptation bei Änderungen der Beleuchtungsstärke. Ältere Menschen benötigen im allgemeinen mehr Licht und mehr Zeit, um auf eine geringere Beleuchtungsstärke an einer Gefahrenstelle oder auf einem Rettungsweg zu adaptieren.

Durch an geeigneten Stellen angebrachte Zeichen, die den Weg zum Verlassen eines Raumes/Gebäudes weisen, können Ängste und Verwirrung in erheblichem Maß vermieden werden. Es ist sehr wichtig, daß Wege zum Verlassen eines Raumes/Gebäudes klar gekennzeichnet und erkennbar sind, sofern sich Menschen dort befinden.

1 Anwendungsbereich

Diese Norm legt die lichttechnischen Anforderungen an Notbeleuchtungssysteme fest, die in Anlagen oder Räumlichkeiten installiert werden, in denen derartige Systeme erforderlich sind. Sie ist grundsätzlich anwendbar für Räume/Gebäude die der Öffentlichkeit oder Arbeitnehmern zugänglich sind.

2 Normative Verweisungen

Diese Europäische Norm enthält durch datierte oder undatierte Verweisungen Festlegungen aus anderen Publikationen. Diese normativen Verweisungen sind an den jeweiligen Stellen im Text zitiert, und die Publikationen sind nachstehend aufgeführt. Bei datierten Verweisungen gehören spätere Änderungen oder Überarbeitungen dieser Publikationen nur zu dieser Europäischen Norm, falls sie durch Änderung oder Überarbeitung eingearbeitet sind. Bei undatierten Verweisungen gilt die letzte Ausgabe der in Bezug genommenen Publikation.

prEN 50172
Sicherheitsbeleuchtungsanlagen

EN 60598-2-22
Leuchten — Teil 2-22: Besondere Anforderungen — Leuchten für Notbeleuchtung (IEC 60598-2-22 : 1997, modifiziert)

ISO 3864 : 1984
Sicherheitsfarben und Sicherheitszeichen

IEC 50 — Kapitel 845
Internationales Elektrotechnisches Wörterbuch — Kapitel 845: Beleuchtung (Internationales Wörterbuch der Lichttechnik)

3 Definitionen

Für die Anwendung dieser Norm gelten die folgenden Definitionen:

3.1 Notbeleuchtung: Beleuchtung, die bei Störung der Stromversorgung der allgemeinen künstlichen Beleuchtung wirksam wird. [IEC 50 — Kapitel 845]

3.2 Rettungsweg: Ein im Notfall für Rettungszwecke vorgesehener Weg.

3.3 Sicherheitsbeleuchtung: Der Teil der Notbeleuchtung, der Personen das sichere Verlassen eines Raumes/Gebäudes ermöglicht, oder der es Personen ermöglicht, einen potentiell gefährlichen Arbeitsablauf zu beenden.

3.4 Sicherheitsbeleuchtung für Rettungswege: Der Teil der Sicherheitsbeleuchtung, der es ermöglicht, Rettungseinrichtungen eindeutig zu erkennen und sicher zu benutzen, sofern Personen anwesend sind.

3.5 Antipanikbeleuchtung (in einigen Ländern als „Open Area Beleuchtung" bekannt): Der Teil der Sicherheitsbeleuchtung, der der Panikvermeidung dienen soll, und es Personen erlaubt, eine Stelle zu erreichen, von der aus ein Rettungsweg eindeutig als solcher erkannt werden kann.

3.6 Sicherheitsbeleuchtung für Arbeitsplätze mit besonderer Gefährdung: Der Teil der Sicherheitsbeleuchtung, der der Sicherheit von Personen dienen soll, die sich in potentiell gefährlichen Arbeitsabläufen oder Situationen befinden und der es ermöglicht, angemessene Abschaltmaßnahmen zur Sicherheit des Bedienungspersonals und anderer in den Räumlichkeiten befindlicher Personen zu treffen.

3.7 Ersatzbeleuchtung: Derjenige Teil der Notbeleuchtung, der vorgesehen ist, damit notwendige Tätigkeiten im wesentlichen unverändert forgesetzt werden können. [IEC 50 — Kapitel 845]

3.8 Notausgang: Ein Weg nach außen, der dafür vorgesehen ist, im Notfall benutzt zu werden.

3.9 Sicherheitszeichen: Ein Zeichen, das mittels einer Kombination von Farbe und geometrischer Form eine allgemeine Sicherheitsinformation vermittelt und das durch die Hinzufügung eines graphischen Symbols oder Textes eine spezielle Sicherheitsinformation vermittelt. [ISO 3864 : 1984]

3.10 Beleuchtetes Sicherheitszeichen: Ein Zeichen, das, wenn es erforderlich ist, von einer externen Lichtquelle beleuchtet wird.

3.11 Hinterleuchtetes Sicherheitszeichen: Ein Zeichen, das, wenn es erforderlich ist, von einer internen Lichtquelle beleuchtet wird.

4 Sicherheitsbeleuchtung

4.1 Allgemeines

Um die notwendige Sichtbarkeit für Evakuierungsmaßnahmen zu erreichen, ist die Ausleuchtung des Raumes erforderlich. In dieser Norm ist diese Empfehlung erfüllt, wenn die Leuchten mindestens 2 m über dem Boden installiert sind. Zeichen, die an allen Notausgängen und Ausgängen entlang des Rettungsweges vorzusehen sind, müssen beleuchtet/hinterleuchtet sein, um den Rettungsweg zu einem sicheren Bereich eindeutig anzuzeigen.

Ist ein Notausgang nicht direkt zu sehen, so muß bzw. müssen ein oder mehrere beleuchtete und/oder hinterleuchtete Rettungszeichen mit Richtungsangabe angebracht werden, um das Erreichen des Notausgangs zu erleichtern.

Eine Rettungswegleuchte, die EN 60598-2-22 entspricht, muß neben jeder Ausgangstür und an den Stellen angebracht sein, an denen es notwendig ist, potentiellle Gefahrenstellen oder Sicherheitseinrichtungen hervorzuheben, um dort ein angemessenes Beleuchtungsstärkeniveau zu erzeugen. Die hervorzuhebenden Stellen umfassen die folgenden Punkte:

a) jede im Notfall zu benutzende Ausgangstür;
b) nahe (siehe Anmerkung) Treppen, um auf diese Weise jede Treppenstufe direkt zu beleuchten;
c) nahe (siehe Anmerkung) jeder anderen Niveauänderung;
d) vorgeschriebenen Notausgänge und Sicherheitszeichen;
e) bei jeder Richtungsänderung;
f) bei jeder Kreuzung der Gänge/Flure;
g) außerhalb und nahe jedem letzten Ausgang;
h) nahe (siehe Anmerkung) jeder Erste-Hilfe-Stelle;
i) nahe (siehe Anmerkung) jeder Brandbekämpfungsvorrichtung oder Meldeeinrichtung.

Stellen gemäß h) oder i) müssen, sofern sie nicht am Rettungsweg oder im Bereich der Antipanikbeleuchtung liegen, auf dem Boden gemessen mit mindestens 5 lx beleuchtet sein.

ANMERKUNG: Im Sinne dieses Abschnittes ist unter „nahe" ein horizontal gemessener Abstand von nicht mehr als 2 m zu verstehen.

4.2 Sicherheitsbeleuchtung für Rettungswege

4.2.1 Bei Rettungswegen mit einer Breite bis zu 2 m dürfen die horizontalen Beleuchtungsstärken auf dem Boden entlang der Mittellinie des Rettungsweges nicht weniger als 1 lx betragen und der Mittelbereich, der nicht weniger als der Hälfte der Breite des Weges entspricht, muß mindestens mit 50 % dieses Wertes beleuchtet sein.

ANMERKUNG 1: Breitere Rettungswege können als mehrere 2 m breite Streifen betrachtet werden oder mit einer Antipanikbeleuchtung ausgerüstet werden.

ANMERKUNG 2: Länder in denen ein anderes Beleuchtungsniveau erforderlich ist, sind im Anhang B aufgeführt.

4.2.2 Das Verhältnis der größten zur kleinsten Beleuchtungsstärke darf 40 : 1 entlang der Mittellinie des Rettungsweges nicht überschreiten.

4.2.3 Physiologische Blendung muß durch Begrenzung der Lichtstärke der Leuchten innerhalb des Gesichtsfeldes niedrig gehalten werden.

Für Rettungswege, die horizontal verlaufen, darf die Lichtstärke innerhalb der Zone von 60° bis 90° gegen die Vertikale für alle Azimuthwinkel die Werte in Tabelle 1 nicht überschreiten (siehe Bild 2).

Für alle anderen Rettungswege und Bereiche dürfen die Grenzwerte bei keinem Winkel überschritten werden (siehe Bild 3).

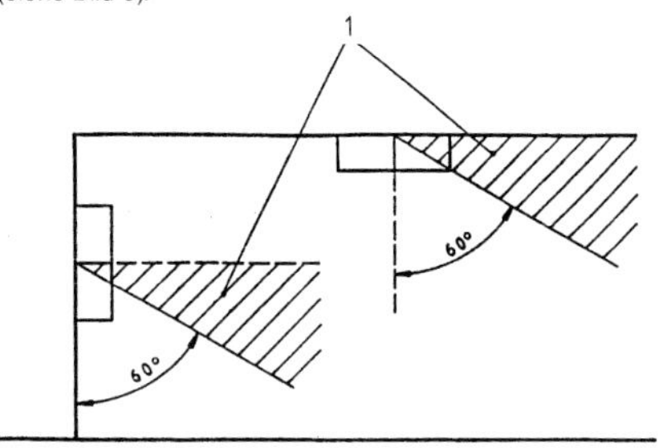

1 Blendbereich

Bild 2

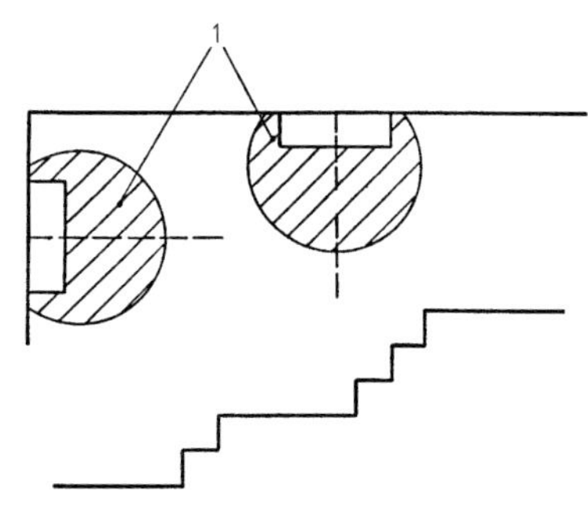

1 Blendbereich

Bild 3

ANMERKUNG: Hoher Kontrast zwischen einer Leuchte und ihrem Hintergrund kann Blendung zur Folge haben. Das Hauptproblem bei der Beleuchtung von Rettungswegen ist die physiologische Blendung, bei der die Helligkeit der Leuchten stark blenden und dadurch das Erkennen von Hindernissen oder Zeichen verhindern kann.

4.2.4 Um Sicherheitsfarben eindeutig als solche erkennen zu können, muß der Farbwiedergabe-Index R_a einer Lampe mindestens 40 betragen. Die Leuchte darf diesen Wert nicht wesentlich herabsetzen.

4.2.5 Die Nennbetriebsdauer der Sicherheitsbeleuchtung für Rettungswege muß mindestens 1 h betragen.

4.2.6 Die Sicherheitsbeleuchtung für Rettungswege muß 50 % der geforderten Beleuchtungsstärke innerhalb von 5 s und die geforderte Beleuchtungsstärke innerhalb von 60 s erreichen.

Übereinstimmung mit 4.2.1 bis 4.2.4 und 4.2.6 kann durch Messung oder Vergleich mit verbindlichen Daten der Lieferfirma geprüft werden.

Tabelle 1: Grenzwerte der physiologischen Blendung

Lichtpunkthöhe über dem Boden h m	Maximale Lichtstärke für Sicherheitsbeleuchtung für Rettungswege und Antipanikbeleuchtung I_{max} cd	Maximale Lichtstärke für Sicherheitsbeleuchtung für Arbeitsplätze mit besonderer Gefährdung I_{max} cd
$h < 2{,}5$	500	1 000
$2{,}5 \leq h < 3{,}0$	900	1 800
$3{,}0 \leq h < 3{,}5$	1 600	3 200
$3{,}5 \leq h < 4{,}0$	2 500	5 000
$4{,}0 \leq h < 4{,}5$	3 500	7 000
$h \geq 4{,}5$	5 000	10 000

4.3 Antipanikbeleuchtung

4.3.1 Die horizontale Beleuchtungsstärke darf 0,5 lx auf der freien Bodenfläche nicht unterschreiten, wobei die Randbereiche mit einer Breite von 0,5 m nicht berücksichtigt werden.

4.3.2 Das Verhältnis der größten zur kleinsten Beleuchtungsstärke der Antipanikbeleuchtung darf 40 : 1 nicht überschreiten.

4.3.3 Die physiologische Blendung muß durch Begrenzung der Lichtstärke der Leuchten innerhalb des Gesichtsfeldes niedrig gehalten werden. Die Werte in Tabelle 1 innerhalb der Zone von 60° bis 90° gegen die Vertikale dürfen für alle Azimuthwinkel nicht überschritten werden (siehe Bild 2).

4.3.4 Um Sicherheitsfarben eindeutig als solche erkennen zu können, muß der Farbwiedergabe-Index R_a einer Lampe mindestens 40 betragen. Die Leuchte darf diesen Wert nicht wesentlich herabsetzen.

4.3.5 Die Nennbetriebsdauer für Rettungszwecke muß mindestens 1 h betragen.

4.3.6 Die Antipanikbeleuchtung muß 50 % der geforderten Beleuchtungsstärke innerhalb von 5 s und innerhalb von 60 s die geforderte Beleuchtungsstärke erreichen.

Übereinstimmung mit 4.3.1 bis 4.3.4 und 4.3.6 kann durch Messung oder Vergleich mit verbindlichen Daten der Lieferfirma geprüft werden.

4.4 Sicherheitsbeleuchtung für Arbeitsplätze mit besonderer Gefährdung

4.4.1 In Bereichen von Arbeitsplätzen mit besonderer Gefährdung muß der Wartungswert der Beleuchtungsstärke auf der Bezugsebene mindestens 10 % des für die Aufgabe erforderlichen Wartungswertes der Beleuchtungsstärke betragen, wie auch immer, er darf nicht unter 15 lx fallen. Störende stroboskopische Effekte müssen ausgeschlossen werden.

4.4.2 Die Gleichmäßigkeit der Beleuchtungsstärke der Sicherheitsbeleuchtung für Arbeitsplätze mit besonderer Gefährdung darf 0,1 nicht unterschreiten.

4.4.3 Physiologische Blendung muß durch Begrenzung der Lichtstärke der Leuchten innerhalb des Gesichtfeldes niedrig gehalten werden. Die Werte in Tabelle 1 dürfen innerhalb der Zone von 60° bis 90° gegen die Vertikale für alle Azimuthwinkel nicht überschritten werden.

4.4.4 Um Sicherheitsfarben eindeutig als solche erkennen zu können, muß der Farbwiedergabe-Index R_a einer Lampe mindestens 40 betragen. Die Leuchte darf diesen Wert nicht wesentlich herabsetzen.

4.4.5 Die Nennbetriebsdauer muß der Dauer entsprechen, während der eine Gefährdung für die Menschen besteht.

4.4.6 Für Sicherheitsbeleuchtung für Arbeitsplätze mit besonderer Gefährdung muß die geforderte Beleuchtungsstärke dauernd vorhanden oder innerhalb von 0,5 s erreicht sein, abhängig von der jeweiligen Anwendung.

Übereinstimmung mit 4.4.1 bis 4.4.4 und 4.4.6 kann durch Messung oder Vergleich mit verbindlichen Daten der Lieferfirma geprüft werden.

4.5 Ersatzbeleuchtung

Wenn Ersatzbeleuchtung eingesetzt wird, um Aufgaben der Notbeleuchtung zu übernehmen, so muß sie alle relevanten Anforderungen dieser Norm erfüllen.

Falls die Ersatzbeleuchtung ein Beleuchtungsniveau unter dem Minimum der allgemeinen Beleuchtung erzeugt, darf sie nur benutzt werden, um einen Arbeitsprozeß herunterzufahren oder zu beenden.

5 Sicherheitszeichen

Sicherheitszeichen für Rettungswege und Erste Hilfe müssen die nachfolgend aufgeführten Anforderungen erfüllen:

ANMERKUNG: Hingewiesen wird auf die Anforderungen an das Format von Schildern für Sicherheitszeichen, die in der Richtlinie 92/58/EWG des Rates vom 24. 06. 1992 über Mindestvorschriften für die Sicherheits- und/oder Gesundheitsschutzkennzeichnung am Arbeitsplatz festgelegt sind.

5.1 Sicherheitszeichen müssen mindestens 50 % der geforderten Leuchtdichte innerhalb von 5 s und die volle geforderte Leuchtdichte innerhalb von 60 s erreichen.

5.2 Die Farben müssen den Anforderungen in ISO 3864 entsprechen.

5.3 Die Leuchtdichte der Sicherheitsfarbe muß an jeder Stelle des Zeichens mindestens 2 cd/m^2 aus allen relevanten Blickrichtungen betragen (siehe Anhang A).

5.4 Das Verhältnis der gößten zur kleinsten Leuchtdichte darf weder innerhalb der weißen Fläche noch innerhalb der Sicherheitsfarbe größer als 10 : 1 sein.

ANMERKUNG: Große Unterschiede bei angrenzenden Stellen sollten vermieden werden.

5.5 Das Verhältnis der Leuchtdichte $L_{weiß}$ zur Leuchtdichte L_{Farbe} muß mindestens 5 : 1 betragen und darf nicht größer als 15 : 1 sein (siehe Anhang A).

5.6 Da ein hinterleuchtetes Zeichen aus größerer Entfernung erkennbar ist als ein beleuchtetes Zeichen gleicher Größe, muß die maximale Erkennungsweite (siehe Bild 4) nach folgender Gleichung bestimmt werden:

$$d = s \cdot p \qquad (1)$$

Dabei ist:

d die Erkennungsweite;

p die Höhe des Piktogramms;

s eine Konstante: 100 für beleuchtete Zeichen, 200 für hinterleuchtete Zeichen.

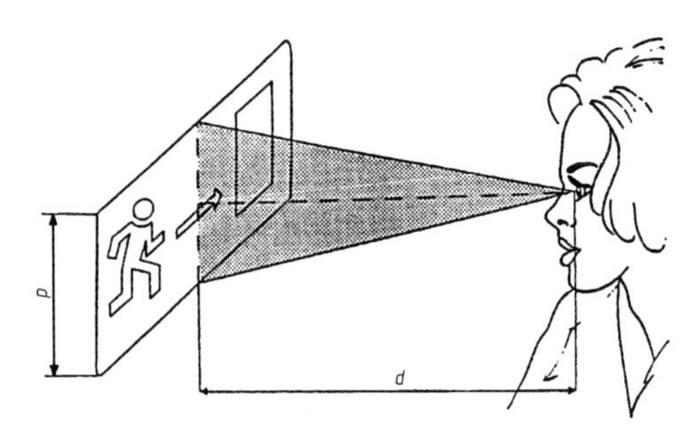

Bild 4: Erkennungsweite

Anhang A (normativ)

Leuchtdichte- und Beleuchtungsstärkemessungen

A.1 Leuchtdichtemessungen an Zeichen

Leuchtdichten werden senkrecht zur Oberfläche in einem Meßfeld mit einem Durchmesser von 10 mm auf der Oberfläche für jede farbige Fläche des Zeichens gemessen. Die minimale und die maximale Leuchtdichte werden für die Flächen jeder Farbe bestimmt. Für den farbigen Hintergrund wird ein 10 mm breiter Randbereich von den Messungen ausgeschlossen. Um das Leuchtdichteverhältnis von zwei aneinandergrenzenden Farben zu bestimmen, sollte die Leuchtdichte im Abstand von 15 mm von der Trennlinie der zwei Farben gemessen werden. Die maximalen und minimalen Verhältnisse sind zu ermitteln. Falls die Farbfläche kleiner als 30 mm ist, sollte das Meßfeld verkleinert werden.

Für Sicherheitszeichen, bei denen die Länge der schmalen Seite kleiner als 100 mm beträgt, ist der Durchmesser des Meßfeldes und die Breite der nicht zu berücksichtigenden Umrandung höchstens 10 % der schmalen Seitenlänge zu reduzieren.

Bild A.1: Typisches Beispiel für Meßpunkte

A.2 Geräte für Vor-Ort-Messungen

Alle Beleuchtungsstärkemessungen sollen mit einem kosinus- und $V(\lambda)$-korrigierten Meßgerät und alle Leuchtdichtemessungen mit einem $V(\lambda)$-korrigierten Meßgerät durchgeführt werden.

Das Meßgerät darf keine Fehlertoleranz haben, die 10 % übersteigt.

Die Messungen dürfen bis zu 20 mm über dem Boden durchgeführt werden.

Anhang B (informativ)

Länder in denen ein anderes Beleuchtungsniveau erforderlich ist

A-Abweichung: Nationale Abweichung, die auf Vorschriften beruht, deren Änderung z. Z. außerhalb der Kompetenz des CEN/CENELEC-Mitglieds liegt.

Diese Europäische Norm fällt nicht unter eine EG-Richtlinie.

In den entsprechenden CEN/CENELEC-Ländern gelten diese A-Abweichungen anstelle der Festlegungen der Europäischen Norm so lange, bis sie zurückgezogen sind.

Abschnitt	**Abweichung**
1	**Frankreich** [1] Vorgeschrieben sind zertifizierte Produkte mit festgelegten Gütemerkmalen. Beleuchtungsstärken und Leuchtdichte werden nicht bei der Planung berücksichtigt.
4	**Italien** [2] Für Kinos, Theater und ähnliche Veranstaltungsorte muß die Beleuchtungsstärke in der Nähe von Treppen und Ausgängen mindestens 5 lx betragen, gemessen 1 m über dem Boden. Entlang von Rettungswegen sind mindestens 2 lx erforderlich. Sofern Beleuchtungsstärkewerte durch Vorschriften vorgegeben sind, sind sie nicht als Planungswerte zu betrachten, sondern müssen vor Ort einschließlich von Reflexion meßbar sein.
4.1	**Frankreich** [1] Die Punkte g), h) und i) werden in den französischen Regelungen nicht berücksichtigt.
4.2	**Frankreich** [1] Auf Rettungswegen müssen zertifizierte Notleuchten in einem Abstand von nicht mehr als 15 m (in Schulen 30 m) angebracht sein.
4.2.1	**Irland** (S. I. Nr. 497 von 1997) I. S. 3217 : 1989 „Code of Practice for Emergency Lighting". Absatz 4.2.1 *Gekennzeichnete Fluchtwege:* Die horizontale Beleuchtung auf der Mittellinie eines deutlich gekennzeichneten Fluchtweges auf Bodenebene darf nicht unter 0,5 lx liegen. **Vereinigtes Königreich** (SI Nr. 1065, SI Nr. 2179, SI Nr. 1709) BS 5266 Part 1 : 1988 „Emergency Lighting". Absatz 4.2.1 *Gekennzeichnete Fluchtwege:* Die horizontale Beleuchtung auf der Mittellinie eines gekennzeichneten Fluchtweges auf Bodenebene sollte nicht unter 0,2 lx liegen. Außerdem sollte bei Fluchtwegen bis zu 2 m Breite 50 % der Wegbreite mit mindestens 0,1 lx beleuchtet sein. Breitere Fluchtwege können wie eine Menge 2 m breiter Bänder behandelt werden.
4.2.6/4.3.6	**Deutschland** (§ 7 Abs. 4 der Arbeitsstättenverordnung und der Arbeitsstätten-Richtlinie ASR 7/4) Die Zeitspanne zwischen Ausfall der allgemeinen künstlichen Beleuchtung bei Störung der Stromversorgung und dem Erreichen der erforderlichen Beleuchtungsstärke darf höchstens 15 s betragen.
4.2.6	**Irland** (S. I. Nr. 497 von 1997) I. S. 3217 : 1989 „Code of Practice for Emergency Lighting". Absatz 4.2.6 *Reaktionszeit:* Die in dieser Vorschrift spezifizierte Notbeleuchtung sollte sich innerhalb von 5 s nach Aussetzen der normalen Beleuchtungszufuhr einschalten. **Vereinigtes Königreich** (SI Nr. 1065, SI Nr. 2179, SI Nr. 1709) BS 5266 Part 1 : 1988 „Emergency Lighting". Absatz 4.2.6 *Reaktionszeit:* Die in dieser Vorschrift aufgeführte Notbeleuchtung sollte sich innerhalb von 5 s nach Ausfall der normalen Beleuchtungszufuhr einschalten, aber nach Ermessen der durchführenden Behörde kann dieser Zeitraum bei Grundstücken, die größtenteils von Leuten genutzt werden, die sich darauf und mit den Fluchtwegen auskennen, auf maximal 15 s ausgedehnt werden.

---

[1] Die Abweichungen für Frankreich basieren auf den folgenden nationalen Regelungen:
Règlement de sécurité contre l'encendie dans les ERP, arrêté du 25 jiun 1980 modifié, livre II, chapitre VIII, section III.
Arrêté du 10 novembre 1976 relatif aux circuits et installations de sécurité dans les établissements soumis au code du travail.

[2] Die Abweichung für Italien basiert auf den folgenden nationalen Regelungen:
Erlaß des Innenministeriums vom 1986-02-01 (Garagen)
Erlaß des Transportministeriums vom 1988-01-11 (Tiefbauten)
Erlaß des Innenministeriums vom 1992-08-26 (Schulen)
Erlaß des Innenministeriums vom 1994-04-09 (Hotels)
Erlaß des Innenministeriums vom 1996-03-18 (Sporteinrichtungen)
Erlaß des Innenministeriums vom 1996-08-19 (Kinos, Theater und öffentliche Veranstaltungen)

4.3 **Frankreich** [3)]

Zertifizierte Notleuchten müssen 5 lm/m^2 Bodenfläche erbringen. Um eine angemessene Gleichmäßigkeit zu erreichen, muß der Abstand zwischen den Leuchten geringer sein als das Vierfache der Höhe, in der sie montiert sind (mit mindestens zwei Leuchten je Raum).

4.4 **Frankreich** [3)]

Diese Kategorien entsprechen nicht den französischen Regelungen, die auf einer Risikobewertung basieren.

5 **Frankreich** [3)]

Die französischen Regelungen nehmen Bezug auf die Französische Norm NF 08-003 (oder übereinstimmende Normen anderer europäischer Länder).

Allgemeines **Frankreich** [3)]

Die Beleuchtungsstärke als photometrischer Aspekt wird nicht in öffentlichen Gebäuden und Arbeitsstätten genutzt.

Vereinigtes Königreich (SI Nr. 1129, SI Nr. 1125)

CP 1007 : 1955 „Maintained lighting for Cinemas". Clause 322

[3)] siehe Fußnote [1)]

Anhang C (informativ)

Literaturhinweise

prEN 12665
Angewandte Lichttechnik — Grundlegende Begriffe und Kriterien für die Festlegung von Anforderungen an die Beleuchtung

prEN 12193
Angewandte Lichttechnik — Sportstättenbeleuchtung

CEN/TC 169/WG 6
Angewandte Lichttechnik — Tunnelbeleuchtung

prEN 13032-1
Angewandte Lichttechnik — Messung und Darstellung photometrischer Daten von Lampen und Leuchten — Teil 1: Messung

ISO 6309
Brandschutz — Sicherheitszeichen

November 2003

	Brandmeldeanlagen Aufbau und Betrieb	DIN 14675

ICS 13.220.20

Ersatz für
DIN 14675:2000-06,
DIN 14675/A1:2001-08,
DIN 14675/A2:2002-07 und
DIN 14675/A3:2002-11

Fire detection and fire alarm systems — Design and operation

Systèmes de détection et d'alarme d'incendie — Structure et opération

Vorwort

Diese Norm wurde vom FNFW-Arbeitsausschuss (AA) 72.1 „Brandmelde- und Feueralarmanlagen" erarbeitet.

Im Europäischen Komitee für Normung (CEN) erarbeitet das Technische Komitee CEN/TC 72 „Brandmelde- und Feueralarmanlagen" unter dem Mandat der EU zur Angleichung der Rechtsvorschriften im Europäischen Wirtschaftsraum im Rahmen der EU-Bauproduktenrichtlinie (BPR) die Europäischen Normen der Reihe EN 54 „Brandmeldeanlagen". Diese Europäischen Normen befinden sich zurzeit im Harmonisierungsverfahren mit der BPR. Nach Veröffentlichung der Europäischen Normen im Amtsblatt der EU und nach Ablauf der Koexistenzperiode dürfen nur noch Produkte mit Prüfung und Zertifizierung durch eine notifizierte Stelle für Brandmeldeanlagen in Verkehr gebracht werden.

Ziel dieser Norm ist es, diesen für die Bestandteile/Geräte/Komponenten von Brandmeldesystemen erreichten hohen Qualitätsstandard auch für die gesamte Brandmeldeanlage einschließlich der für den Aufbau und Betrieb notwendigen Dienstleistungen konsequent weiterzuführen. Mit dem in dieser Norm geforderten Nachweis der Kompetenz der beteiligten Fachfirmen für das Planen, Errichten, Abnehmen sowie Instandhalten wird den hohen Qualitätsanforderungen Rechnung getragen, die erforderlich sind, da Brandmeldeanlagen immer häufiger zur Erreichung des bauordnungsrechtlich geforderten Brandschutzniveaus eines Gebäudes eingesetzt werden.

Das CEN/TC 72 „Brandmelde- und Feueralarmanlagen" hatte auf seiner 50. Sitzung am 28. und 29. April 1998 dem vom DIN gestellten Antrag auf Abweichung von der Stillhaltevereinbarung stattgegeben und mit Resolution 468/Zoetermeer/04 unter anderem die Überarbeitung und Veröffentlichung von DIN 14675 genehmigt.

Änderungen

Gegenüber DIN 14675:2000-06, DIN 14675/A1:2001-08, DIN 14675/A2:2002-07 und DIN 14675/A3:2002-11 wurden folgende Änderungen vorgenommen:

a) Einarbeiten der Änderungen A1 bis A3 zu DIN 14675;

b) Anhang M (informativ) ergänzt;

c) redaktionelle Überarbeitung.

Frühere Ausgaben

DIN 14675-1: 1966-08

DIN 14675-2: 1966-08

DIN 14675-3: 1966-08

DIN 14675: 1979-04, 1984-01, 2000-06

DIN 14675/A1: 2001-08

DIN 14675/A2: 2002-07

DIN 14675/A3: 2002-11

Fortsetzung Seite 2 bis 57

Normenausschuss Feuerwehrwesen (FNFW) im DIN Deutsches Institut für Normung e. V.
DKE Deutsche Kommission Elektrotechnik Elektronik Informationstechnik im DIN und VDE

Inhalt

Seite

Einleitung

Diese Norm enthält Anwendungsregeln für den Aufbau und Betrieb von Brandmeldeanlagen unter besonderer Berücksichtigung von baurechtlichen und feuerwehrspezifischen Anforderungen. Für die automatische Weiterleitung von Alarmen von der BMA an die Feuerwehr wurden die Forderungen der Vertreter der Feuerwehren berücksichtigt und durch entsprechende Anforderungen der neuen Europäischen Norm der Reihe DIN EN 50136 „Alarmanlagen — Alarmübertragungsanlagen und -einrichtungen" umgesetzt.

Ziel dieser Norm ist, die Anforderungen, die bisher in den „Technischen Anschlussbedingungen der Feuerwehr" enthalten sind, durch normative Festlegungen einheitlich zu ersetzen.

Diese Norm basiert auf dem Europäischen Dokument CEN TS 54-14 „Brandmeldeanlagen — Teil 14: Richtlinie für Planung, Projektierung, Montage, Inbetriebsetzung, Betrieb und Instandhaltung" des CEN/TC 72, an dem Experten des FNFW-AA 72.1 mitgearbeitet haben. Aus diesem Dokument wurden der Anwendungsbereich, die Gliederung und der Inhalt übernommen, um die deutschen Anwender dieser Norm mit den Erkenntnissen der Europäischen Normungsarbeit vertraut zu machen.

1 Anwendungsbereich

Diese Norm gilt zusammen mit den Normen der Reihe DIN EN 54 und DIN VDE 0833-2 (VDE 0833 Teil 2).

Diese Norm legt Anforderungen für den Aufbau und Betrieb von Anlagen für die Brandmeldung und Feueralarmierung in und an Gebäuden unter besonderer Berücksichtigung der bauordnungsrechtlichen und feuerwehrspezifischen Anforderungen fest.

Diese Norm gilt für den Aufbau und Betrieb von Anlagen, die für den Schutz von Personen und Sachen vorgesehen sind.

Diese Norm gilt für den Aufbau und Betrieb von Anlagen, welche von einfachen Anlagen, z. B. solchen mit einem Handfeuermelder oder zwei Handfeuermeldern, bis zu Installationen mit automatischen Brandmeldern, Handfeuermeldern, Anschluss an die öffentliche Feuerwehr usw. reichen. Die Anlagen können auch im Brandfall zur Ansteuerung zusätzlicher Brandschutzeinrichtungen (z. B. ortsfester Löschanlagen) und anderer Brandfallsteuerungen (z. B. Abschalten von Maschinen) dienen. Sie gilt jedoch nicht für diese zusätzlichen Brandschutzeinrichtungen selbst.

ANMERKUNG Die bauordnungsrechtliche Forderung nach Aufbau und Betrieb einer BMA kann sich aus einer allgemeinen geltenden Vorschrift oder im Einzelfall aus dem Baugenehmigungsbescheid ergeben.

Im Übrigen gilt für den Anwendungsbereich DIN EN 54-1.

2 Normative Verweisungen

Diese Norm enthält durch datierte oder undatierte Verweisungen Festlegungen aus anderen Publikationen. Diese normativen Verweisungen sind an den jeweiligen Stellen im Text zitiert, und die Publikationen sind nachstehend aufgeführt. Bei datierten Verweisungen gehören spätere Änderungen oder Überarbeitungen dieser Publikationen nur zu dieser Norm, falls sie durch Änderung oder Überarbeitung eingearbeitet sind. Bei undatierten Verweisungen gilt die letzte Ausgabe der in Bezug genommenen Publikation (einschließlich Änderungen).

DIN 105 (alle Teile), *Mauerziegel.*

DIN 106 (alle Teile), *Kalksandsteine.*

DIN 1053 (alle Teile), *Mauerwerk.*

DIN 4066, *Hinweisschilder für die Feuerwehr.*

DIN 14034 (alle Teile), *Graphische Symbole für das Feuerwehrwesen.*

DIN 14623, *Orientierungsschilder für automatische Brandmelder.*

DIN 14661, *Feuerwehrwesen — Feuerwehr-Bedienfeld für Brandmeldeanlagen.*

DIN 33404-3, *Gefahrensignale für Arbeitsstätten — Akustische Gefahrensignale — Einheitliches Notsignal — Sicherheitstechnische Anforderungen, Prüfung.*

DIN EN 54 (alle Teile), *Brandmeldeanlagen.*

DIN EN 54-1, *Brandmeldeanlagen — Teil 1: Einleitung; Deutsche Fassung EN 54-1:1996.*

DIN EN 54-2:1997-12, *Brandmeldeanlagen — Teil 2: Brandmelderzentralen; Deutsche Fassung EN 54-2:1997.*

DIN EN 54-3, *Brandmeldeanlagen — Teil 3: Akustische Alarmierungseinrichtungen; Deutsche Fassung EN 54-3:2001.*

DIN EN 54-4, *Brandmeldeanlagen — Teil 4: Energieversorgungseinrichtungen; Deutsche Fassung EN 54-4:1997.*

DIN EN 54-11, *Brandmeldeanlagen — Teil 11: Handfeuermelder; Deutsche Fassung EN 54-11:2001.*

E DIN EN 54-13, *Brandmeldeanlagen — Teil 13: Systemanforderungen; Deutsche Fassung prEN 54-13:1996.*

CEN TS 54-14, *Brandmeldeanlagen — Teil 14: Richtlinie für Planung, Projektierung, Montage, Inbetriebsetzung, Betrieb und Instandhaltung; Deutsche Fassung CEN TS 54-14:2003.*

DIN EN 206:2001-07, *Beton — Teil 1: Festlegung, Eigenschaften, Herstellung und Konformität; Deutsche Fassung EN 206-1:2000.*

DIN EN 45011, *Allgemeine Anforderungen an Stellen, die Produktzertifizierungssysteme betreiben (ISO/IEC Guide 65:1996); Dreisprachige Fassung EN 45011:1998.*

DIN EN 45012, *Allgemeine Anforderungen an Stellen, die Qualitätsmanagementsysteme begutachten und zertifizieren (ISO/IEC Guide 62:1996); Dreisprachige Fassung EN 45012:1998.*

DIN EN 50086-1, *Elektroinstallationsrohrsysteme für elektrische Installationen — Teil 1: Allgemeine Anforderungen; Deutsche Fassung EN 50086-1:1993.*

DIN EN 50136 (VDE 0830 Teil 5) (alle Teile), *Alarmanlagen — Alarmübertragungsanlagen und -einrichtungen.*

DIN EN 50136-1-1 (VDE 0830 Teil 5-1-1), *Alarmanlagen — Alarmübertragungsanlagen und -einrichtungen — Teil 1-1: Allgemeine Anforderungen an Alarmübertragungsanlagen; Deutsche Fassung EN 50136-1-1:1998 + A1:2001.*

DIN EN 50136-2-1 (VDE 0830 Teil 5-2-1), *Alarmanlagen — Alarmübertragungsanlagen und -einrichtungen — Teil 2-1: Allgemeine Anforderungen an Alarmübertragungseinrichtungen; Deutsche Fassung EN 50136-2-1:1998 + Corrigendum 1998 + A1:2001.*

DIN EN 50136-1-3 (VDE 0830 Teil 5-3-1), *Alarmanlagen — Alarmübertragungsanlagen und -einrichtungen — Teil 1-3: Anforderungen an Anlagen mit automatischen Wähl- und Übertragungsanlagen für das öffentliche Fernsprechwählnetz; Deutsche Fassung EN 50136-1-3:1998.*

DIN VDE 0833-1 (VDE 0833 Teil 1), *Gefahrenmeldeanlagen für Brand, Einbruch und Überfall — Allgemeine Festlegungen.*

DIN VDE 0833-2 (VDE 0833 Teil 2), *Gefahrenmeldeanlagen für Brand, Einbruch und Überfall — Teil 2: Festlegungen für Brandmeldeanlagen (BMA).*

DIN VDE 0845-1 (VDE 0845 Teil 1), *Schutz von Fernmeldeanlagen gegen Blitzeinwirkungen, statische Aufladungen und Überspannungen aus Starkstromanlagen — Maßnahmen gegen Überspannungen.*

DIN VDE 0891-6 (VDE 0891 Teil 6), *Verwendung von Kabeln und isolierten Leitungen für Fernmeldeanlagen und Informationsverarbeitungsanlagen; Besondere Bestimmungen für Außenkabel nach DIN VDE 0816 Teil 1 bis Teil 3.*

BetrSichV, *Verordnung über Sicherheit und Gesundheitsschutz bei der Bereitstellung von Arbeitsmitteln und deren Benutzung bei der Arbeit, über Sicherheit beim Betrieb überwachungsbedürftiger Anlagen und über die Organisation des betrieblichen Arbeitsschutzes (Betriebssicherheitsverordnung — BetrSichV)*[3].

CCITT V.31bis, *Elektrische Eigenschaften von Einfachstrom-Schnittstellenstromkreisen mit Optokopplern*[1].

FeststellanlagenRL, *Richtlinien für Feststellanlagen*[2].

StrlSchV, *Verordnung über den Schutz vor Schäden durch ionisierende Strahlen (Strahlenschutzverordnung — StrlSchV)*[3].

VdS 2105, *Richtlinien für mechanische Sicherungseinrichtungen — Schlüsseldepots (SD) — Teil 1: Anforderungen an Anlagenteile, Planung und Einbau*[4].

3 Begriffe

Für die Anwendung dieser Norm gelten die in DIN EN 54, DIN VDE 0833-1 (VDE 0833 Teil 1) und in DIN VDE 0833-2 (VDE 0833 Teil 2) angegebenen und die folgenden Begriffe.

3.1
abfragende Verbindung
Übertragungsweg, der nach dem Einrichten oder Aufbau für die Übertragung von Meldungen oder zur Überwachung der Verbindung regelmäßig zur Verfügung steht

3.2
akkreditierte Stelle
Stelle, der vom nationalen Akkreditierungssystem die formelle Anerkennung nach DIN EN 45011 erteilt wurde, Fachfirmen im Sinne dieser Norm zu zertifizieren

---

1) Zu beziehen durch: International Telecommunication Union (ITU), Place des Nations, CH-Geneva 20.

2) Zu beziehen durch Deutsches Informationszentrum für technische Regeln (DITR) im DIN Deutsches Institut für Normung e.V., 10772 Berlin.

3) Zu beziehen durch: Deutsches Informationszentrum für technische Regeln (DITR) im DIN Deutsches Institut für Normung e.V., 10772 Berlin, veröffentlicht im Bundesanzeiger Verlagsgesellschaft mbH (Bezug des Bundesgesetzblattes, Teil I und Teil II).

4) Herausgeber: Gesamtverband der Deutschen Versicherungswirtschaft e. V. — GDV; Zu beziehen bei: VdS Schadenverhütung Verlag.

3.3
alarmauslösende Stelle
Alarmempfangsstelle, die die Einsatzkräfte alarmiert, z. B. Leitstelle eines Landkreises

3.4
bedarfsgesteuerte Verbindung
Übertragungsweg, der vor der Übertragung von Meldungen oder zur Überwachung der Verbindung erst aufgebaut werden muss und nach der Übertragung bzw. Überwachung wieder abgebaut wird

3.5
Brandabschnitt
Teil einer baulichen Anlage, der gegenüber derselben und/oder einer anderen baulichen Anlage durch Brandwände und entsprechende Decken umschlossen ist

3.6
Brandfallsteuerung
alle Steuerungen, die infolge eines Alarms der BMZ vorgenommen werden, z. B. Auslösen von Brandschutzeinrichtungen, wie automatische Löschanlagen, Brandschutzklappen, Rauchabzugsanlagen, zwangsgesteuerte Aufzugsanlagen usw., Abschalten von Lüftungsanlagen, EDV oder anderen Betriebsmitteln

ANMERKUNG Zu Brandfallsteuerungen gehören z. B. nicht: örtliche akustische und optische Alarmierungseinrichtungen, zusätzliche Anzeige- und Informationseinrichtungen (Feuerwehr-Anzeigetableau (FAT), Feuerwehr-Schlüsseldepot (FSD), Blitzleuchten usw.).

[DIN 14661:2001-08]

3.7
Fachfirma
alle an den Phasen für den Aufbau und Betrieb von Brandmeldeanlagen verantwortlich beteiligten Personen, Stellen oder Unternehmen

3.8
Feuerwehr-Anzeigetableau (FAT)
Hilfsmittel für die Erstinformation der Feuerwehr

3.9
Feuerwehr-Laufkarte
Hilfsmittel für die Orientierung der Feuerwehr zum Auffinden des ausgelösten Brandmelders

3.10
Feuerwehr-Schlüsseldepot (FSD)
stabiles Behältnis für die Aufbewahrung von Objektschlüsseln als Schutz gegen unbefugten Zugriff, um der Feuerwehr in Abwesenheit des Betreibers gewaltfreien Zugang zum Sicherungsbereich zu ermöglichen

3.11
stehende Verbindung
Festverbindung
Übertragungsweg, der nach dem Einrichten oder Aufbau für die Übertragung von Meldungen oder zur Überwachung der Verbindung ständig zur Verfügung steht

3.12
verantwortliche Person
eine Person mit Systemkenntnis, Hintergrundwissen, Erfahrung und Fähigkeit, die BMA nach dieser Norm in der vorgesehenen Weise zu planen, zu betreiben und/oder in Stand zu halten

4 Phasen für den Aufbau und Betrieb von Brandmeldeanlagen (BMA)

4.1 Allgemeines

Die einzelnen Phasen für den Aufbau und Betrieb sind in Bild 1 dargestellt, weitere Informationen siehe informativer Anhang E, Tabelle E.1.

Für Änderungen oder Erweiterungen bestehender BMA, z. B. bei Änderung der Raumnutzung oder Raumgestaltung, gelten die folgenden Anforderungen sinngemäß.

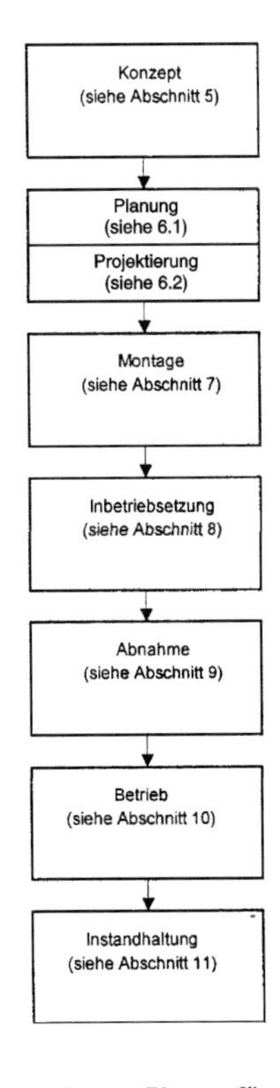

Bild 1 — Brandmeldeanlagen: Phasen für Aufbau und Betrieb

4.2 Verantwortlichkeit und Kompetenz

4.2.1 Für jede Phase, die in den Abschnitten 6 bis 9 und 11 beschrieben ist, ist die entsprechende Leistung durch eine Fachfirma verantwortlich zu erbringen. Die Kompetenz dieser Fachfirma muss durch eine nach DIN EN 45011 akkreditierte Stelle (siehe 3.2) zertifiziert werden.

Ferner ist von der Fachfirma ein geeignetes Qualitätsmanagementsystem (z. B. nach DIN EN ISO 9001) nachzuweisen. Als Nachweis ist ein Zertifikat ausreichend, wenn es von einer nach DIN EN 45012 akkreditierten Stelle ausgestellt wurde.

ANMERKUNG 1 DIN EN ISO 9001:2000 ermöglicht aufgrund der praxisgerechten Anforderungen an die zu dokumentierenden Verfahren auch die wirtschaftlich vertretbare Anwendung durch kleinere Fachfirmen.

ANMERKUNG 2 Als Nachweis eines geeigneten QM-Systems in der Planungsphase nach 6.1 ist für einen Übergangszeitraum von drei Jahren die Vorlage eines QM-Handbuches ausreichend. Der Inhalt ist im Anhang M beschrieben.

Die Kompetenzkriterien für die Zertifizierung der Fachfirmen zu den einzelnen Phasen sind im Anhang L festgelegt.

4.2.2 Werden Leistung und Verantwortung für bestimmte Phasen aufgeteilt, sind die Schnittstellen für die Arbeitsteilung eindeutig zu definieren und je Phase eine Fachfirma mit zertifizierter Kompetenz und einem Qualitätsmanagementsystem nach 4.2.1 erforderlich.

4.2.3 Zum Zeitpunkt des Vertragsabschlusses muss die Verantwortlichkeit und Kompetenz für die einzelnen Phasen des Aufbaus klar festgelegt und dokumentiert sein. Verantwortlich dafür ist der Auftraggeber.

4.2.4 Nach Übergabe der Anlage geht die Verantwortlichkeit für die weitere Leistungsfähigkeit auf den Betreiber der Anlage über.

5 Konzept für BMA

5.1 Schutzziele

Der Einsatz einer BMA muss mit den Maßnahmen des vorbeugenden und des abwehrenden Brandschutzes Bestandteil des Brandschutzkonzeptes für ein Gebäude sein. Nur die Gesamtheit dieser Maßnahmen kann die Brandschutzwirkung für Personen und Sachen sicherstellen (siehe informativer Anhang F).

Mit den BMA müssen mindestens folgende Schutzziele erreicht werden:

— Entdeckung von Bränden in der Entstehungsphase;

— schnelle Information und Alarmierung der betroffenen Menschen;

— automatische Ansteuerung von Brandschutz- und Betriebseinrichtungen;

— schnelle Alarmierung der Feuerwehr und/oder anderer hilfeleistender Stellen;

— eindeutiges Lokalisieren des Gefahrenbereiches und dessen Anzeige.

5.2 Anforderungen

Die an Aufbau und Betrieb der BMA zu stellenden Mindestanforderungen nach 5.1, 5.3 bis 5.5 müssen durch Absprachen zwischen dem Auftraggeber und den zuständigen Stellen eindeutig geklärt und festgelegt werden, z. B. Bauaufsichtsbehörde (bauordnungsrechtliche Auflagen), Brandschutzdienststelle (feuerwehrspezifische Bestimmungen), Versicherer (feuerversicherungstechnische Klauseln).

Bezüglich der BMA sind hierzu im Wesentlichen festzulegen:

— Sicherungsbereiche und Überwachungsumfang;

— Meldebereiche;

— Art und Anordnung der Brandmelder;

— Alarmierungsbereiche: Art und Anordnung der Alarmierungseinrichtungen;

— Brandmelderzentralen: Leistungsmerkmale, Standort, Anordnung, Zugänglichkeit;

— Steuerungen von Feuerschutzabschlüssen, Löschanlagen, Betriebseinrichtungen;

— Alarmorganisation des Betreibers, Brandschutzbeauftragte, eingewiesene Personen;

— hilfeleistende Kräfte des Betreibers, Alarmpläne, Feuerwehr-Laufkarte;

— Alarmierung der Feuerwehr;

— Feuerwehrpläne, Anfahrtmöglichkeit von Einsatzfahrzeugen der Feuerwehr.

ANMERKUNG Zu Regeln für das Planen und Errichten von BMA, siehe auch DIN VDE 0833-2 (VDE 0833 Teil 2).

Diese Mindestanforderungen können auch die Notwendigkeit einer Abnahme (z. B. durch Brandschutzdienststelle) oder Anerkennung (z. B. durch Versicherer) und/oder baurechtliche Prüfungen durch behördlich anerkannte Sachverständige einschließen. Da die Planung der BMA von den Anforderungen der Abnahmestelle abhängen kann, ist es wichtig, dass diese so früh als möglich mit einbezogen wird.

Sofern die Abnahme von mehr als einer Stelle erforderlich ist, und diese unterschiedliche Anforderungen an die BMA erheben, muss die BMA nach den jeweils höheren Anforderungen aufgebaut und betrieben werden.

5.3 Schutzumfang

Der Schutzumfang muss nach folgenden Kategorien festgelegt werden, weitere Informationen siehe informativer Anhang G:

a) Kategorie 1: Vollschutz

b) Kategorie 2: Teilschutz

c) Kategorie 3: Schutz von Fluchtwegen

d) Kategorie 4: Einrichtungsschutz

5.4 Alarmierung

Mit den zuständigen Stellen sind die Alarmarten und Alarmierungseinrichtungen festzulegen, siehe informativer Anhang H.

5.5 Alarmorganisation

Die Alarmorganisation ist mit dem Betreiber des Gebäudes oder dem Auftraggeber der Brandmeldeanlage und den zuständigen Stellen (z. B. Feuerwehr) entsprechend dem Brandschutzkonzept für das Gebäude festzulegen.

Die festgelegte Alarmorganisation für das Gebäude sollte mindestens Folgendes enthalten:

a) die Räumungsanweisungen im Brandfall;

b) die Nutzung des Gebäudes;

c) die Interventionszeit der Feuerwehr;

d) die Pflichten und Verantwortlichkeiten der Mitarbeiter, einschließlich der Vorkehrungen für eigenständige Brandbekämpfung;

e) die Art und Weise, wie die Personen, die sich im Gebäude befinden, über den Brandfall informiert werden;

f) die Erfordernisse und Maßnahmen zur Lokalisierung des Brandes;

g) die notwendige Unterteilung des Gebäudes in Brandmelde- und Alarmbereiche;

h) bei hierarchischen Systemen oder abgesetzten Bedienfeldern: Art und Weise der Übergabe zwischen den Bedienplätzen;

i) Art der Alarmierung der Feuerwehr und der an diese durchzugebenden Informationen;

j) gewaltfreie Zugangsmöglichkeiten für die Feuerwehr einschließlich Bereithaltung von Schlüsseln (z. B. im Feuerwehr-Schlüsseldepot (FSD) nach Anhang C) usw.;

k) Vorkehrungen, um Folgen von Falschalarmen zu vermeiden;

l) Änderungen der Alarmorganisation zwischen Tag und Nacht oder zwischen Arbeits- und Feiertagen;

m) andere Arten aktiver Brandschutzmaßnahmen einschließlich spezieller Anforderungen für den Betrieb und die Aufteilung zusätzlicher Einrichtungen;

n) Vorkehrungen für die Notstromversorgung;

o) Vorkehrungen für die Instandhaltung;

p) das Vorgehen bei Falschalarmen und Störungen;

q) Anforderungen für Ab-, Ausschaltungen und die Verantwortlichkeiten für Wiederinbetriebnahme.

Dabei ist mindestens festzuhalten, wer in welchem Meldebereich was zu tun hat, wenn er im Brandfall alarmiert wird.

5.6 Dokumentation

Die Ergebnisse der Absprachen zu den Mindestanforderungen für das Konzept der BMA nach 5.1 bis 5.5 sind in geeigneter Weise zu dokumentieren. Die Dokumentation ist als Grundlage für die Planung nach Abschnitt 6 zu erstellen.

5.7 Verantwortlichkeit und Kompetenz

Die Verantwortlichkeit für das Konzept der BMA und für die Vollständigkeit und Genauigkeit der Dokumentation nach 5.6 liegt beim Auftraggeber der BMA, der allerdings eine Fachfirma beauftragen kann, diese Dokumentation zu erstellen.

Der Auftraggeber (oder sein Vertreter) oder die kompetente Fachfirma, die für das Konzept und die Dokumentation nach 5.6 zuständig sind, müssen ausreichend theoretische und praktische Kenntnisse zu deren Erarbeitung besitzen.

6 Planung und Projektierung

6.1 Planung

6.1.1 Allgemeines

Ziel der Planung ist die Erstellung der detaillierten Entwurfs- und Ausführungsunterlagen für die BMA unter Berücksichtigung der speziellen Anforderungen nach 6.1.2, 6.1.3 und 6.2 sowie nach den Anforderungen an die Planung, Alarmierung und Projektierung der DIN VDE 0833-2 (VDE 0833 Teil 2).

6.1.2 Brandmeldesystem

Die Planung muss auf einem Brandmeldesystem basieren, dessen Konformität nach E DIN EN 54-13 geprüft und bestätigt wurde.

Die Konformität der im System verwendeten Bestandteile und die angewendeten Optionen müssen nach den Normen der Reihe DIN EN 54 (z. B. DIN EN 54-2) geprüft und bestätigt werden.

Sofern die entsprechenden Normen der Reihe DIN EN 54 noch nicht verfügbar sind, gelten die Festlegungen der nationalen Normen.

ANMERKUNG Zu Systemstrukturen und Bestandteilen, siehe informativer Anhang J.

6.1.3 Andere Systeme

Andere Systeme sind solche Einrichtungen und Anlagen des jeweiligen Gebäudes, die keine Bestandteile des Brandmeldesystems (BMS) sind, die aber im Brandfall von der BMA dieses Gebäudes automatisch angesteuert werden müssen (Brandfallsteuerungen) oder diese ansteuern, um die nach Abschnitt 5 geforderten Brandschutzfunktionen sicherzustellen.

Andere Systeme können z. B. sein:

— Alarmierungseinrichtungen;

— Alarmübertragungsanlagen;

— Rauchabzugsanlagen;

— Löschanlagen;

— Feuerschutzabschlüsse;

— Lüftungsanlagen;

— Einrichtungen nach 6.2.3.

Andere Systeme sind so anzuschließen, dass Fehler in diesen Systemen nicht zu einer Funktionsbeeinträchtigung im BMS führen.

Brandfallsteuerungen von anderen Systemen erfolgen über Schnittstellen, deren Aus- und Eingänge, elektrische Daten und Signale, Übertragungswege und Überwachung, durch die Hersteller der beiden Systeme aufeinander abgestimmt, spezifiziert und dokumentiert sein müssen.

ANMERKUNG 1 Normative Festlegungen für Schnittstellen und Ansteuereinrichtungen

a) zur Übertragungseinrichtung von Alarmübertragungsanlagen für Fernalarm nach 6.2.5.1,

b) zu Alarmierungseinrichtungen für Internalarm nach 6.2.5.2,

c) zu elektrischen Steuereinrichtungen für Betriebseinrichtungen allgemein

sind im Anhang B dieser Norm aufgeführt.

ANMERKUNG 2 Anforderungen an die Ansteuerung von Brandschutzeinrichtungen sind in DIN VDE 0833-2 (VDE 0833 Teil 2) aufgeführt.

6.2 Projektierung

6.2.1 Allgemeines

Die Projektierung der BMA im Rahmen der Werk- und Montageplanung muss unter Berücksichtigung der folgenden Abschnitte nach DIN VDE 0833-2 (VDE 0833 Teil 2) erfolgen.

6.2.2 Besondere Risiken, gefährliche und explosionsgefährdete Bereiche

6.2.2.1 Besondere Risiken

Unter besonderen Risiken sind solche Fälle zu verstehen, bei denen spezielle Beachtung und Kenntnis für die Planung, Auswahl der Geräte, die Anordnung und Aufteilung der Melder oder die Art der Schaltungen erforderlich sind. Solche Fälle können z. B. EDV-Bereiche und andere elektrische Risiken oder Hochregallager nach DIN VDE 0833-2 (VDE 0833 Teil 2) sein.

6.2.2.2 Gefährliche Bereiche

Unter gefährlichen Bereichen werden Gefahrenbereiche verstanden (z. B. chemisch, biologisch oder nuklear), die wesentlichen Einfluss auf die Planung der Brandmeldeanlage haben. In solchen Fällen ist eine sehr enge Zusammenarbeit zwischen dem Auftraggeber (welcher sich der Gefahren bewusst sein sollte) und den beteiligten Fachfirmen der Brandmeldeanlage notwendig. Entsprechende Festlegungen und Vorschriften für gefährliche Bereiche sind zu berücksichtigen.

6.2.2.3 Explosionsgefährdete Bereiche

Werden Bestandteile von BMA in durch brennbare Gase, Dämpfe und Stäube explosionsgefährdete Bereiche installiert, sind entsprechend geprüfte Geräte einzusetzen. Für die Installation und Montage ist die Betriebssicherheitsverordnung — BetrSichV — zu beachten.

6.2.3 Zusätzliche Einrichtungen

Für die Ansteuerung von Brandschutzeinrichtungen gilt DIN VDE 0833-2 (VDE 0833 Teil 2).

Zusätzlich zu den primären Zwecken der Brandentdeckung und Alarmierung können die Brandmeldungen der Anlage zur Ansteuerung zusätzlicher Einrichtungen verwendet werden, z. B.:

— Rauch- oder Feuerschutztüren;

— Rauch- oder Feuerschutzklappen;

— Abschaltung von Lüftungsanlagen;

— Aufzugssteuerung;

— Fluchttürsteuerung;

— Blitzleuchten zur Kennzeichnung des Feuerwehrzugangs.

Sowohl Auslösung als auch Störung einer zusätzlichen Einrichtung dürfen die ordnungsgemäße Funktion der Brandmeldeanlage nicht beeinträchtigen oder die Ansteuerung einer anderen zusätzlichen Einrichtung verhindern, siehe 6.1.2.

6.2.4 Bereiche

6.2.4.1 Meldebereiche

Sofern zur besseren Orientierung der Feuerwehr die Anzeige von Meldebereichen erforderlich ist, und FAT und Feuerwehr-Laufkarten hierzu nicht genügen, können zusätzliche optische Anzeigen vorgesehen werden. Diese Anzeigen sind bezogen auf den Standort/Montageort lagerichtig zu installieren.

Diese Orientierungshilfen sind mit der Feuerwehr abzustimmen.

6.2.4.2 Lokalisierung der Brandmeldung

Die Anzeigen an der BMZ müssen schnell, leicht und eindeutig mit der örtlichen Position jedes ausgelösten automatischen Brandmelders und/oder Handfeuermelders sowie jedes ausgelösten Löschbereiches ortsfester Löschanlagen in Verbindung zu bringen sein. Dazu ist mindestens je Meldergruppe eine Feuerwehr-Laufkarte nach den in 10.2 festgelegten Anforderungen bereitzuhalten.

In Gebäuden mit mehreren Feuerwehrzugängen können abgesetzte Anzeigeeinrichtungen erforderlich sein. Werden diese Anzeigen als Erstinformation für die Feuerwehr genutzt, z. B. als Feuerwehr-Anzeigetableau (FAT) (siehe DIN 14662 und 3.8), sind die Anforderungen nach DIN EN 54-2 zu erfüllen.

6.2.4.3 Alarmierungsbereiche

ANMERKUNG Siehe DIN VDE 0833-2 (VDE 0833 Teil 2).

6.2.5 Alarmierung

6.2.5.1 Fernalarm

Nach Auslösen des Alarmzustands der BMA ist sicherzustellen, dass der Fernalarm an die Feuerwehr oder an eine andere behördlich benannte alarmauslösende Stelle automatisch weitergeleitet wird. Der Fernalarm der BMA ist über eine Alarmübertragungsanlage (AÜA) weiterzuleiten. Die technischen Anforderungen zu den einzelnen Verbindungsarten nach den Normen der Reihe DIN EN 50136 sind im Anhang A festgelegt.

Für die Ansteuerung der Übertragungseinrichtung (ÜE) von AÜA durch die BMZ gelten die Anforderungen nach DIN EN 54-2 und für die Schnittstelle die Anforderungen nach Anhang B dieser Norm.

In bestimmten Fällen kann die Alarmorganisation fordern, dass zunächst nur das geschulte betriebliche Personal alarmiert wird, welches über die notwendigen weiteren Aktivitäten im Gebäude entscheidet. In diesen Fällen gelten für die Verzögerung der Alarmweiterleitung an die Feuerwehr die Anforderungen nach DIN EN 54-2 und DIN VDE 0833-2 (VDE 0833 Teil 2), Betriebsart PM.

6.2.5.2 Internalarm

ANMERKUNG Siehe DIN VDE 0833-2 (VDE 0833 Teil 2). Für die Schnittstelle zur automatischen Ansteuerung von Alarmierungseinrichtungen, die kein Bestandteil des Brandmeldesystems sind, gelten die Anforderungen nach Anhang B dieser Norm. Für Verzögerungen der Internalarmierung gelten die Anforderungen wie in 6.2.5.1.

Weitere Informationen zu 6.2.5 Alarmierung, siehe Anhang H.

6.2.6 Aufstellung der BMZ

Anforderungen an die BMZ sind in DIN EN 54-2 enthalten, und in Ergänzung zu DIN VDE 0833-2 (VDE 0833-Teil 2) sind folgende Anforderungen an die Aufstellung von BMZ zu erfüllen:

a) die Lichtverhältnisse müssen derart sein, dass die Beschriftungen und optischen Anzeigen leicht gesehen und gelesen werden können;

b) die akustischen Anzeigen der BMZ dürfen nicht durch Hintergrundgeräusche beeinträchtigt werden;

c) das Risiko der Brandentstehung am Aufstellungsort muss niedrig sein; der Aufstellungsort muss durch die Brandmeldeanlage überwacht werden;

d) besteht die BMZ aus mehreren Gehäuseeinheiten, die verteilt im Sicherungsbereich angeordnet sind, müssen die Anforderungen nach DIN EN 54-2 erfüllt werden. Sind hierfür redundante Verbindungsleitungen erforderlich, müssen diese als separate Leitungen, gegebenenfalls brandschutztechnisch getrennt, verlegt werden.

Die Anzeige- und Bedieneinrichtung der BMZ muss am Anfang des Sicherungsbereiches, vorzugsweise in einem durch Personen ständig besetzten Bereich, installiert sein.

6.2.7 Feuerwehr-Bedienfeld

Bei BMA mit Alarmweiterleitung an die Feuerwehr muss ein Feuerwehr-Bedienfeld nach DIN 14661 vorgesehen werden.

Die Schnittstelle der BMZ für den Anschluss an das FBF muss nach Anhang D gestaltet werden.

6.2.8 Energieversorgung

ANMERKUNG 1 Siehe auch DIN VDE 0833-2 (VDE 0833 Teil 2).

Ist die Energieversorgungseinrichtung (EV) der BMA nicht in die BMZ eingebaut, müssen für die Energieversorgungsleitungen zwischen EV und BMZ die Anforderungen nach DIN EN 54-4 eingehalten werden.

Werden an einen überwachten Übertragungsweg angeschlossene Geräte der BMA nicht über diesen Übertragungsweg, sondern über zusätzliche Leitungen aus der BMZ mit Energie versorgt, müssen für diese Energieversorgungsleitungen die Anforderungen für überwachte Übertragungswege nach DIN VDE 0833-2 (VDE 0833 Teil 2) sinngemäß eingehalten werden. So ist z. B. bei zusätzlicher Speisung von Meldern sicherzustellen, dass bei einem Fehler dieser Energieversorgungsleitungen (Kurzschluss, Unterbrechung oder Fehler gleicher Wirkung), nicht mehr als die automatischen Melder eines Meldebereiches ausfallen.

Erfolgt die Energieversorgung aus einer abgesetzten Zusatz-EV von nur einem Gerät, das an einen überwachten Übertragungsweg der BMA angeschlossen ist (z. B. zusätzliche Speisung von Eingangs-/Ausgangsbaustein P*, siehe Anhang J, Bild J.1), müssen für die Zusatz-EV und die Energieversorgungsleitungen zu diesem Gerät alle Anforderungen nach DIN EN 54-4 eingehalten werden.

Werden mehrere an einen Übertragungsweg angeschlossene Geräte der BMA aus der abgesetzten Zusatz-EV mit Energie versorgt, müssen für die Energieversorgungsleitungen zwischen der Zusatz-EV und den Geräten auch die Anforderungen für überwachte Übertragungswege nach DIN VDE 0833-2 (VDE 0833 Teil 2) sinngemäß eingehalten werden.

ANMERKUNG 2 Zur zusätzlichen Energieversorgung von Systembestandteilen, siehe auch informativer Anhang J.

Sowohl für die Energieversorgungseinrichtungen der BMZ als auch für Zusatz-EV gelten grundsätzlich die gleichen Überbrückungszeiten bei Netzausfall. Bei Energieversorgungseinrichtungen für Sondereinrichtungen, z. B. Einrichtungsschutz bei EDV-Anlagen, können abweichende Überbrückungszeiten vereinbart werden.

Für Energieversorgungseinrichtungen von Feststellanlagen für Feuerschutzabschlüsse gelten die Richtlinien des Deutschen Instituts für Bautechnik (DIBt), siehe FeststellanlagenRL.

6.2.9 Elektrische Leitungen

ANMERKUNG Siehe DIN VDE 0833-2 (VDE 0833 Teil 2).

6.2.10 Schutz vor elektromagnetischen Einflüssen

Um Beschädigung oder Falschalarm zu vermeiden, sollten Anlagebestandteile nicht an Stellen mit möglicherweise hohen Werten an elektromagnetischen Einflüssen installiert werden. Wo dies nicht möglich ist, müssen ausreichende elektromagnetische Schutzmaßnahmen vorgesehen werden.

6.3 Dokumentation

Für Aufbau und Betrieb der BMA sind die Ergebnisse des Planungsauftrages nach 5.2 als Ausführungsunterlagen zu dokumentieren.

ANMERKUNG Zu Art und Umfang der Ausführungsunterlagen, siehe DIN VDE 0833-2 (VDE 0833 Teil 2). Zur Dokumentation zum Konzept der BMA, siehe 5.6 dieser Norm.

6.4 Verantwortung und Kompetenz

ANMERKUNG Siehe 4.2 dieser Norm.

7 Montage und Installation

7.1 Allgemeines

Montage und Installation der BMA muss nach der in 5.6 und 6.3 festgelegten Dokumentation ausgeführt werden.

7.2 Anordnung und Montage der Geräte

Jede Abweichung von der Dokumentation muss durch Konsultation mit den Verantwortlichen nach 6.4 gelöst werden.

Beim Einbau der Bestandteile der BMA sind die Installationshinweise des Herstellers zu beachten. Bestandteile dürfen nur auf baulich einwandfreiem, festem Untergrund befestigt werden. Bestandteile müssen so angebracht werden, dass die Gefahr der mechanischen Beschädigung gering ist.

Automatische Brandmelder und Handfeuermelder müssen eindeutig erkennbar sein. Für verdeckt eingebaute Melder sind Hinweise nach DIN 14623 erforderlich.

7.3 Installation des Leitungsnetzes

7.3.1 Allgemeines

Die Installation des Leitungsnetzes muss nach den anerkannten Regeln der Technik und bauordnungsrechtlichen Bestimmungen ausgeführt werden. Die Leitungen müssen ausreichend mechanisch geschützt verlegt und befestigt sein und den von der Raumnutzung gestellten Anforderungen genügen.

Es dürfen nur Kabeltypen verwendet werden, die vom Hersteller für das Brandmeldesystem nach 6.1.2 freigegeben sind.

7.3.2 Ringleitungen

ANMERKUNG Siehe DIN VDE 0833-2 (VDE 0833 Teil 2).

7.3.3 Kabelwege

Energie- oder Signalkabel für Brandmeldeanlagen müssen so verlegt werden, dass schädliche Einflüsse auf die Anlage vermieden werden. Zu berücksichtigende Faktoren können sein:

— elektromagnetische Einflüsse, die eine korrekte Funktion verhindern könnten;

— Möglichkeit eines Schadens durch Brandeinwirkung;

— Möglichkeit eines mechanischen Schadens, einschließlich solcher durch Kurzschluss zwischen der Anlage und anderen Leitungen;

— Schaden durch Instandhaltungsmaßnahmen an anderen Anlagen.

Wenn erforderlich, müssen Leitungen für Brandmeldeanlagen getrennt von anderen Leitungen, durch Verwendung isolierter oder geerdeter leitender Teile oder durch räumliche Trennung, verlegt werden.

Alle Kabel und andere metallische Teile der Anlage sollten von den Metallteilen einer Blitzschutzanlage möglichst weit entfernt sein. Wo Maßnahmen gegen Blitzeinwirkungen zum Schutz der Brandmeldeanlage, statische Aufladungen und Überspannungen aus Starkstromanlagen notwendig sind, ist DIN VDE 0845-1 zu berücksichtigen.

7.3.4 Vorkehrungen gegen Brandausbreitung

Bei Kabeldurchführungen durch Wände, Fußböden oder Decken von Brandabschnitten müssen die Durchführungen in der gleichen Feuerwiderstandsklasse abgeschottet werden.

7.3.5 Kabelverbindungen und Gehäuseverschlüsse

Andere Kabelverbindungen als solche innerhalb von Geräten sollten möglichst vermieden werden. Wo unvermeidlich, müssen sie sich in einer geeigneten und zugänglichen Verteilerdose befinden. Um Verwechslungen zu vermeiden, sind Kabel und Kabelverbindungen im Verteiler zu kennzeichnen.

Die Art der Kabelverbindungen und Gehäuseverschlüsse muss so gewählt werden, dass jede Herabsetzung der Zuverlässigkeit und der erforderlichen Brandwiderstandsfähigkeit gegenüber einem durchlaufenden Kabel vermieden wird.

7.4 Radioaktivität

Für den Umgang, die Lagerung und Verwendung von Meldern mit radioaktiven Präparaten muss die Strahlenschutzverordnung (StrlSchV) eingehalten werden.

7.5 Dokumentation

Nach Abschluss der Montage- und Installationsarbeiten sind die Ausführungsunterlagen der BMA nach 6.3 zu aktualisieren.

7.6 Verantwortlichkeit und Kompetenz

ANMERKUNG Siehe 4.2 dieser Norm.

Die zertifizierte Fachfirma muss alle Montage- und Instandhaltungsarbeiten selbst durchzuführen oder von einer anderen zertifizierten Fachfirma durchführen lassen. Lediglich die Verlegung von Kabeln und/oder die Montage von Meldersockeln und Gehäusen darf an nicht zertifizierte Subunternehmer vergeben werden.

Die Vergabe von Arbeiten an Subunternehmer entbindet die zertifizierte Fachfirma nicht von ihrer Verantwortung für die Übereinstimmung der durchgeführten Arbeiten mit den Anforderungen dieser Norm.

8 Inbetriebsetzung

8.1 Allgemeines

Die Inbetriebsetzung des installierten Brandmeldesystems setzt die vollständige und mängelfreie Montage aller Bestandteile einschließlich der Installation des Leitungsnetzes voraus, wie diese in den Planungsunterlagen nach 5.6 und den Ausführungsunterlagen nach 6.3 für die Anlage im jeweiligen Einzelfall festgelegt sind.

8.2 Überprüfung

Vor der Inbetriebsetzung der Brandmeldeanlage ist eine Kontrolle der Installation sowie der Gerätekonfiguration auf Übereinstimmung mit den endgültigen Ausführungsunterlagen nach 5.6 und 7.5 vorzunehmen.

Danach erfolgt die Inbetriebsetzung der Brandmeldeanlage nach Herstellerangaben unter Berücksichtigung der in den Ausführungsunterlagen geforderten Funktionalitäten.

Bei der Inbetriebsetzung müssen alle Bestandteile der Anlage erfasst werden.

Es ist eine vollständige Funktionsprüfung der BMA durchzuführen.

Die Funktionsprüfung der automatischen Brandmelder ist mindestens durch Simulation der relevanten physikalischen Brandkenngröße außerhalb des Melders durchzuführen (z. B. Verwendung von Prüfaerosolen für Rauch). Dabei dürfen die Alarmierungseinrichtungen und Brandfallsteuerungen abgeschaltet sein.

Die bereichsbezogenen Zuordnungen und Abhängigkeiten zwischen auslösenden Brandmeldern/Meldergruppen und entsprechenden Steuerausgängen für Alarmierungseinrichtungen, Brandfallsteuerungen usw. sind mindestens durch Simulation der Ansteuerung einer Funktionsprüfung zu unterziehen. Die Auslösung und Funktionsprüfung dieser Einrichtungen selbst darf nur gemeinsam mit den beteiligten Fachfirmen und mit Zustimmung des Auftraggebers durchgeführt werden.

Für die Ansteuerung von Feuerlöschanlagen ist mindestens die Zuordnung der Melder/Meldergruppen, einschließlich der Abhängigkeiten zu den entsprechenden löschbereichsbezogenen Schnittstellenausgängen einer Funktionsprüfung zu unterziehen. Die Prüfung muss gemeinsam mit den beteiligten Fachfirmen für Löschanlagen erfolgen und ist durch eine Prüfbescheinigung zu dokumentieren.

Weitere Hinweise siehe Anhang I.

8.3 Inbetriebsetzungsprotokoll

Die Ergebnisse aller Messungen, Überprüfungen und Funktionsprüfungen sind vom Inbetriebsetzer in einem Inbetriebsetzungsprotokoll zu dokumentieren.

Das Inbetriebsetzungsprotokoll muss alle Angaben, wie z. B. Stromaufnahmen im Ruhezustand, Stromaufnahme bei Alarm des Meldebereiches, mit dem größten Energiebedarf und besondere Daten entsprechend der Herstelleranleitung enthalten.

Weitere Hinweise siehe I.3.

8.4 Verantwortlichkeit und Kompetenz

Siehe 4.2 dieser Norm.

9 Abnahme

9.1 Allgemeines

Der Abnahme einer Brandmeldeanlage muss die mängelfreie Inbetriebsetzung des Brandmeldesystems vorausgehen.

Die Abnahme kann nur erfolgen, wenn die Betriebsbereitschaft der Anlage zur Abnahme mit Vorlage des Inbetriebsetzungsprotokolls (siehe 8.3) und der Ausführungsunterlagen nach 5.6 und 7.5 erklärt wurde.

Verantwortlich für die Abnahme ist die vom Auftraggeber benannte Fachfirma.

Die Abnahme muss mindestens im Beisein des Auftraggebers und der beteiligten Fachfirmen bzw. deren jeweilige Vertreter durch Prüfung nach 9.2 und 9.3 erfolgen. Der Feuerwehr ist die Teilnahme auf Verlangen zu ermöglichen.

Bei besonderen Auflagen oder Risiken oder auf berechtigtes Verlangen des Auftraggebers, der beteiligten Fachfirmen oder einer Behörde kann eine ergänzende Prüfung durch weitere Beauftragte (z. B. Versicherer, Gutachter, staatlich anerkannte Sachverständige) notwendig sein. Die Prüfung muss nach den jeweiligen Bestimmungen (z. B. behördlich, versicherungsrechtlich) erfolgen. Die Abnahme nach Abschnitt 9 ersetzt nicht die Prüfung durch Sachverständige, die im baurechtlichen oder im versicherungstechnischen Verfahren tätig sind.

9.2 Prüfung der Einhaltung des Planungsauftrages

Bei der Abnahme ist zu prüfen, ob die in Abschnitt 5 getroffenen Festlegungen eingehalten wurden.

Abweichungen gegenüber dem Planungsauftrag sind daraufhin zu prüfen, ob diese dem gestellten Schutzziel gerecht werden.

9.3 Prüfung der Einhaltung der technischen Funktionen

Bei der Abnahme ist zu prüfen, ob die in dieser Norm geforderten technischen Funktionen eingehalten wurden.

Abweichungen gegenüber dem Planungsauftrag sind daraufhin zu prüfen, ob diese dem gestellten Schutzziel gerecht werden.

9.4 Abnahmeprotokoll

Über die Abnahmeprüfung, erfolgreiche Ergebnisse und gegebenenfalls Mängel ist ein Protokoll mit der Unterschrift der für die Abnahmeprüfung Verantwortlichen und Beteiligten zu erstellen.

Das Abnahmeprotokoll muss mindestens die folgenden Angaben enthalten:

- Art und Anzahl der aufgeschalteten Melder;
- Anzahl der Melderguppen;
- überprüfte Funktionen;
- bei der Abnahme erkannte Mängel;
- Abweichungen vom Planungsauftrag;
- Ersatzmaßnahmen;
- Fristen für die Mängelbeseitigung;
- Benennung der Verantwortlichen für die Systembetreuung und deren Erreichbarkeit;
- Nachweis des Aufbaus der Anlage nach geltenden Vorschriften.

9.5 Dokumentation

Für Betrieb und Instandhaltung muss dem Auftraggeber bei der Abnahme eine komplette Dokumentation übergeben werden. Diese Dokumentation muss mindestens enthalten:

— Betriebsbuch;

— Bedienungsanleitung;

— Ausführungsunterlagen nach 7.5

— Feuerwehr-Laufkarten nach 10.2;

— Meldergruppen-Verzeichnis.

9.6 Verantwortlichkeit und Kompetenz

Siehe 4.2 dieser Norm.

10 Betrieb

10.1 Allgemeines

Brandmeldeanlagen sind nach DIN VDE 0833-1 (VDE 0833 Teil 1) zu betreiben.

Der Auftraggeber oder Betreiber der BMA ist für die Fortschreibung der Alarmorganisation nach 5.5 sowie für die Aktualisierung und Vollständigkeit der Feuerwehr-Laufkarten nach 10.2 verantwortlich.

10.2 Feuerwehr-Laufkarten

10.2.1 Allgemeines

10.2.1.1 Die folgenden Anforderungen dienen dazu, die nach 6.2.4.2 geforderten Feuerwehr-Laufkarten zu vereinheitlichen.

10.2.1.2 Informationsgrundlage für die nach 6.2.4.2 geforderten Feuerwehr-Laufkarten (siehe 3.7) sind die aktuellen Ausführungsunterlagen der BMA (siehe 7.5) nach DIN VDE 0833-2 (VDE 0833 Teil 2) (Installationsplan, Meldergruppenverzeichnis, Blockdiagramm und Anlagenbeschreibung), mit Lage der Melder, Meldergruppen, Meldebereiche, Alarmbereiche und die aktuellen Grundrisspläne.

10.2.1.3 Die Feuerwehr-Laufkarten müssen gut lesbar und übersichtlich aufgebaut sein, um für die Einsatzkräfte der Feuerwehr eine schnelle Lokalisierung der Brandmeldung bzw. des Brandortes im Gebäude sicherzustellen. Dazu sind die Anforderungen nach 10.2.2 zu erfüllen. Diese Anforderungen sind auch bei Brandmeldeanlagen, die über Informationssysteme mit automatischem Ausdruck von Feuerwehr-Laufkarten verfügen, einzuhalten. Dazu muss ein kompletter Satz aller Feuerwehr-Laufkarten separat zur Verfügung stehen.

Beispiele für Feuerwehr-Laufkarten sind in Anhang K gegeben.

ANMERKUNG Die Feuerwehr-Laufkarten sind kein Ersatz der Feuerwehrpläne für bauliche Anlagen nach DIN 14095; sie sind eigenständiges Informationsmittel für die Einsatzkräfte der Feuerwehr im Zusammenhang zwischen BMA und Gebäude.

10.2.1.4 Die Feuerwehr-Laufkarten sind griffbereit an der BMZ in einem gegen unberechtigten Zugriff gesicherten Depot aufzubewahren. Das Depot ist mit einem Hinweisschild nach DIN 4066 mit der Aufschrift

FEUERWEHR-LAUFKARTEN

zu kennzeichnen.

10.2.2 Gestaltungshinweise

10.2.2.1 Die Bildzeichen (graphischen Symbole), die in Feuerwehr-Laufkarten insgesamt verwendet werden, sind in Bild 2 einheitlich festgelegt. Sie sind form- und farbidentisch darzustellen. Wird auf der Feuerwehr-Laufkarte eine Legende aufgenommen, dürfen in diese Legende nur diejenigen Bildzeichen aufgenommen werden, die in der jeweils dargestellten Meldergruppe auch tatsächlich Verwendung finden.

1.	BMZ	**Brandmelderzentrale (Anzeige- und Bedieneinrichtung für die Feuerwehr)**
2.	FBF	**Feuerwehr-Bedienfeld**
3.	ÜE	**Übertragungseinrichtung**
4.	FSD	**Feuerwehr-Schlüsseldepot**
5.	FAT	**Feuerwehr-Anzeigetableau**
6.	LZ	**Löschzentrale/Sprinklerzentrale**
7.		**Zugang zum Objekt**
8.		**Standort**
9.		**Einsatzweg**
10.		**Handfeuermelder**
11.		**Automatischer Brandmelder**
12.	EG	**Etagenkennzeichnung**
13.		**Standort** eines Brandmelder-Tableaus
14.	EG-2.OG 18/1-18/3	Hinweis, dass sich mehrere Melder einer Meldergruppe in verschiedenen Etagen eines Treppenraumes befinden
15.	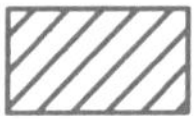	**Überwachungsbereich einer Löschanlage**
16.	 12/1	**Überwachungsbereich Sonder-Brandmeldesysteme** z.B. Rauchansaugsysteme, lineare Rauchmelder

Bild 2 — Symbole für Feuerwehr-Laufkarten

10.2.2.2 Die Größe der Karte sollte das Format A4 nicht übersteigen; für größere Objekte ist nach Zustimmung der Feuerwehr auch das Format A3 zulässig. In jedem Fall müssen die Darstellungen auf der Feuerwehr-Laufkarte dem gewählten Format entsprechend angepasst und formatfüllend sein.

10.2.2.3 Die Karten müssen aus formstabiler Folie oder Karton in geschützter Folie (laminiert) bestehen.

10.2.2.4 Auf der Feuerwehr-Laufkarte müssen mindestens folgende Informationen vorhanden sein:

— auf der Vorderseite: Gebäudeübersicht mit Grundriss und, sofern erforderlich, Schnittdarstellung oder Grundriss mit Teilausschnitt;

— auf der Rückseite: Detailplan für den Meldebereich und, sofern erforderlich, Schnittdarstellung oder Grundriss mit Teilausschnitt;

mit folgenden Mindestangaben:

a) Meldergruppe;

b) Meldernummer(n);

c) Melderart und -anzahl;

d) Gebäude/Geschoss/Raum;

e) Standort der BMZ, der ÜE und des FAT/FBF;

f) Laufweg vom Standort zum Meldebereich;

g) im Laufweg liegende Treppen und Türen;

h) Raumkennzeichnung/Nutzung;

i) Bemerkungen, falls zutreffend (z. B. Ex-Bereich);

j) Objektname oder Ort (z. B. Straßenbezeichnung);

k) Datum der letzten Aktualisierung.

10.2.2.5 Aus der Gebäudeübersicht muss der Weg von der BMZ bzw. Anzeige- und Bedieneinrichtung bis zur ausgelösten Meldergruppe mit einem grünen Pfeil erkennbar sein (Beispiel siehe Anhang K, Bild K.1).

10.2.2.6 Zur eindeutigen Lokalisierung des Brandortes muss der Detailplan für den Meldebereich die räumliche Zuordnung der Einzelmelder der jeweiligen Meldergruppe mit Meldernummer enthalten (Beispiel siehe Anhang K, Bild K.2).

10.3 Gebäudeübersicht

Aus der Gebäudeübersicht muss der Weg von der BMZ bzw. Anzeige- und Bedieneinrichtung bis zur ausgelösten Meldergruppe mit einem grünen Pfeil erkennbar sein (Beispiel siehe Anhang K, Bild K.1).

10.4 Detailplan

Zur eindeutigen Lokalisierung des Brandortes muss der Detailplan für den Meldebereich die räumliche Zuordnung der Einzelmelder mit Meldernummer dieser Meldergruppe enthalten (Beispiel siehe Anhang K, Bild K.2).

11 Instandhaltung

11.1 Allgemeines

Die Instandhaltung der BMA muss nach den Anforderungen in DIN VDE 0833-1 (VDE 0833 Teil 1), DIN VDE 0833-2 (VDE 0833 Teil 2), durch eine Fachfirma erfolgen.

ANMERKUNG Für die Instandhaltung von BMA mit automatischer Alarmweiterleitung zur Feuerwehr nach 6.2.5.1 sind zusätzliche Anforderungen, u. a. die der Gebäudenutzung angepasste Reaktions- und Entstörzeit, in Vorbereitung.

Im Störungsfall der Brandmeldeanlage sollten geeignete Maßnahmen durch den Betreiber zur Sicherung des Betriebes vorgesehen werden.

11.2 Dokumentation

Die durchgeführten Instandhaltungsarbeiten sind von der Fachfirma jeweils im Betriebsbuch der BMA zu dokumentieren.

11.3 Verantwortlichkeit und Kompetenz

Siehe 4.2 dieser Norm.

Anhang A
(normativ)

Verbindungsarten und technische Anforderungen

ANMERKUNG Siehe 6.2.5.1.

A.1 Allgemeines

Der Fernalarm der BMA ist über eine Alarmübertragungsanlage (AÜA) auf Basis der Normen der Reihe DIN EN 50136 an die Feuerwehr oder eine andere behördlich benannte alarmauslösenden Stelle weiterzuleiten.

Unabhängig von der Verbindungsart beinhaltet der weiterzuleitende Alarmzustand einer BMA immer das gleiche Gefährdungspotenzial. Daher sind die Anforderungen an die unterschiedlichen Verbindungsarten — stehend, bedarfsgesteuert oder abfragend — in der Tabelle A.1 so festgelegt, dass sie den Anforderungen der Feuerwehr oder einer anderen behördlich benannten alarmauslösenden Stelle entsprechen. Dies gilt insbesondere für die Verfügbarkeit und für die Erkennung von Störungen der Verbindung. Diese Störungsmeldung ist an den Betreiber der AÜA und/oder an die Feuerwehr bzw. an eine andere behördlich benannte alarmauslösende Stelle unverzüglich weiterzuleiten.

A.2 Technische Anforderungen

Für den Fernalarm müssen sowohl auf der Seite der ÜE als auch in der Empfangszentrale der Feuerwehr bzw. einer anderen behördlich benannten alarmauslösenden Stelle unabhängige Übertragungskanäle in den genutzten Kommunikationsanschlüssen verwendet werden. Auf Seiten der ÜE darf darauf verzichtet werden, wenn Alarmmeldungen Priorität vor dem übrigen Kommunikationsverkehr und vor anderen Meldungen haben. Über diese Übertragungskanäle dürfen weitere zur BMA gehörende Informationen zu anderen Empfangsstellen übertragen werden, z. B. Störungsmeldungen der BMA an den Instandhalter der BMA; diese dürfen die Übertragung des Fernalarms jedoch nicht beeinträchtigen.

Bei aus mehreren Teilkomponenten verteilt bestehenden Empfangszentralen gelten für die Verbindungen dieser Teile untereinander die gleichen Anforderungen.

Der Fernalarm muss über eine überwachte Daten-Prozedur (z. B nach DIN EN 60870) an die Zentrale der Feuerwehr bzw. einer anderen behördlich benannten alarmauslösenden Stelle übertragen werden; das gilt auch für die Quittierung des Fernalarms durch die Zentrale an die ÜE.

Bei Störung eines Übertragungsweges sind zwischen den verantwortlichen Stellen (Betreiber der AÜA und Feuerwehr bzw. einer anderen behördlich benannten alarmauslösenden Stelle) abgesprochene technische und/oder organisatorische Maßnahmen zu ergreifen mit dem Ziel der Sicherstellung der Alarmübertragung.

ANMERKUNG 1 Eine technische Maßnahme ist z. B. die Nutzung eines Ersatzweges/-kanals. Eine organisatorische Maßnahme ist z. B. die Besetzung von Stellen, an denen Alarminformationen zur Verfügung stehen.

Die Anforderungen nach Tabelle A.1 sind zu erfüllen.

ANMERKUNG 2 In Tabelle 1 sind die Anforderungen basierend auf den Normen der Reihe DIN EN 50136 zusammengefasst. Sie zeigt die derzeit technisch mögliche Realisierung und beruht auf den veröffentlichten Daten nationaler Netzbetreiber. Liegen keine Aussagen über die Netzverfügbarkeit vor, wird die Wahrscheinlichkeit des Verbindungsaufbaus ersatzweise zu Grunde gelegt.

A.3 Übergangsregelungen

AÜA, an denen bauordnungsrechtlich geforderte BMA angeschlossen sind, müssen spätestens 10 Jahre nach Inkrafttreten dieses Anhangs so beschaffen sein und betrieben werden, dass sie von diesem Zeitpunkt ab allen Anforderungen nach 6.2.5.1 uneingeschränkt genügen. Für neu in Betrieb gehende AÜA gilt dies spätestens fünf Jahre nach Inkrafttreten dieses Anhangs.

Tabelle A.1 — Anforderungen

Verbindungsart	Anforderungen nach DIN EN 50136-1-1				Erster Übertragungsweg	Zweiter Übertragungsweg [a]	Anforderungen nach
	Klasse der Übertragungsdauer	Klasse der Übertragungshöchstdauer	Klasse der Zeitspanne für die Weitergabe der Störung	Klasse der Verfügbarkeit			
A2.a	D4 = 10 s	M4 ≤ 20 s	Durch die AÜA T6 ≤ 20 s (Gesamtweg)	A4 ≥ 98,5 %	Festverbindung	------	DIN EN 50136-1-2
A2.b [c]	D4 = 10 s	M4 ≤ 20 s	Durch den Netzbetreiber T6 ≤ 20s Durch die AÜA T2 ≤ 25 h (Gesamtweg) T5 ≤ 90 s (Netzzugang)	A4 ≥ 98,5 % einschließlich zweitem Übertragungsweg	ISDN-D-Kanal/ X.25-Netz	ISDN-B-Kanal	DIN EN 50136-1-3
A2.c [c]	D4 = 10 s	M3 ≤ 60 s	Durch die AÜA T2 ≤ 25 h (Gesamtweg) T5 ≤ 90 s (Netzzugang)	A4 ≥ 98,5 % einschließlich zweitem Übertragungsweg	Festnetzzugang analog oder ISDN	über zweite Trasse [b]	

[a] Der zweite Übertragungsweg ist im Störungsfall des ersten Übertragungsweges zu verwenden und muss die ÜE unmittelbar mit der Zentrale der Feuerwehr bzw. einer anderen behördlich benannten alarmauslösenden Stelle verbinden. Die Anforderungen an die Parameter für die Übertragungsdauer, Übertragungshöchstdauer und die Zeitspanne für die Weitergabe des zweiten Übertragungsweges entsprechen denen der Verbindungsart A2.c.

[b] Der zweite Übertragungsweg muss unabhängig vom ersten Übertragungsweg über eine eigene, separate Trasse geführt werden, z. B. über eine Funkverbindung.

[c] Bei Ausfall eines der beiden Übertragungswege muss dieser Ausfall über den anderen Übertragungsweg an den Betreiber der AÜA und/oder an die Feuerwehr bzw. an eine andere behördlich benannte alarmauslösenden Stelle weitergeleitet werden.

Anhang B
(normativ)

Ansteuereinrichtungen und Schnittstellen von BMS für andere Systeme

ANMERKUNG Siehe 6.1.2, 6.2.3 und 6.2.5.

B.1 Allgemeines

ANMERKUNG 1 Anforderungen an die Ansteuereinrichtungen und Schnittstellen der BMZ für Brandfallsteuerungen von anderen Systemen nach 6.1.2 sind in folgenden Abschnitten von DIN EN 54-2:1997-12 aufgeführt:

a) für Fernalarm (6.2.5.1) zu Übertragungseinrichtungen (ÜE) von Alarmübertragungsanlagen:

siehe 7.9, 8.2.5 b), 9.4.2 b), mit Verzögerung 7.11, 9.4.2 a), mit Zwei-Meldungs-Abhängigkeit 7.12;

b) für Internalarm (6.2.5.2) zu Alarmierungseinrichtungen:

siehe 7.8, 8.2.5 a), 9.4.2 a), mit Verzögerung 7.11, 9.4.2. c), mit Zwei-Meldungs-Abhängigkeit 7.12;

c) für Brandschutz- und Betriebseinrichtungen (6.1.2 und 6.2.3) zu Steuereinrichtungen:

siehe 7.10, 8.2.4 f), 9.4.1 b), mit Zwei-Meldungs-Abhängigkeit siehe 7.12.

Der Übertragungsweg von der Ansteuereinrichtung zur Übertragungseinrichtung (ÜE) sowie zu Steuer- und Alarmierungseinrichtungen muss von der Brandmelderzentrale überwacht werden.

Elektrische Daten der parallelen Schnittstelle für die Ansteuerung von ÜE und Steuer- und Alarmierungseinrichtungen, die nicht Teil des Brandmeldesystems sind, sind Tabelle B.1 zu entnehmen:

Tabelle B.1 — Elektrische Daten

Parameter	Elektrische Daten
Ansteuerung	durch Stromverstärkung
Ansteuerspannung (aus der Ansteuereinrichtung)	12 V ± 15 % oder 24 V ± 15 % (Gleichspannung)
Innenwiderstand der Last	200 Ω bis 1 000 Ω
Dauer der Ansteuerung	1 s bis 6 s oder dauernd
Leitungswiderstand je Ader	≤ 50 Ω
Rückstellstrom	≤ 2,5 mA
Rückstellzeit	≥ 1 s
Überwachungsstrom	≤ 10 mA
ANMERKUNG Bei Verwendung einer seriellen Schnittstelle werden die elektrischen Daten nach CCITT V.31bis empfohlen. Zeitbedingung für den Signalverlauf bei Eingängen: Signaländerung ≥ 200 ms muss erkannt werden. Weitere Eigenschaften der seriellen Schnittstelle werden zwischen den Herstellern des BMS und des anderen Systems abgestimmt und spezifiziert.	

Das Abschalten der Ansteuereinrichtung darf nur Berechtigten möglich sein und ist optisch anzuzeigen.

Die Prüfung hat durch Funktionsprüfung und Messung bei der Typprüfung der BMZ zu erfolgen.

ANMERKUNG 2 Diese Anforderungen gelten nicht für Schnittstellen zur Ansteuerung von ortsfesten Brandbekämpfungsanlagen.

B.2 Ansteuereinrichtung und Schnittstelle für Übertragungseinrichtungen

Bei Brandmeldung darf die Übertragungseinrichtung nur einmal angesteuert werden.

Die Ansteuereinrichtung muss die Energie für die Einleitung einer Übertragung zur Verfügung stellen können.

Das Zurückstellen der Ansteuereinrichtung darf dem Berechtigten erst bei übertragungsbereiter Übertragungseinrichtung möglich sein.

Die Rückmeldung der Übertragungseinrichtung nach DIN EN 50136-1-1 und DIN EN 50136-2-1 darf über einen nicht überwachten Übertragungsweg erfolgen und ist in der BMZ optisch anzuzeigen.

Sofern die BMZ über keinen Eingang und keine Anzeige für die Rückmeldung der ÜE verfügt, ist diese Funktion auf eine andere Weise zu realisieren, z. B. separater Übertragungsweg für Meldungen, bis eine entsprechende Anforderung in DIN EN 54-2 enthalten und in Kraft gesetzt ist.

Zusätzlich zur Ansteuerung der ÜE über die Schnittstelle nach Tabelle B.1 darf eine serielle Schnittstelle vorhanden sein. Diese muss so ausgeführt sein, dass eine bestimmungsgemäße Übergabe von Meldungen und Informationen sichergestellt ist.

Die serielle Schnittstelle muss aus einer Reihenschaltung von zwei Schnittstellen nach CCITT V.31bis bestehen. Die Daten sind mit einer Geschwindigkeit von 1 200 Bit/s im Halbduplexverfahren zu übertragen.

Anhang C
(normativ)

Feuerwehr-Schlüsseldepot (FSD)

ANMERKUNG Siehe 5.5 k).

C.1 Allgemeines

Der gewaltfreie Zutritt und die Zufahrt zu allen mit Brandmeldern bzw. selbsttätigen Löschanlagen geschützten Räumen ist bei Brandalarm durch geeignetes Personal mit Schlüsselgewalt rund um die Uhr vom Betreiber der Brandmeldeanlage sicherzustellen. Siehe DIN VDE 0833-2 (VDE 0833 Teil 2).

Ist dies in begründeten Fällen nicht möglich, kann auf schriftlichen Antrag des verantwortlichen Betreibers der betroffenen baulichen Anlage als Ersatzvornahme der Einbau eines Feuerwehr-Schlüsseldepots (FSD), einer optischen Informationsleuchte und eines Freischaltelements (FSE) zugestanden werden.

Vor einer Antragstellung muss zwischen dem Betreiber der Brandmeldeanlage und dem dafür zuständigen Schadensversicherer abgeklärt werden, welche Klasse des Feuerwehr-Schlüsseldepots zum Einbau kommen soll.

ANMERKUNG Wird ein FSD installiert, ist die Aufbewahrung von Schlüsseln für den Versicherungsort eine Gefahrenerhöhung, die dem Einbruchdiebstahlversicherer angezeigt werden muss. Ist das FSD nicht vom Versicherer anerkannt und/oder nicht nach den VdS-Richtlinien installiert, besteht möglicherweise kein Versicherungsschutz für Schäden durch Einbruchdiebstahl, wenn das Gebäude mit dem aus dem FSD entwendeten Schlüssel geöffnet wurde.

Das Feuerwehr-Schlüsseldepot wird verwendet, um der Feuerwehr bei einem Brandalarm den gewaltfreien Zutritt zum Gebäude zu ermöglichen. Die Objektschlüssel sind dazu sicher im FSD zu verwahren und nur der verantwortlichen Person der Feuerwehr bei Brandalarm zugänglich zu machen.

Die elektrische Entriegelung des FSD 2 und des FSD 3 muss bei Brandmeldung und/oder der zugehörigen Rückmeldung der Übertragungseinrichtung erfolgen. Die mechanische Entriegelung, z. B. mit Schlüssel, muss durch die verantwortliche Person der Feuerwehr erfolgen.

Die Bedingungen zur Inbetriebnahme und Aufschaltung der FSD sind den Anschaltbedingungen der örtlich zuständigen Brandschutzdienststelle der Landkreise bzw. der örtlich zuständigen Feuerwehr zu entnehmen.

C.2 Klassifizierung und Ausführung des Feuerwehr-Schlüsseldepots

C.2.1 Klassifizierung

Die Einteilung der FSD erfolgt in drei Klassen.

a) Klasse 1: Geringes Risiko FSD 1

Dient zur Verwahrung von Objektschlüsseln (nur Einzelschlüssel mit Einzelschließungen, keine Generalschlüssel), hat jedoch keine Anbindung an die Brandmeldeanlage.

b) Klasse 2: Mittleres Risiko FSD 2

Dient zur Verwahrung von Objektschlüsseln (nur Einzelschlüssel mit Einzelschließungen, keine Generalschlüssel).

c) Klasse 3: Hohes Risiko FSD 3

Dient zur Verwahrung von Objektschlüsseln (Generalschlüssel, Schlüssel für Schalteinrichtung).

C.2.2 Ausführung

C.2.2.1 Feuerwehr-Schlüsseldepot FSD 1

Das FSD 1 muss aus einem mechanisch stabilen Gehäuse bestehen, dessen Tür mit einem Feuerwehrschloss entriegelt wird. Die Deponierung des/der Objektschlüssel muss hinter der Tür in einer geeigneten Aufnahme erfolgen. Schließung und Ausführung müssen in Abstimmung zwischen Betreiber und Feuerwehr festgelegt werden.

Das FSD 1 kann auch als Schlüsselrohr aufgebaut sein, wobei aus Platzgründen nicht mehr als zwei Schlüssel hinterlegt werden dürfen.

C.2.2.2 Feuerwehr-Schlüsseldepot FSD 2

Die Ausführung des FSD 2 entspricht der des FSD 3, jedoch ohne Sabotageüberwachung.

C.2.2.3 Feuerwehr-Schlüsseldepot FSD 3

Das FSD 3 muss aus einem mechanisch stabilen Gehäuse bestehen, dessen Außentür elektrisch entriegelbar ist. Hinter der Außentür befindet sich eine zweite Tür (Innentür), über deren Schlüssel nur die Feuerwehr verfügen darf. Die Deponierung des/der Objektschlüssel (Generalschlüssel, Schlüssel für Schalteinrichtung) muss hinter der Innentür in einer Aufnahme erfolgen. Die FSD-Außentür (Durchbruch), die geschlossene Stellung der FSD-Außentür, sowie das Vorhandensein des im FSD hinterlegten Schlüssels sind elektronisch zu überwachen.

Die Meldung der Überwachung (Sabotagemeldung) muss an eine ständig besetzte Stelle, wie z. B. Polizei oder Wach- und Sicherheitsunternehmen, weitergeleitet werden.

ANMERKUNG Geräteanforderungen an das FSD 3 sind in VdS 2105 festgelegt.

C.3 Anforderungen an Einbau und Anschaltung von Feuerwehr-Schlüsseldepots

C.3.1 Innentürschließung

Schließung und Schlüssel der Innentür von FSD 2 und FSD 3 dürfen nur ausschließlich für diese Innentüren verwendet werden.

C.3.2 Anbringungsort

Das FSD muss in unmittelbarer Nähe (Umkreis von etwa 5 m) vor dem/der von der Feuerwehr vorgesehenen Zugang/Zufahrt angebracht werden.

FSD sind vorzugsweise an wettergeschützten Stellen zu installieren, z. B. in Nischen, Durchgängen, unter Vordächern.

C.3.3 Einbaumaße

Der Einbau von FSD 2 und FSD 3 muss so erfolgen, dass die Außentür bündig mit der Außenfläche der Wand abschließt und sich die Unterkante des FSD in einer Höhe von mindestens 0,8 m und höchstens 1,40 m über dem Fertigfußboden befindet. Dieses Einbaumaß gilt sinngemäß auch für FSD 1.

C.3.4 Befestigung

FSD 2 und FSD 3 dürfen grundsätzlich nur in Wände aus Mauerwerk nach DIN 1053, aus Ziegeln nach DIN 105 oder Kalksandstein nach DIN 106 oder in Wände aus Stahlbeton (mindestens C 20/C 25 nach DIN EN 206-1:2001-07, Tabelle 7) angebracht werden. Die Wände müssen mindestens 80 mm dicker sein als die Einbautiefe des FSD. Das FSD muss mit Mörtel nach DIN 1053 eingemauert oder in die Betonwand eingegossen werden.

Wenn keine geeignete Fassadenfläche vorhanden ist, darf die Montage des FSD in einer freistehenden Säule mit ausreichender Festigkeit erfolgen. Für die geschützte unterirdische Zuführung der Leitungen muss ein biegsames Metallrohr nach DIN EN 50086-1 (Mindestlänge 1 000 mm) vorhanden sein. Die Säule muss über einen nach dem Einbau erreichbaren Anschluss für den Potenzialausgleich verfügen. Das Fundament für die Säule muss so ausgeführt werden, dass die Säule nur mit erheblichem Aufwand zu entfernen ist.

Das FSD 1 muss mechanisch stabil ein- bzw. angebaut sein (z. B. mit Schwerlastdübel oder Zweikomponenten-Baukleber).

C.3.5 Leitungsverlegung

Das Anschlusskabel muss von der Gehäuserückseite des FSD oder seitlich, in unmittelbarer Nähe der Gehäuserückseite, eingeführt werden.

Leitungen zwischen FSD und den Anschlussklemmen der Steuerelektronik sind vorzugsweise unter Putz oder in Metallrohre zu verlegen. Bei Verlängerungen sind hierfür geeignete, korrosionsgeschützte Kabelverbindungstechniken (z. B. Löt-Schrumpfmuffen) zu verwenden. In Ausnahmefällen sind auch Verteiler möglich.

Sind FSD von Gebäuden abgesetzt, so müssen deren Leitungen mindestens 800 mm tief im Erdreich und zusätzlich mechanisch geschützt verlegt werden (siehe DIN VDE 0891-6 (VDE 0891 Teil 6)).

C.3.6 Anschluss des FSD

Der Anschluss von FSD 2 und FSD 3 an die BMZ ist den Herstellerunterlagen zu entnehmen.

C.3.7 Potenzialausgleich

FSD mit elektronischen Einrichtungen sind über eine Leitung mit einem Querschnitt von mindestens 4 mm^2 mit dem Potenzialausgleich der BMA zu verbinden.

C.3.8 Heizung

FSD 2 und FSD 3 müssen mit einer Heizung ausgerüstet sein. Die Heizung der FSD muss ständig in Betrieb sein. Sie braucht nicht von der Energieversorgung der BMA versorgt zu werden; die Überbrückung eines Ausfalls, z. B. der Netzversorgung, ist nicht erforderlich.

C.3.9 Sicherung und Anzahl der Objektschlüssel

Bei FSD 2 und FSD 3 ist die überwachte Schlüsselhinterlegung nur über einen Schließzylinder (90 Grad schließend) zulässig.

Werden mehrere Schlüssel deponiert, müssen diese mit dem überwachten Schlüssel mechanisch so verbunden werden, dass eine Entnahme einzelner Schlüssel nur durch Zerstörung dieser Verbindung möglich ist. Sie sollten gekennzeichnet sein.

Bei FSD 2 und FSD 3 dürfen aus einsatztaktischen Gründen nicht mehr als drei Schlüssel hinterlegt werden.

Wird diese Anzahl aus innerbetrieblichen Gründen überschritten, so bedarf es einer Abstimmung zwischen Betreiber und gegebenenfalls dessen Versicherer und der Feuerwehr.

C.3.10 Instandhaltung, Wartung

FSD und deren Anlageteile sind vierteljährlich nach DIN VDE 0833-2 (VDE 0833 Teil 2) zu inspizieren und müssen mindestens einmal jährlich gewartet werden. Die Wartungsarbeiten müssen in Anwesenheit der für die Schließung der Innentür verantwortlichen Person (z. B. Feuerwehr) oder dessen Beauftragten erfolgen, sofern die Überprüfung der hinterlegten Schlüssel nicht anderweitig geregelt wurde.

Alle Instandhaltungsarbeiten sind im Betriebsbuch der jeweiligen BMA einzutragen.

Die bedarfsgerechte Aktualisierung der Objektschlüssel (z. B. durch Änderung der Schließanlage) liegt in der Verantwortung des Objektbetreibers.

Der Betreiber hat der Feuerwehr oder deren Beauftragten die Kontrolle der hinterlegten Objektschlüssel auch außerhalb der jährlichen Wartungsintervalle zu ermöglichen.

C.3.11 Ausfall der Überwachung

Sofern bei einem FSD 3 die Überwachung aus technischen oder organisatorischen Gründen nicht mehr sichergestellt ist, muss (müssen) der (die) Objektschlüssel einschließlich Profilzylinder unverzüglich entnommen und sicher verwahrt werden; weiterhin ist das Schloss der Innentür des FSD auszubauen und bei der Feuerwehr sicher zu verwahren.

C.4 Zusätzliche optische Information

Wird ein FSD eingebaut, so darf in Absprache mit der jeweils zuständigen Feuerwehr ein zusätzliches optisches Informationselement angebracht werden, mit dem angezeigt wird, dass sich die BMA im Objekt im Alarmzustand befindet.

Wird in Absprache mit der jeweils zuständigen Feuerwehr ein zusätzliches optisches Informationselement (z. B. Blitzleuchte) eingebaut, muss diese auch die entsprechende Kennfarbe, das Aussehen und den Standort festlegen.

Auf Verlangen der Feuerwehr kann das FSD mit einer zusätzlichen, schwer entfernbaren Kennzeichnung versehen werden (z. B. „FW").

C.5 Freischaltelement (FSE)

Wird ein FSD 2 oder FSD 3 eingebaut, so darf in Absprache mit der jeweils zuständigen Feuerwehr ein Freischaltelement vorgesehen werden. Das Freischaltelement muss von einer verantwortlichen Person der Feuerwehr betätigt werden, wie ein Handfeuermelder nach DIN EN 54-11 angeschlossen werden und einen Brandalarm auslösen. Der Einbau ist Unterputz, mit der Wand bündig und unmittelbar in Nähe des FSD, vorzugsweise außerhalb des Handbereichs, vorzusehen.

ANMERKUNG Unter Handbereich ist die Fassadenfläche zu verstehen, die sich bis zu 3 m oberhalb des frei zugänglichen Bodens befindet.

Die Auslösung über das FSE darf die Brandfallsteuerung der BMA nicht beeinflussen.

Eine Fernauslösung der ÜE und die damit verbundene elektronische Entriegelung des FSD durch die hilfeleistende Stelle (z. B. Einsatzzentrale der örtlichen Feuerwehr) ist zulässig.

Anhang D
(normativ)

Schnittstelle an der BMZ zum Anschluss des Feuerwehr-Bedienfeldes

ANMERKUNG Siehe 6.2.7.

D.1 Allgemeines

Die Schnittstelle an der BMZ zum Anschluss des Feuerwehr-Bedienfeldes (FBF) nach DIN 14661 muss über die in Tabelle D.1 genannten Ein- und Ausgänge verfügen:

Tabelle D.1 — Ein- und Ausgänge der Schnittstelle

Eingang	Ausgang
–	Betriebsanzeige (Versorgungsspannung)
–	ÜE ausgelöst
–	Löschanlage ausgelöst
Brandfall-Steuerungen abgeschaltet [a]	Brandfall-Steuerungen abschalten
Akustische Signale ab	Akustische Signale abschalten
ÜE ab	ÜE ab
BMZ rückstellen	BMZ im Alarmzustand (rückstellen)
ÜE prüfen	–
[a] Sofern die BMZ über diese Funktion verfügt, bis diese Anforderung in DIN EN 54-2 enthalten ist.	

D.2 Parallele Schnittstelle

Für die parallele Schnittstelle zur Anschaltung des FBF an die BMZ werden die in Tabelle D.2 angegebenen technischen Daten empfohlen.

Andere Schnittstellen sind zwischen Hersteller der BMZ und Hersteller des FBF abzustimmen.

Tabelle D.2 — Technische Daten

Eingänge BMZ	Ausgänge BMZ
$U_{E\,max} \leq 42$ V DC	$U_B \leq 42$ V DC
$I_{E\,max} \leq 50$ mA	$I_{Bmin} = 20$ mA (kurzschlussfest)
Ansteuerung: aktiv 0 V (low)	Ansteuerung: aktiv 0 V (low)
ANMERKUNG Entspricht Schnittstelle CCITT V.31bis. Zeitbedingung für den Signalverlauf bei Eingängen: Eine Signaländerung ≥ 200 ms muss erkannt werden.	

D.3 Serielle Schnittstelle

Bei Verwendung einer seriellen Schnittstelle müssen die Eigenschaften vom Hersteller spezifiziert werden.

Anhang E
(informativ)

Phasen für den Aufbau und den Betrieb von BMA

ANMERKUNG Siehe 4.1.

Tabelle E.1 — Phasen für den Aufbau und Betrieb von BMA

Phase	Abschnitt dieser Norm	Inhalt, z. B.	Leistung und Verantwortung, z. B. durch
Konzept	5	Übernahme der Schutzziele für die BMA aus dem Brandschutzkonzept unter Berücksichtigung von Behördenauflagen, des Brandrisikos, der Brandgefährdung, der Umweltbedingungen, der baulichen und betrieblichen Gegebenheiten, der Alarmorganisation, möglicher Störgrößen	Berater für Sicherheit
Planung	6.1	Entwurfs- und Ausführungsplanung: Spezifikation der Anlage; Grunddatenerfassung aus der Konzeptphase, Funktionen, Bestandteile, Leistungsverzeichnis	Ingenieurbüro, beteiligte Fachfirmen
Projektierung	6.2	Werk- und Montageplanung: Auswahl des BMS, Erstellung der Montagepläne	Ingenieurbüro, beteiligte Fachfirmen
Montage und Installation	7	Leitungsnetz, Bestandteile der BMA	beteiligte Fachfirmen
Inbetriebsetzung	8	Installation überprüfen, System parametrieren und einschalten, Messungen und Funktionsprüfungen an der BMA durchführen	beteiligte Fachfirmen, Systemlieferant
Abnahme	9	Verifizierung: Bestandteile, System, Installation und Funktionen, nach Ausführungsunterlagen und Konzept der BMA; Übergabe der Anlage, Inbetriebnahme der Anlage durch den Betreiber	Auftraggeber, vom Auftraggeber benannte Fachfirma
Betrieb	10	Betrieb der Anlage, Fortschreibung der Alarmorganisation, Aktualisierung der Feuerwehr-Laufkarten	Auftraggeber
Instandhaltung	11	Maßnahmen der periodischen Inspektion, vorbeugende Wartung, Reparatur der Anlage	beteiligte Fachfirmen, Systemlieferant

Anhang F
(informativ)

Brandschutz in Gebäuden

ANMERKUNG Siehe 5.1.

F.1 Allgemeines

Den zuständigen Fachplanern von Gebäuden stellt sich die Aufgabe des Brandschutzes (siehe Bild F.1) heute nicht mehr als eigenständige Lösung ihres Gewerkes, sondern als integraler Teil eines individuellen Brandschutzkonzeptes für das Gebäude.

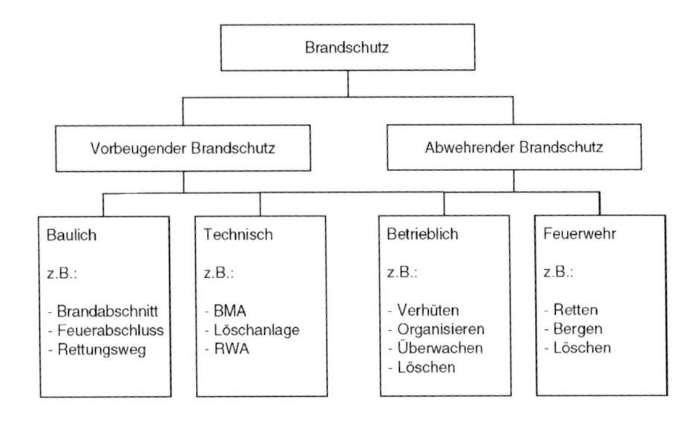

Bild F.1 — Komponenten des Brandschutzes

Der vorbeugende Brandschutz umfasst Maßnahmen zur Verhinderung eines Brandausbruchs und einer Brandausbreitung sowie zur Sicherung der Rettungswege und schafft Voraussetzungen für einen wirkungsvollen abwehrenden Brandschutz.

Der abwehrende Brandschutz umfasst Maßnahmen zur Bekämpfung von Gefahren für Leben, Gesundheit und Sachen, die durch Brände entstehen.

Die Maßnahmen des vorbeugenden und des abwehrenden Brandschutzes ergänzen einander und stehen in einem besonderen Abhängigkeitsverhältnis. Erst durch enges Zusammenwirken der einzelnen Maßnahmen kann ein wirkungsvoller Brandschutz für ein Gebäude sichergestellt werden. Es obliegt den Fachplanern, für die unterschiedlichen Gewerke in interdisziplinärer Abstimmung ein individuelles Brandschutzkonzept für jedes Gebäude zu entwickeln [1].

Die Verhütung von Bränden und die Begrenzung von Feuer und Rauch auf den Brandentstehungsraum muss vordringlich durch bauliche Maßnahmen erfolgen. Hierzu enthalten die Landesbauordnungen sowie weitere Rechtsverordnungen und Technische Baubestimmungen eine Vielzahl von grundlegenden und detaillierten Anforderungen.

Der Aufbau von Brandmeldeanlagen (BMA) ist Bestandteil des vorbeugenden Brandschutzes.

F.2 Gefährdungsanalyse

Ausgangspunkt jeder Planung des Brandschutzes ist die Untersuchung der

- Ausführungsart des Gebäudes bzw. der baulichen Anlage;
- Nutzungsart des Gebäudes bzw. der baulichen Anlage;
- Brandlasten;
- Gefährdung von Personen und Sachen;
- baulichen Rauch- und Brandbegrenzung;
- Brandentdeckung und Alarmierung;
- Verfügbarkeit der hilfeleistenden Stellen (z. B. Hilfskräfte des Betreibers, Feuerwehr, Rettungsdienste).

F.3 Schutzziele

Die Schutzziele sind in den Landesbauordnungen (LBO) wie folgt definiert: Bauliche Anlagen müssen so beschaffen sein, dass der Entstehung eines Brandes und der Ausbreitung von Feuer und Rauch vorgebeugt wird und bei einem Brand die Rettung von Menschen und Tieren sowie wirksame Löscharbeiten durchgeführt werden können. Diese Schutzziele sind entsprechend ihrer Wertigkeit zu ordnen, z. B.:

- Schutz von Personen;
- Schutz von Einrichtungen und Sachgütern mit besonderer Bedeutung;
- Schutz von hochrangigen Kunstwerken oder Denkmalobjekten;
- Schutz der Umwelt.

F.4 Brandschutzkonzept

Das Brandschutzkonzept muss sicherstellen, dass das kalkulierte Brandrisiko (Gefährdungsanalyse) durch Abwägen der vorzusehenden Komponenten des vorbeugenden und des abwehrenden Brandschutzes so weit abgedeckt wird, dass das geforderte Schutzziel auf wirtschaftliche Weise erreicht werden kann.

Dabei werden die zuständigen Stellen, die Betreiber und die Fachplaner für die Gewerke der Gebäude beteiligt, da Planung, Errichtung und Instandhaltung der notwendigen Brandschutzkomponenten in der Verantwortung von unterschiedlichen Geschäftsbereichen liegen.

Neben dem Einsatz von BMA in Industrie und Gewerbebetrieben sollten BMA in den folgenden Fällen eingesetzt werden:

a) Für bestimmte Gebäude sind in einigen Bundesländern bauordnungsrechtliche Vorschriften erlassen, die den Einbau von Brandmeldeanlagen regeln, z. B.:

1) Versammlungsstätten

2) Beherbergungseinrichtungen

3) Schulen

4) Hochhäuser

5) Krankenhäuser

6) Mittel-/Großgaragen.

b) Für weitere Gebäude, die entsprechend den Bauordnungen der Länder als „bauliche Anlagen besonderer Art und Nutzung" behandelt werden, sind keine allgemeingültigen Regelungen bezüglich BMA erlassen worden, z. B.:

   1) Universitäten

   2) Institute, Laboratorien

   3) Justizvollzugsanstalten

   4) Flughafengebäude.

   Für diese Gebäude können im Einzelfall BMA im Zuge des bauordnungsrechtlichen Genehmigungs- oder Zustimmungsverfahrens gefordert werden.

c) Für Gebäude, die unwiederbringliche kulturelle und/oder materielle Werte darstellen oder enthalten, können BMA vorgesehen werden, wenn dies der Betreiber aufgrund des Schutzkonzepts für zwingend notwendig erachtet, z. B.:

   1) historische Gebäude

   2) Museen

   3) Rechenzentren.

d) Für bestehende Gebäude kann z. B. bei Nutzungsänderungen oder höheren Nutzungsanforderungen aufgrund einer Brandschutzbegehung eine Verbesserung des Brandschutzes gefordert werden.

Anhang G
(informativ)

Kategorien für den Schutzumfang

ANMERKUNG Siehe 5.3.

G.1 Kategorie 1: Vollschutz

Das Höchstmaß an Sicherheit durch eine automatische Brandmeldeanlage kann nur dann erreicht werden, wenn sämtliche Bereiche im Gebäude, in denen Brände entstehen können, überwacht werden.

G.2 Kategorie 2: Teilschutz

Bei Teilschutz sind nur einige Teile des Gebäudes (üblicherweise die verwundbarsten) geschützt.

Die Grenzen einer Teilschutz-Brandmeldeanlage sollten mit den Brandabschnittsgrenzen identisch sein; jeder Brandabschnitt innerhalb des Teilschutzes sollte wie bei Vollschutz überwacht werden.

Sofern eine Teilschutz-Brandmeldeanlage verwendet wird, sollten die zu überwachenden Teile des Gebäudes genau festgelegt werden.

G.3 Kategorie 3: Schutz der Flucht- und Rettungswege

Eine Brandmeldeanlage, welche im Ausnahmefall nur die Flucht- und Rettungswege überwacht, sollte eine so rechtzeitige Alarmierung ermöglichen, dass Personen die Flucht- und Rettungswege vor ihrer Blockierung durch Brand oder Rauch noch benutzen können. Von einer derartigen Anlage kann nicht der Schutz von Personen, die sich im Bereich der Brandentstehung befinden, erwartet werden; es soll nur die Fluchtmöglichkeit für solche Personen, die mit dem Brand nicht direkt involviert sind, sichergestellt werden.

Der Schutz von Flucht- und Rettungswegen kann auch die Anordnung von Meldern in benachbarten Räumen erforderlich machen.

G.4 Kategorie 4: Einrichtungsschutz

Einrichtungsschutz kann spezielle Funktionen, Ausrüstungen oder Bereiche mit hohem Risiko schützen. Der Bereich des Einrichtungsschutzes kann innerhalb des Bereiches eines Voll- oder Teilschutzes liegen, z. B. Überwachung einer Maschine mit Meldern innerhalb seines Gehäuses.

Einrichtungsschutz kann guten Schutz gegen Brände innerhalb des Überwachungsbereiches bieten, gibt aber geringen oder keinen Schutz gegen Brände, die außerhalb dieses Bereiches entstehen.

Anhang H
(informativ)

Alarmierung

ANMERKUNG Siehe 5.4 und 6.2.5.

H.1 Allgemeines

Die Alarmierung ist, neben der Entdeckung und Lokalisierung des Brandes im Gebäude, die dritte wesentliche Aufgabe einer Brandmeldeanlage. Die Alarmierungseinrichtungen werden bei der Planung mit dem Betreiber entsprechend der jeweiligen Nutzungsart und dem zeitlichen Nutzungszustand (Tag, Nacht, Wochenende) des Gebäudes sowie der jeweiligen Zielgruppe von Personen (hilfeleistende Kräfte, Gebäudebelegschaft, gebäudeunkundige Besucher, Feuerwehr) festgelegt.

Dabei werden die Gebäudeabschnitte als Alarmierungsbereiche festgelegt, für die Personen- bzw. Sachgefährdung vorliegt und eine bestimmte Alarmart erforderlich ist.

H.2 Alarmarten

H.2.1 Internalarm

Der Internalarm erfolgt in der Regel im Gebäude und nur für den Alarmierungsbereich, der einem (oder bestimmten) Meldebereich(en) zugeordnet ist.

Der Internalarm wird den Umständen entsprechend als lauter oder stiller Alarm gegeben und dient zur Aktivierung der hilfeleistenden Kräfte oder zur Aufforderung der Gebäudebelegschaft zur Evakuierung.

Lauter Alarm wird überwiegend durch akustische Gefahrensignale realisiert, deren Erkennbarkeit, Hörbarkeit, Unterscheidbarkeit und Eindeutigkeit sicherheitstechnischen Anforderungen genügen müssen (siehe DIN 33404-3). Die akustischen Gefahrensignale können durch gesprochene Verhaltensanweisungen ergänzt werden.

Der laute Alarm dient der frühzeitigen Warnung der Personen im Gebäude vor der Brandgefahr und der Aufforderung, geeignete Maßnahmen zur Eindämmung oder Verringerung der Gefahrensituation zu treffen und sich entsprechend zu verhalten.

Er wird auch für die Evakuierung der Gebäudebelegschaft (gebäudekundige Personen) angewendet. Bei einem fortgeschrittenen Brand wird der Notzustand mit unmittelbarer Schädigungsmöglichkeit signalisiert, und die Gebäudebelegschaft wird aufgefordert, den Gefahrenbereich in einer der Situation angemessenen Weise zu verlassen.

Stiller Alarm wird durch akustische Gefahrensignale mit räumlich eng umgrenzter Hörbarkeit realisiert, in der Regel ergänzt durch Anzeige von optischen Signalen.

Er dient der frühzeitigen Warnung einer ständig besetzten Stelle oder von hilfeleistenden Kräften und schließt die Aufforderung ein, dass hilfeleistende Kräfte aktiviert werden, geeignete Maßnahmen zur Eindämmung der Gefahrensituation oder panikfreien Evakuierung insbesondere gebäudeunkundiger Personen (Besucher) durchzuführen.

H.2.2 Externalarm

Der externe Alarm als lauter Alarm dient zum Hilferuf der anonymen Öffentlichkeit in der Umgebung des Gebäudes. Er findet nur in Ausnahmefällen Anwendung.

H.2.3 Fernalarm

Der Fernalarm dient dem Herbeiruf der zuständigen Feuerwehr oder der hilfeleistenden Kräfte zu dem betroffenen Gebäude.

H.3 Alarmierungseinrichtungen

H.3.1 Internsignalgeber

Für den lauten Internalarm können z. B. Wecker, Hupen, Hörner und Sirenen verwendet werden. Die sicherheitstechnischen Anforderungen und Leistungseigenschaften sind in DIN 33404-3 und in DIN EN 54-3 festgelegt.

H.3.2 Alarmübertragungsanlagen

Für den Fernalarm werden Übertragungsanlagen für Gefahrenmeldungen nach den Normen der Reihe DIN EN 50136 verwendet.

H.3.3 Lautsprecheranlagen

Lautsprecheranlagen können mit BMA gekoppelt werden, um bestimmte hilfeleistende Kräfte des Betreibers im Brandfall eindeutiger zu informieren und die akustischen Gefahrensignale der BMA durch Verhaltensanweisungen zu ergänzen.

Für die Alarmierung ausschließlich über Lautsprecheranlagen (Elektroakustische Notfallwarnsysteme (ENS)) sind Normen in Vorbereitung.

Falls der Brandalarm mittels einer Durchsage ergänzt wird, sollte Folgendes sichergestellt sein:

a) dass eine passende Durchsage (entweder vorher aufgenommen oder computergestützt) vorbereitet ist, welche automatisch bei Brandalarm durchgegeben wird, entweder sofort oder nach einer vereinbarten Verzögerungszeit; diese Durchsage darf nicht von der Anwesenheit einer Person abhängen;

b) dass alle Durchsagen klar, kurz, eindeutig und — soweit praktikabel — vorhergeplant sind;

c) dass die Durchsagen mindestens um 10 dB(A) über dem allgemeinen Geräuschpegel liegen;

d) dass die empfangene Durchsage verständlich ist;

e) dass andere Durchsagen, wie z. B. Mittagspause, Arbeitsbeginn und -ende, nicht mit der Durchsage zum Brandalarm verwechselt werden und nicht zeitgleich ausgestrahlt werden können;

f) dass die Zeitspanne zwischen aufeinander folgenden Durchsagen 30 s nicht überschreitet, und dass übliche „Aufmerksamkeitssignale" verwendet werden, um Durchsagepausen von mehr als 10 s zu überbrücken;

g) dass während des Alarmzustandes sämtliche Audio-Eingänge automatisch abgeschaltet werden mit Ausnahme der Durchsagemikrofone für die Feuerwehr (siehe h)) und der Sprachmodule (oder gleichartiger Sprachgeneratoren) für die Alarmdurchsage;

h) dass, wenn die Alarmorganisation Durchsagen durch eine Person verlangt, eine oder mehrere Mikrofone ausschließlich dafür zur Verfügung stehen. Diese sollten einen eigenen Schaltkreis bilden, so dass Ankündigungen und Anweisungen (nur in Verbindung mit Notfällen) gegeben werden können.

   Zumindest ein Durchsagemikrofon für die Feuerwehr sollte sich neben der Brandmelderzentrale befinden. Es können zusätzliche Mikrofone an anderen Orten notwendig sein. Das System ist so aufzubauen, dass immer nur ein Mikrofon, Sprachmodul oder Sprachgenerator Durchsagen zulässt.

H.3.4 Personenrufanlagen

Personenrufanlagen können mit BMA gekoppelt werden, um bei Internalarm bestimmte hilfeleistende Kräfte des Betreibers gezielt zu aktivieren.

Für den Internalarm können auch besonders ausgestaltete Personenrufanlagen eingesetzt werden.

H.3.5 Telekommunikationsanlagen

Zusätzlich können Telekommunikationsanlagen (TK- und Telefonanlagen) zur stillen Alarmierung mit Brandmeldeanlagen gekoppelt werden, um im Brandfall bestimmte hilfeleistende Kräfte des Betreibers gezielt zu aktivieren und gefährdete Personen selektiv zu warnen.

Anhang I
(informativ)

Inbetriebsetzung

ANMERKUNG Siehe Abschnitt 8.

Die folgende Auflistung wird als Erläuterung der Anforderungen im Abschnitt 8 und als Hilfsmittel für die Inbetriebsetzungsarbeiten empfohlen.

I.1 Fachkompetenz der Inbetriebsetzer

Während BMA mit Standardeigenschaften von Fachkräften nach 8.1 in Betrieb gesetzt werden, sollten BMA mit besonderen Eigenschaften — z. B. BMA mit mehr als 512 Meldern, vernetzte BMA mit mehr als einer BMZ, BMA mit komplexen Brandfallsteuerungen oder BMA zum Schutz besonderer Risiken — unter verantwortlicher Leitung einer Fachkraft des jeweiligen Systemlieferanten in Betrieb gesetzt werden, dessen Fachkompetenz nach 4.2 für das spezielle Brandmeldesystem nach 6.1.1 nachgewiesen wurde.

I.2 Arbeitsschritte für die Inbetriebsetzung

I.2.1 Überprüfung der Anlagendokumentation

Durch visuelle Inspektion sollten folgende Unterlagen der Anlagendokumentation bezüglich Vollständigkeit, Verfügbarkeit und Aufbewahrung überprüft werden:

a) Planungsauftrag nach 5.6;

b) Ausführungsunterlagen (Installationsplan, Meldergruppenverzeichnis, Liste der Anlagenteile, Blockdiagramm, Anlagenbeschreibung, Anlagenidentifizierung, Prüfplan für wiederkehrende Prüfungen) nach 6.2.11;

c) aktualisierte Ausführungsunterlagen nach 7.5;

d) Feuerwehr-Laufkarten nach 10.2 bis 10.4.

Die Ergebnisse der Prüfungen sollten protokolliert werden. Bei Abweichungen vom Sollzustand sollten notwendige Nachbesserungen veranlasst werden.

I.2.2 Überprüfung der Anlagenbestandteile

Durch visuellen Soll-/Ist-Vergleich sollte die Übereinstimmung der verwendeten Anlagenbestandteile mit der überprüften Anlagendokumentation nach I.2.1 durchgeführt werden. Der Soll-/Ist-Vergleich sollte für alle installierten Anlagenbestandteile, die folgenden Prüfaspekte umfassen:

— Identität und Vollständigkeit der Anlagenbestandteile nach Typen und Mengen;

— Konformitäts- oder Anerkennungsnachweise der verwendeten Typen von Anlagenbestandteilen und des verwendeten Brandmeldesystems,

und für die einzelnen Arten von installierten Anlagenbestandteilen sollten folgende Aspekte geprüft werden:

a) Prüfaspekte für automatische Brandmelder: die Zuordnung Meldertyp, Raumnutzung, Überwachungsfläche, Montageort, Meldergruppe und Meldebereich; für Handfeuermelder gelten die drei zuletzt genannten Prüfaspekte.

b) Prüfaspekte für Brandmelderzentralen: deren Ausrüstung (Gehäuse, Anzeigeeinrichtungen, Meldergruppen, Brandfallsteuerungen usw.), die Anzahl angeschlossener Melder je Meldergruppe und je zentraler

Verarbeitungseinheit der BMZ (max. 512 Melder), die Zuordnung von Montageort, Raumnutzung, Raumbeleuchtung, Zugänglichkeit, Aufbewahrung und Zugang zu Betriebsdokumentationen, insbesondere Alarmorganisation und Feuerwehr-Laufkarten.

c) Prüfaspekte für vernetzte Brandmelderzentralen, abgesetzte Bedienfelder und zentrale bzw. abgesetzte Alarminformationssysteme: hierfür sollten die Prüfaspekte nach b) je Anlagenbestandteil sinngemäß angewendet werden.

d) Prüfaspekte für Feuerwehr-Anzeigetableau, ÜE-Feuerwehranschluss, Feuerwehr-Bedienfeld und Feuerwehr-Schlüsseldepot: hierfür sollten die Prüfaspekte nach b) sinngemäß angewendet werden.

e) Prüfaspekte für Energieversorgungseinrichtungen: deren Ausrüstung (zentrale Einrichtungen mit Netzteil, Ladeteil und Batterie, abgesetzte Zusatz-EV mit Netzteil, Ladeteil und Batterie), die Zuordnung von Montageort, Raumnutzung, Zugänglichkeit, Netzanschluss, Energieübertragungswege zu anderen abgesetzten Anlagenbestandteilen.

f) Prüfaspekte für Alarmierungseinrichtungen: die Zuordnung von Montageort, Raumnutzung, Alarmgruppe und -bereich.

g) Prüfaspekte für Übertragungswege: die Zuordnung von Montageart und Montageweg der installierten Kabel und Verteiler; die Angaben der Anlagendokumentation bzw. des Systemlieferanten zu wichtigen technischen Daten der zu verwendenden Kabeltypen (z. B. maximale Leitungswiderstände für einen Stromkreis oder Isolationswiderstände Ader gegen Ader, Ader gegen Erde, Ader gegen Schirm usw.). Gegebenenfalls sollten Ist-Werte gemessen und protokolliert werden.

Die Ergebnisse der Prüfungen sollten protokolliert werden. Bei Abweichungen vom Sollzustand sollten notwendige Nachbesserungen veranlasst werden (notwendige Aktualisierungen der Ausführungsunterlagen nach 7.5 sollten für den weiteren Arbeitsfortschritt möglichst sofort handschriftlich eingetragen werden).

I.2.3 Inbetriebsetzung der Energieversorgung

Die Energieversorgungseinrichtungen sollten schrittweise eingeschaltet werden, wobei die anderen Systembestandteile abgeschaltet sein sollten: Inbetriebsetzung von Netzanschluss, zentrales Netzteil, Ladeteil und Batterie; abgesetzte Zusatz-EV sinngemäß.

Nach erfolgreicher Inbetriebsetzung der Energieversorgungseinrichtungen sollte die Aufschaltung der Energieversorgung auf die anderen Systembestandteile ebenfalls schrittweise erfolgen.

Die Ergebnisse der Inbetriebsetzung und Prüfungen sollten protokolliert werden. Bei Abweichungen vom Sollzustand sollten notwendige Nachbesserungen veranlasst werden.

I.2.4 Parametrierung des Brandmeldesystems

Die Parametrierung des installierten Systems für die Funktionalitäten der BMA, sollte ebenfalls schrittweise erfolgen. Die Versorgung des Brandmeldesystems mit den entsprechenden Betriebswerten, sollte insbesondere nach den Angaben des Systemlieferanten erfolgen, die mittels Hardware- oder Softwaremaßnahmen durch den Inbetriebsetzer bewerkstelligt wird.

Als spezifische Funktionalitäten der BMA, die nach der überprüften Anlagendokumentation nach I.2.1 gefordert und durch Parametrierung eingebracht werden, können im Wesentlichen folgende Beispiele dienen:

a) Parametrierungsbeispiel Fernalarm: bestimmte Meldebereiche und Meldergruppen von automatischen Brandmeldern und alle von Handfeuermeldern werden dem Fernalarm zugeordnet, um im Alarmzustand der BMA, ggf. unter zeitlicher Überwachung, die ÜE zur Feuerwehr automatisch auszulösen.

b) Parametrierung Internalarm: bestimmte Meldebereiche und Meldergruppen werden dem Internalarm zugeordnet, um im Alarmzustand, ggf. unter Zeitbedingungen, die Internsignalgeber bestimmter Alarmbereiche oder Alarmgruppen automatisch auszulösen.

c) Parametrierungsbeispiel Brandfallsteuerung: bestimmte automatische Brandmelder oder Handfeuermelder werden einzeln oder als Meldergruppe einer elektrischen Brandfallsteuerung zugeordnet, um im Alarmzustand, gegebenenfalls unter Zeitbedingungen, eine bestimmte Brandschutzeinrichtung automatisch auszulösen, z. B. Rauch- oder Feuerschutzabschlüsse, Rauchabzugsanlagen, oder eine Betriebseinrichtung automatisch zu steuern z. B. Aufzug, Lüftungsanlage usw.

d) Parametrierungsbeispiel Löschanlagensteuerung: automatische Brandmelder eines Löschbereiches werden in Zwei-Melderabhängigkeit oder in Zwei-Gruppenabhängigkeit einer elektrischen Löschanlagensteuerung zugeordnet, damit im Alarmzustand, gegebenenfalls unter bestimmten Zeitbedingungen, von der elektrischen Löschanlagensteuerung die Löschventile dieses Löschbereiches automatisch geöffnet werden.

Die Ergebnisse der Parametrierung sollten protokolliert werden. Bei Abweichungen vom Sollzustand sollten notwendige Nachbesserungen veranlasst werden.

I.2.5 Funktionsprüfungen

Die nachfolgenden Funktionsprüfungen bilden den Abschluss der Inbetriebsetzungsarbeiten für eine BMA. Sie sollten daher als 100%-Prüfungen mit allen installierten Anlagenbestandteilen durchgeführt werden.

Die Anforderungen zu den einzelnen Funktionen der BMA sind für die verschiedenen Betriebszustände der BMZ in DIN EN 54-2 im Einzelnen spezifiziert.

a) Normalzustand: Bei voller Betriebsbereitschaft aller Überwachungsfunktionen, d. h. alle installierten Anlagenbestandteile sind eingeschaltet, sollten die BMA ruhig bleiben. Nur die grüne Betriebslampe an der BMZ sollte leuchten.

b) Brandmeldezustand: Die Alarmfunktion aller automatischen Brandmelder und Handfeuermelder sowie die entsprechenden Anzeigen an BMZ, abgesetzten Anzeigeeinrichtungen, Alarminformations- und Registriereinrichtungen der BMA, sollten geprüft werden.

   Für diese Prüfungen sollte die Alarmauslösung der automatischen Brandmelder durch Simulation der relevanten Brandkenngröße am Melder, und die Alarmauslösung der Handfeuermelder sollte mittels der am Melder vorhandenen Prüfeinrichtung, vorgenommen werden. Die BMZ sollte auf Funktion Prüfzustand geschaltet sein, damit Alarmierungseinrichtungen, ÜE zur Feuerwehr und Brandfallsteuerungen abgeschaltet sind.

   Durch visuellen Soll-/Ist-Vergleich sollte die Übereinstimmung der Anzeigen (ggf. Melderadresse) an vorgenannten Anzeige- und Registriereinrichtungen mit den Unterlagen der Anlagendokumentation nach I.2.1, die zur Lokalisierung des Brandherdes dienen, z. B. Feuerwehr-Laufkarten, überprüft werden.

c) Störungszustand: Die Funktion der automatischen Störungsüberwachung für bestimmte Anlagenbestandteile und Störungsarten, z. B. Störung Übertragungsweg, Systemstörung, die in DIN EN 54-2 spezifiziert sind, sowie die entsprechenden Anzeigen an BMZ und anderen Anzeige- und Registriereinrichtungen der BMA, sollte geprüft werden.

   Für diese Prüfungen sollte die Auslösung der Störung durch eine entsprechende Simulation der jeweiligen Störungsart an den einzelnen Anlagenbestandteilen vorgenommen werden, z. B. ein Netzausfall an der Energieversorgungseinrichtung oder ein Kurzschluss an überwachten Übertragungswegen.

   ANMERKUNG Die Simulation Kurzschluss sollte für linienförmige überwachte Übertragungswege mit unidirektionaler Analogübertragung und mit bidirektionaler digitaler Datenübertragung (adressiertes Melden und Steuern), als auch für ringförmige überwachte Übertragungswege (Loop) mit bidirektionaler digitaler Datenübertragung angewendet werden. Für Loop-Stromkreise sollte die Funktion „Kurzschlusstrenner" zusätzlich geprüft werden.

   Durch visuellen Soll-/Ist-Vergleich sollte die Übereinstimmung der Anzeigen an vorgenannten Anzeige- und Registriereinrichtungen mit den Unterlagen der Anlagendokumentation nach I.2.1, überprüft werden.

d) Abschaltzustand: Die Funktion der automatischen Abschaltungsüberwachung für alle Meldergruppen und bestimmte Anlagenbestandteile, die in DIN EN 54-2 spezifiziert sind, sowie die entsprechenden Anzeigen an BMZ und anderen Anzeige- und Registriereinrichtungen der BMA, sollte mittels Abschaltungen geprüft werden.

Durch visuellen Soll-/Ist-Vergleich sollte die Übereinstimmung der Anzeigen an vorgenannten Anzeige- und Registriereinrichtungen mit den Unterlagen der Anlagendokumentation nach I.2.1, überprüft werden.

e) Fernalarm und Internalarmierung: Es sollten mindestens zwei „echte" Funktionsprüfungen für Fernalarm und Internalarmierung durchgeführt werden, mit Auslösung der ÜE zur Feuerwehr und Auslösung der Alarmierungseinrichtungen in zwei ausgewählten Alarmbereichen. Für diese Prüfungen sollte die Alarmauslösung mit automatischen Brandmeldern der zwei Meldebereiche angestoßen werden, die den zwei Alarmbereichen zugeordnet sind.

   Die „echten" Funktionsprüfungen sollten vorab mit Feuerwehr und Betreiber der BMA abgestimmt werden. Für Internalarmierung sollten ggf. in „worst case" Alarmbereichen an die Raumnutzung angepasste Lautstärke- oder Lichtstärkemessungen bzw. Hörbarkeits- und Verhaltensprüfungen durchgeführt werden.

   Durch Soll-/Ist-Vergleich sollte die Übereinstimmung der Fernalarmreaktion und der Reaktionen zu den Intern-Alarmsignalen mit der Anlagendokumentation nach I.2.1, z. B. der Alarmorganisation, überprüft werden.

   Die Ergebnisse der Prüfungen und Messungen sollten protokolliert werden.

f) Energieversorgungseinrichtungen: Es sollten die Funktionsprüfungen und Messungen an Netzanschluss, Netzteil, Ladegerät und Batterie durchgeführt werden, die in DIN EN 54-4, DIN VDE 0833-2 (VDE 0833 Teil 2) und in dieser Norm spezifiziert sind. Der Ruhestrom und maximaler Alarmstrom der BMA sollten gemessen werden, und mit den ermittelten Werten sollte die Berechnung der Überbrückungszeit im Batteriebetrieb überprüft werden. Die Ergebnisse der Prüfungen und Messungen sollten protokolliert werden.

g) Brandfallsteuerungen: Sofern vorhanden, sollte mindestens eine Funktionsprüfung je Brandfallsteuerung durchgeführt werden, ohne „echte" Auslösung der Brandschutzeinrichtung, z. B. Feuerschutzabschlüsse, Rauchabzugsanlage, oder ohne „echte" Auslösung der Betriebseinrichtung, z. B. Aufzug, Lüftungsanlage, usw.

   Für diese Prüfungen sollte die Alarmauslösung mit automatischen Brandmeldern aus den Meldebereichen angestoßen werden, die der zu steuernden Brandschutz- bzw. der Betriebseinrichtung zugeordnet sind.

   Die Funktionsprüfungen mit „echter" Auslösung sollten vorab mit dem Betreiber der BMA und dem/den Errichtern der Brandschutz- bzw. Betriebseinrichtung, gegebenenfalls mit der Feuerwehr, abgestimmt werden.

   Durch Soll-/Ist-Vergleich sollte die Übereinstimmung der Reaktionen der gesteuerten Brandschutz- bzw. der Betriebseinrichtung mit der Anlagendokumentation nach I.2.1, z. B. der Alarmorganisation, überprüft werden.

   Aufgrund zusätzlicher Funktionsanforderungen an BMA mit Ansteuerung von Löschanlagen ergibt sich eine entsprechende Anlagendokumentation nach I.2.1. Hierfür sollten die folgenden zusätzlichen Überprüfungen und Inbetriebsetzungsarbeiten an der Brandmeldeanlage durchgeführt werden:

   1) Auswirkung von Systemstörungen: Bei Ausfall einer zentralen Verarbeitungseinheit oder bei Störung eines überwachten Übertragungsweges (Drahtbruch/Kurzschluss) sollten nicht mehr als ein Löschbereich ausfallen;

   2) Montage der automatischen Brandmelder in Bezug zur reduzierten Überwachungsfläche bei einer geforderten Zwei-Melder- oder Zwei-Gruppenabhängigkeit;

   3) Beschriftung und Farbe (gelb) der als Handauslösung eingesetzten Handfeuermelder (falls vorgesehen);

4) Zuordnung der einzelnen Melder/Meldergruppen zu den definierten zugehörigen Löschbereichen;

5) Differenzierung der Ausgangssignale bei Zwei-Melder- oder Zwei-Gruppenabhängigkeit, z. B. Übertragung eines Voralarms zur zeitgerechten Abschaltung von Lüftermotoren;

6) bei Ansteuerung von Sprinkleranlagen als vorgesteuerte Trockenanlage (Pre-Action) sollten Umschaltbefehle je zugeordnetem Löschbereich für folgende Betriebszustände erfolgen: bei Abschalten von Meldern oder Meldergruppen, Drahtbruch/Kurzschluss (Ausfall Übertragungsweg), und Umschaltsammelbefehle für alle Löschbereiche für folgende Betriebszustände erfolgen: bei Systemstörung oder Energieversorgungsstörung.

7) von der Löschsteuerung sollten für bestimmte Betriebsereignisse der Löschanlage Rückmeldungen zur Brandmelderzentrale erfolgen, z. B. Löschmittel geflutet, Störung Druckbehälter usw.

Die Errichter der Brandmeldeanlage und der Löschanlage sollten die Inbetriebsetzung gemeinsam durchführen.

Beide Errichter sollten dazu die notwendigen Signale an den Ein- und Ausgängen der Schnittstellen zur Verfügung stellen. Die Verarbeitung der Signale sollte dann system- und herstellerspezifisch erfolgen. Diese sollte durch den jeweiligen Errichter separat dokumentiert werden.

Während der Prüfungen sollte die Löschanlage von Löschanlagenerrichter vor ungewollten Auslösungen gesichert werden, falls die Auslöseeinrichtungen (z. B. Magnetventile) schon betriebsmäßig angeschlossen sind.

Die Ergebnisse aller Funktionsprüfungen sollten protokolliert und bei Abweichungen vom Sollzustand sollten notwendige Nachbesserungen veranlasst werden.

I.3 Inbetriebsetzungsprotokoll

Das Inbetriebsetzungsprotokoll sollte die Ergebnisse der abgeschlossenen Inbetriebsetzung in Form einer Positivliste lückenlos dokumentieren und für die Abnahme der Brandmeldeanlage bereitgestellt werden.

Anhang J
(informativ)

Strukturen und Bestandteile von Brandmeldesystemen

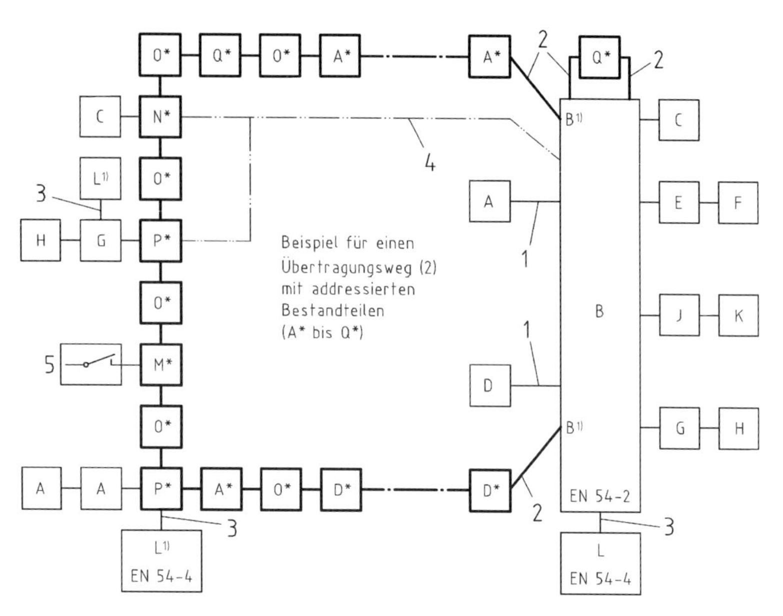

Legende

Ringförmige Struktur
Neue Systembestandteile und -strukturen nach E DIN EN 54-13

- A* automatischer Brandmelder
- B[1)] Brandmelderzentrale
- D* Handfeuermelder
- L[1)] Zusatz-Energieversorgungseinrichtung, abgesetzt (siehe 6.2.8)
- M* Eingangsbaustein
- N* Ausgangsbaustein
- O* Kurzschlusstrenner
- P* Eingangs-/Ausgangsbaustein
- Q* Anzeige- und Bedieneinrichtung
- 2 redundante Struktur bidirektionaler Übertragungswege
- 3 unabhängige Übertragungswege für Energie und Störungssignal nach DIN EN 54-4
- 4 zusätzliche Energieversorgungsleitungen
- 5 Alarmkontakt (z. B. Löschanlage)

Stichförmige Struktur
Systembestandteile und -strukturen nach DIN EN 54-1

- A automatischer Brandmelder
- B Brandmelderzentrale
- C Alarmierungseinrichtung(en)
- D Handfeuermelder
- E Übertragungseinrichtungen für Brandmeldungen
- F Empfangszentrale für Brandmeldungen
- G Steuereinrichtung für automatische Brandschutzeinrichtung(en)
- H automatische Brandschutzeinrichtung
- J Übertragungseinrichtung für Störungsmeldungen
- K Empfangszentrale für Störungsmeldungen
- L Energieversorgungseinrichtung (siehe 6.2.8)
- 1 linienförmige Struktur der undirektionalen Übertragungswege

Bild J.1 — Nach DIN EN 54-1 und neu verfügbare Systemstrukturen und -bestandteile

Anhang K
(informativ)
Beispiel für eine Feuerwehr-Laufkarte

ANMERKUNG Siehe 3.7, 6.2.4.2 und 10.2.

Meldergruppe:	Gebäude:	Geschoss/Flur:	Raum:	Melderanzahl:	Melderart:	Bemerkungen:
15	**Bürohaus**	**3. OG**	**320**	**8**	**Rauchmelder**	

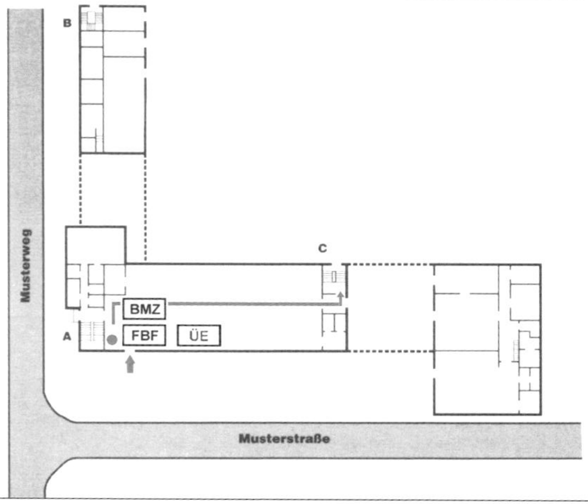

Objekt: Musterstraße 1, Bürogebäude | Ausgabedatum:

Bild K.1 — Darstellung einer Feuerwehr-Laufkarte: Vorderseite der Gebäudeübersicht als Grundriss EG, ohne Seitenriss der Geschosse, ohne Legende

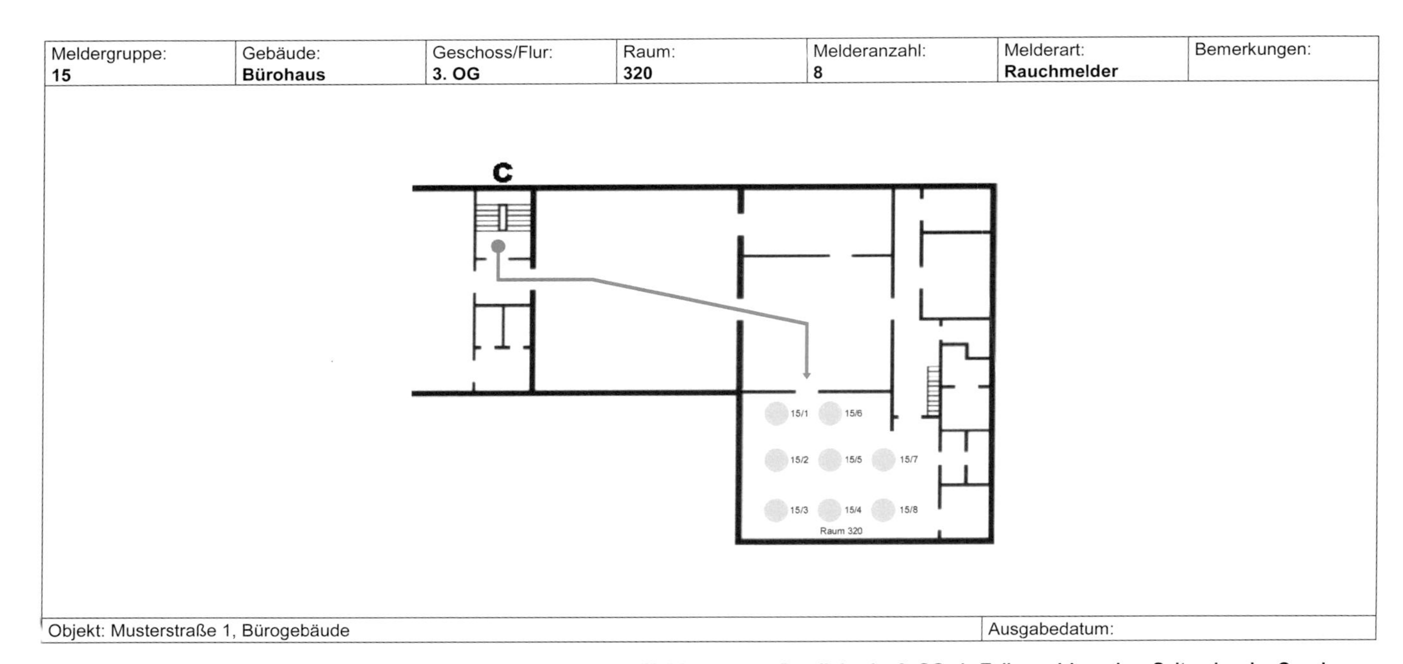

Meldergruppe: 15	Gebäude: **Bürohaus**	Geschoss/Flur: **3. OG**	Raum: **320**	Melderanzahl: **8**	Melderart: **Rauchmelder**	Bemerkungen:

Objekt: Musterstraße 1, Bürogebäude	Ausgabedatum:

Bild K.2 — Darstellung einer Feuerwehr-Laufkarte: Rückseite — Meldergruppen-Detailplan im 3. OG als Teilgrundriss, ohne Seitenriss der Geschosse, ohne Legende

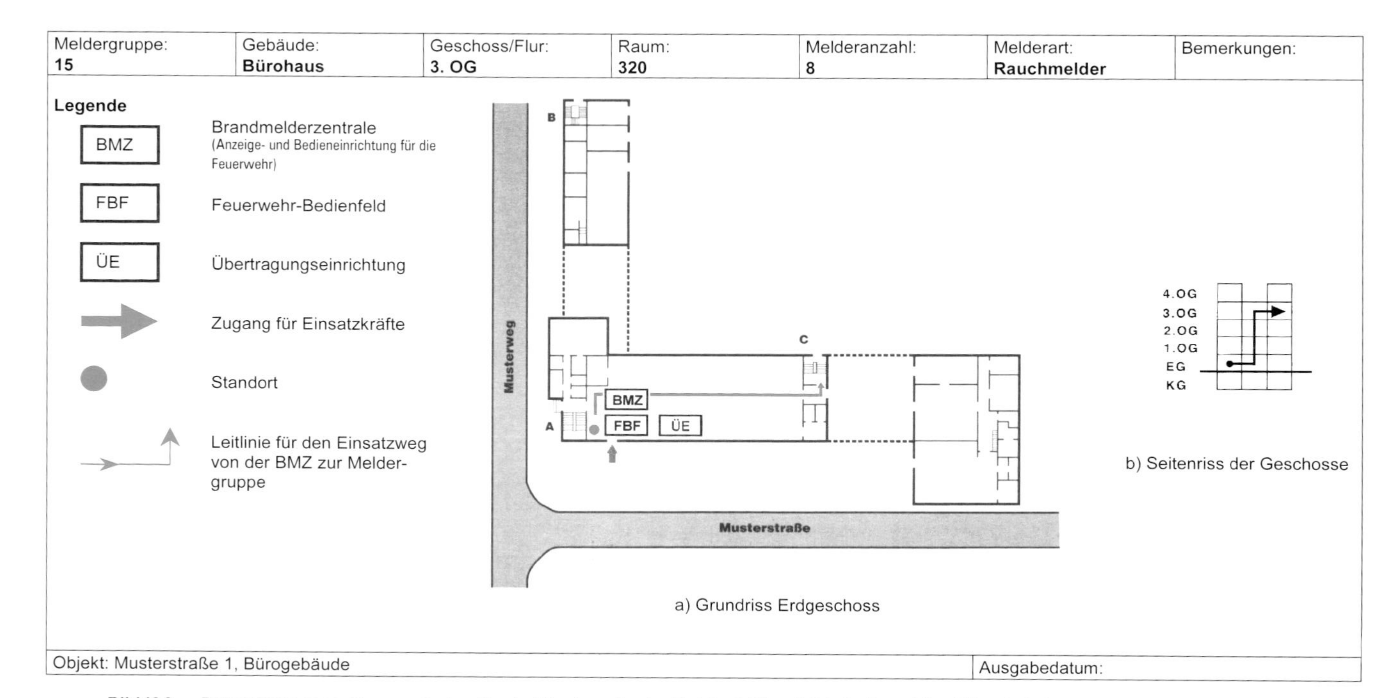

Bild K.3 — Darstellung einer Feuerwehr-Laufkarte: Vorderseite der Gebäudeübersicht als Grundriss EG, mit Seitenriss der Geschosse und Legende

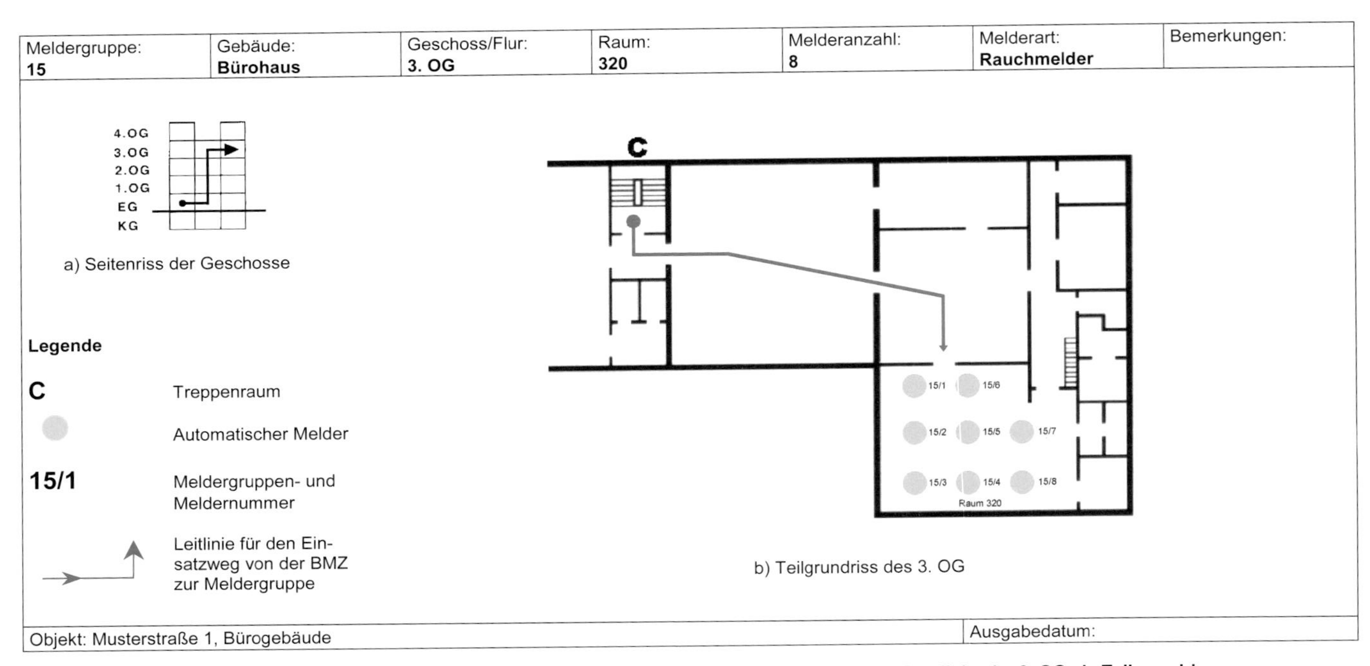

Bild K.4 — Darstellung einer Feuerwehr-Laufkarte: Rückseite — Meldergruppen-Detailplan im 3. OG als Teilgrundriss, mit Seitenriss der Geschosse und Legende

Anhang L
(normativ)

Anforderungen an Fachfirmen

ANMERKUNG Zu Anforderungen siehe 4.2.

L.1 Kompetenzkriterien

Die Anforderungen nach den Tabellen L.1 bis L.5 sind zu erfüllen.

Tabelle L.1 — Allgemeine Anforderungen an Fachfirmen

Anforderung	Phase					
	Planung	Projektierung	Montage und Installation	Inbetriebsetzung	Abnahme	Instandhaltung
Nachweis der Firmierung (Handels-/Gewerberegister) [a]	X	X	X	X	X	X
Nachweis einer Betriebs-/Berufshaftpflichtversicherung	X	X	X	X	X	X
Lieferzusage(n) des/der Systemlieferanten	–	–	X	–	–	X
Muster eines Instandhaltungsvertrages	–	–	–	–	–	X
Nachweis eines QM-Systems	X [b]	X	X	X	X	X
Nachweis der Fachkenntnis für BMA	X	X	X	X	X	X
Nachweis der Kenntnis über das zu verwendende BMS (einschließlich EDV-Kenntnissen, falls erforderlich)	–	X	X	X	–	X
Bestätigung des Systemlieferanten, regelmäßige Schulungen über das BMS anzubieten	X [c]	X	X	X	–	X

[a] Entfällt für freiberuflich tätige Personen.

[b] Siehe Anmerkung 2 in 4.2.1.

[c] Schulungsnachweis der Hersteller ist ausreichend.

Tabelle L.2 — Anforderungen an Fachfirmen, die an deren Standort zu prüfen sind

Anforderung	Phase					
	Planung	Projektierung	Montage und Installation	Inbetriebsetzung	Abnahme	Instandhaltung
Zugriff auf alle relevanten Regelwerke in aktueller Fassung	X [a]	X [a]	X	X	X [a]	X
Zugriff auf die technische Dokumentation der einzusetzenden BMS	–	X [a]	X	X	–	X
Geeignete Werkstattausrüstung	–	–	X	–	–	–
Ersatzteillager mit festgelegtem Bestand	–	–	–	–	–	X
BMS-spezifische Ausrüstung (z. B. Werkzeug, Messgeräte, PC)	–	–	X	X	X [b]	X
Ständige Rufbereitschaft (24 h)	–	–	–	–	–	X
Nachweis der Einhaltung der vereinbarten Reaktions- und Entstörungszeiten (z. B. durch geeignete Stützpunkte)	–	–	–	–	–	X

[a] Nachweis kann auf schriftlichem Wege erfolgen.

[b] Ausrüstung der Fachfirmen für Montage oder Inbetriebsetzung darf verwendet werden.

Tabelle L.3 — Mindestqualifikation und Prüfungsinhalte für die verantwortliche Person

Anforderung	Phase					
	Planung	Projektierung	Montage und Installation	Inbetriebsetzung	Abnahme	Instandhaltung
Mindestqualifikation						
Dipl.-Ing., Meister oder staatlich geprüfter Techniker [a]	X	X	–	X	X	–
Geselle/Facharbeiter [a, b]	–	–	X	–	–	X
Prüfungsinhalte der schriftlichen Prüfung durch eine dafür akkreditierte Stelle						
Spezielle Kenntnisse der Elektrotechnik, bezogen auf BMA (z. B. Überspannungsschutzmaßnahmen, Energieversorgung)	X	X	X	X	X	X
Relevante Kenntnisse der DIN 14675 und DIN VDE 0833-1 (VDE 0833 Teil 1) und DIN VDE 0833-2 (VDE 0833 Teil 2) (einschließlich mitgeltender Normen)	X	X	X	X	X	X
Kenntnisse über Brandmeldesysteme nach E DIN EN 54-13, zur Zeit in Verbindung mit DIN EN 54-2	X	X	X	X	X	X
Beispielplanung/-projektierung	X	X	–	–	–	–
Ansteuerung anderer Systeme nach 6.1.3 (z. B. Feuerlöschanlagen über Schnittstellen)	X	X	–	X	X	X

[a] Abschluss in einer Fachrichtung mit elektrotechnischem Bezug erforderlich.

[b] 3-jährige Berufserfahrung für die Tätigkeiten in der entsprechenden Phase erforderlich.

Tabelle L.4 — Allgemeine Anforderungen an die Überwachung von Fachfirmen (siehe L.2.6)

Anforderung	Phase					
	Planung	Projektierung	Montage und Installation	Inbetriebsetzung	Abnahme	Instandhaltung
Nachweis einer Betriebs-/Berufshaftpflichtversicherung	X	X	X	X	X	X
Lieferzusage des/der Systemlieferanten	–	X	X	–	–	X
Nachweis eines QM-Systems	X [a]	X	X	X	X	X
Nachweis der Fachkenntnis für BMA (z. B. Auffrischungsschulungen, Wissen über den aktuellen Stand der Technik und des technischen Regelwerks)	X	X	X	X	X	X
Nachweis der Kenntnisse über das zu verwendende BMS (z. B. Auffrischungsschulungen, Wissen über Gerätetechniken)	X [b]	X	X	X	–	X

[a] Siehe Anmerkung 2 in 4.2.1.

[b] Schulungsnachweis der Hersteller ist ausreichend.

Tabelle L.5 — Anforderungen an die Überwachung von Fachfirmen, die an deren Standort zu prüfen sind (siehe L.2.6)

Anforderung	Phase					
	Planung	Projektierung	Montage und Installation	Inbetriebsetzung	Abnahme	Instandhaltung
Zugriff auf alle relevanten Regelwerke in aktueller Fassung	X [a]	X [a]	X	X	X [a]	X
Zugriff auf die technische Dokumentation der einzusetzenden BMS	X [a]	X [a]	X	X	–	X
Geeignete Werkstattausrüstung	–	–	X	–	–	–
Ersatzteillager mit festgelegtem Bestand	–	–	–	–	–	X
BMS-spezifische Ausrüstung (z. B. Werkzeug, Messgeräte, PC)	–	–	X	X	X [b]	X
Ständige Rufbereitschaft (24 h)	–	–	–	–	–	X
Nachweis der Einhaltung der vereinbarten Reaktions- und Entstörungszeiten (z. B. durch geeignete Stützpunkte)	–	–	–	–	–	X

[a] Nachweis kann auf schriftlichem Wege erfolgen.

[b] Ausrüstung der Fachfirmen für Montage oder Inbetriebsetzung darf verwendet werden.

L.2 Überprüfungskriterien

L.2.1 An geplanten, projektierten, installierten, in Betrieb gesetzten und instand gehaltenen BMA müssen Überprüfungen nach den Anforderungen dieser Norm durchgeführt werden. Hierzu ist in Abständen von zwei Jahren durch die Zertifizierungsstelle die erbrachte Leistung der Fachfirmen für die Phasen 6 bis 9 und 11 zu prüfen. Bei Bedarf kann die Zertifizierungsstelle weitere Unterlagen anfordern.

L.2.2 Die Ausführungsqualität der Planungs- und Projektierungsphase nach Abschnitt 6 ist auf schriftlichem Wege zu überprüfen. Hierzu sind die Ausführungsunterlagen nach 6.3 von der Zertifizierungsstelle auf Übereinstimmung mit den Anforderungen dieser Norm zu überprüfen. Bei Fachfirmen, die nur Ausschreibungsunterlagen erstellen, sind statt der Ausführungsunterlagen die Ausschreibungsunterlagen auf Übereinstimmung mit den Anforderungen dieser Norm zu überprüfen.

L.2.3 Die Ausführungsqualität der Montage- und Installationsphase nach Abschnitt 7 und der Inbetriebsetzungsphase nach Abschnitt 8 muss an der in Betrieb gesetzten BMA überprüft werden. Dabei ist die BMA vor Ort auf Übereinstimmung mit den Ausführungsunterlagen nach 7.5 und 8.3 sowie auf Übereinstimmung mit den Anforderungen dieser Norm zu überprüfen.

L.2.4 Die Ausführungsqualität der Abnahmephase nach Abschnitt 9 ist vorzugsweise auf schriftlichem Wege zu überprüfen. Hierzu sind die Unterlagen nach 7.5, 8.3 und 9.4 von der Zertifizierungsstelle auf Übereinstimmung mit den Anforderungen dieser Norm zu überprüfen. Bei Bedarf kann die Zertifizierungsstelle auch eine Überprüfung vor Ort fordern, z. B. um die Aktualität und Übereinstimmung dieser Unterlagen mit der BMA festzustellen.

L.2.5 Die Ausführungsqualität der Instandhaltungsphase nach Abschnitt 11 muss durch Überprüfung der BMA vor Ort auf Aktualität der Ausführungsunterlagen (z. B. nach Nutzungs- oder baulichen Änderungen) sowie auf Übereinstimmung mit den Eintragungen im Betriebsbuch und mit den Anforderungen dieser Norm erfolgen.

L.2.6 Die Anforderungen nach den Tabellen L.4 und L.5 sind von der Zertifizierungsstelle alle vier Jahre zu prüfen. Darüber hinaus muss von der Fachfirma fortlaufend der Nachweis eines QM-Systems erbracht werden.

Anhang M
(informativ)

Inhalt des QM-Handbuches

ANMERKUNG 1 Siehe Anmerkung 2 in 4.2.1.

Ein QM-Handbuch enthält üblicherweise mindestens Aussagen zu folgenden Punkten:

— Darstellung des Unternehmens und des Anwendungsbereiches des QM-Systems;

— Qualitätspolitik/Unternehmensphilosophie einschließlich der Verpflichtung zur kontinuierlichen Verbesserung und zur Kundenorientierung;

— Beschreibung des Verfahrens zur regelmäßigen Bewertung des QM-Systems durch die oberste Leitung (Managementbewertung);

— Beschreibung der wertschöpfenden Prozesse mit Darstellung von Verantwortung und Schnittstellen (z. B. Ablaufdiagramm in Anlehnung an die Leistungsphasen der HOAI und die Phasen der DIN 14675);

— organisatorische Maßnahmen, die die Erfüllung der Forderungen der DIN 14675 sicherstellen: Schulung, interne Audits, Korrektur- und Vorbeugungsmaßnahmen, Überwachung der Prozesse;

  ANMERKUNG 2 Hierzu gehören auch Aufzeichnungen als Nachweis, dass diese Maßnahmen durchgeführt worden sind.

— Beschreibung eines Verfahrens „Lenkung von Dokumenten, Daten und Aufzeichnungen“ mit Angaben zur

  — Lenkung von Änderungen an Planungsunterlagen,

  — Kennzeichnung,

  — Datensicherung,

  — Archivierung.

Es wird empfohlen, das QM-Handbuch entsprechend den Forderungen der aktuellen Fassung der DIN EN ISO 9001 zu gestalten. Dadurch lässt sich der Aufwand für die nach Ablauf der Übergangsfrist erforderliche Zertifizierung gering halten.

Literaturhinweise

DIN 14011, *Begriffe aus dem Feuerwehrwesen.*

DIN 14095, *Feuerwehrpläne für bauliche Anlagen.*

DIN EN 54-3/A1, *Brandmeldeanlagen — Teil 3: Feueralarmeinrichtungen; Akustische Signalgeber; Änderung A1; Deutsche Fassung EN 54-3:2001/A1:2002.*

DIN EN 54-4/A1, *Brandmeldeanlagen — Teil 4: Energieversorgungseinrichtungen; Änderung A1; Deutsche Fassung EN 54-4:1997/A1:2002.*

DIN EN 54-5, *Brandmeldeanlagen — Teil 5: Wärmemelder — Punktförmige Melder; Deutsche Fassung EN 54-5:2000.*

DIN EN 54-5/A1, *Brandmeldeanlagen — Teil 5: Wärmemelder — Punktförmige Melder; Änderung A1; Deutsche Fassung EN 54-5:2000/A1:2002.*

DIN EN 54-7, *Brandmeldeanlagen — Teil 7: Rauchmelder — Punktförmige Melder nach dem Streulicht-, Durchlicht- oder Ionisationsprinzip; Deutsche Fassung EN 54-7:2000.*

DIN EN 54-7/A1, *Brandmeldeanlagen — Teil 7: Rauchmelder — Punktförmige Melder nach dem Streulicht-, Durchlicht- oder Ionisationsprinzip; Änderung A1; Deutsche Fassung EN 54-7:2000/A1:2002.*

DIN EN 54-10, *Brandmeldeanlagen — Teil 10: Flammenmelder — Punktförmige Melder; Deutsche Fassung EN 54-10:2002.*

DIN EN 54-12, *Brandmeldeanlagen — Teil 12: Rauchmelder — Linienförmiger Melder nach dem Durchlichtprinzip; Deutsche Fassung EN 54- 12:2002.*

E DIN EN 54-17, *Brandmeldeanlagen — Teil 17: Kurzschlussisolatoren; Deutsche Fassung prEN 54-17:2002.*

DIN EN ISO 9000, *Qualitätsmanagementsysteme — Grundlagen und Begriffe (ISO 9000:2000).*

DIN EN ISO 9001, *Qualitätsmanagementsysteme — Anforderungen (ISO 9001:2000).*

DIN EN 50136-1-4 (VDE 0830 Teil 5-1-4), *Alarmanlagen — Alarmübertragungsanlagen und -einrichtungen — Teil 1-4: Anforderungen an Anlagen mit automatischen Wähl- und Ansageanlagen für das öffentliche Fernsprechwählnetz; Deutsche Fassung EN 50136-1-4:1998.*

DIN EN 50136-2-1 (VDE 0830 Teil 5-2-1), *Alarmanlagen — Alarmübertragungsanlagen und -einrichtungen — Teil 2-1: Allgemeine Anforderungen an Alarmübertragungseinrichtungen; Deutsche Fassung EN 50136-2-1:1998 + Corrigendum 1998 + A1:2001.*

DIN EN 50136-2-2 (VDE 0830 Teil 5-2-2), *Alarmanlagen — Alarmübertragungsanlagen und -einrichtungen — Teil 2-2: Anforderungen an Einrichtungen für Anlagen mit fest zugeordneten Übertragungswegen; Deutsche Fassung EN 50136-2-2:1998.*

DIN EN 50136-2-3 (VDE 0830 Teil 5-2-3), *Alarmanlagen — Alarmübertragungsanlagen und -einrichtungen — Teil 2-3: Anforderungen an Einrichtungen für Wähl- und Übertragungsanlagen für das öffentliche Fernsprechwählnetz; Deutsche Fassung EN 50136-2-3:1998.*

DIN EN 50136-2-4 (VDE 0830 Teil 5-2-4), *Alarmanlagen — Alarmübertragungsanlagen und -einrichtungen — Teil 2-4: Anforderungen an Einrichtungen für Wähl- und Ansageanlagen für das öffentliche Fernsprechwählnetz; Deutsche Fassung EN 50136-2-4:1998.*

DIN EN ISO/IEC 17025, *Allgemeine Anforderungen an die Kompetenz von Prüf- und Kalibrierlaboratorien (ISO/IEC 17025:1999); Dreisprachige Fassung EN ISO/IEC 17025:2000.*

DIN EN 45004, *Allgemeine Kriterien für den Betrieb verschiedener Typen von Stellen, die Inspektionen durchführen; Dreisprachige Fassung EN 45004:1995.*

DIN EN 45010, *Allgemeine Anforderungen an die Begutachtung und Akkreditierung von Zertifizierungsstellen (ISO/IEC Guide 61:1996).*

DIN EN 45020, *Normung und damit zusammenhängende Tätigkeiten — Allgemeine Begriffe (ISO/IEC Guide 2:1996).*

[1] Planung, Bau und Betrieb von Fernmeldeanlagen in öffentlichen Gebäuden — Teil 3: Brandmeldeanlagen (BMA); Aufgestellt und herausgegeben vom Arbeitskreis Maschinen- und Elektrotechnik staatlicher und kommunaler Verwaltungen (AMEV)[5] .

5) Zu beziehen durch: Druckerei Bernhard GmbH, Weyersbusch 8, 42929 Wermelskirchen.

Dezember 2006

DIN 14675/A1

ICS 13.220.20

Änderung von
DIN 14675:2003-11

Brandmeldeanlagen – Aufbau und Betrieb; Änderung A1

Fire detection and fire alarm systems – Design and operation; Amendment A1

Systèmes de détection et d'alarme d'incendie – Structure et opération; Amendement A1

Gesamtumfang 21 Seiten

Normenausschuss Feuerwehrwesen (FNFW) im DIN
DKE Deutsche Kommission Elektrotechnik Elektronik Informationstechnik im DIN und VDE
Normenausschuss Bauwesen (NABau) im DIN

Vorwort

Diese Norm wurde vom Arbeitsausschuss NA 031-02-01 AA „Brandmelde- und Feueralarmanlagen" des FNFW erarbeitet.

Der Arbeitsausschuss ist bei der Erarbeitung der Norm davon ausgegangen, dass die auszuführenden Leistungen ausschließlich von Fachfirmen mit nachgewiesener Kompetenz erbracht werden. Dieses System hat sich seit November 2003 bewährt.

Nach Veröffentlichung der Norm im November 2003 hat es sich als notwendig erwiesen, die feuerwehrspezifischen und die bauordnungsrechtlichen Anforderungen deutlicher abzugrenzen. Dazu wurden geringfügige redaktionelle Änderungen im Abschnitt 4.2.1 vorgenommen.

Die allgemeine Forderung zum Nachweis der Fachkompetenz bleibt unverändert Bestandteil dieser Norm.

Am 5. Oktober 2005 hat der für DIN 14675 zuständige Arbeitsausschuss nach Beratung festgestellt, dass:

— in der Tabelle L.4, Zeile „Lieferzusage des/der Systemlieferanten" für die Phase Projektierung bedeutet, dass die mit der Projektierung beauftragte Fachfirma mit aktuellen Systeminformationen versorgt wird;

— im Bild J.1 die Bestandteile F, K und H nicht Bestandteil des BMS sind.

Änderungen

Gegenüber DIN 14675:2003-11 wurden folgende Änderungen vorgenommen:

a) Im Abschnitt 2 wurde der Verweis auf DIN EN 45012 ersetzt durch DIN EN ISO/IEC 17021, *Konformitätsbewertung - Anforderungen an Stellen, die Managementsysteme auditieren und zertifizieren (ISO/IEC 17021:2006); Deutsche und Englische Fassung EN ISO/IEC 17021:2006*

b) Im Abschnitt 3 wird die Definition zu 3.7 wie folgt geändert:

3.7
Fachfirma
alle an den Phasen für den Aufbau und Betrieb von Brandmeldeanlagen verantwortlich beteiligten Personen, Stellen oder Unternehmen, deren Kompetenz nachgewiesen ist."

c) 4.2.1 wurde geändert;

Der Text lautet wie folgt:

4.2.1 Für jede Phase, die in den Abschnitten 6 bis 9, 11 und 12 beschrieben ist, ist die entsprechende Leistung durch eine Fachfirma verantwortlich zu erbringen. Die Fachkompetenz der Fachfirma ist insbesondere nachgewiesen, wenn sie durch eine nach DIN EN 45011 akkreditierte Stelle (siehe 3.2) zertifiziert worden ist.

Ferner ist von der Fachfirma ein geeignetes Qualitätsmanagement nachzuweisen. Als Nachweis ist z. B. ein Zertifikat ausreichend, wenn es von einer nach DIN EN ISO/IEC 17021 akkreditierten Stelle ausgestellt wurde.

Für die Fachfirma zur Ausführung der Planungsphase nach 6.1 ist als Nachweis eines geeigneten Qualitätsmanagements die Vorlage eines Qualitätsmanagement-Handbuchs ausreichend, dessen Inhalt in Anhang M beschrieben ist.

Die Kompetenzkriterien sind in Anhang L festgelegt.

ANMERKUNG DIN EN ISO 9001:2000 ermöglicht aufgrund der praxisgerechten Anforderungen an die zu dokumentierenden Verfahren auch die wirtschaftlich vertretbare Aufwendung durch kleinere Fachfirmen.

d) Abschnitt 6.1.4 wird ergänzt;

6.1.4 Dokumentation

Für Aufbau und Betrieb der BMA sind die Ergebnisse des Planungsauftrages nach 5.2 als Ausführungsunterlagen zu dokumentieren.

ANMERKUNG Zu Art und Umfang der Ausführungsunterlagen, siehe DIN VDE 0833-2 (VDE 0833-2). Zur Dokumentation zum Konzept der BMA, siehe 5.6 dieser Norm.

e) Abschnitt 6.2.11 wird ergänzt;

6.2.11 Dokumentation

Für Aufbau und Betrieb der BMA sind die Ergebnisse als Ausführungsunterlagen zu dokumentieren.

ANMERKUNG Zu Art und Umfang der Ausführungsunterlagen, siehe DIN VDE 0833-2 (VDE 0833-2).

f) Abschnitt 6.3 wird gestrichen;

g) Abschnitt 6.4 erhält die Nummerierung 6.2.12;

h) Abschnitt 7.5 wird durch folgenden Text ersetzt;

7.5 Dokumentation

Nach Abschluss der Montage- und Installationsarbeiten sind die Ausführungsunterlagen der BMA nach 6.1.4 bzw. 6.2.11 zu aktualisieren.

i) Abschnitt 7.6 wird durch folgenden Text ersetzt;

7.6 Verantwortlichkeit und Kompetenz

ANMERKUNG Siehe 4.2 dieser Norm.

Die Fachfirma nach Abschnitt 7 ist verantwortlich für alle Montage- und Installationsarbeiten, die sie im Sinne dieser Norm zu erbringen oder an Subunternehmer vergeben hat.

Die Verlegung von Leitungen und die Montage von automatischen Meldern, Handfeuermeldern, Signalgeräten und Gehäusen sowie deren Verdrahtung dürfen an nichtzertifizierte Subunternehmer vergeben werden, wenn diese Arbeiten unter Regie der Fachfirma erfolgen.

Alle übrigen Arbeiten müssen von der Fachfirma selbst durchgeführt werden.

Die Vergabe von Arbeiten an Subunternehmer entbindet die Fachfirma nicht von ihrer Verantwortung für die Übereinstimmung der durchgeführten Arbeiten mit den Anforderungen dieser Norm.

j) Abschnitt 11 wird durch folgenden Text ersetzt;

11 Instandhaltung

11.1 Allgemeines

Dieser Abschnitt gilt für die Instandhaltung der BMA und der von der BMA anzusteuernden Brandfallsteuerungen.

Gewerke übergreifende Instandhaltungsmaßnahmen (einschließlich Störungsbeseitigungen) sind von dem Instandhalter der BMA und dem Verantwortlichen der anzusteuernden Anlage gemeinsam vorzunehmen.

Die Instandhaltung der BMA muss nach den Anforderungen in DIN VDE 0833-1 (VDE 0833-1), DIN VDE 0833-2 (VDE 0833-2), nach 4.2 dieser Norm und den ergänzenden Anforderungen dieses Abschnitts erfolgen.

11.2 Anforderungen an den Betreiber und dessen Pflichten

11.2.1 Allgemeines

Der Betreiber muss eine eingewiesene Person für die BMA benennen (siehe DIN VDE 0833-1 (VDE 0833-1)).

Der Betreiber ist verantwortlich, dass die eingewiesene Person ihr erforderliches Wissen über die BMA, für die sie zuständig ist, auf dem aktuellen Stand hält (z. B. durch Betreiberschulung beim Hersteller oder einer Fachfirma).

11.2.2 Inspektions- und Wartungsarbeiten

11.2.2.1 Der Betreiber ist verantwortlich, dass durch den Instandhalter die Inspektions- und Wartungsarbeiten entsprechend den vorgegebenen Zeitabständen nach DIN VDE 0833-1 (VDE 0833-1) durchgeführt werden.

11.2.2.2 Der Betreiber ist verantwortlich, dass in Zeitabständen von maximal drei Jahren die funktionale Kette der Brandfallsteuerung von einem der Brandfallsteuerung zugeordneten alarmgebenden Brandmelder bis zur gesteuerten Einrichtung überprüft und dokumentiert wird.

11.2.2.3 Bei Abschaltung der Ansteuereinrichtung für die ÜE bei Inspektions- und Wartungsarbeiten muss der Betreiber Maßnahmen (siehe 11.2.3) aktivieren, die die Weiterleitung eines Alarms im Brandfall während dieser Arbeiten sicherstellen.

11.2.3 Maßnahmen bei Abschaltungen und für den Störungsfall

Der Betreiber muss bei Abschaltungen und vorsorglich für den Störungsfall der BMA geeignete Maßnahmen zur Aufrechterhaltung der Anforderungen aufgrund der Schutzziele zur Verfügung stellen. Er ist verantwortlich, dass die Instandsetzung der BMA durchgeführt wird.

Hierfür sind in der Konzeptphase nach 5.5 o) und p) geforderte Organisationsmaßnahmen zur Behebung von Störungen festzulegen.

Dabei sind mindestens folgende Punkte festzulegen:

— der Informationsweg zum Instandhalter;

— geeignete Ersatzmaßnahmen zur Schutzzielerreichung in Abhängigkeit von Gebäudenutzung und Störungsumfang, bis der Sollzustand der BMA wieder hergestellt ist.

Diese Ersatzmaßnahmen sind mit den zuständigen Baugenehmigungsbehörden abzustimmen, z. B.:

— Bei Abschaltung der Ansteuereinrichtung für die ÜE muss die Weiterleitung zur alarmauslösenden Stelle sichergestellt werden (manuell durch ständige Besetzung der Erstinformationsstelle der Feuerwehr oder Anzeigeeinrichtung der BMZ). Dazu ist sicherzustellen dass durch Betätigen der ÜE oder mit einem Telefon die alarmauslösende Stelle erreicht werden kann.

— Bei Ausfall von Einzelmeldern oder von Meldergruppen müssen diese Bereiche personell überwacht werden.

Weitergehende Maßnahmen, wie Sicherheitswachen, müssen je nach Gebäudenutzung (z. B. bei Personengefährdung) festgelegt werden.

Die BMA muss spätestens 72 h nach Kenntnis des Störungszustandes in den Sollzustand versetzt sein, um die Wiederherstellung des Sollzustandes der BMA in Abhängigkeit von Gebäudenutzung und Störungsumfang sicherzustellen. Bei Ereignissen, bei denen der überwiegende Teil der Anlage beschädigt wurde, kann von dieser Festlegung abgewichen werden.

Die Aktivierung der Ersatzmaßnahmen im Störungsfall ist unverzüglich zwischen Betreiber und Instandhalter abzustimmen und einzuleiten.

Grundsätzlich ist zu unterscheiden zwischen

— kritischen Störungsmeldungen, z. B. Meldungsverlust, oder

— unkritischen Störungsmeldungen, z. B. wenn eine Ersatzstromversorgung bei Netzausfall für eine Überbrückungszeit von mindestens 30 h zur Verfügung steht.

Im Zweifelsfall muss der Instandhalter, auf Anfrage des Betreibers, die notwendigen Informationen zur Entscheidung über die Aktivierung von Ersatzmaßnahmen zur Verfügung stellen.

Die Dokumentation der Ersatzmaßnahmen zur Aufrechterhaltung der Anforderungen aufgrund des Schutzzieles während einer Störung ist an der Erstinformationsstelle der Feuerwehr zu hinterlegen.

11.3 Anforderungen an den Instandhalter und dessen Pflichten

ANMERKUNG Siehe Anhang N.

11.3.1 Anforderungen

Der Instandhalter ist verantwortlich für die Durchführung der Instandhaltungsdienstleistung und dazugehöriger Zusatzleistungen.

Der Instandhalter ist gegenüber dem Betreiber grundsätzlich zur Bereitstellung von Ersatzteilen verpflichtet.

11.3.2 Pflichten

Die Pflichten für den Instandhalter sind im Instandhaltungsvertrag oder in einer vergleichbaren Vereinbarung anzugeben (siehe auch DINV ENV 13269).

Der Instandhalter ist für die rechtzeitige Verfügbarkeit von Ersatzteilen verantwortlich.

Eine Bevorratung von Ersatzteilen kann beim Hersteller, Instandhalter oder beim Betreiber erfolgen.

Die Dauer der Bevorratung für einzelne Anlagenteile sollte vertraglich geregelt werden. Die durchschnittliche Funktionsdauer der gesamten BMA ist dabei zu berücksichtigen.

Der Instandhalter darf nur im Einvernehmen mit dem Betreiber oder dessen Beauftragten die Ansteuereinrichtung für die ÜE abschalten oder die BMA bei der Feuerwehr bzw. einer anderen hilfeleistenden Stelle abmelden.

11.4 Beseitigung von Störungen

Die Beseitigungen von Störungen muss nach den Festlegungen in DIN VDE 0833-2 (VDE 0833-2) und den Festlegungen nach 11.2.3 dieser Norm erfolgen.

11.5 Prüfplan und Prüfungen für Inspektion, Wartung und Instandsetzung

11.5.1 Allgemeines

Prüfplan und Prüfungen für Inspektion und Wartung sind nach DIN VDE 0833-1 (VDE 0833-1) und DIN VDE 0833-2 (VDE 0833-2) durchzuführen. Im Prüfplan sollten mindestens die im Anhang O aufgeführten Punkte enthalten sein.

11.5.2 Prüfverfahren für die Prüfung von Brandmeldern bei der periodischen Prüfung

Der Hersteller muss für die periodische Prüfung der Brandmelder ein geeignetes Prüfverfahren vorgeben.

11.5.3 Austausch von Brandmeldern

Brandmelder sind nach Herstellerangaben auszutauschen bzw. einer Werksprüfung und -instandsetzung zu unterziehen. Dies ist im Betriebsbuch zu dokumentieren.

Dabei gilt ergänzend zu den Festlegungen in DIN VDE 0833-1 (VDE 0833-1):

a) Wird bei der jährlichen Überprüfung der Funktionsfähigkeit eines Brandmelders ein vom Hersteller vorgegebenes Prüfverfahren verwendet, mit welchem das vom Hersteller nach dem entsprechenden Teil der DIN EN 54 festgelegte Ansprechverhalten überprüft und nachgewiesen werden kann, so kann der Brandmelder bis zu dem Zeitpunkt im Einsatz bleiben, bei dem eine nicht zulässige Abweichung festgestellt wird.

b) Automatische punktförmige Brandmelder mit Verschmutzungskompensation oder automatischer Kalibriereinrichtung mit Anzeige bei einer zu großen Abweichung können bis acht Jahre im Einsatz bleiben, wenn die Funktionsfähigkeit des Melders nachgewiesen ist, bei deren Überprüfung vor Ort jedoch nicht festgestellt werden kann, ob das Ansprechverhalten in dem vom Hersteller festgelegten Bereich liegt. Diese Brandmelder müssen nach dieser Einsatzzeit ausgetauscht bzw. einer Werksprüfung und -instandsetzung unterzogen werden.

c) Automatische punktförmige Brandmelder ohne Verschmutzungskompensation oder automatischer Kalibriereinrichtung, bei deren Überprüfung vor Ort nicht festgestellt werden kann, ob das Ansprechverhalten in dem vom Hersteller festgelegten Bereich liegt, müssen jedoch spätestens nach einer Einsatzzeit von fünf Jahren ausgetauscht bzw. einer Werksprüfung und -instandsetzung unterzogen werden.

Wird bei automatischen Brandmeldern die Messkammer vor Ort gereinigt oder werden Teile der Messkammer bzw. die gesamte Messkammer ausgetauscht, so muss sichergestellt sein und nachgewiesen werden, dass sich nach der Reinigung oder dem Austausch der Messkammer das Ansprechverhalten des automatischen Brandmelders in dem vom Hersteller nach dem entsprechenden Teil der DIN EN 54 festgelegten Bereich befindet.

11.6 Verantwortlichkeit und Kompetenz

Die Instandhaltung der BMA muss grundsätzlich durch eine Fachfirma (siehe 4.2) erfolgen.

Ist nach DIN VDE 0833-1 (VDE 0833-1):2003-05, 5.3.3 eine einmal jährliche Inspektion für eine BMA vorgesehen, so muss die Fachkunde der für die vierteljährliche Begehung vorgesehenen sachkundigen Person oder Elektrofachkraft den Festlegungen der DIN VDE 0833-1 (VDE 0833-1):2003-05 entsprechen. Eine Zertifizierung der Kompetenz nach 4.2 ist für diese Funktion nicht erforderlich.

k) Abschnitt 12 wird ergänzt;

12 Änderung und Erweiterung bestehender BMA

12.1 Allgemeines

Bei wesentlichen Änderungen oder Erweiterungen an bestehenden BMA muss die gesamte BMA dem aktuellen Stand der Normen angepasst werden. Geringfügige Änderungen oder Erweiterungen, die keine Auswirkungen auf die Leistungsmerkmale oder Funktion der BMA haben, werden in dieser Norm nicht behandelt.

ANMERKUNG Beispiele für wesentliche Änderungen sind im Anhang R angegeben.

12.2 Vernetzung der BMZ von bestehenden BMA mit BMZ von Erweiterungen im gleichen Objekt

12.2.1 Allgemeines

Bei Erweiterungen von Gebäudeteilen oder Neubau weiterer Gebäude in einem Sicherungsobjekt ist es notwendig, die Überwachung auf die neu entstandenen Meldebereiche zu ergänzen.

Wenn neue Gebäude, neue Gebäudeteile oder Bauabschnitte hinzukommen, muss die Erweiterung der BMA den geltenden Normen und Richtlinien entsprechen.

Entweder wird die vorhandene BMZ um Meldergruppen erweitert oder, falls dies nicht möglich ist, muss eine weitere BMZ installiert werden.

Die neue BMZ kann entweder am bisherigen Zentralenstandort oder in einem neuen Meldebereich angeordnet werden.

12.2.2 Systemeigene Vernetzung

12.2.2.1 Verfügen die zusammenzuschaltenden BMZ über eine eigene Systemvernetzung, ist grundsätzlich keine Änderung bezüglich der Alarmübertragung und der Funktionen des FBF, des FSD und FAT erforderlich.

12.2.2.2 Verfügen die zusammenzuschaltenden BMZ über keine eigene Systemvernetzung, sind die Festlegungen in 12.3.3 zu beachten.

12.2.3 Zusammenschaltung von BMZ

Werden BMZ, die über keine eigene Systemvernetzung verfügen, zusammengeschaltet, sind insbesondere die Anforderungen bezüglich Ausfallsicherheit, Bedienung und Anzeige zu beachten.

ANMERKUNG Nach DIN VDE 0833-2 (VDE 0833-2) liegt eine Vernetzung immer dann vor, wenn bei einer Anlage mit mehr als einer BMZ mindestens eine BMZ oder Teile einer BMZ übergeordnete Funktionen innerhalb der Anlage ausführen. Eine übergeordnete Aufgabe ist die Ansteuerung der ÜE. Diese BMZ wird dann als „übergeordnete Zentrale“ bezeichnet.

12.2.4 Alarmübertragung

Die Weiterleitung des Alarmzustandes der untergeordnete BMZ an die übergeordnete BMZ muss so erfolgen, dass bei einer einfachen Störung wie Drahtbruch oder Kurzschluss in einem Übertragungsweg oder bei einer Störung in einem Abschnitt eines Übertragungsweges zwischen einzelnen BMZ und den Übertragungswegen zur übergeordneten BMZ die Funktion der BMA nicht beeinträchtigt wird.

Zusätzlich müssen Störungen in den Übertragungswegen zwischen den einzelnen BMZ und der übergeordneten BMZ an den übergeordneten Einrichtungen angezeigt werden.

Die Übertragung des Alarmzustandes der untergeordneten BMZ muss vom Ausgang der Ansteuerung der ÜE der untergeordneten BMZ über zwei überwachte Übertragungswege rückwirkungsfrei in separaten Leitungen erfolgen. Die Überwachung der Übertragungswege muss von der übergeordneten Zentrale aus erfolgen. Dabei verhält sich die untergeordnete Zentrale zur übergeordneten Zentrale wie zwei Meldergruppen.

Die Beschaltung zur Auslösung der übergeordneten Zentrale durch die untergeordnete Zentrale hat auf Veranlassung des Betreibers und nach den Festlegungen des Errichters der übergeordneten BMZ zu erfolgen. Sie muss potenzial- und rückwirkungsfrei sein (siehe Anhang P, Bild P.1).

12.2.5 Feuerwehr-Bedienfeld (FBF)

Die übergeordnete BMZ muss mindestens für die Anschaltung eines FBF nach DIN 14661 vorbereitet sein.

Ein FBF bzw. eine Erweiterung des FBF mit gemeinsamer Steuerung/Anzeige für alle BMZ muss an der übergeordneten Zentrale installiert werden (siehe Anhang P, Bild P.2).

12.2.6 FBF-Schnittstelle

Um weitere BMZ an das FBF anschließen zu können, muss die Erweiterung des FBF über eine entsprechende Schnittstelle verfügen. Die Schnittstelle muss folgenden Anforderungen genügen:

— Die Anschaltung der untergeordneten Zentrale muss potenzialfrei erfolgen.

— Die zusätzlichen Anschlüsse müssen unter Berücksichtigung der Tabelle 1 den betreffenden Funktionen aus DIN EN 54-2:1997-12, Abschnitt 11 und Anhang F und den Schnittstellenbedingungen der DIN 14661 entsprechen.

Die Überwachung der Übertragungswege zwischen dem FBF bzw. der Erweiterung des FBF und der BMZ darf indirekt erfolgen, z. B. dadurch, dass mindestens eine Ader der Energieversorgungszuleitung des FBF von der übergeordneten Zentrale aus durch alle Zuleitungen geschleift wird. Bei einem Leitungsfehler der Zuleitung muss die grüne Betriebsanzeige am FBF erlöschen.

Falls eine Erweiterung als Zusatz zum FBF vorgesehen wird, ist diese je nach Ausführung unmittelbar neben dem oder im FBF anzuordnen.

Welche Funktionen das FBF anzeigt bzw. welche Funktionen für welche BMZ wirksam werden müssen, ist Tabelle 1 zu entnehmen.

Tabelle 1 — Signalplan FBF-Erweiterung

Anzeige oder Steuer-Funktion	übergeordnete BMZ	untergeordnete BMZ 1	untergeordnete BMZ n
LED Betrieb	b	z. B. geschleift	
LED Löschanlage ausgelöst	b	b	b
Schalter/Taster akustische Signale ab	a	a	a
LED akustische Signale ab	b	b	b
LED Rückmeldung Bedienelement akustische Signale ab	FBF-interne Funktion		
Schalter ÜE ab	a		
LED ÜE ab	b		
LED Rückmeldung Bedienelement ÜE ab	FBF-interne Funktion		
Taster ÜE prüfen	a		
Taster BMZ rückstellen	a	a	a
LED BMZ rückstellen	b		
Schalter Brandfallsteuerungen ab	a	a	a
LED Brandfallsteuerungen ab	b	b	b
LED Rückmeldung Bedienelement Brandfallsteuerungen ab	FBF-interne Funktion		
ÜE ausgelöst	b		

a Signal ist wirksam für
b Signal stammt von

12.2.7 Übertragung des Störungs- und Abschaltungszustands

Bei Abschaltung und Störung einer Meldergruppe, eines Melders oder sonstiger Funktionen einer untergeordneten BMZ müssen diese Informationen jeweils als Sammelanzeige an der übergeordneten BMZ angezeigt werden. Diese Sammelanzeigen müssen in gelb und mit eindeutiger Kennzeichnung ausgeführt werden. Die Übermittlung der Signale Abschaltung und Störung darf über einen eigenen gemeinsamen Übertragungsweg erfolgen. Der Übertragungsweg muss überwacht sein. Dabei darf der Störungszustand der untergeordneten BMZ an der übergeordneten BMZ als Leitungsstörung angezeigt werden.

12.2.8 Anzeige für die Feuerwehr

Wenn die Brandschutzdienststelle die Forderung nach Anzeige der ausgelösten Meldergruppe am Hauptzugang für die Feuerwehr stellt oder sich die untergeordneten BMZ nicht am Hauptzugang für die Feuerwehr befinden, müssen grundsätzlich ein oder mehrere FAT nach DIN 14662 oder abgesetzte Anzeigeeinrichtungen, die die Anforderungen hinsichtlich der Anzeige nach DIN EN 54-2 erfüllen, verwendet werden. Der Standort ist mit der Brandschutzdienststelle abzustimmen.

Die Anforderungen nach DIN EN 54-2:1997-12, 12.5.3 sind in diesem Fall zu beachten. Das heißt, die Signalleitung und die Zuleitung zur Energieversorgung, falls keine eigene Energieversorgung nach DIN EN 54-4 für diese Anzeigeeinrichtungen vorhanden ist, müssen redundant ausgelegt sein. Die Anzeigen für Störung/Abschaltung der untergeordneten BMZ werden in diesem Fall nur am FAT oder der abgesetzten Anzeigeeinrichtung angezeigt. Es ist eine eindeutige Kennzeichnung der Zuordnung der abgesetzten Anzeige oder des FAT zur untergeordneten BMZ erforderlich (siehe Anhang P, Bild P.1).

Die Anzeigen der Meldergruppen sind grundsätzlich über die BMA mit vernetzten BMZ fortlaufend zu nummerieren.

12.2.9 Leitungsverlegung

Die Redundanzwege müssen jeweils in getrennten Kabeln verlegt werden. Bei einem einfachen Leitungsfehler (z. B. Drahtbruch, Kurzschluss oder Fehler gleicher Wirkung) muss eine Störungsmeldung an der übergeordneten BMZ erfolgen und die Redundanzleitung muss das vorgesehene Signal übertragen.

Der überwachte Übertragungsweg für den Störungs- und Abschaltzustand darf in einem Kabel mit dem Redundanzweg der Brandmeldung mitgeführt werden.

Bei erforderlicher Berücksichtigung der jeweiligen Leitungsanlagenrichtlinie (LAR) sind die Übertragungswege als „Leitungsanlage einer BMA" aufzufassen.

12.2.10 Begrenzung des Ausbaus

Die jeweiligen Flächenbegrenzungen und zugehörigen Redundanzmaßnahmen sind den Anforderungen nach DIN VDE 0833-2 (VDE 0833-2):2003, 6.2.1 zu entnehmen und gelten für die übergeordnete BMZ bezogen auf die Gesamtanlagengröße.

Eine weitergehende Kaskadierungsstufe untergeordneter BMZ ist nicht zulässig.

12.2.11 Abnahme

Das funktionsgerechte Zusammenwirken der einzelnen Komponenten muss sichergestellt sein.

Im Zweifelsfall ist die Funktionalität durch eine dritte unabhängige Prüfstelle festzustellen.

12.2.12 Sonstiges

Die Funktionen der untergeordneten BMZ, die nicht in Betrieb sind, z. B. Überwachung von Ausgängen, sind so zu beschalten, dass keine missverständlichen Anzeigen möglich sind.

Nach durchgeführten Instandhaltungsmaßnahmen hat der jeweilige Instandhalter sich vom Zustand der Gesamtanlage am FBF, FAT bzw. an der abgesetzten Anzeigeeinrichtung zu überzeugen.

12.3 Erweiterung und mehrstufige Modernisierung durch Ersetzen der vorhandenen BMZ

12.3.1 Allgemeines

Alternativ zu den unter 12.3 beschriebenen Möglichkeiten darf eine Erweiterung der bestehenden Aufnahmekapazitäten durch den Austausch der bestehenden BMZ gegen eine neue BMZ erfolgen. Die neue BMZ und die zusätzlichen neuen Brandmelder müssen über eine CE-Kennzeichnung nach § 12 BauPG verfügen. Dann ergeben sich zwei Möglichkeiten:

a) Die neue BMZ verfügt über eine Systemprüfung, in welcher die aufzuschaltenden vorhandenen Brandmelder enthalten sind. Die vorhandenen Brandmelder haben eine CE-Kennzeichnung.

b) Die neue BMZ verfügt über keine Systemprüfung mit den aufzuschaltenden vorhandenen Brandmeldern. Die vorhandenen Brandmelder haben keine CE-Kennzeichnung.

12.3.2 Vorhandene Brandmelder sind Bestandteil der Systemprüfung der neuen BMZ

Bei der in 12.3.1 a) beschriebenen Möglichkeit ergeben sich keine weiteren Anforderungen.

12.3.3 Vorhandene Brandmelder sind nicht Bestandteil der Systemprüfung der neuen BMZ

Bei der in 12.3.1 b) beschriebenen Möglichkeit dürfen die vorhandenen Brandmelder über ein spezielles Interfacemodul auf die neue BMZ aufgeschaltet werden. Das Interfacemodul stellt die technische und funktionale Kompatibilität zwischen der neuen BMZ und den vorhandenen automatischen Brandmeldern sicher. Es muss Bestandteil der CE-Kennzeichnung nach § 12 BauPG der neuen BMZ sein. Die technische und funktionale Kompatibilität mit den aufzuschaltenden „alten Brandmeldern" muss vom Hersteller nachgewiesen werden.

12.4 Verantwortlichkeit und Kompetenz

Es gelten die Anforderungen von 4.2 dieser Norm.

l) im Anhang L, Tabelle L.1 wurde Fußnote b) gestrichen;

m) im Anhang L, wurde Tabelle L.4 wie folgt geändert:

Tabelle L.4 — Allgemeine Anforderungen an die Überwachung von Fachfirmen (siehe L.2.6)

Anforderung	Phase					
	Planung	Projektierung	Montage und Installation	Inbetriebsetzung	Abnahme	Instandhaltung
Nachweis einer Betriebs-/Berufshaftpflichtversicherung	X	X	X	X	X	X
Lieferzusage des/der Systemlieferanten	–	–	X	–	–	X
Nachweis eines Qualitätsmanagements	X[a]	X	X	X	X	X
Nachweis der Fachkenntnis für BMA (z. B. Auffrischungsschulungen, Wissen über den aktuellen Stand der Technik und des technischen Regelwerks)	X	X	X	X	X	X
Nachweis der Kenntnisse über das zu verwendende BMS (z. B. Auffrischungsschulungen, Wissen über Gerätetechniken)	–	X	X	X	–	X

[a] Nachweis eines QM-Handbuchs ist ausreichend.

n) im Anhang M wurden Anmerkung 1 und der letzte Satz gestrichen;

o) die informativen Anhänge N bis R werden ergänzt.

Anhang N
(informativ)

Vertragliche Festlegungen für die Ersatzteilevorhaltung

ANMERKUNG Siehe 11.3.

Für vertragliche Vereinbarungen ist Folgendes wesentlich:

— Regelungen im Kaufvertrag, wie lange Ersatzteile beim Lieferanten zu bevorraten sind. So kann der Zeitpunkt der Einstellung der Produktion beim Hersteller als Basis genannt werden, z. B. „Nach Abkündigung des Produkts für den Einsatz in Neuanlagen müssen Ersatzteile noch 8 Jahre lang vorgehalten werden".

— Basis kann auch der Instandhaltungsvertrag sein. Dann wäre der Instandhalter verpflichtet, die erforderlichen Ersatzteile vorzuhalten. Dieser Verpflichtung kann der Instandhalter nur durch Kauf und Lagerung einer entsprechenden Menge oder Absicherung beim Lieferanten nachkommen. Anknüpfzeitpunkt könnte der Zeitpunkt der Einstellung der Produktion beim Hersteller sein („Nach Abkündigung des Produkts für den Einsatz in Neuanlagen müssen noch 8 Jahre lang Teile vorgehalten werden").

— Möglich wäre auch, dass der Lieferant dem Instandhalter einen Ersatzteilbestand zur Verfügung stellt, aus dem der Instandhalter die benötigten Anlagenteile jederzeit entnehmen kann. In diesem Fall richtet also der Lieferant beim Instandhalter ein Ersatzteillager ein. Je nach Vereinbarung hätte dann der Instandhalter nach Ablauf einer Frist ein Rückgaberecht für die nicht aufgebrauchten Anlagenteile.

— Für Anlagenteile, die lediglich in Extremsituationen oder in Fällen des Missbrauchs ausfallen, können besondere vertragliche Regelungen vereinbart werden.

Anhang O
(informativ)

Prüfplan für Brandmeldeanlagen

ANMERKUNG Siehe 11.5.1.

O.1 Allgemeines

Ein Prüfplan für BMA sollte folgende Hinweise und Mindestanforderungen beinhalten:

a) Hinweise für den Beginn und Umfang der Instandhaltungsarbeiten, z. B.:

— Anmeldung beim Kunden, mit gegebenenfalls Hinweis auf die vorübergehende Außerbetriebnahme von Anlagenteilen wie z. B. Feuerlöschanlagen oder der Ansteuereinrichtung für die ÜE;

— Abschaltung von externen Steuerungen, z. B. Signalgeber-Brandalarm;

— gegebenenfalls Anmeldung der Instandhaltungsarbeiten an der Anlage bei der Feuerwehr oder anderen hilfeleistenden Stellen.

b) Hinweise für den Abschluss der Instandhaltungsarbeiten, z. B.:

— Gegebenenfalls Abmeldung der Instandhaltungsarbeiten bei der Feuerwehr oder anderen hilfeleistenden Stellen;

— Wiederinbetriebnahme aller abgeschalteten und außer Betrieb genommenen Anlagenteile;

— Eintrag in das Betriebsbuch;

— Abmeldung beim Kunden, Betreiber oder der eingewiesenen Person und ggf. Unterschrift einholen.

O.2 Inspektion

Folgende Prüfungen sollten mindestens durchgeführt werden.

a) Energieversorgung

— Funktion Netzausfall prüfen;

— Belastungsprüfung der Batterien nach Herstellerangaben;

— Überprüfen der Batterieladespannung an den Batterieklemmen;

— Funktion Batterieausfall prüfen.

b) Alarmzähler

— Alarmzählerstand mit Eintragungen im Betriebsbuch vergleichen und gegebenenfalls Ursachen für Falschalarme ermitteln;

— gegebenenfalls Hintergrundspeicher auf Abweichungen oder besondere Ereignisse begutachten.

c) Übertragungswege/Melder

Je Übertragungsweg (Primärleitung) ist die Prüfung eines Melders je Quartal ausreichend, wenn im Jahr alle zerstörungsfrei prüfbaren Melder und die Übertragungswege mit nicht zerstörungsfrei prüfbaren Meldern geprüft werden, darunter:

— Übertragungswege auf bestimmungsgemäße Funktion;

— Überprüfung der Handfeuermelder;

— Überprüfung der automatischen Brandmelder.

d) Funktionsprüfung

— alle optischen und akustischen Alarmierungseinrichtungen;

— zusätzliche Peripheriegeräte, z. B. Feuerwehr-Schlüsseldepot, FAT, FBF;

— Ansteuereinrichtungen von ÜE für Fernalarm;

— Ansteuereinrichtungen von ÜE für die Störungsweiterleitung;

— Steuereinrichtungen (z. B. Löschanlage, Feststellanlage).

e) Sichtprüfung/Begehung

Überprüfung auf Änderung der Raumnutzung oder Raumgestaltung.

Überprüfen, ob die Räume, die nicht in die Überwachung einbezogen sein müssen, hinsichtlich ihrer Brandlast unbedenklich sind.

— Überprüfen des freien Raumes (0,5 m) um die Melder;

— Überprüfen aller Melder auf ordnungsgemäße Befestigung und auf mechanische Beschädigung.

O.3 Wartung

Die Wartung sollte nach Herstellerangaben, jedoch mindestens einmal jährlich durchgeführt werden, darunter z. B.:

— Pflege und Reinigung von Anlagenteilen;

— Auswechseln von Komponenten mit begrenzter Lebensdauer (z. B. Brandmelder, Akkumulatoren, Geräte und Speicherbatterien) nach Ablauf der Nutzungsdauer;

— Justieren, Neueinstellen, Abgleichen von Bauteilen und Geräten;

— FSD alle Funktionen überprüfen einschließlich der Entnahme der Objektschlüssel;

— Überprüfung der Feuerwehr-Laufkarten auf Aktualität;

— alle zur Dokumentation gehörenden Unterlagen auf Vollständigkeit und Aktualität überprüfen.

Anhang P
(informativ)

Beispiele für die Beschaltung

In den Bildern P.1 bis P.3 werden Beispiele für Möglichkeiten der Beschaltung der in 12.4 beschriebenen Festlegungen angegeben.

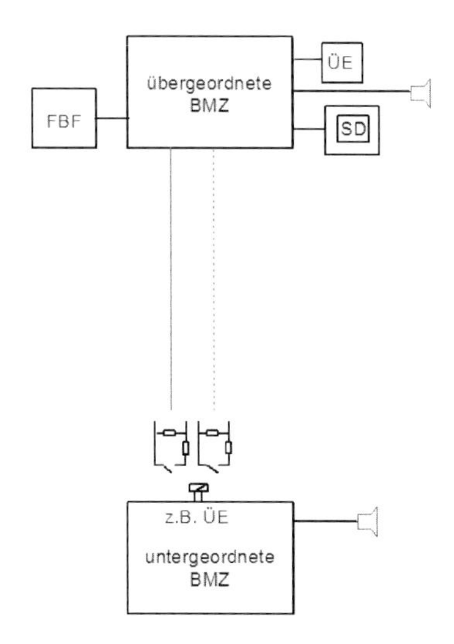

ANMERKUNG Legende siehe Bild P.3.

Bild P.1 — Beispiel für Beschaltung der Alarmübertragung – Übertragung des Alarmzustandes

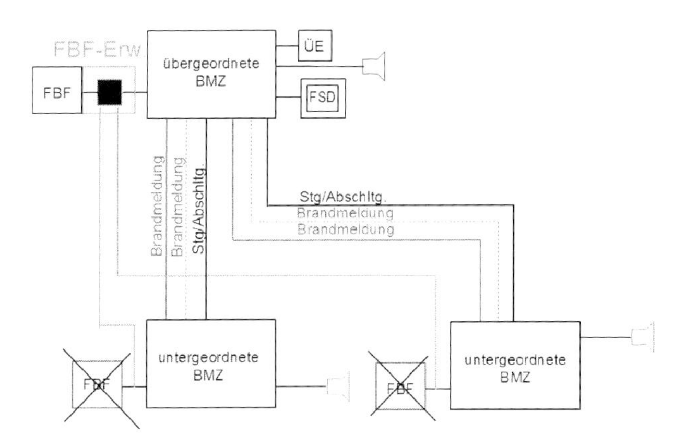

ANMERKUNG Legende siehe Bild P.3.

Bild P.2 — Beispiel für eine Beschaltung eines gemeinsamen FBF an mehreren BMZ – Gemeinsame FBF-Funktion

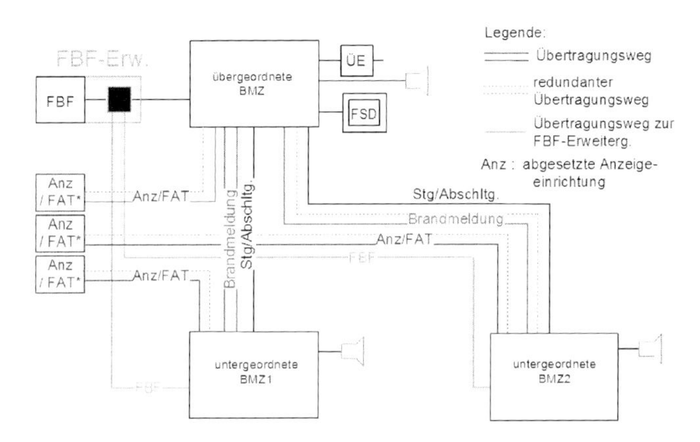

*) Es ist anzustreben, die Meldungen aller BMZ auf einer abgesetzten Anzeigeeinrichtung z. B. FAT darzustellen.

Bild P.3 — Beispiel für die Beschaltung einer abgesetzten Anzeigeeinrichtung oder eines FAT von mehreren BMZ – Übertragung von Meldungen an eine abgesetzte Anzeigeeinrichtung oder FAT von allen Zentralen

Anhang Q
(informativ)

Muster für die Anlagenbeschreibung und Dokumentation

Dieser Anhang enthält Muster für Formblätter zur Anlagenbeschreibung mit Inbetriebsetzungs- und Abnahmeprotokoll, wie folgt:

Seite 1: Anlagenbeschreibung mit Inbetriebsetzungs- und Abnahmeprotokoll, mit folgenden Abschnitten:

- A: Angaben zur Übereinstimmung mit Normen, Richtlinien usw.
- B: Angaben zum Objekt
- C: Angaben zur verantwortlichen Fachfirma
- D: Projektierungsangaben

Seite 2: Erläuterungen zum Ausfüllen der Anlagenbeschreibung von Seite 1

Seite 3: Anlagenbeschreibung mit Inbetriebsetzungs- und Abnahmeprotokoll bei Beteiligung mehrerer Fachfirmen, mit folgenden Abschnitten:

- E1: Angaben zu Abweichungen und zur Ausführung in den Phasen
- E2: Bestätigung der Übernahme von Arbeiten in den Phasen
- E3: Bestätigung durch die für die Abnahme verantwortliche Fachfirma
- F: Bestätigung des Betreibers

Seite 4: Dokumentenliste zur Anlagenbeschreibung mit Inbetriebsetzungs- und Abnahmeprotokoll

Anlagenbeschreibung mit Inbetriebsetzungs- und Abnahmeprotokoll Nr. [1]: Seite 1/4

A. Die Anlage entspricht folgenden Normen, Richtlinien, Vorschriften, Bestimmungen:

- DIN VDE 0833
- VdS 2095
- DIN 14675
- -Baugenehmigung vom: von:
- -Brandschutzkonzept vom: von:
- -TAB vom:
- -Sicherungskonzept vom:
- -LAR berücksichtigt Bundesland:

Art des Projektes

BRAND

- Erstinbetriebnahme
- Erweiterung
- Verlegung
- Änderung

Kontraktnr.:
Auftragsnr.:

B. Objekt

Betreiber: Name/ Firma:

Installationsort: Straße, Nr.: / PLZ / Ort: / Telefon-Nr.: / Fax-Nr.: / E-Mail-Adr.:

Art des Objektes:
- -Industriebau
- -Krankenhaus
- -Beherbungsstätte
- -Verkaufsstätte
- -Versammlungsstätte
- -Hochhaus
- -Garagenanlage
- 2)

C. Verantwortliche Fachfirma

Planung[2]	Projektierung	Installation	Inbetriebnahme	Abnahme	Instandhaltung	*Fachfirma* [3]

D. Projektierungsangaben

Brandmeldeanlage

1. BMA-Zentrale

Fabrikat/Typ:

2. Energieversorgung *Std.*

Überbrückungszeit bei Netzausfall

3. Meldergruppen für: *Anzahl:*

- Automatische Brandmelder
- Handfeuermelder
- Auslösung einer Löschanlage
- Löschanlage ausgelöst
- Technische Meldungen [7]

Überspannungsschutz nach VdS 2833:
berücksichtigt: ja / nein

Steuerungen

4. Brandfallsteuerungen [2] *Anzahl:*

- Gas- oder Sprühwasserlöschanlage — Löschbereiche
- Vorsteuerung einer Wasserlöschanlage — Löschbereiche
- Rauch- und Wärmeabzugsanlage
- Rauchschutzklappe
- Feststellanlage
- Fluchtwegöffnung
- Fluchtweglenkung
- Löschwasserrückhaltung

Schutzumfang

5. Schutzumfang *Anzahl:*

- Sicherungsbereiche
- Meldebereiche
- Meldergruppen [5]

2) *Bemerkungen* [4]:

- Vollschutz
- Teilschutz
- Schutz der Fluchtwege
- Einrichtungsschutz

Alarmierung

6. Alarmierung

6.1 Fernalarm

an [6]:

mittels:
- ÜE mit stehender Verbindung
- ÜE mit ISDN -D-Kanal (X.25-Netz) - Verbindung
- ÜE mit bedarfsgesteuerter Verbindung
- sonstige Verbindung:

mit folgendem Ersatzweg:
an [9]:
mittels:

6.2 Externalarm *Anzahl:*

- akustische Signalgeber
- optische Signalgeber

6.3 Internalarm *Anzahl:*

- Akustischer Internalarm (überwacht)
- Akustischer Internalarm (nicht überwacht)
- Alarm mit Sprachdurchsage
- Stiller Alarm an [10]

6.4 Störungen der BMA werden übertragen

an:
mittels:

6.5 Zusätzliche Einrichtungen

- Feuerwehrbedienfeld
- Feuerwehranzeigetableau
- Freischaltelement
- Feuerwehrschlüsseldepot [11]
- - Sabotageüberwachung an:

7. Instandhaltung

- Vertrag angeboten
- Fernservice

8. Liste der Anlageteile / Objektskizze

Diese Liste kann aus dem Anlagenangebot oder einer beigefügten Unterlage entnommen werden. Bei einer notwendigen Überprüfung ist eine Objektskizze und eine Liste aller Anlageteile mit Anzahl, Hersteller, Bezeichnung, Anerkennungsnummer und Prüfinstitut vorzulegen. Diese Unterlagen sind durch die Fachfirma bereitzustellen.

Ausfüllhinweise siehe Rückseite

Anlagenbeschreibung mit Inbetriebsetzungs- und Abnahmeprotokoll
Ausfüll- und sonstige Hinweise

Brand

Zelle	
1)	Laufende Nummer, Identnummer und ggf. ÜE-Nr. der Feuerwehr
2)	Zutreffendes ankreuzen
3)	die Zertifizierung von Fachfirmen nach DIN 14675 ist nachzuweisen
4)	betreffende Meldebereiche eintragen
5)	für die Brandmeldung relevante Zahl
6)	z.B. Feuerwehr, bzw. behördlich benannte, alarmauslösende Stelle
7)	Hierunter sind zusätzlich angeschlossenen Wasser-, Gas- und Störungsmelder zu verstehen
8)	Hier können errichterindividuelle Daten (z.B. VdS-/BHE-Anerkennungsnr.) eingetragen werden
9)	z.B. Feuerwehr, bzw. behördlich benannte, alarmauslösende Stelle
10)	z.B. Alarmierung über TK-Anlage (selektiver Personenruf) - gegf. Zusatzblatt
11)	Feuerwehrschlüsseldepot (auch mit FSK oder FSD bezeichnet)

Original Seite 1-Rückseite

Anlagenbeschreibung mit Inbetriebsetzungs- und Abnahmeprotokoll Nr.: Seite 3/4

Brand

bei Beteiligung mehrerer Fachfirmen dieses Blatt für jede Übergabe kopieren und ausfüllen

E1. Abweichungen und Bestätigung der Fachfirma (bzw. Errichterfirma) für die Ausführung der Phase (zutreffendes ankreuzen):

☐ **Planung, 6.1** ☐ **Projektierung, 6.2** ☐ **Installation, 7** ☐ **Inbetriebnahme, 8** ☐ **Abnahme, 9** ☐ **alle Phasen**

Es wird bestätigt, dass die oben genannte(n) Phase(n) zur Erstellung der BMA unter Einhaltung der anerkannten Regeln der Technik, der unter A aufgeführten Regelwerke, sowie den Vorgaben des Schutzkonzeptes bis auf die nachfolgend aufgeführten Abweichungen ausgeführt wurde. Alle Abweichungen davon sind nachfolgend im Detail und mit Begründung aufgeführt. Der Betreiber/Auftraggeber wurde über die Notwendigkeit, Sinn und Zweck sowie über die ggf. vorhandenen Nachteile im Detail aufgeklärt.

Begründung:

Die Ausführung gemäß oben genannter Phase wurde an den Betreiber / Auftraggeber am: ☐ mit den Unterlagen entsprechend der Dokumentenliste übergeben.

Ort, Datum	Unterschrift der Fachfirma (bzw. der Errichterfirma)
Ort, Datum	Bestätigung durch Unterschrift des Betreibers / Auftraggebers

E2. Bestätigung der Übernahme durch die Fachfirma für Phase (nicht erforderlich wenn eine Fachfirma für alle Phasen verantwortlich ist)

☐ **Projektierung, 6.2** ☐ **Installation, 7** ☐ **Inbetriebnahme, 8** ☐ **Abnahme, 9** ☐ **Instandhaltung, 11**

Die Ausführung gemäß unter E2 genannter Phase wurde am: ☐ mit den Dokumenten gemäß Dokumentenliste übernommen.

Bemerkungen:

Ort, Datum	Unterschrift der Fachfirma

E3. Bestätigung durch die, für die Phase Abnahme verantwortliche Fachfirma

Die BMA wurde nach erfolgter ausführlicher Einweisung durch die Fachfirma/das Errichterunternehmen am ☐ in allen Teilen funktionsfähig incl. Instandhaltungsunterlagen und Betriebsbuch an den Betreiber übergeben.

Ort, Datum	Unterschrift der Fachfirma (des Errichterunternehmens)

F. Bestätigung des Betreibers / Auftraggebers nach Inbetriebsetzung

Die BMA wurde nach erfolgter ausführlicher Einweisung durch Errichterunternehmen / Inbetriebsetzer am: ☐ ohne* / mit den unter E1 angegebenen* Abweichung incl. Instandhaltungsunterlagen und Betriebsbuch übernommen (* : Nichtzutreffendes streichen).

Die unter Abschnitt E1 aufgeführten Abweichungen von den Regelwerken und Vorgaben waren mein ausdrücklicher Wunsch. Die ggf. entstehenden Folgen wurden mir im Detail erklärt.

Einen Instandhaltungsvertrag habe ich ☐ abgeschlossen am ☐ ☐ nicht abgeschlossen.

Ich bestätige, dass ich eine Durchschrift dieser Anlagenbeschreibung erhalten habe.

Ich bin ☐ damit einverstanden ☐ damit nicht einverstanden,

dass eine Kopie dieser Anlagenbeschreibung den Stellen mit berechtigtem Interesse auf Anforderung zur Verfügung gestellt wird.

Ort, Datum	Unterschrift des Betreibers / Auftraggebers

Anlagenbeschreibung mit Inbetriebsetzungs- und Abnahmeprotokoll							Seite 4/4
G. Dokumentenliste							
lfd.Nr.	Phase nach Abschnitt:	Dokument:	Bezug zu Regelwerk (siehe Fußnote)	Dokumenten - identifikation:	Übergabe- Datum:	Bemerkung:	
	5	Sicherungskonzept mit folgenden Angaben:	*1				
		-Schutz- und Überwachungsumfang	*4; 5.3				
		-Sicherungsbereiche, Meldebereiche, Art und Anordnung der Brandmelder	*4; 5.2				
		-Brandfallsteuerungen	*4; 5.2				
		-Steuerungen von Betriebseinrichtungen	*4; 5.2				
		-Brandmeldezentralen (BMZ), Merkmale	*4; 5.2				
		-Alarmorganisation des Betreibers	*4; 5.5				
		Alarmierung	*4; 5.4				
		Alarmarten und Alarmierungseinrichtungen	*4; 5.4				
		Alarmierungsbereiche	*4; 5.2				
		Art und Anordnung der Alarmierungsmittel Beauftragte, eingewiesene Personen, hilfeleistende Kräfte	*4; 5.2				
		Alarmpläne, Feuerwehr-Laufkarten	*4; 5.2				
		Standort BMZ, gewaltfreier Zugang	*4; 5.2				
		Anfahrtmöglichkeiten der Feuerwehr	*4; 5.2				
		Energie-, Notstromversorgung	*4; 5.5				
		Instandhaltungsvorgaben	*1; 5				
		Anforderungen / Auflagen (bauordnungsrechtlich, feuerwehrspezifisch, feuerversicherungstechnisch)	*3				
	6.1	Plan mit Positionen von BMZ, FBF, FSD, etc.	*2 ; 6.5.1				
		Plan mit Meldermontageorten mit Angaben zu Höhen bzw. Besonderheiten bei der Montage	*2 ; 6.5.2				
		Zusätzliche Meldermontageorte für bes. Risiken					
		Auflistung der vorgesehenen Anlagenkomponenten ggf. mit besonderen Anforderungen					
		erforderliche Ansteuerungen und Alarmierungen					
		Schnittstellenbeschreibung zu anderen Systemen	*4; 6.1.3				
	6.2	Meldergruppenplan, Meldernummerierung und Zuordnung zu Meldebereichen	*4; 6.2.4				
		Aufteilung der Alarmierungsbereiche und deren Zuordnung zu Meldergruppen	*2 ; 6.2.4				
		Blockschaltbild der Anlage	*2 ; 6.5.4				
		Verknüpfungsplan	*2 ; 6.5.5				
		Installationsplan mit Verteilerorten, sowie Angaben über spezielle Kabelwege und Arten, (Funktionserhalt, Abkastung, Abstände, Brandschottung, etc.)	*2 ; 6.5.1				
		Belegungsplan für Verteiler	*2 ; 6.5.1				
		Angaben über Besonderheiten der Installation bei speziellen Risiken (z.B. Hochregalanlagen, Bereiche für gefährliche Stoffe, Ex-Bereiche, etc.)	*4; 6.2.2				
		Angaben über die Installation von Elementen des Überspannungsschutzes	*3				
	7	Feuerwehrlaufkarten (min. 1x pro MG)	*4;10.2				
		Aktualisierung der Installationspläne	*4;7.5				
		Betriebsanleitung	*1; 4.1				
	8	Betriebsbuch	*1; 5.5				
		Inbetriebsetzungsprotokoll mit Angabe der durchgeführten Messungen und Prüfungen	*4; 8.3				
	9	ggf. aktualisierte Feuerwehrlaufkarten	*4;10.2				
		Abnahmeprotokoll mit Angabe der Abweichungen vom Planungsauftrag	*4; 9.4 *1; 4.1				
		Prüfprotokoll der Abnahme durch staatlich anerkannte Sachverständige (falls gefordert)	*3				
		VdS-Attest (falls gefordert)	*3				
		Prüfprotokoll der Abnahme durch VdS Schadenverhütung (falls gefordert)					

*1:DIN VDE 0833-1:2003-05; *2:DIN VDE 0833-2:2004-02; *3 Landesrechtliche Regelung, TAB, Versicherungstechnische Regelung, etc.; *4: DIN 14675:2003-11;

Anhang R
(informativ)

Wesentliche Änderungen oder Erweiterungen

Wesentliche Änderungen an bzw. Erweiterungen einer BMA sind solche Änderungen/Erweiterungen, mit denen die Leistungsmerkmale oder Funktion der BMA bzw. des überwachten Bereiches geändert werden.

Wesentliche Änderungen sind z. B.:

a) Anforderungen an die BMA, die sich aus der Baugenehmigung ergeben, oder Änderung des Brandschutzkonzeptes, das Änderungen an der BMA zur Folge haben kann, wie

   1) Erweiterung der Überwachung um ein oder mehrere Brandabschnitte oder Geschosse,

   2) Änderung der Kategorie des Schutzumfanges.

b) Systemänderung mit Änderung, z. B. des Leitungsnetzes (z. B. von Stich- auf Ring-Leitungen), der Leistungsmerkmale oder Funktion der BMA.

Ein Austausch der BMZ bei unveränderter Funktion ist keine wesentliche Änderung.

Im Zweifelsfall kann ein bauaufsichtlich anerkannter Sachverständiger hinzugezogen werden.

p) Literaturhinweise und Fußnote 5 wurden aktualisiert und ergänzt:

[1] Planung, Bau und Betrieb von Fernmeldeanlagen in öffentlichen Gebäuden Teil 3: Brandmeldeanlagen (BMA 2002)[5)]

[2] Vertragsmuster für Instandhaltung von Gefahrenmeldeanlagen (Brand, Einbruch, Überfall und Geländeüberwachung) in öffentlichen Gebäuden (Instand GMA 2005[5)]

---

5) Zu beziehen durch: Elch Graphics GmbH & Co. KG, Immanuelkirchstr. 3-4, 10405 Berlin.

Juni 2009

DIN 14675/A2

ICS 13.220.20

Änderung von
DIN 14675:2003-11

Brandmeldeanlagen – Aufbau und Betrieb; Änderung A2

Fire detection and fire alarm systems –
Design and operation; Amendment A2

Systèmes de detection et d'alarme d'incendie –
Structure et opération; Amendement A2

Gesamtumfang 4 Seiten

Normenausschuss Feuerwehrwesen (FNFW) im DIN
DKE Deutsche Kommission Elektrotechnik Elektronik Informationstechnik im DIN und VDE

Vorwort

Diese Norm wurde vom Arbeitsausschuss NA 031-02-01 AA „Brandmelde- und Feueralarmanlagen“ des FNFW erarbeitet.

Änderungen

Gegenüber DIN 14675:2003-11 wurden folgende Änderungen vorgenommen:

a) Anhang A der DIN 14675:2003-11 wurde geändert (siehe c) bis e));

b) Begriff und Definition 3.1 „abfragende Verbindung“ ist zu streichen, da der Begriff in der Norm nicht mehr vorkommt;

c) Anforderungen in Tabelle A.1 wurden redaktionell an die Anforderungen der EN 50136-1-1 angepasst;

d) Anforderungen in Tabelle A.1 wurden technisch an die Anforderungen der DIN EN 54-21 angepasst;

e) in Tabelle A.1 wurden die Übertragungswege um Beispiele ergänzt.

Anhang A
(normativ)

Verbindungsarten und technische Anforderungen

ANMERKUNG Siehe 6.2.5.1.

A.1 Allgemeines

Der Fernalarm der BMA ist über eine Alarmübertragungsanlage (AÜA) auf Basis der Normen der Reihe DIN EN 50136 an die Feuerwehr oder eine andere behördlich benannte alarmauslösende Stelle weiterzuleiten.

Unabhängig von der Verbindungsart beinhaltet der weiterzuleitende Alarmzustand einer BMA immer das gleiche Gefährdungspotenzial. Daher sind die Anforderungen an die unterschiedlichen Verbindungsarten in der Tabelle A.1 so festgelegt, dass sie den Anforderungen der Feuerwehr oder einer anderen behördlich benannten alarmauslösenden Stelle entsprechen. Dies gilt insbesondere für die Verfügbarkeit und für die Erkennung von Störungen der Verbindung. Diese Störungsmeldung ist an den Betreiber der AÜA und/oder an die Feuerwehr bzw. an eine andere behördlich benannte alarmauslösende Stelle unverzüglich weiterzuleiten.

A.2 Technische Anforderungen

Für den Fernalarm müssen sowohl auf der Seite der ÜE als auch in der Empfangszentrale der Feuerwehr bzw. einer anderen behördlich benannten alarmauslösenden Stelle unabhängige Übertragungskanäle in den genutzten Kommunikationsanschlüssen verwendet werden. Auf Seiten der ÜE darf darauf verzichtet werden, wenn Alarmmeldungen Priorität vor dem übrigen Kommunikationsverkehr und vor anderen Meldungen haben. Über diese Übertragungskanäle dürfen weitere zur BMA gehörende Informationen zu anderen Empfangsstellen übertragen werden, z. B. Störungsmeldungen der BMA an den Instandhalter der BMA; diese dürfen die Übertragung des Fernalarms jedoch nicht beeinträchtigen.

Bei aus mehreren Teilkomponenten verteilt bestehenden Empfangszentralen gelten für die Verbindungen dieser Teile untereinander die gleichen Anforderungen.

Der Fernalarm muss über eine überwachte Daten-Prozedur (z. B nach DIN EN 60870) an die Zentrale der Feuerwehr bzw. einer anderen behördlich benannten alarmauslösenden Stelle übertragen werden; das gilt auch für die Quittierung des Fernalarms durch die Zentrale an die ÜE.

ANMERKUNG 1 Anforderungen an das Übertragungsprotokoll für Gefahren- und Zustandsmeldungen (z. B. Brand-, Einbruch-, Störungsmeldungen, sind in VdS 2465 enthalten.

Bei Störung eines Übertragungsweges sind zwischen den verantwortlichen Stellen (Betreiber der AÜA und Feuerwehr bzw. einer anderen behördlich benannten alarmauslösenden Stelle) abgesprochene technische und/oder organisatorische Maßnahmen zu ergreifen mit dem Ziel der Sicherstellung der Alarmübertragung.

ANMERKUNG 2 Eine technische Maßnahme ist z. B. die Prüfung und Nutzung eines Ersatzweges/-kanals. Eine organisatorische Maßnahme ist z. B. die Besetzung von Stellen, an denen Alarminformationen zur Verfügung stehen.

Die Anforderungen nach Tabelle A.1 sind zu erfüllen.

ANMERKUNG 3 In Tabelle A.1 sind die Anforderungen basierend auf den Normen der Reihe DIN EN 50136 zusammengefasst. Sie zeigt die derzeit technisch mögliche Realisierung und beruht auf den veröffentlichten Daten nationaler Netzbetreiber. Liegen keine Aussagen über die Netzverfügbarkeit vor, wird die Wahrscheinlichkeit des Verbindungsaufbaus ersatzweise zu Grunde gelegt.

A.3 Übergangsregelungen

AÜA, an denen bauordnungsrechtlich geforderte BMA angeschlossen sind, sollten spätestens zum August 2011 so beschaffen sein und betrieben werden, dass sie von diesem Zeitpunkt ab allen Anforderungen nach 6.2.5.1 uneingeschränkt genügen.

ANMERKUNG Der Anhang A ist im August 2001 als DIN 14675/A1 erschienen und wurde im November 2003 in die überarbeitete DIN 14675 übernommen. Da bei der aktuellen Überarbeitung des Anhangs A der DIN 14675 keine neuen Anforderungen gestellt wurden, behalten die ursprünglichen Übergangsregelungen ihre Gültigkeiten.

Tabelle A.1 — Anforderungen

Typ	Erster Übertragungsweg	Zweiter Übertragungsweg[a]	Anforderungen nach DIN EN 50136-1-1				
			Klasse der Übertragungsdauer	Klasse der Übertragungshöchstdauer	Klasse der Zeitspanne für die Weitergabe der Störung	Klasse der Verfügbarkeit[b]	Maßnahmen zur Übertragungssicherheit
1	Festverbindung, z. B. über fest zugeordneten Übertragungskanal	–	D4 = 10 s	M4 ≤ 20 s	Durch die AÜA T5 ≤ 90 s (Gesamtweg)	A4 ≥ 98,5 %	S0 und I0
2[c]	Festverbindung, z. B. über paketvermittelndes Netz	bedarfsgesteuerte Verbindung [d]	D4 = 10 s	M4 ≤ 20 s	Durch die AÜA T5 < 90 s (Gesamtweg) oder durch die AÜA T2 ≤ 25 h (Gesamtweg) T5 ≤ 90 s (Netzzugang) Durch den Netzbetreiber T5 ≤ 90 s (Netzbetreiber)	A4 ≥ 98,5 % einschließlich zweitem Übertragungsweg	In Netzen mit geschlossener Benutzer gruppe[e] I S0 und I0 in öffentlich zugänglichen Netzen[f] I S2 und I3
3[c]	bedarfsgesteuerte Verbindung	bedarfsgesteuerte Verbindung, über zweite Trasse[g]	D4 = 10 s (D2 = 60 s)[h]	M3 ≤ 60 s (M2 = 120 s)[h]	Durch die AÜA T2 ≤ 25 h (Gesamtweg) T5 ≤ 90 s (Netzzugang)	A4 ≥ 98,5 % einschließlich zweitem Übertragungsweg	

[a] Der zweite Übertragungsweg ist im Störungsfall des ersten Übertragungsweges zu verwenden und muss die ÜE unmittelbar mit der Zentrale der Feuerwehr bzw. einer anderen behördlich benannten alarmauslösenden Stelle verbinden. Die Anforderungen an die Parameter für die Übertragungsdauer, Übertragungshöchstdauer und die Zeitspanne für die Weitergabe des zweiten Übertragungsweges entsprechen denen des Typs 3. Mindestens einer der Übertragungswege muss teilnehmerseitig netzstromunabhängig verfügbar sein (Überbrückungszeit der teilnehmerseitigen Kommunikationsgeräte wie ÜE).

[b] Gemeint ist die Verfügbarkeit des Übertragungsweges ohne Endgeräte = Übertragungsnetz.

[c] Bei Ausfall eines der beiden Übertragungswege muss dieser Ausfall über den anderen Übertragungsweg an den Betreiber der AÜA und/oder an die Feuerwehr bzw. an eine andere behördlich benannte alarmauslösenden Stelle weitergeleitet werden.

[d] Es muss sichergestellt sein, dass die bedarfsgesteuerte Verbindung teilnehmerseitig nicht aus dem als Hauptübertragungsweg genutzten paketvermittelnden Netz gebildet wird.

[e] Durch den Netzbetreiber muss dabei sichergestellt sein, dass kein unerlaubter Zugang über Fremdnetze zum Übertragungsnetz möglich ist. Wählverbindungen im öffentlichen Kommunikationsnetz sind wie Netze mit geschlossener Benutzergruppe zu betrachten.

[f] Es muss durch geeignete Maßnahmen sichergestellt werden, dass eine Manipulation von Informationen hinsichtlich Integrität, Authentizität, Vertraulichkeit und Verlust verhindert bzw. vom Übertragungsgerät und der Übertragungszentrale sicher erkannt und gegebenenfalls die Informationen über den Ersatzweg übertragen wird.

[g] Der zweite Übertragungsweg muss unabhängig vom ersten Übertragungsweg über eine eigene, separate Trasse geführt werden, z. B. über eine Funkverbindung.

[h] Bei einem analogen öffentlichen Fernsprechnetzwerk können D2 und M2 angewandt werden.

Mai 2008

DIN 18012

ICS 91.140.01

Ersatz für
DIN 18012:2000-11

Haus-Anschlusseinrichtungen – Allgemeine Planungsgrundlagen

House service connections facilities –
Pinciples for planning

Locaux de branchement –
Bases de planification

Gesamtumfang 22 Seiten

Normenausschuss Bauwesen (NABau) im DIN

Inhalt

Vorwort

Diese Norm wurde vom NABau-Arbeitsausschuss „Elektrische Anlagen im Bauwesen" erstellt.

Der Arbeitsausschuss hat Begriffe für die unterschiedlichen Sparten definiert, die bisher noch nicht gebräuchlich sind.

Änderungen

Gegenüber DIN 18012:2000-11 wurden folgende Änderungen vorgenommen:

a) die Norm wurde um Aussagen zu den Sparten Kommunikation, Gas, Wasser und Fernwärme erweitert;

b) der Abschnitt Begriffe wurde erweitert;

c) die Anforderungen wurden fachtechnisch überarbeitet;

d) der Abschnitt Grundsätze der Versorgung wurde auf der Grundlage der neuen Verordnungen eingefügt;

e) für die Anordnung der Anschluss- und Betriebseinrichtungen in Hausanschlussräumen und an Hausanschlusswänden wurden beispielhaft bildliche Darstellungen eingefügt;

f) die Norm wurde um Aussagen zu Anschlusseinrichtungen außerhalb von Gebäuden erweitert.

Frühere Ausgaben

DIN 18012: 1955-10, 1964-06, 1982-06, 2000-11

1 Anwendungsbereich

Diese Norm gilt für die Planung von Haus-Anschlusseinrichtungen (Netzanschlusseinrichtungen) der Sparten Strom, Gas, Wasser, Fernwärme und Kommunikation für Wohn- und Nichtwohngebäude. Sie enthält Festlegungen zu den baulichen und technischen Voraussetzungen für deren Errichtung.

2 Normative Verweisungen

Die folgenden zitierten Dokumente sind für die Anwendung dieses Dokuments erforderlich. Bei datierten Verweisungen gilt nur die in Bezug genommene Ausgabe. Bei undatierten Verweisungen gilt die letzte Ausgabe des in Bezug genommenen Dokuments (einschließlich aller Änderungen).

DIN 1986 (alle Teile), *Entwässerungsanlagen für Gebäude und Grundstücke*

DIN 1988 (alle Teile), *Technische Regeln für Trinkwasser-Installationen (TRWI)*

DIN 4108 (alle Teile), *Wärmeschutz und Energie-Einsparung in Gebäuden*

DIN 4109 (alle Teile), *Schallschutz im Hochbau*

DIN 4747-1, *Fernwärmeanlagen — Teil 1: Sicherheitstechnische Ausrüstung von Unterstationen, Hausstationen und Hausanlagen zum Anschluss an Heizwasser-Fernwärmenetze*

DIN 18014, *Fundamenterder — Allgemeine Planungsgrundlagen*

DIN 18100, *Türen — Wandöffnungen für Türen — Maße entsprechend DIN 4172*

DIN 43627, *Kabel-Hausanschlusskästen für NH-Sicherungen Größe 00 bis 100 A, 500 V und Größe 1 bis 250 A, 500 V*

DIN 43870 (alle Teile), *Zählerplätze*

DIN VDE 0100-732 (VDE 0100-732), *Errichten von Starkstromanlagen mit Nennspannungen bis 1 000 V — Teil 732: Hausanschlüsse in öffentlichen Kabelnetzen*

DIN VDE 0100-737 (VDE 0100-737), *Errichten von Niederspannungsanlagen — Feuchte und nasse Bereiche und Räume und Anlagen im Freien*

AVBFernwärmeV, *Verordnung über Allgemeine Bedingungen für die Versorgung mit Fernwärme (AVBFernwärme V)* [1)]

AVBWasV, *Verordnung über Allgemeine Bedingungen für die Versorgung mit Wasser (AVBWasser V)* [1)]

NAV, *Verordnung zum Erlass von Regelungen des Netzanschlusses von Lastverbrauchern in Niederspannung und Niederdruck Verordnung über Allgemeine Bedingungen für den Netzanschluss und dessen Nutzung für die Elektrizitätsversorgung in Niederspannung (Niederspannungsauschlussordens-NAV)* [1)]

NDAV — *Verordnung über Allgemeine Bedingungen für den Netzanschluss und dessen Nutzung für die Gasversorgung in Niederdruck (Niederdruckauschlussverordnung-NDAV)* [1)]

1) Nachgewiesen in der DITR-Datenbank der DIN Software GmbH, zu beziehen bei: Beuth Verlag GmbH, 10772 Berlin.

DVGW G 459-1, *Gas-Hausanschlüsse für Betriebsdrücke bis 4 bar — Planung und Errichtung*[2)]

DVGW G 600, *Technische Regeln für Gas-Installationen — DVGW-TRGI 1986/*1996[2)]

DVGW W 397, *Ermittlung der erforderlichen Verlegetiefen von Wasseranschlussleitungen — Hinweis*[2)]

DVGW W 404, Wasseranschlussleitungen[2)]

Landesbauordnung (BauO) des jeweiligen Bundeslandes[1)]

LAR, *Richtlinie über brandschutztechnische Anforderungen an Leitungsanlagen (Leitungsanlagen-Richtlinie LAR) des jeweiligen Bundeslandes*[1)]

3 Begriffe

Für die Anwendung dieses Dokuments gelten die folgenden Begriffe.

3.1
Anschlusseinrichtung (Übergabestelle)
ist bei der

— Trinkwasserversorgung: die Hauptabsperreinrichtung, gegebenenfalls die erste Absperreinrichtung auf dem zu versorgenden Grundstück;

— Entwässerung: die letzte Reinigungsöffnung vor dem Anschlusskanal;

— Stromversorgung: der Hausanschlusskasten mit den Hausanschlusssicherungen;

— Kommunikationsversorgung

  — Breitbandkabel: Hausübergabepunkt (HÜP)
  — Telekommunikationsversorgung: die Abschlusspunkte der allgemeinen Netze von Telekommunikationsanlagen (APL);

— Gasversorgung: die Hauptabsperreinrichtung, gegebenenfalls bei Anschlusseinrichtungen außerhalb von Gebäuden die entsprechende Absperreinrichtung auf dem kundeneigenen Grundstück;

— Fernwärmeversorgung: die Übergabestelle nach den Festlegungen der jeweiligen Technischen Anschlussbedingungen des Fernwärmeversorgungsunternehmens.

3.2
Hausanschlussraum
begehbarer und abschließbarer Raum eines Gebäudes, der zur Einführung der Anschlussleitungen für die Ver- und Entsorgung des Gebäudes bestimmt ist und in dem die erforderlichen Anschlusseinrichtungen und gegebenenfalls Betriebseinrichtungen untergebracht werden

3.3
Hausanschlusswand
Wand, die zur Anordnung und Befestigung von Leitungen sowie Anschluss- und gegebenenfalls Betriebseinrichtungen dient

---

1) Siehe Seite 4.

2) Zu beziehen bei Wirtschafts- und Verlagsgesellschaft Gas und Wasser mbH — WVBGW — Josef-Wirmer-Str. 3, 54123 Bonn.

3.4
Hausanschlussnische
bauseits erstellte Nische, die zur Einführung der Anschlussleitungen bestimmt ist sowie der Aufnahme der erforderlichen Anschluss- und gegebenenfalls Betriebseinrichtungen dient

3.5
Hausanschlusskasten, -säule, -schrank
Bestandteil des Hausanschlusses/Netzanschlusses

ANMERKUNG Hierin sind die Anschlusseinrichtungen nach 3.1 untergebracht.

3.6
Hauseinführung
Durchführung der Leitungen durch Wand bzw. Bodenplatte

3.7
Zähleranschlusssäule/-schrank
Hausanschluss und Messeinrichtungen sind in einer Säule bzw. einem Schrank untergebracht

ANMERKUNG Zähleranschlusssäule/-schrank werden im Freien aufgestellt.

3.8
Abschlusspunkt Liniennetz
APL
Abschlusspunkt des TK-Zugangsnetzes

3.9
Hausübergabepunkt
HÜP
Verbindung des regionalen Breitbandverteilnetzes (Netzebene 3) mit dem Hausverteilnetz (Netzebene 4)

3.10
Netzabschlussgerät
NTBA
Gerät für die ISDN-Anschlussleitung (Network-Terminal Basic Access)

3.11
Infrastrukturpunkt
Breitbandverteileinrichtung hinter dem HÜP innerhalb des Hausverteilnetzes (Netzebene 4)

3.12
Betriebseinrichtung
technische Einrichtung, die der Anschlusseinrichtung nachgeordnet ist, bei der

- Wasserversorgung: die Messeinrichtung, einschließlich Absperrarmatur und Rückflussverhinderer (KFR-Ventil, (**k**ombiniertes **F**reiflussventil mit **R**ückflussverhinderer));
- Stromversorgung: der Zählerplatz;
- Kommunikationsversorgung
  - Breitbandkabel: Infrastrukturpunkt
  - Telekommunikationsversorgung: NTBA;
- Gasversorgung: die Mess-, Regel- und Sicherheitseinrichtung;
- Fernwärmeversorgung: die Hausstation mit Mess-, Steuer-, Regel- und Sicherheitseinrichtungen.

3.13
Funktionsfläche
einzelne Fläche, die für die Montage der Anschlussleitungen sowie der Anschluss- und Betriebseinrichtungen der jeweiligen Versorgungssparte benötigt werden

3.14
Wohngebäude
Gebäude, die überwiegend für Wohnzwecke bestimmt sind.

ANMERKUNG Zu den Wohngebäuden zählen auch gemischt genutzte Gebäude, sofern die Wohnungen überwiegen.

3.15
Nutzungseinheit
kann eine Wohneinheit, Gewerbeeinheit, oder eine Einheit für Allgemeinversorgung sein (Anlage zur Versorgung des Anschlussnutzers nach NAV/NDAV)

ANMERKUNG Beispiel: 3 Wohneinheiten, 1 Allgemeinbedarf und 2 Gewerbeeinheiten sind 6 Nutzungseinheiten.

3.16
Verteilungsnetz
Gesamtheit aller Leitungen und Kabel bis ausschließlich zur elektrischen Anlage des Anschlussnehmers bzw. -nutzers, auch Verbraucheranlage genannt

3.17
Verteilungsnetzbetreiber
VNB
natürliche oder juristische Personen oder rechtlich unselbstständige Organisationseinheiten eines Energieversorgungsunternehmens, die Betreiber von Übertragungs- oder Verteilungsnetzen sind

3.18
Versorgungsunternehmen
natürliche oder juristische Personen, die Energie bzw. Wasser an andere liefern, ein Versorgungsnetz betreiben oder an einem Versorgungsnetz als Eigentümer Verfügungsbefugnis besitzen

4 Grundsätze der Versorgung

4.1 Allgemeines

Hausanschlusseinrichtungen (Netzanschlusseinrichtungen) sind auf der Grundlage dieser Norm und erforderlichenfalls in Abstimmung mit den Verteilungsnetzbetreibern/Versorgungsunternehmen so zu planen, dass alle Anschlusseinrichtungen und gegebenenfalls die dort vorgesehenen Betriebseinrichtungen vorschriftsgemäß, entsprechend den einschlägigen technischen Regeln installiert, betrieben und instand gehalten werden können.

Grundsätzlich ist jedes zu versorgende Gebäude/Grundstück, welches über eine eigene Hausnummer verfügt, über einen eigenen Hausanschluss mit dem Netz des Verteilungsnetzbetreibers/Versorgungsunternehmens zu verbinden.

ANMERKUNG 1 Die Sicherstellung der Zugänglichkeit zu den Hausanschlusseinrichtungen und den Betriebseinrichtungen für die Verteilungsnetzbetreiber/Versorgungsunternehmen und die Kunden erfolgt über eine rechtliche Absicherung.

ANMERKUNG 2 Art, Zahl und Lage der Netzanschlüsse/Hausanschlüsse werden entsprechend der Niederspannungsanschlussverordnung (NAV), der Niederdruckanschlussverordnung (NDAV), den AVBWasserV und den AVBFernwärmeV sowie den allgemein anerkannten Regeln der Technik bestimmt.

Die Versorgung mehrerer Gebäude (z. B. Doppelhäuser oder Reihenhäuser) aus einem gemeinsamen Hausanschluss ist dann möglich, wenn die Übergabestelle in einem für alle Gebäude gemeinsamen Hausanschlussraum errichtet wird. Betriebseinrichtungen, insbesondere die Mess-, Steuer-, Regel- und Sicherheitseinrichtungen sind gemeinsam mit den Hausanschlusseinrichtungen anzuordnen.

4.2 Stromversorgung

Werden mehrere Hausanschlüsse/Netzanschlüsse auf einem Grundstück bzw. in einem Gebäude errichtet, haben Planer, Errichter sowie Betreiber der elektrischen Anlagen durch geeignete Maßnahmen sicherzustellen, dass eine eindeutige Trennung der angeschlossenen Anlagen gegeben ist. Der Anschluss an das Verteilungsnetz hat nach den Vorgaben der Niederspannungsanschlussverordnung – NAV zu erfolgen. Die Technischen Anschlussbedingungen (TAB) des Netzbetreibers an die elektrische Anlage des Anschlussnehmers bzw. -nutzers sind einzuhalten.

4.3 Gasversorgung

Der Anschluss an das Gasverteilungsnetz hat nach den Vorgaben der Niederdruckanschlussverordnung – NDAV zu erfolgen. Die Technischen Anschlussbedingungen (TAB) des Netzbetreibers an die Anlage des Anschlussnehmers bzw. -nutzers sind einzuhalten.

4.4 Trinkwasserversorgung

Der Anschluss an das Wasserverteilungsnetz hat nach den Anforderungen der AVBWasserV zu erfolgen. Alle Leitungen hinter der Hauptabsperreinrichtung müssen nach DIN 1988 (alle Teile) errichtet werden.

4.5 Fernwärmeversorgung

Der Anschluss an ein Fernwärmenetz hat nach den Vorgaben der AVBFernwärmeV und den daraus resultierenden Anforderungen des Fernwärme-Versorgungsunternehmens nach seinen veröffentlichten Technischen Anschlussbedingungen (TAB) zu erfolgen.

5 Arten der Ausführung

5.1 Allgemeines

Anschluss- und Betriebseinrichtungen dürfen nicht in Räumen mit explosiblen und/oder leicht entzündlichen Stoffen angeordnet werden.

Sie sind vor mechanischer Beschädigung zu schützen.

Der Raum für die Anschlusseinrichtungen muss trocken und z. B. zur Vermeidung von Schwitzwasser lüftbar sein.

ANMERKUNG 1 Sind Feuerstätten im Raum vorhanden, sind für die Lüftung und Verbrennungsluftversorgung des Aufstellraumes die Anforderungen nach DVGW-G 600 (DVGW-TRGI) zu beachten.

Festlegungen zu den einzelnen Sparten sind in 5.4 enthalten.

Messeinrichtungen sind so anzubringen, dass sie leicht abgelesen und ausgewechselt werden können.

Anschlusseinrichtungen und Betriebseinrichtungen sind frei zugänglich und sicher bedienbar anzuordnen.

Für den Raum wird eine ausreichende Entwässerung und eine Kaltwasserzapfstelle empfohlen.

Bei der Planung von Hausanschlusseinrichtungen und gegebenenfalls der Betriebseinrichtungen sind die Anforderungen des baulichen Brandschutzes zu berücksichtigen.

ANMERKUNG 2 Auf die Bauordnung und die „Richtlinie über brandschutztechnische Anforderungen an Leitungsanlagen (Leitungsanlagen-Richtlinie LAR)" des jeweiligen Bundeslandes wird hingewiesen.

Bei der Planung von Hausanschlusseinrichtungen sind gegebenenfalls die Anforderungen an den Hochwasserschutz zu berücksichtigen.

5.2 Nichtwohngebäude

Bei Nichtwohngebäuden kann eine der in 5.5 genannten Ausführungsarten vorgesehen werden. Individuelle, mit den Netzbetreibern (Ver- und Entsorgungsunternehmen) abgestimmte Ausführungen sind möglich.

5.3 Hauseinführung

Die Art der Hauseinführung (Kernbohrung, Schutz-, Futter- bzw. Mantelrohr usw.) ist mit den jeweiligen Verteilungsnetzbetreibern/Versorgungsunternehmen abzustimmen.

Bei unterirdischem Anschluss von Gebäuden, ist insbesondere bei Verwendung von Schutz-, Futter- bzw. Mantelrohren, die Abdichtung der Rohre zur Wand sicher herzustellen. Die Hauseinführung ist gasdicht/wasserdicht und gegebenenfalls druckwasserdicht herzustellen.

ANMERKUNG Die gewerkeübergreifenden Arbeiten bei der Verlegung und Abdichtung der Schutzrohre erfordert Berücksichtigung bei der Planung.

5.4 Besonderheiten bei den einzelnen Sparten

5.4.1 Strom

Für die Errichtung von Strom-Hausanschlüssen gelten die Anforderungen nach DIN VDE 0100-732 (VDE 0100-732).

Wird die Umgebungstemperatur von 30 °C in Räumen bzw. an Stellen dauernd überschritten, dürfen die Anschluss- und Betriebseinrichtungen für die Stromversorgung nicht untergebracht werden. Auch in feuer- oder explosionsgefährdeten Räumen/Bereichen darf die Unterbringung nicht erfolgen.

ANMERKUNG Dauernde Temperaturüberschreitungen im Sinne dieser Norm sind solche mit einer Dauer von mehr als einer Stunde

Bei der Anbringung der Anschlusseinrichtungen an Hausanschlusswänden und in Hausanschlussräumen werden folgende Maße zugrunde gelegt:

— Höhe Oberkante Anschlusseinrichtung über Fußboden: ≤ 1,5 m;

— Höhe Unterkante Anschlusseinrichtung über Fußboden: ≥ 0,3 m;

— Abstand der Anschlusseinrichtung zu seitlichen Wänden: ≥ 0,3 m.

5.4.2 Gas

Für die Errichtung von Gashausanschlüssen gilt DVGW G 459-1. Für Gasleitungen und -anlagen hinter der Hauptabsperreinrichtung ist DVGW G 600 (TRGI) zu beachten.

Erdverlegte Gasleitungen dürfen ohne zusätzliche Schutzmaßnahmen nicht überbaut werden. Müssen in Ausnahmefällen Hausanschlussleitungen unter Gebäudeteilen (z. B. Wintergärten, Garagen usw.) oder durch Hohlräume geführt werden, so sind sie in einem Schutz-, Futter- bzw. Mantelrohr zu verlegen. Dabei ist sicherzustellen, dass im Falle einer Undichtheit am Gasrohr das Gas nach außen abgeleitet wird. Eine nachträgliche Überbauung einer Gas-Hausanschlussleitung ist ohne zusätzliche Schutzmaßnahmen nicht zulässig.

5.4.3 Trinkwasser

Für die Errichtung von Wasserhausanschlüssen gilt das DVGW W 400-2 in Verbindung mit dem Merkblatt DVGW W 404. Für die der Hauptabsperreinrichtung nachgelagerten Anlagenteile ist DIN 1988 (alle Teile) zu beachten.

Bei Planung und Errichtung von Wasser-Hausanschlüssen sind die Überdeckungen, nach Abstimmung mit dem Versorgungsunternehmen und nach DVGW W 397, zur Sicherstellung einer frostfreien und hygienisch einwandfreien Versorgung zu beachten. Abstände zu Lichtschächten bedürfen der Beachtung. Für Mindestabstände zu Anlagen der Grundstückentwässerung sind die einschlägigen Technischen Regeln zur Sicherstellung der hygienischen Belange zu beachten (siehe DVGW-Merkblatt W 404).

In Kaltwasserleitungen sind aus hygienischen Gründen Wassertemperaturen ≥ 25 °C zu vermeiden.

5.4.4 Telekommunikation

Bis 10 Wohneinheiten ist ein APL ausreichend. Bei Gebäuden über 10 Wohneinheiten sind zum Abschluss der ankommenden Adern und zum Verteilen der abgehenden Adern Verteilerkästen entsprechend der benötigten Anzahl der Wohneinheiten vorzusehen. Die Anschlusseinrichtungen und Betriebsmittel sind vor Manipulation zu schützen.

5.4.5 Breitbandkommunikation

Der Infrastrukturpunkt von Breitbandverteilnetzeinrichtungen wird auf Grundlage dieser Norm vorzugsweise in Hausanschlussräumen errichtet. Alle erforderlichen Bauteile des Infrastrukturpunkts sind in einem verschließbaren Metallschrank unterzubringen, um Manipulationen zu vermeiden.

5.5 Hausanschlusseinrichtungen in Gebäuden

5.5.1 Allgemeines

Die Hausanschlusseinrichtungen (Übergabestellen) innerhalb von Gebäuden sind unterzubringen:

— in **Hausanschlussräumen** (siehe 5.5.2), sie sind erforderlich in Gebäuden mit mehr als fünf Nutzungseinheiten. Die Anforderungen an Hausanschlussräume können auch schon in Gebäuden mit bis zu fünf Nutzungseinheiten sinngemäß angewendet werden;

— auf **Hausanschlusswänden** (siehe 5.5.3), sie sind vorgesehen für Gebäude mit bis zu fünf Nutzungseinheiten;

— in **Hausanschlussnischen** (siehe 5.5.4), sie sind vorgesehen für nicht unterkellerte Einfamilienhäuser.

Bei der Festlegung der Lage innerhalb des Gebäudes sind die Mindestanforderungen an den Wärmeschutz nach den Normen der Reihe DIN 4108 und den Schallschutz nach den Normen der Reihe DIN 4109 zu beachten.

In dem Hausanschlussraum, an der Hausanschlusswand und in der Hausanschlussnische, sind die Anschlussfahne des Fundamenterders nach DIN 18014 und die Haupterdungsschiene (Potentialausgleichsschiene) für den Hauptpotentialausgleich anzuordnen.

Die Größe des Hausanschlussraumes bzw. die Anordnung der Hausanschlusswand und der Hausanschlussnische sind so zu planen, dass vor der mit 30 cm Tiefe anzunehmenden Zone für die Anschlusseinrichtungen ein Arbeits- und Bedienbereich vorhanden ist. Dieser hat eine Tiefe von mindestens 1,20 m, eine Breite die die Anschluss- und Betriebseinrichtungen seitlich mindestens um 30 cm überragt und eine Durchgangshöhe von 1,80 m.

Wände, an denen Anschluss- und Betriebseinrichtungen befestigt werden, müssen den zu erwartenden mechanischen Belastungen entsprechend ausgebildet sein und eine ebene Oberfläche aufweisen. Die Wanddicke muss mindestens 60 mm betragen.

5.5.2 Hausanschlussraum

5.5.2.1 Allgemeines

Der Hausanschlussraum muss über allgemein zugängliche Räume, z. B. Treppenraum, Kellergang, oder direkt von außen, erreichbar sein. Er darf nicht als Durchgang zu weiteren Räumen dienen.

Der Hausanschlussraum muss an der Gebäudeaußenwand liegen, durch die die Anschlussleitungen geführt werden.

Die Anordnung der Anschluss- und Betriebseinrichtungen für die Strom- und Telekommunikationsversorgung einerseits und für die Wasser-, Gas- und Fernwärmeversorgung andererseits kann unter Berücksichtigung von 5.5.3.1 und 5.5.3.2 auch gemeinsam auf einer Wand erfolgen.

Der Hausanschlussraum ist mit einer schaltbaren, fest installierten Beleuchtung und mit einer Schutzkontaktsteckdose auszustatten.

Der Hausanschlussraum ist mit einer abschließbaren Tür nach DIN 18100 mit einer Breite von 875 mm und einer Höhe von 2 000 mm zu versehen.

Jeder Hausanschlussraum ist an seinem Zugang mit der Bezeichnung „Hausanschlussraum" zu kennzeichnen.

Die freie Durchgangshöhe unter Leitungen und Kanälen darf im Hausanschlussraum nicht kleiner als 1,80 m sein.

Schutzpotentialausgleich und gegebenenfalls erforderliche Elektroinstallationen sind nach DIN VDE 0100 (VDE 0100) (alle Teile) auszuführen.

Bei Fernwärmeanschlüssen ist bei der Auswahl und Errichtung von elektrischen Betriebsmitteln zusätzlich DIN VDE 0100-737 (VDE 0100-737) zu beachten.

5.5.2.2 Maße

Die Maße eines Hausanschlussraumes richten sich nach der Anzahl der vorgesehenen Anschlüsse (Ver- und Entsorgung), der Anzahl der zu versorgenden Kundenanlagen und nach der Art und Größe der Betriebseinrichtungen, die in dem Hausanschlussraum untergebracht werden sollen.

Ein Hausanschlussraum muss

— min. 2,0 m lang und

— min. 2,0 m hoch sein.

Die Breite muss

— min. 1,50 m bei Belegung nur einer Wand und

— min. 1,80 m bei Belegung gegenüberliegender Wände betragen (siehe auch 5.3).

5.5.3 Hausanschlusswand

5.5.3.1 Allgemeines

Der Raum mit Hausanschlusswand muss über allgemein zugängliche Räume, z. B. Treppenraum, Kellergang, oder direkt von außen erreichbar sein.

Die Hausanschlusswand muss in Verbindung mit einer Außenwand stehen, durch die die Anschlussleitungen geführt werden.

Unmittelbar nach der Hauseinführung sind Hausanschlussleitungen so anzuordnen, dass im weiteren Verlauf ihre kreuzungsfreie Verlegung sichergestellt ist.

Die freie Durchgangshöhe unter Leitungen und Kanälen darf im Bereich der Hausanschlusswand nicht kleiner als 1,80 m sein.

Der Raum mit der Hausanschlusswand ist mit einer schaltbaren, fest installierten Beleuchtung und mit einer Schutzkontaktsteckdose auszustatten.

5.5.3.2 Maße

Die Hausanschlusswand muss über die gesamte Wandfläche mindestens 2,0 m hoch sein.

Die Länge der Hausanschlusswand richtet sich nach der Anzahl der vorgesehenen Anschlüsse, der Anzahl der zu versorgenden Kundenanlagen und nach Art und Größe der Betriebseinrichtungen, die an der Hausanschlusswand untergebracht werden sollen. Der Mindestplatzbedarf für die Anschluss- und Betriebseinrichtungen ist mit den Verteilungsnetzbetreibern/Versorgungsunternehmen abzustimmen.

5.5.4 Hausanschlussnische

5.5.4.1 Allgemeines

Zur Einführung und gegebenenfalls zur Nachrüstung der Anschlussleitungen sind die erforderlichen Schutzrohre vorzusehen, deren Art und Größe vom jeweiligen Verteilungsnetzbetreiber/Versorgungsunternehmen festgelegt werden. Die räumliche Anordnung der Schutzrohre ist mit den jeweiligen Verteilungsnetzbetreiber/Versorgungsunternehmen abzustimmen. Die Schutzrohre sind so zu verlegen, dass die Hausanschlussleitungen senkrecht in die Nische führen. Ein Ausführungsbeispiel zeigt Bild A.6.

Die Hausanschlusskabel sind innerhalb der Hausanschlussnische gegen mechanische Beschädigungen zu schützen.

Kaltwasserleitungen müssen aus Gründen der Schwitzwasserbildung wärmegedämmt werden.

5.5.4.2 Bauliche Anforderungen

Die Größe der Hausanschlussnische wird bestimmt durch das Rohbau-Richtmaß der Öffnung einer gängigen Wohnungstür nach DIN 18100 mit einer Breite von min. 875 mm bzw. Hausanschlussnischen mit der Sparte Fernwärme mit einer Breite von min. 1010 mm und einer Höhe von 2 000 mm. Das Richtmaß der Tiefe muss mindestens 250 mm betragen.

Für die Weiterführung der Leitungen aus der Hausanschlussnische sind entsprechende bauliche Maßnahmen zu treffen (z. B. Schlitze, Leerrohre, Kabelkanäle), wobei besonders auf die statisch wirksamen Elemente (z. B. Stürze, Unterzüge) zu achten ist.

Die Anschluss- und Betriebseinrichtungen für Strom, Gas, Wasser, Fernwärme und Telekommunikation nach 3.1 bzw. 3.11 sind in der Hausanschlussnische unter Berücksichtigung ihrer Funktionsflächen nach Bild 1 anzuordnen. Ein Ausführungsbeispiel zeigt Bild A.5a und Bild A.5b.

Türen für Hausanschlussnischen müssen mit ausreichend großen Lüftungsöffnungen ausgestattet sein, um die Temperaturgrenzen nach 5.4.1 und 5.4.3 nicht zu überschreiten.

Türen für Hausanschlussnischen mit Gasversorgungseinrichtungen müssen nach DVGW G 600 oben und unten Lüftungsöffnungen von jeweils mindestens 5 cm² haben.

Ein Ausführungsbeispiel für die Einführung einer Mehrsparten-Hauseinführung in eine Hausanschlussnische zeigt Bild A.6.

5.6 Anschlusseinrichtungen außerhalb von Gebäuden

5.6.1 Allgemeines

Die Hausanschlusseinrichtungen außerhalb von Gebäuden sind in Abstimmung mit dem Netzbetreiber/ Versorgungsunternehmen unterzubringen:

— an/in Gebäudeaußenwänden;

— in Hausanschlusssäulen/-schränken (gegebenenfalls mit Betriebseinrichtungen).

Bei der Anordnung der Anschlusseinrichtungen in/an der Außenseite der Außenwand sind die Mindestanforderungen an den Wärmeschutz nach den Normen der Reihe DIN 4108 und den Schallschutz nach den Normen der Reihe DIN 4109 zu beachten.

Die Anschlusseinrichtungen und gegebenenfalls die Betriebsmittel sind in ortsfesten und witterungsbeständigen Gehäusen unterzubringen und gegen mechanische Beschädigung zu schützen. Wände, an denen Anschluss- und Betriebseinrichtungen befestigt werden, müssen den zu erwartenden mechanischen Belastungen entsprechend ausgebildet sein und eine ebene Oberfläche aufweisen. Die Wanddicke muss mindestens 60 mm betragen.

Die Aufstellung von Hausanschlusssäulen/-schränken erfolgt vorzugsweise an der Grundstücksgrenze zwischen dem anzuschließenden Grundstück und dem öffentlichen Verkehrsraum.

Die Anforderungen zum Arbeits- und Bedienbereich nach 5.5 sind einzuhalten.

5.6.2 Kommunikation

Die außen liegende Betriebseinrichtung für Kommunikation ist etwa 1,6 m oberhalb der Erdgleiche anzubringen.

5.6.3 Gas

Außenleitungen sind nach DVGW G 600 zu schützen.

5.6.4 Trinkwasser

Die außen liegenden Betriebseinrichtungen und Leitungen müssen gegen Frost, Erwärmung und gegen Korrosion geschützt werden.

ANMERKUNG In Kaltwasserleitungen gelten Temperaturen < 25 °C als unbedenklich.

Maße in Millimeter

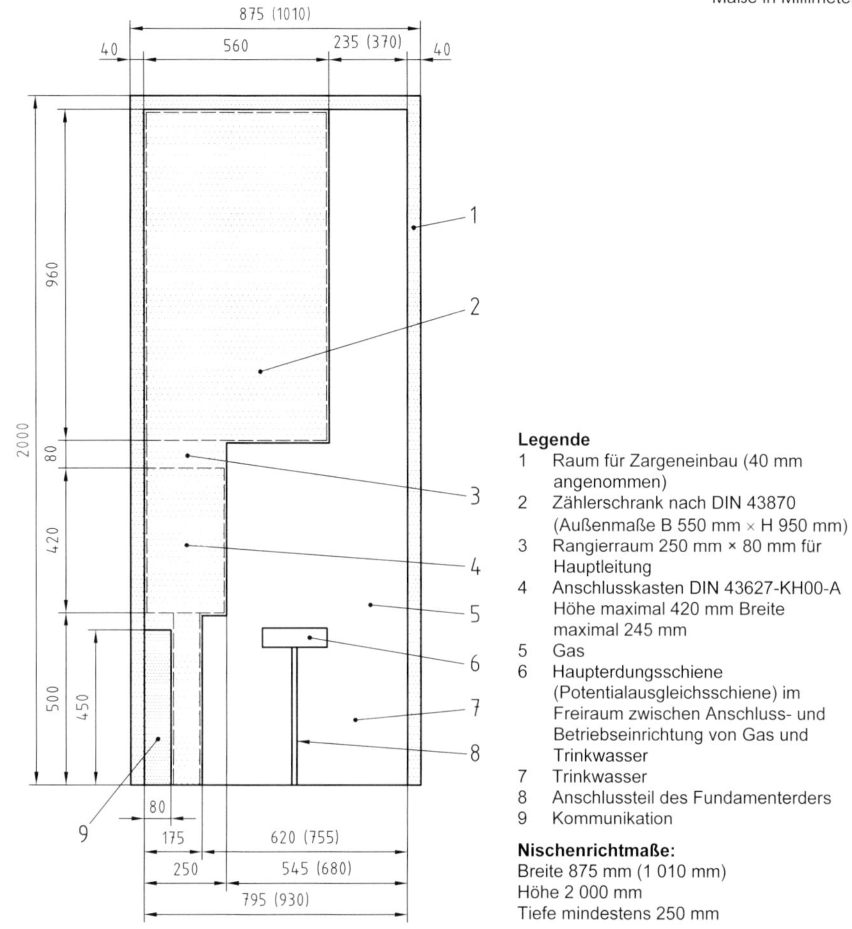

ANMERKUNG Spiegelbildliche Anordnung möglich; Maße bei Fernwärme sind in Klammern.

Bild 1 — Funktionsflächen der Hausanschlussnische für die Sparten Gas (bzw. Fernwärme), Kommunikation, Strom, Trinkwasser

Anhang A
(informativ)

Ausführungsbeispiele

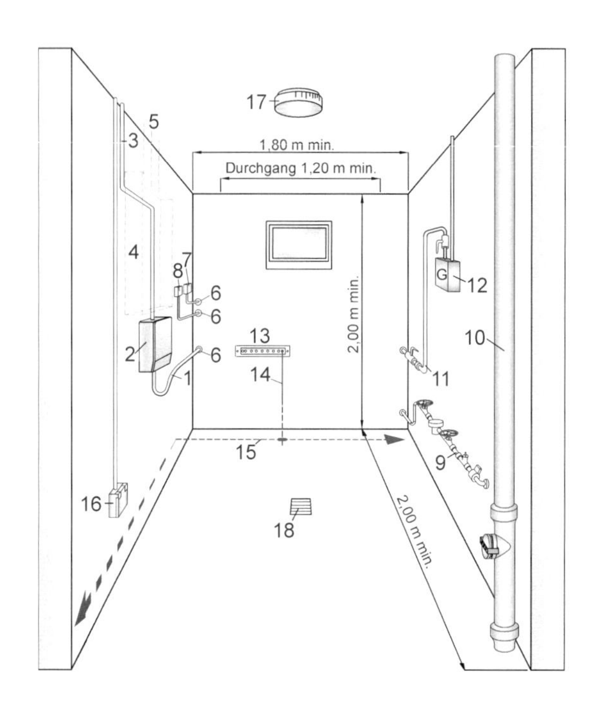

Legende

1 Hauseinführungsleitung für Strom
2 Strom-Hausanschlusskasten mit Hausanschlusssicherungen
3 Strom-Hauptleitung
4 gegebenenfalls Zählerplätze
5 Verbindungsleitung zum Stromkreisverteiler
6 Hauseinführung
7 APL – Abschlusspunkt für Telekommunikationsanlagen
8 HÜP – Hausübergabepunkt für Breitbandkommunikationsanlagen
9 Anschlussleitung für Trinkwasser mit Wasserzähler
10 Entwässerung
11 Anschlussleitung für Gasversorgung mit Hauptabsperreinrichtung zum Gasrohr
12 Gaszähler
13 Haupterdungsschiene (Potentialausgleichsschiene)
14 Erdungsleiter
15 Fundamenterder
16 Schutzkontaktsteckdose
17 Leuchte
18 Bodenablauf

ANMERKUNG Potentialausgleichsleitungen und Sicherheitseinrichtungen sind nicht dargestellt. Weitere oder andere Betriebseinrichtungen (als die dargestellten) können vorhanden sein.

Bild A.1 — Hausanschlussraum mit der Anordnung der Anschluss- und Betriebseinrichtungen für die Sparten Gas, Kommunikation, Strom, Trinkwasser

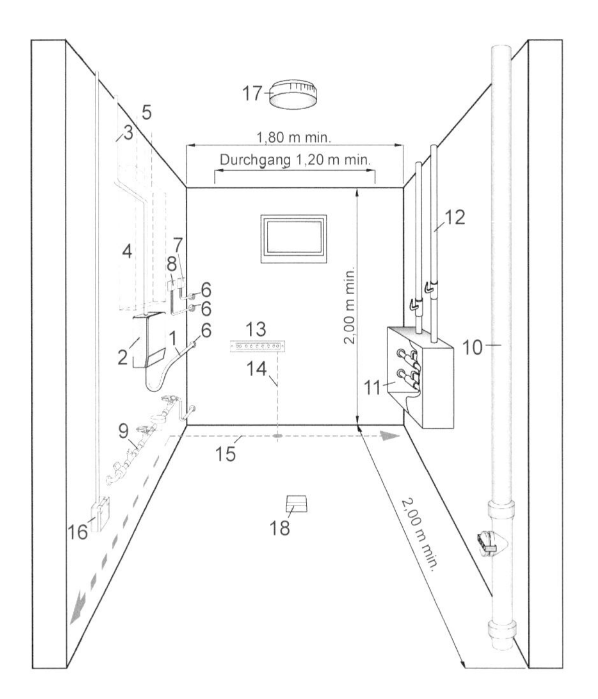

Legende

1 Hauseinführungsleitung für Strom
2 Strom-Hausanschlusskasten mit Hausanschlusssicherungen
3 Strom-Hauptleitung
4 gegebenenfalls Zählerplätze
5 Verbindungsleitung zum Stromkreisverteiler
6 Hauseinführung
7 APL – Abschlusspunkt für Telekommunikationsanlagen
8 HÜP – Hausübergabepunkt für Breitbandkommunikationsanlagen
9 Anschlussleitung für Trinkwasser mit Wasserzähler
10 Entwässerung
11 Fernwärme-Übergabestation/ Fernwärmehauszentrale
12 Vor- und Rücklaufleitung Heizung
13 Haupterdungsschiene (Potentialausgleichsschiene)
14 Erdungsleiter
15 Fundamenterder
16 Schutzkontaktsteckdose
17 Leuchte
18 Bodenablauf

ANMERKUNG Potentialausgleichsleitungen und Sicherheitseinrichtungen sind nicht dargestellt. Weitere oder andere Betriebseinrichtungen (als die dargestellten) können vorhanden sein.

Bild A.2 — Hausanschlussraum mit der Anordnung der Anschluss- und Betriebseinrichtungen für die Sparten Fernwärme, Kommunikation, Strom, Trinkwasser

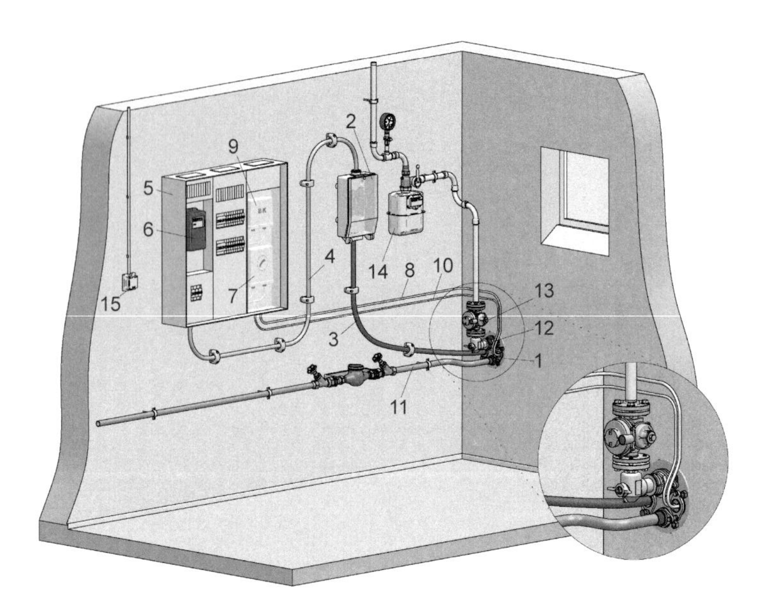

Legende

1 Mehrspartenhauseinführung
2 Starkstrom-Hausanschlusskasten mit Hausanschlusssicherung
3 Starkstrom-Hausanschlusskabel
4 Starkstrom-Hauptleitung
5 Zählerschrank mit Tür
6 Stromzähler
7 APL – Abschlusspunkt für Telekommunikationsanlagen
8 Telefon-Hauptleitung
9 HÜP – Hausübergabepunkt für Breitbandkommunikationsanlagen
10 Breitband-Hauptleitung
11 Anschlussleitung für Wasserversorgung mit Wasserzähler
12 Anschlussleitung für Gasversorgung
13 Hausdruckregelgerät
14 Gaszähler
15 Steckdose

ANMERKUNG Potentialausgleichsleitungen und Sicherheitseinrichtungen sind nicht dargestellt. Weitere oder andere Betriebseinrichtungen (als die dargestellten) können vorhanden sein.

Bild A.3 — Ausführungsbeispiel einer Hausanschlusswand für ein Einfamilienhaus mit der Anordnung der Anschluss- und Betriebseinrichtungen mit den Sparten Gas, Kommunikation, Strom, Trinkwasser und Telekommunikationsfeld im Zählerschrank

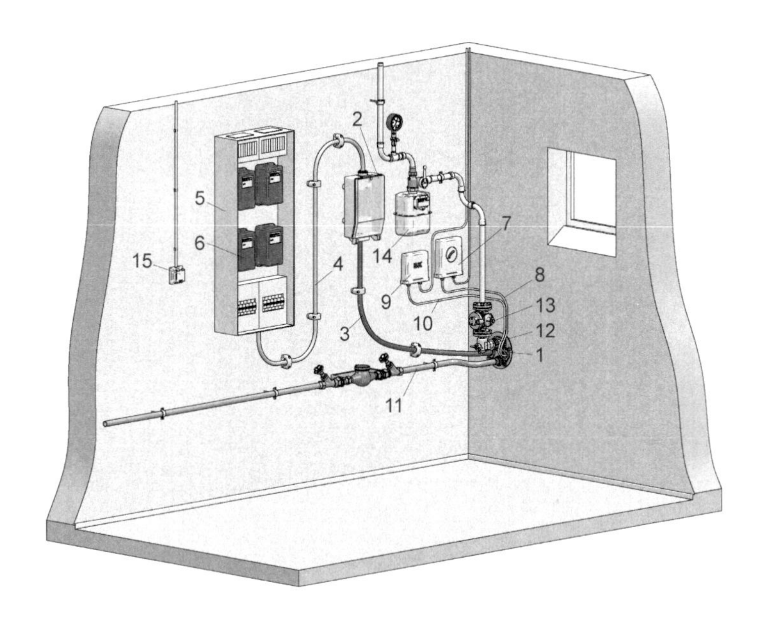

Legende

1 Mehrspartenhauseinführung
2 Starkstrom-Hausanschlusskasten mit Hausanschlusssicherung
3 Starkstrom-Hausanschlusskabel
4 Starkstrom-Hauptleitung
5 Zählerschrank mit Tür
6 Stromzähler
7 APL – Abschlusspunkt für Telekommunikationsanlagen
8 Telefon-Hauptleitung
9 HÜP – Hausübergabepunkt für Breitbandkommunikationsanlagen
10 Breitband-Hauptleitung
11 Anschlussleitung für Wasserversorgung mit Wasserzähler
12 Anschlussleitung für Gasversorgung
13 Hausdruckregelgerät
14 Gaszähler
15 Steckdose

ANMERKUNG Potentialausgleichsleitungen und Sicherheitseinrichtungen sind nicht dargestellt. Weitere oder andere Betriebseinrichtungen (als die dargestellten) können vorhanden sein.

Bild A.4 — Ausführungsbeispiel einer Hausanschlusswand mit der Anordnung der Anschluss- und Betriebseinrichtungen mit den Sparten Gas, Kommunikation, Strom, Trinkwasser

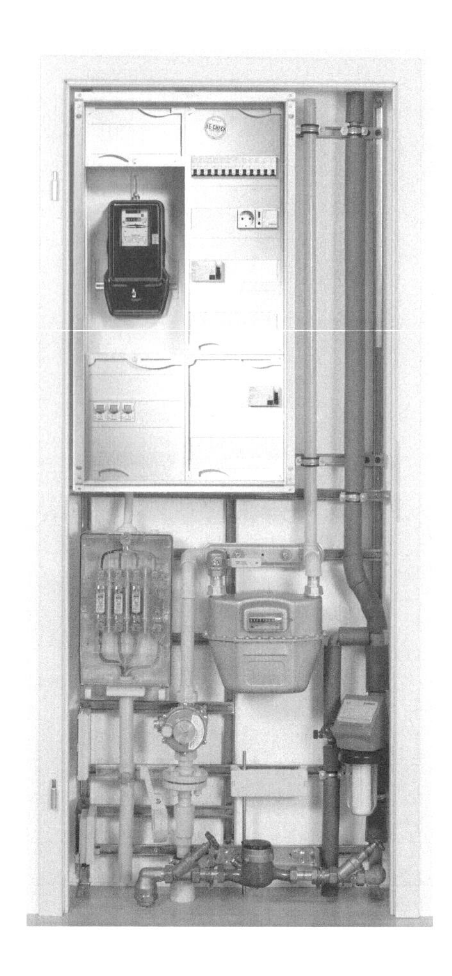

ANMERKUNG 1 Potentialausgleichsleitungen und Sicherheitseinrichtungen sind nicht dargestellt.

ANMERKUNG 2 Für rückspülbare Trinkwasserfilter ist eine Entwässerungsmöglichkeit vorzusehen.

Bild A.5a — Ausführungsbeispiel für die Anordnung der Anschluss- und Betriebseinrichtungen in der Hausanschlussnische mit den Sparten Gas, Kommunikation, Strom, Trinkwasser

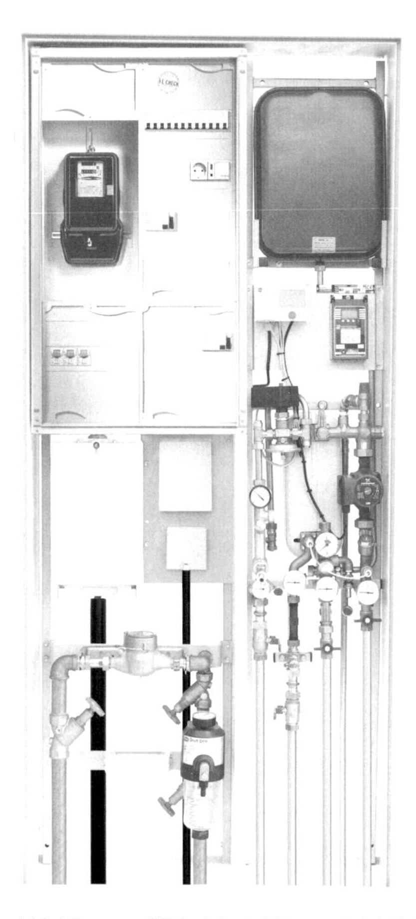

ANMERKUNG 1 Potentialausgleichsleitungen und Sicherheitseinrichtungen sind nicht dargestellt.

ANMERKUNG 2 Für rückspülbare Trinkwasserfilter ist eine Entwässerungsmöglichkeit vorzusehen.

Bild A.5b — Ausführungsbeispiel für die Anordnung der Anschluss- und Betriebseinrichtungen in der Hausanschlussnische mit den Sparten Fernwärme, Kommunikation, Strom, Trinkwasser

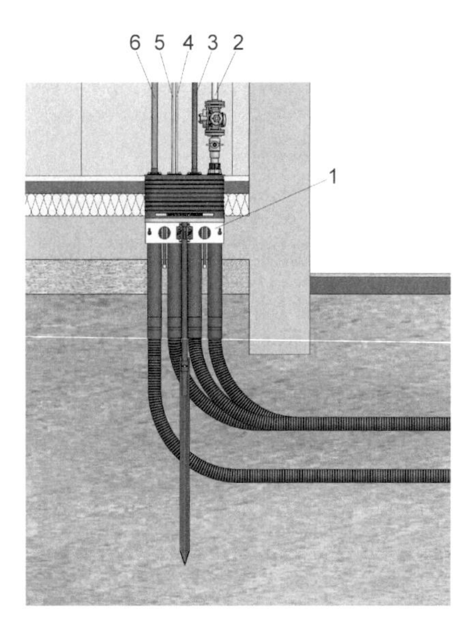

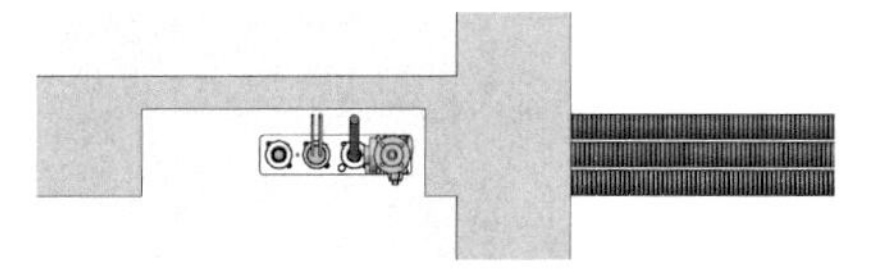

Legende

1 Mehrspartenhauseinführung
2 Anschlussleitung für Gasversorgung
3 Starkstrom-Hausanschlusskabel
4 Anschlussleitung Telefon
5 Anschlussleitung Breitbandkommunikation
6 Anschlussleitung für Wasserversorgung

Bild A.6 — Ausführungsbeispiel für die Einführung der Anschluss- und Betriebseinrichtungen in die Hausanschlussnische mit den Sparten Gas, Kommunikation, Strom, Trinkwasser (Mehrspartenhauseinführung)

Literaturhinweise

DIN EN 805, *Wasserversorgung — Anforderungen an Wasserversorgungssysteme und deren Bauteile außerhalb von Gebäuden*

DIN EN 806 (alle Teile), *Technische Regeln für Trinkwasser-Installationen*

DIN EN 50174-2 (VDE 0800-174-2), *Informationstechnik — Installation von Kommunikationsverkabelung — Teil 2: Installationsplanung und -praktiken in Gebäuden*

DIN EN 60728-11 (VDE 0855-1), *Kabelnetze für Fernsehsignale — Tonsignale und interaktive Dienste — Teil 11: Sicherheitsanforderungen*

DIN EN 60439-1 (VDE 0660-500), *Niederspannungs-Schaltgerätekombinationen — Teil 1: Typgeprüfte und partiell typgeprüfte Kombinationen*

DVGW G 459-2, Gas-Druckregelung mit Eingangsdrücken bis 5 bar in Anschlussleitungen[2)]

DVGW G 600, *Technische Regeln für Gas-Installationen — DVGW-TRGI 1986/1996*[2)]

AGFW FW 515, *Technische Anschlussbedingungen Heizwasser (TAB-HW)*[3)]

AGFW FW 516, *Technische Anschlussbedingungen Dampf (TAB-Dampf)*[3)]

VDEWTAB 2007, *Technische Anschlussbedingungen — TAB 2007 — für den Anschluss an das Niederspannungsnetz*[4)]

Technische Bestimmung T-COM 731 TR 1, *Rohrnetze und andere verdeckte Führungen für Telekommunikationsleitungen in Gebäuden*[5)]

---

2) Zu beziehen bei Wirtschafts- und Verlagsgesellschaft Gas und Wasser mbH — WVBGW — Josef-Wirmer-Str. 3, 54123 Bonn.

3) Herausgegeben durch die Arbeitsgemeinschaft für Wärme und Heizkraftwirtschaft — AGFW — e.V. beim VDEW, zu beziehen bei: VWEW Energieverlag GmbH, Kleyerstr. 88, 60326 Frankfurt/Main.

4) Nachgewiesen in der DITR-Datenbank der DIN Software GmbH, zu beziehen bei: VWEW Energieverlag GmbH, Kleyerstr. 88, 60326 Frankfurt/Main.

5) Herausgegeben von der Deutschen Telekom AG, zu beziehen bei: Deutsche Telekom AG, Competence Center Personalmanagement, Service und Vertrieb Druckerzeugnisse, RS 55, 64307 Darmstadt.

November 2010

DIN 18013

ICS 91.060.10

Ersatz für
DIN 18013:1981-04

Nischen für Zählerplätze (Zählerschränke) für Elektrizitätszähler

Recesses for meter boards (electric meters)

Niches pour compteurs (compteurs électriques)

Gesamtumfang 8 Seiten

Normenausschuss Bauwesen (NABau) im DIN

Inhalt

Vorwort

Diese Norm wurde vom NABau-Arbeitsausschuss NA 005-09-85 AA „Elektrische Anlagen im Bauwesen“ des Normenausschusses Bauwesen (NABau) im DIN erstellt.

Änderungen

Gegenüber DIN 18013:1981-04 wurden folgende Änderungen vorgenommen:

a) Abschnitt Begriffe aufgenommen;

b) Höhen der Zählernischen in Angleichung an die Neufassung von DIN 43870-1 und nach E DIN 43870-1/A1 geändert.

Frühere Ausgaben

DIN 18013: 1955-06, 1979-09, 1981-04
DIN 18013-1: 1971-04

1 Anwendungsbereich

Diese Norm gilt für Nischen, die für den Wandeinbau von Zählerplätzen in der Ausführung mit Zählerplatzumhüllung (Zählerschränke) nach DIN 43870-1 und E DIN 43870-1/A1 bestimmt sind.

2 Normative Verweisungen

Die folgenden zitierten Dokumente sind für die Anwendung dieses Dokuments erforderlich. Bei datierten Verweisungen gilt nur die in Bezug genommene Ausgabe. Bei undatierten Verweisungen gilt die letzte Ausgabe des in Bezug genommenen Dokuments (einschließlich aller Änderungen).

DIN 4102-2, *Brandverhalten von Baustoffen und Bauteilen — Bauteile, Begriffe, Anforderungen und Prüfungen*

DIN 4108-1, *Wärmeschutz im Hochbau — Größen und Einheiten*

DIN 4109, *Schallschutz im Hochbau — Anforderungen und Nachweise*

DIN 4172, *Maßordnung im Hochbau*

DIN 43870-1, *Zählerplätze — Maße auf Basis eines Rastersystems*

E DIN 43870-1/A1, *Zählerplätze — Maße auf Basis eines Rastersystems*

DIN VDE 0100-200 (VDE 0100-200), *Errichten von Niederspannungsanlagen — Teil 200: Begriffe*

3 Begriffe

Für die Anwendung dieses Dokuments gelten die Begriffe nach DIN VDE 0100-200 (VDE 0100-200) und die folgenden Begriffe.

3.1
Elektroplaner
Planer, der Vorgaben für die Errichtung der elektrischen Anlage und zur bauseitigen Umsetzung erstellt

3.2
Errichter
derjenige, der eine elektrische Anlage errichtet, erweitert oder ändert und die Verantwortung für die ordnungsgemäße Ausführung übernimmt

3.3
Kommunikationsfeld
Platz im Zählerschrank für die Unterbringung von Kommunikationseinrichtungen und informationstechnische Einrichtungen

3.4
Netzbetreiber
NB
Betreiber eines Elektrizitätsverteilungsnetzes der allgemeinen Versorgung im Sinne des Energiewirtschaftgesetzes

3.5
Verteilerfeld
Verteiler in gemeinsamer Umhüllung mit einem Zählerplatz

ANMERKUNG Zählerplätze sind in DIN 43870-1 festgelegt.

3.6
Zählerplatz
Einrichtung zur Aufnahme von Zählern und/oder Tarifschaltgeräten, Steuergeräten, Klemmen, Überstromschutzeinrichtungen usw.

3.7
Zählerschrank (teilversenkt, vollversenkt)
Gehäuse zur Unterbringung einer oder mehrerer Zählerplätze sowie weiterer zum Betrieb der elektrischen Anlage erforderlichen Betriebsmittel.

ANMERKUNG Je nach Wanddicke des Mauerwerks und Ausführung des Gehäuses kann der Zählerschrank teil- oder vollversenkt eingebaut werden.

4 Bezeichnung

Zählernischen werden mit der Breite b, der Höhe h und der Tiefe t in mm nach Tabelle 1 bezeichnet.

Bezeichnungsbeispiel für eine Zählernische für Zählerschrank, vollversenkt, mit den Maßen Breite b = 575 mm, Höhe h = 1 125 mm und Tiefe t = 225 mm nach Tabelle 1:

Zählernische DIN 18013 — 575 × 1 125 × 225

5 Anforderungen

5.1 Maße der Nische

Die Größe einer Zählernische richtet sich nach Höhe, Breite und Tiefe eines Zählerschrankes, der die erforderlichen Zählerplätze, gegebenenfalls ein Verteilerfeld und/oder ein Kommunikationsfeld aufnehmen muss. Dabei sind die Anforderungen der Technischen Anschlussbedingungen (TAB) des zuständigen Netzbetreibers (NB) — insbesondere bezüglich Lage und Anordnung — zu berücksichtigen.

Die lichten Maße von Zählernischen müssen den Festlegungen in Tabelle 1 entsprechen.

Sofern Zählernischen mit größeren als in der Tabelle 1 angegebenen Maßen, z. B. mit Nennmaßen nach DIN 4172, für den Rohbau hergestellt werden, sind die nach Einbau der Zählerplätze mit Zählerplatzumhüllung verbleibenden Hohlräume bauseitig zu schließen.

5.2 Anordnung der Nische

Bei der Planung von Zählernischen sind die Anforderungen der Bauordnung sowie der Leitungsanlagenrichtlinie des jeweiligen Bundeslandes zu berücksichtigen. Dies gilt besonders für die Anforderungen an den Brandschutz sowie die Anforderungen hinsichtlich erforderlicher Mindest-Gangbreiten.

ANMERKUNG Die maximale Tiefe von Zählerschränken nach DIN 43 870 beträgt 225 mm.

Für den Abstand von Zählernischen von der Oberfläche des fertigen Fußbodens gilt für die

— Oberkante max. 2 100 mm

— Unterkante min. 400 mm.

Für die Einführung von zugangs- bzw. abgangsseitigen Kabeln/Leitungen ist zur Decke ein Mindestabstand von 200 mm einzuhalten.

5.3 Bautechnische Anforderungen

Eine Zählernische darf einen für die Wand geforderten

— Mindest-Brandschutz nach DIN 4102-2,

— Mindest-Wärmeschutz nach DIN 4108,

— Mindest-Schallschutz nach DIN 4109

bzw. — soweit vereinbart — ein höherer Schutz sowie die Standfestigkeit der Wand nicht beeinträchtigen.

5.4 Leitungsführung

Die Leitungen werden senkrecht von oben oder von unten in die Zählernische eingeführt. Der Leitungsschlitz zur Zählernische muss im Einführungsbereich die gleiche Tiefe wie die Zählernische haben. Die Lage des Leitungsschlitzes in Verbindung mit der Nische ist im Einvernehmen mit dem Errichter der elektrischen Anlage festzulegen.

Ein einwandfreies Einführen der Leitungen in Zählernischen bzw. Zählerschränke darf nicht durch statisch tragende Bauteile, z. B. Stürze, beeinträchtigt werden.

Maße in Millimeter

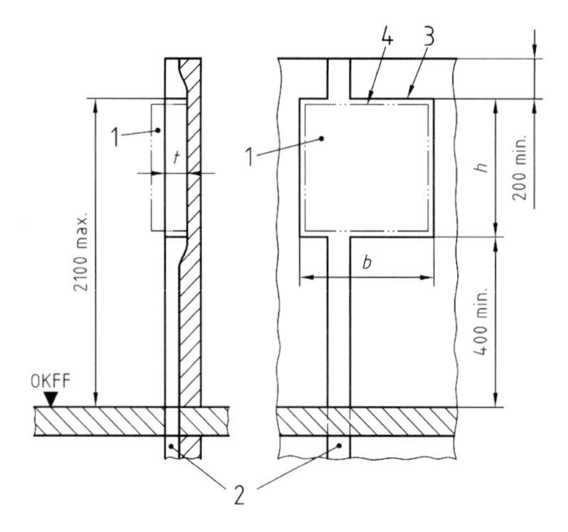

Legende

1 Zählerschrank
2 Leitungsschlitz
3 Außenkante Zählernische
4 Außenkante Zählerschrank

Bild 1 — Zählernische

Tabelle 1 — Nischenmaße für teilversenkte bzw. vollversenkte Zählerschränke

Anzahl der Zählerplätze nach DIN 43870 [a]	**Mindestmaße Nische** mm			
	Breite b	Tiefe t teilversenkt	Tiefe t vollversenkt	Höhe h[b]
1	325	140	225	975, 1 125, 1 275 oder 1 425
2	575	140	225	
3	825	140	225	
4	1 075	140	225	
5	1 325	140	225	

[a] Die Anzahl der Zähler, die auf einen Zählerplatz montiert werden können, sind mit dem Elektroplaner abzustimmen.

[b] In Abhängigkeit von der Bestückung des Zählerschrankes.

Literaturhinweise

DIN 18015-1, *Elektrische Anlagen in Wohngebäuden — Teil 1: Planungsgrundlagen*

September 2007

DIN 18014

ICS 29.120.50; 91.140.50

Ersatz für
DIN 18014:1994-02

Fundamenterder – Allgemeine Planungsgrundlagen

Foundation earth electrode –
General planning criteria

Prise de terre de fondation –
Bases générales de la planification

Gesamtumfang 23 Seiten

Normenausschuss Bauwesen (NABau) im DIN

Inhalt

Vorwort

Diese Norm wurde vom NA 005-09-85 AA „Elektrische Anlagen im Bauwesen“ des Normenausschusses Bauwesen (NABau) erstellt.

Erdung und Potentialausgleich bilden, wenn diese Systeme umfassend leitend verbunden sind, ein wichtiges Schutzsystem, um Fehler zwischen elektrischen und anderen mechanischen leitfähigen Einrichtungen (z. B. Gas-, Wasser-, Zentralheizungssystemen, elektronischen und informationstechnischen Anlagen) zu vermeiden oder deren Auswirkungen zu reduzieren.

Ein Potentialausgleich zum Zwecke der Sicherheit (Schutzpotentialausgleich) ist für jedes Gebäude erforderlich, ein Funktionspotentialausgleich (Potentialausgleich aus betrieblichen Gründen, aber nicht zum Zweck der Sicherheit) kann zusätzlich erforderlich sein, z. B. aus Gründen der elektromagnetischen Verträglichkeit (EMV) oder für den Gebäudeblitzschutz.

Änderungen

Gegenüber DIN 18014:1994-02 wurden folgende Änderungen vorgenommen:

a) der Text wurde an zwischenzeitlich geänderte Normen angepasst und redaktionell überarbeitet;

b) die Ausführungen zu geschlossenen Wannen und zur Perimeterdämmung wurden an den Stand der Technik angepasst.

Frühere Ausgaben

DIN 18014: 1994-02

1 Anwendungsbereich

Diese Norm gilt für die Anordnung und den Einbau von Fundamenterdern/Ringerdern im Zuge der Errichtung eines Gebäudes.

2 Normative Verweisungen

Die folgenden zitierten Dokumente sind für die Anwendung dieses Dokuments erforderlich. Bei datierten Verweisungen gilt nur die in Bezug genommene Ausgabe. Bei undatierten Verweisungen gilt die letzte Ausgabe des in Bezug genommenen Dokuments (einschließlich aller Änderungen).

DIN 1910-11, *Schweißen — Werkstoffbedingte Begriffe für Metallschweißen*

DIN 18195-6, *Bauwerksabdichtungen — Teil 6: Abdichtungen gegen von außen drückendes Wasser und aufstauendes Sickerwasser — Bemessung und Ausführung*

DIN 18195-9, *Bauwerksabdichtungen — Teil 9: Durchdringungen, Übergänge, An- und Abschlüsse*

DIN EN 50164-1 (VDE 0185-201), *Blitzschutzbauteile — Teil 1: Anforderungen für Verbindungsbauteile*

DIN EN 50164-2 (VDE 0185-202), *Blitzschutzbauteile — Teil 2: Anforderungen an Leitungen und Erder*

DIN EN 50310 (VDE 0800 Teil 2-310), *Anwendung von Maßnahmen für Erdung und Potentialausgleich in Gebäuden mit Einrichtungen der Informationstechnik*

DIN ISO 857-1, *Schweißen und verwandte Prozesse — Begriffe — Teil 1: Metallschweißprozesse*

DIN VDE 0100-200 (VDE 0100-200), *Errichten von Niederspannungsanlagen — Teil 200: Begriffe*

DIN VDE 0100-540 (VDE 0100-540), *Errichten von Niederspannungsanlagen — Teil 5-54: Auswahl und Errichtung elektrischer Betriebsmittel – Erdungsanlagen, Schutzleiter und Schutzpotentialausgleichsleiter*

DIN VDE 0101 (VDE 0101), *Starkstromanlagen mit Nennwechselspannung über 1 kV*

DIN VDE 0151 (VDE 0151), *Werkstoffe und Mindestmaße von Erdern bezüglich der Korrosion*

DIN EN 62305-3 (VDE 0185-305-3), *Blitzschutz — Teil 3: Schutz von baulichen Anlagen und Personen*

DIN VDE 0618-1 (VDE 0618-1), *Betriebsmittel für den Potentialausgleich — Potentialausgleichsschiene (PAS) für den Hauptpotentialausgleich*

3 Begriffe

Für die Anwendung dieses Dokuments gelten die Begriffe nach DIN VDE 0100-200 (VDE 0100-200) und die folgenden Begriffe.

3.1
Erde
Teil der Erde, der sich in elektrischem Kontakt mit einem Erder befindet und dessen elektrisches Potential nicht notwendigerweise null ist

ANMERKUNG Der elektrisch leitfähig angesehene Teil der Erde, der außerhalb des Einflussbereichs von Erdungsanlagen liegt und dessen elektrisches Potential vereinbarungsgemäß gleich null gesetzt wird, wird als Bezugserde bezeichnet.

3.2
Erder
leitfähiges Teil, das in das Erdreich oder in ein anderes bestimmtes leitfähiges Medium, zum Beispiel Beton, das in elektrischem Kontakt mit der Erde steht, eingebettet ist

3.3
Fundamenterder
leitfähiges Teil, das im Beton eines Gebäudefundamentes, im Allgemeinen als geschlossener Ring, eingebettet ist

ANMERKUNG 1 Als Fundamenterder wird in dieser Norm der in das Fundament eingebettete Erder bezeichnet. Liegt der Erder z. B. wegen eines isolierten Fundamentes außerhalb der Fundamente, wird er in dieser Norm als Ringerder bezeichnet.

ANMERKUNG 2 Die erdfühlige Oberfläche des Betonkörpers wirkt als Erder.

ANMERKUNG 3 Durch das Einbetten in Beton ist eine lange Lebensdauer des Werkstoffes zu erwarten.

3.4
Ringerder
leitfähiges Teil, das als geschlossener Ring erdfühlig in das Erdreich bzw. in die Sauberkeitsschicht eingebettet ist

3.5
Erdungsanlage
Gesamtheit der zum Erden eines Netzes, einer Anlage oder eines Betriebsmittels verwendeten elektrischen Verbindungen und Einrichtungen (z. B. Mastfüße, Bewehrungen, Kabelmetallmäntel) und Erdungsleiter

3.6
Erdungsleiter
Leiter, der einen Strompfad oder einen Teil des Strompfads zwischen einem gegebenen Punkt eines Netzes, einer Anlage oder eines Betriebsmittels und einem Erder oder einem Erdernetz herstellt (z. B. Verbindungsleitung zwischen der Potentialausgleichsschiene und der Erdungsanlage)

3.7
Anschlussteil
ein elektrisch leitendes Teil des Fundamenterders/Ringerders, das es ermöglicht, diesen mit anderen leitfähigen Teilen zu verbinden z. B.

- der Potentialausgleichsschiene (Haupterdungsschiene) für den Schutzpotentialausgleich,
- der Ableitung eines Blitzschutzsystems,
- sonstigen Konstruktionsteilen aus Metall,
- zusätzlichen Potentialausgleichsschienen.

3.8
Anschlussfahne
Verbindungsleiter zwischen dem Fundamenterder und anderen leitfähigen Teilen außerhalb des Fundamentes

3.9
Anschlussplatte (z. B. Erdungsfestpunkt)
ein in Beton eingebettetes, elektrisch leitendes Bauelement, das wie eine Anschlussfahne genutzt wird

3.10
Potentialausgleich
Herstellen elektrischer Verbindungen zwischen leitfähigen Teilen, um Potentialgleichheit zu erzielen

3.11
Schutzpotentialausgleichsleiter
Schutzleiter zur Herstellung des Schutzpotentialausgleichs

3.12
Haupterdungsschiene/Potentialausgleichsschiene (PAS)
Anschlusspunkt, Klemme oder Schiene, die Teil der Erdungsanlage ist und die elektrische Verbindung von mehreren Leitern zu Erdungszwecken ermöglicht

3.13
geschlossene Wanne
das Bauwerk im erdberührten Bereich allseitig umschließende Abdichtung mit Bitumen oder Kunststoff (auch schwarze Wanne genannt) oder eine Konstruktion aus wasserundurchlässigem Beton (auch weiße Wanne genannt) sowie Kombinationsabdichtungen (z. B. Bodenplatte aus wasserundurchlässigem Beton in Kombination mit Abdichtungen auf den Kellerwänden)

3.14
Perimeterdämmung
Wärmedämmung, die den erdberührten Bereich des Bauwerkes von außen umschließt

3.15
Bewegungsfuge
Fuge zwischen zwei Bauteilen, die Dehnungen, Setzungen und dergleichen ermöglicht, so dass keine schädlichen mechanischen Spannungen an den Bauteilen auftreten können

4 Funktion des Fundamenterders

Ein Fundamenterder kann die Wirksamkeit des Schutzpotentialausgleichs verbessern. Er ist darüber hinaus geeignet zum Zweck der Schutzerdung und der Funktionserdung (z. B. für Blitzschutzsysteme), wenn die in den jeweiligen DIN-VDE-Normen, z. B. DIN VDE 0100-540 (VDE 0100- 540), enthaltenen Voraussetzungen erfüllt werden.

Er ist Bestandteil der elektrischen Anlage hinter der Haus-Anschlusseinrichtung (Hausanschlusskasten bzw. einer gleichwertigen Einrichtung).

ANMERKUNG Für natürliche Erder gilt DIN EN 62305-3 (VDE 0185-305-3).

5 Ausführung

5.1 Allgemeines

Der Fundamenterder/Ringerder ist als geschlossener Ring auszuführen. Der Fundamenterder ist in den Fundamenten der Außenwände des Gebäudes oder in der Fundamentplatte entsprechend anzuordnen (siehe Bilder 1 und 2). Der Ringerder ist außerhalb der Fundamente erdfühlig zu installieren. Bei größeren Gebäuden sollte der Fundamenterder/Ringerder durch Querverbindungen aufgeteilt werden. Die Maschenweite darf nicht größer als 20 m × 20 m sein (siehe Bild 3). Wird der Fundamenterder/Ringerder gleichzeitig für das Blitzschutzsystem verwendet, sind gegebenenfalls auch geringere Maschenweiten gefordert.

Für Gebäude mit besonderen Anforderungen, z. B. Gebäude mit umfangreichen informationstechnischen Anlagen, sind weitere Maßnahmen, z. B. nach DIN EN 50310 (VDE 0800-2-310) zu berücksichtigen.

Für Starkstromanlagen mit Nennspannungen über 1 kV ist zudem DIN VDE 0101 (VDE 0101) zu beachten.

Bei Bauwerken mit Einzelfundamenten für Bauwerksstützen sind diese Fundamente mit einem Fundamenterder, dessen Länge im Fundament mindestens 2,5 m betragen muss, zu versehen. Die Verbindung der Fundamenterder dieser Einzelfundamente zu einem geschlossenen Ring muss im untersten Geschoss erfolgen.

Bei Fundamentabständen ≥ 5,0 m ist jedes Einzelfundament, bei Fundamentabständen < 5,0 m jedes 2. Einzelfundament mit einem Fundamenterder auszurüsten.

Der Fundamenterder ist so anzuordnen, dass er allseitig mit mindestens 5 cm Beton umschlossen ist. Bei Verwendung von Bandstahl, z. B. in Streifenfundamenten, ist dieser vorzugsweise hochkant anzuordnen.

Der Fundamenterder darf nicht über Bewegungsfugen geführt werden. Bei betonierten Wänden ist er an diesen Stellen durch Anschlussteile in der senkrechten Wand herauszuführen. Sind die Wände gemauert, sind Anschlussfahnen aus der Wand herauszuführen. Die Anschlussteile sind mit flexiblen Überbrückungsbändern oder Erdungsleitern aus Kupfer oder Aluminium mit einem Querschnitt von mind. 50 mm^2 zu verbinden. Die Verbindungsstellen müssen jederzeit kontrollierbar sein (siehe Bild 4).

ANMERKUNG 1 Bei Bauwerksabdichtungen, die eine geschlossene Wanne bilden und bei Perimeterdämmung ist die Erdfühligkeit des Erders beeinträchtigt. Ausführungen siehe Abschnitt 6.

ANMERKUNG 2 Bezüglich des Korrosionsschutzes von Erdern ist DIN VDE 0151 (VDE 0151) zu beachten.

5.2 Werkstoffe

5.2.1 Werkstoffe für Fundamenterder

Für Fundamenterder ist

— Rundstahl mit mindestens 10 mm Durchmesser oder

— Bandstahl mit den Maßen von mindestens 30 mm × 3,5 mm

zu verwenden.

Der Stahl darf sowohl verzinkt als auch unverzinkt sein. Bei Gebäuden mit integrierten Transformatorenstationen sind besondere Bedingungen nach DIN VDE 0101 (VDE 0101) zu beachten.

Bei der Verwendung des Fundamenterders als Teil des Blitzschutzsystems sind Werkstoffe nach DIN EN 50164-2 (VDE 0185 Teil 202) zu berücksichtigen.

5.2.2 Werkstoffe für Anschlussteile an Fundamenterder

Alle Anschlussfahnen und Anschlussplatten sind aus dauerhaft korrosionsgeschützten Materialien auszuführen.

Anschlussfahnen sind aus

— Rundstahl mit mindestens 10 mm Durchmesser oder

— Bandstahl mit den Maßen von mindestens 30 mm × 3,5 mm

herzustellen.

Es sind feuerverzinkte Stähle mit zusätzlicher Kunststoffummantelung oder nichtrostende Edelstähle, Werkstoffnummer 1.4571 oder mindestens gleichwertig zu verwenden (siehe Bild 5).

Anschlussplatten können z. B. Erdungsfestpunkte mit Metallteilen aus Edelstahl und Innengewinde (mindestens M10 × 1,5) sein (siehe Bild 6).

5.2.3 Werkstoffe für Ringerder

Für Ringerder ist

— massives Rundmaterial mit mindestens 10 mm Durchmesser oder

— massives Bandmaterial mit den Maßen von mindestens 30 mm × 3,5 mm

zu verwenden.

Das Material muss korrosionsfest sein z. B. aus nichtrostendem Edelstahl, Werkstoffnummer 1.4571 oder mindestens gleichwertig sein. Feuerverzinktes Material ist nicht zulässig.

5.2.4 Werkstoffe für Anschlussteile an Ringerder

Für Ringerder und zugehörige Anschlussteile ist

— massives Rundmaterial mit mindestens 10 mm Durchmesser oder

— massives Bandmaterial mit den Maßen von mindestens 30 mm × 3,5 mm

zu verwenden.

Das Material muss korrosionsfest sein z. B. aus nichtrostendem Edelstahl, Werkstoffnummer 1.4571 oder mindestens gleichwertig sein. Feuerverzinktes Material ist nicht zulässig.

5.3 Verbindung der Teile von Fundamenterdern

Teile eines Fundamenterders sind durch Schweiß-, Schraub oder Klemmverbindung elektrisch leitend und mechanisch fest zu verbinden. Schweißverbindungen sind nach DIN ISO 857-1 und DIN 1910-11 herzustellen. Schweißverbindungen mit Bewehrungsstäben sind nur mit Zustimmung des Bauingenieurs zulässig. Die Bewehrungsstäbe sollten über eine Länge von mindestens 30 mm zusammengeschweißt werden.

Wird der Fundamenterder als Teil des Blitzschutzsystems verwendet, sind Verbindungsteile nach DIN-EN 50164-1 zu verwenden.

Wird der Beton maschinell verdichtet (z. B. mittels Rüttler), dürfen als Klemmverbindung keine Keilverbinder verwendet werden.

5.4 Ausführung der Anschlussteile

Die Anschlussteile für den Anschluss an die Potentialausgleichsschiene (Haupterdungsschiene) nach DIN VDE 0618-1 (VDE 0618-1) zum Schutzpotentialausgleich ist in der Nähe des elektrischen Hausanschlusses anzuordnen. Weitere Anschlussteile sind an erforderlichen Stellen, z. B. in Technikräumen, Aufzugsschächten, vorzusehen.

Anschlussfahnen sollten von der Eintrittsstelle in den Raum eine Länge von mindestens 1,5 m haben. Die Anschlussfahnen sind während der Bauphase auffällig zu kennzeichnen.

Anschlussteile sind im Grundrissplan einzutragen und zu vermaßen.

Soll der Fundamenterder als Teil des Blitzschutzsystems verwendet werden, so sind zusätzliche Anschlussteile zum Anschluss der Ableitungen nach außen zu führen. Für die Anzahl und die Ausführung dieser Anschlussteile gilt DIN EN 62305-3 (VDE 0185-305-3).

5.5 Anordnung in unbewehrtem Fundament

Die Anordnung des Fundamenterders in unbewehrtem Fundament erfolgt nach Bild 7. Zur Lagefixierung vor und während des Betonierens sind Abstandhalter (siehe Bild 8) zu verwenden. Bei Verwendung von Bandstahl ist dieser vorzugsweise hochkant anzuordnen (siehe 5.1).

5.6 Anordnung in bewehrtem Fundament

Die Anordnung des Fundamenterders in bewehrtem Fundament erfolgt nach Bild 9. Der Fundamenterder ist mit der Bewehrung in Abständen von 2 m dauerhaft elektrisch leitend zu verbinden. Als Verbindungen sind Schweiß- oder Klemmverbindungen anzuwenden. Er ist vorzugsweise hochkant zu montieren. Bei waagerechter Montage ist besonders darauf zu achten, dass er allseits von Beton umschlossen wird.

5.7 Durchgängigkeit der Verbindungen

Es ist sicherzustellen, dass alle Anschlussteile untereinander und an Fundament- oder Ringerder einen niederohmigen Durchgang haben (Richtwert kleiner 1 Ω).

6 Ausführungen bei Bauwerksabdichtungen, die eine geschlossene Wanne bilden und bei Perimeterdämmung

6.1 Geschlossene Wanne (schwarze, weiße Wanne oder Kombinationsabdichtungen)

Bei Gebäuden mit geschlossenen Wannen ist ein Ringerder außerhalb der Wanne zu montieren (siehe Bilder 10 und 11). Zur Einhaltung der geforderten Maschenweiten können Verbindungen unterhalb der Wanne notwendig werden. Die Anschlussfahnen sind entweder an der Außenfläche oder innerhalb der Abdichtungsrücklage in Beton eingebettet hochzuführen und oberhalb des höchsten Grundwasserstandes in das Gebäude einzuführen.

Der Ringerder muss die gleiche Maschenweite wie ein Fundamenterder haben. Für den Potentialausgleich bei Blitzschutzanlagen und für EMV-Zwecke ist im Fundament ein Rund- oder Bandstahl zu verlegen, der mit der Bewehrung und der Potentialausgleichsschiene zu verbinden ist. Im Fall eines Blitzeinschlags dürfen keine Überschläge vom Fundament durch die Isolierung zur Erdungsanlage stattfinden. Dies wird nach DIN EN 62305-3 (VDE 0185-305-3) durch eine maximale Maschenweite von 10 m × 10 m erreicht.

Anschlussteile dürfen auch durch die Abdichtung hindurch in das Gebäude eingeführt werden, wenn dabei DIN 18195-9 berücksichtigt wird.

Der Ringerder sowie die Anschlussfahnen sind aus korrosionsfestem Material, z. B. aus nichtrostendem Edelstahl, Werkstoffnummer 1.4571 oder mindestens gleichwertig, herzustellen.

6.2 Perimeterdämmung

Wird die Perimeterdämmung nur an den Umfassungswänden verwendet, ist eine bestimmte Erdfühligkeit für den Fundamenterder noch gegeben. Der Fundamenterder kann wie unter Abschnitt 5 ausgeführt werden (siehe Bilder 12 und 13).

Bei einer Perimeterdämmung sowohl an den Umfassungswänden als auch unter der Bodenplatte ist die Erdfühligkeit nicht mehr gegeben. Deshalb ist der Fundamenterder wie unter 6.1 beschrieben, zu errichten (siehe Bild 14).

7 Dokumentation

Es ist eine Dokumentation anzufertigen; hierfür ist das Ergebnis der Durchgangsmessung sowie Pläne und/oder Fotografien vorzulegen. Ein Beispiel für die Dokumentation der Erdungsanlage ist im Anhang A (informativ) enthalten.

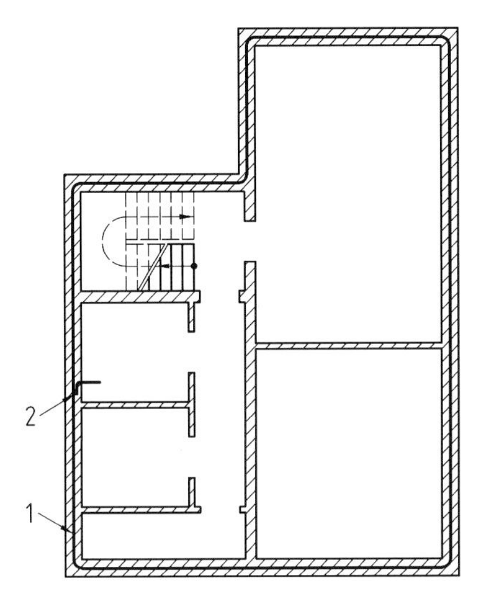

Legende

1 Fundamenterder

2 Anschlussteil

Bild 1 — Beispiel für die Anordnung des Fundamenterders im freistehenden Gebäude

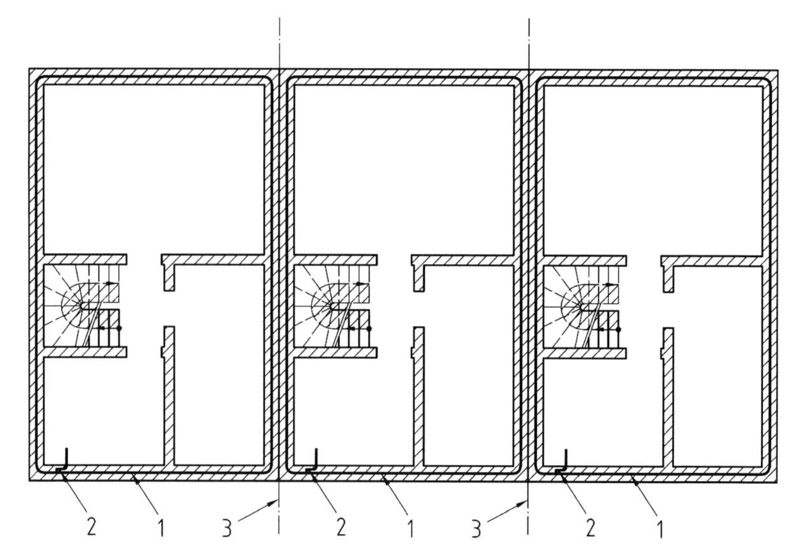

Legende

1 Fundamenterder

2 Anschlussteil

3 Grundstücksgrenze

Bild 2 — Beispiel für die Anordnung des Fundamenterders in Reihenhäusern

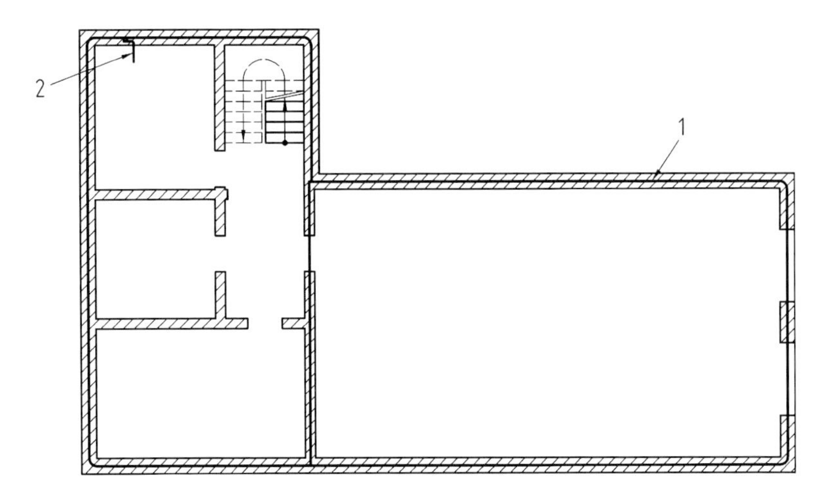

Legende

1 Fundamenterder (Maschenweite max. 20 m × 20 m)

2 Anschlussteil

Bild 3 — Beispiel für die Anordnung des Fundamenterders in einem Gewerbebau

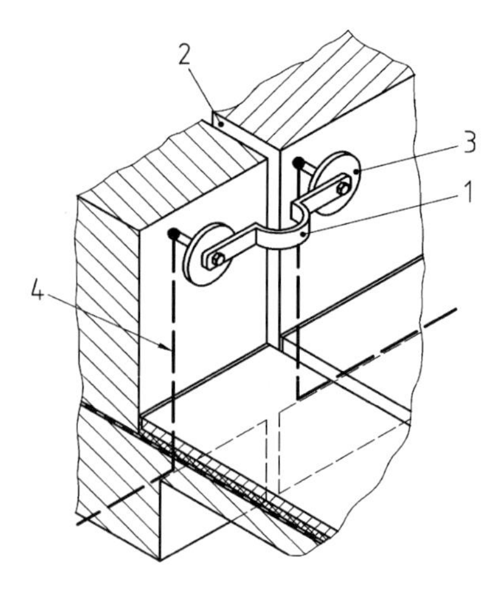

Legende

1 Dehnungsband 50 mm^2 Cu/Al

2 Bewegungsfuge

3 Anschlussplatte/Erdungsfestpunkt

4 Rundstahl 10 mm oder Bandstahl 30 mm × 3,5 mm

Bild 4 — Beispiel für die Überbrückung von Bewegungsfugen mit Anschlussplatten (Erdungsfestpunkten) und flexiblen Erdungsleitungen im Inneren von Bauwerken

Maße in Zentimeter

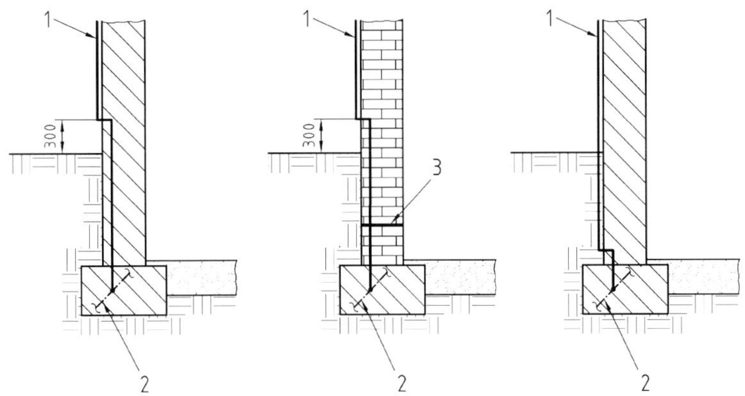

Legende

1 Anschlussfahne
2 Fundamenterder
3 horizontale Feuchtigkeitssperre

Bild 5 — Beispiele für die Anordnung einer nach außen geführten Anschlussfahne

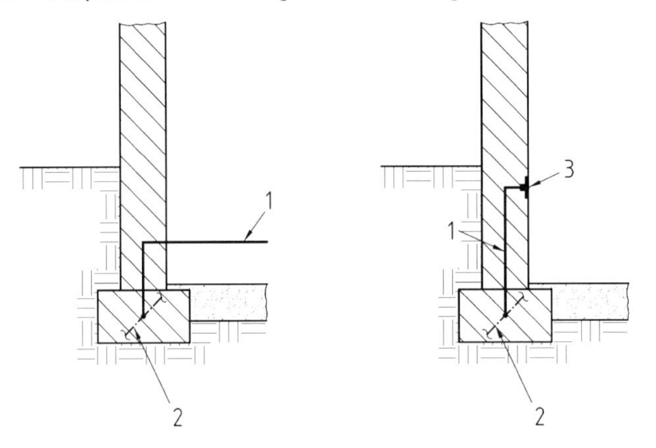

Legende

1 Anschlussfahne
2 Fundamenterder
3 Anschlussplatte (Erdungsfestpunkt)

Bild 6 — Beispiele für Anschlussteile (Anschlussfahnen oder Erdungsfestpunkte) nach innen

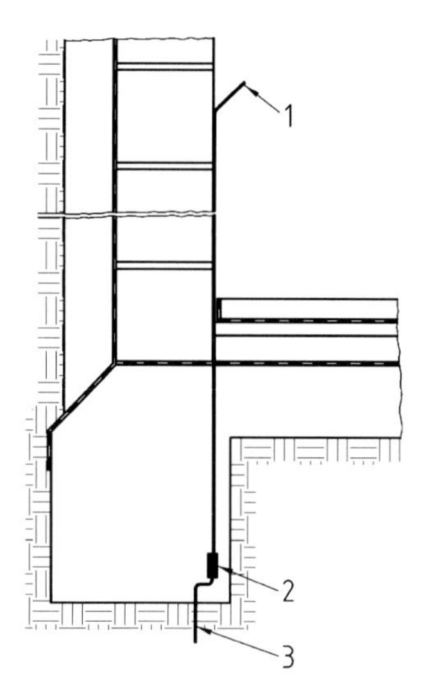

Legende

1 Anschlussfahne
2 Fundamenterder, mind. 5 cm Betonüberdeckung
3 Abstandhalter

Bild 7 — Beispiel für die Anordnung des Fundamenterders in unbewehrtem Fundament

Maße in Millimeter

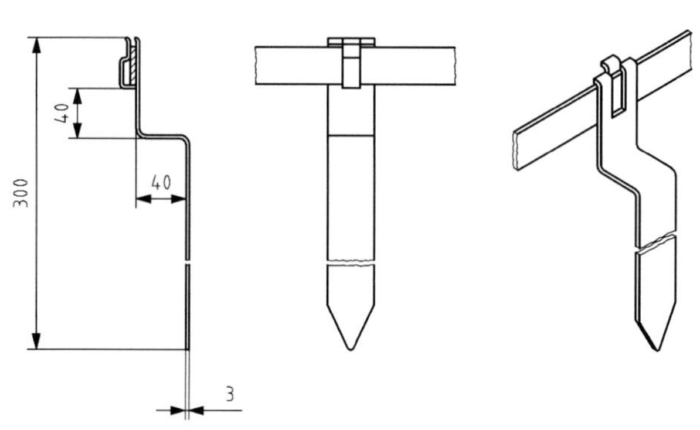

Bild 8 — Beispiel eines Abstandhalters für Fundamenterder

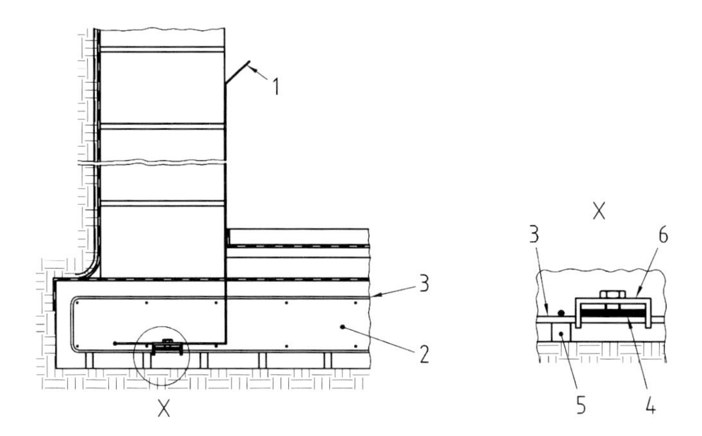

Legende

1 Anschlussfahne
2 Fundamentplatte
3 Bewehrungsstahl
4 Fundamenterder im Abstand von 2 m mit der Bewehrung verklemmen oder verschweißen
5 Abstandhalter für den Bewehrungsstahl
6 Anschlussklemme

Bild 9 — Beispiel für die Anordnung des Fundamenterders in bewehrtem Fundament

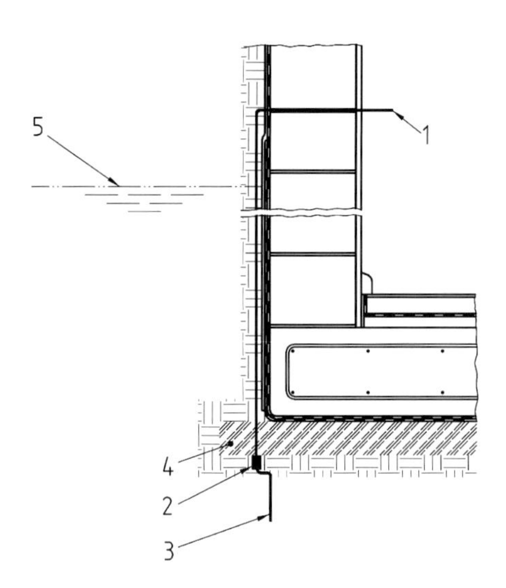

Legende

1 Anschlussfahne
2 Anschluss an Ringerder
3 Abstandhalter
4 Sauberkeitsschicht
5 höchster Grundwasserstand

Bild 10 — Beispiel für die Anordnung des Ringerders bei Wannenabdichtungen (schwarze Wanne)

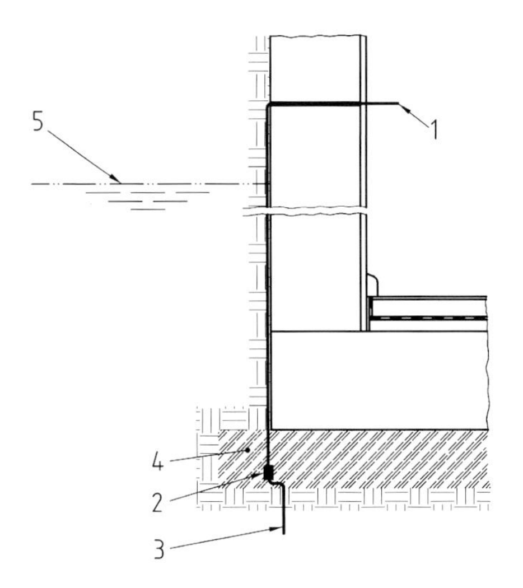

Legende

1 Anschlussfahne

2 Anschluss an Ringerder

3 Abstandhalter

4 Sauberkeitsschicht

5 höchster Grundwasserstand

Bild 11 — Beispiel für die Anordnung des Ringerders bei Wannenabdichtungen (weiße Wanne)

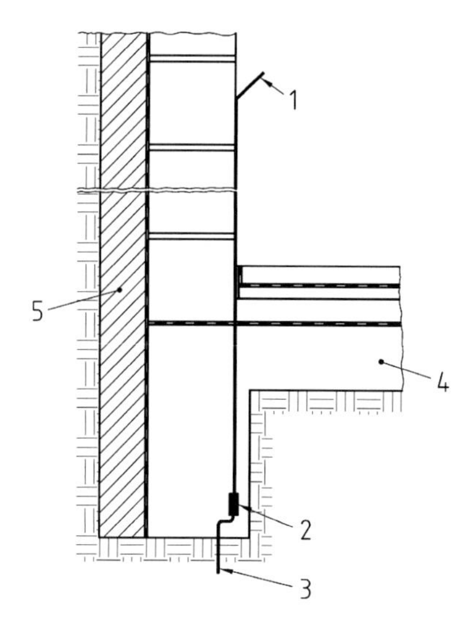

Legende

1 Anschlussfahne
2 Anschluss an Fundamenterder
3 Abstandhalter
4 Bodenplatte
5 Perimeterdämmung

Bild 12 — Beispiel für die Anordnung des Ringerders bei einseitiger Anordnung der Perimeterdämmung

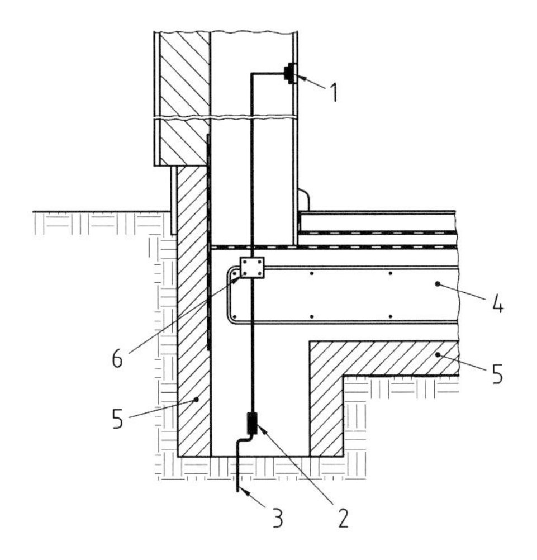

Legende

1 Anschlussplatte
2 Anschluss an Fundamenterder
3 Abstandhalter
4 Bodenplatte
5 Perimeterdämmung
6 Anschluss an Bewehrung

Bild 13 — Beispiel für die Anordnung des Ringerders bei beidseitiger Anordnung der Perimeterdämmung

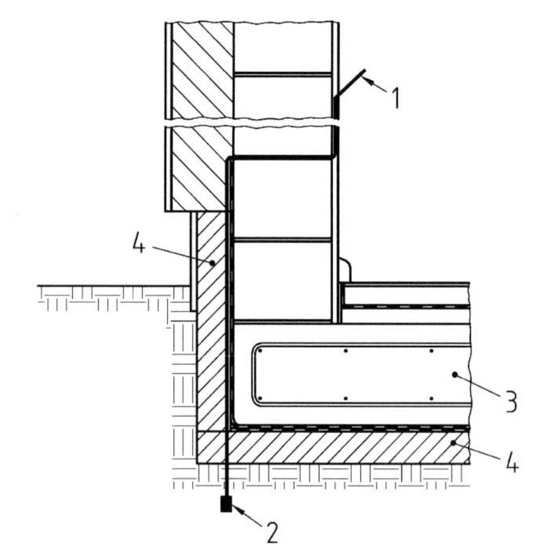

Legende

1 Anschlussfahne
2 Anschluss an Ringerder
3 Bodenplatte
4 Perimeterdämmung

Bild 14 — Beispiel für die Anordnung des Ringerders bei Anordnung der Perimeterdämmung seitlich und unterhalb der Fundamentplatte

Anhang A
(informativ)

Formblatt für die Dokumentation der Erdungsanlage

Dem Anwender dieses Formblattes ist dessen Vervielfältigung gestattet.

Dokumentation der Erdungsanlage nach DIN 18014 (Seite 1)

<table>
<tr><td>Bericht-Nr.:</td><td colspan="2">Datum:</td><td colspan="2">Verfasser:</td></tr>
<tr><td rowspan="5">Angaben zum Gebäude</td><td colspan="4">Straße:</td></tr>
<tr><td colspan="4">PLZ, Ort:</td></tr>
<tr><td colspan="4">Nutzung:</td></tr>
<tr><td colspan="4">Bauart:</td></tr>
<tr><td colspan="4">Art des Fundamentes:</td></tr>
<tr><td rowspan="3">Angaben zum Planer der Erdungsanlage</td><td colspan="4">Name:</td></tr>
<tr><td colspan="4">Straße:</td></tr>
<tr><td colspan="4">PLZ, Ort:</td></tr>
<tr><td rowspan="4">Angaben zum Errichter der Erdungsanlage</td><td>❐ Elektro-Fachbetrieb</td><td colspan="2">❐ Blitzschutz-Fachbetrieb</td><td>❐ Bauunternehmen</td></tr>
<tr><td colspan="4">Firma, Name:</td></tr>
<tr><td colspan="4">Straße:</td></tr>
<tr><td colspan="4">PLZ, Ort:</td></tr>
<tr><td rowspan="2">Verwendung der Erdungsanlage</td><td colspan="4">❐ Schutzerdung für elektrische Sicherheit</td></tr>
<tr><td colspan="4">❐ Funktionserdung für</td></tr>
<tr><td rowspan="4">Angaben zur Ausführung der Erdungsanlage</td><td colspan="2">❐ Fundamenterder
❐ Ringerder</td><td colspan="2">❐ Stahl blank ❐ Stahl verzinkt
❐ Edelstahl, Werkstoff-Nr.:
❐</td></tr>
<tr><td colspan="4">❐ Rundmaterial ❐ Bandmaterial ❐</td></tr>
<tr><td colspan="2">Anschlussteile innen</td><td colspan="2">❐ Stahl verzinkt mit Kunststoffummantelung
❐ Edelstahl, Werkstoff-Nr.:
❐ Erdungsfestpunkt:
❐</td></tr>
<tr><td colspan="2">Anschlussteile außen</td><td colspan="2">❐ Stahl verzinkt mit Kunststoffummantelung
❐ Edelstahl, Werkstoff-Nr.:
❐ Erdungsfestpunkt
❐</td></tr>
</table>

Dokumentation der Erdungsanlage nach DIN 18014 (Seite 2)

Bericht Nr.:	**Datum:**	**Verfasser:**		
Zweck der Dokumentation	❒ Abnahme/Übergabe	❒		
Ergebnisse	Die Anlage stimmt mit den vorliegenden Plänen überein		❒ ja	❒ nein
	Die Durchgangsmessung aller inneren und äußeren Anschlussteile ergab Werte kleiner 1 Ohm (nach 5.7)		❒ ja	❒ nein
	Bemerkungen:			
Beschreibung, Zeichnungen, Bilder für die Erdungsanlage	❒ Zeichnung Nr.:	❒		
	❒ Bild Nr.:	❒		
Die Dokumentation besteht aus … Blättern und nebenstehenden Anlagen, z. B. Zeichnungen, Fotos. (bei umfangreichen Anlagen mit verschiedenen Materialien können mehrere dieser Dokumentationen ausgefüllt werden)				

Ort	**Datum**	**Unterschrift**

September 2007

DIN 18015-1

ICS 91.140.50

Ersatz für
DIN 18015-1:2002-09

Elektrische Anlagen in Wohngebäuden – Teil 1: Planungsgrundlagen

Electrical installations in residential buildings –
Part 1: Planning principles

Installations électriques dans des immeubles d'habitation –
Partie 1: Bases de planification

Gesamtumfang 21 Seiten

Normenausschuss Bauwesen (NABau) im DIN

Inhalt

Seite

Bilder

Vorwort

Diese Norm wurde vom NABau-Arbeitsausschuss NA 005-09-85 AA „Elektrische Anlagen im Bauwesen" erarbeitet.

DIN 18015, *Elektrische Anlagen in Wohngebäuden*, besteht aus:

— *Teil 1: Planungsgrundlagen*

— *Teil 2: Art und Umfang der Mindestausstattung*

— *Teil 3: Leitungsführung und Anordnung der Betriebsmittel*

Änderungen

Gegenüber DIN 18015-1:2002-09 wurden folgende Änderungen vorgenommen:

a) Anforderungen an die Leitungsanordnung an und in Decken sind entfallen, sie wurden in erweiterter und differenzierter Form in DIN 18015-3 aufgenommen;

b) die in der Norm verwendeten Begriffe wurden im Abschnitt 3 aktualisiert und ergänzt;

c) neu aufgenommen wurden Anforderungen zur Aufteilung von Stromkreisen und zur Koordination von Schutzeinrichtungen;

d) für Kommunikationsanlagen (Telekommunikation und Hauskommunikation) sind die Anforderungen und Begriffe aktualisiert und ergänzt worden;

e) die Hinweise auf den Blitz- und Überspannungsschutz wurden der aktuellen Normenentwicklung angepasst und in einem Abschnitt zusammengefasst.

Frühere Ausgaben

DIN 18015-1: 1955x-05, 1965-08, 1980-04, 1984-11, 1992-03, 2002-09

1 Anwendungsbereich

Diese Norm gilt für die Planung von elektrischen Anlagen in Wohngebäuden sowie mit diesen im Zusammenhang stehenden elektrischen Anlagen außerhalb der Gebäude.

Für Gebäude mit vergleichbaren Anforderungen an die elektrische Ausrüstung ist sie sinngemäß anzuwenden.

2 Normative Verweisungen

Die folgenden zitierten Dokumente sind für die Anwendung dieses Dokuments erforderlich. Bei datierten Verweisungen gilt nur die in Bezug genommene Ausgabe. Bei undatierten Verweisungen gilt die letzte Ausgabe des in Bezug genommenen Dokuments (einschließlich aller Änderungen).

DIN 1053-1, *Mauerwerk — Teil 1: Berechnung und Ausführung*

DIN 18012, *Haus-Anschlusseinrichtungen in Gebäuden — Raum- und Flächenbedarf — Planungsgrundlagen*

DIN 18013, *Nischen für Zählerplätze (Elektrizitätszähler)*

DIN 18014, *Fundamenterder*

DIN 18015-2, *Elektrische Anlagen in Wohngebäuden — Art und Umfang der Mindestausstattung*

DIN 18015-3, *Elektrische Anlagen in Wohngebäuden — Leitungsführung und Anordnung der Betriebsmittel*

DIN 43870-1, *Zählerplätze — Maße auf Basis eines Rastersystems*

DIN 43871, *Installationskleinverteiler für Einbaugeräte bis 63 A*

DIN EN 50083 (VDE 0855) (alle Teile), *Kabelnetze für Fernsehsignale, Tonsignale und interaktive Dienste*

DIN EN 50083-1 (VDE 0855-1), *Kabelverteilsysteme für Ton- und Fernsehrundfunk-Signale — Teil 1: Sicherheitsanforderungen*

DIN EN 50174-2 (VDE 0800-174-2), *Informationstechnik — Installation von Kommunikationsverkabelung, Teil 2: Installationsplanung und -praktiken in Gebäuden*

DIN EN 60617 (alle Teile), *Graphische Symbole für Schaltpläne*

DIN EN 61082-4, *Dokumente der Elektrotechnik — Teil 4: Ortsbezogene und Installationsdokumente*

DIN EN 61643-11 (VDE 0675-6-11), *Überspannungsschutzgeräte für Niederspannung — Teil 11: Überspannungsschutzgeräte für den Einsatz in Niederspannungsanlagen — Anforderungen und Prüfungen*

DIN EN 61643-21 (VDE 0845-3-1), *Überspannungsschutzgeräte für Niederspannung — Teil 21: Überspannungsschutzgeräte für den Einsatz in Telekommunikations- und signalverarbeitenden Netzwerken — Leistungsanforderungen und Prüfverfahren*

DIN EN 62305-2 (VDE 0185-305-2), *Blitzschutz — Teil 2: Risiko-Management*

DIN EN 62305-3 (VDE 0185-305-3), *Blitzschutz — Teil 3: Schutz von baulichen Anlagen und Personen*

DIN EN 62305-4 (VDE 0185-305-4), *Blitzschutz — Teil 4: Elektrische und elektronische Systeme in baulichen Anlagen*

DIN VDE 0100-200 (VDE 0100-200), *Elektrische Anlagen von Gebäuden — Teil 200: Begriffe*

DIN VDE 0100-410 (VDE 0100-410), *Errichten von Niederspannungsanlagen — Teil 4-41: Schutzmaßnahmen — Schutz gegen elektrischen Schlag (IEC 60364-4-41:2005, modifiziert)*

DIN VDE 0100-430 (VDE 0100-430), *Errichten von Starkstromanlagen mit Nennspannungen bis 1 000 V — Schutzmaßnahmen; Schutz von Kabeln und Leitungen bei Überstrom*

DIN VDE 0100-520 (VDE 0100-520), *Errichten von Niederspannungsanlagen — Teil 5: Auswahl und Errichtung elektrischer Betriebsmittel — Kapitel 52: Kabel- und Leitungsanlagen*

DIN VDE 0100-530 (VDE 0100-530), *Errichten von Niederspannungsanlagen — Teil 530: Auswahl und Errichtung elektrischer Betriebsmittel — Schalt- und Steuergeräte*

DIN V VDE V 0100-534 (VDE V 0100-534), *Elektrische Anlagen von Gebäuden — Teil 534: Auswahl und Errichtung von Betriebsmitteln — Überspannungs-Schutzeinrichtungen*

DIN VDE 0100-540 (VDE 0100-540), *Errichten von Niederspannungsanlagen — Teil 5-54: Auswahl und Errichtung elektrischer Betriebsmittel — Erdungsanlagen, Schutzleiter und Schutzpotentialausgleichsleiter*

DIN VDE 0100-701 (VDE 0100-701), *Errichten von Niederspannungsanlagen — Anforderungen für Betriebsstätten, Räume und Anlagen besonderer Art — Teil 701: Räume mit Badewanne oder Dusche*

DIN VDE 0100-702 (VDE 0100-702), *Errichten von Niederspannungsanlagen — Anforderungen für Betriebsstätten, Räume und Anlagen besonderer Art — Teil 702: Becken von Schwimmbädern und andere Becken*

DIN VDE 0100-714 (VDE 0100-714), *Errichten von Niederspannungsanlagen — Teil 7: Anforderungen für Betriebsstätten, Räume und Anlagen besonderer Art — Hauptabschnitt 714: Beleuchtungsanlagen im Freien*

DIN VDE 0100-737 (VDE 0100-737), *Errichten von Niederspannungsanlagen — Feuchte und nasse Bereiche und Räume und Anlagen im Freien*

DIN VDE 0100-739 (VDE 0100-739), *Errichten von Starkstromanlagen mit Nennspannungen bis 1000 V; Zusätzlicher Schutz bei direktem Berühren in Wohnungen durch Schutzeinrichtungen mit $I_{\Delta n} \leq 30$ mA in TN- und TT-Netzen*

DIN VDE 0298-4 (VDE 0298-4), *Verwendung von Kabeln und isolierten Leitungen für Starkstromanlagen — Teil 4: Empfohlene Werte für die Strombelastbarkeit von Kabeln und Leitungen für feste Verlegung in und an Gebäuden und von flexiblen Leitungen*

DIN VDE 0603-1 (VDE 0603-1), *Installationsverteiler und Zählerplätze AC 400 V — Installationskleinverteiler und Zählerplätze*

DIN VDE 0833-1 (VDE 0833-1), *Gefahrenmeldeanlagen für Brand, Einbruch und Überfall — Allgemeine Festlegungen*

DIN VDE 0833-2 (VDE 0833-2), *Gefahrenmeldeanlagen für Brand, Einbruch und Überfall — Festlegungen für Brandmeldeanlagen (BMA)*

DIN VDE 0833-3 (VDE 0833-3), *Gefahrenmeldeanlagen für Brand, Einbruch und Überfall — Festlegungen für Einbruch- und Überfallmeldeanlagen*

3 Begriffe

Für die Anwendung dieses Dokuments gelten die Begriffe nach DIN VDE 0100-200 (VDE 0100-200) und die folgenden Begriffe.

3.1
elektrische Anlagen in Wohngebäuden
elektrische Anlagen in Wohngebäuden sind:

— Starkstromanlagen mit Nennspannungen bis 1 000 V,

— Telekommunikationsanlagen und Hauskommunikationsanlagen, sowie sonstige Melde- und Informationsverarbeitungsanlagen

— Empfangs- und Verteilanlagen für Radio und Fernsehen sowie für interaktive Dienste mit oder ohne Anschluss an ein allgemein zugängliches Netz eines Netzbetreibers,

— Blitzschutzanlagen

3.2
Starkstromanlage
elektrische Anlage mit Betriebsmitteln zum Erzeugen, Umwandeln, Speichern, Fortleiten, Verteilen und Verbrauchen elektrischer Energie mit dem Zweck des Verrichtens von Arbeit — z. B. in Form von mechanischer Arbeit, zur Wärme- und Lichterzeugung oder bei elektrochemischen Vorgängen

ANMERKUNG Starkstromanlagen können gegen elektrische Anlagen anderer Art nicht immer eindeutig abgegrenzt werden. Die Werte von Spannung, Strom und Leistung sind dabei allein keine ausreichenden Unterscheidungsmerkmale.

3.3
Kundenanlage
elektrische Anlage hinter den Übergabepunkten von vorgelagerten Verteilungsnetzen

3.4
Verteilungsnetz
die Gesamtheit aller Leitungen und Kabel des vorgelagerten Netzes bis zum Übergabepunkt zur Kundenanlage (Verbraucheranlage)

3.5
Anschlusseinrichtung
Übergabestelle der Versorgung z. B. bei der Stromversorgung der Hausanschlusskasten, bei der Telekommunikationsversorgung die Abschlusspunkte (APL) der allgemeinen Netze von Telekommunikationsanlagen und bei Empfangs- und Verteilanlagen für Radio und Fernsehen sowie für interaktive Dienste der Übergabepunkt des Netzbetreibers

3.6
Hauptstromversorgung/Hauptstromversorgungssystem
Hauptleitungen und Betriebsmittel hinter der Übergabestelle (Hausanschlusskasten) des Verteilungsnetzbetreibers (VNB), die nicht gemessene elektrische Energie führen

3.7
Hauptleitung
Verbindungsleitung zwischen der Übergabestelle des Verteilungsnetzbetreibers (VNB) und der Messeinrichtung (Zähleranlage), die nicht gemessene elektrische Energie führt

3.8
Messeinrichtung
Betriebsmittel zum Erfassen des elektrischen Energieverbrauches

3.9
Steuereinrichtung
Betriebsmittel (z. B. Rundsteuerempfänger oder Schaltuhr) zur Laststeuerung und Tarifschaltung

3.10
Stromkreis
Gesamtheit der elektrischen Betriebsmittel einer Anlage, die von demselben Speisepunkt versorgt und durch dieselbe Überstrom-Schutzeinrichtung geschützt wird

3.11
Stromkreisverteiler
Installationskleinverteiler
Verteiler der zugeführten Energie auf mehrere Stromkreise, die zur Aufnahme von Betriebsmitteln zum Schutz bei Überstrom und zum Schutz gegen elektrischen Schlag sowie zum Trennen, Schalten, Messen und Überwachen geeignet sind

3.12
Überstrom-Schutzeinrichtung
Betriebsmittel zum Schutz von Kabeln oder Leitungen bei Überstrom d. h. gegen zu hohe Erwärmung durch betriebliche Überlastung oder bei Kurzschluss, z. B. Leitungsschutzschalter, Schmelzsicherung

3.13
Fehlerstrom-Schutzschalter
Betriebsmittel zum Schutz gegen elektrischen Schlag und zum Brandschutz

3.14
Überspannungs-Schutzeinrichtung
Gerät, das dazu bestimmt ist, transiente Überspannungen zu begrenzen und Stoßströme abzuleiten

ANMERKUNG Hierunter fallen Blitzstrom- und Überspannungsableiter.

3.15
elektromagnetische Verträglichkeit
EMV
Fähigkeit eines elektrischen Betriebsmittels oder Systems, in seinem elektromagnetischen Umfeld befriedigend zu funktionieren, ohne dabei dieses Umfeld unzulässig zu beeinflussen

3.16
Wohnungsübergabepunkt
WÜP
Schnittstelle zwischen dem hausinternen Breitbandkabelnetz und der nachgeschalteten Verteilanlage einer Wohnung

3.17
Abschlusspunkt Liniennetz
APL
Abschlusspunkt des TK-Zugangsnetzes

3.18
Telekommunikationsanschlusseinrichtung
TAE
Anschluss der TK-Endeinrichtungen

3.19
Endleitungsnetz
Teil der Kundenanlage, die am Abschlusspunkt Liniennetz (APL) beginnt und an der Telekommunikationsabschlusseinrichtung (z. B. 1. TAE) endet

3.20
Inhousenetz
Wohnungsverteilnetz, Teil der Kundenanlage, die an der Telekommunikationsabschlusseinrichtung (z. B. 1. TAE) beginnt und an den Telekommunikationsanschlusseinrichtungen (weitere TAE) endet

3.21
Verteilnetz
Netz, über das in der Kundenanlage Signale verteilt werden für:

— Telekommunikations-, Hauskommunikations- sowie sonstige Melde- und Informationsverarbeitungs-anlagen

— Radio, Fernsehen und für interaktive Dienste.

3.22
interaktive Dienste
bidirektionaler Datenaustausch zwischen einem Dienstanbieter und einem Teilnehmer, wie z. B. DSL.

4 Allgemeine Planungshinweise

4.1 Projekt- und Planungsvorbereitung

Im Rahmen der Projekt- und Planungsvorbereitung sind die Anschlussvoraussetzungen für die

— Starkstromanlagen mit dem Verteilungsnetzbetreiber (VNB),

— Telekommunikationsanlagen sowie sonstige Fernmelde- und Informationsverarbeitungsanlagen und Hauskommunikationsanlagen mit dem Netzbetreiber,

— Verteilanlagen für Radio und Fernsehen sowie für interaktive Dienste mit dem Netzbetreiber,

— Notwendigkeit einer Ersatzstromversorgung (Notstromanlage) mit der Bauaufsichtsbehörde

zu klären.

Bei der Planung der elektrischen Anlage ist zu beachten, dass die elektromagnetische Verträglichkeit (EMV) der Systeme untereinander gegeben ist.

ANMERKUNG Bei der Planung der Elektroinstallationsanlage sind die bauordnungsrechtlichen Anforderungen des jeweiligen Bundeslandes zu berücksichtigen. Im Zusammenhang mit den einschlägigen bauordnungsrechtlichen Anforderungen wird auch auf die MLeitungsanlRL, Muster-Richtlinie über brandschutztechnische Anforderungen an Leitungsanlagen (Muster-Leitungsanlagen-Richtlinie – M-LAR) [6] der ARGEBAU (Arbeitsgemeinschaft der für das Bau-, Wohnungs- und Siedlungswesen zuständigen Minister der Länder) in der jeweils gültigen Fassung hingewiesen.

Die Einbringung von Fundamenterdern ist bei der Gebäudeplanung frühzeitig zu berücksichtigen (siehe Abschnitt 8).

Befestigungspunkte für Antennenträger und Einführungen von Antennenleitungen sind insbesondere bei Flachdächern rechtzeitig zu planen.

Elektrische Anlagen in Wohngebäuden sind so zu planen und zu betreiben, dass sie vor Hochwasser geschützt werden.

4.2 Anschlusseinrichtungen

Für die Planung des Raum- und Flächenbedarfs von Anschlusseinrichtungen ist DIN 18012 zu berücksichtigen.

4.3 Schlitze, Aussparungen, Öffnungen

Erforderliche Schlitze, Aussparungen und Öffnungen sind bereits bei der Gebäudeplanung zu berücksichtigen. Sie dürfen die Standfestigkeit sowie Brand-, Wärme- und Schallschutz nicht in unzulässiger Weise mindern. Bei Schlitzen und Aussparungen in tragenden Wänden aus Mauerwerk ist DIN 1053-1 zu beachten.

Bei Öffnungen in bestimmten Wänden und Decken zum Durchführen von Kabeln und Leitungen sind geeignete Vorkehrungen zu treffen, die eine Übertragung von Feuer und Rauch verhindern (siehe Anmerkung in 4.1).

4.4 Rohrnetze

Für die Telekommunikationsanlagen nach Abschnitt 6 und für die Verteilanlage für Radio und Fernsehen nach Abschnitt 7 ist jeweils ein getrenntes Rohrnetz vorzusehen.

4.5 Installationspläne

Für Installationspläne elektrischer Anlagen sind die graphischen Symbole nach den Normen der Reihe DIN EN 60617 und DIN EN 61082-4 zu verwenden.

5 Starkstromanlagen

5.1 Allgemeines

Kabel und Leitungen von Starkstromanlagen sind, sofern sie nicht in Rohren oder Elektroinstallationskanälen angeordnet werden, in Räumen, die Wohnzwecken dienen, grundsätzlich im Putz, unter Putz, in Wänden oder hinter Wandbekleidungen zu installieren.

Bei der Planung ist eine Koordination mit anderen Gewerken nach DIN 18015-3 vorzunehmen.

Die Anordnung von

— Kabeln, Leitungen und Leerrohren in Putz, unter Putz, in Wänden und hinter Wandbekleidungen sowie auf, in und unter Decken

— Schaltern, Steckdosen, Auslässen und Verbindungsdosen

ist nach DIN 18015-3 vorzunehmen.

Für die Auswahl von Kabeln und Leitungen in Bezug auf mechanische, thermische und chemische Einflüsse sind DIN VDE 0100-430 (VDE 0100-430) und DIN VDE 0100-520 (VDE 0100-520), für die Installation in feuchten und nassen Räumen DIN VDE 0100-737 (VDE 0100-737), für Beleuchtungsanlagen im Freien DIN VDE 0100-714 (VDE 0100-714) zu beachten.

Bei dem Einsatz von Erzeugungsanlagen (z. B. Blockheizkraftwerke, Brennstoffzellen, Photovoltaik) sind die dafür notwendigen Maßnahmen für die Einbindung in die Niederspannungsanlage mit den jeweiligen Planern abzustimmen.

In hochwassergefährdeten Gebieten ist der Hausanschlusskasten, die Zählerplätze mit den Mess- und Steuereinrichtungen und die Stromkreisverteiler der zu erwartenden hundertjährigen Überschwemmungshöhe bzw. örtlich festgelegten Überschwemmungshöhe anzubringen. Darunter liegende Stromkreise erhalten einen Zusatzschutz mit Fehlerstrom-Schutzschaltern (RCD), Bemessungsfehlerstrom ≤ 30 mA.

5.2 Hausinstallation

5.2.1 Hauptstromversorgung und Hauptleitungen

Der Planer und/oder Errichter legen Querschnitt, Art und Anzahl der Hauptleitungen in Abhängigkeit von der Anzahl der anzuschließenden Kundenanlagen fest. Die vorgesehene Ausstattung der Kundenanlagen mit Verbrauchsgeräten, die zu erwartende Gleichzeitigkeit dieser Geräte im Betrieb sowie die technische Ausführung der Übergabestelle sind bei der Festlegung zu berücksichtigen.

Hauptleitungen sind als Drehstromleitungen auszuführen. Die Leitungsquerschnitte sind auf der Grundlage des Diagramms (siehe Bild 1), jedoch mindestens für eine Belastung von 63 A zu bemessen. Der Leitungsquerschnitt muss dementsprechend mindestens 10 mm^2 Cu betragen.

Bei der Bemessung von Kabeln und Leitungen gilt für die zulässige Strombelastbarkeit DIN VDE 0298-4 (VDE 0298-4).

ANMERKUNG Bei der Ausführung eines TN-Systems im Gebäude ist aus Gründen der elektromagnetischen Verträglichkeit (EMV) eine Aufteilung des PEN-Leiters im Hausanschlusskasten vorteilhaft. Dabei ist die Hauptleitung 5adrig auszuführen.

Hauptstromversorgungssysteme werden als Strahlennetze betrieben.

Hauptstromversorgungssysteme bzw. Hauptleitungen sind in allgemein zugänglichen Räumen anzuordnen.

Bei Kabelanschlüssen dürfen Hauptleitungen im Kellergeschoss vom Hausanschlusskasten an auf der Wand installiert werden. Von der Kellerdecke ab sind Hauptleitungen in Schächten, Rohren oder unter Putz anzuordnen.

Bei Freileitungsanschluss müssen die Zählerplätze und die Hauptleitung so errichtet werden, dass die Anlage im Gebäude im Bedarfsfall problemlos auch über einen Kabelanschluss versorgt werden kann.

Der zulässige Spannungsfall in der elektrischen Anlage zwischen der Übergabestelle (Hausanschlusskasten) des VNB und der Messeinrichtung (Zähleranlage) ist der Niederpannungsanschlussordnung – NAV [1] sowie den „Technischen Anschlussbedingungen für den Anschluss an das Niederspannungsnetz, VDEW TAB 2000 [2] zu entnehmen.

Der Spannungsfall in der elektrischen Anlage hinter der Messeinrichtung bis zum Anschlusspunkt der Verbrauchsmittel sollte 3 % insgesamt nicht überschreiten, dabei ist DIN VDE 0100-520 (VDE 0100-520) zu berücksichtigen. Für die Berechnung des Spannungsfalles in jedem Leitungsabschnitt ist der Bemessungsstrom der jeweils vorgeschalteten Überstrom-Schutzeinrichtung zu Grunde zu legen.

Bei dem Einsatz von Überspannungs-Schutzeinrichtungen im Hauptstromversorgungssystem sind die Anforderungen der VDEW Überspannungsschutzeinrichtungen, „Überspannungs-Schutzeinrichtungen Typ 1 — Richtlinie für den Einsatz von Überspannungs-Schutzeinrichtungen (ÜSE) Typ 1 (bisher Anforderungsklasse B) in Hauptstromversorgungssystemen“ [3] zu beachten.

Für die Auswahl von Betriebsmitteln zum Trennen, Schalten, Steuern und Überwachen und deren Errichtung (Anordnung) ist DIN VDE 0100-530 (VDE 0100-530) zu berücksichtigen.

5.2.2 Mess- und Steuereinrichtungen

Für Mess- und Steuereinrichtungen des VNB ist Platz an leicht zugänglicher Stelle, z. B. in besonderen Zählerräumen, in Hausanschlussräumen Hausanschlussnischen und an Hausanschlusswänden nach DIN 18012 oder in Treppenräumen — jedoch nicht über bzw. unter Stufen — vorzusehen. Art und Umfang der Mess- und Steuereinrichtungen sowie ihr Anbringungsort sind in Abstimmung mit dem VNB festzulegen (siehe Anmerkung in 4.1).

Im unteren Anschlussraum von Zählerplätzen sind als Trennvorrichtungen vor jeder Messeinrichtung laienbedienbare, sperr- und plombierbare selektive Überstromschutzeinrichtungen vorzusehen.

Es werden Zählerschränke mit Türen verwendet, die nach DIN 43870-1 und DIN VDE 0603-1 (VDE 0603-1) ausgeführt sind. In Treppenräumen sind Zählerplätze in Nischen nach DIN 18013 anzuordnen. Dabei ist die Einhaltung der erforderlichen Rettungswegbreite zu beachten.

5.2.3 Aufteilung der Stromkreise und Koordination von Schutzeinrichtungen

Die Zuordnung von Anschlussstellen für Verbrauchsmittel zu einem Stromkreis ist so vorzunehmen, dass durch das automatische Abschalten der diesem Stromkreis zugeordneten Schutzeinrichtung (z. B. Leitungsschutzschalter, Fehlerstrom-Schutzschalter) im Fehlerfall oder bei notwendiger manueller Abschaltung nur ein kleiner Teil der Kundenanlage abgeschaltet wird. Hiermit wird die größtmögliche Verfügbarkeit der elektrischen Anlage für den Nutzer erreicht.

Um Selektivität in einer elektrischen Anlage bei einer Hintereinanderschaltung von Schutzgeräten zum Überstromschutz und zum Schutz gegen elektrischen Schlag (wie Leitungsschutzschalter und Fehlerstrom-Schutzschalter) zu erreichen, ist der Einsatz von Geräten mit entsprechenden Selektiveigenschaften (z. B. selektive Haupt-Leitungsschutzschalter am Zählerplatz, selektive Fehlerstrom-Schutzschalter (RCD)) erforderlich.

5.2.4 Gemeinschaftsanlagen

In Gebäuden mit mehr als einer Wohnung ist die Installation so zu planen, dass der Stromverbrauch von Gemeinschaftsanlagen gesondert gemessen werden kann.

5.2.5 Wohnungsanlagen

Innerhalb jeder Wohnung ist in der Nähe des Belastungsschwerpunktes, in der Regel im Flur, ein Stromkreisverteiler nach DIN 43871 und DIN VDE 0603-1 (VDE 0603-1) für die erforderlichen Überstrom- und Fehlerstrom-Schutzeinrichtungen sowie gegebenenfalls weitere Betriebsmittel vorzusehen. Der Stromkreisverteiler ist entsprechend dem Ausstattungsumfang der elektrischen Anlage zu dimensionieren. Zusätzlich sind Reserveplätze vorzusehen. Bei Mehrraumwohnungen sind nach DIN 18015-2 mindestens zweireihige Stromkreisverteiler einzuplanen.

Die Leitung vom Zählerplatz zum Stromkreisverteiler ist als Drehstromleitung für eine Belastung von mindestens 63 A auszulegen. Bei Absicherung dieser Leitungen ist die Selektivität zu vor- und nachgeschalteten Überstrom-Schutzeinrichtungen zu berücksichtigen.

Als Überstrom-Schutzeinrichtungen für Beleuchtungs- und Steckdosenstromkreise sind Leitungsschutzschalter vorzusehen.

ANMERKUNG 1 Für allgemein zugängliche Steckdosen ist der Einsatz von Fehlerstrom-Schutzeinrichtungen (RCD) mit einem Bemessungsfehlerstrom von max. 30 mA als zusätzlicher Schutz gegen elektrischen Schlag nach DIN VDE 0100-410 (VDE 0100-410) gefordert. Festlegungen zum zusätzlichen Schutz sind in DIN VDE 0100-739 (VDE 0100-739) enthalten.

Die Anzahl von Stromkreisen, Steckdosen, Auslässen, Anschlüssen und Schaltern muss mindestens DIN 18015-2 entsprechen.

ANMERKUNG 2 Siehe auch RAL-RG 678.

Bei elektrischer Warmwasserbereitung mit Durchlauferhitzer für Bade- und/oder Duschzwecke ist eine Drehstromleitung mit einer zulässigen Strombelastbarkeit von mindestens 35 A vorzusehen.

Für den Anschluss eines Elektroherdes ist ein Drehstromanschluss für eine zulässige Strombelastbarkeit von mindestens 20 A vorzusehen.

Für Räume mit Badewanne oder Dusche sind besondere Anforderungen nach DIN VDE 0100-701 (VDE 0100-701) und für Becken von Schwimmbädern und andere Becken nach DIN VDE 0100-702 (VDE 0100-702) einzuhalten. Die diesbezüglichen Bestimmungen betreffen insbesondere:

— die Abgrenzung von Schutzbereichen,

— die Einschränkung bzw. das Verbot von Leitungsführungen,

— die Einschränkung bzw. das Verbot zur Anbringung von Steckdosen, Schaltern, Leuchten und anderen Betriebsmitteln,

— die erforderliche Überdeckung der in der Wand installierten Leitungen,

— den zusätzlichen Schutz gegen elektrischen Schlag durch Fehlerstrom-Schutzschalter.

Stromkreise mit Steckdosen im Freien mit einem Bemessungsstrom bis einschließlich 20 A und Steckdosen, an die tragbare Betriebsmittel für den Gebrauch im Freien angeschlossen werden können, sind nach DIN VDE 0100-410 (VDE 0100-410) mit einem Schutz durch Fehlerstrom-Schutzschalter mit einem Bemessungs-Fehlerstrom bis 30 mA zu schützen.

6 Telekommunikationsanlagen, Hauskommunikationsanlagen sowie sonstige Melde- und Informationsverarbeitungsanlagen

6.1 Telekommunikationsanlagen

6.1.1 Allgemeines

Der Abschlusspunkt Liniennetz (APL) und das Endleitungsnetz dürfen im Kellergeschoss auf der Wand installiert werden. Sie sind in allgemein zugänglichen Räumen anzuordnen.

Kabel und Leitungen sind auswechselbar, z. B. in Rohren oder Kanälen, zu führen, sofern sie nicht in besonderen Fällen auf der Wandoberfläche installiert werden (siehe T-Com 731 TR 1) [4].

Rohre, Kanäle und Anschlussstellen sind in den Installationszonen nach DIN 18015-3 anzuordnen. Sie sind nach den zu erwartenden mechanischen, thermischen und chemischen Beanspruchungen auszuwählen, darin geführte Kabel und Leitungen nach den thermischen Beanspruchungen.

In Ausnahmefällen dürfen sowohl bei Gebäuden bis zu zwei Wohnungen als auch innerhalb der Wohnungen von größeren Gebäuden Installationsleitungen in Putz oder unter Putz angeordnet werden, wenn aus konstruktiven Gründen der Einbau von Rohrnetzen nicht möglich ist.

Für die Montage von Telekommunikationsdosen sind 60 mm tiefe Unterputz-Geräte-Verbindungsdosen zu verwenden.

6.1.2 Rohrnetze

Für den Wohnungsanschluss an das öffentliche Telekommunikationsnetz ist in dem Gebäude ein Leerrohrsystem (siehe Bilder 2 und 3) vom Abschlusspunkt Liniennetz (APL) bis zur 1. TAE jeder Wohnung vorzusehen.

Hoch- und niederführende Rohre für Anwendungen nach Abschnitt 6 sind entsprechend ihrer Bestückung und ihrer Führung mindestens mit einem Innendurchmesser von 32 mm zu dimensionieren.

Bei unterirdischer Hauseinführung ist 1 Rohr vom Kellergeschoss aus bis zum letzten zu versorgenden Geschoss zu führen. Bei Einführung in den Dachraum sind 2 Rohre bis zum Keller durchzuführen.

Die Hoch- oder Niederführung ist in allgemein zugänglichen Räumen (siehe Anmerkung in 4.1) vorzusehen. Bei mehrgeschossigen Gebäuden sind in jedem Geschoss Aussparungen für Installationsdosen nach Bild 3 anzuordnen.

In Gebäuden mit bis zu acht Wohnungen darf das Rohrnetz auch sternförmig ausgeführt werden (siehe Bild 2). Dabei sind durchgehende Rohre zu den Wohnungen ohne Installationsdosen vorzusehen, sofern sie nicht länger als 15 m sind und in ihrem Verlauf nicht mehr als 2 Bögen aufweisen. Der Innendurchmesser dieser Rohre muss mindestens 25 mm betragen.

6.2 Hauskommunikationsanlagen und sonstige Melde- und Informationsverarbeitungsanlagen

6.2.1 Allgemeines

Hierzu gehören z. B. Klingel-, Türöffner- und Sprechanlagen sowie Anlagen, die dem Schutz von Leben und hohen Sachwerten dienen, z. B. Gefahrenmeldeanlagen.

6.2.2 Hauskommunikationsanlagen

Die Türöffneranlage in Verbindung mit einer Sprechanlage, gegebenenfalls mit Bildübertragung, ist entsprechend DIN 18015-2 vorzusehen.

6.2.3 Meldeanlagen

Meldeanlagen dienen der Übertragung und Anzeige von Zuständen (z. B. von Türen, Toren, Fenstern) bzw. Messgrößen (z. B. Temperatur, Windstärke, Rauch).

Für Gefahrenmeldeanlagen werden besondere zusätzliche Maßnahmen gefordert, die der jederzeitigen Betriebsbereitschaft dienen und die eine sofortige Identifizierung und Lokalisierung von Gefahrenzuständen ermöglichen. Dazu gehören z. B.:

— die Überwachung der Stromkreise, die zur Bildung oder Weiterleitung von Gefahrenmeldungen oder -signalen dienen,

— die Signalisierung von Gefahrenmeldungen an mindestens eine ständig besetzte Kontrollstelle,

— die Installation der Anlagen in einer Weise, die ein unbefugtes Außerbetriebsetzen erschwert,

— die Stromversorgung über zwei voneinander unabhängige Stromquellen.

Gefahrenmeldeanlagen müssen den allgemeinen Festlegungen nach DIN VDE 0833-1 (VDE 0833-1) entsprechen. Für Brandmeldeanlagen (BMA) gilt zusätzlich DIN VDE 0833-2 (VDE 0833-2) und für Einbruch- und Überfallmeldeanlagen zusätzlich DIN VDE 0833-3 (VDE 0833-3).

ANMERKUNG Der Einsatz von Rauchmeldern ist in einzelnen Landesbauordnungen für Neuanlagen gefordert.

7 Empfangs- und Verteilanlagen für Radio und Fernsehen sowie für interaktive Dienste

7.1 Allgemeines

Anlagen zum Empfangen, Verteilen und Übertragen von Radio- und Fernsehsignalen sowie interaktiven Diensten sind nach DIN EN 50083 (VDE 0855) (alle Teile) und den Bestimmungen des Netzbetreibers zu planen.

7.2 Antennen

Der Standort der Antennen ist nach

— optimaler Nutzfeldstärke,

— geringsten Störeinflüssen, z. B. Reflexionen,

— möglichst großem Abstand von Störquellen, z. B. Aufzugsmaschinen,

— sicherer Montagemöglichkeit und leichtem Zugang

zu bestimmen.

Der erforderliche Sicherheitsabstand nach DIN EN 50083-1 (VDE 0855-1) zu Starkstromleitungen ist einzuhalten. Der Zugang zu Schornsteinen oder Abluftgebläsen darf durch Antennen nicht behindert werden.

Über Dach angeordnete Antennenträger sind nach DIN EN 50083-1 (VDE 0855-1) über Erdungsleiter mit Erde zu verbinden. Bei Gebäuden mit Blitzschutzanlagen sind besondere Bedingungen nach DIN EN 62305-3 (VDE 0185-305-3) zu berücksichtigen.

7.3 Verstärkeranlagen

Für die Stromversorgung ist ein eigener Stromkreis vorzusehen.

ANMERKUNG Der Platz für Verstärkeranlagen sollte erschütterungsfrei und trocken sowie allgemein zugänglich sein. Umgebungstemperatur und Anordnung der Komponenten sind aufeinander abzustimmen.

7.4 Rohr- und Verteilnetz

Für die Versorgung der Wohnungen ist in dem Gebäude ein Leerrohrsystem (siehe Bilder 2 und 3) vorzusehen.

ANMERKUNG Durch die Installation in einem Leerrohrsystem sind Kabel und Leitungen auswechselbar und gegen Beschädigung geschützt.

In Schächten dürfen die Koaxialleitungen zusammen mit Starkstromleitungen bis 1 000 V Nennspannung unter Beachtung von DIN EN 50174-2 (VDE 0800-174-2) angeordnet werden. Eine Installation direkt in oder unter Putz ist nicht zulässig.

Die Auswahl von Kabeln und Leitungen ist in Bezug auf äußere Einflüsse (z. B. mechanisch, thermisch, chemisch) zu treffen. Die Umgebungstemperatur der Leitung darf im Regelfall + 55 °C nicht überschreiten, dies ist insbesondere bei der Installation in Heizungskanälen oder -schächten und Dachräumen zu beachten.

Zu Ausschöpfung aller Empfangsmöglichkeiten über

— terrestrische Antenne,

— Satellitenantenne und

— Breitband-Kommunikationseinspeisung

sind mindestens 2 Leerrohre zwischen oberstem Geschoss (Dachgeschoss) und unterstem Geschoss (Kellergeschoss) mit einem Innendurchmesser von je mindestens 32 mm vorzusehen, für die Wohnungszuführung solche mit mindestens 25 mm.

Vom zentralen Verteilpunkt sind Stern- (siehe Bild 2) bzw. Etagensternnetze (siehe Bilder 3 und 4) auszuführen. Die hierfür erforderlichen Leerrohre und gegebenenfalls Installationsdosen sind vorzusehen. Für Gebäude mit mehr als 8 Wohneinheiten ist die Verteilung über Etagensternnetze vorzunehmen.

Verteiler, Abzweiger und Verstärker des Hausverteilnetzes sind in allgemein zugänglichen Räumen, z. B. Fluren, Kellergängen, Treppenräumen (ausgenommen Sicherheitstreppenräume) anzuordnen.

Die Verteilung innerhalb einer Wohnung beginnt mit dem Wohnungsübergabepunkt (WÜP), in den vom Hausverteilnetz eingespeist wird.

Die Verteilung vom Wohnungsübergabepunkt (WÜP) zu den einzelnen Antennensteckdosen in den Räumen der Wohnung erfolgt über ein Leerrohrsystem.

Für die Montage von Antennensteckdosen sind 60 mm tiefe Unterputz-Geräte-Verbindungsdosen zu verwenden.

8 Fundamenterder

Bei jedem Neubau ist ein Fundamenterder nach DIN 18014 vorzusehen.

9 Potentialausgleich

Zur Vermeidung Gefahr bringender Potentialunterschiede sind folgende Anlagenteile durch Potentialausgleichsleiter nach DIN VDE 0100-410 (VDE 0100-410) und DIN VDE 0100-540 (VDE 0100-540) über die Haupterdungsschiene (Potentialausgleichsschiene) zu verbinden, z. B.:

— elektrisch leitfähige Rohrleitungen,

— andere leitfähige Bauteile,

— Schutzleiter.

Die Haupterdungsschiene (Potentialausgleichsschiene) ist im Hausanschlussraum bzw. in der Nähe der Hausanschlüsse vorzusehen.

Darüber hinaus sind die Bestimmungen über den örtlichen Potentialausgleich in Räumen mit Badewanne oder Dusche und für Becken in Schwimmbädern und andere Becken zu berücksichtigen (DIN VDE 0100-701 (VDE 0100-701) und DIN VDE 0100-702 (VDE 0100-702)).

10 Blitzschutzanlagen und Überspannungsschutz

10.1 Allgemeines

Maßnahmen zum Äußeren und Inneren Blitzschutz und Überspannungsschutz dienen dem vorbeugenden Brand-, Personen- und Sachschutz.

Sofern eine Blitzschutzanlage gefordert wird, gilt für die Planung und Ausführung DIN EN 62305-x (VDE 0185-305-x). Die Notwendigkeit von Blitzschutzanlagen resultiert aus folgenden Punkten:

— Landesbauordnung und nutzungsbedingte Verordnungen

— Risikoanalyse nach DIN EN 62305-2 (VDE 0185-305-2)

— Anforderungen des Versicherers (VdS- Merkblatt 2010)

10.2 Äußerer Blitzschutz

Der äußere Blitzschutz schützt Wohngebäude, bei denen nach Lage, Bauart oder Nutzung Blitzeinschlag leicht eintreten oder zu schweren Folgen führen kann. Der äußere Blitzschutz besteht aus Fangeinrichtungen, Ableitungen und Erdungsanlage. Bei der Installation ist der Trennungsabstand zwischen elektrisch leitenden Teilen und der Blitzschutzanlage nach DIN EN 62305-3 (VDE 0185-305-3) zu beachten.

Wird der Fundamenterder als Blitzschutzerder verwendet, sind die dafür erforderlichen Anschlusspunkte an der Gebäudeaußenseite vorzusehen. Sie müssen korrosionsfest ausgeführt werden (Materialien im Bereich des Übergangs Beton zu Erdreich z. B. aus nichtrostendem Stahl, Werkstoffnummer 1.4571).

Ableitungen dürfen nach DIN EN 62305-3 (VDE 0185-305-3) auch in der Wand angeordnet werden. Der Korrosionsschutz muss beachtet werden. Bei Stahlskelett- und Stahlbetonbauten sind die Ableitungen vorzugsweise unter Einbeziehung der Armierung in der Wand/in Säulen zu führen. Über Anschlusspunkte (Erdungsfestpunkte oder Anschlussfahnen) ist ein Anschluss zur Fangeinrichtung herzustellen.

10.3 Innerer Blitzschutz und Überspannungsschutz

10.3.1 Allgemeines

Der innere Blitzschutz verhindert die Beschädigung technischer Einrichtungen im Gebäude. Er besteht aus dem Blitzschutzpotentialausgleich und dem Überspannungsschutz. Er ist sowohl für die Energie- als auch Informationstechnik vorzusehen.

Für den Einsatz und die Auswahl von Überspannungs-Schutzeinrichtungen ist DIN V VDE V 0100-534 (VDE V 0100-534) und DIN EN 62305-4 (VDE 0185-305-4) zu berücksichtigen.

10.3.2 Blitzschutz-Potentialausgleich

Der Blitzschutz-Potentialausgleich ist nach DIN EN 62305-3 (VDE 0185-305-3) durchzuführen. Alle elektrisch leitenden Teile sind am Gebäudeeintritt mit der Haupterdungsschiene (siehe Abschnitt 9) zu verbinden. Bei energie- und informationstechnischen Systemen wird dies in der Regel durch Einsatz von Blitzstrom-Ableitern erreicht (Ableiter Typ 1 für die Energietechnik und Typ D1 für die Informationstechnik nach DIN EN 61643-11 (VDE 0675-6-11) und DIN EN 61643-21 (VDE 0845-3-1)).

ANMERKUNG 1 Für den Einsatz von Blitzstrom-Ableitern in Hauptstromversorgungssystemen ist die VDEW Überspannungsschutzeinrichtungen „Überspannungs-Schutzeinrichtungen Typ 1 — Richtlinie für den Einsatz von Überspannungs-Schutzeinrichtungen (ÜSE) Typ 1 (bisher Anforderungsklasse B) in Hauptstromversorgungssystemen" [3] zu berücksichtigen.

ANMERKUNG 2 Der Einsatz von Blitzstrom-Ableitern ist auch bei Gebäuden ohne äußeren Blitzschutz zu empfehlen, wenn Dachantennen installiert sind, die Einspeisungen oberirdisch erfolgen oder bei Gebäuden, in deren unmittelbarer Nähe Gebäude die vorgenannten Bedingungen erfüllen.

10.3.3 Überspannungsschutz

Der Überspannungsschutz dient dem Schutz von elektrischen/elektronischen Endgeräten gegen schädliche Überspannungen durch Schalthandlungen und ferne Blitzeinschläge. Der Überspannungsschutz wirkt unabhängig von Blitzschutzmaßnahmen. Er wird erreicht durch den Einsatz von Überspannungsableitern in Verteilungen (Ableiter Typ 2 für die Energietechnik und Typ C2 für die Informationstechnik nach DIN EN 61643-11 (VDE 0675-6-11) und DIN EN 61643-21 (VDE 0845-3-1)).

Können in den Zuleitungen der Endgeräte weitere Überspannungen eingekoppelt werden (z. B. Leitungslänge > 5 m, Parallelverlegung von Stark- und Schwachstromleitungen), dann sind weitere Überspannungsableiter Typ 3 für die Energietechnik und Typ C1 für die Informationstechnik nach DIN EN 61643-11 (VDE 0675-6-11) und DIN EN 61643-21 (VDE 0845-3-1) notwendig. Diese sind so nah als möglich vor den Endgeräten einzubauen.

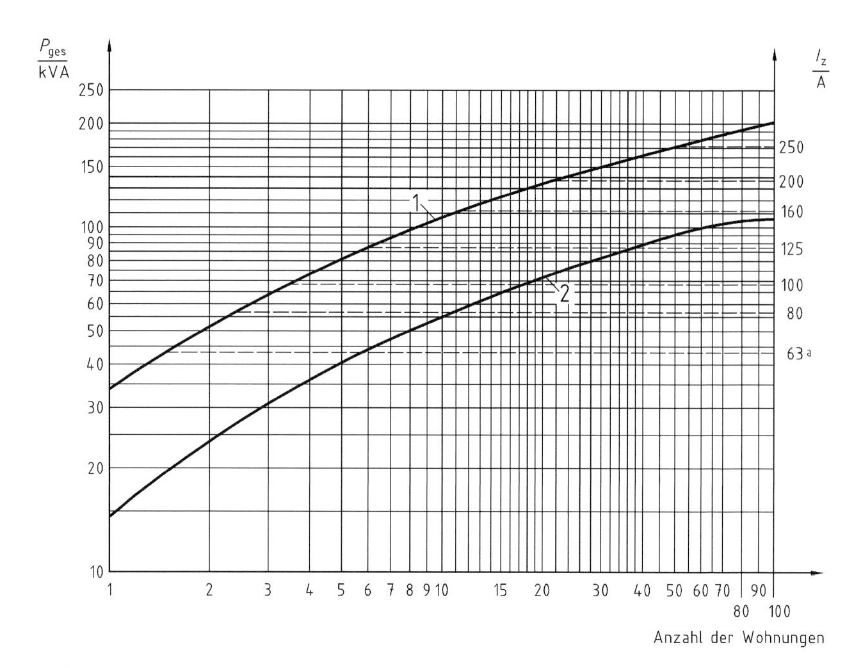

Legende

1 mit elektrischer Warmwasserbereitung für Bade- oder Duschzwecke

2 ohne elektrischer Warmwasserbereitung für Bade- oder Duschzwecke

I_Z mindestens erforderliche Strombelastbarkeit,

– – – geeignete Bemessungsströme von zugeordneten Überstromschutzeinrichtungen

P_{ges} Leistung, die sich aus der erforderlichen Strombelastbarkeit und der Nennspannung ergibt

a Mindestabsicherung zur Sicherstellung der Selektivität bei Schmelzsicherungen

Bild 1 — Bemessungsgrundlage für Hauptleitungen in Wohngebäuden ohne Elektroheizung, Nennspannung 230/400 V

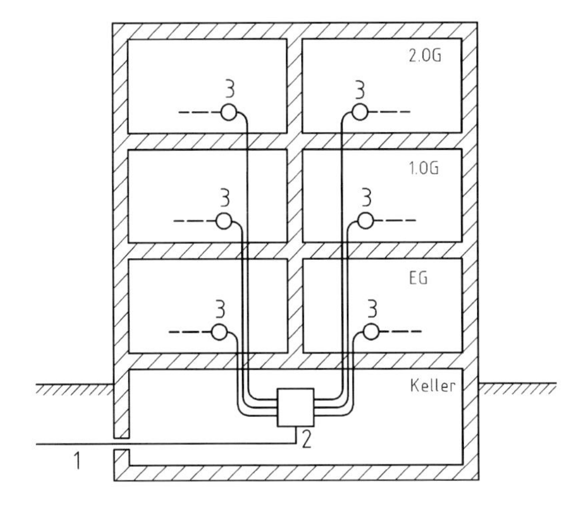

Legende

1 Außenkabel
2 Verteiler
3 Geräte-Verbindungsdose für 1.TAE bzw. Wohnungsübergabepunkt (WÜP)

Bild 2 — Beispiel für ein Rohrnetz als Sternnetz (senkrechter Schnitt durch ein Gebäude)

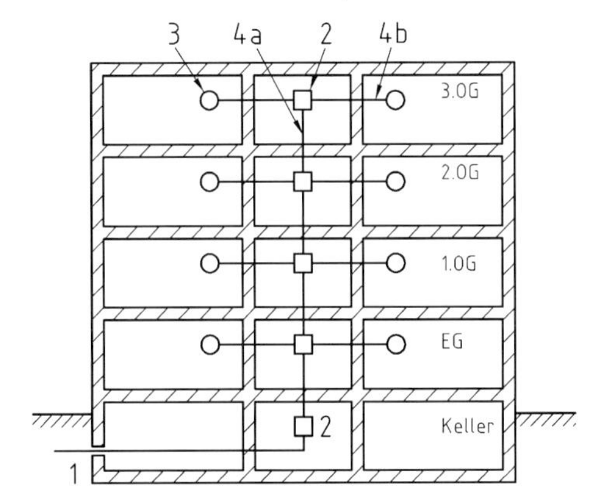

Legende

1 Außenkabel
2 Verteiler
3 Geräte-Verbindungsdose für 1. TAE bzw. Wohnungsübergabepunkt (WÜP)
4a Installationsrohr ∅ mind. 32 mm
4b Installationsrohr ∅ mind. 25 mm

Bild 3 — Beispiel für ein Rohrnetz als Etagensternnetz (senkrechter Schnitt durch ein Gebäude)

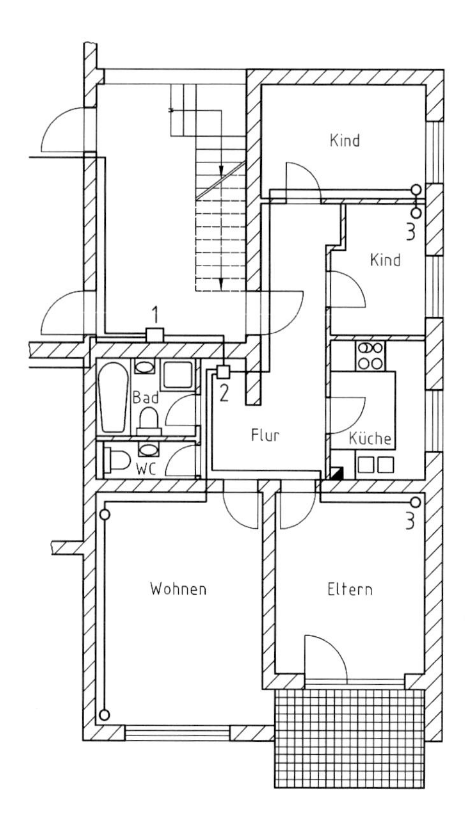

Legende

1 Verteiler

2 Geräte-Verbindungsdose für 1. TAE bzw. Wohnungsübergabepunkt (WÜP)

3 Geräte-Verbindungsdose

Bild 4 — Beispiel für ein Rohrnetz als Etagensternnetz (Grundriss)

Literaturhinweise

[1] NAV, *Verordnung zum Erlass von Regelungen des Netzanschlusses von Letztverbrauchern in Niederspannung und Niederdruck (Artikel 1 Verordnung über Allgemeine Bedingungen für den Netzanschluss und dessen Nutzug für die Elektrizitätsversorgung in Niederspannung (Niederspannungsanschlussordnung - NAV)) vom 2006-11-01*[1)]

[2] VDEW TAB 2000, *Technische Anschlussbedingungen für den Anschluss an das Niederspannungsnetz vom 2000-00-00*[2)]

[3] VDEW Überspannungsschutzeinrichtungen, *Überspannungs-Schutzeinrichtungen Typ 1 — Richtlinie für den Einsatz von Überspannungs-Schutzeinrichtungen (ÜSE) Typ 1 (bisher Anforderungsklasse B) in Hauptstromversorgungssystemen* vom 2004-00-00

[4] Technische Bestimmung T-COM 731 TR 1, *Rohrnetze und andere verdeckte Führungen für Telekommunikationsleitungen in Gebäuden*[3)]

[5] RAL-RG 678, *Elektrische Anlagen in Wohngebäuden — Anforderungen*[4)]

[6] MLeitungsanlRL, Muster-Richtlinie über brandschutztechnische Anforderungen an Leitungsanlagen (Muster-Leitungsanlagen-Richtlinie – M-LAR)[5)]

1) Zu beziehen bei: Beuth Verlag GmbH, 10772 Berlin.

2) Zu beziehen bei Verlags- und Wirtschaftsgesellschaft der Elektrizitätswerke mbH, 60326 Frankfurt/Main.

3) Herausgegeben von der Deutschen Telekom AG, zu beziehen bei: Deutsche Telekom AG, Competence Center Personalmanagement, Service und Vertrieb Druckerzeugnisse, RS 55, 64307 Darmstadt.

4) Herausgegeben durch Deutsches Institut für Gütesicherung und Kennzeichnung e. V., zu beziehen bei: Beuth Verlag GmbH, 10772 Berlin

5) Herausgegeben durch Deutsches Institut für Bautechnik e. V. (DIBT), zu beziehen bei: Beuth Verlag GmbH, 10772 Berlin

November 2010

DIN 18015-2

ICS 91.140.50

Ersatz für
DIN 18015-2:2004-08

Elektrische Anlagen in Wohngebäuden – Teil 2: Art und Umfang der Mindestausstattung

Electrical installations in residential buildings –
Part 2: Nature and extent of minimum equipment

Installations électriques dans les immeubles d'habitation –
Partie 2: Mode et étendue d'équipement

Gesamtumfang 20 Seiten

Normenausschuss Bauwesen (NABau) im DIN

Inhalt

Vorwort

Diese Norm wurde vom NABau-Arbeitsausschuss NA 005-09-85 AA „Elektrische Anlagen in Wohngebäuden" erstellt.

DIN 18015 *Elektrische Anlagen in Wohngebäuden* besteht aus:

— *Teil 1: Planungsgrundlagen*

— *Teil 2: Art und Umfang der Mindestausstattung*

— *Teil 3: Leitungsführung und Anordnung der Betriebsmittel*

— *Teil 4: Gebäudesystemtechnik*

Für die am (Veröffentlichungsdatum) bereits in Planung oder in Bau befindlichen Anlagen kann noch DIN 18015-2:2004-08 angewendet werden.

Änderungen

Gegenüber DIN 18015-2:2004-08 wurden folgende Änderungen vorgenommen:

a) die Ausstattung der Verteilanlagen für Rundfunk sowie für Information und Kommunikation wurde an die heutigen Erfordernisse angepasst;

b) die bisher flächenbezogene Angabe der Antennensteckdosen bzw. Telekommunikationsanschlusseinrichtungen wurde in eine raumbezogene Angabe der Steckdosen für Radio/TV/Daten (RuK) bzw. Steckdosen für Telefon/Daten (IuK) geändert und in Tabelle 2 eingearbeitet;

c) die Aussagen zur Gebäudesystemtechnik im normativen Teil wurden aktualisiert;

d) Anforderungen an Energieeffizienz-Maßnahmen wurden aufgenommen;

e) im informativen Anhang A wurden Hinweise zur Energieeffizienz aufgenommen. Die bisherigen informativen Angaben zur Gebäudesystemtechnik im Anhang A sind in erweiterter Form in einen neuen Teil 4 überführt worden;

f) im informativen Anhang B sind Beispiele von Verteilern mit Einrichtungen für Gebäudesystemtechnik bzw. Kommunikation dargestellt;

g) die Begriffe wurden aktualisiert und an DIN 18015-1 angepasst.

Frühere Ausgaben

DIN 18015-2: 1955-05, 1966-07, 1980-12, 1984-11, 1995-12, 1996-08, 2004-08

1 Anwendungsbereich

Diese Norm ist anzuwenden für die Art und den Umfang der Mindestausstattung elektrischer Anlagen in Wohngebäuden (z. B. Mehrfamilienhäuser, Reihenhäuser, Einfamilienhäuser), ausgenommen die Ausstattung der technischen Betriebsräume und der betriebstechnischen Anlagen.

Sie ist auch anzuwenden für solche Anlagen, die mit Gebäudesystemtechnik ausgerüstet sind.

ANMERKUNG Aussagen zum Ausstattungsumfang von Anlagen der Gebäudesystemtechnik sind in DIN 18015-4 enthalten.

Sie trifft keine Festlegungen bezüglich der Übertragungstechnologien für Informations- und Kommunikationsanwendungen.

2 Normative Verweisungen

Die folgenden zitierten Dokumente sind für die Anwendung dieses Dokuments erforderlich. Bei datierten Verweisungen ist nur die in Bezug genommene Ausgabe anzuwenden. Bei undatierten Verweisungen ist die letzte Ausgabe des in Bezug genommenen Dokuments(einschließlich aller Änderungen) anzuwenden.

DIN 18012, *Haus-Anschlusseinrichtungen — Allgemeine Planungsgrundlagen*

DIN 18015-1, *Elektrische Anlagen in Wohngebäuden — Planungsgrundlagen*

DIN 18015-3, *Elektrische Anlagen in Wohngebäuden — Leitungsführung und Anordnung der Betriebsmittel*

DIN 18015-4, *Elektrische Anlagen in Wohngebäuden — Gebäudesystemtechnik*

DIN 18040-1, *Barrierefreies Bauen — Planungsgrundlagen — Teil 1: Öffentlich zugängliche Gebäude*

DIN 18040-2, *Barrierefreies Bauen — Planungsgrundlagen — Teil 2: Wohnungen*

DIN 41715, *Elektrische Nachrichtentechnik; Steckverbinder für Telekommunikations-Anschluß-Einheiten (TAE); Gemeinsame Merkmale, Bauformenübersicht*

DIN 43870-1, *Zählerplätze — Maße auf Basis eines Rastersystems*

DIN VDE 0100-200, *Elektrische Anlagen von Gebäuden — Teil 200: Begriffe*

DIN VDE 0100-410, *Errichten von Niederspannungsanlagen — Teil 4-41: Schutzmaßnahmen — Schutz gegen elektrischen Schlag*

DIN VDE 0100-443, *Errichten von Niederspannungsanlagen — Teil 4-44: Schutzmaßnahmen — Schutz bei Störspannungen und elektromagnetischen Störgrößen — Abschnitt 443: Schutz bei Überspannungen infolge atmosphärischer Einflüsse oder von Schaltvorgängen*

DIN VDE 0603-1, *Installationskleinverteiler und Zählerplätze AC 400 V — Installationskleinverteiler und Zählerplätze*

DIN EN 50090-5-1, *Elektrische Systemtechnik für Heim und Gebäude (ESHG) — Teil 5-1: Medien und medienabhängige Schichten — Signalübertragung auf elektrischen Niederspannungsnetzen für ESHG Klasse 1*

DIN EN 50090-5-2, *Elektrische Systemtechnik für Heim und Gebäude (ESHG) — Teil 5-2: Medien und medienabhängige Schichten — Netzwerk basierend auf ESHG Klasse 1, Zweidrahtleitungen (Twisted Pair)*

DIN EN 50090-5-3, *Elektrische Systemtechnik für Heim und Gebäude (ESHG) — Teil 5-3: Medien und medienabhängige Schichten — Signalübertragung über Funk*

DIN EN 50173-4, *Informationstechnik — Anwendungsneutrale Kommunikationskabelanlagen — Teil 4: Wohnungen*

T-Com 731 TR 1, *Rohrnetze und andere verdeckte Führungen für Telekommunikationsanlagen in Gebäuden*

Verordnung über energiesparenden Wärmeschutz und energiesparende Anlagentechnik bei Gebäuden (Energieeinsparverordnung — EnEV)

3 Begriffe

Für die Anwendung dieses Dokuments gelten die Begriffe nach DIN VDE 0100-200 und die folgenden Begriffe.

3.1
elektrische Anlagen in Wohngebäuden
zu den elektrischen Anlagen in Wohngebäuden zählen nach DIN 18015-1:2007-09

— Starkstromanlagen mit Nennspannungen bis 1 000 V,

— Telekommunikationsanlagen, Hauskommunikationsanlagen sowie sonstige Melde- und Informationsverarbeitungsanlagen,

— Verteilanlagen für Radio und Fernsehen sowie für interaktive Dienste mit oder ohne Anschluss an ein allgemein zugängliches Netz eines Netzbetreibers,

— Fundamenterder und Potentialausgleich,

— Blitzschutzanlagen und Überspannungsschutz,

sowie

— Anlagen der Gebäudesystemtechnik

3.2
Starkstromanlage
elektrische Anlage mit Betriebsmitteln zum Erzeugen, Umwandeln, Speichern, Fortleiten, Verteilen und Verbrauchen elektrischer Energie mit dem Zweck des Verrichtens von Arbeit — z. B. in Form von mechanischer Arbeit, zur Wärme- und Lichterzeugung oder bei elektrochemischen Vorgängen

ANMERKUNG Starkstromanlagen können gegen elektrische Anlagen anderer Art nicht immer eindeutig abgegrenzt werden. Die Werte von Spannung, Strom und Leistung sind dabei allein keine ausreichenden Unterscheidungsmerkmale.

3.3
Starkstromleitung
Kabel und/oder Leitungen zur Energieversorgung von elektrischen Verbrauchs- und Betriebsmitteln

3.4
Kundenanlage
elektrische Anlage hinter den Übergabepunkten von vorgelagerten Verteilungsnetzen

3.5
Mehrraumwohnung
Wohnung mit mehr als einem Raum für die Nutzungsbereiche Wohnen, Schlafen oder Essen.

ANMERKUNG Küche, Bad, Toilette, Diele, Keller, Speicher oder Abstellraum fallen nicht darunter.

3.6
Stromkreis
Gesamtheit der elektrischen Betriebsmittel einer Anlage, die von demselben Speisepunkt versorgt und durch dieselbe(n) Überstrom-Schutzeinrichtung(en) geschützt wird

3.7
Stromkreisverteiler
Betriebsmittel zur Verteilung der zugeführten Energie auf mehrere Stromkreise, das zur Aufnahme von Einrichtungen zum Schutz bei Überstrom, bei Überspannung und zum Schutz gegen elektrischen Schlag sowie zum Trennen, Schalten, Messen und Überwachen geeignet ist

ANMERKUNG Stromkreisverteiler werden auch als Installationskleinverteiler bezeichnet.

3.8
Überspannungs-Schutzeinrichtung
Gerät, das dazu bestimmt ist, transiente Überspannungen zu begrenzen und Stoßströme abzuleiten

3.9
Fehlerstrom-Schutzschalter
Betriebsmittel zum Schutz gegen elektrischen Schlag und zum Brandschutz

3.10
Anschluss
Einrichtung zum festen Anschluss von elektrischen Verbrauchsgeräten, z. B. für Wandleuchten (meist ohne Anschlussdose)

3.11
Gebäudesystemtechnik
elektrische Systemtechnik für Heim und Gebäude nach DIN EN 50090-5-1

3.12
Binary Unit System
BUS
Technik zur Kommunikation zwischen zwei oder mehreren Einrichtungen mit Schnittstellen für die Datenübertragung

3.13
Geräte-Verbindungsdose
Auf- oder Unterputzdose, die außer zur Aufnahme der Schalter und Steckdosen auch zum Verbinden der Leiter dient

3.14
Hauskommunikationsanlage
Anlage zur Kommunikation innerhalb des Gebäudes/der Wohnung mit Klingelanlage, Türöffneranlage, Sprechanlage mit oder ohne Bildübertragung

3.15
Telekommunikationsanlage
Gesamtheit der telekommunikationstechnischen Einrichtungen in der Kundenanlage

3.16
Telekommunikations-Anschluss-Einheit
TAE
Anschluss-Einheit nach DIN 41715-1 für TK-Endgeräte

3.17
Universal-Anschluss-Einheit
UAE
Anschluss-Einheit für TK-Endgeräte nach dem RJ-Standard

3.18
ISDN-Anschluss-Einheit
IAE
Anschluss-Einheit mit RJ45-Buchsen für Endgeräte am S_0-Bus in ISDN-Installationen

3.19
Abschlusspunkt Liniennetz
APL
Abschlusspunkt des Zugangsnetzes

3.20
Wohnungsübergabepunkt
WÜP
Schnittstelle zwischen dem hausinternen Breitbandkabelnetz und der nachgeschalteten Verteilanlage einer Wohnung

3.21
Endleitungsnetz
Teil der Kundenanlage, die am Abschlusspunkt Liniennetz (APL) beginnt und an der Telekommunikationsabschlusseinrichtung (z. B. 1. TAE) endet

3.22
interaktive Dienste
bidirektionaler Datenaustausch zwischen einem Dienstanbieter und einem Teilnehmer, wie z. B. DSL.

3.23
Rundfunk- und Kommunikationstechnik
RuK
Technik zur gemeinsamen Nutzung von Radio,- TV- und Kommunikationsanwendungen

3.24
Informations- und Kommunikationstechnik
IuK
Technik zur gemeinsamen Nutzung von Informations- und Kommunikationsanwendungen

3.25
Internet Protocol Television
IPTV
Internet-Übertragung von Fernsehprogrammen und Filmen

ANMERKUNG IPTV ist weder ein Standard noch ein Konzept und damit nur ein Gattungsbegriff, der in sehr vielen unterschiedlichen Ausprägungen anzutreffen ist.

4 Starkstromanlagen und Gebäudesystemtechnik

4.1 Stromkreise, Steckdosen, Anschlüsse und Schaltstellen

Die in dieser Norm festgelegte Anzahl der

— Stromkreise (siehe Tabelle 1),

— Steckdosen, Anschlüsse für z. B. Beleuchtung und Lüfter und Anschlüsse für Verbrauchsmittel mit eigenem Stromkreis (siehe Tabelle 2)

stellen die erforderliche Mindestausstattung dar.

Wird eine darüber hinausgehende Anzahl von Steckdosen, Auslässen und Anschlüssen vorgesehen, muss gegebenenfalls auch die Anzahl der Stromkreise nach Tabelle 1 angemessen erhöht werden.

Bei den Anschlüssen ist festzulegen, ob sie schaltbar eingerichtet werden sollen. Soweit die Schaltbarkeit bestimmt wird, muss auch die Lage (der Anbringungsort) der Schalter festgelegt werden.

Für den Anschluss von Beleuchtungseinrichtungen für Arbeitsflächen in Küchen Kochnischen und Hausarbeitsräumen sind Anschlussstellen derart vorzusehen, dass eine möglichst schatten- und blendfreie Beleuchtung erreicht wird. Sofern Jalousien, Rollläden, Türen und Tore motorisch angetrieben werden sollen, sind die dafür erforderlichen Anschlüsse zusätzlich zu der in Tabelle 2 aufgeführten Anzahl vorzusehen.

Das Schalten und Steuern — z. B. von Beleuchtungsanlagen, Heizungs- und Lüftungsanlagen, von motorischen Antrieben für Jalousien, Rollläden, Türen und Tore — kann auch über Fernbedienungen sowie Gebäudesystemtechnik erfolgen.

4.2 Beleuchtung von Gemeinschaftsräumen und -bereichen

Zugangswege sowie Gebäudeeingangstüren einschließlich der Klingeltaster und der Stufen im Zugangs- und Eingangsbereich sind ausreichend zu beleuchten. Sofern bei Dunkelheit die Beleuchtung nicht ständig sichergestellt ist, sind Einrichtungen wie Dämmerungsschalter, Bewegungsmelder oder vergleichbare automatische Schalteinrichtungen vorzusehen.

ANMERKUNG Zur Berücksichtigung der Anforderungen an barrierefreie Nutzung, siehe DIN 18040-1 und DIN 18040-2

In allgemein zugänglichen Bereichen, wie Treppenräumen, Treppenvorräumen, Fluren und Laubengängen sowie Aufzugsvorräumen von Mehrfamilienhäusern sind Beleuchtungsanlagen vorzusehen. Das Schalten der Beleuchtung kann von Hand oder automatisch, z. B. über Bewegungsmelder, erfolgen. Sofern das Schalten von Hand erfolgt, müssen Schalter und Taster mit eingebautem Leuchtmittel verwendet werden. Bei Beleuchtung mit einstellbarer Abschaltautomatik ist zur Vermeidung plötzlicher Dunkelheit die Abschaltautomatik mit einer Warnfunktion, z. B. Abdimmen, auszustatten.

4.3 Sicherung gegen unbefugte Benutzung und Manipulation

Allgemein zugängliche Anlagen und die im Freien zugänglichen Steckdosen sind gegen unbefugte Benutzung und Manipulation zu sichern.

ANMERKUNG Dieses kann z. B. erreicht werden durch allpoliges Abschalten.

4.4 Leitungsführung und Anordnung von Steckdosen, Anschlüssen und Schaltstellen

Für die Leitungsführung und die Anordnung von Steckdosen, Anschlüssen und Schaltstellen ist DIN 18015-3 anzuwenden.

4.5 Ausstattung

4.5.1 Stromkreise

Die erforderliche Anzahl der Stromkreise für Steckdosen und Beleuchtung richtet sich nach Tabelle 1.

Für Gemeinschaftsräume und -bereiche sind die erforderlichen Stromkreise zusätzlich zu der in Tabelle 1 aufgeführten Anzahl vorzusehen.

Für alle in der Planung vorgesehenen besonderen Verbrauchsmittel ist nach Tabelle 2 ein eigener Stromkreis anzuordnen, auch wenn sie über Steckdosen angeschlossen werden.

In Räumen für besondere Nutzung, z. B. Hobbyräumen, sind zweckmäßigerweise für Steckdosen und Beleuchtung getrennte Stromkreise vorzusehen.

Den Wohnungen zugeordnete Keller- und Bodenräume erhalten Stromkreise zusätzlich zu der in Tabelle 1 aufgeführten Anzahl. Sofern in Mehrfamilienhäusern der Standort für Waschmaschine und Wäschetrockner außerhalb der Wohnung vorgesehen ist, sind für diese Geräte separate Stromkreise zusätzlich zu Tabelle 2 einzuplanen.

In Stromkreisverteilern sind Reserveplätze vorzusehen. Bei Einraumwohnungen sind dazu mindestens dreireihige Stromkreisverteiler, bei Mehrraumwohnungen mindestens vierreihige Stromkreisverteiler zu installieren.

Weiterer Platzbedarf für die Aufnahme von Geräten ist zu planen, wenn Anwendungen wie

— Gebäudesystemtechnik

— Überspannungsschutz

— Kommunikationstechnik

zum Einsatz kommen.

Beispiele für den Einbau von Komponenten der Energietechnik, Gebäudesystemtechnik und Kommunikationstechnik zeigt Anhang B.

Bei mehrgeschossigen Wohnungen sind die notwendigen Schutz- und Schaltgeräte in mehreren Stromkreisverteilern, die in den jeweiligen Stockwerken angeordnet werden, unterzubringen.

ANMERKUNG 1 In Einfamilienhäusern kann nach DIN VDE 0603-1 einer dieser Stromkreisverteiler auch in gemeinsamer Umhüllung mit Zählerplätzen nach DIN 43870-1 angeordnet werden.

Die Zuordnung von Fehlerstrom-Schutzschaltern zu den Stromkreisen ist so vorzunehmen, dass das Abschalten eines Fehlerstrom-Schutzschalters nicht zum Ausfall aller Stromkreise führt. Ausgenommen sind selektive Fehlerstrom-Schutzschalter, die nachfolgenden Fehlerstrom-Schutzschaltern vorgeschaltet sind.

ANMERKUNG 2 Nach DIN VDE 0100-410 wird der zusätzliche Schutz von Steckdosen geregelt. Für den Anwendungsbereich dieser Norm bedeutet das, dass einer Steckdose eine Fehlerstrom-Schutzeinrichtung (RCD) mit einem Bemessungsfehlerstrom von nicht mehr als 30 mA vorgeschaltet wird.

Bedingt durch Ableitströme, die sich im normalen (fehlerfreien) Betrieb ergeben (Leitungskapazitäten, angeschlossene Verbrauchsgeräte) dürfen diese Schutzeinrichtungen nur insoweit vorbelastet werden, dass ein sicherer Betrieb der geschützten Stromkreise möglich ist. Dieses wird erreicht durch eine Aufteilung der Stromkreise auf mehrere Schutzeinrichtungen und durch die Auswahl von geeigneten Ausführungsformen der Fehlerstrom-Schutzeinrichtungen.

Tabelle 1 — Anzahl der Stromkreise für Steckdosen und Beleuchtung

Wohnfläche der Wohnung m^2	Anzahl der Stromkreise für Steckdosen und Beleuchtung mindestens
bis 50	3
über 50 bis 75	4
über 75 bis 100	5
über 100 bis 125	6
über 125	7
Weitere Stromkreise für den Anschluss besonderer Verbrauchsmittel sind zusätzlich vorzusehen.	

4.5.2 Steckdosen, Anschlüsse und Schaltstellen

Die erforderliche Anzahl der Steckdosen, Anschlüsse für z. B. Beleuchtung und Lüfter und Anschlüsse für Verbrauchsmittel richtet sich nach Tabelle 2. Sofern dort nichts anderes angegeben ist, sind die Anschlüsse für Leuchten bestimmt (Beleuchtungsanschlüsse).

Die Anschlüsse für besondere Verbrauchsmittel nach Tabelle 2 sind in den Planungsunterlagen einzutragen. Es wird empfohlen, diese Anschlüsse auch bei der Errichtung der Anlage zu kennzeichnen.

Steckdosen, Anschlüsse und Schaltstellen sind in nutzungsgerechter räumlicher Verteilung anzuordnen. Dabei ist jedem Raumzugang eine Schaltstelle zuzuordnen. Bei Räumen mit mehr als einem Zugang muss mindestens ein Beleuchtungsanschluss von jedem Zugang geschaltet werden können. Bei Geschosstreppen innerhalb einer Wohnung ist die Schaltmöglichkeit für mindestens einen Beleuchtungsanschluss, der für die Beleuchtung dieser Treppe vorgesehen ist, von jedem Geschoss aus vorzusehen.

Für jeden Bettplatz ist eine Schaltstelle für mindestens einen Beleuchtungsanschluss vorzusehen.

In Tabelle 2 nicht aufgeführte Gemeinschaftsräume von Mehrfamilien-Wohnhäusern, z. B. Treppenräume, sowie Garagen sind nach den Erfordernissen der Zweckmäßigkeit auszustatten.

Tabelle 2 — Anzahl der Steckdosen und Anschlüsse

	Küche [a b]	Kochnische [b]	Bad	WC-Raum	Hausarbeitsraum [b]	Wohnzimmer[a]		Esszimmer	je Schlaf-, Kinder-, Gäste-, Arbeitszimmer, Büro [b]		Flur		Freisitz	Abstellraum	Hobbyraum	Zur Wohnung gehörender Keller-/Bodenraum, Garage	Keller-/Bodengang
						bis 20 m²	über 20 m²		bis 20 m²	über 20 m²	bis 3 m	über 3 m					je 6 m Ganglänge
Anzahl der Steckdosen, Beleuchtungs- und Kommunikationsanschlüsse																	
Steckdosen allgemein	5	3	2[e]	1	3	4	5	3	4	5	1	1	1	1	3	1	1
Beleuchtungsanschlüsse	2	1	2	1	1	2	3	1	1	2	1	2[g]	1	1	1	1	1
Telefon-/Datenanschluss (IuK)						1		1	1		1						
Steckdosen für Telefon/Daten						1		1	1		1						
Radio-/TV-/Datenanschluss (RuK)	1					2		1	1								
Steckdosen für Radio/TV/ Daten	3					6		3	3								
Kühlgerät, Gefriergerät	2	1															
Dunstabzug	1	1															
Anschluss für Lüfter[c]			1	1													
Anschlüsse für besondere Verbrauchsmittel mit eigenem Stromkreis																	
Elektroherd (3 × 230 V)	1	1															
Mikrowellengerät	1	1															
Geschirrspülmaschine	1	1															
Waschmaschine[f]	1		1		1											1	
Wäschetrockner[f]	1		1		1											1	
Bügelstation, Dampfbügelstation					1												
Warmwassergerät[d]	1	1	1	1													
Heizgerät[d]			1														

a In Räumen mit Essecke ist die Anzahl der Anschlüsse und Steckdosen um jeweils 1 zu erhöhen.

b Die den Bettplätzen und den Arbeitsflächen von Küchen, Kochnischen und Hausarbeitsräumen zugeordneten Steckdosen sind mindestens als Zweifach-Steckdose vorzusehen. Sie zählen jedoch in der Tabelle als jeweils nur eine Steckdose.

c Sofern eine Einzellüftung vorgesehen ist. Bei fensterlosen Bädern oder WC-Räumen ist die Schaltung über die Allgemeinbeleuchtung mit Nachlauf vorzusehen.

d Sofern die Heizung/Warmwasserversorgung nicht auf andere Weise erfolgt.

e Davon ist eine Steckdose in Kombination mit der Waschtischleuchte zulässig.

f In einer Wohnung nur jeweils einmal erforderlich.

g Von mindestens zwei Stellen schaltbar.

4.5.3 Gebäudesystemtechnik

Bei der konventionellen Elektroinstallation sind für Steuerung und Regelung von Verbrauchsgeräten neben den Versorgungsleitungen jeweils eigene Steuerleitungen für jede einzelne Funktion erforderlich.

Bei Einsatz der Gebäudesystemtechnik erfolgt die Steuerung und Regelung über BUS-Leitungen und BUS-Komponenten. Durch die BUS-Vernetzung dieser Komponenten ist eine Mehrfachnutzung von erfassten Zuständen möglich. Bei Nutzungsänderungen und Erweiterungen muss die bestehende Verdrahtung nicht geändert werden, es erfolgt lediglich eine Umparametrierung.

Die „Elektrische Systemtechnik für Heim und Gebäude“ nach DIN EN 50090-5-1, DIN EN 50090-5-2 und DIN EN 50090-5-3 (kurz: Gebäudesystemtechnik) beschreiben die Vernetzung von Systemkomponenten und Teilnehmern zu einem auf die Elektroinstallation abgestimmten System, das Funktionen und Abläufe sowie deren Gewerke übergreifende Verknüpfung in einem Gebäude sicherstellt. Die wesentlichen Funktionen dabei sind:

— Bedienen,

— Anzeigen / Melden,

— Überwachen.

Bei der Gebäudesystemtechnik ist neben der Übertragung von Energie auch die Übertragung von Information erforderlich. Die Informationsübertragung kann dabei über unterschiedliche Übertragungswege erfolgen, z. B.

— separate Leitungen,

— drahtlos (z. B. Funk),

— Starkstromleitungen.

Bei einem Einsatz von Gebäudesystemtechnik sind bei der Planung der elektrischen Anlage die erforderlichen Maßnahmen zu berücksichtigen. Hierzu gehören:

— in Abhängigkeit vom Übertragungsweg die Installation von separaten Leitungen zu den Aktoren und Sensoren für die Informationsübertragung,

— die Installation von Starkstromleitungen zu den jeweiligen Aktoren und ggf. Sensoren,

— die Auswahl von Installationskomponenten (Gerätedosen. Geräte-Verbindungsdosen. Gehäuse für Installationsgeräte, Stromkreisverteiler, usw.) unter Berücksichtigung des zusätzlichen Platzbedarfs.

ANMERKUNG Hinweise für die Planung und Ausführung von Gebäudesystemtechnik enthält DIN 18015-4.

4.5.4 Energieeffizienz

Zur Steigerung der Energieeffizienz werden vielfach besondere Maßnahmen in der technischen Ausrüstung von Gebäuden notwendig. Dazu muss auch die Elektroinstallation entsprechend geplant und ausgeführt werden.

Außerdem sind bei der Ausführung der Elektroinstallation gezielte Maßnahmen bezüglich Lüftungs- und Transmissions-Wärmeverlusten zu ergreifen.

Möglichkeiten zur Steigerung der Energieeffizienz sind im Anhang A beschrieben.

4.5.5 Überspannungsschutz

Ein Überspannungsschutz ist erforderlich, wenn empfindliche elektronische Geräte zur Anwendung kommen und die Bedrohung durch ferne Blitzeinschläge und/oder Überspannungen durch Schalthandlungen gegeben sind. Ob diese Gefährdung vorliegt, kann durch eine vereinfachte Risikoanalyse nach DIN VDE 0100-443, normativer Anhang B, ermittelt werden. Bei vielen Gebäuden führt die Berechnung nach DIN VDE 0100-443 zu dem Ergebnis, dass ein Überspannungsschutz erforderlich ist. Berücksichtigt man weiterhin, dass viele elektronische Verbrauchsmittel nur der Überspannungskategorie I nach DIN VDE 0100-443 entsprechen, ergibt sich in vielen Fällen die Notwendigkeit, Überspannungsschutzeinrichtungen vom Typ 2 bzw. Typ 3 in der Energieversorgung einzubauen.

ANMERKUNG 1 Überspannungsschutzeinrichtungen vom Typ 2 werden in der Regel in Stromkreisverteilern, solche vom Typ 3 möglichst direkt vor den Verbrauchsmitteln installiert.

Bei Einsatz von elektronischen Geräten mit mehreren Anschlüssen, z. B. für Energieversorgung und Informationstechnik (Radio- und Fernsehgeräte, Telekommunikations- und informationstechnische Endgeräte), ist dabei jeder Anschluss separat zu schützen.

ANMERKUNG 2 Dies kann durch den Einbau von Überspannungsschutz-Einzelkomponenten oder Überspannungsschutz-Kombigeräten erreicht werden.

Weitere Empfehlungen zum Blitzschutz von Gebäuden und zu Überspannungsschutzmaßnahmen sind in DIN 18015-1 beschrieben.

5 Kommunikationsanlagen

5.1 Hauskommunikationsanlagen

Für jede Wohnung ist eine Klingelanlage, für Gebäude mit mehr als zwei Wohnungen ist ferner eine Türöffneranlage in Verbindung mit einer mithörgesperrten Türsprechanlage, gegebenenfalls mit Bildübertragung, vorzusehen.

ANMERKUNG Für die Nutzung von Kommunikationsanlagen bei barrierefreiem Bauen ist DIN 18040-1 bzw. DIN 18040-2 zu berücksichtigen.

5.2 Telekommunikationsanlagen

5.2.0 Allgemeines

Unterirdisch und oberirdisch ankommende Außenkabel des Liniennetzes (Zugangsnetzes) enden in einem allgemein zugänglichen Raum (siehe DIN 18012) am Abschlusspunkt (APL).

Das Endleitungsnetz der Telekommunikationsanlage beginnt am APL des Hauses und endet jeweils an der Telekommunikationsabschlusseinrichtung (z. B. 1. TAE) in jeder Wohnung.

Die Telekommunikationsabschlusseinrichtung ist der Übergabepunkt der Hausverteilung (Endleitungsnetz) zur Wohnungsverteilung und ist dem WÜP gemäß Abschnitt 6 benachbart anzuordnen.

ANMERKUNG Siehe T-Com 731 TR 1.

5.2.1 Ausstattung

Vom APL sind zu jeder Telekommunikationsabschlusseinrichtung (1. TAE) mindestens zwei Doppeladern in einem Installationsrohr vorzusehen.

Zu jedem weiteren Anschlusspunkt sind mindestens vier Doppeladern in einem Installationsrohr zu installieren.

ANMERKUNG 1 Bei gewerblicher Nutzung von Wohnräumen werden die Anzahl der Adern und die Art der Verlegung gesondert ermittelt.

ANMERKUNG 2 Unter dem Gesichtspunkt der Zukunftssicherheit für neue Dienste mit hohen Datenraten wie IPTV empfiehlt sich eine anwendungsneutrale Verkabelung nach DIN EN 50173-4 und die Verwendung von geschirmten Kommunikationskabeln.

5.2.2 Anschlusseinrichtungen für Endgeräte

In jeder Wohnung ist eine Telekommunikationsabschlusseinrichtung (z. B. 1. TAE) vorzusehen. Die Anzahl der weiteren TAE, UAE, IAE für Telefon/Daten (IuK) ist nach Tabelle 2 zu ermitteln.

Der 1. TAE und jeder weiteren TAE, UAE, IAE ist jeweils mindestens eine Schutzkontakt-Steckdose zuzuordnen.

Allgemeine und die im Freien zugänglichen Telekommunikationsanlagen sind gegen unbefugte Benutzung und Manipulation zu sichern.

TAE, Verteiler und Anschlüsse sind in nutzungsgerechter räumlicher Anordnung vorzusehen. Bei Einsatz neuer Dienste mit hohen Datenraten wie IPTV sind entsprechende Anschlusseinrichtungen zu verwenden.

ANMERKUNG DIN EN 50173-4 enthält entsprechende Spezifikationen.

5.2.3 Leitungsführung, Rohrnetze und Anordnung von Geräte-Verbindungsdosen sowie Verbindungskästen

Für die Leitungsführung und die Anordnung von Installationsrohren, Geräte-Verbindungsdosen sowie Verbindungs- und Verteilerkästen gelten DIN 18015-1 und DIN 18015-3.

ANMERKUNG Für Telekommunikationsanschlüsse sind nach DIN 18015-1 60 mm tiefe Geräte-Verbindungsdosen zu verwenden. Diese ermöglichen die Einhaltung der Biegeradien sowie die Bereitstellung des benötigten Klemmraums.

5.3 Informations- und Kommunikationsanwendungen

Um der Bedeutung des Internets für multimediale Anwendungen (einschließlich Telefonie) gerecht zu werden, kann eine anwendungsneutrale Kommunikationskabelanlage erforderlich sein. Das Zusammenwachsen von Informations- und Kommunikationstechnik (IuK für Telefonie, PC-Vernetzung, Internetzugang) mit der Rundfunk- und Kommunikationstechnik (RuK für Radio, Fernsehen (TV), interaktive Multimediadienste) sowie die zunehmende PC-Vernetzung führt in zunehmendem Maße zur Nutzung geschirmter symmetrischer Kupferkabel.

ANMERKUNG 1 DIN EN 50173-4 trägt dieser Entwicklung Rechnung und legt entsprechende Topologien, Übertragungsklassen mit zugehörigen Parametern und die physikalischen Schnittstellen am Anschluss fest.

ANMERKUNG 2 Für eine zukunftssichere Nutzung der Informations- und Kommunikationsanwendungen wird nach DIN 18015-1 ein sternförmiges Rohrsystem gefordert.

ANMERKUNG 3 Gerätedosen für die Anschlusseinrichtungen von IuK sollten einen entsprechenden Raum für die Einhaltung der Biegeradien sowie die Bereitstellung des benötigten Klemmraums haben (spezielle Großraumdosen).

6 Verteilanlage für Rundfunk sowie für Information und Kommunikation

In jeder Wohnung ist ein Wohnungsübergabepunkt (WÜP) festzulegen.

Der WÜP ist im einfachsten Fall der Übergabepunkt der Hausverteilung zur Wohnungsverteilung und beinhaltet den Ausgangspunkt für das Rohrsystem zur sternförmigen Verkabelung in der Wohnung.

Der WÜP und die 1. TAE-Dose sind benachbart anzuordnen.

Die Mindestanzahl der Anschlusseinrichtungen für Radio/TV/Daten (RuK) ist nach Tabelle 2 zu wählen.

Jeder Anschlusseinrichtung für Radio/TV/Daten (RuK) sind mindestens 3 Schutzkontakt-Steckdosen, ggf. mit einer gemeinsamen Abdeckung, zuzuordnen.

Allgemeine und die im Freien zugänglichen Verteilanlagen sind gegen unbefugte Benutzung und Manipulation zu sichern.

ANMERKUNG 1 Anschlusseinrichtungen für Radio/TV/Daten (RuK) werden auch zum Anschluss elektronischer Überwachungseinrichtungen sowie interaktiver und sonstiger Dienste verwendet.

Für die Leitungsführung und die Anordnung von Geräte-Verbindungsdosen sowie Verbindungs- und Verteilerkästen gelten DIN 18015-1 und DIN 18015-3.

ANMERKUNG 2 Für eine zukunftssichere Nutzung der Anwendungen aus Information und Kommunikation wird nach DIN 18015-1 ein sternförmiges Rohrsystem gefordert.

ANMERKUNG 3 Für Antennensteckdosen sind nach DIN 18015-1 60 mm tiefe Unterputz-Geräte-Verbindungsdosen zu verwenden. Diese ermöglichen die Einhaltung der Biegeradien sowie die Bereitstellung des benötigten Klemmraums.

Anhang A
(informativ)

Energieeffizienz

Energieeffizienz (Gesamtenergieeffizienz von Gebäuden)

Zur Steigerung der Energieeffizienz werden zusätzliche elektrische Installationen notwendig, die im Folgenden beschrieben werden.

Verbrauchs- und Tarifvisualisierung

Für eine Verbrauchs- und Tarifvisualisierung sind ggf. eigene Leitungsanlagen erforderlich, je nach Art der Signalübertragung zwischen den Verbrauchszählern (z. B. für Strom, Gas, Wasser, Wärme) und einer Visualisierungseinheit in der Wohnung.

Stand-By-Verluste

Zur Abschaltung von Verbrauchsmitteln mit „Stand-by"-Verlusten sollte in allen Räumen wenigstens eine Steckdose im Raum schaltbar ausgeführt werden. Alternativ kann die Möglichkeit der nachträglichen Änderung vorgesehen werden. Dies kann z. B. durch Leitungsinstallation mit Reserveadern oder Installationsrohren erfolgen.

Beleuchtung

In Räumen, die nur gelegentlich genutzt werden, sollte eine automatische Abschaltung der Beleuchtung erfolgen.

Beleuchtungen sollten bedarfsorientiert und Energie sparend gesteuert werden. Hierfür können z. B. Bewegungs- und Präsenzmelder, Dämmerungsschalter sowie Zeitschaltuhren, ggf. sonnenauf- und -untergangsgesteuert, verwendet werden.

Ist eine Orientierungsbeleuchtung gewünscht, sollten Energie sparende Leuchtmittel eingesetzt werden.

Sonnenschutz

Sonnenschutz (Jalousien, Markisen, Rollläden) dient der Vermeidung von Überhitzung der Räume. Durch entsprechende elektrische Steuerung wird eine ständige automatische Anpassung an die Witterungsverhältnisse möglich. Die dafür notwendige Leitungsinstallation wird jeweils vom elektrischen Antrieb zu den zugehörigen Bedien- und Automatisierungskomponenten (z. B. Windsensor, Zeitschaltuhr) für Einzel-, Gruppen,- oder Zentralsteuerung vorgesehen.

Heizung

Durch Einzelraumtemperaturregelung ist es möglich, die Temperatur jedes Raumes an die individuelle Nutzung anzupassen. Für elektrisch betätigte Ventilstellantriebe ist zwischen dem Raumtemperaturregler und den Ventilstellantrieben sowie den Fensterkontakten eine Leitungsinstallation vorzusehen. Damit wird den Räumen nur die wirklich benötigte Heizenergie, abhängig von Raumbelegung und Tageszeit, zugeführt.

Wärmepumpenheizungsanlagen erhalten einen eigenen Anschluss. Der Verbrauch der Wärmepumpenheizungsanlagen wird ggf. über einen eigenen Zähler erfasst. Neben der Versorgungsleitung für das Wärmepumpenaggregat werden noch Leitungen zu den Hilfsaggregaten (z. B. Umwälzpumpen) und den Regeleinrichtungen benötigt.

Steuern und Regeln von Verbrauchsmitteln

Zu Anschlüssen von besonderen Verbrauchsmitteln mit eigenem Stromkreis und zu solchen mit hohem Jahresenergieverbrauch kann zusätzlich zur Stromkreisleitung ein Installationsrohr mit geeignetem Durchmesser, z. B. M25, vom Stromkreisverteiler ausgehend in Betracht gezogen werden. Dies ermöglicht jederzeit die Aufnahme von Steuerleitungen für die Einbindung oben genannter Verbrauchsmittel in Maßnahmen zur Steigerung der Energieeffizienz.

Wohnungslüftung mit bzw. ohne Wärmerückgewinnung

Gebäude nach Niedrigenergie-Standard verfügen in der Regel über eine hohe Luftdichtigkeit. Zur Vermeidung von Schwitzwasser, Schimmelbildung usw. können für diese Gebäude Raumlüftungsanlagen mit bzw. ohne Wärmerückgewinnung erforderlich werden. In diesem Fall sind die entsprechenden Leitungsanlagen und Anschlussstellen für den elektrischen Anschluss und die regeltechnischen Einrichtungen vorzusehen

Luftdichte und wärmebrückenfreie Elektroinstallation

Eine luftdichte und wärmebrückenfreie Gebäudehülle (wie z. B. in der EnEV beschrieben) darf durch die Elektroinstallationen nicht unzulässig beeinträchtigt werden. Aus diesem Grund werden bei Installationen an der Gebäudehülle (Innen- und Außenseite) luftdichte Geräte- und Verteilerdosen eingesetzt. Bei erforderlichen Rohrverbindungen vom Rauminneren nach außen (z. B. für den Anschluss von außen liegenden Rollläden, Jalousien etc.) ist auf einen luftdichten Abschluss zu achten.

Gleiches gilt für die Durchdringung folienartiger luftdichter Schichten (z. B. Dampfbremsen).

Installation an gedämmten Außenfassaden

Elektroinstallationen an gedämmten Außenfassaden sind derart auszuführen, dass die Dämmwirkung nicht unzulässig beeinträchtigt wird. Dies kann durch den Einsatz dafür geeigneter Gerätedosen und Geräteträger erreicht werden.

Anhang B
(informativ)

Beispiele für Komponenten der Gebäudesystemtechnik und der Kommunikationstechnik

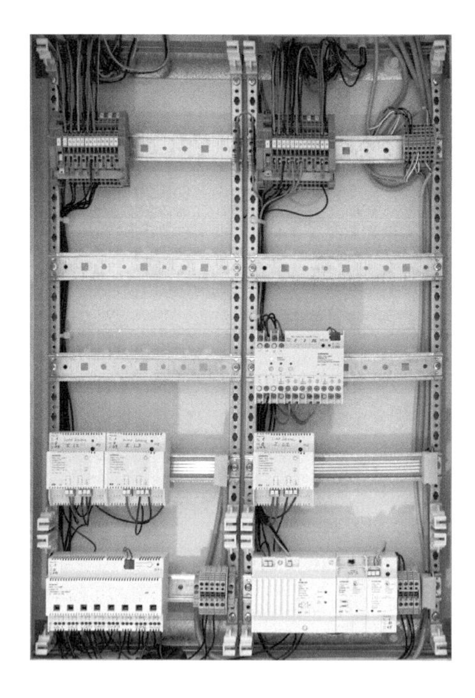

Bild B.1 — Verteiler mit Komponenten der Gebäudesystemtechnik

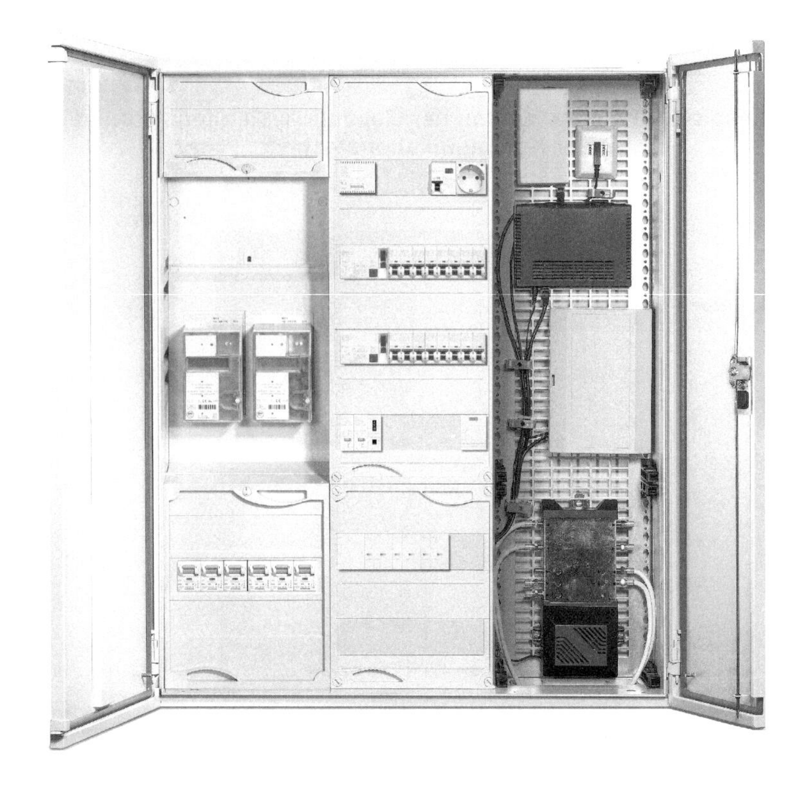

Bild B.2 — Zählerschrank für Einkundenanlage mit Verteilerfeld (Reiheneinbaugeräte) und Kommunikationsfeld

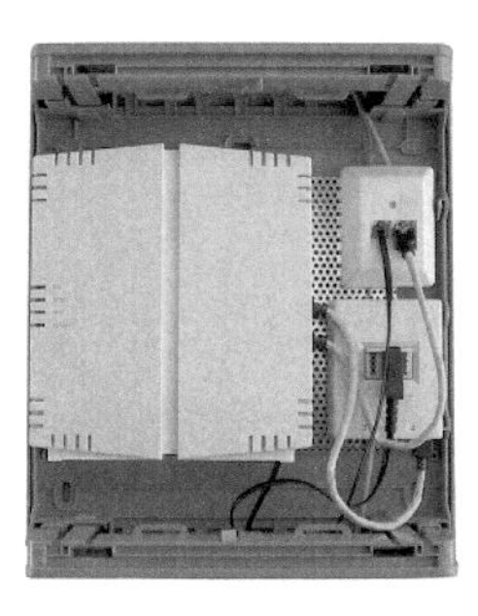

Bild B.3 — Verteiler für Informations- und Kommunikationsanwendungen mit Splitter und Modem

Literaturhinweise

DIN 18025-1, *Barrierefreie Wohnungen — Wohnungen für Rollstuhlbenutzer — Planungsgrundlagen*

DIN 18025-2, *Barrierefreie Wohnungen — Planungsgrundlagen*

DIN 43871, *Installationskleinverteiler für Einbaugeräte bis 63 A*

VDI 6015, *BUS-Systeme in der Gebäudeinstallation — Anwendungsbeispiele*

Handbuch der Gebäudesystemtechnik — Grundlagen[1)]

Handbuch der Gebäudesystemtechnik — Anwendungen[1)]

1) Zu beziehen durch: Wirtschaftsförderungsgesellschaft der Elektrohandwerke mbH (WFE), Postfach 90 03 70, 60443 Frankfurt am Main

September 2007

DIN 18015-3

ICS 91.140.50

Ersatz für
DIN 18015-3:1999-04

Elektrische Anlagen in Wohngebäuden – Teil 3: Leitungsführung und Anordnung der Betriebsmittel

Electrical installations in residential buildings –
Part 3: Wiring and disposition of electrical equipment

Installations électriques dans des immeubles d’habitation –
Partie 3: Disposition des circuits et d’équipement électrique

Gesamtumfang 11 Seiten

Normenausschuss Bauwesen (NABau) im DIN

Inhalt

Vorwort

Diese Norm wurde vom NABau-Arbeitsausschuss NA 005-09-85 AA „Elektrische Anlagen im Bauwesen" erstellt.

Die Installationszonen an Wänden, die seit Jahren in DIN 18015-3 festgelegt sind, haben sich bewährt.

Die Installationsgewohnheiten bei den Gewerken Heizung und Sanitär haben sich, bezogen auf den Deckenbereich, in den letzten Jahren geändert. Deshalb waren die diesbezüglichen Festlegungen in der Normenreihe DIN 18015 nicht mehr ausreichend. Eine frühzeitige Koordinierung der Installationsarbeiten unterschiedlicher Gewerke, z. B. durch Nutzung gemeinsamer Installationszonen oder Trassen und durch Abstimmung notwendiger Leitungskreuzungen, führt zu einem übersichtlichen Aufbau der Installation. Nachträgliche Arbeiten werden hierdurch vereinfacht und Risiken der Leitungsbeschädigung minimiert.

DIN 18015, *Elektrische Anlagen in Wohngebäuden*, besteht aus:

— *Teil 1: Planungsgrundlagen*

— *Teil 2: Art und Umfang der Mindestausstattung*

— *Teil 3: Leitungsführung und Anordnung der Betriebsmittel*

Änderungen

Gegenüber DIN 18015-3:1999-04 wurden folgende Änderungen vorgenommen:

a) Definitionen relevanter Begriffe aufgenommen;

b) Festlegungen für Leitungsführung in und unter der Decke ergänzt;

c) Höhe der mittleren waagerechten Installationszone für Räume mit Arbeitsflächen vor den Wänden an die Höhe der Arbeitsflächen von Küchen angepasst;

d) Hinweise über die Anordnung von elektrischen Betriebsmitteln wie Auslässe, Schalter, Steckdosen, Leitungen außerhalb der Installationszonen aufgenommen;

e) Norm redaktionell überarbeitet.

Frühere Ausgaben

DIN 18015-3: 1982-06, 1990-07, 1999-04

1 Anwendungsbereich

Diese Norm gilt für die Installation von sichtbar angeordneten elektrischen Leitungen[1] sowie Auslässen, Schaltern und Steckdosen elektrischer Anlagen, die nach DIN 18015-1 geplant werden. Sie gilt nicht für sichtbar installierte Leitungen (Aufputz Installationen, Installationskanalsysteme) und nicht für Installationsdoppelböden nach DIN EN 12825.

Diese Norm hat den Zweck, die Anordnung von unsichtbar angeordneten elektrischen Leitungen auf bestimmte festgelegte Zonen zu beschränken, um bei der Installation anderer Leitungen, z. B. für Gas, Wasser oder Heizung, oder bei sonstigen nachträglichen Arbeiten an den Wänden und den Decken bzw. Fußböden die Gefahr einer Beschädigung der elektrischen Leitungen einzuschränken.

In der Normenreihe DIN 18025 sind von dieser Norm abweichende Festlegungen getroffen, die gegebenenfalls zu berücksichtigen sind.

2 Normative Verweisungen

Die folgenden zitierten Dokumente sind für die Anwendung dieses Dokuments erforderlich. Bei datierten Verweisungen gilt nur die in Bezug genommene Ausgabe. Bei undatierten Verweisungen gilt die letzte Ausgabe des in Bezug genommenen Dokuments (einschließlich aller Änderungen).

DIN 18025-1, *Barrierefreie Wohnungen — Wohnungen für Rollstuhlbenutzer — Planungsgrundlagen*

DIN 18025-2, *Barrierefreie Wohnungen — Planungsgrundlagen*

DIN 18560-2, *Estriche im Bauwesen — Estriche und Heizestriche auf Dämmschichten (schwimmende Estriche)*

DIN EN 12825, *Doppelböden*

DIN EN 50174-2 (VDE 0800-174), *Informationstechnik — Installation von Kommunikationsverkabelung — Teil 2: Installationsplanung und -praktiken in Gebäuden*

3 Begriffe

Für die Anwendung dieses Dokuments gelten die folgenden Begriffe.

3.1
Auslass
Einrichtung zum festen Anschluss von elektrischen Verbrauchsgeräten, z. B. für Wandleuchten (meist ohne Anschlussdose)

3.2
elektrische Betriebsmittel
alle Gegenstände, die zum Zwecke der Erzeugung, Umwandlung, Übertragung, Verteilung und Anwendung von elektrischer Energie benutzt werden, z. B. Maschinen, Transformatoren, Schaltgeräte, Messgeräte, Schutzeinrichtungen, Kabel und Leitungen, Stromverbrauchsgeräte

---

1) Hierzu zählen im Sinne der Norm auch Kabel und Leerrohre.

3.3
Decke
Rohdecke, horizontales, raumabschließendes und tragendes Bauteil ohne:

— Bekleidungen unter der Decke (z. B. Putz; Dichtungs-, Dämm-, Schutzschichten; Licht- und Kombinationsdecken, abgehängte Decken, Tapeten, Beschichtungen)

— Beläge auf der Decke (z. B. Estriche; Dichtungs-, Dämm-, Schutz-, Nutzschichten; Schwing- und Installationsdoppelböden)

3.4
Fußboden
oberste Fläche der Beläge auf der Decke (raumseitige Fläche der Nutzschicht)

4 Leitungsführung

4.1 Allgemeines

Bei der Leitungsführung im Sinne dieser Norm wird grundsätzlich unterschieden zwischen

— Leitungsführung in Installationszonen und

— freier Leitungsführung (siehe 5.1).

Die nach 4.2 bis 4.5 festgelegten Installationszonen sind für die Installation elektrischer Leitungen vorgesehen. Sollen diese Installationszonen auch für Leitungen oder Rohre anderer Gewerke (z. B. Heizung, Sanitär) verwendet werden, ist eine Koordination bereits bei der Planung erforderlich. Dabei sind weitere Bestimmungen, z. B. für die Errichtung elektrischer Anlagen (DIN-VDE-Normen) und Richtlinien des ZVSHK zu berücksichtigen.

4.2 Leitungsführung in Wänden

4.2.1 Anordnung

Für die Anordnung der elektrischen Leitungen in Wänden, z. B.

— in gemauerten und betonierten Wänden,

— in Leichtbauwänden,

— bei Vorwandinstallationen oder

— in Ständerwänden,

werden die in 4.2.2 und 4.2.3 aufgeführten Installationszonen (Z) festgelegt (siehe Bilder 1 und 2).

Von der Leitungsführung in den festgelegten Installationszonen darf in Fertigbauteilen und Leichtbauwänden nur abgewichen werden, wenn eine Überdeckung der Leitungen von mindestens 6 cm sichergestellt ist oder die Leitungen in ausreichend großen, unverfüllten Hohlräumen so installiert sind, dass sie gegebenenfalls ausweichen können.

Zur Vermeidung von Schädigungen am Mantel und an der Isolierung von Kabeln und Leitungen in Ständerwänden dürfen diese nicht innerhalb der Metallprofile angeordnet werden. Notwendige Durchführungen durch Metallprofile sind mit geeignetem Kantenschutz zu versehen.

4.2.2 Waagerechte Installationszonen (ZW)

Die waagerechten Installationszonen haben eine Breite von 30 cm.

ZW-o Obere waagerechte Installationszone: von 15 cm bis 45 cm unter der Deckenbekleidung

ZW-u Untere waagerechte Installationszone: von 15 cm bis 45 cm über dem Fußboden

ZW-m Mittlere waagerechte Installationszone: von 100 cm bis 130 cm über dem Fußboden

Die mittlere waagerechte Installationszone (ZW-m) wird nur für Räume festgelegt, in denen Arbeitsflächen vor den Wänden vorgesehen sind, z. B. Küchen, Kochnischen, Hausarbeitsräumen.

4.2.3 Senkrechte Installationszonen (ZS)

Die senkrechten Installationszonen haben eine Breite von 20 cm.

ZS-t Senkrechte Installationszonen an Türen: von 10 cm bis 30 cm neben den Rohbaukanten

ZS-f Senkrechte Installationszonen an Fenstern: von 10 cm bis 30 cm neben den Rohbaukanten

ZS-e Senkrechte Installationszonen an Wandecken: von 10 cm bis 30 cm neben den Rohbauecken

Die senkrechten Installationszonen reichen jeweils von der Unterkante der oberen Decke bis zur Oberkante der unteren Decke.

Für Fenster, zweiflügelige Türen und Wandecken werden die senkrechten Installationszonen beidseitig, für einflügelige Türen jedoch nur an der Schlossseite festgelegt.

ANMERKUNG Bei Räumen mit schrägen Wänden, z. B. in ausgebauten Dachgeschossen, verlaufen die von oben nach unten führenden Installationszonen parallel zu den Bezugskanten. Sie gelten als senkrechte Installationszonen nach 4.2.3, auch wenn sie nicht in jeder Betrachtungsebene senkrecht verlaufen.

Maße in Zentimeter

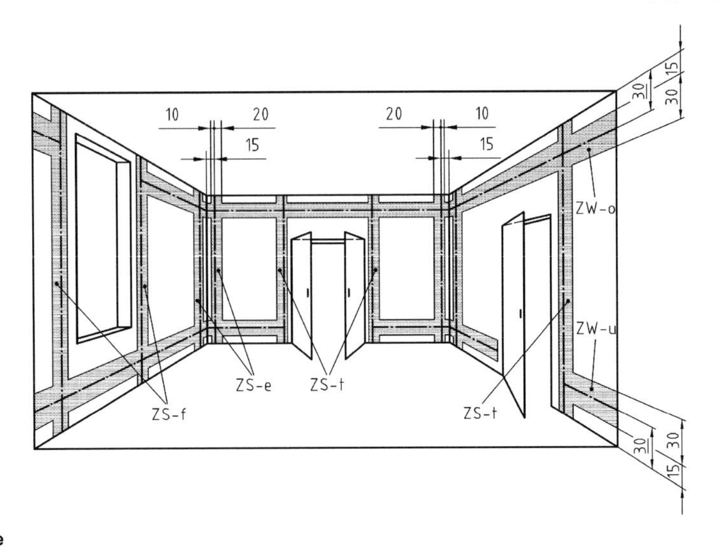

Legende

ZS-t Senkrechte Installationszonen an Türen: von 10 cm bis 30 cm neben den Rohbaukanten
ZS-f Senkrechte Installationszonen an Fenstern: von 10 cm bis 30 cm neben den Rohbaukanten
ZS-e Senkrechte Installationszonen an Wandecken: von 10 cm bis 30 cm neben den Rohbauecken
ZW-u Untere waagerechte Installationszone: von 15 cm bis 45 cm über dem Fußboden
ZW-o Obere waagerechte Installationszone: von 15 cm bis 45 cm unter der Deckenbekleidung

Bild 1 — Senkrechte sowie obere und untere waagerechte Installationszonen

Maße in Zentimeter

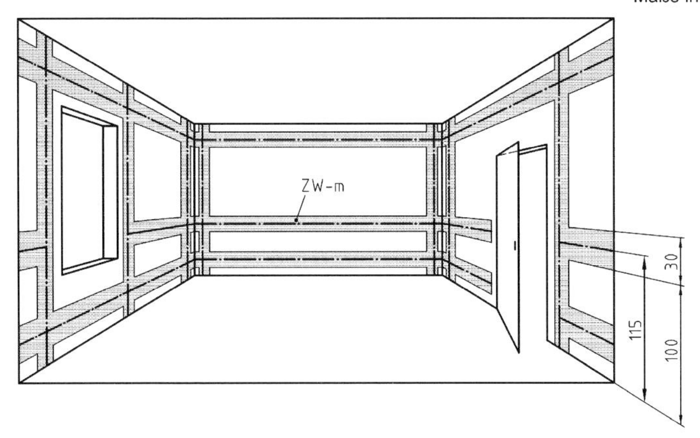

Legende

ZW-m Mittlere waagerechte Installationszone: von 100 cm bis 130 cm über dem Fußboden

Bild 2 — Mittlere waagerechte Installationszone

4.3 Leitungsführung auf der Decke

ANMERKUNG 1 Unter Leitungsführung auf der Decke ist die Installation der Leitungen unmittelbar auf der Rohdecke zu verstehen. Über den Leitungen befinden sich z. B. Trittschallschutz, Estrich und Bodenbelag.

Um die Stabilität des Estrichs sicherzustellen, sind die nachfolgend festgelegten Mindestwerte für Wandabstände, Zonenbreiten und Zonenabstände wie folgt zu berücksichtigen.

Die Anordnung elektrischer Leitungen auf der Decke erfolgt parallel zu den Wänden.

Mehrere elektrische Leitungen sind grundsätzlich bündig nebeneinander anzuordnen. Mindestabstände nach DIN EN 50174-2 (VDE 0800-174) zu informationstechnischen Leitungen sind zu beachten.

Die Installation von elektrischen Leitungen und Leitungen/Rohre anderer Gewerke ist derart vorzunehmen, dass eine geradlinige, parallele und möglichst kreuzungsfreie Anordnung erreicht wird. Dabei ist immer mindestens eine separate Zone für elektrische Leitungen bereitzustellen.

ANMERKUNG 2 Hinweise zur Leitungsinstallation im Zusammenhang mit Fußbodenheizungen sind in DIN 18560-2 enthalten.

Schon bei der Planung sollte der Führung von Heizungs- und Wasserleitungen Priorität vor elektrischen Leitungen und Leerrohren eingeräumt werden.

Für die Anordnung von ausschließlich elektrischen Leitungen auf Decken werden folgende Installationszonen (ZD) festgelegt (siehe Bild 3):

ZD-r Installationszone im Raum: mit einer Breite von max. 30 cm mit einem Wandabstand von min. 20 cm

ZD-t Installationszone im Türdurchgang: mit einer Breite von max. 30 cm mit einem Wandabstand von min. 15 cm

Sind mehrere Installationszonen, auch für unterschiedliche Gewerke, nebeneinander erforderlich, ist ein Mindestabstand zwischen den Zonen von 20 cm einzuhalten (siehe Bild 3).

ANMERKUNG 3 Anforderungen an eventuell notwendige Bauwerksabdichtungen sind in der Normenreihe DIN 18195 enthalten.

Maße in Zentimeter

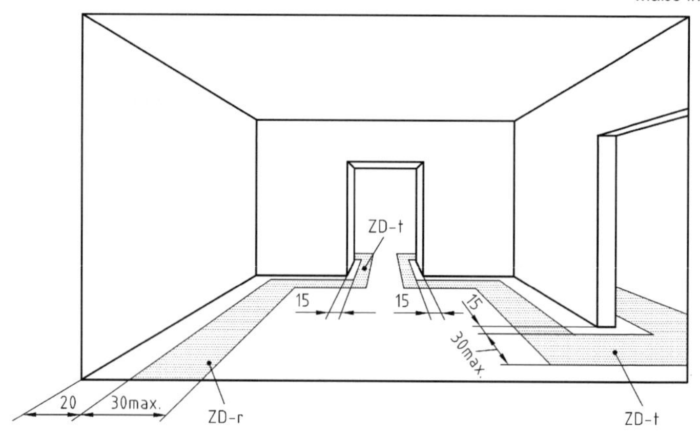

Legende

ZD-r Installationszone im Raum: mit einer Breite von max. 30 cm mit einem Wandabstand von min. 20 cm

ZD-t Installationszone im Türdurchgang: mit einer Breite von max. 30 cm mit einem Wandabstand von min. 15 cm

Bild 3 — Leitungsführung auf der Decke bei ausschließlich elektrischen Leitungen

Maße in Zentimeter

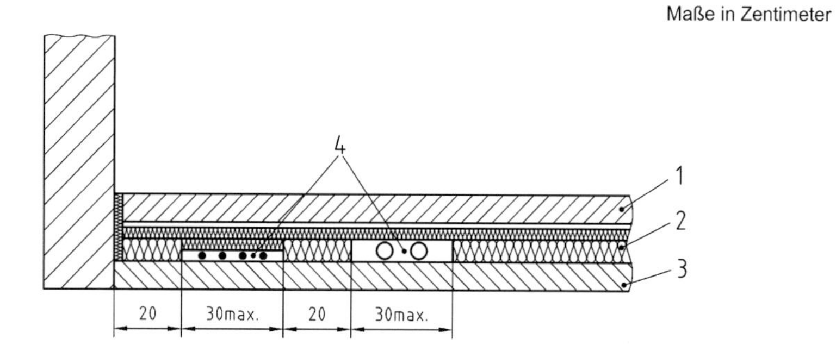

Legende

1 Estrich
2 Dämmung
3 Decke
4 Leitungen

Bild 4 — Leitungsführung auf der Decke bei mehreren Gewerken

4.4 Leitungsführung in der Decke

ANMERKUNG Unter Leitungsführung in der Decke ist die Installation direkt oder innerhalb von Leerrohren in der Rohdecke zu verstehen.

Für die Leitungsanordnung in Decken sind keine Installationszonen festgelegt.

4.5 Leitungsführung unter der Decke

Leitungen unter Decken (unter Putz, im Putz, in Hohlräumen und abgehängten Decken) sind mit einem Mindestabstand von 20 cm parallel zu den Raumwänden anzuordnen.

5 Anordnung der Betriebsmittel

5.1 Allgemeines

Bei mittiger Anordnung von Gerätedosen bzw. Geräteverbindungsdosen in der Installationszone sollte auf eine geeignete Zuführung der Leitungen geachtet werden, um eine Beschädigung der Leitungen durch die Geräteeinsätze zu verhindern.

5.2 Leitungen

Die elektrischen Leitungen sind innerhalb der in Abschnitt 4 festgelegten Installationszonen vorzugsweise mittig anzuordnen.

Leitungen zu Stromkreisverteilern dürfen nur senkrecht zu den Verteilern geführt werden.

Leitungen in Wänden zu Betriebsmitteln wie Auslässen, Schaltern, Steckdosen, die notwendigerweise außerhalb der Installationszonen angeordnet werden müssen, sind als senkrecht geführte Stichleitungen aus einer waagerechten Installationszone zu führen.

Die erforderlichen Übergänge von den Installationszonen auf bzw. unter der Decke sind rechtwinklig zu den senkrechten Installationszonen an Wänden auszuführen.

5.3 Auslässe, Schalter, Steckdosen

Schalter sind vorzugsweise neben den Türen in senkrechten Installationszonen so anzuordnen, dass die Mitte des obersten Schalters nicht mehr als 105 cm über dem Fußboden liegt.

ANMERKUNG 1 Nach der Normenreihe DIN 18025 sind bei barrierefreien Wohnungen abweichende Schalterhöhen festgelegt. Auch für den Abstand der Schalter zu den Türen sind andere Maße festgelegt.

Steckdosen in der unteren waagerechten Installationszone sind in einer Vorzugshöhe von 30 cm über dem Fußboden anzuordnen.

Steckdosen und Schalter über Arbeitsflächen vor Wänden sind innerhalb der mittleren waagerechten Installationszone in einer Vorzugshöhe von 115 cm über dem Fußboden anzuordnen.

ANMERKUNG 2 Die Anordnung von Betriebsmitteln wie Auslässe, Schalter, Steckdosen, außerhalb der Installationszonen kann bei individuell geplanter Inneneinrichtung, z. B. in Küchen, notwendig werden.

Literaturhinweise

DIN 18015-1, *Elektrische Anlagen in Wohngebäuden — Teil 1: Planungsgrundlagen*

DIN 18015-2, *Elektrische Anlagen in Wohngebäuden — Teil 2: Art und Umfang der Mindestausstattung*

DIN 18195 (alle Teile), *Bauwerksabdichtungen*

DIN VDE 0100-520 (VDE 0100-520), *Errichten von Niederspannungsanlagen — Teil 5: Auswahl und Errichtung elektrischer Betriebsmittel — Kapitel 52: Kabel- und Leitungsanlagen*

ZVSHK-Richtlinie, *Installationen im Fußboden Aufbau (Entwurf)*[2]

Merkblatt *„Rohre, Kabel und Kabelkanäle auf Rohdecken" — Hinweise für Estrichleger und Planer, Teil Estrichtechnik, (Herausgeber: Zentralverband des Deutschen Baugewerbes e. V., Kronenstraße 55–58, 10117 Berlin, 2003)*[3]

2) Zu beziehen bei: Zentralverband Sanitär Heizung Klima (ZVSHK), Postfach 1761, 53735 St. Augustin.

3) Zu beziehen bei: Verlagsgesellschaft Rudolf Müller mbH; Stolberger Straße 84, 50933 Köln.

Januar 2008

DIN 18015-3 Berichtigung 1

ICS 91.140.50

Es wird empfohlen, auf der betroffenen Norm einen Hinweis auf diese Berichtigung zu machen.

Elektrische Anlagen in Wohngebäuden – Teil 3: Leitungsführung und Anordnung der Betriebsmittel, Berichtigungen zu DIN 18015-3:2007-09

Electrical installations in residential buildings – Part 3: Wiring and disposition of electrical equipment, Corrigenda to DIN 18015-3:2007-09

Installations électriques dans des immeubles d'habitation – Partie 3: Disposition des circuits et d'équipement électrique, Corrigenda à DIN 18015-3:2007-09

Gesamtumfang 2 Seiten

Normenausschuss Bauwesen (NABau) im DIN

In

DIN 18015-3:2007-09

sind folgende Korrekturen vorzunehmen:

1 Anwendungsbereich

Der erste Satz ist zu ersetzen durch:

„Diese Norm gilt für die Installation von **unsichtbar** angeordneten elektrischen Leitungen[1)] sowie Auslässen, Schaltern und Steckdosen elektrischer Anlagen, die nach DIN 18015-1 geplant werden."

1) Hierzu zählen im Sinne der Norm auch Kabel und Leerrohre.

November 2010

DIN 18015-4

ICS 91.140.50

Elektrische Anlagen in Wohngebäuden – Teil 4: Gebäudesystemtechnik

Electrical installations in residential buildings – Part 4: Home and Building Electronic System

Installations électriques dans des immeubles d'habitation – Partie 4: Contrôle du bâtiment

Gesamtumfang 28 Seiten

Normenausschuss Bauwesen (NABau) im DIN

Inhalt

Seite

Vorwort

Diese Norm wurde vom NABau-Arbeitsausschuss NA 005-09-85 AA „Elektrische Anlagen in Wohngebäuden" erarbeitet.

DIN 18015 *Elektrische Anlagen in Wohngebäuden* besteht aus:

— *Teil 1: Planungsgrundlagen*

— *Teil 2: Art und Umfang der Mindestausstattung*

— *Teil 3: Leitungsführung und Anordnung der Betriebsmittel*

— *Teil 4: Gebäudesystemtechnik*

Die Außenhülle eines Gebäudes dient oft vielen Generationen unverändert, während sich die Gebäudenutzung im Leben einer einzigen Generation mehrfach ändern kann. Zur Anpassung des Gebäudes an geänderte Nutzung oder geänderte Ansprüche der Bewohner waren in der Vergangenheit Änderungen in der gebäudetechnischen Ausstattung und oftmals Umbauarbeiten notwendig.

Mit moderner Gebäudesystemtechnik dagegen lässt sich ein Gebäude geänderten Anforderungen anpassen, ohne bauliche Maßnahmen durchführen zu müssen. Dies setzt voraus, dass Aufnahmeplätze für Sensoren und Aktoren geschaffen und mit einer BUS-Leitung verbunden werden und zu den Aufnahmeplätzen der Aktoren eine Starkstromleitung installiert wird.

Anstelle der BUS-Leitung zwischen Sensoren und Aktoren können unter Beachtung einiger Einschränkungen in bestimmten Fällen Funk oder die Starkstromleitung zur Datenübertragung verwendet werden. Diese Datenübertragungen vermögen auch Einrichtungen zu erreichen, zu denen keine neue Leitung geführt werden kann bzw. soll.

Die Datenübertragung über die Starkstromleitung erreicht nur die Geräte, zu denen auch eine Starkstromleitung führt, und erfordert zusätzliche Vorkehrungen, um zu verhindern, dass die Datentelegramme die eigene Wohnung verlassen und benachbarte Systeme stören, oder auf Nachrichten benachbarter Systeme in ungewollter Weise reagieren. Darüber hinaus kann die Datenübertragung ihre Funktion verlieren, wenn bestimmte Verbrauchsmittel mit Kondensatoren angeschlossen werden.

Die Datenübertragung über Funk erfordert zusätzliche Vorkehrungen, um zu verhindern, dass die Datentelegramme von außen gestört werden oder benachbarte Systeme stören. Die Datenübertragung kann durch Gebäudeteile in ihrer Funktion und Reichweite beeinträchtigt werden.

DIN 18015-4 beschreibt die Mindestanforderungen an die Planung und Installation von elektrischen Anlagen in Wohngebäuden, in denen Gebäudesystemtechnik für eine höherwertige und flexible Elektroinstallation gewünscht bzw. beauftragt wird.

Im Rahmen der Installationsgrundsätze (Abschnitt 4) werden Mindestanforderungen an die Leitungsinstallation, Dimensionierung von Stromkreisverteilern, Installationsdosen, sowie die Platzierung und Anordnung von Komponenten genannt.

Planungsvorgaben für die Beleuchtung nach 5.1 sind in den Abschnitten 5 „Betriebsfunktionen und Funktionsbereiche", 6 „Anzeige- und Bedieneinrichtungen" und 7 „Schnittstellen" enthalten. Hier ist beschrieben, was bei der Planung in Abstimmung mit den Wünschen und den Vorgaben des Bauherrn festzulegen ist. Dabei werden in den Abschnitten mögliche Funktionen und Eigenschaften genannt, die bei der Planung in Betracht gezogen werden sollen. Diese Aufzählungen sollen dem Planer und dem Bauherrn eine Orientierung für das jeweils individuell zu planende Objekt geben.

Das Ergebnis der Planung ist auch in ein Konfigurationsschema einzutragen, in dem die gewünschten Funktionen für die Ausführung enthalten sind. Bei sorgfältiger Planung ist das Konfigurationsschema so angelegt, dass zukünftige Funktionen bereits vorgesehen sind. Das Konfigurationsschema dient einerseits als Grundlage für die Konfiguration durch den Planer und den Elektrotechniker (Elektroinstallateur), andererseits als Dokumentation der Anlagenfunktionen. Als Orientierung für den Planer und für den Elektrotechniker ist im Anhang A ein Beispiel für ein Konfigurations- und Adressierungsschema angeführt.

1 Anwendungsbereich

Diese Norm gilt für zu errichtende Wohngebäude und Gebäude mit Büro- oder ähnlicher Nutzung (z. B Kleingewerbe, Arztpraxen), die mit Gebäudesystemtechnik ausgestattet oder für diese vorbereitet werden. Sie gilt sinngemäß auch für bestehende Gebäude. Sie beschreibt, welche Festlegungen zwischen Bauherr (Auftraggeber) und Planer der elektrischen Anlage getroffen werden müssen und legt Mindestanforderungen zur Installation der BUS-Technik fest.

ANMERKUNG Bei der Planung von Gebäudesystemtechnik ist es zweckmäßig, mögliche Nutzungsänderungen zu berücksichtigen.

2 Normative Verweisungen

Die folgenden zitierten Dokumente sind für die Anwendung dieses Dokuments erforderlich. Bei datierten Verweisungen gilt nur die in Bezug genommene Ausgabe. Bei undatierten Verweisungen gilt die letzte Ausgabe des in Bezug genommenen Dokuments (einschließlich aller Änderungen).

DIN 18015-1:2007-09, *Elektrische Anlagen in Wohngebäuden — Planungsgrundlagen*

DIN 18015-2, *Elektrische Anlagen in Wohngebäuden — Art und Umfang der Mindestausstattung*

DIN 18015-3, *Elektrische Anlagen in Wohngebäuden — Leitungsführung und Anordnung der Betriebsmittel*

DIN 49073, *Gerätedosen aus Metall und Isolierstoff zum versenkten Einbau zur Aufnahme von Installationsgeräten bis 16 A 250 V und Steckdosen nach DIN 49445, DIN 49447 und DIN EN 60309-2 (VDE 0623-20)bis 32 A 690 V — Hauptmaße*

DIN EN 50090-5-1, *Elektrische Systemtechnik für Heim und Gebäude (ESHG) — Teil 5-1: Medien und medienabhängige Schichten — Signalübertragung auf elektrischen Niederspannungsnetzen für ESHG Klasse 1*

DIN EN 50090-5-2, *Elektrische Systemtechnik für Heim und Gebäude (ESHG) — Teil 5-2: Medien und medienabhängige Schichten — Netzwerk basierend auf ESHG Klasse 1, Zweidrahtleitungen (Twisted Pair)*

DIN EN 50090-5-3, *Elektrische Systemtechnik für Heim und Gebäude (ESHG) — Teil 5-3: Medien und medienabhängige Schichten — Signalübertragung über Funk*

DIN EN 60335-2-103 (VDE 0700-103), *Sicherheit elektrischer Geräte für den Hausgebrauch und ähnliche Zwecke — Teil 2-103: Besondere Anforderungen für Antriebe für Tore, Türen und Fenster*

DIN VDE 0100-200 (VDE 0100-200), *Errichten von Niederspannungsanlagen — Teil 200: Begriffe*

DIN VDE 0100-520:2003-06 (VDE 0100-520), *Errichten von Niederspannungsanlagen — Teil 5: Auswahl und Errichtung elektrischer Betriebsmitteln; Kapitel 52: Kabel- und Leitungsanlagen (IEC 60364-5-52:1993, modifiziert); Deutsche Fassung HD 384.5.52.51:1995+A1:1998*

DIN VDE 0606-1 (VDE 0606-1), *Verbindungsmaterial bis 690 V — Teil 1: Installationsdosen zur Aufnahme von Geräten und/oder Verbindungsklemmen*

BGR 232, *BG-Regel — Kraftbetätigte Fenster, Türen und Tore*[1)]

1) Nachgewiesen in der DITR – Datenbank der Software GmbH, zu beziehen bei Carl Heymanns Verlag GmbH, Luxemburger Straße 449, 50939 Köln

3 Begriffe

Für die Anwendung dieses Dokumentes gelten Begriffe nach DIN VDE 0100-200 (VDE 0100-200) und die folgenden Begriffe.

3.1
Aktor
Gerät, das Informationen empfangen, verarbeiten und Funktionen ausführen kann

ANMERKUNG Beispiele sind: Schaltaktor, Binärausgang, Dimmaktor, Analogausgang, Jalousieaktor.

3.2
Binary Unit System
BUS
Technik zur Kommunikation zwischen zwei oder mehreren Einrichtungen mit Schnittstellen für die Datenübertragung

3.3
BUS-Leitung
Leitung zum Übertragen von Daten über einen BUS; verdrilltes Adernpaar (twisted pair) zur Verbindung der BUS-Teilnehmer

3.4
elektrische Anlagen in Wohngebäuden
zu den elektrischen Anlagen in Wohngebäuden zählen nach DIN 18015-1:2007-09:

— Starkstromanlagen mit Nennspannungen bis 1 000 V;

— Telekommunikationsanlagen, Hauskommunikationsanlagen sowie sonstige Melde- und Informationsverarbeitungsanlagen;

— Verteilanlagen für Radio und Fernsehen sowie für interaktive Dienste mit oder ohne Anschluss an ein allgemein zugängliches Netz eines Netzbetreibers;

— Fundamenterder und Potentialausgleich;

— Blitzschutzanlagen und Überspannungsschutz;

sowie

— Anlagen der Gebäudesystemtechnik.

3.5
Funktionsbereich
thematisch einer Stromanwendung, z. B. Beleuchtung, Sonnenschutz, Heizung, Energiemanagement, Einbruchmeldung zugeordnete Funktionen

3.6
Gateway
Gerät für die Kopplung von (BUS-)Systemen für die Gebäudeautomation

ANMERKUNG So können Systeme auf der Ebene der Gebäudeleittechnik mit Systemen der Gebäudesystemtechnik verbunden werden. Diese können wiederum mit Subsystemen für Beleuchtungs- oder Jalousiefunktionen gekoppelt werden.

3.7
Gebäudesystemtechnik
elektrische Systemtechnik für Heim und Gebäude, Vernetzung von Systemkomponenten und Teilnehmern über das BUS-System zu einem auf die Elektroinstallation abgestimmten System, das Funktionen und Ablaäufe sowie deren Systemverknüpfunge in einem Gebäude sicherstellt

ANMERKUNG Die Intelligenz ist auf die BUS-Teilnehmer verteilt. Der Informationsaustausch erfolgt direkt zwischen den Teilnehmern, siehe Normen der Reihe DIN EN 50090-5-1, DIN EN 50090-5-2 und DIN EN 50090-5-3.

3.8
Geräte-Verbindungsdose
Auf- oder Unterputzdose, die außer zur Aufnahme der Schalter und Steckdosen auch zum Verbinden der Leiter dient

3.9
Hauskommunikationsanlage
Anlage zur Kommunikation innerhalb des Gebäudes/der Wohnung mit Klingelanlage, Türöffneranlage, Sprechanlage mit oder ohne Bildübertragung

3.10
Installationsbus
dezentraler, ereignisgesteuerter, auf die Elektroinstallation abgestimmter BUS nach DIN EN 50090-5-1 zum Schalten, Melden, Messen, Steuern, Regeln, Anzeigen und Überwachen, sowohl in Wohngebäuden als auch in Gebäuden mit Büro- oder ähnlicher Nutzung einsetzbar

3.11
Installationsbussystem
Übertragungsweg und Protokoll bei einem Installationsbus sowie Teilnehmer/Komponenten, Produktdatenbank, Systemdokumentation usw.

3.12
Schnittstelle
definierter Punkt zwischen Systemen, innerhalb eines Systems oder innerhalb eines BUS-Teilnehmers im BUS-System

ANMERKUNG In einem BUS-System gibt es definierte Schnittstellen, z. B. zwischen
- der Leitung und dem BUS-Ankoppler,
- dem BUS-Ankoppler und dem Anwendungsmodul.

3.13
Sensor
Element zur Umwandlung physikalischer Größen in elektrische Werte; Teilnehmer des BUS-Systems, der physikalische Kenngrößen verarbeitet und ggf. ein Telegramm auf den BUS sendet

ANMERKUNG Beispiele sind Tastsensor, Temperatursensor, Helligkeitssensor, Wetterstation, CO_2-Sensor, Feuchtigkeitssensor, Zeitschaltuhr.

3.14
Starkstromanlage
elektrische Anlage mit Betriebsmitteln zum Erzeugen, Umwandeln, Speichern, Fortleiten, Verteilen und Verbrauchen elektrischer Energie mit dem Zweck des Verrichtens von Arbeit; z. B. in Form von mechanischer Arbeit, zur Wärme- und Lichterzeugung oder bei elektrochemischen Vorgängen

ANMERKUNG Starkstromanlagen können gegen elektrische Anlagen anderer Art nicht immer eindeutig abgegrenzt werden. Die Werte von Spannung, Strom und Leistung sind dabei allein keine ausreichenden Unterscheidungsmerkmale.

3.15
Starkstromleitung
Kabel und/oder Leitungen zur Energieversorgung von elektrischen Verbrauchs- und Betriebsmitteln

3.16
Stromkreis
Gesamtheit der elektrischen Betriebsmittel einer Anlage, die von demselben Speisepunkt versorgt und durch dieselbe(n) Überstrom-Schutzeinrichtung(en) geschützt wird

3.17
Stromkreisverteiler
Betriebsmittel zur Verteilung der zugeführten Energie auf mehrere Stromkreise, das zur Aufnahme von Einrichtungen zum Schutz bei Überstrom, bei Überspannung und zum Schutz gegen elektrischen Schlag sowie zum Trennen, Schalten, Messen und Überwachen geeignet ist

ANMERKUNG Stromkreisverteiler werden auch als Installationskleinverteiler bezeichnet.

3.18
Telekommunikationsanlage
Gesamtheit der telekommunikationstechnischen Einrichtungen in der Kundenanlage

3.19
(elektrisches) Verbrauchsmittel
elektrisches Betriebsmittel, das dazu bestimmt ist, elektrische Energie in eine andere Energieform umzuwandeln, zum Beispiel in Licht, Wärme oder in mechanische Energie

4 Installationsgrundsätze

4.1 Einfluss der Gebäudesystemtechnik auf die Leitungsinstallation

Für die Gebäudesystemtechnik legt DIN EN 50090 die Systemeigenschaften für die Datenübertragung über leitungslose und leitungsgebundene Medien fest. Für leitungslose Datenübertragung gilt DIN EN 50090-5-3. Bei leitungsgebundener Datenübertragung wird grundsätzlich unterschieden zwischen der Datenübertragung ohne eigene Leitungsinstallation, d. h. unter Nutzung des Niederspannungsleitungsnetzes, für die DIN EN 50090-5-1 gilt, und der Datenübertragung mit eigener BUS-Leitungsinstallation, für die DIN EN 50090-5-2 anzuwenden ist.

4.2 Leitungsinstallation mit eigener BUS-Leitungsinstallation

Die Leitungsinstallationen sind nach DIN 18015-1 bis -3 zu planen und auszuführen.

Die Leitungsführung des BUS-Systems erfolgt zusammen mit den Starkstromleitungen in den nach DIN 18015-3 festgelegten Installationszonen.

ANMERKUNG 1 DIN EN 50174-2 (VDE 0800-174-2) legt die grundlegenden Anforderungen an die Planung, die Ausführung und den Betrieb von informationstechnischer Verkabelung unter Verwendung von symmetrischer Kupferverkabelung und Lichtwellenleiterverkabelung fest.

Zusätzlich sind die systembedingten Anforderungen des gewählten BUS-Systems zu beachten.

Bei der Planung der Elektroinstallation ist zu berücksichtigen, ob die jeweiligen BUS-Aktoren zentral im Verteiler oder dezentral in Unterputzdosen bzw. über einer abgehängten Decke oder hinter einer Wandbekleidung angeordnet werden sollen.

ANMERKUNG 2 Die zentrale Anordnung der BUS-Aktoren im Stromkreisverteiler hat den Vorteil, dass bei späteren Änderungswünschen des Nutzers die Aktoren besser zugänglich sind, als bei einer dezentralen Anordnung.

ANMERKUNG 3 Die dezentrale Anordnung der BUS-Aktoren unterstützt die Zielsetzungen eines dezentralen Systems, indem Leitungslängen und Brandlasten vermindert werden. Weiterhin minimiert eine dezentrale Anordnung den Aufwand für den Brandschutz von Durchbrüchen bei der Installation von Kabeltrassen.

Im Fall der zentralen Aktoren-Anordnung sind sämtliche geschaltete bzw. gesteuerte Starkstromleitungen (Leuchtenleitungen, Leitungen zu Rollladenantrieben usw.) sternförmig zu den jeweiligen Stromkreisverteilern zu führen.

Werden die BUS-Aktoren dezentral angeordnet, sind zu diesen zusätzlich zu den erforderlichen Starkstromleitungen auch die BUS-Leitungen zu installieren.

Zu jedem Sensor (Schaltstelle) ist eine BUS-Leitung zu installieren.

Es ist zu beachten, dass verschiedene Sensor-Arten, wie bestimmte Wetterstationen, Bedien-/Anzeige-Panels usw., zusätzlich zur BUS-Leitung auch eine Starkstrom-Versorgung oder eine SELV-/PELV–Versorgungsspannung über ein separates Adernpaar benötigen.

Um eine größtmögliche Flexibilität des BUS-Systems zu gewährleisten, sind Reserveadern der BUS-Leitung bereits bei der Erstinstallation durchgängig zu verbinden.

Damit einzelne einphasige Starkstromsteckdosen schaltbar ausgeführt werden können und die Auswahl, welche Steckdosen schaltbar ausgeführt werden, auch nachträglich geändert werden kann, sind diese Starkstromleitungen 5-adrig zu installieren.

Sämtliche installierte Starkstromleitungen, BUS-Leitungen und BUS-Komponenten sind eindeutig zu kennzeichnen und zu dokumentieren.

4.3 Dimensionierung von Stromkreisverteilern, Installationsdosen

4.3.1 Stromkreisverteiler

Die Größe des Stromkreisverteilers ist so festzulegen, dass für zu installierende BUS-Geräte und für Erweiterungen ausreichend Platz (Teilungseinheiten) vorhanden sind.

Der notwendige Platzbedarf hängt ab von der:

- verwendeten BUS-Topologie (z. B. für Spannungsversorgung, Linienkoppler, Bereichskoppler)
- Anzahl der zu schaltenden Stromkreise (z. B. für Schalt-, Dimm-, Jalousieaktoren);
- Anzahl der notwendigen BUS-Geräte, die für Steuerungsaufgaben notwendig sind (z. B. Logikbausteine, Ereignisbausteine, Uhr);
- Baugröße der gewählten BUS-Geräte;
- Verlustleistung der verwendeten Einbaugeräte.

Folgende Richtwerte sind zu berücksichtigen:

- Bei einer Wohnfläche von 100 m^2 ist ein Stromkreisverteiler mit mindestens 8 Reihen (96 Teilungseinheiten) einzusetzen;
- Bei mehrgeschossigen Wohnungen wird in jedem Stockwerk entsprechend DIN 18015-2 mindestens ein Stromkreisverteiler angeordnet;
- Bei zentral angeordneten BUS-Aktoren ist für jeweils einen BUS-Aktorkanal;

a) je geschaltetem Lastkreis jeweils 1 Teilungseinheiten;

b) je gedimmtem Lastkreis jeweils 4 Teilungseinheiten;

c) je geschalteter Jalousie/Rollladen jeweils 4 Teilungseinheiten

vorzusehen.

— Der Reserveplatz ist so zu bemessen, dass eine spätere Erweiterung der Anlage ohne weiteres möglich ist. Für zukünftige Erweiterung der Gebäudesystemtechnik sowie für nachträgliche Einbauten von BUS-Steuerungsgeräten ist mindestens eine Reserve von 20 % zu bemessen.

ANMERKUNG Damit auch bei einer späteren Änderung bzw. Erweiterung die Übersichtlichkeit der Verdrahtung erhalten bleibt, wird empfohlen, die abgehenden Starkstromleitungen über Reihenklemmen an die innere Verdrahtung des Stromkreisverteilers anzuschließen.

BUS-Leitungen können auf Reihenklemmen aufgelegt werden, wenn die Bedingungen für Sicherheitskleinspannung eingehalten werden, d. h. es ist die sichere Trennung zwischen Sicherheitsstromkreisen und Starkstromanlagen z. B. durch Schottung sicherzustellen. Alle Leitungen sind so kurz wie möglich abzumanteln. Auch innerhalb des Verteilers sind geschirmte BUS-Leitungen mit verdrillten Adern zu verwenden.

4.3.2 Installationsdosen

Zur Befestigung von Unterputzgeräten sind Installationsdosen nach DIN VDE 0606-1 (VDE 0606-1) bzw. DIN 49073-1 mit Schrauben erforderlich. Geräte-Verbindungsdosen sind mit mindestens 60 mm Tiefe einzubauen.

Leerdosen erleichtern die Nachrüstbarkeit von BUS-Geräten.

ANMERKUNG die zugehörigen Leitungen bzw. Installationsrohre sind in 4.2 beschrieben.

Dezentral gesetzte Sensoren und Aktoren sollen leicht zugänglich sein (z. B. Installation von Aktoren unter BUS-Tastern in Geräte-Verbindungsdosen oder speziellen Großraumdosen), um ohne großen Aufwand Wartungs- oder Reparaturarbeiten durchführen zu können.

4.4 Platzierung und Anordnung von Installations-Komponenten

In Stromkreisverteilern dürfen BUS-Geräte gemeinsam mit anderen Geräten angeordnet werden.

Aus installationstechnischen Gründen empfiehlt es sich jedoch, Schaltgeräte ohne BUS-Anschluss und BUS-Geräte in Gruppen anzuordnen.

Bei der Installation von BUS-Leitungen zusammen mit Starkstromleitungen sind aufgrund der unterschiedlichen Spannungsbereiche insbesondere die Anforderungen in DIN VDE 0100-520 (VDE 0100-520):2003-06, Abschnitt 528, zu berücksichtigen.

ANMERKUNG Da in der Regel bei Aktoren der Starkstrombereich nicht vom Installationsbusbereich abgeschottet ist, müssen die BUS-Leitungen bis zu den Anschlussklemmen mit dem Mantel geführt werden.

Stromkreisverteiler und Verteiler für Netzwerkkomponenten (für z. B. Telekommunikation oder Datenkommunikation) sollten sich im selben Raum möglichst nebeneinander befinden.

5 Betriebsfunktionen und Funktionsbereiche

5.1 Beleuchtung

Schaltstellen (z. B. Schalter, Dimmer, Bewegungsmelder) und Beleuchtungsanschlüsse sind nach DIN 18015-2 zu planen. Beleuchtungsanschlüsse werden dabei schalt- und/oder dimmbar ausgeführt.

An jeder Schaltstelle ist mindestens die Funktion „Schalten“ zu realisieren.

Darüber hinaus gelten die nachfolgenden Anforderungen an bestimmte Räume.

Tabelle 1 — Anforderung an bestimmte Räume

Räume	Schalten	Status Schalten	Dimmen	Status Dimmen	sperren	Szene	Bewegungs-meldung
Wohnzimmer	+	o	+	o	o	+	o
Schlafzimmer			+	o		+	x
Kinderzimmer			+	o		o	x
Esszimmer			o	o		o	x
Küche			x	x		o	x
Flur/Treppe			o	o		o	o
Bad			o	o		o	x
Hausarbeitsraum			x	x		o	x
WC			o	o		o	x
Büro/Arbeitszimmer			o	o		o	x
Terrasse			o	o		o	o
Hobby/Abstellraum			o	o		o	x
Außenbeleuchtung			o	o		o	+

Es bedeuten:
+ vorzusehen
o optional
x nicht erforderlich

Wenn Dimmen vorzusehen ist und mehr als ein Beleuchtungsanschluss geplant wird, ist mindestens ein Beleuchtungsanschluss dimmbar auszuführen.

Für vorzusehende/optionale dimmbare Beleuchtungsanschlüsse sind dazu notwendige Leitungen einzuplanen.

Es ist ein Konfigurationsschema auszuarbeiten, das je Schaltkreis die Adressierung für diese Funktionen definiert:

— Schalten;

— Dimmen;

— Wert setzen;

— Status Schalten;

— Status Dimmen;

— Sperren.

Folgende beleuchtungsanschlussübergreifenden Funktionen sind im Konfigurationsschema zu berücksichtigen:

— Szenensteuerung je Raum, je Stockwerk, für das gesamte Haus;

— Zentral-AUS je Raum, je Stockwerk, für das gesamte Haus;

— Panik-Funktion.

ANMERKUNG Anhang A enthält ein Beispiel für ein Konfigurationsschema.

a) Bei der Planung ist festzulegen, ob bei manueller Bedienung im Raum

— einzeln (jede einzelne Leuchte);

— in Lichtgruppen, -bändern;

— in Szenen (auch überlappenden Gruppen) oder

— gesamt (zentral – z. B. alles Licht AUS, Durchgangsbeleuchtung AN usw.)

gesteuert werden soll.

b) Bei der Planung ist festzulegen, ob die Bedienung raumübergreifend erfolgen soll durch

— Ausschalten aller Verbrauchsmittel bei Verlassen der Wohnung;

— Grundbeleuchtung einschalten bei Betreten der Wohnung,

— Urlaubsschaltung;

— Anwesenheitssimulation;

— Panikbeleuchtung.

c) Bei der Planung ist festzulegen, ob die Bedienung automatisiert werden soll durch

— Uhrzeiten, Zeitintervallen (z. B. Schaltuhr);

— Astrozeiten (Schaltzeiten, die sich dem Sonnengang der Sonne über das Jahr angleichen;

— Dämmerung/Helligkeit (z. B. Dämmerungsschalter);

— Bewegung (z. B. Automatikschalter);

— oder Kombinationen obiger Sensoren.

5.2 Zusätzliche Schaltfunktionen

Separat schaltbare Steckdosen und schaltbare Gerätestromkreise sind dort vorzusehen, wo Medienschwerpunkte (z. B. Heimbüro, Unterhaltungsgeräte, Kommunikationsgeräte), Tisch- und Stehleuchten oder Haushaltsgeräte wie Bügeleisen, Elektro-Herd, Wäschetrockner geplant sind.

Schaltbare Steckdosen sind zu kennzeichnen z. B. über Schriftfeld oder Funktionsanzeige. Zugehörige Schaltstellen zum Einschalten müssen den Schaltzustand anzeigen.

5.3 Sonnenschutz, Torsteuerung, Fensterantriebe

5.3.1 Allgemeines

Wenn motorische Antriebe für Sonnenschutz, Torsteuerung und Fensterantriebe vorgesehen sind, sind nachfolgende Anforderungen zu erfüllen.

5.3.2 Sonnenschutz (Jalousien, Markisen, Rollläden)

Jalousien, Markisen, Rollläden und andere Sonnenschutzeinrichtungen dienen als Sichtschutz, Blendschutz und/oder Schutz gegen Überhitzung.

In Kombination mit einer Wetterzentrale kann der Sonnenschutz automatisch so nachgeführt werden, dass direkt einfallendes Sonnenlicht reflektiert wird, während indirektes Sonnenlicht in den Raum gelassen wird.

ANMERKUNG Wie bei konventionellen Installationen muss beim Erreichen von Endlagen der Antriebsmotor automatisch durch mechanische oder elektronische Endschalter abschalten.

a) Bei der Planung ist festzulegen, ob bei manueller Bedienung im Raum

— einzeln (jede einzelne Sonnenschutzeinrichtung);

— in Gruppen;

— als Teil von Szenen (auch überlappenden Gruppen) oder

— gesamt (zentral – z. B. alle Jalousien ab)

gesteuert werden soll.

b) Bei der Planung ist weiterhin festzulegen, ob die Bedienung raumübergreifend erfolgen soll durch

— Auffahren aller Sonnenschutzeinrichtungen bei Verlassen der Wohnung;

— Beschattungsautomatik pro Fassade einschalten;

— Urlaubsschaltung;

— Anwesenheitssimulation;

— Öffnung bei Panikauslösung.

c) Bei der Planung ist auch festzulegen, ob die Bedienung automatisiert werden soll

— nach Uhrzeiten (z. B. Schaltuhr);

— oder nach Sonnenstand (Wetterzentrale).

Für den Schutz von Markisen, Jalousien oder anderen Sonnenschutzeinrichtungen gegen Zerstörung durch Sturm muss ein Windsensor vorgesehen werden, der bei Überschreiten eines konfigurierbaren Grenzwertes die Sonnenschutzeinrichtungen in eine sichere Position fährt. Bei Ausfall des Windsensors ist durch entsprechende Maßnahmen im Aktor sicherzustellen, dass die Sonnenschutzeinrichtung in die sichere Position fährt.

Bei Sonnenschutzeinrichtungen an Terrassentüren muss ein Schließen von Jalousien oder Rollläden bei geöffneter Tür über einen entsprechenden Kontakt verhindert werden.

Bei innenliegenden Jalousien muss ein Schließen durch Fensterkontakte verhindert werden, solange das Fenster geöffnet ist.

5.3.3 Torsteuerung

Öffnen und Schließen eines Tors kann motorisch erfolgen.

Das Öffnen/Schließen eines Tores wird durch Schaltvorgänge gestartet und gestoppt.

Beim Erreichen von Endlagen muss der Antriebsmotor automatisch durch mechanische oder elektronische Endschalter abschalten.

Bei der Planung ist festzulegen, ob die Betätigung vor Ort oder über Fernbedienung erfolgen soll.

Weiterhin ist festzulegen, ob eine automatische Torsteuerung erfolgen soll durch

— Induktionsschleife;

— Bewegungsmelder;

— Funkfernbedienung;

— Zeitschaltuhr.

Bei der Planung und Ausführung sind DIN EN 60335-2-103 (VDE 0700-103) und BGR 232 zu berücksichtigen.

5.3.4 Fensterantriebe

Das motorische Öffnen und Schließen eines Fensters wird durch Schaltvorgänge gestartet und gestoppt.

Beim Erreichen von Endlagen muss der Antriebsmotor automatisch durch mechanische oder elektronische Endschalter abschalten.

Für den Schutz von Fenstern gegen Zerstörung durch Sturm oder vor Folgeschäden durch eindringendes Wasser ist eine Wetterstation (Wind-/Niederschlagssensor) vorzusehen, die bei Überschreiten von konfigurierbaren Grenzwerten die Fenster zufährt. Bei Ausfall der Wetterstation ist durch entsprechende Maßnahmen im Aktor sicherzustellen, dass die Fenster schließen.

Bei der Planung ist festzulegen, ob bei manueller Bedienung im Raum

— einzeln (jede einzelne Fensterantrieb);

— in Gruppen;

— als Teil von Szenen (auch überlappenden Gruppen) oder

— gesamt (zentral – z. B. Nachtbetrieb, Lüftung oder Regen)

gesteuert werden soll.

b) Bei der Planung ist weiterhin festzulegen, ob die Bedienung raumübergreifend erfolgen soll z. B. Schließen aller Fenster bei Verlassen der Wohnung. Bei der Planung ist auch festzulegen, ob die Bedienung automatisiert werden soll

— nach Uhrzeiten (z. B. Schaltuhr) oder

— in Abhängigkeit vom Status der Alarmanlage.

Bei der Planung und Ausführung sind DIN EN 60335-2-103 (VDE 0700-103) und BGR 232 zu berücksichtigen.

5.4 Heizen, Lüften, Kühlen

Wird die Gebäudesystemtechnik zur Steuerung oder Regelung von Heizung, Lüftung oder Klimatisierung genutzt, sind nachfolgende Anforderungen zu erfüllen.

Für die Raumtemperaturregelung ist die BUS-Leitungsinstallation zu den Ventilstellantrieben/Heizungsaktoren und zum Raumtemperaturregler notwendig.

Fensterkontakte leisten einen wesentlichen Beitrag zur Energieeffizienz der Raumtemperaturregelung und sollten daher vorgesehen und in die BUS-Leitungsinstallation einbezogen werden.

a) Bei der Planung ist festzulegen, ob

— Raumtemperaturregler;

— Ventilstellantriebe;

— elektrische Lüftungsklappen;

— Kesselsteuerung;

— Umwälzpumpen;

— Vorlauftemperaturfühler;

— Außentemperaturfühler

in die Gebäudesystemtechnik eingebunden werden sollen.

b) Bei der Planung ist weiterhin festzulegen, ob die Raumtemperatur

— Zeitabhängig;

— Anwesenheitsabhängig;

— außentemperaturabhängig (Anhebung der Kühl-Solltemperatur in Abhängigkeit von der Außentemperatur nach DIN 1946-6);

— als Teil von Szenen;

— zentral (z. B. Nachtbetrieb, Standby, Komfort oder Frostschutz)

gesteuert werden soll.

c) Bei der Planung ist auch festzulegen, ob im Raum

— eine Verstellung des Sollwertes (Sollwertverschiebung);

— eine Änderung des Betriebsmodus (z. B. Nachtbetrieb, Standby, Komfort oder Frostschutz);

— eine Änderung der Lüfterstufe (z. B. bei Ventilatorkonvektoren)

möglich sein soll und ob diese Änderungen manuell oder automatisch erfolgen sollen.

5.5 Sicherheit

5.5.1 Zutrittskontrolle

Wird die Gebäudesystemtechnik mit einer Schnittstelle zu einem Zutrittskontrollsystem oder Geräten zur Zutrittsberechtigung bzw. -kontrolle geplant, sind nachfolgende Anforderungen zu erfüllen.

Bei der Planung ist festzulegen, ob eine Zutrittskontrolle

— durch Anbindung eines konventionellen Zutrittskontrollsystems oder

— durch ein BUS-fähiges Zutrittskontrollsystem

in die Gebäudesystemtechnik eingebunden werden soll.

Bei der Planung ist festzulegen, ob mit den Signalen der Zutrittskontrolle weitere Funktionen im Gebäude ausgelöst werden sollen, z. B. durch Aufrufen entsprechender Szenen für Beleuchtung, Heizung, usw. beim Betreten eines Bereiches.

5.5.2 Brandmeldung

Wird die Gebäudesystemtechnik mit einer Schnittstelle zu einem Brandmeldesystem oder Geräten zur Brandmeldung geplant, sind nachfolgende Anforderungen zu erfüllen.

Bei der Planung ist festzulegen, ob eine Brandmeldung

— durch Anbindung eines konventionellen Brandmeldesystems oder

— durch BUS-fähige Brandmelder

in die Gebäudesystemtechnik eingebunden werden soll.

Bei der Planung ist festzulegen, ob mit den Signalen der Brandmelder weitere Funktionen im Gebäude ausgelöst werden sollen, z. B. durch Aufrufen entsprechender Szenen für Fluchtwegbeleuchtung, durch Ausschalten von Stromkreisen, durch Auffahren von Jalousien und Rollläden.

5.5.3 Einbruchmeldung

Es gibt einerseits Einbruchmeldeanlagen, die Teil des Gebäude-BUS-Systems sind, und andererseits Einbruchmeldeanlagen als separates System, die über Kontakte oder eine Kommunikationsschnittstelle mit dem Gebäude-BUS-System verbunden sind.

Bei der Planung ist festzulegen, ob über die Einbruchmeldung hinaus weitere Funktionen ausgelöst werden sollen, d. h., ob:

— bei Alarm zur Abschreckung die Beleuchtung einschaltet werden soll;

— bei Alarm die Rollläden geöffnet werden sollen;

— beim Scharfschalten der Einbruchmeldeanlage

a) die Fenster geschlossen werden sollen,

b) eine Anwesenheitssimulation eingeschaltet werden soll,

c) Szenen betreffend die Beleuchtung und Raumheizung des Hauses aufgerufen werden sollen;

— Bewegungsmelder zusätzlich auch zur Steuerung der Beleuchtung sowie zur Steuerung der Raumheizung (belegungsabhängiges Heizen) herangezogen werden sollen;

— Fensterkontakte in die Ansteuerung der Heizungsaktoren eingebunden werden sollen.

ANMERKUNG Es empfiehlt sich, die Vorgaben der Sachversicherer zu beachten.

5.5.4 Überwachungsfunktionen

Wird die Gebäudesystemtechnik zur Überwachung von Geräten oder zur Vermeidung von Schäden genutzt, sind nachfolgende Anforderungen zu erfüllen.

Bei der Planung ist festzulegen, welche

— Ereignisse überwacht werden sollen;

— Reaktionen auf ein Ereignis erfolgen sollen.

ANMERKUNG 1 Ereignisse können sein:

— Leckage (Feuchtigkeit, Rohrbruch usw.);

— Füllstand (Hauswasserwerk, Zisterne, Öl usw.);

— Stromausfall;

— Störmeldung (Kühltruhe, Temperaturabfall usw.);

— Heizungsausfall/-störmeldung;

— Ausfall (Funktionsausfall).

ANMERKUNG 2 Reaktionen können sein:

— Meldung (Telefonansage, SMS, E-Mail usw.);

— Anzeige (Status-LED, Störmeldetableau, Info-Display usw.);

— Notbetrieb, Zwangsstellung, Sichere Position;

— Alarm (akustisch, optisch usw.)

5.6 Energiemanagement

Energiemanagement dient dazu, einen gewünschten Nutzen mit möglichst wenig Energieeinsatz unter optimalen Kosten zu erreichen.

Dazu muss die Elektroinstallation und Gebäudesystemtechnik entsprechend geplant werden.

Bei der Planung ist festzulegen, welche

— Messeinrichtungen;

— Schalt- und Steuereinrichtungen

in die Gebäudesystemtechnik eingebunden werden sollen.

ANMERKUNG 1 Messeinrichtungen können sein:

- Übergabezähler (Fernwärme, Gas, Trinkwasser, Elektrizität, usw.);
- Gebäudeinterner Verrechnungszähler (Wärme, Trinkwasser, usw.);
- Fensterkontakte;
- Temperaturfühle;
- Wetterstation;
- usw.

ANMERKUNG 2 Schalt- und Steuereinrichtungen:

- Schaltaktor;
- Dimmaktor;
- Binär-/Analogausgang;
- Temperaturregler, Heizungsaktor;
- Lastwächter;
- Ladeeinrichtung;
- usw.

6 Anzeige- und Bedieneinrichtungen

Die Anzeige- und Bedieneinrichtungen dienen dem Nutzer, sich sehr umfassend über den Zustand der einzelnen Anwendungen zu informieren und eine Vielzahl von Funktionen ausführen zu können.

ANMERKUNG 1 Die Anzeige- und Bedieneinrichtungen können sein:

- Status-LED;
- Info-Display;
- Panel;
- Visualisierung;
- Taster;
- Touch-Panel;
- Tastatur, Maus;
- usw.

Grundsätzlich soll die Bedienung einfach und funktional sein. Dazu gehört ein einheitliches Bedienkonzept.

ANMERKUNG 2 Werden beispielsweise die Beleuchtung und die Rollläden gesteuert, muss definiert werden, welche Funktionen auf welcher Wippe des Bedienelementes projektiert werden sollen. So wird z. B. die Funktion Beleuchtung immer an der gleichen Stelle bedient.

Bei der Planung sind die Anzahl, die räumliche Anordnung und die Art der Anzeige- und Bedienstellen sowie deren Funktionen festzulegen.

Weiterhin ist festzulegen, ob raumübergreifende Anzeige- und Bedieneinrichtungen vorzusehen sind.

Funktionen für raumübergreifende Anzeige- und Bedieneinrichtungen können sein z. B.:

- Zentral AUS;
- Auffahren aller Sonnenschutzeinrichtungen;
- Einschalten von Automatiken (Urlaubsschaltung, Anwesenheitssimulation usw.);
- Panikschaltung.

ANMERKUNG 3 Raumübergreifende Funktionen können an mehreren Stellen im Gebäude ausgeführt werden, die Funktion „Zentral AUS" mindestens am Haupteingang.

7 Schnittstellen

Schnittstellen dienen der funktionalen Verbindung unterschiedlicher Gewerke und Systeme.

Bei der Planung ist festzulegen, ob die Gebäudesystemtechnik Schnittstellenverbindungen zu folgenden Systemen erhalten soll:

- Übergabezähler;
- Heimnetzwerk;
- Internet;
- Telekommunikationsanlagen;
- Hauskommunikationsanlagen;
- Home-Entertainment;
- weitere BUS-Systeme.

Weiterhin ist festzulegen welche Funktionen oder Informationen über diese Schnittstellenverbindungen realisiert bzw. übertragen werden sollen:

- Alarmmeldung;
- Störmeldung;
- Betriebsmeldung (Status, Temperatur, usw.);
- Schalt-, Dimm-, Jalousie-Funktionen;
- Audio-/Video-Steuerbefehle;
- Zählerdaten (Verbrauchswerte, Zählernummer und -art, usw.).

Anhang A
(informativ)

Konfigurations- und Adressierungsschema

Das nachfolgende Konfigurations- und Adressierungsschema (siehe Tabelle A.1) erleichtert eine Umsetzung von Kundenanforderungen in ein Konfigurationsschema einschließlich der zugehörigen Adressierung.

Dieses Schema bietet einen vordefinierten Satz von Funktionsadressen, der es erlaubt, sich auf die Auslegung der Steuerung auszurichten.

Das Schema deckt Funktionen für Beleuchtung, Beschattung, Heizung-Lüftung-Klima, Sicherheit und Energiemanagement ab.

Für neue sowie erfahrene Gebäudesystemtechnikanwender bietet das Konfigurations- und Adressierungsschema außerordentliche Vorteile:

— Der Erstnutzer kann sich auf einen umfangreichen Satz von Funktionsadressen für seine ersten Projekte stützen.

— Der Experte kann die vordefinierten Funktionsadressen als Standard verwenden, den er je nach Projektanforderungen erweitern kann.

Das Konfigurations- und Adressierungsschema basiert auf einem einfachen Modell für die Zuweisung von Funktionen zu vordefinierten Funktionsadressen.

Das Modell nimmt an, dass in einem Wohnhaus funktionale Einheiten, nämlich Räume und Verbrauchs- und Betriebsmittel , enthalten sind.

ANMERKUNG 1 Als Raum wird hier auch die Zusammenfassung mehrerer Räume zu einer Funktionseinheit, z. B. ein Stockwerk oder das gesamte Haus, verstanden.

ANMERKUNG 2 Zum Wohnhaus kann neben dem Haus selber mit Kellergeschoss, Erdgeschoss, Obergeschoss, Dachgeschoss und Speicher auch ein Außenbereich gehören. Im Haus gibt es eine Anzahl Räume z. B. Wohnzimmer oder Küche. Jeder Raum ist eine funktionale Einheit. Ebenso gibt es im Haus weitere funktionale Einheiten, das heißt Verbrauchs- und Betriebsmittel, z. B. Kühlschrank, Elektroherd, Sicherheitsanlage,Heizungszentrale.

Zu jedem Raum, Verbrauchs- und Betriebsmittel gehören spezifische Funktionen.

ANMERKUNG 3 Zeit und Datum sind Funktionen, die dem gesamten Haus zugeordnet sind. Daher sind diese Funktionen Teil der funktionalen Einheit „Zentralfunktionen". Die Raumtemperatur ist einem spezifischen Raum zugeordnet, z. B. dem Wohnzimmer. Entsprechend ist für jeden Raum mit einer Einzelraumregelung eine spezifische Raumtemperatur zugeordnet.

Diese Aufteilung eines Hauses in seine funktionalen Einheiten und deren Funktionen wird von diesem Konfigurations- und Adressierungsschema auf 16 Bit-Funktionsadressen umgesetzt.

Die oberen 8 Bit kennzeichnen die funktionalen Einheiten, die unteren 8 Bit entsprechen einzelnen Funktionen dieser funktionalen Einheiten (Räume und Verbrauchs- bzw. Betriebsmittel).

Der Funktionsadressbereich ist in den oberen 8 Bit eingeschränkt.

Daher steht als Nummernband für funktionale Einheiten der Bereich 1 bis 95 zur Verfügung. Damit können mehr als 40 Räume in einem Haus beschrieben werden.

Tabelle A.1 — Konfigurations- und Adressierungsschema

Raum/Gerät	Code für Funktionseinheit /obere 8bit der Grp.Adr.	Funktion (entspricht Untergruppe)	Functions-code	Typ	16-bit Adresse	zweistufig		dreistufig		
Verwendung nicht empfohlen!	0	-----		---	---	---		---		
UG	1		...			NA	NA			
		UG gesamt Licht EIN/AUS								
		UG gesamt Rollladen AUF/AB								
		UG Raumtemperaturregelung: Nachtabsenkung								
EG	2		...			NA	NA			
1.OG	3		...			NA	NA			
2.OG	4		...			NA	NA			
frei	5									
frei	6									
frei	7									
Vorgarten	8		...			NA	NA			
Garten	9		...			NA	NA			
Zentral-funktionen	10	Datum	1	3 octets	2561	1	513	1	2	1
		Uhrzeit	2	3 octets	2562	1	514	1	2	2
		Zeitschaltuhr: Kanal1	3	1 bit	2563	1	515	1	2	3
		Zeitschaltuhr: Kanal2	4	1 bit	2564	1	516	1	2	4
		.....	...	...	...	...	...	...	...	..
		Zeitschaltuhr: Kanal16	18	1 bit	2578	1	530	1	2	18
		Abwesend	19	1 bit	2579	1	531	1	2	19
		Anwesend	20	1 bit	2580	1	532	1	2	20
		Ferien	21	1 bit	2581	1	533	1	2	21
		Außentemperatur	22	2 octets	2582	1	534	1	2	22
		Außenhelligkeit	23	2 octets	2583	1	535	1	2	23
		Dämmerung (außen)	24	2 octets	2584					
		Relative Feuchte (außen)	25	8 bit	2585	1	537	1	2	25
		Absolut Feuchte (außen) [IEEE754]	26	4 octets	2586	1	538	1	2	26
		Absolut Feuchte (außen) [EIS5]	27	2 octets	2587	1	539	1	2	27
		Enthalpie (außen)	28	4 octets	2588	1	540	1	2	28
		Windgeschwindigkeit	29	4 octets	2589	1	541	1	2	29
		Windgeschwindigkeit	30	2 octets	2590	1	542	1	2	30
		Windrichtung	31	8 bit	2591	1	543	1	2	31
		Niederschlag	32	1 bit	2592	1	544	1	2	32
		Frost	33	1 bit	2593	1	545	1	2	33
		Sonnenschutz1- Nord	34	1 bit	2594	1	546	1	2	34
		Sonnenschutz1- Ost	35	1 bit	2595	1	547	1	2	35
		Sonnenschutz1- Süd	36	1 bit	2596	1	548	1	2	36
		Sonnenschutz1- West	37	1 bit	2597	1	549	1	2	37
		Sonnenschutz2 - Nord	38	1 bit	2598	1	550	1	2	38
		Sonnenschutz2 - Ost	39	1 bit	2599	1	551	1	2	39
		Sonnenschutz2 - Süd	40	1 bit	2600	1	552	1	2	40
		Sonnenschutz2 - West	41	1 bit	2601	1	553	1	2	41
		Sicherheit 1	42	1 bit	2602	1	554	1	2	42
		Sicherheit 2	43	1 bit	2603	1	555	1	2	43
		Sperren	44	1 bit	2604	1	556	1	2	44
		Solareintrag (Kollektor) (kJ)	45	4 octets	2605	1	557	1	2	45
		Solareintrag (Kollektor) (kJ)	46	2 octets	2606	1	558	1	2	46
		Solareintrag (Solarzellen) (kWh)	47	4 octets	2607	1	559	1	2	47
		Solareintrag (Solarzellen) (kWh)	48	2 octets	2608	1	560	1	2	48
		Gaszähler (kWh)	49	4 octets	2609	1	561	1	2	49
		Gaszähler (kWh)	50	2 octets	2610	1	562	1	2	50
		Gasmelder	51	1 bit	2611	1	563	1	2	51

Tabelle A.1 *(fortgesetzt)*

Raum/Gerät	Code für Funktionseinheit /obere 8bit der Grp.Adr.	Funktion (entspricht Untergruppe)	Functions-code	Typ	16-bit Adresse	zweistufig		dreistufig		
		Stromzähler (kWh) Tarif 1	52	4 octets	2612	1	564	1	2	52
		Stromzähler (kWh) Tarif 1	53	2 octets	2613	1	565	1	2	53
		Stromzähler (kWh) Tarif 2	54	4 octets	2614	1	566	1	2	54
		Stromzähler (kWh) Tarif 2	55	2 octets	2615	1	567	1	2	55
		Stromzähler (kWh) Tarif 3	56	4 octets	2616	1	568	1	2	56
		Stromzähler (kWh) Tarif 3	57	2 octets	2617	1	569	1	2	57
		Kalt-Wasserzähler(m³)	58	4 octets	2618	1	570	1	2	58
		Kalt-Wasserzähler(m³)	59	2 octets	2619	1	571	1	2	59
		Warm-Wasserzähler(m³)	60	4 octets	2620	1	572	1	2	60
		Warm-Wasserzähler(m³)	61	2 octets	2621	1	573	1	2	61
		Tankinhalt (Heizöl in Liter)	62	4 octets	2622	1	574	1	2	62
		Tankinhalt (Heizöl in Liter)	63	2 octets	2623	1	575	1	2	63
		Grenzwertgeber (Heizöl)	64	1 bit	2624	1	576	1	2	64
		Zählerstand Fernwärme (kWh)	65	4 octets	2625	1	577	1	2	65
		Zählerstand Fernwärme (kWh)	66	2 octets	2626	1	578	1	2	66
		frei	67		2627	1	579	1	2	67
		...	...							
		frei	254		2814	1	766	1	2	254
		Verwendung nicht empfohlen!	255	---	---	---		---		
Raum 1 (Diele)	11	Verwendung nicht empfohlen!	0	---	---	---		---		
		schalten, Licht 1	1	1 bit	2817	1	769	1	3	1
		dimmen, Licht 1	2	4 bit	2818	1	770	1	3	2
		Helligkeitswert setzen, Licht 1	3	8 bit	2819	1	771	1	3	3
		Status: Licht EIN/AUS, Licht 1	4	1 bit	2820	1	772	1	3	4
		Status: Helligkeitswert, Licht 1	5	8 bit	2821	1	773	1	3	5
		Sperren, Licht 1	6	1 bit	2822	1	774	1	3	6
		schalten, Licht 2	7	1 bit	2823	1	775	1	3	7
		dimmen, Licht 2	8	4 bit	2824	1	776	1	3	8
		Helligkeitswert setzen, Licht 2	9	8 bit	2825	1	777	1	3	9
		Status: Licht EIN/AUS, Licht 2	10	1 bit	2826	1	778	1	3	10
		Status: Helligkeitswert, Licht 2	11	8 bit	2827	1	779	1	3	11
		Sperren, Licht 2	12	1 bit	2828	1	780	1	3	12
		.....	...	...	...	...	...	...	...	..
		AUF/AB Rollladen 1	49	1 bit	2865	1	817	1	3	49
		Stop/Lammellenverst. Rollladen 1	50	1 bit	2866	1	818	1	3	50
		Sonnenschutz/Position anfahren Rollladen 1	51	1 bit	2867	1	819	1	3	51
		Behanghöhe anfahren Rollladen 1	52	8 bit	2868	1	820	1	3	52
		Lamellenstellung anfahren Rollladen 1	53	8 bit	2869	1	821	1	3	53
		Status (Endschalter): geschlossen Behang 1	54	1 bit	2870	1	822	1	3	54
		Status (Endschalter): geöffnet Behang 1	55	1 bit	2871	1	823	1	3	55
		Status: Behanghöhe Rollladen 1	56	8 bit	2872	1	824	1	3	56
		Status: Lamellenstellung Rollladen 1	57	8 bit	2873	1	825	1	3	57
		.....	...	...	...	...	...	...	...	..
		Komforttemperatur	94	2 octets	2910	1	862	1	3	94
		SOLL-Temperatur	95	2 octets	2911	1	863	1	3	95
		IST-Temperatur	96	2 octets	2912	1	864	1	3	96
		SOLL-Temperatur (2.Regler, Zusatz-)	97	2 octets	2913	1	865	1	3	97
		Betriebsart: Komfort	98	1 bit	2914	1	866	1	3	98
		Betriebsart: Standby	99	1 bit	2915	1	867	1	3	99
		Betriebsart: Nachtabsenkung	100	1 bit	2916	1	868	1	3	100
		Betriebsart: Frostschutz/Hitzeschutz	101	1 bit	2917	1	869	1	3	101

Tabelle A.1 *(fortgesetzt)*

Raum/Gerät	Code für Funktionseinheit /obere 8bit der Grp.Adr.	Funktion (entspricht Untergruppe)	Functions-code	Typ	16-bit Adresse	zweistufig		dreistufig		
		Betriebsart setzen über 8bit	102	8 bit	2918	1	870	1	3	102
		Statusbyte: Betriebsart	103	8 bit	2919	1	871	1	3	103
		Alarm: Frost	104	1 bit	2920	1	872	1	3	104
		Alarm: Hitze	105	1 bit	2921	1	873	1	3	105
		Alarm: Taupunkt	106	1 bit	2922	1	874	1	3	106
		Stellgröße: Heizen1 (Grund-, PWM-schalten)	107	1 bit	2923	1	875	1	3	107
		Stellgröße: Heizen2 (Zusatz-, PWM-schalten)	108	1 bit	2924	1	876	1	3	108
		Stellgröße: Kühlen1 (Grund-, PWM-schalten)	109	1 bit	2925	1	877	1	3	109
		Stellgröße: Kühlen2 (Zusatz-, PWM-schalten)	110	1 bit	2926	1	878	1	3	110
		Stellgröße: Heizen1 (Grund-, stetig)	111	8 bit	2927	1	879	1	3	111
		Stellgröße: Heizen2 (Zusatz-, stetig)	112	8 bit	2928	1	880	1	3	112
		Stellgröße: Kühlen1 (Grund-, stetig)	113	8 bit	2929	1	881	1	3	113
		Stellgröße: Kühlen2 (Zusatz-, stetig)	114	8 bit	2930	1	882	1	3	114
		Status: Heizen1 (Grund-)	115	8 bit	2931	1	883	1	3	115
		Status: Heizen2 (Zusatz-)	116	8 bit	2932	1	884	1	3	116
		Status: Kühlen1 (Grund-)	117	8 bit	2933	1	885	1	3	117
		Status: Kühlen2 (Zusatz-)	118	8 bit	2934	1	886	1	3	118
		Verbrauch: Heizen1 (Grund-)	115	4 octets	2931	1	883	1	3	115
		Verbrauch: Heizen1 (Grund-)	116	2 octets	2932	1	884	1	3	116
		Verbrauch: Heizen2 (Zusatz-)	117	4 octets	2933	1	885	1	3	117
		Verbrauch: Heizen2 (Zusatz-)	118	2 octets	2934	1	886	1	3	118
		Verbrauch: Kühlen1 (Grund-)	119	4 octets	2935	1	887	1	3	119
		Verbrauch: Kühlen1 (Grund-)	120	2 octets	2936	1	888	1	3	120
		Verbrauch: Kühlen2 (Zusatz-)	121	4 octets	2937	1	889	1	3	121
		Verbrauch: Kühlen2 (Zusatz-)	122	2 octets	2938	1	890	1	3	122
		Präsenz	123	1 bit	2939	1	891	1	3	123
		Status: allgemein	124	8 bit	2940	1	892	1	3	124
		Szeneaufruf (1 .. 2)	125	1 bit	2941	1	893	1	3	125
		Szeneaufruf (3 .. 4)	126	1 bit	2942	1	894	1	3	126
		Szeneaufruf (1 .. 64)	127	8 bit	2943	1	895	1	3	127
		frei	128							
		...	...							
		frei	254							
		Verwendung nicht empfohlen!	255	---	---	---		---		
Raum 2 (Wohnen)	12	Verwendung nicht empfohlen!	0	---	---	---		---		
Raum 3 (Küche)	13	Verwendung nicht empfohlen!	0	---	---	---		---		
Raum 4 (Bad)	14	Verwendung nicht empfohlen!	0	---	---	---		---		
Raum 5 (Gäste-Bad)	15	Verwendung nicht empfohlen!	0	---	---	---		---		
Raum 6 (Gäste-WC)	16	Verwendung nicht empfohlen!	0	---	---	---		---		
Raum 7 (Kinder-Bad)	17	Verwendung nicht empfohlen!	0	---	---	---		---		
Raum 8 (Eltern)	18	Verwendung nicht empfohlen!	0	---	---	---		---		
Raum 9 (Kind1)	19	Verwendung nicht empfohlen!	0	---	---	---		---		
Raum 10 (Kind2)	20	Verwendung nicht empfohlen!	0	---	---	---		---		
Raum 11 (Kind3)	21	Verwendung nicht empfohlen!	0	---	---	---		---		
Raum 12 (Gäste1)	22	Verwendung nicht empfohlen!	0	---	---	---		---		
Raum 13 (Gäste2)	23	Verwendung nicht empfohlen!	0	---	---	---		---		
Raum 14 (Garage)	24	Verwendung nicht empfohlen!	0	---	---	---		---		
Raum 15 (Treppenhaus)	25	Verwendung nicht empfohlen!	0	---	---	---		---		
Raum 16 (Waschen)	26	Verwendung nicht empfohlen!	0	---	---	---		---		

Tabelle A.1 *(fortgesetzt)*

Raum/Gerät	Code für Funktionseinheit /obere 8bit der Grp.Adr.	Funktion (entspricht Untergruppe)	Functions-code	Typ	16-bit Adresse	zweistufig		dreistufig		
Raum 17 (Essen)	27	Verwendung nicht empfohlen!	0	---	---	---		---		
Raum 18 (Vorrat)	28	Verwendung nicht empfohlen!	0	---	---	---		---		
Raum 19 (Hobby)	29	Verwendung nicht empfohlen!	0	---	---	---		---		
Raum 20 (Sauna)	30	Verwendung nicht empfohlen!	0	---	---	---		---		
Raum 21 (Büro1)	31	Verwendung nicht empfohlen!	0	---	---	---		---		
Raum 22 (Büro2)	32	Verwendung nicht empfohlen!	0	---	---	---		---		
Raum 23 (ZbV)	33	Verwendung nicht empfohlen!	0	---	---	---		---		
Raum 24 (Technik)	34	Verwendung nicht empfohlen!	0	---	---	---		---		
frei	35				8960	4	768	4	3	0
...	...									
frei	63				16128	7	1792	7	7	0
Heizung/Klima/Lüftung	64	Zentral (ein/aus)	1	1 bit	16385	8	1	8	0	1
		Betriebsart	2	8 bit	16386	8	2	8	0	2
		Temperatur Heißwasser (EIS5)	3	2 octets	16387	8	3	8	0	3
		Temperatur Heißwasser (IEEE)	4	4 octets	16388	8	4	8	0	4
		Zirkulationspumpe (ein/aus)	5	1 bit	16389	8	5	8	0	5
		Status: Zirkulationspumpe	6	1 bit	16390	8	6	8	0	6
		frei	7		16391	8	7	8	0	7
		...	...							
		frei	254		16638	8	254	8	0	254
		Verwendung nicht empfohlen!	255	---	---	---		---		
Alarmanlage	65				2560	1	512	1	2	0
		Alarmanlage: intern scharfschalten (SSB1)	1	1 bit	2561	1	513	1	2	1
		Alarmanlage: extern scharfschalten (SSB2)	2	1 bit	2562	1	514	1	2	2
		Alarmanlage: rücksetzen	3	1 bit	2563	1	515	1	2	3
		Alarmanlage: Meldertest	4	1 bit	2564	1	516	1	2	4
		Alarmanlage: Meldergruppe 1 auslösen	5	1 bit	2565	1	517	1	2	5
		.....	...	...	...	...	...	...	...	..
		Anzeige: Auswahl	52	1 bit	2612	1	564	1	2	52
		frei	53		2613	1	565	1	2	53
		...	...							
		frei	254		2814	1	766	1	2	254
		Verwendung nicht empfohlen!	255	---	---	---		---		
	66				16896	8	512	8	2	0
	...									
frei	126				32256	15	1536	15	6	0
Verwendung nicht empfohlen!	127	---		---	---	---		---		

Anhang B
(informativ)

Anwendungshinweise für die Planung, Beispiele

B.1 Beleuchtung

Die Funktion Dimmen beinhaltet die Funktion Schalten (AUS entspricht dem Helligkeitswert 0 %, EIN entspricht einem Helligkeitswert zwischen 1 % und 100 %).

Aus Gründen der Energieeinsparung, sollte die niedrigste Dimmstufe/-wert so eingestellt sein, dass das menschliche Auge dies auch erfassen kann.

Dimmen kann absolut erfolgen 0 % bis 100 % (insbesondere aus der Ferne) oder relativ, indem z. B. im einsehbaren Bereich in Stufen oder stufenlos heller oder dunkler als der aktuelle Wert gedimmt wird.

Die Beleuchtung in einem Raum kann manuell an der/den Eingangstür/en oder z. B. an einer Stehleuchte geschaltet/gedimmt werden.

Bei einer vorhandenen Terrassentür ist wegen des Helligkeitsunterschieds daran zu denken, dass beim Betreten des Raumes der Taster leicht erreichbar und eindeutig bedienbar ist.

Fernbedienungen ermöglichen Betätigen an Stellen, an denen keine Schalter/Dimmer

— fest installiert sind z. B. Sitzgruppe,

— installiert werden können, z. B. bei Glaswänden.

Werden Räume, nur gelegentlich genutzt, soll die Beleuchtung automatische geschalten werden.

Beleuchtungen sollen bedarfsorientiert und energiesparend gesteuert werden. Hierfür können z. B. Bewegungs- und Präsenzmelder, Dämmerungsschalter sowie Zeitschaltuhren, ggf. sonnenauf- und –untergangsgesteuert, verwendet werden.

Ist eine Orientierungsbeleuchtung gewünscht, sollen Energie sparende Leuchtmittel eingesetzt werden.

B.2 Sonnenschutz

Durch eine elektrische Steuerung wird eine ständige automatische Anpassung von Jalousien, Markisen und Rollläden an die Witterungsverhältnisse möglich. Die dafür notwendige Leitungsinstallation wird jeweils vom elektrischen Antrieb zu den zugehörigen Bedien- und Automatisierungskomponenten (z. B. BUS-Taster, Windsensor, Zeitschaltuhr) für Einzel-, Gruppen,- oder Zentralsteuerung vorgesehen.

Der Sonnenschutz kann bei entsprechender Ansteuerung und einem geeigneten Behang (Jalousien, Lamellenvorhänge) Tageslicht auch so in den Raum lenken, dass die Beleuchtung reduziert und damit die Energieeffizienz gesteigert werden kann.

B.3 Heizen, Lüften, Kühlen

Mit Hilfe der Einzelraumtemperaturregelung ist es möglich, die Temperatur jedes Raumes an die individuelle Nutzung anzupassen. So wird über die Erfassung der Ventilstellungen in allen Räumen der momentane Heizwärmebedarf durch die Kesselregelung errechnet und hierüber die Vorlauftemperatur des Heizwassers optimiert. Wird keine Wärmeenergie benötigt, wird die Vorlauftemperatur entsprechend abgesenkt und die Umwälzpumpe entsprechend angesteuert. Andernfalls erhöht sich die Vorlauftemperatur automatisch. Dies gewährleistet Wohnkomfort bei geringst möglichen Heizkosten. Werden Fensterkontakte einbezogen, können geöffnete Fenster erfasst und die Heizkörperventile im jeweiligen Raum geschlossen werden. Bei Fußbodenheizungen ist die Trägheit des Systems zu beachten.

Bei einer Wohnungslüftungsanlage wird die Anpassung der Luftwechselrate und Luftfeuchtigkeit in Abhängigkeit von der Raumnutzung sowie der Luftqualität gesteuert. Hierzu werden Raumtemperaturregler, Fensterkontakte, Heiz- und Kühlventile in die Gebäudesystemtechnik integriert und die Lüftungsklappen angesteuert.

Über einen Touch-Screen, ein LC-Display oder einen PC kann das Nutzungsprofil der einzelnen Räume eingegeben werden. Tages-, Wochen- und Kalenderprogramme oder Zeitaufträge für bestimmte Tage im Wochenrhythmus steuern die Heizungsanlage. So kann ein individueller Heizungsfahrplan für jeden Raum erstellt werden. Über die Visualisierung der Zählerstände, der Tages-, Wochen-, Monats- und Jahresverbrauchswerte kann ein automatischer Hinweis bei Überschreitung eines vorgegebenen Schwellwertes erfolgen.

Bei Einbindung des Haustürschließsystems in die Gebäudesystemtechnik kann beim Verlassen des Hauses die Heizungssolltemperatur automatisch abgesenkt oder auf Frost-/Hitzeschutzbetrieb umgeschaltet werden. In Zeiten, in denen das Gebäude nicht genutzt wird, kann eine zentrale Absenkung der Temperatur bei Heizbetrieb bzw. Anhebung bei Kühlbetrieb in allen Räumen erfolgen.

Über eine Schnittstelle zur Telefonanlage ist die installierte Haustechnik auch fernsteuerbar und fernwartbar.

Der Verbrauch der Wärmepumpenheizungsanlagen wird ggf. über einen eigenen Zähler erfasst. Neben der Versorgungsleitung für das Wärmepumpenaggregat werden noch Leitungen zu den Hilfsaggregaten (z. B. Umwälzpumpen) und den Regeleinrichtungen benötigt.

Gebäude nach Niedrigenergiestandard verfügen in der Regel über eine hohe Luftdichtigkeit. Deshalb werden zur Vermeidung von Schwitzwasser, Schimmelbildung usw. für diese Gebäude meist Raumlüftungsanlagen mit bzw. ohne Wärmerückgewinnung erforderlich. Für den elektrischen Anschluss und die regeltechnischen Einrichtungen sind die entsprechenden Leitungsanlagen und Anschlussstellen vorzusehen.

Literaturhinweise

DIN 1946-4, *Raumlufttechnik — Teil 4: Raumlufttechnische Anlagen in Gebäuden und Räumen des Gesundheitswesens*

DIN 1946-6, *Raumlufttechnik — Teil 6: Lüftung von Wohnungen; Allgemeine Anforderungen, Anforderungen zur Bemessung, Ausführung und Kennzeichnung, Übergabe/Übernahme (Abnahme) und Instandhaltung*

DIN 43870-1, *Zählerplätze — Maße auf Basis eines Rastersystems*

DIN 43871, *Installationskleinverteiler für Einbaugeräte bis 63 A*

DIN EN 50090-2-1, *Elektrische Systemtechnik für Heim und Gebäude (ESHG) — Teil 2-1: Systemübersicht; Architektur*

DIN EN 50090-2-2 (VDE 0829-2-2), *Elektrische Systemtechnik für Heim und Gebäude (ESHG) — Teil 2-2: Systemübersicht — Allgemeine technische Anforderungen*

DIN EN 50090-2-3 (VDE 0829-2-3), *Elektrische Systemtechnik für Heim und Gebäude (ESHG) — Teil 2-3: Systemübersicht — Anforderungen an die funktionale Sicherheit für Produkte, die für den Einbau in ESHG vorgesehen sind*

DIN EN 50090-3-1, *Elektrische Systemtechnik für Heim und Gebäude (ESHG) — Teil 3-1: Anwendungsaspekte; Einführung in die Anwendungsstruktur*

DIN EN 50090-3-2, *Elektrische Systemtechnik für Heim und Gebäude (ESHG) — Teil 3-2: Anwendungsaspekte — Anwendungsprozess ESHG Klasse 1*

DIN EN 50090-3-3, *Elektrische Systemtechnik für Heim und Gebäude (ESHG) — Teil 3-3: Anwendungsaspekte — ESHG-Interworking-Modell und übliche ESHG-Datenformate*

DIN EN 50090-4-1, *Elektrische Systemtechnik für Heim und Gebäude (ESHG) — Teil 4-1: Medienunabhängige Schicht — Anwendungsschicht für ESHG Klasse 1*

DIN EN 50090-4-2, *Elektrische Systemtechnik für Heim und Gebäude (ESHG) — Teil 4-2: Medienunabhängige Schicht — Transportschicht, Vermittlungsschicht und allgemeine Teile der Sicherungsschicht für ESHG Klasse 1*

DIN EN 50090-4-3, *Elektrische Systemtechnik für Heim und Gebäude (ESHG) — Teil 4-3: Medienunabhängige Schicht — Kommunikation über IP (EN 13321-2:2006)*

DIN EN 50090-7-1, *Elektrische Systemtechnik für Heim und Gebäude (ESHG) — Teil 7-1: Systemmanagement — Managementverfahren*

DIN EN 50090-8 (VDE 0829-8), *Elektrische Systemtechnik für Heim und Gebäude (ESHG) — Teil 8: Konformitätsbeurteilung von Produkten*

DIN EN 50090-9-1 (VDE 0829-9-1), *Elektrische Systemtechnik für Heim und Gebäude (ESHG) — Teil 9-1: Installationsanforderungen — Verkabelung von Zweidrahtleitungen ESHG Klasse 1*

DIN EN 50173-4, *Informationstechnik — Anwendungsneutrale Kommunikationskabelanlagen — Teil 4: Wohnungen*

DIN EN 50174-2, *Informationstechnik — Installation von Kommunikationsverkabelung — Teil 2: Installationsplanung und -praktiken in Gebäuden*

DIN VDE 0100-443 (VDE 0100-443), *Errichten von Niederspannungsanlagen — Teil 4-44: Schutzmaßnahmen — Schutz bei Störspannungen und elektromagnetischen Störgrößen — Abschnitt 443: Schutz bei Überspannungen infolge atmosphärischer Einflüsse oder von Schaltvorgängen*

DIN VDE 0603-1, *Installationskleinverteiler und Zählerplätze AC 400 V*

Handbuch Haus- und Gebäudesystemtechnik — Grundlagen[2)]

Handbuch Haus- und Gebäudesystemtechnik — Anwendungen[2)]

VDI 6015, *BUS-Systeme in der Gebäudeinstallation — Anwendungsbeispiele*

2) Zu beziehen durch: Wirtschaftsförderungsgesellschaft der Elektrohandwerke mbH (WFE), Postfach 90 03 70, 60443 Frankfurt am Main

DK 728.1-056.26 : 643 : 629.111.32 Dezember 1992

Barrierefreie Wohnungen
Wohnungen für Rollstuhlbenutzer
Planungsgrundlagen

DIN 18 025 Teil 1

Accessible dwellings; Dwellings for wheel chair users, design principles
Logements sans obstacles; Logements pour les utilisateurs de fauteils roulants, principes de conception

Ersatz für Ausgabe 01.72

Alle Maße sind Fertigmaße.

Maße in cm

Inhalt

1 Anwendungsbereich und Zweck

Diese Norm gilt für die Planung, Ausführung und Einrichtung von rollstuhlgerechten, neuen Miet- und Genossenschaftswohnungen und entsprechender Wohnanlagen. Sie gilt sinngemäß für die Planung, Ausführung und Einrichtung von rollstuhlgerechten, neuen Wohnheimen, Aus- und Umbauten sowie Modernisierungen von Miet- und Genossenschaftswohnungen und entsprechender Wohnanlagen und Wohnheime.

Sie gilt sinngemäß — entsprechend dem individuellen Bedarf — für die Planung, Ausführung und Einrichtung von rollstuhlgerechten Neu-, Aus- und Umbauten sowie Modernisierungen von Eigentumswohnungen, Eigentumswohnanlagen und Eigenheimen.

Rollstuhlbenutzer — auch mit Oberkörperbehinderungen — müssen alle zur Wohnung gehörenden Räume und alle den Bewohnern der Wohnanlage gemeinsam zur Verfügung stehenden Räume befahren können. Sie müssen grundsätzlich alle Einrichtungen innerhalb der Wohnung und alle Gemeinschaftseinrichtungen innerhalb der Wohnanlage nutzen können. Sie müssen in die Lage versetzt werden, von fremder Hilfe weitgehend unabhängig zu sein.

Die in den Anmerkungen enthaltenen Empfehlungen sind besonders zu vereinbaren.

Anmerkung: Benachbarte, nicht für Rollstuhlbenutzer bestimmte Wohnungen sowie alle den Bewohnern der Wohnanlage gemeinsam zur Verfügung stehenden Räume und Einrichtungen sollten neben den Anforderungen nach dieser Norm den Anforderungen nach DIN 18 025 Teil 2 entsprechen.

Fortsetzung Seite 2 bis 8

Normenausschuß Bauwesen (NABau) im DIN Deutsches Institut für Normung e.V.
Normenausschuß Rettungsdienst und Krankenhaus (NARK)
Normenausschuß Maschinenbau (NAM)

2 Begriffe

2.1 Einrichtungen

Einrichtungen sind die zur Erfüllung der Raumfunktion notwendigen Teile, z. B. Sanitär-Ausstattungsgegenstände, Geräte und Möbel; sie können sowohl bauseits als auch vom Wohnungsnutzer eingebracht werden.

(Aus: DIN 18 022/11.89).

2.2 Bewegungsflächen für den Rollstuhlbenutzer

Bewegungsflächen für den Rollstuhlbenutzer sind die zur Bewegung mit dem Rollstuhl notwendigen Flächen. Sie schließen die zur Benutzung der Einrichtungen erforderlichen Flächen ein.

Bewegungsflächen dürfen sich überlagern (siehe Bild 6).

Die Bewegungsflächen dürfen nicht in ihrer Funktion eingeschränkt sein, z. B. durch Rohrleitungen, Mauervorsprünge, Heizkörper, Handläufe.

3 Maße der Bewegungsflächen

3.1 Bewegungsflächen, 150 cm breit und 150 cm tief

Die Bewegungsfläche muß mindestens 150 cm breit und 150 cm tief sein:

- als Wendemöglichkeit in jedem Raum, ausgenommen kleine Räume, die der Rollstuhlbenutzer ausschließlich vor- und rückwärtsfahrend uneingeschränkt nutzen kann,
- als Duschplatz (siehe Bilder 1 und 3),
- vor dem Klosettbecken (siehe Bild 4),
- vor dem Waschtisch (siehe Bild 5),
- auf dem Freisitz,
- vor den Fahrschachttüren (siehe Bild 12),
- am Anfang und am Ende der Rampe (siehe Bilder 7 und 8),
- vor dem Einwurf des Müllsammelbehälters.

3.2 Bewegungsflächen, 150 cm tief

Die Bewegungsfläche muß mindestens 150 cm tief sein:

- vor einer Längsseite des Bettes des Rollstuhlbenutzers (siehe Bild 16),
- vor Schränken,
- vor Kücheneinrichtungen (siehe Bilder 18 und 19),
- vor der Einstiegseite der Badewanne (siehe Bilder 2 und 3),
- vor dem Rollstuhlabstellplatz (siehe Bild 15),
- vor einer Längsseite des Kraftfahrzeuges (siehe Bild 20).

3.3 Bewegungsflächen, 150 cm breit

Die Bewegungsfläche muß mindestens 150 cm breit sein:

- zwischen Wänden außerhalb der Wohnung,
- neben Treppenauf- und -abgängen; die Auftrittsfläche der obersten Stufe ist auf die Bewegungsfläche nicht anzurechnen (siehe Bild 14).

3.4 Bewegungsflächen, 120 cm breit

Die Bewegungsfläche muß mindestens 120 cm breit sein:

- entlang der Möbel, die der Rollstuhlbenutzer seitlich anfahren muß,
- entlang der Betteinstiegseite — Bett des Nicht-Rollstuhlbenutzers (siehe Bild 17),
- zwischen Wänden innerhalb der Wohnung,
- neben Bedienungsvorrichtungen (siehe Bild 13),
- zwischen den Radabweisern einer Rampe (siehe Bilder 7 und 9),
- auf Wegen innerhalb der Wohnanlage.

3.5 Bewegungsfläche neben Klosettbecken

Die Bewegungsfläche muß links oder rechts neben dem Klosettbecken mindestens 95 cm breit und 70 cm tief sein. Auf einer Seite des Klosettbeckens muß ein Abstand zur Wand oder zu Einrichtungen von mindestens 30 cm eingehalten werden (siehe Bild 4).

3.6 Bewegungsflächen vor handbetätigten Türen

Vor handbetätigten Türen sind die Bewegungsflächen nach den Bildern 10 oder 11 zu bemessen.

4 Türen

Türen müssen eine lichte Breite von mindestens 90 cm haben (siehe Bilder 10, 11 und 12).

Die Tür darf nicht in den Sanitärraum schlagen.

Große Glasflächen müssen kontrastreich gekennzeichnet und bruchsicher sein.

Bewegungsflächen vor handbetätigten Türen siehe Abschnitt 3.6.

Untere Türanschläge und -schwellen siehe Abschnitt 5.2.

Anmerkung: Türen sollten eine lichte Höhe von mindestens 210 cm haben.

5 Stufenlose Erreichbarkeit, untere Türanschläge und -schwellen, Aufzug, Rampe

5.1 Stufenlose Erreichbarkeit

Alle zur Wohnung gehörenden Räume und die gemeinschaftlichen Einrichtungen der Wohnanlage müssen stufenlos, gegebenenfalls mit einem Aufzug oder einer Rampe, erreichbar sein.

Alle nicht rollstuhlgerechten Wohnungen innerhalb der Wohnanlage müssen zumindest durch den nachträglichen Ein- oder Anbau eines Aufzuges oder einer Rampe stufenlos erreichbar sein.

5.2 Untere Türanschläge und -schwellen

Untere Türanschläge und -schwellen sind grundsätzlich zu vermeiden. Soweit sie technisch unbedingt erforderlich sind, dürfen sie nicht höher als 2 cm sein.

5.3 Aufzug

Der Fahrkorb des Aufzugs ist mindestens wie folgt zu bemessen:

- lichte Breite 110 cm,
- lichte Tiefe 140 cm.

Bei Bedarf muß der Aufzug mit akustischen Signalen nachgerüstet werden können.

Bedienungstableau und Haltestangen siehe Bilder 21 bis 24. Für ein zusätzliches senkrechtes Bedienungstableau gilt DIN 15 325.

Bewegungsflächen vor den Fahrschachttüren siehe Abschnitt 3.1 und Bild 12.

Lichte Breite der Fahrschachttüren siehe Abschnitt 4.

Anmerkung: Im Fahrkorb sollte gegenüber der Fahrkorbtür ein Spiegel zur Orientierung angebracht werden.

5.4 Rampe

Die Steigung der Rampe darf nicht mehr als 6 % betragen. Bei einer Rampenlänge von mehr als 600 cm ist ein Zwischenpodest von mindestens 150 cm Länge erforderlich. Die Rampe und das Zwischenpodest sind beidseitig mit 10 cm hohen Radabweisern zu versehen. Die Rampe ist ohne Quergefälle auszubilden.

An Rampe und Zwischenpodest sind beidseitig Handläufe mit 3 cm bis 4,5 cm Durchmesser in 85 cm Höhe anzubringen. Handläufe und Radabweiser müssen 30 cm in den Plattformbereich waagerecht hineinragen (siehe Bilder 7, 8 und 9).

Bewegungsflächen am Anfang und am Ende der Rampe und zwischen den Radabweisern siehe Abschnitte 3.1 und 3.4.

6 Besondere Anforderungen an Küche, Sanitärraum, zusätzliche Wohnfläche, Freisitz, Rollstuhlabstellplatz und Pkw-Stellplatz

6.1 Küche

Herd, Arbeitsplatte und Spüle müssen uneingeschränkt unterfahrbar sein. Sie müssen für die Belange des Nutzers in die ihm entsprechende Arbeitshöhe montiert werden können. Zur Unterfahrbarkeit der Spüle ist ein Unterputz- oder Flachaufputzsiphon erforderlich.

Zusätzlich gilt DIN 18 022.

Bewegungsflächen vor Kücheneinrichtungen siehe Abschnitt 3.2.

Anmerkung: Herd, Arbeitsplatte und Spüle sollten übereck angeordnet werden können (siehe Bild 19).

6.2 Sanitärraum (Bad, WC)

Der Sanitärraum (Bad, WC) ist mit einem rollstuhlbefahrbaren Duschplatz auszustatten. Das nachträgliche Aufstellen einer mit einem Lifter unterfahrbaren Badewanne im Bereich des Duschplatzes muß möglich sein (siehe Bild 3).

Der Waschtisch muß flach und unterfahrbar sein; ein Unterputz- oder Flachaufputzsiphon ist vorzusehen.

Der Waschtisch muß für die Belange des Nutzers in die ihm entsprechende Höhe montiert werden können.

Die Sitzhöhe des Klosettbeckens, einschließlich Sitz, muß 48 cm betragen. Im Bedarfsfall muß eine Höhenanpassung vorgenommen werden können.

Der Sanitärraum muß eine mechanische Lüftung nach DIN 18 017 Teil 3 erhalten.

Zusätzlich gilt DIN 18 022.

Bewegungsflächen vor und neben Sanitärraumeinrichtungen siehe Abschnitte 3.1, 3.2 und 3.5.

Besondere Anforderungen an die Sanitärraumtür siehe Abschnitt 4.

In Wohnungen für mehr als drei Personen ist ein zusätzlicher Sanitärraum nach DIN 18 022 mit mindestens einem Waschbecken und einem Klosettbecken vorzusehen.

6.3 Zusätzliche Wohnfläche

Für den Rollstuhlbenutzer ist bei Bedarf eine zusätzliche Wohnfläche vorzusehen. Die angemessene Wohnungsgröße erhöht sich hierdurch im Regelfall um 15 m^2.[1])

6.4 Freisitz

Anmerkung: Jeder Wohnung soll ein mindestens 4,5 m^2 großer Freisitz (Terrasse, Loggia oder Balkon) zugeordnet werden.

Bewegungsfläche auf dem Freisitz siehe Abschnitt 3.1.

6.5 Rollstuhlabstellplatz

Für jeden Rollstuhlbenutzer ist ein Rollstuhlabstellplatz, vorzugsweise im Eingangsbereich des Hauses oder vor der Wohnung, zum Umsteigen vom Straßenrollstuhl auf den Zimmerrollstuhl vorzusehen. Der Rollstuhlabstellplatz muß mindestens 190 cm breit und mindestens 150 cm tief sein (siehe Bild 15).

Bewegungsfläche vor dem Rollstuhlabstellplatz siehe Abschnitt 3.2.

Zur Ausstattung eines Batterieladeplatzes für Elektro-Rollstühle ist DIN VDE 0510 Teil 3 zu beachten.

6.6 Pkw-Stellplatz

Für jede Wohnung ist ein wettergeschützter Pkw-Stellplatz oder eine Garage vorzusehen.

Bewegungsfläche vor einer Längsseite des Kraftfahrzeuges siehe Abschnitt 3.2.

Anmerkung: Der Weg zur Wohnung sollte kurz und wettergeschützt sein.

7 Wände, Decken, Brüstungen und Fenster

Wände und Decken sind zur bedarfsgerechten Befestigung von Einrichtungs-, Halte-, Stütz- und Hebevorrichtungen tragfähig auszubilden.

Anmerkungen: Brüstungen in mindestens einem Aufenthaltsraum der Wohnung und von Freisitzen sollten ab 60 cm Höhe durchsichtig sein.

Fenster und Fenstertüren im Erdgeschoß sollten einbruchhemmend ausgeführt werden.

8 Bodenbeläge

Bodenbeläge im Gebäude müssen rutschhemmend, rollstuhlgeeignet und fest verlegt sein; sie dürfen sich nicht elektrostatisch aufladen.

Bodenbeläge im Freien müssen mit dem Rollstuhl leicht und erschütterungsarm befahrbar sein. Hauptwege (z. B. zu Hauseingang, Garage, Müllsammelbehälter) müssen auch bei ungünstiger Witterung gefahrlos befahrbar sein; das Längsgefälle darf 3 % und das Quergefälle 2 % nicht überschreiten.

9 Raumtemperatur

Die Heizung von Wohnungen und gemeinschaftlich zu nutzenden Aufenthaltsräumen ist für eine Raumtemperatur nach DIN 4701 Teil 2 zu bemessen.

Die Beheizung muß je nach individuellem Bedarf ganzjährig möglich sein, z. B. durch eine Zusatzheizung.

[1]) Siehe § 39 Abs. 2 Zweites Wohnungsbaugesetz und § 5 Abs. 2 Wohnungsbindungsgesetz.

10 Fernmeldeanlagen

In der Wohnung ist zur Haustür eine Gegensprechanlage mit Türöffner vorzusehen.

Fernsprechanschluß muß vorhanden sein.

11 Bedienungsvorrichtungen

Bedienungsvorrichtungen (z.B. Schalter, häufig benutzte Steckdosen, Taster, Sicherungen, Raumthermostat, Sanitärarmaturen, Toilettenspüler, Rolladengetriebe, Türdrücker, Querstangen zum Zuziehen von Drehflügeltüren, Öffner von Fenstertüren, Bedienungselemente automatischer Türen, Briefkastenschloß, Mülleinwurföffnungen) sind in 85 cm Höhe anzubringen.

Bedienungsvorrichtungen müssen ein sicheres und leichtes Zugreifen ermöglichen. Sie dürfen nicht versenkt und scharfkantig sein.

Heizkörperventile müssen in einer Höhe zwischen 40 cm und 85 cm bedient werden können.

Bedienungsvorrichtungen müssen einen seitlichen Abstand zur Wand oder zu bauseits anzubringenden Einrichtungen von mindestens 50 cm haben (siehe Bild 13).

Sanitärarmaturen sind als Einhebel-Mischbatterien mit Temperaturbegrenzern und schwenkbarem Auslauf vorzusehen.

Die Tür des Sanitärraumes muß abschließbar und im Notfall von außen zu entriegeln sein.

Hauseingangstüren, Brandschutztüren zur Tiefgarage und Garagentore müssen kraftbetätigt und manuell zu öffnen und zu schließen sein.

An kraftbetätigten Türen müssen Quetsch- und Scherstellen vermieden werden oder gesichert sein.

Schalter für kraftbetätigte Drehflügeltüren sind bei frontaler Anfahrt mindestens 250 cm vor der aufschlagenden Tür und auf der Gegenseite 150 cm vor der Tür anzubringen.

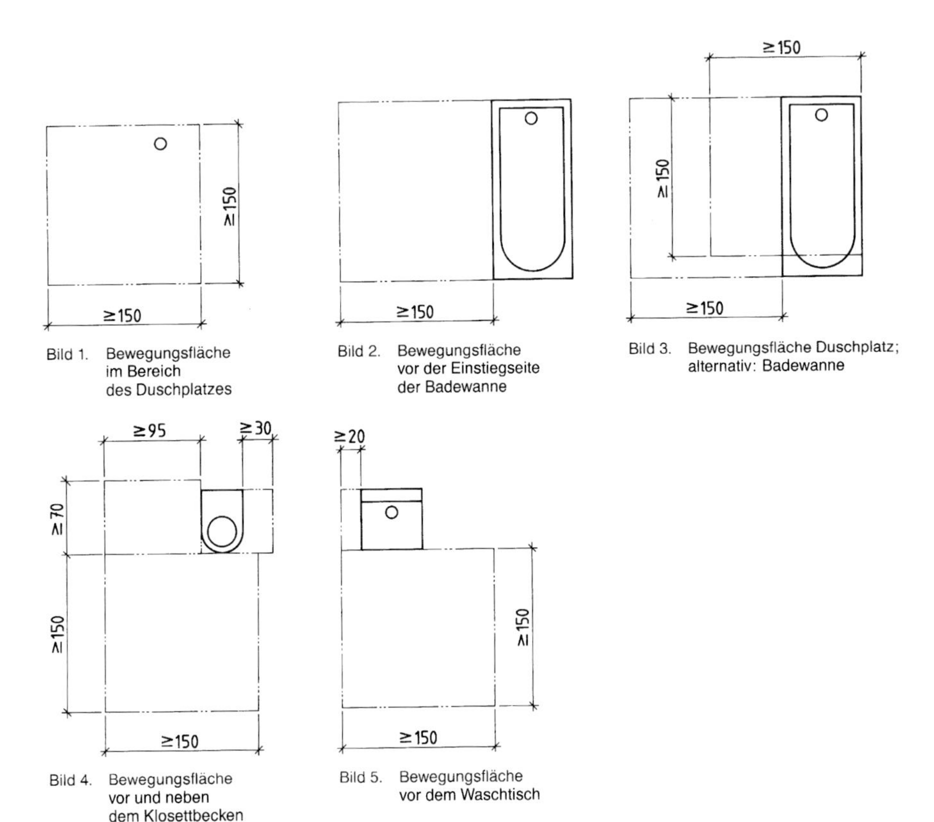

Bild 1. Bewegungsfläche im Bereich des Duschplatzes

Bild 2. Bewegungsfläche vor der Einstiegseite der Badewanne

Bild 3. Bewegungsfläche Duschplatz; alternativ: Badewanne

Bild 4. Bewegungsfläche vor und neben dem Klosettbecken

Bild 5. Bewegungsfläche vor dem Waschtisch

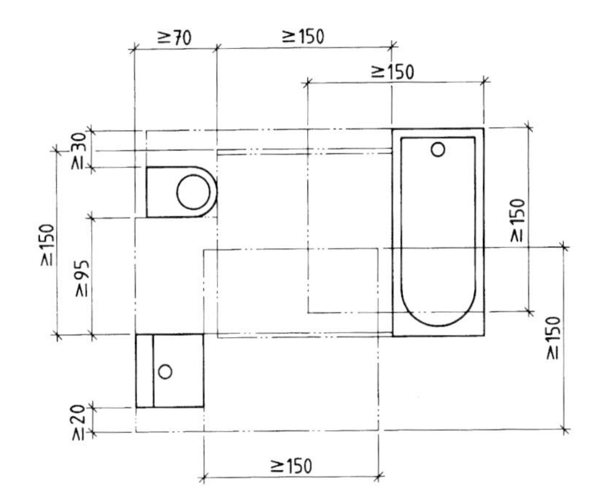

Bild 6. Beispiel der Überlagerung der Bewegungsflächen im Sanitärraum

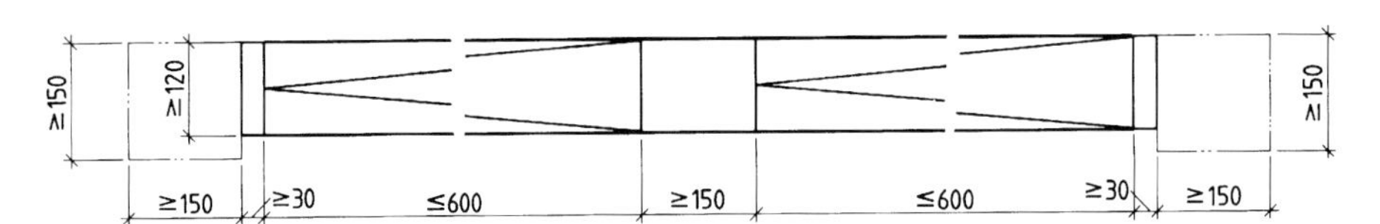

Bild 7. Rampe (Rampenlänge ≥ 600 cm)

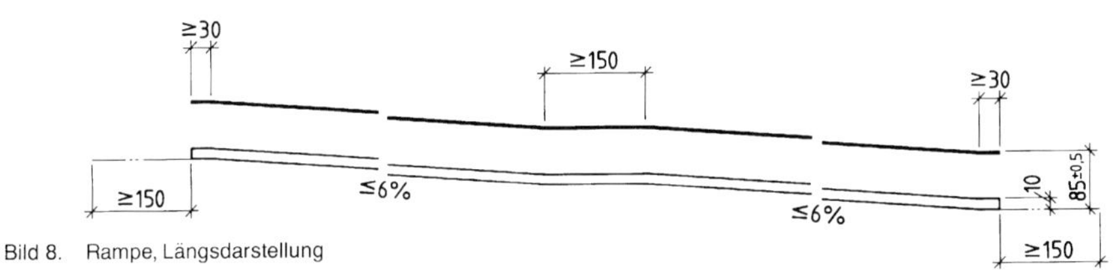

Bild 8. Rampe, Längsdarstellung

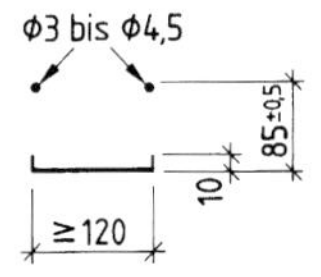

Bild 9. Rampe, Querdarstellung

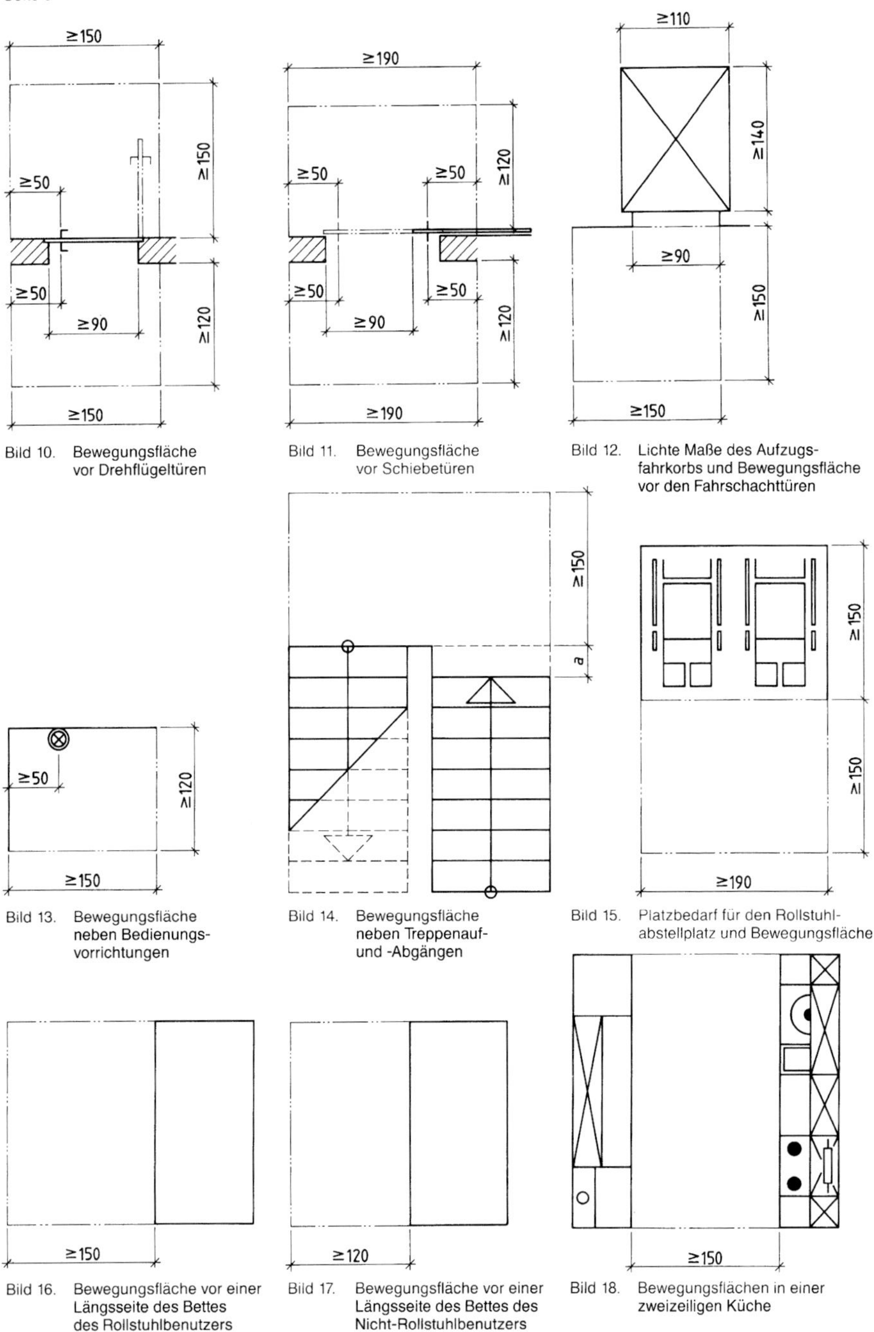

Bild 10. Bewegungsfläche vor Drehflügeltüren

Bild 11. Bewegungsfläche vor Schiebetüren

Bild 12. Lichte Maße des Aufzugsfahrkorbs und Bewegungsfläche vor den Fahrschachttüren

Bild 13. Bewegungsfläche neben Bedienungsvorrichtungen

Bild 14. Bewegungsfläche neben Treppenauf- und -Abgängen

Bild 15. Platzbedarf für den Rollstuhlabstellplatz und Bewegungsfläche

Bild 16. Bewegungsfläche vor einer Längsseite des Bettes des Rollstuhlbenutzers

Bild 17. Bewegungsfläche vor einer Längsseite des Bettes des Nicht-Rollstuhlbenutzers

Bild 18. Bewegungsflächen in einer zweizeiligen Küche

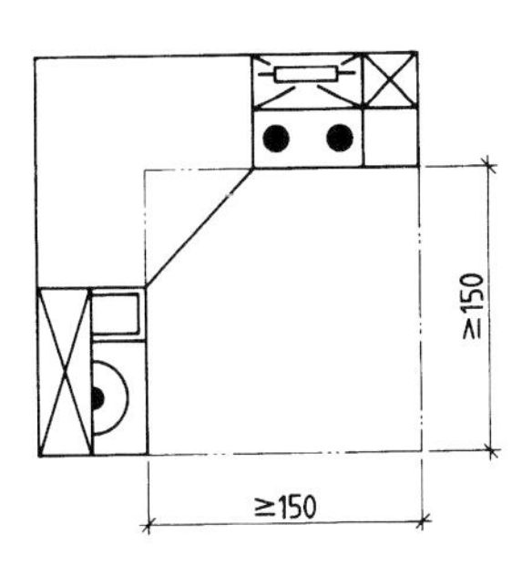

Bild 19. Bewegungsfläche in einer übereck angeordneten Küche

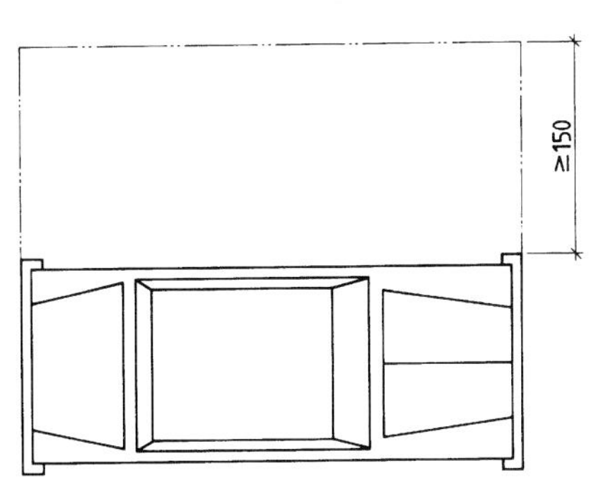

Bild 20. Bewegungsfläche vor einer Längsseite des Kraftfahrzeugs

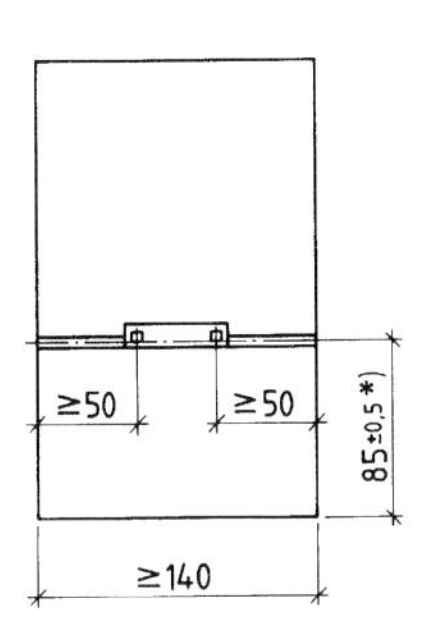

Bild 21. Höhenlage und Ansicht des Bedienungstableaus

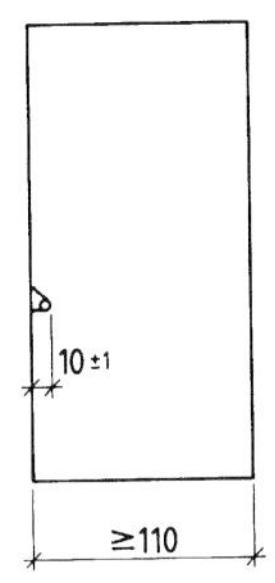

Bild 22. Tiefenlage des Bedienungstableaus

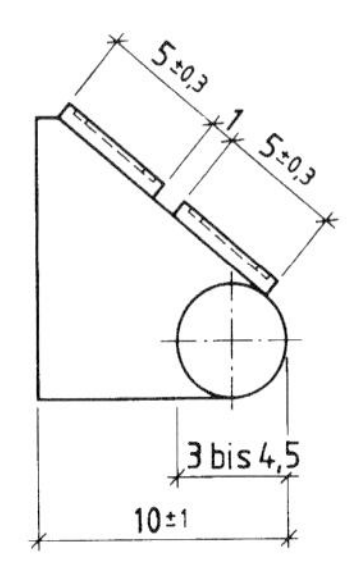

Bild 23. Querschnitt des horizontal angeordneten Bedienungstableaus und der Haltestange

*) Bei 2reihiger Anordnung der Taster oberste Reihe höchstens 100 cm

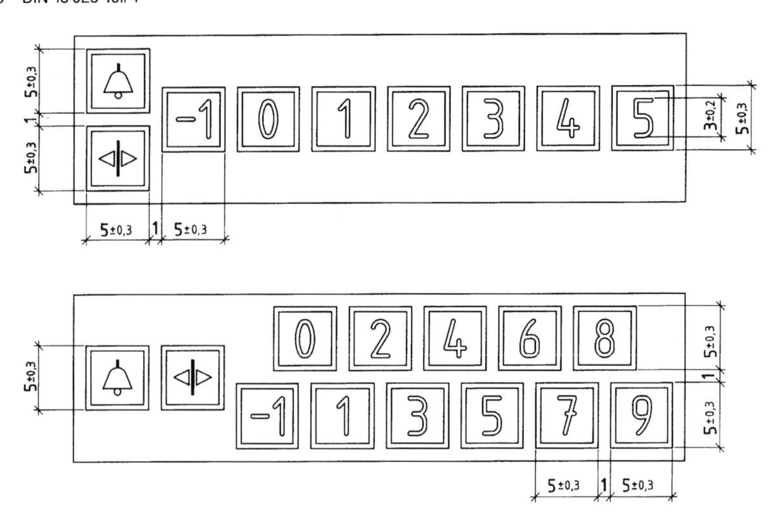

Bild 24. Anordnung der Taster auf dem Bedienungstableau, Schrift und Tasterrand erhaben

Zitierte Normen und andere Unterlagen

DIN 4701 Teil 2	Regeln für die Berechnung des Wärmebedarfs von Gebäuden; Tabellen, Bilder, Algorithmen
DIN 15 325	Aufzüge; Bedienungs-, Signalelemente und Zubehör; ISO 4190-5, Ausgabe 1987 modifiziert
DIN 18 017 Teil 3	Lüftung von Bädern und Toilettenräumen ohne Außenfenster, mit Ventilatoren
DIN 18 022	Küchen, Bäder und WCs im Wohnungsbau; Planungsgrundlagen
DIN 18 025 Teil 2	Barrierefreie Wohnungen; Planungsgrundlagen
DIN VDE 0510 Teil 3	Akkumulatoren und Batterieanlagen; Antriebsbatterien für Elektrofahrzeuge

Wohnungsbau- und Familienheimgesetz — II (WoBauG) in der Fassung der Bekanntmachung, zuletzt geändert durch Gesetz vom 14.08.1990 (BGBl. I, 1990 Nr. 42 S. 1730-1756), zu beziehen DIN Deutsches Institut für Normung e.V. (DITR), Postfach 11 07, 1000 Berlin 30.

Gesetz zur Sicherung der Zweckbestimmung von Sozialwohnungen (Wohnungsbindungsgesetz — WoBindG) in der Fassung der Bekanntmachung vom 22. Juli 1982 (BGBl, I S. 972), zuletzt geändert durch Gesetz vom 31.08.1990 (BGBl. I S. 1277), zu beziehen DIN Deutsches Institut für Normung e.V. (DITR), Postfach 11 07, 1000 Berlin 30.

Weitere Normen

DIN 1356 Teil 1	(z. Z. Entwurf) Bauzeichnungen; Grundregeln, Begriffe
DIN 15 306	Aufzüge; Personenaufzüge für Wohngebäude; Baumaße, Fahrkorbmaße, Türmaße
DIN 15 309	Aufzüge; Personenaufzüge für andere als Wohngebäude sowie Bettenaufzüge; Baumaße, Fahrkorbmaße, Türmaße
DIN 18 017 Teil 1	Lüftung von Bädern und Toilettenräumen ohne Außenfenster; Einzelschachtanlagen ohne Ventilatoren
DIN 18 024 Teil 1	Bauliche Maßnahmen für Behinderte und alte Menschen im öffentlichen Bereich; Planungsgrundlagen; Straßen, Plätze und Wege
DIN 18 024 Teil 2	Bauliche Maßnahmen für Behinderte und alte Menschen im öffentlichen Bereich; Planungsgrundlagen; Öffentlich zugängige Gebäude
DIN 18 064	Treppen; Begriffe

Frühere Ausgaben

DIN 18 025 Teil 1: 01.72

Änderungen

Gegenüber der Ausgabe Januar 1972 wurden folgende Änderungen vorgenommen:

— Der Inhalt wurde überarbeitet und den Bedürfnissen des Rollstuhlbenutzers entsprechend angepaßt.

Internationale Patentklassifikation

E 04 H 1/00

DK 728.1-056.262 : 643 Dezember 1992

Barrierefreie Wohnungen

Planungsgrundlagen

DIN 18 025 Teil 2

Accessible dwellings; design principles

Logements sans obstacles; principes de conception

Ersatz für Ausgabe 07.74

Alle Maße sind Fertigmaße.

Maße in cm

Inhalt

1 Anwendungsbereich und Zweck

Diese Norm gilt für die Planung, Ausführung und Einrichtung von barrierefreien, neuen Miet- und Genossenschaftswohnungen und entsprechender Wohnanlagen. Sie gilt sinngemäß für die Planung, Ausführung und Einrichtung von barrierefreien, neuen Wohnheimen, Aus- und Umbauten sowie Modernisierungen von Miet- und Genossenschaftswohnungen und entsprechender Wohnanlagen und Wohnheimen. Sie gilt sinngemäß — entsprechend dem individuellen Bedarf — für die Planung, Ausführung und Einrichtung von barrierefreien Neu-, Aus- und Umbauten sowie Modernisierungen von Eigentumswohnungen, Eigentumswohnanlagen und Eigenheime. Die Wohnungen müssen für alle Menschen nutzbar sein.

Die Bewohner müssen in die Lage versetzt werden, von fremder Hilfe weitgehend unabhängig zu sein. Das gilt insbesondere für

- Blinde und Sehbehinderte,
- Gehörlose und Hörgeschädigte,
- Gehbehinderte,
- Menschen mit sonstigen Behinderungen,
- ältere Menschen,
- Kinder, klein- und großwüchsige Menschen.

Planungsgrundlagen für Wohnungen für Rollstuhlbenutzer siehe DIN 18 025 Teil 1.

Die in den Anmerkungen enthaltenen Empfehlungen sind besonders zu vereinbaren.

Fortsetzung Seite 2 bis 6

Normenausschuß Bauwesen (NABau) im DIN Deutsches Institut für Normung e.V.
Normenausschuß Rettungsdienst und Krankenhaus (NARK)
Normenausschuß Maschinenbau (NAM)

2 Begriffe

2.1 Einrichtungen

Einrichtungen sind die zur Erfüllung der Raumfunktion notwendigen Teile, z. B. Sanitär-Ausstattungsgegenstände, Geräte und Möbel; sie können sowohl bauseits als auch vom Wohnungsnutzer eingebracht werden.

(Aus: DIN 18 022/11.89)

2.2 Bewegungsflächen

Bewegungsflächen sind die zur Nutzung der Einrichtungen erforderlichen Flächen. Ihre Sicherstellung erfolgt durch Einhalten der notwendigen Abstände.

(Aus: DIN 18 022/11.89)

Bewegungsflächen dürfen sich überlagern.

Die Bewegungsflächen dürfen nicht in ihrer Funktion eingeschränkt sein, z. B. durch Rohrleitungen, Mauervorsprünge, Heizkörper, Handläufe.

3 Maße der Bewegungsflächen

3.1 Bewegungsflächen, 150 cm breit und 150 cm tief

Die Bewegungsfläche muß mindestens 150 cm breit und 150 cm tief sein:

- auf dem Freisitz,
- vor den Fahrschachttüren (siehe Bild 1),
- am Anfang und am Ende der Rampe (siehe Bilder 2 und 3).

3.2 Bewegungsflächen, 150 cm breit

Die Bewegungsfläche muß mindestens 150 cm breit sein:

- zwischen Wänden außerhalb der Wohnung,
- neben Treppenauf- und -abgängen; die Auftrittsfläche der obersten Stufe ist auf die Bewegungsfläche nicht anzurechnen.

3.3 Bewegungsfläche, 150 cm tief

Anmerkung: Bei einem Teil der zu den Wohnungen gehörenden Kraftfahrzeug-Stellplätzen sollte vor der Längsseite des Kraftfahrzeuges eine 150 cm tiefe Bewegungsfläche vorgesehen werden.

3.4 Bewegungsfläche, 120 cm breit und 120 cm tief

Die Bewegungsfläche muß mindestens 120 cm breit und 120 cm tief sein:

- vor Einrichtungen im Sanitärraum,
- im schwellenlos begehbaren Duschbereich.

3.5 Bewegungsflächen, 120 cm breit

Die Bewegungsfläche muß mindestens 120 cm breit sein:

- entlang einer Längsseite eines Bettes, das bei Bedarf von drei Seiten zugänglich sein muß,
- zwischen Wänden innerhalb der Wohnung,
- vor Kücheneinrichtungen,
- zwischen den Radabweisern einer Rampe (siehe Bilder 2 und 4),
- auf Wegen innerhalb der Wohnanlage.

3.6 Bewegungsfläche, 90 cm tief

Die Bewegungsfläche muß mindestens 90 cm tief sein:

- vor Möbeln (z. B. Schränken, Regalen, Kommoden, Betten).

4 Türen

Türen müssen eine lichte Breite von mindestens 80 cm haben.

Hauseingangs-, Wohnungseingangs- und Fahrschachttüren müssen eine lichte Breite von mindestens 90 cm haben.

Die Tür darf nicht in den Sanitärraum schlagen.

Große Glasflächen müssen kontrastreich gekennzeichnet und bruchsicher sein.

Untere Türanschläge und -schwellen siehe Abschnitt 5.2.

Anmerkungen: Türen sollten eine lichte Höhe von mindestens 210 cm haben.

Im Bedarfsfall sollten Türen mit Schließhilfen ausgestattet werden können.

5 Stufenlose Erreichbarkeit, untere Türanschläge und -schwellen, Aufzug, Rampe, Treppe

5.1 Stufenlose Erreichbarkeit

Der Hauseingang und eine Wohnebene müssen stufenlos erreichbar sein, es sei denn, nachweislich zwingende Gründe lassen dies nicht zu.

Alle zur Wohnung gehörenden Räume und die gemeinschaftlichen Einrichtungen der Wohnanlage müssen zumindest durch den nachträglichen Ein- oder Anbau eines Aufzuges oder durch eine Rampe stufenlos erreichbar sein.

Anmerkung: Alle zur Wohnung gehörenden Räume und die gemeinschaftlichen Einrichtungen der Wohnanlage sollten stufenlos erreichbar sein.

5.2 Untere Türanschläge und -schwellen

Untere Türanschläge und -schwellen sind grundsätzlich zu vermeiden. Soweit sie technisch unbedingt erforderlich sind, dürfen sie nicht höher als 2 cm sein.

(Aus: DIN 18 025 Teil 1/12.92)

5.3 Aufzug

Der Fahrkorb des Aufzugs ist mindestens wie folgt zu bemessen:

- lichte Breite 110 cm,
- lichte Tiefe 140 cm.

Bei Bedarf muß der Aufzug mit akustischen Signalen nachgerüstet werden können.

Bedienungstableau und Haltestangen siehe Bilder 5 bis 8. Für ein zusätzliches senkrechtes Bedienungstableau gilt DIN 15 325.

Bewegungsflächen vor den Fahrschachttüren siehe Abschnitt 3.1.

Lichte Breite der Fahrschachttüren siehe Abschnitt 4 und Bild 1.

Anmerkung: Im Fahrkorb sollte gegenüber der Fahrkorbtür ein Spiegel zur Orientierung angebracht werden.

(Aus: DIN 18 025 Teil 1/12.92)

5.4 Rampe

Die Steigung der Rampe darf nicht mehr als 6 % betragen. Bei einer Rampenlänge von mehr als 600 cm ist ein Zwischenpodest von mindestens 150 cm Länge erforderlich. Die Rampe und das Zwischenpodest sind beidseitig mit 10 cm hohen Radabweisern zu versehen. Die Rampe ist ohne Quergefälle auszubilden.

An Rampe und Zwischenpodest sind beidseitig Handläufe mit 3 cm bis 4,5 cm Durchmesser in 85 cm Höhe anzubringen. Handläufe und Radabweiser müssen 30 cm in den Plattformbereich waagerecht hineinragen (siehe Bilder 2, 3 und 4).

Bewegungsflächen am Anfang und am Ende der Rampe und zwischen den Radabweisern siehe Abschnitte 3.1 und 3.5.

(Aus: DIN 18 025 Teil 1/12.92)

5.5 Treppe

An Treppen sind beidseitig Handläufe mit 3 cm bis 4,5 cm Durchmesser anzubringen. Der innere Handlauf am Treppenauge darf nicht unterbrochen sein. Äußere Handläufe müssen in 85 cm Höhe 30 cm waagerecht über den Anfang und das Ende der Treppe hinausragen. Anfang und Ende des Treppenlaufs sind rechtzeitig und deutlich erkennbar zu machen, z. B. durch taktile Hilfen an den Handläufen.

In Mehrfamilienhäusern müssen taktile Geschoß- und Wegebezeichnungen die Orientierung sicherstellen.

Treppe und Treppenpodest müssen ausreichend belichtet bzw. beleuchtet und deutlich erkennbar sein, z. B. durch Farb- und Materialwechsel. Die Trittstufen müssen durch taktiles Material erkennbar sein.

Stufenunterschneidungen sind unzulässig.

Anmerkung: Der Treppenlauf sollte nicht gewendelt sein.

6 Besondere Anforderungen an Küche, Sanitärraum, zusätzliche Wohnfläche und Freisitz

6.1 Küche

Herd, Arbeitsplatte und Spüle müssen für die Belange des Nutzers in die ihm entsprechende Arbeitshöhe montiert werden können.

Zusätzlich gilt DIN 18 022.

Bewegungsflächen vor Kücheneinrichtungen siehe Abschnitt 3.4.

Anmerkungen: Herd, Arbeitsplatte und Spüle sollten nebeneinander mit Beinfreiraum angeordnet werden können.

Die Spüle sollte mit Unterputz- oder Flachaufputzsiphon ausgestattet werden.

6.2 Sanitärraum (Bad, WC)

Der Sanitärraum (Bad, WC) ist mit einem stufenlos begehbaren Duschplatz auszustatten.

Anmerkung: Das nachträgliche Aufstellen einer Badewanne im Bereich des Duschplatzes sollte möglich sein.

Unter dem Waschtisch muß Beinfreiraum vorhanden sein; ein Unterputz- oder Flachaufputzsiphon ist vorzusehen.

Zusätzlich gilt DIN 18 022.

Besondere Anforderungen an die Sanitärraumtür siehe Abschnitte 4 und 12.

Bewegungfläche siehe Abschnitt 3.4.

6.3 Zusätzliche Wohnfläche

Für z. B. Kleinwüchsige, Blinde und Sehbehinderte ist bei Bedarf eine zusätzliche Wohnfläche vorzusehen. Die angemessene Wohnungsgröße erhöht sich hierdurch im Regelfall um 15 m^2.[1])

[1]) Siehe § 39 Abs. 2 Zweites Wohnungsbaugesetz und § 5 Abs. 2 Wohnungsbindungsgesetz

6.4 Freisitz

Anmerkung: Jeder Wohnung sollte ein mindestens 4,5 m^2 großer Freisitz (Terrasse, Loggia oder Balkon) zugeordnet werden.

Bewegungsfläche auf dem Freisitz siehe Abschnitt 3.1.

(Aus: DIN 18 025 Teil 1/12.92)

7 Wände, Brüstungen und Fenster

Wände der Küche sind tragfähig auszubilden.

Anmerkungen: Brüstungen in mindestens einem Aufenthaltsraum der Wohnung und von Freisitzen sollten ab 60 cm Höhe durchsichtig sein. Fenster und Fenstertüren im Erdgeschoß sollten einbruchhemmend ausgeführt werden.

Schwingflügelfenster sind unzulässig.

8 Bodenbeläge

Bodenbeläge im Gebäude müssen reflexionsarm, rutschhemmend und fest verlegt sein; sie dürfen sich nicht elektrostatisch aufladen.

Hauptwege (z. B. zu Hauseingang, Garage, Müllsammelbehälter) müssen auch bei ungünstiger Witterung gefahrlos begehbar sein; das Längsgefälle darf 3 % und das Quergefälle 2 % nicht überschreiten.

Anmerkung: Bodenbeläge in den Verkehrsbereichen sollten als Orientierungshilfe innerhalb und außerhalb des Gebäudes in der Beschaffenheit ihrer Oberfläche und in der Farbe kontrastreich wechseln (siehe auch Abschnitt 5.5).

9 Raumtemperatur

Die Heizung von Wohnungen und gemeinschaftlich zu nutzenden Aufenthaltsräumen ist für eine Raumtemperatur nach DIN 4701 Teil 2 zu bemessen.

Die Beheizung muß je nach individuellem Bedarf ganzjährig möglich sein, z. B. durch eine Zusatzheizung.

(Aus: DIN 18 025 Teil 1/12.92)

10 Beleuchtung

Anmerkung: Beleuchtung mit künstlichem Licht höherer Beleuchtungsstärke sollte nach dem Bedarf Sehbehinderter möglich sein.

11 Fernmeldeanlagen

In der Wohnung ist zur Haustür eine Gegensprechanlage mit Türöffner vorzusehen.

Fernsprechanschluß muß vorhanden sein.

(Aus: DIN 18 025 Teil 1/12.92)

12 Bedienungsvorrichtungen

Bedienungsvorrichtungen (z. B. Schalter, häufig benutzte Steckdosen, Taster, Türdrücker, Öffner von Fenstertüren, Bedienungselemente automatischer Türen) sind in 85 cm Höhe anzubringen. Sie dürfen nicht versenkt und scharfkantig sein. Schalter außerhalb von Wohnungen sind durch abtastbare Markierungen und Farbkontraste zu kennzeichnen.

Heizkörperventile müssen in einer Höhe zwischen 40 cm und 85 cm bedient werden können.

Namensschilder an Hauseingangs- und Wohnungseingangstüren sollen mit taktil erfaßbarer, aufgesetzter Schrift versehen sein.

Die Tür des Sanitärraumes muß abschließbar und im Notfall von außen zu entriegeln sein.

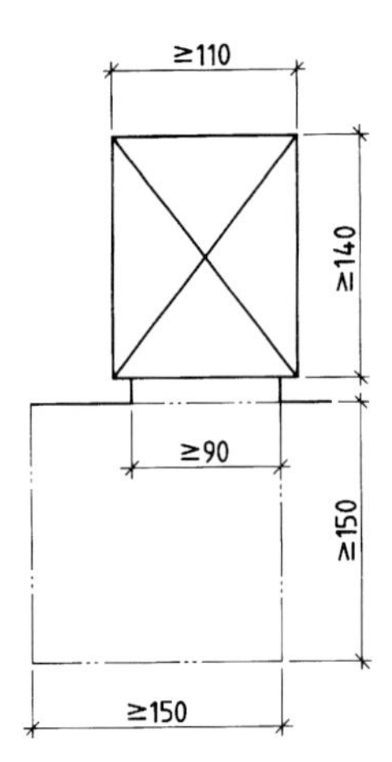

Bild 1. Lichte Maße des Aufzugsfahrkorbs und Bewegungsfläche vor den Fahrschachttüren (Aus: DIN 18 025 Teil 1/12.92)

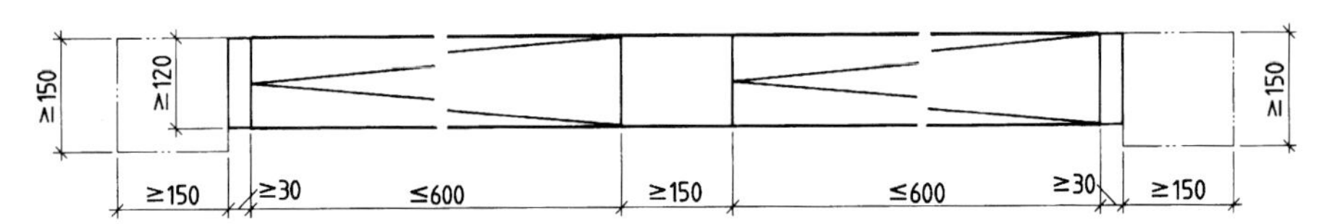

Bild 2. Rampe (Rampenlänge ≥ 600 cm) (Aus: DIN 18 025 Teil 1/12.92)

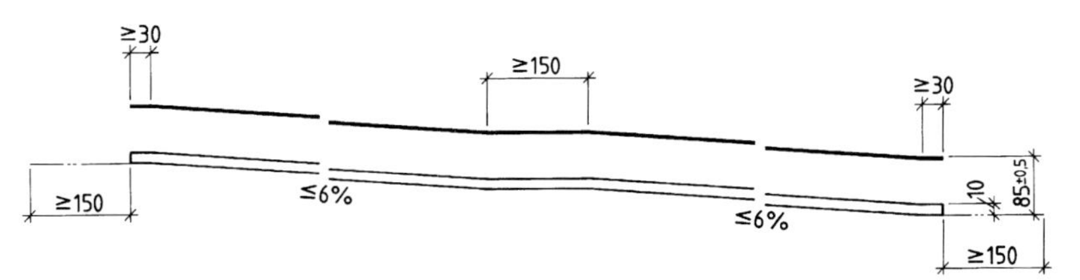

Bild 3. Rampe, Längsdarstellung (Aus: DIN 18 025 Teil 1/12.92)

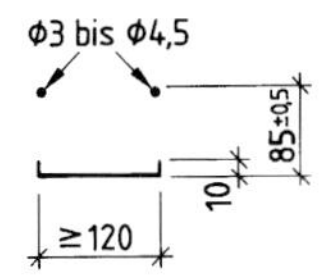

Bild 4. Rampe, Querdarstellung (Aus: DIN 18 025 Teil 1/12.92)

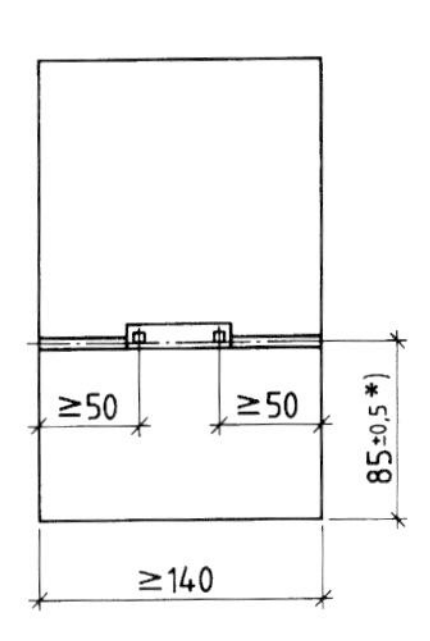

Bild 5. Höhenlage und Ansicht des Bedienungstableaus (Aus: DIN 18 025 Teil 1/12.92)

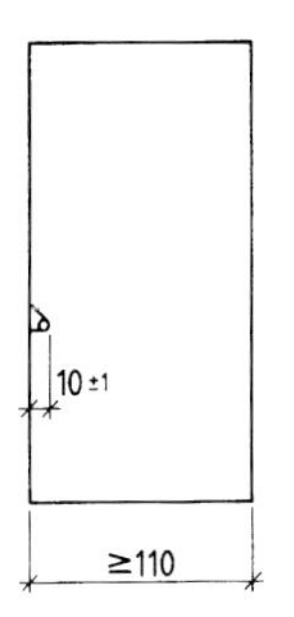

Bild 6. Tiefenlage des Bedienungstableaus (Aus: DIN 18 025 Teil 1/12.92)

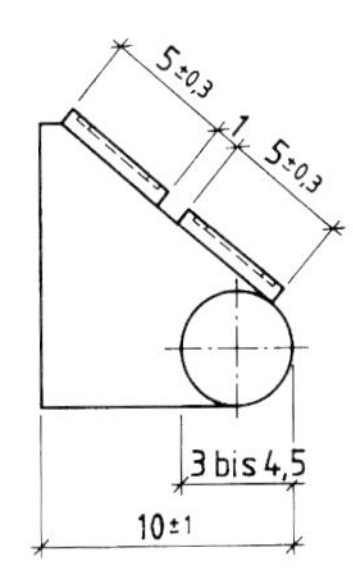

Bild 7. Querschnitt des horizontal angeordneten Bedienungstableaus und der Haltestange (Aus: DIN 18 025 Teil 1/12.92)

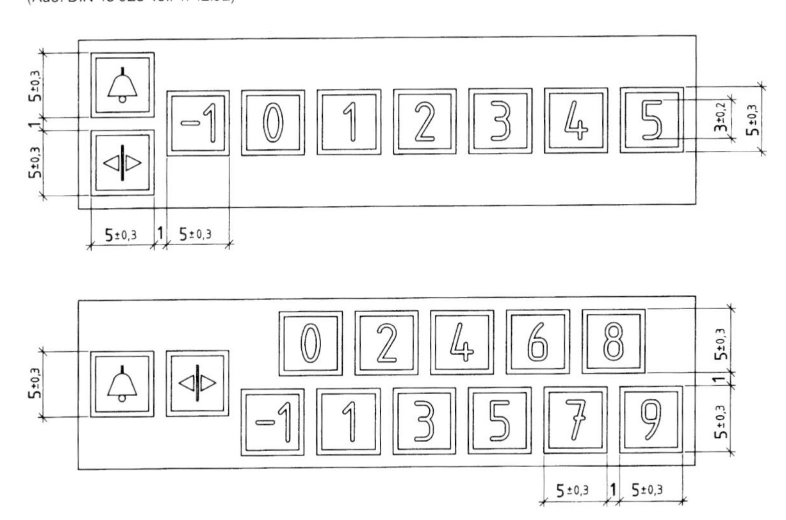

Bild 8. Anordnung der Taster auf dem Bedienungstableau, Schrift und Tasterrand erhaben (Aus: DIN 18 025 Teil 1/12.92)

*) Bei 2reihiger Anordnung der Taster oberste Reihe höchstens 100 cm

Zitierte Normen und andere Unterlagen

DIN 4701 Teil 2	Regeln für die Berechnung des Wärmebedarfs von Gebäuden; Tabellen, Bilder, Algorithmen
DIN 15 325	Aufzüge; Bedienungs-, Signalelemente und Zubehör; ISO 4190-5, Ausgabe 1987 modifiziert
DIN 18 022	Küchen, Bäder und WCs im Wohnungsbau; Planungsgrundlagen
DIN 18 025 Teil 1	Barrierefreie Wohnungen; Wohnungen für Rollstuhlbenutzer, Planungsgrundlagen

Wohnungsbau- und Familienheimgesetz — II (WoBauG) in der Fassung der Bekanntmachung, zuletzt geändert durch Gesetz vom 14.08.1990 (BGBl. I, 1990 Nr. 42 S. 1730-1756), zu beziehen DIN Deutsches Institut für Normung e.V. (DITR), Postfach 11 07, 1000 Berlin 30.

Gesetz zur Sicherung der Zweckbestimmung von Sozialwohnungen (Wohnungsbindungsgesetz — WoBindG) in der Fassung der Bekanntmachung vom 22. Juli 1982 (BGBl, I S. 972), zuletzt geändert durch Gesetz vom 31.08.1990 (BGBl. I S. 1277). Zu beziehen durch: DIN Deutsches Institut für Normung e.V. (DITR), Postfach 11 07, 1000 Berlin 30.

Weitere Normen

DIN 15 306	Aufzüge; Personenaufzüge für Wohngebäude; Baumaße, Fahrkorbmaße, Türmaße
DIN 15 309	Aufzüge; Personenaufzüge für andere als Wohngebäude sowie Bettenaufzüge; Baumaße, Fahrkorbmaße, Türmaße
DIN 18 022	Küchen, Bäder und WCs im Wohnungsbau; Planungsgrundlagen
DIN 18 024 Teil 1	Bauliche Maßnahmen für Behinderte und alte Menschen im öffentlichen Bereich; Planungsgrundlagen; Straßen, Plätze und Wege
DIN 18 024 Teil 2	Bauliche Maßnahmen für Behinderte und alte Menschen im öffentlichen Bereich; Planungsgrundlagen; Öffentlich zugängige Gebäude
DIN 18 064	Treppen; Begriffe

Frühere Ausgaben

DIN 18 025 Teil 2: 07.74

Änderungen

Gegenüber der Ausgabe Juli 1974 wurden folgende Änderungen vorgenommen:

— Der Inhalt wurde überarbeitet und den Bedürfnissen des Nutzers entsprechend angepaßt.

Internationale Patentklassifikation

E 04 H 1/00

DK 621.317.785 : 621.3.049.7

Februar 1991

Zählerplätze

Maße auf Basis eines Rastersystems

DIN 43 870 Teil 1

Meter mounting boards; dimensions based on a grid system

Panneaux de montage à compteurs; dimensions sur la base d'un système de grille

Ersatz für Ausgabe 05.81

Für den Anwendungsbereich dieser Norm bestehen keine entsprechenden regionalen oder internationalen Normen.
Entwurf war veröffentlicht als DIN 43 870 Teil 1 A1/02.89.

Maße in mm
Allgemeintoleranzen: DIN 7168 – sg

1 Anwendungsbereich und Zweck

1.1 Diese Norm gilt für Zählerplätze für Zähler (Meßeinrichtungen) der Elektrizitätsversorgungsunternehmen (EVU-Zähler), insbesondere nach DIN 43 857 Teil 1 und Teil 2, und EVU-Steuergeräte. Ein Zählerplatz im Sinne dieser Norm umfaßt das Zählerfeld, den Raum für Betriebsmittel vor dem Zähler (unterer Anschlußraum) und den Raum für Betriebsmittel nach dem Zähler (oberer Anschlußraum) einschließlich der etwa erforderlichen Wanddicke. Die Teilungsmaße basieren auf einem Rastersystem mit einem Rastergrundmaß von 50 mm für die Funktionsflächenaufteilung und Zählerplatzflächen (Außenmaße) und mit einem Rastergrundmaß von 2,5 mm für die Maße innerhalb der Funktionsflächen/Zählerplatzflächen, siehe auch Abschnitt 3. Außerdem sind Zählerplätze nach DIN VDE 0603 Teil 1 auszuführen.

1.2 Für Niederspannung-Schaltgerätekombinationen (TSK und PTSK), siehe DIN VDE 0660 Teil 500, und fabrikfertige Installationsverteiler (FIV), siehe DIN VDE 0659, die einzelne EVU-Zähler enthalten, aber überwiegend Verteiler- und Steuerungsaufgaben erfüllen, z. B. in industriellen oder gewerblichen Betrieben, gilt die Norm nur insoweit, als die freizuhaltende Geräte-Einbaufläche (siehe Abschnitt 2.4) und die Zählerplatztiefe (siehe Abschnitt 2.5) für das Zählerfeld (die Zählerfelder) als Mindestmaß einzuhalten sind. Dies gilt auch für Baustromverteiler, siehe DIN VDE 0612.

2 Zählerplatzaufbau, Maße

2.1 Zählerplatz

Der Zählerplatz ergibt sich aus der Zählerplatzfläche und der Zählerplatztiefe.

2.2 Zählerplatzflächen

Zählerplatzflächen setzen sich aus Funktionsflächen nach DIN 43 870 Teil 2 zusammen und bilden eine Funktionseinheit.

Auswahlgrößen

Breite der Zählerplatzflächen:
250, 500, 750, 1000 und 1250 mm

Höhe der Zählerplatzflächen:
900, 1050, 1200 und 1350 mm

Aufteilung der Höhe der Zählerplatzflächen in Funktionsflächen:

Höhe der Zählerplatzfläche	900	900	1050	1200	1350
Höhe des oberen Anschlußraumes	450[1]	150[2]	300[2]	150[2]	300[2]
Höhe des Zählerfeldes	–	450	450	750[3]	750[3]
Höhe des TSG-Feldes[4]	300	–	–	–	–
Höhe des unteren Anschlußraumes	150[5]	300	300	300	300

[1]) Nur in der Ausführung als 3reihiger Installationsverteiler

[2]) Dient zur Aufnahme von Betriebsmitteln bis max. 63 A für die Zuleitung zum Stromkreisverteiler, jedoch nicht als Stromkreisverteiler für Installationen nach DIN 18 015 Teil 1 und DIN 18 015 Teil 2.

[3]) Zählerfeld für zwei Zähler (2 · 375 mm)

[4]) TSG: Abkürzung für Tarifschaltgerät. Das TSG-Feld dient nicht zur Aufnahme eines EVU-Zählers.

[5]) Dient nur zur Aufnahme der Steuer- und Überstrom-Schutzeinrichtung für das Tarifschaltgerät

2.3 Funktionsflächen

Funktionsflächen sind die einzelnen Flächen eines Zählerplatzes, die für das Zählerfeld/TSG-Feld, den unteren Anschlußraum und den oberen Anschlußraum benötigt werden.

Breite der Funktionsflächen:
250 mm

Höhe der Funktionsflächen:
150, 300, 450 und 750 mm.

Fortsetzung Seite 2 bis 6

Deutsche Elektrotechnische Kommission im DIN und VDE (DKE)

2.4 Freizuhaltende Geräte-Einbauflächen

Die freizuhaltenden Geräte-Einbauflächen eines Zählerplatzes ergeben sich aus seinen Funktionsflächen abzüglich eines Abschlages von max. 25 mm von der Höhe und der Breite.

Der Abschlag kann aus Konstruktionsgründen unsymmetrisch gewählt werden.

Anmerkung: PE- und N-Klemmen gelten als Einbaugeräte und werden bei der freizuhaltenden Geräte-Einbaufläche nicht berücksichtigt.

2.5 Zählerplatztiefe

Für den Zähler ergibt sich bei vorhandener Abdeckung eine lichte Mindesteinbautiefe von 162,5 mm im Bereich der Geräte-Einbaufläche.

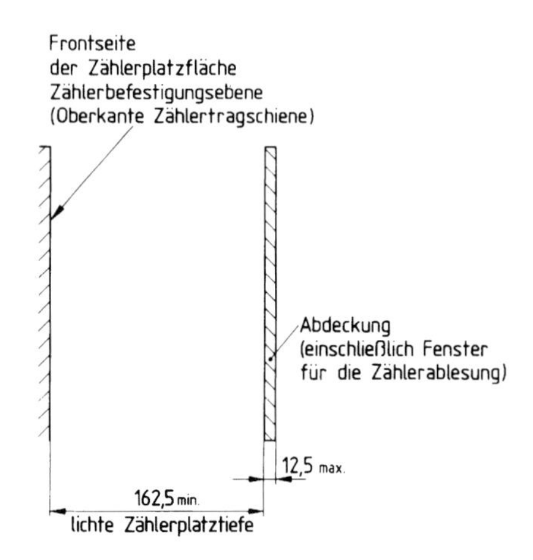

Bild 1. Lichte Zählerplatztiefe

2.6 Zählerplatzumhüllungen

Sollen Zählerplätze zusätzlich umhüllt werden, so ist für die Umhüllung H ein maximaler Gesamtzuschlag von je 50 mm zur Höhe und Breite der Zählerplatzfläche zulässig.

Der umhüllte Zählerplatz darf eine max. Gesamttiefe von 225 mm aufweisen.

2.7 Bauseitige Einbauöffnungen

Werden Zählerplätze oder Zählerplatzumhüllungen in bauseitigen Einbauöffnungen (Nischen) angeordnet, so ist für den Mindestplatzbedarf der Einbauöffnungen ein Zuschlag von min. 50 mm zur Höhe und Breite der Zählerplatzfläche vorzusehen.

2.8 Überdeckung von Einbauöffnungen

Sollen die Zwischenräume zwischen Zählerplätzen bzw. Zählerplatzumhüllungen und den bauseitigen Einbauöffnungen (Nischen) überdeckt werden, so ist für die Überdeckung ein Zuschlag von min. 75 mm zur Höhe und Breite der Zählerplatzfläche vorzusehen.

3 Ausführung und Bezeichnung

3.1 Wandaufbau A

Ohne Zählerplatzumhüllung

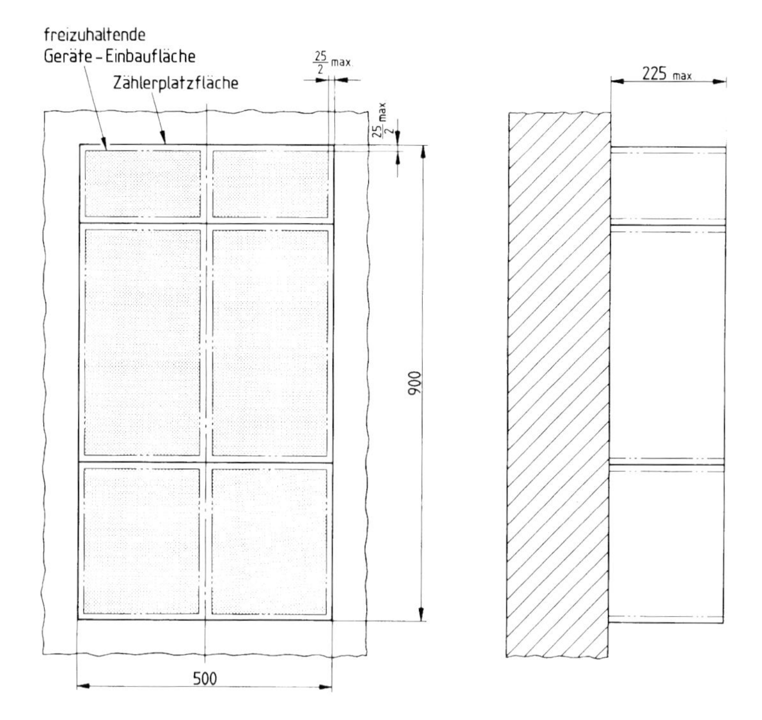

Bild 2. Zählerplatz für Wandaufbau ohne Zählerplatzumhüllung

Bezeichnung eines Zählerplatzes mit einer Zählerplatzfläche von 500 mm Breite und 900 mm Höhe für Wandaufbau ohne Zählerplatzumhüllung (A):

Zählerplatz DIN 43 870 – 500 × 900 – A

AH mit Zählerplatzumhüllung

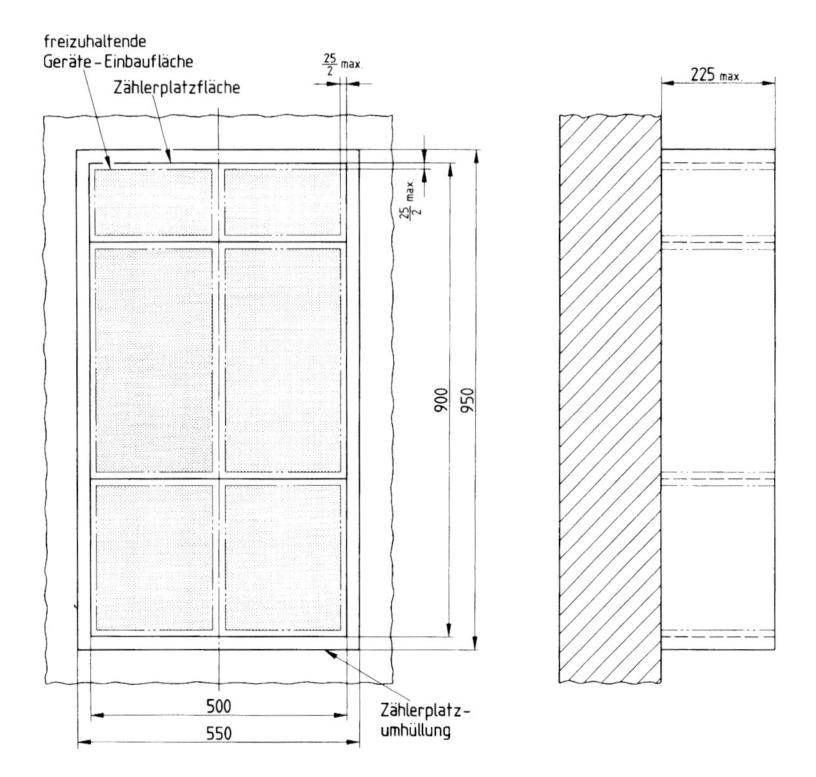

Bild 3. Zählerplatz für Wandaufbau mit Zählerplatzumhüllung

Bezeichnung eines Zählerplatzes mit einer Zählerplatzfläche von 500 mm Breite und 900 mm Höhe für Wandaufbau mit Zählerplatzumhüllung nach Abschnitt 2.6 (550 × 950 – AH):

Zählerplatz DIN 43 870 – 550 × 950 – AH

3.2 Wandeinbau U

UH mit Zählerplatzumhüllung

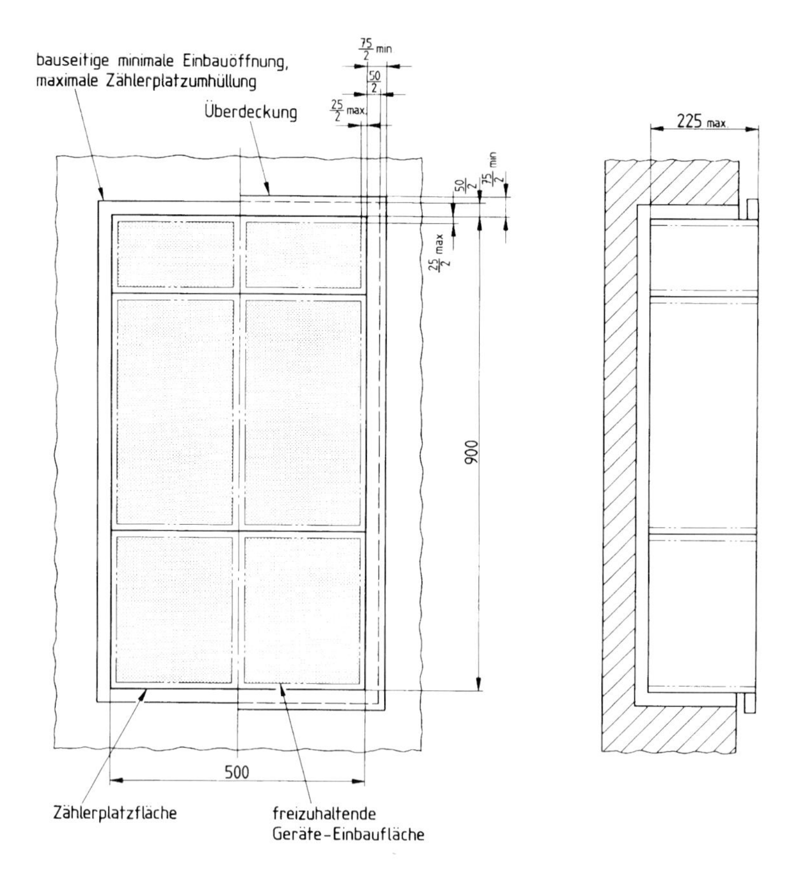

Bild 4. Zählerplatz für Wandeinbau mit Zählerplatzumhüllung

Bezeichnung eines Zählerplatzes mit einer Zählerplatzfläche von 500 mm Breite und 900 mm Höhe für Wandeinbau mit Zählerplatzumhüllung nach Abschnitt 2.6 (550 × 950 – UH):

Zählerplatz DIN 43 870 – 550 × 950 – UH

Zitierte Normen

DIN 7168 Teil 1	Allgemeintoleranzen; Längen- und Winkelmaße
DIN 18 015 Teil 1	Elektrische Anlagen in Wohngebäuden; Planungsgrundlagen
DIN 18 015 Teil 2	Elektrische Anlagen in Wohngebäuden; Art und Umfang der Ausstattung
DIN 43 857 Teil 1	Elektrizitätszähler in Isolierstoffgehäusen, für unmittelbaren Anschluß, bis 60 A Grenzstrom; Hauptmaße für Wechselstromzähler
DIN 43 857 Teil 2	Elektrizitätszähler in Isolierstoffgehäusen, für unmittelbaren Anschluß, bis 60 A Grenzstrom; Hauptmaße für Drehstromzähler
DIN 43 870 Teil 2	Zählerplätze; Funktionsflächen
DIN VDE 0603 Teil 1	Installationskleinverteiler und Zählerplätze AC 400 V; Installationskleinverteiler und Zählerplätze
DIN VDE 0612	Bestimmungen für Baustromverteiler für Nennspannungen bis 380 V Wechselspannung und für Ströme bis 630 A
DIN VDE 0659	Fabrikfertige Installationsverteiler (FIV)
DIN VDE 0660 Teil 500	Schaltgeräte; Niederspannung-Schaltgerätekombinationen; Anforderungen an typgeprüfte und partiell typgeprüfte Kombinationen (IEEC 439-1 (1985) 2. Ausgabe, modifiziert) Deutsche Fassung EN 60 439-1 : 1989

Weitere Normen

DIN 18 013	Nischen für Zählerplätze (Elektrizitätszähler)
DIN 43 853	Zählertafeln; Hauptmaße, Anschlußmaße
DIN 43 870 Teil 3	Zählerplätze; Verdrahtungen
DIN 43 880	Installationseinbaugeräte; Hüllmaße und zugehörige Einbaumaße

Frühere Ausgaben

DIN 43 870 Teil 1: 04.76, 10.77, 05.81

Änderungen

Gegenüber der Ausgabe Mai 1981 wurden folgende Änderungen vorgenommen:

a) Der Bezug in Abschnitt 1 erfolgt auf DIN VDE 0603 Teil 1.

b) Die Tabelle in Abschnitt 2.2 wird ersetzt.

c) Im Abschnitt 2.3 wird zusätzlich das Tarifschaltgerät-Feld (TSG) berücksichtigt.

d) Durch die Änderung des Abschnittes „2 Mitgeltende Normen" in „Zitierte Normen" ändern sich zahlreiche Abschnittsnummern.

e) Berücksichtigt werden geringfügige redaktionelle Änderungen.

Erläuterungen

Diese Norm wurde ausgearbeitet vom Unterkomitee 543.1 „Installationsverteiler und Zählerplätze" der Deutschen Elektrotechnischen Kommission im DIN und VDE (DKE).

Für die Anwendung in Einfamilienhäusern wurde aus wirtschaftlichen Erwägungen für Zählerplätze mit Tür ein TSG-Feld konzipiert mit einem zugeordneten unteren Anschlußraum von 150 mm, das in Zählerplätzen mit der Bauhöhe 900 mm integriert ist. Siehe hierzu Beiblatt 1 zu DIN 43 870.

Aufgrund von Änderungen im Tarifwesen und der Zählertechnik können Klappfenster bei Zählerplätzen mit Frontabdeckung erforderlich sein, die dem Kunden einen direkten Zugang zu den Meßeinrichtungen ermöglichen.

Internationale Patentklassifikation

E 04 F 19/08

G 01 R 11/02

H 02 B 1/03

DK 621.317.785 : 621.3.049.7

März 1991

Zählerplätze

Funktionsflächen

DIN 43 870 Teil 2

Meter mounting boards; functional area

Panneaux de montage à compteurs, surface fonctionelle

Ersatz für Ausgabe 04.86

Für den Anwendungsbereich dieser Norm bestehen keine entsprechenden regionalen oder internationalen Normen.

Entwurf war veröffentlicht als DIN 43 870 Teil 2 A1/02.89.

Maße in mm

Allgemeintoleranzen: DIN 7168 – Sg

1 Anwendungsbereich

Diese Norm ist für die Bemessung der Anschlußräume und Zählerfelder für Zählerplätze nach DIN 43 870 Teil 1 anzuwenden.

Fortsetzung Seite 2 bis 7

Deutsche Elektrotechnische Kommission im DIN und VDE (DKE)

2 Zählerfeld und Tarifschaltgerät-Feld

2.1 Zählerfeld

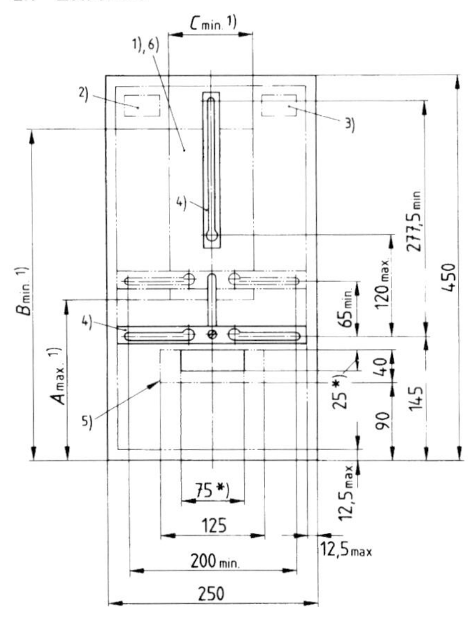

Bild 1. Zählerfeld für 1 Zähler

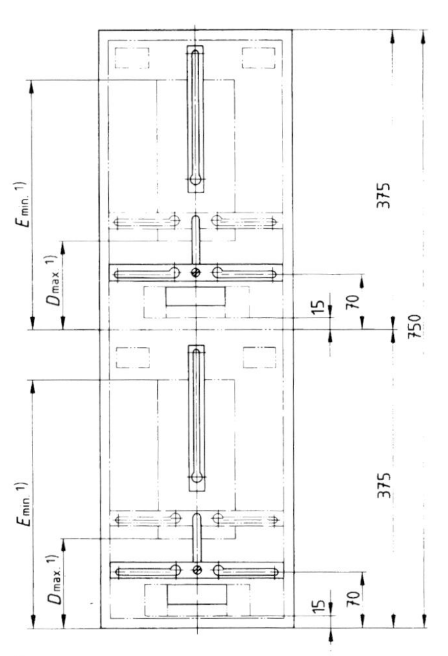

Übrige Maße und Angaben wie in Bild 1

Bild 2. Zählerfeld für 2 Zähler

2.2 Tarifschaltgerät-Feld

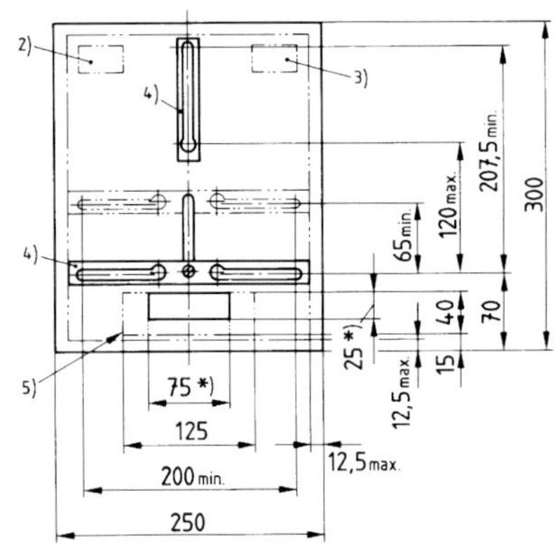

Übrige Angaben wie in Bild 1

Bild 3. TSG-Feld

Tabelle.

	Fenster [1]	Ausschnitt für Klappfenster [6]
A	187,5	100
B	387,5	410
C	100	140
D	112,5	25
E	312,5	335

*) Gilt nicht für Zählerplätze mit plombierbarer Frontabdeckung.

[1]) bis [6]) siehe Seite 5

3 Oberer Anschlußraum

Die den einzelnen Zählerfeldern zugeordneten oberen Anschlußräume sind zumindest optisch voneinander zu trennen. Bei kundenzugänglichen oberen Anschlußräumen sind Isolierstoffstege vorzusehen, die bei abgenommener Berührungsschutzabdeckung eine eindeutige Zuordnung erkennen lassen.

Bei Zählerplätzen mit Frontabdeckung sollte jeder dem Zählerfeld zugeordnete obere Anschlußraum bei Ausrüstung mit Zugangsklappen eine eigene verschließbare Zugangsklappe zwecks individueller Schließung haben.

3.1 Frontaufteilung und Frontmaße

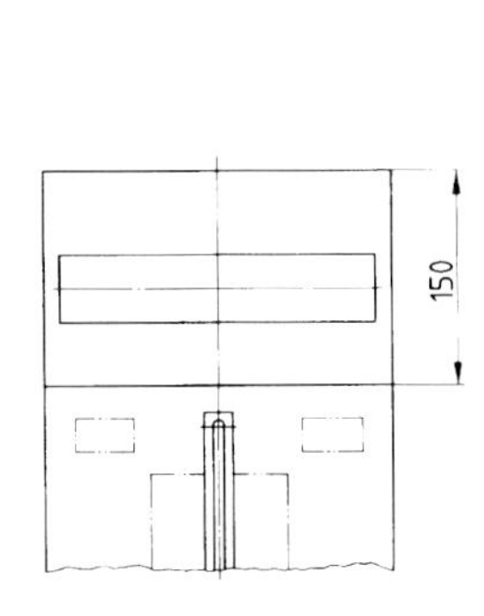

Übrige Maße und Angaben wie in Bild 5.

Bild 4. Oberer Anschlußraum 150 mm

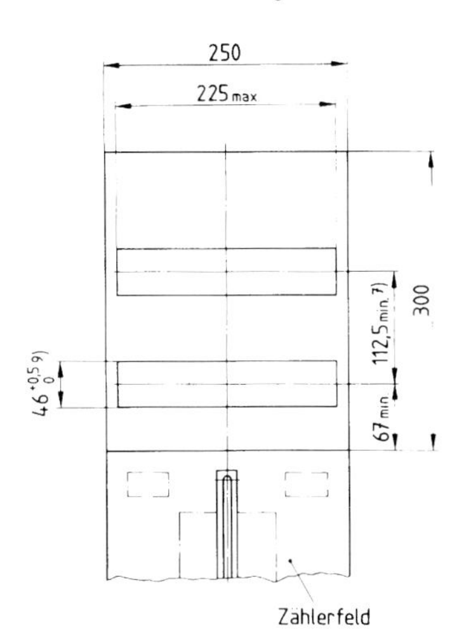

Bild 5. Oberer Anschlußraum 300 mm

3.2 Tiefenaufteilung und Tiefenmaße

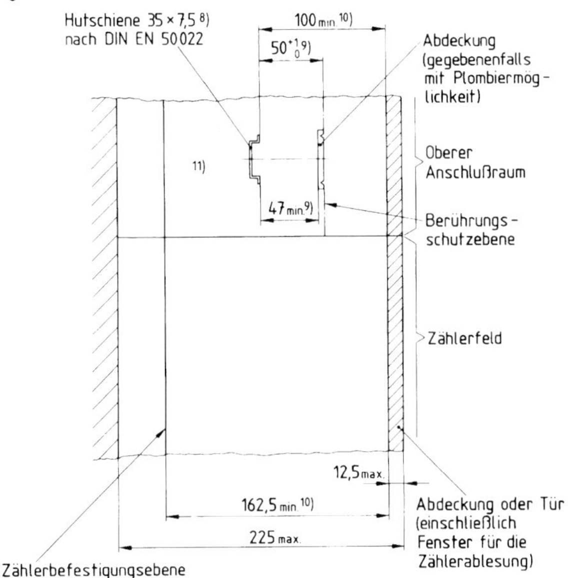

Bild 6. Tiefenaufteilung und Tiefenmaße

---

7) bis 11) siehe Seite 6

4 Unterer Anschlußraum

4.1 Unterer Anschlußraum mit Hutschienen 35 mm × 7,5 mm nach DIN EN 50022

4.1.1 Frontaufteilung und Frontmaße

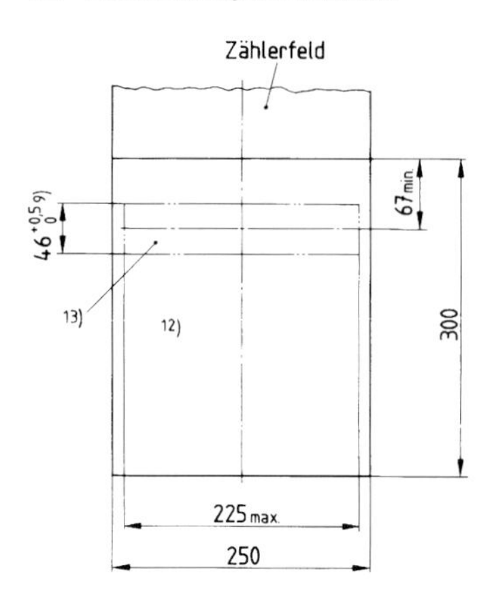

Bild 7. Unterer Anschlußraum 300 mm

4.1.2 Tiefenaufteilung und Tiefenmaße

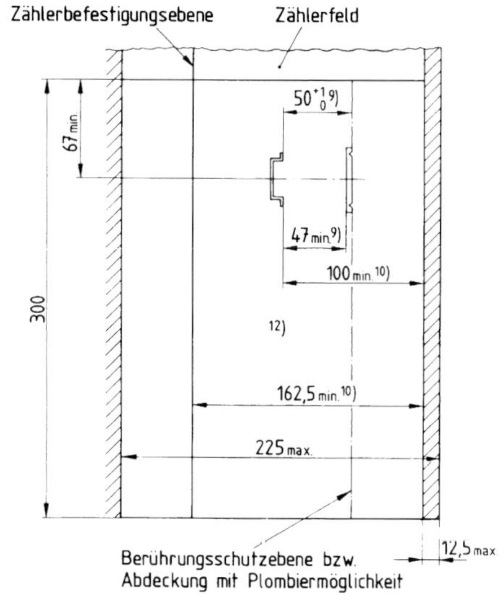

Bild 8. Unterer Anschlußraum 300 mm

4.1.3 Frontaufteilung und Frontmaße

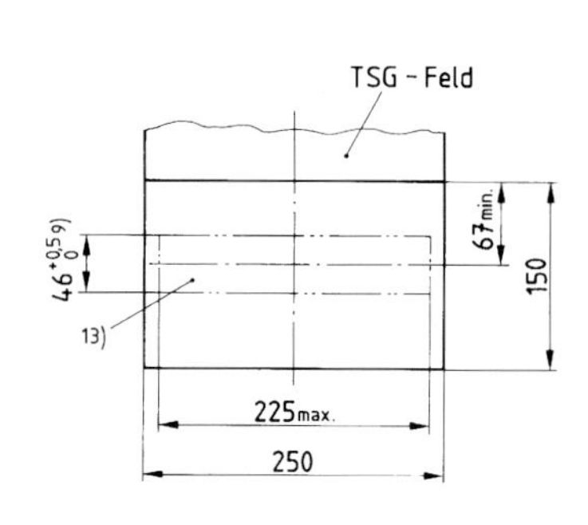

Bild 9. Unterer Anschlußraum 150 mm

4.1.4 Tiefenaufteilung und Tiefenmaße

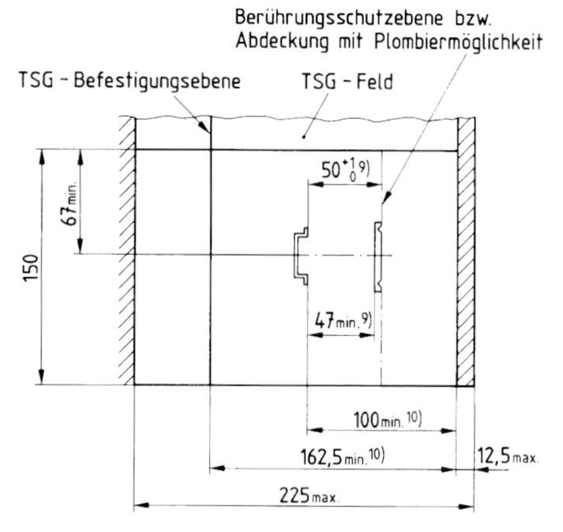

Bild 10. Unterer Anschlußraum 150 mm

---

[9] und [10] siehe Seite 6

[12] und [13] siehe Seite 6

4.2 Unterer Anschlußraum mit Sammelschienen

4.2.1 Frontaufteilung und Frontmaße

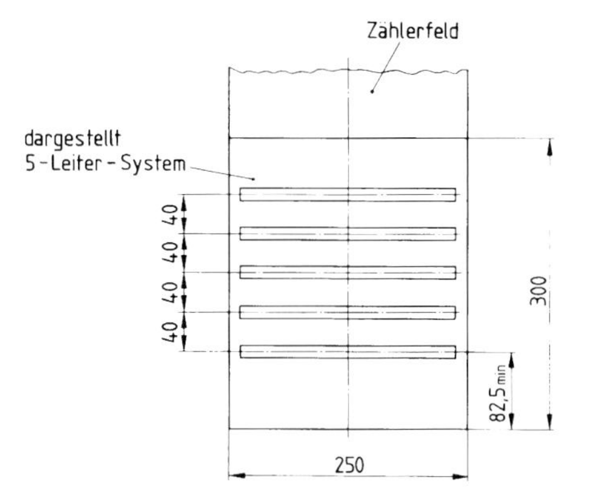

Bild 11. Frontaufteilung und Frontmaße

Bild 12. Anordnungsschema A [14]) 4-Leiter-System

Bild 13. Anordnungsschema B [14]) 4-Leiter-System

Bild 14. Anordnungsschema C [14]) 5-Leiter-System

Eine Kennzeichnung der Sammelschienen L1, L2, L3 ist nicht erforderlich.

[1]) Fenster für Zählerablesung sind nur bei Zählerplätzen mit plombierbarer Frontabdeckung erforderlich und zulässig. Sie müssen bruchsicher und weitgehend antistatisch sein.

[2]) Feld für Ursprungszeichen; gilt nicht für Zählerplätze mit plombierbarer Frontabdeckung.

[3]) Feld für Beschriftung; gilt nicht für Zählerplätze mit plombierbarer Frontabdeckung.

[4]) Die Zählertragschienen sind für Befestigungsschrauben nach DIN 46 300 vorzusehen und so anzuordnen, daß eine ebene Zählerauflagefläche erreicht wird. Bei frei zugänglichen Zählern darf der Tiefenabstand von der Zählerauflagefläche zu der Berührungsschutzabdeckung 5 mm nicht überschreiten.

Bei nicht frei zugänglichen Zählern können die waagerechten verstellbaren Zählertragschienen auf einer durchgehenden senkrechten Zählertragschiene montiert werden; der vorgesehene Einstellbereich ist zu markieren.

Zählertragschienen und Befestigungsschrauben nach DIN 46 300 sind Bestandteil des Zählerfeldes.

[5]) Vormarkierung zum Ausbrechen für Zählerplatzverdrahtung nach DIN 43 870 Teil 3; gilt nicht für Zählerplätze mit plombierbarer Frontabdeckung.

[6]) Klappfenster sind nur bei Zählerplätzen mit plombierbarer Frontabdeckung zulässig.

Das Klappfenster muß seitlich um eine Achse schwenkbar angeschlagen sein; es muß eine Plombiervorrichtung aufweisen und ohne Werkzeug zu öffnen sein.

[14]) Siehe hierzu DIN 43 870 Teil 3.

4.2.2 Tiefenaufteilung und Tiefenmaße

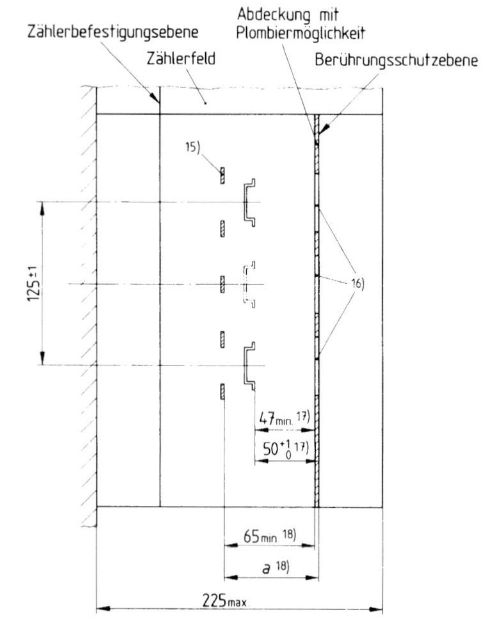

Bild 15. Tiefenaufteilung und Tiefenmaße

[7]) Bei größerem Reihenabstand als 112,5 mm ist DIN 43 880 zu beachten.

[8]) Länge entsprechend Ausschnitt in der Abdeckung, mindestens 200 mm.

[9]) Ausschnitt für Installationseinbaugeräte nach DIN 43 880.

[10]) Tiefenmaße nur im Bereich der Geräte-Einbaufläche.

[11]) Die Anbringung einer weiteren Befestigungsschiene, z. B. Hutschiene nach DIN EN 50 022 in einer anderen Ebene ist zulässig.

[12]) Die Anbringung einer weiteren Befestigungsschiene, z. B. Hutschiene nach DIN EN 50 022 waagerecht oder senkrecht ist zulässig. Der Abstand von Unterkante Berührungsschutzebene zu Oberkante dieser weiteren Befestigungsschiene ist möglichst groß zu wählen, damit auch Einbaugeräte/Betriebsmittel mit großer Bautiefe hinter der Berührungsschutzabdeckung eingebracht werden können.

[13]) Ausbrechbarer Ausschnitt.

[15]) Sammelschienenquerschnitte: 12 mm × 5 mm bzw. 12 mm × 10 mm (oder 2 Schienen 12 mm × 5 mm).

[16]) Ausschnittbreite mindestens 12 Teilungseinheiten, Maße nach DIN 43 880.

Anmerkung: Die Abstandsbreite der Sammelschienenhalter kann kleiner sein als die Mindestbreite des Geräteausschnittes.

[17]) Eine Verstellbarkeit der Hutschiene auf größere Abstandsmaße zum Einbringen von Einbaugeräten der Baugröße 3 nach DIN 43 880 ist zulässig.

[18]) Der Abstand a sollte vorzugsweise 75 mm betragen, wobei der Abstand von der Oberkante der Sammelschiene zur Innenkante der Abdeckung > 65 mm werden kann.

Zitierte Normen

DIN 7168 Teil 1	Allgemeintoleranzen; Längen- und Winkelmaße
DIN 43 870 Teil 1	Zählerplätze; Maße auf Basis eines Rastersystems
DIN 43 870 Teil 3	Zählerplätze; Verdrahtungen
DIN 43 880	Installationseinbaugeräte; Hüllmaße und zugehörige Einbaumaße
DIN 46 300	Installationsmaterial; Befestigungsschraube für Elektrizitätszähler und Steuergeräte auf Zählerfeldern
DIN EN 50 022	Industrielle Niederspannungs-Schaltgeräte; Tragschienen, Hutschienen 35 mm breit zur Schnappbefestigung von Geräten

Weitere Normen

DIN 18 013	Nischen für Zählerplätze (Elektrizitätszähler)
DIN 43 853	Zählertafeln; Hauptmaße, Anschlußmaße
DIN VDE 0603 Teil 1	Installationskleinverteiler und Zählerplätze AC 400 V; Installationskleinverteiler und Zählerplätze
DIN VDE 0612	Bestimmungen für Baustromverteiler für Nennspannungen bis 380V Wechselspannung und für Ströme bis 630 A
DIN VDE 0659	Fabrikfertige Installationsverteiler (FIV)
DIN VDE 0660 Teil 500	Schaltgeräte; Niederspannung-Schaltgerätekombinationen; Anforderungen an typgeprüfte und partiell typgeprüfte Kombinationen (IEC 439-1 (1985) 2. Ausgabe modifiziert) Deutsche Fassung EN 60 439-1 : 1989

Frühere Ausgaben

DIN 43 870 Teil 2: 10.77, 05.81, 04.86

Änderungen

Gegenüber der Ausgabe April 1986 wurden folgende Änderungen vorgenommen:

a) Geändert wurden Bild 1 und Bild 2.

b) Ergänzt wurde das Tarifschaltgerät-Feld, siehe Abschnitt 2.2.

c) Ergänzt wurden zum unteren Anschlußraum die Abschnitte 4.1.3 und 4.1.4.

d) Durch die geänderten Bilder haben sich die Fußnotenbezeichnungen teilweise geändert. Neu aufgenommen wurde die Fußnote 6).

Erläuterungen

Diese Norm wurde vom Unterkomitee 543.1 „Installationsverteiler und Zählerplätze" der Deutschen Elektrotechnischen Kommission im DIN und VDE (DKE) ausgearbeitet.

Für die Anwendung in Einfamilienhäusern wurde aus wirtschaftlichen Erwägungen für Zählerplätze mit Tür ein TSG-Feld konzipiert mit einem zugeordneten unteren Anschlußraum von 150 mm, das in Zählerplätzen mit der Bauhöhe 900 mm integriert ist. Siehe hierzu Beiblatt 1 zu DIN 43 870.

Aufgrund von Änderungen im Tarifwesen und der Zählertechnik können Klappfenster bei Zählerplätzen mit Frontabdeckung erforderlich sein, die dem Kunden einen direkten Zugang zu den Meßeinrichtungen ermöglichen.

Internationale Patentklassifikation

E 04 F 19/08
G 01 R 11/02
H 02 B 1/03

Zählerplätze
Verdrahtungen

DIN 43 870 Teil 3

Meter panels; wirings
Panneaux de compteur; filerie

Ersatz für Ausgabe 10.77

Für den Anwendungsbereich dieser Norm bestehen keine entsprechenden regionalen oder internationalen Normen.

Maße in mm

1 Anwendungsbereich

Diese Norm gilt für die Ausführung von Zähleranschlußleitungen der Zählerfelder nach DIN 43 870 Teil 2.

2 Maße, Bezeichnung

Die Verdrahtung braucht der bildlichen Darstellung nicht zu entsprechen; nur die angegebenen Maße sind einzuhalten.
Bei Anschluß über Steckverbindungen sind Abweichungen zulässig, es sind jedoch technisch gleichwertige Ausführungen zu wählen.
Allgemeintoleranzen: DIN 7168 – sg

Verdrahtung A

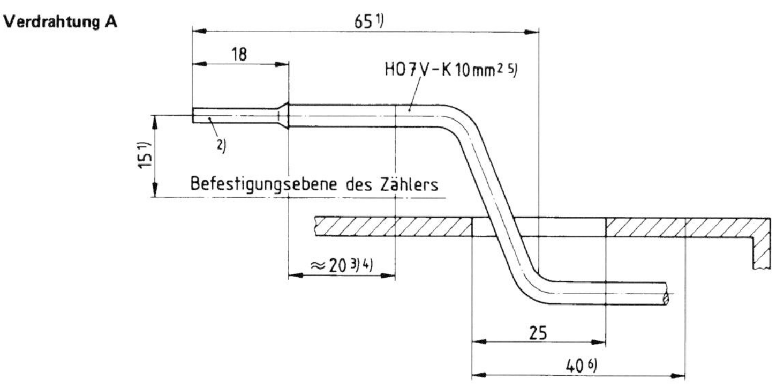

Bezeichnung der Verdrahtung A für Netze der Form TN–C:

Verdrahtung DIN 43 870 – A

---

1) Maße für die Lage der Aderenden, die bei Anschluß des Zählers erforderlich sind.

2) Aderendhülse DIN 46 228 – A 10–18 oder eine mindestens gleichwertige Ausführung der Leiterenden.

3) Bereich für Kennzeichnung mit Ziffern: 1 für L1
2 für L2
3 für L3
N für Zählererregung

4) Die Kennzeichnung hat an den Enden der Leiter zu erfolgen, die an den Zähler angeschlossen werden. Sie muß dauerhaft sein und darf die Isolation nicht beeinträchtigen.
Prüfung nach DIN VDE 0603.
Die Kennzeichnung der Enden der Leiter im oberen und unteren Anschlußraum hat nur zu erfolgen, wenn keine eindeutige Zugehörigkeit erkennbar ist.

5) Die PVC-Aderleitung nach DIN VDE 0281 Teil 103 gilt für alle Leiter des Zählerplatzes nach der Verdrahtung A, B, C (zulässig für Elektrizitätszähler bis 60 A Grenzstrom).

6) Ausbrechbare Öffnung nach DIN 43 870 Teil 2.

Fortsetzung Seite 2 und 3

Deutsche Elektrotechnische Kommission im DIN und VDE (DKE)

3 Verdrahtung

3.1 Verdrahtung A (für Netze der Form TN–C)

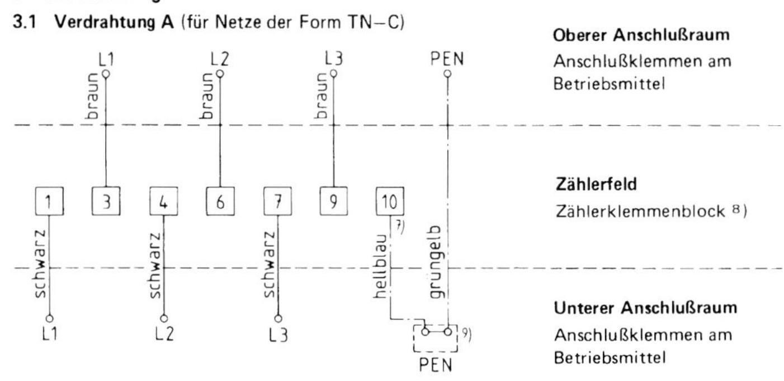

3.2 Verdrahtung B (für Netze der Form TT)

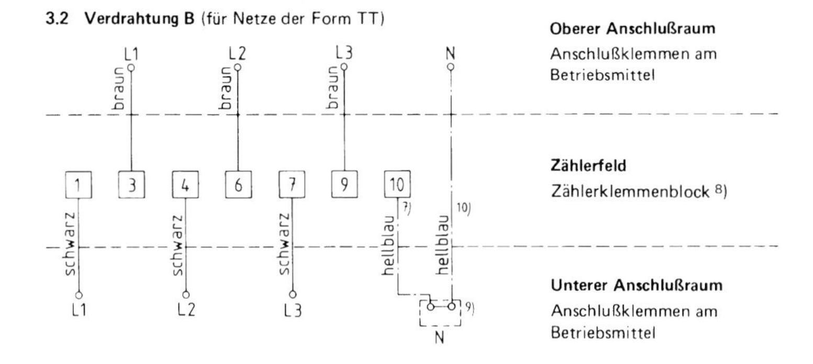

3.3 Verdrahtung C (für Netze der Form TN–S)

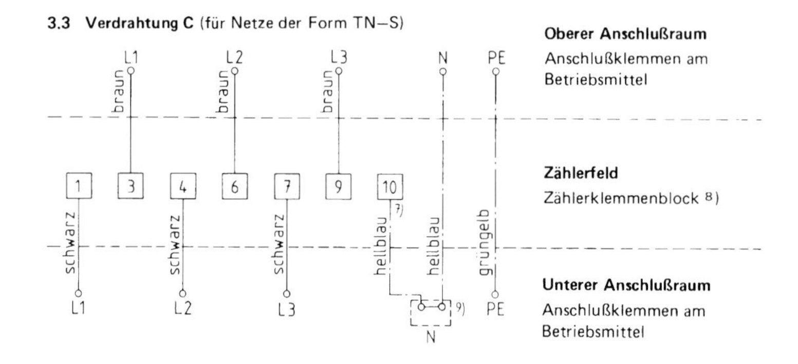

---

7) Zählererregung (Leitung zum Sternpunkt der Zählerspannungsspule).

8) Klemmenbezeichnung nach DIN 43 856.

9) Jeder Leiter muß einzeln klemmbar sein (z. B. Hauptleitungsabzweigklemme).

10) Der N-Leiter kann in TT-Netzen auch unmittelbar am Zähler (Klemmstelle 12) angeschlossen werden.

Zitierte Normen

DIN 7168 Teil 1	Allgemeintoleranzen; Längen und Winkelmaße
DIN 43 856	Elektrizitätszähler, Tarifschaltuhren und Rundsteuerempfänger; Schaltpläne, Klemmenbezeichnungen und Benennungen
DIN 43 870 Teil 2	Zählerplätze; Funktionsflächen
DIN 46 228 Teil 1	Aderendhülsen; ohne Isolierungsumfassung
DIN VDE 0281 Teil 103	PVC-isolierte Starkstromleitungen; PVC-Aderleitungen
DIN VDE 0603	Installationskleinverteiler und Zählerplätze bis 250 V gegen Erde

Frühere Ausgaben

DIN 43 870 Teil 3: 10.77

Änderungen

Gegenüber der Ausgabe Oktober 1977 wurden folgende Änderungen vorgenommen:

a) In der Fußnote 5 wurde die Festlegung, daß der Querschnitt 10 mm² zulässig ist für Überstromschutzorgane bis 80 A, geändert in „zulässig für Elektrizitätszähler bis 60 A Grenzstrom".

b) Die bildliche Darstellung wurde so abgeändert, daß die bisher vorgegebenen Maße nur für die Lage der Aderenden bei Anschluß des Zählers erforderlich sind.

c) Weiterhin wurde eine Fußnote 10 im Abschnitt 3.2 Verdrahtungsschema B eingefügt mit dem Hinweis, daß der N-Leiter in TT-Netzen auch unmittelbar am Zähler (Klemmstelle 12) angeschlossen werden kann.

Erläuterungen

Diese Norm wurde vom UK 543.1 „Installationsverteiler und Zählerplätze" der Deutschen Elektrotechnischen Kommission im DIN und VDE (DKE) ausgearbeitet.

Internationale Patentklassifikation

H 02 B 9/00

Juni 1999

	Elektrisches Installationsmaterial **Haushalt- und Kragensteckvorrichtungen** Übersicht	 49400

Für den Anwendungsbereich dieser Norm bestehen keine entsprechenden regionalen oder internationalen Normen

ICS 29.120.30

Ersatz für
Ausgabe 1973-08

Electrical installation material – Plugs and socket-outlets for household and industrial use – synopsis

Petite appareillage – Prises de courant pour usages domestiques et industrielles – Synopsis

Vorwort

Diese Übersicht wurde vom UK 542.1 „Schalter und Steckvorrichtungen für den Hausgebrauch und ähnliche Zwecke" in Zusammenarbeit mit UK 542.4 „Industriesteckvorrichtungen" der Deutschen Elektrotechnischen Kommission im DIN und VDE (DKE) erstellt.

Norm-Inhalt war veröffentlicht als E DIN 49400/A1 : 1985-01.

Änderungen

Gegenüber Ausgabe 1973-08 wurden folgende Änderungen vorgenommen:

a) Die Angaben für Haushalt- und Industriesteckvorrichtungen wurden aktualisiert.

b) Gerätesteckvorrichtungen wurden aus der Übersicht gestrichen.

Frühere Ausgabe

DIN 49400: 1973-08

1 Anwendungsbereich

Diese Übersicht enthält Steckvorrichtungen nach:

- DIN 49406 ff (Haushaltsteckvorrichtungen)
- DIN VDE 0620-101 (VDE 0620 Teil 101) : 1992-05 (Eurostecker)
- DIN EN 60309-2 (VDE 0623 Teil 20) : 1993-06 (Industriesteckvorrichtungen)

2 Normative Verweisungen

Diese Norm enthält durch datierte oder undatierte Verweisungen Festlegungen aus anderen Publikationen. Diese normativen Verweisungen sind an den jeweiligen Stellen im Text zitiert, und die Publikationen sind nachstehend aufgeführt. Bei datierten Verweisungen gehören spätere Änderungen oder Überarbeitungen dieser Publikationen nur zu dieser Norm, falls sie durch Änderung oder Überarbeitung eingearbeitet sind. Bei undatierten Verweisungen gilt die letzte Ausgabe der in Bezug genommenen Publikation.

DIN 49406-1 : 1981-03
Zweipoliger Stecker für schutzisolierte Geräte 10 A 250 V- und 16 A 250 V~

DIN 49406-2 : 1989-12
Zweipoliger Stecker für schutzisolierte Geräte DC 10 A 250 V, AC 16 A 250 V – spritzwassergeschützt

Fortsetzung Seite 2 bis 6

Deutsche Elektrotechnische Kommission im DIN und VDE (DKE)

DIN 49437 : 1987-05
Adapter mit zwei Steckdosen 2,5 A 250 V

Normen der Reihe DIN 49440
Zweipolige Steckdosen mit Schutzkontakt DC 10 A 250 V, AC 16 A 250 V

DIN 49440-2 : 1987-05
Zweipolige Steckdosen mit Schutzkontakt DC 10 A 250 V, AC 16 A 250 V – Ortsveränderliche Mehrfachsteckdosen, Kombination von Steckdosen 10/16 A 250 V und Steckdosen 2,5 A 250 V – Hauptmaße

DIN 49441 : 1972-06
Zweipoliger Stecker mit Schutzkontakt 10 A 250 V ≅ und 10 A 250 V– 16 A 250 V~

DIN 49441-2 : 1989-12
Zweipoliger Stecker mit Schutzkontakt DC 10 A 250 V, AC 16 A 250 V – spritzwassergeschützt

DIN 49442 : 1969-03
Zweipolige Steckdosen mit Schutzkontakt, druckwasserdicht 10 A 250 V ≅ und 10 A 250 V– 16 A 250 V~ – Hauptmaße

DIN 49443 : 1987-02
Zweipoliger Stecker mit Schutzkontakt DC 10 A 250 V, AC 16 A 250 V – druckwasserdicht

DIN 49445 : 1991-10
Dreipolige Steckdosen mit N- und mit Schutzkontakt 16 A AC 400/230 V – Hauptmaße

DIN 49446 : 1991-10
Dreipoliger Stecker mit N- und mit Schutzkontakt 16 A AC 400/230 V – Hauptmaße

DIN 49447 : 1991-10
Dreipolige Steckdosen mit N- und mit Schutzkontakt 25 A AC 400/230 V – Hauptmaße

DIN 49448 : 1991-10
Dreipoliger Stecker mit N- und mit Schutzkontakt 25 A AC 400/230 V – Hauptmaße

DIN EN 60309-2 (VDE 0623 Teil 20) : 1993-06
Stecker, Steckdosen und Kupplungen für industrielle Anwendung – Teil 2: Stift und Buchsensteckvorrichtungen mit genormten Anordnungen, Anforderungen und Hauptmaße für die Austauschbarkeit (IEC 60309-2 : 1989 + Corrigendum 1992, modifiziert); Deutsche Fassung EN 60309-2 : 1992

DIN VDE 0620-101 (VDE 0620 Teil 101) : 1992-05
Steckvorrichtungen bis 400 V 25 A – Flache, nichtwiederanschließbare zweipolige Stecker, 2,5 A 250 V, mit Leitung, für die Verbindung mit Klasse-II-Geräten für Haushalt und ähnliche Zwecke; Deutsche Fassung EN 50075 : 1990

3 Stecker für den Hausgebrauch

Polanzahl	Bemessungsstrom A	Bemessungsspannung V	Bild	Benennung	Norm
2	2,5	250~	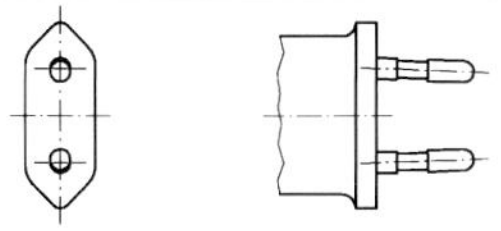	Stecker („Eurostecker“)	DIN VDE 0620-101 (VDE 0620 Teil 101)
	10	250-	F 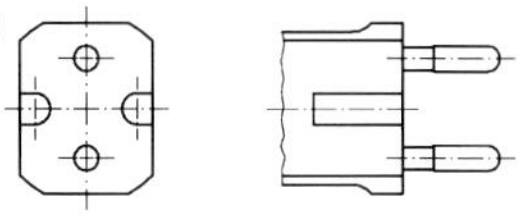	Stecker F Flachstecker R Rundstecker	DIN 49406-1 und DIN 49406-2
	16	250~			
	10	250-	R 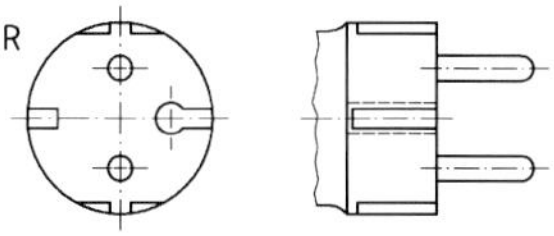		
	16	250~			
2 + ⏚	10	250-	R1 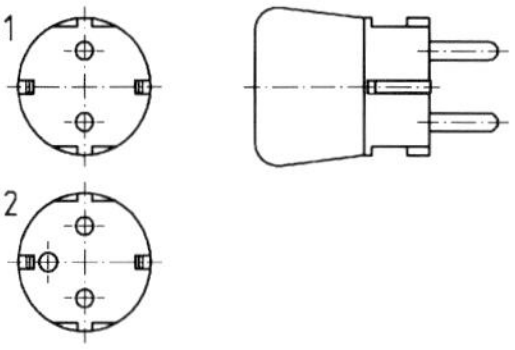	Stecker R1 mit seitlichen Schutzkontakten R2 mit zwei Schutzkontaktsystemen	DIN 49441 und DIN 49441-2
	16	250~	R2		
	10	250-	R1 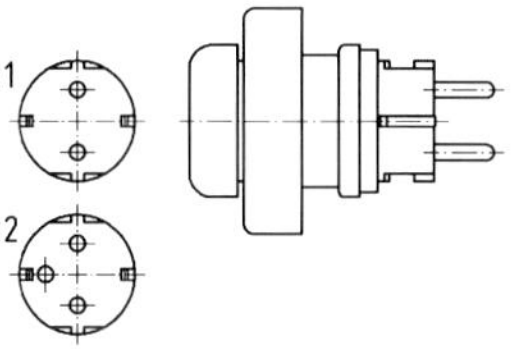	Stecker druckwasserdicht R1 mit seitlichen Schutzkontakten R2 mit zwei Schutzkontaktsystemen	DIN 49443
	16	250~	R2		
3 + N + ⏚	16	230/400~	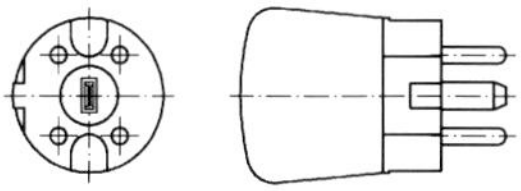	Stecker	DIN 49446
	25	230/400~	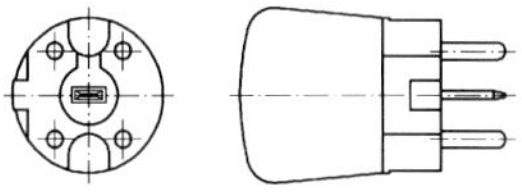	Stecker	DIN 49448

4 Wandsteckdosen, Kupplungsdosen und Adapter für den Hausgebrauch

Polanzahl	Bemes-sungs-strom A	Bemes-sungs-spannung V	Bild	Benennung	Norm
2	2,5	250~	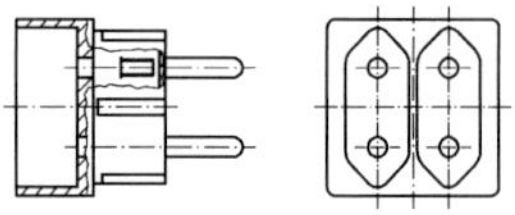	Adapter mit zwei Steckdosen 2,5 A 250 V	DIN 49437
2 + ⏚	10	250-	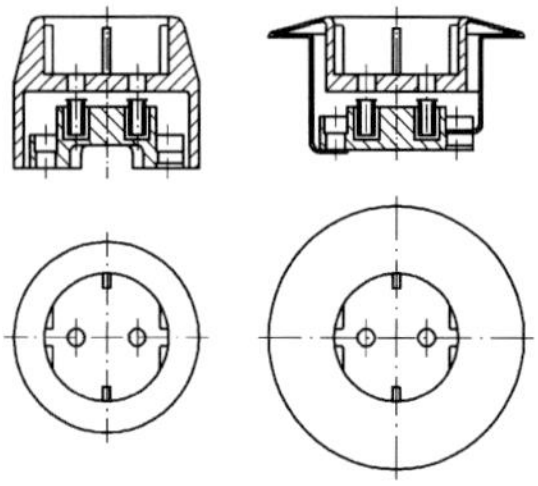	Wandsteckdose Aufputz und Unterputz und Kupplungsdose	Normen der Reihe DIN 49440
	16	250~			
	10	250-	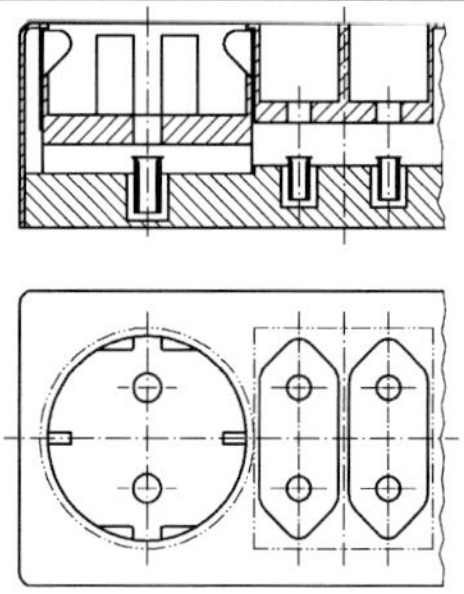	Ortsveränderliche Merhfachsteckdosen, Kombination von Steckdosen 10/16 A 250 V und Steckdosen 2,5 A 250 V	DIN 49440 Teil 2
	16	250~			
	10	250-	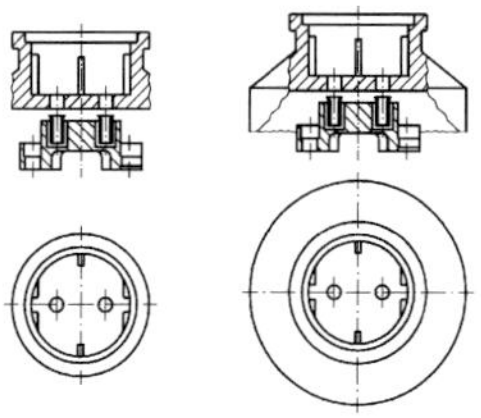	Wandsteckdose und Kupplungsdose druckwasserdicht	DIN 49442
	16	250~			

(fortgesetzt)

Wandsteckdosen, Kupplungsdosen und Adapter für den Hausgebrauch (abgeschlossen)

Polanzahl	Bemessungsstrom A	Bemessungsspannung V	Bild	Benennung	Norm
3 + N + ⏚	16	230/400~	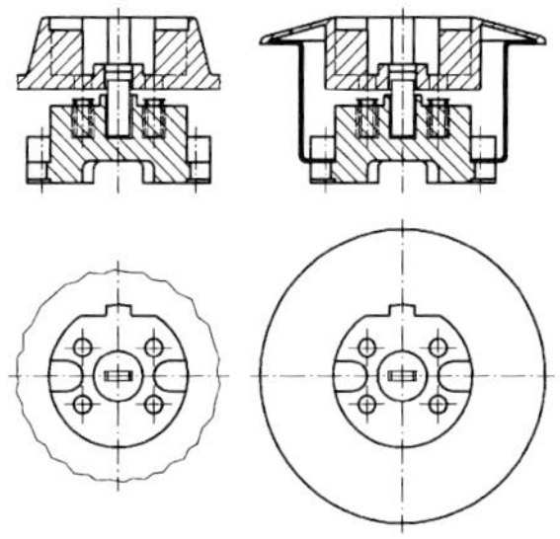	Wandsteckdose Aufputz und Unterputz und Kupplungsdose	DIN 49445
	25	230/400~	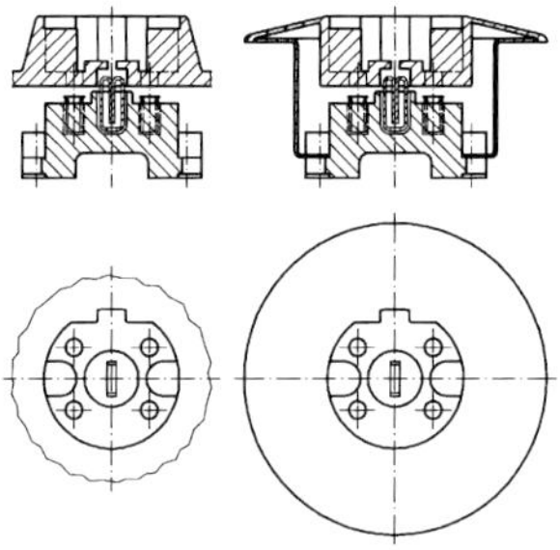	Wandsteckdose Aufputz und Unterputz und Kupplungsdose	DIN 49447

5 Kragensteckvorrichtungen (Industriesteckvorrichtungen)

Polanzahl	Bemessungsstrom A Serien I/II [1]	Bemessungsspannung V	Bild	Benennung	Normblatt-Nr. DIN EN 60309-2 (VDE 0623 Teil 20)
2 und 3	16/20	bis 50	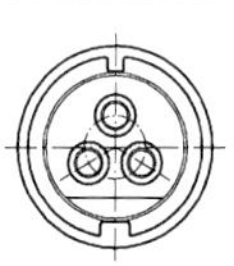	Steckdosen und Kupplungen	2-VIII
	32/30				
	16/20		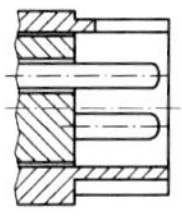	Stecker und Gerätestecker	2-IX
	32/30				

(fortgesetzt)

Kragensteckvorrichtungen (Industriesteckvorrichtungen) (abgeschlossen)

Polanzahl	Bemes-sungs-strom A Serien I/II[1]	Bemes-sungs-spannung V	Bild	Benennung	Normblatt-Nr. DIN EN 60309-2 (VDE 0623 Teil 20)
2 + ⏚ 3 + ⏚ 3 + N + ⏚	16/20 32/30	über 50		Steckdosen und Kupplungen	2-I
	16/20 32/30			Stecker und Gerätestecker	2-II
	63/60 125/100			Steckdosen und Kupplungen	2-III und 2-IIIa
	63/60 125/100			Stecker und Gerätestecker	2-IV und 2-IVa

[1] Serie II ist in Deutschland nicht anwendbar, es gilt der jeweils erste Strom-Wert.

Juli 2002

Schulbau

Bautechnische Anforderungen zur Verhütung von Unfällen

DIN 58125

ICS 91.040.10

Ersatz für
DIN 58125:1984-12

Construction of schools —
Constructional requirements for accident prevention

Construction d'écoles —
Exigences de construction pour la prévention des accidents

Inhalt

Fortsetzung Seite 2 bis 19

Normenausschuss Bauwesen (NABau) im DIN Deutsches Institut für Normung e.V.

Vorwort

Diese Norm wurde vom Normenausschuss Bauwesen (NABau), Arbeitsausschuss 01.12.00 „Sicherheit im Schulbau“, ausgearbeitet.

Planung, Bau und Einrichtung von Schulen müssen Gefahrenquellen vermeiden und zur Verhütung von Unfällen beitragen. Unfallgefahren lassen sich aber nur dann wirksam mindern, wenn neben baulichen Vorkehrungen auch eine genügende Aufsicht, eine Anleitung zur sachgerechten Benutzung von Anlagen, Gebäuden und Einrichtungen und die Erziehung zum Erkennen von Gefahren sichergestellt werden. Dabei muss dem Bewegungsdrang von Kindern und Jugendlichen Rechnung getragen werden.

In dieser Norm sind die speziellen baulichen Anforderungen zur Verhütung von Unfällen zusammengefasst.

In den Bauordnungen der Länder sind zum Teil unterschiedliche Regelungen getroffen.

Diese Norm konkretisiert die Schutzziele der GUV 6.3 „Unfallverhütungsvorschrift (UVV) – Schulen“; diese sind kursiv gesetzt und den Normtexten vorangestellt.

Änderungen

Gegenüber DIN 58125:1984-12 wurden folgende Änderungen vorgenommen:

a) Abstimmung zwischen dem Bundesverband der Unfallkassen (BUK) und DIN hinsichtlich der Konkretisierung der vom BUK festgelegten Schutzziele durch Ausführungsbeispiele,

b) Aufnahme der Schutzziele in GUV 6.3 „Unfallverhütungsvorschrift (UVV) – Schulen“.

Frühere Ausgaben

DIN 58125: 1980-10, 1984-09, 1984-12

1 Anwendungsbereich

Diese Norm gilt für Bau und Einrichtung allgemein bildender Schulen und vergleichbarer baulicher Anlagen berufsbildender Schulen. Bei Umbauten und Einrichtungsänderungen gilt sie für die neuen Teile sinngemäß.

Diese Norm gilt nicht für Schwimmbecken an Schulen.

Diese Norm beschreibt, welche baulichen Maßnahmen zur Erreichung der kursiv gesetzten Schutzziele der GUV 6.3 „Unfallverhütungsvorschrift (UVV) — Schulen" geeignet sind.

2 Normative Verweisungen

Diese Norm enthält durch datierte oder undatierte Verweisungen Festlegungen aus anderen Publikationen. Diese normativen Verweisungen sind an den jeweiligen Stellen im Text zitiert, und die Publikationen sind nachstehend aufgeführt. Bei datierten Verweisungen gehören spätere Änderungen oder Überarbeitungen dieser Publikationen nur zu dieser Norm, falls sie durch Änderung oder Überarbeitung eingearbeitet sind. Bei undatierten Verweisungen gilt die letzte Ausgabe der in Bezug genommenen Publikation (einschließlich Änderungen).

DIN 4844-2, *Sicherheitskennzeichnung — Teil 1: Darstellung von Sicherheitszeichen.*

DIN 5035-2:1990-09, *Beleuchtung mit künstlichem Licht — Richtwerte für Arbeitsstätten in Innenräumen und im Freien.*

DIN 5035-4, *Innenraumbeleuchtung mit künstlichem Licht — Spezielle Empfehlungen für die Beleuchtung von Unterrichtsstätten.*

DIN 12924-1, *Laboreinrichtungen — Abzüge — Abzüge für allgemeinen Gebrauch, Arten, Hauptmaße, Anforderungen und Prüfungen.*

DIN 12924-3, *Laboreinrichtungen — Abzüge — Durchreichabzüge, Hauptmaße, Anforderungen und Prüfungen.*

DIN 12924-4, *Laboreinrichtungen — Abzüge — Abzüge in Apotheken, Hauptmaße, Anforderungen und Prüfungen.*

DIN 18032-1, *Sporthallen — Hallen für Turnen, Spiele und Mehrzwecknutzung — Grundsätze für Planung und Bau.*

DIN V 18032-2, *Sporthallen — Hallen für Turnen, Spiele und Mehrzwecknutzung — Teil 2: Sportböden, Anforderungen, Prüfungen.*

DIN 18032-3, *Sporthallen — Hallen für Turnen, Spiele und Mehrzwecknutzung — Teil 3: Prüfung der Ballwurfsicherheit.*

DIN 18032-4, *Sporthallen — Hallen für Turnen, Spiele und Mehrzwecknutzung — Doppelschalige Trennvorhänge.*

DIN 18032-5, *Sporthallen — Hallen für Turnen und Spiele — Ausziehbare Tribünen.*

DIN 18032-6, *Sporthallen — Hallen für Turnen und Spiele — Bauliche Maßnahmen für Einbau und Verankerung von Sportgeräten.*

DIN 18035-1, *Sportplätze — Teil 1: Freianlagen für Spiele und Leichtathletik, Planung und Maße.*

DIN 18035-2, *Sportplätze — Bewässerung von Rasen- und Tennenflächen.*

DIN 18035-3, *Sportplätze — Entwässerung.*

DIN 18035-4, *Sportplätze — Rasenflächen.*

DIN 18035-5, *Sportplätze — Tennenflächen.*

DIN 18035-6, *Sportplätze — Kunststoffflächen.*

DIN V 18035-7, *Sportplätze — Teil 7: Kunststoffrasenflächen.*

DIN 18035-8, *Sportplätze — Leichtathletikanlagen.*

DIN 18065, *Gebäudetreppen — Definitionen, Messregeln, Hauptmaße.*

DIN 31001-1, *Sicherheitsgerechtes Gestalten technischer Erzeugnisse — Schutzeinrichtungen — Begriffe, Sicherheitsabstände für Erwachsene und Kinder.*

DIN 33942, *Barrierefreie Spielplatzgeräte — Sicherheitstechnische Anforderungen und Prüfverfahren.*

DIN EN 294, *Sicherheit von Maschinen — Sicherheitsabstände gegen das Erreichen von Gefahrstellen mit den oberen Gliedmaßen; Deutsche Fassung EN 294:1992.*

DIN EN 349, *Sicherheit von Maschinen — Mindestabstände zur Vermeidung des Quetschens von Körperteilen; Deutsche Fassung EN 349:1993.*

DIN EN 913, *Turngeräte — Allgemeine sicherheitstechnische Anforderungen und Prüfverfahren; Deutsche Fassung EN 913:1996.*

DIN EN 914, *Turngeräte — Barren und kombinierte Stufenbarren/Barren – Funktionelle und sicherheitstechnische Anforderungen, Prüfverfahren; Deutsche Fassung EN 914:1996.*

DIN EN 915, *Turngeräte — Stufenbarren — Funktionelle und sicherheitstechnische Anforderungen, Prüfverfahren; Deutsche Fassung EN 915:1996.*

DIN EN 916, *Turngeräte — Sprungkästen — Funktionelle und sicherheitstechnische Anforderungen, Prüfverfahren; Deutsche Fassung EN 916:1996.*

DIN EN 1176-1, *Spielplatzgeräte — Teil 1: Allgemeine sicherheitstechnische Anforderungen und Prüfverfahren; Deutsche Fassung EN 1176-1:1998.*

DIN EN 1176-2, *Spielplatzgeräte — Teil 2: Zusätzliche besondere sicherheitstechnische Anforderungen und Prüfverfahren für Schaukeln; Deutsche Fassung EN 1176-2:1998.*

DIN EN 1176-3, *Spielplatzgeräte — Teil 3: Zusätzliche besondere sicherheitstechnische Anforderungen und Prüfverfahren für Rutschen; Deutsche Fassung EN 1176-3:1998.*

DIN EN 1176-4, *Spielplatzgeräte — Teil 4: Zusätzliche besondere sicherheitstechnische Anforderungen und Prüfverfahren für Seilbahnen; Deutsche Fassung EN 1176-4:1998.*

DIN EN 1176-5, *Spielplatzgeräte — Teil 5: Zusätzliche besondere sicherheitstechnische Anforderungen und Prüfverfahren für Karussells; Deutsche Fassung EN 1176-5:1998.*

DIN EN 1176-6, *Spielplatzgeräte — Teil 6: Zusätzliche besondere sicherheitstechnische Anforderungen und Prüfverfahren für Wippgeräte; Deutsche Fassung EN 1176-6:1998.*

DIN EN 1176-7, *Spielplatzgeräte — Teil 7: Anleitung für Installation, Inspektion, Wartung und Betrieb; Deutsche Fassung EN 1176-7:1997.*

DIN EN 1177, *Stoßdämpfende Spielplatzböden — Sicherheitstechnische Anforderungen und Prüfverfahren (enthält Änderung A1:2001); Deutsche Fassung EN 1177:1997 + A1:2001.*

DIN EN 12193, *Licht und Beleuchtung — Sportstättenbeleuchtung; Deutsche Fassung EN 12193:1999.*

DIN EN 12196, *Turngeräte — Pferde und Böcke — Funktionelle und sicherheitstechnische Anforderungen, Prüfverfahren; Deutsche Fassung EN 12196:1997.*

DIN EN 12197, *Turngeräte — Reck — Sicherheitstechnische Anforderungen und Prüfverfahren; Deutsche Fassung EN 12197:1997.*

DIN EN 12346, *Turngeräte — Sprossenwände, Gitterleitern und Kletterrahmen — Sicherheitstechnische Anforderungen und Prüfverfahren; Deutsche Fassung EN 12346:1998.*

DIN EN 12432, *Turngeräte — Schwebebalken — Funktionelle und sicherheitstechnische Anforderungen, Prüfverfahren; Deutsche Fassung EN 12432:1998.*

DIN EN 12503-1, *Sportmatten — Teil 1: Turnmatten; Sicherheitstechnische Anforderungen; Deutsche Fassung EN 12503-1:2001.*

DIN EN 12503-2, *Sportmatten — Teil 2: Stabhochsprung- und Hochsprung-Matten; Sicherheitstechnische Anforderungen; Deutsche Fassung EN 12503-2:2001.*

DIN EN 12503-3, *Sportmatten — Teil 3: Judomatten; Sicherheitstechnische Anforderungen; Deutsche Fassung EN 12503-3:2001.*

DIN EN 12503-4, *Sportmatten — Teil 4: Bestimmung der Dämpfungseigenschaften; Deutsche Fassung EN 12503-4:2001.*

DIN EN 12503-5, *Sportmatten — Teil 5: Bestimmung der Reibungseigenschaften der Unterseite; Deutsche Fassung EN 12503-5:2001.*

DIN EN 12503-6, *Sportmatten — Teil 6: Bestimmung der Reibungseigenschaften der Oberseite; Deutsche Fassung EN 12503-6:2001.*

DIN EN 12503-7, *Sportmatten — Teil 7: Bestimmung der statischen Steifigkeit; Deutsche Fassung EN 12503-7:2001.*

DIN EN 12604, *Tore — Mechanische Aspekte — Anforderungen; Deutsche Fassung EN 12604:2000.*

DIN EN 12655, *Turngeräte — Ringeeinrichtungen — Funktionelle und sicherheitstechnische Anforderungen, Prüfverfahren; Deutsche Fassung EN 12655:1998.*

DIN EN 13219, *Turngeräte — Trampoline — Funktionelle und sicherheitstechnische Anforderungen, Prüfverfahren; Deutsche Fassung EN 13219:2001.*

DIN EN 61008-1, *Fehlerstrom-/Differenzstrom-Schutzschalter ohne eingebauten Überstromschutz (RCCBs) für Hausinstallationen und für ähnliche Anwendungen — Teil 1: Allgemeine Anforderungen (IEC 61008-1:1990 + A1:1992 (mod.) + A2:1995 + 23E/245/FDIS:1996 + 23E/251/FDIS:1996); Deutsche Fassung EN 61008-1:1994 + A2:1995 + A11:1995 + A12 1998 + A13:1998 + A14:1998 + A17:2000 + Corrigendum Sept. 1994 + Corrigendum Dez. 1997 + Corrigendum April 1998.*

DIN EN 61008-2-1, *Fehlerstrom-/Differenzstrom-Schutzschalter ohne eingebauten Überstromschutz (RCCBs) für Hausinstallationen und für ähnliche Anwendungen — Teil 2-1: Anwendung der allgemeinen Anforderungen auf netzspannungsunfähige RCCBs (IEC 61008-2-1:1990); Deutsche Fassung EN 61008-2-1:1994 + A11:1998 + Corrigendum März 1999.*

DIN EN 61009-1, *Fehlerstrom-/Differenzstrom-Schutzschalter mit eingebautem Überstromschutz (RCBOs) für Hausinstallation und für ähnliche Anwendungen — Teil 1: Allgemeine Anforderungen (IEC 61009-1:1991 (mod.) + A1:1995 + 23E/246/FDIS:1996 + 23E/252/FDIS:1996); Deutsche Fassung EN 61009-1:1994 + A1:1995 + A2:1998 + A11:1995 + A13:1998 + A14:1998 + A15:1998 + A17:1998 + A19:2000 + Corrigendum Sept. 1994 + Corrigendum Dez. 1997 + Corrigendum April 1998.*

DIN EN 61009-2-1, *Fehlerstrom-/Differenzstrom-Schutzschalter mit eingebautem Überstromschutz (RCBOs) für Hausinstallation und für ähnliche Anwendungen — Teil 2-1: Anwendung der allgemeinen Anforderungen auf netzspannungsunabhängige RCBOs (IEC 61009-2-1 1991); Deutsche Fassung EN 61009-2-1:1994 + A11:1998 + Corrigendum März 1999.*

DIN ISO 5970, *Stühle und Tische für Bildungseinrichtungen — Funktionsmaße.*

DIN VDE 0100-701, *Elektrische Anlagen von Gebäuden — Teil 7: Bestimmungen für Räume und Anlagen besonderer Art — Hauptabschnitt 701: Räume und Badewanne oder Dusche.*

DIN VDE 0100-723, *Errichten von Starkstromanlagen mit Nennspannungen bis 1000 V — Unterrichtsräume mit Experimentierständen.*

E DIN VDE 0100-723/A1, *Errichten von Starkstromanlagen mit Nennspannungen bis 1000 V; Unterrichtsräume mit Experimentierständen; Änderung 1.*

AMEV, *Beleuchtung 2000, Hinweis für die Innenraumbeleuchtung mit künstlichem Licht in öffentlichen Gebäuden (Beleuchtung 2000).*[1]

DVGW G 621, *Gasanlagen in Laboratorien und naturwissenschaftlich-technischen Unterrichtsräumen — Installation und Betrieb.*[2]

GUV 0.1, *Unfallverhütungsvorschrift (UVV) „Allgemeine Vorschriften mit Durchführungsanweisungen“.*[3]

GUV 6.3, *Unfallverhütungsvorschrift (UVV) — Schulen.*[3]

GUV 19.16, *Regeln für Sicherheit und Gesundheitsschutz beim Umgang mit Gefahrstoffen im Unterricht.*[3]

GUV 20.26, *Erste Hilfe in Schulen.*[3]

GUV 20.48, *Sicher und fit am PC in der Schule.*[3]

GUV 20.52, *Richtig sitzen in der Schule — Mindestanforderungen an Tische und Stühle in allgemein bildenden Schulen.*[3]

GUV 26.17, *Bodenbeläge für nassbelastete Barfußbereiche.*[3]

GUV 26.18, *Merkblatt für Fußböden in Arbeitsräumen und Arbeitsbereichen mit Rutschgefahr.*[3]

GUV 26.2, *Merkblatt; Sichere Schultafeln.*[3]

TRbF 20, *Läger.*[2]

TRbF 22 *Änderung 1997-06, Lagereinrichtungen in Arbeitsräumen (Sicherheitsschränke).*[3]

TRGS 553, *Holzstaub — Anlage 2: Liste der Holzbearbeitungsmaschinen, -geräte, Hand- und Montagearbeitsplätze nach Nummer 4 Abs. 2 der TRGS 553.*[4]

Verordnung über Anlagen zur Lagerung, Abfüllung und Beförderung brennbarer Flüssigkeiten zu Lande (Verordnung über brennbare Flüssigkeiten – VbF).[4]

Bauordnungen der Länder.

---

[1] Zu beziehen durch: Elch Graphics

[2] Zu beziehen durch: Wirtschafts- und Verlagsgesellschaft Gas und Wasser mbH

[3] Zu beziehen durch: Bundesverband der Unfallkassen, Fockensteinstraße 1, 81539 München

[4] Zu beziehen durch: Deutsches Informationszentrum für technische Regeln (DITR) im DIN, Burggrafenstraße 6, 10787 Berlin

3 Anforderungen

3.1 Bodenbeläge

ANMERKUNG Bodenbeläge im Freien siehe 3.9.5, in Sicherheitsbereichen von Spielplatzgeräten siehe 3.9.9, in Wasch-, Dusch- und Umkleideräumen siehe 3.10.4, in Fachräumen, in denen mit gefährlichen Stoffen umgegangen wird, siehe 3.11.4 und in Fachräumen mit Staubanfall siehe 3.11.5.

3.1.1 Rutschhemmung

§ 5 (1) Bodenbeläge müssen entsprechend der Eigenart der schulischen Nutzung rutschhemmend ausgeführt sein.

Diese Anforderung ist erfüllt, wenn z. B. die Hinweise zu Schulen im Merkblatt GUV 26.18 berücksichtigt sind.

3.1.2 Stolperstellen und Einzelstufen

§ 5 (2) In Aufenthaltsbereichen von Schülerinnen und Schülern sind Stolperstellen und grundsätzlich auch Einzelstufen zu vermeiden. Lassen sich Einzelstufen nicht vermeiden, müssen sie von angrenzenden Flächen deutlich unterschieden werden können.

Stolperstellen werden vermieden, wenn z. B.

— Türpuffer oder -feststeller weniger als 15 cm von der Wand entfernt angeordnet sind;

— Fußmatten und Abdeckungen bündig verlegt sind;

— keine Einzelstufen vorhanden sind;

— im Bereich von Sammelduschen keine Aufkantungen vorgesehen sind;

— vorstehende Teile der Tragkonstruktionen von Einrichtungsgegenständen abgeschirmt sind.

Die Unterscheidung von Einzelstufen von angrenzenden Verkehrsflächen wird erreicht z. B. durch

— kontrastierende Farben;

— andere Materialstruktur;

— Beleuchtung der Stufe.

3.1.3 Schmutz- und Nässebindung im Eingangsbereich

§ 5 (3) Zur Erhaltung der rutschhemmenden Eigenschaften von Bodenbelägen sind in Eingangsbereichen Maßnahmen zu treffen, die Schmutz und Nässe zurückhalten.

Eine ausreichende Schmutz- und Nässebindung wird erreicht, wenn z. B. in Gebäudeeingängen großflächige Fußabstreifmatten über der gesamten Durchgangsbreite – mindestens 1,50 m tief – angeordnet werden.

3.2 Wände, Stützen

ANMERKUNG Hallenstirnwände in Sporthallen siehe 3.10.2.

3.2.1 Beschaffenheit von Oberflächen

§ 6 (1) Oberflächen von Wänden und Stützen sollen bis zu einer Höhe von 2,00 m ab Oberkante Standfläche so beschaffen sein, dass Verletzungsgefahren durch unbeabsichtigtes Berühren verhindert

werden. Können Verletzungsgefahren durch unbeabsichtigte Berührungen nicht vermieden werden, muss die verbleibende Gefährdung möglichst gering gehalten werden.

Verletzungen lassen sich gering halten, wenn die Oberflächen von Wänden und Stützen z. B. wie folgt ausgeführt werden:

— Als voll verfugtes Mauerwerk aus Steinen mit glatter Oberfläche;

— aus Beton ohne vorstehende Grate;

— aus Verbretterung mit gefasten Kanten;

— mit voll verfugten keramischen Platten;

— mit geglättetem Putz;

— mit plastischen Anstrichen oder Belägen ohne spitzigraue Struktur.

3.2.2 Ausführungen von Ecken und Kanten

§ 6 (2) Ecken und Kanten von Wänden und Stützen dürfen bis zu einer Höhe von 2,00 m ab Oberkante Standfläche nicht scharfkantig ausgeführt sein.

Ecken und Kanten von Wänden und Stützen gelten als nicht scharfkantig, wenn sie z. B. wie folgt ausgeführt sind:

— Bei Stahl- und Holzausführung mit gerundeten (Radius ≥ 2 mm) oder mit entsprechend gefasten Kanten;

— bei Beton- und Mauerwerksausführung mit gebrochenen oder gerundeten Kanten;

— bei Putzausführung mit gerundeten Eckputzschienen.

3.3 Verglasungen

3.3.1 Ausführung bzw. Abschirmung

§ 7 (1) In Aufenthaltsbereichen von Schülerinnen und Schülern müssen Verglasungen und sonstige lichtdurchlässige Flächen bis zu einer Höhe von 2,00 m ab Oberkante Standfläche aus bruchsicheren Werkstoffen bestehen oder ausreichend abgeschirmt sein.

Werkstoffe für Verglasungen und sonstige lichtdurchlässige Flächen gelten z. B. als bruchsicher, wenn bei Stoß- und Biegebeanspruchung (z. B. Abstützen aus dem Lauf heraus) keine scharfkantigen oder spitzen Teile herausfallen.

Nicht abgeschirmte Verglasungen sind in Sicherheitsglas als Einscheiben-Sicherheitsglas (ESG) oder Verbund-Sicherheitsglas (VSG) auszuführen.

ANMERKUNG Drahtglas reicht zur Erfüllung des Schutzzieles nicht aus.

Verglasungen oder sonstige lichtdurchlässige Flächen gelten als abgeschirmt, wenn z. B.

— mindestens 1,00 m hohe Umwehrungen mindestens 20 cm vor den Verglasungen vorhanden sind oder die Verglasungen hinter bepflanzten Schutzzonen liegen;

— bei Fenstern die Fensterbrüstungen mindestens 80 cm hoch und die Fensterbänke mindestens 20 cm tief sind;

— Schränke und Vitrinen in Fachnebenräumen angeordnet sind.

3.3.2 Erkennbarkeit

§ 7 (2) Verglasungen und sonstige lichtdurchlässige Flächen müssen für Schülerinnen und Schüler leicht und deutlich erkennbar sein.

Die Erkennbarkeit von Verglasungen und sonstigen lichtdurchlässigen Flächen wird erreicht z. B. durch

— farbige Aufkleber;

— Querriegel;

— Geländer;

— Fensterbrüstungen;

— Strukturierung bzw. Farbgebung der Glasflächen.

3.4 Umwehrungen

ANMERKUNG Handläufe siehe 3.5.3.

3.4.1 Sicherung von höhergelegenen Flächen

§ 8 (1) Aufenthaltsbereiche für Schülerinnen und Schüler, die 0,30 m bis 1,00 m über einer anderen Fläche oder oberhalb von Sitzstufenanlagen liegen und bei denen Absturzgefahr besteht, müssen gesichert sein.

Die Sicherung dieser Aufenthaltsbereiche wird z. B. erreicht durch

— Umwehrungen (Geländer oder Brüstungen);

— Pflanzstreifen oder -tröge;

— Bänke;

— deutliche Kennzeichnung oder Markierung.

Für Aufenthaltsbereiche, die mehr als 1,00 m über einer anderen Flächen liegen, sind im Hinblick auf Schulen allgemeine Bestimmungen zu Absturzsicherungen in den Bauordnungen der Länder und in der GUV 0.1 enthalten, mindestens ist aber eine Höhe von 1,00 m auszuführen.

3.4.2 Gestaltung von Umwehrungen (Geländer, Brüstungen)

§ 8 (2) Umwehrungen müssen entsprechend der schulischen Nutzung sicher gestaltet sein. Sie dürfen nicht zum Rutschen, Klettern, Aufsitzen und Ablegen von Gegenständen verleiten.

Umwehrungen sind sicher gestaltet, wenn z. B. deren Öffnungen mindestens in einer Richtung nicht breiter als 12 cm sind und die Abstände zwischen den Umwehrungen und den zu sichernden Flächen nicht größer als 4 cm sind.

Umwehrungen verleiten nicht

— zum Rutschen, wenn die Abstände zwischen den inneren Umwehrungen am Treppenauge sowie den äußeren Umwehrungen und den Treppenhauswänden nicht größer als 20 cm sind; anderenfalls sind die Umwehrungen so auszubilden, dass sie abschnittsweise durch geeignete Gestaltungselemente unterbrochen sind; aufgesetzte Kugeln und Spitzen sind unzulässig;

— zum Klettern, wenn leiterähnliche Gestaltungselemente vermieden werden;

— zum Aufsitzen und Ablegen von Gegenständen, wenn hierfür keine nutzbaren Flächen vorhanden sind.

3.5 Treppen, Rampen

ANMERKUNG Absturzsicherungen/Umwehrungen siehe 3.4.

3.5.1 Benutzbarkeit von Treppen und Rampen

§ 9 (1) Treppen und Rampen müssen entsprechend der schulischen Nutzung sicher ausgeführt sein.

Dies wird erreicht, wenn z. B. das Steigungsverhältnis mit dem Schrittmaß $2\,s + a = 59$ cm bis 65 cm (s = Treppensteigung, a = Treppenauftritt) eingehalten ist (siehe DIN 18065), wobei die Steigung von Treppen nicht mehr als 17 cm und der Auftritt nicht weniger als 28 cm betragen darf.

Zur Erreichung des Schutzzieles bei gebogenen Läufen darf die geringste Auftrittstiefe der Stufen nicht kleiner als 23 cm und nicht größer als 40 cm sein, gemessen von der inneren Treppenwange in einer Entfernung von 1,25 m.

Für Treppen mit geringer Benutzung (selten/gelegentlich) darf von diesen Maßen abgewichen werden.

Rampen im Zuge von Fluren sind sicher ausgeführt, wenn sie höchstens 6 % geneigt sind.

Für Treppenstufen sind die Hinweise zu Schulen in GUV 26.18 zu berücksichtigen.

Die Kanten von Treppenstufen müssen gefast oder leicht abgerundet sein.

3.5.2 Sicherheit von Stufen

§ 9 (2) Treppenstufen müssen gut erkennbar sein.

Dies wird erreicht z. B. durch Markierungen und/oder Beleuchtungen.

3.5.3 Anordnung und Gestaltung von Handläufen

§ 9 (3) An Treppen und Rampen sind an beiden Seiten Handläufe anzubringen, die im gesamten Verlauf für Schülerinnen und Schüler sicheren Halt bieten und an denen ein Hängenbleiben ausgeschlossen ist.

Dies wird erreicht, wenn z. B. die Handläufe keine freien Enden haben und die inneren Handläufe über die Treppenabsätze fortgeführt werden.

Handläufe bieten einen sicheren Halt, wenn sie z. B.

— für den jeweiligen Benutzerkreis gut erreichbar sind

und

— leicht umfasst werden können.

3.5.4 Sicherung gegen das Unterlaufen offener Bereiche unter Podesten und Treppenläufen

§ 9 (4) Offene Bereiche unter Podesten und Treppenläufen mit weniger als 2,00 m Durchgangshöhe sind in Aufenthaltsbereichen so zu sichern, dass Verletzungsgefahren durch unbeabsichtigtes Unterlaufen vermieden werden.

Zur Abgrenzung von offenen Bereichen unter Treppenläufen und Podesten eignen sich z. B. Einrichtungsgegenstände oder Absperrungen.

3.6 Türen, Fenster

3.6.1 Türen und Fenster an Verkehrs- und Fluchtwegen

§ 10 (1) Türen zu Räumen müssen so angeordnet sein, dass Schülerinnen und Schüler durch nach außen aufschlagende Türflügel nicht gefährdet werden.

Dies wird erreicht, wenn z. B.

— die Türen in die Räume aufschlagen;

— die Türen zurückversetzt in Nischen angeordnet sind; nach außen aufschlagende Türen dürfen in der Endstellung, einschließlich Türgriff, maximal 20 cm in den Fluchtweg hineinragen;

— die Türen am Ende von Fluren angeordnet sind.

ANMERKUNG Die notwendige Fluchtwegbreite darf nicht eingeengt werden.

Türen von Räumen mit mehr als 40 Benutzern oder mit erhöhter Brandgefahr (z. B. Chemieräume, Werkräume) müssen in Fluchtrichtung aufschlagen.

3.6.2 Handhabung von Fenstern

§ 10 (2) Fenster müssen so gestaltet sein, dass sie beim Öffnen und Schließen sowie in geöffnetem Zustand Schülerinnen und Schüler nicht gefährden.

Dies wird erreicht z. B. durch

— gegen Herabfallen gesicherte Kipp- und Schwingflügel;

— Öffnungsbegrenzung bei Schwingflügeln;

— Sperrsicherungen an Dreh-Kipp-Beschlägen;

— Vorrichtungen an Schiebefenstern, durch die der Schließvorgang so abgebremst wird, dass Personen nicht eingeklemmt werden können.

ANMERKUNG Die vollständige Lüftungsfunktion muss jedoch bei Bedarf sichergestellt werden können.

3.6.3 Beschaffenheit und Anordnung von Beschlägen

§ 10 (3) Griffe, Hebel und Schlösser müssen so beschaffen und angeordnet sein, dass durch bestimmungsgemäßen Gebrauch Gefährdungen für Schülerinnen und Schüler vermieden werden.

Die sichere Beschaffenheit und Anordnung von Beschlägen wird erreicht, wenn z. B.

— Griffe und Hebel gerundet sind und mit einem Abstand von mindestens 2,5 cm zur Gegenschließkante angeordnet sind;

— Hebel für Panikbeschläge seitlich drehbar oder als Wippe ausgebildet sind;

— Hebel für Oberlichtflügel zurückversetzt in der Fensternische oder über 2,00 m Höhe ab Oberkante Standfläche angeordnet sind;

— Griffe und Hebel von einem sicheren Standort betätigt werden können.

3.7 Einrichtungsgegenstände

3.7.1 Beschaffenheit von Kanten, Ecken und Haken

§ 11 (1) Kanten, Ecken und Haken von Einrichtungsgegenständen in Aufenthaltsbereichen sind bis zu einer Höhe von 2,00 m ab Oberkante Standfläche so auszubilden oder zu sichern, dass Verletzungsgefahren für Schülerinnen und Schüler vermieden werden.

Verletzungsgefahren werden vermieden, wenn Kanten, Ecken und Haken von festen und beweglichen Einrichtungsgegenständen entweder gerundet (Radius ≥ 2 mm) oder entsprechend gefast sind.

Garderobenhaken sind gerundet auszuführen oder abzuschirmen.

3.7.2 Gestaltung von beweglichen Teilen

§ 11 (2) Einrichtungsgegenstände sind so aufzustellen und bewegliche Teile von Einrichtungsgegenständen sind so zu gestalten, dass bei bestimmungsgemäßem Gebrauch keine Gefährdungen für Schülerinnen und Schüler entstehen.

Gefährdungen durch Einrichtungsgegenstände lassen sich vermeiden, wenn darauf geachtet wird, dass die notwendigen Verkehrswege innerhalb der Räume nicht eingeengt sind.

Quetschgefahren durch bewegliche Teile von Einrichtungsgegenständen können z. B. vermieden werden durch

— ausreichende Sicherheitsabstände nach DIN EN 294 und DIN EN 349

oder durch

— Abschirmung nach DIN 31001-1.

3.7.3 Stand- und Tragsicherheit von Schultafeln

§ 11 (3) Schultafeln müssen sicher gestaltet, befestigt und aufgestellt sein.

Schultafeln sind sicher gestaltet, befestigt und aufgestellt, wenn z. B. die Hinweise in GUV 26.2 berücksichtigt sind.

3.7.4 Gestaltung von Stühlen und Tischen

§ 11 (4) Für Schülerinnen und Schüler sind auf ihre Körpergröße abgestimmte Stühle und Tische bereitzustellen, die dem Stand der Technik entsprechen.

Diese Anforderung ist erfüllt, wenn z. B. die Hinweise in DIN ISO 5970 und GUV 20.52 berücksichtigt sind.

3.8 Beleuchtung mit künstlichem Licht

ANMERKUNG Beleuchtung von Verkehrswegen im Freien siehe 3.9.6.

§ 12 Aufenthaltsbereiche in Gebäuden müssen entsprechend der schulischen Nutzung mit ausreichend künstlichem Licht zu beleuchten sein.

Die Beleuchtung im Gebäude ist ausreichend, wenn sie nach DIN 5035-4 ausgelegt ist. Es wird außerdem auf AMEV Beleuchtung 2000 hingewiesen.

Lichtschalter sind leicht zugänglich und erkennbar in der Nähe von Zu- und Ausgängen anzubringen. Leichte Erkennbarkeit ist z. B. gegeben, wenn in Räumen ohne Tageslicht Lichtschalter selbstleuchtend ausgeführt sind.

Für Sportstätten gilt DIN EN 12193.

3.9 Außenanlagen – Zusätzliche Anforderungen

3.9.1 Verkehr von Kraftfahrzeugen

§ 13 (1) Auf Pausenhofflächen ist sicherzustellen, dass Schülerinnen und Schüler während der Schulzeit durch Kraftfahrzeuge nicht gefährdet werden können.

Die Verkehrssicherheit auf Pausenhofflächen wird erreicht z. B. durch getrennte Anordnung von Pausenhof- und Parkflächen.

Unvermeidbarer Verkehr ist z. B. durch Beschilderung auf Schrittgeschwindigkeit zu begrenzen.

3.9.2 Ausgänge von Schulgrundstücken

§ 13 (2) Ausgänge von Schulgrundstücken sind so zu gestalten, dass Schülerinnen und Schüler nicht direkt in den Straßenverkehr hineinlaufen können.

Die sichere Gestaltung der Ausgänge von Schulgrundstücken an verkehrsreichen Straßen wird erreicht z. B. durch

— Geländer zwischen Schulgrundstück und Fahrbahn;

— Pflanzstreifen.

3.9.3 Ausführungen von Einfriedungen

§ 14 (1) Einfriedungen sind so zu gestalten, dass Verletzungsgefahren für Schülerinnen und Schüler vermieden werden.

Verletzungsgefahren an Einfriedungen lassen sich vermeiden, wenn an Zäunen, Gittern oder Mauern keine spitzen, scharfkantigen und hervorspringenden Teile oder Stacheldraht angebracht werden.

3.9.4 Anordnung und Ausführung von Fahrradstellplätzen

§ 14 (2) Für das Abstellen von Fahrrädern auf dem Schulgelände müssen sichere Einrichtungen und Zugangswege vorgesehen werden.

Fahrradstellplätze sind sicher ausgeführt, wenn z. B. Fahrradständer aus gerundeten Profilen zusammengesetzt sind. Sie sollten getrennt oder am Rande von Pausenhofflächen angeordnet werden.

Notwendige Rampen zu Fahrradstellplätzen dürfen höchstens eine Neigung von 25 % aufweisen. Bei einer Neigung > 10 % sind zusätzlich Gehstufen vorzusehen.

3.9.5 Eigenschaften von Bodenbelägen in Aufenthaltsbereichen

§ 14 (3) Bodenbeläge von Aufenthaltsbereichen im Freien müssen auch bei Nässe rutschhemmende Eigenschaften besitzen und so beschaffen sein, dass Verletzungen bei Stürzen möglichst vermieden werden.

Zur Erreichung des Schutzzieles sind Aufenthaltsbereiche am Gebäudeeingang mit festen und rutschhemmenden Bodenbelägen auszustatten, die diese Eigenschaften auch bei Nässe behalten.

Als Bodenbeläge eignen sich z. B.

— Asphalt;

— gesägte Natursteinplatten;

— nicht scharfkantige Pflasterung;

— Tennenbeläge.

Nicht geeignete Bodenbeläge sind z. B.

— polierte, versiegelte Steinplatten;

— Waschbeton;

— scharfkantige Pflasterung;

— ungebundene Splitt-, Schlacken- oder Grobkiesbeläge.

3.9.6 Beleuchtung von Verkehrswegen im Freien

§ 14 (4) Notwendige Verkehrswege im Freien müssen ausreichend beleuchtet werden können.

Notwendige Verkehrswege sind ausreichend beleuchtet, wenn z. B. Wegführung, Hindernisse und Treppen deutlich erkannt werden; hierfür sind als Nennbeleuchtungsstärke mindestens 5 lx nach DIN 5035-2:1990-09, Tabelle 2, ausreichend.

3.9.7 Gestaltung von Wasseranlagen

§ 14 (5) Wasseranlagen sind sicher zu gestalten und so anzulegen, dass die Gefahr des Hineinfallens von Schülerinnen und Schülern vermieden wird.

Wasseranlagen auf dem Schulgelände sind sicher gestaltet, wenn sie z. B.

— im Randbereich der Pausenhoffläche angeordnet sind, die Wassertiefe höchstens 1,20 m beträgt und eine mindestens 1,00 m breite Flachwasserzone bis zu einer Wassertiefe von maximal 0,40 m vorgesehen ist,

oder

— in Uferbereichen ohne Flachwasserzone durch Zäune, Geländer oder heckenartige Bepflanzungen gesichert sind.

3.9.8 Spielplatzgeräte

§ 15 (1) Spielplatzgeräte müssen sicher gestaltet und aufgestellt sein. Das gilt auch für Kunstobjekte in Aufenthaltsbereichen, die zum Klettern und Spielen genutzt werden können.

Spielplatzgeräte sind sicher gestaltet und aufgestellt, wenn sie den Sicherheitsanforderungen nach DIN EN 1176-1 bis DIN EN 1176-7 entsprechen.

Soweit barrierefreie Spielplatzgeräte aufgestellt werden, ist DIN 33942 zu beachten.

3.9.9 Böden in Sicherheitsbereichen von Spielplatzgeräten

§ 15 (2) Der Boden im Sicherheitsbereich von Spielplatzgeräten muss so ausgeführt sein, dass Verletzungsgefahren vermindert werden.

Verletzungsgefahren sind vermindert, wenn Böden im Sicherheitsbereich von Spielplatzgeräten entsprechend DIN EN 1177 gestaltet sind.

3.9.10 Haltestellen für Busse

§ 16 Haltestellen für Busse auf Schulgrundstücken sind so anzulegen, dass Schülerinnen und Schüler durch fahrende Busse und andere Fahrzeuge nicht gefährdet werden können. Es müssen ausreichend bemessene Wartebereiche vorhanden sein.

Das Schutzziel wird erreicht, wenn Haltestellen für Busse auf Schulgrundstücken deutlich von Pausenhofflächen getrennt und so gestaltet sind, dass Schülerinnen und Schüler die Busse, ohne die Fahrspur überqueren zu müssen, erreichen können.

Die Wartebereiche auf Schulgrundstücken sind ausreichend bemessen, wenn für jede/jeden wartende Schülerin/wartenden Schüler 0,5 m² zur Verfügung stehen.

3.10 Sportstätten – Zusätzliche Anforderungen

3.10.1 Sportstättenbau

§ 17 Sportstätten müssen nach dem Stand der Technik für den Sportstättenbau errichtet werden.

Der Stand der Technik für die Planung und Ausführung von Sporthallen ist in DIN 18032-1 bis DIN 18032-6, für Sportplätze in DIN 18035-1 bis DIN 18035-8 enthalten.

Für die sicherheitstechnische Gestaltung von Turngeräten sind in DIN EN 913, DIN EN 914, DIN EN 915, DIN EN 916, DIN EN 12196, DIN EN 12197, DIN EN 12346, DIN EN 12432, DIN EN 12655, DIN EN 13219 und von Sportmatten sind in den Normen der Reihe DIN EN 12503 entsprechende Normen Anforderungen enthalten.

3.10.2 Oberflächen von Hallenstirnwänden

§ 18 Oberflächen von Hallenstirnwänden sind bis zu einer Höhe von 2,00 m ab Oberkante Sportboden so auszubilden, dass Verletzungsgefahren beim Aufprall von Schülerinnen und Schülern vermindert werden.

Verletzungsgefahren durch Aufprall an Hallenstirnwänden lassen sich vermeiden, wenn z. B. die Oberflächen dieser Wände mit fest angebrachtem nachgiebigem Material abgedeckt sind.

Von einer fest angebrachten nachgiebigen Abdeckung darf abgesehen werden, wenn es die Nutzung nicht erfordert oder die gleiche Sicherheit mit anderen Mitteln erreicht werden kann, z. B. durch sicher aufgehängte bzw. aufgestellte mobile Matten.

3.10.3 Geräteraumtore

§ 19 Geräteraumtore sind so zu gestalten, dass ihre Ausführung nicht zu Gefährdungen für Schülerinnen und Schüler führt und sie gefahrlos benutzt werden können.

Eine gefahrlose Gestaltung und Bedienbarkeit von Geräteraumtoren wird erreicht, wenn z. B.

— die Tore in keiner Stellung in die Halle hineinragen können;

— die Tore leicht zu öffnen und zu schließen und gegen Herabfallen (siehe auch DIN EN 12604) gesichert sind;

— Schwingtore nicht von selbst zurücklaufen können;

— freiliegende Enden von Führungsschienen nicht scharfkantig ausgeführt sind

und

— mindestens 8 cm des unteren Randes der Schwingtore elastisch ausgebildet sind.

3.10.4 Wasch-, Dusch- und Umkleideräume

§ 20 (1) Wasch- und Duschräume sowie unmittelbar damit in Verbindung stehende Umkleideräume, die von Schülerinnen und Schülern benutzt werden, sind mit Fußbodenbelägen auszustatten, die auch bei Nässe rutschhemmende Eigenschaften besitzen.

Diese Anforderung ist z. B. erfüllt, wenn die Hinweise in GUV 26.17 berücksichtigt sind.

3.10.5 Elektrische Anlagen in Wasch-, Dusch- und Umkleideräumen

§ 20 (2) Für Stromkreise mit Steckdosen in Wasch-, Dusch- und Umkleideräumen sind geeignete elektrische Schutzmaßnahmen gegen direktes und indirektes Berühren zu treffen.

Das Schutzziel wird erreicht, wenn für Duschräume DIN VDE 0100-701 berücksichtigt wird. In Wasch- und Umkleideräumen sind einphasige Steckdosenstromkreise mit $I_n \leq 16$ A erforderlich. Ein zusätzlicher Schutz wird durch Fehlerstrom-Schutzeinrichtungen (RCDs) mit einem Bemessungs-Differenzstrom $I\Delta_n \leq 30$ mA nach DIN EN 61008-1 mit DIN EN 61008-2-1 oder DIN EN 61009-1 mit DIN EN 61009-2-1 erreicht.

3.11 Fachräume für naturwissenschaftlichen Unterricht, Werk- und Technikunterricht und vergleichbar ausgestattete Räume – Zusätzliche Anforderungen

3.11.1 Unbefugtes Betreten, Rettungswege

§ 21 (1) Fachräume müssen gegen unbefugtes Betreten gesichert werden können.

Fachräume sind gegen unbefugtes Betreten gesichert, wenn z. B. alle Zugangstüren verschließbar sind und sie von den Verkehrsflächen her (z. B. Flure) nicht mit Türdrückern ausgestattet sind.

3.11.2 Fluchtmöglichkeiten in Fachräumen mit erhöhter Brandgefahr

§ 21 (2) Für Fachräume mit erhöhter Brandgefahr müssen mindestens zwei sichere Fluchtmöglichkeiten vorhanden sein.

Das Schutzziel ist erfüllt, wenn bei Fachräumen mit erhöhter Brandgefahr (z. B. für Chemie, Holzwerkräume) die Ausgänge günstig – möglichst weit auseinander gelegen sind. Als zweiter Ausgang ist auch der Ausstieg aus einem entsprechend gekennzeichneten und gestalteten Fenster zulässig, wenn dieser eine sichere Fluchtmöglichkeit bietet.

Türen als Ausgänge müssen in Fluchtrichtung aufschlagen und jederzeit von innen ohne fremde Hilfsmittel zu öffnen sein.

3.11.3 Elektrische Anlagen und Gasversorgung

§ 22 In Fachräumen mit Schülerübungstischen und Vorführständen müssen elektrische Anlagen und Gasversorgungsanlagen nach dem für diesen Bereich geltenden Stand der Technik errichtet werden.

Für die Errichtung elektrischer Anlagen ist der Stand der Technik in DIN VDE 0100-723, einschließlich E DIN VDE 0100-723/A1 Änderung A 1 enthalten.

Für die Errichtung von Gasversorgungsanlagen ist der Stand der Technik in DVGW G 621 enthalten.

3.11.4 Fußböden in Fachräumen

§ 23 (1) Fußböden von Fachräumen, in denen mit gefährlichen Stoffen umgegangen wird, sind so auszuführen, dass ein Eindringen dieser Stoffe vermieden wird.

Das Eindringen von gefährlichen Stoffen in Fußbodenbeläge solcher Unterrichtsfach-, Vorbereitungs- und Sammlungsräume wird vermieden, wenn die Beläge flüssigkeitsundurchlässig, fugendicht und den jeweils anfallenden aggressiven Stoffen gegenüber beständig sind.

3.11.5 Rutschhemmung von Bodenbelägen bei Staubanfall

§ 23 (2) In Fachräumen für Werk-/Technikunterricht muss die rutschhemmende Eigenschaft des Fußbodens auch bei Staubanfall wirksam bleiben.

Als rutschhemmende Bodenbeläge bei Staubanfall eignen sich z. B.

— unversiegeltes Industrieparkett (Holzpflaster);

— unversiegelte Estriche.

Diese Anforderung ist auch erfüllt, wenn z. B. die Hinweise zu Schulen in GUV 26.18 berücksichtigt sind.

3.11.6 Materialtransport

§ 24 Zwischen Unterrichtsräumen, Sammlungsräumen und Lagerräumen müssen Geräte und Materialien sicher transportiert werden können.

Der sichere Transport von Geräten und Materialien kann erreicht werden

— durch möglichst kurze Transportwege ohne Stufen und Schwellen;

— durch geeignete Hilfsmittel (z. B. Flaschenwagen).

3.11.7 Arbeitsplätze in Fachräumen

§ 25 (1) In Unterrichtsräumen für naturwissenschaftlichen Unterricht sind geeignete Maßnahmen zu treffen, die Gefährdungen von Schülerinnen und Schülern bei Versuchen am Lehrerexperimentiertisch verhindern.

Dies wird erreicht, wenn z. B. der Abstand zwischen dem Lehrerexperimentiertisch und den Schülertischen mindestens 1,20 m beträgt oder eine geeignete Schutzscheibe verwendet wird.

3.11.8 Abstände von Schülerübungstischen bzw. Werkbänken in Fachräumen für naturwissenschaftlichen Unterricht, Werk- und Technikunterricht und vergleichbar ausgestattete Räume

§ 25 (2) Abstände von Schülerübungstischen oder zwischen Werkbänken sind so zu bemessen, dass Schülerinnen und Schüler sich bei praktischen Übungen und Arbeiten nicht gegenseitig behindern.

Die gegenseitige Behinderung von Schülerinnen und Schülern wird vermieden, wenn z. B. zwischen Schülerübungstischen oder Werkbänken Mindestabstände von 0,85 m und – wenn Schülerinnen und Schüler Rücken an Rücken arbeiten – von 1,50 m eingehalten sind.

3.11.9 Sicherung von Leitungen bei fest installierten Einrichtungsgegenständen gegen Abreißen

§ 25 (3) Einrichtungsgegenstände mit fest installierten Leitungen für die Gas- und Elektroversorgung müssen gegen Abreißen der Leitungen gesichert sein.

Fest installierte Versorgungsleitungen für Gas und Elektrizität an Einrichtungsgegenständen sind gegen Abreißen gesichert, wenn die Einrichtungen (z. B. Schülerübungstische) fest mit dem Boden bzw. der Wand verbunden sind.

3.11.10 Fachräume für Informatik

§ 25 (4) In Fachräumen für Informatik sind die Arbeitsplätze für Schülerinnen und Schüler nach dem Stand der Technik zu gestalten.

Diese Anforderung ist erfüllt, wenn z. B. die Hinweise in GUV 20.48 berücksichtigt sind.

3.11.11 Gefahrstoffe

§ 26 (1) In Fachräumen für naturwissenschaftlichen Unterricht, in denen bei Versuchen Gefahrstoffe in Form von Gasen, Dämpfen oder Stäuben frei werden, müssen diese wirksam abgeführt werden können.

Diese Anforderung ist z. B. dann sichergestellt, wenn Abzüge nach DIN 12924-1 bzw. DIN 12924-3 vorhanden sind.

Bei geringem Umfang an Experimenten genügen auch Abzüge nach DIN 12924-4 den Anforderungen.

3.11.12 Aufbewahrung und Lagerung von Gefahrstoffen

§ 26 (2) Gefahrstoffe müssen sicher aufbewahrt werden können.

Das Schutzziel ist erreicht, wenn sehr giftige und giftige Stoffe unter Verschluss, und Stoffe, die gefährliche Gase, Dämpfe, Nebel oder Rauch entwickeln, in wirksam entlüfteten Einrichtungen aufbewahrt werden können und dort in dicht verschlossenen, möglichst unzerbrechlichen Gefäßen abgestellt sind.

Die Aufbewahrung brennbarer Flüssigkeiten der Gefahrklassen A I, A II, A III und B nach VbF ist grundsätzlich in Sicherheitsschränken nach TRbF 22 oder Lagerräumen nach TRbF 20 vorzunehmen. Sie kann auch in Labor- oder Chemikalienschränken vorgenommen werden, die

— an eine wirksame Entlüftung angeschlossen sind, die einen mindestens 10fachen Luftwechsel je Stunde sicherstellt und die auftretenden Gase und Dämpfe ständig ins Freie leitet,

— unterhalb der untersten Stellfläche mit einer Auffangwanne aus nicht brennbaren Werkstoffen ausgerüstet sind, die mindestens 10 % der maximal zulässigen Aufbewahrungsmenge aufnehmen kann, mindestens jedoch den Rauminhalt des größten Gefäßes,

— mit Türen ausgestattet sind, die von selbst schließen und an der Frontseite der Türen mit dem Warnzeichen D-W001 und Verbotszeichen D-P002 nach DIN 4844-2 gekennzeichnet sind,

— im Brandfall z. B. durch Unterbrechen der Schranklüftung eine Brandausbreitung verhindern.

In diesen Schränken dürfen brennbare Flüssigkeiten jedoch nur bis zu einem Gesamtvolumen von 60 l aufbewahrt werden, davon höchstens 20 l der Gefahrklasse A I nach VbF und 40 l der Gefahrklassen A II, A III und B nach VbF. Je Sammlungsraum ist nur ein Schrank zulässig.

Die Regelungen finden keine Anwendung, soweit brennbare Flüssigkeiten in der für den Fortgang der Arbeit oder in der für den Handgebrauch erforderlichen Menge bereitgehalten werden.

3.11.13 Absaugeinrichtungen für Holzstaub

§ 26 (3) In Fachräumen für Werk-/Technikunterricht darf Holzstaub in gesundheitsgefährlichen Konzentrationen nicht auftreten; dies ist zum Schutz der Schülerinnen und Schüler durch geeignete Schutzmaßnahmen sicherzustellen.

Das Schutzziel ist erreicht, wenn die Maßnahmen den in der TRGS 553 „Holzstaub“ festgelegten Grundsätzen für staubarme Arbeitsbereiche entsprechen.

Grundsätzlich lässt sich eine Gesundheitsgefährdung durch Holzstaub vermeiden, wenn der Anteil von Eichen- oder Buchenholz an der insgesamt verarbeiteten Jahresmenge weniger als 10 % beträgt. Diese Voraussetzungen sind in der Regel im Werk- und Technikunterricht der allgemein bildenden Schulen erfüllt.

Aufgrund des krebserzeugenden Potenzials von einatembaren Eichen- und Buchenholzstäuben und des Gebots zur Risikominimierung sollte Eichen- und Buchenholz nur dann verarbeitet werden, wenn es für die Unterrichtszwecke unumgänglich ist.

3.11.14 Entlüftung von Brennöfen

§ 26 (4) Für Brennöfen, die in Aufenthaltsbereichen von Schülerinnen und Schülern stehen, sind geeignete Maßnahmen gegen die Abgabe von Gefahrstoffen in die Raumluft zu treffen.

Dies ist erfüllt, wenn z. B. eine Entlüftung ins Freie vorgesehen ist.

3.11.15 Unbefugte Benutzung von Maschinen und Geräten

§ 27 In Fachräumen müssen Maschinen und Geräte, an denen Schülerinnen und Schüler nicht beschäftigt werden dürfen oder deren Betreiben nur unter Anleitung und Aufsicht zugelassen ist, gegen unbefugte Benutzung gesichert werden können.

Die Sicherung von Maschinen wird z. B. erreicht durch Schlüsselschalter an jeder Maschine oder durch Aufstellung der Maschinen in gesonderten, verschließbaren Räumen.

3.12 Erste Hilfe

§ 28 Der Unternehmer hat dafür zu sorgen, dass für eine wirksame erste Hilfe für Schülerinnen und Schüler die erforderlichen Einrichtungen in ausreichendem Umfang zur Verfügung stehen.

Dies ist erreicht, wenn die Hinweise in GUV 20.26 und die entsprechenden Ausführungen in GUV 19.16 beachtet werden.

ANMERKUNG „Unternehmer" im Sinne der GUV 6.3 ist gemäß § 136 Abs. 3 Nr. 3, siebtes Buch Sozialgesetzbuch (SGB VII) der Sachkosten- bzw. der Schulträger.

Rohrnetze und andere verdeckte Führungen für Telekommunikationsleitungen in Gebäuden

Herausgeber: Deutsche Telekom AG, Forschungs- und Technologiezentrum
Telekom Verlagsstelle, Postfach 10 00 03, 64276 Darmstadt

Verantwortlich für den Inhalt: Deutsche Telekom AG, Referat N 26
Ausgabe Januar 1995, Ersatz für 731 TR 1, Ausgabe Januar 1993
Bestellnummer: Knr 652 508 130-4, KNr 40 046 782, KBez 731 TR 1

Deutsche Telekom AG
Niederlassung Wiesbaden
Zentraler Zeichnungs- und Druckschriftenvertrieb -ZDV-
Postfach 2429
65014 Wiesbaden

Inhaltsverzeichnis

1 Geltunggsbereich

Die Festlegungen dieser Technischen Beschreibung gelten innerhalb von Gebäuden für

- Rohrnetze und andere verdeckte Führungen (Kabelschächte, Unterflur-, Wand- und Deckeninstallationssysteme) zur Aufnahme von Fernmeldeleitungen der "Deutschen Telekom AG",
- Fernmeldeleitungen als Endleitungen bzw.. Endstellenleitungen unter Putz,
- Innenkabel des Breitbandverteilnetzes

Die Deutsche Telekom AG kann das Benutzen der vorgenannten Einrichtungen ablehnen, wenn diese mangelhaft oder abweichend von den Festlegungen dieser Technischen Beschreibung ausgeführt sind.

2 Abkürzungen

ADo	Anschlußdose
APL	Abschlußpunkt des Leitungsnetzes der Deutschen Bundespost
BK	Breitbandkommunikation
BdT	Beauftragter der Telekom AG
DA	Doppelader
DT AG	Deutsche Telekom AG
EVU	Energieversorgungsunternehmen
EVz	Endverzweiger
HÜP	Hausübergabepunkt
UpDo	Unterputzdose
V	Volt
VDE	Verband Deutscher Elektrotechniker e.V.
VDo	Verbindungsdose
VKU	Verteilkasten, Unterputz
TK	Telekommunikation

3 Zweckbestimmung

Das verdeckte Führen von Leitungen gehört zum Standard heutiger Bauweisen. Ästetische, betriebliche und wirtschaftliche Gesichtspunkte geben Anlaß dazu. Zum Beispiel:

- lassen sich Kabelnetze problemlos montieren, ohne daß man hochwertig beschichtete bzw. verkleidete Flächen beschädigt;
- Wohnungen, Büro- und Geschäftsräume werden während der Verlegearbeiten nicht beschmutzt;
- die Netzstruktur kann leicht erweitert und geänderten Bedürfnissen angepaßt werden;
- Wand- und Deckenbeschichtungen sind mit geringerem Aufwand zu reinigen und zu renovieren;
- die Kabelnetze sind erheblich betriebssicherer.

Es ist zweckmäßig, Leitungswege und Installationssysteme für Fernmeldeleitungen bereits im Stadium der Bauplanung (auch bei Fertigbauweisen) festzulegen. Darüber hinaus stellen bauliche Veränderungen wie Renovierungs-, Umbau-, Sanierungs-, Schall-, Wärmeschutzmaßnahmen geeignete Anlässe dar, nachträglich ein Installationssystem zu errichten.

Die in allen Fällen zu beachtenden Länderbauordungen legen aus Gründen eines vorbeugenden Brandschutzes fest, daß in Flucht- und Rettungswegen - hierzu gehören Treppenhäuser in Wohngebäuden - kein oder nur in sehr begrenztem Umfang brennbares Material eingebracht werden darf. Eine offene Verlegung von Fernmeldekabeln in Flucht- oder Rettungswegen erfordert daher die Zustimmung der örtlich zuständigen Baugenehmigungs- bzw. Brandschutzbehörden. Da der nachträgliche Einbau eines geeigneten Installationssystems mit erheblichen Material-, Einbau- und Folgekosten bei späteren Renovierungsarbeiten verbunden sein kann, empfiehlt es sich diese Genehmigungen rechtzeitig einzuholen.

4 Grundsätzliche Bestimmungen

(1) Leitungen sollen grundsätzlich auswechselbar, d. h. in Rohren oder Kanälen geführt werden. Rohre/Kanäle haben sich auch für ein evtl. späteres Auswechseln von Leitungen als sehr zweckmäßig erwiesen. Das Verlegen von Leitungen auf Wandoberflächen, in Fugen, Aussparungen, hinter Leisten sollte auf Ausnahmen oder konstruktionstechnisch bedingte Fälle (Fertighäuser) beschränkt bleiben. Als vorbereitende Bauliche Maßnahme für das spätere Verlegen von Fernmeldeleitungen sollten stets Rohrnetze installiert werden.

(2) In Mehrfamilienhäusern sollten Leitungen zweckmäßigerweise außerhalb von Wohnungen nur in Rohrnetzen oder verdeckt geführt werden. Jede Wohnung ist vom Stockwerkverteiler aus zu versorgen.

(3) Zum Herstellen von Rohrnetzen und anderen Installationssystemen, sowie für die Verlegung verdeckt geführter Fernmeldeleitungen sind alle für die Ausführung von elektrischen Anlagen zugelassenen Installateure berechtigt, Firmen, die Endstellen im Auftrag der DT AG einrichten oder zum Aufbau privater TK-Anlagen zugelassen sind, dürfen auch Installationskabel auf Wänden bzw. unter Putz verlegen.

(4) Die DT AG übernimmt keine Kosten, die dem Bauherrn für Material und Verlegen entstehen. Sie führt Prüfungen nur dann durch, wenn der Kunde die entstehenden Kosten übernimmt.

5 Allgemeine Planungsgrundsätze

(1) Um das Fassungsvermögen verdeckter Führungen festzulegen, sind Leitungsführung und -bedarf bis zu den Endstellen zu planen. Es ist für folgende Netze auszulegen.

- Telekommunikationsnetz der DT AG (Telefon-, Fernschreib-, Datenverkehr, Alarm-, Signaleinrichtungen),

- private Fernmeldenetze (TK-, Ruf-, Signal-, Uhrenanlagen o. ä.);
- Breitbandverteilnetz (Rundfunk-, Fernsehempfang) mit sternförmigem Aufbau vom Kellergeschoß ausgehend.

(2) Planungsbestimmend sind außerdem:

- Lage der Hauseinführung für Außenkabel,
- Standort der Abschlußeinrichtungen (EVz, VKU, HÜP),
- Auslässe für VDo oder TAE,
- Anordung der Einrichtung bei TK-Anlagen,
- Starkstromanschlüsse für Vermittlungs- und Endstelleneinrichtungen (Fernschreiber, Datenterminale o. ä.)

(3) Es ist zweckmäßig, die Lage installierter Systeme in Raumplänen erkennbar darzustellen.

(4) Die zuständige Niederlassung Telekom steht für die Planung und Bauausführung von Rohrnetzen und anderen Installationseinrichtungen zur Aufnahme von Fernmeldeleitungen der DT AG beratend zur Verfügung. Bei TK-Anlagen, Fernschreibeinrichtungen, Unterflur-, Wand- und Deckeninstallationssystemen o. ä. kann auch auf die Beratung durch den Hersteller der Systeme/Geräte zurückgegriffen werden.

6 Anforderungen an Rohrnetze und Installationssysteme

Rohre und Kanäle, verdeckt geführte Leitungen, Leitungen auf Wänden usw. dürfen in der Regel nur waagrecht oder senkrecht in den Installationszonen nach DIN 18015 Teil 3 angeordnet werden. Schlitze, Aussparungen und Öffnungen dürfen die Standfestigkeit, den Brand-, Wärme- und Schallschutz nicht in unzulässiger Weise mindern. Rohre und Kanäle für die Verlegung in Fußböden sind nach den zu erwartenden mechanischen und thermischen Beanspruchungen auszuwählen. Rohre, Kanäle u. ä. müssen so ausgeführt sein, daß Leitungen beim Einziehen nicht beschädigt werden. Es darf bei bestimmungsgemäßem Gebrauch kein Wasser in sie eindringen und sich in ihnen kein Kondenswasser ansammeln. Beim Festlegen des Verlaufs von Schächten, Leerrohr- und anderen Installationssystemen sind insbesondere bei Durchbrüchen durch brandabschnittsbegrenzende Bauteile die Anforderungen an den Brandschutz gem. DIN 57 800 Teil 1/VDE 0800 Teil 1 und die der zutreffenden Landesbauordnungen zu beachten.

7 Anforderungen an die Leitungsverlegung

7.1 Zusammentreffen mit anderen Anlagen

Installationskabel sind von anderen Anlagen räumlich getrennt zu führen. Sie sollen keinen mechanischen, thermischen und chemischen Einflüssen ausgesetzt sein. Ein Mindestabstand von 50 mm gilt als ausreichend. Bei Temperaturen > 70° C ist ein Mindestabstand von 100 mm einzuhalten. Bei Kreuzungen ist das Installationskabel in flexibles Kunststoffrohr mit glattem Mantel für schwere Druckbeanspruchung nach DIN 49018 T2 einzuziehen und über die Anlage hinweg zu führen, wenn eine Unterkreuzung nicht möglich ist. Wird der Mindestabstand unterschritten, ist der BdT zu verständigen.

7.2 Näherungen von Starkstrom- und Telekommunikationsleitungen

(1) Bei Kreuzungen oder Näherungen zwischen Starkstromleitungen und TK-Leitungen in oder an Gebäuden ist ein Mindestabstand von 10 mm einzuhalten, oder es ist ein Trennsteg erforderlich. Mantelleitungen und Kabel dürfen ohne Abstand oder ohne Trennsteg verlegt werden.

(2) Leiter für TK-Stromkreise mit gleichen oder unterschiedlichen Spannungs- und Stromarten dürfen in gemeinsamer Umhüllung (z. B. Kabel, Rohr oder Elektro-Installationskanal) geführt werden, wenn bestimmungsgemäße Spannungsfestigkeit gegeneinander vorhanden ist.

Dies bedeutet, daß alle Leiter für die höchste vorkommende Spannung isoliert sein müssen. Nur wenn die Voraussetzungen der Spannungsfestigkeit (nach DIN VDE 0800 Teil 4) nicht gegeben sind, ist z. B. ein Trennsteg erforderlich oder es ist ein Abstand von 10 mm einzuhalten.

(3) In Leernetzen eingebaute kombinierte Abschluß- und Verteileinrichtungen (Garnituren) für Telekommunikations- und Starkstromleitungen müssen getrennt abgedeckt werden. Sie dürfen gemeinsam abgedeckt werden, wenn auch nach dem Entfernen der Abdeckung mindestens der Starkstromanteil gegen direktes Berühren geschützt bleibt. Die einander zugekehrten Einführungsöffnungen der beiden Dosen dürfen nicht ausgebrochen sein.

(4) Starkstromanschlüsse für netzgespeiste TK-Einrichtungen sind von Installateuren herzustellen, die vom EVU eine Zulassung zur Ausführung von elektrischen Anlagen besitzen.

(5) In elektrischen Betriebsräumen nach VDE 0100 93 NF unter 1. und 2. dürfen Arbeiten an TK-Anlagen nur ausgeführt werden, wenn die Ausführenden vom Betreiber der Starkstromanlage vorher unterwiesen wurden. Wenn es erforderlich ist, müssen sich die Ausführenden durch Fachleute oder unterwiesene Personen nach VDE 0105 beaufsichtigen lassen.

8 Auswahl und Dimensionierung der Installationssysteme

(1) Art und Umfang des Installationssystems hängen ab von

- der gewünschten Anpassungsfähigkeit an Gebäude- und Raumnutzung,
- dem voraussichtlichen Bedarf an Endeinrichtungen und
- dem gewünschten Ausstattungswert (bei Wohnungen).

Wie die Erfahrung zeigt, hat sich eine großzügige Bemessung als empfehlenswert herausgestellt.

(2) Anzahl und Größe der Rohre, Größe der Verteilerkästen u. ä. sind so festzulegen, daß für jede Wohnung mindestens zwei Doppelleitungen für Fernmeldeanlagen der DT AG zur Verfügung gestellt werden können (s. Abschn. 10 und 13).

(3) Der Füllfaktor eines Installationssystems soll ca. 0,6 beim Einrichten des vollständigen Netzes und ca. 0,4 bei schrittweiser Belegung betragen. Man berechnet ihn als Quotient aus der Summe aller im betrachteten Rohr-/Kanalquerschnitt im Endzustand vorhandenen Leitungsquerschnittflächen und der Rohr-/Kanalquerschnittfläche. Bögen und Abzweige in Installationssystemen sind so zu dimensionieren, daß beim Verlegen der Leitungen deren Mindestbiegeradien nicht unterschritten werden.

(4) Für Gewerbe- und Verwaltungsbauten müssen Leitungsbedarf und Querschnitte der Installationssysteme gesondert ermittelt werden.

9 Hauseinführung

(1) Unterirdisch ankommende Außenkabel der DT AG werden in einen allgemein zugänglichen Raum (Hausanschlußraum s. DIN 18 012) eingeführt. Größe und Anzahl der Einführungen sind bedarfsgerecht festzulegen.

(2) Oberirdisch ankommende Kabel der DT AG können sowohl außen an der Fassade als auch in einem geeigneten oberirdischen Raum des Gebäudes abgeschlossen werden. Dabei sind die entsprechenden einschränkenden Bestimmungen nach DIN 57 800 Teil 1/VDE 0800 Teil 1 zu beachten. Kabel müssen zum Vermeiden von Überschlägen aus atmosphärischen Entladungen einen Mindestabstand von 1,0 m zu anderen leitfähigen Anlagen einhalten.

(3) Unterirdische Einführungen sind so abzudichten, daß weder Gas noch Wasser in das Gebäude eindringen können. Für das Einführen der Kabel müssen die von der DT AG freigegebenen Bauteile verwendet werden.

10 Rohrnetze

(1) Unabhängig von der Kabeleinführung (oberirdisch, unterirdisch) sind Rohre jeweils durch alle Geschosse eines Gebäudes zu führen (Abb. 1, Abb.2). Der Aufbau von Rohrnetzen ist aus den Abb.3 und 4 ersichtlich.

(2) Rohrlängen über 15 m, die mehr als 2 Bögen aufweisen, müssen mit Durchzugskästen unterbrochen werden.

(3) Kenndaten:

Rohrverwendung für	Rohr-Innen-durchmesser	geeignet für Fernmelde-kabel bis	Mindesttiefe des Verlege-schlitzes
Steigrohre von Geschoß zu Geschoß	29 mm	40 DA	50 mm
Abzweigrohre in Geschossen	23 mm	20 DA	50 mm
Zuführungen zu/ Verteilungen in Wohnungen, Büros etc.	16 mm	10 DA	30 mm

Für das Einziehen eines Innenkabels des Breitbandverteilnetzes müssen Leerrohre mindestens 16 mm Innendurchmesser aufweisen. Eingebaute Bogen nach DIN 49 016 und 49 017 dürfen die Nenngröße 16 nicht unterschreiten. Es können größere Rohrdurchmesser infrage kommen, wenn mehrere Kabel in einem Rohr verlegt werden (s. Abschn. 8). Eine parallele Führung mehrerer Rohre ist möglich.

(4) Steigerohre verlaufen in allgemein zugänglichen Räumen (z. B. Treppenraum), jedoch nicht in Sicherheitstreppenräumen. Geschosse in mehrstöckigen Gebäuden sollen jeweils Aussparungen für Durchzugs- bzw. Verteilerkästen aufweisen. Bei Steigerohrführungen mit mehreren Rohren ist am Ende der Rohre zusätzlich ein Verteilerkasten einzubauen.

(5) In kleineren Gebäuden bis zu 8 Wohnungen können Rohre durchgehend bis in die Wohnungen verlaufen (Abb. 5).

(6) Es ist zweckmäßig, innerhalb von Wohnungen sternförmige Netze aufzubauen und in Ein- und Zweifamilienhäusern sowie in Wohnungen mit mehr als 80 m² Wohnfläche die Anzahl der UpDo in den einzelnen Räumen gem. Abb. 6 zu bemessen. Im Flur und ggf. in größeren Räumen sind zusätzlich UpDo für den Anschluß von zusätzlichen Klingeln, automatischen Wechselschaltern, Sperreinrichtungen, privaten Zusatzeinrichtungen o. ä. vorzusehen. Für einen Empfang aus dem Breitbandverteilnetz (Rundfunk, Fernsehen) sind bei Wohnungen bis zu 4 Räumen mindestens eine, bei größeren Wohnungen mindestens 2 Anschlußdosen vorzusehen.

(7) In Büro- und Geschäftsräumen mit mehr als drei Fernmeldeanschlüssen sind sternförmig ausgelegte Rohr- bzw. Installationssysteme empfehlenswert, deren Dimension in Abhängigkeit vom Leitungsbedarf festzulegen ist.

11 Kabelführungsschächte

Muß eine größere Anzahl von Leitungen parallel geführt werden, sind Kabelführungsschächte zweckmäßig (Abb. 4). Der Schacht soll vom Keller aus zu den Verteilern in den einzelnen Geschossen führen. Sein Querschnitt kann zu den oberen Geschossen hin abschnittsweise verringert werden.

12 Installationssysteme

(1) Wegen ihrer großen Anpassungsfähigkeit werden in Gewerbe- und Verwaltungsräumen anstelle von Rohrnetzen Unterflur-, Wand-, bzw. Deckeninstallationssysteme bevorzugt.

(2) Die herstellerbedingt unterschiedlichen, nach VDE-Vorschriften gestalteten Bauteile dieser Systeme mit ein- und mehrzügigen Kanälen, Durchzugs- und Verteilereinrichtungen sind entsprechend den Anweisungen der Hersteller nach VDE-Vorschriften zu planen und einzubauen. Abb. 8 zeigt ein eingebautes System.

13 Endstellennetze

Die zu installierende Anzahl von Doppeladern ist unter Berücksichtigung möglicher Nutzungsänderungen und künftigen Bedarfs ausreichend groß zu bemessen. Zu jeder installierten UpDo soll vom Wohnungsverteiler (z. B. VKU) ein mindestens 2-paariges Kabel verlegt werden. Parallel verlaufende, niederpaarige Kabel können auf diesen Strecken durch ein höherpaariges zusammengefaßt werden. In Einfamilienhäusern und Wohnungen auf 80 m^2 Wohnfläche ist es sinnvoll, in jedem Wohn- und Schlafraum eine Anschlußmöglichkeit vorzusehen und im Flur zusätzlich eine Anschlußmöglichkeit für eine Klingel.

14 Bauzeug

(1) Die Installationsrohre und das Zubehör müssen nach VDE 0605 ausgeführt sein. Außerdem gelten die auf Seite 12-13 aufgeführten DIN-Normen. Als Kennzeichen für die Belastbarkeit sind nach VDE0605 auf den Rohren neben dem Ursprungszeichen angebracht:

AS = Elektro-Installationsrohre für schwere Druckbeanspruchung nach VDE 0100 verwendbar für Stampf- und Schüttbeton, Aufputz-, Unterputz- und Imputzverlegung).

A = Elektro-Installationsrohre für mittlere Druckbeanspruchung (nach VDE 0100 verwendbar für Schüttbeton, Aufputz-, Unterputz- und Imputzverlegung).

B = Elektro-Installationsrohre für leichte Druckbeanspruchung (nach VDE 0100 verwendbar für Unterputz- und Imputzverlegung).

Als zusätzliche Kennzeichen sind eingeführt:

C = für Isolierstoffrohre,

F = für flammwidrige Isolierstoffrohre,

105 = für Isolierstoffrohre für eine Wärmefestigkeit bis 105°Grad Celsius.

Das Zubehör (Muffen, Bogen, Winkelstücke, Endtüllen, Pfeifen usw.) muß die gleichen mechanischen Eigenschaften aufweisen wie die der zugehörigen Rohre.

(2) Als Verteilerkästen und Unterputzdosen sind die bei der DT AG eingeführten Bauteile zu verwenden. Verteilerkästen müssen zur Aufnahme von Anschlußleisten (DIN 47 614) geeignet und mit Anschlußklemmen ausgestattet sein. Für die Kombination von Fernmelde- und Starkstromdosen gilt: DIN/VDE 0800 Teil 4 Abs. 7.6.5

- es müssen getrennte Abdeckplatten vorhanden sein,

- einander zugekehrte Einführungsöffungen dürfen an beiden Dosen nicht aufgebrochen werden.

(3) Für Endstellennetze sind Installationskabel J-YY mit Bündelverseilung und einem Kupferdurchmesser von 0,6 mm nach DIN/VDE 0815 zu verwenden.

DIN-NORMEN

Normen	Ausg.	Bezeichnung
DIN 18 012		Hausanschlußräume; Planungsgrundlagen
DIN 18 015 T1		Elektrische Anlagen in Wohngebäuden; Planungsgrundlagen
DIN 18 015 T2		Elektrische Anlagen in Wohngebäuden; Art und Umfang der Mindestausstattung
DIN 18 015 T3		Elektrische Anlagen in Wohngebäuden; Leiungsführung und Anordnung der Betriebsmittel
DIN 47 614		Anschlußleisten für Fernmeldeanlagen
DIN 47 615		Verteilerkasten für Fernmeldeanlagen
DIN 49 003		Installationsrohr; Bogen für Stahlpanzerrohr und Steckrohr
DIN 49 005		Installationsrohr; Endtüllen für Stahlpanzerrohr
DIN 49 012		Elektro-Installationsrohr und Zubehör Metallschläuche für schwere mechanische Beanspruchung Bauformen und Anforderungen
DIN 49 016 T1		Elektro-Installationsrohre und Zubehör Starre, flammwidrige Isolierstoffrohre und Zubehör Rohre glatt, Muffen, Bogen für mittlere und schwere Druckbeanspruchung
DIN 49 016 T2		Elektro-Installationsrohre und Zubehör Starre, flammwidrige Isolierstoffe und Zubehör Muffenrohre, glatt, Muffenbogen für mittlere und schwere Druckbeanspruchung
DIN 49 016 T3		Elektro-Installationsrohre und Zubehör; Starre flammwidrige Isolierstoffrohre und Zubehör, Rohre glatt, Muffen, Bogen, halogenfrei, für mittlere Druckbeanspruchung
DIN 49 016 T4		Elektro-Installationsrohre und Zubehör; Starre flammwidrige Isolierstoffrohre und Zubehör, Muffenrohre glatt, Muffenbogen halogenfrei, für mittlere Druckbeanspruchung

Norm	Ausg.	Bezeichnung
DIN 49 017 T1		Elektro-Installationsrohre und Zubehör Starre, flammwidrige Isolierstoffrohre und Zubehör Rohre glatt, Muffen, Bogen für leichte Druckbeanspruchung
DIN 49 017 T2		Elektro-Installationsrohre und Zubehör; Starre flammwidirge Isolierstoff-Muffenrohre und Zubehör, Muffenrohre glatt, Muffenbogen, für leichte Druckbeanspruchung
DIN 49 018 T1		Elektro-Installationsrohre und Zubehör Flexible, flammwidrige Isolierstoffrohre Muffen für mittlere und leichte Druck-beanspruchung
DIN 49 018 T2		Elektro-Installationsrohre und Zubehör Flexible, flammwidrige Isolierstoffrohre, gewellt, mit glattem Mantel für schwere Druckbeanspruchung
DIN 49 018 T3		Elektro-Installationsrohre und Zubehör; Flexible flammwidrige Isolierstoffrohre gewellt für schwere Druckbeanspruchung und Wärmefestigkeit bis 105°C; Hauptmaße
DIN 49 019 T1		Elektro-Installationsrohre und Zubehör, Flexible nichtflammwidrige Isolierstoffrohre glatt, für mittlere Druckbeanspruchung
DIN 49 019 T2		Elektro-Installationsrohre und Zubehör Flexible, flammwidrige Isolierstoffrohre, glatt, für mittlere Druckbeanspruchung
DIN 49 019 T3		Elektro-Installationsrohre und Zubehör; Flexible nichtflammwidirge Isolierstoffrohre, gewellt, für leichte Druckbeanspruchung und Wärmefestigkeit bis 105°C
DIN 49 020		Installationsrohr Stahlpanzerrohre, Steckrohre, Muffen
DIN 49 023		Elektro-Installationsrohre und Zubehör; Flexible Stahlrohre gewellt, für schwere Druckbeanspruchung
DIN 49 073 T2		Gerätedosen aus Metall und Isolierstoff zur Aufnahme von Installationsgeräten bis 16 A, 250 V Hauptmaße
DIN 49 075		Installationsmaterial Abdeckplatte und Einsatz für Schalter und Steckdosen Hauptabmessungen

VDE-VORSCHRIFTEN

Vorschriften	Ausg.	Bezeichnung
VDE 0100 T430	06.81	Errichten von Starkstromanlagen mit Nennspannugen bis 1000 V Schutz von Leitungen und Kabeln gegen hohe Erwärmung
VDE 0165	09.83	Errichten elektrischer Anlagen in explosionsgefährdeten Bereichen
VDE 0604 T1	05.86	Elektro-Installationskanäle für Wand und Decke; Allgemeine Bestimmungen
VDE 0604 T2	05.86	Elektro-Installationskanäle für Wand und Decke; Geräteeinbaukanäle
VDE 0604 T3	05.86	Elektro-Installationskanäle für Wand und Decke; Sockelleistenkanäle
VDE 0605	04.82	Elektro-Installationsrohre und Zubehör
VDE 0800 T6	04.84	Fernmeldetechnik; Errichtung und Betrieb der Anlagen
VDE 0800 T4	03.86	Fernmeldetechnik; Errichten von Fernmeldelinien
VDE 0815	09.85	Installationskabel und Leitungen für Fernmelde- und Informationsverarbeitungs-anlagen
VDE 0887 T2	03.87	Koaxiale Hochfrequenzkabel, Z = 75 Ω, für Rundfunkempfangs- und Verteilanlagen unter Einschluß von Kabelfernsehanlagen-Innenkabel-

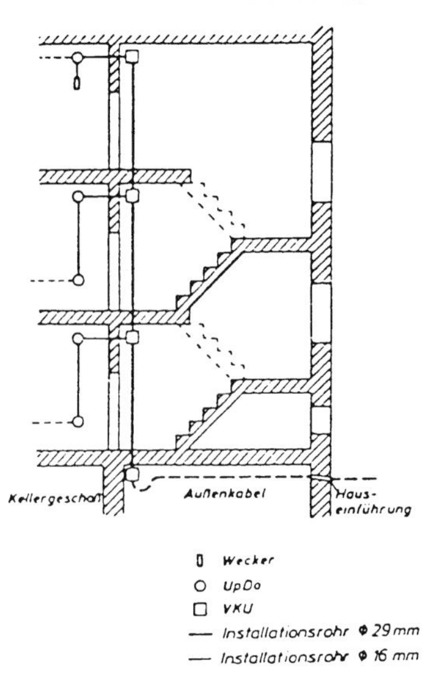

Bild 1: Unterputz-Installation bei unterirdischer Einführung (Beispiel)

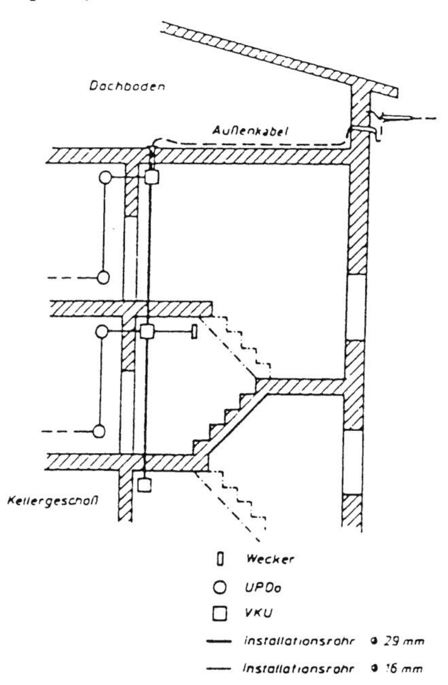

Bild 2: Unterputz-Installation bei oberirdischer Einführung (Beispiel)

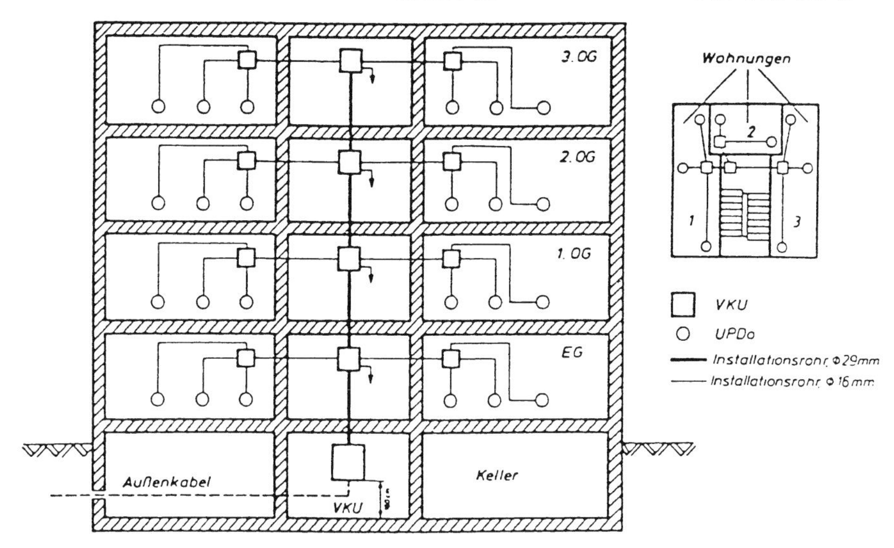

Bild 3: Rohrnetz mit Steig- und Verteilrohren in einem Mehrfamilienhaus mit 12 Wohnungen (Beispiel)

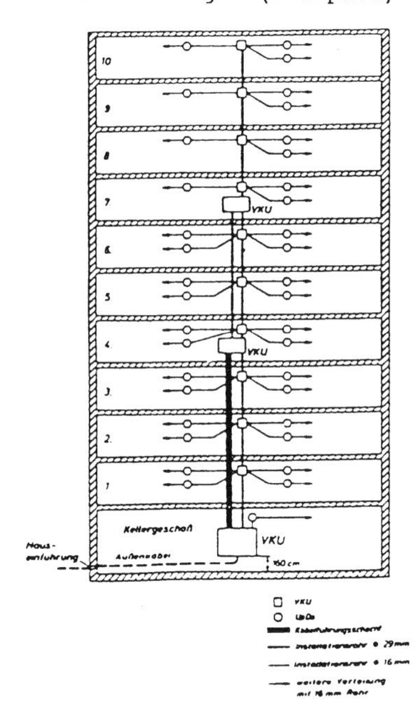

Bild 4: Rohrnetz mit Steig- und Verteilrohren in einem Hochhaus mit 3 oder 4 Wohnungen je Stockwerk (Beispiel)

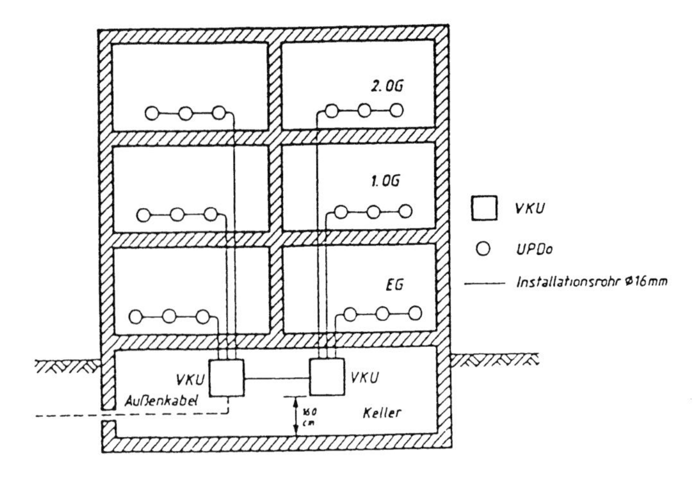

Bild 5: Einzelrohrführung zu jeder Wohnung (Beispiel)

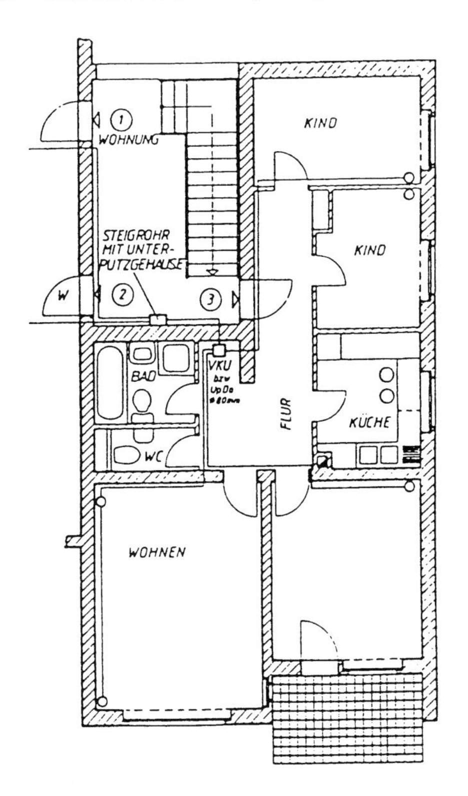

Bild 6: Sternförmiges Rohrnetz innerhalb der Wohnung

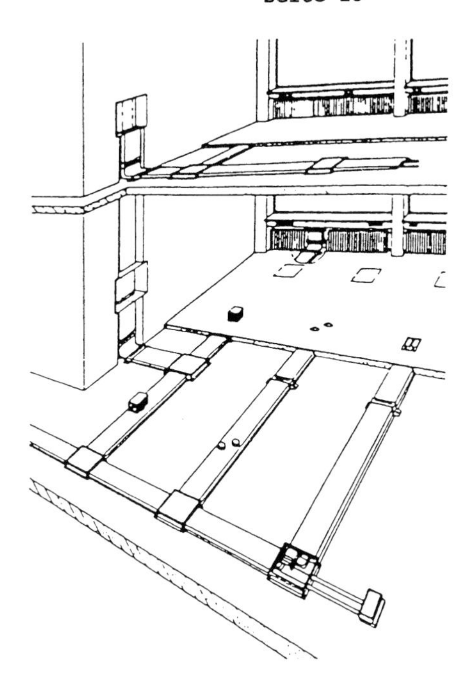

Bild 7: Unterflurinstallation für veränderliche Raumnutzung (Beispiel)

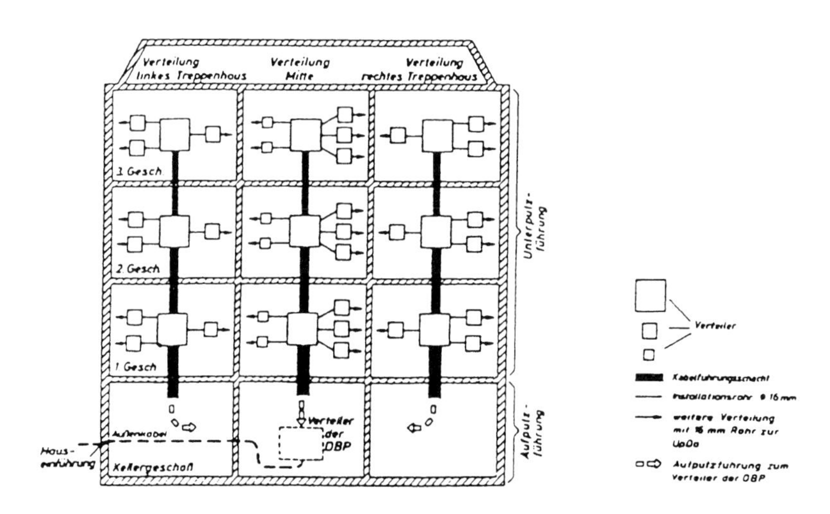

Bild 8: Installationssystem in einem Verwaltungsgebäude (Beispiel)

Sachgebiet 2

Bautechnik und Wärmetechnik

Bezeichnung mit links oder rechts im Bauwesen

DIN 107

Building construction; identification of right and left side

Zusammenhang mit der von der International Organization for Standardization (ISO) herausgegebenen Empfehlung ISO/R 1226-1970, siehe Erläuterungen.

1. Geltungsbereich

Diese Norm gilt für folgende, im Bauwesen hinsichtlich der gewählten Seite, Lage oder Drehrichtung unterschiedlich auszuführenden Bauteile oder Ausstattungsgegenstände:

a) Türen, Fenster und Läden
b) Zargen
c) Schlösser, Beschläge und Türschließer
d) Treppen
e) Sanitär-Ausstattungsgegenstände.

2. Drehflügeltüren, -fenster und -läden

2.1. Begriffe

2.1.1. Öffnungsfläche

Die Öffnungsfläche ist diejenige Fläche eines Flügels von Drehflügeltüren, -fenstern oder -läden, die auf derjenigen Seite liegt, nach der sich der Flügel öffnet.

Die Öffnungsfläche ist die Bezugsfläche für die Bezeichnung mit links oder rechts.

2.1.2. Schließfläche

Die Schließfläche ist diejenige Fläche eines Flügels von Drehflügeltüren, -fenstern oder -läden, die auf derjenigen Seite liegt, nach der sich der Flügel schließt.

2.1.3. Linksflügel

Ein Linksflügel ist ein Flügel von Drehflügeltüren, -fenstern oder -läden, dessen Drehachse bei Blickrichtung auf seine Öffnungsfläche links liegt (siehe Bild 1).

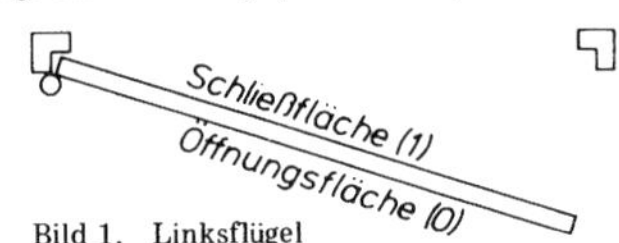

Bild 1. Linksflügel

2.1.4. Rechtsflügel

Ein Rechtsflügel ist ein Flügel von Drehflügeltüren, -fenstern oder -läden, dessen Drehachse bei Blickrichtung auf seine Öffnungsfläche rechts liegt (siehe Bild 2).

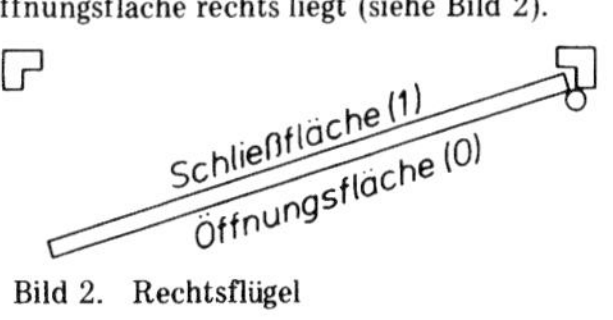

Bild 2. Rechtsflügel

2.2. Bezeichnung

Öffnungsfläche: Kennzahl 0

Schließfläche: Kennzahl 1

Linksflügel: Kennbuchstabe L

Rechtsflügel: Kennbuchstabe R

In DIN-Bezeichnungen für Drehflügeltüren, -fenster oder -läden geht zur Bezeichnung mit links oder rechts der Kennbuchstabe L bzw. R ein.

3. Schiebetüren, -fenster und -läden

3.1. Begriffe

3.1.1. Linksschiebetüren, -fenster, -läden

Eine Linksschiebetür (-fenster, -laden) schlägt beim Verschließen vom Standort des Betrachters aus gesehen links an. Der Standort des Betrachters befindet sich im Raum. Bei gleichberechtigten Räumen ist der Standort anzugeben.

3.1.2. Rechtsschiebetüren, -fenster, -läden

Eine Rechtsschiebetür (-fenster, -laden) schlägt beim Verschließen vom Standort des Betrachters aus gesehen rechts an. Der Standort des Betrachters befindet sich im Raum. Bei gleichberechtigten Räumen ist der Standort anzugeben.

3.2. Bezeichnung

Linksschiebetür, -fenster, -laden: Kennbuchstabe L

Rechtsschiebetür, -fenster, -laden: Kennbuchstabe R

In DIN-Bezeichnungen für Schiebetüren, -fenster oder -läden geht zur Bezeichnung mit links oder rechts der Kennbuchstabe L bzw. R ein.

4. Zargen

4.1. Begriffe

4.1.1. Linkszarge

Eine Linkszarge ist eine Zarge für den Linksflügel einer Drehflügeltür.

4.1.2. Rechtszarge

Eine Rechtszarge ist eine Zarge für den Rechtsflügel einer Drehflügeltür.

4.2. Bezeichnung

Linkszarge: Kennbuchstabe L

Rechtszarge: Kennbuchstabe R

In DIN-Bezeichnungen für Zargen für Drehflügeltüren geht zur Bezeichnung mit links oder rechts der Kennbuchstabe L bzw. R ein.

Fortsetzung Seite 2 und 3
Erläuterungen Seite 4

Fachnormenausschuß Bauwesen (FNBau) im Deutschen Normenausschuß (DNA)

5. Schlösser, Beschläge und Türschließer

5.1. Begriffe

5.1.1. Linksschloß

Ein Linksschloß ist ein Schloß für den Linksflügel einer Drehflügeltür, eines Drehflügelfensters oder eines Drehflügelladens.

5.1.2. Rechtsschloß

Ein Rechtsschloß ist ein Schloß für den Rechtsflügel einer Drehflügeltür, eines Drehflügelfensters oder eines Drehflügelladens.

5.1.3. Linksbeschlag

Ein Linksbeschlag ist ein Beschlag für den Linksflügel einer Drehflügeltür, eines Drehflügelfensters oder eines Drehflügelladens.

5.1.4. Rechtsbeschlag

Ein Rechtsbeschlag ist ein Beschlag für den Rechtsflügel einer Drehflügeltür, eines Drehflügelfensters oder eines Drehflügelladens.

5.1.5. Linkstürschließer

Ein Linkstürschließer ist ein Türschließer für den Linksflügel einer Drehflügeltür.

5.1.6. Rechtstürschließer

Ein Rechtstürschließer ist ein Türschließer für den Rechtsflügel einer Drehflügeltür.

5.2. Bezeichnung

Wenn die Konstruktion eines Schlosses, Beschlages oder Türschließers die Bezeichnung mit links oder rechts erfordert, gilt:

Linksschloß, Linksbeschlag und Linkstürschließer: Kennbuchstabe L

Rechtsschloß, Rechtsbeschlag und Rechtstürschließer: Kennbuchstabe R

Bei Kastenschlössern und bestimmten Beschlägen ist zusätzlich anzugeben, auf welcher Fläche des Flügels diese angebracht werden müssen.

In diesem Fall ist dem Kennbuchstaben (L oder R) die Kennzahl für die betreffende Fläche nach Abschnitt 2.2 hinzuzufügen, z. B. L1.

In DIN-Bezeichnungen für Schlösser, Beschläge und Türschließer geht zur Bezeichnung mit links oder rechts der Kennbuchstabe L oder R ein. Falls die Befestigungsfläche zu bezeichnen ist, ist zusätzlich die Kennzahl 0 oder 1 hinzuzufügen.

6. Treppen und Geländer

6.1. Begriffe

6.1.1. Linkstreppe

Eine Linkstreppe ist eine Treppe, deren Treppenlauf entgegen dem Uhrzeigersinn aufwärts führt (siehe Bild 3).

6.1.2. Rechtstreppe

Eine Rechtstreppe ist eine Treppe, deren Treppenlauf im Uhrzeigersinn aufwärts führt (siehe Bild 4).

6.1.3. Linksgeländer

Ein Linksgeländer ist ein Geländer, das beim Aufwärtsgehen auf der linken Seite einer Treppe liegt (siehe Bild 3)

6.1.4. Rechtsgeländer

Ein Rechtsgeländer ist ein Geländer, das beim Aufwärtsgehen auf der rechten Seite einer Treppe liegt (siehe Bild 4).

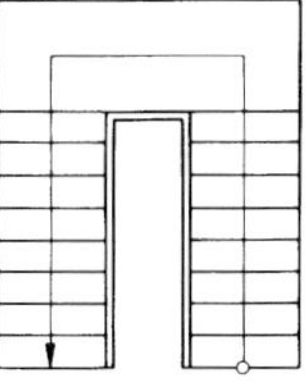

Bild 3. Linkstreppe mit Linksgeländer

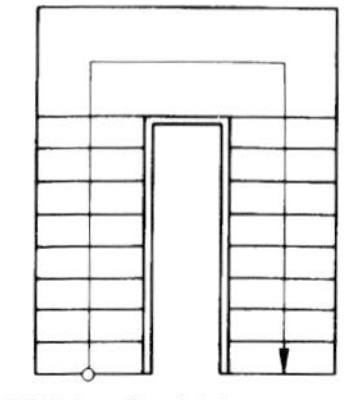

Bild 4. Rechtstreppe mit Rechtsgeländer

6.2. Bezeichnung

Für die Bezeichnung der Treppen und Geländer mit links oder rechts in Verbindung mit der Treppenart gilt DIN 18 064.

Erläuterungen

In dieser Norm werden die in der zurückgezogenen Ausgabe DIN 107 (Mai 1939) festgelegten Regeln für die Bezeichnung mit links oder rechts im Bauwesen im Grundsatz beibehalten, obwohl inzwischen von der International Organization for Standardization (ISO) die Empfehlung ISO/R 1226–1970

E: Symbolic designation of direction of closing and faces of doors, windows and shuttles

D: Symbolische Bezeichnung des Schließsinns und Seiten von Türen, Fenstern und Läden

herausgegeben wurde, die die Bewegungsrichtung auf den Uhrzeigersinn bezieht. Mit Rücksicht darauf, daß die in DIN 107 (Mai 1939) festgelegten Regeln für die Bezeichnung mit rechts oder links im deutschen Bauwesen, im Handel und in der Industrie allgemein eingeführt sind, wurden diese Regeln auch in dieser Norm beibehalten. Die Beziehungen zwischen den Bezeichnungen mit links oder rechts nach DIN 107 und den entsprechenden Bezeichnungen nach ISO/R 1226 sind in der Tabelle gegenübergestellt. In ihr sind außerdem die im deutschen Exportverkehr üblichen und von der „Arbeitsgemeinschaft der Europäischen Schloß- und Beschlagindustrie (ARGE)" festgelegten Symbole für die Schlagrichtung von Türen angegeben.

Sollte sich zeigen, daß die ISO-Empfehlung R 1226 in der Praxis breitere Anwendung findet, so soll DIN 107 in einer erneuten Überarbeitung darauf umgestellt werden.

Die Norm DIN 107 wurde durch Angaben ergänzt, wie sie z. B. für die eindeutige Bezeichnung von Kastenschlössern an Türen erforderlich sind.

Ferner wurden Angaben über die Bezeichnung mit links oder rechts bei Sanitär-Ausstattungsgegenständen, die im Baukörper fest eingebaut werden, aufgenommen. Die in der zurückgezogenen Norm DIN 107 (Mai 1939) enthaltenen Regeln für die Bezeichnung von Herden wurden hingegen gestrichen, weil hierfür kein Bedürfnis mehr vorlag.

	Bezeichnung der Tür nach DIN 107	Kennzahl der Tür nach ISO-Empfehlung R 1226	Bezeichnung des Schlosses nach DIN 107	Kennzahl des Schlosses nach ISO-Empfehlung R 1226	Kennzahl des Schlosses nach ARGE[1]
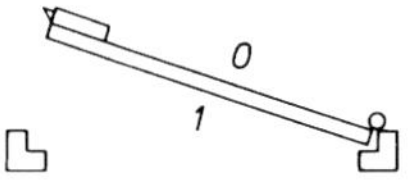 Linksflügel Schloß auf Öffnungsfläche	L	6	L 0	60	1
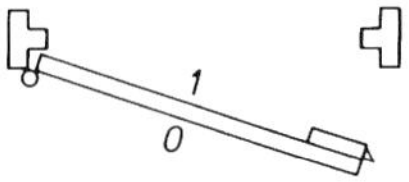 Linksflügel Schloß auf Schließfläche			L 1	61	3
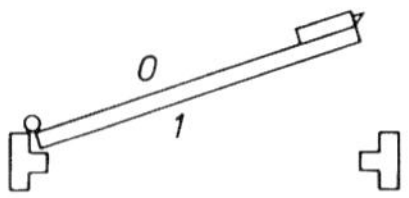 Rechtsflügel Schloß auf Öffnungsfläche	R	5	R 0	50	2
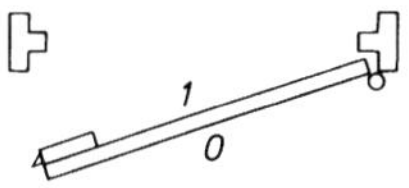 Rechtsflügel Schloß auf Schließfläche			R 1	51	4

[1] Arbeitsgemeinschaft der Europäischen Schloß- und Beschlagindustrie.

Gekürzt

November 1996

Mauerwerk

Teil 1: Berechnung und Ausführung

DIN 1053-1

ICS 91.060.10; 91.080.30

Deskriptoren: Mauerwerk, Berechnung, Ausführung, Bauwesen

Ersatz für Ausgabe 1990-02
Mit DIN 1053-2 : 1996-11
Ersatz für DIN 1053-2 : 1984-07

Masonry – Design and construction

Maçonneries – Calcul et exécution

Maße in mm

Inhalt

Fortsetzung Seiten 2 bis 32

Normenausschuß Bauwesen (NABau) im DIN Deutsches Institut für Normung e. V.

Änderungen

Gegenüber der Ausgabe Februar 1990 und DIN 1053-2: 1984-07 wurden folgende Änderungen vorgenommen:

a) Haupttitel "Rezeptmauerwerk" gestrichen.

b) Inhalt sachlich und redaktionell neueren Erkenntnissen angepaßt;

c) Genaueres Berechnungsverfahren, bisher in DIN 1053-2, eingearbeitet.

1 Anwendungsbereich und normative Verweisungen

1.1 Anwendungsbereich

Diese Norm gilt für die Berechnung und Ausführung von Mauerwerk aus künstlichen und natürlichen Steinen.

Mauerwerk nach dieser Norm darf entweder nach dem vereinfachten Verfahren (Voraussetzungen siehe 6.1) oder nach dem genaueren Verfahren (siehe Abschnitt 7) berechnet werden.

Innerhalb eines Bauwerkes, das nach dem vereinfachten Verfahren berechnet wird, dürfen einzelne Bauteile nach dem genaueren Verfahren bemessen werden.

Bei der Wahl der Bauteile sind auch die Funktionen der Wände hinsichtlich des Wärme-, Schall-, Brand- und Feuchteschutzes zu beachten. Bezüglich der Vermauerung mit und ohne Stoßfugenvermörtelung siehe 9.2.1 und 9.2.2.

Es dürfen nur Baustoffe verwendet werden, die den in dieser Norm genannten Normen entsprechen.

> ANMERKUNG: Die Verwendung anderer Baustoffe bedarf nach den bauaufsichtlichen Vorschriften eines besonderen Nachweises der Verwendbarkeit, z. B. durch eine allgemeine bauaufsichtliche Zulassung.

2 Begriffe

2.1 Rezeptmauerwerk (RM)

Rezeptmauerwerk ist Mauerwerk, dessen Grundwerte der zulässigen Druckspannungen σ_0 in Abhängigkeit von Steinfestigkeitsklassen, Mörtelarten und Mörtelgruppen nach den Tabellen 4a und 4b festgelegt werden.

2.2 Mauerwerk nach Eignungsprüfung (EM)

Mauerwerk nach Eignungsprüfung ist Mauerwerk, dessen Grundwerte der zulässigen Druckspannungen σ_0 aufgrund von Eignungsprüfungen nach DIN 1053-2 und nach Tabelle 4c bestimmt werden.

2.3 Tragende Wände

Tragende Wände sind überwiegend auf Druck beanspruchte, scheibenartige Bauteile zur Aufnahme vertikaler Lasten, z. B. Deckenlasten, sowie horizontaler Lasten, z. B. Windlasten. Als "Kurze Wände" gelten Wände oder Pfeiler, deren Querschnittsflächen kleiner als 1 000 cm^2 sind. Gemauerte Querschnitte kleiner als 400 cm^2 sind als tragende Teile unzulässig.

2.4 Aussteifende Wände

Aussteifende Wände sind scheibenartige Bauteile zur Aussteifung des Gebäudes oder zur Knickaussteifung tragender Wände. Sie gelten stets auch als tragende Wände.

2.5 Nichttragende Wände

Nichttragende Wände sind scheibenartige Bauteile, die überwiegend nur durch ihre Eigenlast beansprucht werden und auch nicht zum Nachweis der Gebäudeaussteifung oder der Knickaussteifung tragender Wände herangezogen werden.

2.6 Ringanker

Ringanker sind in Wandebene liegende horizontale Bauteile zur Aufnahme von Zugkräften, die in den Wänden infolge von äußeren Lasten oder von Verformungsunterschieden entstehen können.

2.7 Ringbalken

Ringbalken sind in Wandebene liegende horizontale Bauteile, die außer Zugkräften auch Biegemomente infolge von rechtwinklig zur Wandebene wirkenden Lasten aufnehmen können.

8.3 Schlitze und Aussparungen

Schlitze und Aussparungen, bei denen die Grenzwerte nach Tabelle 10 eingehalten werden, dürfen ohne Berücksichtigung bei der Bemessung des Mauerwerks ausgeführt werden.

Vertikale Schlitze und Aussparungen sind auch dann ohne Nachweis zulässig, wenn die Querschnittsschwächung, bezogen auf 1 m Wandlänge, nicht mehr als 6 % beträgt und die Wand nicht drei- oder vierseitig gehalten gerechnet ist. Hierbei müssen eine Restwanddicke nach Tabelle 10, Spalte 8, und ein Mindestabstand nach Spalte 9 eingehalten werden.

Alle übrigen Schlitze und Aussparungen sind bei der Bemessung des Mauerwerks zu berücksichtigen.

Tabelle 10: Ohne Nachweis zulässige Schlitze und Aussparungen in tragenden Wänden

Maße in mm

1	2	3	4	5	6	7	8	9	10
Wanddicke	Horizontale und schräge Schlitze[1]) nachträglich hergestellt		Vertikale Schlitze und Aussparungen, nachträglich hergestellt			Vertikale Schlitze und Aussparungen in gemauertem Verband			
	Schlitzlänge		Schlitztiefe[4])	Einzelschlitzbreite[5])	Abstand der Schlitze und Aussparungen von Öffnungen	Schlitzbreite[5])	Restwanddicke	Mindestabstand der Schlitze und Aussparungen	
	unbeschränkt	≤ 1,25 m[2])						von Öffnungen	untereinander
	Schlitztiefe[3])	Schlitztiefe							
≥ 115	–	–	≤ 10	≤ 100		–	–		
≥ 175	0	≤ 25	≤ 30	≤ 100		≤ 260	≥ 115		
≥ 240	≤ 15	≤ 25	≤ 30	≤ 150	≥ 115	≤ 385	≥ 115	≥ 2fache Schlitzbreite bzw. ≥ 240	≥ Schlitzbreite
≥ 300	≤ 20	≤ 30	≤ 30	≤ 200		≤ 385	≥ 175		
≥ 365	≤ 20	≤ 30	≤ 30	≤ 200		≤ 385	≥ 240		

[1]) Horizontale und schräge Schlitze sind nur zulässig in einem Bereich ≤ 0,4 m ober- oder unterhalb der Rohdecke sowie jeweils an einer Wandseite. Sie sind nicht zulässig bei Langlochziegeln.

[2]) Mindestabstand in Längsrichtung von Öffnungen ≥ 490 mm, vom nächsten Horizontalschlitz zweifache Schlitzlänge.

[3]) Die Tiefe darf um 10 mm erhöht werden, wenn Werkzeuge verwendet werden, mit denen die Tiefe genau eingehalten werden kann. Bei Verwendung solcher Werkzeuge dürfen auch in Wänden ≥ 240 mm gegenüberliegende Schlitze mit jeweils 10 mm Tiefe ausgeführt werden.

[4]) Schlitze, die bis maximal 1 m über den Fußboden reichen, dürfen bei Wanddicken ≥ 240 mm bis 80 mm Tiefe und 120 mm Breite ausgeführt werden.

[5]) Die Gesamtbreite von Schlitzen nach Spalte 5 und Spalte 7 darf je 2 m Wandlänge die Maße in Spalte 7 nicht überschreiten. Bei geringeren Wandlängen als 2 m sind die Werte in Spalte 7 proportional zur Wandlänge zu verringern.

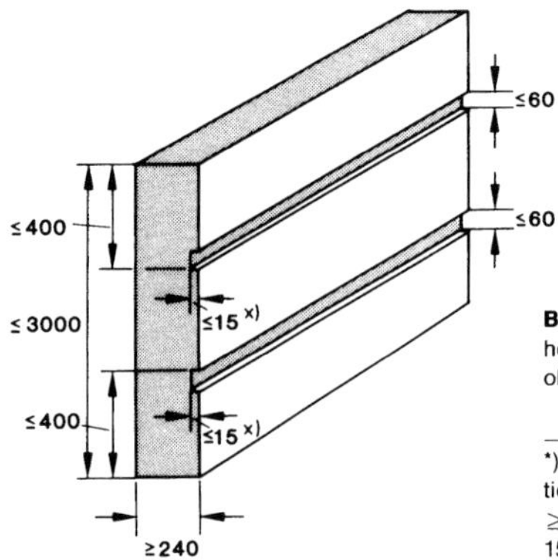

Bild 1: Ohne statischen Nachweis nachträglich hergestellter horizontaler Schlitz in tragender und aussteifender Wand im oberen oder unteren Wandbereich.

*) Bei Verwendung von Werkzeugen, mit denen die Schlitztiefe genau einhaltbar ist, können die Werte bei Wanddicken ≥ 240 mm um 10 mm und bei Wanddicken ≥ 300 mm um 15 mm erhöht werden.

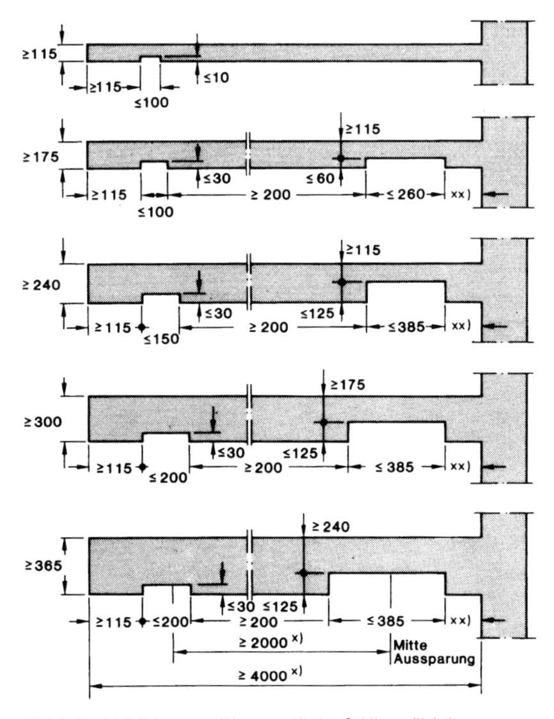

Bild 2: Nachträglich ausgeführte vertikale Schlitze (links) sowie im Verband gemauerte Aussparungen (rechts).

*) Die Mindestabstände können geringer sein, wenn die Aussparungsbreiten entsprechend kleiner sind.

**) Beliebige Maße.

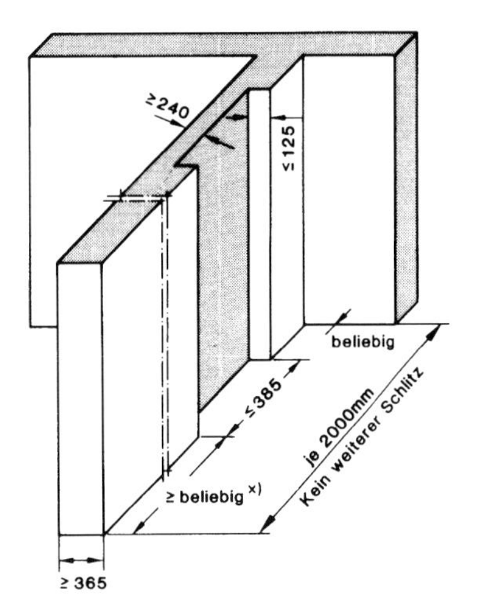

Bild 3: Beispiel für vertikale Aussparungen, hergestellt im gemauerten Verband einer tragenden Wand, z. B. zum Einbau von Installationsverteilern.

*) Bei Öffnungen in der Wand: Abstand ≥ 365 mm.

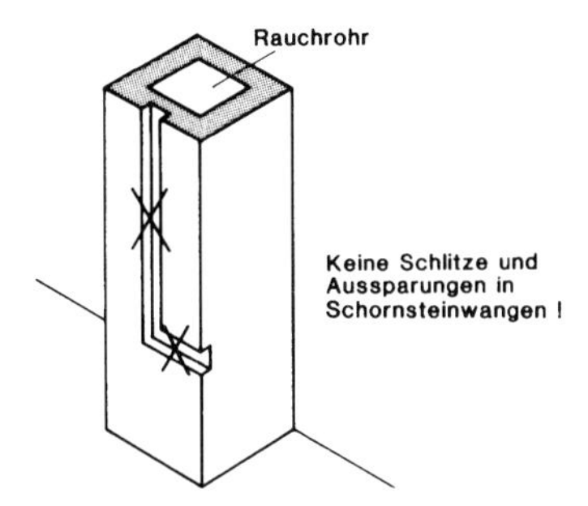

Bild 4: In Schornsteinen sind keine Aussparungen und Schlitze zulässig.

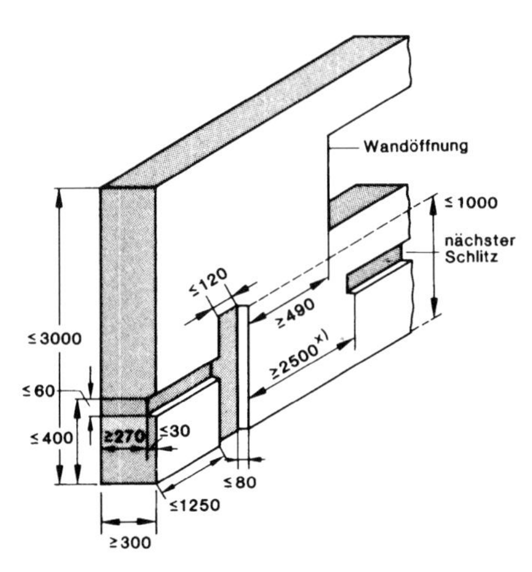

Bild 5: Beispiel für maximal 1,25 m lange horizontale und vertikale Schlitze, nachträglich hergestellt mit Werkzeugen, mit denen die Schlitztiefe genau eingehalten werden kann.

*) Mindestens zweifache Schlitzlänge.

 Mai 1998

Brandverhalten von Baustoffen und Bauteilen
Teil 1: Baustoffe
Begriffe, Anforderungen und Prüfungen

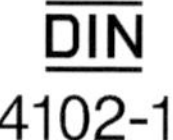

4102-1

ICS 13.220.50; 91.100.01

Ersatz für Ausgabe 1981-05

Deskriptoren: Brandverhalten, Bauprodukte, Baustoffklasse, Brandprüfung, Rauchentwicklung, Heizwert, Beflammung

Fire behaviour of building materials and building components —
Part 1: Building materials, terminology, requirements and tests

Comportement au feu des matériaux et éléments composants de construction —
Partie 1: Matériaux, definitions, exigences et essais

Vom Abdruck der Anhänge A, B, C und D wurde abgesehen.

Inhalt

Fortsetzung Seite 2 bis 28

Normenausschuß Bauwesen (NABau) im DIN Deutsches Institut für Normung e.V.

Vorwort

Diese Norm wurde vom Normenausschuß Bauwesen (NABau), Arbeitsausschuß „Brandverhalten von Baustoffen und Bauteilen — Baustoffe", erarbeitet und ersetzt DIN 4102-1 : 1981-05.

DIN 4102 „Brandverhalten von Baustoffen und Bauteilen" besteht aus:

Teil 1: Baustoffe, Begriffe, Anforderungen und Prüfungen

Teil 2: Bauteile, Begriffe, Anforderungen und Prüfungen

Teil 3: Brandwände und nichttragende Außenwände, Begriffe, Anforderungen und Prüfungen

Teil 4: Zusammenstellung und Anwendung klassifizierter Baustoffe, Bauteile und Sonderbauteile

Teil 5: Feuerschutzabschlüsse, Abschlüsse in Fahrschachtwänden und gegen Feuer widerstandsfähige Verglasungen, Begriffe, Anforderungen und Prüfungen

Teil 6: Lüftungsleitungen, Begriffe, Anforderungen und Prüfungen

Teil 7: Bedachungen, Begriffe, Anforderungen und Prüfungen

Teil 8: Kleinprüfstand

Teil 9: Kabelabschottungen, Begriffe, Anforderungen und Prüfungen

Teil 11: Rohrummantelungen, Rohrabschottungen, Installationsschächte und -kanäle sowie Abschlüsse ihrer Revisionsöffnungen, Begriffe, Anforderungen und Prüfungen

Teil 12: Funktionserhalt von elektrischen Kabelanlagen, Anforderungen und Prüfungen

Teil 13: Brandschutzverglasungen, Begriffe, Anforderungen und Prüfungen

Teil 14: Bodenbeläge und Bodenbeschichtungen, Bestimmung der Flammenausbreitung bei Beanspruchung mit einem Wärmestrahler

Teil 15: Brandschacht

Teil 16: Durchführung von Brandschachtprüfungen

Teil 17: Schmelzpunkt von Mineralfaser-Dämmstoffen, Begriffe, Anforderungen, Prüfung

Teil 18: Feuerschutzabschlüsse, Nachweis der Eigenschaft „selbstschließend" (Dauerfunktionsprüfung)

Änderungen

Gegenüber der Ausgabe Mai 1981 wurden folgende Änderungen vorgenommen:

a) Ergänzungen für die Baustoffklassen A2 und B1.

b) Aufnahme der Prüfverfahren zur Bestimmung der Rauchentwicklung und zur inhalationstoxikologischen Untersuchung in den Anhängen A bis C.

c) Herausnahme des nunmehr in DIN 4102-15 genormten Brandschachts.

Frühere Ausgaben

DIN 4102-1: 1977-09, 1981-05

1 Anwendungsbereich

1.1 In dieser Norm werden brandschutztechnische

- Begriffe
- Anforderungen
- Prüfungen und
- Kennzeichnungen

für Baustoffe festgelegt. Als Baustoffe im Sinne dieser Norm gelten unter anderem

- platten- und bahnenförmige Materialien
- Verbundwerkstoffe
- Bekleidungen
- Dämmstoffe
- Beschichtungen
- Rohre und Formstücke
- Dekorationen
- Vorhänge
- Feuerschutzmittel

unabhängig davon, ob sie unter den Begriff Bauprodukt nach den Landesbauordnungen fallen.

1.2 Die Norm gilt für die Klassifizierung des Brandverhaltens von Baustoffen zur Beurteilung des Risikos als Einzelbaustoff und im Verbund mit anderen Baustoffen.

Das Brandverhalten von Baustoffen wird nicht nur von der Art des Stoffes beeinflußt, sondern insbesondere auch von der Gestalt, der spezifischen Oberfläche und Dichte, dem Verbund mit anderen Stoffen, den Verbindungsmitteln sowie der Verarbeitungstechnik.

Diese Einflüsse sind bei den Vorbereitungen von Prüfungen, bei der Auswahl von Proben und bei der Klassifizierung sowie bei der Kennzeichnung von Baustoffen zu berücksichtigen.

2 Normative Verweisungen

Diese Norm enthält durch datierte oder undatierte Verweisungen Festlegungen aus anderen Publikationen. Diese normativen Verweisungen sind an den jeweiligen Stellen im Text zitiert, und die Publikationen sind nachstehend aufgeführt. Bei datierten Verweisungen gehören spätere Änderungen oder Überarbeitungen dieser Publikationen nur zu dieser Norm, falls sie durch Änderung oder Überarbeitung eingearbeitet sind. Bei undatierten Verweisungen gilt die letzte Ausgabe der in Bezug genommenen Publikation.

DIN 4102-2 : 1977-09
Brandverhalten von Baustoffen und Bauteilen — Bauteile, Begriffe, Anforderungen und Prüfungen

DIN 4102-4
Brandverhalten von Baustoffen und Bauteilen — Zusammenstellung und Anwendung klassifizierter Baustoffe, Bauteile und Sonderbauteile

DIN 4102-8
Brandverhalten von Baustoffen und Bauteilen — Kleinprüfstand

DIN 4102-14 : 1990-05
Brandverhalten von Baustoffen und Bauteilen — Bodenbeläge und Bodenbeschichtungen, Bestimmung der Flammenausbreitung bei Beanspruchung mit einem Wärmestrahler

DIN 4102-15
Brandverhalten von Baustoffen und Bauteilen — Brandschacht

DIN 4102-16 : 1998-05
Brandverhalten von Baustoffen und Bauteilen — Durchführung von Brandschachtprüfungen

DIN 18180
Gipskartonplatten — Arten, Anforderungen, Prüfung

DIN 50014
Klimate und ihre technische Anwendung — Normalklimate

DIN 50050-1
Prüfung von Werkstoffen — Brennverhalten von Werkstoffen — Kleiner Brennkasten

DIN 50051
Prüfung von Werkstoffen — Brennverhalten von Werkstoffen — Brenner

DIN 50055
Lichtmeßstrecke für Rauchentwicklungsprüfungen

DIN 51622
Flüssiggase — Propan, Propen, Butan, Buten und deren Gemische — Anforderungen

DIN 51900-2
Prüfung fester und flüssiger Brennstoffe — Bestimmung des Brennwertes mit dem Bomben-Kalorimeter und Berechnung des Heizwertes — Verfahren mit isothermem Wassermantel

DIN 51900-3
Prüfung fester und flüssiger Brennstoffe — Bestimmung des Brennwertes mit dem Bomben-Kalorimeter und Berechnung des Heizwertes — Verfahren mit adiabatischem Mantel

DIN 53436-1
Erzeugung thermischer Zersetzungsprodukte von Werkstoffen unter Luftzufuhr und ihre toxikologische Prüfung — Zersetzungsgerät und Bestimmung der Versuchstemperatur

DIN 53436-2
Erzeugung thermischer Zersetzungsprodukte von Werkstoffen unter Luftzufuhr und ihre toxikologische Prüfung — Verfahren zur thermischen Zersetzung

DIN 53436-3 : 1989-11
Erzeugung thermischer Zersetzungsprodukte von Werkstoffen unter Luftzufuhr und ihre toxikologische Prüfung — Verfahren zur inhalationstoxikologischen Untersuchung

DIN 53438-1 : 1984-06
Prüfung von brennbaren Werkstoffen — Verhalten beim Beflammen mit einem Brenner — Allgemeine Angaben

DIN 66081
Klassifizierung des Brennverhaltens textiler Erzeugnisse — Textile Bodenbeläge

DIN ISO 4783-2
Drahtgewebe und Drahtgitter für industrielle Zwecke — Leitfaden zur Auswahl von Kombinationen aus Maschenweite und Drahtdurchmesser — Teil 2: Vorzugskombinationen für Drahtgewebe; Identisch mit ISO 4783-2 : 1989

ISO 1716 : 1973
Building materials — Determination of calorific potential

3 Baustoffklassen

Die Baustoffe werden entsprechend ihrem Brandverhalten in die Baustoffklassen nach Tabelle 1 eingeteilt:

Tabelle 1: Baustoffklassen

Baustoffklasse	Bauaufsichtliche Benennung
A	nichtbrennbare Baustoffe
A1	
A2	
B	brennbare Baustoffe
B1	schwerentflammbare Baustoffe
B2	normalentflammbare Baustoffe
B3	leichtentflammbare Baustoffe

Die Kurzzeichen und Benennungen dürfen nur dann verwendet werden, wenn das Brandverhalten auf der Grundlage dieser Norm (siehe Abschnitt 4) ermittelt worden ist.

4 Ermittlung der Baustoffklassen

4.1 Ermittlung der Baustoffklassen durch Brandprüfungen

Die Baustoffklasse wird auf der Grundlage von Prüfungen nach dieser Norm ermittelt.

Baustoffe, die unter den Begriff Bauprodukt nach den Landesbauordnungen fallen und die zwar die allgemeinen Anforderungen an die jeweilige Baustoffklasse erfüllen,

- für deren Klassifizierung jedoch die Prüfergebnisse nach dieser Norm allein nicht ausreichen (siehe 5.1.2.1, 5.2.2.1 und 6.1.2.1) oder
- bei denen die Voraussetzungen für die Klassifizierung jedoch durch Ergebnisse aus zusätzlichen Prüfungen nach anderen Prüfverfahren erfüllt werden sollen,

bedürfen zusätzlicher Beurteilungen[1]).

4.2 Ermittlung der Baustoffklassen ohne Brandprüfungen

Die in DIN 4102-4 genannten Baustoffe sind ohne weitere Brandprüfungen in die dort angegebene Baustoffklasse eingereiht.

---

[1]) Diese Baustoffe bedürfen als bauaufsichtlichen Verwendbarkeitsnachweis einer allgemeinen bauaufsichtlichen Zulassung oder einer Zustimmung für den Einzelfall.

5 Baustoffklassen A1 und A2

5.1 Baustoffklasse A1

5.1.1 Allgemeine Anforderungen

Die Ofenprüfung (siehe 5.1.3) stellt modellhaft die Situation eines fortentwickelten, teilweise vollentwickelten Brandes dar. Unter dieser Beanspruchung muß die Wärmeabgabe der Baustoffe unbedenklich sein, und entzündbare Gase dürfen nicht frei werden.

5.1.2 Voraussetzungen für die Klassifizierung

5.1.2.1 Baustoffe erfüllen die Voraussetzungen für die Einreihung in die Baustoffklasse A1, wenn sie

- die Ofenprüfung nach 5.1.3 bestehen und
- die Anforderungen an die Baustoffklasse A2 erfüllen; auf eine Prüfung hierfür kann ganz oder teilweise verzichtet werden, wenn die Erfüllung dieser Anforderungen zweifelsfrei beurteilt werden kann.

Für Baustoffe, an die Anforderungen hinsichtlich der Entstehung toxischer Gase gestellt werden, reichen Ergebnisse aus diesen Prüfungen allein für eine Beurteilung nicht aus[2]).

5.1.2.2 Die Ofenprüfung gilt als bestanden, wenn bei keiner Probe

a) eine Entflammung (siehe 5.1.4) auftritt und
b) soviel Wärme abgegeben wird, daß dadurch die Temperatur im Ofen um mehr als 50 °C über den Anfangswert ansteigt.

5.1.3 Ofenprüfung

5.1.3.1 Anzahl und Maße der Proben

Es sind fünf Proben mit den Maßen 40 mm × 40 mm × 50 mm (Länge × Breite × Höhe) zu prüfen (Grenzabmaße siehe Bild 2).

Die Proben müssen so beschaffen sein, daß sie für das Brandverhalten dieses Baustoffes möglichst repräsentativ sind. Bei Baustoffen, die im Anlieferungszustand dünner als 40 mm sind, werden die Proben aus einzelnen Schichten zusammengesetzt.

Bei zusammendrückbaren Baustoffen ist die Dicke unter einer Flächenbelastung von 0,1 kN/m^2 maßgebend.

Muß die Probe aus einzelnen Schichten zusammengesetzt werden, so sind die einzelnen Schichten auf 40 mm × 50 mm (Länge × Höhe) zuzuschneiden. Die aneinandergelegten Schichten müssen 40 mm Dicke (Breite) der Probe ergeben; falls erforderlich, ist eine oder sind zwei Schichten auf die hierfür notwendige Dicke abzuarbeiten.

Bei Baustoffen, die sich nur hinsichtlich der Menge des brennbaren Anteils (z. B. Bindemittel) unterscheiden, wird der Baustoff mit dem größten brennbaren Anteil geprüft. Für alle niedrigeren Anteile ist deren Bestimmung (z. B. durch Glühverlust) ausreichend.

5.1.3.2 Prüfung von Baustoffen mit Oberflächenbeschichtungen

Erhalten Baustoffe im Herstellwerk eine Oberflächenbeschichtung, sind sie mit dieser zu prüfen und müssen so die Anforderungen erfüllen.

Ist es erforderlich, die Baustoffklasse A1 einschließlich der an der Verwendungsstelle aufgebrachten Oberflächenbeschichtungen nachzuweisen, so werden die Baustoffe mit den in der Praxis üblichen Auftragsmengen bzw. -dicken der Beschichtung geprüft.

[2]) Anhang C enthält lediglich das Untersuchungsverfahren.

Maße in Millimeter

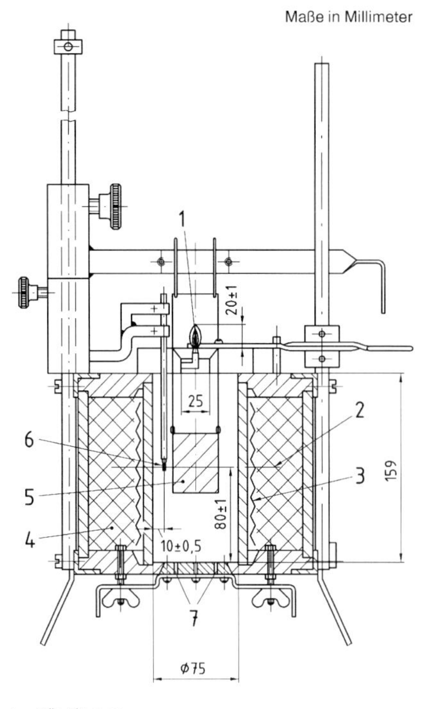

1 Zündflamme
2 Mittelebene der Heizröhre
3 elektrische Heizwicklung
4 Aluminiumoxid-Pulver
5 Probe
6 Thermoelement
7 9 Bohrungen ⌀ 3

Bild 1: Elektrisch beheizter Ofen

5.1.3.3 Vorbereitung der Proben

Die Proben werden bei einer Temperatur von 105 °C 6 h getrocknet und dann in einem Exsikkator über kristallwasserfreiem $CaCl_2$ oder Kieselgel bis zum Versuch aufbewahrt.

An den Außenseiten von aus mehreren Schichten zusammengesetzten Proben sind immer die im Brandverhalten ungünstigsten Oberflächen anzuordnen (siehe Bild 2). Aus mehreren Schichten zusammengesetzte Proben sind mit einem temperaturbeständigen Draht (z. B. NiCr) mit 0,2 mm Durchmesser einmal in halber Höhe der Probe so zusammenzubinden, daß die Schichtoberflächen fest aneinanderliegen. Die bearbeitete Oberfläche dieser Schicht bzw. Schichten ist im Innern der Probe anzuordnen (siehe Bild 2).

Die zusammengebundenen Proben sind in ein Drahtgestell (Masse (5 ± 0,5) g) einzulegen, das die Probe stets in gleicher Lage hält.

Proben, die beim Versuch zerfallen können, und Proben aus Baustoffen, die in loser Form geprüft werden, sind in Behältern aus Drahtgewebe aus nichtrostendem Stahl mit einer Maschenweite von 1 mm und einem Drahtdurchmesser von 0,5 mm nach DIN ISO 4783-2 zu prüfen.

Proben aus einem Material, das während des Versuchs aus dem Behälter aus Drahtgewebe herauslaufen kann, sind in Behältern aus Nickelblech mit einer Dicke von 0,2 mm zu prüfen.

5.1.3.4 Versuchsdurchführung

Der Versuch wird in einem elektrisch beheizten Ofen[3]) nach Bild 1 durchgeführt, dessen Heizleiter gleichmäßig auf den Außenmantel des keramischen Heizleiterträgers aufgebracht sind.

Um die Temperaturschwankungen im Ofen zu mindern, ist mit einem Spannungsstabilisator die Netzspannung innerhalb einer Fehlergrenze von ± 0,5 % konstant zu halten.

Die Ofentemperatur ist mit einem Thermoelement zu messen (siehe Bild 1), das in der waagerechten Mittelebene der Heizröhre in (10 ± 0,5) mm Abstand von der Wandung angeordnet ist.

Das Thermoelement muß aus einem Draht mit einem Durchmesser von 0,5 mm mit offener Meßstelle hergestellt sein. Statt dessen kann auch ein Mantelthermoelement mit entsprechender Ansprechcharakteristik verwendet werden.

Das Temperaturanzeigegerät darf eine Fehlergrenze von 5 °C nicht überschreiten.

Eine Zündflamme mit einer Höhe von (20 ± 1) mm (Propangas nach DIN 51622) ist unmittelbar über der Deckelöffnung in der Achse der Heizröhre anzuordnen.

Zur Beobachtung von Flammen oder Glimmen der Probe ist über dem Ofen ein geneigter Spiegel anzubringen.

Der Ofen ist zunächst auf eine Temperatur von (750 ± 10) °C aufzuheizen. Vor Versuchsbeginn muß diese Temperatur mindestens 10 min ohne Nacheinstellung konstant (± 1 °C) bleiben. Während des Versuchs muß die Energiezufuhr zum Heizleiter konstant bleiben.

Die Probe ist nach Bild 2 so in die Heizröhre einzuhängen, daß sich ihre Mitte in der Höhe der Meßstelle des Thermoelements befindet.

Die Probe ist im Ofen so anzuordnen, daß die ursprüngliche Probenoberfläche, bei unsymmetrischem Probenaufbau die im Brandverhalten ungünstigste Oberfläche, dem Thermoelement zugewandt ist und deren Längskanten gleich weit von diesem entfernt sind (siehe Bild 2).

Proben mit geschichtetem Aufbau sind nach Bild 2 einzubringen.

Der Einhängevorgang darf vom Öffnen bis zum Schließen des Deckels nicht länger als 5 s dauern.

Versuchsbeginn ist der Zeitpunkt, an dem die Probenunterkante die Oberkante der Heizröhre passiert.

Die Probe ist so lange im Ofen zu belassen, bis die Ofentemperatur ihr Maximum erreicht hat. Tritt dieses Maximum vor Ablauf von 15 min auf, so ist die Probe dennoch 15 min im Ofen zu belassen.

Ist nach 30 min der Ausgangswert noch nicht überschritten, braucht nur eine Probe bis zum Erreichen des Temperaturmaximums, längstens jedoch 90 min, geprüft zu werden, sofern sich die anderen Proben während der ersten 30 min gleichartig verhalten.

[3]) Über Bezugsquellen gibt Auskunft: Normenausschuß Bauwesen (NABau) im DIN Deutsches Institut für Normung e.V., Hausanschrift: Burggrafenstraße 6, Postanschrift 10772 Berlin.

Maße in Millimeter

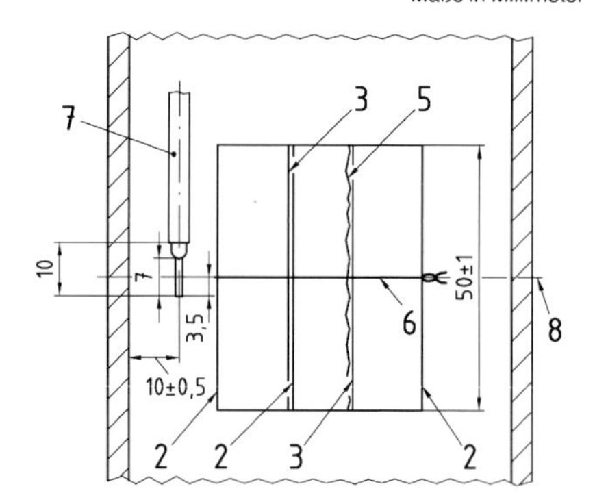

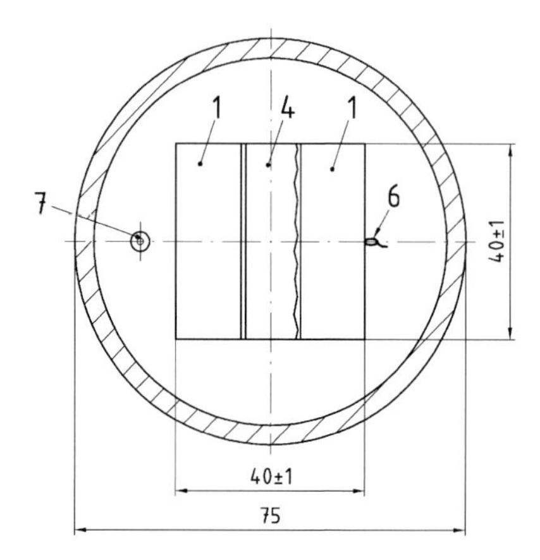

1 Schicht in unveränderter Dicke
2 im Brandverhalten ungünstige Oberfläche
3 im Brandverhalten günstige Oberfläche
4 abgearbeitete Schicht
5 bearbeitete Oberfläche
6 Bindedraht zum Zusammenhalten der Schichten
7 Thermoelement im Keramikrohr
8 Ofenmitte

Bild 2: Anordnung von Proben aus mehreren Schichten in der Heizröhre (siehe Bild 1)

ANMERKUNG: Die Hängevorrichtung zum Einbringen der Probe ist dargestellt.

Die einzelnen Schichten müssen dicht aufeinanderliegen. Der dargestellte Abstand dient lediglich der Verdeutlichung der Anordnung.

Der Bindedraht muß die Schichten fest aneinanderfügen.

Maße in Millimeter

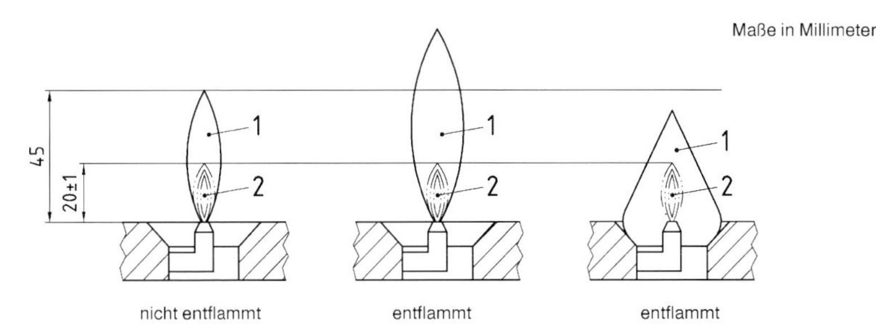

1 Flammenvergrößerung
2 ursprüngliche Zündflamme

Bild 3: Beispiele für die Beurteilung einer Zündflammenvergrößerung infolge der Entwicklung von Zersetzungsprodukten

Wenn die Zündflamme durch aus der Probe entwickelte Gase gelöscht wird, muß sofort versucht werden, sie mit einer Lunte mit etwa 20 mm langer Gasflamme zu zünden. Dies ist bei Mißlingen alle 15 s zu wiederholen.

Der Ofendeckel darf während des Versuches nicht geöffnet werden. Die Öffnungen in der Bodenplatte des Ofens müssen vor jedem Versuch frei sein.

5.1.4 Entflammung

Eine Entflammung liegt vor, wenn

a) Flammen im Ofen zu beobachten sind oder
b) die Probe glimmt (nicht glüht) oder
c) die Höhe der vergrößerten Zündflamme 45 mm übersteigt oder die vergrößerte Zündflamme die Öffnung im Ofendeckel ausfüllt (siehe Bild 3).

5.1.5 Prüfzeugnis

Kann das Brandverhalten des Baustoffs aufgrund von Brandversuchen nach dieser Norm klassifiziert werden, ist ein Prüfzeugnis zu erstellen[4]). Hierin sind anzugeben:

a) Beschreibung des Baustoffes nach Art (z. B. wesentliche Bestandteile), Aussehen und Aufbau, Maße, Rohdichte bzw. flächenbezogene Masse, Vermerk über die Art der Probenahme,
b) Herstellung und Einbau der Proben, Versuchsdurchführung, Anzahl der Versuche,
c) für jede Probe die Dauer von Entflammungen,
d) für jede Probe die Ergebnisse der Ofentemperaturmessung (größte Temperaturerhöhung),
e) Beobachtungen beim Versuch, wie z. B. Vergrößerung bzw. Auslöschen der Zündflamme, Aussehen der Probe nach dem Versuch,
f) Einreihung in die Baustoffklasse,
g) Gültigkeitsdauer des Prüfzeugnisses. Die Gültigkeitsdauer jedes Prüfzeugnisses ist auf höchstens fünf Jahre zu begrenzen; sie kann auf Antrag verlängert werden.

5.2 Baustoffklasse A2

5.2.1 Allgemeine Anforderungen

Die Prüfungen (siehe 5.2.3) stellen modellhaft die Situation eines fortentwickelten, teilweise vollentwickelten Brandes dar. Unter diesen Beanspruchungen müssen die Wärmeabgabe und Brandausbreitung sehr gering, die entzündbaren Gase begrenzt und die Rauchentwicklung unbedenklich sein.

5.2.2 Voraussetzungen für die Klassifizierung

5.2.2.1 Baustoffe erfüllen die Voraussetzungen für die Einreihung in die Baustoffklasse A2, wenn sie

— die Ofenprüfung oder die Heizwert- und die Wärmeentwicklungsprüfung,
— die Brandschachtprüfung und
— die Prüfung der Rauchentwicklung

bestehen.

Für Verbundbaustoffe mit brennbaren Schichten, deren Anteil 20 % der Masse oder des Volumens — es gilt der größere Wert — vom Gesamtbaustoff überschreitet, reichen Ergebnisse aus diesen Prüfungen allein für eine Klassifizierung nicht aus. Es ist z. B. nicht möglich, einen Verbundbaustoff mit brennbarer Dämmschicht in die Baustoffklasse A2 einzustufen, wenn nur durch die Wahl bestimmter nichtbrennbarer Deckschichten das Heizwertlimit unterschritten wird.

Für Baustoffe, an die Anforderungen hinsichtlich der Entstehung toxischer Gase gestellt werden, reichen Ergebnisse aus diesen Prüfungen allein für eine Beurteilung in dieser Hinsicht nicht aus[2]).

5.2.2.2 Die Ofenprüfung gilt als bestanden, wenn bei dem Versuch nach 5.1.3, der nur über eine Dauer von 15 min durchzuführen ist, die Anforderungen nach 5.1.2 mit der Abweichung erfüllt werden, daß Entflammungen bis 20 s Gesamtdauer zulässig sind. Dabei dürfen jedoch die Flammen an den Proben nicht aus der Heizröhre herausschlagen, und die Höhe der vergrößerten Zündflamme darf 100 mm nicht überschreiten.

---

[4]) Im bauaufsichtlichen Verfahren dient dieses Prüfzeugnis als Grundlage

— bei geregelten Bauprodukten für die vorgeschriebenen Übereinstimmungsnachweise,
— bei nicht geregelten Bauprodukten für die erforderlichen Verwendbarkeitsnachweise.

Für die Baustoffe, die nicht nach dieser Norm klassifiziert werden können (siehe 4.1), ist ein Prüfbericht ohne Angabe zur Einreihung in die Baustoffklasse zu erstellen.

[2]) Siehe Seite 4

Die Gesamtdauer der Entflammungen ist die Summe der Zeiten ≥ 1 s, die sich aus den Beobachtungen nach 5.1.4 ergeben. Zeitliche Überschneidungen werden nur einfach gewertet.

5.2.2.3 Die Heizwertprüfung gilt als bestanden, wenn bei dem Versuch nach 5.2.3.2 der Heizwert H_u nicht mehr als 4 200 kW · s/kg beträgt. Liegt der Brennwert H_o unter 4 200 kW · s/kg, braucht der Heizwert H_u nicht ermittelt zu werden.

5.2.2.4 Die Wärmeentwicklungsprüfung gilt als bestanden, wenn bei dem Versuch nach 5.2.3.3 die freiwerdende Wärmemenge, ermittelt aus dem Heizwert H_u und der flächenbezogenen Masse jeweils vor und nach der Prüfung, nicht größer als 16 800 kW · s/m² ist.

Ist die rechnerisch ermittelte freisetzbare Wärmemenge bereits im Anlieferungszustand kleiner als 16 800 kW · s/m², kann der Versuch nach 5.2.3.3 entfallen.

5.2.2.5 Die Brandschachtprüfung nach 6.1.3.1 gilt als bestanden, wenn

a) der Mittelwert der Restlänge (siehe 9.1 von DIN 4102-16 : 1998-05) jedes Probekörpers mindestens 35 cm beträgt und dabei die Restlänge keiner Probe unter 20 cm liegt,
b) die mittlere Rauchgastemperatur bei keinem Versuch 125 °C überschreitet,
c) die Rückseite keiner Probe entflammt,
d) die Proben nur so weit nachbrennen, nachglimmen oder nachschwelen, daß die Anforderungen an die Restlänge erfüllt werden,
e) die Flammen die Probenoberkante nicht überschreiten und
f) keine Probenteile brennend abtropfen oder abfallen.

5.2.2.6 Bei der Prüfung der Rauchentwicklung dürfen die bei der Verschwelung und bei der Verbrennung entstehenden Brandgase keinen Anlaß zu Beanstandungen geben. Die Ergebnisse sind als unbedenklich zu bezeichnen, wenn

- bei Zersetzung unter Verschwelungsbedingungen mit Luftzufuhr nach Anhang A der Mittelwert der Lichtabsorption bei keiner Verschwelungstemperatur 30 % übersteigt und
- bei Verbrennung bei Flammenbeanspruchung nach Anhang B der maximale Mittelwert der Rauchdichte ohne Luftdurchsatz den Richtwert von 15 % Lichtabsorption nicht übersteigt. Wird dieser Richtwert überschritten, sind gegebenenfalls andere Meßwerte zur Beurteilung heranzuziehen (siehe 4.1).

5.2.3 Prüfungen

5.2.3.1 Ofenprüfung

Die Ofenprüfung ist nach 5.1.3 durchzuführen.

5.2.3.2 Heizwertprüfung

Der Heizwert H_u wird nach DIN 51900-2 oder DIN 51900-3 bestimmt. Für die Vorbereitung der Proben gilt ISO 1716 : 1973.

5.2.3.3 Wärmeentwicklungsprüfung

Es sind mindestens zwei Proben in Anwendungsdicke mit den Maßen 500 mm × 500 mm zu untersuchen.

Vor dem Versuch sind die Proben im Normalklima DIN 50014-23/50-2 bis zur Gewichtskonstanz zu lagern.

Der Versuch wird in einem Kleinprüfstand nach DIN 4102-8 ausgeführt. Die Proben — hinterlegt mit 20 mm dicken Calciumsilikatplatten mit einer Rohdichte von (850 ± 50) kg/m³ — werden in den seitlichen Öffnungen des Prüfstandes befestigt, so daß eine der Oberflächen dem Brandraum zugewandt ist. Bei unsymmetrischem Aufbau der Proben ist jede der beiden Oberflächen bei getrennten Versuchen der Feuerbeanspruchung auszusetzen. Der Anschluß der Probe an den Versuchsstand ist sorgfältig abzudichten.

Die Beflammung des Brandraumes erfolgt nach 6.2.4 von DIN 4102-2 : 1977-09 über eine Dauer von 30 min.

Anschließend wird aus der Flächenmitte eine Probe mit einer Fläche von etwa 100 cm² in Plattenrestdicke herausgenommen und ihre flächenbezogene Masse sowie ihr Heizwert H_u nach 5.2.3.2 ermittelt.

5.2.3.4 Brandschachtprüfung

Die Brandschachtprüfung ist nach 6.1.3.1 durchzuführen.

5.2.3.5 Prüfung der Rauchentwicklung

Die Zersetzung von Baustoffen unter Verschwelungsbedingungen mit Luftzufuhr erfolgt nach Anhang A, die Verbrennung von Baustoffen bei Flammenbeanspruchung erfolgt nach Anhang B.

Dabei ist folgendes zu beachten:

a) Beschichtungen werden bei der Prüfung nach Anhang A auf einem Blech mit einer Dicke von 0,88 mm geprüft.
b) Bei mehrschichtigen Baustoffen ist für die Beurteilung der Lichtabsorption nach Anhang A aus den Meßwerten für „Deckschicht auf Probenbreitseite“ und „Deckschicht auf Probenschmalseite“ der Mittelwert zu bilden. Dieser Mittelwert darf nicht mehr als 30 % Lichtabsorption betragen.
c) Bei Folien und beschichtetem Gewebe und dergleichen für Zelt- und Membrankonstruktionen wird die Rauchentwicklung abweichend von A.6.3.6 in Anwendungsdicke — nicht mehrlagig — geprüft.
d) Es ist zu erwarten, daß es bei den meisten Stoffen bei Temperaturen über 550 °C zu Entflammungen kommt. Dieser Fall wird durch den Versuch nach Anhang B erfaßt. Daher sollten im Regelfall die Versuche nach Anhang A bis 550 °C durchgeführt werden. Baustoffe, bei denen zu erwarten ist, daß eine Zersetzung erst bei höheren Temperaturen eintreten kann und bei denen vom Anwendungsbereich höhere Zersetzungstemperaturen zu erwarten sind, müssen auch bei einer Temperatur von 600 °C geprüft werden.

5.2.4 Zusätzliche Festlegungen für bestimmte Baustoffe

5.2.4.1 Einfluß angrenzender Baustoffe

Der Einfluß angrenzender Baustoffe auf das Brandverhalten wird wie folgt geprüft:

a) Die Baustoffe sind zu prüfen, wie sie das Herstellwerk verlassen; etwaige Schutzfolien sind jedoch zu entfernen.
b) Ist zu erwarten, daß Baustoffe in der Praxis in Verbindung mit anderen Baustoffen verwendet werden und diese Verbindung Einfluß auf das Brandverhalten hat, so ist dies bei der Prüfung zu berücksichtigen. Einfluß auf das Brandverhalten können flächige Baustoffe haben, die unmittelbar angrenzen oder in einem Abstand bis 40 mm entfernt sind. Ein Verbund im Sinne dieser Norm besteht nicht bei nur stellenweiser Verbindung.

5.2.4.2 Beschichtungen, Folien und Kleber

a) Erhalten Baustoffe im Herstellwerk eine Oberflächenbeschichtung, sind sie mit dieser zu prüfen.

   Ist es erforderlich, die Baustoffklasse A2 einschließlich der an der Verwendungsstelle aufgebrachten Oberflächenbeschichtungen nachzuweisen, so werden sie mit den in der Praxis üblichen Auftragsmengen bzw. -dicken der Beschichtung geprüft.

b) Für Beschichtungen sowie Folien mit einer Dicke ≤ 1 mm und für Anstriche, aufgebracht auf einem Trägermaterial der Baustoffklasse A1 nach DIN 4102-4, entfallen zur Einreihung in die Baustoffklasse A2 die Ofenprüfung und die Heizwertprüfung.

c) Bei Beschichtungen und Folien mit einer Dicke über 1 mm können — sofern nicht der Nachweis mit der Ofenprüfung geführt wird — bei der Ermittlung des Heizwertes H_u dünne angrenzende Baustoffe eingerechnet werden. Die freisetzbare Wärmemenge nach 5.2.2.4 ist rechnerisch ohne Berücksichtigung des Trägermaterials zu ermitteln.

d) Für die Brandschachtprüfung sowie die Prüfung der Rauchentwicklung sind die Beschichtungen, Folien und Anstriche auf die vorgesehenen Trägermaterialien der Baustoffklassen A1 und A2 aufzubringen. Wird dabei Stahlblech als Trägermaterial verwendet, gelten für den Nachweis der Rauchentwicklung die Versuchsergebnisse auch für massiven mineralischen Untergrund.

e) Zur Ofenprüfung und für die Brandschachtprüfung werden Verbundplatten, bestehend aus Trägerplatte, Kleber und Deckplatte, hergestellt. Kleber sind in der vom Antragsteller angegebenen größten Auftragsmenge aufzutragen und Deckplatten in der Regel in der geringsten handelsüblichen Dicke zu verwenden. Kleber für massive mineralische Baustoffe, Faserzementplatten und Calciumsilikatplatten werden in der Ofenprüfung zwischen drei Calciumsilikatplatten 40 mm × 50 mm × 12 mm mit zwei jeweils 2 mm dikken Klebefugen oder als Quader ohne Träger- und Deckplatte geprüft. Die Proben sind so in den Ofen einzuhängen, daß die offenen Klebefugen dem Thermoelement zugewandt sind. Werden zur Einreihung in die Baustoffklasse A2 die Heizwert- und die Wärmeentwicklungsprüfung durchgeführt, ist wie bei den Beschichtungen und Folien zu verfahren.

f) Ist beabsichtigt, den Nachweis für beliebige Holzarten zur Furnierung von Trägerplatten der Baustoffklasse A2 zu führen, müssen für die Versuche repräsentativ folgende gegebenenfalls imprägnierte Holzfurniere verwendet werden:

   — für Nadelholz:
      1. Fichte oder Tanne
      2. Oregon oder europäische Kiefer

   — für Laubholz:
      1. Teak
      2. Eiche
      3. Sipo

   Der Nachweis gilt nur für die geprüften Furnierdicken und dünnere Furniere. Die Furnierdicke muß bei der Prüfung für die verschiedenen Holzgruppen (Nadelholz/Laubholz) einheitlich sein.

   Imprägnierverfahren und die Einbringmenge für die Furniere und Verleimungsverfahren für die Aufbringung der Furniere auf die Trägerplatten sind vom Antragsteller anzugeben.

g) Beschichtung für Gipskartonplatten nach 5.2.4.5.

5.2.4.3 Wand- und Deckenbekleidungen

Für den Nachweis auf massivem mineralischem Untergrund sind folgende Prüfungen erforderlich:

a) Ofenprüfung auf Platten aus Glasfaserbeton,

b) Brandschachtprüfung auf Faserzementplatten oder auf Platten aus Glasfaserbeton,

c) Prüfung der Rauchentwicklung nach Anhang A auf Stahlblech,

d) Prüfung der Rauchentwicklung nach Anhang B auf Faserzementplatten oder auf Platten aus Glasfaserbeton.

Ist beabsichtigt, den Nachweis zusätzlich auch für Gipskartonplatten zu führen, sind die Prüfungen b) und d) auf Gipskartonplatten, die Prüfung c) auf Stahlblech durchzuführen.

5.2.4.4 Lüftungsschläuche

Die Lüftungsschläuche werden nach 7.17.1 von DIN 4102-16 : 1998-05 geprüft.

Alternativ dazu können für die Brandschachtprüfung die Lüftungsschläuche aufgeschnitten und daraus ebene Proben hergestellt werden. Drahtwendel sind, wenn möglich, zu entfernen. Die seitlichen Ränder der Proben sind 20 mm breit umzufalten.

Bei der Prüfung der Rauchentwicklung nach Anhang B ist, um die Auffaltung zu verhindern, ein zweites Sieb auf die Proben zu legen.

5.2.4.5 Gipskartonplatten

Bei Gipskartonplatten nach DIN 18180 kann auf die Ermittlung des Heizwertes verzichtet werden. Werden Beschichtungen auf Gipskartonplatten geprüft, ist zur Ermittlung des Heizwertes H_u die obere Kartonschicht mit 300 g/m^2 einzurechnen. Zur Ermittlung der freiwerdenden Wärmemenge darf die halbe flächenbezogene Masse einer Gipskartonplatte mit einer Dicke von 12,5 mm in Ansatz gebracht werden. Der negative Heizwert des Gipskerns ist nicht zu berücksichtigen.

5.2.4.6 Verbundelemente aus Gipskarton- oder Gipsfaserplatten und Mineralfaserplatten

Für den Nachweis der Baustoffklassen A1 und A2 sind bei Verbundelementen aus Gipskarton- oder Gipsfaserplatten und Mineralfaserplatten folgende Prüfungen durchzuführen:

a) Auf Ofen- und Brandschachtprüfungen kann verzichtet werden, wenn die Einzelplatten in die Baustoffklassen A1 oder A2 eingestuft sind.

b) Für den Nachweis der Rauchentwicklung ist die Prüfung mit Beanspruchung der Gipsseite nach Anhang B ausreichend. Die Proben sind durch Verringerung der Dicken der Gipskarton- oder Gipsfaserplatten auf 5 mm bis 6 mm Dicke und der Mineralfaserplatte auf 9 mm bis 10 mm Dicke herzustellen (Gesamtdicke 15 mm).

5.2.4.7 Aluminium

Der Heizwert für Aluminium (auch bei Folien) ist nicht in Ansatz zu bringen.

5.2.5 Prüfzeugnis

Kann das Brandverhalten des Baustoffs aufgrund von Brandversuchen nach dieser Norm klassifiziert werden, ist ein Prüfzeugnis[4]) zu erstellen. Hierin sind anzugeben:

a) Beschreibung des Baustoffs nach Art (z. B. wesentliche Bestandteile), Aussehen und Aufbau, Maße, Rohdichte bzw. flächenbezogene Masse, Vermerk über Art der Probenahme,

[4]) Siehe Seite 6

b) Herstellung, Anordnung und Einbau der Proben, Versuchsdurchführung, Anzahl der Versuche.

Für die Ofenprüfung nach 5.1.3:

c) für jede Probe die Zeit und Dauer von Entflammungen,
d) für jede Probe die Ergebnisse der Ofentemperaturmessung (größte Temperaturerhöhung),
e) sonstige Beobachtungen beim Versuch, wie z. B. Vergrößern bzw. Auslöschen der Zündflamme, Aussehen der Proben nach dem Versuch.

Für die Heizwert- und Wärmeentwicklungsprüfung nach 5.2.3.2 und 5.2.3.3:

f) Heizwert H_u in kW · s/kg und freiwerdende Wärmemenge in kW · s/m^2.

Für die Brandschachtprüfung nach 6.1.3.1:

g) Restlänge jeder Probe und Mittelwert der Restlängen jedes Probekörpers in cm,
h) zeitlicher Verlauf der Rauchgastemperatur für jeden Probekörper (Mittelwert der fünf Meßstellen), Höchstwert der mittleren Rauchgastemperatur und Zeit des Auftretens für jeden Probekörper,
i) größte Flammenhöhe (auf 10 cm gerundet) für jeden Probekörper, Zeit ihres Auftretens, Dauer und Beschreibung etwaigen Nachbrennens und Nachglimmens,
j) besondere Beobachtungen, wie Zeit und Dauer einer Entflammung, Art der Flammenausbreitung, keine Entflammung der Probenrückseite, Aussehen der Proben nach dem Brandversuch (auch der Probenrückseite),
k) die Feststellung, daß keine Probenteile brennend abtropfen oder abfallen,
l) Beobachtungen über die Rauchentwicklung.

Für die Prüfung der Rauchentwicklung nach den Anhängen A und B:

m) siehe A.6.5 und B.7.

Ferner:

n) Einreihung in die Baustoffklasse unter Angabe der Randbedingungen,
o) Gültigkeitsdauer des Prüfzeugnisses. Die Gültigkeitsdauer jedes Prüfzeugnisses ist auf höchstens fünf Jahre zu begrenzen; sie kann auf Antrag verlängert werden.

6 Baustoffklassen B

6.1 Baustoffklasse B1

6.1.1 Allgemeine Anforderungen

a) Baustoffe mit Ausnahme von Außenwandbekleidungen und Bodenbelägen

   Die Prüfung (siehe 6.1.3.1) stellt modellhaft den Brand eines Gegenstandes in einem Raum (z. B. Papierkorb in einer Raumecke) dar. Unter dieser Beanspruchung darf sich die Brandausbreitung nicht wesentlich außerhalb des Primärbrandbereichs erstrecken, und die Wärmeabgabe muß begrenzt sein.

b) Außenwandbekleidungen

   Die Prüfung (siehe 6.1.3.1) stellt modellhaft die aus einer Wandöffnung schlagenden Flammen dar. Unter dieser Beanspruchung darf sich die Brandausbreitung nicht wesentlich außerhalb des Primärbrandbereichs erstrecken.

c) Bodenbeläge

   Die Prüfung (siehe DIN 4102-14) stellt modellhaft eine Brandsituation dar, bei der Flammen aus der Türöffnung zu einem benachbarten Raum schlagen. Unter dieser Beanspruchung müssen die waagerechte Flammenausbreitung und die Rauchentwicklung unbedenklich sein.

6.1.2 Voraussetzungen für die Klassifizierung

6.1.2.1 Baustoffe, ausgenommen Bodenbeläge, erfüllen die Voraussetzungen für die Einreihung in die Baustoffklasse B1, wenn sie

— die Brandschachtprüfung bestehen und
— die Anforderungen an die Baustoffklasse B2

erfüllen.

Ergebnisse aus diesen Prüfungen allein reichen für eine Klassifizierung nicht aus für

— Baustoffe, die durch Festlegungen nach Abschnitt 7 von DIN 4102-16 : 1998-05 von einer Beurteilung ausgenommen sind;
— Baustoffe, an die Anforderungen hinsichtlich ihrer Rauchentwicklung gestellt werden.

6.1.2.2 Die Brandschachtprüfung gilt als bestanden, wenn bei der Prüfung nach 6.1.3.1

a) der Mittelwert der Restlängen (nach 9.1 von DIN 4102-16 : 1998-05) jedes Probekörpers mindestens 15 cm beträgt und dabei keine Probe eine Restlänge von 0 cm aufweist,
b) bei keinem Versuch die mittlere Rauchgastemperatur 200 °C überschreitet,
c) die Proben nur so weit nachbrennen mit Flamme, nachglimmen oder nachschwelen, daß die Anforderungen an die Restlänge erfüllt werden.

6.1.2.3 Bodenbeläge erfüllen die Voraussetzungen für die Einreihung in die Baustoffklasse B1, wenn sie die Prüfung nach DIN 4102-14 bestehen und die Anforderungen der Baustoffklasse B2 erfüllen.

Die Prüfung nach DIN 4102-14 gilt als bestanden, wenn der Mittelwert der bei drei Proben ermittelten kritischen Strahlungsintensität mindestens I = 0,45 W/cm^2 und der Mittelwert des bei drei Proben über die Versuchsdauer von 30 min ermittelten Integrals der Lichtschwächung höchstens 750 % · min betragen.

6.1.3 Prüfung

6.1.3.1 Baustoffe, ausgenommen Bodenbeläge, werden nach DIN 4102-16 in dem in DIN 4102-15 beschriebenen Brandschacht geprüft.

6.1.3.2 Bodenbeläge (als Bodenbeläge gelten auch Bodenbeschichtungen) werden nach DIN 4102-14 geprüft.

Ergänzend wird hierzu festgelegt:

a) Anzahl der Probekörper (siehe 6.2 von DIN 4102-14 : 1990-05)

   Wenn bei der Prüfung die kritische Strahlungsintensität $I > 1{,}0$ W/cm^2 und das über die Versuchsdauer von 30 min ermittelte Integral der Lichtschwächung < 300 % · min betragen, kann die Anzahl der Versuche um einen Versuch verringert werden.

b) Vorbehandlung der Probekörper bei Prüfung der Reinigungsbeständigkeit von textilen Bodenbelägen (siehe 6.4 von DIN 4102-14 : 1990-05).

   Soweit ein Bodenbelag mit einer nachträglich auf die Nutzschicht aufgebrachten Brandschutzausrüstung versehen ist, sind folgende Behandlungen vor der Prüfung durchzuführen:

   1) Der Belag ist 50mal mit dem Staubsauger abzusaugen, dazwischen ist der Belag jedes fünfte Mal aufzurollen (entspricht einer mechanischen Beanspruchung),
   2) einmal Anwendung des Sprühwaschverfahrens,
   3) nach Erreichen des Ausgleichszustandes ist der Belag noch einmal wie unter 1) beschrieben zu behandeln.

6.1.4 Prüfzeugnis

Kann das Brandverhalten des Baustoffs aufgrund von Brandversuchen nach dieser Norm klassifiziert werden, ist ein Prüfzeugnis[4]) zu erstellen. Hierin sind anzugeben:

a) Beschreibung des Baustoffes nach Art (z. B. wesentliche Bestandteile), Aussehen und Aufbau, Maße, Rohdichte bzw. flächenbezogene Masse, Vermerk über Art der Probenahme,

b) bei Feuerschutzmitteln sind ferner — festgestellt nach Vorbehandlung der Proben — anzugeben:

   1) bei Feuerschutzmitteln für Holz und Holzwerkstoffe:
      — Naßauftragsmenge bzw. Einbringmenge in Gramm je Quadratmeter;
      — Feststoffgehalt in % (Massenanteil);

   2) bei Feuerschutzmitteln für Textilien:
      — Trockenaufnahme des Feuerschutzmittels in Gramm je Kilogramm des nicht ausgerüsteten Gewebes;

c) Herstellung, Anordnung und Einbau der Proben, Anzahl der Versuche.

Für die Brandschachtprüfung nach 6.1.3.1:

d) Restlänge jeder Probe und Mittelwert der Restlänge jedes Probekörpers in cm,

e) zeitlicher Verlauf der mittleren Rauchgastemperatur für jeden Probekörper, Höchstwert der mittleren Rauchgastemperatur und Zeit des Auftretens für jeden Probekörper,

f) größte Flammenhöhe (auf 10 cm gerundet) für jeden Probekörper, Zeit ihres Auftretens, Dauer und Beschreibung etwaigen Nachbrennens, Nachglimmens und Nachschwelens,

g) Beobachtungen, wie Art der Flammenausbreitung (gegebenenfalls Entflammung der Probenrückseite), Ende des Brandgeschehens an den Proben, Aussehen der Proben nach dem Brandversuch, Verfärbungen auf der Probenrückseite; außerdem bei dämmschichtbildenden Feuerschutzmitteln für Holz und Holzwerkstoffe: unverkohlte Länge des Feuerschutzmittels auf den Proben,

h) Ergebnis der Prüfung auf brennendes Abtropfen oder Abfallen von brennenden Probeteilen einschließlich der Dauer des Weiterbrennens auf dem Siebboden,

i) Diagramme über den zeitlichen Verlauf der Rauchentwicklung. Der Wert des Integrals der Rauchdichte ist dann anzugeben, wenn dieser innerhalb der Beflammungsdauer > 400 % · min beträgt.

Für die Prüfung von Bodenbelägen nach DIN 4102-14:

j) Angaben nach Abschnitt 10c) und d) von DIN 4102-14 : 1990-05.

Ferner:

k) Erfüllung der Anforderungen an die Baustoffklasse B2,

l) Einreihung in die Baustoffklasse unter Angabe der Randbedingungen,

m) Gültigkeitsdauer des Prüfzeugnisses. Die Gültigkeitsdauer jedes Prüfzeugnisses ist auf höchstens fünf Jahre zu begrenzen; sie kann auf Antrag verlängert werden.

6.2 Baustoffklasse B2

6.2.1 Allgemeine Anforderungen

Die Prüfung (siehe 6.2.5) stellt die Beanspruchung durch eine kleine, definierte Flamme (Streichholzflamme) dar. Unter dieser Beanspruchung müssen die Entzündbarkeit und die Flammenausbreitung innerhalb einer bestimmten Zeit begrenzt sein.

6.2.2 Voraussetzungen für die Klassifizierung

Baustoffe erfüllen die Voraussetzung für die Einreihung in die Baustoffklasse B2, wenn sie die Prüfung nach 6.2.5 bestehen.

Die Prüfung gilt als bestanden, wenn bei keiner von je fünf Proben

a) bei Kantenbeflammung nach 6.2.5.2 und

b) gegebenenfalls bei Flächenbeflammung nach 6.2.5.3

die Flammenspitze die Meßmarke vor Ende der 20. Sekunde erreicht.

Die Prüfung mit Kantenbeflammung wird in der Regel an Baustoffen ohne Kantenschutz durchgeführt. Die Prüfung ist mit Kantenschutz nur dann durchzuführen, wenn die Entstehung freiliegender Kanten durch nachträgliche Änderungen als ausgeschlossen gilt; in diesem Fall ist eine zusätzliche Prüfung mit Flächenbeflammung erforderlich. Auf die Prüfung mit Flächenbeflammung kann verzichtet werden, wenn kein Versagen zu erwarten ist.

Bodenbeläge können auch in die Baustoffklasse B2 eingereiht werden, wenn sie mindestens die Anforderungen der Brennklasse T-b nach DIN 66081 erfüllen.

6.2.3 Proben und Vorbehandlung

6.2.3.1 Anzahl und Maße der Proben

Aus dem zu prüfenden Baustoff werden fünf Proben für jede Versuchsreihe mit folgenden Maßen hergestellt:

— für Kantenbeflammung: 90 mm × 190 mm (Breite × Länge);

— für Flächenbeflammung: 90 mm × 230 mm (Breite × Länge).

Die Dicke der Proben richtet sich nach der Verwendung. Wird ein Baustoff in verschiedenen Dicken verwendet, so ist sein Brandverhalten in Abhängigkeit von der Materialdicke zu ermitteln. Das Verhalten von Proben mit einer Dicke von 60 mm gilt auch als repräsentativ für den Baustoff in größerer Dicke.

Wird ein Baustoff nur in einer Breite kleiner als 90 mm hergestellt, so ist sein Brandverhalten für die größte vorhandene Breite zu ermitteln.

6.2.3.2 Vorbehandlung der Proben

Die Proben sind vor der Prüfung mindestens 14 Tage im Normalklima DIN 50014-23/50-2 zu lagern.

Bei den Proben für die Kantenbeflammung wird in einem Abstand von 150 mm, bei den Proben für die Flächenbeflammung in einem Abstand von 40 mm und 190 mm von der Unterkante der Proben eine Meßmarke in voller Probenbreite angebracht.

Gegebenenfalls ist bei den Proben für Kantenbeflammung die Meßmarke auch auf der Probenrückseite anzubringen.

6.2.4 Prüfeinrichtung

Es sind erforderlich:

a) Brennkasten nach DIN 50050-1, der zugfrei aufgestellt ist; im Innern des Brennkastens ist an der Rückwand ein Spiegel anzubringen, um die Rückseite der Proben während des Versuchs beobachten zu können. In Abweichung von DIN 50050-1 ist die Luftgeschwindigkeit im Abzugsrohr des Brennkastens (25 mm oberhalb des Flansches) zu messen. Sie muß 0,6 m/s bis 0,8 m/s betragen.

b) Brenner nach DIN 50051, betrieben mit Propan nach DIN 51622, und Vorrichtungen, die es gestatten, die Flammenhöhe bei senkrechter Stellung der Düse einzustellen und den Brenner in waagerechter Richtung zu verschieben (siehe Bild 4).

---

[4]) Siehe Seite 6

Maße in Millimeter

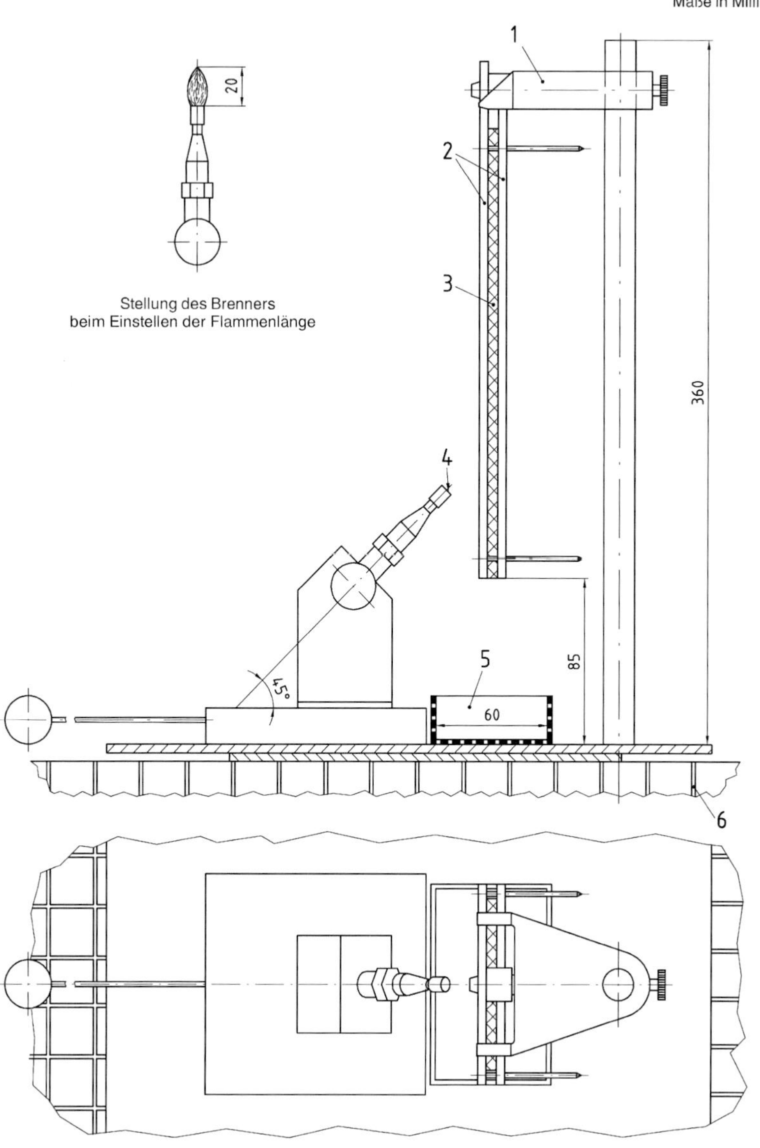

1 Aufhängevorrichtung
2 Rahmen
3 Probe
4 Stabilisator-Vorderkante
5 Drahtkorb mit Filterpapier
6 Bodenrost

Bild 4: Anordnung (Prinzipdarstellung) zur Prüfung von Baustoffen der Baustoffklasse B2 nach 6.2.5.1 bis 6.2.5.3

c) Vorrichtung und Rahmen zum senkrechten Aufhängen der Proben. Für Baustoffe bis 60 mm Dicke, aus denen 90 mm breite Proben hergestellt werden können, ist der Rahmen nach 4.1.3 und die Vorrichtung nach 4.1.4 von DIN 53438-1 : 1984-06 zu verwenden; Proben mit einer Breite kleiner als 90 mm sind sinngemäß zu befestigen.
d) Abstandslehre nach 4.4 und 4.5 von DIN 53438-1 : 1984-06 zur Einstellung des Brenners zur Probe.

6.2.5 Prüfung

6.2.5.1 Im Prüfraum muß eine Raumtemperatur von ≈ 20 °C herrschen.

Die Probe wird in den Rahmen nach 6.2.4c) eingespannt. Der Rahmen wird senkrecht im Brennkasten aufgehängt.

Am Brenner nach 6.2.4b) wird in senkrechter Stellung der Düse eine Flamme von 20 mm Länge eingestellt, dann der Brenner um 45° geneigt (siehe Bild 4) und der Brennkasten geschlossen.

6.2.5.2 Bei der Kantenbeflammung (siehe Bild 6) wird der Brenner so weit in Richtung der Probe geschoben, daß bei Proben bis 3 mm Dicke die Flamme die Probe in der Mitte, bezogen auf Breite und Dicke der unteren Kante, trifft; bei Proben mit einer Dicke über 3 mm wird der Brenner so weit verschoben, daß die Flamme die untere Fläche der Probe an ungünstigster Stelle trifft. Der Abstand der Stabilisator-Vorderkante des Brenners bis zur Probenunterkante muß 16 mm betragen, gemessen in der Verlängerung der Düsenachse.

6.2.5.3 Ist bei der Flächenbeflammung ein Versagen zu erwarten, so ist auch ein solcher Versuch durchzuführen. Dabei wird die Probe auf der Fläche beflammt; zur Einstellung des Flammenangriffspunkts siehe Bild 7. Der Brenner wird so weit in Richtung der Probe verschoben, bis die Flamme den Probekörper in der Mitte der Breite der Probe trifft.

6.2.5.4 Die Probe wird 15 s beflammt, und anschließend wird der Brenner zurückgeschoben. Es ist besonders darauf zu achten, daß dabei kein störender Luftzug entsteht. Die Dauer vom Beginn der Beflammung bis zur Zeit, bei der die Flammenspitze der brennenden Probe die Meßmarke erreicht, wird gemessen, sofern die Flamme nicht vorher von selbst erlischt.

6.2.5.5 Bei mehrschichtigen Baustoffen sind — sofern bei den folgenden Prüfungen ein Versagen zu erwarten ist — nach der Prüfanordnung nach Bild 5 zusätzliche Prüfungen nach 6.2.5.2 auszuführen. Die Flamme trifft die Probe abweichend von 6.2.5.2 jeweils an ungünstigster Stelle der Probenvorderkante.

6.2.5.6 Werden Baustoffe im Einbauzustand im Verbund mit anderen Baustoffen oder Werkstoffen verwendet, so ist die Prüfung auch entsprechend dieser Anordnung durchzuführen.

6.2.6 Prüfung auf brennendes Abfallen (Abtropfen)

6.2.6.1 Das Abfallen (Abtropfen) von brennenden Teilen bei Baustoffen der Klasse B2 ist bei der Prüfung nach 6.2.5 festzustellen. Wird innerhalb von 20 s nach Beginn der Beflammung ein unter der Probe liegendes Filterpapier nach 6.2.6.2 zur Entzündung gebracht oder brennen Tropfen länger als 2 s auf dem Filterpapier, so gilt der geprüfte Baustoff als brennend abfallend (abtropfend).

6.2.6.2 Vor den Versuchen nach 6.2.5 sind auf dem Boden des Brennkastens unter die Probe zwei Lagen Filterpapier, konditioniert bei Normalklima DIN 50014-23/50-2, anzuordnen. Das Filterpapier wird in einen Drahtkorb mit den Maßen von 100 mm × 60 mm aus Drahtgewebe gelegt.

6.2.7 Prüfzeugnis

Kann das Brandverhalten des Baustoffs aufgrund von Brandversuchen nach dieser Norm klassifiziert werden, ist ein Prüfzeugnis[5]) zu erstellen. Hierin sind anzugeben:

a) Beschreibung des Baustoffes nach Art (z. B. wesentliche Bestandteile), Aussehen und Aufbau, Maße, Rohdichte bzw. flächenbezogene Masse, Vermerk über Art der Probenahme,
b) Herstellung der Proben,
c) Dicke der Proben,
d) Versuchsdurchführung, Anzahl der Versuche,
e) Beobachtungen, wie Zeit und Dauer einer Entflammung, Erlöschen der Flamme vor Erreichen der Meßmarke, Rauchentwicklung, Aussehen der Proben nach dem Brandversuch,
f) Einreihung in die Baustoffklasse unter Angabe der Dicke,
g) Ergebnis der Prüfung auf brennendes Abfallen,
h) Gültigkeitsdauer des Prüfzeugnisses. Die Gültigkeitsdauer jedes Prüfzeugnisses ist auf höchstens fünf Jahre zu begrenzen; sie kann auf Antrag verlängert werden.

6.3 Baustoffklasse B3

Brennbare Baustoffe, die weder in die Baustoffklasse B1 noch in die Baustoffklasse B2 einzuordnen sind, gelten als Baustoffe der Baustoffklasse B3.

7 Kennzeichnung

7.1 Nach dieser Norm klassifizierte Baustoffe müssen ihrem Brandverhalten entsprechend wie folgt gekennzeichnet werden[6]):

— DIN 4102-A1;
— DIN 4102-A2;
— DIN 4102-B1;
— DIN 4102-B2;
— DIN 4102-B3 leichtentflammbar.

7.2 Die Kennzeichnung ist auf den Baustoffen, auf einem Beipackzettel oder auf seiner Verpackung oder, wenn dies Schwierigkeiten bereitet, auf dem Lieferschein oder auf einer Anlage zum Lieferschein anzubringen.

7.3 Von der Kennzeichnungspflicht sind ausgenommen:

a) alle Baustoffe der Baustoffklasse A1, die in DIN 4102-4 aufgeführt sind,
b) die folgenden Baustoffe der Baustoffklasse B2:

   Holz und Holzwerkstoffe mit einer Rohdichte über 400 kg/m³ und einer Dicke über 2 mm.

---

[5]) Im bauaufsichtlichen Verfahren dient dieses Prüfzeugnis als Grundlage
— bei geregelten Bauprodukten für die vorgeschriebenen Übereinstimmungsnachweise;
— bei nicht geregelten Bauprodukten fürdie erforderlichen Verwendbarkeitsnachweise.

[6]) Für Bauprodukte sind die Regelungen zur Kennzeichnung nach den Übereinstimmungszeichen-Verordnungen (ÜZVO) der Länder maßgebend.

Maße in Millimeter

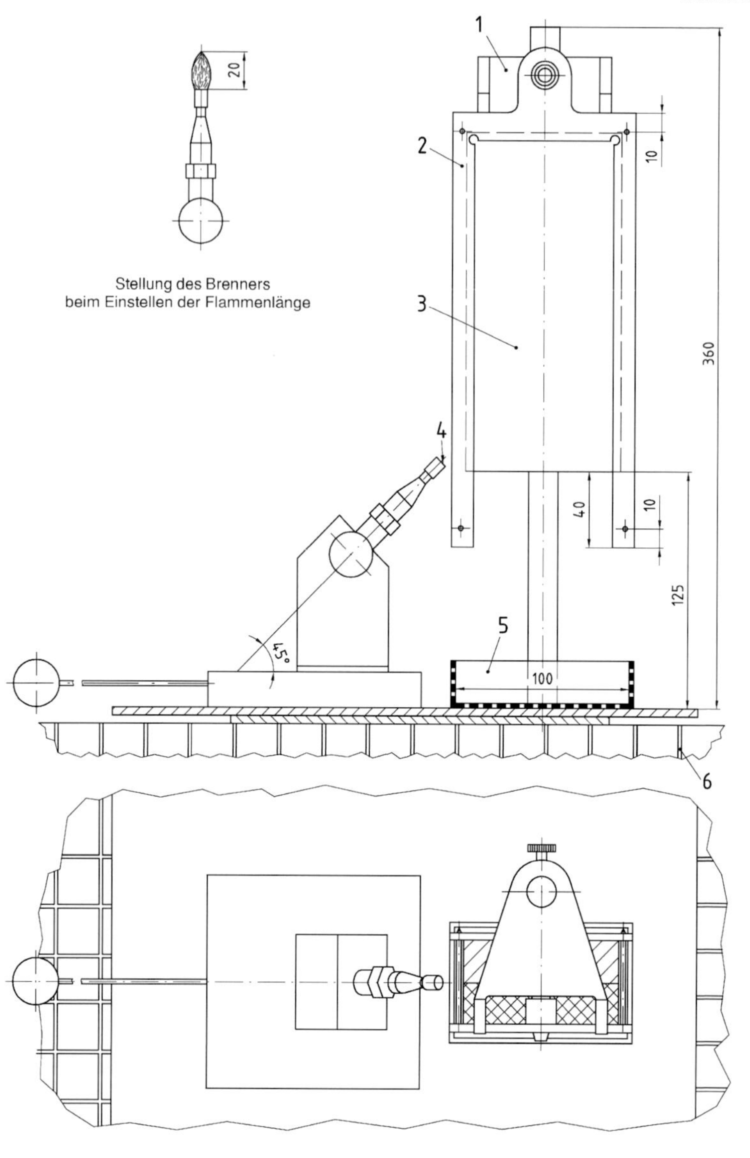

1 Aufhängevorrichtung
2 Rahmen
3 Probe
4 Stabilisator-Vorderkante
5 Drahtkorb mit Filterpapier
6 Bodenrost

Bild 5: Anordnung (Prinzipdarstellung) zur Prüfung von Baustoffen der Baustoffklasse B2 nach 6.2.5.5

Maße in Millimeter

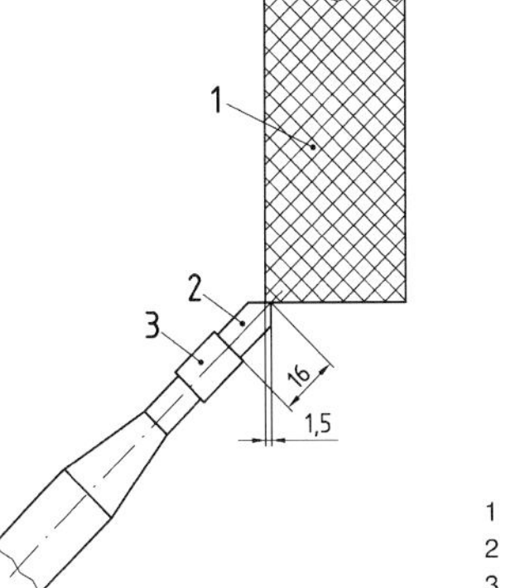

1 Probe
2 Abstandslehre
3 Stabilisator des Brenners

Bild 6: Brennereinstellung für Kantenbeflammung

Maße in Millimeter

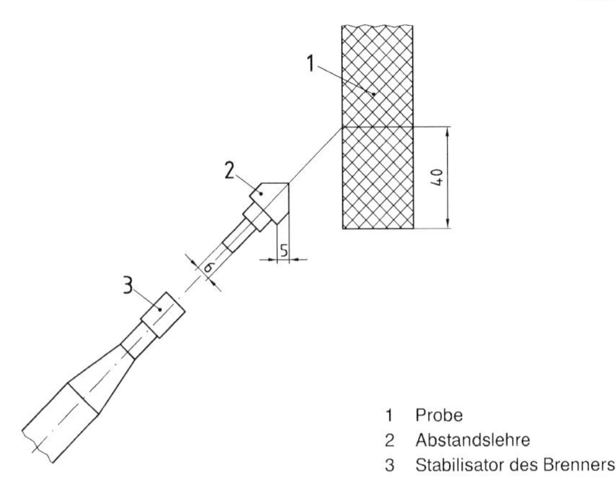

1 Probe
2 Abstandslehre
3 Stabilisator des Brenners

Bild 7: Brennereinstellung für Flächenbeflammung

DK 699.81 : 69.02 : 614.841.332 : 001.4 : 620.1 September 1977

Brandverhalten von Baustoffen und Bauteilen

Bauteile

Begriffe, Anforderungen und Prüfungen

DIN 4102 Teil 2

Behaviour of building materials and components in fire; building components; definitions, requirements and tests

Diese Norm wurde im Fachbereich „Einheitliche Technische Baubestimmungen" des NABau ausgearbeitet. Sie ist den obersten Baubehörden vom Institut für Bautechnik (IfBt), Berlin, zur bauaufsichtlichen Einführung empfohlen worden.

Diese Norm enthält die Grundlage für die Realdefinitionen der Begriffe „feuerhemmend", „feuerbeständig" und „hochfeuerbeständig".

Sie konkretisiert insoweit die brandschutztechnischen Begriffe der Landesbauordnungen, der zugehörigen Durchführungsverordnungen sowie weiterer Rechtsverordnungen und Verwaltungsvorschriften, die sich mit dem baulichen Brandschutz befassen.

In Zusammenhang mit der Überarbeitung von

DIN 4102 Teil 2 Brandverhalten von Baustoffen und Bauteilen; Begriffe, Anforderungen und Prüfungen von Bauteilen

DIN 4102 Teil 3 Brandverhalten von Baustoffen und Bauteilen; Begriffe, Anforderungen und Prüfungen von Sonderbauteilen

DIN 4102 Teil 4 Brandverhalten von Baustoffen und Bauteilen; Einreihung in die Begriffe

sowie der „Ergänzenden Bestimmungen zu DIN 4102" – jeweils Ausgabe Februar 1970 – wurde auch der Inhalt der Norm neu gegliedert:

DIN 4102 Teil 1 Brandverhalten von Baustoffen und Bauteilen; Baustoffe; Begriffe, Anforderungen und Prüfungen (bisher geregelt durch die oben genannten Ergänzenden Bestimmungen)

DIN 4102 Teil 2 Brandverhalten von Baustoffen und Bauteilen; Bauteile; Begriffe, Anforderungen und Prüfungen

DIN 4102 Teil 3 Brandverhalten von Baustoffen und Bauteilen; Brandwände und nichttragende Außenwände; Begriffe, Anforderungen und Prüfungen

DIN 4102 Teil 4 Brandverhalten von Baustoffen und Bauteilen; Zusammenstellung und Anwendung klassifizierter Baustoffe, Bauteile und Sonderbauteile (z. Z. noch Entwurf)

DIN 4102 Teil 5 Brandverhalten von Baustoffen und Bauteilen; Feuerschutzabschlüsse, Abschlüsse in Fahrschachtwänden und gegen Feuer widerstandsfähige Verglasungen; Begriffe, Anforderungen und Prüfungen

DIN 4102 Teil 6 Brandverhalten von Baustoffen und Bauteilen; Lüftungsleitungen; Begriffe, Anforderungen und Prüfungen

DIN 4102 Teil 7 Brandverhalten von Baustoffen und Bauteilen; Bedachungen; Begriffe, Anforderungen und Prüfungen

DIN 4102 Teil 8 Brandverhalten von Baustoffen und Bauteilen; Kleinprüfstand (z. Z. noch Entwurf)

Fortsetzung Seite 2 bis 10
Erläuterungen Seite 9

Normenausschuß Bauwesen (NABau) im DIN Deutsches Institut für Normung e. V.

Inhalt

Maße in mm

1 Geltungsbereich

In dieser Norm werden brandschutztechnische Begriffe, Anforderungen und Prüfungen für Bauteile festgelegt. Als Bauteile im Sinne dieser Norm gelten Wände, Decken, Stützen, Unterzüge, Treppen usw.

Bauteile mit brandschutztechnischen Sonderanforderungen, wie Brandwände, nichttragende Außenwände, Feuerschutzabschlüsse (Türen, Klappen, Rolläden usw.), Abschlüsse in Fahrschachtwänden, Verglasungen der Feuerwiderstandsklasse G, Lüftungsleitungen und Bedachungen werden hinsichtlich der Begriffe, Anforderungen und Prüfungen in DIN 4102 Teil 3 bzw. Teil 5 bis Teil 7 behandelt.

2 Mitgeltende Normen

DIN 1025 Teil 1	Formstahl; Warmgewalzte I-Träger; Schmale I-Träger, I-Reihe, Maße, Gewichte, zulässige Abweichungen, statische Werte
DIN 1025 Teil 2	Formstahl; Warmgewalzte I-Träger; Breite I-Träger, IPB- und IB-Reihe, Maße, Gewichte, zulässige Abweichungen, statische Werte
DIN 1025 Teil 3	Formstahl; Warmgewalzte I-Träger; Breite I-Träger leichte Ausführung, IPBl-Reihe, Maße, Gewichte, zulässige Abweichungen, statische Werte
DIN 1025 Teil 4	Formstahl; Warmgewalzte I-Träger; Breite I-Träger, verstärkte Ausführung, IPBv-Reihe, Maße, Gewichte, zulässige Abweichungen, statische Werte
DIN 1025 Teil 5	Formstahl; Warmgewalzte I-Träger, Mittelbreite I-Träger, IPE-Reihe, Maße, Gewichte, zulässige Abweichungen, statische Werte
DIN 1045	Beton- und Stahlbetonbau; Bemessung und Ausführung
DIN 1053 Teil 1	Mauerwerk; Berechnung und Ausführung
DIN 4074 Teil 1	Bauholz für Holzbauteile; Gütebedingungen für Bauschnittholz (Nadelholz)
DIN 4102 Teil 1	Brandverhalten von Baustoffen und Bauteilen; Baustoffe; Begriffe, Anforderungen und Prüfungen
DIN 4102 Teil 4	Brandverhalten von Baustoffen und Bauteilen; Einreihung in die Begriffe (Ausgabe Februar 1970)
DIN 4102 Teil 4	(z. Z. noch Entwurf) Brandverhalten von Baustoffen und Bauteilen; Zusammenstellung und Anwendung klassifizierter Baustoffe, Bauteile und Sonderbauteile
DIN 4223	Bewehrte Dach- und Deckenplatten aus dampfgehärtetem Gas- und Schaumbeton; Richtlinien für Bemessung, Herstellung, Verwendung und Prüfung
DIN 14 200	Folgeausgabe (z. Z. noch Entwurf) Wasserdurchfluß von Strahlrohrmundstücken
DIN 43 710	Elektrische Temperaturmeßgeräte; Thermospannungen und Werkstoffe der Thermopaare
DIN 51 601	Flüssige Kraftstoffe; Dieselkraftstoff, Mindestanforderungen
DIN 51 603 Teil 1	Flüssige Brennstoffe; Heizöle, Heizöl EL, Mindestanforderungen
DIN 61 640	Verbandstoffe; Watten für medizinische Zwecke
DIN 68 705 Teil 3	Sperrholz; Bau-Furnierplatten, Gütebedingungen
DIN 68 763	Spanplatten; Flachpreßplatten für das Bauwesen; Begriffe, Eigenschaften, Prüfung, Überwachung

3 Begriffe

Das Brandverhalten von Bauteilen wird durch die Feuerwiderstandsdauer und durch weitere, nachfolgend aufgeführte Eigenschaften gekennzeichnet.

Die Feuerwiderstandsdauer ist die Mindestdauer in Minuten, während der ein Bauteil bei Prüfung nach Abschnitt 6 die in den Abschnitten 5.2 bis 5.6 gestellten Anforderungen erfüllt.

Bauteile werden entsprechend der Feuerwiderstandsdauer in die Feuerwiderstandsklassen nach Abschnitt 5 eingestuft.

4 Nachweis der Feuerwiderstandsklassen

4.1 Mit Brandversuchen

Die Feuerwiderstandsklasse von Bauteilen muß durch Prüfzeugnis auf der Grundlage von Prüfungen nach dieser Norm nachgewiesen werden [1] [2].

Maßgebend für die Einstufung in eine Feuerwiderstandsklasse ist das ungünstigste Ergebnis von Prüfungen an mindestens 2 Probekörpern.

4.2 Ohne Brandversuche

Die in DIN 4102 Teil 4 genannten Bauteile sind ohne Nachweis nach Abschnitt 4.1 in die dort angegebene Feuerwiderstandsklasse einzureihen.

5 Feuerwiderstandsklassen, Anforderungen

5.1 Allgemeines

Es werden die in Tabelle 1 genannten Feuerwiderstandsklassen unterschieden.

Tabelle 1. **Feuerwiderstandsklassen F**

Feuerwiderstandsklasse	Feuerwiderstandsdauer in Minuten
F 30	≧ 30
F 60	≧ 60
F 90	≧ 90
F 120	≧ 120
F 180	≧ 180

5.2 Anforderungen an Bauteile der Feuerwiderstandsklasse F 30

5.2.1 Raumabschließende Bauteile müssen während einer Prüfdauer von mindestens 30 Minuten den Durchgang des Feuers verhindern. Dies gilt als nicht erfüllt, wenn beim in Abschnitt 6.2.5 beschriebenen Druck im Prüfstand ein an der feuerabgekehrten Seite angehaltener Wattebausch bei der Prüfung nach Abschnitt 6.2.6 zur Entzündung gebracht wird oder auf der feuerabgekehrten Seite Flammen auftreten.

5.2.2 Raumabschließende Bauteile dürfen sich bei der Prüfung nach Abschnitt 6.2.8 auf der dem Feuer abgekehrten Seite während einer Prüfdauer von mindestens 30 Minuten im Mittel um nicht mehr als 140 K über die Anfangstemperatur des Probekörpers bei Versuchsbeginn erwärmen; an keiner Meßstelle darf eine Temperaturerhöhung von mehr als 180 K über die Anfangstemperatur eintreten.

5.2.3 Raumabschließende Wände müssen zusätzlich den Beanspruchungen der Festigkeitsprüfung nach Abschnitt 6.2.9 so widerstehen, daß nach einer Prüfdauer von mindestens 30 Minuten die Anforderungen der Abschnitte 5.2.1 und 5.2.2 noch erfüllt bleiben.

5.2.4 Während einer Prüfdauer von mindestens 30 Minuten dürfen tragende Bauteile unter ihrer rechnerisch zulässigen Gebrauchslast und nichttragende Bauteile unter ihrer Eigenlast nicht zusammenbrechen.

5.2.5 Nichtraumabschließende tragende Wände dürfen während einer Prüfdauer von mindestens 30 Minuten unter ihrer rechnerisch zulässigen Gebrauchslast bei gleichzeitig zweiseitiger Temperaturbeanspruchung nach Abschnitt 6.2.4 nicht zusammenbrechen. Dies gilt insbesondere für Innenwandscheiben, Innenwände mit Öffnungen, die nicht durch Feuerschutzabschlüsse mindestens der vergleichbaren Feuerwiderstandsklasse geschlossen sind, und für Außenwandscheiben bis 1,0 m Breite.

5.2.6 Bei statisch bestimmt gelagerten Bauteilen, die ganz oder überwiegend auf Biegung beansprucht werden, darf die Durchbiegungsgeschwindigkeit den Wert

$$\frac{\Delta f}{\Delta t} = \frac{l^2}{9000 \cdot h}$$

während einer Prüfdauer von mindestens 30 Minuten nicht überschreiten.

Hierin ist

- l Stützweite in cm
- h Statische Höhe in cm
- Δf Durchbiegungsintervall in cm während eines Zeitintervalls Δt von einer Minute
- Δt Zeitintervall von einer Minute
- $\Delta f / \Delta t$ Durchbiegungsgeschwindigkeit in cm/min

5.2.7 Bei nicht unter Gebrauchslast prüfbaren Stahlstützen darf die Stahltemperatur an keiner Meßstelle 500 °C überschreiten.

5.2.8 Bauteile mit Bekleidungen, die zur Verbesserung der Feuerwiderstandsdauer dienen, müssen in dieser Verbindung die Anforderungen nach Abschnitt 5.2.1 bis 5.2.7 erfüllen. Dies gilt insbesondere für Bauteile mit Unterdecken, Ummantelungen, Vorsatzschalen und Beschichtungen [1].

Werden nichthinterlüftete Bekleidungen in Verbindung mit den in Abschnitt 7 genannten Normkonstruktionen geprüft und erfüllt die Gesamtkonstruktion die Anforderungen nach Abschnitt 5.2.1 bis 5.2.7, so gilt der erforderliche Nachweis mit dieser Bekleidung einschließlich der Befestigungsart auch für alle anderen Konstruktionen der gleichen Bauteilart (siehe Abschnitt 7.2.2, 7.2.3 usw.) als erbracht.

Für die Beurteilung von

a) Konstruktionen mit hinterlüfteten Bekleidungen und
b) Unterdecken in Verbindung mit Stahlblechdecken – auch mit einer Abdeckung aus Beton oder leichten isolierenden Baustoffen –

ist Abschnitt 7 nicht anwendbar; es sind Normversuche mit der beabsichtigten Konstruktion durchzuführen.

---

[1] Die Brauchbarkeit von im Innern, auf der Oberfläche oder in Fugen von Bauteilen angeordneten Beschichtungen, Folien und ähnlichen Schutzschichten, die durch die Temperaturbeanspruchung erst wirksam werden (z. B. dämmschichtbildende Anstrichsysteme) sowie von brandschutztechnisch notwendigen Putzbekleidungen, die nicht durch Putzträger (z. B. Rippenstreckmetall oder Drahtgewebe) am Bauteil gehalten werden, kann nicht allein nach dieser Norm beurteilt werden; es sind weitere Nachweise zu erbringen (z. B. im Rahmen der Erteilung einer allgemeinen bauaufsichtlichen Zulassung).

[2] Werden an den unter einer Unterdecke liegenden Raum die Anforderungen an Rettungswege gestellt und ist dieser Raum durch bis zur Unterdecke reichende Wände begrenzt, die nicht nach DIN 1053 Teil 1 oder DIN 1045 bemessen sind, so kann die Brauchbarkeit der den Rettungsweg begrenzenden Bauteile nicht allein nach dieser Norm beurteilt werden; es sind weitere Nachweise zu erbringen (z. B. im Rahmen der Erteilung einer allgemeinen bauaufsichtlichen Zulassung).

Unterdecken, die für sich allein klassifiziert werden sollen, müssen einschließlich ihrer Befestigung die Anforderungen an raumabschließende Decken nach den Abschnitten 5.2.1, 5.2.2 und 5.2.4 erfüllen.

5.3 Anforderungen an Bauteile der Feuerwiderstandsklasse F 60

Zur Einreihung in die Feuerwiderstandsklasse F 60 müssen Bauteile die Anforderungen nach Abschnitt 5.2 während einer Prüfdauer von mindestens 60 Minuten entsprechend ihrer Aufgabe erfüllen.

5.4 Anforderungen an Bauteile der Feuerwiderstandsklasse F 90

5.4.1 Zur Einreihung in die Feuerwiderstandsklasse F 90 müssen Bauteile die Anforderungen nach Abschnitt 5.2 während einer Prüfdauer von mindestens 90 Minuten entsprechend ihrer Aufgabe erfüllen.

5.4.2 Bei Stützen mit Bekleidungen muß unmittelbar nach einem Brandversuch ein Probekörper der Löschwasser-Beanspruchung nach Abschnitt 6.2.10 standhalten. Dabei dürfen die tragenden Stahlteile oder die lotrechten Bewehrungsstäbe mit ihrer Verbügelung oder Umschnürung nicht in gefahrdrohender Weise freigelegt werden.

5.5 Anforderungen an Bauteile der Feuerwiderstandsklasse F 120

Zur Einreihung in die Feuerwiderstandsklasse F 120 müssen Bauteile die Anforderungen für Bauteile der Feuerwiderstandsklasse F 90 während einer Prüfdauer von mindestens 120 Minuten entsprechend ihrer Aufgabe erfüllen.

5.6 Anforderungen an Bauteile der Feuerwiderstandsklasse F 180

Zur Einreihung in die Feuerwiderstandsklasse F 180 müssen Bauteile die Anforderungen für Bauteile der Feuerwiderstandsklasse F 90 während einer Prüfdauer von mindestens 180 Minuten entsprechend ihrer Aufgabe erfüllen.

6 Prüfung von Bauteilen

6.1 Prüfeinrichtungen und Probekörper

Die Prüfeinrichtungen sollen sich in geschlossenen Räumen befinden. Bei den Prüfungen sind mindestens 2 gleichartige Probekörper der Prüfung zu unterziehen.

Sie müssen in ihren Abmessungen, ihrer Konstruktion, ihrem Werkstoff, ihrer Ausführungs- und Einbauart der praktischen Anwendung entsprechen. Bauteile, die nicht in den Abmessungen wie bei der praktischen Anwendung geprüft werden können, müssen mindestens in folgenden Abmessungen dem Feuer ausgesetzt werden:

Wände (Breite × Höhe)	2,0 m × 2,5 m
Einachsig gespannte Deckenkonstruktionen: (Breite × Länge)	2,0 m × 4,0 m
Kreuzweise gespannte Deckenkonstruktionen:	4,0 m × 4,0 m
Treppen: in der vorgesehenen Breite und	4,0 m Länge
Träger und Unterzüge:	4,0 m (Länge)
Stützen und Pfeiler:	3,0 m (Höhe)

Können auf Biegung oder Biegung mit Längskraft beanspruchte Bauteile nicht unter der rechnerisch verlangten Gebrauchslast geprüft werden, so ist zur Prüfung ein noch prüfbarer Vergleichskörper herzustellen.

6.2 Durchführung der Prüfungen

6.2.1 Zeitpunkt der Brandprüfungen

Die Probekörper dürfen erst geprüft werden, wenn die der statischen Berechnung zugrunde liegende Festigkeit erreicht und die Wasserabgabe beendet ist. Hierzu sind die Probekörper unter bauwerksgerechten Bedingungen bis zum Erreichen der Ausgleichsfeuchte zu lagern. Bauteile aus Stoffen, deren Feuchtegehalt stark veränderlich ist, sind möglichst in geschlossenen Räumen bei 50 bis 70 % relativer Luftfeuchtigkeit und etwa 20 °C zu lagern.

Falls erforderlich müssen die Probekörper während des Austrocknens in Zeitabständen so lange gewogen werden, bis das Gewicht an fünf aufeinanderfolgenden Tagen gleich bleibt.

Bei großen, nichtwägbaren Bauteilen sind Vergleichskörper herzustellen oder herauszuschneiden, die ebenso wie die Probekörper zu lagern sind. An diesen ist dann die Austrocknung festzustellen. Vergleichskörper sollen in Richtung des Wärmedurchganges die Abmessungen des Probekörpers haben und sind in den dazu senkrechten Richtungen so zu kürzen, daß wägbare Körper entstehen. Sie sind mit wasser- und wasserdampfundurchlässigem Werkstoff so abzudecken, daß sie nur an den Flächen austrocknen können, die der Angriffsfläche des Feuers bzw. der nichtbeflammten Oberfläche entsprechen.

Ist die vorgeschriebene Kontrolle des Austrocknens nicht durchführbar, so dürfen die Probekörper

- bei Verwendung von Leichtbeton erst in einem Alter von 200 Tagen,
- bei Verwendung von Normalbeton erst in einem Alter von 100 Tagen

und

- bei Verwendung von Bekleidungen mit hydraulischen Bindemitteln erst in einem Alter von 30 Tagen

den Brandprüfungen unterzogen werden.

6.2.2 Auswahl der Probekörper und Beanspruchung

6.2.2.1 Sind verschiedene Ausführungsarten oder gleiche Ausführung mit verschiedenen Abmessungen vorgesehen, so ist der von der Prüfstelle anzugebende ungünstigste Probekörper zu prüfen.

6.2.2.2 Bauteile und Bauteile mit Bekleidungen sind praxisgerecht mit ihren Konstruktionsfugen zu prüfen.

Bei Wänden müssen die Probekörper mindestens zwei senkrechte Fugen nach Bild 1 enthalten. Sofern in der Praxis auch waagerechte Fugen vorgesehen sind, müssen die Probekörper mindestens auch eine waagerechte Fuge nach Bild 2 enthalten.

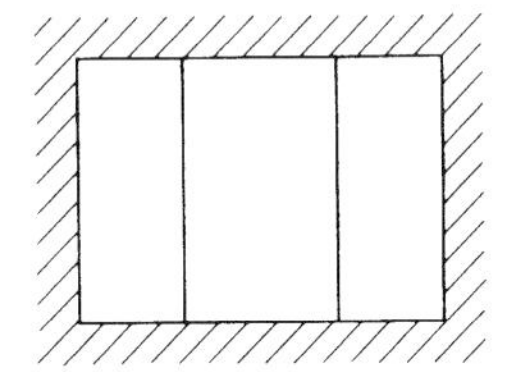

Bild 1. Wand mit zwei senkrechten Fugen

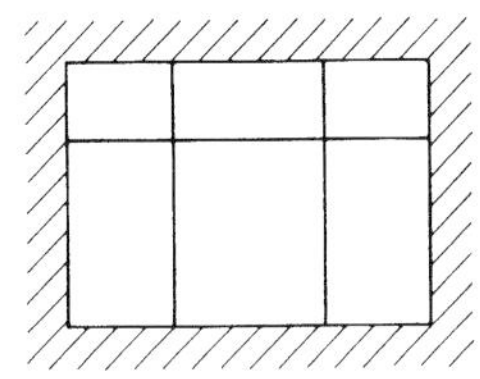

Bild 2. Wand mit zwei senkrechten und einer waagerechten Fuge

Bei Decken mit Fugen müssen die Probekörper ebenfalls diese Fugen (Längs- und Querfugen) enthalten. Das gleiche gilt für Unterdecken.

6.2.2.3 Bauteile und Bauteile mit Bekleidungen sind praxisgerecht mit ihren Anschlüssen und Befestigungsmitteln zu prüfen.

Werden die seitlichen Ränder von Wänden in der Praxis an angrenzenden Bauteilen nicht kraftschlüssig angeschlossen, so sind beide Probekörper entsprechend Abschnitt 6.1 praxisgerecht in einen Prüfrahmen einzubauen; werden die seitlichen Ränder in der Praxis kraftschlüssig angeschlossen oder sind sowohl kraftschlüssige als auch nicht kraftschlüssige Anschlüsse vorgesehen, so ist wenigstens ein Versuch mit kraftschlüssigem Anschluß und ein Versuch mit nichtkraftschlüssigem Anschluß durchzuführen.

Die Probekörper sind in einen Prüfrahmen einzubauen, der die Einspannung einer Wand zwischen zwei Rohdecken darstellt. Bei Wänden, die sich von der Rohdecke bis zu einer Unterdecke spannen, sind die Unterdecken und der praxisgerechte Wandanschluß an der Unterdecke in einem Zusatzversuch zu prüfen.

6.2.2.4 Raumabschließende Bauteile mit asymmetrischem Aufbau sind auf ihrer ungünstigsten Seite dem Feuer auszusetzen und im Zweifelsfalle von beiden Seiten zu prüfen; je nach Konstruktionsart und Ausbildung der Fugen, Anschlüsse, Befestigungsmittel usw. können zur Klassifizierung gegebenenfalls mehr als zwei Versuche notwendig sein.

6.2.2.5 Bei Decken sowie bei Decken mit Unterdecken ist die Beflammung der Deckenunterseite im allgemeinen am ungünstigsten. Wenn die Deckenoberseite entsprechend den Angaben hierzu nach DIN 4102 Teil 4 (z. Z. noch Entwurf) ausgebildet wird, kann die Prüfung von der Oberseite entfallen.

Dient eine Unterdecke dem Schutz des darunter liegenden Raumes gegen einen Brand im Zwischendeckenbereich, so ist die Oberseite der Unterdecke dem Feuer auszusetzen [2]).

6.2.2.6 Tragende Bauteile sind unter Last zu prüfen und so in den Prüfstand einzubauen, daß sie sich entsprechend dem statischen System verformen können. Die Last ist so anzuordnen, daß sie während der Versuchsdauer konstant bleibt, ohne den Temperaturanstieg in den Probekörpern zu beeinflussen. Sie ist so zu bemessen, daß in den Traggliedern unter Zugrundelegung anerkannter Bemessungsverfahren in der Regel die zulässigen Spannungen oder Schnittgrößen auftreten. Andernfalls sind bei geringeren Spannungen oder Schnittgrößen diese im Prüfzeugnis gesondert anzugeben.

Bei belasteten Bauteilen sind die Verformungen, soweit möglich, an den ungünstigsten Stellen zu messen.

6.2.2.7 Schrankwände sind ohne Belastung der Schrankböden und ohne Schranktüren zu prüfen.

6.2.3 Temperatur im Prüfraum

Die Lufttemperatur soll im Prüfraum während mindestens 24 Stunden vor dem Brandversuch nicht unter 15 °C sinken und nicht über 25 °C steigen.

Werden Prüfungen im Sonderfall im Freien durchgeführt, muß die Lufttemperatur im Prüfstand und in seiner Umgebung vor der Prüfung wenigstens vier Stunden in dem angegebenen Bereich liegen.

Die Temperatur des Probekörpers soll während dieser Zeit ihren Gleichgewichtswert erreichen und bei Versuchsbeginn ebenfalls in dem angegebenen Bereich liegen.

[2]) Siehe Seite 3.

6.2.4 Temperaturen im Brandraum

Der Brandraum ist mit Heizöl EL nach DIN 51 603 Teil 1 oder Dieselkraftstoff nach DIN 51 601 zu beflammen. Während des Brandversuches muß die mittlere Temperatur im Brandraum nach der Einheits-Temperaturzeitkurve – abgekürzt: ETK – (Bild 3) ansteigen.

Nach den ersten 5 Minuten der Prüfung dürfen die Abweichungen der mittleren Temperatur im Brandraum ± 100 K nicht übersteigen. Außerdem darf nach den ersten 5 Minuten die Fläche unter der gemessenen Kurve von der Fläche unter der Einheits-Temperaturzeitkurve bis zu 30 Minuten Prüfdauer nur um $\pm 10\%$, bei längerer Prüfdauer nur um $\pm 5\%$ abweichen. Hierbei beziehen sich die angegebenen Fehlergrenzen jeweils auf den Sollwert bei Beflammungsende.

$$\vartheta - \vartheta_0 = 345 \lg (8t + 1)$$

ϑ Brandraumtemperatur in K
ϑ_0 Temperatur der Probekörper bei Versuchsbeginn in K
t Zeit in Minuten

t min	$\vartheta - \vartheta_0$ K
0	0
5	556
10	658
15	719
30	822
60	925
90	986
120	1029
180	1090
240	1133
360	1194

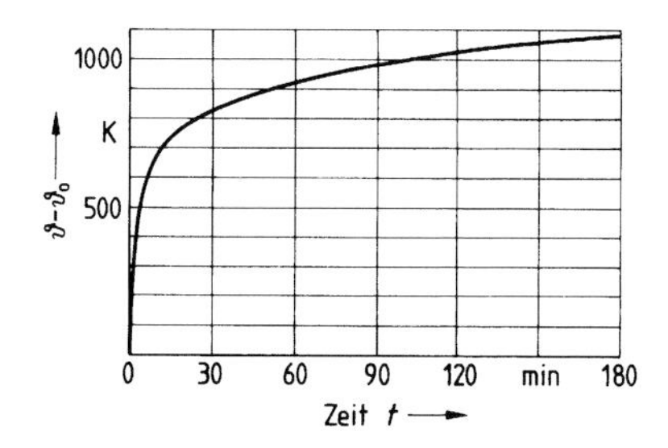

Bild 3. Einheits-Temperaturzeitkurve (ETK)

Die Temperaturen im Brandraum sind mit Thermopaaren nach DIN 43 710 zu messen. Als Thermoelemente sollen Mantelthermoelemente mit einem Außendurchmesser von 3,2 mm und mit wenigstens 25 mm freiliegender Meßstelle verwendet werden.

Die Meßstellen sind mindestens 300 mm tief in den Brandraum einzuführen. Bei Decken, Wänden usw. sind für je 1,5 m^2 Fläche des Probekörpers und bei Balken, Stützen usw. für je 1 m Länge des Probekörpers ein Thermoelement, im ganzen aber mindestens fünf Thermoelemente gleichmäßig verteilt anzuordnen. Der Abstand der Meßstelle der Thermoelemente vom Probekörper soll während des Brandversuches etwa 100 mm betragen.

6.2.5 Druck im Brandraum

Bei der Prüfung raumabschließender Bauteile muß der statische Überdruck im Prüfstand nach den ersten 5 Minuten der Prüfung im Bereich von (10 ± 2) Pascal liegen.

Bei der Prüfung von Wänden soll der geforderte Überdruck in der Höhe des oberen ¼-Punktes der Probekörper gemessen werden.

Bei der Prüfung von Decken ist der Druck in der Mitte der Prüfkörperlängsseiten etwa 100 mm von der beflammten Fläche entfernt zu messen.

6.2.6 Entzündungsversuch mit dem Wattebausch

Um zu beurteilen, ob der Raumabschluß gewahrt ist, ist ein etwa 100 mm × 100 mm großer und etwa 20 mm dicker Wattebausch in 20 bis 22 mm Entfernung vom Probekörper an den ungünstigsten Stellen (Risse, Spalten, Anschlüsse usw.) jeweils 30 Sekunden anzuhalten. Die Prüfung soll stets dann durchgeführt werden, wenn heiße Gase auf der feuerabgekehrten Seite austreten oder Zweifel bestehen, ob der Raumabschluß noch gewahrt ist.

Der Raumabschluß gilt als nicht mehr gewahrt, wenn der Wattebausch entzündet wird, d. h. er entflammt oder glimmt; eine Bräunung oder Schwärzung des Wattebausches gilt nicht als Entzündung.

Der Wattebausch darf nicht wieder verwendet werden, wenn er bei einer vorangegangenen Prüfung eine Verfärbung erfahren oder Feuchtigkeit aufgenommen hat. Der Wattebausch soll aus Watte DIN 61 640 – A bestehen; das Gewicht soll zwischen 3 und 4 g betragen. Der Wattebausch soll bei 100 °C wenigstens 30 min getrocknet werden. Die Halterung der Watte soll an einem Drahtrahmen (Drahtdurchmesser etwa 1 mm) mit Hilfe von Drahtklammern erfolgen.

6.2.7 Feststellung entzündbarer Gase

Zur Feststellung entzündbarer Gase ist eine (60 ± 10) mm lange Flamme einer Lunte mit ruhiger Bewegung in den Bereich austretender Gase zu bringen.

6.2.8 Temperaturmessungen an den Probekörpern

Die Temperaturen an und in den Probekörpern müssen mit Thermoelementen aus 0,5 mm dicken Drähten gemessen werden.

Die Werkstoffe und Thermopaare müssen DIN 43 710 entsprechen. Für die Ausführung der Messungen sind die VDE/VDI-Richtlinien [3]) maßgebend.

Bei raumabschließenden Bauteilen sind die Temperaturen der Oberfläche auf der dem Feuer abgekehrten Seite zur Bestimmung eines Mittelwertes an mindestens 5 Stellen zu messen, wobei eine der Meßstellen im Mittelpunkt der Fläche, die anderen in den Mittelpunkten der Viertelflächen anzuordnen sind. Von dieser Anordnung kann abgewichen werden, wenn eine oder mehrere dieser Meßstellen nicht charakteristisch für den Temperaturdurchgang durch die Probekörper sind.

In Bereichen von Wärmebrücken, Fugen, Anschlüssen usw. sind in jedem Fall zusätzliche Temperaturmeßstellen anzuordnen, um die höchste während des Brandversuches auftretende Temperaturerhöhung feststellen zu können.

Ferner sollen weitere Temperaturmessungen im Innern der Probekörper (z. B. an Bewehrungsstäben und an metallischen Bauteilen) an möglichst vielen Stellen ausgeführt werden.

Werden bei Stahlstützen die Temperaturen am Stahl gemessen, so sind die Temperaturmeßquerschnitte in den Viertelpunkten und in halber Höhe, bezogen auf die Brandraumöffnung, anzuordnen. In jedem Meßquerschnitt sind dabei mindestens zwei Thermoelemente anzubringen.

6.2.9 Festigkeitsprüfung bei raumabschließenden Wänden

Bei der Festigkeitsprüfung wird der eingebaute Probekörper etwa 3 min vor dem Beurteilungszeitpunkt, d. h. etwa 3 min vor 30, 60, 90, 120 oder 180 Minuten, an der nichtbeflammten Seite an drei verschiedenen, über der Fläche des Raumabschlusses etwa gleichmäßig verteilt gewählten Stellen jeweils einem Kugelstoß ausgesetzt. Dabei wird ein Pendel, bestehend aus einer an einem Seil hängenden Stahlkugel von 15 bis 25 kg, vor der Oberfläche des Probekörpers abgehängt und dann so weit ausgelenkt, daß beim Zurückfallen auf den Probekörper eine Stoßarbeit von 20 Nm entsteht. Der Kugelmittelpunkt soll vor dem Festigkeitsversuch einen Abstand von 200 mm vom Probekörper besitzen.

6.2.10 Löschwasserversuch bei Stützen mit Bekleidungen

Beim Löschwasserversuch ist ein Probekörper unmittelbar nach dem Brandversuch 1 Minute lang der Beanspruchung durch den Löschwasserstrahl auszusetzen. Das Wasser ist durch ein Rohrmundstück von 12 mm Durchmesser zu führen. Der Wasserdurchfluß ist nach DIN 14 200 „Wasserdurchfluß von Strahlrohrmundstücken" so zu wählen, daß ein Fließdruck von etwa 2 bar entsteht. Der Wasserstrahl ist aus einem Abstand von etwa 3 m möglichst rechtwinklig so auf den Probekörper zu richten, daß die Bekleidung gleichmäßig beansprucht wird. Vor der Löschwasserbeanspruchung darf der Probekörper entlastet werden.

7 Normkonstruktionen für die Prüfung von Bauteilen mit nichthinterlüfteten Bekleidungen

7.1 Allgemeines

Die Wirksamkeit von nichthinterlüfteten Bekleidungen – siehe Abschnitt 5.2.8 – kann in Verbindung mit folgenden im Brandverhalten ungünstigen Bauteilen geprüft werden, wobei die Bekleidung praxisgerecht unter Beachtung der Abschnitte 6.1 bis 6.2 anzubringen ist. Darüber hinaus sind die folgenden Ausführungen zu beachten.

Einbauten, z. B. Einbauleuchten, klimatechnische Geräte oder Bauteile, die in der Bekleidung angeordnet sind und diese aufteilen oder unterbrechen, sind praxisgerecht mitzuprüfen.

7.2 Unterdecken

7.2.1 Allgemeines

Bei den nachfolgend beschriebenen Prüfungen von Unterdecken zur Verbesserung der Feuerwiderstandsfähigkeit von Decken wird vorausgesetzt, daß der Brandangriff immer von der Unterseite (Raumseite) und nicht vom Zwischendeckenbereich erfolgt. Bei Prüfung nach dieser Norm und bei Anwendung der Bestimmungen der Abschnitte 7.2.2 bis 7.2.4 wird davon ausgegangen, daß sich im Zwischendeckenbereich zwischen Rohdecke und Unterdecke keine brennbaren Bestandteile befinden, soweit diese nicht zur Konstruktion gehören. Die Klassifizierung der so geprüften Decken schließt jedoch in der Praxis ein, daß im Zwischendeckenbereich brennbare Kabelisolierungen oder freiliegende Baustoffe der Klasse B 1 mit einer Brandlast bis zu 7 kWh/m^2 in möglichst gleichmäßig verteilter Form vorhanden sein dürfen [4]). Werden diese Bedingungen hinsichtlich der Brandlast im Zwischendeckenbereich nicht eingehalten, sind besondere Prüfungen mit praxisgerechter Brandlast im Zwischendeckenbereich durchzuführen.

[3]) VDE/VDI-Richtlinie 3511 Technische Temperaturmessungen.

[4]) Siehe auch DIN 4102 Teil 4.

Sofern in der Praxis im Zwischendeckenbereich Baustoffe angeordnet werden, die im Brandfall wärmedämmend wirken, sind diese bei den Versuchen immer dann mitzuprüfen, wenn der Feuerwiderstand der Unterdecke dadurch ungünstig beeinflußt werden kann.

Die Unterdecken sind praxisgerecht an die in Bild 4 bis 6 dargestellten, fertig montierten, tragenden Decken (Rohdecken) anzubringen.

Werden die Prüfungen mit einer Abhängetiefe a (Abstand UK Träger oder Balken bis OK Unterdeckenplatten, -Putz o. ä.) durchgeführt, so gelten die erzielten Feuerwiderstandszeiten für alle Abhängetiefen ≧ a.

Bei der Prüfung ist die Tragkonstruktion der Unterdecke unmittelbar bis an die Brandraumwände zu führen; gegebenenfalls zur Tragkonstruktion gehörende Dehnungsausgleiche sind praxisgerecht mitzuprüfen.

7.2.2 Unterdecken in Verbindung mit Stahlträgerdecken

7.2.2.1 Die Prüfung von Unterdecken in Verbindung mit Stahlträgerdecken ist an einer Stahlträgerdecke gemäß Bild 4 durchzuführen. Dabei können verschiedene Abdeckungen zur Anwendung kommen. Die Abdeckungen sollen einen Feuchtigkeitsgehalt ≦ 2 Gew.-% besitzen.

7.2.2.2 Die Prüfungen mit einer Abdeckung aus 125 mm dicken Gasbetonplatten ersetzen die Prüfungen mit einer Abdeckung aus Gasbeton, Bimsbeton oder anderen Leichtbetonen mit einer Dicke von jeweils ≧ 50 mm.

Bleibt am Untergurt der Stahlträger an wenigstens 3 Meßstellen pro Stahlträger die Temperatur ≦ 250 °C, so ersetzen die Prüfungen nach diesem Abschnitt auch die Prüfungen nach Abschnitt 7.2.4. Die Meßstellen an den Stahlträgern sollen in Feldmitte und 500 mm davon entfernt angeordnet werden.

Wird bei der Prüfung mit einer Abdeckung aus 125 mm dikken Gasbetonplatten festgestellt, daß die Unterdecke allein die Anforderungen an eine Feuerwiderstandsklasse erfüllt, so darf neben der Klassifizierung von „Rohdecke + Unterdecke" die Unterdecke auch allein klassifiziert werden. Die Meßstellen zur Festlegung der mittleren und maximalen Temperaturerhöhung auf der Unterdecke müssen in diesem Falle Abschnitt 6.2.8 entsprechen.

Werden Versuche durchgeführt, die nur zur Klassifizierung der Unterdecke allein dienen, so darf auf eine Belastung der Rohdecke und die Versuche nach Abschnitt 6.2.6 und 6.2.7 sowie auf die Messung der Durchbiegungsgeschwindigkeit verzichtet werden.

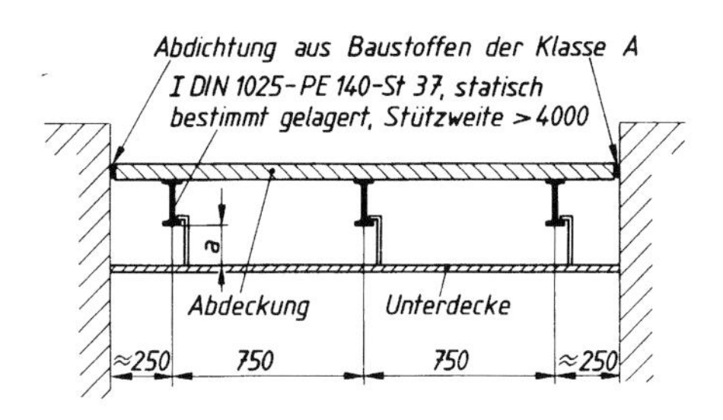

Bild 4. Stahlträgerdecke

7.2.2.3 Die Prüfungen mit einer Abdeckung aus 50 mm dicken Stahlbetonplatten ersetzen die Prüfungen nach Abschnitt 7.2.3. Bleibt am Untergurt der Stahlträger an wenigstens 3 Meßstellen pro Stahlträger die Temperatur ≦ 200 °C, so ersetzen die Prüfungen nach diesem Abschnitt auch die Prüfungen nach Abschnitt 7.2.4. Hinsichtlich der Meßstellen an den Stahlträgern gilt Abschnitt 7.2.2.2.

7.2.2.4 Wird die erste der nach Abschnitt 4 geforderten Prüfungen nach Abschnitt 7.2.2.2 und die zweite Prüfung nach Abschnitt 7.2.2.3 durchgeführt und bleibt die Unterdecke in beiden Prüffällen bis zur angestrebten Beurteilungsgrenze als Einheit bestehen, dann ist der ungünstigere Prüffall in einer dritten Prüfung zu wiederholen; bestätigt diese Prüfung die Ergebnisse der zugehörigen ersten Prüfung, so kann auf die zweite Prüfung beim günstigeren Prüffall verzichtet werden.

Nach diesen drei Prüfungen ist es in der Regel möglich, Klassifizierungen für die in den Abschnitten 7.2.2.2, 7.2.2.3, 7.2.3 und gegebenenfalls für die in Abschnitt 7.2.4 beschriebenen Bauarten anzugeben.

7.2.3 Unterdecken in Verbindung mit Stahlbeton- oder Spannbetondecken

Die Prüfung von Unterdecken in Verbindung mit Stahlbeton- oder Spannbetondecken ist an einer Stahlbetonrippendecke gemäß Bild 5 durchzuführen.

Die Prüfungen nach diesem Abschnitt gelten für alle Stahlbeton- und Spannbetondecken nach DIN 1045 mit entsprechenden Unterdecken, soweit keine Zwischenbauteile aus Leichtbeton oder Ziegeln verwendet werden; sollen solche Zwischenbauteile verwendet werden, so sind Prüfungen nach Abschnitt 7.2.2.2 erforderlich.

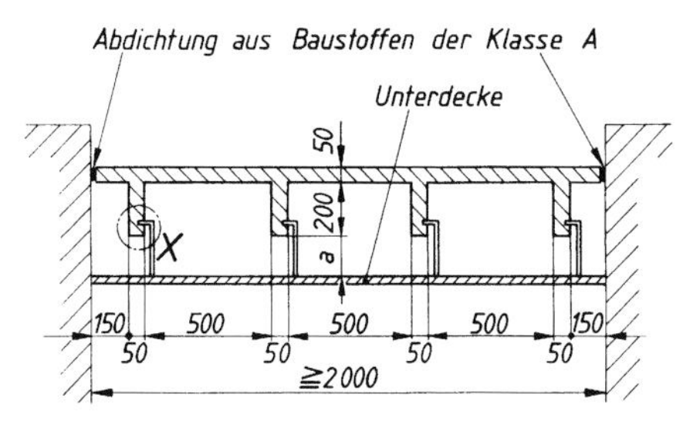

Einzelheit X
(ohne Abhänger dargestellt)

Ø6
Ø16
10
24
10

Stützweite > 4000, statisch bestimmte Lagerung

Betonstahl:
BSt 42/50 (BSt 420/500)

Betonfestigkeitsklasse:
Bn 250 (B 25)

Zuschlag:
Kiessand Körnung 0/16 mm mit überwiegend quarzitischem Zuschlag

Bild 5. Stahlbetonrippendecke

7.2.4 Unterdecken in Verbindung mit Holzbalkendecken

Die Prüfung von Unterdecken in Verbindung mit Holzbalkendecken ist an einer Holzbalkendecke ohne Brandschutzausrüstung gemäß Bild 6 durchzuführen.

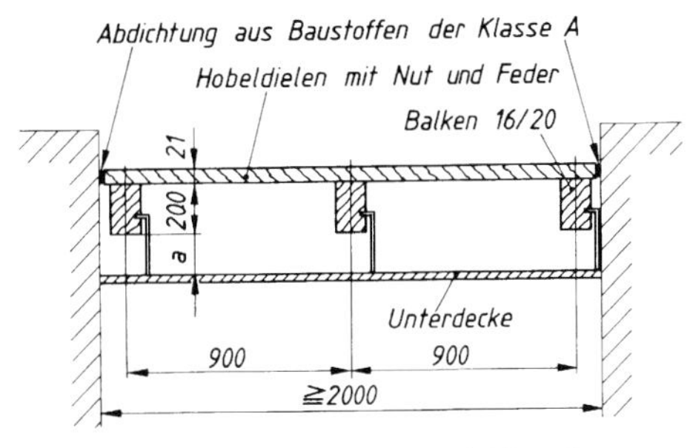

Feuchtigkeitsgehalt der Balken: ≦ 15 Gew.-%
Feuchtigkeitsgehalt der Hobeldielen: ≦ 12 Gew.-%
Stützweite > 4000, statisch bestimmte Lagerung

Bild 6. Holzbalkendecke

Die Prüfungen nach diesem Abschnitt gelten auch für Holzbalkendecken mit einer oberen Abdeckung aus ≧ 16 mm dicken Sperrholzplatten nach DIN 68 705 Teil 3 oder Spanplatten nach DIN 68 763 jeweils mit einem Raumgewicht ≧ 600 kg/m³ und Holzbalken bzw. Holzrippen mit einer Breite ≧ 40 mm.

7.3 Bekleidungen in Verbindung mit Stahlstützen

Die Prüfungen von Bekleidungen in Verbindung mit Stahlstützen erfolgen bei jeweils vierseitiger Brandbeanspruchung profilfolgend oder kastenförmig entweder

a) mit Stahlstützen I DIN 1025 – PB 180 – St 37; die Prüfergebnisse gelten für alle Stützen mit einem Verhältniswert $U/F \leqq 160\,\mathrm{m}^{-1}$ bei profilfolgender und $U/F \leqq 110\,\mathrm{m}^{-1}$ bei kastenförmiger Bekleidung oder

b) mit Stahlstützen mit verschiedenen I-Querschnitten nach DIN 1025 – St 37 für U/F-Werte bis $300\,\mathrm{m}^{-1}$. Die erforderlichen Mindestbekleidungsdicken sind in Abhängigkeit vom Verhältniswert $U/F \leqq 300\,\mathrm{m}^{-1}$ für die angestrebten Feuerwiderstandsklassen zu ermitteln.

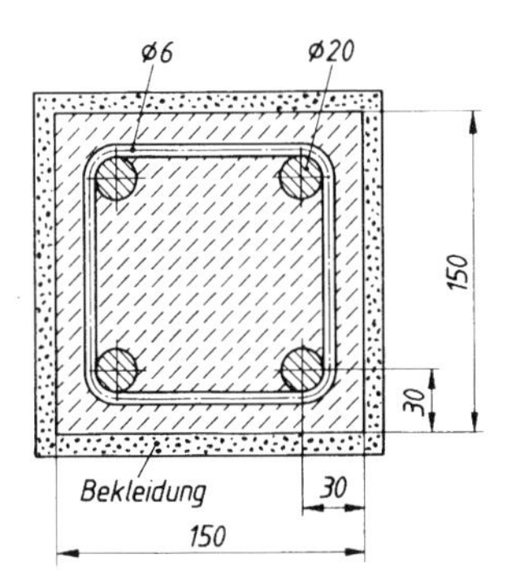

Betonfestigkeitsklasse:	Bn 450 (B 45)
Betonstahl:	BSt 42/50 (BSt 420/500)
Zuschlag:	Kiessand Körnung 0/16 mm mit überwiegend quarzitischem Zuschlag

Bewehrungsanteil F_e/F_b = 6 %

Bild 7. Stahlbetonstütze

Es sind pro Bekleidungsart und -dicke mindestens 3 Versuche notwendig: Je ein Versuch an einer Stütze IPE 220, IPB 180 und IPBv 200.

Sofern die Prüfergebnisse auch für Stützen mit U/F-Werten $> 300\,\mathrm{m}^{-1}$ – zum Beispiel für Stützen des Stahlleichtbaues – gelten sollen, ist mindestens ein weiterer Versuch mit einem Profil mit einem U/F-Wert $> 400\,\mathrm{m}^{-1}$ durchzuführen.

Berechnung des Verhältniswertes U/F siehe DIN 4102 Teil 4 (z. Z. noch Entwurf).

7.4 Bekleidungen in Verbindung mit Stahlbetonstützen

Die Prüfungen von Bekleidungen in Verbindung mit Stahlbetonstützen erfolgen mit Fertigteilstützen gemäß Bild 7.

7.5 Bekleidungen in Verbindung mit Holzstützen

Die Prüfungen von Bekleidungen in Verbindung mit Holzstützen erfolgen mit Stützen 100 mm × 100 mm aus brettschichtverleimtem Nadelholz der Güteklasse II nach DIN 4074 gemäß Bild 8.

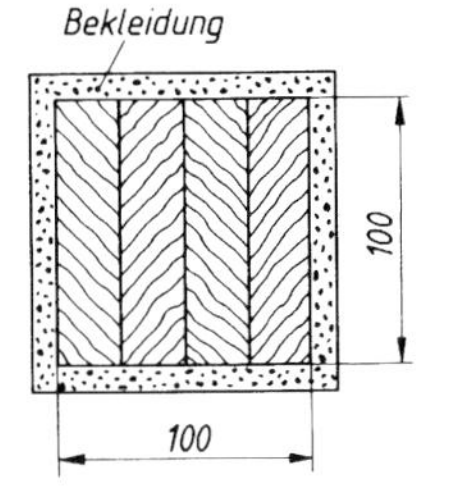

Bild 8. Holzstütze

Die Prüfergebnisse gelten für alle Stützen aus brettschichtverleimtem Nadelholz mit Rechteckquerschnitt und einer Mindestkantenlänge von 100 mm.

7.6 Bekleidungen in Verbindung mit Stahlträgern

Die Prüfungen von Bekleidungen in Verbindung mit Stahlträgern erfolgen bei jeweils dreiseitiger Brandbeanspruchung – die obere Seite der statisch bestimmt gelagerten Träger ist durch Gasbetonplatten nach DIN 4223 mit einer Dicke von 125 mm abzudecken – profilfolgend oder kastenförmig entweder

a) mit Stahlträgern I DIN 1025 – PE 140 – St 37; die Prüfergebnisse gelten für alle Vollwandträger mit einem Verhältniswert $U/F \leqq 300\,\mathrm{m}^{-1}$ bei profilfolgender und $U/F \leqq 215\,\mathrm{m}^{-1}$ bei kastenförmiger Bekleidung oder

b) mit Stahlträgern mit verschiedenen I-Querschnitten nach DIN 1025 – St 37 für U/F-Werte bis $300\,\mathrm{m}^{-1}$. Die erforderlichen Mindestbekleidungsdicken sind in Abhängigkeit vom Verhältniswert $U/F \leqq 300\,\mathrm{m}^{-1}$ für die angestrebten Feuerwiderstandsklassen zu ermitteln.

Es sind pro Bekleidungsart mindestens 4 Versuche erforderlich:

2 Versuche an jeweils 2 Trägern IPE 140 mit zwei verschiedenen Bekleidungsdicken d_1 und d_2,

1 Versuch an 2 Trägern I 280 mit der Bekleidungsdicke d_1 sowie

1 Versuch an 2 Trägern IPBv 220 mit der Bekleidungsdicke d_1.

Berechnung des Verhältniswertes U/F siehe DIN 4102 Teil 4 (z. Z. noch Entwurf).

Die Prüfergebnisse gelten unter Berücksichtigung des U/F-Wertes auch für eine vierseitige Brandbeanspruchung, wenn die Träger vierseitig entsprechend der geprüften Bekleidungsart ummantelt sind.

Die Prüfergebnisse sind auch auf Fachwerkträger übertragbar, wenn die U/F-Werte der Zug- und Druckstäbe $\leq 300\,m^{-1}$ betragen.

Sofern die Prüfergebnisse auch für Träger oder Fachwerkstäbe mit U/F-Werten $> 300\,m^{-1}$ – z. B. für kleine Winkelprofile oder Profile des Stahlleichtbaues – gelten sollen, ist mindestens ein weiterer Versuch mit einem U/F-Wert $> 400\,m^{-1}$ durchzuführen.

8 Prüfzeugnis

8.1 Über die Durchführung und die Ergebnisse der Prüfungen ist ein Prüfzeugnis auszustellen. In diesem Prüfzeugnis sind unter Hinweis auf diese Norm die Angaben der Abschnitte 8.2 bis 8.9 anzugeben.

8.2 Beschreibung und Zeichnung der Probekörper, Baustoffklasse nach DIN 4102 Teil 1 der verwendeten Baustoffe, Abmessungen, Rohdichte und Flächengewichte, Feuchtigkeitsgehalte, Befestigungsart der Bekleidungen, Alter am Tage der Prüfung, Vermerk über amtliche Probenahme.

8.3 Angaben über den Einbau der Probekörper und die Durchführung der Prüfung: Abmessungen der dem Feuer ausgesetzten Probekörper, Einbauart (Konstruktionsfugen und Anschlüsse), Belastung mit Gegenüberstellung der hervorgerufenen und der zulässigen Spannungen bzw. Schnittgrößen, Belastungsart, Befestigungsart, Lage und Anzahl der Thermoelemente, Meßeinrichtung, Feuerungsart und verwendeter Brennstoff, Druck im Prüfstand, Lufttemperaturen (bei im Freien aufgebauten Sonderprüfständen Witterung) vor den Brandversuchen und während der Prüfungen.

8.4 Temperaturmeßergebnisse (Einzel- und Mittelwerte in einem zeitlichen Abstand von höchstens 5 min) in der Brandkammer sowie in und an den Probekörpern, gemessene Durchbiegungen und sonstige Verformungen, z. B. Längenänderungen, Verdrehungen, Verwindungen und Volumenänderungen, bis Versuchsende.

8.5 Bei Beanspruchung durch den Löschwasserstrahl; gemessener Fließdruck sowie Art und Umfang der durch den Löschwasserstrahl verursachten Zerstörungen.

8.6 Beobachtungen beim Versuchsablauf mit ihrem Zeitpunkt einschließlich Beobachtungen über Rauchentwicklung, Feststellung entzündbarer Gase (Nachbrennzeit, Flammenlänge, Flammenbreite), Beschreibung des Probekörpers nach dem Versuch, Aussehen (z. B. photographische Abbildung des geprüften Bauteils), Abbrand, Zerstörung, Restdicke, Beobachtungen nach dem Brandversuch.

8.7 Meßergebnisse und Beobachtungen bei Neben- und Sonderversuchen, die vor und nach dem Brandversuch zur Aufklärung des Verhaltens und der Tragfähigkeit durchgeführt wurden.

8.8 Zusammenfassung und Beurteilung der Prüfergebnisse sowie Klassifizierung der Bauteile.

8.8.1 Beurteilungsgrundlage sind die Abschnitte 4 und 5. Dabei ist insbesondere anzugeben:

- Anzahl der durchgeführten Brandversuche,
- Angabe von welcher Seite die Probekörper der Brandbeanspruchung ausgesetzt worden sind,
- Einbau- und Belastungsanordnung der Probekörper mit Angaben über die Belastungsart, das statische System und die hervorgerufenen Spannungen im Vergleich zu zulässigen Spannungen oder Sicherheiten,
- Angaben über Rauchentwicklung.

8.8.2 Bauteile mit nach dieser Norm ermittelter Feuerwiderstandsklasse sind entsprechend der verwendeten Baustoffe in die Benennungen nach Tabelle 2 einzureihen.

8.9 In einem Abschnitt „Besondere Hinweise" sind zusätzliche verallgemeinernde oder einschränkende Angaben über die Gültigkeit der Klassifizierung aufzuführen. Dazu gehören insbesondere Angaben über eine mögliche Beeinträchtigung durch zusätzliche Bekleidungen.

Anmerkung: Durch übliche Anstriche oder Beschichtungen bis zu etwa 0,5 mm *Dicke werden Bauteile in ihrer Feuerwiderstandsdauer nicht beeinträchtigt.*

Prüfzeugnisse, die zur Beantragung einer bauaufsichtlichen Zulassung dienen, erhalten die Überschrift: „Prüfzeugnis zur Beantragung einer allgemeinen bauaufsichtlichen Zulassung".

Die Gültigkeitsdauer jedes Prüfzeugnisses ist auf höchstens 5 Jahre zu begrenzen; sie kann auf Antrag verlängert werden.

Erläuterungen

Im bauaufsichtlichen Verfahren werden z. Z. nur Prüfzeugnisse über Prüfungen von folgenden Prüfanstalten anerkannt:

1. Bundesanstalt für Materialprüfung (BAM)
   Unter den Eichen 87
   1000 Berlin 45 (Dahlem)
2. Institut für Baustoffkunde und Stahlbetonbau
   der Technischen Universität Braunschweig
   Amtliche Materialprüfanstalt für das Bauwesen
   Beethovenstraße 52
   3300 Braunschweig
3. Staatliches Materialprüfungsamt
   Nordrhein-Westfalen
   Marsbruchstraße 186
   4600 Dortmund 41 (Aplerbeck)
4. Institut für Holzforschung
   der Universität München
   Winzererstraße 45
   8000 München 40
5. Amtliche Forschungs- und Materialprüfungsanstalt
   für das Bauwesen
   – Otto-Graf-Institut –
   Universität Stuttgart
   Pfaffenwaldring 4
   7000 Stuttgart 80 (Vaihingen)

Tabelle 2

	1	2	3	4	5
Zeile	Feuer-widerstands-klasse nach Tabelle 1	Baustoffklasse nach DIN 4102 Teil 1 der in den geprüften Bauteilen verwendeten Baustoffe für		Benennung [2]) Bauteile der	Kurz-bezeichnung
		wesent-liche Teile [1])	übrige Bestandteile, die nicht unter den Begriff der Spalte 2 fallen		
1	F 30	B	B	Feuerwiderstandsklasse F 30	F 30 – B
2		A	B	Feuerwiderstandsklasse F 30 und in den wesentlichen Teilen aus nichtbrennbaren Baustoffen [1])	F 30 – AB
3		A	A	Feuerwiderstandsklasse F 30 und aus nichtbrennbaren Baustoffen	F 30 – A
4	F 60	B	B	Feuerwiderstandsklasse F 60	F 60 – B
5		A	B	Feuerwiderstandsklasse F 60 und in den wesentlichen Teilen aus nichtbrennbaren Baustoffen [1])	F 60 – AB
6		A	A	Feuerwiderstandsklasse F 60 und aus nichtbrennbaren Baustoffen	F 60 – A
7	F 90	B	B	Feuerwiderstandsklasse F 90	F 90 – B
8		A	B	Feuerwiderstandsklasse F 90 und in den wesentlichen Teilen aus nichtbrennbaren Baustoffen [1])	F 90 – AB
9		A	A	Feuerwiderstandsklasse F 90 und aus nichtbrennbaren Baustoffen	F 90 – A
10	F 120	B	B	Feuerwiderstandsklasse F 120	F 120 – B
11		A	B	Feuerwiderstandsklasse F 120 und in den wesentlichen Teilen aus nichtbrennbaren Baustoffen [1])	F 120 – AB
12		A	A	Feuerwiderstandsklasse F 120 und aus nichtbrennbaren Baustoffen	F 120 – A
13	F 180	B	B	Feuerwiderstandsklasse F 180	F 180 – B
14		A	B	Feuerwiderstandsklasse F 180 und in den wesentlichen Teilen aus nichtbrennbaren Baustoffen [1])	F 180 – AB
15		A	A	Feuerwiderstandsklasse F 180 und aus nichtbrennbaren Baustoffen	F 180 – A

[1]) Zu den wesentlichen Teilen gehören:

a) alle tragenden oder aussteifenden Teile, bei nichttragenden Bauteilen auch die Bauteile, die deren Standsicherheit bewirken (z. B. Rahmenkonstruktionen von nichttragenden Wänden),

b) bei raumabschließenden Bauteilen eine in Bauteilebene durchgehende Schicht, die bei der Prüfung nach dieser Norm nicht zerstört werden darf.

Bei Decken muß diese Schicht eine Gesamtdicke von mindestens 50 mm besitzen; Hohlräume im Innern dieser Schicht sind zulässig.

Bei der Beurteilung des Brandverhaltens der Baustoffe können Oberflächen-Deckschichten oder andere Oberflächenbehandlungen außer Betracht bleiben.

[2]) Diese Benennung betrifft nur die Feuerwiderstandsfähigkeit des Bauteils; die bauaufsichtlichen Anforderungen an Baustoffe für den Ausbau, die in Verbindung mit dem Bauteil stehen, werden hiervon nicht berührt.

DK 699.81 : 69.022 : 614.841.332
: 001.4 : 620.1

September 1977

Brandverhalten von Baustoffen und Bauteilen
Brandwände und nichttragende Außenwände
Begriffe, Anforderungen und Prüfungen

DIN 4102 Teil 3

Behaviour of building materials and components in fire; firewalls and non loadbearing external walls; definitions, requirements and tests

Mit DIN 4102 Teil 5, Teil 6 und Teil 7
Ersatz für DIN 4102 Teil 3, Ausgabe Februar 1970

Diese Norm wurde im Fachbereich „Einheitliche Technische Baubestimmungen" des NABau ausgearbeitet. Sie ist den obersten Baubehörden vom Institut für Bautechnik (IfBt), Berlin, zur bauaufsichtlichen Einführung empfohlen worden.

Diese Norm konkretisiert die brandschutztechnischen Begriffe der Landesbauordnungen, der zugehörigen Durchführungsverordnungen sowie weiterer Rechtsverordnungen und Verwaltungsvorschriften, die sich mit dem baulichen Brandschutz befassen.

Sie bezieht sich besonders auf § 34 und § 36 der Musterbauordnung (MBO) bzw. auf die entsprechenden §§ der jeweiligen Landesbauordnungen.

In Zusammenhang mit der Überarbeitung von

DIN 4102 Teil 2 Brandverhalten von Baustoffen und Bauteilen; Begriffe, Anforderungen und Prüfungen von Bauteilen

DIN 4102 Teil 3 Brandverhalten von Baustoffen und Bauteilen; Begriffe, Anforderungen und Prüfungen von Sonderbauteilen

DIN 4102 Teil 4 Brandverhalten von Baustoffen und Bauteilen; Einreihung in die Begriffe

sowie der „Ergänzenden Bestimmungen zu DIN 4102" – jeweils Ausgabe Februar 1970 – wurde auch der Inhalt der Norm neu gegliedert:

DIN 4102 Teil 1 Brandverhalten von Baustoffen und Bauteilen; Baustoffe; Begriffe, Anforderungen und Prüfungen (bisher geregelt durch die oben genannten Ergänzenden Bestimmungen)

DIN 4102 Teil 2 Brandverhalten von Baustoffen und Bauteilen; Bauteile; Begriffe, Anforderungen und Prüfungen

DIN 4102 Teil 3 Brandverhalten von Baustoffen und Bauteilen; Brandwände und nichttragende Außenwände; Begriffe, Anforderungen und Prüfungen

DIN 4102 Teil 4 Brandverhalten von Baustoffen und Bauteilen; Zusammenstellung und Anwendung klassifizierter Baustoffe, Bauteile und Sonderbauteile (z. Z. noch Entwurf)

DIN 4102 Teil 5 Brandverhalten von Baustoffen und Bauteilen; Feuerschutzabschlüsse, Abschlüsse in Fahrschachtwänden und gegen Feuer widerstandsfähige Verglasungen; Begriffe, Anforderungen und Prüfungen

DIN 4102 Teil 6 Brandverhalten von Baustoffen und Bauteilen; Lüftungsleitungen; Begriffe, Anforderungen und Prüfungen

DIN 4102 Teil 7 Brandverhalten von Baustoffen und Bauteilen; Bedachungen; Begriffe, Anforderungen und Prüfungen

DIN 4102 Teil 8 Brandverhalten von Baustoffen und Bauteilen; Kleinprüfstand (z. Z. noch Entwurf)

Inhalt

Fortsetzung Seite 2 bis 7
Erläuterungen Seite 7

Normenausschuß Bauwesen (NABau) im DIN Deutsches Institut für Normung e. V.

Maße in mm

1 Geltungsbereich

In dieser Norm werden brandschutztechnische Begriffe, Anforderungen und Prüfungen für Brandwände und für nichttragende Außenwände einschließlich Brüstungen und Schürzen festgelegt.

Tragende oder nichttragende Wände, Balken und Unterzüge werden in DIN 4102 Teil 2 behandelt.

Anmerkung: Brandwände und nichttragende Außenwände können wegen abweichender Anforderungen nicht in die Feuerwiderstandsklassen F 30 – F 180 nach DIN 4102 Teil 2 eingestuft werden.

2 Mitgeltende Normen

DIN 4102 Teil 1	Brandverhalten von Baustoffen und Bauteilen; Baustoffe; Begriffe, Anforderungen und Prüfungen
DIN 4102 Teil 2	Brandverhalten von Baustoffen und Bauteilen; Bauteile; Begriffe, Anforderungen und Prüfungen
DIN 4102 Teil 4	Brandverhalten von Baustoffen und Bauteilen; Einreihung in die Begriffe (Ausgabe Februar 1970)
DIN 4102 Teil 4	(z. Z. noch Entwurf) Brandverhalten von Baustoffen und Bauteilen; Zusammenstellung und Anwendung klassifizierter Baustoffe, Bauteile und Sonderbauteile

3 Nachweis der Feuerwiderstandsklassen

3.1 Mit Brandversuchen

Die Feuerwiderstandsklasse von Brandwänden und nichttragenden Außenwänden muß durch Prüfzeugnis auf der Grundlage von Prüfungen nach dieser Norm nachgewiesen werden. Maßgebend für die Beurteilung ist das ungünstigste Ergebnis von Prüfungen an mindestens zwei Probekörpern.

3.2 Ohne Brandversuche

Die in DIN 4102 Teil 4 genannten Brandwände und nichttragenden Außenwände sind ohne Nachweise nach Abschnitt 3.1 in die dort angegebenen Feuerwiderstandsklassen einzureihen.

4 Brandwände [1])

4.1 Begriff

Brandwände sind Wände zur Trennung oder Abgrenzung von Brandabschnitten. Sie sind dazu bestimmt, die Ausbreitung von Feuer auf andere Gebäude oder Gebäudeabschnitte zu verhindern.

Brandwände müssen den in Abschnitt 4.2.1 bis 4.2.4 genannten Anforderungen genügen, es sei denn, daß sie eine höhere Feuerwiderstandsdauer (siehe Abschnitt 4.2.5) entsprechend besonderen bauaufsichtlichen Bestimmungen aufweisen müssen.

4.2 Anforderungen

4.2.1 Brandwände müssen aus Baustoffen der Klasse A nach DIN 4102 Teil 1 bestehen.

4.2.2 Brandwände müssen die Forderungen der Abschnitte 4.2.3 und 4.2.4 ohne Anordnung von Bekleidungen erfüllen.

4.2.3 Brandwände müssen bei mittiger und ausmittiger Belastung die Anforderungen mindestens der Feuerwiderstandsklasse F 90 nach DIN 4102 Teil 2 erfüllen.

4.2.4 Brandwände müssen bei den Prüfungen nach Abschnitt 4.3.3 unter der dort definierten Stoßbeanspruchung standsicher und raumabschließend im Sinne von DIN 4102 Teil 2 bleiben; das heißt:

4.2.4.1 Die Standsicherheit muß während und nach den beiden ersten Stößen unter der Belastung p, nach dem dritten Stoß unter dem Eigengewicht g des Probekörpers erhalten bleiben.

4.2.4.2 Der Raumabschluß muß während und nach den Stoßbeanspruchungen entsprechend DIN 4102 Teil 2, Ausgabe September 1977, Abschnitt 5.2.1 gewahrt bleiben.

4.2.4.3 Während und nach den Stoßbeanspruchungen darf auf der dem Feuer abgekehrten Seite die Temperaturerhöhung über die Anfangstemperatur nicht mehr als 140 K im Mittel und nicht mehr als 180 K maximal betragen.

4.2.5 Brandwände mit höherer Feuerwiderstandsdauer sind Brandwände, die abweichend von Abschnitt 4.2.3 die Anforderungen der Feuerwiderstandsklasse F 120 oder F 180 erfüllen [2]).

4.3 Prüfungen

4.3.1 Prüfeinrichtungen, Probekörper und Durchführung der Prüfungen

Für die Prüfeinrichtungen, Probekörper und die Durchführung der Prüfungen gilt DIN 4102 Teil 2, Ausgabe September 1977, Abschnitt 6.1 und 6.2 sinngemäß; darüber hinaus ist folgendes zu beachten:

4.3.2 Ausmittige Belastung p

Bei beiden nach Abschnitt 3.1 geforderten Prüfungen sind einschalige Probekörper im Abstand von d/3 von der dem Feuer abgekehrten Wandseite so zu belasten, daß am gesamten lastnahen Querschnittsrand die Randspannung $\sigma_R = \sigma_{zul}$ herrscht.

Wände, die während der Prüfdauer auf der Feuerseite so stark zermürbt oder zerstört werden, daß hierdurch allein eine wesentliche ausmittige Belastung auftritt, sind in einem weiteren Versuch im Abstand d/3 von der dem Feuer zugekehrten Seite zu belasten.

Mehrschalige Wände sind sinngemäß zu prüfen.

4.3.3 Stoßbeanspruchung

Zur Feststellung der Widerstandsfähigkeit gegen Stoß wird der vor dem Prüfstand eingebaute Probekörper etwa 5 Minuten vor der Beurteilungszeit jeweils zweimal unter der in Abschnitt 4.3.2 angegebenen ausmittigen Belastung p und anschließend jeweils einmal ohne Belastung p – nur bei Wandeigengewicht g – durch einen 200 kg schweren Bleischrotsack mit einer Stoßarbeit von jeweils 3000 Nm auf einer Fläche von etwa 400 cm^2 auf der dem Feuer abgekehrten Seite beansprucht. Die Stöße werden als Pendelstöße ausgeführt. Die Pendellänge soll etwa 3 m betragen.

---

[1]) Nach bauaufsichtlichen Vorschriften sind auch Brandwände zulässig, die nicht allen Anforderungen des Abschnittes 4.2 entsprechen; für diese Brandwände sind weitere Eignungsnachweise zu erbringen (z. B. im Rahmen der Erteilung einer allgemeinen bauaufsichtlichen Zulassung).

[2]) Nach den Bestimmungen des Verbandes der Sachversicherer gelten als „Komplextrennwände“ Brandwände, die abweichend von Abschnitt 4.2.3 der Feuerwiderstandsklasse F 180 angehören und abweichend von Abschnitt 4.2.4 und 4.3.3 unter einer Stoßbeanspruchung von 4000 Nm standsicher und raumabschließend im Sinne von DIN 4102 Teil 2 bleiben; im übrigen gelten die Bestimmungen von DIN 4102 Teil 3, Abschnitt 4.

Die Stoßbeanspruchung soll in der Regel in Wandmitte aufgebracht werden. Sind die Probekörper z. B. durch Stützen oder Riegel ausgesteift, so ist die Beanspruchungsfläche so auszuwählen, daß wenigstens nach einem Brandversuch die nicht ausgesteifte Wandfläche und nach dem anderen Brandversuch die Aussteifung beansprucht werden.

Falls es aufgrund des statischen Systems der Wand oder einer besonderen Verankerungs- oder Befestigungsart erforderlich erscheint, verschiedene Stoßbereiche zu erfassen, muß die Stoßbeanspruchung bei allen interessierenden Bereichen aufgebracht werden; in besonderen Fällen müssen gegebenenfalls zusätzliche Prüfungen stattfinden.

4.3.4 Lagerung der Probekörper bei den Stoßbeanspruchungen

Zur Aufnahme der Stoßbeanspruchungen sind die Probekörper praxisgerecht, höchstens aber zweiseitig zu lagern. Soweit keine besonderen Anschlüsse vorgesehen sind, dürfen bei zweiseitiger Lagerung als lastableitende Auflager die oberen und unteren Ränder der Prüfstandöffnung verwendet werden; sie sind so steif auszubilden, daß sie bei den Stoßbeanspruchungen selbst keine Verformungen erfahren.

4.3.5 Beurteilung nach den Stoßbeanspruchungen

Für die Beurteilung der Probekörper nach den Stoßbeanspruchungen gelten die in Abschnitt 4.2.4 aufgezählten Anforderungen.

4.4 Prüfzeugnis

Über die Durchführung und die Ergebnisse der Prüfungen ist ein Prüfzeugnis auszustellen. Hierfür gilt DIN 4102 Teil 2, Ausgabe September 1977, Abschnitt 8, sinngemäß.

5 Nichttragende Außenwände

5.1 Begriff

Nichttragende[3]) Außenwände im Sinne dieser Norm sind raumhohe, raumabschließende Bauteile wie Außenwandelemente, Ausfachungen usw. – im folgenden kurz Außenwände genannt –, die auch im Brandfall nur durch ihr Eigengewicht beansprucht werden und zu keiner Aussteifung von Bauteilen dienen. Die Bauteile können aber darüber hinaus auch auf ihre Fläche wirkende Windlasten und horizontale Verkehrslasten auf tragende Bauteile, z. B. Wand- oder Deckenscheiben, abtragen.

Zu den nichttragenden Außenwänden rechnen auch

a) brüstungshohe, nichtraumabschließende, nichttragende Außenwandelemente – im folgenden kurz Brüstungen genannt – und

b) schürzenartige, nichtraumabschließende, nichttragende Außenwandelemente – im folgenden kurz Schürzen genannt –,

die jeweils den Überschlagsweg des Feuers an der Außenseite von Gebäuden vergrößern.

5.2 Feuerwiderstandsklassen, Anforderungen

5.2.1 Allgemeines

Es werden die in Tabelle 1 genannten Feuerwiderstandsklassen unterschieden.

Tabelle 1. **Feuerwiderstandsklassen W**

Feuerwiderstandsklasse	Feuerwiderstandsdauer in Minuten
W 30	≧ 30
W 60	≧ 60
W 90	≧ 90
W 120	≧ 120
W 180	≧ 180

5.2.2 Anforderungen an Außenwände

5.2.2.1 Außenwände dürfen bei Brandbeanspruchung von innen bei einer Beflammung nach DIN 4102 Teil 2, Ausgabe September 1977, Abschnitt 6.2.4 (ETK) entsprechend ihrer Feuerwiderstandsklasse nicht zusammenbrechen.

5.2.2.2 Außenwände müssen den Beanspruchungen der Festigkeitsprüfung nach DIN 4102 Teil 2, Ausgabe September 1977, Abschnitt 6.2.9, so widerstehen, daß sie entsprechend ihrer Feuerwiderstandsklasse nicht zusammenbrechen.

5.2.2.3 Außenwände müssen bei Brandbeanspruchung von außen bei einer Beflammung nach Abschnitt 5.3.2 (abgeminderte ETK) entsprechend ihrer Feuerwiderstandsklasse die Anforderungen nach DIN 4102 Teil 2, Ausgabe September 1977, Abschnitt 5, erfüllen.

5.2.3 Anforderungen an Brüstungen[4])

5.2.3.1 Brüstungen, die gemäß Bild 2 und Bild 3 oberhalb der Unterkante der Rohdecke angebracht werden, dürfen bei Brandbeanspruchung von innen bei einer Beflammung nach DIN 4102 Teil 2, Ausgabe September 1977, Abschnitt 6.2.4 (ETK) entsprechend ihrer Feuerwiderstandsklasse nicht zusammenbrechen.

5.2.3.2 Brüstungen müssen den Beanspruchungen der Festigkeitsprüfung nach DIN 4102 Teil 2, Ausgabe September 1977, Abschnitt 6.2.9, so widerstehen, daß sie entsprechend ihrer Feuerwiderstandsklasse nicht zusammenbrechen.

5.2.3.3 Ist im eingebauten Zustand eine senkrechte Fuge zwischen Brüstung und Rohdecke vorhanden, müssen bei Brandbeanspruchung von außen und unten bei einer Beflammung nach DIN 4102 Teil 2, Ausgabe September 1977, Abschnitt 6.2.4 (ETK) entsprechend der Feuerwiderstandsklasse auf der feuerabgekehrten Seite dieser Fuge die Anforderungen nach DIN 4102 Teil 2, Ausgabe September 1977, Abschnitt 5, erfüllt werden.

5.2.3.4 Brüstungen müssen bei Brandbeanspruchung von außen bei einer Beflammung nach Abschnitt 5.3.2 (abgeminderte ETK) entsprechend ihrer Feuerwiderstandsklasse die Anforderungen nach DIN 4102 Teil 2, Ausgabe September 1977, Abschnitt 5, erfüllen.

Bei der Beurteilung der Temperaturerhöhung auf der feuerabgekehrten Seite darf dabei der obere 10 cm breite Randstreifen des Probekörpers unberücksichtigt bleiben.

Werden die Anforderungen bereits bei der Prüfung der senkrechten Fuge erfüllt, ist der Nachweis nach Abschnitt 5.2.3.4 nicht erforderlich.

5.2.4 Anforderungen an Schürzen[4])

5.2.4.1 Schürzen, die gemäß Bild 4 unterhalb der Oberkante der Rohdecke angebracht werden, dürfen bei Brandbeanspruchung von innen und außen bei zwei Prüfungen mit einer Beflammung nach DIN 4102 Teil 2, Ausgabe September 1977, Abschnitt 6.2.4 (ETK) entsprechend ihrer Feuerwiderstandsklasse nicht zusammenbrechen; sie müssen so als Einheit erhalten bleiben, daß der nach bauaufsichtlichen Bestimmungen geforderte Überschlagsweg erhalten bleibt.

5.2.4.2 Ist im eingebauten Zustand eine senkrechte Fuge zwischen Schürze und Rohdecke vorhanden, müssen entsprechend der Feuerwiderstandsklasse auf der feuerabge-

[3]) Bauteile, die Lasten aufnehmen oder Bauteile aussteifen, sind tragende und aussteifende Bauteile, die nach DIN 4102 Teil 2 zu beurteilen sind.

[4]) Nach bauaufsichtlichen Bestimmungen müssen Brüstungen, Schürzen oder Brüstungen in Kombination mit Schürzen bestimmte Mindesthöhen besitzen.

kehrten Seite dieser Fuge die Anforderungen nach DIN 4102 Teil 2, Ausgabe September 1977, Abschnitt 5, erfüllt werden.

5.2.5 Anforderungen an Brüstungen in Kombination mit Schürzen [4])

5.2.5.1 Brüstungen in Kombination mit Schürzen gemäß Bild 5 dürfen bei Brandbeanspruchung von innen bei einer Beflammung der Brüstung nach DIN 4102 Teil 2, Ausgabe September 1977, Abschnitt 6.2.4 (ETK) entsprechend ihrer Feuerwiderstandsklasse nicht zusammenbrechen.

5.2.5.2 Brüstungen in Kombination mit Schürzen müssen den Beanspruchungen der Festigkeitsprüfung nach DIN 4102 Teil 2, Ausgabe September 1977, Abschnitt 6.2.9, so widerstehen, daß sie entsprechend ihrer Feuerwiderstandsklasse nicht zusammenbrechen.

5.2.5.3 Bei Brandbeanspruchung von außen und unten bei einer Beflammung nach DIN 4102 Teil 2, Ausgabe September 1977, Abschnitt 6.2.4 (ETK) müssen entsprechend der Feuerwiderstandsklasse auf der feuerabgekehrten Seite senkrechter Fugen die Anforderungen nach DIN 4102 Teil 2, Ausgabe September 1977, Abschnitt 5, erfüllt werden.

5.2.5.4 Brüstungen in Kombination mit Schürzen müssen bei Brandbeanspruchung von außen bei einer Beflammung nach Abschnitt 5.3.2 (abgeminderte ETK) entsprechend ihrer Feuerwiderstandsklasse im Brüstungsbereich die Anforderungen nach DIN 4102 Teil 2, Ausgabe September 1977, Abschnitt 5, erfüllen. Bei der Beurteilung der Temperaturerhöhung auf der feuerabgekehrten Seite darf dabei der obere 10 cm breite Randstreifen des Prüfkörpers unberücksichtigt bleiben.

Werden die Anforderungen bereits bei der Prüfung nach Abschnitt 5.2.5.3 erfüllt, ist ein weiterer Nachweis nicht erforderlich.

5.3 Prüfungen

5.3.1 Allgemeines

Für die Prüfeinrichtungen, Probekörper und die Durchführung der Prüfungen gilt DIN 4102 Teil 2, Ausgabe September 1977, Abschnitte 6.1 und 6.2 sinngemäß. Insbesondere ist darauf zu achten, daß der Einbau von Außenwänden, Brüstungen und Schürzen entsprechend der Praxis mit Konstruktionsfugen, Anschlüssen und Befestigungsmitteln erfolgt.

Sofern im Prüfstand der nach DIN 4102 Teil 2, Ausgabe September 1977, Abschnitt 6.2.5, geforderte statische Überdruck einzuhalten ist, gelten hinsichtlich der Lage der Druckmeßstellen die Angaben in den Bildern 2 bis 5.

5.3.2 Abgeminderte Temperaturen im Brandraum

Beim Nachweis der Feuerwiderstandsdauer entsprechend der Abschnitte 5.2.2.3, 5.2.3.4 und 5.2.5.4 ist der Brandraum entsprechend der gegenüber der Einheits-Temperaturzeitkurve (ETK) nach DIN 4102 Teil 2 abgeminderten Temperaturzeitkurve nach Bild 1 zu beflammen. Für die zulässigen Abweichungen gilt DIN 4102 Teil 2, Ausgabe September 1977, Abschnitt 6.2.4.

5.3.3 Prüfung von Außenwänden

Außenwände sind sinngemäß wie raumabschließende, nichttragende Wände nach DIN 4102 Teil 2 zu prüfen.

5.3.4 Prüfung von Brüstungen

5.3.4.1 Brüstungen sind entsprechend der Praxis gemäß Bild 2 und Bild 3 in einem Prüfstand einzubauen.

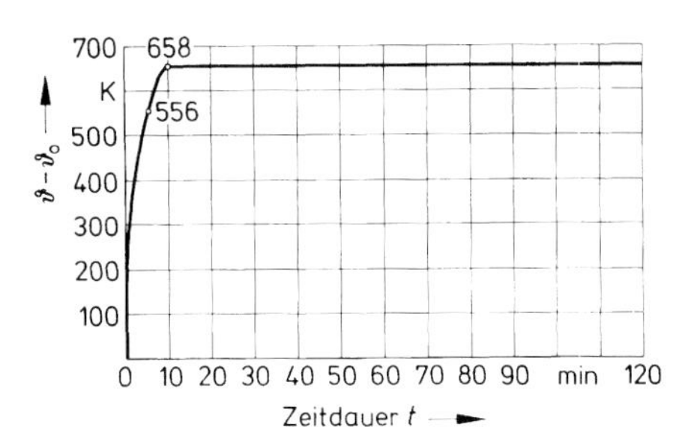

Bild 1. Temperaturzeitkurve (abgeminderte ETK)

Bei Brüstungen, die in der Praxis auf einer Stahlbetonkonstruktion ganz aufgesetzt sind, darf die tragende Konstruktion gemäß Bild 2 durch Mauerwerk ersetzt werden.

Bei Brüstungen mit anderen Unterkonstruktionen sowie bei teilweise oder ganz vorgesetzten Brüstungen gemäß Bild 3 ist die tragende Konstruktion praxisgerecht in einer Breite von ≧ 1,0 m auszuführen.

5.3.4.2 Die Prüfstandsfläche oberhalb der Brüstungen ist so abzudecken, daß der Feuerdurchtritt innerhalb dieser Fläche während der Prüfungen verhindert wird. Die Abdeckung ist so anzuordnen, daß die Probekörper hierdurch weder thermisch noch durch Verformungen zusätzlich beansprucht werden. Die Abdeckung soll jeweils bündig zum Probekörper liegen; der Spalt zwischen der Abdeckung und der Brüstung ist mit Mineralfasern der Baustoffklasse A zu verstopfen.

5.3.5 Prüfung von Schürzen

Schürzen sind entsprechend der Praxis gemäß Bild 4 in einem Prüfstand einzubauen.

Die tragende Konstruktion ist praxisgerecht in einer Breite ≧ 1,0 m auszuführen.

Für die Abdeckung der Prüfstandfläche gilt Abschnitt 5.3.4.2 sinngemäß.

5.3.6 Prüfung von Brüstungen in Kombination mit Schürzen

Brüstungen in Kombination mit Schürzen sind entsprechend der Praxis gemäß Bild 5 in einem Prüfstand einzubauen.

Die tragende Konstruktion ist praxisgerecht in einer Breite ≧ 1,0 m auszuführen.

Für die Abdeckung der Prüfstandsfläche gilt Abschnitt 5.3.4.2 sinngemäß.

Bei der Festigkeitsprüfung nach DIN 4102 Teil 2, Ausgabe September 1977, Abschnitt 6.2.9, sind jeweils die dem Feuer abgekehrten Teile zu beanspruchen.

5.4 Prüfzeugnis

Über die Durchführung und die Ergebnisse der Prüfungen ist ein Prüfzeugnis auszustellen. Hierfür gilt DIN 4102 Teil 2, Ausgabe September 1977, Abschnitt 8, sinngemäß.

---

[4]) Siehe Seite 3.

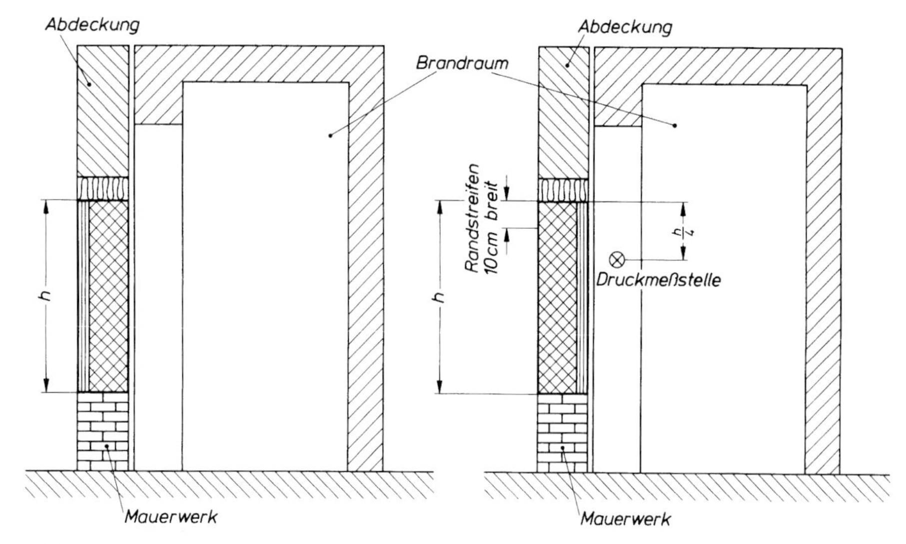

a) beim Brandversuch mit der ETK – siehe Abschnitt 5.2.3.1

b) beim Brandversuch mit abgeminderter ETK – siehe Abschnitt 5.2.3.4

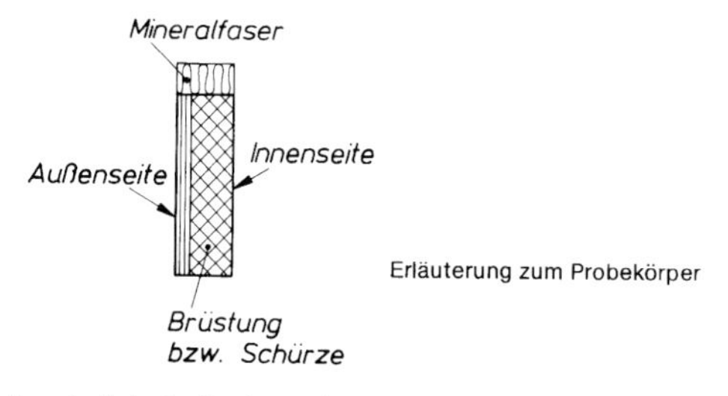

Erläuterung zum Probekörper

Bild 2. Prüfanordnung bei Brüstungen (Schema), die in der Praxis auf einer Stahlbetonkonstruktion ganz aufgesetzt sind.

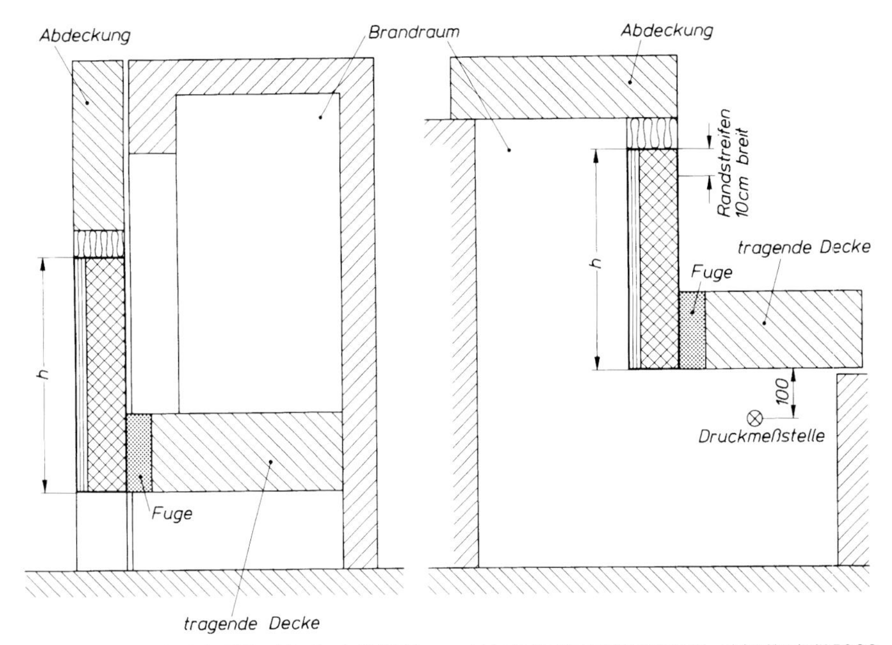

a) beim Brandversuch mit der ETK – siehe Abschnitt 5.2.3.1

b) beim Brandversuch mit der ETK – siehe Abschnitt 5.2.3.3
beim Brandversuch mit abgeminderter ETK – siehe Abschnitt 5.2.3.4

Bild 3. Prüfanordnung bei Brüstungen (Schema), die in der Praxis teilweise oder ganz vor der tragenden Decke angeordnet sind (Erläuterungen zum Probekörper siehe Bild 2).

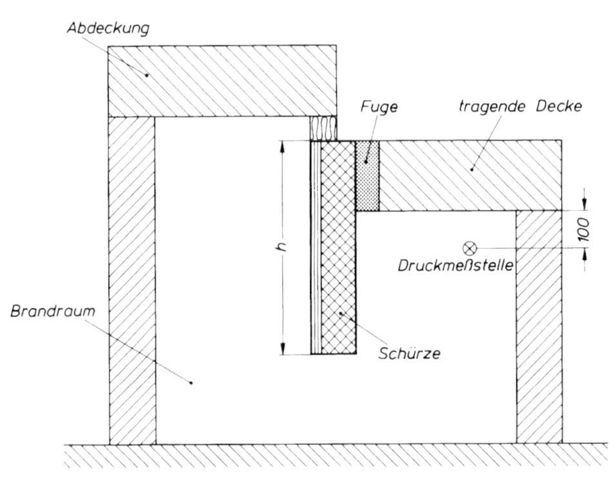

Bild 4. Prüfanordnung bei Schürzen (Schema) beim Brandversuch mit der ETK – siehe Abschnitt 5.2.4 (Erläuterungen zum Probekörper siehe Bild 2).

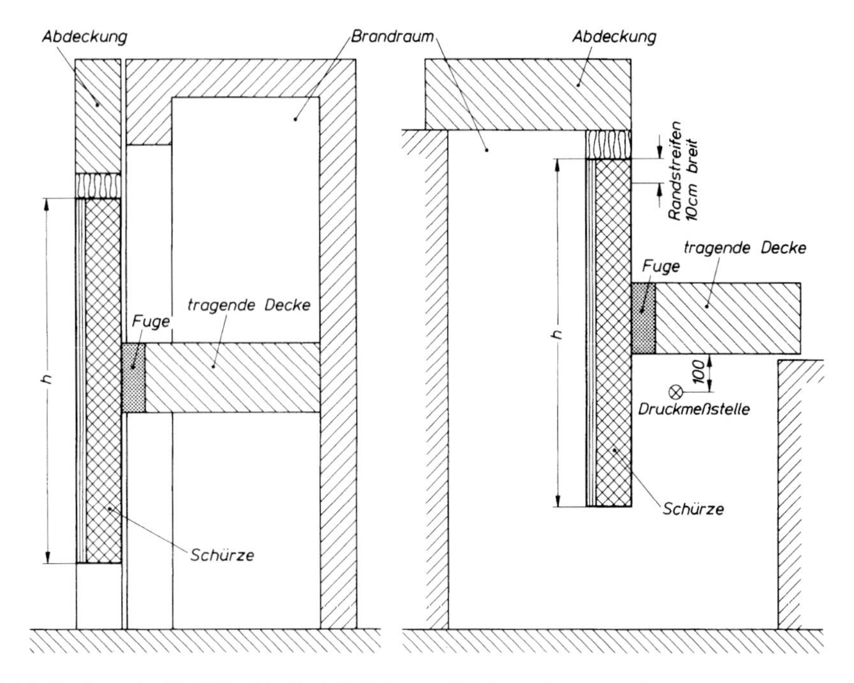

a) beim Brandversuch mit der ETK – siehe Abschnitt 5.2.5.1

b) beim Brandversuch mit der ETK – siehe Abschnitt 5.2.5.3
beim Brandversuch mit abgeminderter ETK – siehe Abschnitt 5.2.5.4

Bild 5. Prüfanordnung bei Brüstungen in Kombination mit Schürzen (Schema)

Erläuterungen

Im bauaufsichtlichem Verfahren werden z. Z. nur Prüfzeugnisse über Prüfungen von folgenden Prüfanstalten anerkannt:

1. Bundesanstalt für Materialprüfung (BAM)
   Unter den Eichen 87
   1000 Berlin 45

2. Institut für Baustoffkunde und Stahlbetonbau der Technischen Universität Braunschweig
   Amtliche Materialprüfanstalt für das Bauwesen
   Beethovenstraße 52
   3300 Braunschweig

3. Staatliches Materialprüfungsamt Nordrhein-Westfalen
   Marsbruchstraße 186
   4600 Dortmund 41 (Aplerbeck)

4. Institut für Holzforschung der Universität München
   Winzererstraße 45
   8000 München 40

5. Amtliche Forschungs- und Materialprüfungsanstalt für das Bauwesen
   – Otto-Graf-Institut –
   Universität Stuttgart
   Pfaffenwaldring 4
   7000 Stuttgart 80 (Vaihingen)

DK 699.81 : 691.001.33 : 614.841.332 Gekürzt März 1994

Brandverhalten von Baustoffen und Bauteilen
Zusammenstellung und Anwendung klassifizierter Baustoffe, Bauteile und Sonderbauteile

DIN 4102 Teil 4

Fire behaviour of building materials and components; Synopsis and application of classified building materials, components and special components

Comportement au feu des matériaux et composants de construction; Tableau synoptique et application des matériaux, composants et composants spéciaux de construction classifiés

Ersatz für Ausgabe 03.81

Die gekürzte Wiedergabe dieser Norm beschränkt sich auf den Abdruck des Inhaltsverzeichnisses, des Geltungsbereiches, der klassifizierten Baustoffe und Wände sowie der Abschnitte oder Teile davon, die die Verlegung elektrischer Leitungen betreffen. Alle anderen Abschnitte siehe Originalfassung der Norm.

Die Normen der Reihe DIN 4102 haben im Laufe ihrer mehr als 60jährigen Geschichte eine ständige Weiterentwicklung und Aufgliederung erfahren. Einen Überblick auf dem Stand vom Mai 1981 vermittelt das Beiblatt 1 zu DIN 4102. Es ist beabsichtigt, dieses Beiblatt zu überarbeiten und in Kürze neu herauszugeben.

Eine aktuelle Aufstellung aller Teile der Normen der Reihe DIN 4102 enthält der Abschnitt „Zitierte Normen und andere Unterlagen" auf Seite 144.

Die in dieser Norm genannten Beton- und Baustähle wurden mit den bisher geltenden (national genormten) Bezeichnungen, Benennungen und Kennbuchstaben und -zahlen — z. B. St 37 — in dieser Norm aufgeführt. Wegen anderer (zukünftig geltender) Bezeichnungen siehe Erläuterungen, Aufzählung, Seite 149.

Maße in mm

Fortsetzung Seite 2 bis 149

Normenausschuß Bauwesen (NABau) im DIN Deutsches Institut für Normung e.V.

Inhalt

1 Allgemeines

1.1 Anwendungsbereich

1.1.1 Die Norm enthält Angaben über Baustoffe, Bauteile und Sonderbauteile, die nach ihrem Brandverhalten auf der Grundlage von Prüfungen nach DIN 4102 Teil 1[1]), Teil 2, Teil 3, Teil 5, Teil 6, Teil 7, Teil 11, Teil 13, Teil 17 und Teil 18 klassifiziert wurden.

Für Baustoffe, Bauteile und Sonderbauteile, die in dieser Norm erfaßt sind, ist der Nachweis über das Brandverhalten damit erbracht.

Wegen der Einflußgrößen auf die Feuerwiderstandsdauer und die Möglichkeit der Interpolation siehe Abschnitt 1.2.

1.1.2 Die Angaben dieser Norm beziehen sich im allgemeinen nur auf Baustoffe, Bauteile und Sonderbauteile, deren Eigenschaften auf der Grundlage der zitierten Normen beurteilt werden können.

Für Baustoffe, Bauteile und Sonderbauteile, die nicht behandelt sind, ist das Brandverhalten durch Prüfungen nach DIN 4102 Teil 1 bis Teil 3 bzw. Teil 5 bis Teil 18 nachzuweisen; wegen der Zulassungsbedürftigkeit von Bauprodukten siehe Bauregelliste A.

1.1.3 Die Angaben aller folgenden Abschnitte in dieser Norm gelten nur in brandschutztechnischer Sicht. Aus den für die Bauteile gültigen technischen Baubestimmungen können sich weitergehende Anforderungen ergeben — z. B. hinsichtlich Mindestabmessungen, Betondeckung der Bewehrung aus Korrosionsgründen, aus Gründen der Bauphysik o. ä.

1.2 Grundlagen zur Brandschutzbemessung

1.2.1 Die Feuerwiderstandsdauer und damit auch die Feuerwiderstandsklasse eines Bauteils hängen im wesentlichen von folgenden Einflüssen ab:

a) Brandbeanspruchung (ein- oder mehrseitig),

b) verwendeter Baustoff oder Baustoffverbund,

c) Bauteilabmessungen (Querschnittsabmessungen, Schlankheit, Achsabstände usw.),

d) bauliche Ausbildung (Anschlüsse, Auflager, Halterungen, Befestigungen, Fugen, Verbindungsmittel usw.),

e) statisches System (statisch bestimmte oder unbestimmte Lagerung, 1achsige oder 2achsige Lastabtragung, Einspannungen usw.),

f) Ausnutzungsgrad der Festigkeiten der verwendeten Baustoffe infolge äußerer Lasten und

g) Anordnung von Bekleidungen (Ummantelungen, Putze, Unterdecken, Vorsatzschalen usw.).

1.2.2 Die in den Abschnitten 3 bis 8 angegebenen Feuerwiderstandsklassen gelten immer nur in Abhängigkeit von den aufgezählten Einflußgrößen a) bis g) — das heißt von den in den Abschnitten 3 bis 8 jeweils angegebenen Randbedingungen bzw. Voraussetzungen.

1.2.3 Sofern die Mindestbauteilabmessungen in den Abschnitten 3 bis 8 in Abhängigkeit von der Spannung angegeben werden, dürfen Zwischenwerte für Wanddikken, Balkenbreiten, Balkenhöhen und Stützendicken durch geradlinige Interpolation ermittelt werden.

1.3 Feuerwiderstand von Gesamtkonstruktionen

Die Klassifizierung von Einzelbauteilen nach den Abschnitten 3 bis 8 setzt voraus, daß die Bauteile, an denen die klassifizierten Einzelbauteile angeschlossen werden, mindestens derselben Feuerwiderstandsklasse angehören; ein Träger gehört z. B. nur dann einer bestimmten Feuerwiderstandsklasse an, wenn auch die Auflager — z. B. Konsolen —, Unterstützungen — z. B. Stützen oder Wände — sowie alle statisch bedeutsamen Aussteifungen und Verbände der entsprechenden Feuerwiderstandsklasse angehören.[2])

2 Klassifizierte Baustoffe

2.1 Allgemeines

Die in dieser Norm angegebenen Baustoffklassen gelten nur für die genannten Baustoffe oder Baustoffverbunde. Nichtgenannte Verbunde, z. B. Verbunde von Baustoffen der Klasse B mit anderen Baustoffen der Klasse A oder B nach DIN 4102 Teil 1, können ein anderes Brandverhalten und damit eine andere Baustoffklasse besitzen.

ANMERKUNG: Wegen der Kennzeichnungspflicht für die Baustoffe siehe DIN 4102 Teil 1.

2.2 Baustoffe der Klasse A

ANMERKUNG: Die Baustoffklasse A bleibt bei den in den Abschnitten 2.2.1 und 2.2.2 genannten Baustoffen auch dann erhalten, wenn sie oberflächlich mit Anstrichen auf Dispersions- oder Alkydharzbasis oder mit üblichen Papier-Wandbekleidungen (Tapeten) versehen sind.

2.2.1 Baustoffe der Klasse A 1

Zur Baustoffklasse A 1 gehören:

a) Sand, Kies, Lehm, Ton und alle sonstigen in der Natur vorkommenden bautechnisch verwendbaren Steine.

b) Mineralien, Erden, Lavaschlacke und Naturbims.

c) Aus Steinen und Mineralien durch Brenn- und/oder Blähprozesse gewonnene Baustoffe, wie Zement, Kalk, Gips, Anhydrit, Schlacken-Hüttenbims, Blähton, Blähschiefer sowie Blähperlite und -vermiculite, Schaumglas.

d) Mörtel, Beton, Stahlbeton, Spannbeton, Porenbeton, Leichtbeton, Steine und Bauplatten aus mineralischen Bestandteilen, auch mit üblichen Anteilen von Mörtel- oder Betonzusatzmitteln — siehe DIN 1053 Teil 1, DIN 1045 und DIN 18 550 Teil 2.

e) Mineralfasern ohne organische Zusätze.

f) Ziegel, Steinzeug und keramische Platten.

g) Glas.

h) Metalle und Legierungen in nicht fein zerteilter Form mit Ausnahme der Alkali- und Erdalkalimetalle und ihrer Legierungen.

2.2.2 Baustoffe der Klasse A 2

Zur Baustoffklasse A 2 gehören:

Gipskartonplatten nach DIN 18 180 mit geschlossener Oberfläche.

---

[1]) Unter Berücksichtigung von DIN 4102 Teil 14, Teil 15 und Teil 16.

[2]) Weitere Angaben siehe z. B. [1].

2.3 Baustoffe der Klasse B

2.3.1 Baustoffe der Klasse B 1

Zur Baustoffklasse B 1 gehören:

a) Holzwolle-Leichtbauplatten (HWL-Platten) nach DIN 1101[3]).

b) Mineralfaser-Mehrschicht-Leichtbauplatten (Mineralfaser-ML-Platten) nach DIN 1101 aus einer Mineralfaserschicht und einer ein- oder beidseitigen Schicht aus mineralisch gebundener Holzwolle[3]).

c) Gipskartonplatten nach DIN 18 180 mit gelochter Oberfläche.

d) Kunstharzputze nach DIN 18 558 mit ausschließlich mineralischen Zuschlägen auf massivem mineralischem Untergrund.

e) Wärmedämmputzsysteme nach DIN 18 550 Teil 3.

f) Rohre und Formstücke aus

— weichmacherfreiem Polyvinylchlorid (PVC-U) nach DIN 19 531 mit einer Wanddicke (Nennmaß) ≤ 3,2 mm,

— chloriertem Polyvinylchlorid (PVCC) nach DIN 19 538 mit einer Wanddicke (Nennmaß) ≤ 3,2 mm,

— Polypropylen (PP) nach DIN V 19 560.

g) Fußbodenbeläge:

— Eichen-Parkett aus Parkettstäben sowie Parkettriemen nach DIN 280 Teil 1 und Mosaik-Parkett-Lamellen nach DIN 280 Teil 2, jeweils auch mit Versiegelungen.

— Bodenbeläge aus Flex-Platten nach DIN 16 950 und PVC-Bodenbeläge nach DIN 16 951, jeweils aufgeklebt mit handelsüblichen Klebern auf massivem mineralischem Untergrund.

— Gußasphaltestrich nach DIN 18 560 Teil 1 ohne weiteren Belag bzw. ohne weitere Beschichtung.

— Walzasphalt nach DIN 55 946 Teil 1/12.83, Nr 3.2, und DIN 18 317/09.88, Abschnitt 3.3.1, ohne weiteren Belag und ohne weitere Beschichtung.

2.3.2 Baustoffe der Klasse B 2

Zur Baustoffklasse B 2 gehören:

a) Holz sowie genormte Holzwerkstoffe, soweit in Abschnitt 2.3.2 nicht aufgeführt, mit einer Rohdichte ≥ 400 kg/m³ und einer Dicke > 2 mm oder mit einer Rohdichte von ≥ 230 kg/m³ und einer Dicke > 5 mm.

b) Genormte Holzwerkstoffe, soweit in Abschnitt 2.3.2 nicht aufgeführt, mit einer Dicke > 2 mm, die vollflächig durch eine nicht thermoplastische Verbindung mit Holzfurnieren oder mit dekorativen Schichtpreßstoffplatten nach DIN EN 438 Teil 1 beschichtet sind.

c) Kunststoffbeschichtete dekorative Flachpreßplatten nach DIN 68 765 mit einer Dicke ≥ 4 mm.

d) Kunststoffbeschichtete dekorative Holzfaserplatten nach DIN 68 751 mit einer Dicke ≥ 3 mm.

e) Dekorative Schichtpreßstoffplatten nach DIN EN 438 Teil 1.

f) Gipskarton-Verbundplatten nach DIN 18 184.

g) Hartschaum-Mehrschicht-Leichtbauplatten (Hartschaum-ML-Platten) nach DIN 1101 aus einer Hartschaumschicht und einer ein- oder beidseitigen Schicht aus mineralisch gebundener Holzwolle[3]).

h) Tafeln aus weichmacherfreiem Polyvinylchlorid nach DIN 16 927.

i) Rohre und Formstücke aus

— weichmacherfreiem Polyvinylchlorid (PVC-U) nach DIN 8061 mit einer Wanddicke (Nennmaß) > 3,2 mm,

— Polypropylen (PP) nach DIN 8078,

— Polyethylen hoher Dichte (PE-HD) nach DIN 8075 und DIN 19 535 Teil 2,

— Styrol-Copolymerisaten (ABS/ASA/PVC) nach DIN 19 561,

— Acrylnitril-Butadien-Styrol (ABS) oder Acrylester-Styrol-Acrylnitril (ASA) nach DIN 16 890.

j) Gegossene Tafeln aus Polymethylmethacrylat (PMMA) nach DIN 16 957 mit einer Dicke ≥ 2 mm.

k) Polystyrol-(PS-)Formmassen nach DIN 7741 Teil 1, ungeschäumt, plattenförmig, mit einer Dicke ≥ 1,6 mm.

l) Gießharzformstoffe nach DIN 16 946 Teil 2 auf Basis von Epoxidharzen oder von ungesättigten Polyesterharzen.

m) Polyethylen-(PE-)Formmassen nach DIN 16 776 Teil 1, ungeschäumt, mit einer Rohdichte ≤ 940 kg/m³ und einer Dicke ≥ 1,4 mm sowie mit einer Rohdichte > 940 kg/m³ und einer Dicke ≥ 1,0 mm.

n) Polypropylen-(PP-)Formmassen nach DIN 16 774 Teil 1, ungeschäumt, Typ PP-B, M, mit einer Dicke ≥ 1,4 mm.

o) Polyamid-(PA-)Formmassen nach DIN 16 773 Teil 1 und Teil 2 mit einer Dicke ≥ 1,0 mm.

p) Fugendichtstoffe im Sinne von DIN EN 26 927, ungeschäumt, auf der Basis Polyurethan ohne Teer- oder Bitumenzusätze sowie Polysulfid, Silikon und Acrylat, jeweils im eingebauten Zustand zwischen Baustoffen mindestens der Klasse B 2.

q) Fußbodenbeläge auf beliebigem Untergrund:

— Bodenbeläge aus Flex-Platten nach DIN 16 950 (z. Z. Entwurf),

— PVC-Beläge nach DIN 16 951 und DIN 16 952 Teil 1 bis Teil 4,

— homogene und heterogene Elastomer-Beläge nach DIN 16 850,

— Elastomer-Beläge mit profilierter Oberfläche nach DIN 16 852,

— Linoleum-Beläge nach DIN 18 171 und DIN 18 173,

— textile Fußbodenbeläge nach DIN 66 090 Teil 1.

r) Hochpolymere Dach- und Dichtungsbahnen nach DIN 16 729, DIN 16 730, DIN 16 731, DIN 16 734, DIN 16 735, DIN 16 737, DIN 16 935, DIN 16 937 und DIN 16 938.

s) Bitumen-, Dach- und Dichtungsbahnen nach DIN 18 190 Teil 4, DIN 52 128, DIN 52 130, DIN 52 131, DIN 52 132, DIN 52 133 und DIN 52 143.

ANMERKUNG: Sofern es für bestimmte Anwendungsfälle erforderlich ist, ist der Nachweis, daß Bitumen-, Dach- und Dichtungsbahnen nicht „brennend abfallen", gesondert zu führen. Das brennende Abfallen, festgestellt bei Prüfungen nach DIN 4102 Teil 1, ist mit dem „brennenden Ablaufen", festgestellt bei Prüfungen nach DIN 4102 Teil 7, nicht gleichzusetzen.

t) Kleinflächige Bestandteile von Bauprodukten (z. B. in oder an Feuerstätten oder Feuerungseinrichtungen).

u) Elektrische Leitungen.

---

[3]) Die Platten können auch ein- oder beidseitig mit mineralischem Porenverschluß der Holzwollestruktur als Oberflächen-Beschichtung versehen werden.

3 Klassifizierte Betonbauteile mit Ausnahme von Wänden

(Klassifizierte Wände siehe Abschnitt 4)

3.4 Feuerwiderstandsklassen von Decken aus Stahlbeton- und Spannbetonplatten aus Normalbeton und Leichtbeton mit geschlossenem Gefüge nach DIN 4219 Teil 1 und Teil 2

3.4.1 Anwendungsbereich, Brandbeanspruchung

3.4.1.1 Die Angaben von Abschnitt 3.4 gelten für von unten oder von oben beanspruchte Stahlbeton- und Spannbetondecken aus Normalbeton sowie für gleichzustellende Dächer nach den folgenden Abschnitten von DIN 1045/07.88:

a) Abschnitt 19.7.6 — Fertigplatten mit statisch mitwirkender Ortbetonschicht,

b) Abschnitt 20.1 — Platten und

c) Abschnitt 22 — punktförmig gestützte Platten.

Die Angaben von Abschnitt 3.4 gelten sinngemäß auch für Balkendecken ohne Zwischenbauteile mit ebener Deckenuntersicht nach DIN 1045/07.88, Abschnitt 19.7.7.

Für Decken aus Leichtbeton mit geschlossenem Gefüge nach DIN 4219 Teil 1 und Teil 2 gelten die Randbedingungen von Abschnitt 3.4.6.

3.4.1.2 Bekleidungen an der Deckenunterseite — z. B. Holzschalungen — und die Anordnung von Fußbodenbelägen oder Bedachungen auf der Decken- bzw. Dachoberseite sind bei den klassifizierten Decken bzw. Dächern ohne weitere Nachweise erlaubt; gegebenenfalls sind bei Verwendung von Baustoffen der Klasse B jedoch bauaufsichtliche Anforderungen zu beachten.

3.4.1.3 Durch die klassifizierten Decken dürfen elektrische Leitungen vereinzelt durchgeführt werden, wenn der verbleibende Lochquerschnitt mit Mörtel oder Beton nach DIN 1045 vollständig verschlossen wird.

ANMERKUNG: Für die Durchführung von gebündelten elektrischen Leitungen sind Abschottungen erforderlich, deren Feuerwiderstandsklasse durch Prüfungen nach DIN 4102 Teil 9 nachzuweisen ist; ihre Brauchbarkeit ist besonders nachzuweisen — z. B. im Rahmen der Erteilung einer allgemeinen bauaufsichtlichen Zulassung.

3.4.2 Mindestdicken von Platten ohne Hohlräume[2]

3.4.2.1 Unbekleidete Stahlbeton- und Spannbetonplatten aus Normalbeton ohne Hohlräume müssen unabhängig von der Anordnung eines Estrichs die in Tabelle 9, Zeilen 1 bis 1.2, angegebenen Mindestdicken besitzen; bei punktförmig gestützten Platten müssen die Mindestwerte nach Zeile 2 eingehalten werden.

3.4.2.2 Sofern Estriche bei Platten nach Tabelle 9, Zeilen 1 bis 1.2, brandschutztechnisch berücksichtigt werden sollen, müssen die Mindestdicken für Platten und Estriche nach Tabelle 9, Zeilen 3 bis 6, eingehalten werden. Dämmschichten von schwimmenden Estrichen müssen bei Bemessung nach Tabelle 9, Zeilen 5 bis 5.2, DIN 18 165 Teil 2/03.87, Abschnitt 2.2, entsprechen, mindestens der Baustoffklasse B 2 angehören und eine Rohdichte $\geq 30\ kg/m^3$ aufweisen.

3.4.2.3 Sofern Bekleidungen bei Platten nach Tabelle 9, Zeilen 1 bis 1.2 und 3 bis 6, brandschutztechnisch berücksichtigt werden sollen, gelten die Mindestwerte von Zeilen 7 bis 7.3.

3.4.3 Mindestdicken von Platten mit Hohlräumen[2]

3.4.3.1 Stahlbeton- und Spannbetonplatten aus Normalbeton mit Hohlräumen ($a/h_i > 1$; Formelzeichen siehe Bild 8) ohne brennbare Bestandteile müssen die in Tabelle 10, Zeilen 1 bis 1.2, angegebenen Mindestdicken besitzen; bei Hohlräumen mit Baustoffen der Baustoffklasse B — z. B. bei Anordnung von Füllkörpern — müssen die Mindestwerte nach den Zeilen 2 bis 2.2 eingehalten werden.

Stahlbetonhohldielen nach DIN 1045/07.88, Abschnitt 19.7.9, werden in Abschnitt 3.5 behandelt.

3.4.3.2 Der Quotient A_{Netto}/b errechnet sich aus der Nettoquerschnittsfläche und der dazugehörigen Breite nach den Angaben von Bild 8.

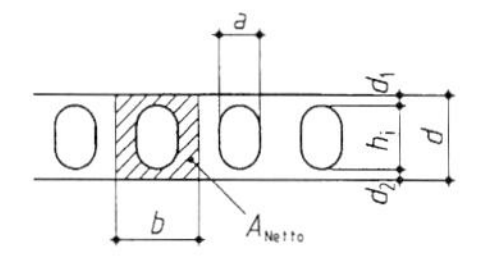

Bild 8: Beispiel für A_{Netto} und b bei Decken mit Hohlräumen

3.4.3.3 Sofern Bekleidungen brandschutztechnisch berücksichtigt werden sollen, gelten für die Dicke d_2 die Mindestwerte nach Tabelle 10, Zeilen 3 bis 3.3.

4 Klassifizierte Wände

4.1 Grundlagen zur Bemessung von Wänden

4.1.1 Wandarten, Wandfunktionen

4.1.1.1 Aus der Sicht des Brandschutzes wird zwischen nichttragenden und tragenden sowie raumabschließenden und nichtraumabschließenden Wänden unterschieden, vergleiche DIN 1053 Teil 1.

4.1.1.2 Nichttragende Wände sind scheibenartige Bauteile, die auch im Brandfall überwiegend nur durch ihre Eigenlast beansprucht werden und auch nicht der Knickaussteifung tragender Wände dienen; sie müssen aber auf ihre Fläche wirkende Windlasten auf tragende Bauteile, z. B. Wand- oder Deckenscheiben, abtragen.

Die im folgenden angegebenen Klassifizierungen gelten nur dann, wenn auch die die nichttragenden Wände aussteifenden Bauteile in ihrer aussteifenden Wirkung ebenfalls mindestens der entsprechenden Feuerwiderstandsklasse angehören.

4.1.1.3 Tragende Wände sind überwiegend auf Druck beanspruchte scheibenartige Bauteile zur Aufnahme vertikaler Lasten, z. B. Deckenlasten, sowie horizontaler Lasten, z. B. Windlasten.

Aussteifende Wände sind scheibenartige Bauteile zur Aussteifung des Gebäudes oder zur Knickaussteifung tragender Wände; sie sind hinsichtlich des Brandschutzes wie tragende Wände zu bemessen.

[2]) Siehe Seite 4.

4.1.1.4 Als **raumabschließende Wände** gelten z. B. Wände in Rettungswegen, Treppenraumwände, Wohnungstrennwände und Brandwände. Sie dienen zur Verhinderung der Brandübertragung von einem Raum zum anderen. Sie werden nur 1seitig vom Brand beansprucht.

Als raumabschließende Wände gelten ferner Außenwandscheiben mit einer Breite > 1,0 m. Raumabschließende Wände können tragende oder nichttragende Wände sein.

4.1.1.5 Nichtraumabschließende, tragende Wände sind tragende Wände, die 2seitig — im Falle teilweiser oder ganz freistehender Wandscheiben auch 3- oder 4seitig — vom Brand beansprucht werden, siehe auch DIN 4102 Teil 2/09.77, Abschnitt 5.2.5.

Als **Pfeiler** und **kurze Wände** aus Mauerwerk gelten Querschnitte, die aus weniger als zwei ungeteilten Steinen bestehen oder deren Querschnittsfläche < 0,10 m² ist — siehe auch DIN 1053 Teil 1/02.90, Abschnitt 7.2.1.

Als **nichtraumabschließende Wandabschnitte** aus Mauerwerk gelten Querschnitte, deren Fläche ≥ 0,10 m² und deren Breite ≤ 1,0 m ist.

4.1.1.6 2schalige Außenwände mit oder ohne Dämmschicht oder Luftschicht aus Mauerwerk sind Wände, die durch Anker verbunden sind und deren innere Schale tragend und deren äußere Schale nichttragend ist.

4.1.1.7 2schalige Haustrennwände bzw. Gebäudeabschlußwände mit oder ohne Dämmschicht bzw. Luftschicht aus Mauerwerk sind Wände, die nicht miteinander verbunden sind und daher keine Anker besitzen. Bei tragenden Wänden bildet jede Schale für sich jeweils das Endauflager einer Decke bzw. eines Daches.

4.1.1.8 Stürze, Balken, Unterzüge usw. über Wandöffnungen sind für eine ≥ 3seitige Brandbeanspruchung zu bemessen.

4.1.2 Wanddicken, Wandhöhen

4.1.2.1 Die im folgenden angegebenen Mindestdicken d beziehen sich, soweit nicht anderes angegeben ist, immer auf die unbekleidete Wand oder auf eine unbekleidete Wandschale.

4.1.2.2 Die maximalen Wandhöhen ergeben sich aus den Normen DIN 1045, DIN 1052 Teil 1 und Teil 2, DIN 1053 Teile 1 bis 4, DIN 4103 Teile 1 bis 4 und DIN 18183.

4.1.3 Bekleidungen, Dampfsperren

Bei den in Abschnitt 4 klassifizierten Wänden ist die Anordnung von zusätzlichen Bekleidungen — Bekleidungen aus Stahlblech ausgenommen —, z. B. Putz oder Verblendung, erlaubt; gegebenenfalls sind bei Verwendung von Baustoffen der Klasse B jedoch bauaufsichtliche Anforderungen zu beachten.

Dampfsperren beeinflussen die in Abschnitt 4 angegebenen Feuerwiderstandsklassen — Benennungen nicht.

4.1.4 Anschlüsse, Fugen

4.1.4.1 Die Angaben von Abschnitt 4 gelten für Wände, die sich von Rohdecke bis Rohdecke spannen.

> ANMERKUNG: Werden raumabschließende Wände z. B. an Unterdecken befestigt oder auf Doppelböden gestellt, so ist die Feuerwiderstandsklasse durch Prüfungen nachzuweisen — siehe unter anderem auch DIN 4102 Teil 2/09.77, Abschnitt 6.2.2.3.

4.1.4.2 Anschlüsse nichttragender Massivwände müssen nach DIN 1045, DIN 1053 Teil 1 und DIN 4103 Teil 1 (z. B. als Verbandsmauerwerk oder als Stumpfstoß mit Mörtelfuge ohne Anker) oder nach den Angaben von Bild 17 bzw. Bild 18 ausgeführt werden.[5])

4.1.4.3 Anschlüsse tragender Massivwände müssen nach DIN 1045 oder DIN 1053 Teil 1 (z. B. als Verbandsmauerwerk) oder nach den Angaben von Bild 19 bzw. Bild 20 ausgeführt werden.[5])

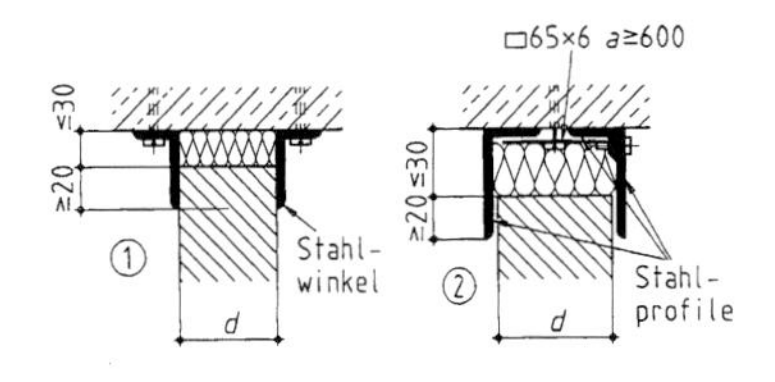

Bild 17: Anschlüsse Wand — Decke nichttragender Massivwände, Ausführungsmöglichkeiten 1 und 2

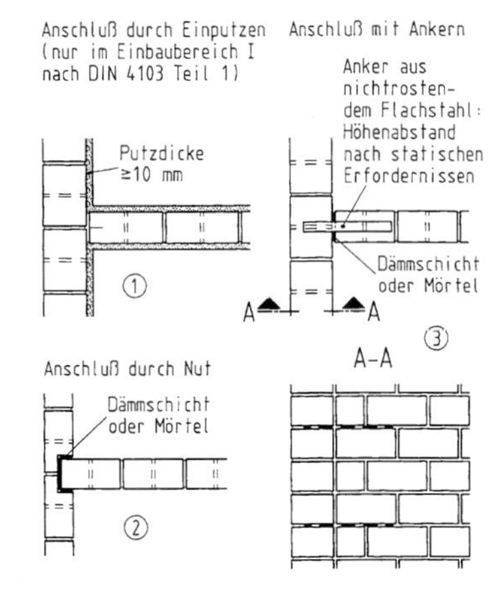

Bild 18: Anschlüsse Wand (Pfeiler/Stütze) — Wand nichttragender Massivwände (Beispiel Mauerwerk, Ausführungsmöglichkeiten 1 bis 3)

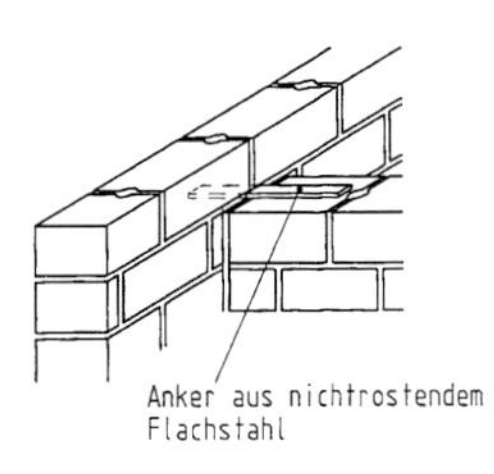

Bild 19: Stumpfstoß Wand — Wand tragender Wände, Beispiel Mauerwerk

---

5) Weitere Angaben siehe z. B [1] und [5].

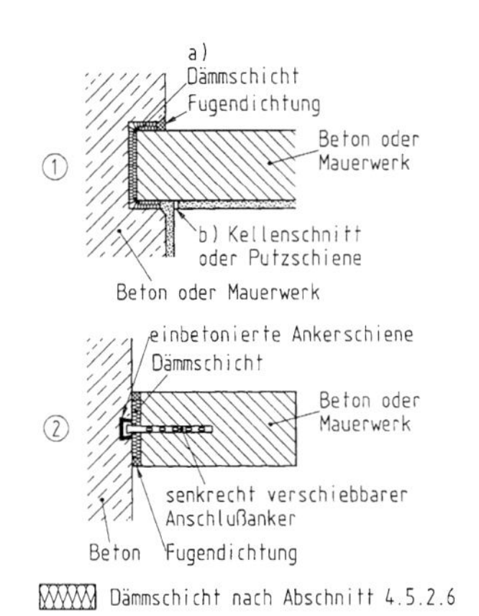

Bild 20: Gleitender Stoß Wand (Stütze) — Wand tragender Wände, Ausführungsmöglichkeiten 1 und 2

4.1.5 2schalige Wände

Die Angaben nach Tabelle 45 für 2schalige Brandwände beziehen sich nicht auf den Feuerwiderstand einer einzelnen Wandschale, sondern stets auf den Feuerwiderstand der gesamten 2schaligen Wand.

Stützen, Riegel, Verbände usw., die zwischen den Schalen 2schaliger Wände angeordnet werden, sind für sich allein zu bemessen.

4.1.6 Einbauten und Installationen

4.1.6.1 Abgesehen von den Ausnahmen nach den Abschnitten 4.1.6.2 bis 4.1.6.4, beziehen sich die Feuerwiderstandsklassen der in Abschnitt 4 klassifizierten Wände stets auf Wände ohne Einbauten.

4.1.6.2 Steckdosen, Schalterdosen, Verteilerdosen usw. dürfen bei raumabschließenden Wänden nicht unmittelbar gegenüberliegend eingebaut werden; diese Einschränkung gilt nicht für Wände aus Beton oder Mauerwerk mit einer Gesamtdicke = Mindestdicke + Bekleidungsdicke ≥ 140 mm. Im übrigen dürfen derartige Dosen an jeder beliebigen Stelle angeordnet werden; bei Wänden aus Beton, Mauerwerk oder Wandbauplatten mit einer Gesamtdicke < 60 mm dürfen nur Aufputzdosen verwendet werden.

Bei Wänden in Montage- oder Tafelbauart dürfen brandschutztechnisch notwendige Dämmschichten im Bereich derartiger Dosen auf 30 mm zusammengedrückt werden.

4.1.6.3 Durch die in Abschnitt 4 klassifizierten raumabschließenden Wände dürfen vereinzelt elektrische Leitungen durchgeführt werden, wenn der verbleibende Lochquerschnitt mit Mörtel nach DIN 18 550 Teil 2 oder Beton nach DIN 1045 vollständig verschlossen wird.

> ANMERKUNG: Für die Durchführung von gebündelten elektrischen Leitungen sind Abschottungen erforderlich, deren Feuerwiderstandsklasse durch Prüfungen nach DIN 4102 Teil 9 nachzuweisen ist; es sind weitere Eignungsnachweise, z. B. im Rahmen der Erteilung einer allgemeinen bauaufsichtlichen Zulassung, erforderlich.

4.1.6.4 Wenn in raumabschließenden Wänden mit bestimmter Feuerwiderstandsklasse Verglasungen oder Feuerschutzabschlüsse mit bestimmter Feuerwiderstandsklasse eingebaut werden sollen, ist die Eignung dieser Einbauten in Verbindung mit der Wand nach DIN 4102 Teil 5 bzw. Teil 13 nachzuweisen; es sind weitere Eignungsnachweise erforderlich — z. B. im Rahmen der Erteilung einer allgemeinen bauaufsichtlichen Zulassung. Ausgenommen hiervon sind die in den Abschnitten 8.2 bis 8.4 zusammengestellten Konstruktionen, für deren Einbau die einschlägigen Norm- oder Zulassungsbestimmungen zu beachten sind.

5 Klassifizierte Holzbauteile mit Ausnahme von Wänden

(Klassifizierte Wände siehe Abschnitt 4)

5.1 Grundlagen zur Bemessung von Holzbauteilen

5.1.1 Grundlagen für die Bemessung von Holzbauteilen sind DIN 1052 Teil 1 und Teil 2 sowie DIN 4074 Teil 1, auf die die Angaben von Abschnitt 5 aufbauen.[8])

5.1.2 Zur Ausführung von Verbindungen werden in Abschnitt 5.8 weitere Angaben gemacht.

5.2 Feuerwiderstandsklassen von Decken in Holztafelbauart

5.2.1 Anwendungsbereich, Brandbeanspruchung

5.2.1.1 Die Angaben von Abschnitt 5 gelten für von unten oder oben beanspruchte Decken in Holztafelbauart nach DIN 1052 Teil 1. Es wird zwischen Decken mit (brandschutztechnisch) notwendiger und nicht notwendiger Dämmschicht unterschieden — siehe Abschnitt 5.2.4.

5.2.1.2 Bei den klassifizierten Decken ist die Anordnung zusätzlicher Bekleidungen — Bekleidungen aus Stahlblech ausgenommen — an der Deckenunterseite und die Anordnung von Fußbodenbelägen auf der Deckenoberseite ohne weitere Nachweise erlaubt.

5.2.1.3 Durch die klassifizierten Decken dürfen einzelne elektrische Leitungen durchgeführt werden, wenn der verbleibende Lochquerschnitt mit Gips oder ähnlichem vollständig verschlossen wird.

5.2.2 Holzrippen

5.2.2.1 Die Rippen müssen aus Bauschnittholz nach DIN 4074 Teil 1, Sortierklasse S 10 oder S 13 bzw. MS 10, MS 13 oder MS 17, bestehen.

5.2.2.2 Die Rippenbreite muß mindestens 40 mm betragen — siehe auch die Angaben in den Tabellen 56 bis 59. Im übrigen gilt für die Bemessung DIN 1052 Teil 1.

5.2.3 Beplankungen/Bekleidungen

5.2.3.1 Als untere Beplankungen bzw. Bekleidungen — siehe auch Schema-Skizzen in den Tabellen 56 bis 59 — können verwendet werden:

---

[8]) Die Feuerwiderstandsdauer tragender, nichtraumabschließender Bauteile, wie Balken, Stützen und Zugglieder, kann bei allgemeingültig vereinbarten Abbrandgeschwindigkeiten rechnerisch ermittelt werden — weitere Angaben hierzu siehe z. B. [3].

Beplankungen/Bekleidungen

a) Sperrholz nach DIN 68 705 Teil 3 oder Teil 5,

b) Spanplatten nach DIN 68 763,

c) Holzfaserplatten nach DIN 68 754 Teil 1; Bekleidungen,

d) Gipskarton-Bauplatten GKB und GKF nach DIN 18 180,

e) Gipskarton-Putzträgerplatten (GKP) nach DIN 18 180,

f) Fasebretter aus Nadelholz nach DIN 68 122,

g) Stülpschalungsbretter aus Nadelholz nach DIN 68 123,

h) Profilbretter mit Schattennut nach DIN 68 126 Teil 1,

i) gespundete Bretter aus Nadelholz nach DIN 4072,

k) Holzwolle-Leichtbauplatten nach DIN 1101,

l) Deckenplatten aus Gips nach DIN 18 169 und

m) Drahtputzdecken nach DIN 4121.

5.2.3.2 Als obere Beplankungen oder Schalungen — siehe auch Schema-Skizzen in den Tabellen 56 bis 59 — können verwendet werden:

a) Sperrholzplatten nach DIN 68 705 Teil 3 oder Teil 5,

b) Spanplatten nach DIN 68 763 und

c) gespundete Bretter aus Nadelholz nach DIN 4072.

5.2.3.3 Alle Platten und Bretterschalungen müssen eine geschlossene Fläche besitzen. Die Rohdichte der Holzwerkstoffplatten muß ≥ 600 kg/m³ sein — siehe auch die Angaben in den Tabellen 56 bis 59.

5.2.3.4 Alle Platten und Bretter sind auf Holzrippen dicht zu stoßen. Eine Ausnahme hiervon bilden jeweils dicht gestoßene Längsränder von Brettern sowie die Längsränder von Gipskartonplatten, wenn die Fugen nach DIN 18 181 verspachtelt sind; dies gilt sinngemäß auch für die Längsränder von Holzwolle-Leichtbauplatten. Ränder von Holzwerkstoffplatten, deren Stöße nicht auf Holzrippen liegen, sind mit Nut und Feder oder über die Spundung dicht zu stoßen. Bei Deckenplatten aus Gips sind die Stöße nach den Angaben von DIN 18 169 auszubilden.

Bei mehrlagigen Beplankungen und/oder Bekleidungen sind die Stöße zu versetzen. Beispiele für Stoßausbildungen sind in Bild 46 wiedergegeben.

5.2.3.5 Dampfsperren beeinflussen die in Abschnitt 5 angegebenen Feuerwiderstandsklassen nicht.

5.2.3.6 Gipskarton-Bauplatten sind nach DIN 18 181 mit Schnellschrauben, Klammern oder Nägeln (vergleiche Abschnitt 4.10.2.3) zu befestigen.

5.2.3.7 Bei Bekleidungen an der Deckenunterseite darf zwischen den Holzrippen und der Bekleidung eine Lattung — Grundlattung oder Grund- und Feinlattung, auch in Form von Metallschienen nach DIN 18 181 — angeordnet werden. Für Stöße, Fugen und Befestigungen der Bekleidung gelten die Angaben von Abschnitt 5.2.3.4.

6 Klassifizierte Stahlbauteile

6.5 Feuerwiderstandsklassen von Stahlträger- und Stahlbetondecken mit Unterdecken [9])

6.5.1 Anwendungsbereich, Brandbeanspruchung

6.5.1.1 Die Angaben von Abschnitt 6.5 gelten für von unten (Unterseite der Unterdecke) oder von oben (Oberseite der tragenden Decke) beanspruchte **Stahlträgerdecken** mit Unterdecken sowie für gleichzustellende Dächer mit nachfolgend beschriebenen Merkmalen.

Die **Stahlträger** nach DIN 18 800 Teil 1 liegen im Zwischendeckenbereich zwischen Unterdecke und Abdeckung; sie bilden mit der Abdeckung die tragende Decke und dürfen aus Vollwandträgern, Fachwerkträgern oder auch Gitterträgern bestehen, sofern die Träger und Fachwerk- oder Gitterstäbe nach Abschnitt 6.1.3 einen U/A-Wert $\leq 300\ \mathrm{m}^{-1}$ besitzen.

Die **Unterdecke** nach DIN 18 168 Teil 1 schützt die Stahlträger vor raumseitiger Brandbeanspruchung von unten — das heißt vor Brandbeanspruchung von der Unterdeckenseite. Die Unterdecke selbst kann so ausgebildet sein, daß sie allein bei Brandbeanspruchung von unten einer Feuerwiderstandsklasse angehört — siehe Abschnitt 6.5.7.

Die **Abdeckung** nach DIN 1045, DIN 4028 oder DIN 4223 ist mindestens 5 cm dick und schützt die Stahlträger vor Brandbeanspruchung von oben. Die Abdeckung beeinflußt das Brandverhalten der Unterdecke. Es wird unterschieden in:

a) Abdeckung aus **Leichtbeton** (Bauart I) und

b) Abdeckung aus **Normalbeton** (Bauart II).

Entsprechend dem Prüfverfahren nach DIN 4102 Teil 2 gelten die Feuerwiderstandsklassen von Stahlträgerdecken mit Unterdecken mit einer Abdeckung aus Leichtbeton auch für Stahlbeton- und Spannbetondecken bzw. -dächer mit Zwischenbauteilen aus Leichtbeton oder Ziegeln nach

— DIN 4028 und DIN 4223 (siehe Abschnitt 3.5),
— DIN 4159 (siehe Abschnitte 3.9 und 3.10) und
— DIN 4158 und DIN 4160 (siehe Abschnitt 3.10) und
— DIN 278 (siehe Abschnitt 3.11),

jeweils mit einer Unterdecke der beschriebenen Art.

Entsprechend dem Prüfverfahren gelten die Feuerwiderstandsklassen von Stahlträgerdecken mit Unterdecken mit einer Abdeckung aus Normalbeton auch für **Stahlbeton- und Spannbetondecken bzw. -dächer** aus Normalbeton mit und ohne Zwischenbauteilen aus Normalbeton (Bauart III), jeweils mit einer Unterdecke der beschriebenen Art. Wegen des günstigeren Brandverhaltens von Stahlbetondecken gegenüber Stahlträgerdecken kann die Bemessung der Unterdecke in bestimmten Fällen jedoch mit geringeren Abmessungen erfolgen — siehe Abschnitte 6.5.2 bis 6.5.6.

Für die Bemessung der Abdeckungen bzw. tragenden Decken gelten die Abschnitte 3.4 bis 3.11.

Für die Bemessung der Unterdecke gelten die Abschnitte 6.5.2 bis 6.5.7.

6.5.1.2 Die Angaben von Abschnitt 6.5 gelten nicht für eine **Brandbeanspruchung des Zwischendeckenbereichs**, sie gelten deshalb auch nicht für eine Klassifizierung der Unterdecken bei Brandbeanspruchung von oben.

---

[9]) Siehe Seite 111.

Die Angaben setzen daher voraus, daß sich im Zwischendeckenbereich zwischen Rohdecke und Unterdecke mit Ausnahme der Teile, die zur Unterdeckenkonstruktion gehören, keine brennbaren Bestandteile befinden.

Als unbedenklich gelten außerdem Kabelisolierungen oder Baustoffe, sofern die dadurch entstehende Brandlast möglichst gleichmäßig verteilt und ≤ 7 kWh/m² ist.[2])[10]) Sofern Kabelbündel, Rohrisolierungen, Leitungen, Dämmschichten usw. aus Bestandteilen der Baustoffklasse B mit einer Brandlast > 7 kWh/m² vorhanden sind oder sofern die Unterdecke bei Brandbeanspruchung von oben einer Feuerwiderstandsklasse angehören soll, ist die Eignung der Unterdecken durch Prüfungen nach DIN 4102 Teil 2/09.77, Abschnitte 4.1, 6.2.2.5 und 7.2.1, nachzuweisen.

6.5.1.3 Die Angaben von Abschnitt 6.5 gelten nur für **unbelastete Unterdecken** — das heißt, abgesehen vom Eigengewicht dürfen die nachfolgend beschriebenen Unterdecken, auch im Brandfall, nicht belastet werden.

Im Zwischendeckenbereich verlegte Leitungen — z. B. Kabel und Rohre —, sonstige Installationen usw. müssen an der tragenden Decke (Rohdecke) mit Baustoffen der Baustoffklasse A daher so befestigt werden, daß die beschriebenen Unterdecken im Klassifizierungszeitraum nicht belastet werden.

6.5.1.4 Die Angaben von Abschnitt 6.5 gelten nur für **Unterdecken ohne Einbauten**. Einbauten, wie z. B. Einbauleuchten, klimatechnische Geräte oder andere Bauteile, die in der Unterdecke angeordnet sind und diese aufteilen oder unterbrechen, heben die brandschutztechnische Wirkung der Unterdecken auf.

6.5.1.5 Durch die klassifizierten Decken dürfen **einzelne elektrische Leitungen** durchgeführt werden, wenn der verbleibende Lochquerschnitt mit Gips oder ähnlichem oder im Fall der Rohdecke mit Beton nach DIN 1045 vollständig verschlossen wird.

ANMERKUNG: Für die Durchführung von gebündelten elektrischen Leitungen sind Abschottungen erforderlich, deren Feuerwiderstandsklasse durch Prüfungen nach DIN 4102 Teil 9 nachzuweisen ist; es sind weitere Eignungsnachweise, z. B. im Rahmen der Erteilung einer allgemeinen bauaufsichtlichen Zulassung, erforderlich.

6.5.1.6 Die Klassifizierung der Rohdecken mit Unterdecken (Bauarten I bis III) geht nicht verloren, wenn durch die Unterdecken **Abhänger** — z. B. für Lampen — durchgeführt werden und der Durchführungsquerschnitt für den Abhänger an der Unterdecke nicht wesentlich größer als der Abhängequerschnitt ist.

Erlaubt ist auch die Durchführung von Rohren für Sprinkler.

Bei Unterdecken, die bei Brandbeanspruchung von unten allein einer Feuerwiderstandsklasse angehören (siehe Abschnitt 6.5.7), ist die Durchführung von Abhängern nur erlaubt, wenn ausreichende Maßnahmen gegen eine Überschreitung der maximal zulässigen Temperaturerhöhung auf der dem Feuer abgekehrten Seite getroffen werden. Die Feuerwiderstandsklasse ist in diesen Fällen durch Prüfungen nach DIN 4102 Teil 2 nachzuweisen.

[2]) Siehe Seite 4.

[10]) Siehe Seite 119.

6.5.1.7 Die Angaben von Abschnitt 6.5 gelten nur für geschlossene, **an Massivwände angrenzende Unterdecken,** deren Anschlüsse dicht ausgeführt werden.

Sofern die Unterdecken an leichte Trennwände angrenzen oder sofern leichte Trennwände von unten oder oben — das heißt raumseitig oder vom Zwischendeckenbereich — angeschlossen werden sollen, ist die Eignung der Unterdecken und Anschlüsse durch Prüfungen nach DIN 4102 Teil 2/09.77, Abschnitte 4.1, 6.2.2.3, 7.1 und 7.2, nachzuweisen.

6.5.1.8 Die Klassifizierungen gelten nur für nicht **zusätzlich bekleidete Unterdecken**. Zusätzliche Bekleidungen der Unterdecken — insbesondere Blechbekleidungen — können die brandschutztechnische Wirkung der Unterdecken aufheben.

6.5.1.9 Die Klassifizierungen werden durch übliche **Anstriche oder Beschichtungen sowie Dampfsperren** bis zu etwa 0,5 mm Dicke nicht beeinträchtigt. Bei dickeren Beschichtungen kann die brandschutztechnische Wirkung der Unterdecken verlorengehen.

Stahlträgerbekleidungen nach Abschnitt 6.2 und die Anordnung von Fußbodenbelägen oder Bedachungen auf der Oberseite der tragenden Decken bzw. Dächer sind bei den nachfolgend klassifizierten Decken bzw. Dächern ohne weitere Nachweise erlaubt; gegebenenfalls sind bei Verwendung von Baustoffen der Klasse B jedoch bauaufsichtliche Anforderungen zu beachten.

6.5.1.10 Dämmschichten im Zwischendeckenbereich können die Feuerwiderstandsdauer der nachfolgend klassifizierten Decken beeinflussen; es wird im folgenden daher zwischen

a) Decken ohne Dämmschicht und

b) Decken mit Dämmschicht

im Zwischendeckenbereich unterschieden.

6.5.2 Decken der Bauarten I bis III mit hängenden Drahtputzdecken nach DIN 4121

Stahlträgerdecken und Stahlbeton- bzw. Spannbetondekken der Bauarten I bis III nach den Angaben von Abschnitt 6.5.1, jeweils mit hängenden Drahtputzdecken nach DIN 4121, müssen die in Tabelle 96 angegebenen Bedingungen erfüllen.

Trennstreifen — z. B. Papierstreifen — müssen ≤ 0,5 mm dick sein.

[10]) Der Anteil von Isolierstoff- und Füllstoffmengen am Gewicht eines Kabels liegt je nach Ausführung und Durchmesser zwischen 40 % und 70 %. Unter Zugrundelegung der Heizwerte für PVC mit 5,7 kWh/kg (untere Grenze) und Kautschuk mit 13,6 kWh/kg (obere Grenze) ergeben sich je kg Kabel etwa 2,5 kWh bis 9 kWh.

Ein NYM-Kabel 3 × 1,5 mit PVC-Isolierung besitzt z. B. eine Brandlast von $q \sim 0{,}8$ kWh/m; wegen weiterer Brandlastangaben siehe z. B. Verband der Sachversicherer, Köln, bzw. Beiblatt 1 zu DIN VDE 0108 Teil 1.

Rohrabmessungen können z. B. DIN 8062 und DIN 8078 entnommen werden.

Wegen der Heizwerte siehe Beiblatt 1 zu DIN V 18 230 Teil 1.

8.5 Feuerwiderstandsklassen von Lüftungsleitungen

8.5.1 Anwendungsbereich

8.5.1.1 Die Angaben von Abschnitt 8.5 gelten für Lüftungsleitungen, die nach DIN 4102 Teil 6 den Feuerwiderstandsklassen L 30 bis L 120 zugeordnet werden können. Sie gelten nicht für Entrauchungsleitungen.

ANMERKUNG: Um eine Übertragung von Feuer und Rauch in andere Geschosse oder Brandabschnitte zu verhindern, sind neben den Konstruktionsgrundsätzen für Lüftungsleitungen mit bestimmter Feuerwiderstandsklasse noch weitere konstruktive Details über die Ausbildung des Lüftungsleitungsnetzes sowie über die Beschaffenheit und Anordnung anderer Bauteile der Lüftungsanlage — z. B. nach den bauaufsichtlichen Richtlinien für die brandschutztechnischen Anforderungen an Lüftungsanlagen in Gebäuden — zu beachten.

Bei Anordnung von Absperrvorrichtungen sind darüber hinaus die besonderen Bestimmungen von Prüfbescheiden von Absperrvorrichtungen zu beachten.

8.5.1.2 Die Klassifizierungen in Abschnitt 8.5 setzen voraus, daß Decken, Balken, Träger usw., an denen Lüftungsleitungen befestigt oder aufgelagert werden, mindestens den entsprechenden Feuerwiderstandsklassen F 30 bis F 120 angehören.

8.5.2 Lüftungsschächte aus Leichtbetonformstücken

8.5.2.1 Lüftungsschächte aus Leichtbetonformstücken erfüllen unter Beachtung der Angaben von Abschnitt 8.5.2 die Anforderungen der Feuerwiderstandsklasse L 90, wenn die Formstücke bezüglich der Zuschläge, der Bindemittel, des Betongefüges und der Rohdichte DIN 18 150 Teil 1 entsprechen und mit Mörtel der Mörtelgruppe II, IIa oder III nach DIN 1053 Teil 1 errichtet werden. Vollwandige Wangen und Zungen müssen mindestens 50 mm, Wangen und Zungen mit Zellen mindestens 80 mm dick sein.

8.5.2.2 Decken, die die Schächte unterbrechen, müssen einschließlich ihrer Dämmschichten im Bereich der Durchführungen aus Baustoffen der Baustoffklasse A bestehen.

8.5.2.3 Abschlüsse von Öffnungen in Schachtwänden müssen mindestens der notwendigen Feuerwiderstandsklasse der Schachtwände entsprechen.

8.5.2.4 Lüftungsleitungen, die in Schächte eingefügt werden, sind an den Eintrittsstellen voll einzumörteln.

8.5.3 Lüftungskanäle aus Leichtbetonformstücken

Für Lüftungskanäle aus Leichtbetonformstücken gilt Abschnitt 8.5.2 sinngemäß, wenn die Formstücke auf dem Erdboden oder auf massiven Bauteilen aufliegen.

8.5.4 Lüftungsschächte aus Wänden nach Abschnitt 4

8.5.4.1 Als Lüftungsschächte der Feuerwiderstandsklassen L 30 bis L 120 gelten Schächte, die durch Wände aus Baustoffen der Baustoffklasse A, mindestens der entsprechenden Feuerwiderstandsklassen nach Abschnitt 4 gebildet werden. Sofern die Schachtwände nicht als Massivwände ausgeführt werden, ist die Luft in Leitungen aus Baustoffen der Baustoffklasse A zu führen.

ANMERKUNG: Andere Wände können nur verwendet werden, wenn durch Prüfzeugnis die Eignung als Schachtwand bestätigt wird.

8.5.4.2 Nichttragende Schachtwände sind geschoßweise zu errichten und so anzuordnen — z. B. in der Nähe tragender Wände —, daß durch Deckenverformungen keine Kräfte in sie eingeleitet werden.

8.5.4.3 Für Decken, die die Schächte unterbrechen, für Abschlüsse von Öffnungen in Schachtwänden und für Lüftungsleitungen, die in Schächte eingeführt werden, gelten die Randbedingungen der Abschnitte 8.5.2.2 bis 8.5.2.4.

8.5.5 Lüftungskanäle aus Wänden nach Abschnitt 4 und Decken nach den Abschnitten 3.4 bis 3.11

Für Lüftungskanäle aus Wänden nach Abschnitt 4 gilt Abschnitt 8.5.4 sinngemäß, wenn die Wände auf dem Erdboden oder auf massiven Bauteilen aufliegen; die obere Begrenzung der Kanäle ist durch Decken nach den Abschnitten 3.4 bis 3.11 herzustellen.

8.5.6 Lüftungsschächte aus Formstücken für Hausschornsteine

Lüftungsschächte erfüllen die Anforderungen der Feuerwiderstandsklasse L 90, wenn sie aus Schornsteinformstücken nach DIN 18 150 Teil 1 hergestellt sind; die Schornsteinformstücke müssen die Bedingungen für „Schornsteine für regelmäßige Anforderungen" nach DIN 18 160 Teil 1 erfüllen.

8.6 Installationsschächte und -kanäle sowie Leitungen in Installationsschächten und -kanälen

8.6.1 Installationsschächte und -kanäle müssen unter Beachtung der Angaben von Abschnitt 8.6 wie Lüftungsleitungen nach den Angaben der Abschnitte 8.5.1 bis 8.5.6 ausgeführt werden.

8.6.2 Durch Schacht- bzw. Kanalwände durchgeführte Leitungen sind im Bereich der Wände voll einzumörteln, sofern nicht Durchführungen verwendet werden, die allgemein bauaufsichtlich zugelassen sind.

8.6.3 Installationsschächte und -kanäle, in denen sich brennbare Stoffe — z. B. Dämmstoffe, Leitungen oder Isolierungen aus Baustoffen der Baustoffklasse B — befinden (geringe Mengen von Baustoffen der Baustoffklasse B, wie z. B. Rohrschellen, bleiben außer Betracht), müssen in jeder Decke mit einem mindestens 200 mm dicken Mörtelverguß abgeschottet werden.

Leerrohre, die diesen Mörtelverguß durchdringen, dürfen keinen größeren Durchmesser als 120 mm besitzen, müssen mindestens 200 mm lang und nach dem Einziehen von Leitungen oder, wenn sie nicht benutzt werden, dicht mit Baustoffen der Baustoffklasse A ausgestopft sein.

ANMERKUNG: Abschottungen in Höhe jeder Decke sind nicht erforderlich, wenn alle Leitungen am Eintritt in den Schacht durch Abschottungen gesichert werden, deren brandschutztechnische Eignung, z. B. durch eine bauaufsichtliche Zulassung, nachgewiesen ist.

8.6.4 Brennstoffleitungen in Installationsschächten und -kanälen müssen aus Baustoffen der Baustoffklasse A bestehen.

In Installationsschächten und -kanälen mit Brennstoffleitungen dürfen Leitungen aus Baustoffen der Baustoffklasse B oder Leitungen, die Stoffe mit Temperaturen von mehr als 100 °C führen, nicht verlegt werden.

Installationsschächte und -kanäle mit den Leitungen nach Abschnitt 8.6 müssen längs gelüftet sein.

8.7 Gegen Flugfeuer und strahlende Wärme widerstandsfähige Bedachungen

8.7.1 Anwendungsbereich

8.7.1.1 Die zusammengestellten Bedachungen gelten als Bedachungen, die nach DIN 4102 Teil 7 unabhängig von der Dachneigung gegen Flugfeuer und strahlende Wärme widerstandsfähig sind.

8.7.1.2 Die Angaben gelten auch für senkrechte oder annähernd senkrechte Bedachungen — z. B. Bedachungen von Traufenbereichen, Ortgängen usw. —, wenn die senkrechten oder annähernd senkrechten Flächen eine Höhe $\leq$ 100 cm aufweisen.

8.7.1.3 Die Feuerwiderstandsklassen von Dächern nach DIN 4102 Teil 2 sind den Abschnitten 3, 5, 6 und 7 zu entnehmen.

8.7.2 Zusammenstellung widerstandsfähiger Bedachungen

1) Bedachungen aus natürlichen und künstlichen Steinen der Baustoffklasse A sowie aus Beton und Ziegeln.

2) Bedachungen mit oberster Lage aus mindestens 0,5 mm dickem Metallblech (z. B. auch Kernverbundelemente nach DIN 53 290 mit Deckschichten aus Blech). Das Blech darf sichtseitig kunststoffbeschichtet sein.

3) Fachgerecht verlegte Bedachungen auf tragenden Konstruktionen gleich welcher Art, auch auf Zwischenschichten aus Wärmedämmstoffen, mindestens der Baustoffklasse B 2, mit

- Bitumen-Dachbahnen nach DIN 52 128,
- Bitumen-Dachdichtungsbahnen nach DIN 52 130,
- Bitumen-Schweißbahnen nach DIN 52 131,
- Glasvlies-Bitumen-Dachbahnen nach DIN 52 143.

Die Bedachung mit diesen Bahnen muß mindestens 2lagig sein.

Bei mit PS-Hartschaum gedämmten Dächern muß eine Bahn eine Trägereinlage aus Glasvlies oder Glasgewebe aufweisen; Kaschierungen von Rolldämmbahnen mit Glasvlieseinlagen zählen hierbei nicht.

4) Beliebige Bedachungen mit vollständig bedeckender, mindestens 5 cm dicker Schüttung aus Kies 16/32 oder mit Bedeckung aus mindestens 4 cm dicken Betonwerksteinplatten oder anderen mineralischen Platten.

Muster-Richtlinie über brandschutztechnische Anforderungen an Leitungsanlagen[1] (Muster-Leitungsanlagen-Richtlinie MLAR)

Stand: 17.11.2005

Inhalt:

1 Geltungsbereich

[1]Diese Richtlinie gilt für

a) Leitungsanlagen in notwendigen Treppenräumen, in Räumen zwischen notwendigen Treppenräumen und Ausgängen ins Freie, in notwendigen Fluren ausgenommen in offenen Gängen vor Außenwänden,
b) die Führung von Leitungen durch raumabschließende Bauteile (Wände und Decken),
c) den Funktionserhalt von elektrischen Leitungsanlagen im Brandfall.

[2]Sie gilt nicht für Lüftungs- und Warmluftheizungsanlagen. [3]Für Lüftungsanlagen ist die Musterrichtlinie über die brandschutztechnischen Anforderungen an Lüftungsanlagen (M-LüAR) zu beachten. [4]Die Mus-

[1] Die Verpflichtungen aus der Richtlinie 98/34/EG des Europäischen Parlaments und des Rates vom 22. Juni 1998 über ein Informationsverfahren auf dem Gebiet der Normen und technischen Vorschriften und der Vorschriften für die Dienste der Informationsgesellschaft (Abl. EG Nr. L 204 S. 37), zuletzt geändert durch die Richtlinie 98/48/EG des Europäischen Parlamentes und des Rates vom 20. Juli 1998 (Abl. EG Nr. L 217 S. 18), sind beachtet.

terrichtlinie über brandschutztechnische Anforderungen an hochfeuerhemmende Bauteile in Holzbauweise (M-HFHHolzR) bleibt unberührt.

2 Begriffe

2.1 [1]Leitungsanlagen

sind Anlagen aus Leitungen, insbesondere aus elektrischen Leitungen oder Rohrleitungen, sowie aus den zugehörigen Armaturen, Hausanschlusseinrichtungen, Messeinrichtungen, Steuer- Regel- und Sicherheitseinrichtungen, Netzgeräten, Verteilern und Dämmstoffen für die Leitungen. [2]Zu den Leitungen gehören deren Befestigungen und Beschichtungen. [3]Lichtwellenleiter-Kabel und elektrische Kabel gelten als elektrische Leitungen.

2.2 Elektrische Leitungen mit verbessertem Brandverhalten

sind Leitungen, die die Prüfanforderungen nach DIN 4102-1:1998-05 in Verbindung mit DIN 4102-16:1998-05 Baustoffklasse B 1 (schwerentflammbare Baustoffe), auch in Verbindung mit einer Beschichtung, erfüllen und eine nur geringe Rauchentwicklung aufweisen.

2.3 Medien

im Sinne dieser Richtlinie sind Flüssigkeiten, Dämpfe, Gase und Stäube.

3 Leitungsanlagen in Rettungswegen

3.1 Grundlegende Anforderungen

3.1.1 [1]Gemäß § 40 Abs. 2 MBO sind Leitungsanlagen in

a) notwendigen Treppenräumen gemäß § 35 Abs. 1 MBO,
b) Räumen zwischen notwendigen Treppenräumen und Ausgängen ins Freie gemäß § 35 Abs. 3 Satz 3 MBO und
c) notwendigen Fluren gemäß § 36 Abs. 1 MBO

nur zulässig, wenn eine Nutzung als Rettungsweg im Brandfall ausreichend lang möglich ist. [2]Diese Voraussetzung ist erfüllt, wenn die Leitungsanlagen in diesen Räumen den Anforderungen der Abschnitte 3.1.2 bis 3.5.6 entsprechen.

3.1.2 Leitungsanlagen dürfen in tragende, aussteifende oder raumabschließende Bauteile sowie in Bauteile von Installationsschächten und -kanälen nur so weit eingreifen, dass die erforderliche Feuerwiderstandsfähigkeit erhalten bleibt.

3.1.3 In Sicherheitstreppenräumen gemäß § 33 Abs. 2 Satz 3 MBO und in Räumen zwischen Sicherheitstreppenräumen und Ausgängen ins Freie sind nur Leitungsanlagen zulässig, die ausschließlich der unmittelbaren Versorgung dieser Räume oder der Brandbekämpfung dienen.

3.2 Elektrische Leitungsanlagen

3.2.1 [1]Elektrische Leitungen müssen

a) einzeln oder nebeneinander angeordnet voll eingeputzt,
b) in Schlitzen von massiven Bauteilen, die mit mindestens 15 mm dickem mineralischem Putz auf nichtbrennbarem Putzträger oder mit mindestens 15 mm dicken Platten aus mineralischen Baustoffen verschlossen werden,
c) innerhalb von mindestens feuerhemmenden Wänden in Leichtbauweise, jedoch nur Leitungen, die ausschließlich der Versorgung der in und an der Wand befindlichen elektrischen Betriebsmitteln dienen,
d) in Installationsschächten und -kanälen nach Abschnitt 3.5,
e) über Unterdecken nach Abschnitt 3.5,
f) in Unterflurkanälen nach Abschnitt 3.5 oder
g) in Systemböden (siehe hierzu die Richtlinie über brandschutztechnische Anforderungen an Systemböden)

verlegt werden.

[2]Sie dürfen offen verlegt werden, wenn sie

a) nichtbrennbar sind (z.B. Leitungen nach DIN EN 60702-1(VDE 0284 Teil 1):2002-11),
b) ausschließlich der Versorgung der Räume und Flure nach Abschnitt 3.1.1 dienen oder
c) Leitungen mit verbessertem Brandverhalten in notwendigen Fluren von Gebäuden der Gebäudeklassen 1 bis 3, deren Nutzungseinheiten eine Fläche von jeweils 200 m² nicht überschreiten und die keine Sonderbauten sind.

[3]Außerdem dürfen in notwendigen Fluren einzelne kurze Stichleitungen offen verlegt werden. [4]Werden für die offene Verlegung nach Satz 2 Elektro-Installationskanäle oder -rohre (siehe DIN EN 50085-1 (VDE 0604 Teil 1):1998-04 und DIN EN 50086-1 (VDE 0605 Teil 1):1994-05) verwendet, so müssen diese aus nichtbrennbaren Baustoffen bestehen.

3.2.2 Messeinrichtungen und Verteiler

Messeinrichtungen und Verteiler sind abzutrennen gegenüber

a) notwendigen Treppenräumen und Räumen zwischen notwendigen Treppenräumen und Ausgängen ins Freie durch mindestens feuerhemmende Bauteile aus nichtbrennbaren Baustoffen; Öffnungen in diesen Bauteilen sind durch mindestens feuerhemmende Abschlüsse mit umlaufender Dichtung zu verschließen;
b) notwendigen Fluren durch Bauteile aus nichtbrennbaren Baustoffen mit geschlossenen Oberflächen; Öffnungen in diesen Bauteilen sind mit Abschlüssen aus nichtbrennbaren Baustoffen mit geschlossenen Oberflächen zu verschließen.

3.3 Rohrleitungsanlagen für nichtbrennbare Medien

3.3.1 Die Rohrleitungsanlagen einschließlich der Dämmstoffe aus nichtbrennbaren Baustoffen - auch mit brennbaren Dichtungs- und Verbindungsmitteln und mit brennbaren Rohrbeschichtungen bis 0,5 mm Dicke - dürfen offen verlegt werden.

3.3.2 Die Rohrleitungsanlagen aus brennbaren Baustoffen oder mit brennbaren Dämmstoffen müssen

a) in Schlitzen von massiven Wänden, die mit mindestens 15 mm dickem mineralischem Putz auf nichtbrennbarem Putzträger oder mit mindestens 15 mm dicken Platten aus mineralischen Baustoffen verschlossen werden,
b) in Installationsschächten und -kanälen nach Abschnitt 3.5,
c) über Unterdecken nach Abschnitt 3.5,
d) in Unterflurkanälen nach Abschnitt 3.5 oder
e) in Systemböden

verlegt werden.

3.4 Rohrleitungsanlagen für brennbare oder brandfördernde Medien

3.4.1 [1]Die Rohrleitungsanlagen müssen einschließlich ihrer Dämmstoffe aus nichtbrennbaren Baustoffen bestehen. [2]Dies gilt nicht

a) für deren Dichtungs- und Verbindungsmittel,
b) für Rohrbeschichtungen bis 0,5 mm Dicke,
c) für Rohrbeschichtungen bis 2 mm Dicke bei Rohrleitungsanlagen, die nach Abschnitt 3.4.2 Satz1 verlegt sind.

3.4. 2 [1] Die Rohrleitungsanlagen müssen

a) einzeln mit mindestens 15 mm Putzüberdeckung voll eingeputzt oder
b) in Installationsschächten oder –kanälen nach Abschnitt 3.5.1 in Verbindung mit 3.5.5 verlegt

werden.

[2]Sie dürfen in notwendigen Fluren auch offen verlegt werden. [3]Dichtungen von Rohrverbindungen müssen wärmebeständig sein.

3.4.3 [1]Gaszähler sind in notwendigen Treppenräumen und in Räumen zwischen notwendigen Treppenräumen und Ausgängen ins Freie nicht zulässig. [2]Gaszähler müssen in notwendigen Fluren

a) thermisch erhöht belastbar sein,
b) durch eine thermisch auslösende Absperreinrichtung geschützt sein oder
c) durch mindestens feuerbeständige Bauteile aus nichtbrennbaren Baustoffen abgetrennt sein; Öffnungen in diesen Bauteilen sind mit mindestens feuerbeständigen Abschlüssen zu verschließen; die Abschlüsse müssen mit umlaufenden Dichtungen versehen sein.

3.5 Installationsschächte und -kanäle, Unterdecken und Unterflurkanäle

3.5.1 [1]Installationsschächte und -kanäle müssen - einschließlich der Abschlüsse von Öffnungen - aus nichtbrennbaren Baustoffen bestehen und eine Feuerwiderstandsfähigkeit haben, die der höchsten notwendigen Feuerwiderstandsfähigkeit der von ihnen durchdrungenen raumabschließenden Bauteile entspricht. [2]Die Abschlüsse müssen mit einer umlaufenden Dichtung dicht schließen. [3]Die Befestigung der Installationsschächte und –kanäle ist mit nichtbrennbaren Befestigungsmitteln auszuführen.

3.5.2 Abweichend von Abschnitt 3.5.1 genügen in notwendigen Fluren Installationsschächte, die keine Geschossdecken überbrücken und Installationskanäle (einschließlich der Abschlüsse von Öffnungen), die mindestens feuerhemmend sind und aus nichtbrennbaren Baustoffen bestehen.

3.5.3 [1]Unterdecken müssen – einschließlich der Abschlüsse von Öffnungen – aus nichtbrennbaren Baustoffen bestehen und bei einer Brandbeanspruchung sowohl von oben als auch von unten in notwendigen Fluren mindestens feuerhemmend sein und in notwendigen Treppenräumen und in Räumen zwischen notwendigen Treppenräumen und Ausgängen ins Freie mindestens der notwendigen Feuerwiderstandsfähigkeit der Decken entsprechen. [2]Die besonderen Anforderungen hinsichtlich der brandsicheren Befestigung der im Bereich zwischen den Geschossdecken und Unterdecken verlegten Leitungen sind zu beachten.

3.5.4 [1]In notwendigen Fluren von Gebäuden der Gebäudeklassen 1 bis 3, deren Nutzungseinheiten eine Fläche von jeweils 200 m² nicht überschreiten und die keine Sonderbauten sind, brauchen Installationsschächte, die keine Geschossdecken überbrücken, Installationskanäle und Unterdecken (einschließlich der Abschlüsse von Öffnungen) nur aus nichtbrennbaren Baustoffen mit geschlossenen Oberflächen zu bestehen. [2]Einbauten, wie Leuchten und Lautsprecher, bleiben unberücksichtigt.

3.5.5 [1]Installationsschächte und -kanäle für Rohrleitungsanlagen nach Abschnitt 3.4.1 sind mit nichtbrennbaren Baustoffen formbeständig und dicht zu verfüllen oder müssen abschnittsweise oder im Ganzen be- und entlüftet werden. [2]Die Be- und Entlüftungsöffnungen müssen mindestens 10 cm² groß sein. [3]Sie dürfen nicht in notwendigen Treppenräumen und nicht in Räumen zwischen notwendigen Treppenräumen und Ausgängen ins Freie angeordnet werden.

3.5.6 [1]Estrichbündig oder -überdeckt angeordnete Unterflurkanäle für die Verlegung von Leitungen müssen in notwendigen Treppenräumen, in Räumen zwischen notwendigen Treppenräumen und Ausgängen ins Freie sowie in notwendigen Fluren eine obere Abdeckung aus nichtbrennbaren Baustoffen haben. [2]Sie dürfen keine Öffnungen haben, ausgenommen in notwendigen Fluren Revisions- oder Nachbelegungsöffnungen mit dichtschließenden Verschlüssen aus nichtbrennbaren Baustoffen.

4 Führung von Leitungen durch raumabschließende Bauteile (Wände und Decken)

4.1 Grundlegende Anforderungen

4.1.1 [1]Gemäß § 40 Abs. 1 MBO dürfen Leitungen durch raumabschließende Bauteile, für die eine Feuerwiderstandsfähigkeit vorgeschrieben ist, nur hindurchgeführt werden, wenn eine Brandausbreitung ausreichend lang nicht zu befürchten ist oder Vorkehrungen hiergegen getroffen sind; dies gilt nicht für Decken

a) in Gebäuden der Gebäudeklassen 1 und 2,
b) innerhalb von Wohnungen,
c) innerhalb derselben Nutzugseinheit mit nicht mehr als insgesamt 400 m^2 in nicht mehr als zwei Geschossen.

[2]Diese Voraussetzungen sind erfüllt, wenn die Leitungsdurchführungen den Anforderungen der Abschnitte 4.1 bis 4.3 entsprechen.

4.1.2 Die Leitungen müssen

a) durch Abschottungen geführt werden, die mindestens die gleiche Feuerwiderstandsfähigkeit aufweisen wie die raumabschließenden Bauteile oder
b) innerhalb von Installationsschächten oder -kanälen geführt werden, die - einschließlich der Abschlüsse von Öffnungen - mindestens die gleiche Feuerwiderstandsfähigkeit aufweisen wie die durchdrungenen raumabschließenden Bauteile und aus nichtbrennbaren Baustoffen bestehen.

4.1.3 Der Mindestabstand zwischen Abschottungen, Installationsschächten oder -kanälen sowie der erforderliche Abstand zu anderen Durchführungen (z. B. Lüftungsleitungen) oder anderen Öffnungsverschlüssen (z. B. Feuerschutztüren) ergibt sich aus den Bestimmungen der jeweiligen Verwendbarkeits- oder Anwendbarkeitsnachweise; fehlen entsprechende Festlegungen, ist ein Abstand von mindestens 50 mm erforderlich.

4.2 Erleichterungen für die Leitungsdurchführung durch feuerhemmende Wände

[1]Abweichend von Abschnitt 4.1.2 dürfen durch feuerhemmende Wände – ausgenommen solche notwendiger Treppenräume und Räume zwischen notwendigen Treppenräumen und den Ausgängen ins Freie –

a) elektrische Leitungen,
b) Rohrleitungen aus nichtbrennbaren Baustoffen – auch mit brennbaren Rohrbeschichtungen bis 2 mm Dicke -

geführt werden, wenn der Raum zwischen den Leitungen und dem umgebenden Bauteil aus nichtbrennbaren Baustoffen mit nichtbrennbaren Baustoffen oder mit im Brandfall aufschäumenden Baustoffen vollständig ausgefüllt wird. [2]Bei Verwendung von Mineralfasern müssen diese eine Schmelztemperatur von mindestens 1 000°C aufweisen. [3]Bei Verwendung von aufschäumenden Dämmschichtbildnern und von Mineralfasern darf der Abstand zwischen der Leitung und dem umgebenden Bauteil nicht mehr als 50 mm betragen.

4.3 Erleichterungen für einzelne Leitungen

4.3.1 Einzelne Leitungen ohne Dämmung in gemeinsamen Durchbrüchen für mehrere Leitungen

[1]Abweichend von Abschnitt 4.1 dürfen einzelne

a) elektrische Leitungen,
b) Rohrleitungen mit einem Außendurchmesser bis 160 mm aus nichtbrennbaren Baustoffen - ausgenommen Aluminium und Glas -, auch mit Beschichtung aus brennbaren Baustoffen bis zu 2 mm Dicke,
c) Rohrleitungen für nichtbrennbare Medien und Installationsrohre für elektrische Leitungen mit einem Außendurchmesser bis 32 mm aus brennbaren Baustoffen, Aluminium oder Glas

über gemeinsame Durchbrüche durch die Wände und Decken geführt werden. [2] Dies gilt nur, wenn

a) der lichte Abstand der Leitungen untereinander bei Leitungen nach Satz 1 Buchstaben a und b mindestens dem einfachen, nach Satz 1 Buchstabe c mindestens dem fünffachen des größeren Leitungsdurchmessers entspricht,
b) der lichte Abstand zwischen einer Leitung nach Satz 1 Buchstabe c und einer Leitung nach Satz 1 Buchstaben a oder b mindestens dem größeren der sich aus der Art und dem Durchmesser der beiden Leitungen ergebenden Abstandsmaße (Satz 2 Buchstabe a) entspricht,
c) die feuerbeständige Wand oder Decke eine Dicke von mindestens 80 mm, die hochfeuerhemmende Wand oder Decke eine Dicke von mindestens 70 mm, die feuerhemmende Wand oder Decke eine Dicke von mindestens 60 mm hat und
d) der Raum zwischen den Leitungen und den umgebenden Bauteilen mit Zementmörtel oder Beton in der vorgenannten Mindestbauteildicke vollständig ausgefüllt wird.

4.3.2 Einzelne Leitungen ohne Dämmung in jeweils eigenen Durchbrüchen oder Bohröffnungen

[1]Abweichend von Abschnitt 4.1 gelten die Vorgaben des Abschnitts 4.3.1. [2]Es genügt jedoch, den Raum zwischen der Leitung und dem umgebenden Bauteil oder Hüllrohr aus nichtbrennbaren Baustoffen mit Baustoffen aus Mineralfasern oder mit im Brandfall aufschäumenden Baustoffen vollständig zu verschließen. [3]Der lichte Abstand zwischen der Leitung und dem umgebenden Bauteil oder Hüllrohr darf bei Verwendung von Baustoffen aus Mineralfasern nicht mehr als 50 mm, bei Verwendung von im Brandfall aufschäumenden Baustoffen nicht mehr als 15 mm betragen. [4]Die Mineralfasern müssen eine Schmelztemperatur von mindestens 1 000 °C aufweisen.

4.3.3 Einzelne Rohrleitungen mit Dämmung in Durchbrüchen oder Bohröffnungen

[1]Abweichend von Abschnitt 4.1 dürfen einzelne Rohrleitungen nach Abschnitt 4.3.1 Satz 1 Buchstaben b und c mit Dämmung in gemeinsamen oder eigenen Durchbrüchen oder Bohröffnungen durch Wände und Decken geführt werden, wenn

a) die feuerbeständige Wand oder Decke eine Dicke von mindestens 80 mm, die hochfeuerhemmende Wand oder Decke eine Dicke von mindestens 70 mm, die feuerhemmende Wand oder Decke eine Dicke von mindestens 60 mm hat,
b) die Restöffnung in der Wand oder Decke entsprechend Abschnitt 4.3.1 oder 4.3.2 bemessen und verschlossen ist,
c) die Dämmung im Bereich der Leitungsdurchführung aus nichtbrennbaren Baustoffen mit einer Schmelztemperatur von mindestens 1 000°C besteht, auch mit Umhüllung aus brennbaren Baustoffen bis 0,5 mm Dicke und

d) der lichte Abstand, gemessen zwischen den Dämmschichtoberflächen im Bereich der Durchführung, mindestens 50 mm beträgt; das Mindestmaß von 50 mm gilt auch für den Abstand der Rohrleitungen zu elektrischen Leitungen.

[2]Bei Rohrleitungen mit Dämmungen aus brennbaren Baustoffen außerhalb der Durchführung ist eine Umhüllung aus Stahlblech oder beidseitig der Durchführung auf eine Länge von jeweils 500 mm eine Dämmung aus nichtbrennbaren Baustoffen anzuordnen.

4.3.4 Einzelne Rohrleitungen mit oder ohne Dämmung in Wandschlitzen oder mit Ummantelung

[1]Abweichend von Abschnitt 4.1 dürfen einzelne Rohrleitungen mit einem Außendurchmesser bis 160 mm

a) aus nichtbrennbaren Baustoffen - ausgenommen Aluminium und Glas – (auch mit brennbaren Beschichtungen) oder
b) aus brennbaren Baustoffen, Aluminium oder Glas für nichtbrennbare Flüssigkeiten, Dämpfe oder Stäube

durch die Decken geführt werden. [2]Dies gilt nur, wenn sie in den Geschossen durchgehend

a) in eigenen Schlitzen von massiven Wänden verlegt werden, die mit mindestens 15 mm dickem mineralischem Putz auf nichtbrennbarem Putzträger oder mit mindestens 15 mm dicken Platten aus nichtbrennbaren mineralischen Baustoffen verschlossen werden; die verbleibenden Wandquerschnitte müssen die erforderliche Feuerwiderstandsdauer behalten, oder
b) einzeln derart in Wandecken von massiven Wänden verlegt werden, dass sie mindestens zweiseitig von den Wänden und im Übrigen von Bauteilen aus mindestens 15 mm dickem mineralischem Putz auf nichtbrennbarem Putzträger oder aus mindestens 15 mm dicken Platten aus nichtbrennbaren mineralischen Baustoffen vollständig umschlossen sind.

[3]Die von diesen Rohrleitungen abzweigenden Leitungen dürfen offen verlegt werden, sofern sie nur innerhalb eines Geschosses geführt werden.

5 Funktionserhalt von elektrischen Leitungsanlagen im Brandfall

5.1 Grundlegende Anforderungen

5.1.1 [1]Die elektrischen Leitungsanlagen für bauordnungsrechtlich vorgeschriebene sicherheitstechnische Anlagen und Einrichtungen müssen so beschaffen oder durch Bauteile abgetrennt sein, dass die sicherheitstechnischen Anlagen und Einrichtungen im Brandfall ausreichend lang funktionsfähig bleiben (Funktionserhalt). [2]Dieser Funktionserhalt muss bei möglicher Wechselwirkung mit anderen Anlagen, Einrichtungen oder deren Teilen gewährleistet bleiben.

5.1.2 [1]An die Verteiler der elektrischen Leitungsanlagen für bauordnungsrechtlich vorgeschriebene sicherheitstechnische Anlagen und Einrichtungen dürfen auch andere betriebsnotwendige sicherheitstechnische Anlagen und Einrichtungen angeschlossen werden. [2]Dabei ist sicherzustellen, dass die bauaufsichtlich vorgeschriebenen sicherheitstechnischen Anlagen und Einrichtungen nicht beeinträchtigt werden.

5.2 Funktionserhalt

5.2.1 Der Funktionserhalt der Leitungen ist gewährleistet, wenn die Leitungen

a) die Prüfanforderungen der DIN 4102- 12:1998-11 (Funktionserhaltsklasse E 30 bis E90) erfüllen oder
b) auf Rohdecken unterhalb des Fußbodenestrichs mit einer Dicke von mindestens 30 mm oder
c) im Erdreich

verlegt werden.

5.2.2 Verteiler für elektrische Leitungsanlagen mit Funktionserhalt nach Abschnitt 5.3 müssen

a) in eigenen, für andere Zwecke nicht genutzten Räumen untergebracht werden, die gegenüber anderen Räumen durch Wände, Decken und Türen mit einer Feuerwiderstandsfähigkeit entsprechend der notwendigen Dauer des Funktionserhaltes und - mit Ausnahme der Türen - aus nichtbrennbaren Baustoffen abgetrennt sind,
b) durch Gehäuse abgetrennt werden, für die durch einen bauaufsichtlichen Verwendbarkeitsnachweis die Funktion der elektrotechnischen Einbauten des Verteilers im Brandfall für die notwendige Dauer des Funktionserhaltes nachgewiesen ist oder
c) mit Bauteilen (einschließlich ihrer Abschlüsse) umgeben werden, die eine Feuerwiderstandsfähigkeit entsprechend der notwendigen Dauer des Funktionserhaltes haben und (mit Ausnahme der Abschlüsse) aus nichtbrennbaren Baustoffen bestehen, wobei sichergestellt werden muss, dass die Funktion der elektrotechnischen Einbauten des Verteilers im Brandfall für die Dauer des Funktionserhaltes gewährleistet ist.

5.3 Dauer des Funktionserhaltes

5.3.1 Die Dauer des Funktionserhaltes der Leitungsanlagen muss mindestens 90 Minuten betragen bei

a) Wasserdruckerhöhungsanlagen zur Löschwasserversorgung,
b) maschinellen Rauchabzugsanlagen und Rauchschutz-Druckanlagen für notwendige Treppenräume in Hochhäusern sowie für Sonderbauten, für die solche Anlagen im Einzelfall verlangt werden; abweichend hiervon genügt für Leitungsanlagen, die innerhalb dieser Treppenräume verlegt sind, eine Dauer von 30 Minuten,
c) Bettenaufzügen in Krankenhäusern und anderen baulichen Anlagen mit entsprechender Zweckbestimmung und Feuerwehraufzügen; ausgenommen sind Leitungsanlagen, die sich innerhalb der Fahrschächte oder der Triebwerksräume befinden.

5.3.2 Die Dauer des Funktionserhaltes der Leitungsanlagen muss mindestens 30 Minuten betragen bei

a) Sicherheitsbeleuchtungsanlagen; ausgenommen sind Leitungsanlagen, die der Stromversorgung der Sicherheitsbeleuchtung nur innerhalb eines Brandabschnittes in einem Geschoss oder nur innerhalb eines Treppenraumes dienen; die Grundfläche je Brandabschnitt darf höchstens 1.600 m² betragen,
b) Personenaufzügen mit Brandfallsteuerung; ausgenommen sind Leitungsanlagen, die sich innerhalb der Fahrschächte oder der Triebwerksräume befinden,

c) Brandmeldeanlagen einschließlich der zugehörigen Übertragungsanlagen; ausgenommen sind Leitungsanlagen in Räumen, die durch automatische Brandmelder überwacht werden, sowie Leitungsanlagen in Räumen ohne automatische Brandmelder, wenn bei Kurzschluss oder Leitungsunterbrechung durch Brandeinwirkung in diesen Räumen alle an diese Leitungsanlage angeschlossenen Brandmelder funktionsfähig bleiben,
d) Anlagen zur Alarmierung und Erteilung von Anweisungen an Besucher und Beschäftigte, sofern diese Anlagen im Brandfall wirksam sein müssen; ausgenommen sind Leitungsanlagen, die der Stromversorgung der Anlagen nur innerhalb eines Brandabschnittes in einem Geschoss oder nur innerhalb eines Treppenraumes dienen; die Grundfläche je Brandabschnitt darf höchstens 1.600 m^2 betragen,
e) natürlichen Rauchabzugsanlagen (Rauchableitung durch thermischen Auftrieb); ausgenommen sind Anlagen, die bei einer Störung der Stromversorgung selbsttätig öffnen, sowie Leitungsanlagen in Räumen, die durch automatische Brandmelder überwacht werden und das Ansprechen eines Brandmelders durch Rauch bewirkt, dass die Anlage selbsttätig öffnet,
f) maschinellen Rauchabzugsanlagen und Rauchschutz-Druckanlagen in anderen Fällen als nach Abschnitt 5.3.1.

November 2004

DIN 4755

ICS 91.140.10; 97.100.40

Ersatz für
DIN 4755-1:1981-09 und
DIN 4755-2:1984-02

Ölfeuerungsanlagen – Technische Regel Ölfeuerungsinstallation (TRÖ) – Prüfung

Oil firing installations –
Technical regulation for oil firing installation (TRÖ) –
Testing

Installations de chauffage à fioul –
Régle technique pour installation de chauffage à fioul (TRÖ) –
Essai

Gesamtumfang 60 Seiten

Normenausschuss Heiz- und Raumlufttechnik (NHRS) im DIN

Inhalt

Vorwort

Die vorliegende Norm wurde vom Arbeitsausschuss „Ölfeuerungsanlagen" im NHRS ausgearbeitet und ersetzt die Normen DIN 4755-1:1981-09 „Ölfeuerungsanlagen — Ölfeuerungen in Heizungsanlagen — Sicherheits-technische Anforderungen" und DIN 4755-2:1984-02 „Ölfeuerungsanlagen — Heizöl-Versorgung, Heizöl-Versorgungsanlagen — Sicherheitstechnische Anforderungen, Prüfung".

Für Heizungsanlagen mit Ölfeuerungen gelten für ihren Aufstellungsraum vorrangig die jeweils gültigen baurechtlichen, gewerberechtlichen, immissionsschutzrechtlichen und wasserschutzrechtlichen Vorschriften.

Änderungen

Gegenüber DIN 4755-1:1981-09 und DIN 4755-2:1984-02 wurden folgende Änderungen vorgenommen:

— Inhalt vollständig überarbeitet und weitgehend dem aktuellen Stand der bauaufsichtlichen/ wasserrechtlichen Vorschriften angepasst.

Frühere Ausgaben

DIN 4755:1959-01; 1966-07; 1977-06;

DIN 4755-1:1981-09;

DIN 4755-2:1984-02.

1 Anwendungsbereich

Diese Norm gilt für die Errichtung und die Ausführung von Ölfeuerungsanlagen mit automatischen, teilautomatischen und handbedienten Ölbrennern, Kombinationsbrennern sowie deren Ölversorgungsanlagen für Heizöl EL nach DIN 51603-1 (im Weiteren Heizöl genannt) in Räumen.

Diese Norm ist anzuwenden auf die Errichtung und Ausführung von Ölversorgungsanlagen zur Versorgung eines oder mehrerer Ölbrenner mit Heizöl aus einem oder mehreren zentralen Öllagerbehälter(n) unter statischem oder dynamischem Druck mit besonderen Förderaggregaten vom Füllstutzen bis zur Hauptabsperreinrichtung vor dem Ölbrenner.

Ölversorgungsanlagen für andere Anwendungsbereiche sind in Anlehnung an diese Norm auszuführen, sofern dafür nicht eigene Normen bestehen, z. B. Anwendung von Heizölen nach DIN 51603-2 und DIN 51603-3.

Diese Norm gilt nicht für:

— Ölfeuerungen, bei denen Brenner mit Dampf oder Luft ausgeblasen oder bei denen die Brenner nach dem Abstellen selbsttätig entleert werden;

— Ölfeuerungen für verfahrenstechnische Prozesse, soweit nicht Dampf, Heißwasser oder Warmwasser erzeugt wird.

Alle angegebenen Drücke sind Über- oder Unterdrücke gegenüber dem jeweiligen Atmosphärendruck.

2 Normative Verweisungen

Diese Norm enthält durch datierte oder undatierte Verweisungen Festlegungen aus anderen Publikationen. Diese normativen Verweisungen sind an den jeweiligen Stellen im Text zitiert, und die Publikationen sind nachstehend aufgeführt. Bei datierten Verweisungen gehören spätere Änderungen oder Überarbeitungen dieser Publikationen nur zu dieser Norm, falls sie durch Änderung oder Überarbeitung eingearbeitet sind. Bei undatierten Verweisungen gilt die letzte Ausgabe der in Bezug genommenen Publikation (einschließlich Änderungen).

DIN 13-1, *Metrisches ISO-Gewinde allgemeiner Anwendung — Teil 1: Nennmaße für Regelgewinde Gewinde-Nenndurchmesser von 1 mm bis 68 mm.*

DIN 13-6, *Metrisches ISO-Gewinde allgemeiner Anwendung — Teil 6: Nennmaße für Feingewinde mit Steigungen 1,5 mm — Gewinde-Nenndurchmesser von 12 mm bis 300 mm.*

DIN 13-7, *Metrisches ISO-Gewinde allgemeiner Anwendung — Teil 7: Nennmaße für Feingewinde mit Steigung 2 mm — Gewinde-Nenndurchmesser von 17 mm bis 300 mm.*

DIN 1681, *Stahlguss für allgemeine Verwendungszwecke — Technische Lieferbedingungen.*

DIN 2403, *Kennzeichnung von Rohrleitungen nach dem Durchflussstoff.*

DIN 2440, *Stahlrohre — Mittelschwere Gewinderohre.*

DIN 2441, *Stahlrohre — Schwere Gewinderohre.*

DIN 2442, *Gewinderohre mit Gütevorschrift — Nenndruck 1 bis 100.*

DIN 2448, *Nahtlose Stahlrohre — Maße, längenbezogene Massen.*

DIN 2458, *Geschweißte Stahlrohre — Maße, längenbezogene Massen.*

DIN 2605-1, *Formstücke zum Einschweißen; Rohrbogen — Verminderter Ausnutzungsgrad.*

DIN 2615-1, *Formstücke zum Einschweißen; T-Stücke — Verminderter Ausnutzungsgrad.*

DIN 2616-1, *Formstücke zum Einschweißen; Reduzierstücke — Verminderter Ausnutzungsgrad.*

DIN 2999-1, *Whitworth- Rohrgewinde für Gewinderohre und Fittings — Zylindrisches Innengewinde und kegeliges Außengewinde — Gewindemaße.*

DIN 3388-2, *Abgas-Absperrvorrichtung für Feuerstätten für flüssige oder gasförmige Brennstoffe, mechanisch betätigte Abgasklappen — Sicherheitstechnische Anforderungen und Prüfung.*

DIN 4102-2, *Brandverhalten von Baustoffen und Bauteilen — Bauteile, Begriffe, Anforderungen und Prüfungen.*

DIN 4119-1, *Oberirdische zylindrische Flachboden-Tankbauwerke aus metallischen Werkstoffen — Grundlagen, Ausführung, Prüfungen.*

DIN 4705-1, *Feuerungstechnische Berechnung von Schornsteinabmessungen; Begriffe, ausführliches Berechnungsverfahren.*

DIN 4753-1, *Wassererwärmer und Wassererwärmungsanlagen für Trink- und Betriebswasser — Anforderungen, Kennzeichnung, Ausrüstung und Prüfung.*

DIN 4759-1 , *Wärmeerzeugungsanlagen für mehrere Energiearten — Eine Feststofffeuerung und eine Öl- oder Gasfeuerung und nur ein Schornstein — Sicherheitstechnische Anforderungen und Prüfungen.*

DIN 4794-2, *Ortsfeste Warmlufterzeuger — Ölbefeuerte Warmlufterzeuger — Anforderungen, Prüfung.*

DIN 6618-1, *Stehende Behälter (Tanks) aus Stahl, einwandig für die oberirdische Lagerung wassergefährdender, brennbarer und nichtbrennbarer Flüssigkeiten.*

DIN 6618-2, *Stehende Behälter (Tanks) aus Stahl, doppelwandig, ohne Leckanzeigeflüssigkeit für die oberirdische Lagerung wassergefährdender, brennbarer und nichtbrennbarer Flüssigkeiten.*

DIN 6618-3, *Stehende Behälter (Tanks) aus Stahl, doppelwandig, mit Leckanzeigeflüssigkeit für die oberirdische Lagerung wassergefährdender, brennbarer und nichtbrennbarer Flüssigkeiten.*

DIN 6618-4, *Stehende Behälter (Tanks) aus Stahl, doppelwandig, ohne Leckanzeigeflüssigkeit, mit außenliegender Vakuum-Saugleitung, für oberirdische Lagerung brennbarer Flüssigkeiten.*

DIN 17182, *Stahlguss-Sorten mit verbesserter Schweißeignung und Zähigkeit für allgemeine Verwendungszwecke — Technische Lieferbedingungen.*

DIN 17440, *Nichtrostende Stähle — Technische Lieferbedingungen für gezogenen Draht.*

DIN 28450, *Tankwagenkupplungen, Nenndruck 10, Nennweiten 50, 80 und 100.*

DIN 30657, *Schaumbildende Mittel zur Lecksuche an Gasleitungen.*

DIN 30670, *Umhüllung von Stahlrohren und -formstücken mit Polyethylen.*

DIN 30671, *Umhüllung (Außenbeschichtung) von erdverlegten Stahlrohren mit Duroplasten.*

DIN 30672, *Organische Umhüllungen für den Korrosionsschutz von in Böden und Wässern verlegten Rohrleitungen für Dauerbetriebstemperaturen bis 50 °C ohne kathodischen Korrosionsschutz — Bänder und schrumpfende Materialien.*

DIN 30673, *Umhüllung und Auskleidung von Stahlrohren, -formstücken und -behältern mit Bitumen.*

DIN 51603-1, *Flüssige Brennstoffe — Heizöle — Teil 1: Heizöl EL — Mindestanforderungen.*

DIN 51603-2, *Flüssige Brennstoffe — Heizöle — Heizöle L, T und M — Anforderungen, Prüfung.*

DIN 51603-3, *Flüssige Brennstoffe — Heizöle — Heizöl S — Mindestanforderungen.*

DIN EN 1, *Ölheizöfen mit Verdampfungsbrennern und Schornsteinanschluss; Deutsche Fassung EN 1:1998.*

DIN EN 230, *Ölzerstäubungsbrenner in Monoblockausführung — Einrichtungen für die Sicherheit, die Überwachung und die Regelung sowie Sicherheitszeiten; Deutsche Fassung EN 230:1990.*

DIN EN 264, *Sicherheitsabsperreinrichtungen für Feuerungsanlagen mit flüssigen Brennstoffen — Sicherheitstechnische Anforderungen und Prüfungen; Deutsche Fassung EN 264:1991.*

DIN EN 267, *Ölbrenner mit Gebläse — Begriffe, Anforderungen, Prüfung, Kennzeichnung; Deutsche Fassung EN 267:1999.*

DIN EN 287-1, *Prüfung von Schweißern — Schmelzschweißen — Teil 1: Stähle (enthält Änderung A1:1997; Deutsche Fassung EN 287-1:1992 + A1:1997.*

DIN EN 303-1, *Heizkessel — Teil 1: Heizkessel mit Gebläsebrenner — Begriffe, Allgemeine Anforderungen, Prüfung und Kennzeichnung (enthält Änderung A1:2003); Deutsche Fassung EN 303-1:1999+A1:2003.*

DIN EN 303-2, *Heizkessel — Teil 2: Heizkessel mit Gebläsebrenner; Spezielle Anforderungen an Heizkessel mit Ölzerstäubungsbrennern (enthält Änderung A1:2003); Deutsche Fassung EN 303-2:1998+A1:2003.*

DIN EN 560, *Gasschweißgeräte — Schlauchanschlüsse für Geräte und Anlagen für Schweißen, Schneiden und verwandte Verfahren; Deutsche Fassung EN 560:1994.*

DIN EN 573-3, *Aluminium und Aluminiumlegierungen — Chemische Zusammensetzung und Form von Halbzeug — Teil 3: Chemische Zusammensetzung; Deutsche Fassung EN 573-3:2003.*

E DIN EN 573-4, *Aluminium und Aluminiumlegierungen — Chemische Zusammensetzung und Form von Halbzeug — Teil 4: Erzeugnisformen; Deutsche Fassung prEN 573-4:1998.*

DIN EN 719, *Schweißaufsicht — Aufgaben und Verantwortung; Deutsche Fassung EN 719:1994.*

DIN EN 1044, *Hartlöten Lotzusätze; Deutsche Fassung EN 1044:1999.*

DIN EN 1057, *Kupfer und Kupferlegierungen — Nahtlose Rundrohre aus Kupfer für Wasser- und Gasleitungen für Sanitärinstallationen und Heizungsanlagen; Deutsche Fassung EN 1057:1996.*

DIN EN 1254-1, *Kupfer und Kupferlegierungen — Fittings — Teil 1: Kapillarlötfittings für Kupferrohre (Weich- und Hartlöten); Deutsche Fassung EN 1254-1:1998.*

DIN EN 1254-4, *Kupfer und Kupferlegierungen — Fittings — Teil 4: Fittings zum Verbinden anderer Ausführungen von Rohrenden mit Kapillarlötverbindungen oder Klemmverbindungen; Deutsche Fassung EN 12544:1998.*

DIN EN 1514-1, *Flansche und ihre Verbindungen — Maße für Dichtungen für Flansche mit PN- Bezeichnung — Teil 1: Flachdichtungen aus nichtmetallischem Werkstoff mit oder ohne Einlagen; Deutsche Fassung EN 1514-1:1997.*

DIN EN 1561, *Gießereiwesen — Gusseisen mit Lamellengraphit; Deutsche Fassung EN 1561:1997.*

DIN EN 1562, *Gießereiwesen — Temperguss; Deutsche Fassung EN 1562:1997.*

DIN EN 1563, *Gießereiwesen — Gusseisen mit Kugelgraphit (enthält Änderung A1:2002); Deutsche Fassung EN 1563:1997+A1:2002.*

DIN EN 1982, *Kupfer und Kupferlegierungen — Blockmetalle und Gussstücke; Deutsche Fassung EN 1982:1998.*

DIN EN 10025, *Warmgewalzte Erzeugnisse aus unlegierten Baustählen — Technische Lieferbedingungen (enthält Änderung A1:1993); Deutsche Fassung EN 10025:1990.*

DIN EN 10204, *Metallische Erzeugnisse — Arten von Prüfbescheinigungen (enthält Änderung A1:1995); Deutsche Fassung EN 10204:1991+A1:1995.*

DIN EN 10207, *Stähle für einfache Druckbehälter — Technische Lieferbedingungen für Blech, Band und Stabstahl (enthält Änderung A1:1997); Deutsche Fassung EN 10207:1991 + A1:1997.*

DIN EN 10208-2, *Stahlrohre für Rohrleitungen für brennbare Medien — Technische Lieferbedingungen — Teil 2: Rohre der Anforderungsklasse B; Deutsche Fassung EN 10208-2:1996.*

DIN EN 10213-1, *Technische Lieferbedingungen für Stahlguss für Druckbehälter — Teil 1: Allgemeines; Deutsche Fassung EN 10213-1:1995.*

DIN EN 10213-2, *Technische Lieferbedingungen für Stahlguss für Druckbehälter — Teil 2: Stahlsorten für die Verwendung bei Raumtemperatur und erhöhten Temperaturen; Deutsche Fassung EN 10213-2:1995.*

DIN EN 10216-1, *Nahtlose Stahlrohre für Druckbeanspruchungen — Technische Lieferbedingungen — Teil 1: Rohre aus unlegierten Stählen mit festgelegten Eigenschaften bei Raumtemperatur; Deutsche Fassung EN 10216-1:2002.*

DIN EN 10216-2, *Nahtlose Stahlrohre für Druckbeanspruchungen — Technische Lieferbedingungen — Teil 2: Rohre aus unlegierten und legierten Stählen mit festgelegten Eigenschaften bei erhöhten Temperaturen; Deutsche Fassung EN 10216-2:2002.*

DIN EN 10217-1, *Geschweißte Stahlrohre für Druckbeanspruchungen — Technische Lieferbedingungen — Teil 1: Rohre aus unlegierten Stählen mit festgelegten Eigenschaften bei Raumtemperatur; Deutsche Fassung EN 10217-1:2002.*

DIN EN 10217-2, *Geschweißte Stahlrohre für Druckbeanspruchungen — Technische Lieferbedingungen — Teil 2: Elektrisch geschweißte Rohre aus unlegierten und legierten Stählen mit festgelegten Eigenschaften bei erhöhten Temperaturen; Deutsche Fassung EN 10217-2:2002.*

DIN EN 10283, *Korrosionsbeständiger Stahlguss; Deutsche Fassung EN 10283:1998.*

DIN EN 10305-1, *Präzisionsstahlrohre — Technische Lieferbedingungen — Teil 1: Nahtlose kaltgezogene Rohre; Deutsche Fassung EN 10305-1:2002.*

DIN EN 10305-2, *Präzisionsstahlrohre — Technische Lieferbedingungen — Teil 2: Geschweißte und kaltgezogene Rohre; Deutsche Fassung EN 10305-2:2002*

DIN EN 12163, *Kupfer und Kupferlegierungen — Stangen zur allgemeinen Verwendung; Deutsche Fassung EN 12163:1998.*

DIN EN 12164, *Kupfer und Kupferlegierungen — Stangen für die spanende Bearbeitung (enthält Änderung A1:2000); Deutsche Fassung EN 12164:1998 + A1:2000.*

DIN EN 12167, *Kupfer und Kupferlegierungen — Profile und Rechteckstangen zur allgemeinen Verwendung; Deutsche Fassung EN 12167:1998.*

DIN EN 12285-1, *Werksgefertigte Tanks aus Stahl — Teil 1: Liegende zylindrische ein- und doppelwandige Tanks zur unterirdischen Lagerung von brennbaren und nichtbrennbaren wassergefährdenden Flüssigkeiten; Deutsche Fassung EN 12285-1:2003.*

DIN EN 12420, *Kupfer- und Kupferlegierungen — Schmiedestücke; Deutsche Fassung EN 12420:1999.*

DIN EN 12449, *Kupfer und Kupferlegierungen — Nahtlose Rundrohre zur allgemeinen Verwendung; Deutsche Fassung EN 12449:1999.*

DIN EN 12514-1, *Ölversorgungsanlagen für Ölbrenner — Teil 1: Sicherheitstechnische Anforderungen und Prüfungen — Bauelemente, Ölförderaggregate, Regel- und Sicherheitseinrichtungen, Ölversorgungsbehälter; Deutsche Fassung EN 12514-1:2000.*

DIN EN 12514-2, *Ölversorgungsanlagen für Ölbrenner — Teil 2: Sicherheitstechnische Anforderungen und Prüfungen — Bauelemente, Armaturen, Leitungen, Filter, Heizölentlüfter, Zähler; Deutsche Fassung EN 12514-2:2000.*

DIN EN 12844, *Zink und Zinklegierungen — Gussstücke — Spezifikationen; Deutsche Fassung EN 12844:1998.*

DIN EN 13160-1, *Leckanzeigesysteme — Teil 1: Allgemeine Grundsätze; Deutsche Fassung* EN 13160-*1:2003.*

DIN EN 13480-3, *Metallische industrielle Rohrleitungen — Teil 3: Konstruktion und Berechnung; Deutsche Fassung EN 13480-3:2002.*

DIN EN 20898-7, *Mechanische Eigenschaften von Verbindungselementen — Teil 7: Torsionsversuch und Mindest-Bruchdrehmomente für Schrauben mit Nenndurchmessern 1 mm bis 10 mm (ISO 898-7:1992); Deutsche Fassung EN 20898-7:1995.*

DIN EN 50156-1 * VDE 0116 Teil 1, *Elektrische Ausrüstung von Feuerungsanlagen — Teil 1: Bestimmungen für die Anwendungsplanung und Errichtung; Deutsche Fassung prEN 50156-1:1997.*

DIN EN ISO 1127, *Nichtrostende Stahlrohre — Maße, Grenzabmaße und längenbezogene Masse (ISO 1127:1992); Deutsche Fassung EN ISO 1127:1996.*

DIN EN ISO 3677, *Zusätze zum Weich-, Hart- und Fugenlöten — Bezeichnung (ISO 3677:1992); Deutsche Fassung EN ISO 3677:1995.*

DIN EN ISO 4014, *Sechskantschrauben mit Schaft — Produktklassen A und B (ISO 4014:1999); Deutsche Fassung EN ISO 4014:2000.*

DIN EN ISO 4034, *Sechskantmuttern — Produktklasse C (ISO 4034:1999); Deutsche Fassung EN ISO 4034:2000.*

DIN EN ISO 6806, *Gummischläuche und -schlauchleitungen für den Einsatz in Ölbrennern — Anforderung (ISO 6806:1992); Deutsche Fassung EN ISO 6806:1995.*

DIN EN ISO 8434-1, *Metallische Rohrverschraubungen für Fluidtechnik und allgemeine Anwendung — Teil 1: 24°-Schneidringverschraubung (ISO 8434-1:1994); Deutsche Fassung EN ISO 8434-1:1997.*

DIN EN ISO 9000, *Qualitätsmanagementsysteme — Grundlagen und Begriffe (ISO 9000:2000).*

DIN IEC 60587/VDE 0303 Teil 10, *Prüfverfahren zur Bestimmung der Beständigkeit gegen Kriechwegbildung und Erosion von Elektroisolierstoffen, die unter erschwerten Bedingungen eingesetzt werden (IEC 60587:1984); Deutsche Fassung HD 380 S2:1986.*

DIN EN ISO 228-1, *Rohrgewinde für nicht im Gewinde dichtende Verbindungen — Teil 1: Maße, Toleranzen und Bezeichnung — (ISO 228-1:2000); Deutsche Fassung EN ISO 228-1:2003.*

ISO 7-1:1994, *Rohrgewinde für im Gewinde dichtende Verbindungen — Teil 1: Maße, Toleranzen und Bezeichnungen.*

ISO 301:1981, *Für das Gießen vorgesehene Blöcke aus Zinklegierungen.*

ISO 7005-1:1992, *Flansche aus Metall — Teil 1: Stahlflansche.*

ISO 7005-2:1988, *Flansche aus Metall — Teil 2: Gusseisenflansche.*

ISO 7005-3:1988, *Flansche aus Metall — Teil 3. Flansche aus Kupferlegierungen, Verbundwerkstoffen.*

TRbF 20[1)], *Läger.*

TRbF 50[1)], *Rohrleitungen.*

TRD 411[1)]:1997; *Ölfeuerungen an Dampfkesseln.*

TRB 801[1)], Nr. 45, *Besondere Druckbehälter nach Anhang II zu §12 DruckbehV — Nr. 45 Gehäuse von Ausrüstungsteilen.*

AD-Merkblatt W 3/2[1)], *Gusseisenwerkstoffe — Gusseisen mit Kugelgraphit — unlegiert und niedriglegiert.*

AD-Merkblatt W 6/1[1)], *Aluminium und Aluminiumlegierungen — Knetwerkstoffe.*

AD-Merkblatt W 6/2[1)], *Kupfer und Kupfer-Knetlegierungen.*

AD-Merkblatt W 7[1)], *Schrauben und Muttern aus ferritischen Stählen.*

AD-Merkblatt W 9[1)], *Flansche aus Stahl.*

AD-Merkblatt W 13[1)], *Schmiedestücke und gewalzte Teile aus unlegierten und legierten Stählen.*

VdTÜV Merkblatt 1065[1)], *Richtlinie für die Bauteilprüfung von Armaturen für Gase und gefährdende Flüssigkeiten.*

ATV-DVWK-A 780[2)], *Technische Regel wassergefährdender Stoffe (TRwS) — Oberirdische Rohrleitungen.*

Muster-VawS[3)], *Muster-Verordnung über Anlagen zum Umgang mit wassergefährdenden Stoffen und über Fachbetriebe (Muster-VAwS und Anhang zu § 4 Abs. 1 VawS).*

ANSI B 1.20.1 – 1983, *Pipe threads, general purpose (inch).*

---

1) Bezugsquelle: Beuth Verlag GmbH, Burggrafenstraße 6, 10787 Berlin

2) Bezugsquelle: GFA Gesellschaft zur Förderung der Abwassertechnik e.V., Theodor-Heuss-Allee 17, 53773 Hennef

3) Bezugsquelle: Bundesanzeiger Verlagsgesellschaft mbH, Amsterdamer Straße 192, 50735 Köln

3 Begriffe

Für die Anwendung dieser Norm gelten die folgenden Begriffe.

3.1
Ölfeuerungsanlage
gesamte Einrichtungen für die Verfeuerung von Heizöl, einschließlich der Einrichtungen zur Lagerung, Aufbereitung und Zuleitung der flüssigen Brennstoffe, der Verbrennungsluftversorgung und der Abgasabführung und aller zugehörigen Regel-, Steuer- und Überwachungseinrichtungen

3.2
Wärmeerzeuger
Einrichtung, in denen die Wärmeenergie eines Brennstoffes freigesetzt und an einen Wärmeträger ausgetauscht wird

3.3
intermittierender Betrieb
Betrieb, bei dem die Ölfeuerungsanlage mindestens einmal innerhalb 24 Stunden bei ununterbrochenem Betrieb über eine Steuereinrichtung abgeschaltet wird

3.4
Dauerbetrieb
Betrieb, bei dem die Ölfeuerungsanlage nicht abgeschaltet wird

3.5
Öllagerbehälter
Einrichtung zur Lagerung des Heizöls

3.6.
unterirdische Öllagerbehälter
vollständig oder teilweise im Erdreich eingebettete Öllagerbehälter

3.7
oberirdische Öllagerbehälter
Öllagerbehälter, die nicht unter 3.6 fallen

3.8
Batterieöllagerbehälter
über ihre Leitungssysteme verbundene, Öllagerbehälter gleicher Abmessungen und Bauart

3.9
Ölversorgungsanlage
Einrichtung zur Aufbereitung und Zuleitung des Heizöls zum Wärmeerzeuger

3.10
Einstrangsystem
Ölversorgungssystem, in dem über eine Saugleitung das Heizöl aus dem Öllagerbehälter gefördert und dem Ölbrenner zugeführt wird.

Darüber hinaus gibt es Systeme, bei denen das Einstrangsystem am Ölfilter endet und dort Vor- und Rücklauf des Ölbrenners angeschlossen werden.

3.11
Zweistrangsystem
Ölversorgungssystem, in dem über eine Saugleitung das Heizöl aus dem Öllagerbehälter gefördert und das nicht verbrannte Heizöl über eine Rücklaufleitung zurückgeführt wird

3.12
Ölversorgung durch ein Ölförderaggregat
Einrichtung zur bedarfsgerechten Förderung von Heizöl aus den Öllagerbehälter zu dem an die Ölversorgungsanlage angeschlossenen Ölbrenner bzw. Ölverbrauchsstelle. Ein solches Aggregat ist eine geschlossene Baueinheit

3.13
Ringleitungssystem
Ölversorgungssystem, bei dem das Heizöl von einem Ölförderaggregat über eine Saugleitung aus dem Öllagerbehälter angesaugt und dem/den Brenner/n zugeführt wird. Es wird stets mehr Heizöl gefördert als verbraucht. Nach dem letzten Brenner bzw. Verbraucher wird ein Druckhalteventil eingebaut

Das zuviel geförderte Heizöl wird über eine Rücklaufleitung in den Öllagerbehälter zurückgeführt.

3.14
verkürztes Ringleitungssystem
Ringleitungssystem, bei dem die nicht verbrauchte Heizölmenge wieder dem Ölförderaggregat zugeführt wird

3.15
Ölleitung
feste oder flexible Rohrleitungen für Heizöl EL Flexible Rohrleitungen sind solche, deren Lage betriebsbedingt verändert wird, insbesondere Schlauchleitungen und Rohre mit Gelenkverbindungen; zu den Ölleitungen gehören außer den Rohren, Schlauchleitungen und Formstücken auch die Armaturen, Flansche und Dichtmittel

3.16
Füllleitung
Leitung zwischen dem Füllstutzen und dem Öllagerbehälter zur Befüllung der/des Öllagerbehälter/s

3.17
Entnahmeleitung
Leitung von der Saugöffnung im Öllagerbehälter bis zur Absperrarmatur am Öllagerbehälter

3.18
Saugleitung
Leitung zwischen Öllagerbehälter und der Ölbrennerpumpe / dem Ölförderaggregat.

Im Sinne der TRbF 50 gelten diese als drucklos betriebene Rohrleitungen. Diese sind Rohrleitungen, die nur durch den Druck einer Flüssigkeitssäule des Beschickungsgutes beansprucht sind, sofern kein zusätzlicher Druck von mehr als 0,1 bar aufgebaut wird.

3.19
Druckleitung
Leitung zwischen dem Ölförderaggregat und der Absperreinrichtung vor dem Ölbrenner und (soweit vorhanden) Druckhalteventil

3.20
Rücklaufleitung
Leitung zwischen der Ölbrennerpumpe/dem Ölförderaggregat oder Druckhalteventil und dem Öllagerbehälter, in der nicht verbrauchtes Heizöl zurückgeführt wird

3.21
sonstige Rohrleitungen
nicht flüssigkeitsführende Rohrleitungen (z. B. Lüftungseinrichtungen von Öllagerbehältern, Messleitungen für Flüssigkeitsstandsanzeiger) sind keine Ölleitungen

3.22
Druckregelventil
Einrichtung zur Einstellung des gewünschten Betriebsdrucks in der Ölversorgungsanlage

3.23
Druckminderer
Druckregelventil, schließend bei steigendem Druck nach dem Druckminderer, zur Regelung des Druckes in der Ölversorgungsanlage

3.24
Überströmventil
Druckregler, öffnend bei steigendem Druck vor dem Überströmventil, zur Absicherung gegen Überschreiten des höchstzulässigen Druckes in der Anlage

3.25
Druckhalteventil
Druckregler, öffnend bei steigendem Druck vor dem Druckhalteventil. Mit dem Ventil wird der Druck in der Anlage annähernd konstant gehalten

3.26
Betriebsdruck p_B
der beim Betrieb der Ölversorgungsanlage oder der einzelnen Teilabschnitte herrscht

3.27
max. Betriebsüberdruck PS
der vom Hersteller angegebene höchste Druck, für den das Druckgerät ausgelegt ist

3.28
Prüfdruck p_t
Druck, dem das Druckgerät zu Prüfzwecken ausgesetzt wird

3.29
Aushebern
wenn der maximale Flüssigkeitsstand im Öllagerbehälter über dem tiefsten Punkt der Saugleitung liegt, besteht die Möglichkeit des Auslaufens von Öl durch den Schweredruck der Ölsäule. Dieser Zustand wird als Aushebern bezeichnet

3.30
Sicherheitseinrichtung gegen Aushebern
Einrichtung, mechanisch oder elektrisch, die durch eine selbsttätige Unterbrechung der Ölsäule in der Ölleitung ein Aushebern des Öllagerbehälters verhindert

3.31
Begleitheizung für ölführende Ölleitungen
zur Erfüllung der Anforderung nach frostfreier Verlegung von Ölleitungen im Freien, im Erdreich oder in nicht temperierten Räumen kann eine Begleitheizung installiert werden. Diese kann elektrisch beheizt oder als Doppelrohr mit Wärmeträgermedium ausgeführt werden

3.32
zulässige maximale/minimale Temperatur TS
zulässige maximale/minimale Temperatur für die Ölleitung nach 3.15 ausgelegt ist

3.33
Fachbetrieb
Fachbetrieb für Montage, Installation, Instandhaltung oder Reinigung der Ölfeuerungsanlage ist, wer über die notwendigen Geräte und Ausrüstungsteile für eine gefahrlose Durchführung der Arbeiten und über das erforderliche Fachpersonal verfügt

Von den nachfolgenden Fachbetrieben kann im Allgemeinen angenommen werden, dass diese über die notwendigen Geräte und Ausrüstungsteile für eine gefahrlose Durchführung der Arbeiten und über das erforderliche Fachpersonal verfügen:

— Fachbetriebe, die für Gas- und Wasserinstallationen zugelassen sind und in die Handwerksrolle eingetragen sind;

— Fachbetriebe, die für Heizungs- und Lüftungsbau zugelassen sind und in die Handwerksrolle eingetragen sind;

— Fachbetriebe, die für Ölfeuerungsanlagen bei der Industrie- und Handelskammer eingetragen sind.

3.34
Fachbetrieb nach § 19l WHG
ist, wer

1) über die Geräte und Ausrüstungsteile sowie über das sachkundige Personal verfügt, durch die die Einhaltung der Anforderungen nach § 19 g) Abs. 3 WHG gewährleistet wird, und

2) berechtigt ist, Gütezeichen einer baurechtlich anerkannten Überwachungs- oder Gütegemeinschaft zu führen, oder einen Überwachungsvertrag mit einer Technischen Überwachungsorganisation abgeschlossen hat, der eine mindestens zweijährige Überprüfung einschließt.

Ein Fachbetrieb darf seine Tätigkeit auf bestimmte Fachbereiche beschränken.

3.35
befähigte Person
ist eine Person im Sinne § 2 Abs. 7 BetrSichV, die durch ihre Berufsausbildung, ihre Berufserfahrung und ihre zeitnahe berufliche Tätigkeit über die erforderlichen Fachkenntnisse zur Prüfung der Arbeitsmittel verfügt

4 Anforderungen

4.1 Allgemeines

Ölleitungen bzw. Öllagerbehälter sind frostgeschützt zu installieren, gegebenenfalls zu dämmen und/oder sofern zulässig zu beheizen, um Heizöl gegen Frost zu schützen.

Für einen sicheren Betrieb sollte sichergestellt werden, dass die Temperatur von Heizöl EL in den Ölleitungen von Ölversorgungsanlagen 40 °C nicht überschreitet.

Die verwendeten Bauteile sind entsprechend den örtlichen Gegebenheiten und Anforderungen für den maximal zulässigen Druck PS und der minimalen und maximalen Temperatur TS von 0 bis + 60 °C auszulegen.

ANMERKUNG Abweichend davon können die Bauteile auch bis 80 °C betrieben werden, wenn ein besonderer Nachweis hierüber geführt wurde.

Armaturen und lösbare Leitungsverbindungen müssen zugänglich sein.

Bei der Errichtung von Ölfeuerungen in Heizungsanlagen sind neben den Anforderungen dieser Norm die Montage-, Inbetriebnahme- und Bedienungsanweisungen der Hersteller zu beachten.

Die für die Ölversorgung verwendeten Bauelemente, Rohrleitungen und Zubehör (wie z. B. Dichtungen, Dichtmittel, Formstücke, Flansche) müssen so beschaffen und eingebaut sein, dass sie den im Dauerbetrieb auftretenden mechanischen, chemischen (z. B. Ölbeständigkeit) und thermischen Beanspruchungen standhalten.

Bauelemente für die Ölversorgung müssen nach DIN EN 12514-1 und DIN EN 12514-2 ausgeführt sein. Die Auswahl der Bauelemente muss unter Berücksichtigung der vom Hersteller angegebenen technischen Daten stattfinden.

Für abweichende Anforderungen an Ölfeuerungsanlagen müssen die entsprechenden spezifischen Rechtsvorschriften und Regelungen der Bundesländer sowie die technischen Regeln des Gewässerschutzes berücksichtigt werden — siehe Abschnitt Literaturhinweise — sowie die technischen Regeln des Gewässerschutzes.

In Überschwemmungsgebieten dürfen Ölfeuerungsanlagen nur so eingebaut, aufgestellt oder betrieben werden, dass sie nicht aufschwimmen oder anderweitig durch Hochwasser beschädigt werden, und dass kein Heizöl aus den Ölfeuerungsanlagen austreten kann.

Die Möglichkeit einer Beschädigung durch Treibgut muss ausgeschlossen sein.

4.2 Öllagerbehälter

4.2.1 Allgemeines

Öllagerbehälter aller Bauarten (oberirdische und unterirdische Öllagerbehälter, einwandige und doppelwandige Öllagerbehälter), und deren zugehörige Füllsysteme dürfen nur verwendet werden, wenn sie einen bauaufsichtlichen Verwendbarkeitsnachweis aufweisen, d. h. allgemein bauaufsichtlich zugelassen oder in der Bauregelliste A Teil 1 aufgeführt sind und das Ü-Zeichen tragen oder nach den Vorschriften des Bauproduktengesetzes einer europäischen technischen Zulassung oder einer harmonisierten europäischen Norm entsprechen und die CE- Kennzeichnung (mit den gegebenenfalls festgelegten Stufen und Klassen) besitzen.

ANMERKUNG Öllagerbehälter, die unterirdisch verwendet werden, müssen doppelwandig ausgebildet und mit einem Leckanzeiger versehen sein.

4.2.2 Aufstellung der Öllagerbehälter

4.2.2.1 Allgemeines

Öllagerbehälter müssen so gegründet, eingebaut oder aufgestellt sein, dass Verlagerungen und Neigungen, welche die Sicherheit der Öllagerbehälter oder deren Einrichtungen gefährden, nicht eintreten können.

Die Gründung und der Einbau von Öllagerbehältern müssen unter Berücksichtigung der Bodenbeschaffenheit vorgenommen werden. Gegebenenfalls sind zusätzliche Gründungsmaßnahmen erforderlich. Die Möglichkeit von Bodensetzungen, z. B. in Bergbaugebieten, ist zu beachten.

Die Aufstellbedingungen sind den bauaufsichtlichen Verwendbarkeitsnachweisen bzw. den wasserrechtlichen und arbeitsschutzrechtlichen Vorschriften festgelegt.

4.2.2.2 Oberirdische Öllagerbehälter

Auflager sind so auszubilden, dass die Öllagerbehälterwandungen nicht punkt- oder linienförmig beansprucht werden.

Die Füße oberirdisch stehender Öllagerbehälter nach DIN 6618-1, DIN 6618-2, DIN 6618-3 und DIN 6618-4 müssen hinsichtlich ihres Brandverhaltens mindestens den Anforderungen an Bauteile der Feuerwiderstandsklasse F 30-A nach DIN 4102-2 entsprechen.

Füße aus Stahl müssen entsprechend ummantelt oder mit einer bauaufsichtlicht zugelassenen dämmschichtbildenden Brandschutzbeschichtung versehen sein.

Die Öllagerbehälter müssen so aufgestellt sein, dass sie gegen mögliche Beschädigungen von außen ausreichend geschützt sind.

Ortsfeste Öllagerbehälter aus Stahl in Gebäuden sollen folgende Mindestabstände haben:

a)	Zwischen Öllagerbehältern und Wänden auf der Zugangs- und einer anschließenden Seite	400 mm
b)	auf den übrigen Seiten und zwischen Öllagerbehälterscheitel oder Öllagerbehälterdecke und Gebäudedecke	250 mm
c)	zwischen Rand der Einsteigeöffnung und Decke oder Wand	600 mm
d)	bei einer kleinsten lichten Weite der Einsteigeöffnung von mindestens 600 mm	500 mm
e)	zwischen Öllagerbehältern und Fußböden wenigstens ein Fünfzigstel des Durchmessers eines zylindrischen Behälters oder der kleinsten Kantenlänge eines rechteckigen Behälters	mindestens aber 100 mm
f)	zwischen Batterie-Öllagerbehältern untereinander	50 mm

In den Zulassungen und den Ländervorschriften für Öllagerbehälter aus Kunststoff können von den Aufzählungen abweichende Abstände festgelegt werden.

Öllagerbehälter aus lichtdurchlässigen Werkstoffen sind zum Schutz des Brennstoffes lichtgeschützt aufzustellen.

Bei oberirdischen Öllagerbehältern aus Kunststoffen gelten die in den allgemeinen bauaufsichtlichen Zulassungen genannten Einbauvorschriften, in denen auch die Öllagerbehälterabstände genannt sein können.

Zwischen Öllagerbehältern und Wärmeerzeuger muss ein Abstand von mindestens 1 m eingehalten sein, soweit nicht ein Strahlungsschutz vorhanden ist. Die Öllagerbehälter dürfen nicht über Feuerstätten, Rauchrohren, Rauch- oder Heißluftkanälen angeordnet werden.

4.2.2.3 Unterirdische Öllagerbehälter

Liegt der Öllagerbehälter oder ein Öllagerbehälterboden auf einem Öllagerbehälterbett auf, so darf das Öllagerbehälterbett keine wesentlichen Unebenheiten aufweisen. Der Öllagerbehälter muss flächenbündig aufliegen.

Für Transport und Einbau unterirdischer Öllagerbehälter aus Stahl gilt u TRbF 20 Nr. 4.1.3 bzw. TRbF 20 (Anhang N), Für unterirdische Öllagerbehälter aus Kunststoff gelten die in den allgemeinen bauaufsichtlichen Zulassungen genannten Transport- und Einbauvorschriften.

Wenn in den Zulassungen keine abweichenden Maße genannt sind, gelten folgende Abstände:

— Öllagerbehälter untereinander mindestens 400 mm;

— Abstand von Nachbargrundstücken mindestens 1 m;

— Abstand zu öffentlichen Versorgungsleitungen mindestens 1 m. Geringere Abstände sind nur im Einvernehmen mit dem Versorgungsunternehmen zulässig.

Die Erdüberdeckung sollte min. 0,8 m und max. 1,5 m betragen, um eine fachgerechte Montage und Frostsicherheit sicherzustellen.

4.2.3 Ausrüstung der Öllagerbehälter

In Überschwemmungs- und hochwassergefährdeten Gebieten sind alle Anschlüsse am Öllagerbehälter überflutungssicher anzubringen oder in druckwasserdichter Ausführung mit einem Arbeitsdruck p_0 von 1 bar einzubauen.

4.2.3.1 Flüssigkeitsstandsanzeiger

Jeder Öllagerbehälter, bei unterteilten Öllagerbehältern jedes Öllagerbehälterabteil, muss mit einer Einrichtung zur Feststellung des Flüssigkeitsstandes versehen sein.

Diese Einrichtung kann bei oberirdischen Öllagerbehältern mit ausreichend durchscheinenden Wandungen (z. B. aus Kunststoff) entfallen. Der Flüssigkeitsstandsanzeiger kann z. B. ein Peilstab sein. Bei Öllagerbehältern ≤ 1 000 l Inhalt, die ohne Grenzwertgeber befüllt werden dürfen, muss die Befüllung mit einer automatisch schließenden Zapfpistole, einer Überfüllsicherung oder einer anderen Funktionseinheit (z. B. Kontrolle durch Inhaltsanzeiger, Sichtöffnung) vorgenommen werden. Der maximal zulässige Flüssigkeitsstand muss gekennzeichnet sein, z. B. durch eine Markierung auf dem Peilstab oder bei Öllagerbehältern mit durchscheinenden Wandungen an der Öllagerbehälterwand. Auch bei Kunststoffbehältern mit Grenzwertgeber (GWG) muss generell eine Markierung mit dem max. Flüssigkeitsstand angebracht sein.

Peilöffnungen müssen verschließbar sein, Peilvorrichtungen dürfen eine Innenbeschichtung oder Leckschutzauskleidung der Öllagerbehälter — soweit vorhanden — nicht beschädigen. Es ist ein fest eingebau-tes, unten geschlossenes Führungsrohr einzubauen. Bleibende Einbauten und Peilstäbe dürfen nicht aus solchen Werkstoffen (z. B. Nichteisenmetallen) bestehen, die durch Elementbildung oder auf sonstige Weise Korrosion verursachen können.

4.2.3.2 Sicherung gegen Überfüllen

4.2.3.2.1 Grenzwertgeber

Ortsfeste Öllagerbehälter mit mehr als 1 000 l Volumen zur Lagerung von Heizöl, die aus Straßentankfahrzeugen oder Aufsetztanks befüllt werden, müssen mit einem Grenzwertgeber ausgerüstet sein, der — in Verbindung mit der Abfüllsicherung an den Straßentankfahrzeugen oder Aufsetztanks — eine Sicherung gegen Überfüllen darstellt. Die Grenzwertgeber dürfen nur verwendet werden, wenn sie eine allgemeine bauaufsichtliche Zulassung haben.

Füllanschlüsse sind den Anschlüssen für die Grenzwertgeber eindeutig zuzuordnen.

Bei Öllagerbatteriebehältern muss der Einbauort des Grenzwertgebers aus der allgemeinen bauaufsichtlichen Zulassung entnommen werden.

Die Einstellung des Grenzwertgebers (Einbaulänge) ist nach den in den allgemeinen bauaufsichtlichen Zulassungen für die Öllagerbehälter oder nach den in den Montageanleitungen der Hersteller der Öllagerbehälter oder Grenzwertgeber enthaltenen Angaben vorzunehmen.

4.2.3.2.2 Überfüllsicherungen

Eine Ölversorgungsanlage darf an Stelle des Grenzwertgebers mit einer Überfüllsicherung ausgestattet werden.

Danach sind Überfüllsicherungen Einrichtungen, die rechtzeitig vor Erreichen des zulässigen Füllungsgrades im Öllagerbehälter den Füllvorgang unterbrechen oder akustischen und optischen Alarm auslösen. Überfüllsicherungen sind alle zur Unterbrechung des Füllvorganges bzw. zur Auslösung des Alarms erforderlichen Anlageteile.

Sinngemäß erfüllt eine Überfüllsicherung die Anforderungen an eine Abfüllsicherung für einen Tankwagen in Verbindung mit einem Grenzwertgeber. Erforderlich wird eine Überfüllsicherung, wenn eine Befüllung des Öllagerbehälters durch Tankwagen ohne Abfüllsicherung oder durch Eisenbahnkesselwagen erfolgt.

Überfüllsicherungen dürfen nur verwendet werden, wenn sie eine allgemeine bauaufsichtliche Zulassung haben.

4.2.3.3 Leckanzeigesysteme

Zum Leckanzeigesystem gehören alle Ausrüstungen, die zur Anzeige eines Lecks erforderlich sind. Hauptkomponenten sind Überwachungsraum, Überprüfungsschacht, Leckschutzauskleidung, Leckschutzummantelung, Leckanzeigeeinrichtung, Rohrleitungen des Systems, Leckanzeigemedium, Leckagesonde, Sensor.

Leckanzeigesysteme müssen eine allgemeine bauaufsichtliche Zulassung haben, sofern sie nicht in der Bauregelliste B Teil 1.aufgeführt sind.

Folgende Ausführungen nach DIN EN 13160-1 können verwendet werden:

Klasse I — Systeme dieser Art zeigen ein Leck oberhalb und unterhalb des Flüssigkeitsstandes in einem doppelwandigen System an. Sie sind sicherheitsgerichtet aufgebaut und zeigen ein Leck an, bevor Heizöl in die Umwelt eindringen kann (z. B. Unter- und Überdruck-Systeme).

Klasse II — Systeme dieser Art zeigen ein Leck oberhalb und unterhalb des Flüssigkeitsstandes in einem doppelwandigen System an mit der Möglichkeit, dass Leckanzeigeflüssigkeit in die Umwelt austritt (z. B. Flüssigkeits-Überwachungssysteme).

Klasse III — Systeme dieser Klasse zeigen ein Leck im Öllagerbehälter oder der Ölleitung unterhalb des Flüssigkeitsspiegels an. Diese Systeme basieren auf Flüssigkeits- und/oder Gassensoren, die in einem Leckageraum oder Überwachungsraum angebracht sind. Es besteht die Möglichkeit, dass das Heizöl in die Umwelt eindringt (z. B. Leckageerkennungssysteme). Damit kein Heizöl in die Umwelt eindringen kann, ist durch eine Steuereinrichtung ein weiteres Nachlaufen von Heizöl auszuschließen.

Bei der Verwendung ist der Anwendungsbereich in den allgemeinen bauaufsichtlichen Zulassungen zu beachten. Für Leckanzeigesysteme, die in der Bauregelliste B Teil 1 aufgeführt sind, sind die in Abhängigkeit vom Verwendungszweck erforderlichen Stufen und Klassen zu beachten.

4.2.3.4 Absperreinrichtungen an Ölleitungen

Jeder Ölleitungsanschluss unterhalb des zulässigen Flüssigkeitsstandes des Öllagerbehälters muss mit einer Absperreinrichtung versehen sein.

Ölleitungsanschlüsse oberhalb des maximal zulässigen Flüssigkeitsstandes des Öllagerbehälters, z. B. Entnahmeleitungen, müssen ebenfalls mit einer Absperreinrichtung versehen sein,

Ausnahme: In Rücklaufleitungen darf kein Absperrventil eingebaut sein. Rücklaufleitungen müssen über dem maximal zulässigen Flüssigkeitsstand des Öllagerbehälters enden, damit ein Aushebern nicht möglich ist.

In Überschwemmungs- und hochwassergefährdeten Gebieten sollte der Absperreinrichtung ein Kompensator zur Aufnahme der Öllagerbehälter-Bewegungen nachgeschaltet werden.

4.2.3.5 Füll- und Entleerungseinrichtungen

Zum Befüllen und Entleeren muss jeder Öllagerbehälter mit Einrichtungen versehen sein, die den sicheren Anschluss einer fest verlegten Rohrleitung mit Füllstutzen ermöglicht. Dies gilt nicht für oberirdische Einzel-Öllagerbehälter mit einem Volumen bis 1 000 l.

Bei günstiger Einbringmöglichkeit des Füllschlauches in den Öllagerraum ist bei Öllagerbehälteranlagen auch das Anschließen des Füllschlauches direkt am Füllsystem der Öllagerbehälteranlage möglich.

Die Auslauföffnung des Füllrohres muss sich im unteren Drittel des Öllagerbehälters befinden. Vorzugsweise ist eine Ablenkung des einfließenden Öles vorzusehen um eine Aufwirbelung des Sedimentes zu vermeiden.

Auf eine gute Zugänglichkeit und Einsichtnahme des Füllstutzens und günstige Lage zur Straße ist zu achten.

Die Füllleitung soll in den Nennweiten 50 oder 80 ausgeführt und muss zum Öllagerbehälter hin mit stetigem Gefälle verlegt werden. Die Füllstutzen sind mit Anschlüssen nach DIN 28450 oder Außengewinde nach DIN EN 228-1 für den Abfüllschlauch und mit einer entsprechenden Verschlusskappe auszurüsten.

Oberirdische Einzel-Öllagerbehälter mit einem Volumen bis zu 1 000 l dürfen aus Straßentankfahrzeugen oder Aufsetztanks im Vollschlauchsystem mit einem selbsttätig schließenden Zapfventil und Füllraten unter 200 l/min im freien Auslauf befüllt werden. Der Füllstutzen dieser Öllagerbehälter ist so auszubilden, dass ein fester Anschluss des Abfüllschlauches sicher verhindert wird.

Ortsfeste Öllagerbehälter dürfen nur über fest angeschlossene Rohre oder Schläuche entleert werden. Dies gilt nicht für oberirdische Einzel-Öllagerbehälter mit einem Volumen bis 1 000 l.

Zur Unterscheidung der eingefüllten Heizölsorten — Heizöl EL Standard bzw. Heizöl EL Schwefelarm — und der sich daraus zu beachtenden Besonderheiten bei der Verwendung werden farblich unterschiedliche Verschlusskappen verwendet:

— ohne farbliche Kennzeichnung: Heizöl EL Standard; dem Betreiber liegt kein Eignungsnachweis des Brennerherstellers für die Verwendung von schwefelarmen Heizöl vor; die Ölfeuerungsanlage muss mit Heizöl EL Standard betrieben werden;

— Farbe Grün: Heizöl EL Schwefelarm; es liegt ein Eignungsnachweis des Brennerherstellers für die Verwendung von schwefelarmen Heizöl vor und der Brenner ist laut Herstelleranweisung nur für die ausschließliche Verwendung von Heizöl EL schwefelarm vorgesehen;

— Farbe Grün mit rotem Zusatzanhänger: es liegt ein Eignungsnachweis des Geräteherstellers für die Verwendung von schwefelarmen Heizöl vor. Die Feuerungsanlage darf sowohl mit Heizöl EL schwefelarm als auch Heizöl EL Standard betrieben werden

4.2.3.6 Be- und Entlüftungseinrichtungen

Öllagerbehälter müssen mit einer Be- und Entlüftungseinrichtung ausgerüstet sein, die das Entstehen unzulässiger Unter- oder Überdrücke verhindert. Lüftungseinrichtungen müssen so bemessen sein, dass sowohl bei höchstem Volumenstrom der Pumpen als auch bei Temperaturschwankungen im Öllagerbehälter kein unzulässiger Unterdruck oder Überdruck entstehen kann.

Lüftungseinrichtungen dürfen nicht absperrbar sein. Sie sind mit stetigem Gefälle zum Öllagerbehälter zu verlegen.

In Überschwemmungs- und hochwassergefährdeten Gebieten sollte der Be- und Entlüftungseinrichtung ein Kompensator zur Aufnahme der Öllagerbehälter-Bewegungen nachgeschaltet werden. Die Austrittsöffnung ist so anzuordnen, dass beim höchstmöglichen Wasserstand kein Wasser in den Öllagerbehälter eindringen kann.

Lüftungseinrichtungen müssen ausreichend fest, alterungsbeständig, formbeständig und gegen Öldämpfe beständig sein. Bei Öllagerbehältern mit einem Volumen bis 100 m³, die mit einem Volumenstrom von höchstens 1200 l/min befüllt werden, ist der Querschnitt der Lüftungseinrichtungen ausreichend bemessen, wenn der Innendurchmesser der Lüftungsleitungen mindestens den in Tabelle 1 festgelegten Werten für die Nennweite entspricht.

Tabelle 1 — Nennweite der Lüftungsleitung

Prüfüberdruck des Öllagerbehälters	2 bar	min. 1,3facher statischer Druck von Wasser
Betriebsdruck des Öllagerbehälters	max. 0,5 bar	—
Nennweite der Lüftungsleitung	mindestens 50% vom Innendurchmesser des Füllrohres; jedoch mindestens 40 mm	mindestens 50% vom Innendurchmesser des Füllrohres; jedoch mindestens 50 mm

Für andere oberirdische Behälter z. B. nach DIN 4119 oder DIN 6618 gilt für die Bemessung der Be- und Entlüftungseinrichtungen TRbF 20 Nr. 9.1.2.3 Abs. 2. Beim Befüllen von Öllagerbehältern, die nicht für inneren Überdruck ausgelegt sind, muss sichergestellt sein, dass der dem statischen Rechnungsnachweis zu Grunde gelegte zulässige Überdruck, höchstens jedoch ein Überdruck von 0,1 bar, nicht überschritten wird.

Bei Öllagerbehältern, die nicht für inneren Überdruck ausgelegt, jedoch mit einem Prüfüberdruck von mindestens 2 bar geprüft worden sind, sind beim Befüllen die entstehenden Überdrücke auf 0,5 bar zu begrenzen. Mehrere Öllagerbehälter dürfen über eine gemeinsame Lüftungsleitung be- und entlüftet werden.

Bei Anlagen mit Öllagerbehältern unter Erdgleiche — z. B. unterirdischen Öllagerbehältern und Öllagerbehältern in Kellern — muss die Lüftungsleitung mindestens 500 mm über dem Füllstutzen und mindestens 500 mm über Erdgleiche münden. Bei Anlagen mit Öllagerbehältern über Erdgleiche dürfen Lüftungsstutzen etwa gleich hoch enden wie die Füllstutzen.

Die Austrittsöffnungen von Lüftungsleitungen müssen gegen das Eindringen von Regenwasser geschützt sein. Der Einbau von Querschnittsverengungen und der Einbau von Sieben ist unzulässig. Die Austrittsöffnung der Lüftungsleitung an Öllagerbehältern muss an einer Stelle ausmünden, die während des Füllvorganges von der Befüllstelle leicht zu beobachten ist.

Lüftungseinrichtungen dürfen nicht in geschlossenen Räumen und nicht in Domschächten münden. Dies gilt nicht für oberirdische Einzel-Öllagerbehälter mit einem Volumen bis 1 000 l.

Werden mehrere Einzelbehälter mit einem Volumen bis 1 000 l in einem Raum aufgestellt, so sind die Lüftungsleitungen aller Behälter ins Freie zuführen.

4.3 Ölleitungen

4.3.1 Allgemeine Anforderungen

Ölleitungen nach 3.15 bedürfen eines bauaufsichtlichen Verwendbarkeitsnachweises.

Gemäß der novellierten Muster- VAwS § 12 müssen oberirdische Ölleitungen — Heizöl EL mit der Wassergefährdungsklasse (WGK) 2 — eine der folgenden Anforderungen erfüllen:

a) nach Muster- VAwS Anhang zu § 4 Abs. 1; Abschnitt 2.3, oder

b) technische oder organisatorische Maßnahmen die eine gleichwertige Sicherheit gewährleisten, oder

c) Durchführung einer Gefährdungsabschätzung.

Zu a): nach Anhang zu § 4 Abs. 1; Abschnitt 2.3 gilt für oberirdische Ölleitungen eine der beiden Anforderungen:

$$F_1 + R_0 + I_1 + I_2$$

oder

$$R_1$$

Hierin sind:

F_1 stoffundurchlässige Fläche;

R_0 kein Rückhaltevermögen über die betrieblichen Anforderungen hinaus;

R_1 Rückhaltevermögen, für das Volumen wassergefährdeter Flüssigkeiten, das bis zum Wirksamwerden geeigneter Sicherheitsvorkehrungen auslaufen kann (z. B. Absperren des undichten Anlagenteils oder Abdichten des Lecks);

I_1 Überwachung durch selbsttätige Störmeldeeinrichtungen in Verbindung mit ständig besetzter Betriebsstätte (z. B. Messwarte) oder Überwachung mittels regelmäßiger Kontrollgänge; Aufzeichnung der Abweichung vom bestimmungsgemäßen Betrieb und Veranlassung notwendiger Maßnahmen;

I_2 Alarm- und Maßnahmenplan als Bestandteil einer Betriebsanweisung, der wirksame Maßnahmen und Vorkehrungen zur Vermeidung von Gewässerschäden beschreibt und mit den in die Maßnahme einbezogenen Stellen abgestimmt ist. Für Ölfeuerungsanlagen ist eine Betriebsanweisung nicht erforderlich, wenn die Betreiber die amtlich bekannt gemachten Merkblätter „Betriebs- und Verhaltensvorschriften beim Umgang mit wassergefährdenden Stoffen“ an gut sichtbarer Stelle in der Nähe der Anlage dauerhaft anbringen.

Zur Ausführung von Dichtflächen wird auf die technische Regel ATV-DVWK-A 780 (TRwS) verwiesen.

Zu b): technische oder organisatorische Maßnahme die eine gleichwertige Sicherheit gewährleistet, siehe Verbindungen 4.3.3.2.2.1.

Für Öllagerbehälter mit einem Lagervolumen >10 m^3.(gegebenenfalls in einzelnen Bundesländern auch bei geringerem Lagervolumen) ist die technische Regel ATV-DVWK-A 780 (TRwS) anzuwenden.

Zu c): Durchführung einer Gefährdungsabschätzung durch eine Zustimmung im Einzellfall (gegebenenfalls in einem Eignungsfeststellungsverfahren)

Ölleitungen müssen so montiert erstellt, installiert und betrieben werden, dass sie dauerhaft dicht sind. Undichtheiten müssen schnell und zuverlässig feststellbar sein.

Nach den Vorschriften zum Schutz der Gewässer sind unterirdische Rohrleitungen nur zulässig, wenn sie

1) doppelwandig sind und Undichtheiten der Rohrwände durch ein Leckanzeigesystem nach 4.2.3.3 selbsttätig angezeigt werden, oder

2) mit einem flüssigkeitsdichten Schutzrohr versehen oder in einem flüssigkeitsdichten Kanal verlegt sind und ausgelaufene Flüssigkeit in einer Kontrolleinrichtung sichtbar wird, oder

3) als Saugleitungen ausgebildet sind, in denen die Flüssigkeitssäule bei Undichtheiten abreißt; die Saugleitungen müssen mit stetigem Gefälle zum Tank verlegt sein und dürfen außer am oberen Ende kein Rückschlagventil haben.

ANMERKUNG Bei Ölleitungen mit einem Druck PS größer als 10 bar und DN größer als 200 und dem Produkt PS DN größer als 5 000 bar ist die EG-Druckgeräterichtlinie 97/23/EG Anhang II, Diagramm 9 zu beachten.

4.3.2 Bauvorschriften

4.3.2.1 Allgemeine Anforderungen

Wandungen von Ölleitungen müssen den zu erwartenden mechanischen, thermischen und chemischen Beanspruchungen standhalten und gegen Öl und deren Dämpfe undurchlässig und beständig sein.

Wandungen von Ölleitungen müssen darüber hinaus im erforderlichen Maße alterungsbeständig und gegen Flammeneinwirkung widerstandsfähig sein.

Für Rohre oder Formstücke aus nichtmetallischen Werkstoffen, die im Unterdruck betrieben werden oder die oberhalb eines Auffangraumes oder einer Ölauffangwanne mit Ölmeldeeinrichtung angeordnet sind, ist eine Widerstandsfähigkeit gegen Flammeneinwirkung nicht erforderlich.

Ölleitungen sind mindestens für einen maximal zulässigen Druck PS von 10 bar auszulegen. Abweichend hierzu gilt: Ist die Ölleitung als Saugleitung ausgeführt, genügt als Auslegungsdruck der maximal zulässige Druck PS von 6 bar.

4.3.2.1.1 Anforderungen an Rohre aus metallischen Werkstoffen

Für metallische Rohre dürfen die in Tabelle 2 genannten Werkstoffe verwendet werden. Ergänzend dazu dürfen metallische Rohrleitungen nach DIN EN 13480-2 verwendet werden.

Tabelle 2 — Werkstoffe für metallische Rohre

Rohre aus Werkstoff	Verlegungsart	Norm	Werkstoffbezeichnung	Einschränkungen
unlegierte und niedrig legierte Stähle		DIN EN 10217-1	P195TR2, P235TR2, P275TR2	
		DIN EN 10216-1	P195TR2, P235TR2, P275TR2	
		DIN EN 10216-2	P195GH, P235GH, P265GH	
		DIN EN 10217-2	P195GH, P235GH, P265GH	
		Stahl-Eisen-Werkstoff-Blatt 087	WTSt37-2, WTSt37-3, WTSt52-3	
	unterirdisch	DIN EN 10208-2	—	keine
		DIN EN 10217-1	P195TR2, P235TR2, P275TR2	
		DIN EN 10216-1	P195TR2, P235TR2, P275TR2	
		DIN EN 10216-2	P195GH, P235GH, P265GH	
		DIN EN 10217-2	P195GH, P235GH, P265GH	
Nichtrostende austenitische Stähle	oberirdisch und unterirdisch	DIN 17440, DIN EN 10283	alle, ausgenommen Werkstoff- Nr. 1.4305	
Installations-rohre aus Kupfer	oberirdisch und unterirdisch	DIN EN 1057 DIN EN 12449	Cu-DHP R 220, R 250	in Ringen nahtlos gezogen mit Gütezeichen der Gemeinschaft Kupferrohre e.V. entsprechend DIN EN 12449
Rein-aluminium oder Aluminium-Knetlegierung	oberirdisch und unterirdisch*)	nach AD- Merkblatt W 6/1 Tafel 1:	Auswahl:	*) unterirdisch beschränkt auf DN > 25
		DIN EN 573-3 und DIN EN 573-4	EN AW-Al 99,98	
			EN AW-Al 99,8 (A)	
			EN AW-Al 99,7	
			EN AW-Al 99,5	
		DIN EN 573-3 und DIN EN 573-4	EN AW-AlMg3	
			EN AW-AlMg2Mn0,8	
			EN AW-AlMg4,5,	
		DIN EN 573-3 und DIN EN 573-4	EN AW-AlMn1Cu	maximal + 50 °C
			EN AW-AlMn10	
			EN AW-AlMgSi	
Rohre aus sonstigen metallischen Werkstoffen	oberirdisch und unterirdisch			Einhaltung DIN EN 13480-2, DIN EN 1503 und AD-Merkblätter 2000 Reihe W

Es dürfen nur Rohre eingesetzt werden, die der zuvor beschriebenen Beanspruchungen standhalten und durch den Hersteller als geeignet gekennzeichnet sind.

4.3.2.1.2 Auslegung von Rohrleitungen

Die Rohre sind auf Innendruck und Zusatzbeanspruchungen nach AD-Merkblatt 2000 B1 oder DIN EN 13480-3 zu berechnen. Der Zuschlag c_0 für Korrosion bzw. Erosion beträgt c_0 = 1,0 mm

Die Wanddicken gelten für einen maximal zulässigen Druck PS von 16 bar für

— nahtlose Rohre nach DIN EN 10216-1 sowie geschweißte Rohre nach DIN EN 10217-1 in den Stahlsorten P195GH, P235GH und P265GH;

— Präzisionsstahlrohre nach DIN EN 10305-1, DIN EN 10305-2 und in den Stahlsorten P235GH.

Tabelle 3 — Stahlrohre

Maße in Millimeter

Nennweite DN	6	8	10	15	20	25	32	40	50	65	80	100
Rohraußen-durchmesser	10,2	13,5	17,2	21,5	26,9	33,7	42,4	48,3	60,3	76,1	88,9	114,3
Wanddicke												
DIN 2440	2,0	2,35	2,35	2,65	2,65	3,25	3,25	3,25	3,65	3,65	4,05	4,5
DIN 2441; DIN 2442	2,65	2,9	2,9	3,25	3,25	4,05	4,05	4,05	4,5	4,5	4,85	5,4
DIN 2448	2,0	2,0	2,0	2,0	2,3	2,6	2,6	2,6	2,9	2,9	3,2	3,6
DIN 2449	–	–	1,8	2,0	2,3	2,6	2,6	2,6	2,9	2,9	3,2	3,6
DIN 2450	–	–	1,8	2,0	2,3	2,6	2,6	2,6	2,9	2,9	3,2	3,6
DIN 2458	2,0	2,0	2,0	2,0	2,0	2,0	2,3	2,3	2,3	2,6	2,9	3,2

Tabelle 4 – Präzisionsstahlrohre

Maße in Millimeter

Rohraußendurchmesser	4	6	8	10	12	15	18	20	22	25	28
Nennweite DN	2	4	6	8	9	12	15	17	19	21	24
Wanddicke	1,2	1,2	1,5	1,5	1,5	1,5	1,5	1,5	1,5	2	2

Rohre aus Nichteisenmetallen sind nach DIN EN 13480-3 zu berechnen.

Zulässige Mindest-Wanddicken für Installationsrohre aus Kupfer nach DIN EN 1057sind:

— 1 mm Wanddicke für Außendurchmesser 6 mm bis 22 mm;

— 1,5 mm Wanddicke für Außendurchmesser 28 mm, 35 mm und 42 mm.

4.3.2.1.3 Nachweis der Güteeigenschaften von Rohrleitungen

Der Nachweis der Güteeigenschaften für Rohre nach Tabelle 5 ist durch ein Werkszeugnis 2.2 nach DIN EN 10204 zu erbringen, soweit nicht in DIN-Normen (z. B. DIN EN 10217-2) oder AD- Merkblatt W 6/1 (z. B. bei Werkstoffen aus Reinaluminium oder Aluminium-Knetlegierungen) andere Nachweise gefordert werden.

Soweit in den Bescheinigungen der Innendruckversuch nicht berücksichtigt ist, hat das Lieferwerk ihn in einer Werksbescheinigung nach 2.1 von DIN EN 10204 zu bestätigen. Der Innendruckversuch darf durch eine zerstörungsfreie Prüfung in den Grenzen der technischen Lieferbedingungen ersetzt werden.

Bei Rohren mit einer Nennweite bis DN 100 genügt abweichend als Gütenachweis die Stempelung mit Werkstoffsorte und Herstellerzeichen bzw. bei Kupferrohren nach DIN EN 1057 mit dem Gütezeichen.

Der Nachweis der Güteeigenschaften für Rohre nach Tabelle 2 — Rohre aus sonstigen metallischen Werkstoffen — ist entsprechend den Anforderungen nach AD- Merkblatt 2000 Reihe W, DIN EN 13480-2 oder DIN EN 1503 zu erbringen. Können für Rohre die Nachweise nicht erbracht werden, so sind diese in den bauaufsichtlichen Verwendbarkeitsnachweisen zu erbringen.

4.3.2.2 Anforderungen an Formstücke aus metallischen Werkstoffen

4.3.2.2.1 Werkstoffe

Für metallische Formstücke dürfen die in Tabelle 5 genannten Werkstoffe verwendet werden.

Tabelle 5 — Metallische Werkstoffe für Formstücke

Formstücke aus	Verlegungsart	Werkstoffe nach	Beispiel für Werkstoffe	Werkstoffnorm	Einschränkungen
Rohren [a]	oberirdisch und unterirdisch	Tabelle 2			
Blechen [a]	oberirdisch	AD-Merkblatt W 1	S235JRG1	DIN EN 10025	
			S235JRG3		
	unterirdisch		S235JRG3	DIN EN 10025	nur beruhigte Stähle
			P235 S	DIN EN 10207	
Stahlguss [a)]	oberirdisch und unterirdisch	AD-Merkblatt W 5	GS-38	DIN 1681	
			GS-45		
			GS-C 25	DIN EN 10213-1 DIN EN 10213-2	
			GS-20 Mn 5 N	DIN 17182	
			GS-20 Mn 5 V		
			G-X 5 CrNi 13 4	DIN EN 10283	
Gusseisen	oberirdisch	AD-Merkblatt W 3/1	GG-30	DIN EN 1561	nur für Schraubverbindungen mit Nennweite bis DN 100, Druck bis PN 16 und Temperatur bis 120 °C
		AD-Merkblatt W 3/2	EN-GJS-400-15	DIN 1563	
Temperguss	oberirdisch		EN-GJMW-400-5	DIN EN 1562	
Kupferwerkstoffen	oberirdisch und unterirdisch		Cu-DHP	DIN EN 12449	≤ DN 25 ≤ PN 10
			G-CuSn5ZnPb	DIN EN 1982	
Zinkdruckguss	oberirdisch		GD-ZnAl4Cu1	ISO 301:1981 DIN EN 12844	≤ DN 25 ≤ PN 10
Alu-Druckguss			Al-Si-Legierungen	DIN EN 573-3/ DIN EN 573-4	Nennweite bis DN 100, Druck bis PN 16 und Temperatur bis 120 °C

[a] ausschließlich zu verwenden bei Rohrleitungsanschlüssen unterhalb des maximalen Flüssigkeitsstandes des Öllagerbehälters

Für Schneidringverschraubungen nach DIN 2353, DIN EN ISO 8434-1 und DIN 3861 sind Werkstoffe nach DIN 3859-1 zulässig.

Für Klemmringverschraubungen oder andere Verbindungsfittings, z. B. Pressverbindungen, ~~hat~~ gelten die Angaben in den allgemeinen bauaufsichtliche Verwendbarkeitsnachweisen (allgemeinen bauaufsichtlichen Zulassungen).

Die Anforderungen an die Werkstoffe für Flansche, Schrauben und Muttern gelten als erfüllt, wenn die AD-Merkblätter W 2, W 6/1, W 6/2, W 7, W 9 und W 13 eingehalten sind.

Flansche sollen nach ISO 7005-1:1992, ISO 7005-2:1988 und ISO 7005-3:1988 ausgeführt sein.

4.3.2.2.2 Berechnung

Formstücke sind sinngemäß nach den AD-Merkblättern der Reihe B zu berechnen. Eine Berechnung ist nicht erforderlich, wenn Formstücke nach DIN 2615-1, DIN 2616-1, DIN 2605-1, DIN 2605-1 und DIN EN 1254-1 und DIN EN 1254-4 bis zu einem maximal zulässigen Druck PS von 16 bar verwendet werden.

4.3.2.2.3 Nachweis der Güteeigenschaften

Ungeschweißte Formstücke aus Werkstoffen nach Tabelle 5 sowie Formstücke aus Stahlguss, Gusseisen und Temperguss nach Tabelle 5 sind vom Herstellerwerk zu prüfen. Über die Prüfung ist ein Werkszeugnis 2.2 nach DIN EN 10204 auszustellen.

Ungeschweißte Formstücke aus nachfolgend genannten Werkstoffen nach Tabelle 2:

— Rohre aus Reinaluminium und Aluminium-Knetlegierungen;

— Rohre aus sonstigen metallischen Werkstoffen.

und geschweißte Formstücke sind durch den Werkssachverständigen zu prüfen. Über die Prüfung ist ein Abnahmezeugnis 3.1B nach DIN EN 10204 auszustellen.

Abweichend genügt bei Formstücken mit einer Nennweite bis DN 100 als Gütenachweis die Stempelung mit Werkstoffsorte, Nenndruckstufe und Herstellerzeichen. Bei Fittings nach DIN EN 1254-1 und DIN EN 1254-4 bis DN 25 genügt als Gütenachweis die Stempelung mit der Herstellerkennzeichnung.

Der Hersteller der Schneidringverschraubung hat durch eine Kennzeichnung zu bestätigen, dass die Verschraubung der DIN 2353, DIN EN ISO 8434-1 bzw. DIN 3861 entspricht und die geforderten Werkstoffnachweise vorliegen. Die Kennzeichnung muss folgende Angaben enthalten:

— Herstellerkennzeichen;

— Baureihe (Angabe entsprechend DIN 2353, DION EN ISO 8434-1);

— Werkstoffgruppe, sofern nach DIN 3859-1 Cu, Cu-Legierungen oder nichtrostender Stahl verwendet wird.

Für die Nachweise der Güteeigenschaften von Werkstoffen für Flansche, Schrauben und Muttern sind die AD-Merkblätter der Reihe W sinngemäß anzuwenden. Abweichend genügt bei Formstücken mit einer Nennweite bis DN 100 als Gütenachweis die Stempelung mit Werkstoffsorte, Nenndruckstufe und Herstellerzeichen.

4.3.2.3 Anforderungen an Armaturen aus metallischen Werkstoffen

Gehäuse der ersten Absperreinrichtung am Öllagerbehälter müssen aus Werkstoffen nach DIN EN 1503-1, DIN EN 1503-2, DIN EN 1503-3 oder DIN EN 1503-4 bestehen.

Gehäuse der ersten Absperreinrichtung am Öllagerbehälter bei einer Entnahme unterhalb des maximalen Flüssigkeitsstandes müssen aus Werkstoffen nach DIN EN 1503-1 oder DIN EN 1503-3bestehen.

Auf die Anforderungen an Armaturengehäuse der TRD 411, 6.1.2 wird hingewiesen, die von Sicherheitsabsperrventilen nach DIN EN 264 zu erfüllen sind.

Für Armaturen dürfen andere metallische Werkstoffe mit ausreichender Zähigkeit verwendet werden, wie z. B. Kupfer-Knetlegierungen nach AD-Merkblatt W 6/2 oder die in Tabelle 6 genannten sonstigen Werkstoffe:

Tabelle 6 — Sonstige metallische Werkstoffe für Armaturen

Werkstoff-Bezeichnung	Werkstoff- Nr.	Norm	Einschränkungen (siehe auch Tabelle 7)
CuZn39Pb1Al-C-GM	CC754S	DIN EN 1982	
CuSn5ZnPb5-C-GS	CC491K	DIN EN 1982	
CuSn10-C-GS	CC480K	DIN EN 1982	
CuZn40Mn	CW509L	DIN EN 12163, DIN EN 12167, DIN EN 12420, DIN EN 12449	
CuZn39Pb2	CW612N	DIN EN 12420, DIN EN 12164, DIN EN 12167, DIN EN 12449	Druckinhaltsprodukt der Gehäuse von Armaturen: $p \times l \leq 200\ \text{bar} \times l$ [a] [b] DN ≤ 50, PN 25
CuZn39Pb3	CW614N	DIN EN 12420, DIN EN 12164, DIN EN 12167, DIN EN 12449	
CuZn40Pb2	CW617N	DIN EN 12420, DIN EN 12164, DIN EN 12167, DIN EN 12449	
GD-ZnAl4Cu1	ZP0410	DIN EN 12844	

[a] Siehe TRB 801 Nr. 45: Abschnitt 5.1

[b] Werkstoffe gelten nur für Armaturen der Gruppe A; Werkstoffe für Armaturen der Gruppe B oder C erfordern zusätzlich eine Eignungsfeststellung durch einen Sachverständigen.

Für Kupfer und Kupfer-Knetlegierungen sind zusätzlich die in Tabelle 7 genannten Einsatzgrenzen zu beachten.

Tabelle 7 — Einsatzgrenzen von Kupfer und Kupfer-Knetlegierungen für Armaturenwerkstoffe

Nennweite DN (in mm)	≤ 65	≤ 40	≤ 25	≤ 15
Betriebsüberdruck in bar	≤ 10	≤ 20	≤ 32	≤ 40
Öltemperatur in °C	≤ 120	≤ 120	≤ 140	≤ 140
Nennweite DN (in mm)	≤ 65	≤ 40	≤ 25	≤ 15
maximal zulässiger Druck PS in bar	≤ 10	≤ 20	≤ 32	≤ 40
Öltemperatur in °C	≤ 120	≤ 120	≤ 140	≤ 140

Die Armaturen müssen hinsichtlich Herstellung, Bemessung, Prüfung und Gütenachweis den genannten Vorschriften und Normen entsprechen.

4.3.2.4 Anforderungen an nichtmetallische Ölleitungen und Schlauchleitungen

Nichtmetallische Ölleitungen müssen für einen maximal zulässigen Druck PS von 10 bar ausgelegt und bauaufsichtlich zugelassen sein.

Schlauchleitungen müssen DIN EN ISO 6806 Typ 1 entsprechen. Siehe auch 4.3.1 und 4.3.3.6.2.

4.3.3 Erstellung und Verlegung der Ölleitungen

4.3.3.1 Allgemeines

4.3.3.1.1 Sicherheit

Ölleitungen müssen so verlegt sein, dass ihre Sicherheit nicht beeinträchtigt wird.

Oberirdische Ölleitungen müssen fest verlegt werden.

Schlauchleitungen nach DIN EN ISO 6808 dürfen nur als flexible Leitungen im Brennerbereich oder, wenn eine Verwendung technisch zulässig ist, eingesetzt werden.

4.3.3.1.2 Ölleitungen in schwingungsgefährdeten Anlagen

Ölleitungen in schwingungsgefährdeten Anlagen — z. B. bei Anschluss an Pumpen — müssen durch entsprechende Maßnahmen so ausgeführt sein, dass Undichtheiten durch Schwingungsbeanspruchungen nicht zu befürchten sind.

4.3.3.1.3 Zusammenfügen einer Rohrleitung

Beim Zusammenfügen einer Rohrleitung dürfen die einzelnen Rohre nicht unzulässig beansprucht oder verformt werden.

Dies gilt als erfüllt, wenn durch die Richtarbeiten, insbesondere durch das Biegen der Rohre, die Güteeigenschaften des Werkstoffes nicht beeinträchtigt und die einzelnen Rohre so zusammengefügt worden sind, dass Spannungen und Verformungen, welche die Sicherheit der Rohrleitung beeinträchtigen können, ausgeschlossen sind.

4.3.3.1.4 Grundsätze für die Kalt- und Warmumformung

Als Grundsätze für die Kalt- und Warmumformung und die Wärmebehandlung gelten die AD- Merkblätter der Reihe HP.

4.3.3.2 Leitungsverbindungen

4.3.3.2.1 Allgemeines

Verbindungsstellen zwischen einzelnen Rohren und die für die Herstellung erforderlichen Mittel müssen so beschaffen sein, dass eine sichere Verbindung sichergestellt ist und die Dichtheit der Rohrleitung nicht beeinträchtigt wird.

Für Verbindungsarten, bei denen noch keine ausreichenden Erfahrungen vorliegen, und bei solchen Verbindungsarten, deren Ausführung zur Vermeidung von Gefährdungen einer besonderen Sachkunde und Sorgfalt bedarf, müssen Nachweise über die Erfüllung der Anforderungen vorgelegt werden.

Flansch- und Schraubverbindungen sowie Schneidringverschraubungen bzw. Pressverbindungen müssen in für Kontrollen gut zugänglichen Bereichen angeordnet sein und sind in unterirdischen Abschnitten von Ölleitungen nicht zulässig.

4.3.3.2.2 Verbindungsarten

4.3.3.2.2.1 Verbindungsstellen zwischen einzelnen Rohren werden als dauerhaft dicht beurteilt wenn sie als Schweiß-, Hartlöt-, Muffen-, Schraub-, Press- oder Flanschverbindungen oder als Schneidringverschraubungen nach DIN EN ISO 8434-1 ausgeführt werden.

4.3.3.2.2.2 Schneidringverschraubungen dürfen nur bis DN 32 und nur zur Verbindung von Präzisionsstahlrohren mit Abmessungen nach DIN EN 10305-1 und DIN EN 10305-2, Edelstahlrohren mit Abmessungen nach DIN EN ISO 1127 in den Toleranzklassen D 4 und T 4 sowie Kupferrohren mit Abmessungen nach DIN EN 1057 unter Benutzung von Stützhülsen verwendet werden.

4.3.3.2.2.3 Schraubverbindungen an Ölleitungen sind nur bis DN 32 zulässig; Ausnahme bei Füllleitungen. Es dürfen Gewindeverbindungen nach:

— DIN 2999-1 bzw. DIN 3858 für Schneidringverschraubungen in der Paarung zylindrisches Innengewinde Rp und kegeliges Außengewinde R bis zu einem maximal zulässigen Druck PS von 1 bar;

— ANSI/ASME B1.20.1-1983 als NPT- Gewinde (National Pipe Taper Thread, kegeliges Rohrgewinde);

— DIN EN ISO 228-1 in der Paarung zylindrisches Innengewinde G und zylindrisches Außengewinde G in der Toleranzklasse A, ausschließlich für Anschlüsse an Bauelemente;

— DIN 13-1, DIN 13-6 oder DIN 13-7 als metrisches Gewinde, ausschließlich für Anschlüsse an Bauelemente

verwendet werden.

Die Herstellung von Schraubverbindungen von hier abweichenden Paarungen ist unzulässig.

Schraubverbindungen mit kegeligen Gewinden dürfen nur mit nicht aushärtenden Dichtmitteln hergestellt werden.

An die Dichtmittel werden folgende grundsätzliche Anforderungen gestellt:

— mit Rohr-, Formstück- und Armaturenwerkstoffen verträglich;

— beständig gegenüber Öl;

— bei Vibrationen die Dichtheit noch sicherstellend;

— mit schaumbildenden Lecksuchmitteln verträglich.

Der beim Eindichten aufgebrachte Dichtmittelträger dient als Füllmittel und muss daher einwandfrei in das Gewinde einlaufen. Er darf die metallische Dichtung nicht behindern.

Bei Schraubverbindungen mit zylindrischen oder metrischen Gewinden muss die Dichtheit über vorhandene Dichtflächen sichergestellt sein, z. B. ausgeführt mit einem Dichtring nach DIN 7603 oder als Dichtung Innenkonus 60° mit Kugel in Anlehnung an DIN 3863.

4.3.3.2.2.4 Bei Muffen- und Schraubverbindungen wird bezüglich der Wanddicke auf DIN 2441 und bei lichten Weiten über DN 50 auch auf DIN 2440 hingewiesen.

4.3.3.2.2.5 Zur Verbindung von Flanschverbindungen sind Sechskantschrauben und -muttern sowie Dichtungen mit den folgenden Mindestanforderungen zu verwenden:

— verzinkte Sechskantschrauben nach DIN EN ISO 4014, DIN EN 20898-7 aus Stahl, Festigkeitsklasse 5.6 nach AD-W 7, und verzinkte Sechskantmuttern nach DIN EN ISO 4034 aus Stahl, Festigkeitsklasse 5-2 nach AD-W 7, und

— Dichtungen PN 25 mit Metallarmierung oder metallischem Innenbördel nach DIN EN 1514-1.

Tabelle 8 — Empfohlene Lote für das Hartlöten

Lotbezeichnung		Anwendung für das Hartlöten von	
nach DIN EN 1044	nach DIN EN ISO 3677	Kupfer	Stahl
AG 104	B-Ag45CuZnSn-640/680	x	x
AG 106	B-Cu36AgZnSn-630/730	x	x
CP 105	B-Cu92PAg-650/810	x	—
CP 203	B-Cu94P-710/880	x	—

Die Qualifikation der Löter und die Güte des Zusatzwerkstoffes sind nachzuweisen (z. B. durch Bescheinigung einer Fachfirma). Auf die DVS-Richtlinien 1903-1 und DVS 1903-2 und das DVGW-Arbeitsblatt GW 2 wird hingewiesen.

4.3.3.3 Leitungsverlegung

4.3.3.3.1 Allgemein

Ölleitungen sollen, soweit möglich und zweckmäßig, oberirdisch verlegt und leicht zugänglich sein.

4.3.3.3.2 Schutz vor Beschädigung

Oberirdische und unterirdische Ölleitungen müssen so verlegt sein, dass sie gegen mögliche Beschädigungen geschützt sind.

Dies gilt für unterirdische Ölleitungen z. B. als erfüllt, wenn sie durch Abdecksteine oder eine befestigte Fahrbahn geschützt oder mit mindestens 800 mm Erddeckung verlegt sind.

4.3.3.3.3 Unversehrtheit der Isolierung

Unterirdische Ölleitungen müssen so verlegt sein, dass die Unversehrtheit der Isolierung nicht beeinträchtigt wird.

Dies gilt in der Regel als erfüllt, wenn für die Vorbereitung der Sohle und zum Verfüllen der Rohrgräben oder -kanäle Sand (Korngröße $\leq$ 2 mm) oder andere Bodenstoffe verwendet worden sind, die frei von scharfkantigen Gegenständen, Steinen, Asche, Schlacke und anderen bodenfremden und aggressiven Stoffen sind.

4.3.3.3.4 Berücksichtigung auftretender Dehnungen

Ölleitungen müssen unter Berücksichtigung einer gegebenenfalls auftretenden Dehnungen so verlegt sein, dass sie ihre Lage nicht verändern.

4.3.3.3.5 Unterirdische Füll- und Entleerungsleitungen

Unterirdische Füll- und Entleerungsleitungen sollen möglichst mit stetigem Gefälle zum Öllagerbehälter verlegt sein.

4.3.3.3.6 Armaturen

Armaturen müssen so angeordnet sein, dass sie gegen Beschädigung geschützt sind. Absperreinrichtungen sollen gut zugänglich und leicht zu bedienen sein.

4.3.3.3.7 Kennzeichnung ölführender Ölleitungen

Oberirdisch verlegte Ölleitungen müssen durch Farbanstrich, Farbringe oder Beschriftung gekennzeichnet sein, wenn Leitungen für unterschiedliche gefährliche Stoffe verlegt sind und wenn eine eindeutige Zuordnung zum Öllagerbehälter nicht möglich ist.

Die Kennzeichnung ölführender Ölleitungen ist in diesen Fällen in der Farbe Braun oder Braun mit Zusatzfarbe Rot nach DIN 2403 vorzunehmen.

Der Verlauf unterirdisch verlegter Ölleitungen muss in Rohrleitungsplänen erfasst sein. Kreuzungsstellen mit und Näherungsstellen zu anderen Energieleitungstrassen sind in den Rohrleitungsplänen zu kennzeichnen.

4.3.3.3.8 Freie Rohrleitungsenden

Freie Rohrleitungsenden müssen flüssigkeitsdicht verschlossen sein. Frei zugängliche bzw. sichtbar verlegte nicht mehr genutzte Ölleitungen sind zu entfernen.

4.3.3.4 Schutzrohre

Schutzrohre für Ölleitungen müssen ausreichend fest, flüssigkeitsdicht und gegen Korrosion beständig oder geschützt sein. Die Eignung ist nachzuweisen: Geeignet sind zum Beispiel Kunststoffrohre aus PE-hart nach DIN 19533 oder PVC-hart nach DIN EN 1452-1 bis DIN EN 1452-5.

Die Ölleitungen sollten bei Wand-, Decken- und Fußboden-Durchbrüchen zum Schutz gegen mechanische Beschädigungen in einem genügend weiten Schutzrohr geführt werden.

Schutzrohre müssen mit stetigem Gefälle zur Kontrolleinrichtung, z. B. Leckanzeigesystem, hin verlegt werden.

4.3.3.5 Besondere Anforderungen an Ölleitungen

4.3.3.5.1 Öl-Versorgungsleitungen

Öl-Versorgungsleitungen sind je nach Betriebsweise für den Saug- (Unterdruck) oder Druckbetrieb (Überdruck) auszulegen.

Bei Öllagerbehältern, ausgenommen Öllagerbehälter nach DIN 6618-1 und DIN 4119-1, die in einem Auffangraum stehen, darf die Entnahmeleitung nur von oben in die Öllagerbehälter eingeführt werden. Die Saugöffnung der Entnahmeleitung soll in einem Abstand von mindestens 50 mm über der Öllagerbehältersohle liegen. Für einen sicheren Betrieb wird ein Abstand von 100 mm empfohlen. Der Einsatz von schwimmender Entnahme ist zu empfehlen. Die Angaben des Herstellers des Öllagerbehälters sind zu beachten.

Bei Ölversorgungsanlagen für Zweistrangsysteme muss die Rücklaufleitung oberhalb des Ölspiegels im Öllagerbehälter enden. Die Dimensionierung der Öl-Versorgungsleitungen hat unter Berücksichtigung der Fließgeschwindigkeiten, der Druckverhältnisse und des maximal möglichen Vakuums zu erfolgen (siehe Tabelle 9). Die Hersteller der Heizsysteme oder der Ölbrennerpumpen geben in der Regel Empfehlungen für die Saugleitungslängen in Abhängigkeit des verlegten Leitungsquerschnittes und der maximal auftretenden Saughöhe. In Grenzfällen wird es trotzdem unumgänglich sein, eine anlagenbezogene Berechnung der Saugleitung durchzuführen (siehe Bild 1).

Weitere Ausführungen zu Saugleitungsberechnungen siehe Anhang D.

4.3.3.5.2 Anforderungen an Öl-Versorgungsleitungen

Tabelle 9 — Richtwerte zu Fließgeschwindigkeiten

Leitungstyp	Empfohlene Fließgeschwindigkeit *w* in m/s
Saugleitungen	
a) im Saugbetrieb	0,2 bis 0,5
b) im Druckbetrieb	1,0 bis 1,5
Rücklaufleitung	bis 1,5

Das max. zulässige Vakuum im Saugstutzen der Ölbrennerpumpe, bzw. Förderpumpe bei Druckaggregaten, soll bei Neuinstallation 0,4 bar nicht überschreiten. (Gilt nicht für Förderaggregate als Saugaggregate.)

Der Gesamtdruckverlust muss kleiner als der Förderdruck der Pumpe sein. Die PN Stufe muss größer als der Förderdruck der Pumpe sein.

Für den max. Druck in der Leitung sind die Herstellerangaben zu beachten.

Beispiele einer Saugleitungstabelle als Herstellerangabe, siehe Anhang D.

4.3.3.5.3 Flexible Leitungen

Nichtmetallische Schlauchleitungen dürfen verwendet werden, wenn sie

— DIN EN ISO 6806 entsprechen;

— so verlegt werden und angebracht sind, dass sie sich während des Betriebes nicht über eine Temperatur von maximal 100 °C erwärmen können;

— mit einem Biegeradius nicht kleiner als der 5fache Außendurchmesser des Schlauchteiles oder nach Angabe des Herstellers (d. h. ohne Einbeziehung einer Metallumflechtung) verlegt werden;

— maximal 1,5 m lang sind. Ölleitungen, die mit nichtmetallischen Schlauchleitungen an den Brenner angeschlossen werden, sollen von der Seite des Wärmeerzeugers an den Brenner herangeführt werden, an welcher der Drehpunkt zum Ausschwenken des Brenners liegt. Sie sind torsionsfrei zu verlegen. Am Ende der festen Leitung ist eine Verschraubung vorzusehen.

4.3.3.5.4 Öl-Rücklaufleitung

Bei miteinander verbundenen Batteriebehältern muss die Rücklaufleitung in den Behälter geführt werden, in dem der Grenzwertgeber eingebaut ist.

Bei miteinander verbundenen Anlagen von Öllagerbehältern, die mit Fußventilen ausgerüstet sind, darf das Heizöl nicht in die Öllagerbehälter zurückgeführt werden, da ein Ausgleich der Flüssigkeitsstände nicht möglich ist. Soll das Heizöl bis zum Öllagerbehälter zurückgeführt werden, muss ein dafür zugelassenes Entnahmesystem eingesetzt werden.

Wird eine Heizungsanlage aus mehreren nicht miteinander verbundenen Anlagen von Öllagerbehältern versorgt, muss eine Ventilschaltung für Vor- und Rücklauf verwendet werden. Durch die Ventilschaltung muss sichergestellt werden, dass das Heizöl immer in die Anlage zurückgeführt wird, aus der es gerade entnommen wird.

Verbindungsleitungen zwischen Öllagerbehältern müssen so gesichert sein, dass eine Heberwirkung nicht eintreten kann.

Die Leitungen sind gegen Durchhängen nach 4.3.3.3.4 zu schützen.

4.3.3.5.5 Ringleitung

Die Ringleitung ist mit dem Öllagerbehälter durch eine Rücklaufleitung zu verbinden. (Dies gilt nicht für verkürzte Ringleitungssysteme). Hinter dem letzten an die Ringleitung angeschlossenen Brenner ist es zweckmäßig, ein Druckhalteventil einzubauen.

4.3.4 Korrosionsschutz

4.3.4.1 Allgemeines

Ölleitungen müssen gegen Korrosion geschützt sein.

4.3.4.2 Oberirdische Ölleitungen

4.3.4.2.1 Außen-Ölleitungen

Außen-Ölleitungen gelten als ausreichend korrosionsgeschützt, wenn

— die Rohre und Rohrverbindungen, abhängig von der Außenatmosphäre, z. B. Stadtatmosphäre (ohne besondere Umwelteinflüsse), mit einem Grundanstrich auf Kunstharzbasis und einem Deckanstrich mit Kunstharzlack (z. B. Alkydharzlack) versehen sind, Schichtdicke je Anstrich 40 µm;

— die Rohre werksseitig kunststoffummantelt sind;

— die Rohre feuerverzinkt sind.

4.3.4.2.2 Auf Putz verlegte Innen-Ölleitungen

Für frei verlegte Leitungen trockenen Räumen ist ein Korrosionsschutz nicht erforderlich.

Darüber hinaus gelten innen auf Putz verlegte Ölleitungen als ausreichend korrosionsgeschützt, wenn Rohre und Rohrverbindungen, nachdem sie von Öl und Fett befreit sind, mit einem Schutzanstrich mit Kunstharzlack (z. B. Alkydharzbasis) versehen sind, die Schichtdicke beträgt mindestens 50 µm.

In Räumen mit aggressiver Atmosphäre wird ein Anstrich wie bei Außenleitungen empfohlen (siehe 4.3.4.2.1).

4.3.4.3 Unterirdische Ölleitungen

Unterirdische Rohrleitungen, deren Werkstoffe nicht korrosionsbeständig sind, müssen durch eine geeignete Umhüllung geschützt sein. Die Anforderung ist erfüllt, wenn z. B. Werksumhüllungen nach DIN 30670, DIN 30671 oder DIN 30673 oder Baustellenumhüllungen nach DIN 30672 verwendet werden.

Ist ein mit einer unterirdisch verlegten Rohrleitung verbundener Öllagerbehälter mit einem kathodischen Korrosionsschutz ausgerüstet, ist auch die unterirdisch verlegte Rohrleitung kathodisch zu schützen oder elektrisch zu trennen.

Werden Rohre oder Anlageteile aus unterschiedlichen Metallen, bei denen wegen einer galvanischen Elementbildung Korrosionen zu befürchten sind, miteinander verbunden, so müssen sie durch Isolierstücke voneinander elektrisch getrennt werden, sofern sie nicht kathodisch geschützt sind. Entsprechendes gilt für die Isolierung von Rohren gegen Halterungen.

Am Übergang von unterirdischen zu oberirdischen Rohrleitungsabschnitten sind besondere Korrosionsschutzmaßnahmen wie z. B. Übergangsmanschetten (Pohlscher Kragen) erforderlich.

Abweichend hierzu dürfen Rohre und Anlageteile aus unterschiedlichen Metallen dann nicht metallisch getrennt werden, wenn sie kathodisch geschützt sind.

4.3.5 Armaturen für Ölleitungen

4.3.5.1 Allgemeine Anforderungen

Armaturen-Bauelemente, Armaturen, Filter, Zähler — für Ölfeuerungsanlagen müssen den Anforderungen der DIN EN 12514-2 entsprechen. Enthält die DIN EN 12514-2 keine Anforderungen an bestimmte Armaturen, werden diese nachfolgend in Verbindung mit den Bestimmungen für die Herstellung und Errichtung beschrieben.

Kombinationen verschiedener Ausführungen von Armaturen als eine Armatur sind zulässig.

4.3.5.2 Absperreinrichtung

Absperreinrichtungen an angeschlossenen Ölleitungen, siehe 4.2.3.5

Anstelle einer handbetätigten Absperrarmatur darf auch eine mit Hilfsenergie betriebene Sicherheitsabsperreinrichtung verwendet werden, wenn diese nach DIN EN 264 typgeprüft worden ist.

Absperrarmaturen in Ölleitungen, besonders bei Einsatz von Förderaggregaten, müssen vorhanden sein:

— Beim Übergang der festen Rohrleitung zur Leitung für den Anschluss des Brenners als Absperrarmatur oder als Schnellschlussarmatur nach DIN EN 12514-2;

— unmittelbar vor jeder Verbrauchseinrichtung (Ölbrenner, Ölöfen usw.);

— vor jedem Öldruckminderer;

— vor und hinter jedem Ölzähler, siehe 4.3.5.10;

— zwischen der festen Saugleitung und der Schlauchleitung;

— vor Ölfiltern, wenn diese unterhalb des maximalen Flüssigkeitsspiegels des Öllagerbehälters installiert sind;

— in der Saugleitung am Ausgang des Förderaggregates.

Für die Rücklaufleitung von Ölbrennerpumpen genügt ein Rückschlagventil.

Sofern die Rücklaufleitung absperrbar ist, muss sichergestellt sein, dass gleichzeitig durch eine gekoppelte Ventilschaltung die Saugleitung geschlossen wird.

Bei Rücklaufdüsenbrennern sind die Herstellerangaben zu beachten.

4.3.5.3 Umschaltarmatur

Bei der Umschaltarmatur nach DIN EN 12514-2 darf der Ausgang immer nur mit einem Eingang in Verbindung stehen und muss gegen den anderen Eingang dicht sein. Die jeweilige Schaltstellung muss erkennbar sein.

Die Umschaltarmatur ist dort einzubauen, wo nur eine Versorgungsleitung zum Verbrauchsgerät hin freigegeben werden darf (z. B. zwischen Versorgungsleitung vom Förderaggregat und Ölzwischenbehälter zum Verbrauchsgerät).

4.3.5.4 Zwangsumschaltarmatur

Wird im Zweistrangsystem aus zwei oder mehreren, nicht miteinander verbundenen Öllagerbehältern Heizöl entnommen, muss eine Zwangsumschaltarmatur nach EN 12514-2 für Vor- und Rücklauf eingebaut werden. Diese Armatur muss so angeordnet werden, dass jeweils nur aus einem Öllagerbehälter Heizöl angesaugt und in den gleichen Öllagerbehälter zurückgefördert wird (siehe auch 4.3.3.5.3).

4.3.5.5 Rückflussverhinderer

Der Rückflussverhinderer nach DIN EN 12514-2 muss das Abfallen der Ölsäule bei Brennerstillstand verhindern. Ob und an welcher Stelle ein Rückflussverhinderer erforderlich ist, *geht* aus der Montage- und Bedienungsanleitung nachgeschalteter Ausrüstungen und Einrichtungen hervor. Bei Einbau eines Rückflussverhinderers am Anfang der Entnahmeleitung muss zwischen dem Boden des Öllagerbehälters und der Saugöffnung des Fußventils ein Abstand nach 4.3.3.6.14 eingehalten werden oder es müssen für die Öllagerbehälter zugelassene Entnahmesysteme eingesetzt sein.

Der Abstandshalterstift darf den Öllagerbehälterboden nicht mechanisch beschädigen und dort keine Kontaktkorrosion verursachen.

4.3.5.6 Druckausgleichseinrichtung

Eine Druckausgleichseinrichtung nach DIN EN 12514-2 begrenzt den Druckanstieg in geschlossenen Leitungsabschnitten, zum Beispiel Leitungsabschnitt zwischen Sicherheitseinrichtung gegen Aushebern und Magnetventil, des Brenners infolge temperaturbedingter Volumenänderung des Heizöles. Druckausgleichsventile sind für einen Temperaturanstieg von ΔT = 40 K ausgelegt. Der zulässige Betriebsdruck darf in diesem Leitungsabschnitt nicht überschritten werden.

4.3.5.7 Überströmventil

Das Überströmventil in Druckversorgungssystemen nach DIN EN 12514-2 ist in der Nähe des Förderaggregates mit Drucksteuerung einzubauen.

Anforderungen für Ringleitungssysteme, siehe 4.3.3.6.5.

4.3.5.8 Öldruckminderer

Öldruckminderer sind dort zu installieren, wo der Betriebsdruck in den Ölversorgungsleitungen höher ist als der höchstzulässige Eingangsdruck nachgeschalteter Armaturen.

Durch die Wirkungsweise und Einstellung des Öldruckminderers darf der für die nachgeschalteten Armaturen vorgeschriebene Eingangsdruck nicht überschritten werden. Bei einstellbaren Öldruckminderern muss unbefugtes Verstellen erkennbar sein, z. B. durch Lack oder Plombe.

4.3.5.9 Filter

Filter nach DIN EN 12514-2 müssen als Vorfilter ausgeführt sein. Die Einbauorte von Filtern ergeben sich aus Tabelle 12.

Tabelle 10 — Einbau von Filtern in Ölfeuerungsanlagen

Einbauort	Einbauvorgabe		Hinweise
	gefordert	wahlweise	
vor jedem Ölförderaggregat oder vor jeder Ölbrennerpumpe innerhalb der Saugleitung	•		Oberbegriff „Vorfilter" Anleitung des Herstellers beachten
vor jedem Ölzähler	•		Oberbegriff „Vorfilter"
Saugleitung von Zwangsumschaltarmaturen		•	Oberbegriff „Vorfilter" für einen störungsfreien Betrieb
Magnetventile		•	nach Anforderung des Herstellers

Ölfilter müssen leicht zugänglich sein.

In Vorfiltern für Einstrangsysteme mit Vor- und Rücklauf der Ölbrenners muss ein Überströmventil für einen Öffnungsdruck von maximal 1 bar vorhanden sein.

Die Auswahl des Filtereinsatzes sollte aus der Vorgabe des Brennerherstellers nach Filterfeinheit und den vorliegenden Betriebsverhältnissen erfolgen.

4.3.5.10 Zähler

Zähler sind unter Beachtung der Anweisung des Herstellers spannungsfrei einzubauen und so anzuordnen, dass der vom Hersteller angegebene Mindesteingangsdruck unter allen Betriebsbedingungen sichergestellt ist. Der Zählwerkstand muss leicht ablesbar sein.

Für die Inbetriebnahme sind die Anweisungen des Zählerherstellers zu beachten; dies gilt besonders der Vermeidung von Druckstößen.

Zähler, die zur Verrechnung des Ölverbrauches dienen, unterliegen der Eichpflicht.

4.3.5.11 Entlüftungseinrichtung

Entlüftungseinrichtungen sind nach den beiden Grundprinzipien ausgeführt:

— als Entlüftungseinrichtung mit Luftabführung in die Atmosphäre;

— als Entlüftungseinrichtung mit Luftabführung über die Brennerdüse(n).

Eine als Entlüftungseinrichtung ausgebildete Armatur ist nach DIN EN 12514-2 auszuführen.

Geht im laufenden Betrieb der Brenner dennoch auf Störung, so ist zu prüfen, ob ein zu hohes Vakuum (maximal 0,4 bar) innerhalb der Saugleitung oder eine undichte Saugleitung die Ursache ist.

4.3.5.12 Sicherheitseinrichtung gegen Ausheben

4.3.5.12.1 Allgemeines

Sicherheitseinrichtungen gegen Aushebern bedürfen einer allgemeinen bauaufsichtlichen Zulassung.

Eine mechanische Sicherheitseinrichtung gegen Aushebern, ist nach EN 12514-2, eine elektrische Sicherheitseinrichtung nach DIN EN 264 auszuführen. Es ist sicherzustellen, dass beim Einbau eine Druckentlastung gegen unzulässigen Überdruck gewährleistet ist.

4.3.5.12.2 Mechanische Sicherheitseinrichtung gegen Aushebern

Erst nach Anlaufen der Brennerpumpe öffnet die Armatur infolge des erzeugten Unterdruckes in der Entnahmeleitung und gibt den Öldurchfluss frei. Die erforderliche Öffnungskraft wird bei Undichtheit in der Saugleitung nicht erreicht, die Sicherheitseinrichtung gegen Aushebern bleibt geschlossen und verhindert zuverlässig ein eventuelles Auslaufen des Heizöles. Die mechanische Sicherheitseinrichtung gegen Aushebern arbeitet ohne Hilfsenergie. Da der Schweredruck des Heizöles in der Rohrleitung von der Höhendifferenz abhängt, muss eine der Höhendifferenz entsprechende Sicherheitseinrichtung eingebaut werden.. Bei einstellbaren Sicherheitseinrichtungen gen Aushebern muss unbefugtes Verstellen erkennbar sein, z. B. durch Lack oder Plombe. Der maximale Unterdruck in der Saugleitung darf 0,4 bar nicht übersteigen.

4.3.5.12.3 Sicherheitseinrichtung gegen Aushebern mit Hilfsenergie (Magnetventil)

Das Magnetventil wird mit der Ölfördereinrichtung elektrisch parallel geschaltet. Es ist bei Brennerstillstand stromlos geschlossen und sperrt die Rohrleitung ab. Mit Anlaufen der Pumpe liegt die Steuerspannung am Magnetventil an. Das Magnetventil öffnet und gibt den Durchfluss an Heizöl frei.

Bei Pumpenstillstand oder Stromausfall schaltet das Magnetventil auf geschlossene Stellung.

4.3.5.13 Isolierstück

Rohrleitungen sind durch Isolierstücke von angeschlossenen Anlageteilen elektrisch oder metallisch zu trennen, wenn wegen einer galvanischen Elementbildung Korrosionen zu befürchten sind.

Isolierstücke müssen für diesen Anwendungsfall zugelassen sein.

Abweichend hierzu dürfen Rohre und Anlageteile aus unterschiedlichen Metallen dann nicht metallisch getrennt werden, wenn sie durch eine gemeinsame kathodische Korrosionsschutzanlage geschützt werden. Isolierstücke sind möglichst so anzuordnen, dass alle unterirdischen Teile in das Schutzsystem einbezogen werden, auch wenn sie aus unterschiedlichen Metallen bestehen.

Öllagerbehälter und Ölleitungen müssen durch Isolierstücke von fremden, geerdeten Anlagen metallen getrennt werden.

4.3.5.14 Begleitheizung für ölführende Ölleitungen

4.3.5.14.1 Anforderungen an die Begleitheizung

Heizungen brauchen zum Erwärmen brennbarer Flüssigkeiten mit einem Flammpunkt über 55 °C nicht explosionsgeschützt ausgeführt zu sein, wenn sie bestimmten Anforderung genügen.

Heizbänder müssen so ausgeführt sein, dass sie auch im nicht von Flüssigkeit bedecktem Zustand eine Oberflächentemperatur von 55 °C weder erreichen noch überschreiten. Der äußere Mantel muss zudem gegen Mineralöl beständig sein. Ein Fehlerstromschutzschalter — 30 mA — ist zwingend einzusetzen.

Die elektrische Sicherheit der Heizbänder wird nach bzw. in Anlehnung an DIN VDE 0253, DIN VDE 0207, DIN VDE 0472 bzw. DIN VDE 0721 geprüft bzw. überwacht. Der Aufbau des Heizbandes ist analog DIN VDE 0254 vorzunehmen.

4.3.5.15 Druckmessgeräte

Druckmessgeräte zur Anzeige des Betriebsüberdruckes müssen in Ölfeuerungsanlagen eingebaut werden:

— bei Verwendung von Förderaggregaten, wenn im Förderaggregat kein Druckmessgerät vorhanden ist, unmittelbar am oder hinter dem Förderaggregat,

— in Ölversorgungsanlagen mit Ringleitung hinter dem letzten angeschlossenen Ölbrenner.

Druckmessgeräte müssen durch eine Absperreinrichtung gesichert werden. Druckmessgeräte nach DIN EN 837-1 sind als Sicherheitsdruckmessgerät S2 auszuführen.

4.4 Förderaggregate

4.4.1 Allgemeines

Es sind Förderaggregate nach DIN EN 12514-1 zu verwenden.

4.4.2 Dimensionierung und Aufstellung

Bei der Standortwahl für das Ölförderaggregat ist die maximale Förder- bzw. Ansaughöhe zu beachten.

Die Fördermenge des Ölförderaggregates muss mindestens das 1,3-fache, bei Ringleitungssystemen das 1,5-fache des maximal möglichen Verbrauches betragen.

Ölförderaggregate sind in der Regel nur innerhalb von Gebäuden einzubauen. Funktion, Sicherheit und Lebensdauer dürfen nicht durch Feuchtigkeit und Temperatureinflüsse beeinträchtigt werden.

Ölförderaggregate müssen zur Feststellung ihrer einwandfreien Funktion in Verbindung mit den dazugehörigen Steuer- und Sicherheitseinrichtungen in Ölversorgungsanlagen eingebaut werden. Für Ölförderaggregate müssen solche Steuer- und Sicherheitseinrichtungen verwendet werden, die mit dem Ölförderaggregat zusammen geprüft und registriert worden sind.

4.5 Brenner

Ölzerstäubungsbrenner bzw. der Ölteil bei Zweistoffbrennern müssen den Anforderungen nach DIN EN 267 und Ölverdampfungsbrenner müssen den Anforderungen nach DIN EN 1 entsprechen.

Jeder Brenner ist nach den Anweisungen der Hersteller einzubauen und ein zustellen.

4.6 Wärmeerzeuger

Die Wärmeerzeuger müssen den Festlegungen der einschlägigen Normen und Bestimmungen entsprechen, insbesondere DIN EN 303-1, DIN EN 303-2, DIN 4753-1 und DIN 4794-2. Bei gleichzeitigem Betrieb mit festen Brennstoffen ist DIN 4759-1 zu beachten.

4.7 Abgasführung

4.7.1 Abgasanlage

Die Abgasanlage muss den einschlägigen bauaufsichtlichen Rechtsvorschriften der Länder entsprechen.

ANMERKUNG Normen über Abgasanlagen siehe DIN EN 13384-1, DIN 18160-1, DIN 18160-5, DIN EN 1443, DIN EN 1856-1, DIN EN 1858 und DIN EN 1859.

4.7.2 Abgasklappen

Mechanisch betätigte Abgasklappen nach DIN 3388-2 sind zulässig, wenn sie so in die Regelung für den Brenner einbezogen sind, dass weder ein Anlauf noch ein Betrieb des Brenners bei nicht vollständig geöffneter Klappe möglich sind. Die Freischaltung des Abgasweges muss dem Steuergerät des Brenners gemeldet sein. Wenn im Abgasweg besondere zwangsgesteuerte Zugregeleinrichtungen vorhanden sind, dann müssen die Bedingungen für die Vorspülung und die Luftklappensteuerung sichergestellt sein.

4.7.3 Saugzuggebläse

Ein Saugzuggebläse ist mit geeigneten Einrichtungen (z. B. in Form von Druckwächtern oder Drehzahlwächtern) auszurüsten und in die Schaltkreise für die Ölzufuhr einzubeziehen.

4.7.4 Abgasanlagen zum Betrieb unter Überdruck

Abgasanlagen zum Betrieb unter ständigem Überdruck kommen nur für dauerhaft abgasdichte Wärmeerzeuger in Betracht. Die Abgasanlage muss bauaufsichtlicht zugelassen sein. bzw. mit dem CE-Zeichen gekennzeichnet sein.

4.7.5 Verbrennung und Abgastemperatur

Die nach dem BlmSchG beziehungsweise den entsprechenden Verordnungen festgelegten Abgasverluste und Emissionswerte dürfen nicht überschritten werden.

4.8 Steuer-, Regel- und Sicherheitseinrichtungen

Die je nach Anlagenart zu fordernden Bedingungen der entsprechenden Normen, Richtlinien, TRD- Blätter und Feuerungs-Verordnung der Länder für die sicherheitstechnische Ausrüstung müssen eingehalten werden und die betrieblich erforderliche Ausrüstung mit Regel- und Steuereinrichtungen — soweit diese die Ölfeuerung betreffen — muss so installiert sein, dass der Betrieb der Anlage nach festgelegten sicherheitstechnischen Anforderungen einwandfrei und ohne Störung erfolgt.

Einzelbauteile von Steuerungen, die sicherheitstechnische Funktionen ausüben, müssen den Anforderungen der elektrotechnischen Normen und Richtlinien entsprechen.

4.9 Elektrische Einrichtungen

Die elektrischen Anlagen und die bauseitige Verdrahtung müssen DIN EN 50156-1 (VDE 0116 Teil 1) entsprechen.

Steckeranschluss für betriebsfertige Baueinheiten: Für den Anschluss des Brenners oder Wärmeerzeugers an das elektrische Verteilernetz dürfen nur Stecker verwendet werden, die eine Verwechslung von Phase und Nulleiter ausschließen.

5 Prüfung und Inbetriebnahme

5.1 Allgemeines

Ölfeuerungsanlagen sind durch Fachbetriebe der zuständigen Gewerke zu erstellen und erstmalig in Betrieb zu nehmen. Öllagerbehälter größer 1.000 l und Ölversorgungsanlagen sind durch zugelassene Überwachungsstellen, befähigte Personen bzw. Fachbetriebe auf einwandfreien Zustand zu prüfen:

— vor der ersten Inbetriebnahme;

— nach wesentlichen Änderungen;

— nach Instandsetzungsarbeiten, welche die Betriebssicherheit beeinflussen;

— nach einer Betriebsunterbrechung von mehr als einem Jahr;

— gegebenenfalls wiederkehrend.

Die Ölfeuerungsanlage ist einer abschließenden Funktionsprüfung zu unterziehen.

Die jeweiligen Anlagenverordnungen (VAwS) der Länder sind zu beachten.

Zur Abnahme sind die Prüfbescheinigungen, Bescheinigungen nach DIN EN 10204, Protokolle über die Druck- und Dichtheitsprüfung etc. dem Auftraggeber/Betreiber sowie gegebenenfalls der zuständigen Behörde zu über-geben.

5.2 Prüfung der Ölleitungen

5.2.1 Druck- und Dichtheitsprüfung

5.2.1.1 Prüfdruck

Alle Ölleitungen, sind vor der Inbetriebnahme vom Ersteller der Anlage einer Druck- und Dichtheitsprüfung bevorzugt mit Prüfmedium Luft bzw. inertem Gas mit dem 1,1fachen Betriebsüberdruck oder gegebenenfalls mit Prüfmedium Heizöl EL mit dem 1,3fachen Betriebsüberdruck nach Tabelle 11 zu unterziehen.

Tabelle 11 — Prüfdrücke für Ölleitungen

Ölleitung	Arbeitsdruck p_o in bar	Prüfmedium	Prüfdruck p_T in bar	Bemerkungen
Druckleitung Rücklaufleitung	– 0,6 bis p_B	Luft bzw. inertes Gas	1,1 × p_o	Prüfdruck mindestens 5 bar
		Heizöl	1,3 × p_o	
Saugleitung	– 0,6 bis 0,5	Luft bzw. inertes Gas oder Heizöl	2	alternativ nur für Saugleitungen

Die Ölleitung gilt als dicht, wenn

— nach der Wartezeit von 10 Minuten für den Temperaturausgleich der Prüfdruck während der anschließenden Prüfzeit

  — von 10 Minuten für oberirdische Verlegung,

  — von 30 Minuten für unterirdische Verlegung

nicht fällt.

5.2.2 Dichtheitsprüfung vor Inbetriebnahme

Sind Armaturen und/oder Schlauchleitungen einer Ölleitung von der Druckprüfung ausgeschlossen worden, ist diese Ölleitung bis zum Wärmeerzeuger vor Inbetriebnahme mit einem Überdruck von 100 mbar mit Luft oder inertem Gas auf Dichtheit zu prüfen.

Die Ölleitungen gelten als dicht, wenn nach der Wartezeit von 10 Minuten für den Temperaturausgleich der Prüfdruck während der abschließenden Prüfzeit von 10 Minuten nicht fällt.

5.2.3 Dichtheitsprüfung mit Unterdruck

Die Druck- und Dichtheitsprüfung nach 5.2 ist für Saugleitungen durch eine Dichtheitsprüfung mit Unterdruck zu ergänzen.

Der Prüfablauf entspricht 5.3.1.2, wobei als Prüfdruck ein Unterdruck von 0,3 bar aufzubringen ist.

Der Druckanstieg am Manometer darf nicht größer als 0,03 bar sein.

5.2.4 Alternative Prüfverfahren zur Druck- und Dichtheitsprüfung

Ist eine Druck- und Dichtheitsprüfung aus bestimmten Gründen nicht möglich, kann die Druckprüfung auch nach anderen dafür geeigneten Verfahren, z. B. VdTÜV-Merkblatt 1051, Wasserdruckprüfung von erdverlegten Rohrleitungen nach dem DT-Messverfahren, durchgeführt werden.

In besonderen Fällen, z. B. besondere Verlegearten, Vorhandensein von Bauteilen in der Rohrleitung, deren Funktion durch eine Druckprüfung beeinträchtigt würde, kann die Druckprüfung durch andere geeignete Verfahren, z. B. zerstörungsfreie Prüfungen in Verbindung mit Dichtheitsprüfungen, ersetzt werden. Diese sind zwischen dem Betreiber und dem Errichter abzustimmen. Die Prüfergebnisse sind so zu protokollieren, dass sie als Basis für die wiederkehrende Prüfung dienen können.

6 Übergabe und Bedienungsanleitung

Der Ersteller hat dem Betreiber der Anlage spätestens anlässlich der Übergabe der fertig gestellten Ölfeuerungsanlage die Bedienungsanleitungen und Wartungsanweisungen zu übergeben, mit dem Hinweis, diese im Aufstellungsraum des Wärmeerzeugers aufzubewahren; dabei ist auf Abschnitt 7 hinzuweisen. Außerdem hat der Ersteller dem Betreiber mit rechtsverbindlicher Unterschrift zu bestätigen, dass nur geprüfte und zugelassene Bauteile verwendet und nach den Anweisungen der Hersteller eingebaut worden sind und dass die Gesamtanlage den Anforderungen dieser Norm entspricht. Erforderlichenfalls soll der Ersteller der Ölfeuerungsanlage den Betreiber spätestens anlässlich der Übergabe mit der Bedienung der Anlage vertraut machen und ihn darüber unterrichten, wann und gegebenenfalls welche weiteren Abnahmen vor dem Betrieb der Feuerungsanlage noch erforderlich sind.

Der Errichter einer Ölfeuerungsanlage mit diesen eingebauten Ölzählern hat bei der Übergabe den Betreiber in Verbindung mit der Übergabebescheinigung schriftlich darauf aufmerksam zu machen, dass dieser seine Ölversorgungs-Messanlage mit Ölzählern nach den gesetzlichen Bestimmungen bei der zuständigen Eichbehörde anzumelden und die Eichung zu beantragen hat.

7 Überprüfung und Wartung

Dem Betreiber wird empfohlen, die Ölfeuerungsanlage aus Gründen des Umweltschutzes und rationeller Energieverwendung, der Betriebsbereitschaft, Funktionssicherheit und Wirtschaftlichkeit regelmäßig einmal im Jahr beziehungsweise gemäß den jeweiligen Herstellerangaben durch einen Fachbetrieb oder eine befähigte Person überprüfen zu lassen. Im Rahmen der Wartung ist auch der Zustand des Öllagerbehälters einzubeziehen. Der Betreiber ist darüber zu informieren, dass auch eine bedarfsgerechte Reinigung des Öllagerbehälters für die Funktionssicherheit der gesamten Ölfeuerungsanlage von Bedeutung ist.

ANMERKUNG Dem Betreiber wird empfohlen, aus den eingangs genannten Gründen einen Wartungsvertrag abzuschließen.

Die nach den wasserrechtlichen Vorschriften geforderten wiederkehrenden Prüfungen und Pflichten für Fachbetriebe (Anlagenverordnung der jeweiligen Länder — VAwS) sind zu beachten.

Die in den allgemeinen bauaufsichtlichen Zulassungen enthaltenen Fristen für wiederkehrende Prüfungen von einzelnen Bauelementen sind zu beachten (zum Beispiel Grenzwertgeber, Leckanzeigesysteme).

Armaturen für Ölleitungen und Ausrüstungsteile von Wärmeerzeugern und Brennern, die Verschleiß und Alterung unterliegen, sind spätestens nach 10 Jahren auszutauschen. Dazu gehören zum Beispiel:

— Membrangesteuerte Bauelemente, wie Öldruckminderer, Sicherheitseinrichtung gegen Aushebern;

— Ölventile von Wärmeerzeugern und Brennern;

— Schlauchleitungen nach DIN EN ISO 6806.

Ein Austausch ist nicht erforderlich, wenn vom Hersteller der Armaturen und Ausrüstungsteile eine höhere Nenn-Lebensdauer gewährleistet wird oder die ordnungsgemäße Beschaffenheit der Armaturen und Ausrüstungsteile durch eine befähigte Person bestätigt wird.

Anhang A
(informativ)

Rohrweitenberechnung

Tabelle A.1 — Berechnungsansätze für den Druckverlust in Ölleitungen für Ölfeuerungsanlagen

Druckverlust		Berechnung	Ergänzungen	Hinweise
Symbol	Benennung	Δp_V in mbar		
Δp_V	Druckverlust aus dem Höhenunterschied zwischen niedrigsten Flüssigkeitsspiegel im Öllagerbehälter und Brennerpumpe	$\Delta p_{v,H} = \rho_{HÖ} \times g\ \Delta H/100$ [a]	$\rho_{HÖ}$ Dichte des Öl bei Bezugstemperatur in kg/m³	$\rho_{HÖ}$ 15 °C ≤ 860 kg/m³
			g Erdbeschleunigung in m/s²	$g \approx 9{,}81$ m/s²
			ΔH- Höhenunterschied zwischen dem niedrigsten Flüssigkeitsspiegel im Öllagerbehälter und der Brennerpumpe in m	muss vor Ort ermittelt werden
$\Delta P_{v,R}$	Druckverlust der Rohrströmung im Rohr bzw. im Schlauch	$\Delta p_{v,R} \approx w^2$	w nach Tabelle 9 Fließgeschwindigkeit	$\Delta P_{v,R}$ z. B. aus Diagrammen
		$\Delta p_{v,R} = \lambda \times (l/d) \times (\rho_{HÖ}/200) \times w^2$	λ Rohrreibungsbeiwert	λ z. B. nach VDI-Wärmeatlas
			l Rohrleitungslänge in m	
			d Rohrinnendurchmesser in m	
			$\rho_{HÖ}$ in kg/m³	
$\Sigma\Delta p_{v,Ai}$	Summe aus Druckverlust jeder eingebauten Armatur	$\Delta p_{v,A} = \zeta \times (\rho_{HÖ}/200) \times w^2$	ζ Widerstandsbeiwert	$\Delta p_{v,A}$ und ζ z. B. aus den Herstellerangaben
		$\Delta p_{v,A} = \rho_{HÖ} \times (V/k_v)^2$	k_V Einheitsventildurchflusswert in l/h	k_V z. B. aus den Herstellerangaben
			V Ölvolumendurchfluss in l/h	
			$\rho_{HÖ}$ in kg/m³	
$\Sigma\Delta p_{v,Fi}$	Summe aus Druckverlust jedes Formstückes, z. B. Rohrbögen	$\Delta p_{v,Fi} = \zeta \times (\rho_{HÖ}/200) \times w^2$	ζ- Widerstandsbeiwert	ζ z. B. nach VDI-Wärmeatlas
$\Delta p_{v,ges}$	Gesamtdruckverlust der Rohrleitung	$\Delta p_{v,ges} = \Delta p_{v,H} + \Delta p_{v,R} + \Sigma\Delta p_{v,Ai} + \Sigma\Delta p_{v,Fi}$		

a Mit dieser Gleichung kann die Druckangabe „m Ölsäule“ in die abgeleitete SI-Einheit „mbar“ umgerechnet werden

Berechnung der Fließgeschwindigkeit

$$w = 0{,}3537 \times V / D^2 \text{ in m/s}$$

Dabei ist

V = Öldurchfluss in l/h;

D = Rohrinnendurchmesser in mm;

w = Fließgeschwindigkeit.

Saugleitungsinnendurchmesser kleiner 4 mm sollten vermieden werden.

Für Einstrangsysteme: V ~ Feuerungsleistung in kW/10

Für Zweistrangsysteme: V ~ Zahnradleistung der Ölbrennerpumpe (Herstellerangabe)

Für Fördersysteme: V = Förderleistung des Förderaggregates (Herstellerangabe)

Für die Ermittlung des Druckverlustes sind auch Diagramme zu den verschiedenen Rohrleitungen verwendbar. Nachstehend ist ein solches Diagramm zur Ermittlung des Druckverlustes für die Rohrleitung dargestellt.

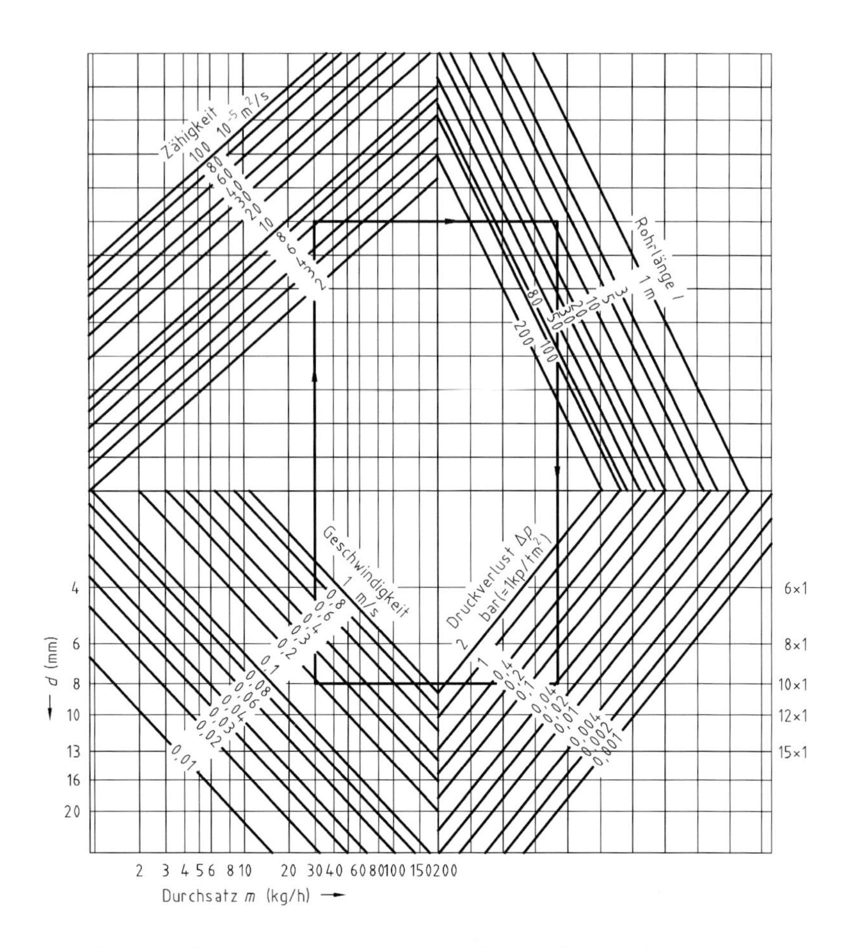

Bild A.1 — Nomogramm zur Bestimmung des Druckverlustes in Rohrleitungen

Anhang B
(informativ)

Beschreibung einer Ölfeuerungsanlage

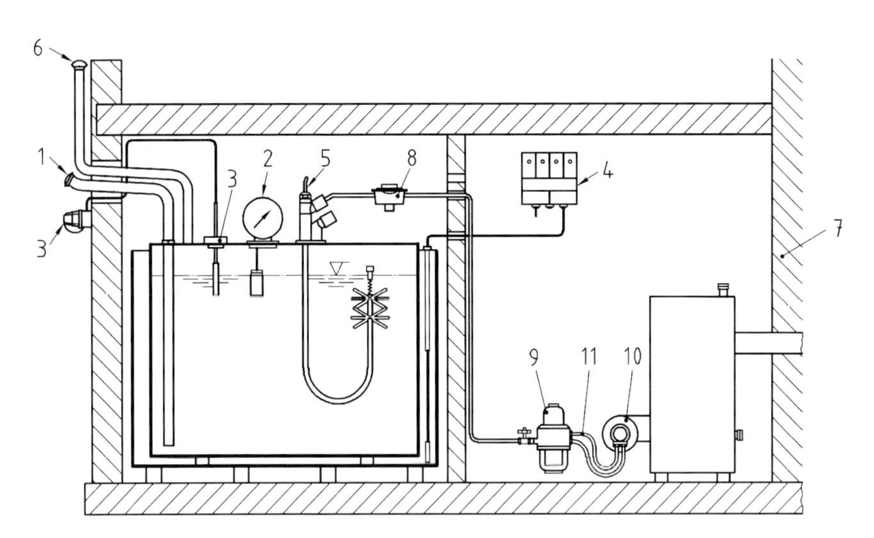

Legende

1 Fülleinrichtung

2 Flüssigkeitsstandanzeiger (mechanischer Inhaltsanzeiger)

3 Grenzwertgeber mit Rohrarmatur

4 Leckanzeigesystem Klasse III (nur zulässig für Behälter bis 1 500 l Rauminhalt)

5 Absperreinrichtung an angeschlossener Ölleitung

6 Lüftungseinrichtung

7 Abgasanlage

8 mechanische Sicherheitseinrichtung gegen Aushebern

9 Entlüftungseinrichtung (Heizölentlüfter mit Filter und vorgeschaltete Absperreinrichtung)

10 Wärmeerzeuger

11 Schlauchleitungen nach DIN EN ISO 6806

Bild B.1 — Ausführungsbeispiel Ölfeuerungsanlage: oberirdischer Doppelwand-Lagerbehälter mit zugehörigen Einrichtungen und Ausrüstungen für ein Einstrangsystem mit Rücklaufzuführung

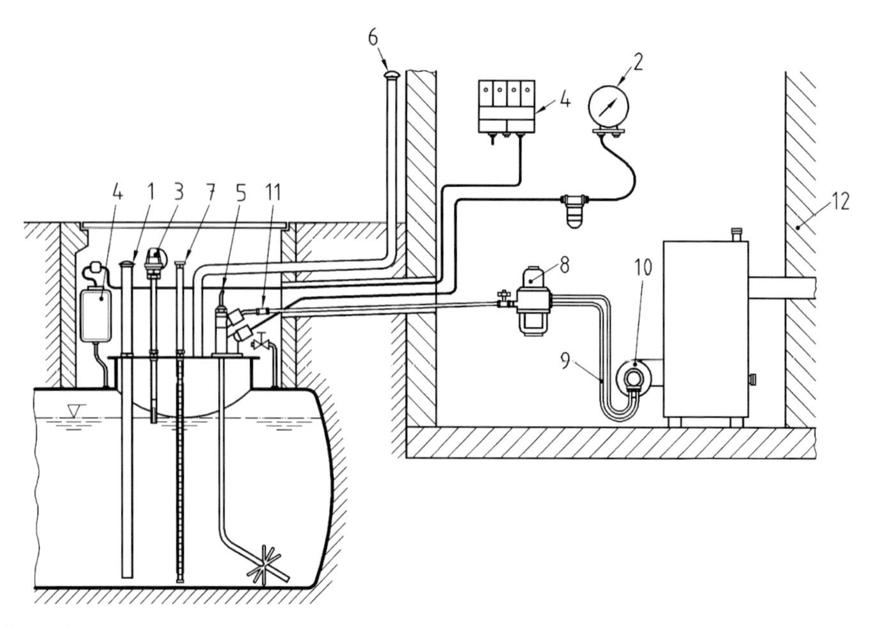

Legende

1 Fülleinrichtung

2 Flüssigkeitsstandanzeiger (pneumatischer Inhaltsanzeiger mit Kondensatgefäß)

3 Grenzwertgeber mit Wandarmatur

4 Leckanzeigesystem Klasse II

5 Absperreinrichtung an angeschlossener Ölleitung

6 Lüftungseinrichtung

7 Peilvorrichtung

8 Entlüftungseinrichtung (Heizölentlüfter mit Filter und vorgeschaltete Absperreinrichtung)

9 Schlauchleitungen nach DIN EN ISO 6806

10 Wärmeerzeuger

11 Isolierstück

12 Abgasanlage

Bild B.2 — Ausführungsbeispiel Ölfeuerungsanlage: unterirdischer Doppelwand-Lagerbehälter mit zugehörigen Einrichtungen und Ausrüstungen für ein Einstrangsystem mit Rücklaufzuführung, Rohrleitungsausführung als selbstüberwachende Saugleitung gemäß TRbF 50, Nr. 3, Abs. 3, Ziffer 3

Mit der Übergabe der Ölfeuerungsanlage an den Bauherrn sind projektspezifische Angaben entsprechend den Ausführungen in Tabellen D.1 bis D.3 in einer Projektdokumentation zu übergeben.

Die Einweisung in die Anlage sollte durch den Betreiber bzw. dessen Beauftragten bestätigt werden.

Anhang C
(informativ)

Funktionsprüfung

Die Erstbefüllung der Öllagerbehälter hat unter Aufsicht zu erfolgen. Liegt eine schriftliche Freigabe des Fachbetriebes für die Erstbefüllung vor, kann die Erstbefüllung ohne Anwesenheit des Fachbetriebes erfolgen.

Ölversorgungsanlagen sind nach ihrer Fertigstellung unter Einbezug aller Bauelemente (z. B. Ölbrenner, Regel-, Steuer- und Sicherheitseinrichtungen, Armaturen) auf Funktion und richtige Einstellung zu prüfen.

Diese Funktionsprüfung kann im Rahmen der übrigen Funktionsprüfung/Abnahme der Heizungsanlage/des Wärmeerzeugers vorgenommen werden.

Anhang D
(informativ)

Saugleitungsberechnung

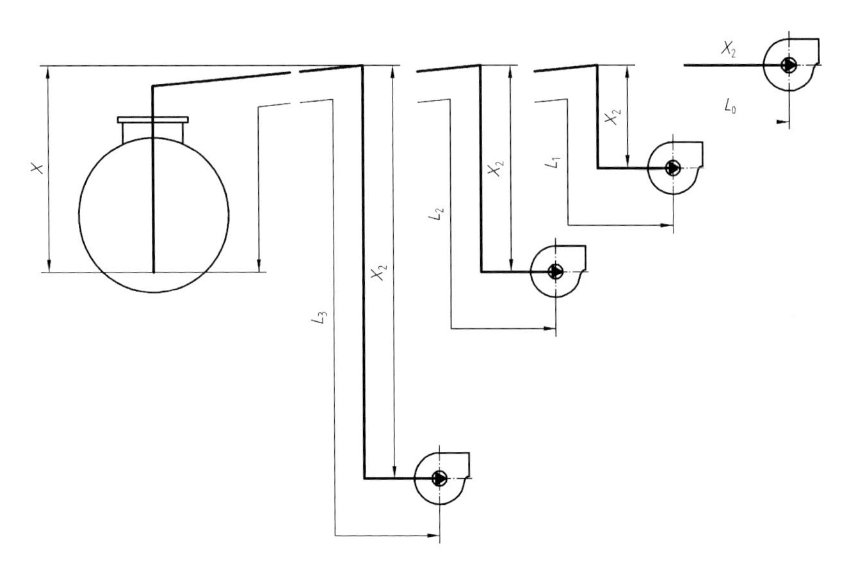

Legende

H = Saughöhe

L = abgewickelte Länge der Saugleitung

d = lichter Durchmesser der Saugleitung

X = Abstand Ansaugöffnung im Öllagerbehälter — höchster Punkt der Saugleitung oder Pumpenachse

Y = Abstand Pumpenachse — höchster Punkt der Saugleitung

Bild D.1 — Schematische Darstellung einer Ölfeuerungsanlage mit Angabe der wichtigsten Abmessungen zur Saugleitungsberechnung

Beispiele für die Berechnung der Saughöhe nach Bild D.1:

$X = 2$ m $\quad Y_0 = 0$ m $\quad Y_1 = 1$ m $\quad Y_2 = 2$ m $\quad Y_3 = 4$ m

$H_0 = Y_0 - X \qquad H_0 = 0 - 2 \qquad H_0 = -2$ m (Saugbetrieb)

$H_1 = Y_1 - X \qquad H_1 = 1 - 2 \qquad H_1 = -1$ m (Saugbetrieb)

$H_2 = Y_2 - X \qquad H_2 = 2 - 2 \qquad H_2 = 0$ m

$H_3 = Y_3 - X \quad H_3 = 4 - 2 \qquad H_3 = 2$ m (Zulauf)

BEISPIEL Das Beispiel gilt für eine Ölfeuerungsanlage für Einstrangsystem mit einem Heizöl nach DIN 51603-1.

Die Berechnung wurde mit einer Viskosität von 6 mm²/s durchgeführt.

Der Flüssigkeitsstand im Öllagerbehälter liegt niedriger als der Saugstutzen der Ölpumpe.

Der Unterdruck am Saugstutzen der Ölpumpe wurde mit 0,35 bar angenommen.

Für die Berechnung wurden neben der Leitungslänge an Einzelwiderständen 1 Rückschlagventil, 1 Absperrventil, 1 Ölfilter und vier Bögen 90° berücksichtigt.

Die nachstehende Tabelle D.1 ist für alle Pumpentypen gültig, denn bei dieser Anlagenart ist der Nenndurchsatz entscheidend für die Saugleitungslänge.

Tabelle D.1 — Beispiele zur Bestimmung der maximalen Saugleitungslänge für Einstrangsysteme

H [m]	Nenndurchsatz [kg/h]														
	2,5			5,0			10,0			20,			30,0		
	Innendurchmesser der Rohrleitung [mm]														
	4	5	6	4	5	6	5	6	8	6	8	10	6	8	10
	Saugleitungslänge [m]														
4,0	100	100	100	51	100	100	62	100	100	64	100	100	43	100	100
3,5	95	100	100	47	100	100	58	100	100	60	100	100	40	100	100
3,0	89	100	100	44	100	100	54	100	100	56	100	100	38	100	100
2,5	83	100	100	41	100	100	51	100	100	52	100	100	35	100	100
2,0	77	100	100	38	94	100	47	97	100	49	100	100	33	100	100
1,5	71	100	100	35	86	100	43	90	100	45	100	100	30	94	100
1,0	64	100	100	32	79	100	39	82	100	41	100	100	27	86	100
0,5	58	100	100	29	71	100	35	74	100	37	100	100	24	78	100
0,0	52	100	100	26	63	100	32	66	100	33	100	100	22	70	100
− 0,5	46	100	100	23	56	100	28	58	100	29	93	100	19	61	100
− 1,0	40	97	100	20	48	100	24	50	100	25	80	100	16	53	100
− 1,5	33	81	100	17	41	84	20	42	100	22	68	100	14	45	100
− 2,0	27	66	100	14	33	69	17	34	100	18	56	100	11	36	88
− 2,5	21	51	100	10	26	53	13	27	84	14	43	100	8	28	67
− 3,0	15	36	75	7	18	37	9	19	59	10	31	75	6	19	47
− 3,5	9	21	44	4	11	22	5	11	35	6	19	45	3	11	26
− 4,0	—	6	12			6			10		6	15		2	8

BEISPIEL Das Beispiel gilt für eine Ölfeuerungsanlage im Zweistrangsystem mit Heizöl EL nach DIN 51603-1.

Die Berechnung wurde mit einer Viskosität von 6 mm²/s durchgeführt.

Der niedrigste Flüssigkeitsstand im Öllagerbehälter liegt niedriger bzw. höher als der Saugstutzen der Ölpumpe.

Der Unterdruck am Saugstutzen der Ölpumpe wurde mit 0,35 bar angenommen.

Für die Berechnung wurden neben der Leitungslänge an Einzelwiderständen 1 Rückschlagventil, 1 Absperrventil, 1 Ölfilter und vier Bögen 90° berücksichtigt.

Die nachstehende Tabelle D.2 ist nur für die Förderleistung der jeweils verwendeten Pumpe gültig. Sollten hierzu keine Daten vorliegen, ist die Förderleistung bei dem jeweiligen Hersteller zu erfragen.

Tabelle D.2 — Beispiel zur Bestimmung der maximalen Saugleitungslänge für ein Zweistrangsystem

H	Pumpe A[a]			Pumpe B[a]		
	Innendurchmesser der Rohrleitung [mm]					
	6	8	10	6	8	10
[m]	Saugleitungslänge [m]					
4,0	33	100	100	21	67	100
3,5	31	100	100	20	63	100
3,0	29	100	100	19	59	100
2,5	27	100	100	17	55	100
2,0	25	100	100	16	51	100
1,5	23	100	100	15	46	100
1,0	21	100	100	13	42	100
0,5	19	100	100	12	38	94
0,0	17	100	100	11	34	84
– 0,5	15	93	100	10	30	74
– 1,0	13	80	100	8	26	64
– 1,5	11	68	100	7	22	54
– 2,0	9	56	100	6	18	44
– 2,5	7	43	100	4	14	34
– 3,0	5	31	75		10	24
– 3,5	—	19	45		6	14
– 4,0	—	6	15			

[a] Hierbei fördert Pumpe A etwa 45 l/h und Pumpe B etwa 70 l/h

Anhang E
(informativ)

Übergabebescheinigungen für Ölfeuerungsanlagen

Dem Anwender dieser Formblätter ist die Vervielfältigung gestattet.

Tabelle E.1 — Dokumentation Öllagerbehälter

Übergabebescheinigung für Ölfeuerungsanlagen im Geltungsbereich der DIN 4755: 1) Dokumentation Öllagerbehälter	
Name PLZ	Ort Tel. Straße
Nenninhalt Baumuster Kennzeichen	l Behälter -Nr. Baujahr Hersteller
Werkstoff Aufstellung	❒ Kunststoff (PE – PA) ❒ GFK ❒ Stahl ❒ Beton ❒ oberirdisch ❒ im Freien ❒ Einzelbehälter Licht-geschützt: ❒ JA ❒ unterirdisch ❒ im Raum ❒ Batterie mit .... Behältern ❒ NEIN ❒ Auffangwanne Beschichtung:
Korrosions-schutz	❒ KKS ❒ LKS ❒ Andere: Bescheinigung: ❒ JA vom ❒ NEIN Zulassungs-Nummer:
Leckschutz	❒ Leckanzeigegerät Kl. I ❒ Leckanzeigegerät Kl. II ❒ Leckanzeigegerät Kl. III Fabrikat Typ Zu-lassungs-Nummer o. a. ❒ Leckanzeige optisch ❒ Leckanzeige akustisch Einbaubescheinigung: ❒ JA vom ❒ NEIN
Armaturen	❒ Grenzwertgeber ❒ Überfüllsicherung Fabrikat Typ Bauart-zulassung Einbaubescheinigung: ❒ JA vom ❒ NEIN
Füllleitung	❒ DN Werkstoff
Entlüftungs-leitung	❒ DN Werkstoff
Entnahme Batterie	❒ DN Werkstoff
Füllstands-anzeige	❒ Peilrohr ❒ Mechanischer Inhaltsanzeiger ❒ Pneumatischer Inhaltsanzeiger Fabrikat Typ ❒ Elektrischer Füllstandsanzeiger ❒ Hydrostatischer Füllstandsanzeiger ❒ Andere:
Bemer-kungen	

Tabelle E.2 — Dokumentation Ölleitung

Übergabebescheinigung für Ölfeuerungsanlagen im Geltungsbereich der DIN 4755:
2) Dokumentation Ölleitung

Name		Tel.	
PLZ	Ort	Straße	
Allgemeine Angaben	❒ Einstrangsystem	❒ Mit Rücklaufleitung zum Filter	
	❒ Zweistrangsystem		
	❒ Ringleitungssystem	mit Betriebsdruck p_B = ... bar	
Saugöffnung Entnahme im Öllagerbehälter	❒ 50 mm über Behälterboden	❒ 100 mm über Behälterboden	
	❒ schwimmend	❒ Mindestabstand 50 mm gewährleistet	
Anordnung Brennerpumpe	❒ Behälterboden niedriger	❒ Behälterboden höher	
	❒ Höhe *H* nach Tabelle D.1 oder D.2	*H* = ... m	

Anzahl vorhandener Positionen eintragen		
	Verlegungsarten	1 = oberirdisch 2 = unterirdisch 3 = unter Putz 4 = im Raum 5 = doppelwandig
	Verbindungsarten	6 = Schweißen 7 = Hartlöten 8 = Flansch 9 = Schneidringverschraubung 10 = Schrauben 11 = Pressen 12 = Schraubmuffe 13 = Klemmringverbindung 14 = Schlauchanschluss

Pos. Nr.	↓	Bezeichnung	Verlegungsart	Verbindungsart	Wandstärke in mm	Fabrikat, Typ, Werkstoff, DN, Prüfzeichen	Rohrleitungslänge
1		Absperrarmatur am Öllagerbehalter					
2		Hebersicherung					
3		Rückflussverhinderer					
3a		Rückflussverhinderer als Fußventil					
3b		Rückflussverhinderer in Ölleitung					
4		Entnahmeleitung als Saugleitung					
4a		Entnahmeleitung als Saugleitung					
4b		Entnahmeleitung als Druckleitung					
4c		Entnahmeleitung als Druckleitung					
5		Rücklaufleitung					
5a		Rücklaufleitung					
6		Ölförderaggregat					
6a		Ölförderaggregat					
7		Ölfilter					
7a		Ölfilter mit Absperrarmatur					
8		Heizölentlüfter					
9		Umschaltarmatur					
10		Druckausgleichseinrichtung					
10a		Druckausgleichseinrichtung					
11		Öldruckminderer					
12		Ölzähler					
13		Isolierstück					
14		Überstromventil					
15		Druckhalteventil					
16		Absperrarmatur					
16a		Absperrarmatur vor Ölzähler					
16b		Absperrarmatur nach Ölzähler					
16c		Absperrarmatur vor Ölfilter					
16d		Absperrarmatur zwischen Saugleitung und Schlauchleitung					

Tabelle E.2 *(fortgesetzt)*

Anzahl vorhandener Positionen eintragen		Verlegungsarten	1 = oberirdisch 2 = unterirdisch 3 = unter Putz 4 = im Raum 5 = doppelwandig				
		Verbindungsarten	6 = Schweißen 7 = Hartlöten 8 = Flansch 9 = Schneidringverschraubung 10 = Schrauben 11 = Pressen 12 = Schraubmuffe 13 = Klemmringverbindung 14 = Schlauchanschluss				
Pos. Nr.	↓	Bezeichnung	Verlegungsart	Verbindungsart	Wand stärke in mm	Fabrikat, Typ, Werkstoff, DN, Prüfzeichen	Rohrleitungslänge
16e		Absperrarmatur nach Ölförderaggregat					
16f		Absperrarmatur vor Wärmeerzeuger					
17		Schlauchleitung					
18		Druckmessgerät					
19		Begleitheizung					
20							
21							
22		Bemerkungen					

Tabelle E.3 — Prüfbescheinigung für Ölversorgungsanlagen

Übergabebescheinigung für Ölfeuerungsanlagen im Geltungsbereich der DIN 4755:

3) Prüfbescheinigung für Ölversorgungsanlagen

Name Tel.

PLZ Ort Straße

1. Druck- und Dichtheitsprüfung für Ölleitungen nach Abschnitt 5.3

1.1 Bescheinigung über die ordnungsgemäße Druckprüfung nach 5.3.1

	Betriebsdruck p_B in bar	Prüfdruck in bar	Prüfmedium	Wartezeit in min	Prüfzeit in min	Rohrleitung dicht		Bemerkungen
Entnahmeleitung als Saugleitung						❒ ja	❒ nein	
Entnahmeleitung als Druckleitung						❒ ja	❒ nein	
Rücklaufleitung						❒ ja	❒ nein	
Füllleitung						❒ ja	❒ nein	

1.2 Bescheinigung über die ordnungsgemäße Dichtheitsprüfung vor Inbetriebnahme nach 5.3.2

	Betriebsdruck p_B in bar	Prüfdruck in bar	Prüfmedium	Wartezeit in min	Prüfzeit in min	Rohrleitung dicht		Bemerkungen
Entnahmeleitung als Saugleitung						❒ ja	❒ nein	
Entnahmeleitung als Druckleitung						❒ ja	❒ nein	
Rücklaufleitung						❒ ja	❒ nein	

1.3 Bescheinigung über die ordnungsgemäße Dichtheitsprüfung mit Unterdruck nach 5.3.3

	Betriebsdruck p_B in bar	Prüfdruck in bar	Prüfmedium	Wartezeit in min	Prüfzeit in min	Rohrleitung dicht		Bemerkungen
Entnahmeleitung als Saugleitung						❒ ja	❒ nein	

2. Bescheinigung der ordnungsgemäßen Erstellung und Abnahme der Ölleitung(en)

❒ Die Verfüllung des Rohrgrabens der erdverlegten Ölleitung(en) wurde nicht ausgeführt und ist im Abschnitt 2 dieser Übergabebescheinigung (Teil 4) nicht enthalten.

❒ Die Ölleitung(en) stimmt (stimmen) mit den Angaben der Teile 2 und 3 dieser Übergabebescheinigung überein. Die Ölleitung(en) entspricht (entsprechen) der zur Zeit gültigen DIN 4755 und befindet (befinden) sich im ordnungsgemäßem Zustand.

❒ Die Ölleitung(en) entspricht (entsprechen) zusätzlich der zur Zeit gültigen Anlagenverordnung — Verordnung über Anlagen zum Umgang mit wassergefährdenden Stoffen und über Fachbetriebe (VAwS). Die Anforderungen an oberirdische Ölleitungen werden wie folgt erfüllt: (Bedingung: $F_1 + R_0 + I_1 + I_2$ oder R_1)

❒ F_1 Stoffundurchlässige Fläche

❒ R_0 Kein Rückhaltevermögen

❒ I_1 Überwachung durch selbsttätige Störmeldeeinrichtung

❒ I_2 Alarm- und Maßnahmeplan

❒ R_1 Rückhaltevermögen für das Volumen wassergefährdender Flüssigkeiten, das bis zum Wirksamwerden geeigneter Sicherheitsvorkehrungen auslaufen kann

Die Ölleitung(en) befindet (befinden) sich nach dem Ergebnis der Prüfung für die vorgesehene Betriebsweise in ordnungsgemäßem Zustand.

❒ Gegen die Inbetriebnahme bestehen keine sicherheitstechnischen Bedenken.

❒ Gegen die Inbetriebnahme bestehen sicherheitstechnische Bedenken.

Ort/Datum Anschrift des Fachbetriebes Unterschrift

Tabelle E.4 — Dokumentation Wärmeerzeuger und Inbetriebnahme-Bescheinigung

Übergabebescheinigung für Ölfeuerungsanlagen im Geltungsbereich der DIN 4755:
4) Dokumentation Wärmeerzeuger und Inbetriebnahme-Bescheinigung

Name Tel.

PLZ Ort Straße

1. Dokumentation Wärmeerzeuger

2. Bescheinigung über die Inbetriebnahme durch den Fachbetrieb

Hiermit wird bestätigt, dass die in dieser Übergabebescheinigung beschriebene Ölfeuerungsanlage in Beschaffenheit und Ausführung den zur zeit geltenden technischen Regeln, Richtlinien und Sicherheitsvorschriften entspricht. Die Ölfeuerungsanlage umfasst die gesamten Einrichtungen für die Verfeuerung flüssiger Brennstoffe, einschließlich der Einrichtungen zur Lagerung, Aufbereitung und Zuleitung der flüssigen Brennstoffe, der Verbrennungsluftversorgung und der Abgasabführung und aller zugehörigen Regel-, Steuer- und Überwachungseinrichtungen einschließlich der Installation der Verbrauchsgeräte.

Die Ölversorgungsanlage erwies sich als dicht. Der ordnungsgemäße Betrieb der Wärmeerzeuger wurde geprüft.

Feuerstätten dürfen erst in Betrieb genommen werden, wenn der Bezirksschornsteinfegermeister die Tauglichkeit und die sichere Benutzbarkeit der Abgasanlage bescheinigt hat.

Ort/Datum Anschrift des Fachbetriebes Unterschrift

3 Bestätigung des Betreibers bzw. dessen Beauftragten

Hiermit bestätige ich, dass mir die hier beschriebene Ölfeuerungsanlage übergeben und vorgeführt wurde und dass sie einwandfrei gearbeitet hat. Ich wurde über die Bedienung der Anlage, ihre Funktion und Betriebsweise, das Verhalten bei Betriebsstörungen sowie den Umgang mit dem Öllagerbehälter und mit Heizöl als wassergefährdender Stoff unterrichtet. Die Betriebs- und Bedienungsanleitung habe ich zur Kenntnis genommen.

Ich wurde weiterhin über die Gefahren bei unsachgemäßer Behandlung oder eigenmächtiger Veränderung der Anlage hingewiesen. Jegliche Störung der Anlage ist einem Fachbetrieb zu melden. Eine eigenmächtige Reparatur ist nicht zulässig.

❒ Der Rohrgraben der erdverlegten Ölleitung(en) wurde ordnungsgemäß verfüllt.

Folgende Unterlagen liegen mir vor:

❒ Original dieser Übergabebescheinigung
❒ Hersteller-Dokumentation Öllagerbehälter
❒ Einbaubescheinigung Leckschutz
❒ Bescheinigung Freigabe Bezirksschornsteinfegermeister
❒ Sonstige Bescheinigungen:
❒ Bescheinigung Korrosionsschutz
❒ Einbaubescheinigung Grenzwertgeber
❒ Einbaubescheinigung Hebersicherung

Name der eingewiesenen Person(en) Unterschrift

Anhang F
(informativ)

Prüfablauf zur Druckprüfung der Ölleitungen

Absperreinrichtungen an beiden Enden der zu prüfenden Ölleitung schließen und Druckprüfeinrichtung über Prüfanschluss anschließen.

Sind keine Absperreinrichtungen vorhanden: ein oder beide Ende(n) lösen und dicht verschließen.

Druckprüfeinrichtung mit Druckmessgerät der Genauigkeitsklasse von mindestens 1,0. Der Messbereich des Druckmessgeräts ist so zu wählen, dass die Messunsicherheit bezogen auf den Messwert ≤ 5 % beträgt; z. B. Druckmessgerät Kl. 1,0 mit einem Messbereich 0 – 6 bar für einen Prüfdruck ≥ 1,2 bar.

In die zu prüfende Ölleitung mittels Luft, inertem Gas oder Flüssigkeit den in Tabelle 11 genannten Prüfdruck aufbringen.

Wartezeit zum Temperaturausgleich beachten, mindestens 10 min bei oberirdischer und mindestens 30 min bei unterirdischer Verlegung.

Druck am Druckmessgerät ablesen, Prüfdruck gegebenenfalls korrigieren.

Druck am Druckmessgerät auf Druckabfall zur Feststellung der Dichtheit kontrollieren.

Wird durch Druckabfall auf dem Druckmessgerät eine Undichtheit festgestellt, sind alle Verbindungen im untersuchten Abschnitt der Ölleitung zu prüfen. Dies erfolgt beim Prüfmedium Luft z. B. durch Blasenbildung von Lecksuchspray oder anderen schaumbildenden Mitteln nach DIN 30657. Die aufgefundene Leckstelle ist zu beseitigen, eine erneute Druckprüfung ist durchzuführen.

Bei unterirdischen Rohrleitungen muss die Druckprüfung vor der Erddeckung durchgeführt werden. Ist dies aus bestimmten Gründen nicht möglich, siehe 5.2.4.

Eine teilweise Erddeckung unterirdischer Rohrleitungen ist zulässig, wenn die Verbindungsstellen zum Zeitpunkt der Druckprüfung freiliegen.

Bei Feststellung eines Druckabfalls ohne erkennbare Undichtheit muss die Undichtheit in eingebauten Armaturen vorliegen. Die undichte Armatur, z. B. am Sitz der Absperreinrichtung ist zu demontieren und zu erneuern. Die Druckprüfung muss wiederholt werden.

Die Ölleitung ist wieder zu komplettieren.

Literaturhinweise

Normen

DIN 6616, *Liegende Behälter (Tanks) aus Stahl, einwandig und doppelwandig, für die oberirdische Lagerung wassergefährdender, brennbarer und nichtbrennbarer Flüssigkeiten.*

DIN 6619-1, *Stehende Behälter (Tanks) aus Stahl, einwandig, für die unterirdische Lagerung wassergefährdender, brennbarer und nichtbrennbarer Flüssigkeiten.*

DIN 6619-2, *Stehende Behälter (Tanks) aus Stahl, doppelwandig, für die unterirdische Lagerung wassergefährdender, brennbarer und nichtbrennbarer Flüssigkeiten.*

DIN 6620-1, *Batteriebehälter (Tanks) aus Stahl, für oberirdische Lagerung brennbarer Flüssigkeiten der Gefahrklasse A III — Behälter.*

DIN 6620-2, *Batteriebehälter (Tanks) aus Stahl, für oberirdische Lagerung brennbarer Flüssigkeiten der Gefahrklasse A III — Verbindungsrohrleitungen.*

DIN 6623-1, *Stehende Behälter (Tanks) aus Stahl, einwandig, mit weniger als 1000 Liter Volumen für die oberirdische Lagerung wassergefährdender, brennbarer und nichtbrennbarer Flüssigkeiten.*

DIN 6623-2, *Stehende Behälter (Tanks) aus Stahl, doppelwandig, mit weniger als 1000 Liter Volumen, für die oberirdische Lagerung wassergefährdender, brennbarer und nichtbrennbarer Flüssigkeiten.*

DIN 6624-1, *Liegende Behälter (Tanks) aus Stahl von 1000 bis 5000 Liter Volumen, einwandig, für die oberirdische Lagerung wassergefährdender, brennbarer und nichtbrennbarer Flüssigkeiten.*

DIN 6624-2, *Liegende Behälter (Tanks) aus Stahl von 1000 bis 5000 Liter Volumen, doppelwandig, für die oberirdische Lagerung wassergefährdender, brennbarer und nichtbrennbarer Flüssigkeiten.*

DIN 6625-1, *Standortgefertigte Behälter (Tanks) aus Stahl für die oberirdische Lagerung von wassergefährdenden, brennbaren Flüssigkeiten der Gefahrklasse A III und wassergefährdenden, nichtbrennbaren Flüssigkeiten — Bau- und Prüfgrundsätze.*

DIN 6625-2, *Standortgefertigte Behälter (Tanks) aus Stahl für die oberirdische Lagerung von wassergefährdenden, brennbaren Flüssigkeiten der Gefahrklasse A III und wassergefährdenden, nichtbrennbaren Flüssigkeiten — Berechnung.*

DIN 18160-1, *Abgasanlagen — Teil 1. Planung und Ausführung.*

DIN 18160-5, *Abgasanlagen — Teil 5: Einrichtungen für Schornsteinfegerarbeiten — Anforderungen, Planung und Ausführung.*

DIN EN 1443, *Abgasanlagen Allgemeine Anforderungen; Deutsche Fassung EN 1443:2002.*

DIN EN 1856-1, *Abgasanlagen — Anforderungen an Metall-Abgasanlagen — Teil 1: Bauteile für System-Abgasanlagen; Deutsche Fassung EN 1856-1:2003.*

DIN EN 1858, *Abgasanlagen — Bauteile — Betonformblöcke; Deutsche Fassung EN 1858:2003.*

DIN EN 1859, *Abgasanlagen — Metall-Abgasanlagen — Prüfverfahren; Deutsche Fassung EN 1859:2000.*

DIN EN 133841-1, *Abgasanlagen — Wärme- und strömungstechnische Berechnungsverfahren — Teil 1: Abgasanlagen mit einer Feuerstätte; Deutsche Fassung EN 13384-1:2002.*

Technische Regeln für Dampfkessel (TRD) bzw. Druckbehälter (TRB) bzw. VdTÜV-Merkblätter

TRD 110, *Armaturengehäuse.*

TRD 403, *Aufstellung von Dampfkesselanlagen und Dampfkesseln der Gruppe IV.*

TRD 603 Blatt 1, *Zeitweiliger Betrieb einer Dampfkesselanlage mit einem Dampferzeuger der Gruppe IV mit herabgesetztem Betriebsdruck ohne Beaufsichtigung.*

TRD 603 Blatt 2, *Zeitweiliger Betrieb einer Dampfkesselanlage mit einem Dampferzeuger der Gruppe IV mit herabgesetztem Betriebsdruck ohne Beaufsichtigung.*

TRD 701, *Dampfkesselanlagen mit Dampferzeugern der Gruppe II.*

TRD 702, *Dampfkesselanlagen mit Heißwassererzeugern der Gruppe II.*

VdTÜV-MB 904, *Hinweise zur Funktionsprüfung von Leckanzeigegeräten für Behälter und Rohrleitungen.*

VdTÜV-MB 1051, *Wasserdruckprüfung von erdverlegten Rohrleitungen nach dem Druck-Temperatur-Messverfahren (DT-Verfahren).*

VdTÜV-MB 1066, *Richtlinie für die Bauteilprüfung einbaufertiger Isolierstücke für Gase und gefährdende Flüssigkeiten.*

AD- Merkblätter

AD-B 0 *Berechnung von Druckbehältern.*

AD-B 1 *Zylinder- und Kugelschalen unter innerem Überdruck.*

AD-B 2 *Kegelförmige Mäntel unter innerem und äußerem Überdruck.*

AD-B 3 *Gewölbte Böden unter innerem und äußerem Überdruck.*

AD-B 4 *Tellerböden.*

AD-B 5 *Ebene Böden und Platten nebst Verankerungen.*

AD-B 6 *Zylinderschalen unter äußerem Überdruck.*

AD-B 7 *Schrauben.*

AD-B 8 *Flansche.*

AD-B 9 *Ausschnitte in Zylindern, Kegeln und Kugeln.*

AD-HP 2/1 *Verfahrensprüfung für Fügverfahren. Verfahrensprüfung von Schweißverbindungen.*

AD-HP 3 *Schweißaufsicht, Schweißer.*

AD-W 1 *Flacherzeugnisse aus unlegierten und legierten Stählen.*

AD-W 2 *Austenitische Stähle.*

AD-W 3/1 *Gusseisenwerkstoffe — Gusseisen mit Lamellengraphit (Grauguss), unlegiert und niedriglegiert.*

AD-W 5 *Stahlguss.*

DVS-Richtlinien

DVS 1903-1, *Löten in der Hausinstallation – Kupfer – Anforderungen an Betrieb und Personal.*

DVS 1903-2, *Löten in der Hausinstallation – Kupfer – Rohre und Fittings – Lötverfahren – Befund von Lötnähten.*

DVGW-Regelwerk

DVGW GW 2, *Verbinden von Kupferrohren für die Gas- und Wasserinstallation innerhalb von Grundstücken und Gebäuden.*

Bauaufsichtliche Richtlinien (Musterfassungen)

Musterbauordnung (MBO).

Richtlinien über Bau und Betrieb von Anlagen zur Lagerung von Öl (Öllagerbehälterrichtlinien — HBR).

Feuerungsverordnungen der Länder (FeuVO).

Allgemeine Rechtsvorschriften

Gesetz über technische Arbeitsmittel (Gerätesicherheitsgesetz — GSG).

Chemikaliengesetz (ChemG).

Betriebssicherheitsverordnung (BetrSichV).

Rechtsvorschriften — Bauaufsichtliche Rechtsvorschriften

Bundesländer Bekanntmachungen.

DIBt, Bauregelliste A Teil 1 des Deutschen Institutes für Bautechnik.

Landesbauordnungen: danach erlassene Rechtsverordnungen (z. B. erste Durchführungsverordnung zur Landesbauordnung oder Verordnung über Ölfeuerungsanlagen).

Immissionsschutzrechtliche Rechtsvorschriften

Gesetz zum Schutz vor schädlichen Umwelteinwirkungen durch Luftverunreinigungen, Geräusche, Erschütterungen und ähnliche Vorgänge (BImSchG, Bundes-Immissionsschutzgesetz) danach erlassene Rechtsvorschriften.

Energieeinsparungsgesetz (EnEG,).

Heizungsanlagen-Verordnung (HeizAnlV).

Wasserrechtliche Rechtsvorschriften

Gesetz zur Ordnung des Wasserhaushalts (Wasserhaushaltsgesetz WHG) .

Landeswassergesetze danach erlassene Rechtsverordnungen (z. B. Verordnung über das Lagern wassergefährdender Flüssigkeiten in Wasserschutzgebieten.

Wassergesetze der Bundesländer (WG).

Dezember 1994

Stromerzeugungsaggregate

Stromerzeugungsaggregate mit Hubkolben-Verbrennungsmotoren

Teil 13: Für Sicherheitsstromversorgung in Krankenhäusern und in baulichen Anlagen für Menschenansammlungen

DIN 6280-13

ICS 27.020; 29.160.40

Deskriptoren: Stromversorgung, Stromerzeugungsaggregat, Sicherheitsstromversorgung, Krankenhaus, Hubkolbenverbrennungsmotor

Generating sets – Reciprocating internal combustion engines driven generating sets
Part 13: For emergency power supply in hospitals and public buildings

Inhalt

1 Anwendungsbereich

Diese Norm gilt für Stromerzeugungsaggregate mit Hubkolben-Verbrennungsmotoren und Stromerzeugungsstationen für die Sicherheitsstromversorgung in Krankenhäusern und in baulichen Anlagen für Menschenansammlungen. Ein Stromerzeugungsaggregat bzw. eine Stromerzeugungsstation nach dieser Norm hat die Aufgabe, nach einer zulässigen Umschaltzeit die Stromversorgung der notwendigen Sicherheitseinrichtungen und betriebstechnisch wichtigen Einrichtungen bei Störung der allgemeinen Stromversorgung sicherzustellen.

Die Festlegungen dieser Norm sind zusätzlich zu bzw. abweichend von den Anforderungen und Festlegungen nach den Teilen 1 bis 9 und Teil 11 der Norm DIN 6280 zu erfüllen.

In dieser Norm wird im weiteren die Anwendung

- in Krankenhäusern nach DIN VDE 0107 als Anwendungsbereich 1
- in baulichen Anlagen für Menschenansammlungen nach den Normen der Reihe DIN VDE 0108 als Anwendungsbereich 2

bezeichnet.

Wenn spezielle Anforderungen oder weitergehende Vorschriften beachtet werden müssen, so sollen diese vom Auftraggeber angegeben werden und sind zwischen Auftragnehmer und Auftraggeber zu vereinbaren.

2 Begriffe

2.1 Unterbrechnungszeit t_{uA}

Nach DIN 6280-8 : 1983-02, Abschnitt 5.3.1.

2.2 Umschaltzeit t_S

Umschaltzeit t_S ist die Zeit vom Beginn der Störung der allgemeinen Stromversorgung bis zum Wirksamwerden oder Wiederwirksamwerden der notwendigen Sicherheitseinrichtungen und betriebstechnisch wichtigen Einrichtungen.

2.3 Überbrückungszeit t_B

Überbrückungszeit t_B ist im Sinne dieser Norm die Mindestzeit, für die das Stromerzeugungsaggregat bzw. die Stromerzeugungsstation die Verbraucheranlage unter festgelegten Betriebsbedingungen mit elektrischer Energie versorgen muß.

ANMERKUNG: Diese Zeit entspricht der Nennbetriebsdauer nach DIN VDE 0108-1 : 1989-10, Abschnitt 2.2.19.

2.4 Stromerzeugungsaggregat

Nach DIN 6280-1 : 1983-02, Abschnitt 3.1.

2.5 Stromerzeugungsstation

Nach DIN 6280-1 : 1983-02, Abschnitt 3.2.

Fortsetzung Seite 2 bis 8

Normenausschuß Maschinenbau (NAM) im DIN Deutsches Institut für Normung e.V.
Deutsche Elektrotechnische Kommission im DIN und VDE (DKE)

2.6 Verbraucherleistung

Verbraucherleistung ist die Summe der Leistungen der vorgesehenen Verbraucher unter Berücksichtigung des betriebstechnischen Gleichzeitigkeitsfaktors.

3 Formelzeichen

t_{uA}	Unterbrechungszeit
t_S	Umschaltzeit
t_B	Überbrückungszeit
δ_{st}	Statische Frequenzabweichung
r_f	Frequenzpendelbreite
$\delta_{dyn\ f}$	Dynamische Frequenzabweichung
$\delta_{st\ UA}$	Statische Spannungsabweichung
$\delta_{dyn\ UA}$	Dynamische Spannungsabweichung
$t_{u\ zu}$	Spannungs-Ausregelzeit bei der Zuschaltung
$t_{u\ ab}$	Spannungs-Ausregelzeit bei der Abschaltung
I_2	Inverser Strom
I_2/I_N	Schieflast
k_u	Oberschwingungsgehalt der Spannung

4 Allgemeine Anforderungen an die Sicherheitsstromversorgung

In Krankenhäusern und in baulichen Anlagen für Menschenansammlungen muß bei Störung der allgemeinen Stromversorgung eine Weiterversorgung der notwendigen Sicherheitseinrichtungen erfolgen. Darüber hinaus sind notwendige, betriebstechnisch wichtige Verbraucher weiterzuversorgen.

Als auslösendes Kriterium für eine Störung gilt:

Für Anwendungsbereich 1:

- wenn die Nennspannung über eine Zeitspanne von mehr als 0,5 s um mehr als 10 % unterschritten wird.

Für Anwendungsbereich 2:

- wenn die Nennspannung über eine Zeitspanne von mehr als 0,5 s um mehr als 15 % unterschritten wird.

5 Einteilung der Stromerzeugungsaggregate

Je nach der zulässigen Umschaltzeit können für die Weiterversorgung der Verbraucher die in den Abschnitten 5.1 bis 5.3 genannten Stromerzeugungsaggregate zur Anwendung kommen.

Dabei sind luftgekühlte Hubkolben-Verbrennungsmotoren oder wassergekühlte Hubkolben-Verbrennungsmotoren mit Luftrückkühlung zu verwenden.

Hubkolben-Verbrennungsmotoren mit Benzin als Kraftstoff dürfen nicht verwendet werden.

5.1 Ersatzstromaggregat mit einer definierten Unterbrechungszeit von maximal 15 s (siehe DIN 6280-1 : 1983-02, Abschnitt 5.2.1).

5.2 Schnellbereitschaftsaggregat mit einer Unterbrechungszeit bis 0,5 s (siehe DIN 6280-1 : 1983-02, Abschnitt 5.2.2 und E DIN 6280-12.

5.3 Sofortbereitschaftsaggregat ohne Unterbrechungszeit (siehe DIN 6280-1 : 1983-02, Abschnitt 5.2.3 und E DIN 6280-12.

6 Auslegung des Stromerzeugungsaggregates

6.1 Kriterien für die Leistungsauslegung

Die erforderliche Aggregat-Nennleistung kann nur in Kenntnis der zu versorgenden elektrischen Verbraucher bestimmt werden. Dabei sind auch die auftretenden Belastungsstöße beim Einschalten der Verbraucher, z. B. Aufzüge, Pumpen, Ventilatoren, Beleuchtungseinrichtungen und nicht lineare Verbraucher, zu beachten. Soll die Leistung der Verbraucher durch mehrere Aggregate erbracht werden, müssen diese für Parallelbetrieb geeignet sein.

Da im Hinblick auf die technische Weiterentwicklung von Hubkolben-Verbrennungsmotoren zunehmend aufgeladene Motoren verwendet werden, wird in vielen Fällen eine Aufteilung der Leistungsübernahme in Stufen notwendig.

Für die Leistungszuschaltungen gilt DIN 6280-8 : 1983-02, Abschnitt 5 und Bild 2, in dem das Leistungsübernahmevermögen des Stromerzeugungsaggregates in Abhängigkeit vom mittleren effektiven Kolbendruck des Hubkolben-Verbrennungsmotors dargestellt ist.

Bei prozentual größeren Leistungsstufen als in DIN 6280-8 : 1983-02 empfohlen, müssen entsprechende Zusatzmaßnahmen ergriffen oder eine Überdimensionierung des Aggregates vorgenommen werden.

Für die Versorgung der Verbraucher gilt für Ersatzstromaggregate nach Abschnitt 5.1:

Für Anwendungsbereich 1:

- Nach einer Umschaltzeit von max. 15 s sind 80 % der gesamten Verbraucherleistung (Verbraucher der notwendigen Sicherheitseinrichtungen und betriebstechnisch wichtige Verbraucher) in max. zwei Stufen, und nach weiteren 5 s 100 %, der gesamten Verbraucherleistung zur Verfügung zu stellen;

Für Anwendungsbereich 2:

- Nach einer Umschaltzeit von max. 15 s sind 100 % der Verbraucherleistung der notwendigen Sicherheitseinrichtungen zur Verfügung zu stellen.

Für die Auslegung einer Stromerzeugungsstation sind Angaben nach Abschnitt 11, Tabelle 2, erforderlich.

6.2 Leistungsauslegung und Leistungsschilder

Für die Leistungsauslegung gilt DIN 6280-2 für begrenzten Dauerbetrieb mit zeitlich begrenztem Einsatz von etwa 1000 Betriebsstunden je Jahr.

Auf dem Leistungsschild des Stromerzeugungsaggregates nach DIN 6280-2 ist zusätzlich die nicht für die Versorgung der Verbraucher verfügbare Summe aller Leistungen der aggregatzugehörigen elektrisch angetriebenen Hilfseinrichtungen in kW anzugeben.

Die Betriebsgrenzwerte für Stromerzeugungsaggregate müssen mindestens der Ausführungsklasse 2 nach DIN 6280-3 entsprechen.

Abweichend hiervon gilt Tabelle 1.

6.3 Betriebsgrenzwerte

Tabelle 1

Nr	Benennung	Formelzeichen	Einheit	Hinweis nach DIN 6280*)		Anwendungsbereich	
				Teil	Abschnitt	1	2
6.3.1	Statische Frequenzabweichung	δ_{st}	%	8	3.1.1	4	1)
6.3.2	Frequenzpendelbreite	r_f	%	8	3.1.4	0,5	1)
6.3.3	Dynamische Frequenzabweichung	$\delta_{dyn\ f}$	%	8	3.3.4	± 10	± 10
6.3.4	Statische Spannungsabweichung	$\delta_{st\ UA}$	%	8	4.1.3	± 1	1)
6.3.5	Dynamische Spannungsabweichung	$\delta_{dyn\ UA}$	%	8	4.1.4	± 10	+ 20 − 15
6.3.6	Spannungs-Ausregelzeit	$t_{u\ zu}$ $t_{u\ ab}$	s	8	4.1.5	4	4
6.3.7	Schieflast	I_2/I_N	%	5 6	5.1 5.1	33 2) 15 3)	33 2) 15 3)
6.3.8	Oberschwingungsgehalt der Spannung	k_u	%	5 6	6.11 6.11	5 4)	1)

*) Ausgabe Februar 1983

1) Ausführungsklasse 2 nach DIN 6280-3

2) Für Stromerzeugungsaggregate bis 300 kVA: Inverser Strom $I_2 = 0{,}33 \cdot I_N$.
Dieser Wert entspricht: $\Delta I_2 = 1{,}0 \cdot I_N$ (gemessen zwischen Außenleiter und N-Leiter).

3) Für Stromerzeugungsaggregate über 300 kVA: Inverser Strom $I_2 = 0{,}15 \cdot I_N$.
Dieser Wert entspricht: $\Delta I_2 = 0{,}45 \cdot I_N$ (gemessen zwischen Außenleiter und N-Leiter).

4) Dies gilt zusätzlich für die Spannung zwischen Außen- und Neutralleiter bei linearer und symmetrischer Belastung.

Bei Sofort- und Schnellbereitschaftsaggregaten ist die Auslegung des Energiespeichers abhängig von der Höhe der Leistung sowie der zulässigen Frequenz- und Spannungsabweichung und gegebenenfalls von den betriebsmäßigen Schwingspielen.

7 Zusatzanforderungen

7.1 Zur Steuerung und Überwachung ist eine batteriegestützte Stromversorgung erforderlich. Als Stromquelle sind nur Akkumulatorenbauarten zu verwenden, die nach DIN VDE 0510-2 für diese Anwendung zugelassen sind.

ANMERKUNG: Kraftfahrzeugstarterbatterien dürfen nicht verwendet werden.

Diese Batterie kann auch zum Anlassen der Kraftmaschine benutzt werden, wenn sie entsprechend ausgelegt ist. Von der Batterie dürfen keine Teilspannungen abgenommen werden. Diese Batterie darf nicht für andere Zwecke als zum Starten und Steuern und zum Überwachen der Stromerzeugungsstation selbst verwendet werden.

Die Batterien sind so zu bemessen, daß aus dem Erhaltungsladezustand bei einer Umgebungstemperatur von 5 °C die Start- und Steuerfähigkeit des Aggregates sichergestellt ist und die Anforderung nach einem dreimaligen Start mit je 10 s Dauer und je 5 s Pause erfüllt wird. Der Spannungseinbruch bei jedem Einschalten des Anlassers darf die Steuerung der Stromerzeugungsstation nicht beeinträchtigen.

Es muß eine Ladeeinrichtung mit I-U-Kennlinie nach DIN 41773-1 und DIN 41773-2 vorhanden sein, welche der Batterie 90 % der erforderlichen Kapazität (Ah) innerhalb 10 h wieder zuführt und anschließend Erhaltungsladung sicherstellt. Neben der Ladung muß auch der Dauerverbrauch für Steuer- und Überwachungseinrichtungen gedeckt werden.

Zur Kontrolle der Batterieladung muß eine Einrichtung vorhanden sein, mit der die Spannung der Batterie laufend überwacht wird. Unterschreitet die Erhaltungsladespannung bei Nickel-Cadmium-Akkumulatoren 1,3 V je Zelle, bei Bleibatterien 2,1 V je Zelle, so muß eine Störungsmeldung erfolgen. Der Stromkreis für diese Meldung darf nicht von dieser Batterie gespeist werden.

Kurzzeitige Spannungseinbrüche, z. B. während eines Anlaßvorganges oder der Wiederaufladung der Batterie, dürfen keine Meldung auslösen.

Bei der Auslegung von Ladeeinrichtung und Batterie ist sicherzustellen, daß Steuerrelais und Steuermagnete der Automatik nicht durch eine zu hohe Betriebsspannung geschädigt werden können.

Der Querschnitt der Anlasserleitungen ist so zu bemessen, daß der Spannungsfall 8 % der Nennspannung des Anlassers nicht überschreitet.

Ist für die Steuerung der Stromerzeugungsstation eine eigene Batterie vorhanden, so ist dafür eine eigene Ladeeinrichtung erforderlich.

7.2 Für Hubkolben-Verbrennungsmotoren, die mit Druckluft angelassen werden, sind Größe und Anzahl der Anlaßluftflaschen so zu bemessen, daß der Hubkolben-Verbrennungsmotor aus dem kalten oder vorgewärmten Zustand mindestens fünfmal über seine Zünddrehzahl hochgefahren werden kann. Für das Nachfüllen der Anlaßluftflaschen muß eine automatische Aufladeeinrichtung vorhanden sein. Die Aufladeeinrichtung ist so zu bemessen, daß die leeren Luftflaschen innerhalb von 45 min auf den Betriebsdruck geladen werden können. Der Luftdruck in den Anlaßluftflaschen muß jederzeit angezeigt sein.

Beim Unterschreiten des erforderlichen Luftdrucks muß eine Störungsmeldung erfolgen.

7.3 Die Überbrückungszeit, in der ein Stromerzeugungsaggregat mit Hubkolben-Verbrennungsmotor die Verbraucheranlage ständig mit elektrischer Energie versorgen kann, ist hauptsächlich abhängig von der Kraftstoffversorgung.

Die Kraftstoffbevorratung ist für Anwendungsbereich 1 für mindestens 24stündigen und für Anwendungsbereich 2 für mindestens 8stündigen Betrieb bei Nennleistung der Stromerzeugungsstation unter Berücksichtigung des Probebetriebes auszulegen.

Um einen sicheren Start sicherzustellen, ist der Kraftstoffbehälter so anzuordnen, daß sich seine Unterkante mindestens 0,5 m über der Einspritzpumpe des Hubkolben-Verbrennungsmotors befindet. Kann zum Beispiel aus baulichen Gründen nicht der gesamte Kraftstoffbedarf in diesem Behälter untergebracht werden, so ist hierfür ein Servicebehälter für mindestens 2stündigen Betrieb bei Nennleistung erforderlich. Damit wird erreicht, daß ein statischer Mindestvorlaufdruck vorhanden ist. Für die Nachfüllung des Servicebehälters ist eine automatische Nachfülleinrichtung vorzusehen. Für eine Anfahrbefüllung ist zusätzlich eine Handförderpumpe erforderlich.

Zur Überfüll- und Leckageüberwachung sind geeignete Schutzeinrichtungen vorzusehen.

Zur Füllstandskontrolle müssen Anzeige- oder Peileinrichtungen und eine Angabe über das Fassungsvermögen vorhanden sein.

7.4 Die Lüftungsjalousien müssen auch von Hand betätigt werden können.

7.5 Die Zuluft für die Stromerzeugungsstation muß unmittelbar oder über besondere Lüftungsleitungen dem Freien entnommen, die Abfuhr unmittelbar oder über besondere Lüftungsleitungen ins Freie geführt werden. Luftkurzschlüsse müssen vermieden werden (siehe Musterverordnung über Bau von Betriebsräumen von elektrischen Anlagen).

8 Schalt- und Steuereinrichtungen

Für die Messung, den Schutz, die Überwachung und Steuerung im Aggregatbetrieb gilt allgemein DIN 6280-7.

Die Aggregatautomatik und Aggregatschaltgeräte dürfen zu einer baulichen Einheit zusammengefaßt werden.

8.1 Schutz-, Meß-, Überwachungs- und Steuereinrichtungen für den Generator

8.1.1 Schutzeinrichtungen

Grundsätzlich gilt für die Schutzeinrichtungen DIN 6280-7 : 1983-02, Abschnitt 6.

8.1.2 Meß- und Überwachungseinrichtungen

Grundsätzlich gilt für die Meß- und Überwachungseinrichtungen DIN 6280-7 : 1983-02, Abschnitt 7.1.

Abweichend davon sind die Strommeßgeräte mit

- rückstellbarer Höchstwertanzeige und
- Momentanwertanzeige ausführen.

Darüber hinaus sind anzuzeigen:

- Generator-Überstrom
- Die Betriebszustände "Netz-ein" und "Generator-ein".

Siehe auch DIN 6280-7 : 1983-02, Abschnitt 8.2.

8.2 Meß- und Überwachungseinrichtungen für den Hubkolben-Verbrennungsmotor

Für die Meß- und Überwachungseinrichtungen gelten die Festlegungen nach DIN 6280-7 : 1983-02, Abschnitt 7.2.

8.3 Überwachungseinrichtungen für die Stromerzeugungsstation

Für die Überwachungseinrichtungen gelten die Festlegungen nach DIN 6280-7 : 1983-02, Abschnitt 7.3.

8.4 Betriebs- und Störungsmeldungen bei vorgesehener Fernschaltung

Folgende Betriebs- und Störungsmeldungen sind für die Stromerzeugungsstation erforderlich. Diese Meldungen müssen an geeignete Stellen weitergemeldet werden können:

- Aggregat betriebsbereit (Schalterstellung: Automatik);
- Aggregat in Betrieb – Verbraucher werden von der Stromerzeugungsstation versorgt;
- Aggregat in Betrieb – Verbraucher werden vom allgemeinen Netz versorgt;
- Aggregat gestört.

9 Probebetrieb

9.1 Probebetrieb mit Synchronisierung zum Netz

Für einen Probebetrieb eines Stromerzeugungsaggregates für die Anwendungsbereiche 1 und 2, bei dem zunächst die Verbraucheranlagen vom Netz versorgt werden, kann die Übernahme des Leistungsbedarfs der Verbraucheranlage auf das Stromerzeugungsaggregat mit Synchronisierung zum Netz ohne Unterbrechung wie folgt vorgenommen werden:

9.1.1 Allmähliche Leistungsübernahme ohne Umschaltung

Das Stromerzeugungsaggregat wird automatisch oder von Hand gestartet und an die Frequenz und Spannung der allgemeinen Stromversorgung angeglichen.

Nach dem synchronisierten Einschalten des Generatorschalters wird über die Sollwertverstellung des Drehzahlreglers des Hubkolben-Verbrennungsmotors je nach Bedarf die Leistungsabgabe an die Verbraucheranlage übernommen. Der Probebetrieb erfolgt parallel zum Netz.

Nach Ende des Probebetriebes wird das Stromerzeugungsaggregat durch Rücknahme der Sollwertverstellung des Drehzahlreglers entlastet. Bei weniger als 10 % der Nennleistung des Stromerzeugungsaggregates wird der Generatorschalter geöffnet.

Hierzu sind Generator-Schutzeinrichtungen sowie Schalt- und Steuereinrichtungen erforderlich und entsprechend auszulegen (siehe auch DIN 6280-7 : 1983-02, Abschnitte 6.4 und 8.3.4). Für die Festlegung des Netzschutzes und der Netzausfallerfassung ist eine Abstimmung mit den Energieversorgungsunternehmen erforderlich.

9.1.2 Allmähliche Leistungsübernahme mit Umschaltung

Das Stromerzeugungsaggregat wird automatisch oder von Hand gestartet und an die Frequenz und Spannung der allgemeinen Stromversorgung angeglichen.

Nach dem synchronisierten Einschalten des Generatorschalters wird über die Sollwertverstellung des Drehzahlreglers des Hubkolben-Verbrennungsmotors die Leistungsabgabe des Stromerzeugungsaggregates erhöht. Wenn der Leistungsanteil aus der allgemeinen Stromversorgung auf etwa 10 % der Nennleistung des Stromerzeugungsaggregates reduziert wurde, wird der Netzkuppelschalter geöffnet.

Nach Ende des Probebetriebes wird in umgekehrter Schaltfolge die Verbraucherleistung unterbrechungslos von Generator- auf Netzversorgung zurückgeschaltet.

Hierzu sind Generator-Schutzeinrichtungen sowie Schalt- und Steuereinrichtungen erforderlich und entsprechend auszulegen (siehe auch DIN 6280-7 : 1983-02, Abschnitte 6.4 und 8.3.4). Für die Festlegung des Netzschutzes und der Netzausfallerfassung ist eine Abstimmung mit den Energieversorgungsunternehmen erforderlich.

9.1.3 Plötzliche Leistungsübernahme mit Kurzzeitparallelbetrieb

Das Stromerzeugungsaggregat wird automatisch oder von Hand gestartet und an die Frequenz und Spannung der allgemeinen Stromversorgung angeglichen.

Bei Synchronismus wird gleichzeitig der Generatorschalter geschlossen und – mit einer Überlappungsdauer von max. 100 ms – der Netzkuppelschalter geöffnet. Die momentane Leistungsaufnahme der Verbraucheranlage wird sofort vom Stromerzeugungsaggregat übernommen.

Zur Vermeidung einer Überlastung, und damit Ausfall des Stromerzeugungsaggregates, muß sichergestellt werden, daß im Moment der Leistungsübernahme der momentane Leistungsbedarf der Verbraucheranlage der empfohlenen Leistung für die erste Stufe nach DIN 6280-8 : 1983-02, Abschnitt 5.1, entspricht. Die sich einstellende Frequenz und Spannung wird von den Werten der allgemeinen Stromversorgung abweichen.

Nach Ende des Probebetriebes wird in umgekehrter Schaltfolge die Verbraucherleistung unterbrechungslos von Generator auf Netzversorgung zurückgeschaltet.

Für diese Umschaltung ist Abstimmung mit dem Energieversorgungsunternehmen für die Rückschaltung der zum Zeitpunkt der Umschaltung vorhandenen Gesamtverbraucherleistung erforderlich.

Für die Generator-Schutzeinrichtungen und die Schalt- und Steuereinrichtungen gelten die Anforderungen nach DIN 6280-7 : 1983-02, Abschnitt 8.3.3.

9.2 Probebetrieb ohne Synchronisierung zum Netz

Bei einem Probebetrieb, bei dem eine Störung der allgemeinen Stromversorgung simuliert wird, ist der Netzkuppelschalter zu öffnen und es tritt für die Verbraucher eine Unterbrechung ein, wobei die Umschaltzeit der nach Abschnitt 6 entspricht. Der Start und die Übernahme der Leistungsanforderungen der Verbraucheranlage durch das Stromerzeugungsaggregat erfolgt entsprechend dem vorgesehenen Ablauf nach Abschnitt 9.1.

Allgemein erfolgt ein Probebetrieb für Anwendungsbereich 1 nach Abschnitt 9.1.1 oder 9.1.2, für Anwendungsbereich 2 nach Abschnitt 9.1.3

10 Prüfungen

Die Prüfungen sind nach Erstprüfungen und wiederkehrenden Prüfungen zu unterscheiden.

10.1 Erstprüfungen

Die Prüfungen nach den Aufzählungen a) bis f), die Aufschluß über richtige Dimensionierung und Funktionsfähigkeit der Stromerzeugungsstation entsprechend den Anforderungen dieser Norm geben, sind vor Inbetriebnahme sowie nach Änderungen oder Instandsetzungen vor der Wiederinbetriebnahme durchzuführen.

a) Prüfung der Funktion der Sicherheitsstromversorgung durch Unterbrechung der Netzzuleitung am Verteiler der zu versorgenden Verbraucher;

b) Prüfung der Aufstellungsräume für Stromerzeugungsaggregate der Sicherheitsstromversorgung hinsichtlich Brandschutz, möglicher Überflutung, Belüftung und Abgasführung;

c) Prüfung und Bemessung des Stromerzeugungsaggregates über die statische Belastung und eventuell auftretender Anlaufströme (z. B. bei Lüfter-, Pumpen- oder Aufzugsmotoren);

d) Prüfung der Aggregatschutzeinrichtungen; dazu gehört insbesondere die Abstimmung der Selektivität von Schutzeinrichtungen;

e) Funktionsprüfungen der Sicherheitsstromversorgung mit Hubkolben-Verbrennungsmotoren, bestehend aus Prüfung des Start- und Anlaufverhaltens, der Funktion der Hilfseinrichtungen, der Schalt- und Regelungseinrichtungen, Durchführung eines Probebetriebes nach Abschnitt 9, möglichst mit Nennleistung, sowie Prüfung des Betriebsverhaltens im Aggregatbetrieb. Dabei sind die dynamischen Spannungs- und Frequenzabweichungen besonders zu beachten.

f) Prüfung der Einhaltung der Brandschutzanforderungen nach Verordnungen nach Landesrecht (siehe DIN VDE 0107 Bbl 1 und DIN VDE 0108-1 Bbl 1).

10.2 Wiederkehrende Prüfungen

10.2.1 Die Prüfungen nach den Aufzählungen a) bis d) sind durchzuführen.

a) Funktionsprüfung der Stromerzeugungsstation monatlich zum Nachweis

- des Start- und Anlaufverhaltens,
- der erforderlichen Leistungsübernahme der Verbraucher,
- der Schalt-, Regel- und Hilfseinrichtungen.

b) Die Funktionsprüfung des Lastverhaltens der Stromerzeugungsstation ist monatlich mit mindestens 50 % der Nennleistung für eine Betriebsdauer von

- 60 min vorzunehmen.

Es muß dabei auch Dauerbetrieb vorgesehen werden.

c) Prüfung der Funktion der Umschalteinrichtungen monatlich.

d) Prüfung, ob die Leistung des Stromerzeugungsaggregates noch dem erforderlichen Verbraucherleistungsbedarf entsprechen, jährlich.

10.2.2 Über die regelmäßigen Prüfungen sind Prüfberichte zu führen, die eine Kontrolle über mindestens zwei Jahre gestatten.

11 Checkliste

Für die richtige Auslegung einer Stromerzeugungsstation sind Angaben nach Tabelle 2 erforderlich.

Tabelle 2

Nr	Benennung	Hinweis nach DIN 6280 *)		Bemerkungen/Stichworte	Informations-spalte		
		Teil	Abschnitt		a)	b)	c)
11.1	Bereitschaft des Stromerzeugungsaggregates	1 8	5 5.3	Es sind Angaben über die zulässige Umschaltzeit zu machen. Davon abhängig ist die Auswahl als Ersatzstrom-, Schnellbereitschafts- oder Sofortbereitschaftsaggregat.	×	–	–
11.2	Einsatzkriterien/Leistungsübernahme	1	6	Es sind Angaben über die zu versorgenden Verbraucher erforderlich in bezug auf die Einschaltung sowie auf die Anlauf- und Betriebseigenschaften. Es muß angegeben werden, welche Verbraucher in den einzelnen Stufen nach Start zugeschaltet werden und welche größten Leistungswechsel während des Betriebes zu erwarten sind.	×	×	–
11.3	Einzel- und Parallelbetrieb	1	7	Zweck und Bedingungen bei Parallelbetrieb sind wegen der vielfältigen Synchronisierungsverfahren und der Parallelbetriebsmöglichkeiten abzustimmen.	×	×	–
11.4	Betriebsvorgänge	1	8	Anlassen, Überwachen, Schalten usw.	×	×	×
11.5	Kraftmaschine	1	9.1	Dieselmotor	×	×	×
11.6	Stromerzeuger	1	9.2	Synchrongenerator, Asynchrongenerator	×	×	×
11.7	Aggregat-Bauform	1	10	Je nach den Erfordernissen des Auftraggebers ist die Aggregat-Bauform abzustimmen.	×	×	×
11.8	Immission am Aufstellungsort	1	13.1	Angabe der aus der Umgebung auf das Aggregat einwirkenden Bedingungen	×	–	–
11.9	Emission am Aufstellungsort	1	13.2	Angabe unter Berücksichtigung der zulässigen Emissionsgrenzwerte	×	×	×
11.10	Leistungsauslegung	2	3	Festlegung der Nennleistung, Belastungsstöße, Kurzschlußverhalten	×	×	–
11.11	Schalt- und Steuerungseinrichtung	7	–	Kurzschlußfestigkeit, Toleranzen, Nennbetriebs- und Steuerspannung, Neutralleiter-Belastbarkeit, Art der Schutzmaßnahme	×	×	×
11.12	Lagerungsart	1 8	12 5.13	Auswahl je nach Anforderung an Körperschalldämpfung und zulässige Schwingungsbelastung des Fundamentes, starre bzw. elastische Lagerung	×	×	×
11.13	Zentrale Versorgung mehrerer Gebäude	DIN VDE 0108-1 : 1989-10 Abschnitt 6.4.4.14 DIN VDE 0107 : 1989-11 Abschnitt 5.8.2		Es sind Angaben über die Anzahl der zu versorgenden Hauptverteiler zu machen.	×	–	–

*) Ausgabe Februar 1983

ANMERKUNGEN:
a) Angaben, die der Auftraggeber zu machen hat
b) Angaben, die zwischen Auftraggeber und Auftragnehmer zu vereinbaren sind
c) Angaben, die der Auftragnehmer dem Auftraggeber macht

Zitierte Normen und andere Unterlagen

DIN 6280-1	Hubkolben-Verbrennungsmotoren — Stromerzeugungsaggregate mit Hubkolben-Verbrennungsmotoren — Allgemeine Begriffe
DIN 6280-2	Hubkolben-Verbrennungsmotoren — Stromerzeugungsaggregate mit Hubkolben-Verbrennungsmotoren — Leistungsauslegung und Leistungsschilder
DIN 6280-3	Hubkolben-Verbrennungsmotoren — Stromerzeugungsaggregate mit Hubkolben-Verbrennungsmotoren — Betriebsgrenzwerte für das Motor-, Generator- und Aggregatverhalten
DIN 6280-4	Hubkolben-Verbrennungsmotoren — Stromerzeugungsaggregate mit Hubkolben-Verbrennungsmotoren — Drehzahlregelung und Drehzahlverhalten der Hubkolben-Verbrennungsmotoren, Begriffe
DIN 6280-5	Hubkolben-Verbrennungsmotoren — Stromerzeugungsaggregate mit Hubkolben-Verbrennungsmotoren — Betriebsverhalten von Synchrongeneratoren für den Aggregatbetrieb
DIN 6280-6	Hubkolben-Verbrennungsmotoren — Stromerzeugungsaggregate mit Hubkolben-Verbrennungsmotoren — Betriebsverhalten von Asynchrongeneratoren für den Aggregatbetrieb
DIN 6280-7	Hubkolben-Verbrennungsmotoren — Stromerzeugungsaggregate mit Hubkolben-Verbrennungsmotoren — Schalt- und Steuereinrichtungen für den Aggregatbetrieb, Anforderungen
DIN 6280-8	Hubkolben-Verbrennungsmotoren — Stromerzeugungsaggregate mit Hubkolben-Verbrennungsmotoren — Betriebsverhalten im Aggregatbetrieb, Begriffe
DIN 6280-9	Hubkolben-Verbrennungsmotoren — Stromerzeugungsaggregate mit Hubkolben-Verbrennungsmotoren — Abnahmeprüfung
DIN 6280-11	Hubkolben-Verbrennungsmotoren — Stromerzeugungsaggregate mit Hubkolben-Verbrennungsmotoren — Messung und Beurteilung mechanischer Schwingungen an Stromerzeugungsaggregaten mit Hubkolben-Verbrennungsmotoren
E DIN 6280-12	Stromerzeugungsaggregate — Unterbrechungsfreie Stromversorgung — Dynamische Anlagen mit und ohne Hubkolben-Verbrennungsmotor
DIN 41773-1	Stromrichter — Halbleiter-Gleichrichtergeräte mit IU-Kennlinie für das Laden von Bleibatterien — Richtlinien
DIN 41773-2	Stromrichter — Halbleiter-Gleichrichtergeräte mit IU-Kennlinie für das Laden von Nickel/Cadmium-Batterien — Anforderungen
DIN VDE 0107	Starkstromanlagen in Krankenhäusern und medizinisch genutzten Räumen außerhalb von Krankenhäusern
DIN VDE 0107 Bbl 1	Starkstromanlagen in Krankenhäusern und medizinisch genutzten Räumen außerhalb von Krankenhäusern — Auszüge aus bau- und arbeitsschutzrechtlichen Regelungen
Normen der Reihe DIN VDE 0108	Starkstromanlagen und Sicherheitsstromversorgung in baulichen Anlagen für Menschenansammlungen
DIN VDE 0108-1	Starkstromanlagen und Sicherheitsstromversorgung in baulichen Anlagen für Menschenansammlungen — Allgemeines
DIN VDE 0108-1 Bbl 1	Starkstromanlagen und Sicherheitsstromversorgung in baulichen Anlagen für Menschenansammlungen — Baurechtliche Regelungen
DIN VDE 0510-2	Akkumulatoren und Batterieanlage — Ortsfeste Batterieanlagen

Weitere Normen

E DIN 45635-43	Geräuschmessung an Maschinen — Luftschallemission, Hüllflächen-Verfahren — Stromerzeugungsaggregate mit Hubkolben-Verbrennungsmotoren
DIN VDE 0558-1	Halbleiter-Stromrichter — Allgemeine Bestimmungen und besondere Bestimmungen für netzgeführte Stromrichter
DIN VDE 0558-2	VDE-Bestimmung für Halbleiter-Stromrichter — Besondere Bestimmungen für selbstgeführte Stromrichter
DIN VDE 0558-5	Halbleiter-Stromrichter — Unterbrechungsfreie Stromversorgung (USV); Identisch mit IEC 164-4 : 1986
IEC 601-1 : 1988	Medical electrical equipment — Part 1: General requirements for safety *)
ISO 8528-1 : 1993	Reciprocating internal combustion engines RIC engine driven alternating current generating sets — Part 1: Application, ratings and performance *)
ISO 8528-2 : 1993	Reciprocating internal combustion engines RIC engine driven alternating current generating sets — Part 2: Engines *)

---

*) Zu beziehen durch: Beuth Verlag GmbH, 10772 Berlin

ISO 8528-3 : 1993	Reciprocating internal combustion engines RIC engine driven alternating current generating sets – Part 3: Alternating current generators for generating sets *)
ISO 8528-4 : 1993	Reciprocating internal combustion engines RIC engine driven alternating current generating sets – Part 4: Controlgear and switchgear *)
ISO 8528-5 : 1993	Reciprocating internal combustion engines RIC engine driven alternating current generating sets – Part 5: Generating sets *)
ISO 8528-6 : 1993	Reciprocating internal combustion engines RIC engine driven alternating current generating sets – Part 6: Tests methods *)
ISO/DIS 8528-7 : 1990	Reciprocating internal combustion engines RIC engine driven alternating current generating sets – Part 7: Technical declarations for specification and design *)

Internationale Patentklassifikation

H 02 K 007/18

F 02 B 077/08

H 02 J 009/00

---

*) Siehe Seite 7

Februar 2008

DIN EN 14511-1

ICS 01.040.91; 91.140.30

Ersatz für
DIN EN 14511-1:2004-07

Luftkonditionierer, Flüssigkeitskühlsätze und Wärmepumpen mit elektrisch angetriebenen Verdichtern für die Raumbeheizung und Kühlung – Teil 1: Begriffe; Deutsche Fassung EN 14511-1:2007

Air conditioners, liquid chilling packages and heat pumps with electrically driven compressors for space heating and cooling –
Part 1: Terms and definitions;
German version EN 14511-1:2007

Climatiseurs, groupes refroidisseurs de liquide et pompes à chaleur avec compresseur entraîné par moteur électrique pour le chauffage et la réfrigération des locaux –
Partie 1: Termes et définitions;
Version allemande EN 14511-1:2007

Gesamtumfang 15 Seiten

Normenausschuss Kältetechnik (FNKä) im DIN

Nationales Vorwort

Dieses Dokument (EN 14511-1:2007) wurde vom Technischen Komitee CEN/TC 113 „Wärmepumpen und Luftkonditionierer“ (Sekretariat: AENOR, Spanien) unter deutscher Mitwirkung ausgearbeitet.

Für die deutsche Mitarbeit ist der Arbeitsausschuss NA 044-00-06 AA „Elektromotorisch angetriebene Wärmepumpen und Luftkonditionierungsgeräte“ im Normenausschuss Kältetechnik (FNKä) verantwortlich.

Änderungen

Gegenüber DIN EN 14511-1:2004-07 wurden folgende Änderungen vorgenommen:

a) wassergekühlte Multisplit-Geräte werden berücksichtigt;

b) Zweikanalsysteme werden berücksichtigt.

Frühere Ausgaben

DIN 8900-1: 1980-04
DIN EN 155-1: 1989-05, 1997-07
DIN EN 814-1: 1997-06
DIN EN 12055: 1998-03
DIN EN 14511-1: 2004-07

EUROPÄISCHE NORM

EUROPEAN STANDARD

NORME EUROPÉENNE

EN 14511-1

November 2007

ICS 23.120; 01.040.23

Ersatz für EN 14511-1:2004

Deutsche Fassung

Luftkonditionierer, Flüssigkeitskühlsätze und Wärmepumpen mit elektrisch angetriebenen Verdichtern für die Raumbeheizung und Kühlung — Teil 1: Begriffe

Air conditioners, liquid chilling packages and heat pumps with electrically driven compressors for space heating and cooling —
Part 1: Terms and definitions

Climatiseurs, groupes refroidisseurs de liquide et pompes à chaleur avec compresseur entraîné par moteur électrique pour le chauffage et la réfrigération des locaux —
Partie 1: Termes et définitions

Diese Europäische Norm wurde vom CEN am 13. Oktober 2007 angenommen.

Die CEN-Mitglieder sind gehalten, die CEN/CENELEC-Geschäftsordnung zu erfüllen, in der die Bedingungen festgelegt sind, unter denen dieser Europäischen Norm ohne jede Änderung der Status einer nationalen Norm zu geben ist. Auf dem letzten Stand befindliche Listen dieser nationalen Normen mit ihren bibliographischen Angaben sind beim Management-Zentrum des CEN oder bei jedem CEN-Mitglied auf Anfrage erhältlich.

Diese Europäische Norm besteht in drei offiziellen Fassungen (Deutsch, Englisch, Französisch). Eine Fassung in einer anderen Sprache, die von einem CEN-Mitglied in eigener Verantwortung durch Übersetzung in seine Landessprache gemacht und dem Management-Zentrum mitgeteilt worden ist, hat den gleichen Status wie die offiziellen Fassungen.

CEN-Mitglieder sind die nationalen Normungsinstitute von Belgien, Bulgarien, Dänemark, Deutschland, Estland, Finnland, Frankreich, Griechenland, Irland, Island, Italien, Lettland, Litauen, Luxemburg, Malta, den Niederlanden, Norwegen, Österreich, Polen, Portugal, Rumänien, Schweden, der Schweiz, der Slowakei, Slowenien, Spanien, der Tschechischen Republik, Ungarn, dem Vereinigten Königreich und Zypern.

EUROPÄISCHES KOMITEE FÜR NORMUNG
EUROPEAN COMMITTEE FOR STANDARDIZATION
COMITÉ EUROPÉEN DE NORMALISATION

Management-Zentrum: rue de Stassart, 36 B-1050 Brüssel

Ref. Nr. EN 14511-1:2007 D

Inhalt

Vorwort

Dieses Dokument (EN 14511-1:2007) wurde vom Technischen Komitee CEN/TC 113 „Wärmepumpen und Luftkonditionierungsgeräte“ erarbeitet, dessen Sekretariat vom AENOR gehalten wird.

Diese Europäische Norm muss den Status einer nationalen Norm erhalten, entweder durch Veröffentlichung eines identischen Textes oder durch Anerkennung bis Mai 2008, und etwaige entgegenstehende nationale Normen müssen bis Mai 2008 zurückgezogen werden.

Es wird auf die Möglichkeit hingewiesen, dass einige Texte dieses Dokuments Patentrechte berühren können. CEN [und/oder CENELEC] sind nicht dafür verantwortlich, einige oder alle diesbezüglichen Patentrechte zu identifizieren.

Dieses Dokument ersetzt die Norm EN 14511-1:2004.

Die überarbeitete Norm berücksichtigt Zweikanalsysteme und Multisplitanlagen.

EN 14511 umfasst die folgenden vier Teile mit dem Haupttitel „Luftkonditionierer, Flüssigkeitskühlsätze und Wärmepumpen mit elektrisch angetriebenen Verdichtern für die Raumbeheizung und Kühlung“:

— *Teil 1: Begriffe*

— *Teil 2: Prüfbedingungen*

— *Teil 3: Prüfverfahren*

— *Teil 4: Anforderungen*

Entsprechend der CEN/CENELEC-Geschäftsordnung sind die nationalen Normungsinstitute der folgenden Länder gehalten, diese Europäische Norm zu übernehmen: Belgien, Bulgarien, Dänemark, Deutschland, Estland, Finnland, Frankreich, Griechenland, Irland, Island, Italien, Lettland, Litauen, Luxemburg, Malta, Niederlande, Norwegen, Österreich, Polen, Portugal, Rumänien, Schweden, Schweiz, Slowakei, Slowenien, Spanien, Tschechische Republik, Ungarn, Vereinigtes Königreich und Zypern.

1 Anwendungsbereich

Dieser Teil der EN 14511 legt die Begriffe für die Einstufung und Leistung von luft- und wassergekühlten Luftkonditionierern, Flüssigkeitskühlsätzen, Luft/Luft-, Wasser/Luft-, Luft/Wasser- und Wasser/Wasser-Wärmepumpen mit elektrisch angetriebenen Verdichtern für die Raumheizung und/oder -kühlung fest. Diese Europäische Norm gilt nicht speziell für Wärmepumpen zum Erwärmen von Brauchwasser, obwohl bestimmte Definitionen für diese angewendet werden können.

Diese Europäische Norm gilt für fabrikmäßig zusammengebaute Geräte, die mit Luftkanalanschlüssen versehen sein können.

Diese Norm gilt für fabrikmäßig zusammengebaute Flüssigkeitskühlsätze, die mit eingebauten Verflüssigern oder mit getrennt angeordneten Verflüssigern betrieben werden.

Diese Norm gilt für fabrikmäßig zusammengebaute Geräte mit fest eingestellter oder durch beliebige Vorrichtungen zu verändernder Leistung (variable Leistung).

Kompaktgeräte, Einzelgeräte in Split-Bauweise und Multi-Split-Systeme fallen unter den Anwendungsbereich dieser Norm. Geräte mit Ein- und Zweikanal-Systemen werden ebenfalls in dieser Norm behandelt.

Wenn die Geräte aus mehreren Teilen bestehen, gilt diese Norm mit der Ausnahme von Flüssigkeitskühlsätzen mit getrennt angeordnetem Verflüssiger nur für die Teile, die als vollständige Baueinheit konstruiert und geliefert werden.

Diese Norm gilt hauptsächlich für Wasser- und Solekühlsätze, kann jedoch bei Vereinbarung auf weitere Flüssigkeitskühlsätze angewendet werden.

Diese Norm gilt für Luft/Luft-Luftkonditionierer, die das Kondensat auf der Verflüssigerseite verdampfen.

Geräte, deren Verflüssiger durch Belüftung und durch Verdampfung von zusätzlichem, von außen zugeführtem Wasser abgekühlt wird, werden in dieser Norm nicht behandelt.

Diese Norm gilt nicht für Geräte, bei denen, z. B. mit CO_2 als Kältemittel, der Kreisprozess transzyklisch betrieben wird.

Anlagen für die Beheizung und/oder Kühlung industrieller Prozesse fallen nicht in den Anwendungsbereich dieser Norm.

ANMERKUNG 1 Die Prüfung der Geräte unter Teillastbedingungen ist in CEN/TS 14825 festgelegt.

ANMERKUNG 2 Alle in dieser Norm enthaltenen Symbole sollten unabhängig von der verwendeten Sprache benutzt werden.

2 Begriffe

Für die Anwendung dieses Dokuments gelten die folgenden Begriffe.

2.1
Luftkonditionierer
anschlussfertige, von einem Gehäuse umschlossene Baueinheit oder Baueinheiten, die behandelte Luft in einen geschlossenen Raum (z. B. ein Zimmer) oder Bereich fördert/fördern. Das Gerät beinhaltet zur Kühlung und eventuellen Entfeuchtung der Luft eine elektrisch betriebene Kältemaschine.

Es kann zusätzlich zum Heizen, Umwälzen, Reinigen und Befeuchten der Luft ausgerüstet sein. Bei Umschalten des Kältekreislaufs auf Heizbetrieb handelt es sich um eine Wärmepumpe.

2.2
Wärmepumpe
anschlussfertige, von einem Gehäuse umschlossene Baueinheit oder Baueinheiten für die Zufuhr von Wärme. Das Gerät beinhaltet für die Wärmezufuhr eine elektrisch betriebene Kältemaschine

Es kann zusätzlich zum Kühlen, Umwälzen, Reinigen und Befeuchten der Luft ausgerüstet sein. Der Kühlbetrieb erfolgt durch Umschalten des Kältekreislaufs.

2.3
Komfort-Luftkonditionierer oder Wärmepumpe
Luftkonditionierer oder Wärmepumpe, der/die die Anforderungen von Personen erfüllen muss, die sich in einem klimatisierten Raum aufhalten

2.4
Verfahrens-Luftkonditionierer
Luftkonditionierer, der die Anforderungen für das im klimatisierten Raum stattfindende Verfahren erfüllen muss

2.5
Schaltschrank-Kühlgerät
Luftkonditionierer, der die Anforderungen für den Schaltschrank erfüllen muss

2.6
Kompaktgerät
Gerät, bei dem die Bauteile des Kältesystems fabrikmäßig auf einer gemeinsamen Vorrichtung zusammengebaut werden, so dass sie eine allein stehende Baueinheit bilden

2.7
Einzelgerät in Split-Bauweise
Gerät, bei dem die Bauteile des Kältesystems fabrikmäßig auf zwei oder mehr Vorrichtungen zusammengebaut werden, so dass sie eine Funktionseinheit mit getrennt aufstellbaren Baueinheiten bilden

2.8
Einkanal-Luftkonditionier
Luftkonditionierer zur partiellen Kühlung, bei dem die Eintrittsluft in den Verflüssiger aus dem das Gerät enthaltenden Raum zugeführt und außerhalb dieses Raumes abgeblasen wird

2.9
Zweikanal-Luftkonditionierer
Luftkonditionierer, der in dem zu behandelnden Raum in Wandnähe aufgestellt ist, bei dem die Eintrittsluft in den Verflüssiger über einen kleinen Kanal von außerhalb des Raumes zugeführt wird und die Austrittsluft aus dem Verflüssiger über einen zweiten kleinen Kanal außerhalb dieses Raumes abgeblasen wird

2.10
Flüssigkeitskühlsatz
fabrikmäßig hergestelltes Gerät zur Kühlung einer Flüssigkeit, mit einem Verdampfer, einem Verdichter, einem eingebauten oder getrennt betriebenen Verflüssiger und geeigneten Bedienelementen

Der Flüssigkeitskühlsatz kann für Heizzwecke auch Einrichtungen enthalten, mit deren Hilfe der Kältemittelkreislauf wie bei Wärmepumpen umgekehrt werden kann.

2.11
Flüssigkeitskühlsatz mit Wärmerückgewinnung
fabrikmäßig hergestelltes Gerät zur Kühlung einer Flüssigkeit und zur Wärmerückgewinnung

2.12
Wärmerückgewinnung
Rückgewinnung der von dem oder den hauptsächlich im Kühlbetrieb arbeitenden Geräten abgeführten Wärme, entweder unter Verwendung eines zusätzlichen Wärmeaustauschers (z. B. eines Flüssigkeitskühlers mit zusätzlichem Verflüssiger) oder durch Übertragung der Wärme über die Kälteanlage bei Geräten, die hauptsächlich im Heizbetrieb bleiben (z. B. variabler Kältemitteldurchfluss)

2.13
Innenwärmeübertrager
Wärmeübertrager, der Wärme an Innenteile eines Gebäudes oder im Gebäude befindliche Warmwasserversorgungen abgibt oder von diesen aufnimmt

ANMERKUNG Bei einem Luftkonditionierer oder einer Wärmepumpe, die im Kühlbetrieb arbeitet, ist dies der Verdampfer. Bei einem Luftkonditionierer oder einer Wärmepumpe, die im Heizbetrieb arbeitet, ist dies der Verflüssiger.

2.14
Außenwärmeübertrager
Wärmeübertrager, der Wärme aus der außerhalb des Gebäudes befindlichen Umgebung oder einer anderen verfügbaren Wärmequelle aufnimmt oder Wärme an diese abgibt

ANMERKUNG Bei einem Luftkonditionierer oder einer Wärmepumpe, die im Kühlbetrieb arbeitet, ist dies der Verflüssiger. Bei einem Luftkonditionierer oder einer Wärmepumpe, die im Heizbetrieb arbeitet, ist dies der Verdampfer.

2.15
Wärmeübertrager für die Wärmerückgewinnung
Wärmeübertrager, der Wärme an das Wärmerückgewinnungsmedium überträgt

2.16
Wärmeträger
beliebiges Medium (Wasser, Luft, ...), das ohne Zustandsänderung für den Wärmetransport eingesetzt wird

BEISPIEL

— im Verdampfer zirkulierende gekühlte Flüssigkeit;

— im Verflüssiger zirkulierende Kühlmittel;

— im Wärmeaustauscher für die Wärmerückgewinnung zirkulierendes Medium.

2.17
Außenluft
Luft, die aus dem Freien in den Außenwärmeübertrager eintritt

2.18
Abluft
Luft, die aus dem zu behandelnden Raum in den Außenwärmeübertrager eintritt

2.19
Umluft
Luft, die aus dem zu behandelnden Raum in den Innenwärmeübertrager eintritt

2.20
Außenluft
Luft, die aus dem Freien in den Innenwärmeübertrager eintritt

2.21
Wasserkreislauf
en: water loop
geschlossener Wasserkreislauf, der in einem Temperaturbereich gehalten wird, in dem die im Kühlbetrieb arbeitenden Geräte Wärme abgeben und die im Heizbetrieb arbeitenden Geräte Wärme aufnehmen

2.22
gesamte Kühlleistung
P_C
die vom Wärmeträger je Zeiteinheit an das Gerät abgegebene Wärme, angegeben in Watt

2.23
latente Kühlleistung
P_L
Leistungsvermögen des Gerätes, der Verdampfer-Eintrittsluft latente Wärme zu entziehen, angegeben in Watt

2.24
sensible Kühlleistung
P_S
Leistungsvermögen des Gerätes, der Verdampfer-Eintrittsluft sensible Wärme zu entziehen, angegeben in Watt

2.25
Heizleistung
P_H
die von dem Gerät je Zeiteinheit an den Wärmeträger abgegebene Wärme, angegeben in Watt

ANMERKUNG Wenn für Abtauvorgänge Wärme dem Innenwärmeaustauscher entnommen wird, wird dies berücksichtigt.

2.26
Wärmeleistung
die vom Wärmeträger je Zeiteinheit aus dem Verflüssiger abgeführte Wärme, angegeben in Watt

ANMERKUNG Dies gilt nur für Flüssigkeitskühlsätze für die Wärmerückgewinnung.

2.27
Wärmerückgewinnungsleistung
die vom Wärmeträger aus dem Wärmeaustauscher für die Wärmerückgewinnung je Zeiteinheit abgeführte Wärme, angegeben in Watt

ANMERKUNG Dies gilt nur für Flüssigkeitskühlsätze für die Wärmerückgewinnung.

2.28
gesamte Leistungsaufnahme
P_T
Leistungsaufnahme aller Bauteile des Gerätes im Lieferzustand, angegeben in Watt

2.29
effektive Leistungsaufnahme
P_E
durchschnittliche elektrische Leistungsaufnahme des Gerätes innerhalb der bestimmten Zeitspanne, die sich ergibt aus:

— Leistungsaufnahme für den Betrieb des Verdichters und jeglicher Leistungsaufnahme zum Abtauen;

— Leistungsaufnahme aller Steuer-, Regel- und Sicherheitseinrichtungen des Gerätes und

— anteiliger Leistungsaufnahme der Fördereinrichtungen (z. B. Ventilatoren, Pumpen) zum Transport der Wärmeträger innerhalb des Gerätes

Die effektive Leistungsaufnahme wird in Watt angegeben.

2.30
Leistungszahl im Kühlbetrieb
EER
Verhältnis der gesamten Kühlleistung zur effektiven Leistungsaufnahme des Gerätes, angegeben in Watt/Watt

2.31
Faktor sensibler Wärme
SHR
Verhältnis der sensiblen (fühlbaren) Kühlleistung zur gesamten Kühlleistung, angegeben in Watt/Watt

2.32
Leistungszahl im Heizbetrieb
COP
Verhältnis der Heizleistung zur effektiven Leistungsaufnahme des Gerätes, angegeben in Watt/Watt

2.33
Einsatzbereich
vom Hersteller angegebener Arbeitsbereich des Gerätes, begrenzt durch die obere und untere Einsatzgrenze (z. B. Temperaturen, Luftfeuchte, elektrische Spannung), innerhalb dessen das Gerät für gebrauchstauglich gehalten wird und die zugesicherten Eigenschaften hat

2.34
Nennbedingungen
in einer Norm festgelegte Bedingungen, unter denen die das Gerät kennzeichnenden Daten ermittelt werden, insbesondere:

— Heizleistung, Leistungsaufnahme, COP im Heizbetrieb;

— Kühlleistung, Leistungsaufnahme, EER, SHR im Kühlbetrieb.

2.35
Abtaubetrieb
Zustand des Gerätes im Heizbetrieb, bei dem die Arbeitsweise geändert oder umgedreht wird, um den Außenwärmeaustauscher abzutauen

2.36
Abtauzeit
Zeit, in welcher das Gerät sich im Abtaubetrieb befindet

2.37
Arbeitszyklus mit Abtauen
Zyklus, bestehend aus einer Heizzeit und einer Abtauzeit von Abtauende bis Abtauende

2.38
Sättigungstemperatur an der Austrittsöffnung des Verdichters
die dem Austrittsdruck des Verdichters entsprechende Sättigungstemperatur/Siedepunkttemperatur des Kältemittels, gemessen an der Verbindungsstelle zwischen Verdichter und Rohrleitung

2.39
Temperatur des flüssigen Kältemittels
Kältemitteltemperatur, gemessen an der Eintrittsöffnung der Expansionseinrichtung

2.40
Gleit
Differenz zwischen Taupunkttemperatur und Siedepunkttemperatur bei einem gegebenen Druck

2.41
Sole
Wärmeträger mit einem Gefrierpunkt, der gegenüber dem von Wasser niedriger ist

2.42
Schallleistungspegel
L_w
zehnmal der Logarithmus zur Basis 10 des Verhältnisses der vorhandenen Schallleistung zur Bezugs-Schallleistung, angegeben in Dezibel. Die Bezugs-Schallleistung ist 1 pW (10^{-12} W)

2.43
Norm-Nennbedingung
obligatorische Bedingung, die für die Kennzeichnung und für Vergleichs- bzw. Zertifzierungszwecke zugrunde gelegt wird

2.44
Betriebs-Nennbedingungen
Nennbedingungen, die innerhalb des Einsatzbereiches des Gerätes obligatorisch sind. Daten auf der Grundlage der Betriebs-Nennbedingungen werden vom Hersteller oder Lieferer veröffentlicht

2.45
Multi-Split-System in Grundbauart
Split-System, bestehend aus einem Kältemittelkreislauf mit einem oder mehreren Verdichtern, mehreren Innengeräten für Einzelbetrieb und einem Gerät für die Außenaufstellung. Das System arbeitet mit höchstens zwei Steuerschritten, entweder mit zwei Verdichtern oder Verdichterentlastung, und kann entweder als Luftkonditionierer oder als Wärmepumpe betrieben werden. Ein System mit einem Verdichter mit regelbarer Drehzahl mit einer vom Hersteller festgelegten bestimmten Kombination von Innengeräten gilt ebenfalls als ein Multi-Split-System der Grundbauart

2.46
Multi-Split-System mit mehreren Kreisläufen
Split-System, bestehend aus mehreren Kältemittelkreisläufen, mindestens zwei Verdichtern mit nicht regelbarer Drehzahl, mehreren Innengeräten und einem integrierten Wärmeaustauscher in einem Einzelgerät für die Außenaufstellung, das entweder als Luftkonditionierer oder als Wärmepumpe betrieben werden kann

2.47
modulares Multi-Split-System
Luftkonditionierer oder Wärmepumpe als Split-System, bestehend aus einem Kältemittelkreislauf, mindestens einem Verdichter mit regelbarer Drehzahl oder einer alternativen Verdichterkombination, mit der die Leistung des Systems mit mindestens drei Schritten verändert werden kann, mehreren Innengeräten, die jeweils individuell geregelt werden können, und einem oder mehreren Geräten für die Außenaufstellung. Dieses System kann entweder als Luftkonditionierer oder als Wärmepumpe betrieben werden

2.48
modulares Multi-Split-System für die Wärmerückgewinnung
Luftkonditionierer oder Wärmepumpe als Split-System, bestehend aus einem Kältemittelkreislauf, mindestens einem Verdichter mit regelbarer Drehzahl oder einer alternativen Verdichterkombination, mit der die Leistung des Systems mit mindestens drei Schritten verändert werden kann, mehreren Innengeräten, die jeweils individuell geregelt werden können, und einem oder mehreren Geräten für die Außenaufstellung. Dieses System kann als Wärmepumpe betrieben werden, indem die aus den im Kühlbetrieb arbeitenden Innengeräten rückgewonnene Wärme auf ein oder mehrere im Heizbetrieb arbeitende Geräte übertragen werden kann

ANMERKUNG Dies kann durch einen Gas/Flüssigkeitsabscheider oder eine dritte Leitung im Kältemittelkreislauf erreicht werden.

2.49
Nennleistung
Leistungsvermögen, das unter Norm-Nennbedingungen gemessen wird

2.50
Systemleistung
Leistungsvermögen des Systems, wenn alle innen und außen aufgestellten Geräte jeweils im gleichen Heiz- oder Kühlbetrieb arbeiten

2.51
systemreduzierte Leistung
Leistungsvermögen des Systems, wenn es von einigen der Innengeräte abgetrennt ist

2.52
Systemleistungsverhältnis
Verhältnis zwischen der angegebenen Gesamt-Kühl-(Heiz-)leistung aller arbeitenden Innengeräte und der angegebenen Kühl-(Heiz-)leistung des Außengerätes bei Nennbedingungen

2.53
Wärmerückgewinnungszahl
HRE
Verhältnis zwischen der Gesamtleistung des Systems (Heiz- und Kühlleistung) und der effektiven Leistungsaufnahme bei Betrieb zur Wärmerückgewinnung

2.54
Normalluft
trockene Luft bei 20 °C und Normalluftdruck 101,325 kPa mit einer Dichte von 1,204 kg/m^3

3 Einstufung

Die Geräte werden bezeichnet, indem an erster Stelle der Wärmeträger für den Außenwärmeaustauscher und an zweiter Stelle der Wärmeträger für den Innenwärmeaustauscher angegeben wird (siehe Tabelle 1).

Tabelle 1 — Gebräuchlichste Gerätearten

Wärmeträger		Einstufung
Außenwärme-austauscher	Innenwärme-austauscher	
Luft	Luft	Luft/Luft-Wärmepumpe oder luftgekühlter Luftkonditionierer
Wasser	Luft	Wasser/Luft-Wärmepumpe oder wassergekühlter Luftkonditionierer
Sole	Luft	Sole/Luft-Wärmepumpe oder solegekühlter Luftkonditionierer
Luft	Wasser	Luft/Wasser-Wärmepumpe oder luftgekühlter Flüssigkeitskühlsatz
Wasser	Wasser	Wasser/Wasser-Wärmepumpe oder wassergekühlter Flüssigkeitskühlsatz
Sole	Wasser	Sole/Wasser-Wärmepumpe oder solegekühlter Kühlsatz

Stichwortverzeichnis

Literaturhinweise

[1] CEN/TS 14825, *Luftkonditionierer, Flüssigkeitskühlsätze und Wärmepumpen mit elektrisch angetriebenen Verdichtern zur Raumheizung und Kühlung — Prüfung und Leistungsbemessung unter Teillastbedingungen*

September 1996

Meß-, Steuer- und Regeleinrichtungen für Heizungen

Teil 1: Witterungsgeführte Regeleinrichtungen für Warmwasserheizungen
Deutsche Fassung EN 12098-1 : 1996

DIN EN 12098-1

ICS 91.140.10; 97.120

Ersatz für
DIN V 32729-1 : 1992-01

Deskriptoren: Meßeinrichtung, Steuereinrichtung, Regeleinrichtung, Heizung, Warmwasserheizung

Controls for heating systems – Part 1: Outside temperature compensated control equipment for hot water heating systems;
German version EN 12098-1 : 1996

Régulation pour les systèmes de chauffage – Partie 1: Equipements de régulation en fonction de la température extérieure pour les systémes de chauffage à eau chaude;
Version allemande EN 12098-1 : 1996

Diese Kurzfassung enthält nur den Anhang A mit den graphischen Symbolen.

Die Europäische Norm EN 12098-1 : 1996 hat den Status einer Deutschen Norm.

Beginn der Gültigkeit

EN 12098-1 : 1996 wurde am 1996-04-11 angenommen.

Nationales Vorwort

Die vorliegende Norm wurde im Technischen Komitee CEN/TC 247 "Meß-, Steuer- und Regeleinrichtungen für technische Gebäudeausrüstungen" erarbeitet und gilt für Kesselwasser- und Vorlauftemperaturregler in Heizungsanlagen, wie z. B. witterungsgeführte Regeleinrichtungen. Sie enthält allgemeine Begriffsbestimmungen, Grundanforderungen und Prüfungen für den Einsatz dieser MSR-Einrichtungen in Warmwasserheizungen mit einer Vorlauftemperatur bis 120 °C.

Änderungen

Gegenüber DIN V 32729-1 : 1992-01 wurden folgende Änderungen vorgenommen:

a) Blockdiagramm für Funktionalität aufgenommen.

b) Prüfverfahren aufgenommen.

c) Die Liste der graphischen Symbole wurde in Anhang A (informativ) erweitert.

Frühere Ausgaben

DIN 32729: 1982-09
DIN V 32729-1: 1992-01

Fortsetzung 18 Seiten EN

Normenausschuß Heiz- und Raumlufttechnik (NHRS) im DIN Deutsches Institut für Normung e.V.

Inhalt

Vorwort

Diese Europäische Norm wurde durch das CEN/TC 247 "Meß-, Steuer- und Regeleinrichtungen für technische Gebäudeausrüstungen" erarbeitet, dessen Sekretariat vom SNV gehalten wird.

Diese Norm berücksichtigt Definitionen, Funktionalität, Anforderungen, Prüfverfahren und Dokumentation für die witterungsgeführte Regelung der Kesselwasser- und Vorlauftemperatur von Warmwasserheizungsanlagen.

Diese Europäische Norm muß den Status einer nationalen Norm erhalten, entweder durch Veröffentlichung eines identischen Textes oder durch Anerkennung bis Januar 1997, und etwaige entgegenstehende nationale Normen müssen bis Januar 1997 zurückgezogen werden.

Entsprechend der CEN/CENELEC-Geschäftsordnung sind die nationalen Normungsinstitute der folgenden Länder gehalten, diese Europäische Norm zu übernehmen:

Belgien, Dänemark, Deutschland, Finnland, Frankreich, Griechenland, Irland, Island, Italien, Luxemburg, Niederlande, Norwegen, Österreich, Portugal, Schweden, Schweiz, Spanien und das Vereinigte Königreich.

Die Position dieser Norm innerhalb des Normenwerkes für die technische Gebäudeausrüstung ist im folgenden Bild dargestellt.

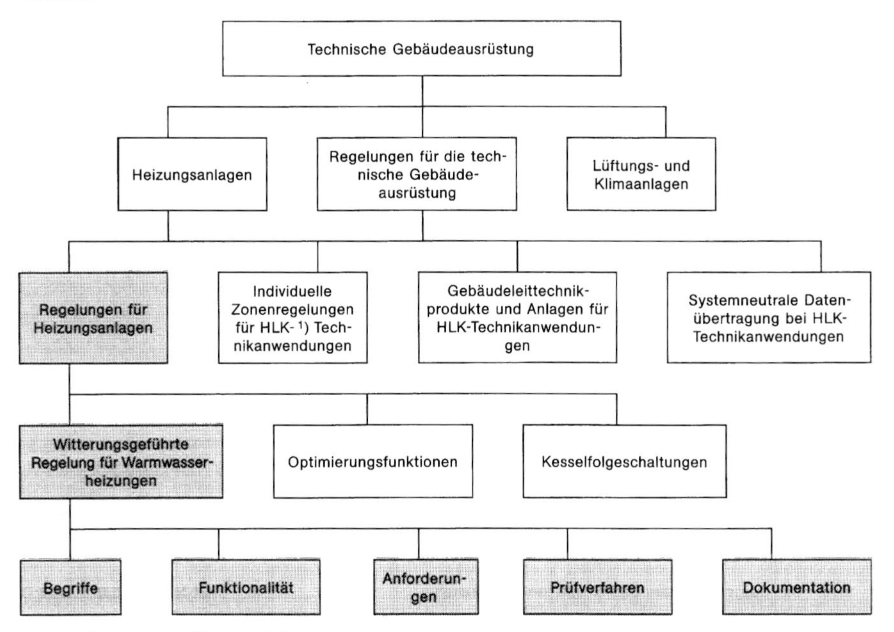

1) HLK = Heiz-, Luft- und Klimatechnik

Anhang A (informativ)

Graphische Symbole

Lfd. Nr	Symbol	Benennung	Anwendung	Symbol (1) ISO 7000 (2) IEC 417
1		EIN	Kennzeichnung des Schalters oder der Einschaltfunktion eines Gerätes	(2) 5007
2		AUS	Kennzeichnung des Schalters oder der Ausschaltfunktion eines Gerätes	(2) 5008
3		Stützbetrieb	Kennzeichnung des Stützbetriebes eines Gerätes	(2) 5009
4		Unterbrechung (Störung)	Kennzeichnung eines Fehlers oder einer Störung	
5		Stufenlose Einstellung (Lineare Einstellung)	Kennzeichnung der stufenlosen Veränderung einer Größe	(2) 5004
6		Einstellung in Stufen (durch schrittweise Einstellung)	Kennzeichnung der schrittweisen Veränderung einer Größe	(2) 5181

Lfd. Nr	Symbol	Benennung	Anwendung	Symbol (1) ISO 7000 (2) IEC 417
7	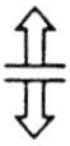	Auf	Kennzeichnung der Aufwärtsrichtung der Verstellung	(1) 0019
8	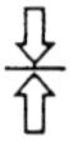	Zu	Kennzeichnung der Abwärtsrichtung der Verstellung	(1) 0018
9		Dateneingang	Kennzeichnung von Eingangsdaten in ein Gerät	(1) 1025
10		Datenausgang	Kennzeichnung von Ausgangsdaten aus einem Gerät	(1) 1026
11		Zeitgesteuerte automatische Regelung (Zeitschaltuhr)	Kennzeichnung der Zeitschaltuhr und der damit verbundenen zeitlichen Funktionen eines Gerätes	(2) 5184
12		Handbetätigung	Kennzeichnung der Schalterstellung	(1) 0096
13		Automatische Regelung (geschlossener Regelkreis)	Kennzeichnung einer automatischen Regelfunktion	(1) 0017
14	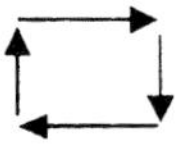	Automatischer Zyklus (oder halbautomatischer Zyklus)	Kennzeichnung einer Folge von Maschinenfunktionen, die ohne manuellen Eingriff ständig wiederholt werden	(1) 0026
15		Regelung	Kennzeichnung einer Regelung, bei der die Rückführung an- oder abgeschaltet werden kann	(1) 0095
16		Heizungsregelung	Kennzeichnung der Regelung für eine Heizung	
17		Kühlungsregelung	Kennzeichnung der Regelung für eine Kühlung	(1) 0559
18a		Neigung der Heizkennlinie	Kennzeichnung der Neigung der Heizkennlinie	
18b		Neigung der Heizkennlinie	Kennzeichnung der Neigung der Heizkennlinie	
19a		Niveau der Heizkennlinie	Kennzeichnung des Niveaus der Heizkennlinie	
19b		Niveau der Heizkennlinie	Kennzeichnung des Niveaus der Heizkennlinie	

Lfd. Nr	Symbol	Benennung	Anwendung	Symbol (1) ISO 7000 (2) IEC 417
20		Temperatur (Thermometer)	Kennzeichnung der Temperatur oder von Funktionen, die mit der Temperatur verbunden sind	(1) 0034
21		Raumlufttemperatur	Kennzeichnung der Raumlufttemperatur oder von Funktionen, die mit der Raumlufttemperatur verbunden sind	
22		Außenlufttemperatur	Kennzeichnung der Außenlufttemperatur oder von Funktionen, die mit der Außenlufttemperatur verbunden sind	
23		Obere Temperatur-Begrenzung	Kennzeichnung einer maximalen Temperaturgrenze	(1) 0533
24		Untere Temperatur-Begrenzung	Kennzeichnung einer minimalen Temperaturgrenze	(1) 0534
25		Steigende Temperatur	Kennzeichnung eines Temperaturanstiegs	(1) 0035
26		Fallende Temperatur	Kennzeichnung eines Temperaturabfalls	(1) 0036
27		Bewohnter Zustand	Kennzeichnung der normalen Betriebsweise und der dazugehörigen Funktionen	
28		Schlafzustand	Kennzeichnung eines bewohnten Raumes mit reduzierten Komfortbedürfnissen	
29		Unbewohnter Zustand	Kennzeichnung eines unbewohnten Raumes und der dazugehörigen Funktionen	
30	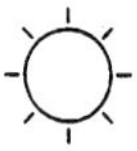	Nennbetrieb	Kennzeichnung des Nennbetriebes einer Anlage und der dazugehörigen Funktionen während der Tagzeit	(2) 5056

Lfd. Nr	Symbol	Benennung	Anwendung	Symbol (1) ISO 7000 (2) IEC 417
31		Reduzierter Betrieb	Kennzeichnung des reduzierten Betriebes einer Anlage und der dazugehörigen Funktionen während der Nachtzeit	
32		Winter	Kennzeichnung der Winterperiode bei der Regelung einer Anlage	
33		Sommer	Kennzeichnung der Sommerperiode bei der Regelung einer Anlage	
34		Wartungsbetrieb	Kennzeichnung der Betriebsart der Wartung	
35		Frostschutz	Kennzeichnung des Frostschutzbetriebes einer Anlage	(1) 0027
36		Brenner ein	Kennzeichnung eines laufenden Brenners	(1) 0364
37		Wärmeerzeuger	Kennzeichnung eines Wärmeerzeugers	
38		Wärmeerzeuger-vorlaufanschluß	Kennzeichnung des Vorlaufanschlusses von einem Wärmeerzeuger	
39		Wärmeerzeuger-rücklaufanschluß	Kennzeichnung des Rücklaufanschlusses von einem Wärmeerzeuger	
40		Mischer/Ventil (Dreiwegeventil)	Kennzeichnung eines Dreiwegeventils	
41		Pumpe	Kennzeichnung einer Flüssigkeitspumpe	(1) 0134-A

Lfd. Nr	Symbol	Benennung	Anwendung	Symbol (1) ISO 7000 (2) IEC 417
42		Trinkwassererwärmung (Wasserzufuhr allgemein)	Kennzeichnung der Funktion der Trinkwassererwärmung	
43		Heizkörper	Kennzeichnung eines Heizkörpers, z. B. Radiatoren, Konvektoren, Fußbodenheizung	
44		Heizungsvorlauf	Kennzeichnung des Vorlaufanschlusses eines Heizkörpers	
45		Heizungsrücklauf	Kennzeichnung des Rücklaufanschlusses eines Heizkörpers	
46		Fußbodenheizung	Kennzeichnung einer Fußbodenheizung	
47		Energiesparbetriebsart	Kennzeichnung der Energiespar-betriebsart einer Anlage	
48		Partybetrieb	Kennzeichnung einer erweiterten Betriebsart	

Sachgebiet 3

Dokumentation, Sicherheitskennzeichen, Symbole, Schutzeinrichtungen, Tabellen

Februar 2001

	Sicherheitskennzeichnung Teil 2: Darstellung von Sicherheitszeichen	 4844-2

ICS 01.080.20; 13.200; 29.020

Safety marking — Part 2: Overview of safety signs

Mit DIN 4844-1:2001-02
Ersatz für
DIN 4844-1:1980-05
DIN 4844-2:1982-11
DIN 4844-3:1985-10
DIN 40008-1:1985-02
DIN 40008-2:1988-04
DIN 40008-3:1985-02
DIN 40008-5:1985-02
DIN 40008-6:1985-02
DIN 40008-31:1986-02
DIN 40008-32:1987-05
DIN 40012-3:1984-05
DIN 40022:1985-06 und
DIN 40023-1:1987-06
und Ersatz für
DIN 4844-1 Beiblatt 1:1980-05
DIN 4844-1 Beiblatt 2:1980-05
DIN 4844-1 Beiblatt 3:1980-05
DIN 4844-1 Beiblatt 4:1980-05
DIN 4844-1 Beiblatt 5:1980-05
DIN 4844-1 Beiblatt 6:1980-05
DIN 4844-1 Beiblatt 7:1980-05
DIN 4844-1 Beiblatt 8:1980-05
DIN 4844-1 Beiblatt 9:1980-05
DIN 4844-1 Beiblatt 10:1980-05
DIN 4844-1 Beiblatt 11:1980-05
DIN 4844-1 Beiblatt 12:1980-05
DIN 4844-1 Beiblatt 13:1980-05
DIN 4844-1 Beiblatt 14:1980-05
DIN 4844-1 Beiblatt 15:1980-05
DIN 4844-1 Beiblatt 16:1980-05
DIN 4844-1 Beiblatt 17:1980-05
DIN 4844-1 Beiblatt 18:1980-05
DIN 4844-1 Beiblatt 19:1980-05
DIN 4844-1 Beiblatt 20:1980-05
DIN 4844-1 Beiblatt 21:1980-05
DIN 4844-1 Beiblatt 22:1980-05
DIN 4844-1 Beiblatt 23:1980-05
DIN 4844-1 Beiblatt 24:1980-05
DIN 4844-3 Beiblatt 1:1983-01
DIN 4844-3 Beiblatt 2:1983-01
DIN 4844-3 Beiblatt 3:1983-01
DIN 4844-3 Beiblatt 4:1983-01
DIN 4844-3 Beiblatt 5:1983-01
DIN 4844-3 Beiblatt 6:1983-01
DIN 4844-3 Beiblatt 7:1983-01
DIN 4844-3 Beiblatt 8:1983-01
DIN 4844-3 Beiblatt 9:1989-08

Vorwort

Diese Norm wurde vom NASG/GA 4 „Sicherheitskennzeichnung" und K 116 „Graphische Symbole für die Mensch-Maschine-Interaktion; Sicherheitskennzeichnung" erarbeitet. Die Überarbeitung erfolgte im Zusammenhang mit der Überarbeitung von ISO 3864:1984 und der Berufsgenossenschaftlichen Vorschrift BGV A8 (bisher VBG 125).

Die Gestaltung der hier wiedergegebenen Sicherheitszeichen erfolgt, soweit sie die Sicherheits- und Gesundheitsschutzkennzeichnung am Arbeitsplatz betreffen, in Zusammenarbeit mit dem Fachausschuss „Sicherheitskennzeichnung des Hauptverbands der gewerblichen Berufsgenossenschaften".

Änderungen

Gegenüber den im Ersatzvermerk aufgeführten Publikationen wurden folgende Änderungen vorgenommen:

a) Normen zusammengefasst.

b) Kurzzeichen der Sicherheitszeichen geändert.

c) Sicherheitszeichen neu aufgenommen.

Fortsetzung Seite 2 bis 23

Normenausschuss Sicherheitstechnische Grundsätze (NASG) im DIN
Deutsches Institut für Normung e.V.
Deutsche Elektrotechnische Kommission im DIN und VDE (DKE)
Normenausschuss Lichttechnik (FNL) im DIN

Frühere Ausgaben

DIN 4818: 1957-04, 1965-09
DIN 4819: 1965-09
DIN 4844-1: 1977-02, 1980-05
DIN 4844-1 Beiblatt 1: 1980-05
DIN 4844-1 Beiblatt 2: 1980-05
DIN 4844-1 Beiblatt 3: 1980-05
DIN 4844-1 Beiblatt 4: 1980-05
DIN 4844-1 Beiblatt 5: 1980-05
DIN 4844-1 Beiblatt 6: 1980-05
DIN 4844-1 Beiblatt 7: 1980-05
DIN 4844-1 Beiblatt 8: 1980-05
DIN 4844-1 Beiblatt 9: 1980-05
DIN 4844-1 Beiblatt 10: 1980-05
DIN 4844-1 Beiblatt 11: 1980-05
DIN 4844-1 Beiblatt 12: 1980-05
DIN 4844-1 Beiblatt 13: 1980-05
DIN 4844-1 Beiblatt 14: 1980-05
DIN 4844-1 Beiblatt 15: 1980-05
DIN 4844-1 Beiblatt 16: 1980-05
DIN 4844-1 Beiblatt 17: 1980-05
DIN 4844-1 Beiblatt 18: 1980-05
DIN 4844-1 Beiblatt 19: 1980-05
DIN 4844-1 Beiblatt 20: 1980-05
DIN 4844-1 Beiblatt 21: 1980-05
DIN 4844-1 Beiblatt 22: 1980-05
DIN 4844-1 Beiblatt 23: 1980-05
DIN 4844-1 Beiblatt 24: 1980-05
DIN 4844-2: 1977-02, 1982-11
DIN 4844-3: 1977-02, 1983-01, 1985-10
DIN 4844-3 Beiblatt 1: 1983-01
DIN 4844-3 Beiblatt 2: 1983-01
DIN 4844-3 Beiblatt 3: 1983-01
DIN 4844-3 Beiblatt 4: 1983-01
DIN 4844-3 Beiblatt 5: 1983-01
DIN 4844-3 Beiblatt 6: 1983-01
DIN 4844-3 Beiblatt 7: 1983-01
DIN 40006-1: 1958-09
DIN 40008: 1963-06
DIN 40008-1: 1975-10, 1985-02
DIN 40008-2: 1975-10, 1988-04
DIN 40008-3: 1975-10, 1985-02
DIN 40008-5: 1975-10, 1985-02
DIN 40008-6: 1975-10, 1985-02
DIN 40008-31: 1986-02
DIN 40008-32: 1987-05
DIN 40012-3: 1984-05
DIN 40022: 1985-06
DIN 40023-1: 1987-06
DIN VDE 6 = DIN 40006: 1927-04, 1952-03, 1964-06, 1968-01

1 Anwendungsbereich

Diese Norm dient der einheitlichen Darstellung von Sicherheitszeichen. Die Maße, die für diese Sicherheitszeichen angewendet werden, sind in DIN 4844-1 festgelegt.

2 Normative Verweisungen

Diese Norm enthält durch datierte oder undatierte Verweisungen Festlegungen aus anderen Publikationen. Diese normativen Verweisungen sind an den jeweiligen Stellen im Text zitiert, und die Publikationen sind nachstehend aufgeführt. Bei datierten Verweisungen gehören spätere Änderungen oder Überarbeitungen dieser Publikation nur zu dieser Norm, falls sie durch Änderung oder Überarbeitung eingearbeitet sind. Bei undatierten Verweisungen gilt die letzte Ausgabe der in Bezug genommenen Publikation (einschließlich Änderungen).

DIN 4844-1, *Sicherheitskennzeichnung — Teil 1: Maße, Erkennungsweiten.*

DIN EN 60825-1 (VDE 0837 Teil 1), *Sicherheit von Laser-Einrichtungen — Teil 1: Klassifizierung von Anlagen, Anforderungen und Benutzer — Richtlinien (IEC 60825-1:1993); Deutsche Fassung EN 60825-1:1994+A11:1996.*

E DIN ISO 3864-1:2000-11, *Sicherheitsfarben und Sicherheitszeichen — Teil 1: Sicherheitszeichen an Arbeitsstätten und in öffentlichen Bereichen, Gestaltungsgrundsätze (ISO/DIS 3864-1:2000).*

ISO 3864:1984, *Safety colours and safety signs.*

ISO 6309:1987, *Fire protection — Safety signs, bilingual edition.*

BGV A8:1997, *Sicherheits- und Gesundheitsschutzkennzeichnung am Arbeitsplatz.*

3 Sicherheitszeichen

3.1 Allgemeines

Die Sicherheitszeichen werden entsprechend ihrer Aussage gegliedert und wie folgt bezeichnet.

Tabelle 1— Zuordnung von Kennbuchstaben zu den einzelnen Zeichenarten

Kennbuchstaben	Zeichenarten
P	Verbotszeichen (prohibition signs)
W	Warnzeichen (warning signs)
M	Gebotszeichen (mandatory action signs)
E	Rettungszeichen (safe condition signs)
F	Brandschutzzeichen (fire safety signs)
S	Zusatzzeichen (supplementary signs)
H	Hinweiszeichen (information signs)
C	Kombinationszeichen (combination signs)
ANMERKUNG 1 D = deutsche Länderkennung der Sicherheitszeichen ANMERKUNG 2 Für die enthaltenen Zeichen sind Urbilder auf einer CD „Sicherheitszeichen nach DIN 4844-2 — Sicherheitskennzeichnung" beim Beuth Verlag zu erhalten.	

2.1 Verbotszeichen (P)

D-P000
Verbot[1)]

D-P001
Rauchen verboten

D-P002
Feuer, offenes Licht und Rauchen verboten

D-P003
Für Fußgänger verboten

D-P004
Mit Wasser löschen verboten

D-P005
Kein Trinkwasser

D-P006
Zutritt für Unbefugte verboten

D-P007
Für Flurförderzeuge verboten

D-P008
Berühren verboten

[1)] Dieses Zeichen darf nur in Verbindung mit einem Zusatzzeichen verwendet werden, das Aussagen über das Verbot macht.

D-P009
Berühren verboten
Gehäuse unter Spannung

D-P010
Schalten verboten

D-P011
Verbot für Personen mit
Herzschrittmacher

D-P012
Abstellen oder Lagern verboten

D-P013
Personenbeförderung
verboten

D-P014
Mitführen von Tieren verboten

D-P015
Betreten der Fläche verboten

D-P016
Verbot für Personen mit
Implantaten aus Metall

D-P017
Mit Wasser spritzen verboten

D-P018
Mobilfunk verboten

D-P019
Essen und Trinken verboten

D-P020
Mitführen von Metallteilen oder Uhren verboten

D-P021
Mitführen von magnetischen oder elektronischen Datenträgern verboten

D-P022
Besteigen für Unbefugte verboten

D-P023
Hinter den Schwenkarm treten verboten

D-P024
In die Schüttung greifen verboten

D-P025
Verbot, dieses Gerät in der Badewanne, Dusche oder über mit Wasser gefülltem Waschbecken zu benutzen

D-P026
Hineinfassen verboten

D-P027
Bedienung mit Krawatte verboten

D-P028
Bedienung mit Halskette verboten

D-P029
Bedienung mit langen Haaren verboten

D-P030
Nicht abdecken

D-P031
Nicht in Wohngebieten verwenden

D-P032
Knoten verboten

D-P033
Keine Nadeln einstechen

D-P034
Nicht falten oder zusammenschieben

D-P035
Nicht zulässig für Freihand- und handgeführtes Schleifen

D-P036
Nicht zulässig für Seitenschleifen

D-P037
Nicht zulässig für Nassschleifen

2.2 Warnzeichen (W)

D-W000 [2)]
Warnung vor einer Gefahrenstelle

D-W001
Warnung vor feuergefährlichen Stoffen

D-W002
Warnung vor explosionsgefährlichen Stoffen

D-W003
Warnung vor giftigen Stoffen

D-W004
Warnung vor ätzenden Stoffen

D-W005
Warnung vor radioaktiven Stoffen oder ionisierenden Strahlen

D-W006
Warnung vor schwebender Last

D-W007
Warnung vor Flurförderzeugen

D-W008
Warnung vor gefährlicher, elektrischer Spannung

---

2) Dieses Zeichen ist erforderlichenfalls in Verbindung mit einem Zusatzzeichen zu verwenden, das Aussagen über die Gefahr macht.

D-W009 [3)]
Warnung vor optischer Strahlung

D-W010
Warnung vor Laserstrahl

D-W011
Warnung vor brandfördernden Stoffen

D-W012
Warnung vor nicht ionisierender, elektromagnetischer Strahlung

D-W013
Warnung vor magnetischem Feld

D-W014
Warnung vor Stolpergefahr

D-W015
Warnung vor Absturzgefahr

D-W016
Warnung vor Biogefährdung

D-W017
Warnung vor Kälte

---

3) Dieses Zeichen ist erforderlichenfalls in Verbindung mit einem Zusatzzeichen zu verwenden, das Aussagen über die Art der optischen Strahlung macht (z. B. UV-Strahlung, IR-Strahlung).

D-W018
Warnung vor gesundheits-schädlichen oder reizenden Stoffen

D-W019
Warnung vor Gasflaschen

D-W020
Warnung vor Gefahren durch Batterien

D-W021
Warnung vor explosionsfähiger Atmosphäre

D-W022
Warnung vor Fräswelle

D-W023
Warnung vor Quetschgefahr

D-W024
Warnung vor Kippgefahr beim Walzen

D-W025
Warnung vor automatischem Anlauf

D-W026
Warnung vor heißer Oberfläche

D-W027
Warnung vor Handverletzungen

D-W028
Warnung vor Rutschgefahr

D-W029
Warnung vor Gefahren durch eine Förderanlage im Gleis

D-W030
Warnung vor Einzugsgefahr

D-W031
Warnung vor Engstellen

2.3 Gebotszeichen (M)

D-M000 [4]
Allgemeines Gebotszeichen

D-M001
Augenschutz benutzen

D-M002
Kopfschutz benutzen

D-M003
Gehörschutz benutzen

D-M004
Atemschutz benutzen

D-M005
Fußschutz benutzen

D-M006
Handschutz benutzen

D-M007
Schutzkleidung benutzen

D-M008
Gesichtsschutz benutzen

[4] Dieses Zeichen darf nur in Verbindung mit einem Zusatzzeichen verwenden werden, das Aussagen über das Gebot macht.

D-M009
Auffanggurt anlegen

D-M010
Für Fußgänger

D-M011
Sicherheitsgurt benutzen

D-M012
Übergang benutzen

D-M013
Vor Öffnen Netzstecker ziehen

D-M014
Vor Arbeiten freischalten

D-M015
Rettungsweste anlegen

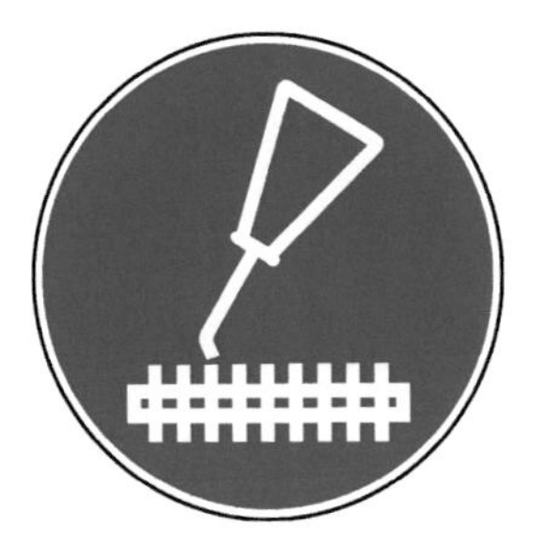

D-M016
Schneidwerk ölen

D-M017
Hupen

D-M018
Gebrauchsanweisung beachten

D-M019
Sperren

D-M020
Augenabschirmung für Patienten tragen

2.4 Rettungszeichen für Rettungswege/Notausgänge und Erste-Hilfe-Einrichtungen (E)

D-E001
Richtungsangabe für Erste-Hilfe-Einrichtungen, Rettungswege und Notausgänge [5)]

D-E002
Richtungsangabe für Erste-Hilfe-Einrichtungen, Rettungswege und Notausgänge [5)]

D-E003
Erste Hilfe [6)]

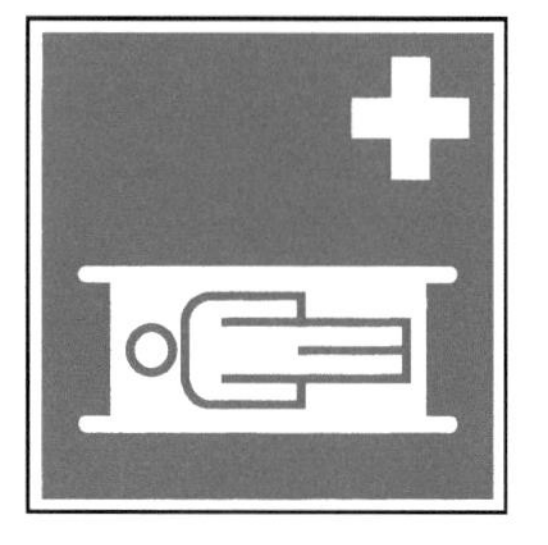

D-E004
Krankentrage

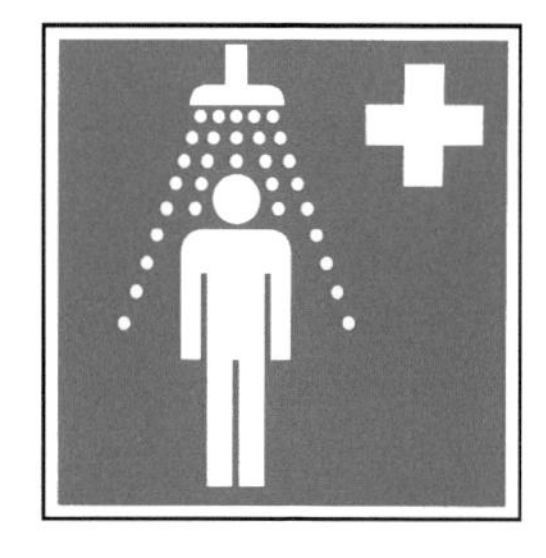

D-E005
Notdusche

D-E006
Augenspüleinrichtung

D-E007
Notruftelefon

D-E008
Arzt

5) Dieser Richtungspfeil darf nur in Verbindung mit einem weiteren Rettungszeichen verwendet werden.

6) Dieses Zeichen ist erforderlichenfalls in Verbindung mit einem Zusatzzeichen zu verwenden, das Aussagen über die spezielle Erste-Hilfe-Einrichtung macht.

D-E009
Rettungsweg/Notausgang [7)]

D-E010
Rettungsweg/Notausgang [7)]

D-E011
Sammelstelle

[7)] Dieses Zeichen darf nur in Verbindung mit einem Richtungspfeil verwendet werden. Dieses Zeichen darf auch nach ISO 6309 gestaltet werden.

2.5 Brandschutzzeichen (F)

D-F001
Richtungsangabe [8)]

D-F002
Richtungsangabe [8)]

D-F003
Wandhydrant
Löschschlauch

D-F004
Leiter

D-F005
Feuerlöscher

D-F006
Brandmeldetelefon

D-F007
Mittel und Geräte zur Brandbekämpfung [9)]

D-F008
Brandmelder

---

8) Dieser Richtungspfeil darf nur in Verbindung mit einem weiteren Brandschutzzeichen verwendet werden.

9) Dieses Zeichen ist erforderlichenfalls in Verbindung mit einem Zusatzzeichen zu verwenden, das Aussagen über Mittel und Geräte zur Brandbekämpfung macht. Mittel und Geräte zur Brandbekämpfung sind z. B. Löschdecken, Löschsand.

2.6 Zusatzzeichen (S)

Es wird gearbeitet!
Ort: Datum:
Entfernen des Schildes
nur durch:

D-S001

Hochspannung
Lebensgefahr

D-S002

Zusatzzeichen für Lasereinrichtungen, siehe DIN EN 60825-1

2.7 Hinweiszeichen (H)

Entladezeit
länger als
1 Minute

D-H001

Teil kann im
Fehlerfall unter
Spannung stehen

D-H002

5 Sicherheitsregeln
Vor Beginn der Arbeiten
- Freischalten
- Gegen Wiedereinschalten sichern
- Spannungsfreiheit feststellen
- Erden und kurzschließen
- Benachbarte, unter Spannung stehende
Teile abdecken oder abschranken

D-H003

Vor Berühren:
- Entladen
- Erden
- Kurzschließen

D-H004

Hier liegen
die Unfall-
verhütungs-
vorschriften
aus

D-H005

2.8 Kombinationszeichen (C)

Es wird gearbeitet!

Ort: Datum:

Entfernen des Schildes
nur durch:

D-C001

Es wird gearbeitet!

Ort: Datum:

Entfernen des Schildes
nur durch:

D-C002

Hochspannung
Lebensgefahr

D-C003

Hochspannung
Lebensgefahr

D-C004

Anhang A
(informativ)
Anwendungsbeispiele

A.1 Mögliche Kombinationen für Rettungswege und Notausgänge

Bei den dargestellten Kombinationen dürfen die mittleren Lichtkanten entfallen

A.2 Weitere Kombinationen

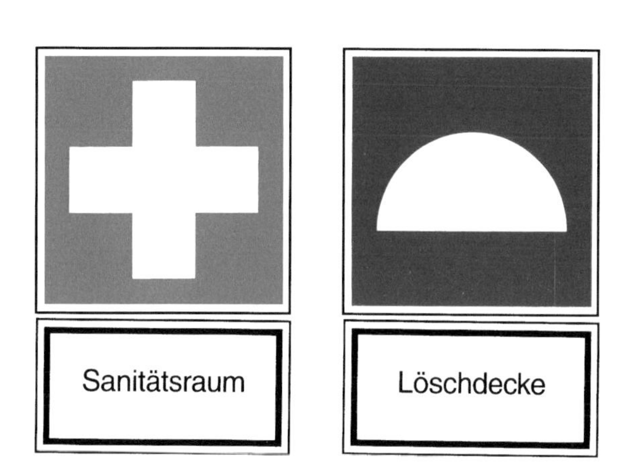

Mai 2004

DIN 4844-2/A1

ICS 01.080.20; 13.200; 29.020

Änderung von
DIN 4844-2:2001-02

Sicherheitskennzeichnung –
Teil 2: Darstellung von Sicherheitszeichen –
Änderung A1

Safety identification –
Part 2: Overview of safety signs –
Amendment A1

Signaux de sécurité –
Partie 2: Représentation de signaux de sécurité –
Amendement A1

Gesamtumfang 2 Seiten

Normenausschuss Sicherheitstechnische Grundsätze (NASG) im DIN
DKE Deutsche Kommission Elektrotechnik Elektronik Informationstechnik im DIN und VDE
Normenausschuss Lichttechnik (FNL) im DIN

Vorwort

Die vorliegende Änderung wurde vom NASG GA 1.5 „Sicherheitskennzeichnung" erarbeitet.

Neue Sicherheitszeichen, für die es einen öffentlichen Bedarf gibt, die jedoch noch nicht in DIN 4844-2 festgelegt sind, werden zunächst als Änderung zur DIN 4844-2 veröffentlicht.

Zu gegebener Zeit, z. B beim Vorliegen mehrerer Änderungsblätter mit neuen Sicherheitszeichen, sollen diese in DIN 4844-2 eingearbeitet werden.

Für das Sicherheitszeichen „Automatisierter externer Defibrillator (AED)", das den Standort eines Defibrillators kennzeichnet, gibt es einen nachgewiesenen öffentlichen Bedarf. In Unternehmen, Verwaltungen und im öffentlichen Bereich setzt sich immer mehr die Anwendung der so genannten Frühdefibrillation (im Sinne einer frühestmöglichen Defibrillation durch Laien) durch. Das hat zur Folge, dass an vielen Orten so genannte automatisierte externe Defibrillatoren (AED) stationiert werden. Eine Vereinheitlichung für Hinweisschilder für diese Geräte ist dringend erforderlich.

DIN 4844-2:2001-02 ist wie folgt zu ergänzen:

2.4 Rettungszeichen für Rettungswege/Notausgänge und Erste-Hilfe-Einrichtungen (E) ist durch das nachfolgende Rettungszeichen zu ergänzen:

D-E017
Automatisierter externer Defibrillator (AED)

Mai 2010

	DIN EN 81346-2	

ICS 01.110; 29.020

Ersatz für
DIN EN 61346-2:2000-12
Siehe jedoch Beginn der
Gültigkeit

Industrielle Systeme, Anlagen und Ausrüstungen und Industrieprodukte – Strukturierungsprinzipien und Referenzkennzeichnung – Teil 2: Klassifizierung von Objekten und Kennbuchstaben von Klassen (IEC 81346-2:2009); Deutsche Fassung EN 81346-2:2009

Industrial systems, installations and equipment and industrial products –
Structuring principles and reference designations –
Part 2: Classification of objects and codes for classes (IEC 81346-2:2009);
German version EN 81346-2:2009

Systèmes industriels, installations et appareils, et produits industriels –
Principes de structuration et désignations de référence –
Partie 2: Classification des objets et codes pour les classes (CEI 81346-2:2009);
Version allemande EN 81346-2:2009

Gesamtumfang 45 Seiten

DKE Deutsche Kommission Elektrotechnik Elektronik Informationstechnik im DIN und VDE
Normenausschuss Chemischer Apparatebau (FNCA) im DIN
Normenausschuss Maschinenbau (NAM) im DIN
Normenausschuss Sachmerkmale (NSM) im DIN
Normenausschuss Technische Grundlagen (NATG) im DIN
Normenstelle Schiffs- und Meerestechnik (NSMT) im DIN

Beginn der Gültigkeit

Die von CENELEC am 2009-08-01 angenommene EN 81346-2 gilt als DIN-Norm ab 2010-05-01.

Daneben darf DIN EN 61346-2:2000-12 noch bis 2012-08-01 angewendet werden.

Nationales Vorwort

Vorausgegangener Norm-Entwurf: E DIN IEC 81346-2:2008-01.

Für diese Norm ist das nationale Arbeitsgremium K 113 „Produktdatenmodelle, Informationsstrukturen, Dokumentation und graphische Symbole" der DKE Deutsche Kommission Elektrotechnik Elektronik Informationstechnik im DIN und VDE (www.dke.de) zuständig.

Das internationale Dokument wurde von der MT 18 des IEC/TC 3 „Information structures, documentation and graphical symbols" der Internationalen Elektrotechnischen Kommission (IEC) unter Beteiligung des ISO/TC 10 „Technical product documentation" erarbeitet und den nationalen Komitees zur Stellungnahme vorgelegt.

Das IEC-Komitee hat entschieden, dass der Inhalt dieser Publikation bis zu dem Datum (maintenance result date) unverändert bleiben soll, das auf der IEC-Website unter „http://webstore.iec.ch" zu dieser Publikation angegeben ist. Zu diesem Zeitpunkt wird entsprechend der Entscheidung des Komitees die Publikation
- bestätigt,
- zurückgezogen,
- durch eine Folgeausgabe ersetzt oder
- geändert.

Änderungen

Gegenüber DIN EN 61346-2:2000-12 wurden folgende Änderungen vorgenommen:

a) alle Regeln bezüglich der Anwendung von Kennbuchstaben wurden entfernt, da diese zu anderen Publikationen, die sich mit der Anwendung von Kennbuchstaben in Referenzkennzeichen befassen, gehören.

Im Vergleich zu IEC/PAS 62400 Ed. 1 wurden die folgenden technischen Änderungen durchgeführt:

b) die Definitionen der Unterklassen wurden überarbeitet und konsistent gemacht;

c) die Basis für die Bildung der Unterklassen wurde angegeben;

d) in den Klassen B und P wurden einige neue Unterklassen hinzugefügt;

e) die Tabelle mit Begriffen, sortiert nach dem Zwei-Buchstaben-Schlüssel, wurde entfernt.

Frühere Ausgaben

DIN 40719 Beiblatt 1: 1957-09
DIN 40719 Beiblatt 2: 1959-10
DIN 40719-2: 1974-01, 1978-06
DIN 40719-2 Beiblatt 1: 1978-06
DIN V 6779-1: 1992-09
DIN 6779-1: 995-07
DIN 6779-2: 995-07, 2004-07
DIN EN 61346-2: 2000-12

Nationaler Anhang NA
(informativ)

Zusammenhang mit Europäischen und Internationalen Normen

Für den Fall einer undatierten Verweisung im normativen Text (Verweisung auf eine Norm ohne Angabe des Ausgabedatums und ohne Hinweis auf eine Abschnittsnummer, eine Tabelle, ein Bild usw.) bezieht sich die Verweisung auf die jeweils neueste gültige Ausgabe der in Bezug genommenen Norm.

Für den Fall einer datierten Verweisung im normativen Text bezieht sich die Verweisung immer auf die in Bezug genommene Ausgabe der Norm.

Eine Information über den Zusammenhang der zitierten Normen mit den entsprechenden Deutschen Normen ist in Tabelle NA.1 wiedergegeben.

Tabelle NA.1

Europäische Norm	Internationale Norm	Deutsche Norm	Klassifikation im VDE-Vorschriftenwerk
–	Vorgänger: IEC 81346-1	–	–
–	Nachfolger: IEC 3/842/CD	E DIN IEC 81346-1	–
–	ISO 14617-6:2002	–	–

Nationaler Anhang NB
(informativ)

Literaturhinweise

E DIN IEC 81346-1, *Industrielle Systeme, Anlagen und Ausrüstungen und Industrieprodukte – Strukturierungsprinzipien und Referenzkennzeichnung – Teil 1: Allgemeine Regeln*

EUROPÄISCHE NORM

EUROPEAN STANDARD

NORME EUROPÉENNE

EN 81346-2

Oktober 2009

ICS 01.110; 29.020

Ersatz für EN 61346-2:2000

Deutsche Fassung

Industrielle Systeme, Anlagen und Ausrüstungen und Industrieprodukte – Strukturierungsprinzipien und Referenzkennzeichnung – Teil 2: Klassifizierung von Objekten und Kennbuchstaben von Klassen

(IEC 81346-2:2009)

Industrial systems, installations and equipment and industrial products – Structuring principles and reference designations – Part 2: Classification of objects and codes for classes (IEC 81346-2:2009)

Systèmes industriels, installations et appareils, et produits industriels – Principes de structuration et désignations de référence – Partie 2: Classification des objets et codes pour les classes (CEI 81346-2:2009)

Diese Europäische Norm wurde von CENELEC am 2009-08-01 angenommen. Die CENELEC-Mitglieder sind gehalten, die CEN/CENELEC-Geschäftsordnung zu erfüllen, in der die Bedingungen festgelegt sind, unter denen dieser Europäischen Norm ohne jede Änderung der Status einer nationalen Norm zu geben ist.

Auf dem letzten Stand befindliche Listen dieser nationalen Normen mit ihren bibliographischen Angaben sind beim Zentralsekretariat oder bei jedem CENELEC-Mitglied auf Anfrage erhältlich.

Diese Europäische Norm besteht in drei offiziellen Fassungen (Deutsch, Englisch, Französisch). Eine Fassung in einer anderen Sprache, die von einem CENELEC-Mitglied in eigener Verantwortung durch Übersetzung in seine Landessprache gemacht und dem Zentralsekretariat mitgeteilt worden ist, hat den gleichen Status wie die offiziellen Fassungen.

CENELEC-Mitglieder sind die nationalen elektrotechnischen Komitees von Belgien, Bulgarien, Dänemark, Deutschland, Estland, Finnland, Frankreich, Griechenland, Irland, Island, Italien, Lettland, Litauen, Luxemburg, Malta, den Niederlanden, Norwegen, Österreich, Polen, Portugal, Rumänien, Schweden, der Schweiz, der Slowakei, Slowenien, Spanien, der Tschechischen Republik, Ungarn, dem Vereinigten Königreich und Zypern.

CENELEC

Europäisches Komitee für Elektrotechnische Normung
European Committee for Electrotechnical Standardization
Comité Européen de Normalisation Electrotechnique

Zentralsekretariat: Avenue Marnix 17, B-1000 Brüssel

Ref. Nr. EN 81346-2:2009 D

Vorwort

Der Text des Schriftstücks 3/945/FDIS, zukünftige 1. Ausgabe von IEC 81346-2, ausgearbeitet von dem IEC TC 3 „Information structures, documentation and graphical symbols“ und dem ISO TC 10, „Technical product documentation“, wurde der IEC-CENELEC Parallelen Abstimmung unterworfen und von CENELEC am 2009-08-01 als EN 81346-2 angenommen.

Diese Europäische Norm ersetzt EN 61346-2:2000.

Bezüglich EN 61346-1:2000 enthält EN 81346-2:2009 folgende wesentliche Änderungen:

– Es wurden alle Regeln, die die Anwendung der Kennbuchstaben betreffen entfernt. Diese sollten in den Publikationen über die Anwendung von Kennbuchstaben aufgenommen werden.

Nachstehende Daten wurden festgelegt:

– spätestes Datum, zu dem die EN auf nationaler Ebene durch Veröffentlichung einer identischen nationalen Norm oder durch Anerkennung übernommen werden muss (dop): 2010-05-01

– spätestes Datum, zu dem nationale Normen, die der EN entgegenstehen, zurückgezogen werden müssen (dow): 2012-08-01

Der Anhang ZA wurde von CENELEC hinzugefügt.

Anerkennungsnotiz

Der Text der Internationalen Norm IEC 81346-2:2009 wurde von CENELEC ohne irgendeine Abänderung als Europäische Norm angenommen.

Inhalt

0 Einleitung

0.1 Allgemeines

Ziel dieser Norm ist, Klassifizierungsschemata für Objekte mit zugehörigen Kennbuchstaben festzulegen, die in allen technischen Fachgebieten angewendet werden können, wie z. B. Elektrotechnik, Maschinenbau und Bauwesen, und auch in allen industriellen Branchen wie Energiewirtschaft, Chemieindustrie, Gebäudetechnologie, Schiffbau und Meerestechnik. Die Kennbuchstaben sind dafür vorgesehen, zusammen mit den Regeln für die Bildung von Referenzkennzeichen in Übereinstimmung mit IEC 81346-1 angewendet zu werden.

Im Anhang A ist dargestellt, wie Objekte entsprechend ihres vorgesehenen Zwecks oder ihrer Aufgabe, bezogen auf einen allgemeingültigen Prozess, klassifiziert werden können.

Im Anhang B ist illustriert, wie Objekte entsprechend ihrer Position in einer Infrastruktur klassifiziert werden können.

0.2 Grundsatzanforderungen an diese Norm

Die Grundsatzanforderungen wurden bei der Erarbeitung der IEC 61346-2 Ed. 1 entwickelt und durch Abstimmung von den nationalen Komitees angenommen.

ANMERKUNG Die Grundsatzanforderungen betreffen die Entwicklung des Klassifizierungssystems mit Kennbuchstaben in der vorliegenden Norm und nicht deren Anwendung. Sie sind daher bezüglich der Anwendung dieser Norm nicht normativ.

1) Kennbuchstaben müssen auf einem Klassifizierungsschema basieren.
2) Ein Klassifizierungsschema ist der Satz von Definitionen für die Objekttypen (z. B. ein Klassifizierungsschema für Funktionstypen, welches die verschiedenen Funktionstypen von Objekten beinhaltet.
3) Ein Klassifizierungsschema muss eine hierarchische Klassifizierung von Objekttypen ermöglichen, d. h. Subklassen und Superklassen.
4) Ein Kennbuchstabe für einen Objekttyp muss von der tatsächlichen Position der Instanz dieses Objekttyps in einem System unabhängig sein.
5) In jeder Ebene des Klassifizierungsschemas müssen ausgeprägte Klassen definiert werden.
6) Die Definition der Klassen in einer bestimmten Ebene eines Klassifizierungsschemas müssen eine gemeinsame Basis haben (z. B. darf ein Klassifizierungsschema, dass in einer Ebene Objekte nach deren Farbe klassifiziert, keine Klassen enthalten, die Objekte nach deren Form klassifizieren). Jedoch darf die Basis von einer Ebene zur anderen unterschiedlich sein.
7) Ein Kennbuchstabe sollte den Objekttyp aufzeigen und nicht einen Aspekt des Objekts.
8) Ein Klassifizierungsschema muss für zukünftige Entwicklungen und Anforderungen erweiterbar sein.
9) Ein Klassifizierungsschema muss für alle technischen Fachbereiche anwendbar sein, ohne einen bestimmten Bereich zu bevorzugen.
10) Es muss möglich sein, die Kennbuchstaben verträglich über alle technischen Fachbereiche hinweg anzuwenden. Derselbe Objekttyp sollte vorzugsweise nur einen Kennbuchstaben haben, unabhängig vom technischen Fachbereich, in dem er angewandt ist.
11) Es sollte möglich sein, mit einem Kennbuchstaben aufzuzeigen, aus welchem technischen Fachbereich das Objekt stammt, falls dies erwünscht ist.
12) Ein Klassifizierungsschema sollte die praktische Anwendung von Kennbuchstaben widerspiegeln.
13) Kennbuchstaben sollten nicht mnemotechnisch sein, da dies nicht konsistent über ein Klassifzierungsschema und für unterschiedliche Sprachen durchgehalten werden kann.
14) Für Kennbuchstaben müssen Großbuchstaben aus dem lateinischen Alphabet angewendet werden, wobei I und O wegen möglicher Verwechslung mit den Ziffern 1 (Eins) und 0 (Null) ausgeschlossen sind.
15) Für denselben Objekttyp müssen unterschiedliche Klassifizierungsschemata erlaubt und anwendbar sein.

16) Objekte dürfen z. B. nach Funktionstypen, Formen, Farben oder Materialien klassifiziert werden. Das bedeutet, dass demselben Objekttyp unterschiedliche Kennbuchstaben nach unterschiedlichen Klassifizierungsschemata zugeordnet sein dürfen.

17) Objekten, die direkte Bestandteile eines anderen Objekts sind und denselben Aspekt anwenden, müssen Kennbuchstaben nach demselben Klassifizierungsschema zugeordnet sein. Siehe Bild 1.

18) Sind Produkte unterschiedlicher Hersteller zu einem neuen Produkt zusammengefasst, dürfen den Bestandteilen dieses Produkts Kennzeichen nach unterschiedlichen Klassifizierungsschemata zugeordnet sein.

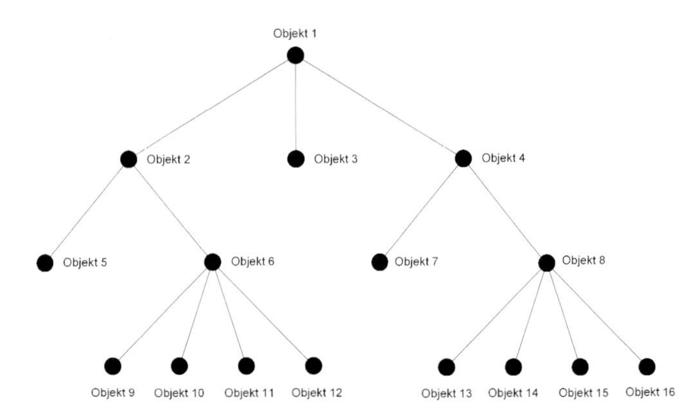

Den Objekten 2, 3 und 4, die direkte Bestandteile von Objekt 1 sind, müssen Kennbuchstaben aus demselben Klassifizierungsschema zugeordnet werden.

Den Objekten 5 und 6, die direkte Bestandteile von Objekt 2 sind, müssen Kennbuchstaben aus demselben Klassifizierungsschema zugeordnet werden.

Den Objekten 7 und 8, die direkte Bestandteile von Objekt 4 sind, müssen Kennbuchstaben aus demselben Klassifizierungsschema zugeordnet werden.

Den Objekten 9, 10, 11 und 12, die direkte Bestandteile von Objekt 6 sind, müssen Kennbuchstaben aus demselben Klassifizierungsschema zugeordnet werden.

Den Objekten 13, 14, 15 und 16, die direkte Bestandteile von Objekt 8 sind, müssen Kennbuchstaben aus demselben Klassifizierungsschema zugeordnet werden.

Bild 1 – Bestandteil-Objekte

1 Anwendungsbereich

In diesem Teil der Internationalen Norm IEC 81346, der gemeinsam von IEC und ISO veröffentlicht wurde, sind Klassen und Unterklassen für Objekte (basierend auf einer auf deren Zweck oder Aufgabe bezogenen Sicht), zusammen mit zugehörigen und in Referenzkennzeichen anzuwendenden Kennbuchstaben festgelegt.

Die Klassifizierung ist für Objekte in allen technischen Fachgebieten, wie Energieerzeugung, Energieverteilung, Einrichtungen der Verfahrenstechnik, Schiffsbau und Meerestechnik, anwendbar. Sie kann durchgängig von allen technischen Disziplinen in jedem Planungsprozess angewendet werden.

2 Normative Verweisungen

Die folgenden zitierten Dokumente sind für die Anwendung dieses Dokuments erforderlich. Bei datierten Verweisungen gilt nur die in Bezug genommene Ausgabe. Bei undatierten Verweisungen gilt die letzte Ausgabe des in Bezug genommenen Dokuments (einschließlich aller Änderungen).

IEC 81346-1, *Industrial systems, installations and equipment and industrial products — Structuring principles and reference designations – Part 1: Basic rules (under revision, Ed. 2 is referenced)*

ISO 14617-6:2002, *Graphical symbols for diagrams – Part 6: Measurement and control functions*

3 Begriffe

Für die Anwendung dieses Dokuments gelten die Begriffe nach DIN IEC 81346-1.

4 Grundsätze der Klassifizierung

4.1 Allgemeines

Das Prinzip der Klassifizierung von Objekten basiert auf der Betrachtung eines Objekts, oft mit einem Eingang und einem Ausgang versehen (siehe Bild 2), als Mittel zur Ausführung einer Tätigkeit. In dieser Hinsicht ist die interne Struktur eines Objekts nicht von Bedeutung.

Bild 2 – Das grundlegende Konzept

In Anhang A ist ein allgemeingültiges Prozessmodell dargestellt, das zur Festlegung des in Tabelle 1 dargestellten Klassifizierungsschemas, basierend auf dem vorgesehenen Zweck oder der vorgesehenen Aufgabe, angewendet wird.

Eine alternative Klassifikation nach Zweck oder Aufgabe für den besonderen Fall, dass ein Objekt als Teil einer Infrastruktur gesehen wird, ist in Tabelle 3 dargestellt.

Jede in Tabelle 1 definierte Klasse ist in dieser Norm mit einem Satz vordefinierter Unterklassen versehen, der es ermöglicht, ein Objekt detaillierter zu charakterisieren, falls dies erforderlich ist. Die Definitionen der Unterklassen von Objekten sind in Tabelle 2 zusammen mit ihren zugehörigen Kennbuchstaben für die jeweilige Klasse und Unterklasse angegeben.

ANMERKUNG 1 Unterklassen legen keine neue Ebene in einer Struktur fest, d. h., sie beschreiben keine Untergliederung des Objekts. Klasse und Unterklasse beziehen sich auf dasselbe Objekt.

ANMERKUNG 2 Die Anwendung von Unterklassen zur Kodierung von technischen Attributen sollte vermieden werden, da diese Informationen üblicherweise in der Dokumentation dargestellt werden, z. B. in einer technischen Spezifikation oder in einer Teileliste.

4.2 Zuordnung von Objekten zu Klassen

Für die Zuordnung von Objekten (d. h. von Komponenten, die zu dem betrachteten System gehören) zu Klassen gelten die folgenden Regeln:

Regel 1 Zur Klassifizierung von Objekten nach deren vorgesehenen Zwecken oder Aufgaben müssen Klassen und Kennbuchstaben in Übereinstimmung mit Tabelle 1 oder Tabelle 3 angewendet werden.

Regel 2 Bei der Zuordnung eines Objekts zu einer Klasse nach Tabelle 1 oder Tabelle 3 muss das Objekt im Hinblick auf dessen vorgesehenen Zweck oder vorgesehene Aufgabe als Komponente im vorliegenden System betrachtet werden, ohne die Mittel für dessen Realisierung (z. B. die Art des Produkts) zu berücksichtigen.

BEISPIEL Der gewünschte Zweck eines Objekts ist „heizen". Eine mögliche Komponente, erforderlich um dies zu erfüllen, ist ein „Heizgerät". Nach Tabelle 1 ist dieses Objekt klar der Klasse E zugeordnet. Es ist ohne Bedeutung oder einfach in einer frühen Planungsphase unbekannt, wie der geforderte Zweck realisiert wird. Dies könnte durch Verwendung eines Gas- oder Ölbrenners oder mit einem elektrischen Heizgerät erfolgen (Produkte, die jeweils von anderen Lieferanten kommen). Im Falle der Elektroheizung könnte die Hitze durch einen elektrischen Widerstand erzeugt werden. Dieses Produkt kann, in anderen Fällen, durch seinen Zweck „begrenzen eines Flusses" nach Klasse R klassifiziert sein, falls dies seine Verwendung als Komponente im anderen Zusammenhang beschreibt.

Es ist die Komponente, die klassifiziert wird – nicht das zur Realisierung verwendete Produkt!

Regel 3 Objekte mit mehr als einem vorgesehenen Zweck oder vorgesehenen Aufgabe müssen nach demjenigen vorgesehenen Zweck oder derjenigen vorgesehenen Aufgabe klassifiziert werden, der/die als hauptsächlich angesehenen wird.

Regel 4 Die Klasse mit dem Kennbuchstaben A darf nur für Objekte ohne explizitem Hauptzweck oder explizite Hauptaufgabe angewendet werden.

BEISPIEL Ein Volumenstromschreiber speichert gemessene Werte zur späteren Anwendung, liefert jedoch zugleich eine Ausgangsgröße in Form einer sichtbaren Anzeige. Wird die Speicherfunktion als Hauptzweck angesehen, dann gehört das Objekt zu Klasse C der Tabelle 1. Wird die Anzeige von Messwerten als Hauptzweck angesehen, dann gehört das Objekt zu Klasse P. Werden die beiden Zwecke als gleichrangig angesehen, sollte das Objekt der Klasse A zugeordnet werden.

In Bild 3 ist das Prinzip der Zuordnung von Klassen zu Objekten für den Fall eines Messkreises veranschaulicht. Auf der linken Seite ist gezeigt, wie die Anforderungen in Objekte mit Ein- und Ausgang umgesetzt wurden. Auf der rechten Seite sind die verwendeten Komponenten dargestellt.

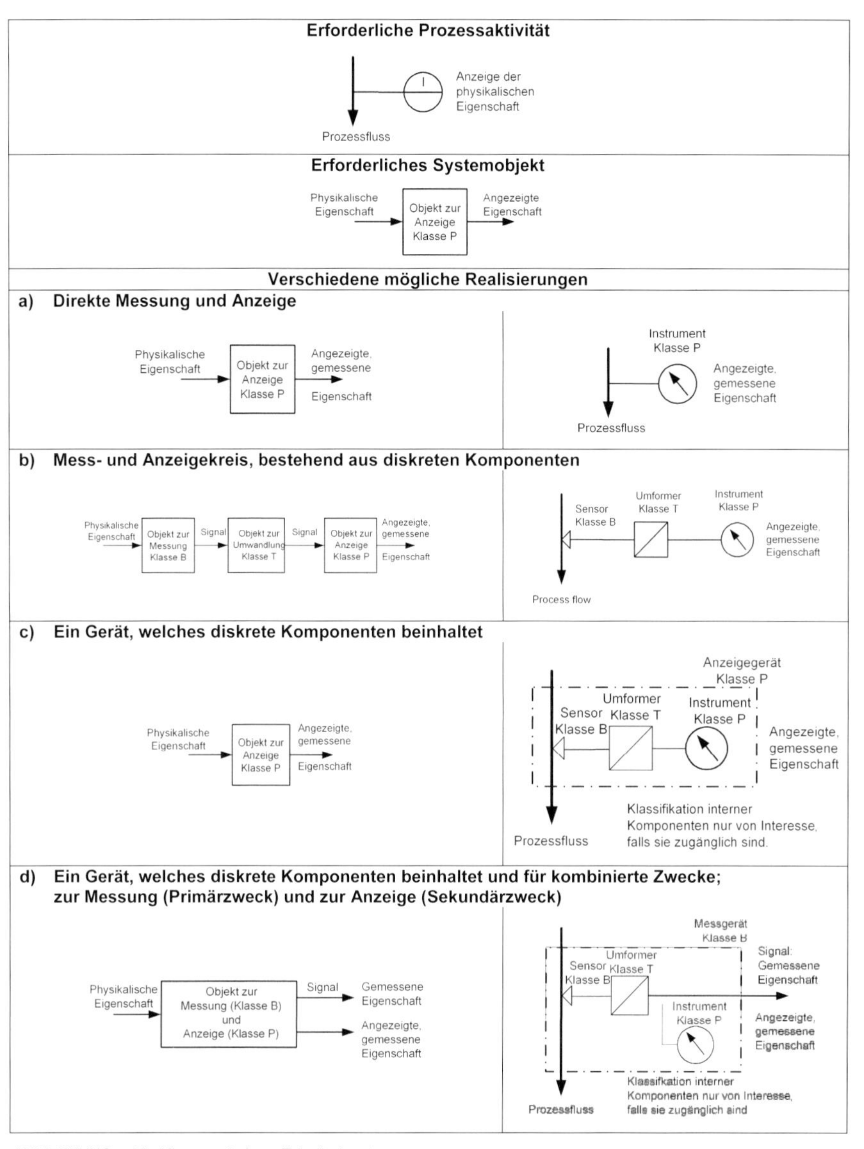

ANMERKUNG Die Klassen sind aus Tabelle 1 entnommen.

Bild 3 – Klassifizierung von Objekten in einem Messkreis

5 Klassen von Objekten

5.1 Klassen von Objekten nach vorgesehenem Zweck oder vorgesehener Aufgabe

In Tabelle 1 ist die hauptsächliche Klassifizierungsmethode festgelegt, die für jedes Objekt aus jedem Technologiebereich anwendbar ist.

Das wichtigste Element in der Tabelle ist die Beschreibung des vorgesehenen Zweckes oder der vorgesehenen Aufgabe eines Objekts. Auf diese Beschreibung ist Bezug zu nehmen, wenn nach einer geeigneten Klasse für ein Objekt gesucht wird.

Tabelle 1 – Klassen von Objekten nach deren vorgesehenem Zweck oder vorgesehener Aufgabe

Kenn-buch-stabe	Vorgesehene(r) Zweck/Aufgabe des Objekts	Beispiele für Begriffe, die den/die vorgesehene(n) Zweck/Aufgabe von Objekten beschreiben	Beispiele für typische Mechanik-/ Fluidkomponenten	Beispiele für typische elektrische Komponenten
A	Zwei oder mehr Zwecke oder Aufgaben ANMERKUNG Diese Klasse besteht nur für Objekte, für die kein vorgesehener Hauptzweck identifiziert werden kann.			
B	Umwandeln einer Eingangsvariablen (physikalische Eigenschaft, Zustand oder Ereignis) in ein zur Weiterverarbeitung bestimmtes Signal	Feststellen Messen (Erfassen von Werten) Überwachen Fühlen Wiegen (Erfassen von Werten)	Messblende Sensor	Buchholz-Relais Stromwandler Brandwächter Gasdetektor Messrelais Messwiderstand Mikrophon Bewegungswächter Überlastrelais Fotozelle Positionsschalter Näherungsschalter Näherungssensor Rauchwächter Tachogenerator Temperatursensor Videokamera Schutzrelais Spannungswandler
C	Speichern von Energie, Information oder Material	Aufzeichnen Speichern	Fass Puffer Zisterne Behälter Heißwasserspeicher Papierrollenständer Tank	Pufferbatterie Kondensator Ereignisschreiber (speichern als Hauptzweck) Festplatte Magnetbandgerät (speichern als Hauptzweck) Speicher Arbeitsspeicher (RAM) Speicherbatterie Videorecorder (speichern als Hauptzweck) Spannungsschreiber (speichern als Hauptzweck)

Tabelle 1 (*fortgesetzt, Kennbuchstaben D bis J*)

Kenn-buch-stabe	Vorgesehene(r) Zweck/Aufgabe des Objekts	Beispiele für Begriffe, die den/die vorgesehene(n) Zweck/Aufgabe von Objekten beschreiben	Beispiele für typische Mechanik-/ Fluidkomponenten	Beispiele für typische elektrische Komponenten
D	*Für spätere Normung reserviert*			
E	Liefern von Strahlungs- oder Wärmeenergie	Kühlen Heizen Beleuchten Strahlen	Boiler Gefrierschrank Hochofen Gaslampe Heizung Wärmeaustauscher Nuklearreaktor Paraffinlampe Radiator Kühlschrank	Boiler Elektroheizung Elektrischer Radiator Leuchtstofflampe Lampe Glühlampe Laser Leuchte Maser
F	Direkter (selbsttätiger) Schutz eines Energie- oder Signalflusses, von Personal oder Einrichtungen vor gefährlichen oder unerwünschten Zuständen einschließlich Systeme und Ausrüstung für Schutzzwecke	Absorbieren Bewachen Verhindern Schützen Sichern Bewehren	Airbag Schutzvorrichtung Berstplatte Sicherheitsgurt Sicherheitsventil	Kathodische Schutzanode Faradayscher Käfig Sicherung Leitungsschutzschalter Überspannungsableiter Thermischer Überlastauslöser
G	Initiieren eines Energie- oder Materialflusses, Erzeugen von Signalen, die als Informationsträger oder Referenzquelle verwendet werden	Erzeugen	Gebläse Förderer (angetrieben) Lüfter Pumpe Vakuumpumpe Ventilator	Trockenzellen-Batterie Dynamo Brennstoffzelle Generator Umlaufender Generator Signalgenerator Solarzelle Wellengenerator
H	Produzieren einer neuen Art von Material oder eines Produktes	Montieren Brechen Demontieren Zerkleinern Material abtragen Mahlen Mischen Herstellen Pulverisieren	Bestückungsmaschine Brechwerk Mischer	Absorptionswäscher Zentrifuge Brechwerk Destilliersäule Emulgator Fermentierer Magnetabscheider Mühle Pelletierer Rechen Reaktor Abscheider Sintereinrichtung
I	*Nicht anwendbar*	–	–	–
J	*Für spätere Normung reserviert*			

Tabelle 1 (*fortgesetzt, Kennbuchstaben K bis P*)

Kenn-buch-stabe	Vorgesehene(r) Zweck/Aufgabe des Objekts	Beispiele für Begriffe, die den/die vorgesehene(n) Zweck/Aufgabe von Objekten beschreiben	Beispiele für typische Mechanik-/Fluidkomponenten	Beispiele für typische elektrische Komponenten
K	Verarbeitung (Empfang, Verarbeitung und Bereitstellung) von Signalen oder Informationen (mit Ausnahme von Objekten für Schutzzwecke, siehe Kennbuchstabe F)	Schließen (von Steuer-/Regelkreisen) Regeln Verzögern Öffnen (von Steuer-/Regelkreisen) Aufschieben Schalten (von Steuer-/Regelkreisen) Synchronisieren	Fluidregler Steuerventil	Schaltrelais Analogbaustein Binärbaustein Hilfsschütz Prozessor (CPU) Verzögerungslinie Elektronisches Ventil Elektronenröhre Regler Filter, AC oder DC Induktionsrührer Mikroprozessor Automatisierungsgerät Synchronisiergerät Zeitrelais Transistor
L	*Für spätere Normung reserviert*			
M	Bereitstellung von mechanischer Energie (mechanische Dreh- oder Linearbewegung) zu Antriebszwecken	Betätigen Antreiben	Verbrennungsmotor Fluidzylinder Wärmemaschine Wasserturbine Mechanischer Stellantrieb Federspeicherantrieb Dampfturbine Windturbine	Betätigungsspule Stellantrieb Elektromotor Linearmotor
N	*Für spätere Normung reserviert*			
O	*Nicht anwendbar*	–	–	–
P	Darstellung von Informationen	Alarmieren Kommunizieren Anzeigen Melden Informieren Messen (Darstellung von Größen) Darstellen Drucken Warnen	Waage Klingel Uhr Durchflussmesser Manometer Drucker Textdisplay Thermometer	Strommessinstrument Klingel Uhr Linienschreiber Ereigniszähler Geigerzähler LED Lautsprecher Drucker Spannungsschreiber Signallampe Vibrations-Signalgerät Synchronoskop Textdisplay Spannungsmessinstrument Leistungsmessinstrument

Tabelle 1 (*fortgesetzt, Kennbuchstaben Q bis T*)

Kenn-buch-stabe	Vorgesehene(r) Zweck/Aufgabe des Objekts	Beispiele für Begriffe, die den/die vorgesehene(n) Zweck/Aufgabe von Objekten beschreiben	Beispiele für typische Mechanik-/ Fluidkomponenten	Beispiele für typische elektrische Komponenten
Q	Kontrolliertes Schalten oder Variieren eines Energie-, Signal- oder Materialflusses (für Signale in Regel-/Steuerkreisen siehe Klassen K und S)	Öffnen (Energie-, Signal- und Materialfluss) Schließen (Energie-, Signal- und Materialfluss) Schalten (Energie-, Signal- und Materialfluss) Kuppeln	Bremse Stellventil Tür Tor Absperrventil Schloss	Leistungsschalter Schütz (für Last) Trennschalter Sicherungsschalter (Hauptzweck ist selbsttätiges Schützen, siehe Klasse F) Sicherungstrennschalter (Hauptzweck ist selbsttätiges Schützen, siehe Klasse F) Motoranlasser Leistungstransistor Thyristor
R	Begrenzung oder Stabilisierung von Bewegung oder eines Flusses von Energie, Information oder Material	Blockieren Dämpfen Beschränken Begrenzen Stabilisieren	Blockiergerät Rückschlagventil Zaun Verriegelungsgerät Verklinkungseinrichtung Messblende Stoßdämpfer Klappe	Diode Drosselspule Begrenzer Widerstand
S	Umwandeln einer manuellen Betätigung in ein zur Weiterverarbeitung bestimmtes Signal	Beeinflussen Manuelles Steuern Wählen	Druckknopfventil Wahlschalter	Steuerschalter Funkmaus Quittierschalter Tastatur Lichtgriffel Tastschalter Wahlschalter Sollwerteinsteller
T	Umwandlung von Energie unter Beibehaltung der Energieart, Umwandlung eines bestehenden Signals unter Beibehaltung des Informationsgehalts, Verändern der Form oder Gestalt eines Materials	Verstärken Modulieren Transformieren Gießen Verdichten Umformen Schneiden Materialverformung Dehnen Schmieden Schleifen Walzen Vergrößern Verkleinern Drehen (Bearbeitung)	Fluidverstärker Getriebe Druckverstärker Drehmomentwandler Gießmaschine Strangpresse Säge	AC/DC-Umformer Antenne Verstärker Messübertrager Frequenzwandler Leistungstransformator Gleichrichter Signalumformer Demodulator Messumformer

Tabelle 1 (*fortgesetzt, Kennbuchstaben U bis Z*)

Kenn-buch-stabe	Vorgesehene(r) Zweck/Aufgabe des Objekts	Beispiele für Begriffe, die den/die vorgesehene(n) Zweck/Aufgabe von Objekten beschreiben	Beispiele für typische Mechanik-/ Fluidkomponenten	Beispiele für typische elektrische Komponenten
U	Halten von Objekten in einer definierten Lage	Lagern Tragen Halten Stützen	Träger Gehäuse Kabelkanal Kabelgerüst Spannvorrichtung Korridor Kanal Lager Aufhänger Fundament Isolator Rohrleitungsbrücke Rollenlager Raum	Isolator
V	Verarbeitung (Behandlung) von Materialien oder Produkten (einschließlich Vor- und Nachbehandlung)	Beschichten Reinigen Entfeuchten Entrosten Trocknen Filtern Wärmebehandlung Verpacken Vorbehandlung Rückgewinnung Nachbearbeiten Abdichten Trennen Sortieren Rühren Oberflächenbehandlung Umhüllen	Auswuchtmaschine Trommel Schleifmaschine (Oberflächenbearbeitung) Verpackungsmaschine Palletierer Staubsauger Waschmaschine Wickelmaschine Befeuchtungsgerät	
W	Leiten oder Führen von Energie, Signalen, Materialien oder Produkten von einem Ort zu einem anderen	Leiten Verteilen Führen Positionieren Transportieren	Kanal Schacht Schlauch Verbindung (mechanisch) Spiegel Rollentisch Rohr Welle Drehscheibe	Sammelschiene Durchführung Kabel Leiter Datenbus Lichtwellenleiter
X	Verbinden von Objekten	Verbinden Koppeln Fügen	Flansch Haken Schlauchverbinder Rohrleitungskupplung Flansch Starre Kupplung	Verbinder (elektrisch) Anschlussverteiler Stecker Klemme Klemmenblock Klemmenleiste
Y	*Für spätere Normung reserviert*			
Z	*Für spätere Normung reserviert*			

5.2 Unterklassen von Objekten nach vorgesehenem Zweck oder vorgesehener Aufgabe

In manchen Fällen ist es erforderlich oder hilfreich, eine detailliertere Klassifikation eines Objekts vorzusehen, als dies die Klassen nach Tabelle 1 bereitstellen.

Regel 5 Objekte, die nach Tabelle 1 klassifiziert sind und für die eine Unterklassifizierung erforderlich ist, müssen nach Tabelle 2 unterklassifiziert werden.

Regel 6 Zusätzliche Unterklassen zu den in Tabelle 2 definierten, dürfen angewendet werden, falls:

- keine der in Tabelle 2 vorgegebenen Unterklassen anwendbar ist;
- die Unterklassen in Übereinstimmung mit der grundsätzlichen Gruppierung von Unterklassen in Tabelle 2 definiert werden;
- die Anwendung der Unterklassen im Dokument, in dem sie angewendet werden, oder in begleitender Dokumentation erläutert werden.

Jede Unterklasse in Tabelle 2 charakterisiert das Objekt, wobei die unterschiedlichen Unterklassen nach ihrer Zugehörigkeit zu einem technischen Gebiet angeordnet sind. Die Gruppierung ist wie folgt:

- Unterklassen A – E für Objekte in Bezug auf elektrische Energie;
- Unterklassen F – K, ohne I, für Objekte in Bezug auf Information und Signale;
- Unterklassen L – Y, ohne O, für Objekte in Bezug auf Verfahrenstechnik, Maschinenbau und Bauwesen;
- Unterklasse Z für Objekte mit kombinierten Aufgaben.

Diese grundsätzliche Gruppierung ist für alle Klassen aus Tabelle 1 festgelegt, mit Ausnahme der Klasse B, bei der die für die Unterklassen festgelegten Kennbuchstaben auf den Festlegungen von ISO 14617-6 basieren.

ANMERKUNG 1 Es sollte bedacht werden, dass die Kennbuchstaben in ISO 14617-6 als qualifizierende Symbole im Zusammenhang mit graphischen Symbolen für Mess- und Steuerungsfunktionen vorgesehen sind. Auch wenn sie genau genommen kein Klassifizierungsschema darstellen, kann ihre Anwendung in den meisten Fällen zu Einzelebenen-Referenzkennzeichen mit ausreichender Differenzierung führen. Z. B. kann ein Temperatursensor der Klasse BT zugeordnet werden, wenn die Kennzeichnung nur nach Klasse B nicht ausreichend für einen vorgesehenen Zweck ist.

ANMERKUNG 2 Tabelle 2 definiert die Unterklassen und stellt eine nicht vollständige Liste von Komponenten bereit, die als zugehörig zur gegebenen Unterklasse angesehen werden. Es liegt nicht im Anwendungsbereich dieser Norm, alle einer bestimmten Unterklasse zugehörigen Komponenten aufzulisten.

ANMERKUNG 3 In Tabelle 2 besagt der Ausdruck „Nicht angewendet", dass der entsprechende Kennbuchstabe im vorliegenden Klassifizierungsschema nicht definiert wurde. Es ist nicht untersagt, solche Kennbuchstaben für bisher nicht definierte Klassen anzuwenden. Es besteht jedoch ein Risiko, dass in einer späteren Ausgabe dieser Norm diese Kennbuchstaben durch zusätzliche genormte Klassen belegt werden und das diese unterschiedlich zu den frei gewählten sind.

Tabelle 2 – Definitionen von und Kennbuchstaben für Unterklassen bezogen auf Hauptklassen
(*Klasse A*)

Hauptklasse A Zwei oder mehr Zwecke oder Aufgaben		
Kennbuchstaben	**Definition der Unterklasse**	**Beispiele für Komponenten**
AA	Objekte deren Aufgabe auf elektrische Energie bezogen ist. (frei zur Festlegung durch den Anwender)	
AB		
AC		
AD		
AE		
AF	Objekte deren Aufgabe auf Informationen oder Signale bezogen ist. (frei zur Festlegung durch den Anwender)	
AG		
AH		
AJ		
AK		
AL	Objekte deren Aufgabe auf Prozesstechnik, Maschinenbau oder Bautechnik bezogen ist. (frei zur Festlegung durch den Anwender)	
AM		
AN		
AP		
AQ		
AR		
AS		
AT		
AU		
AV		
AW		
AX		
AY		
AZ	Kombinierte Aufgaben	
ANMERKUNG Hauptklasse A ist ausschließlich für solche Objekte vorgesehen, für die kein vorgesehener Hauptzweck identifiziert werden kann.		

Tabelle 2 *(fortgesetzt, Klasse B)*

Hauptklasse B Umwandeln einer Eingangsvariablen (physikalische Eigenschaft, Zustand oder Ereignis) in ein zur Weiterverarbeitung bestimmtes Signal		
Kennbuchstaben	**Definition der Unterklasse basierend auf der gemessenen Eingangsgröße**	**Beispiele für Komponenten**
BA	Elektrisches Potenzial	Messrelais (Spannung), Messwiderstand (Shunt), Messwandler (Spannung), Spannungswandler
BB	*Nicht angewendet*	
BC	Elektrischer Strom	Stromwandler, Messrelais (Strom), Messwandler (Strom), Überlastrelais (Strom) (Shunt)
BD	Dichte	
BE	Andere elektrische und elektromagnetische Größen	Messrelais, Shunt (Widerstand), Messwandler
BF	Fluss	Durchflussmesser, Gaszähler, Wasserzähler
BG	Abstand, Stellung, Länge (einschließlich Entfernung, Ausdehnung, Amplitude)	Bewegungsmelder, Positionsschalter, Näherungsschalter, Näherungssensor
BH	*Nicht angewendet*	
BJ	Leistung	
BK	Zeit	Uhr, Zeitmesser
BL	Höhenangabe, Stand	Echolot (Sonar)
BM	Wassergehalt, Feuchte	Feuchtigkeitsmesser
BN	*Nicht angewendet*	
BP	Druck, Vakuum	Druckfühler, Drucksensor
BQ	Qualität (Zusammensetzung, Konzentration, Reinheit, Stoffeigenschaft)	Gasanalysegerät, Prüfgerät (zerstörungsfrei)
BR	Strahlung	Brandwächter, Fotozelle, Rauchwächter
BS	Geschwindigkeit, Frequenz (einschließlich Beschleunigung)	Beschleunigungsmesser, Geschwindigkeitsmesser, Drehzahlmesser, Tachometer, Schwingungsaufnehmer
BT	Temperatur	Temperatursensor
BU	Mehrfachvariable	Buchholz Relais
BV	*Nicht angewendet*	
BW	Gewichtskraft, Masse	Kraftaufnehmer
BX	Sonstige Größen	Mikrofon, Videokamera
BY	*Nicht angewendet*	
BZ	Anzahl von Ereignissen, Zählungen, kombinierte Aufgaben	Schaltspieldetektor
ANMERKUNG Für die Unterklassen wurden die Kennbuchstaben nach ISO 14617-6:2002, 7.3.1, zusammen mit einigen Ergänzungen zum Zwecke dieser Norm, angewendet. Hinzugefügt wurden Beschreibungen der Kennbuchstaben BA, BC, BV und BX. Der Kode BZ wurde zusätzlich für „kombinierte Aufgaben" verfügbar gemacht, um eine Anwendung in Entsprechung mit den anderen Hauptklassen zu ermöglichen.		

Tabelle 2 (*fortgesetzt, Klasse C*)

Hauptklasse C Speichern von Material, Energie oder Information		
Kennbuchstaben	**Definition der Unterklasse basierend auf der Art der Speicherung**	**Beispiele für Komponenten**
CA	Kapazitive Speicherung elektrischer Energie	Kondensator
CB	Induktive Speicherung elektrischer Energie	Supraleiter, Spule
CC	Chemische Speicherung elektrischer Energie	Speicherbatterie ANMERKUNG Als Quelle zur Energieversorgung angesehene Batterien sind der Hauptklasse G zugeordnet).
CD	*Nicht angewendet*	
CE	*Nicht angewendet*	
CF	Speichern von Informationen	CD-ROM, EPROM, Ereignisschreiber, Festplatte, Magnetbandgerät, RAM, Videorekorder, Spannungsschreiber
CG	*Nicht angewendet*	
CH	*Nicht angewendet*	
CJ	*Nicht angewendet*	
CK	*Nicht angewendet*	
CL	Offenes Speichern von Stoffen an festem Ort (Sammlung, Lagerung)	Bunker, Zisterne, Grube, Becken
CM	Geschlossenes Speichern von Stoffen an festem Ort (Sammlung, Lagerung)	Akkumulator, Fass, Kessel, Druckpuffer, Behälter, Depot, Druckspeicher, Gasometer, Safe, Silo, Tank
CN	Mobiles Speichern von Stoffen (Sammlung, Lagerung)	Container, Transportbehälter, Gaszylinder, Versandcontainer
CP	Speichern von thermischer Energie	Heißwasserspeicher, Hybridwärmespeicher, Eistank, Dampfspeicher, Wärmeenergiespeicher, Erdspeicher
CQ	Speichern von mechanischer Energie	Schwungrad, Gummiband
CR	*Nicht angewendet*	
CS	*Nicht angewendet*	
CT	*Nicht angewendet*	
CU	*Nicht angewendet*	
CV	*Nicht angewendet*	
CW	*Nicht angewendet*	
CX	*Nicht angewendet*	
CY	*Nicht angewendet*	
CZ	Kombinierte Aufgaben	

Tabelle 2 (*fortgesetzt, Klasse E*)

Hauptklasse E Liefern von Strahlungs- oder Wärmeenergie		
Kennbuchstaben	**Definition der Unterklasse basierend auf der erzeugten Ausgangsgröße und der Erzeugungsmethode**	**Beispiele für Komponenten**
EA	Erzeugung von elektromagnetischer Strahlung für Beleuchtungszwecke mittels elektrischer Energie	Leuchtstofflampe, Leuchtstoffröhre, Glühlampe, Lampe, Laser, LED-Lampe, Maser, UV-Strahler
EB	Erzeugung von Wärmeenergie mittels Umwandlung von elektrischer Energie	elektrischer Boiler, Elektroofen, elektrische Heizung, elektrischer Radiator Elektrokessel, Heizstab, Heizdraht, Infrarotstrahler
EC	Erzeugung von Kälteenergie mittels Umwandlung von elektrischer Energie	Kompressionskältemaschine, Kühlaggregat, Gefrierschrank, Peltier-Element, Kühlschrank, Turbokältemaschine
ED	*Nicht angewendet*	
EE	Erzeugung von anderer elektromagnetischer Strahlung mittels elektrischer Energie	
EF	Erzeugung von anderer elektromagnetischer Strahlung zum Zweck der Signalisierung	
EG	*Nicht angewendet*	
EH	*Nicht angewendet*	
EJ	*Nicht angewendet*	
EK	*Nicht angewendet*	
EL	Erzeugung von elektromagnetischer Strahlung für Beleuchtungszwecke durch Verbrennung fossiler Brennstoffe	Gaslicht, Gaslampe, Paraffinlampe
EM	Erzeugung von thermischer Energie mittels Umwandlung chemischer Energie	Heizkessel, Brenner, Ofen, Hochofen
EN	Erzeugung von Kälteenergie mittels Umwandlung chemischer Energie	Kältepumpe, Kühlschrank
EP	Erzeugung von Wärmeenergie durch Energieaustausch	Boiler, Kondensator, Verdampfer, Speisewasservorwärmer, Speisewasserwärmer, Wärmeaustauscher, Dampferzeuger, Radiator
EQ	Erzeugung von Kälteenergie durch Energieaustausch	Kältepumpe, Gefrierschrank, Kühlschrank
ER	Erzeugung von Wärme durch Umwandlung mechanischer Energie	
ES	Erzeugung von Kälte durch Umwandlung mechanischer Energie	mechanischer Kühlschrank
ET	Erzeugung von thermischer Energie mittels Kernspaltung	Kernreaktor
EU	Erzeugung von Teilchenstrahlung	Magnetron-Zerstäuber, Neutronengenerator
EV	*Nicht angewendet*	
EW	*Nicht angewendet*	
EX	*Nicht angewendet*	
EY	*Nicht angewendet*	
EZ	Kombinierte Aufgaben	

Tabelle 2 (*fortgesetzt, Klasse F*)

Hauptklasse F **Direkter (selbsttätiger) Schutz eines Energie- oder Signalflusses, von Personal oder Einrichtungen vor gefährlichen oder unerwünschten Zuständen, einschließlich Systeme und Ausrüstung für Schutzzwecke**		
Kennbuchstaben	**Definition der Unterklasse basierend auf der Art des Phänomens, gegen das zu schützen ist**	**Beispiele für Komponenten**
FA	Schutz gegen Überspannungen	Überspannungsableiter
FB	Schutz gegen Fehlerströme	Fehlerstrom-Schutzschalter
FC	Schutz gegen Überströme	Sicherung, Sicherungseinheit, Leitungsschutzschalter, thermischer Überlastauslöser
FD	*Nicht angewendet*	
FE	Schutz gegen andere elektrische Gefährdungen	Umschließung zur elektromagnetischen Abschirmung, Faradayscher Käfig
FF	*Nicht angewendet*	
FG		
FH		
FJ		
FK		
FL	Schützen gegen gefährliche Druckzustände	automatischer Wasserverschluss, Berstscheibe, Sicherheitsarmatur, Vakuumschalter
FM	Schützen gegen Brandeinwirkungen	Brandschutzklappe, Brandschutztür, Brandschutzeinrichtung, Schleuse
FN	Schützen vor gefährlichen Betriebszuständen oder Beschädigung	Eindringschutz, Schutzvorrichtung, Schutzschild, Schutzhülse für Thermoelement, Sicherheitskupplung
FP	Schützen gegen gefährliche Emissionen (z. B. Strahlung, chemische Emissionen, Lärm)	Reaktorschutzeinrichtung
FQ	Schützen gegen Gefährdungen oder unerwünschten Situationen von Personen oder Tieren (z. B. Schutzvorrichtungen)	Airbag, Geländer, Absperrung, Berührungsschutz, Fluchttür, Fluchtfenster, Zaun, Schranke, Blendschutz, Sichtschutz, Sicherheitsgurt
FR	Schützen gegen Verschleiß (z. B. Korrosion)	Schutzanode (kathodisch)
FS	Schützen vor Umwelteinflüssen (z. B. Witterung, geophysikalische Auswirkungen)	Lawinenschutz, geophysikalischer Schutz, Witterungsschutz
FT	*Nicht angewendet*	
FU	*Nicht angewendet*	
FV	*Nicht angewendet*	
FW	*Nicht angewendet*	
FX	*Nicht angewendet*	
FY	*Nicht angewendet*	
FZ	Kombinierte Aufgaben	

Tabelle 2 (*fortgesetzt, Klasse G*)

Hauptklasse G Initiieren eines Energie- oder Materialflusses, erzeugen von Signalen, die als Informationsträger oder Referenzquelle verwendet werden		
Kennbuchstaben	**Definition der Unterklasse basierend auf Art der Initiierung und Art des Flusses**	**Beispiele für Komponenten**
GA	Initiieren eines elektrischen Energieflusses durch Einsatz mechanischer Energie	Dynamo, Generator, Motor-Generator-Satz, Stromerzeuger, umlaufender Generator
GB	Initiieren eines elektrischen Energieflusses durch chemische Umwandlung	Batterie, Trockenzellen-Batterie, Brennstoffzelle
GC	Initiieren eines elektrischen Energieflusses mittels Licht	Solarzelle
GD	*Nicht angewendet*	
GE	*Nicht angewendet*	
GF	Erzeugen von Signalen als Informationsträger	Signalgenerator, Signalgeber, Wellengenerator
GG	*Nicht angewendet*	
GH	*Nicht angewendet*	
GJ	*Nicht angewendet*	
GK	*Nicht angewendet*	
GL	Initiieren eines stetigen Flusses von festen Stoffen	Bandförderer, Kettenförderer, Zuteiler
GM	Initiieren eines unstetigen Flusses von festen Stoffen	Kran, Aufzug, Gabelstapler, Hebezeug, Manipulator, Hubeinrichtung
GN	*Nicht angewendet*	
GP	Initiieren eines Flusses von flüssigen und fließfähigen Stoffen, angetrieben mittels Energieversorgung	Pumpe, Schneckenförderer
GQ	Initiieren eines Flusses von gasförmigen Stoffen durch mechanischen Antrieb	Sauglüfter, Ventilator, Verdichter, Lüfter, Vakuumpumpe
GR	*Nicht angewendet*	
GS	Initiieren eines Flusses von flüssigen oder gasförmigen Stoffen durch ein Treibmedium	Ejektor, Injektor, Strahler
GT	Initiieren eines Flusses von flüssigen oder gasförmigen Stoffen durch Schwerkraft	Schmiervorrichtung, Öler
GU	*Nicht angewendet*	
GV	*Nicht angewendet*	
GW	*Nicht angewendet*	
GX	*Nicht angewendet*	
GY	*Nicht angewendet*	
GZ	Kombinierte Aufgaben	

Tabelle 2 (*fortgesetzt, Klasse H*)

Hauptklasse H Produzieren einer neuen Art von Material oder einer neuen Art eines Produkts		
Kennbuchstaben	**Definition der Unterklasse basierend auf der zur Herstellung von Material oder Produkt angewendeten Methode**	**Beispiele für Komponenten**
HA	*Nicht angewendet*	
HB	*Nicht angewendet*	
HC	*Nicht angewendet*	
HD	*Nicht angewendet*	
HE	*Nicht angewendet*	
HF	*Nicht angewendet*	
HG	*Nicht angewendet*	
HH	*Nicht angewendet*	
HJ	*Nicht angewendet*	
HK	*Nicht angewendet*	
HL	Erzeugen eines neuen Produkts durch Zusammenbau	Montageroboter, Bestückungsautomat, Kantensaummaschine
HM	Trennen von Stoffgemischen durch Fliehkraft	Zentrifuge, Zykloneinrichtung
HN	Trennen von Stoffgemischen durch Schwerkraft	Abscheider, Absetzbehälter, Rüttler
HP	Trennen von Stoffgemischen durch thermische Verfahren	Destillationskolonne, Trockner (Munter-Trockner), Extraktionseinrichtung
HQ	Trennen von Stoffgemischen durch Filtern	Flüssigkeitsfilter, Gasfilter, Sieb, Rechen, Rost
HR	Trennen von Stoffgemischen durch elektrostatische oder magnetische Kräfte	Elektrofilter, Magnetabscheider
HS	Trennen von Stoffgemischen durch physikalische Verfahren	Absorptionswäscher, Aktivkohleabsorbierer, Ionentauscher, Nassentstauber
HT	Erzeugen neuer gasförmiger Stoffe	Vergaser
HU	Zerkleinern zum Erzeugen einer neuen Form fester Stoffe	Mühle, Brecher
HV	Vergröbern zum Erzeugen einer neuen Form fester Stoffe	Brikettierer, Pelletierer, Sintereinrichtung, Tablettierer
HW	Mischen zum Erzeugen neuer fester, flüssiger, fließfähiger und gasförmiger Stoffe	Emulgierer, (Dampf-)Befeuchter, Kneter, Mischer, Rührkessel, Statikmixer, Rührwerk
HX	Erzeugen neuer Stoffe durch chemische Reaktion	Reaktionsofen, Reaktor
HY	Erzeugen neuer Stoffe durch biologische Reaktion	Kompostierer, Fermentierer
HZ	Kombinierte Aufgaben	

Tabelle 2 (*fortgesetzt, Klasse K*)

Hauptklasse K **Verarbeitung (Empfang, Verarbeitung und Bereitstellung) von Signalen oder Informationen (mit Ausnahme von Objekten für Schutzzwecke, siehe Kennbuchstabe F)**		
Kennbuchstaben	**Definition der Unterklasse basierend auf der Art des zu verarbeitenden Signals**	**Beispiele für Komponenten**
KA	*Nicht angewendet*	
KB	*Nicht angewendet*	
KC	*Nicht angewendet*	
KD	*Nicht angewendet*	
KE	*Nicht angewendet*	
KF	Verarbeitung von elektrischen und elektronischen Signalen	Hilfsrelais, integrierter Analogschaltkreis, Automatik-Parallelschaltgerät, Binärelement, integrierter Binärschaltkreis, Hilfsschütz, CPU, Verzögerungsele-ment, Verzögerungslinie, Elektronenröhre, Regler, Filter (AC oder DC), Induktionsrührer, Ein-/Ausgangs-baugruppe, Mikroprozessor, Optokoppler, Prozessrechner, Automatisierungsgerät, Synchronisiergerät, Zeitrelais, Transistor, Sender
KG	Verarbeitung von optischen und akustischen Signalen	Spiegel, Regler, Prüfgerät
KH	Verarbeitung von fluidtechnischen und pneumati-schen Signalen	Regler (Ventilstellungsregler), Fluidregler, Vorsteuerventil, Ventilblock
KJ	Verarbeitung von mechanischen Signalen	Regler, Gestänge
KK	Verarbeitung unterschiedlicher Informationsträger an Ein- und Ausgang (z. B. elektrisch – pneuma-tisch)	Regler, Elektrohydraulischer Umformer, elektrisches Vorsteuerventil
KL	*Nicht angewendet*	
KM	*Nicht angewendet*	
KN	*Nicht angewendet*	
KP	*Nicht angewendet*	
KQ	*Nicht angewendet*	
KR	*Nicht angewendet*	
KS	*Nicht angewendet*	
KT	*Nicht angewendet*	
KU	*Nicht angewendet*	
KV	*Nicht angewendet*	
W	*Nicht angewendet*	
KX	*Nicht angewendet*	
KY	*Nicht angewendet*	
KZ	Kombinierte Aufgaben	

Tabelle 2 (*fortgesetzt, Klasse M*)

Hauptklasse M Bereitstellung von mechanischer Energie (mechanische Dreh- oder Linearbewegung) zu Antriebszwecken		
Kennbuchstaben	**Definition der Unterklasse basierend auf der Art des Antriebskraft**	**Beispiele für Komponenten**
MA	Antreiben durch elektromagnetische Wirkung	Elektromotor, Linearmotor
MB	Antreiben durch magnetische Wirkung	Betätigungsspule, Aktuator, Elektromagnet
MC	*Nicht angewendet*	
MD	*Nicht angewendet*	
ME	*Nicht angewendet*	
MF	*Nicht angewendet*	
MG	*Nicht angewendet*	
MH	*Nicht angewendet*	
MJ	*Nicht angewendet*	
MK	*Nicht angewendet*	
ML	Antreiben durch mechanische Kraft	Reibradantrieb, Stellantrieb (mechanisch), Federkraft, Federspeicherantrieb, Gewicht
MM	Antreiben durch fluidtechnische oder pneumatische Kraft	Fluidantrieb, Fluidzylinder, Fluidmotor, Hydraulikzylinder, Servomotor
MN	Antreiben durch Kraft von Dampfstrom	Dampfturbine
MP	Antreiben durch Kraft von Gasstrom	Gasturbine
MQ	Antreiben durch Windkraft	Windturbine
MR	Antreiben durch Kraft von Flüssigkeitsstrom	Wasserturbine
MS	Antreiben durch Kraft einer chemischen Umwandlung	Verbrennungsmotor
MT	*Nicht angewendet*	
MU	*Nicht angewendet*	
MV	*Nicht angewendet*	
MW	*Nicht angewendet*	
MX	*Nicht angewendet*	
MY	*Nicht angewendet*	
MZ	Kombinierte Aufgaben	

Tabelle 2 (*fortgesetzt, Klasse P*)

Hauptklasse P Darstellung von Informationen		
Kennbuchstaben	**Definition der Unterklasse basierend auf der Art der dargestellten Information und der Darstellungsform**	**Beispiele für Komponenten**
PA	Nicht angewendet	
PB	*Nicht angewendet*	
PC	*Nicht angewendet*	
PD	*Nicht angewendet*	
PE	*Nicht angewendet*	
PF	Visuelle Anzeige von Einzelzuständen	Türschlossanzeige, LED, Fallklappenanzeiger, Meldelampe
PG	Visuelle Anzeige von Einzelvariablen	Strommessinstrument, Barometer, Uhr, Zählwerk, Ereigniszähler, Durchflussanzeiger, Frequenzanzeiger, Geigerzähler, Manometer, Schauglas, Synchronoskop, Thermometer, Spannungsmessinstrument, Leistungsmessinstrument, Gewichtsanzeige
PH	Visuelle Anzeige von Information in Zeichnungsform, Bildform und/oder Textform	Analogrekorder, Strichkodedrucker, Ereignisrekorder (Hauptsächlich zur Informationsdarstellung), Drucker, Spannungsschreiber, Textdisplay, Bildschirm
PJ	Akustische Informationsdarstellung	Glocke, Hupe, Lautsprecher, Pfeife
PK	Fühlbare Informationsdarstellung	Vibrator
PL	*Nicht angewendet*	
PM	*Nicht angewendet*	
PN	*Nicht angewendet*	
PP	*Nicht angewendet*	
PQ	*Nicht angewendet*	
PR	*Nicht angewendet*	
PS	*Nicht angewendet*	
PT	*Nicht angewendet*	
PU	*Nicht angewendet*	
PV	*Nicht angewendet*	
PW	*Nicht angewendet*	
PX	*Nicht angewendet*	
PY	*Nicht angewendet*	
PZ	Kombinierte Aufgaben	

Tabelle 2 (*fortgesetzt, Klasse Q*)

Hauptklasse Q **Kontrolliertes Schalten oder Variieren eines Energie-, Signal- oder Materialflusses (bei Signalen in Regel-/Steuerkreisen siehe Klassen K und S)**		
Kennbuchstaben	**Definition der Unterklasse basierend auf dem Zweck des Schaltens oder Variierens**	**Beispiele für Komponenten**
QA	Schalten und Variieren von elektrischen Energiekreisen	Leistungsschalter, Schütz, Motoranlasser, Leistungstransistor, Thyristor,
QB	Trennen von elektrischen Energiekreisen	Trennschalter, Sicherungsschalter, Sicherungstrenn-schalter, Trennschutzschalter, Lasttrennschalter
QC	Erden von elektrischen Energiekreisen	Erdungsschalter
QD	*Nicht angewendet*	
QE	*Nicht angewendet*	
QF	*Nicht angewendet*	
QG	*Nicht angewendet*	
QH	*Nicht angewendet*	
QJ	*Nicht angewendet*	
QK	*Nicht angewendet*	
QL	Bremsen	Bremse
QM	Schalten eines Flusses fließfähiger Stoffe in ge-schlossenen Umschließungen	Steckscheibe, Verschlussplatte, Klappe, Absperrarma-tur (auch Entleerungsarmatur), Solenoidventil
QN	Verändern eines Flusses fließfähiger Stoffe in ge-schlossenen Umschließungen	Regelklappe, Regelarmatur, Gasregelstrecke
QP	Schalten oder Verändern eines Flusses fließfähiger Stoffe in offenen Umschließungen	Dammplatte, Schleusentor
QQ	Ermöglichen von Zugang zu einem Raum oder einer Fläche	Schranke, Abdeckung, Tür, Tor, Schloss, Drehkreuz, Fenster
QR	Absperren eines Flusses fließfähiger Stoffe (keine Armaturen)	Absperreinrichtung, Zellradschleuse (für auf/zu)
QS	*Nicht angewendet*	
QT	*Nicht angewendet*	
QU	*Nicht angewendet*	
QV	*Nicht angewendet*	
QW	*Nicht angewendet*	
QX	*Nicht angewendet*	
QY	*Nicht angewendet*	
QZ	Kombinierte Aufgaben	

Tabelle 2 (*fortgesetzt, Klasse R*)

Hauptklasse R **Begrenzung oder Stabilisierung von Bewegung oder Fluss von Energie, Information oder Material**		
Kennbuchstaben	**Definition der Unterklasse basierend auf dem Zweck der Begrenzung**	**Beispiele für Komponenten**
RA	Begrenzen des Flusses von elektrischer Energie	Löschspule, Diode, Drossel, Begrenzer, Widerstand
RB	Stabilisierung eines Flusses von elektrischer Energie	Glättungskondensator
RC	*Nicht angewendet*	
RD	*Nicht angewendet*	
RE	*Nicht angewendet*	
RF	Stabilisieren von Signalen	Entzerrer, Filter
RG	*Nicht angewendet*	
RH	*Nicht angewendet*	
RJ	*Nicht angewendet*	
RK	*Nicht angewendet*	
RL	Verhindern von unerlaubtem Bedienen und/oder Bewegungen (mechanisch)	Blockiergerät, Arretierung, Schloss, Verklinkung
RM	Verhindern des Rückflusses von gasförmigen, flüssigen und fließfähigen Stoffen	Rückschlagarmaturen
RN	Begrenzen des Durchflusses von flüssigen und gasförmigen Stoffen	Flussbegrenzer, Drosselscheibe, Venturidüse, wasserdichte Dichtung
RP	Abschirmen und Dämmen von Lärm	Schallschutz, Schalldämpfer
RQ	Abschirmen und Dämmen von Wärme oder Kälte	Isolierung, Ummantelung, Verkleidung, Auskleidung, Wärmedämmungs-Jalousie
RR	Abschirmen und Dämmen von mechanischen Einwirkungen	Auskleidung, Kompensator, Schwingungsdämpfung, Vibrationsdämpfung
RS	Abschirmen und Dämmen von chemischen Einwirkungen	Auskleidung, Explosionsschutz, Feuerlöscher, Gasdurchdringungsschutz, Spritzschutz
RT	Abschirmen und Dämmen von Licht	Lichtblende, Blende, Verschluss
RU	Abschirmen und Stabilisieren von Bewegung in Orten/im Gelände	Zaun
RV	*Nicht angewendet*	
RW	*Nicht angewendet*	
RX	*Nicht angewendet*	
RY	*Nicht angewendet*	
RZ	Kombinierte Aufgaben	

Tabelle 2 (*fortgesetzt, Klasse S*)

Hauptklasse S Umwandeln einer manuellen Betätigung in ein zur Weiterverarbeitung bestimmtes Signal		
Kennbuchstaben	**Definition der Unterklasse basierend auf der Art des Trägers des Ausgangssignals**	**Beispiele für Komponenten**
SA	*Nicht angewendet*	
SB	*Nicht* angewendet	
SC	*Nicht angewendet*	
SD	*Nicht angewendet*	
SE	*Nicht angewendet*	
SF	Bereitstellen eines elektrischen Signals	Steuerschalter, Quittierschalter, Tastatur, Lichtgriffel, Tastschalter, Wahlschalter, Sollwerteinsteller, Schalter
SG	Bereitstellen eines elektromagnetischen, optischen oder akustischen Signals	Funkmaus
SH	Bereitstellen eines mechanischen Signals	Handrad, Wahlschalter
SJ	Bereitstellung eines fluidtechnischen oder pneumatischen Signals	Druckknopfventil
SK	*Nicht angewendet*	
SL	*Nicht angewendet*	
SM	*Nicht angewendet*	
SN	*Nicht angewendet*	
SP	*Nicht angewendet*	
SQ	*Nicht angewendet*	
SR	*Nicht angewendet*	
SS	*Nicht angewendet*	
ST	*Nicht angewendet*	
SU	*Nicht angewendet*	
SV	*Nicht angewendet*	
SW	*Nicht angewendet*	
SX	*Nicht angewendet*	
SY	*Nicht angewendet*	
SZ	Kombinierte Aufgaben	

Tabelle 2 (*fortgesetzt, Klasse T*)

Hauptklasse T **Umwandlung von Energie unter Beibehaltung der Energieart, Umwandlung eines bestehenden Signals unter Beibehaltung des Informationsgehalts, verändern der Form oder Gestalt eines Materials**		
Kennbuchstaben	**Definition der Unterklasse basierend auf der Art der Umwandlung**	**Beispiele für Komponenten**
TA	Umwandeln elektrischer Energie unter Beibehaltung der Energieart und Energieform	DC/DC-Wandler, Frequenzwandler, Leistungstransformator, Transformator
TB	Umwandeln elektrischer Energie unter Beibehaltung der Energieart, aber Veränderung der Energieform	Wechselrichter, Gleichrichter
TC	*Nicht angewendet*	
TD	*Nicht angewendet*	
TE	*Nicht angewendet*	
TF	Umwandeln von Signalen (Beibehaltung des Informationsinhaltes)	Antenne, Verstärker, elektrischer Messumformer, Impulsverstärker, Trennwandler, Signalwandler
TG	*Nicht angewendet*	
TH	*Nicht angewendet*	
TJ	*Nicht angewendet*	
TK	*Nicht angewendet*	
TL	Umwandeln von Drehzahl, Drehmoment, Kraft in dieselbe Art	Automatikgetriebe, Regelkupplung, Fluidverstärker, Schaltgetriebe, Druckkraftverstärker, Drehzahlwandler, Drehmomentwandler
TM	Umwandeln einer mechanischen Form durch spanabhebende Bearbeitung	Werkzeugmaschine, Säge, Schere
TN	*Nicht angewendet*	
TP	Umwandeln einer mechanischen Form durch Kaltformung (spanlos)	Tiefzieheinrichtung, Kaltwalzeinrichtung, Kaltzugeinrichtung
TQ	Umwandeln einer mechanischen Form durch Warmformung (spanlos)	Gießeinrichtung, Strangpresse, Schmiedeeinrichtung, Warmzugeinrichtung, Warmwalzeinrichtung
TR	Umwandeln von Strahlungsenergie unter Beibehaltung der Energieform	Brennglas, Parabolspiegel
TS	*Nicht angewendet*	
TT	*Nicht angewendet*	
TU	*Nicht angewendet*	
TV	*Nicht angewendet*	
TW	*Nicht angewendet*	
TX	*Nicht angewendet*	
TY	*Nicht angewendet*	
TZ	Kombinierte Aufgaben	

Tabelle 2 (*fortgesetzt, Klasse U*)

Hauptklasse U Halten von Objekten in einer definierten Lage		
Kennbuchstaben	**Definition der Unterklasse basierend auf der Art des Objekts, das in einer Lage gehalten wird**	**Beispiele für Komponenten**
UA	Halten und Tragen von Einrichtungen elektrischer Energie	Stützer, Gerüst, Isolator
UB	Halten und Tragen von elektrischen Energiekabeln und -leitungen	Kabelkanal, Kabelleiter, Kabelpritsche, Kabelwanne, Isolator, Mast, Portal, Stützer
UC	Umschließen und Tragen von Einrichtungen elektrischer Energie	Schrank, Kapselung, Gehäuse
UD	*Nicht angewendet*	
UE	*Nicht angewendet*	
UF	Halten, Tragen, Umschließen von leittechnischen und kommunikationstechnischen Einrichtungen	Leiterplatte, Baugruppenträger, Messumformergestell
UG	Halten und Tragen von leittechnischen und kommunikationstechnischen Kabeln und Leitungen	Kabelpritsche, Kabelkanal, Kabelschacht
UH	Umschließen und Tragen von leittechnischen Einrichtungen	Schrank
UJ	*Nicht angewendet*	
UK	*Nicht angewendet*	
UL	Halten und Tragen von maschinentechnischen Einrichtungen	Maschinenfundament
UM	Halten und Tragen von gebäudetechnischen Objekten	Gebäudefundament, Kanal (nicht Kabelkanal, siehe UG), Schacht, bauliche Statikelemente (z. B. Sturz, Unterzug, Oberzug, Stütze)
UN	Halten und Tragen von rohrleitungstechnischen Objekten	Halterung für Rohrleitungen, Rohrbrücke, Rohraufhängung
UP	Halten und Führen von Wellen und Läufer	Kugellager, Rollenlager, Gleitlager
UQ	Halten und Führen von Objekten für Fertigung und Montage	Zentriervorrichtung, Spannvorrichtung, Aufnahmevorrichtung
UR	Befestigen und Verankern von maschinentechnischen Einrichtungen	Ankerplatte, Halterung, Träger, Montagegestell, Montageplatte
US	Räumliche Objekte zur Unterbringung und zum Tragen anderer Objekte	Korridor, Kanal, Halle, Passage, Raum, Schacht, Treppenschacht
UT	*Nicht angewendet*	
UU	*Nicht angewendet*	
UV	*Nicht angewendet*	
UW	*Nicht angewendet*	
UX	*Nicht angewendet*	
UY	*Nicht angewendet*	
UZ	Kombinierte Aufgaben	

Tabelle 2 (*fortgesetzt, Klasse V*)

Hauptklasse V Verarbeitung (Behandlung) von Materialien oder Produkten (einschließlich Vor- und Nachbehandlung)		
Kennbuchstaben	**Definition der Unterklasse basierend auf der Art der Bearbeitung**	**Beispiele für Komponenten**
VA	*Nicht angewendet*	
VB	*Nicht angewendet*	
VC	*Nicht angewendet*	
VD	*Nicht angewendet*	
VE	*Nicht angewendet*	
VF	*Nicht angewendet*	
VG	*Nicht angewendet*	
VH	*Nicht angewendet*	
VJ	*Nicht angewendet*	
VK	*Nicht angewendet*	
VL	Abfüllen von Stoffen	Fassfülleinrichtung, Sackfülleinrichtung, Tankwagenfülleinrichtung
VM	Verpacken von Produkten	Verpackungsmaschine, Palletierer, Einwickelmaschine
VN	Behandeln von Oberflächen	Polierer, Schleifmaschine, Lackierautomat, Poliermaschine
VP	Behandeln von Stoffen oder Produkten	Glühofen, Auswuchtmaschine, Hochofen, Schmelzofen
VQ	Reinigen von Stoffen, Produkten oder Einrichtungen	Gebäudereinigungseinrichtung, Staubsauger, Waschmaschine
VR	*Nicht angewendet*	
VS	*Nicht angewendet*	
VT	*Nicht angewendet*	
VU	*Nicht angewendet*	
VV	*Nicht angewendet*	
VW	*Nicht angewendet*	
VX	*Nicht angewendet*	
VY	*Nicht angewendet*	
VZ	Kombinierte Aufgaben	

Tabelle 2 (*fortgesetzt, Klasse W*)

Hauptklasse W **Leiten oder Führen von Energie, Signalen, Materialien oder Produkten von einem Ort zu einem anderen**		
Kennbuchstaben	**Definition der Unterklasse basierend auf Charakteristika von Energie, Signal, Material oder Produkt, die zu leiten oder zu führen sind**	**Beispiele für Komponenten**
WA	Verteilen von elektrischer Energie (> 1 kV AC oder > 1 500 V DC)	Sammelschiene, Schaltgeräte-Baueinheit
WB	Transportieren von elektrischer Energie (> 1 kV AC oder > 1 500 V DC)	Durchführung, Kabel, Leiter
WC	Verteilen von elektrischer Energie ≤ 1 kV AC oder ≤ 1 500 V DC)	Sammelschiene, Motorsteuerschrank (MCC), Schaltgeräte-Baueinheit
WD	Transportieren von elektrischer Energie (≤ AC 1 kV oder ≤ DC 1 500 V)	Durchführung, Kabel, Leiter
WE	Leiten von Erdpotential oder Bezugspotential	Potentialausgleichsleiter, Erdungsschiene, Erdungsleiter, Erdungsstange
WF	Verteilen von elektrischen oder elektronischen Signalen	Datenbus, Feldbus
WG	Transportieren von elektrischen oder elektronischen Signalen	Steuerkabel, Datenleitung, Messkabel
WH	Transportieren und Führen von optischen Signalen	Lichtwellenleiter, Glasfaserkabel, optischer Wellenleiter
WJ	*Nicht angewendet*	
WK	*Nicht angewendet*	
WL	Transportieren von Stoffen und Produkten (nicht angetrieben)	Förderer, schiefe Ebene, Rollentisch
WM	Leiten und Führen von Strömen flüssiger und fließfähiger Stoffe (offene Umschließungen)	Kanal, Rinne
WN	Leiten und Führen von Strömen flüssiger, fließfähiger und gasförmiger Stoffe (geschlossene, flexible Umschließungen)	Schlauch
WP	Leiten und Führen von Strömen flüssiger, fließfähiger und gasförmiger Stoffe (geschlossene, starre Umschließungen)	Rohrleitung, Luftkanal, Kamin
WQ	Übertragen von mechanischer Energie	Kette, Übertragungsgestänge, Läufer, Welle, Keilriemen
WR	Leiten und Führen für spurgebundene Transportmittel	Weiche, Schiene, Schienenweg, Drehscheibe
WS	Leiten und Führen von Personen (Begeheinrichtungen)	Laufsteg, Bühne, Treppe
WT	Leiten und Führen von mobilen Transportmitteln (Transportwege)	Weg, Straße, Schifffahrtsstraße
WU	*Nicht angewendet*	
WV	*Nicht angewendet*	
WW	*Nicht angewendet*	
WX	*Nicht angewendet*	
WY	*Nicht angewendet*	
WZ	Kombinierte Aufgaben	

Tabelle 2 (*fortgesetzt, Klasse X*)

Hauptklasse X Verbinden von Objekten		
Kennbuchstaben	**Definition der Unterklasse basierend auf Charakteristika von Energie, Signal, Material oder Komponente, die anzuschließen oder zu verbinden sind**	**Beispiele für Komponenten**
XA	*Nicht angewendet*	
XB	Verbinden (> 1 000 V AC oder > 1 500 V DC)	Klemme, Anschlussverteiler, Steckdose
XC	Nicht angewendet	
XD	Verbinden (≤ 1 000 V AC oder ≤ 1 500 V DC)	Verbinder, Anschlussverteiler, Steckverbinder, Steckdose, Klemme, Klemmenblock, Klemmenleiste
XE	Anschließen an Erdpotential oder Bezugspotential	Potentialausgleichsanschluss, Erdungsklemme, Schirmanschlussklemme
XF	Verbinden in Datenübertragungsnetzen	Anschlussverteiler, Hub
XG	Verbinden von elektrischen Signalträgern	Anschlusselement, Steckverbinder, Signalverteiler,
XH	Verbinden (optisch) von Signalen	Optischer Anschluss
XJ	*Nicht angewendet*	
XK	*Nicht angewendet*	
XL	Verbinden starrer Umschließungen für Stoffströme	Anschlussstutzen, Flansch, Rohrleitungskupplung
XM	Verbinden flexibler Umschließungen für Stoffströme	Schlauchverbinder, Schlauchkupplung
XN	Verbinden von Objekten zur Übertragung von mechanischer Energie, nicht trennbar	Kupplung (starr)
XP	Verbinden von Objekten zur Übertragung von mechanischer Energie (schaltbar/variabel)	Schaltkupplung, Trennkupplung
XQ	Verbinden von Objekten, unlösbar	Klebverbindung, Lötverbindung, Schweißverbindung
XR	Verbinden von Objekten, lösbar	Haken, Öse
XS	*Nicht angewendet*	
XT	*Nicht angewendet*	
XU	*Nicht angewendet*	
XV	*Nicht angewendet*	
XW	*Nicht angewendet*	
XX	*Nicht angewendet*	
XY	*Nicht angewendet*	
XZ	Kombinierte Aufgaben	

5.3 Klassen von Objekten nach der Infrastruktur

Grundsätzlich kann jedes Objekt nach Tabelle 1 und Tabelle 2 klassifiziert und mit Hilfe der zugeordneten Kennbuchstaben kodiert werden. Objekte wie Industriekomplexe, die aus unterschiedlichen Produktionseinrichtungen bestehen, oder Werke, die aus unterschiedlichen Produktionsstraßen und den dazugehörenden Hilfseinrichtungen bestehen, haben allerdings oft den gleichen vorgesehenen Zweck oder die gleiche Aufgabe und gehören deshalb zu einer eingeschränkten Anzahl von Klassen. Im Zusammenhang mit dieser Norm werden diese Objekttypen Infrastrukturobjekte genannt.

ANMERKUNG 1 Infrastruktur ist als die Grundstruktur einer Industrieanlage zu verstehen.

In vielen Fällen empfiehlt es sich, für die Differenzierung der Bestandteilobjekte in einer bestimmten Strukturebene ein alternatives Klassifizierungsschema mit zugehörigen Kennbuchstaben anzuwenden.

Tabelle 3 stellt einen Rahmen für den Aufbau eines Klassifizierungsschemas mit zugeordneten Kennbuchstaben für Infrastrukturobjekte zur Verfügung (siehe auch Anhang B). Einige Einrichtungen wurden als allgemeingültig für die meisten Anwendungen erkannt. Diesen sollten Kennbuchstaben nach den Klassen A und V bis Z der Tabelle 3 zugeordnet werden.

ANMERKUNG 2 Objekte, die in der Tabelle als „nicht dem Hauptprozess zugeordnet" bezeichnet sind, können in anderen Fällen als Hauptprozess-Einrichtungen angesehen werden. Es ist dann möglich, diese Objekte in den besser geeigneten Abschnitt der Tabelle 3 zu verschieben.

Die Klassifizierung der Haupteinrichtungen des beschriebenen Prozesses ist in hohem Maße fachgebietsbezogen. Die Klassen B bis T der Tabelle 3 sind für diesen Zweck reserviert.

Regel 7 Die Anwendung eines Klassifizierungsschemas nach der Infrastruktur und seine Beziehung zu Objekten, die in einer Baumstruktur repräsentiert sind, muss im Dokument, in dem es angewendet wird, oder in begleitender Dokumentation erläutert werden.

ANMERKUNG 3 Die Anwendung unterschiedlicher Klassifizierungsschemata in einem Referenzkennzeichen macht dessen Interpretation schwieriger oder, ohne weitere Erläuterung, sogar unmöglich.

Beispiele für einige mögliche fachgebietsspezifische Anwendungen der Klassen B bis U sind in Tabelle 4 gezeigt.

ANMERKUNG 4 Die Kennbuchstaben in Tabelle 4 sollen keinerlei Vorschrift für eine zukünftige fachgebietsbezogene Normung sein. Sie zeigen lediglich das Prinzip auf.

ANMERKUNG 5 In Tabelle 4 besagt der Ausdruck „Nicht angewendet", dass der entsprechende Kennbuchstabe im vorliegenden Klassifizierungsschema nicht definiert wurde. Es ist nicht untersagt, solche Kennbuchstaben für bisher nicht definierte Klassen anzuwenden. Es besteht jedoch ein Risiko, dass in einer späteren Ausgabe dieser Norm diese Kennbuchstaben durch zusätzliche genormte Klassen belegt werden und das diese unterschiedlich zu den frei gewählten sind.

Tabelle 3 – Klassen von Infrastrukturobjekten

	Kennbuchstabe	Definition der Objektklasse	Beispiele
Objekte für gemeinsame Aufgaben	A	Objekte zum übergeordneten Management anderer Infrastrukturobjekte	Übergeordnetes Leitsystem
Objekte für Hauptprozess-einrichtungen	B … U	Reserviert für fachgebietsbezogene Klassendefinitionen ANMERKUNG Buchstaben I und O dürfen nicht angewendet werden.	Siehe Beispiele in Tabelle 4.
Objekte, die nicht dem Hauptprozess zugeordnet sind	V	Objekte zur Speicherung von Material oder Gütern	Fertigwarenlager Frischwasserbehälteranlage Müll-Lager Ölbehälteranlage Rohmateriallager
	W	Objekte für administrative oder soziale Zwecke oder Aufgaben	Kantine Ausstellungshalle Garage Büro Erholungsbereich
	X	Objekte für Hilfszwecke oder -aufgaben neben dem Hauptprozess (z. B. auf einer Baustelle, in einer Anlage oder einem Gebäude)	Klimaanlage Alarmanlage Zeiterfassungssystem Krananlage Elektroenergieverteilung Brandschutzanlage Gasversorgung Beleuchtungseinrichtung Sicherheitssystem Abwasserbeseitigungsanlage Wasserversorgung
	Y	Objekte für Kommunikations- und Informationsaufgaben	Antennenanlage Computernetzwerk Lautsprecheranlage Funkrufempfängeranlage Personensuchanlage Eisenbahnsignalanlage Telefonanlage Fernsehanlage Ampelanlage Videoüberwachungsanlage
	Z	Objekte für die Unterbringung oder Einfassung von technischen Anlagen oder Einrichtungen, wie z. B. Flächen und Gebäude	Gebäude konstruktive Einrichtung Fabrikgelände Zaun Gleisanlage Straße Mauer

Tabelle 4 – Beispiele für fachgebietsbezogene Anwendungen der Klassen B bis U in Tabelle 3

	Ölraffinerie
A	Wie in Tabelle 3 festgelegt
B	Katalytische Cracking-Anlage
C	Katalytische Reformieranlage
D	*Nicht angewendet*
E	Entschwefelungsanlage
F	Destillieranlage
G	*Nicht angewendet*
H	Gasabscheider
J	Schmierölraffinerie
K	*Nicht angewendet*
L	*Nicht angewendet*
M	*Nicht angewendet*
N	*Nicht angewendet*
P	*Nicht angewendet*
Q	*Nicht angewendet*
R	Elektroenergie- und Dampferzeugerstation
S	Elektroenergieverteilerstation
T	*Nicht angewendet*
U	*Nicht angewendet*
V ... Z	Wie in Tabelle 3 festgelegt

	Elektrische Energieverteilungsstation
A	Wie in Tabelle 3 festgelegt
B	Einrichtungen für Un > 420 kV
C	Einrichtungen für 380 kV ≤ Un ≤ 420 kV
D	Einrichtungen für 220 kV ≤ Un < 380 kV
E	Einrichtungen für 110 kV ≤ Un < 220 kV
F	Einrichtungen für 60 kV ≤ Un < 110 kV
G	Einrichtungen für 45 kV ≤ Un < 60 kV
H	Einrichtungen für 30 kV ≤ Un < 45 kV
J	Einrichtungen für 20 kV ≤ Un < 30 kV
K	Einrichtungen für 10 kV ≤ Un< 20 kV
L	Einrichtungen für 6 kV ≤ Un < 10 kV
M	Einrichtungen für 1 kV ≤ Un < 6 kV
N	Einrichtungen für Un < 1 kV
P	*Nicht angewendet*
Q	*Nicht angewendet*
R	*Nicht angewendet*
S	*Nicht angewendet*
T	Umspannanlagen
U	*Nicht angewendet*
V ... Z	Wie in Tabelle 3 festgelegt

	Kantine
A	Wie in Tabelle 3 festgelegt
B	*Nicht angewendet*
C	Küche
D	*Nicht angewendet*
E	Tresen
F	*Nicht angewendet*
G	Kassenschalter
H	*Nicht angewendet*
J	Geschirrspüleinrichtung
K	*Nicht angewendet*
L	*Nicht angewendet*
M	*Nicht angewendet*
N	*Nicht angewendet*
P	*Nicht angewendet*
Q	*Nicht angewendet*
R	*Nicht angewendet*
S	*Nicht angewendet*
T	*Nicht angewendet*
U	*Nicht angewendet*
V ... Z	Wie in Tabelle 3 festgelegt

Die Klassifizierungsschemata von unterschiedliche Fachgebieten dürfen in aufeinanderfolgenden Ebenen einer Struktur angewendet werden.

BEISPIELE Kombinationsmöglichkeiten der o. g. Beispiele:

- Für eine Elektroenergieverteileranlage: Das Kennzeichen =S1E1 oder #S1E1 könnte die erste 110-kV-Anlage in der ersten Elektroenergie-Verteilungsanlage einer Ölraffinerie kennzeichnen.
- Für eine Kantine: Das Kennzeichen –W1E1 oder +W1E1 könnte den Tresen mit entsprechenden Einrichtungen in der Kantine derselben Ölraffinerie kennzeichnen.

Anhang A
(informativ)

Objektklassen, die einem allgemeingültigen Prozess zugeordnet sind

Bild B.1 zeigt Objektklassen nach Tabelle 1, zugeordnet zu einem allgemeingültigen Prozess. Die Objekte führen Aktivitäten aus, die direkt den Fluss initiieren oder beeinflussen, und Aktivitäten, die den Fluss indirekt beeinflussen oder seinen Zustand überwachen. Beide werden durch Aktivitäten oder Aufgaben unterstützt, die nicht auf den Fluss einwirken, sondern notwendige Ressourcen darstellen, die oftmals statisch wirken. Einige der letzteren gelten auch für Objekte, die keinerlei Fluss zuzuordnen sind, wie z. B. Stützen in einem Gebäude.

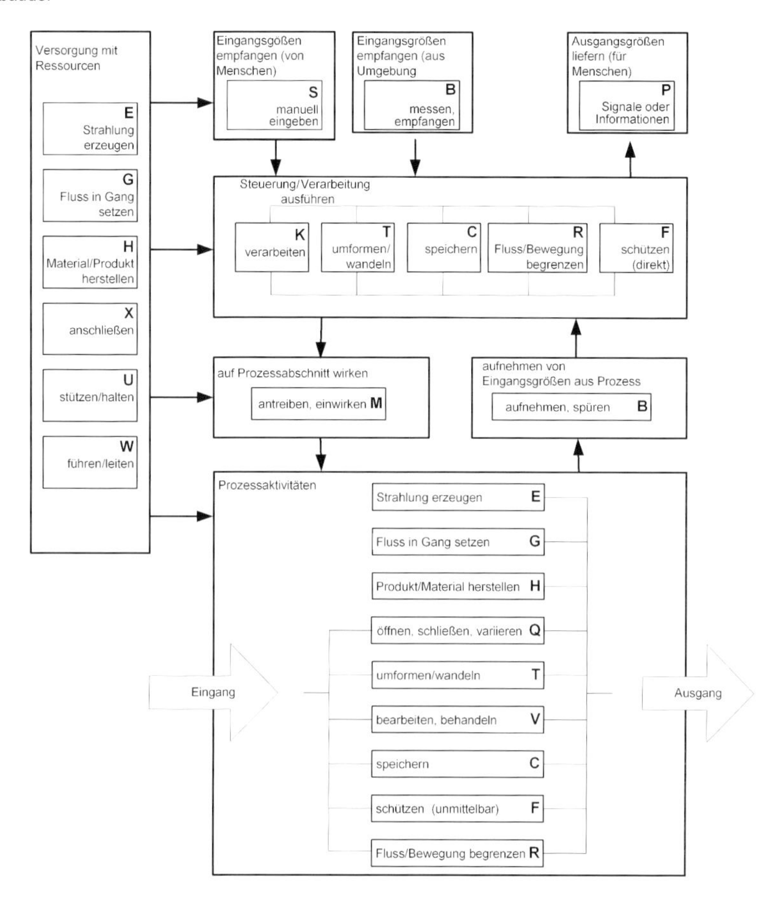

Bild A.1– Objektklassen, die einem Prozess zugeordnet sind

Dieselbe Objektklasse erscheint in diesem Modell an verschiedenen Stellen. Dies ist so zu verstehen, dass „realen“ Objekten Klassen und Kennbuchstaben zugeordnet werden dürfen, ohne den Platz des Objekts im Prozess zu berücksichtigen.

Das Modell ist unabhängig von einer Technologie. Daher kann es in jedem technischen Fachbereich angewendet werden. Es ist auch unabhängig von der Größe oder Bedeutung des zu betrachtenden Objekts und darf als Mittel zur Klassifizierung sowohl kleiner Objekte als auch für große Objekte angewendet werden. Es darf wiederholt in allen Ebenen eines Strukturbaumes angewendet werden.

Es sollte jedoch bedacht werden, dass dieses Modell nur als Basis zur Klassifizierung von Objekten benutzt wird. Es ist nicht beabsichtigt, ein Modell für einen realen Prozess und eine reale Prozessumgebung einzuführen.

Anhang B
(informativ)

Objektklassen, die Objekten in einer allgemeingültigen Infrastruktur zugeordnet sind

Bild B.1 zeigt Objektklassen nach Tabelle 3, die einer Umgebung in einem technischen System zugeordnet sind. Es enthält Objekte, die die Einrichtungen des Hauptprozesses (Klassen B bis U) darstellen, sowie Objekte für Sekundäraufgaben neben dem Hauptprozess (Klassen V bis Z). Die Einrichtungen des Hauptprozesses werden üblicherweise vom Eigentümer der Gesamtanlage festgelegt oder sie sind durch fachgebietsbezogene Normen vorgegeben. So können z. B. unterschiedliche Produktionsanlagen in einem Industriekomplex als Einrichtungen des Hauptprozesses betrachtet werden. Ein Kraftwerk innerhalb desselben Komplexes könnte, je nach Sichtweise, sowohl als Hauptprozesseinrichtung als auch als Hilfseinrichtung klassifiziert werden.

Während sich die Definition der Klassen für die Hauptprozesseinrichtungen von Fall zu Fall ändern kann, bleibt die Definition der Klassen für Hilfseinrichtungen für die meisten Anwendungen unverändert. Einrichtungen, wie z. B. Klimaanlage, Beleuchtungsanlage, Wasserversorgung, Büros, Telefonanlage, Gebäude oder Straßen, erscheinen in den unterschiedlichsten Anlagen. Sie haben zwar keinen direkten Einfluss auf den Hauptprozess, sind jedoch trotzdem wichtige Bestandteile der Infrastruktur.

Klasse A ist für Objekte reserviert, die auf mehr als ein den Klassen B bis Z zugeordnetes Objekt einwirken. Ein Beispiel hierfür ist ein zentraler Leitstand, der mehrere Produktionsanlagen sowie die Klimaanlage und andere Einrichtungen steuert.

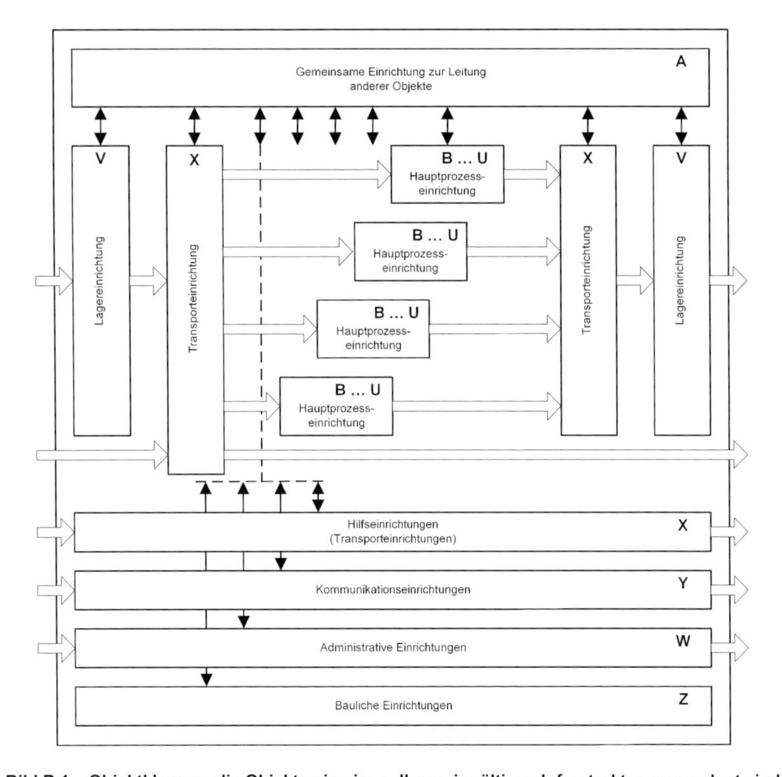

Bild B.1 – Objektklassen, die Objekten in einer allgemeingültigen Infrastruktur zugeordnet sind

Anhang ZA
(normativ)

Normative Verweisungen auf internationale Publikationen mit ihren entsprechenden europäischen Publikationen

Die folgenden zitierten Dokumente sind für die Anwendung dieses Dokuments erforderlich. Bei datierten Verweisungen gilt nur die in Bezug genommene Ausgabe. Bei undatierten Verweisungen gilt die letzte Ausgabe des in Bezug genommenen Dokuments (einschließlich aller Änderungen).

ANMERKUNG Wenn internationale Publikationen durch gemeinsame Abänderungen geändert wurden, durch (mod) angegeben, gelten die entsprechenden EN/HD.

Publikation	Jahr	Titel	EN/HD	Jahr
IEC 81346-1	–[1]	Industrial systems, installations and equipment and industrial products – Structuring principles and reference designations – Part 1: Basic rules	EN 81346-1	2009[2]
ISO 14617-6	2002	Graphical symbols for diagrams – Part 6: Measurement and control functions	–	–

[1] Undatierte Verweisung.

[2] Zum Zeitpunkt der Veröffentlichung dieser Norm gültige Ausgabe.

Juni 2008

DIN EN ISO 13857

ICS 13.110

Ersatz für
DIN EN 294:1992-08 und
DIN EN 811:1996-12

Sicherheit von Maschinen – Sicherheitsabstände gegen das Erreichen von Gefährdungsbereichen mit den oberen und unteren Gliedmaßen (ISO 13857:2008); Deutsche Fassung EN ISO 13857:2008

Safety of machinery –
Safety distances to prevent hazard zones being reached by upper and lower limbs (ISO 13857:2008);
German version EN ISO 13857:2008

Sécurité des machines –
Distances de sécurité empêchant les membres supérieurs et inférieurs d'atteindre les zones dangereuses (ISO 13857:2008);
Version allemande EN ISO 13857:2008

Gesamtumfang 25 Seiten

Normenausschuss Sicherheitstechnische Grundsätze (NASG) im DIN
DKE Deutsche Kommission Elektrotechnik Elektronik Informationstechnik im DIN und VDE
Normenausschuss Maschinenbau (NAM) im DIN

Beginn der Gültigkeit

Diese Norm gilt ab 2008-06-01.

Nationales Vorwort

Diese Norm enthält sicherheitstechnische Festlegungen im Sinne des Gesetzes über technische Arbeitsmittel und Verbraucherprodukte (Geräte- und Produktsicherheitsgesetz (GPSG)).

Dieses Dokument (EN ISO 13857:2008) wurde von der Arbeitsgruppe 6 „Sicherheitsabstände" des Technischen Komitees ISO/TC 199 „Safety of machinery", dessen Sekretariat vom DIN (Deutschland) gehalten wird, in Zusammenarbeit mit dem Technischen Komitee CEN/TC 114 „Sicherheit von Maschinen" des Europäischen Komitees für Normung (CEN) entsprechend der Vereinbarung zwischen dem CEN und der ISO über die technische Zusammenarbeit (Wiener Vereinbarung) erarbeitet. Die nationalen Interessen wurden dabei vom Arbeitsausschuss NA 095-01-04 AA „Schutzeinrichtungen, Sicherheitsmaßnahmen und Verrieglungen" des Normenausschusses Sicherheitstechnische Grundsätze (NASG) im DIN wahrgenommen.

Die Norm enthält die Überarbeitung und Zusammenfassung der Normen DIN EN 294:1992-08 und DIN EN 811:1996-12.

Die im Abschnitt 2 zitierte Internationale Norm ISO 12100-1 wurde als Europäische Norm ohne jede Abänderung übernommen und als DIN-EN-ISO-Norm mit gleicher Zählnummer veröffentlicht.

Die Anhänge A und B sind informativ.

Änderungen

Gegenüber DIN EN 294:1992-08 und DIN EN 811:1996-12 wurden folgende Änderungen vorgenommen:

a) DIN EN 294 und DIN EN 811 zu DIN EN ISO 13857 zusammengefasst;

b) Anhang A, der Leitsätze zur Benutzung der Tabellen 1 und 2 mit Zwischenwerten gibt, hinzugefügt;

c) Anhang A von DIN EN 811 als Anhang B dieser Norm übernommen.

Frühere Ausgaben

DIN 31001-1: 1974-12, 1976-12, 1983-04
DIN EN 294: 1992-08
DIN EN 811: 1996-12

EUROPÄISCHE NORM
EUROPEAN STANDARD
NORME EUROPÉENNE

EN ISO 13857

März 2008

ICS 13.110

Ersatz für EN 294:1992, EN 811:1996

Deutsche Fassung

Sicherheit von Maschinen — Sicherheitsabstände gegen das Erreichen von Gefährdungsbereichen mit den oberen und unteren Gliedmaßen (ISO 13857:2008)

Safety of machinery — Safety distances to prevent hazard zones being reached by upper and lower limbs (ISO 13857:2008)

Sécurité des machines — Distances de sécurité empêchant les membres supérieurs et inférieurs d'atteindre les zones dangereuses (ISO 13857:2008)

Diese Europäische Norm wurde vom CEN am 16. Februar 2008 angenommen.

Die CEN-Mitglieder sind gehalten, die CEN/CENELEC-Geschäftsordnung zu erfüllen, in der die Bedingungen festgelegt sind, unter denen dieser Europäischen Norm ohne jede Änderung der Status einer nationalen Norm zu geben ist. Auf dem letzten Stand befindliche Listen dieser nationalen Normen mit ihren bibliographischen Angaben sind beim Management-Zentrum des CEN oder bei jedem CEN-Mitglied auf Anfrage erhältlich.

Diese Europäische Norm besteht in drei offiziellen Fassungen (Deutsch, Englisch, Französisch). Eine Fassung in einer anderen Sprache, die von einem CEN-Mitglied in eigener Verantwortung durch Übersetzung in seine Landessprache gemacht und dem Management-Zentrum mitgeteilt worden ist, hat den gleichen Status wie die offiziellen Fassungen.

CEN-Mitglieder sind die nationalen Normungsinstitute von Belgien, Bulgarien, Dänemark, Deutschland, Estland, Finnland, Frankreich, Griechenland, Irland, Island, Italien, Lettland, Litauen, Luxemburg, Malta, den Niederlanden, Norwegen, Österreich, Polen, Portugal, Rumänien, Schweden, der Schweiz, der Slowakei, Slowenien, Spanien, der Tschechischen Republik, Ungarn, dem Vereinigten Königreich und Zypern.

EUROPÄISCHES KOMITEE FÜR NORMUNG
EUROPEAN COMMITTEE FOR STANDARDIZATION
COMITÉ EUROPÉEN DE NORMALISATION

Management-Zentrum: rue de Stassart, 36 B-1050 Brüssel

Ref. Nr. EN ISO 13857:2008 D

Inhalt

Vorwort

Dieses Dokument (EN ISO 13857:2008) wurde vom Technischen Komitee ISO/TC 199 „Safety of machinery" in Zusammenarbeit mit dem Technischen Komitee CEN/TC 114 „Safety of machinery" erarbeitet, dessen Sekretariat vom DIN gehalten wird.

Diese Europäische Norm muss den Status einer nationalen Norm erhalten, entweder durch Veröffentlichung eines identischen Textes oder durch Anerkennung bis September 2008, und etwaige entgegenstehende nationale Normen müssen bis September 2008 zurückgezogen werden.

Es wird auf die Möglichkeit hingewiesen, dass einige Texte dieses Dokuments Patentrechte berühren können. CEN [und/oder CENELEC] sind nicht dafür verantwortlich, einige oder alle diesbezüglichen Patenrechte zu identifizieren.

Dieses Dokument ersetzt EN 294:1992 und EN 811:1996.

Dieses Dokument wurde unter einem Mandat erarbeitet, das die Europäische Kommission und die Europäische Freihandelszone dem CEN erteilt haben, und unterstützt grundlegende Anforderungen der EG-Richtlinien.

Zum Zusammenhang mit EG-Richtlinien siehe informative Anhänge ZA und ZB, die Bestandteile dieses Dokuments sind.

Entsprechend der CEN/CENELEC-Geschäftsordnung sind die nationalen Normungsinstitute der folgenden Länder gehalten, diese Europäische Norm zu übernehmen: Belgien, Bulgarien, Dänemark, Deutschland, Estland, Finnland, Frankreich, Griechenland, Irland, Island, Italien, Lettland, Litauen, Luxemburg, Malta, Niederlande, Norwegen, Österreich, Polen, Portugal, Rumänien, Schweden, Schweiz, Slowakei, Slowenien, Spanien, Tschechische Republik, Ungarn, Vereinigtes Königreich und Zypern.

Anerkennungsnotiz

Der Text von ISO 13857:2008 wurde vom CEN als EN ISO 13857:2008 ohne irgendeine Abänderung genehmigt.

Einleitung

Dieses Dokument ist eine Typ-B-Norm, wie in ISO 12100-1 angegeben.

Die Bestimmungen dieses Dokumentes können durch eine Typ-C-Norm ergänzt oder geändert werden.

Für Maschinen, die in den Anwendungsbereich einer Typ-C-Norm fallen und die nach den Bestimmungen dieser Norm konstruiert und gebaut worden sind, haben die Bestimmungen dieser Typ-C-Norm Vorrang vor den Bestimmungen dieser Typ-B-Norm.

Ein Verfahren zur Vermeidung oder Minderung von Risiken, die von Maschinen verursacht werden, ist die Anwendung von Sicherheitsabständen gegen das Erreichen von Gefährdungsbereichen durch die oberen und unteren Gliedmaßen.

Bei der Festlegung von Sicherheitsabständen ist eine Reihe von Gesichtspunkten in Betracht zu ziehen, wie z. B.:

— Erreichbarkeitssituationen, die erst beim Maschinenbetrieb auftreten;

— verlässliche Übersichten anthropometrischer Daten, die die in den betreffenden Ländern üblicherweise vorgefundenen Bevölkerungsgruppen in Betracht ziehen;

— bio-mechanische Gegebenheiten, wie Kompressibilität und Streckvermögen der Körperteile und Grenzen der Gelenkbeweglichkeit;

— technische und praktische Gesichtspunkte; und

— zusätzliche Maßnahmen für bestimmte Personengruppen (z. B. für Personen mit besonderen Bedürfnissen), die aufgrund von Abweichungen von den festgelegten Körpermaßen erforderlich sein können.

1 Anwendungsbereich

Diese Internationale Norm legt Werte für Sicherheitsabstände gegen das Erreichen von maschinellen Gefährdungsbereichen für gewerbliche und öffentliche Bereiche fest. Die Sicherheitsabstände sind geeignet für schützende Konstruktionen. Ferner enthält sie Informationen über Abstände, die den freien Zugang durch die unteren Gliedmaße verhindern (siehe 4.3).

Diese Internationale Norm bezieht Personen von 14 Jahren und älter ein (das 5. Percentil der Personen ab 14 Jahren entspricht etwa 1 400 mm). Nur für die oberen Gliedmaßen stellt sie zusätzlich Informationen für Kinder älter als 3 Jahre (5. Percentil der Personen ab 3 Jahren entspricht etwa 900 mm) bereit, wenn das Hindurchreichen durch Öffnungen zu berücksichtigen ist.

ANMERKUNG 1 Daten zur Vermeidung des Zugangs von Kindern mit den unteren Gliedmaßen werden nicht betrachtet.

Diese Abstände sind anwendbar, wenn eine angemessene Sicherheit allein durch Abstand ereicht werden kann. Da Sicherheitsabstände von der Größe abhängen, kann es extrem großen Personen möglich sein, Gefahrenbereiche zu erreichen, obwohl die Anforderungen dieser Internationalen Norm eingehalten sind.

ANMERKUNG 2 Diese Sicherheitsabstände bieten keinen ausreichenden Schutz bei bestimmten Gefährdungen, z. B. Strahlung und Emission von Substanzen. Bei solchen Gefährdungen sind zusätzliche oder andere Maßnahmen zu treffen.

Die die unteren Gliedmaßen behandelnden Abschnitte in dieser Internationalen Norm gelten, wenn Zugang durch die oberen Gliedmaßen nach der Risikobeurteilung nicht vorhersehbar ist.

Die Sicherheitsabstände sind vorgesehen solche Personen zu schützen, die unter den festgelegten Bedingungen (siehe 4.1.1) Gefährdungsbereiche zu erreichen versuchen.

ANMERKUNG 3 Diese Internationale Norm ist nicht dazu vorgesehen, Maße gegen das Ereichen von Gefährdungsbereichen durch Überklettern bereitzustellen.

2 Normative Verweisungen

Die folgenden zitierten Dokumente sind für die Anwendung dieses Dokuments erforderlich. Bei datierten Verweisungen gilt nur die in Bezug genommene Ausgabe. Bei undatierten Verweisungen gilt die letzte Ausgabe des in Bezug genommenen Dokuments (einschließlich aller Änderungen).

ISO 12100-1, *Safety of machinery — Basic concepts, general principles for design — Part 1: Basic terminology, methodology*

3 Begriffe

Für die Anwendung dieses Dokuments gelten die Begriffe nach ISO 12100-1 und die folgenden Begriffe.

3.1
schützende Konstruktion
materielles Hindernis, das die Bewegung des Körpers und/oder Körperteils einschränkt, um das Erreichen von Gefährdungsbereichen zu verhindern

3.2
Sicherheitsabstand
Trennungsabstand
s_r
Mindestabstand, der erforderlich ist, eine schützende Konstruktion vor einem Gefährdungsbereich anzubringen

4 Sicherheitsabstände gegen den Zugang mit den oberen und unteren Gliedmaßen

4.1 Allgemeines

4.1.1 Voraussetzungen

Die Sicherheitsabstände dieser Internationalen Norm wurden unter folgenden Voraussetzungen festgelegt:

— die schützenden Konstruktionen und darin befindliche Öffnungen behalten ihre Form und Lage;

— die Sicherheitsabstände werden von der Fläche aus gemessen, an der der Körper oder das betreffende Körperteil zurückgehalten wird;

— Personen können Körperteile mit Anstrengung über schützende Konstruktionen oder durch Öffnungen strecken, bei einem Versuch, den Gefährdungsbereich zu erreichen;

— die Bezugsebene ist eine Ebene, auf der Personen üblicherweise stehen, sie ist jedoch nicht notwendigerweise der Boden (z. B. könnte ein Arbeitspodest die Bezugsebene sein);

— es besteht Kontakt mit der Bezugsebene durch das Tragen von Schuhen (Tragen von Schuhen mit dicken Sohlen, Klettern und Springen sind nicht einbezogen);

— es werden keine Hilfsmittel, wie z. B. Stühle oder Leitern, benutzt, um die Bezugsebene zu verändern;

— es werden keine Hilfsmittel, wie z. B. Stangen oder Werkzeuge, benutzt, um die natürliche Reichweite der oberen Gliedmaßen zu verlängern.

4.1.2 Risikobeurteilung

Bevor Sicherheitsabstände bestimmt werden, die Personen am Erreichen von Gefährdungsbereichen hindern, ist es notwendig zu entscheiden, ob Werte für hohes oder niedriges Risiko verwendet werden. Deshalb muss eine Risikobeurteilung (siehe ISO 12100-1 und ISO 14121-1) durchgeführt werden. Der Risikobeurteilung muss die Wahrscheinlichkeit des Eintritts eines Schadens und die vorhersehbare Schwere dieses Schadens zugrunde gelegt werden. Eine Analyse der technischen und menschlichen Faktoren, von denen die Risikobeurteilung abhängt, ist wesentlich zum Erreichen der geeigneten Auswahl von Daten aus dieser Internationalen Norm. Die Risikobeurteilung muss alle Zugänge in Betracht ziehen. Werden verschiedene Tabellen benutzt, muss der am meisten einschränkende Wert verwendet werden (siehe Beispiele im Anhang A).

ANMERKUNG 1 Bei der Begründung des Verletzungsrisikos ist es notwendig, Gesichtspunkte wie Frequenz, Dauer, Energie, Geschwindigkeit und Form der Kontaktfläche in Betracht zu ziehen (siehe ISO 14121-1).

Bei niedrigem Risiko müssen mindestens die Werte der Tabelle 1 angewendet werden (siehe 4.2.2.1.1).

Wo das Risiko nicht niedrig ist, muss die Tabelle für hohes Risiko, Tabelle 2, angewendet werden (siehe 4.2.2.1.2).

ANMERKUNG 2 Niedrige Risiken ergeben sich nur durch Gefährdungen, wie z. B. Reibung oder Abrieb, bei denen Langzeitschäden oder irreversible Schäden des Körpers nicht vorhersehbar sind.

Die in Tabelle 7 angegebenen Sicherheitsabstände s_r gelten für Personen, die unter Benutzung der unteren Gliedmaßen den Gefährdungsbereich zu erreichen versuchen.

Wenn die Anforderungen dieser Internationalen Norm nicht eingehalten werden können, müssen andere Sicherheitsmaßnahmen verwendet werden.

4.2 Sicherheitsabstände gegen den Zugang mit den oberen Gliedmaßen

4.2.1 Hinaufreichen

4.2.1.1 Bild 1 zeigt den Sicherheitsabstand beim Hinaufreichen.

4.2.1.2 Geht vom Gefährdungsbereich ein niedriges Risiko aus, muss die Höhe des Gefährdungsbereiches h 2 500 mm oder mehr betragen.

4.2.1.3 Geht vom Gefährdungsbereich ein hohes Risiko aus (siehe 4.1.2), muss die Höhe des Gefährdungsbereiches h 2 700 mm oder mehr betragen.

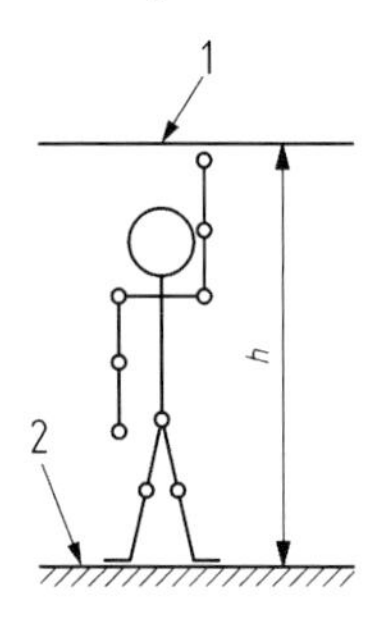

Legende
1 Gefährdungsbereich
2 Bezugsebene

h Höhe des Gefährdungsbereiches

Bild 1 — Hinaufreichen

4.2.2 Hinüberreichen über schützende Konstruktionen

Bild 2 zeigt den Sicherheitsabstand beim Hinüberreichen über eine schützende Konstruktion.

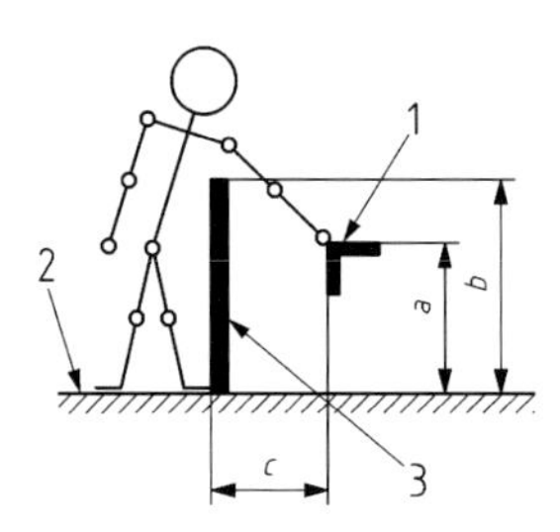

Legende
a Höhe des Gefährdungsbereiches
b Höhe der schützenden Konstruktion
c waagerechter Sicherheitsabstand zum Gefährdungsbereich

1 Gefährdungsbereich (kürzeste Entfernung)
2 Bezugsebene
3 schützende Konstruktion

Bild 2 — Hinüberreichen über eine schützende Konstruktion

4.2.2.1 Werte

4.2.2.1.1 Die in Tabelle 1 angegebenen Werte müssen zur Bestimmung der(s) entsprechenden Maße(s) der Höhe des Gefährdungsbereiches, der Höhe der schützenden Konstruktionen und des waagerechten Sicherheitsabstandes zum Gefährdungsbereich angewendet werden. Wenn ein geringes Risiko (siehe 4.1.2) von einem Gefährdungsbereich ausgeht, müssen die in Tabelle 1 angegebenen Werte als Mindestwerte angewendet werden.

Es darf keine Interpolation der in Tabelle 1 angegebenen Werte erfolgen. Folglich muss, wenn die bekannten Werte für a, b oder c zwischen zwei Werten der Tabelle 1 liegen, der größere Sicherheitsabstand oder die höhere schützende Konstruktion angewendet oder eine Änderung der Höhe (höher oder niedriger) des Gefährdungsbereiches vorgenommen werden.

Anhang A enthält Beispiele zur Anwendung der Tabellen 1 und 2.

Tabelle 1 — Hinüberreichen über schützende Konstruktionen — niedriges Risiko

Maße in Millimeter

Höhe des Gefährdungsbereiches[b] a	Höhe der schützenden Konstruktion[a] b								
	1 000	1 200	1 400	1 600	1 800	2 000	2 200	2 400	2 500
	Waagerechter Sicherheitsabstand zum Gefährdungsbereich c								
2 500	0	0	0	0	0	0	0	0	0
2 400	100	100	100	100	100	100	100	100	0
2 200	600	600	500	500	400	350	250	0	0
2 000	1 100	900	700	600	500	350	0	0	0
1 800	1 100	1 000	900	900	600	0	0	0	0
1 600	1 300	1 000	900	900	500	0	0	0	0
1 400	1 300	1 000	900	800	100	0	0	0	0
1 200	1 400	1 000	900	500	0	0	0	0	0
1 000	1 400	1 000	900	300	0	0	0	0	0
800	1 300	900	600	0	0	0	0	0	0
600	1 200	500	0	0	0	0	0	0	0
400	1 200	300	0	0	0	0	0	0	0
200	1 100	200	0	0	0	0	0	0	0
0	1 100	200	0	0	0	0	0	0	0

[a] Schützende Konstruktionen mit einer Höhe unter 1 000 mm sind nicht enthalten, da sie die Bewegung des Körpers nicht ausreichend einschränken.

[b] Für Gefährdungsbereiche über 2 500 mm, siehe 4.2.1.

4.2.2.1.2 Die in Tabelle 2 angegebenen Werte müssen zur Bestimmung der(s) entsprechenden Maße(s) der Höhe des Gefährdungsbereiches, der Höhe der schützenden Konstruktionen und des waagerechten Sicherheitsabstandes zum Gefährdungsbereich angewendet werden. Wenn ein hohes Risiko (siehe 4.1.2) von einem Gefährdungsbereich ausgeht, dann müssen die in Tabelle 2 angegebenen Werte angewendet werden.

Es darf keine Interpolation der in Tabelle 2 angegebenen Werte erfolgen. Folglich muss, wenn die bekannten Werte für a, b oder c zwischen zwei Werten der Tabelle 2 liegen, der größere Sicherheitsabstand oder die höhere schützende Konstruktion angewendet oder eine Änderung der Höhe (höher oder niedriger) des Gefährdungsbereiches vorgenommen werden.

Anhang A enthält Beispiele zur Anwendung der Tabellen 1 und 2.

Tabelle 2 — Hinüberreichen über schützende Konstruktionen — hohes Risiko

Maße in Millimeter

Höhe des Gefährdungsbereiches[c] a	**Höhe der schützenden Konstruktion**[a, b] b									
	1 000	1 200	1 400	1 600	1 800	2 000	2 200	2 400	2 500	2 700
	Waagerechter Sicherheitsabstand zum Gefährdungsbereich c									
2 700	0	0	0	0	0	0	0	0	0	0
2 600	900	800	700	600	600	500	400	300	100	0
2 400	1 100	1 000	900	800	700	600	400	300	100	0
2 200	1 300	1 200	1 000	900	800	600	400	300	0	0
2 000	1 400	1 300	1 100	900	800	600	400	0	0	0
1 800	1 500	1 400	1 100	900	800	600	0	0	0	0
1 600	1 500	1 400	1 100	900	800	500	0	0	0	0
1 400	1 500	1 400	1 100	900	800	0	0	0	0	0
1 200	1 500	1 400	1 100	900	700	0	0	0	0	0
1 000	1 500	1 400	1 000	800	0	0	0	0	0	0
800	1 500	1 300	900	600	0	0	0	0	0	0
600	1 400	1 300	800	0	0	0	0	0	0	0
400	1 400	1 200	400	0	0	0	0	0	0	0
200	1 200	900	0	0	0	0	0	0	0	0
0	1 100	500	0	0	0	0	0	0	0	0

[a] Schützende Konstruktionen mit einer Höhe unter 1 000 mm sind nicht enthalten, da sie die Bewegung des Körpers nicht ausreichend einschränken.

[b] Schützende Konstruktionen von weniger als 1 400 mm sollten nicht ohne zusätzliche Sicherheitsmaßnahmen benutzt werden.

[c] Für Gefährdungsbereiche über 2 700 mm, siehe 4.2.1.

4.2.3 Herumreichen

Tabelle 3 zeigt Beispiele grundlegender Bewegungen für Personen von 14 Jahren und darüber (mit einer Höhe von etwa 1,4 m und darüber) (siehe auch 4.2.5). Kürzere Sicherheitsabstände als 850 mm (siehe Tabelle 4) dürfen verwendet werden, wenn das die Bewegung begrenzende Hindernis mindestens 300 mm lang ist.

Tabelle 3 — Herumreichen mit Begrenzung der Bewegung

Maße in Millimeter

Begrenzung der Bewegung	Sicherheitsabstand s_r	Bild
Begrenzung der Bewegung nur an Schulter und Achselhöhle	≥ 850	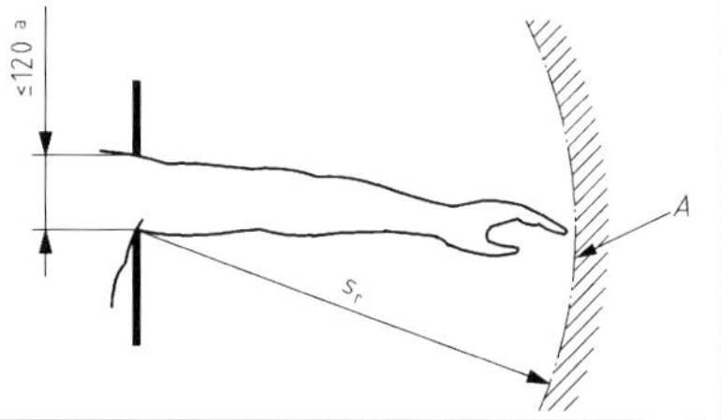 ≤120 [a]; s_r; A
Arm bis zum Ellenbogen unterstützt	≥ 550	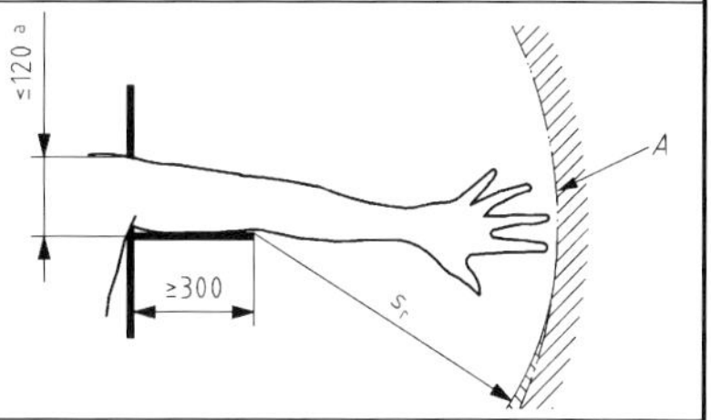 ≤120 [a]; ≥300; s_r; A
Arm bis zum Handgelenk unterstützt	≥ 230	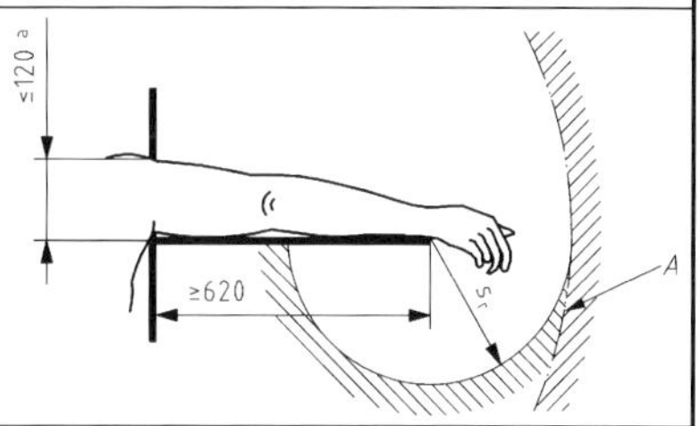 ≤120 [a]; ≥620; s_r; A
Arm und Hand bis zur Fingerwurzel unterstützt	≥ 130	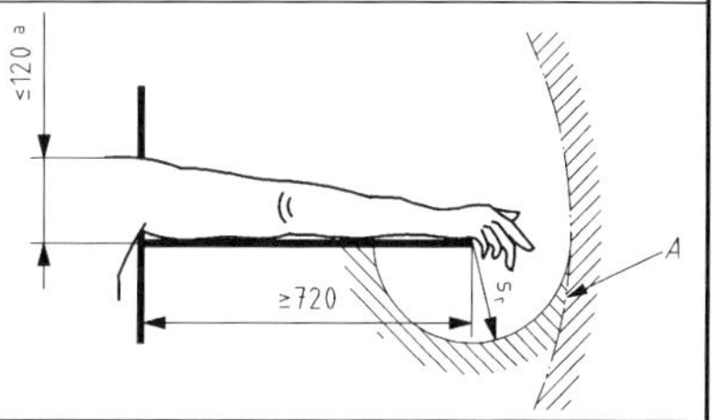 ≤120 [a]; ≥720; s_r; A

A Bewegungsbereich des Armes

s_r radialer Sicherheitsabstand

[a] Dies ist entweder der Durchmesser einer kreisförmigen Öffnung oder die Seite einer quadratischen Öffnung oder die Weite einer schlitzförmigen Öffnung.

4.2.4 Hindurchreichen durch Öffnungen

4.2.4.1 Hindurchreichen durch regelmäßige Öffnungen — Personen von 14 Jahren und älter

Tabelle 4 enthält s_r für regelmäßige Öffnungen für Personen von 14 Jahren und älter.

Das Maß der Öffnung e entspricht der Seite einer quadratischen Öffnung, dem Durchmesser einer kreisförmigen Öffnung und dem kleinsten Maß einer schlitzförmigen Öffnung.

Für Öffnungen > 120 mm müssen Sicherheitsabstände nach 4.2.2 angewendet werden.

Tabelle 4 — Hindurchreichen durch regelmäßige Öffnungen — Personen von 14 Jahren und älter

Maße in Millimeter

Körperteil	Bild	Öffnung	Sicherheitsabstand s_r		
			Schlitz	Quadrat	Kreis
Fingerspitze		$e \leq 4$	≥ 2	≥ 2	≥ 2
		$4 < e \leq 6$	≥ 10	≥ 5	≥ 5
Finger bis Fingerwurzel		$6 < e \leq 8$	≥ 20	≥ 15	≥ 5
		$8 < e \leq 10$	≥ 80	≥ 25	≥ 20
Hand		$10 < e \leq 12$	≥ 100	≥ 80	≥ 80
		$12 < e \leq 20$	≥ 120	≥ 120	≥ 120
		$20 < e \leq 30$	≥ 850[a]	≥ 120	≥ 120
Arm bis Schultergelenk		$30 < e \leq 40$	≥ 850	≥ 200	≥ 120
		$40 < e \leq 120$	≥ 850	≥ 850	≥ 850

Die fetten Linien in der Tabelle zeigen das Körperteil, das durch die Größe der Öffnung eingeschränkt wird.

[a] Ist die Länge einer schlitzförmigen Öffnung ≤ 65 mm, wirkt der Daumen als Begrenzung, und der Sicherheitsabstand kann auf 200 mm reduziert werden.

4.2.4.2 Regelmäßige Öffnungen für Personen von 3 Jahren und älter

Tabelle 5 berücksichtigt die kleineren Maße der Dicke der oberen Gliedmaßen und das Verhalten von Personen im Alter von 3 Jahren und älter (5. Percentil der Personen ab 3 Jahren entspricht etwa 900 mm).

Die Maße der Öffnungen e entsprechen der Seite einer quadratischen Öffnung, dem Durchmesser einer kreisförmigen Öffnung und dem kleinsten Maß einer schlitzförmigen Öffnung.

Für Öffnungen > 100 mm müssen Sicherheitsabstände nach 4.2.2 angewendet werden.

ANMERKUNG Maßnahmen zum Schutz von Kindern gegen Strangulation sind nicht Gegenstand dieser Internationalen Norm.

Tabelle 5 — Hindurchreichen durch regelmäßige Öffnungen — Personen von 3 Jahren und älter

Maße in Millimeter

Körperteil	Bild	Öffnung	Sicherheitsabstand s_r		
			Schlitz	Quadrat	Kreis
Fingerspitze		$e \le 4$	≥ 2	≥ 2	≥ 2
		$4 < e \le 6$	≥ 20	≥ 10	≥ 10
Finger bis Fingerwurzel		$6 < e \le 8$	≥ 40	≥ 30	≥ 20
		$8 < e \le 10$	≥ 80	≥ 60	≥ 60
Hand		$10 < e \le 12$	≥ 100	≥ 80	≥ 80
		$12 < e \le 20$	≥ 900[a]	≥ 120	≥ 120
Arm bis Schultergelenk		$20 < e \le 30$	≥ 900	≥ 550	≥ 120
		$30 < e \le 100$	≥ 900	≥ 900	≥ 900
Die fette Linie in der Tabelle zeigt das Körperteil, das durch die Größe der Öffnung eingeschränkt wird.					

[a] Ist die Länge einer schlitzförmigen Öffnung ≤ 40 mm, wirkt der Daumen als Begrenzung, und der Sicherheitsabstand kann auf 120 mm reduziert werden.

4.2.4.3 Öffnungen unregelmäßiger Form

Im Fall unregelmäßiger Öffnungen müssen die folgenden Schritte in der angegebenen Reihenfolge durchgeführt werden:

a) Man bestimmt

— den Durchmesser der kleinsten kreisförmigen Öffnung,
— die Seite der kleinsten quadratischen Öffnung und
— die Weite der kleinsten schlitzförmigen Öffnung,

in welche die unregelmäßige Öffnung vollständig eingefügt werden kann [siehe schraffierte Fläche in den Bildern 3 a) und 3 b)].

b) Man wählt die drei entsprechenden Abstände entweder nach Tabelle 4 oder Tabelle 5 aus.

c) Der kürzeste Sicherheitsabstand der drei in b) ausgewählten Werte kann angewendet werden.

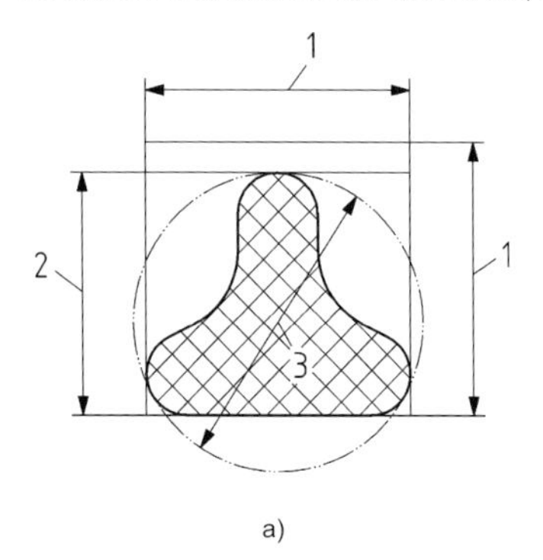

a)

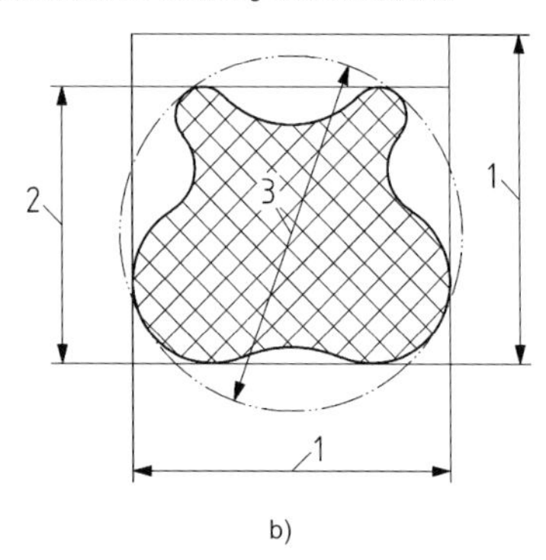

b)

Legende
1 Seite
2 Weite
3 Durchmesser

Bild 3 — Öffnungen in unregelmäßiger Form

4.2.5 Wirkung zusätzlicher schützender Konstruktionen auf Sicherheitsabstände

In den Tabellen 1 bis 5 sind die betreffenden schützenden Konstruktionen in einer Ebene angeordnet. Es sollte bedacht werden, dass zusätzliche schützende Konstruktionen oder Flächen, die wie diese wirken, die freie Bewegung des Armes, der Hände oder der Finger einschränken und damit den Bereich, in dem Gefährdungsbereiche zulässig sind, vergrößern können. Beispiele, wie dies erreicht werden kann, zeigen die Tabellen 3 und 6.

Schützende Konstruktionen und Flächen, auf denen der Arm aufliegen kann, können in jedem Winkel geneigt sein.

Tabelle 6 — Herumreichen mit zusätzlichen schützenden Konstruktionen

Maße in Millimeter

Begrenzung der Bewegung	Sicherheitsabstand s_r	Bild
Begrenzung der Bewegung an Schulter und Achselhöhle: zwei einzelne schützende Konstruktionen — eine erlaubt die Bewegung vom Handgelenk aus, die andere die Bewegung vom Ellenbogen aus.	$s_{r1} \geq 230$ $s_{r2} \geq 550$ $s_{r3} \geq 850$	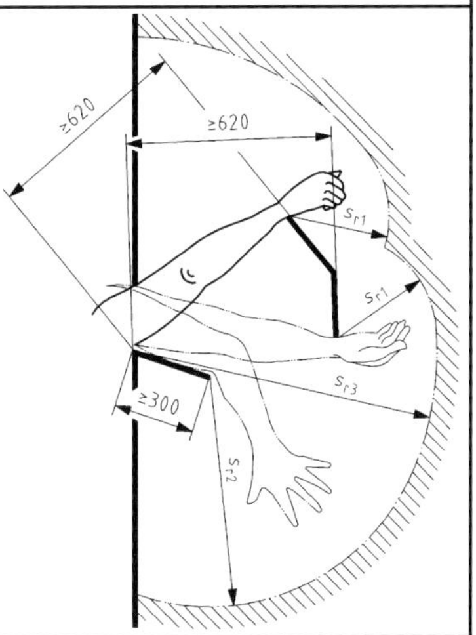
Begrenzung der Bewegung an Schulter und Achselhöhle: eine einzelne schützende Konstruktion, die die Bewegung der Finger bis zur Fingerwurzel erlaubt.	$s_{r3} \geq 850$ $s_{r4} \geq 130$	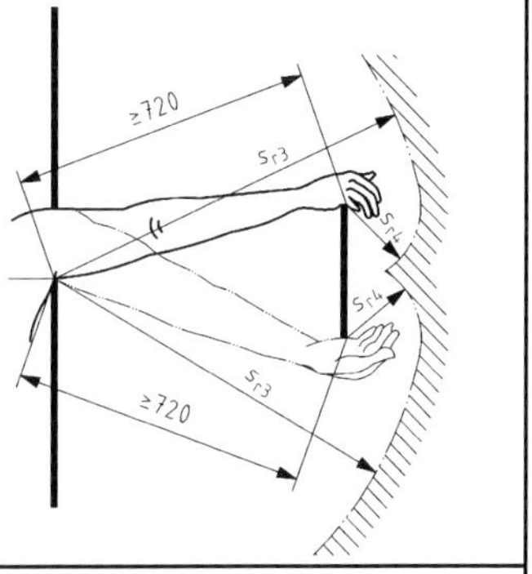

s_r radialer Sicherheitsabstand

4.3 Sicherheitsabstände gegen Zugang mit den unteren Gliedmaßen

Im Allgemeinen sollten Sicherheitsabstände nach den Tabellen 1 bis 6 für die oberen Gliedmaßen bestimmt werden. Wo es nicht vorhersehbar ist, dass die oberen Gliedmaßen Zugang zur Öffnung haben können, ist es erlaubt, die in Tabelle 7 angegebenen Werte anzuwenden, um Sicherheitsabstände für die unteren Gliedmaßen zu bestimmen.

Das Maß e der Öffnungen entspricht der Seite einer quadratischen Öffnung, dem Durchmesser einer kreisförmigen Öffnung und dem kleinsten Maß einer schlitzförmigen Öffnung.

Die in Tabelle 7 angegebenen Werte gelten unabhängig davon, welche Kleidung oder welches Schuhwerk getragen wird, sie gelten für Personen von 14 Jahren und älter.

Für das Hindurchreichen durch unregelmäßige Öffnungen, siehe 4.2.4.3.

Tabelle 7 — Hindurchreichen durch Öffnungen regelmäßiger Form mit den unteren Gliedmaßen

Maße in Millimeter

Teil des unteren Gliedmaßes	Bild	Öffnung	Sicherheitsabstand s_r	
			Schlitz	**Quadrat oder Kreis**
Zehenspitze	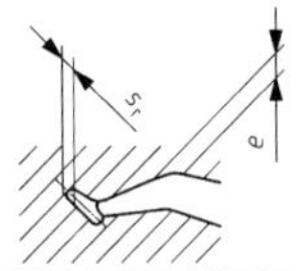	$e \le 5$	0	0
		$5 < e \le 15$	≥ 10	0
Zehe		$15 < e \le 35$	≥ 80[a]	≥ 25
Fuß	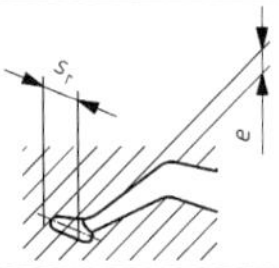	$35 < e \le 60$	≥ 180	≥ 80
		$60 < e \le 80$	≥ 650[b]	≥ 180
Bein (Zehenspitze bis zum Knie)	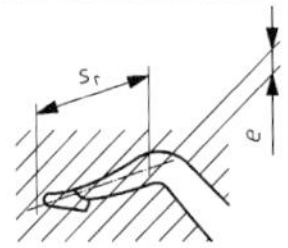	$80 < e \le 95$	≥ 1 100[c]	≥ 650[b]
Bein (Zehenspitze bis zum Schritt)	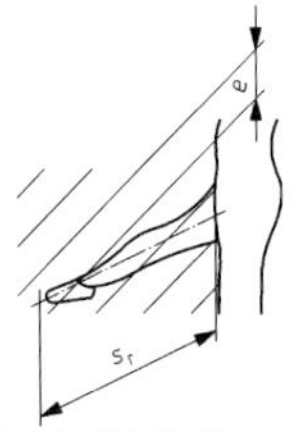	$95 < e \le 180$	≥ 1 100[c]	≥ 1 100[c]
		$180 < e \le 240$	Nicht zulässig	≥ 1 100[c]

[a] Ist die Länge der schlitzförmigen Öffnung ≤ 75 mm, kann der Abstand auf ≥ 50 mm reduziert werden.

[b] Der Wert bezieht sich auf das Bein (Zehenspitze bis zum Knie).

[c] Der Wert bezieht sich auf das Bein (Zehenspitze bis zum Schritt).

ANMERKUNG Schlitzförmige Öffnungen mit $e > 180$ mm und quadratische oder kreisförmige Öffnungen mit $e > 240$ mm erlauben den Zugang des ganzen Körpers (siehe auch Abschnitt 1, letzter Absatz).

In einigen Fällen (z. B. bei beweglichen landwirtschaftlichen Maschinen, die für Bewegungen über unebenen Boden konstruiert sind) können die in dieser Internationalen Norm angegebenen Sicherheitsabstände nicht angewendet werden. In solchen Fällen sollten mindestens schützende Konstruktionen, die die Bewegung der unteren Gliedmaßen einschränken, benutzt werden. Für dieses Verfahren können die in Anhang B angegebenen Werte genommen werden.

Anhang A
(informativ)

Anwendung der Tabellen 1 und 2 mit Zwischenwerten

Die folgenden Beispiele erklären den Gebrauch der Tabellen 1 und 2, wenn andere als die in den Tabellen selbst angegebenen Werte zur Anwendung kommen. Für die Anwendung der Beispiele werden die in Tabelle 2 angegebenen Werte benutzt.

BEISPIEL 1 Bestimmung der Höhe, *b*, der schützenden Konstruktion mit bekannten Werten für *a* und *c*.

Wenn die Höhe, *a*, des Gefährdungsbereiches 1 500 mm und der waagrechte Sicherheitsabstand, *c*, zum Gefährdungsbereich 800 mm beträgt, dann kann, unter Verwendung von Tabelle 2, die Höhe, *b*, der schützenden Konstruktion wie folgt bestimmt werden. Der Wert *a* = 1 600 mm (siehe ①) wird als der zu 1 500 mm nächste Wert gewählt, da die Werte für den waagrechten Sicherheitsabstand in dieser Reihe größer (sicherer) sind als für *a* = 1 400 mm. Der Wert *c* = 800 mm (siehe ②) wird ausgewählt. Der zugehörige Wert für die Höhe, *b*, der schützenden Konstruktion ist 1 800 mm (siehe ③).

Maße in Millimeter

Höhe des Gefährdungsbereiches [c] *a*	Höhe der schützenden Konstruktion [a, b] *b*									
	1000	1200	1400	1600	1800③	2000	2200	2400	2500	2700
	Waagerechter Sicherheitsabstand zum Gefährdungsbereich, *c*									
2700	0	0	0	0	0	0	0	0	0	0
2600	900	800	700	600	600	500	400	300	100	0
2400	1100	1000	900	800	700	600	400	300	100	0
2200	1300	1200	1000	900	800	600	400	300	0	0
2000	1400	1300	1100	900	800	600	400	0	0	0
1800	1500	1400	1100	900	800	600	0	0	0	0
1600①	1500	1400	1100	900	800②	500	0	0	0	0
1400	1500	1400	1100	900	800	0	0	0	0	0
1200	1500	1400	1100	900	700	0	0	0	0	0
1000	1500	1400	1000	800	0	0				
800	1500	1300	900	600	0	0				
600	1400	1300	800	0	0	0				
400	1400	1200	400	0	0	0				
200	1200	900	0	0	0	0				
0	1100	500	0	0	0	0				

[a] Schützende Konstruktionen mit einer Höhe unter 1 000 mm sind nicht enthalten, da sie die Bewegung des Körpers nicht ausreichend einschränken.

[b] Schützende Konstruktionen von weniger als 1 400 mm sollten nicht ohne zusätzliche Sicherheitsmaßnahmen benutzt werden.

[c] Für Gefährdungsbereiche über 2 700 mm, siehe 4.2.1.

Bild A.1 — Beispiel 1 — Tabelle 2

BEISPIEL 2 Bestimmung des waagerechten Sicherheitsabstandes, *c*, zum Gefährdungsbereiches mit bekannten Werten für *a* und *b*.

Wenn die Höhe, *b*, der schützenden Konstruktion 1 300 mm und die Höhe, *a*, des Gefährdungsbereiches 2 300 mm beträgt, dann kann, unter Verwendung von Tabelle 2, der waagrechte Sicherheitsabstand, *c*, zum Gefährdungsbereich wie folgt bestimmt werden.

Der Wert *b* = 1 200 mm (siehe ①) wird als der zu 1 300 mm nächste Wert gewählt, da die Sicherheitsabstände in dieser Spalte größer (sicherer) sind als für *b* = 1 400 mm. Der Wert *a* = 2 200 mm (siehe ②) wird als der zu 2 300 mm nächste Wert gewählt, da hier die Sicherheitsabstände größer (sicherer) sind als für *a* = 2 400 mm. Der zugehörige Wert für *c* ist 1 200 (siehe ③).

Siehe Fußnote b.

Maße in Millimeter

Höhe des Gefährdungsbereiches [c] *a*	Höhe der schützenden Konstruktion [a, b] *b*									
	1000	1200①	1400	1600	1800	2000	2200	2400	2500	2700
	Waagerechter Sicherheitsabstand zum Gefährdungsbereich, *c*									
2700	0	0	0	0	0	0	0	0	0	0
2600	900	800	700	600	600	500	400	300	100	0
2400	1100	1000	900	800	700	600	400	300	100	0
2200②	1300	1200③	1000	900	800	600	400	300	0	0
2000	1400	1300	1100	900	800	600	400	0	0	0
1800	1500	1400	1100	900	800	600	0	0	0	0
1600	1500	1400	1100	900	800	500	0	0	0	0
1400	1500	1400	1100	900	800	0	0	0	0	0
1200	1500	1400	1100	900	700	0	0	0	0	0
1000	1500	1400	1000	800	0	0				
800	1500	1300	900	600	0	0				
600	1400	1300	800	0	0	0				
400	1400	1200	400	0	0	0				
200	1200	900	0	0	0	0				
0	1100	500	0	0	0	0				

[a] Schützende Konstruktionen mit einer Höhe unter 1 000 mm sind nicht enthalten, da sie die Bewegung des Körpers nicht ausreichend einschränken.

[b] Schützende Konstruktionen von weniger als 1 400 mm sollten nicht ohne zusätzliche Sicherheitsmaßnahmen benutzt werden.

[c] Für Gefährdungsbereiche über 2 700 mm, siehe 4.2.1.

Bild A.2 — Beispiel 2 — Tabelle 2

BEISPIEL 3 Bestimmung der Höhe, a, des Gefährdungsbereiches mit bekannten Werte für b und c.

Wenn die Höhe, b, der schützenden Konstruktion 1 700 mm und der waagerechte Sicherheitsabstand, c, zum Gefährdungsbereich 850 mm beträgt, dann kann, unter Verwendung von Tabelle 2, die Höhe, a, des Gefährdungsbereiches wie folgt bestimmt werden. Der Wert b = 1 600 mm (siehe ①) wird als der zu 1 700 mm nächste Wert gewählt, da die Sicherheitsabstände in dieser Spalte größer (sicherer) sind als für b = 1 800 mm. Der Wert c = 900 mm (siehe ②) wird als der zu 850 mm nächste (und größere) Wert gewählt, die möglichen Ergebnisse sind in Bild A.3 hervorgehoben. Der zugehörige Wert für a ist 2 400 mm oder darüber, oder 1 000 mm oder darunter (siehe ③). Gefährdungsbereiche zwischen 1 000 mm und 2 400 mm werden nicht durch die gegebene Anordnung der schützenden Konstruktion geschützt.

Maße in Millimeter

	Höhe des Gefährdungsbereiches [c] a	Höhe der schützenden Konstruktion [a, b] b									
		1000	1200	1400	1600 ①	1800	2000	2200	2400	2500	2700
		Waagerechter Sicherheitsabstand zum Gefährdungsbereich, c									
d	2700 ③	0	0	0	0	0	0	0	0	0	0
d	2600 ③	900	800	700	600	600	500	400	300	100	0
d	2400 ③	1100	1000	900	800	700	600	400	300	100	0
e					900 ②	800	600	400	300	0	0
e					900 ②	800	600	400	0	0	0
e					900 ②	800	600	0	0	0	0
e					900 ②	800	500	0	0	0	0
e					900 ②	800	0	0	0	0	0
e					900 ②	700	0	0	0	0	0
d	1000 ③	1500	1400	1000	800	0	0				
d	800 ③	1500	1300	900	600	0	0				
d	600 ③	1400	1300	800	0	0	0				
d	400 ③	1400	1200	400	0	0	0				
d	200 ③	1200	900	0	0	0	0				
d	0 ③	1100	500	0	0	0	0				

[a] Schützende Konstruktionen mit einer Höhe unter 1 000 mm sind nicht enthalten, da sie die Bewegung des Körpers nicht ausreichend einschränken.

[b] Schützende Konstruktionen von weniger als 1 400 mm sollten nicht ohne zusätzliche Sicherheitsmaßnahmen benutzt werden.

[c] Für Gefährdungsbereiche über 2 700 mm, siehe 4.2.1.

[d] Möglich.

[e] Nicht möglich.

Bild A.3 — Beispiel 3 — Tabelle 2

BEISPIEL 4 Für ein hohes Risiko: Wenn die Höhe a des Gefährdungsbereiches 1 800 mm beträgt, und wenn die schützende Konstruktion ein Gitter mit einer Höhe b = 2 000mm (Tabelle 2) ist, beträgt der Sicherheitsabstand c = 600 mm. Das Gitter hat quadratische Öffnungen (50 mm × 50 mm), der nach Tabelle 4 vorzuschlagende Sicherheitsabstand beträgt s_r = 850 mm. Dieser größere Sicherheitsabstand sollte genommen werden.

Anhang B
(informativ)

Abstände zum Verhindern des freien Zuganges durch die unteren Gliedmaßen

Eine zusätzliche schützende Konstruktion kann verwendet werden, um den freien Zugang der unteren Gliedmaßen unter vorhandenen schützenden Konstruktionen einzuschränken. Für dieses Verfahren beziehen sich die in diesem Anhang angegebenen Abstände auf die Höhe vom Boden oder der Bezugsebene zur schützenden Konstruktion. Dieses Verfahren bietet begrenzten Schutz, in vielen Fällen können andere Verfahren geeigneter sein.

ANMERKUNG Diese Abstände sind keine Sicherheitsabstände, und zusätzliche Vorsichtsmaßnahmen könnten erforderlich sein, um den Zugang einzuschränken.

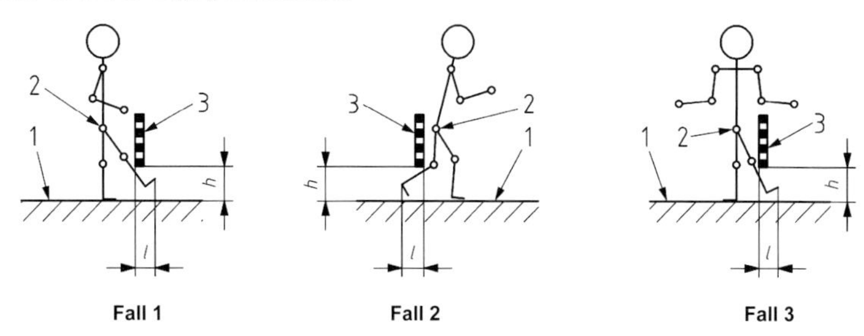

Fall 1 **Fall 2** **Fall 3**

Legende

1 Bezugsebene
2 Hüftgelenk
3 schützende Konstruktion
h Höhe bis zur schützenden Konstruktion
l Blockierabstand

Bild B.1 — Behinderung der freien Bewegung unter schützenden Konstruktionen

Tabelle B.1 enthält Abstände für besondere Fälle, in denen Zugang der unteren Gliedmaßen für die in aufrechter Körperhaltung verbleibende Person (siehe Bild B.1) ohne jegliche zusätzliche Hilfe behindert ist.

Wo ein Risiko durch Ausrutschen oder Missbrauch besteht, kann die Anwendung der in Tabelle B.1 angegebenen Werte ungeeignet sein.

Es sollte keine Interpolation zwischen den Werten dieser Tabelle durchgeführt werden. Wenn die Höhe h bis zur schützenden Konstruktion zwischen zwei Werten liegt, sollte der Abstand für den höheren Wert von h angewendet werden.

Tabelle B.1 — Abstände, bei denen der Zugang der unteren Gliedmaßen begrenzt ist

Maße in Millimeter

Höhe h bis zur schützenden Konstruktion	Abstand l		
	Fall 1	Fall 2	Fall 3
$h \leq 200$	≥ 340	≥ 665	≥ 290
$200 < h \leq 400$	≥ 550	≥ 765	≥ 615
$400 < h \leq 600$	≥ 850	≥ 950	≥ 800
$600 < h \leq 800$	≥ 950	≥ 950	≥ 900
$800 < h \leq 1\,000$	≥ 1 125	≥ 1 195	≥ 1 015

ANMERKUNG Schlitzförmige Öffnungen mit $e > 180$ mm und quadratische oder runde Öffnungen mit $e > 240$ mm erlauben den Zugang des ganzen Körpers.

Anhang ZA
(informativ)

Zusammenhang zwischen dieser Internationalen Norm und den grundlegenden Anforderungen der EG-Richtlinie 98/37/EG

Diese Internationalen Norm wurde im Rahmen eines Mandates, das dem CEN von der Europäischen Kommission und der Europäischen Freihandelszone erteilt wurde, erarbeitet, um ein Mittel zur Erfüllung der grundlegenden Anforderungen der nach der neuen Konzeption erstellten Richtlinie 98/37/EG über Maschinen bereitzustellen.

Sobald diese Norm im Amtsblatt der Europäischen Gemeinschaften im Rahmen der betreffenden Richtlinie in Bezug genommen und in mindestens einem der Mitgliedstaaten als nationale Norm umgesetzt worden ist, berechtigt die Übereinstimmung mit den normativen Abschnitten dieser Norm innerhalb der Grenzen des Anwendungsbereichs dieser Norm zu der Annahme, dass eine Übereinstimmung mit den entsprechenden grundlegenden Anforderungen 1.1.2, 1.3.7, 1.4.1 dieser Richtlinie und der zugehörigen EFTA-Vorschriften gegeben ist.

WARNUNG — Für Produkte, die in den Anwendungsbereich dieser Norm fallen, können weitere Anforderungen und weitere EG-Richtlinien anwendbar sein.

Anhang ZB
(informativ)

Zusammenhang zwischen dieser Internationalen Norm und den grundlegenden Anforderungen der EG-Richtlinie 2006/42/EG

Diese Internationalen Norm wurde im Rahmen eines Mandates, das dem CEN von der Europäischen Kommission und der Europäischen Freihandelszone erteilt wurde, erarbeitet, um ein Mittel zur Erfüllung der grundlegenden Anforderungen der nach der neuen Konzeption erstellten Richtlinie 2006/42/EG über Maschinen bereitzustellen.

Sobald diese Norm im Amtsblatt der Europäischen Gemeinschaften im Rahmen der betreffenden Richtlinie in Bezug genommen und in mindestens einem der Mitgliedstaaten als nationale Norm umgesetzt worden ist, berechtigt die Übereinstimmung mit den normativen Abschnitten dieser Norm innerhalb der Grenzen des Anwendungsbereichs dieser Norm zu der Annahme, dass eine Übereinstimmung mit den entsprechenden grundlegenden Anforderungen 1.1.2, 1.3.7, 1.4.1 dieser Richtlinie und der zugehörigen EFTA-Vorschriften gegeben ist.

WARNUNG — Für Produkte, die in den Anwendungsbereich dieser Norm fallen, können weitere Anforderungen und weitere EG-Richtlinien anwendbar sein.

Literaturhinweise

[1] ISO 13855, *Safety of machinery — Positioning of protective equipment with respect to the approach speeds of parts of the human body*

[2] ISO 14121-1, *Safety of machinery — Risk assessment — Part 1: Principles*

[3] ISO 14738, *Safety of machinery — Anthropometric requirements for the design of workstations at machinery*

[4] EN 547-3, *Sicherheit von Maschinen — Körpermaße des Menschen — Teil 3: Körpermaßdaten*

Tabelle 1: Bildzeichen für das Elektrotechniker-Handwerk – Auswahl –

Bildzeichen Symbol	Elektrisches Betriebsmittel Schutzumfang Anwendungsbeispiele	Reg.-Nr nach DIN 30600	ISO 7000 IEC 60417
M	Leuchte für Entladungslampen nach DIN VDE 0710 Teil 14 mit eingebautem oder getrenntem Vorschaltgerät zur Montage in und an Einrichtungsgegenständen (Möbelleuchte) im Sinne DIN VDE 0100 Teil 559; auf schwer oder normal entflammbaren Baustoffen im Sinne von DIN 4102-1	1709	
M M	Leuchte für Glühlampen und Entladungslampen nach DIN VDE 0710 Teil 14 mit eingebautem oder getrenntem Vorschaltgerät zur Montage in und an Einrichtungsgegenständen (Möbelleuchte) im Sinne DIN VDE 0100 Teil 559; Werkstoffe unbekannter Entflammungseigenschaft		
F	Leuchte mit dieser Kennzeichnung darf aufgrund eines Fehlers in einem Einzelteil ihre Berührungsfläche nicht unzulässig erwärmen; sie ist geeignet zur direkten Befestigung auf normal entflammbaren Befestigungsflächen nach DIN EN 60598-1, VDE 0711 Teil 1. *Anmerkung:* Leuchten, die **nicht** mit diesem Symbol gekennzeichnet sind, dürfen auf Gebäudeteilen aus schwer oder normal entflammbaren Baustoffen nach DIN EN 13238 angebracht werden, wenn ein Abstand von ≥ 35 mm von der Leuchte zur Befestigungsfläche eingehalten wird. Außerdem müssen die Aufkleber und Montageanleitungen der Hersteller beachtet werden.		
F F D	Leuchte mit begrenzter Oberflächentemperatur für Betriebsstätten, die durch Staub oder Fasern im Sinne DIN VDE 0100 Teil 482 feuergefährdet sind, Schutzart IP 5X; „Leuchten mit begrenzter Oberflächentemperatur" (Staubentzündung) Dieses Bildzeichen – gültig bis 1.8.2005 – ist aufgrund harmonisierter Gerätenormen ersetzt durch: Leuchte mit begrenzter Oberflächentemperatur nach DIN EN 60598-2-24, VDE 0711-2 Teil 24 *Anmerkung:* Hinsichtlich des Einsatzes in feuergefährdeten Betriebsstätten sind zusätzlich die Hinweise in der Richtlinie VdS 2400 zu beachten		
	Ballwurfsichere Leuchte (Sporthallenleuchte) nach DIN VDE 0710 Teil 13 *Anmerkung:* Bei Öffnungen > 60 mm nicht für Tennis geeignet.		

Tabelle 1. (Fortsetzung)

Bildzeichen Symbol	Elektrisches Betriebsmittel Schutzumfang Anwendungsbeispiele	Reg.-Nr nach	
		DIN 30600	ISO 7000 IEC 60417
	Leuchte für die Anwendung von Kopfspiegellampen; nach DIN EN 60598-1, VDE 0711 Teil 1		
E	Leuchte zum Betrieb mit Hochdruck-Natriumdampflampen, die ein außerhalb (der Lampe) angebrachtes Zündgerät erfordern; nach DIN EN 60598-1, VDE 0711 Teil 1		
I	Leuchte zum Betrieb mit Hochdruck-Natriumdampflampen mit eingebautem Zündgerät nach DIN EN 60598-1, VDE 0711 Teil 1		
F	F-Kennzeichnung wärmegedämmter Decken für Leuchte, nach DIN EN 60598-1, VDE 0711		
	Allgebrauchslampe für „rauen Betrieb“ nach DIN VDE 0710-4; Leuchten für raue Anwendung nach DIN EN 60598-1, VDE 0711 Teil 1		
	Nur offene Kaltlicht-Reflektorlampen einsetzen		
T	Lampe für schlagwetter- und explosionsgeschützte Leuchte nach DIN 49810-4; (zulässige Übertemperatur)		
	Lampe, Licht, Beleuchtung	139	5012
	Lampe, nicht platzend; geschlossene Leuchte nach DIN EN 60598-1	1613 E	
P	Thermisch geschütztes Vorschaltgerät der „Klasse P“ nach DIN EN 60929, VDE 0712 Teil 23		
	Unabhängiges Vorschaltgerät (elektronischer Konverter) außerhalb von Leuchten angebracht nach DIN EN 61347-2-2, VDE 0712 Teil 32 Im Fehlerfall werden Befestigungsflächen nicht in Brand gesetzt.	3778	5138

Tabelle 1. (Fortsetzung)

Bildzeichen Symbol	Elektrisches Betriebsmittel Schutzumfang Anwendungsbeispiele	Reg.-Nr nach	
		DIN 30600	ISO 7000 IEC 60417
	Temperaturgeschütztes Vorschaltgerät (Konverter) mit Temperaturangabe nach DIN EN 61347-2-2, VDE 0712 Teil 32 Die drei Punkte werden durch den Wert der maximal zulässigen Bemessungstemperatur in °C am Gehäuse des Konverters, die vom Hersteller angegeben wird, ersetzt.		
F	Flammsicherer Kondensator nach DIN VDE 0560 Teil 6 für Entladungslampen (Fertigung bis 1.3.1998); Prüfung mit elektrischer Überlast		
FP	Flammsicherer Kondensator nach DIN VDE 0560 Teil 6 für Entladungslampen (Fertigung bis 1.3.1998); Prüfung mit elektrischer Überlast; platzsicher		
	Selbstheilender Kondensator für Entladungslampen nach DIN EN 61048, VDE 0560 Teil 61		
	Nichtselbstheilender Kondensator für Entladungslampen nach DIN EN 61048, VDE 0560 Teil 61		
	Transformator, allgemein	43	5156
	Trenntransformator nach DIN EN 61558-2-4, VDE 0570 Teil 2-4	906 E	5221
	gekapselter Sicherheitstransformator; nach DIN EN 61558-2-6, VDE 0570 Teil 2-6	907 E	5222
F *)	Fail-safe-Transformator**); nach DIN EN 61558-1, VDE 0570 Teil 1	1729	5224
*)	Nicht kurzschlussfester Transformator nach DIN EN 61558-1, VDE 0570 Teil 1	905	5223
*)	Kurschlussfester Transformator nach DIN EN 61558-1, VDE 0570 Teil 1	904	5220

*) Diese Bildzeichen dürfen mit dem Bildzeichen für Trenntransformatoren (Reg.-Nr 906 E) oder Sicherheitstransformatoren (Reg.-Nr. 907 E) kombiniert werden; auch waagerechte Anordnung des Bildzeichens ist zulässig.

**) Transformator, der infolge nicht bestimmungsgemäßen Gebrauchs bleibend ausfällt, aber für den Anwender oder die Umgebung keine Gefahr darstellt.

Tabelle 1. (Fortsetzung)

Bildzeichen Symbol	Elektrisches Betriebsmittel Schutzumfang Anwendungsbeispiele	Reg.-Nr nach	
		DIN 30600	ISO 7000 IEC 60417
	Steuertransformator nach DIN EN 61558-2-2, VDE 0570 Teil 2-2		
	Sicherheitstransformator für Spielzeug nach DIN EN 61558-2-7, VDE 0570 Teil 2-7	1526 E	5219
	Elektrorasierer, Rasiersteckdosen-Transformator und -Einheit nach DIN EN 61558-2-5, VDE 0570 Teil 2-5	146	5225
	Klingel, Kurzschlussfester Klingel- und Läutewerks-Transformator (unbedingt oder bedingt kurzschlussfest) nach DIN EN 61558-2-8, VDE 0570 Teil 2-8	140	5013
	Trenntransformator bedingt kurzschlussfest nach DIN VDE 0551 Teil 1 (veraltet)		
	Haushalt-Spartransformator nach VDE 0550 Teil 1 (veraltet)		
	Transformator für Handleuchten der Schutzklasse III mit Glühlampen nach VDE 0551 (veraltet)		
6000	Fehlerstrom-Schutzeinrichtung (RCD) nach DIN EN 61557-6, VDE 0413 Teil 6; Bemessungs-Kurzschlussfestigkeit in A in Verbindung mit einer Sicherung	186	5016
	Fehlerstrom-Schutzschalter (RCD) nach DIN EN 61557-6, VDE 0413 Teil 6 Bildzeichen für die Art des Fehlerstroms (Auslösung der Fehlerstrom-Schutzschalter bei Wechsel- und pulsierenden Gleich-Fehlerströmen)	1655	
-25	Bildzeichen für tiefe Temperaturen („Kühlen“)	491	0027
S	Selektive und stoßstromfeste Fehlerstrom-Schutzeinrichtung (RCD) nach DIN EN 61557-6, VDE 0413 Teil 6	1708 E	
	Elektrogerät zur Behandlung von Haut und Haar (z. B. Haartrockner) mit dem Hinweis: „Verbot, dieses Gerät in der Badewanne, Dusche und über mit Wasser gefülltem Waschbecken zu benutzen.“		

Tabelle 1. (Fortsetzung)

Bildzeichen Symbol	Elektrisches Betriebsmittel Schutzumfang Anwendungsbeispiele	Reg.-Nr nach	
		DIN 30600	ISO 7000 IEC 60417
	Uhr, Zeitschalter, Zeitgeber	173	5184
	Türöffner	141	0517
	Netzstecker ziehen	2549	
	Achtung, allgemeine Gefahrenstelle; z. B. Bauteil eines netzbetriebenen elektronischen Gerätes nach DIN EN 60065, VDE 0860 darf nur durch ein Bauteil gemäß Service-Unterlagen des Herstellers ersetzt werden	1008	0434
	Steckvorrichtung für erschwerte Bedingungen („rauer Betrieb") nach DIN VDE 0620 Teil 1	1665	1325
	Temperatur regeln	519	0175
	Nicht betätigen; nicht eingreifen	2201	1627
	Antenne	148	5039
	Installationsdosen und -kleinverteiler nach DIN VDE 0606 Teil 1		
H	Einbau in Hohlwand/Möbel (Hohlwanddose, Hohlwandkleinverteilungen)	1656	
B	Eingießen in Beton (Betonbau-Installationsdose)	1716	
I	Imputz (Imputz-Installationsdose)	1717	

Tabelle 1. (Fortsetzung)

Bildzeichen Symbol	Elektrisches Betriebsmittel Schutzumfang Anwendungsbeispiele	Reg.-Nr nach	
		DIN 30600	ISO 7000 IEC 60417
	Aufputz (Aufputz-Installationsdose)	1715	
	Unterputz (Unterputz-Installationsdose)	1721 E	
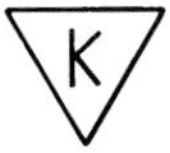	Installationskanal (Installationskanaldose)	1718	
	Isolierte Verbindungsklemmen		
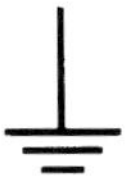	Erde	1544	5017
	Fremdspannungsarme Erde (Funktionserdungsleiter)	931	5018
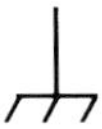	Masse (Funktionspotenzialausgleichsleiter)	1546	5020
	(Anschluss für) Schutzleiter PE; Schutzklasse I nach DIN 40011	1545	5019
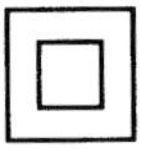	Schutzisolierung für elektrische Betriebsmittel; Schutzklasse II	154	5172
	Elektrisches Betriebsmittel zum Anschluss an Schutzkleinspannung; Schutzklasse III	371	5180
	Wechselstromleiter nach DIN EN 60445, VDE 0197	37	5032
	Gleichstromleiter nach DIN EN 60445, VDE 0197	36	5031
	Energieeffizienzzeichen von Heizkesseln gemäß Verordnung über das Inverkehrbringen von Heizkesseln und Geräten nach dem Bauproduktengesetz (Heizkesselwirkungsgradrichtlinie v. 04.98)		

Tabelle 1. (Fortsetzung)

Bildzeichen Symbol	Elektrisches Betriebsmittel Schutzumfang Anwendungsbeispiele	Reg.-Nr nach DIN 30600	Reg.-Nr nach ISO 7000 IEC 60417
	Kennzeichnung von Lagerflächen für Gefriergut		
	1-Stern-Fach Temperatur –6 °C und kälter	2289	0497
	2-Sterne-Fach Temperatur –12 °C und kälter	2290	0498
	3-Sterne-Tiefkühl-Fach Temperatur –18 °C und kälter	2291	0499
	Gefriergut, Kennzeichnung von Gefrierfächern		
	Gefriersymbol (Prüfverfahren nach DIN EN ISO 5155)	2292	0500
	Kennzeichnung von Packstoffen und Packmitteln zu deren Verwertung nach DIN 6120-1		
	Bildzeichen Recycling	2993	1135
	Vereinfachtes Bildzeichen		
	Zusatzbezeichnung 01 02 03 04 05 06 07 (in der Mitte des vereinfachten Bildzeichens angeordnet)		
	Kunststoffart PETPE-(HD) PVC PE-(LD) PP PS O (unter dem vereinfachten Bildzeichen angeordnet) (andere)		
	PET = Polyethylenterephthalat PE = Polyethylen, z. B. HD = hohe Dichte PVC = Polyvenylchlorid PP = Polypropylen PS = Polystyrol		

Anmerkung: Weitere Symbole der Haustechnik siehe DIN-Fachbericht 16 „Bildzeichen für Hausgeräte“, Beuth Verlag GmbH, ISBN 3-410-12128-5

Weitere graphische Symbole für Betriebsmittel siehe auch DIN EN 60417-1:2000-05

Tabelle 2: Gebrauchskategorien für Niederspannungsschaltgeräte, zusammengestellt nach Tabelle 1 von DIN EN 60947-4-1, (VDE 0660-102):2006-04

Anwendungsfälle	Stromart	Gebrauchskategorie
Nicht induktive oder schwach induktive Last, Widerstandsöfen	Wechselspannung	AC-1
Schleifringläufermotoren: Anlassen, Ausschalten		AC-2
Käfigläufermotoren: Anlassen, Ausschalten während des Laufes [1]		AC-3
Käfigläufermotoren: Anlassen, Gegenstrombremsen, Reversieren, Tippen		AC-4
Schalten von Gasentladungslampen		AC-5a
Schalten von Glühlampen		AC-5b
Schalten von Transformatoren		AC-6a
Schalten von Kondensatorbatterien		AC-6b
Schwach induktive Last in Haushaltsgeräten und ähnlichen Anwendungen		AC-7a [3]
Motorlast für Haushaltsgeräte		AC-7b [3]
Schalten von hermetisch gekapselten Kühlkompressormotoren mit manueller Rückstellung der Überlastauslöser [2]		AC-8a
Schalten von hermetisch gekapselten Kühlkompressormotoren mit automatischer Rückstellung der Überlastauslöser [2]		AC-8b
Nichtinduktive oder schwachinduktive Last, Widerstandsöfen	Gleichspannung	DC-1
Nebenschlussmotoren: Anlassen, Gegenstrombremsen, Reversieren, Tippen, Widerstandsbremsen		DC-3
Reihenschlussmotoren: Anlassen, Gegenstrombremsen, Reversieren, Tippen, Widerstandsbremsen		DC-5
Schalten von Glühlampen		DC-6

1) Geräte für Gebrauchskategorie AC-3 dürfen für gelegentliches Tippen oder Gegenstrombremsen während einer begrenzten Dauer, wie zum Einrichten einer Maschine, verwendet werden; die Anzahl der Betätigungen darf dabei nicht über fünf je Minute und zehn je zehn Minuten hinausgehen.

2) Beim hermetisch gekapselten Kühlkompressormotor sind Kompressor und Motor im gleichen Gehäuse ohne äußere Welle oder Wellendichtung gekapselt, und der Motor wird im Kühlmittel betrieben.

3) Für AC-7a und AC-7b siehe IEC 61095

Tabelle 3: Gebrauchskategorien für Lastschalter, Trenner, Lasttrenner und Schalter-Sicherungs-Einheiten, zusammengestellt nach Tablle 2 von DIN EN 60947-3, (VDE 0660-107):2006-03

Anwendungsfälle	Stromart	Gebrauchs-kategorie
Schließen und Öffnen ohne Last	Wechsel-spannung	AC-20
Schalten von ohmscher Last einschließlich geringer Überlast		AC-21
Schalten von gemischter ohmscher und induktiver Last einschließlich geringer Überlast		AC-22
Schalten von Motoren oder anderer hochinduktiver Last		AC-23
Schließen und Öffnen ohne Last	Gleich-spannung	DC-20
Schalten von ohmscher Last einschließlich geringer Überlast		DC-21
Schalten von gemischter ohmscher und induktiver Last einschließlich geringer Überlast (z. B. Nebenschluss-Motoren)		DC-22
Schalten von hochinduktiver Last (z. B. Reihenschluss-Motoren)		DC-23

Zusatzbuchstabe A: Häufige Betätigung

Zusatzbuchstabe B: Gelegentliche Betätigung

Tabelle 4: Niederspannungssicherungen nach DIN EN 60269-1, (VDE 0636-1):2008-03 (NH-, D- und D0-System)

Begriffe

g-Sicherungseinsatz (früher: Sicherungseinsatz für allgemeine Anwendung)

Strombegrenzender Sicherungseinsatz, der unter bestimmten Bedingungen alle das Abschmelzen der Schmelzleiter bewirkenden Ströme bis zu seinem Bemessungs-Ausschaltvermögen unterbrechen kann.

a-Sicherungseinsatz (früher: Sicherungseinsatz für den Kurzschlussschutz)

Strombegrenzender Sicherungseinsatz, der unter bestimmten Bedingungen alle Ströme zwischen dem niedrigsten auf der Ausschaltzeit/Strom-Kennlinie angegebenen Strom und seinem Bemessungs-Ausschaltvermögen unterbrechen kann.

Strombegrenzender Sicherungseinsatz, der während seines Ausschaltens in einem bestimmten Strombereich durch diesen Vorgang den Strom auf einen wesentlich niedrigeren Wert als den Scheitelwert des unbeeinflussten Stroms begrenzt.

Beispiele der Betriebsklassen

gL Ganzbereichs-Kabel- und Leitungsschutz;

gG Grenzbereichs-Sicherungseinsätze für allgemeine Anwendung;

gM Grenzbereichs-Sicherungseinsätze für den Schutz von Motorstromkreisen;

aM Teilbereichs-Sicherungseinsätze für den Schutz von Motorstromkreisen (Teilbereichs-Schaltgeräteschutz)

gTr Ganzbereichs-Transformatorenschutz

aR Teilbereichs-Halbleiterschutz

gR Ganzbereichs-Halbleiterschutz

Geräteschutzsicherungen nach DIN EN 60127-1/A1, VDE 0820 Teil 1/A1
Aufschriften (Symbole) für die Schmelzcharakteristik/Farbcodierung

FF Superflink/Schwarz

F Flink/Rot

M Mittelträge/Gelb

T Träge/Blau

TT Superträge/Grau

Anmerkung: Selektivitätstabellen (Zeit-Strom-Charakteristiken) sind den Herstellerangaben zu entnehmen.

Tabelle 5: Leitungsschutzschalter für Hausinstallationen und ähnliche Zwecke nach DIN EN 60898-1, (VDE 0641-11):2006-03

Normbereiche der Sofortauslösung

Auslösecharakteristik, Typ	Bereich
B	über 3 I_n bis 5 I_n
C	über 5 I_n bis 10 I_n
D	über 10 I_n bis 20 I_n

Tabelle 6: Leuchten mit Betriebsspannungen unter 1 000 V zum Einbau in Möbel nach DIN VDE 0710 Teil 14; 1982-04

Montage	Kennzeichen für die Montageart (MA)	
	Geeignete MA	Nicht geeignete MA
1. an der Decke		
2. an der Wand		
3. waagerecht an der Wand		
4. senkrecht an der Wand		
5. an der Decke und waagerecht an der Wand		
6. an der Decke und senkrecht an der Wand		
7. in der waagerechten Ecke, Lampe seitlich		
8. in der waagerechten Ecke, Lampe unterhalb		
9. in der waagerechten Ecke, Lampe seitlich und unterhalb		
10. im U-Profil		

Tabelle 7: Wechselspannungsnetze (IEC-Normspannung); nach DIN IEC 60038, (VDE 0175):2002-11

Die Spannungswerte 380/220 V und 415/240 V von Drehstromnetzen der elektrischen Energieversorgung sind durch den einzigen weltweit genormten Einheitswert 400/230 V ersetzt worden. Während der von CENELEC noch einmal verlängerten Übergangszeit bis 31.12.2008 sollten zunächst die Energieversorgungsunternehmen der Länder, die 380/220-V-Netze haben, die Spannungstoleranzen auf 400/230 $V^{+6\,\%}_{-10\,\%}$ und der Länder, die 415/240-V-Netze haben, die Spannungstoleranzen auf 400/230 $V^{+10\,\%}_{-6\,\%}$ bringen. Am Ende dieser Übergangsperiode sollten die Spannungstoleranzen von 400/230 V ± 10 % erreicht sein. Danach wird die Verkleinerung dieser Toleranzen in Erwägung gezogen werden.

Drehstrom-Vierleiter- oder Dreileiternetze		Einphasen-Dreileiternetze
Nennspannung V		Nennspannung V
50 Hz	60 Hz	60 Hz
–	208/120	240/120
–	240	–
400/230	480/277	–
690/400	480	–
–	600/347	–
1 000	600	–

Die Wechselspannungsnetze dieser Tabelle, zusammengestellt nach Tabelle 1 von DIN IEC 60038, VDE 0175:2002-11, schließen auch die Einphasen-Stromkreise (Anschlüsse, Abzweige usw.) mit ein, die mit diesen Netzen verbunden sind.

Die Spannungen an der Übergabestelle sollte um nicht mehr als ±10 % von der Nennspannung abweichen.

Zusätzlich zu den Spannungsänderungen an der Übergabestelle können Spannungsfälle innerhalb der Verbraucheranlagen auftreten. Für Niederspannungsanlagen ist dieser Spannungsfall auf 4 % begrenzt (siehe auch DIN 18015-1); daher beträgt die Verbraucherspannung +10 % – 14 % der Nennspannung.

Am Ende der Übergangsperiode (31.12.2008) wird eine Verkleinerung dieses Bereichs in Erwägung gezogen. Spannungen über 400/230 V sind ausschließlich für die Anwendung in großen Industriebetrieben und Großbauten vorgesehen.

Tabelle 8: Annähernder Vergleich von IP-Schutzarten nach DIN EN 60529, VDE 0470 Teil 1; 2000-09 mit Bildzeichen für Leuchten, Steckvorrichtungen sowie Geräte für den Hausgebrauch und ähnliche Zwecke

Anmerkung: Nicht für alle in der Tabelle genannten Bauarten werden Leuchten, Steckvorrichtungen bzw. Haushaltgeräte nach den Normen der Reihen DIN VDE 0711, 0620 und 0700 geliefert.*)

Schutzgrad Erste Kennziffer mit Doppelfunktion		Schutzgrad Zweite Kennziffer nur Einzelfunktion	Schutzart nach IP-Code	Bildzeichen/Symbole für Leuchten, Steckvorrichtungen und Haushaltgeräte; annähernde*) Zuordnung zum IP-Code	
Berührungsschutz (Personenschutz)	Fremdkörperschutz (für Betriebsmittel)	Wasserschutz		Symbol	Bauart
Nicht geschützter Zugang zu gefährlichen Teilen.	Nicht geschützt.	Nicht geschützt.	IP 00		
Handrückenschutz Zugangssonde-Kugel 50 mm ∅ muß ausreichenden Abstand von gefährlichen Teilen haben.	Geschützt gegen feste Fremdkörper ≥ 50 mm ∅; Objektsonde darf nicht durch Gehäuseöffnung hindurchgehen.	Geschützt gegen Tropfwasser. Senkrecht fallende Tropfen dürfen keine schädlichen Wirkungen haben.	IP 11		tropfwassergeschützt
Fingerschutz Gegliederter Prüffinger 2 mm ∅ 80 mm Länge – muß ausreichenden Abstand von gefährlichen Teilen haben.	Geschützt gegen feste Fremdkörper ≥ 12,5 mm ∅; Objektsonde-Kugel 12,5 mm – darf nicht durch Gehäuseöffnung hindurchgehen.	Geschützt gegen Tropfwasser, wenn das Gehäuse bis zu 15° geneigt ist. Senkrecht fallende Tropfen dürfen keine schädlichen Wirkungen haben, wenn Gehäuse um einen Winkel bis zu 15° beiderseits der Senkrechten geneigt ist.	IP 22		tropfwassergeschützt
Werkzeugschutz Schutz gegen Werkzeug. Zugangssonde ≥ 2,5 mm ∅ darf nicht eindringen.	Geschützt gegen feste Fremdkörper ≥ 2,5 mm ∅; Objektsonde 2,5 mm ∅, darf nicht durch Gehäuseöffnung hindurchgehen	Geschützt gegen Sprühwasser. Wasser, das in einem Winkel bis zu 60° beiderseits der Senkrechten gesprüht wird, darf keine schädlichen Wirkungen haben.	IP 33		sprühwasser- und regengeschützt
Drahtschutz gegen Zugang mit Draht geschützt: Zugangssonde 1,0 mm ∅ darf nicht eindringen.	Geschützt gegen feste Fremdkörper ≥ 1,0 mm ∅; Objektsonde 1,0 mm ∅ darf nicht durch Gehäuseöffnung hindurchgehen	Geschützt gegen Spritzwasser. Wasser, das aus jeder Richtung gegen das Gehäuse spritzt, darf keine schädlichen Wirkungen haben.	IP 14		spritzwassergeschützt

Tabelle 8. (Fortsetzung)

Schutzgrad Erste Kennziffer mit Doppelfunktion		Schutzgrad Zweite Kennziffer nur Einzelfunktion	Schutzart nach IP-Code	Bildzeichen/Symbole für Leuchten, Steckvorrichtungen und Haushaltgeräte; annähernde*) Zuordnung zum IP-Code	
Berührungsschutz (Personenschutz)	Fremdkörperschutz (für Betriebsmittel)	Wasserschutz		Symbol	Bauart
Drahtschutz wie bei IP 4. beschrieben.	Staubgeschützt. Eindringen von Staub nicht vollständig verhindert. Der Staub darf aber nicht in solcher Menge eindringen, daß das zufriedenstellende Arbeiten des Gerätes oder die Sicherheit beeinträchtigt wird.	Geschützt gegen Strahlwasser. Wasser, das aus jeder Richtung als Strahl gegen das Gehäuse gerichtet ist, darf keine schädlichen Wirkungen haben.	IP 55		staubgeschützt strahlwassergeschützt
Drahtschutz wie bei IP 4. beschrieben.	Staubdicht. Staub darf nicht eindringen.	Geschützt gegen starkes Strahlwasser. Wasser, das aus jeder Richtung als starker Strahl gegen das Gehäuse gerichtet ist, darf keine schädlichen Wirkungen haben.	IP 66		staubdicht flutungsgeschützt, wasserdicht
		Geschützt gegen die Wirkungen beim zeitweiligen Untertauchen in Wasser. Wasser darf nicht in einer Menge eintreten, die schädliche Wirkungen verursacht, wenn das Gehäuse unter genormten Druck- und Zeitbedingungen zeitweilig in Wasser untergetaucht ist	IP X7		eintauchgeschützt, wasserdicht
		Geschützt gegen die Wirkungen beim dauernden Untertauchen in Wasser. Wasser darf nicht in einer Menge eintreten, die schädliche Wirkungen verursacht, wenn das Gehäuse dauernd unter Wasser getaucht ist unter Bedingungen, die zwischen Hersteller und Anwender vereinbart werden müssen. Die Bedingungen müssen jedoch schwieriger sein als für Kennziffer 7	IP X8	... bar ... m	untertauchgeschützt, druckwasserdicht

*) Die in der Praxis selterner verwendeten VDE/IEC-Bildzeichen sind wegen unterschiedlicher Prüfkriterien nur als annähernde Zuordnung zu den IP-Schutzarten nach DIN EN zu verstehen.

Sachgebiet 4

Technische Vertragsbedingungen, Prüfprotokolle, Formulare, Tabellen

April 2010

DIN 18299

ICS 91.010.20

Ersatz für
DIN 18299:2006-10

VOB Vergabe- und Vertragsordnung für Bauleistungen – Teil C: Allgemeine Technische Vertragsbedingungen für Bauleistungen (ATV) – Allgemeine Regelungen für Bauarbeiten jeder Art

German construction contract procedures (VOB) –
Part C: General technical specifications in construction contracts (ATV) –
General rules applying to all types of construction work

Cahier des charges allemand pour des travaux de bâtiment (VOB) –
Partie C: Clauses techniques générales pour l'exécution des travaux de bâtiment (ATV) –
Règles générales pour toute sorte des travaux

Gesamtumfang 14 Seiten

Normenausschuss Bauwesen (NABau) im DIN

Vorwort

Diese Norm wurde vom Deutschen Vergabe- und Vertragsausschuss für Bauleistungen (DVA) aufgestellt.

Änderungen

Gegenüber DIN 18299:2006-10 wurden folgende Änderungen vorgenommen:

a) Das Dokument wurde zur Anpassung an die Entwicklung des Baugeschehens fachtechnisch überarbeitet.

Frühere Ausgaben

DIN 18299: 1988-09, 1992-12, 1996-06, 2000-12, 2002-12, 2006-10

Normative Verweisungen

Die folgenden zitierten Dokumente sind für die Anwendung dieses Dokuments erforderlich. Bei datierten Verweisungen gilt nur die in Bezug genommene Ausgabe. Bei undatierten Verweisungen gilt die letzte Ausgabe des in Bezug genommenen Dokuments (einschließlich aller Änderungen).

DIN 1960, *VOB Vergabe- und Vertragsordnung für Bauleistungen — Teil A: Allgemeine Bestimmungen für die Vergabe von Bauleistungen*

DIN 1961, *VOB Vergabe- und Vertragsordnung für Bauleistungen — Teil B: Allgemeine Vertragsbedingungen für die Ausführung von Bauleistungen*

DIN 18300, *VOB Vergabe- und Vertragsordnung für Bauleistungen — Teil C: Allgemeine Technische Vertragsbedingungen für Bauleistungen (ATV) — Erdarbeiten*

DIN 18301, *VOB Vergabe- und Vertragsordnung für Bauleistungen — Teil C: Allgemeine Technische Vertragsbedingungen für Bauleistungen (ATV) — Bohrarbeiten*

DIN 18302, *VOB Vergabe- und Vertragsordnung für Bauleistungen — Teil C: Allgemeine Technische Vertragsbedingungen für Bauleistungen (ATV) — Arbeiten zum Ausbau von Bohrungen*

DIN 18303, *VOB Vergabe- und Vertragsordnung für Bauleistungen — Teil C: Allgemeine Technische Vertragsbedingungen für Bauleistungen (ATV) — Verbauarbeiten*

DIN 18304, *VOB Vergabe- und Vertragsordnung für Bauleistungen — Teil C: Allgemeine Technische Vertragsbedingungen für Bauleistungen (ATV) — Ramm-, Rüttel- und Pressarbeiten*

DIN 18305, *VOB Vergabe- und Vertragsordnung für Bauleistungen — Teil C: Allgemeine Technische Vertragsbedingungen für Bauleistungen (ATV) — Wasserhaltungsarbeiten*

DIN 18306, *VOB Vergabe- und Vertragsordnung für Bauleistungen — Teil C: Allgemeine Technische Vertragsbedingungen für Bauleistungen (ATV) — Entwässerungskanalarbeiten*

DIN 18307, *VOB Vergabe- und Vertragsordnung für Bauleistungen — Teil C: Allgemeine Technische Vertragsbedingungen für Bauleistungen (ATV) — Druckrohrleitungsarbeiten außerhalb von Gebäuden*

DIN 18308, *VOB Vergabe- und Vertragsordnung für Bauleistungen — Teil C: Allgemeine Technische Vertragsbedingungen für Bauleistungen (ATV) — Drän- und Versickerarbeiten*

DIN 18309, *VOB Vergabe- und Vertragsordnung für Bauleistungen — Teil C: Allgemeine Technische Vertragsbedingungen für Bauleistungen (ATV) — Einpressarbeiten*

DIN 18311, *VOB Vergabe- und Vertragsordnung für Bauleistungen — Teil C: Allgemeine Technische Vertragsbedingungen für Bauleistungen (ATV) — Nassbaggerarbeiten*

DIN 18312, *VOB Vergabe- und Vertragsordnung für Bauleistungen — Teil C: Allgemeine Technische Vertragsbedingungen für Bauleistungen (ATV) — Untertagebauarbeiten*

DIN 18313, *VOB Vergabe- und Vertragsordnung für Bauleistungen — Teil C: Allgemeine Technische Vertragsbedingungen für Bauleistungen (ATV) — Schlitzwandarbeiten mit stützenden Flüssigkeiten*

DIN 18314, *VOB Vergabe- und Vertragsordnung für Bauleistungen — Teil C: Allgemeine Technische Vertragsbedingungen für Bauleistungen (ATV) — Spritzbetonarbeiten*

DIN 18315, *VOB Vergabe- und Vertragsordnung für Bauleistungen — Teil C: Allgemeine Technische Vertragsbedingungen für Bauleistungen (ATV) — Verkehrswegebauarbeiten — Oberbauschichten ohne Bindemittel*

DIN 18316, *VOB Vergabe- und Vertragsordnung für Bauleistungen — Teil C: Allgemeine Technische Vertragsbedingungen für Bauleistungen (ATV) — Verkehrswegebauarbeiten — Oberbauschichten mit hydraulischen Bindemitteln*

DIN 18317, *VOB Vergabe- und Vertragsordnung für Bauleistungen — Teil C: Allgemeine Technische Vertragsbedingungen für Bauleistungen (ATV) — Verkehrswegebauarbeiten — Oberbauschichten aus Asphalt*

DIN 18318, *VOB Vergabe- und Vertragsordnung für Bauleistungen — Teil C: Allgemeine Technische Vertragsbedingungen für Bauleistungen (ATV) — Verkehrswegebauarbeiten — Pflasterdecken und Plattenbeläge in ungebundener Ausführung, Einfassungen*

DIN 18319, *VOB Vergabe- und Vertragsordnung für Bauleistungen — Teil C: Allgemeine Technische Vertragsbedingungen für Bauleistungen (ATV) — Rohrvortriebsarbeiten*

DIN 18320, *VOB Vergabe- und Vertragsordnung für Bauleistungen — Teil C: Allgemeine Technische Vertragsbedingungen für Bauleistungen (ATV) — Landschaftsbauarbeiten*

DIN 18321, *VOB Vergabe- und Vertragsordnung für Bauleistungen — Teil C: Allgemeine Technische Vertragsbedingungen für Bauleistungen (ATV) — Düsenstrahlarbeiten*

DIN 18322, *VOB Vergabe- und Vertragsordnung für Bauleistungen — Teil C: Allgemeine Technische Vertragsbedingungen für Bauleistungen (ATV) — Kabelleitungstiefbauarbeiten*

DIN 18325, *VOB Vergabe- und Vertragsordnung für Bauleistungen — Teil C: Allgemeine Technische Vertragsbedingungen für Bauleistungen (ATV) — Gleisbauarbeiten*

DIN 18330, *VOB Vergabe- und Vertragsordnung für Bauleistungen — Teil C: Allgemeine Technische Vertragsbedingungen für Bauleistungen (ATV) — Mauerarbeiten*

DIN 18331, *VOB Vergabe- und Vertragsordnung für Bauleistungen — Teil C: Allgemeine Technische Vertragsbedingungen für Bauleistungen (ATV) — Betonarbeiten*

DIN 18332, *VOB Vergabe- und Vertragsordnung für Bauleistungen — Teil C: Allgemeine Technische Vertragsbedingungen für Bauleistungen (ATV) — Naturwerksteinarbeiten*

DIN 18333, *VOB Vergabe- und Vertragsordnung für Bauleistungen — Teil C: Allgemeine Technische Vertragsbedingungen für Bauleistungen (ATV) — Betonwerksteinarbeiten*

DIN 18334, *VOB Vergabe- und Vertragsordnung für Bauleistungen — Teil C: Allgemeine Technische Vertragsbedingungen für Bauleistungen (ATV) — Zimmer- und Holzbauarbeiten*

DIN 18335, *VOB Vergabe- und Vertragsordnung für Bauleistungen — Teil C: Allgemeine Technische Vertragsbedingungen für Bauleistungen (ATV) — Stahlbauarbeiten*

DIN 18336, *VOB Vergabe- und Vertragsordnung für Bauleistungen — Teil C: Allgemeine Technische Vertragsbedingungen für Bauleistungen (ATV) — Abdichtungsarbeiten*

DIN 18338, *VOB Vergabe- und Vertragsordnung für Bauleistungen — Teil C: Allgemeine Technische Vertragsbedingungen für Bauleistungen (ATV) — Dachdeckungs- und Dachabdichtungsarbeiten*

DIN 18339, *VOB Vergabe- und Vertragsordnung für Bauleistungen — Teil C: Allgemeine Technische Vertragsbedingungen für Bauleistungen (ATV) — Klempnerarbeiten*

DIN 18340, *VOB Vergabe- und Vertragsordnung für Bauleistungen — Teil C: Allgemeine Technische Vertragsbedingungen für Bauleistungen (ATV) — Trockenbauarbeiten*

DIN 18345, *VOB Vergabe- und Vertragsordnung für Bauleistungen — Teil C: Allgemeine Technische Vertragsbedingungen für Bauleistungen (ATV) — Wärmedämm-Verbundsysteme*

DIN 18349, *VOB Vergabe- und Vertragsordnung für Bauleistungen — Teil C: Allgemeine Technische Vertragsbedingungen für Bauleistungen (ATV) — Betonerhaltungsarbeiten*

DIN 18350, *VOB Vergabe- und Vertragsordnung für Bauleistungen — Teil C: Allgemeine Technische Vertragsbedingungen für Bauleistungen (ATV) — Putz- und Stuckarbeiten*

DIN 18351, *VOB Vergabe- und Vertragsordnung für Bauleistungen — Teil C: Allgemeine Technische Vertragsbedingungen für Bauleistungen (ATV) — Vorgehängte hinterlüftete Fassaden*

DIN 18352, *VOB Vergabe- und Vertragsordnung für Bauleistungen — Teil C: Allgemeine Technische Vertragsbedingungen für Bauleistungen (ATV) — Fliesen- und Plattenarbeiten*

DIN 18353, *VOB Vergabe- und Vertragsordnung für Bauleistungen — Teil C: Allgemeine Technische Vertragsbedingungen für Bauleistungen (ATV) — Estricharbeiten*

DIN 18354, *VOB Vergabe- und Vertragsordnung für Bauleistungen — Teil C: Allgemeine Technische Vertragsbedingungen für Bauleistungen (ATV) — Gussasphaltarbeiten*

DIN 18355, *VOB Vergabe- und Vertragsordnung für Bauleistungen — Teil C: Allgemeine Technische Vertragsbedingungen für Bauleistungen (ATV) — Tischlerarbeiten*

DIN 18356, *VOB Vergabe- und Vertragsordnung für Bauleistungen — Teil C: Allgemeine Technische Vertragsbedingungen für Bauleistungen (ATV) — Parkettarbeiten*

DIN 18357, *VOB Vergabe- und Vertragsordnung für Bauleistungen — Teil C: Allgemeine Technische Vertragsbedingungen für Bauleistungen (ATV) — Beschlagarbeiten*

DIN 18358, *VOB Vergabe- und Vertragsordnung für Bauleistungen — Teil C: Allgemeine Technische Vertragsbedingungen für Bauleistungen (ATV) — Rollladenarbeiten*

DIN 18360, *VOB Vergabe- und Vertragsordnung für Bauleistungen — Teil C: Allgemeine Technische Vertragsbedingungen für Bauleistungen (ATV) — Metallbauarbeiten*

DIN 18361, *VOB Vergabe- und Vertragsordnung für Bauleistungen — Teil C: Allgemeine Technische Vertragsbedingungen für Bauleistungen (ATV) — Verglasungsarbeiten*

DIN 18363, *VOB Vergabe- und Vertragsordnung für Bauleistungen — Teil C: Allgemeine Technische Vertragsbedingungen für Bauleistungen (ATV) — Maler- und Lackiererarbeiten — Beschichtungen*

DIN 18364, *VOB Vergabe- und Vertragsordnung für Bauleistungen — Teil C: Allgemeine Technische Vertragsbedingungen für Bauleistungen (ATV) — Korrosionsschutzarbeiten an Stahlbauten*

DIN 18365, *VOB Vergabe- und Vertragsordnung für Bauleistungen — Teil C: Allgemeine Technische Vertragsbedingungen für Bauleistungen (ATV) — Bodenbelagarbeiten*

DIN 18366, *VOB Vergabe- und Vertragsordnung für Bauleistungen — Teil C: Allgemeine Technische Vertragsbedingungen für Bauleistungen (ATV) — Tapezierarbeiten*

DIN 18367, *VOB Vergabe- und Vertragsordnung für Bauleistungen — Teil C: Allgemeine Technische Vertragsbedingungen für Bauleistungen (ATV) — Holzpflasterarbeiten*

DIN 18379, *VOB Vergabe- und Vertragsordnung für Bauleistungen — Teil C: Allgemeine Technische Vertragsbedingungen für Bauleistungen (ATV) — Raumlufttechnische Anlagen*

DIN 18380, *VOB Vergabe- und Vertragsordnung für Bauleistungen — Teil C: Allgemeine Technische Vertragsbedingungen für Bauleistungen (ATV) — Heizanlagen und zentrale Wassererwärmungsanlagen*

DIN 18381, *VOB Vergabe- und Vertragsordnung für Bauleistungen — Teil C: Allgemeine Technische Vertragsbedingungen für Bauleistungen (ATV) — Gas-, Wasser- und Entwässerungsanlagen innerhalb von Gebäuden*

DIN 18382, *VOB Vergabe- und Vertragsordnung für Bauleistungen — Teil C: Allgemeine Technische Vertragsbedingungen für Bauleistungen (ATV) — Nieder- und Mittelspannungsanlagen mit Nennspannungen bis 36 kV*

DIN 18384, *VOB Vergabe- und Vertragsordnung für Bauleistungen — Teil C: Allgemeine Technische Vertragsbedingungen für Bauleistungen (ATV) — Blitzschutzanlagen*

DIN 18385, *VOB Vergabe- und Vertragsordnung für Bauleistungen — Teil C: Allgemeine Technische Vertragsbedingungen für Bauleistungen (ATV) — Förderanlagen, Aufzugsanlagen, Fahrtreppen und Fahrsteige*

DIN 18386, *VOB Vergabe- und Vertragsordnung für Bauleistungen — Teil C: Allgemeine Technische Vertragsbedingungen für Bauleistungen (ATV) — Gebäudeautomation*

DIN 18421, *VOB Vergabe- und Vertragsordnung für Bauleistungen — Teil C: Allgemeine Technische Vertragsbedingungen für Bauleistungen (ATV) — Dämm- und Brandschutzarbeiten an technischen Anlagen*

DIN 18451, *VOB Vergabe- und Vertragsordnung für Bauleistungen — Teil C: Allgemeine Technische Vertragsbedingungen für Bauleistungen (ATV) — Gerüstarbeiten*

DIN 18459, *VOB Vergabe- und Vertragsordnung für Bauleistungen — Teil C: Allgemeine Technische Vertragsbedingungen für Bauleistungen (ATV) — Abbruch- und Rückbauarbeiten*

Inhalt

0 Hinweise für das Aufstellen der Leistungsbeschreibung

Diese Hinweise für das Aufstellen der Leistungsbeschreibung gelten für Bauarbeiten jeder Art; sie werden ergänzt durch die auf die einzelnen Leistungsbereiche bezogenen Hinweise in den ATV DIN 18300 bis DIN 18459, Abschnitt 0. Die Beachtung dieser Hinweise ist Voraussetzung für eine ordnungsgemäße Leistungsbeschreibung gemäß § 7 VOB/A.

In die Vorbemerkungen zum Leistungsverzeichnis ist aufzunehmen:

„Soweit in der Leistungsbeschreibung auf Technische Spezifikationen (z. B. nationale Normen, mit denen europäische Normen umgesetzt werden, Europäische technische Zulassungen, gemeinsame technische Spezifikationen, Internationale Normen) Bezug genommen wird, werden auch ohne den ausdrücklichen Zusatz: „oder gleichwertig", immer gleichwertige Technische Spezifikationen in Bezug genommen."

Die Hinweise werden nicht Vertragsbestandteil.

In der Leistungsbeschreibung sind nach den Erfordernissen des Einzelfalls insbesondere anzugeben:

0.1 Angaben zur Baustelle

0.1.1 *Lage der Baustelle, Umgebungsbedingungen, Zufahrtsmöglichkeiten und Beschaffenheit der Zufahrt sowie etwaige Einschränkungen bei ihrer Benutzung.*

0.1.2 *Besondere Belastungen aus Immissionen, besondere klimatische oder betriebliche Bedingungen.*

0.1.3 *Art und Lage der baulichen Anlagen, z. B. auch Anzahl und Höhe der Geschosse.*

0.1.4 *Verkehrsverhältnisse auf der Baustelle, insbesondere Verkehrsbeschränkungen.*

0.1.5 *Für den Verkehr freizuhaltende Flächen.*

0.1.6 *Art, Lage, Maße und Nutzbarkeit von Transporteinrichtungen und Transportwegen, z. B. Montageöffnungen.*

0.1.7 *Lage, Art, Anschlusswert und Bedingungen für das Überlassen von Anschlüssen für Wasser, Energie und Abwasser.*

0.1.8 *Lage und Ausmaß der dem Auftragnehmer für die Ausführung seiner Leistungen zur Benutzung oder Mitbenutzung überlassenen Flächen, Räume.*

0.1.9 *Bodenverhältnisse, Baugrund und seine Tragfähigkeit. Ergebnisse von Bodenuntersuchungen.*

0.1.10 *Hydrologische Werte von Grundwasser und Gewässern. Art, Lage, Abfluss, Abflussvermögen und Hochwasserverhältnisse von Vorflutern. Ergebnisse von Wasseranalysen.*

0.1.11 *Besondere umweltrechtliche Vorschriften.*

0.1.12 *Besondere Vorgaben für die Entsorgung, z. B. Beschränkungen für die Beseitigung von Abwasser und Abfall.*

0.1.13 *Schutzgebiete oder Schutzzeiten im Bereich der Baustelle, z. B. wegen Forderungen des Gewässer-, Boden-, Natur-, Landschafts- oder Immissionsschutzes; vorliegende Fachgutachten oder dergleichen.*

0.1.14 *Art und Umfang des Schutzes von Bäumen, Pflanzenbeständen, Vegetationsflächen, Verkehrsflächen, Bauteilen, Bauwerken, Grenzsteinen und dergleichen im Bereich der Baustelle.*

0.1.15 *Im Baugelände vorhandene Anlagen, insbesondere Abwasser- und Versorgungsleitungen.*

0.1.16 *Bekannte oder vermutete Hindernisse im Bereich der Baustelle, z. B. Leitungen, Kabel, Dräne, Kanäle, Bauwerksreste und, soweit bekannt, deren Eigentümer.*

0.1.17 *Vermutete Kampfmittel im Bereich der Baustelle, Ergebnisse von Erkundungs- oder Beräumungsmaßnahmen.*

0.1.18 *Gegebenenfalls gemäß der Baustellenverordnung getroffene Maßnahmen.*

0.1.19 *Besondere Anordnungen, Vorschriften und Maßnahmen der Eigentümer (oder der anderen Weisungsberechtigten) von Leitungen, Kabeln, Dränen, Kanälen, Straßen, Wegen, Gewässern, Gleisen, Zäunen und dergleichen im Bereich der Baustelle.*

0.1.20 *Art und Umfang von Schadstoffbelastungen, z. B. des Bodens, der Gewässer, der Luft, der Stoffe und Bauteile; vorliegende Fachgutachten oder dergleichen.*

0.1.21 *Art und Zeit der vom Auftraggeber veranlassten Vorarbeiten.*

0.1.22 *Arbeiten anderer Unternehmer auf der Baustelle.*

0.2 ***Angaben zur Ausführung***

0.2.1 *Vorgesehene Arbeitsabschnitte, Arbeitsunterbrechungen und -beschränkungen nach Art, Ort und Zeit sowie Abhängigkeit von Leistungen anderer.*

0.2.2 *Besondere Erschwernisse während der Ausführung, z. B. Arbeiten in Räumen, in denen der Betrieb weiterläuft, Arbeiten im Bereich von Verkehrswegen oder bei außergewöhnlichen äußeren Einflüssen.*

0.2.3 *Besondere Anforderungen für Arbeiten in kontaminierten Bereichen, gegebenenfalls besondere Anordnungen für Schutz- und Sicherheitsmaßnahmen.*

0.2.4 *Besondere Anforderungen an die Baustelleneinrichtung und Entsorgungseinrichtungen, z. B. Behälter für die getrennte Erfassung.*

0.2.5 *Besonderheiten der Regelung und Sicherung des Verkehrs, gegebenenfalls auch, wieweit der Auftraggeber die Durchführung der erforderlichen Maßnahmen übernimmt.*

0.2.6 *Besondere Anforderungen an das Auf- und Abbauen sowie Vorhalten von Gerüsten.*

0.2.7 *Mitbenutzung fremder Gerüste, Hebezeuge, Aufzüge, Aufenthalts- und Lagerräume, Einrichtungen und dergleichen durch den Auftragnehmer.*

0.2.8 *Wie lange, für welche Arbeiten und gegebenenfalls für welche Beanspruchung der Auftragnehmer Gerüste, Hebezeuge, Aufzüge, Aufenthalts- und Lagerräume, Einrichtungen und dergleichen für andere Unternehmer vorzuhalten hat.*

0.2.9 *Verwendung oder Mitverwendung von wiederaufbereiteten (Recycling-)Stoffen.*

0.2.10 *Anforderungen an wiederaufbereitete (Recycling-)Stoffe und an nicht genormte Stoffe und Bauteile.*

0.2.11 *Besondere Anforderungen an Art, Güte und Umweltverträglichkeit der Stoffe und Bauteile, auch z. B. an die schnelle biologische Abbaubarkeit von Hilfsstoffen.*

0.2.12 *Art und Umfang der vom Auftraggeber verlangten Eignungs- und Gütenachweise.*

0.2.13 *Unter welchen Bedingungen auf der Baustelle gewonnene Stoffe verwendet werden dürfen bzw. müssen oder einer anderen Verwertung zuzuführen sind.*

0.2.14 *Art, Zusammensetzung und Menge der aus dem Bereich des Auftraggebers zu entsorgenden Böden, Stoffe und Bauteile; Art der Verwertung bzw. bei Abfall die Entsorgungsanlage; Anforderungen an die Nachweise über Transporte, Entsorgung und die vom Auftraggeber zu tragenden Entsorgungskosten.*

0.2.15 *Art, Menge, Masse der Stoffe und Bauteile, die vom Auftraggeber beigestellt werden, sowie Art, Ort (genaue Bezeichnung) und Zeit ihrer Übergabe.*

0.2.16 *In welchem Umfang der Auftraggeber Abladen, Lagern und Transport von Stoffen und Bauteilen übernimmt oder dafür dem Auftragnehmer Geräte oder Arbeitskräfte zur Verfügung stellt.*

0.2.17 *Leistungen für andere Unternehmer.*

0.2.18 *Mitwirken beim Einstellen von Anlageteilen und bei der Inbetriebnahme von Anlagen im Zusammenwirken mit anderen Beteiligten, z. B. mit dem Auftragnehmer für die Gebäudeautomation.*

0.2.19 *Benutzung von Teilen der Leistung vor der Abnahme.*

0.2.20 *Übertragung der Wartung während der Dauer der Verjährungsfrist für die Mängelbeseitigungsansprüche für maschinelle und elektrotechnische/elektronische Anlagen oder Teile davon, bei denen die Wartung Einfluss auf die Sicherheit und die Funktionsfähigkeit hat (vergleiche § 13 Abs. 4 Nr. 2 VOB/B), durch einen besonderen Wartungsvertrag.*

0.2.21 *Abrechnung nach bestimmten Zeichnungen oder Tabellen.*

0.3 Einzelangaben bei Abweichungen von den ATV

0.3.1 *Wenn andere als die in den ATV DIN 18299 bis DIN 18451 vorgesehenen Regelungen getroffen werden sollen, sind diese in der Leistungsbeschreibung eindeutig und im Einzelnen anzugeben.*

0.3.2 *Abweichende Regelungen von der ATV DIN 18299 können insbesondere in Betracht kommen bei*

Abschnitt 2.1.1, *wenn die Lieferung von Stoffen und Bauteilen nicht zur Leistung gehören soll,*

Abschnitt 2.2, *wenn nur ungebrauchte Stoffe und Bauteile vorgehalten werden dürfen,*

Abschnitt 2.3.1, *wenn auch gebrauchte Stoffe und Bauteile geliefert werden dürfen.*

0.4 Einzelangaben zu Nebenleistungen und Besonderen Leistungen

0.4.1 Nebenleistungen

Nebenleistungen (Abschnitt 4.1 aller ATV) sind in der Leistungsbeschreibung nur zu erwähnen, wenn sie ausnahmsweise selbständig vergütet werden sollen. Eine ausdrückliche Erwähnung ist geboten, wenn die Kosten der Nebenleistung von erheblicher Bedeutung für die Preisbildung sind; in diesen Fällen sind besondere Ordnungszahlen (Positionen) vorzusehen.

Dies kommt insbesondere für das Einrichten und Räumen der Baustelle in Betracht.

0.4.2 Besondere Leistungen

Werden Besondere Leistungen (Abschnitt 4.2 aller ATV) verlangt, ist dies in der Leistungsbeschreibung anzugeben; gegebenenfalls sind hierfür besondere Ordnungszahlen (Positionen) vorzusehen.

0.5 Abrechnungseinheiten

Im Leistungsverzeichnis sind die Abrechnungseinheiten für die Teilleistungen (Positionen) gemäß Abschnitt 0.5 der jeweiligen ATV anzugeben.

1 Geltungsbereich

Die ATV DIN 18299 „Allgemeine Regelungen für Bauarbeiten jeder Art“ gilt für alle Bauarbeiten, auch für solche, für die keine ATV in VOB/C — DIN 18300 bis DIN 18459 — bestehen.

Abweichende Regelungen in den ATV DIN 18300 bis DIN 18459 haben Vorrang.

2 Stoffe, Bauteile

2.1 Allgemeines

2.1.1 Die Leistungen umfassen auch die Lieferung der dazugehörigen Stoffe und Bauteile einschließlich Abladen und Lagern auf der Baustelle.

2.1.2 Stoffe und Bauteile, die vom Auftraggeber beigestellt werden, hat der Auftragnehmer rechtzeitig beim Auftraggeber anzufordern.

2.1.3 Stoffe und Bauteile müssen für den jeweiligen Verwendungszweck geeignet und aufeinander abgestimmt sein.

2.2 Vorhalten

Stoffe und Bauteile, die der Auftragnehmer nur vorzuhalten hat, die also nicht in das Bauwerk eingehen, dürfen nach Wahl des Auftragnehmers gebraucht oder ungebraucht sein.

2.3 Liefern

2.3.1 Stoffe und Bauteile, die der Auftragnehmer zu liefern und einzubauen hat, die also in das Bauwerk eingehen, müssen ungebraucht sein. Wiederaufbereitete (Recycling-)Stoffe gelten als ungebraucht, wenn sie Abschnitt 2.1.3 entsprechen.

2.3.2 Stoffe und Bauteile, für die DIN-Normen bestehen, müssen den DIN-Güte- und -Maßbestimmungen entsprechen.

2.3.3 Stoffe und Bauteile, die nach den deutschen behördlichen Vorschriften einer Zulassung bedürfen, müssen amtlich zugelassen sein und den Zulassungsbedingungen entsprechen.

2.3.4 Stoffe und Bauteile, für die bestimmte technische Spezifikationen in der Leistungsbeschreibung nicht genannt sind, dürfen auch verwendet werden, wenn sie Normen, technischen Vorschriften oder sonstigen Bestimmungen anderer Staaten entsprechen, sofern das geforderte Schutzniveau in Bezug auf Sicherheit, Gesundheit und Gebrauchstauglichkeit gleichermaßen dauerhaft erreicht wird.

Sofern für Stoffe und Bauteile eine Überwachungs-, Prüfzeichenpflicht oder der Nachweis der Brauchbarkeit, z. B. durch allgemeine bauaufsichtliche Zulassung, allgemein vorgesehen ist, kann von einer Gleichwertigkeit nur ausgegangen werden, wenn die Stoffe und Bauteile ein Überwachungs- oder Prüfzeichen tragen oder für sie der genannte Brauchbarkeitsnachweis erbracht ist.

3 Ausführung

3.1 Wenn Verkehrs-, Versorgungs- und Entsorgungsanlagen im Bereich des Baugeländes liegen, sind die Vorschriften und Anordnungen der zuständigen Stellen zu beachten. Kann die Lage dieser Anlagen nicht angegeben werden, ist sie zu erkunden. Solche Maßnahmen sind Besondere Leistungen (siehe Abschnitt 4.2.1).

3.2 Die für die Aufrechterhaltung des Verkehrs bestimmten Flächen sind freizuhalten. Der Zugang zu Einrichtungen der Versorgungs- und Entsorgungsbetriebe, der Feuerwehr, der Post und Bahn, zu Vermessungspunkten und dergleichen darf nicht mehr als durch die Ausführung unvermeidlich behindert werden.

3.3 Werden Schadstoffe angetroffen, z. B. in Böden, Gewässern oder Bauteilen, ist der Auftraggeber unverzüglich zu unterrichten. Bei Gefahr im Verzug hat der Auftragnehmer unverzüglich die notwendigen Sicherungsmaßnahmen zu treffen. Die weiteren Maßnahmen sind gemeinsam festzulegen. Die getroffenen und die weiteren Maßnahmen sind Besondere Leistungen (siehe Abschnitt 4.2.1).

4 Nebenleistungen, Besondere Leistungen

4.1 Nebenleistungen

Nebenleistungen sind Leistungen, die auch ohne Erwähnung im Vertrag zur vertraglichen Leistung gehören (§ 2 Abs. 1 VOB/B).

Nebenleistungen sind demnach insbesondere:

4.1.1 Einrichten und Räumen der Baustelle einschließlich der Geräte und dergleichen.

4.1.2 Vorhalten der Baustelleneinrichtung einschließlich der Geräte und dergleichen.

4.1.3 Messungen für das Ausführen und Abrechnen der Arbeiten einschließlich des Vorhaltens der Messgeräte, Lehren, Absteckzeichen usw., des Erhaltens der Lehren und Absteckzeichen während der Bauausführung und des Stellens der Arbeitskräfte, jedoch nicht Leistungen nach § 3 Abs. 2 VOB/B.

4.1.4 Schutz- und Sicherheitsmaßnahmen nach den Unfallverhütungsvorschriften und den behördlichen Bestimmungen, ausgenommen Leistungen nach Abschnitt 4.2.5.

4.1.5 Beleuchten, Beheizen und Reinigen der Aufenthalts- und Sanitärräume für die Beschäftigten des Auftragnehmers.

4.1.6 Heranbringen von Wasser und Energie von den vom Auftraggeber auf der Baustelle zur Verfügung gestellten Anschlussstellen zu den Verwendungsstellen.

4.1.7 Liefern der Betriebsstoffe.

4.1.8 Vorhalten der Kleingeräte und Werkzeuge.

4.1.9 Befördern aller Stoffe und Bauteile, auch wenn sie vom Auftraggeber beigestellt sind, von den Lagerstellen auf der Baustelle bzw. von den in der Leistungsbeschreibung angegebenen Übergabestellen zu den Verwendungsstellen und etwaiges Rückbefördern.

4.1.10 Sichern der Arbeiten gegen Niederschlagswasser, mit dem üblicherweise gerechnet werden muss, und seine etwa erforderliche Beseitigung.

4.1.11 Entsorgen von Abfall aus dem Bereich des Auftragnehmers sowie Beseitigen der Verunreinigungen, die von den Arbeiten des Auftragnehmers herrühren.

4.1.12 Entsorgen von Abfall aus dem Bereich des Auftraggebers bis zu einer Menge von 1 m^3, soweit der Abfall nicht schadstoffbelastet ist.

4.2 Besondere Leistungen

Besondere Leistungen sind Leistungen, die nicht Nebenleistungen nach Abschnitt 4.1 sind und nur dann zur vertraglichen Leistung gehören, wenn sie in der Leistungsbeschreibung besonders erwähnt sind. Besondere Leistungen sind z. B.:

4.2.1 Maßnahmen nach Abschnitt 3.1 und Abschnitt 3.3.

4.2.2 Beaufsichtigen der Leistungen anderer Unternehmer.

4.2.3 Erfüllen von Aufgaben des Auftraggebers (Bauherrn) hinsichtlich der Planung der Ausführung des Bauvorhabens oder der Koordinierung gemäß Baustellenverordnung.

4.2.4 Sicherungsmaßnahmen zur Unfallverhütung für Leistungen anderer Unternehmer.

4.2.5 Besondere Schutz- und Sicherheitsmaßnahmen bei Arbeiten in kontaminierten Bereichen, z. B. messtechnische Überwachung, spezifische Zusatzgeräte für Baumaschinen und Anlagen, abgeschottete Arbeitsbereiche.

4.2.6 Besondere Schutzmaßnahmen gegen Witterungsschäden, Hochwasser und Grundwasser, ausgenommen Leistungen nach Abschnitt 4.1.10.

4.2.7 Versicherung der Leistung bis zur Abnahme zugunsten des Auftraggebers oder Versicherung eines außergewöhnlichen Haftpflichtwagnisses.

4.2.8 Besondere Prüfung von Stoffen und Bauteilen, die der Auftraggeber liefert.

4.2.9 Aufstellen, Vorhalten, Betreiben und Beseitigen von Einrichtungen zur Sicherung und Aufrechterhaltung des Verkehrs auf der Baustelle, z. B. Bauzäune, Schutzgerüste, Hilfsbauwerke, Beleuchtungen, Leiteinrichtungen.

4.2.10 Aufstellen, Vorhalten, Betreiben und Beseitigen von Einrichtungen außerhalb der Baustelle zur Umleitung, Regelung und Sicherung des öffentlichen und Anliegerverkehrs sowie das Einholen der hierfür erforderlichen verkehrsrechtlichen Genehmigungen und Anordnungen nach der StVO.

4.2.11 Bereitstellen von Teilen der Baustelleneinrichtung für andere Unternehmer oder den Auftraggeber.

4.2.12 Besondere Maßnahmen aus Gründen des Umweltschutzes, der Landes- und Denkmalpflege.

4.2.13 Entsorgen von Abfall über die Leistungen nach Abschnitt 4.1.11 und Abschnitt 4.1.12 hinaus.

4.2.14 Besonderer Schutz der Leistung, der vom Auftraggeber für eine vorzeitige Benutzung verlangt wird, seine Unterhaltung und spätere Beseitigung.

4.2.15 Beseitigen von Hindernissen.

4.2.16 Zusätzliche Maßnahmen für die Weiterarbeit bei Frost und Schnee, soweit sie dem Auftragnehmer nicht ohnehin obliegen.

4.2.17 Besondere Maßnahmen zum Schutz und zur Sicherung gefährdeter baulicher Anlagen und benachbarter Grundstücke.

4.2.18 Sichern von Leitungen, Kabeln, Dränen, Kanälen, Grenzsteinen, Bäumen, Pflanzen und dergleichen.

5 Abrechnung

Die Leistung ist aus Zeichnungen zu ermitteln, soweit die ausgeführte Leistung diesen Zeichnungen entspricht. Sind solche Zeichnungen nicht vorhanden, ist die Leistung aufzumessen.

April 2010

	DIN 18382	

ICS 91.010.20

Ersatz für
DIN 18382:2002-12

VOB Vergabe- und Vertragsordnung für Bauleistungen – Teil C: Allgemeine Technische Vertragsbedingungen für Bauleistungen (ATV) – Nieder- und Mittelspannungsanlagen mit Nennspannungen bis 36 kV

German construction contract procedures (VOB) –
Part C: General technical specifications in construction contracts (ATV) –
Electrical supply systems rated for voltages up to 36 kV

Cahier des charges allemand pour des travaux de bâtiment (VOB) –
Partie C: Clauses techniques générales pour l'exécution des travaux de bâtiment (ATV) –
Installations à basse tension et installations à moyenne tension avec tensions nominales jusqu'à 36 kV

Gesamtumfang 8 Seiten

Normenausschuss Bauwesen (NABau) im DIN

Vorwort

Diese Norm wurde vom Deutschen Vergabe- und Vertragsausschuss für Bauleistungen (DVA) aufgestellt.

Änderungen

Gegenüber DIN 18382:2002-12 wurden folgende Änderungen vorgenommen:

a) Verweise auf VOB/A, VOB/B und VOB/C aktualisiert.

b) Keine weiteren Änderungen vorgenommen. Es ist darauf hinzuweisen, dass hierbei auch die Normenverweise nicht aktualisiert wurden.

Aktuelle Informationen zu Normenänderungen sind erhältlich u. a. in den Ausgaben von VOBaktuell (zu beziehen unter http://www.vobaktuell.de).

Frühere Ausgaben

DIN 1981: 1925-08, 1934-05

DIN 18383: 1955-07, 1958-12

DIN 18382: 1955-07, 1958-12, 1974-08, 1979-10, 1988-09, 1992-12, 1996-06, 1998-05, 2000-12, 2002-12

Normative Verweisungen

Die folgenden zitierten Dokumente sind für die Anwendung dieses Dokuments erforderlich. Bei datierten Verweisungen gilt nur die in Bezug genommene Ausgabe. Bei undatierten Verweisungen gilt die letzte Ausgabe des in Bezug genommenen Dokuments (einschließlich aller Änderungen).

DIN 1053-1, *Mauerwerk — Teil 1: Berechnung und Ausführung*

DIN 1960, *VOB Vergabe- und Vertragsordnung für Bauleistungen — Teil A: Allgemeine Bestimmungen für die Vergabe von Bauleistungen*

DIN 1961, *VOB Vergabe- und Vertragsordnung für Bauleistungen — Teil B: Allgemeine Vertragsbedingungen für die Ausführung von Bauleistungen*

DIN 18299, *VOB Vergabe- und Vertragsordnung für Bauleistungen — Teil C: Allgemeine Technische Vertragsbedingungen für Bauleistungen (ATV) — Allgemeine Regelungen für Bauarbeiten jeder Art*

Inhalt

0 Hinweise für das Aufstellen der Leistungsbeschreibung

Diese Hinweise ergänzen die ATV DIN 18299, Abschnitt 0 „Allgemeine Regelungen für Bauarbeiten jeder Art". Die Beachtung dieser Hinweise ist Voraussetzung für eine ordnungsgemäße Leistungsbeschreibung gemäß § 7 VOB/A.

Die Hinweise werden nicht Vertragsbestandteil.

In der Leistungsbeschreibung sind nach den Erfordernissen des Einzelfalls insbesondere anzugeben:

0.1 Angaben zur Baustelle

0.1.1 *Art und Lage sowie Bedingungen für das Überlassen von Anschlüssen und Einrichtungen der Telekommunikation zur Datenfernübertragung.*

0.1.2 *Tragfähigkeit von Decken und Verkehrswegen.*

0.2 Angaben zur Ausführung

0.2.1 *Bauseitiges Beistellen von Gerüsten, Hebebühnen und dergleichen.*

0.2.2 *Art und Anzahl der geforderten Proben.*

0.2.3 *Art Technische Daten der Netze.*

0.2.4 *Anschlussstellen und Anschlussbedingungen der Netze.*

0.2.5 *Anschlussstellen und Anschlusswerte, Bedingungen für elektrische Betriebsmittel.*

0.2.6 *Bauart der elektrischen Betriebsmittel sowie die Art ihrer Verlegung oder Montage.*

0.2.7 *Transportwege für alle größeren Anlagenteile auf der Baustelle und im Gebäude, z. B. für Schaltschränke.*

0.2.8 *Lage und Ausführung der Schalt- und Verteileranlagen.*

0.2.9 *Betriebsstätten, Räume und Anlagen besonderer Art und Nutzung, für die besondere Bestimmungen bestehen.*

0.2.10 *Art und Umfang von Überspannungsschutzmaßnahmen.*

0.2.11 *Anforderungen an den Brandschutz.*

0.2.12 *Anforderungen an die Schwingungsdämpfung von Anlagenteilen.*

0.2.13 *Prüfanforderungen, soweit diese über die der DIN-VDE-Normen hinausgehen.*

0.2.14 *Art, Umfang und Datenformate von Informationen, die auf Datenträger zu übergeben sind.*

0.2.15 *Art und Umfang der vom Auftraggeber beigestellten Planungsunterlagen.*

0.2.16 *Anforderungen an Art und Umfang der vom Auftragnehmer anzubietenden Wartung während der Dauer der Verjährungsfrist für die Gewährleistungsansprüche.*

0.2.17 *Ob ein Wartungsvertrag über den Ablauf der Verjährungsfrist hinaus mit angeboten werden soll.*

0.3 Einzelangaben bei Abweichungen von den ATV

0.3.1 *Wenn andere als die in dieser ATV vorgesehenen Regelungen getroffen werden sollen, sind diese in der Leistungsbeschreibung eindeutig und im Einzelnen anzugeben.*

0.3.2 *Abweichende Regelungen können insbesondere in Betracht kommen bei Abschnitt 3.2.2, wenn Leerrohre mit Zugdrähten verlegt werden sollen.*

0.4 Einzelangaben zu Nebenleistungen und Besonderen Leistungen

Keine ergänzende Regelung zur ATV DIN 18299, Abschnitt 0.4.

0.5 Abrechnungseinheiten

Im Leistungsverzeichnis sind die Abrechnungseinheiten wie folgt vorzusehen:

0.5.1 *Längenmaß (m), getrennt nach Bauart, Querschnitt oder Durchmesser und Art der Ausführung, für Kabel, Leitungen, Drähte, Rohre und Verlegesysteme.*

0.5.2 *Anzahl (Stück), getrennt nach Art und Größe, für elektrische Betriebsmittel und Bauteile, z. B. Abdeckroste, Konsolen, Brandschutzabdichtungen.*

1 Geltungsbereich

1.1 Die ATV DIN 18382 „Nieder- und Mittelspannungsanlagen mit Nennspannungen bis 36 kV" gilt für die Ausführung elektrischer und informationstechnischer Anlagen in Gebäuden.

Sie gilt auch für elektrische Kabel- und Leitungsanlagen, die als nicht selbständige Außenanlagen zu den Gebäuden gehören.

1.2 Die ATV DIN 18382 gilt nicht für Geräte und systeminterne Installationen.

1.3 Ergänzend gilt die ATV DIN 18299 „Allgemeine Regelungen für Bauarbeiten jeder Art", Abschnitte 1 bis 5. Bei Widersprüchen gehen die Regelungen der ATV DIN 18330 vor.

2 Stoffe, Bauteile

Keine ergänzende Regelung zur ATV DIN 18299, Abschnitt 2.

3 Ausführung

Ergänzend zur ATV DIN 18299, Abschnitt 3, gilt:

3.1 Allgemeines

3.1.1 Für die Ausführung gelten insbesondere:

die Normen der Gruppe 01 (Energieanlagen) und Gruppe 08 (Informationstechnik) der DIN-VDE-Normen bzw. der Europäischen Normen, die einzelne Normen dieser Gruppe ersetzen, und die technischen Anschlussbedingungen der Netzbetreiber.

3.1.2 Die elektrischen Betriebsmittel und Anlagen sind so aufeinander abzustimmen, dass die geforderte Funktion erbracht wird, die Betriebssicherheit gegeben ist und ein sparsamer Energieverbrauch und wirtschaftlicher Betrieb möglich sind.

3.1.3 Der Auftragnehmer hat dem Auftraggeber vor Beginn der Montagearbeiten alle Angaben zu machen, die für den ungehinderten Einbau und ordnungsgemäßen Betrieb der Anlage notwendig sind.

Der Auftragnehmer hat nach den Planungsunterlagen und Berechnungen des Auftraggebers die für die Ausführung erforderlichen Montage- und Werkstattzeichnungen zu erbringen und, soweit erforderlich, mit dem Auftraggeber abzustimmen. Dazu gehören insbesondere:

- Stromlaufpläne,
- Adressierungspläne,
- Aufbauzeichnungen von Verteilungen,
- Stücklisten,
- Klemmenpläne und Belegung,
- Funktionsbeschreibungen.

Zu den für die Ausführung notwendigen Unterlagen (siehe § 3 Abs.1 VOB/B) des Auftraggebers gehören z. B.:

- Übersichtsschaltpläne,
- Anlagenschemata,
- Funktionsfließschemata oder Beschreibungen,
- Ausführungspläne,
- Schlitz- und Durchbruchpläne,
- Leistungsaufnahmelisten der bauseits beigestellten elektrischen Komponenten.

3.1.4 Der Auftragnehmer hat bei der Prüfung der vom Auftraggeber gelieferten Planungsunterlagen und Berechnungen (siehe § 3 Abs. 3 VOB/B) u. a. hinsichtlich der Beschaffenheit und der Funktion der Anlage insbesondere auf die Vollständigkeit der Unterlagen zu achten

3.1.5 Der Auftragnehmer hat bei seiner Prüfung Bedenken (siehe § 4 Abs. 3 VOB/B) insbesondere geltend zu machen bei

- Unstimmigkeiten in den vom Auftraggeber gelieferten Planungsunterlagen und Berechnungen (siehe § 3 Abs. 3 VOB/B),
- erkennbar mangelhafter Ausführung oder nicht rechtzeitiger Fertigstellung bzw. dem Fehlen von z. B. Schlitzen, Durchbrüchen,
- unzureichendem Platz für die elektrischen Bauteile.

3.1.6 Der Auftragnehmer hat alle für den sicheren und wirtschaftlichen Betrieb der Anlage erforderlichen Bedienungs- und Wartungsanleitungen und notwendigen Bestandspläne zu fertigen und dem Auftraggeber diese und einzelne projektspezifische Daten zu übergeben.

3.1.7 Der Auftragnehmer hat, bevor die fertige Anlage in Betrieb genommen wird, eine Prüfung auf Betriebsfähigkeit und eine Prüfung nach den DIN-Normen auszuführen. Die Aufzeichnung der Prüfergebnisse und die Dokumentation sind vor Abnahme dem Auftraggeber auszuhändigen.

3.1.8 Das Bedienungspersonal für die Anlage ist durch den Auftragnehmer einmal einzuweisen. Dazu gehören auch Hinweise zu Art und Umfang der Wartung.

3.2 Errichtung von elektrischen Anlagen

3.2.1 Die erforderlichen Längenzugaben für die ordnungsgemäßen Kabel- und Leitungsanschlüsse sind vorzusehen.

3.2.2 Leerrohre sind ohne Zugdrähte zu verlegen.

3.2.3 Gips darf als Befestigungsmittel in Verbindung mit zementhaltigem Mörtel sowie in Feuchträumen und im Freien nicht verwendet werden.

3.2.4 Stemm-, Fräs- und Bohrarbeiten am Bauwerk dürfen nur im Einvernehmen mit dem Auftraggeber ausgeführt werden. Bei derartigen Arbeiten an Mauerwerk ist DIN 1053-1 „Mauerwerk — Teil 1: Berechnung und Ausführung" zu beachten.

4 Nebenleistungen, Besondere Leistungen

4.1 Nebenleistungen sind ergänzend zur ATV DIN 18299, Abschnitt 4.1, insbesondere:

4.1.1 Auf- und Abbauen sowie Vorhalten der Gerüste, deren Arbeitsbühnen nicht höher als 2 m über Gelände oder Fußboden liegen.

4.1.2 Stemm-, Fräs- und Bohrarbeiten für das Einsetzen von Dübeln, Steinschrauben und für den Einbau von Unterputz-, Schalter- und Abzweigdosen.

4.1.3 Anzeichnen von Schlitzen und Durchbrüchen.

4.1.4 Einsetzen von Dübeln, Steinschrauben u. Ä.

4.2 Besondere Leistungen sind ergänzend zur ATV DIN 18299, Abschnitt 4.2, z. B.:

4.2.1 Vorhalten von Aufenthalts- und Lagerräumen, wenn der Auftraggeber Räume, die leicht verschließbar gemacht werden können, nicht zur Verfügung stellt.

4.2.2 Auf- und Abbauen sowie Vorhalten der Gerüste, deren Arbeitsbühnen mehr als 2 m über Gelände oder Fußboden liegen.

4.2.3 Herstellen, Vorhalten und Beseitigen von Provisorien, z. B. zur vorzeitigen Inbetriebnahme oder Teilinbetriebnahme der Anlage.

4.2.4 Herstellen und Schließen von Schlitzen und Durchbrüchen.

4.2.5 Unterlagen sowie Prüfungen, deren Umfang über den in Abschnitt 3.1.3 und Abschnitt 3.1.6 bzw. Abschnitt 3.1.7 geforderten Umfang hinausgehen.

5 Abrechnung

Ergänzend zur ATV DIN 18299, Abschnitt 5, gilt:

5.1 Der Ermittlung der Leistung — gleichgültig, ob sie nach Zeichnung oder nach Aufmaß erfolgt — sind die Maße der Anlagenteile zugrunde zu legen.

5.2 Kabel, Leitungen, Drähte, Rohre und Bauteile von Verlegesystemen werden nach der tatsächlich verlegten Länge in der Mittelachse gemessen. Verschnitt wird dabei nicht berücksichtigt.

5.3 Elektrische Betriebsmittel und elektrische Bauteile werden übermessen und gesondert gerechnet.

April 2010

DIN 18384

ICS 91.010.20; 91.120.40

Ersatz für
DIN 18384:2000-12

VOB Vergabe- und Vertragsordnung für Bauleistungen – Teil C: Allgemeine Technische Vertragsbedingungen für Bauleistungen (ATV) – Blitzschutzanlagen

German construction contract procedures (VOB) –
Part C: General technical specifications in construction contracts (ATV) –
Installation of lightning protection systems

Cahier des charges allemand pour des travaux de bâtiment (VOB) –
Partie C: Clauses techniques générales pour l'exécution des travaux de bâtiment (ATV) –
Installations de protection contre la foudre

Gesamtumfang 7 Seiten

Normenausschuss Bauwesen (NABau) im DIN

Vorwort

Diese Norm wurde vom Deutschen Verdingungsausschuss für Bauleistungen (DVA) aufgestellt.

Änderungen

Gegenüber DIN 18384:2000-12 wurden folgende Änderungen vorgenommen:

a) Das Dokument wurde redaktionell überarbeitet.

b) Die Normenverweise wurden aktualisiert — Stand 2009-12.

Frühere Ausgaben

DIN 1982: 1925-08
DIN 18384: 1955-07, 1958-12, 1974-08, 1992-12, 2000-12

Normative Verweisungen

Die folgenden zitierten Dokumente sind für die Anwendung dieses Dokuments erforderlich. Bei datierten Verweisungen gilt nur die in Bezug genommene Ausgabe. Bei undatierten Verweisungen gilt die letzte Ausgabe des in Bezug genommenen Dokuments (einschließlich aller Änderungen).

DIN 1960, *VOB Vergabe- und Vertragsordnung für Bauleistungen — Teil A: Allgemeine Bestimmungen für die Vergabe von Bauleistungen*

DIN 1961, *VOB Vergabe- und Vertragsordnung für Bauleistungen — Teil B: Allgemeine Vertragsbedingungen für die Ausführung von Bauleistungen*

DIN 18299, *VOB Vergabe- und Vertragsordnung für Bauleistungen — Teil C: Allgemeine Technische Vertragsbedingungen für Bauleistungen (ATV) — Allgemeine Regelungen für Bauarbeiten jeder Art*

DIN 18382, *VOB Vergabe- und Vertragsordnung für Bauleistungen — Teil C: Allgemeine Technische Vertragsbedingungen für Bauleistungen (ATV) — Nieder- und Mittelspannungsanlagen mit Nennspannungen bis* 36 kV

DIN VDE 0100-540, VDE 0100 Teil 540, *Errichten von Niederspannungsanlagen — Teil 5-54: Auswahl und Errichtung elektrischer Betriebsmittel — Erdungsanlagen, Schutzleiter und Schutzpotentialausgleichsleiter*

DIN EN 62305-1 (VDE 01805-305-1), *Blitzschutz — Teil 1: Allgemeine Grundsätze*

DIN EN 62305-2 (VDE 01805-305-2), *Blitzschutz — Teil 2: Risiko-Management*

DIN EN 62305-3 Beiblatt 3 (VDE 01805-305-3 Beiblatt 3), *Blitzschutz — Teil 3: Schutz von baulichen Anlagen und Personen — Beiblatt 3: Zusätzliche Informationen für die Prüfung und Wartung von Blitzschutzsystemen*

Inhalt

0 Hinweise für das Aufstellen der Leistungsbeschreibung

Diese Hinweise ergänzen die ATV DIN 18299 „Allgemeine Regelungen für Bauarbeiten jeder Art", Abschnitt 0. Die Beachtung dieser Hinweise ist Voraussetzung für eine ordnungsgemäße Leistungsbeschreibung gemäß § 7 VOB/A.

Die Hinweise werden nicht Vertragsbestandteil.

In der Leistungsbeschreibung sind nach den Erfordernissen des Einzelfalls insbesondere anzugeben:

0.1 Angaben zur Baustelle

Keine ergänzende Regelung zur ATV DIN 18299, Abschnitt 0.1.

0.2 Angaben zur Ausführung

0.2.1 *Auf- und Abbauen sowie Vorhalten von Gerüsten oder besonders gearteten Geräten, z. B. Feuerwehrleitern, falls der Auftragnehmer Gerüste oder solche Geräte ausnahmsweise selbst vorhalten soll.*

0.2.2 *Bauart des Gebäudes (Art der Wandbausteine, Holz, Stahl oder Stahlbetonskelett und dergleichen), Dicke der Außenwände und Decken.*

0.2.3 Art und Beschaffenheit des Untergrundes, z. B. für die Befestigung der Leitungen.

0.2.4 Ausbildung der Anschlüsse an Bauwerke.

0.2.5 Art des Außenputzes.

0.2.6 Art der Dacheindeckung.

0.2.7 Lage größerer Metallteile am und im Gebäude, z. B. Abdeckungen, Oberlichte, Entlüfter, Regenrinnen und Regenrohre, Kehlbleche, Dachständer, Heizungs-, Gas- und Wasserleitungen und elektrische Leitungen im Dachgeschoss bzw. unmittelbar unter dem Dach mit Entfernungsangabe vom First, eiserne Dachkonstruktionen, Fahrstuhlgerüste, Gemeinschaftsantennenanlagen und dergleichen.

0.2.8 Tiefe und Verlauf der metallenen Wasser- und Gasrohre im Erdreich, wenn möglich, unter Angabe der Art der Verbindung der einzelnen Rohrlängen, z. B. Verschweißung, Schraubmuffe, Bleimuffe, Gummimuffe u. a.

0.2.9 Lage vorhandener Starkstromanlagen auf oder über den Gebäuden unter Angabe von Stromart und Spannungen.

0.2.10 Lage vorhandener Blitzschutzanlagen, wenn möglich, unter Angabe des verwendeten Werkstoffes.

0.2.11 Erdungsmöglichkeiten, z. B. Wasser- und Gasrohranschluss, Plattenerdungen, Rohrerdung, Oberflächenerdung.

0.2.12 Ob ein Prüfbuch anzulegen ist.

0.3 Einzelangaben bei Abweichungen von den ATV

0.3.1 Wenn andere als die in dieser ATV vorgesehenen Regelungen getroffen werden sollen, sind diese in der Leistungsbeschreibung eindeutig und im Einzelnen anzugeben.

0.3.2 Abweichende Regelungen können insbesondere in Betracht kommen bei

Abschnitt 3.2, wenn der Auftragnehmer weder die Entwurfszeichnungen noch die sonstigen Unterlagen für die Genehmigungsanträge noch die Bestandspläne aufzustellen und zu liefern hat,

Abschnitt 5.1, wenn für die Ermittlung der Leistung nicht die Maße der Anlagenteile zugrunde gelegt werden sollen.

0.4 Einzelangaben zu Nebenleistungen und Besonderen Leistungen

Keine ergänzende Regelung zur ATV DIN 18299, Abschnitt 0.4.

0.5 Abrechnungseinheiten

Im Leistungsverzeichnis sind die Abrechnungseinheiten wie folgt vorzusehen:

0.5.1 *Längenmaß (m) für*

oberirdische Leitungen und Erdleitungen, getrennt nach Stoffen, Durchmessern oder Querschnitten und Art der Ausführungen.

0.5.2 *Anzahl (Stück) für*

Auffangvorrichtungen, Leitungsstützen, Anschlüsse, Verbindungen, Trennstellen, Erdeinführungen und dergleichen, getrennt nach Art und Größe.

1 Geltungsbereich

1.1 Die ATV DIN 18384 „Blitzschutzanlagen" gilt nicht für elektrische Kabel- und Leitungsanlagen (siehe ATV DIN 18382 „Nieder- und Mittelspannungsanlagen mit Nennspannungen bis 36 kV").

1.2 Ergänzend gilt die ATV DIN 18299 „Allgemeine Regelungen für Bauarbeiten jeder Art", Abschnitte 1 bis 5. Bei Widersprüchen gehen die Regelungen der ATV DIN 18384 vor.

2 Stoffe, Bauteile

Ergänzend zur ATV DIN 18299, Abschnitt 2, gilt:

Für die gebräuchlichsten genormten Stoffe und Bauteile sind die DIN-Normen nachstehend aufgeführt.

DIN VDE 0100-540
(VDE 0100 Teil 540) Errichten von Niederspannungsanlagen — Teil 5-54: Auswahl und Errichtung elektrischer Betriebsmittel — Erdungsanlagen, Schutzleiter und Schutzpotentialausgleichsleiter

DIN EN 62305-1
(VDE 01805-305-1) Blitzschutz — Teil 1: Allgemeine Grundsätze

DIN EN 62305-2
(VDE 01805-305-2) Blitzschutz — Teil 2: Risiko-Management

3 Ausführung

3.1 Der Auftragnehmer hat bei seiner Prüfung Bedenken (siehe § 4 Abs. 3 VOB/B) insbesondere geltend zu machen bei ungeeignetem Zustand der Gebäude und Gebäudeteile.

3.2 Der Auftragnehmer hat aufzustellen und zu liefern:

— die für die Ausführung nötigen Entwurfszeichnungen, aus denen die geforderten Angaben nach DIN EN 62305-1 (VDE 01805-305-1) und DIN EN 62305-2 (VDE 01805-305-2) ersichtlich sind,

— die sonstigen Unterlagen für die vorgeschriebenen Genehmigungsanträge,

— die Zeichnungen über die ausgeführten Leistungen (Bestandspläne).

3.3 Der Auftragnehmer darf nur nach den vom Auftraggeber und erforderlichenfalls von der zuständigen Behörde genehmigten Zeichnungen arbeiten.

3.4 Prüfung

Der Auftragnehmer hat nach Fertigstellung der Blitzschutzanlage eine Abnahmeprüfung durchzuführen oder durchführen zu lassen und dem Auftraggeber einen schriftlichen Bericht über das Ergebnis der Prüfung zu liefern. Die Abnahmeprüfung ist nach DIN EN 62305-3 Beiblatt 3 (VDE 01805-305-3 Beiblatt 3), „Blitzschutz — Teil 3: Schutz von baulichen Anlagen und Personen — Beiblatt 3: Zusätzliche Informationen für die Prüfung und Wartung von Blitzschutzsystemen“ durchzuführen.

In dem Bericht sind auch die Erdungswiderstände anzugeben.

4 Nebenleistungen, Besondere Leistungen

4.1 Nebenleistungen sind ergänzend zur ATV DIN 18299, Abschnitt 4.1, insbesondere:

4.1.1 Auf- und Abbauen sowie Vorhalten der Gerüste, deren Arbeitsbühnen nicht höher als 2 m über Gelände oder Fußboden liegen.

4.1.2 Anfertigen und Liefern der Unterlagen nach Abschnitt 3.2.

4.1.3 Vorhalten der Leitern, Dachböcke, Dachleitern, Gurte, Leinen u. Ä.

4.1.4 Einsetzen und Befestigen der Stützen und dergleichen einschließlich der hierfür nötigen Stemmarbeiten und Lieferung der Befestigungsmittel.

4.1.5 Korrosionsschutz, soweit nach DIN EN 62305-1 (VDE 01805-305-1) und DIN EN 62305-2 (VDE 01805-305-2) auszuführen ist.

4.2 Besondere Leistungen sind ergänzend zur ATV DIN 18299, Abschnitt 4.2, z. B.:

4.2.1 Vorhalten von Aufenthalts- und Lagerräumen, wenn der Auftraggeber Räume, die leicht verschließbar gemacht werden können, nicht zur Verfügung stellt.

4.2.2 Auf- und Abbauen sowie Vorhalten der Gerüste, deren Arbeitsbühnen höher als 2 m über Gelände oder Fußboden liegen.

4.2.3 Auf- und Abbauen sowie Vorhalten von besonders gearteten Geräten, z. B. Feuerwehrleitern.

4.2.4 Stemmen und Schließen von Schlitzen und Durchbrüchen, ausgenommen Leistungen nach Abschnitt 4.1.4.

4.2.5 Korrosionsschutz der Blitzschutzanlagen, ausgenommen Leistungen nach Abschnitt 4.1.5.

4.2.6 Einbau von Auffangvorrichtungen, Leitungsstützen, Anschlüssen, Verbindungen, Trennstellen, Erdeinführungen und dergleichen.

5 Abrechnung

Ergänzend zur ATV DIN 18299, Abschnitt 5, gilt:

5.1 Der Ermittlung der Leistung — gleichgültig, ob sie nach Zeichnung oder nach Aufmaß erfolgt — sind die Maße der Anlagenteile zugrunde zu legen, sofern nicht Pauschalvergütungen für die Gesamtleistung oder Teile der Leistung vereinbart sind.

5.2 Leitungen, Erdleiter und Fangleiter werden nach der tatsächlich verlegten Länge gerechnet. Verschnitt wird dabei nicht berücksichtigt.

April 2010

DIN 18386

ICS 91.010.20; 97.120

Ersatz für
DIN 18386:2006-10

VOB Vergabe- und Vertragsordnung für Bauleistungen – Teil C: Allgemeine Technische Vertragsbedingungen für Bauleistungen (ATV) – Gebäudeautomation

German construction contract procedures (VOB) –
Part C: General technical specifications in construction contracts (ATV) –
Building automation and control systems

Cahier des charges allemand pour des travaux de bâtiment (VOB) –
Partie C: Clauses techniques générales pour l'exécution des travaux de bâtiment (ATV) –
Installations d'automation dans le bâtiment

Gesamtumfang 11 Seiten

Normenausschuss Bauwesen (NABau) im DIN

Vorwort

Diese Norm wurde vom Deutschen Vergabe- und Vertragsausschuss für Bauleistungen (DVA) aufgestellt.

Änderungen

Gegenüber DIN 18386:2006-10 wurden folgende Änderungen vorgenommen:

a) Das Dokument wurde zur Anpassung an die Entwicklung des Baugeschehens fachtechnisch überarbeitet.

b) Die Normenverweise wurden aktualisiert — Stand 2009-12.

Frühere Ausgaben

DIN 18386: 1996-06, 2000-12, 2002-12, 2006-10

Normative Verweisungen

Die folgenden zitierten Dokumente sind für die Anwendung dieses Dokuments erforderlich. Bei datierten Verweisungen gilt nur die in Bezug genommene Ausgabe. Bei undatierten Verweisungen gilt die letzte Ausgabe des in Bezug genommenen Dokuments (einschließlich aller Änderungen).

DIN 1960, *VOB Vergabe- und Vertragsordnung für Bauleistungen — Teil A: Allgemeine Bestimmungen für die Vergabe von Bauleistungen*

DIN 1961, *VOB Vergabe- und Vertragsordnung für Bauleistungen — Teil B: Allgemeine Vertragsbedingungen für die Ausführung von Bauleistungen*

DIN 1053-1, *Mauerwerk — Teil 1: Berechnung und Ausführung*

DIN 18299, *VOB Vergabe- und Vertragsordnung für Bauleistungen — Teil C: Allgemeine Technische Vertragsbedingungen für Bauleistungen (ATV) — Allgemeine Regelungen für Bauarbeiten jeder Art*

DIN 18386, *VOB Vergabe- und Vertragsordnung für Bauleistungen — Teil C: Allgemeine Technische Vertragsbedingungen für Bauleistungen (ATV) — Gebäudeautomation*

DIN EN 60529, *Schutzarten durch Gehäuse (IP-Code)*

DIN EN 61082-1, *Dokumente der Elektrotechnik — Teil 1: Regeln*

DIN EN ISO 16484-2, *Systeme der Gebäudeautomation (GA) — Teil 2: Hardware*

DIN EN ISO 16484-3, *Systeme der Gebäudeautomation (GA) — Teil 3: Funktionen*

VDI 3814 Blatt 5, *Gebäudeautomation (GA) — Hinweise zur Anbindung von Fremdsystemen durch Kommunikationsprotokolle*

Inhalt

0 Hinweise für das Aufstellen der Leistungsbeschreibung

Diese Hinweise ergänzen die ATV DIN 18299 „Allgemeine Regelungen für Bauarbeiten jeder Art“, Abschnitt 0. Die Beachtung dieser Hinweise ist Voraussetzung für eine ordnungsgemäße Leistungsbeschreibung gemäß § 7 VOB/A.

Die Hinweise werden nicht Vertragsbestandteil.

In der Leistungsbeschreibung sind nach den Erfordernissen des Einzelfalls insbesondere anzugeben:

0.1 Angaben zur Baustelle

0.1.1 *Art und Lage der technischen Anlagen der beteiligten Leistungsbereiche.*

0.1.2 *Art und Lage sowie Bedingungen für das Überlassen von Anschlüssen und Einrichtungen der Telekommunikation zur Datenfernübertragung.*

0.1.3 *Art, Lage, Maße und Ausbildung sowie Termine des Auf- und Abbaus von bauseitigen Gerüsten.*

0.2 Angaben zur Ausführung

0.2.1 *Anbindungen von Fremdsystemen.*

0.2.2 *Anzahl, Art und Maße von Mustern. Ort der Anbringung.*

0.2.3 *Anzahl, Art, Lage, Maße und Ausführung der Bauteile für die Managementebene.*

0.2.4 *Anzahl, Art, Lage, Maße und Ausführung der Bauteile für die Automatisierungsebene und der Schalt- und Verteileranlagen.*

0.2.5 *Visualisierungs- und Bedienungskonzepte.*

0.2.6 *Anzahl, Art, Lage und Maße von Kabeln, Leitungen, Rohren und Bauteilen von Verlegesystemen sowie Art ihrer Verlegung.*

0.2.7 *Anforderungen an die elektromagnetische Verträglichkeit und den Überspannungs-, Explosions- und Geräteschutz.*

0.2.8 *Anforderungen aus dem Brandschutzkonzept, z. B. funktionale Verknüpfungen mit Entrauchungsanlagen.*

0.2.9 *Termine für die Lieferung der Angaben und Unterlagen nach Abschnitt 3.1.3 sowie für Beginn und Ende der vertraglichen Leistungen. Gegebenenfalls Lieferung und Umfang der vom Auftragnehmer aufzustellenden Terminpläne, z. B. Netzpläne.*

0.2.10 *Anzahl, Art, Lage und Maße von Provisorien, z. B. zum Betreiben der Anlage oder von Anlagenteilen vor der Abnahme.*

0.2.11 *Geforderte Zertifizierungen.*

0.2.12 *Art und Lage vorhandener Datennetze sowie Bedingungen für deren Nutzung.*

0.3 ***Einzelangaben bei Abweichungen von den ATV***

0.3.1 *Wenn andere als die in dieser ATV vorgesehenen Regelungen getroffen werden sollen, sind diese in der Leistungsbeschreibung eindeutig und im Einzelnen anzugeben.*

0.4 ***Einzelangaben zu Nebenleistungen und Besonderen Leistungen***

Keine ergänzende Regelung zur ATV DIN 18299, Abschnitt 0.4.

0.5 ***Abrechnungseinheiten***

Im Leistungsverzeichnis sind die Abrechnungseinheiten wie folgt vorzusehen:

0.5.1 *Längenmaß (m), getrennt nach Art, Maßen und Ausführung, für Kabel, Leitungen, Drähte, Rohre und Verlegesysteme.*

0.5.2 *Anzahl (Stück), getrennt nach Art und Leistungsmerkmalen, für*

0.5.2.1 *Systemkomponenten der Hardware wie*

- *Managementeinrichtungen und deren Peripheriegeräte,*
- *Kommunikationseinheiten, z. B. Modems und Gateways,*

— *Automationseinrichtungen und deren Bauteile,*
— *lokale Vorrangbedieneinrichtungen, z. B. Ein- und Ausgabeeinheiten,*
— *anwendungsspezifische Automationsgeräte, z. B. Einzelraumregler, Heizkesselregler,*
— *Bedien- und Programmiereinrichtungen,*
— *Sensoren, z. B. Fühler,*
— *Aktoren, z. B. Regelventile,*
— *Steuerungsbaugruppen, z. B. lokale Vorrangbedieneinrichtungen, Handbedienungen, Sicherheitsschaltungen, Koppelbausteine.*

0.5.2.2 *Bauteile wie*

— *Schaltschrankgehäuse einschließlich Zubehör,*
— *Sonderzubehör, z. B. Schließsysteme, Schaltschranklüftungen und Schaltschrankkühlungen,*
— *Funktions-, Bezeichnungs- und Hinweisschilder,*
— *Einspeisungen,*
— *Leistungsbaugruppen,*
— *Überstromschutzbaugruppen,*
— *Spannungsversorgungs-Baugruppen,*
— *bauseits beigestellter Einheiten, z. B. Frequenzumformer.*

0.5.2.3 *Funktionen, einschließlich Software und Dienstleistungen, getrennt nach Leistungsmerkmalen entsprechend DIN EN ISO 16484-3 „Systeme der Gebäudeautomation (GA) — Teil 3: Funktionen", für*

— *Ein- und Ausgabefunktionen: Schalten, Stellen, Melden, Messen, Zählen,*
— *Verarbeitungsfunktionen: Überwachen, Steuern, Regeln, Rechnen, Optimieren,*
— *Managementfunktionen, z. B. Aufzeichnung, Archivierung und statistische Analyse,*
— *Visualisierungs- und Bedienungsfunktionen, z. B. Mensch-System-Kommunikation.*

1 Geltungsbereich

1.1 Die ATV DIN 18386 „Gebäudeautomation" gilt für Systeme zum Messen, Steuern, Regeln und Leiten technischer Anlagen.

1.2 Die ATV DIN 18386 gilt nicht für funktional eigenständige Einrichtungen, z. B. Kältemaschinensteuerungen, Brennersteuerungen, Aufzugssteuerungen. Sie gilt auch nicht für das Einbeziehen von Einzelfunktionen funktional eigenständiger Einrichtungen in das Gebäudeautomationssystem.

1.3 Ergänzend gilt die ATV DIN 18299 „Allgemeine Regelungen für Bauarbeiten jeder Art", Abschnitte 1 bis 5. Bei Widersprüchen gehen die Regelungen der ATV DIN 18386 vor.

2 Stoffe, Bauteile

Ergänzend zur ATV DIN 18299, Abschnitt 2, gilt:

Die gebräuchlichsten genormten Stoffe und Bauteile sind in DIN EN 60529 „Schutzarten durch Gehäuse (IP-Code)" aufgeführt.

Schalt- oder Steuerschränke müssen mindestens der Schutzart IP 43 entsprechen.

3 Ausführung

Ergänzend zur ATV DIN 18299, Abschnitt 3, gilt:

3.1 Allgemeines

3.1.1 Für die Ausführung von Anlagen der Gebäudeautomation gelten:

DIN EN ISO 16484-2	Systeme der Gebäudeautomation (GA) — Teil 2: Hardware
DIN EN ISO 16484-3	Systeme der Gebäudeautomation (GA) — Teil 3: Funktionen
VDI 3814 Blatt 5	Gebäudeautomation (GA) — Hinweise zur Anbindung von Fremdsystemen durch Kommunikationsprotokolle

3.1.2 Die Einrichtungen und Anlagen der Gebäudeautomation sind so aufeinander abzustimmen, dass die geforderten Funktionen erbracht werden, die Betriebssicherheit gegeben ist sowie ein sparsamer Energieverbrauch und wirtschaftlicher Betrieb möglich sind.

3.1.3 Der Auftragnehmer hat dem Auftraggeber vor Beginn der Montagearbeiten alle Angaben zu machen, die für den ungehinderten Einbau und ordnungsgemäßen Betrieb der Anlage notwendig sind.

Der Auftragnehmer hat nach den Planungsunterlagen und Berechnungen des Auftraggebers die für die Ausführung erforderlichen Montage- und Werkstattzeichnungen zu erbringen und, soweit erforderlich, mit dem Auftraggeber abzustimmen. Dazu gehören insbesondere:

- Automationsschemata mit Darstellung der wesentlichen Funktionen auf Basis der Anlagenschemata gemäß Anlagenplanung,
- Stromlaufpläne nach DIN EN 61082-1 (VDE 0040-1) „Dokumente der Elektrotechnik — Teil 1: Regeln",
- Automationsstations-Belegungspläne einschließlich Adressierung,
- Übersichtsplan mit Eintragung der Standorte der Bedieneinrichtungen und Informationsschwerpunkte,
- Funktionsbeschreibungen,

- Montagepläne mit Einbauorten der Feldgeräte,
- Kabellisten mit Funktionszuordnung und Leistungsangaben,
- Stücklisten.

Zu den für die Ausführung notwendigen, vom Auftraggeber zu übergebenden Unterlagen (siehe § 3 Abs. 1 VOB/B) gehören insbesondere:

- Funktionslisten nach DIN EN ISO 16484-3, bei Anbindung von Fremdsystemen mit Angaben nach VDI 3814 Blatt 5,
- Anlagenschemata,
- Funktions-Fließschemata oder Beschreibungen,
- Zusammenstellung der Sollwerte, Grenzwerte und Betriebszeiten,
- Ausführungspläne,
- Daten zur Auslegung der Stellglieder und Stellantriebe,
- Leistungsaufnahmen der elektrischen Komponenten,
- Adressierungskonzept,
- Brandschutzkonzept,
- Störungsmelde- und Störungsmeldeweiterleitungskonzept.

3.1.4 Der Auftragnehmer hat bei der Prüfung der vom Auftraggeber gelieferten Planungsunterlagen und Berechnungen (siehe § 3 Abs. 3 VOB/B) u. a. hinsichtlich der Beschaffenheit und Funktion der Anlage insbesondere zu achten auf

- Vollständigkeit der Funktionslisten,
- Vollständigkeit der Auslegungsdaten und Parameter,
- Funktionsbeschreibungen,
- Messbereichsangaben von Mess- und Grenzwertgebern,
- Anlagenschemata,
- Adressierungskonzept,
- Visualisierungskonzept,
- Bedienungskonzept,
- Auslegung der hydraulischen Stellglieder,
- brandschutztechnische Anforderungen.

3.1.5 Der Auftragnehmer hat bei seiner Prüfung Bedenken (siehe § 4 Abs. 3 VOB/B) insbesondere geltend zu machen bei

- Unstimmigkeiten in den vom Auftraggeber gelieferten Planungsunterlagen und Berechnungen (siehe § 3 Abs. 3 VOB/B),
- offensichtlich mangelhafter Ausführung, nicht rechtzeitiger Fertigstellung oder dem Fehlen von Aussparungen,
- unzureichendem Platz für die Bauteile,

— ihm bekannten Änderungen von Voraussetzungen, die der Planung zugrunde gelegen haben,
— unzureichendem Überspannungsschutz,
— Störeinflüssen durch elektromagnetische Felder.

3.1.6 Stemm-, Fräs- und Bohrarbeiten am Bauwerk dürfen nur im Einvernehmen mit dem Auftraggeber ausgeführt werden. Bei derartigen Arbeiten am Mauerwerk ist die DIN 1053-1 „Mauerwerk — Teil 1: Berechnung und Ausführung" zu beachten.

3.1.7 Anzeigegeräte müssen gut ablesbar, zu betätigende Geräte leicht zugänglich und bedienbar sein.

3.1.8 Geräte, die zu warten sind, müssen zugänglich sein.

3.2 Anzeige, Erlaubnis, Genehmigung und Prüfung

Die für die behördlich vorgeschriebenen Anzeigen oder Anträge notwendigen zeichnerischen und sonstigen Unterlagen sowie Bescheinigungen sind entsprechend der für die Anzeige-, Erlaubnis- oder Genehmigungspflicht vorgeschriebenen Anzahl dem Auftraggeber zur Verfügung zu stellen.

Dies gilt nicht, wenn die Prüfvorschriften für Anlagenteile eine dauerhafte Kennzeichnung statt einer Bescheinigung zulassen.

3.3 Inbetriebnahme und Einregulierung

3.3.1 Die Anlagenteile sind so einzustellen, dass die geforderten Funktionen und Leistungen erbracht und die gesetzlichen Bestimmungen erfüllt werden.

Dazu sind alle physikalischen Ein- und Ausgänge einzeln zu überprüfen, die vorgegebenen Parameter einzustellen und die geforderten Ein- und Ausgabe- sowie Verarbeitungsfunktionen sicherzustellen.

3.3.2 Die Inbetriebnahme und die Einregulierung der Anlage und Anlagenteile sind, soweit erforderlich, gemeinsam mit Verantwortlichen der beteiligten Leistungsbereiche durchzuführen. Inbetriebnahme und Einregulierung sind durch Protokolle mit Mess- und Einstellwerten zu belegen.

3.3.3 Das Bedienungspersonal für das System ist durch den Auftragnehmer einmal einzuweisen.

3.4 Abnahmeprüfung

3.4.1 Es ist eine Abnahmeprüfung, die aus Vollständigkeits- und Funktionsprüfung besteht, durchzuführen.

3.4.2 Die Funktionsprüfung umfasst insbesondere:

- Prüfung der Protokolle der Inbetriebnahme und Einregulierung,
- stichprobenartige Prüfung von Automationsfunktionen, z. B. Regel-, Sicherheits-, Optimierungs- und Kommunikationsfunktionen,
- stichprobenartige Einzelprüfungen von Meldungen, Schaltbefehlen, Messwerten, Stellbefehlen, Zählwerten, abgeleiteten und berechneten Werten,
- Prüfung der Systemreaktionszeiten,
- Prüfung der Systemeigenüberwachung,
- Prüfung des Systemverhaltens nach Netzausfall und Netzwiederkehr.

3.5 Mitzuliefernde Unterlagen

Der Auftragnehmer hat im Rahmen seines Leistungsumfanges folgende Unterlagen aufzustellen und dem Auftraggeber spätestens bei der Abnahme in geordneter und aktualisierter Form zu übergeben:

- Automationsschemata,
- Stromlaufpläne nach DIN EN 61082-1 (VDE 0040-1),
- Automationsstations-Belegungspläne einschließlich Adressierung,
- Verbindungsschaltplan nach DIN EN 61082-1 (VDE 0040-1),
- Übersichtsplan mit Eintragung der Standorte der Bedieneinrichtungen und Informationsschwerpunkte,
- Stücklisten,
- Funktionsbeschreibungen,
- Protokolle der Inbetriebnahme und Einregulierung,
- alle für einen sicheren und wirtschaftlichen Betrieb erforderlichen Bedienungsanleitungen und Wartungshinweise,
- Ersatzteillisten,
- projektspezifische Programme und Daten auf Datenträgern,
- Protokoll über die Einweisung des Bedienpersonals,
- vorgeschriebene Werk- und Prüfbescheinigungen.

Die Unterlagen sind in einfarbiger Darstellung und in dreifacher Ausfertigung, Zeichnungen und Listen nach Wahl des Auftraggebers auch in einfacher Ausfertigung kopierfähig oder auf Datenträgern auszuhändigen. DV-Programme sind in zweifacher Ausfertigung auf Datenträgern zu liefern.

4 Nebenleistungen, Besondere Leistungen

4.1 Nebenleistungen sind ergänzend zur ATV DIN 18299, Abschnitt 4.1, insbesondere:

4.1.1 Anzeichnen der Aussparungen, auch wenn diese von einem anderen Unternehmer hergestellt werden.

4.1.2 Auf- und Abbau sowie Vorhalten der Gerüste, deren Arbeitsbühnen nicht höher als 2 m über Gelände oder Fußboden liegen.

4.1.3 Bohr-, Stemm- und Fräsarbeiten für das Einsetzen von Dübeln und für den Einbau von Installationen, z. B. Unterputzdosen.

4.1.4 Liefern und Anbringen der Typ- und Leistungsschilder.

4.2 Besondere Leistungen sind ergänzend zur ATV DIN 18299, Abschnitt 4.2, z. B.:

4.2.1 Planungsleistungen, wie Entwurfs-, Ausführungs- oder Genehmigungsplanung, Leerrohr- und Aussparungsplanung.

4.2.2 Vorhalten von Aufenthalts- und Lagerräumen, wenn der Auftraggeber Räume, die leicht verschließbar gemacht werden können, nicht zur Verfügung stellt.

4.2.3 Auf- und Abbauen sowie Vorhalten der Gerüste, deren Arbeitsbühnen höher als 2 m über Gelände oder Fußboden liegen.

4.2.4 Liefern und Einbauen besonderer Befestigungskonstruktionen, z. B. Konsolen, Stützgerüste.

4.2.5 Prüfen der nicht vom Auftragnehmer ausgeführten elektrischen Verkabelung und pneumatischen Verrohrung der Steuer- oder Regelanlage.

4.2.6 Bohr-, Stemm- und Fräsarbeiten für die Befestigung von Konsolen und Halterungen. Herstellen und Schließen von Aussparungen.

4.2.7 Liefern und Befestigen der Funktions-, Bezeichnungs- und Hinweisschilder.

4.2.8 Liefern der für Inbetriebnahme, Einregulierung und Probebetrieb notwendigen Betriebsstoffe.

4.2.9 Provisorische Maßnahmen zum vorzeitigen Betreiben der Anlage oder von Anlageteilen vor der Abnahme nach Anordnung des Auftraggebers, einschließlich der erforderlichen Wartungs- und Überholungsleistungen.

4.2.10 Betreiben der Anlage oder von Anlagenteilen vor der Abnahme nach Anordnung des Auftraggebers.

4.2.11 Schulungsmaßnahmen und Einweisungen über die Leistungen nach Abschnitt 3.3.3 hinaus.

4.2.12 Erstellen von Bestandsplänen.

4.2.13 Übernahme der Gebühren für behördlich vorgeschriebene Abnahmeprüfungen.

5 Abrechnung

Ergänzend zur ATV DIN 18299, Abschnitt 5, gilt:

5.1 Der Ermittlung der Leistung — gleichgültig, ob sie nach Zeichnung oder nach Aufmaß erfolgt — sind die Maße der Anlagenteile zugrunde zu legen. Wird die Leistung aus Zeichnungen ermittelt, dürfen Stück- und Belegungslisten, aktualisierte Funktionslisten und Systemprotokolle hinzugezogen werden.

5.2 Kabel, Leitungen, Drähte, Rohre sowie Bauteile von Verlegesystemen werden nach der tatsächlich verlegten Länge gerechnet.

Prüfung elektrischer Anlagen

Prüfprotokoll ①

Nr.	Blatt .... von	Kunden Nr.:
Auftraggeber②:	Auftrag Nr.:	Auftragnehmer③:
Anlage:		

Prüfung④ **nach:** DIN VDE 0100-600 ☐ DIN VDE 0105-100 ☐ BGV A3 ☐ .... / .... Betr.SichV ☐ E-CHECK ☐

Neuanlage ☐ Erweiterung ☐ Änderung ☐ Instandsetzung ☐ Wiederholungsprüfung ☐

Beginn der Prüfung:	Beauftragter des Auftraggebers:	Prüfer⑤:
Ende der Prüfung:		

Netz .... / .... V Netzform: TN-C ☐ TN-S ☐ TN-C-S ☐ TT ☐ IT ☐

Netzbetreiber

Besichtigen	i.O.	n.i.O.		i.O.	n.i.O.		i.O.	n.i.O.
Auswahl der Betriebsmittel	☐	☐	Kennzeichnung Stromkreis, Betriebsmittel	☐	☐	Zugänglichkeit	☐	☐
Trenn- und Schaltgeräte	☐	☐	Kennzeichnung N- und PE-Leiter	☐	☐	Schutzpotentialausgleich	☐	☐
Brandabschottungen	☐	☐	Leiterverbindungen	☐	☐	Zus. örtl. Potentialausgleich	☐	☐
Gebäudesystemtechnik	☐	☐	Schutz und Überwachungseinrichtungen	☐	☐	Dokumentation⑥	☐	☐
Kabel, Leitungen, Stromschienen	☐	☐	Basisschutz (Schutz gegen direktes Berühren)	☐	☐	siehe Ergänzungsblätter ☐		
Erproben			Funktion der Schutz-, Sicherheits- und			Rechtsdrehfeld	☐	☐
Funktionsprüfung der Anlage	☐	☐	Überwachungseinrichtungen	☐	☐	Überprüfung Spannungsfall	☐	☐
FI-Schutzschalter (RCD)	☐	☐	Drehrichtung der Motoren	☐	☐	Gebäudesystemtechnik	☐	☐

Durchgängigkeit des Schutzleiters⑨ ≤ **1** Ω ☐ Erdungswiderstand: R_E .... Ω

Durchgängigkeit Potentialausgleich⑨ **(≤ 1 Ω nachgewiesen)**

Fundamenterder	☐	Hauptwasserleitung	☐	Heizungsanlage	☐	EDV-Anlage	☐	Antennenanlage/BK	☐
Haupterdungsschiene	☐	Hauptschutzleiter	☐	Klimaanlage	☐	Telefonanlage	☐	Gebäudekonstruktion	☐
Wasserzwischenzähler	☐	Gasinnenleitung	☐	Aufzugsanlage	☐	Blitzschutzanlage	☐	....	☐

Verwendete Messgeräte nach VDE	Fabrikat: Typ:	Fabrikat: Typ:	Fabrikat: Typ:

Messen Stromkreisverteiler Nr.:

Nr.	**Stromkreis** Zielbezeichnung	**Leitung/Kabel** Typ	Leiter Anzahl	Quers. (mm^2)	**Überstrom-Schutzeinrichtung** Art Charakteristik	I_n (A)	Z_s (Ω) ☐ I_k (A) ☐ L-PE	Z_i (Ω) ☐ I_k (A) ☐ L-N	R_{iso} (MΩ) Verbraucher ohne	mit	**Fehlerstrom-Schutzeinrichtung (RCD)** I_n/Art (A)	$I_{\Delta n}$ (mA)	I_{mess} (mA) (≤ $I_{\Delta n}$)	Ausl.-Zeit t_A (ms)	U_L ≤ ..... V U_{mess} (V)	**Fehler-code** siehe auch ⑦
	Hauptleitung		x													
			x													
			x													
			x													
			x													
			x													
			x													
			x													
			x													
			x													
			x													

Prüfergebnis:	keine Mängel festgestellt ☐	Prüf-Plakette angebracht: ja ☐	Nächster Prüftermin:
	Mängel festgestellt ☐	nein ☐	

Auftraggeber②**:**	**Prüfer**⑤**:**
Gemäß Übergabebericht elektrische Anlage vollständig übernommen ☐	Die elektrische Anlage entspricht den anerkannten Regeln der Elektrotechnik ☐
Zustandsbericht erhalten ☐	Die elektrische Anlage entspricht nicht den anerkannten Regeln der Elektrotechnik ☐
Ort Datum Unterschrift	Ort Datum Unterschrift

Prüfprotokoll zur Erfassung der Prüfergebnisse in elektrischen Anlagen

Prüfung elektrischer Anlagen

Übergabebericht[7] ☐ **Zustandsbericht**[7] ☐

Nr.	Blatt .... von	Kunden Nr.:
Auftraggeber[2]:	Auftrag Nr.:	Auftragnehmer[3]:
Anlage:	Zähler Nr.: Zählerstand kWh	

	Ort/Anlagenteil[8] **Anzahl Betriebsmittel** ☐ **Fehler-Code** ☐																	
Elektroinstallationsgeräte	Stromkreisverteiler																	
	Aus-/Wechselschalter																	
	Serienschalter																	
	Taster																	
	Dimmer																	
	Jalousietaster/-schalter																	
	Schlüsseltaster/-schalter																	
	Nottaster/-schalter																	
	Zeitschalter/-taster																	
	Steckdose																	
	Bewegungsmelder																	
	Geräteanschlussdose																	
	Telefonanschlusseinheit																	
	TV-Steckdose																	
	EDV-Steckdose																	
	Sprechstelle																	
	Gong/Summer																	
	EIB-Aktor																	
	EIB-Sensor																	
	Leuchten-Auslass																	
	Leuchte																	

Auftraggeber[2]:	**Prüfer**[5]:
Gemäß Übergabebericht elektrische Anlage vollständig übernommen. ☐	Die elektrische Anlage vollständig übergeben ☐ Dokumentation[6] übergeben ☐
Zustandsbericht erhalten ☐	In der Anlage wurden Mängel festgestellt ☐
Ort Datum Unterschrift	Ort Datum Unterschrift

Übergabebericht/Zustandsbericht für Erst- und Wiederholungsprüfungen in elektrischen Anlagen

Mängel-Liste und Bewertung der Besichtigung bei Wiederholungsprüfung

Kennzeichnung

	Bedeutung
	Allgemeines
10	Abdeckung schadhaft
11	Abdeckung fehlt
12	Betriebsmittel nicht ordnungsgemäß eingebaut
13	Betriebsmittelbezeichnung fehlt
14	Gehäuse defekt
15	Anlage verschmutzt / Lüftung behindert
16	Betriebsmittel falsch, z. B.: nicht den Umgebungsbedingungen entsprechend ausgewählt
17	Zugänglichkeit nicht gewährleistet
18	Mechanischer Schutz fehlt
19	Verbindung unsachgemäß, z. B.: falsche Auswahl oder Klemmenverbindung falsch ausgeführt
20	Wärmeschaden
21	Brandschutz fehlt, z. B.: Lichtleiste auf Holz montiert
22	Material für Umgebungstemperatur nicht geeignet
23	Brandschottung fehlt
24	Überstromschutz falsch eingestellt
25	Dokumentation unvollständig
26	Dokumentation nicht aktualisiert
27	N-Leiter fehlt
28	Plombierung fehlt
29	
30	
31	
32	
33	
34	
35	
36	
37	
38	
39	
	Schutzmaßnahmen gegen elektrischen Schlag
40	Schutzleiter nicht wirksam z. B.: verbogen, angebrochen, mit Farbe bedeckt
41	Schutzleiter falsch gekennzeichnet
42	Schutzleiter fehlt
43	Berührungsschutz fehlt (alles, vom Isolieren bis blanke Leiterenden)
44	Schutzisolierung durchbrochen z. B.: Metallverschraubung im ISO-Gehäuse
45	Schutzart falsch
46	Haupt-Potentialausgleich fehlt / unvollständig
47	Zusätzlicher Potentialausgleich fehlt / unvollständig
48	Schutzleiter als Außenleiter verwendet
49	FI-Schutzeinrichtung fehlt
50	FI-Schutzeinrichtung überbrückt
51	Spannungsebenen nicht sicher getrennt, z. B.: bei nicht fingersicheren Schutzkontakt-Steckdosen keine gemeinsame Abdeck.
52	Schutzmaßnahme falsch, z. B.: für bestimmte Bereiche wurden die geforderten Schutzmaßnahmen nicht angewendet, beim Kesselbau nur Schutzkleinspannung oder Schutztrennung zulässig oder Baustellenverteiler immer mit FI-Schutzschalter
53	
54	
55	
56	
57	
58	
59	

Kennzeichnung

	Bedeutung
	Verteiler
60	Zielbezeichnung fehlt
61	Passeinsätze falsch / fehlen
62	Verdrahtung mangelhaft
63	Überstromschutzeinrichtung falsch eingestellt
64	Überstromschutzeinrichtung falsch
65	Schraubkappe defekt
66	Sicherung geflickt
67	Lichtbogentrennung fehlt
68	Abdeckung fehlt
69	
70	
71	
72	
73	
74	
75	
76	
77	
78	
79	
	Kabel und Leitungen und Verlegesysteme
80	Leitungsverlegung unsachgemäß
81	Leitung beschädigt
82	Leitung unzulässig
83	Leitungseinführung unvorschriftsmäßig
84	Querschnitt falsch
85	Aderendhülsen fehlen
86	Brandlast zu hoch
87	Verlegesysteme falsch dimensioniert / befestigt
88	
89	
	Installationsgeräte
90	Leuchtmittel falsch
91	Leuchtmittel defekt / fehlt
92	Leuchtenabdeckung fehlt
93	Schutzabstand nicht eingehalten z. B.: im Badezimmer; Abstand zu brennbaren Stoffen
94	
95	
96	
97	
98	
99	

Bewertung der aufgetretenen Mängel

	Bedeutung
O	Ohne Gefährdung; kein Handlungsbedarf
A	Geringe (leichte) Gefährdung Anlage darf weiterbetrieben werden, Mängel sind bei nächster Gelegenheit zu beheben
B	Erhöhte (mittlere) Gefährdung Anlage darf weiterbetrieben werden, Mängel sind umgehend zu beheben
C	Hohe (akute) Gefährdung Anlage muss unverzüglich außer Betrieb gesetzt werden → unbedingt per Unterschrift des Auftraggebers zu bestätigen

http://www.

Beuth
Berlin · Wien · Zürich

Verzeichnis nicht abgedruckter Normen, Norm-Entwürfe und anderer technischer Regeln und Richtlinien

(nach Sachgebieten geordnet)

Dokument	Ausgabe	Titel
		1 Elektroinstallationstechnik, Elektrische Anlagen und Geräte, Blitzschutz
DIN 43627	1992-07	Kabel-Hausanschlusskästen für NH-Sicherungen Größe 00 bis 100 A 500 V und Größe 1 bis 250 A 500 V
DIN 43670	1975-12	Stromschienen aus Aluminium – Bemessung für Dauerstrom
DIN 43671	1975-12	Stromschienen aus Kupfer – Bemessung für Dauerstrom
DIN 43853	1988-04	Zählertafeln – Hauptmaße, Anschlussmaße
DIN 43870-1	1991-02	Zählerplätze – Maße auf Basis eines Rastersystems
DIN 43880	1988-12	Installationseinbaugeräte – Hüllmaße und zugehörige Einbaumaße
DIN 49016-1	1979-10	Elektro-Installationsrohre und Zubehör – Starre flammwidrige Isolierstoffrohre und Zubehör, Rohre, glatt, Muffen, Bogen für mittlere und schwere Druckbeanspruchung
DIN 49016-2	1981-03	Elektro-Installationsrohre und Zubehör – Starre flammwidrige Isolierstoffrohre und Zubehör – Muffenrohre, glatt, Muffenbogen für mittlere und schwere Druckbeanspruchung
DIN 49018-1	1972-10	Elektro-Installationsrohre und Zubehör – Flexible flammwidrige Isolierstoffrohre, gewellt, Muffen für mittlere und leichte Druckbeanspruchung
DIN 49018-2	1972-10	Elektro-Installationsrohre und Zubehör – Flexible flammwidrige Isolierstoffrohre, gewellt, mit glattem Mantel, für schwere Druckbeanspruchung
DIN EN 50098-1	2003-06	Informationstechnische Verkabelung von Gebäudekomplexen – Teil 1: ISDN-Basisanschluss; Deutsche Fassung EN 50098-1:1998 + A1:2002 + Corrigendum Januar 2003
DIN EN 50173-1	2007-12	Informationstechnik – Anwendungsneutrale Kommunikationskabelanlagen – Teil 1: Allgemeine Anforderungen; Deutsche Fassung EN 50173-1:2007
DIN EN 50346	2008-02	Informationstechnik – Installation von Kommunikationsverkabelung – Prüfen installierter Verkabelung; Deutsche Fassung EN 50346:2002 + A1:2007
AGI J 11	1998-11	Elektrotechnische Anlagen – Transformatorenstände – Bautechnische Planungsgrundlagen zur Aufstellung von Öl- und Trockentransformatoren in Gebäuden
AGI J 12	1997-06	Elektrotechnische Anlagen – Räume für Schaltanlagen bis 36-kV-Nennspannung – Bautechnische Planungsgrundlagen

Dokument	Ausgabe	Titel
AGI J 21-1	1997-06	Elektrotechnische Anlagen – Transformatorenstände – Bautechnische Planungsgrundlagen zur Aufstellung im Freien
AGI J 21-2	1997-06	Elektrotechnische Anlagen – Transformatorenstände – Beispiele für Anordnung und Konstruktion zur Aufstellung im Freien
AGI J 31-1	2003-02	Elektrotechnische Anlagen – Bautechnische Ausführung von Räumen für Batterien – Batterieräume
AGI J 31-2	1991-08	Elektrotechnische Anlagen – Bautechnische Ausführung von Räumen für nicht ortsfeste Batterien – Batterieladeräume, Batterieladestationen
DVGW GW 306	1982-08	Verbinden von Blitzschutzanlagen mit metallenen Gas- und Wasserleitungen in Verbrauchsanlagen
DVGW GW 309	1986-11	Elektrische Überbrückung bei Rohrtrennungen
VdS 2005	2001-11	Leuchten – Richtlinien zur Schadenverhütung
VdS 2006	2008-01	Blitzschutz durch Blitzableiter – Merkblatt zur Schadenverhütung
VdS 2010	2005-07	Risikoorientierter Blitz- und Überspannungsschutz – Richtlinien zur Schadenverhütung
VdS 2015	2004-04	Elektrische Geräte und Anlagen – Richtlinien zur Schadenverhütung
VdS 2017	1999-08	Blitz-Überspannungsschutz für landwirtschaftliche Betriebe – Merkblatt zur Schadenverhütung
VdS 2019	2000-08	Überspannungsschutz in Wohngebäuden – Richtlinien zur Schadenverhütung
VdS 2021	1998-03	Brandschutz bei Bauarbeiten – Merkblatt zur Schadenverhütung
VdS 2023	2001-08	Elektrische Anlagen in baulichen Anlagen mit vorwiegend brennbaren Baustoffen – Richtlinien zur Schadenverhütung
VdS 2024	1992-09	Errichtung elektrischer Anlagen in Möbeln und ähnlichen Einrichtungsgegenständen – Richtlinien für den Brandschutz
VdS 2025	2008-01	Kabel- und Leitungsanlagen – Richtlinien zur Schadenverhütung
VdS 2031	2005-10	Blitz- und Überspannungsschutz in elektrischen Anlagen – Richtlinien zur Schadenverhütung
VdS 2046	2008-01	Sicherheitsvorschriften für elektrische Anlagen bis 1 000 Volt
VdS 2057	2008-01	Sicherheitsvorschriften für elektrische Anlagen in landwirtschaftlichen Betrieben – Intensiv-Tierhaltungen – Sicherheitsvorschriften gemäß § 8 AFB

Dokument	Ausgabe	Titel
VdS 2067	2008-01	Elektrische Anlagen in der Landwirtschaft – Richtlinien zur Schadenverhütung
VdS 2073	2008-01	Elektrowärmegeräte und -heizungen für Tieraufzucht sowie Tierhaltung – Richtlinien zur Schadenverhütung
VdS 2228	2005-01	Richtlinien für die Anerkennung von Sachverständigen zum Prüfen elektrischer Anlagen
VdS 2258	1993-07	Schutz gegen Überspannungen – Merkblatt zur Schadenverhütung
VdS 2324	1998-09	Niedervoltbeleuchtungsanlagen und -systeme – Richtlinien zur Schadenverhütung
VdS 2349	2000-02	Störungsarme Elektroinstallationen – Richtlinien zur Schadenverhütung
VdS 2569	1999-01	Überspannungsschutz für elektronische Datenverarbeitungsanlagen – Richtlinien zur Schadenverhütung
VdTÜV MB 651	2000-02	Elektrische Einrichtungen von Tankstellen
VdTÜV MB 1507	1997-06	Grundsätze für die Prüfung von Fliegenden Bauten
		2 Bautechnik und Wärmetechnik
DIN 276-1	2008-12	Kosten im Bauwesen – Teil 1: Hochbau
DIN 1341	1986-10	Wärmeübertragung – Begriffe, Kenngrößen
DIN 1356-1	1995-02	Bauzeichnungen – Teil 1: Arten, Inhalte und Grundregeln der Darstellung
DIN 4102-9	1990-05	Brandverhalten von Baustoffen und Bauteilen – Kabelabschottungen – Begriffe, Anforderungen und Prüfungen
DIN 4102-12	1998-11	Brandverhalten von Baustoffen und Bauteilen – Teil 12: Funktionserhalt von elektrischen Kabelanlagen – Anforderungen und Prüfungen
DIN 4108-2	2003-07	Wärmeschutz und Energie-Einsparung in Gebäuden – Teil 2: Mindestanforderungen an den Wärmeschutz
DIN 4108-3	2001-07	Wärmeschutz und Energie-Einsparung in Gebäuden – Teil 3: Klimabedingter Feuchteschutz – Anforderungen, Berechnungsverfahren und Hinweise für Planung und Ausführung
DIN V 4108-4	2007-06	Wärmeschutz und Energie-Einsparung in Gebäuden – Teil 4: Wärme- und feuchteschutztechnische Bemessungswerte
DIN V 4108-6	2003-06	Wärmeschutz und Energie-Einsparung in Gebäuden – Teil 6: Berechnung des Jahresheizwärme- und des Jahresheizenergiebedarfs
DIN 4124	2002-10	Baugruben und Gräben – Böschungen, Verbau, Arbeitsraumbreiten

Dokument	Ausgabe	Titel
DIN V 4701-10	2003-08	Energetische Bewertung heiz- und raumlufttechnischer Anlagen – Teil 10: Heizung, Trinkwassererwärmung, Lüftung
DIN 44576-1	1987-03	Elektrische Raumheizung – Fußboden-Speicherheizung – Gebrauchseigenschaften – Begriffe
DIN 44576-2	1987-03	Elektrische Raumheizung – Fußboden-Speicherheizung – Gebrauchseigenschaften – Prüfungen
DIN 44576-3	1987-03	Elektrische Raumheizung – Fußboden-Speicherheizung – Gebrauchseigenschaften – Anforderungen
DIN 44576-4	1987-03	Elektrische Raumheizung – Fußboden-Speicherheizung – Gebrauchseigenschaften – Bemessung für Räume
DIN EN 12831*)	2003-08	Heizungsanlagen in Gebäuden – Verfahren zur Berechnung der Norm-Heizlast; Deutsche Fassung EN 12831:2003
DIN EN 12831 Beiblatt 1	2008-07	Heizungsysteme in Gebäuden – Verfahren zur Berechnung der Norm-Heizlast – Nationaler Anhang NA
DIN EN 12975-1	2006-06	Thermische Solaranlagen und ihre Bauteile – Kollektoren – Teil 1: Allgemeine Anforderungen; Deutsche Fassung EN 12975-1:2006
DIN EN 12975-2	2006-06	Thermische Solaranlagen und ihre Bauteile – Kollektoren – Teil 2: Prüfverfahren (enthält Berichtigung AC:2002); Deutsche Fassung EN 12975-2:2006
DIN EN 12976-1	2006-04	Thermische Solaranlagen und ihre Bauteile – Vorgefertigte Anlagen – Teil 1: Allgemeine Anforderungen; Deutsche Fassung EN 12976-1:2006
DIN V ENV 12977-1	2001-10	Thermische Solaranlagen und ihre Bauteile – Kundenspezifisch gefertigte Anlagen – Teil 1: Allgemeine Anforderungen; Deutsche Fassung ENV 12977-1:2001
DIN V ENV 12977-2	2001-10	Thermische Solaranlagen und ihre Bauteile – Kundenspezifisch gefertigte Anlagen – Teil 2: Prüfverfahren; Deutsche Fassung ENV 12977-2:2001
DIN EN 12977-3	2008-11	Thermische Solaranlagen und ihre Bauteile – Kundenspezifisch gefertigte Anlagen – Teil 3: Leistungsprüfung von Warmwasserspeichern für Solaranlagen; Deutsche Fassung prEN 12977-3:2008
DIN EN 14511-2	2008-02	Luftkonditionierer, Flüssigkeitskühlsätze und Wärmepumpen mit elektrisch angetriebenen Verdichtern für die Raumbeheizung und -kühlung – Teil 2: Prüfbedingungen; Deutsche Fassung EN 14511-2:2007
DIN EN 14511-3	2008-02	Luftkonditionierer, Flüssigkeitskühlsätze und Wärmepumpen mit elektrisch angetriebenen Verdichtern für die Raumbeheizung und -kühlung – Teil 3: Prüfverfahren; Deutsche Fassung EN 14511-3:2007

*) ist enthalten im Praxishandbuch Heiztechnik (ISBN 3-410-15721-2)

Dokument	Ausgabe	Titel
DIN EN 14511-4	2008-02	Luftkonditionierer, Flüssigkeitskühlsätze und Wärmepumpen mit elektrisch angetriebenen Verdichtern für die Raumbeheizung und -kühlung – Teil 4: Anforderungen; Deutsche Fassung EN 14511-4:2007
DIN EN 60531	2001-05	Elektrische Raumheizgeräte für den Hausgebrauch – Verfahren zur Messung der Gebrauchseigenschaften (IEC 60531:1999, modifiziert); Deutsche Fassung EN 60531:2000
DIN EN ISO 6946	2008-04	Bauteile – Wärmedurchlasswiderstand und Wärmedurchgangskoeffizient – Berechnungsverfahren (ISO 6946:2007); Deutsche Fassung EN ISO 6946:2007
DIN EN ISO 7345	1996-01	Wärmeschutz – Physikalische Größen und Definitionen (ISO 7345:1987); Deutsche Fassung EN ISO 7345:1995
DIN EN ISO 13788	2001-11	Wärme- und feuchtetechnisches Verhalten von Bauteilen und Bauelementen – Raumseitige Oberflächentemperatur zur Vermeidung kritischer Oberflächenfeuchte und Tauwasserbildung im Bauteilinneren – Berechnungsverfahren (ISO 13788:2001); Deutsche Fassung EN ISO 13788:2001
DIN EN ISO 13789	2008-04	Wärmetechnisches Verhalten von Gebäuden – Spezifischer Transmissions- und Lüftungswärmedurchgangskoeffizient – Berechnungsverfahren (ISO 13789:2007); Deutsche Fassung EN ISO 13789:2007
VdS 2134	1999-01	Verbrennungswärme der Isolierstoffe von Kabeln und Leitungen – Merkblatt für die Berechnung von Brandlasten
VdS 2279	1998-12	Elektrowärmegeräte und Elektroheizungsanlagen – Richtlinien zur Schadenverhütung
VdS 2357	2007-04	Richtlinien für den Umweltschutz – Richtlinien zur Brandschadensanierung

3 Dokumentation, Sicherheitskennzeichen, Symbole

Dokument	Ausgabe	Titel
DIN 199-1	2002-03	Technische Produktdokumentation – CAD-Modelle, Zeichnungen und Stücklisten – Teil 1: Begriffe
DIN 6779-2	2004-07	Kennzeichnungssystematik für technische Produkte und technische Produktdokumentation – Teil 2: Kennbuchstaben, Hauptklassen und Unterklassen für Zweck oder Aufgabe von Objekten
DIN EN 50042	1982-09	Industrielle Niederspannungs-Schaltgeräte – Anschlussbezeichnungen – Klemmen zum Anschluss zugehöriger, außen liegender elektronischer Bauelemente und Kontakte
DIN EN 61082-1 (VDE 0040-1)	2007-03	Dokumente der Elektrotechnik – Teil 1: Allgemeine Regeln (IEC 61082-1:2006); Deutsche Fassung EN 61082-1:2006
DIN EN 61082-2	1995-05	Dokumente der Elektronik – Teil 2: Funktionsbezogene Schaltpläne (IEC 61082-2:1993); Deutsche Fassung EN 61082-2:1994

Dokument	Ausgabe	Titel
DIN EN 61293	1995-02	Kennzeichnung elektrischer Betriebsmittel mit Bemessungsdaten für die Stromversorgung – Anforderungen für die Sicherheit (IEC 61293:1994); Deutsche Fassung EN 61293:1994
DIN EN ISO 3098-0	1998-04	Technische Produktdokumentation – Schriften – Teil 0: Grundregeln (ISO 3098-0:1997); Deutsche Fassung EN ISO 3098-0:1997

4 Allgemeine Normen

DIN 820-1	2009-05	Normungsarbeit – Grundsätze
DIN 4420-1	2004-03	Arbeits- und Schutzgerüste – Teil 1: Schutzgerüste – Leistungsanforderungen, Entwurf, Konstruktion und Bemessung
DIN 4420-2	1990-12	Arbeits- und Schutzgerüste – Leitergerüste – Sicherheitstechnische Anforderungen
DIN EN 1088	2008-10	Sicherheit von Maschinen – Verriegelungseinrichtungen in Verbindung mit trennenden Schutzeinrichtungen – Leitsätze für Gestaltung und Auswahl; Deutsche Fassung EN 1088:1995 + A2:2008
DIN EN 60034-5 VDE 0530-5	2007-09	Drehende elektrische Maschinen – Teil 5: Schutzarten aufgrund der Gesamtkonstruktion von drehenden elektrischen Maschinen (IP-Code) – Einteilung (IEC 60034-5:2000); Deutsche Fassung EN 60034-5:2001 + A1:2007
DIN IEC 60038	2002-11	IEC-Normspannungen (IEC 60038:1983 + A1:1994 + A2:1997) – Umsetzung von HD 472 S1:1989 + Cor. zu HD 472 S1:2002-02

5 Größen und Einheiten

DIN 1301-1	2002-10	Einheiten – Teil 1: Einheitennamen, Einheitenzeichen
DIN 1301-2	1978-02	Einheiten – Allgemein angewendete Teile und Vielfache
DIN 1302	1999-12	Allgemeine mathematische Zeichen und Begriffe
DIN 1319-1	1995-01	Grundlagen der Messtechnik – Teil 1: Grundbegriffe
DIN 1319-2	2005-10	Grundbegriffe der Messtechnik – Begriffe für die Anwendung von Messgeräten
DIN 1319-3	1996-05	Grundlagen der Messtechnik – Teil 3: Auswertung von Messungen einer einzelnen Messgröße, Messunsicherheit
DIN 1324-1	1988-05	Elektromagnetisches Feld – Zustandsgrößen
DIN 40108	2003-06	Elektrische Energietechnik – Stromsysteme – Begriffe, Größen, Formelzeichen

6 Unfallverhütungsvorschriften und Regeln der gewerblichen Berufsgenossenschaften

BGI 560	2006-03	Arbeitssicherheit durch vorbeugenden Brandschutz

Dokument	Ausgabe	Titel
BGI 608	2004-06	Auswahl und Betrieb elektrischer Anlagen und Betriebsmittel auf Baustellen
BGI 650	2007-09	Bildschirm- und Büroarbeitsplätze – Leitfaden für die Gestaltung
BGR 104	2007-06	Explosionsschutz-Regeln
BGR 131	2001	BG-Regel – Arbeitsplätze mit künstlicher Beleuchtung und Sicherheitsleitsysteme
BGV A 1	2005-04	BG-Vorschrift – Grundsätze der Prävention
BGV A 6	2008-01	BG-Vorschrift – Fachkräfte für Arbeitssicherheit – mit Durchführungsanweisungen
BGV A 7	2001-10	BG-Vorschrift – Betriebsärzte – mit Durchführungsanweisungen
BGV A 8	2002-01	BG-Vorschrift – Sicherheits- und Gesundheitsschutzkennzeichnung am Arbeitsplatz
BGV C 22	2000-09	Bauarbeiten
BGV D 29	2000	BG-Vorschrift – Fahrzeuge
VBG 4 BGV A 2	1979-04	Elektrische Anlagen und Betriebsmittel
VBG 74 BGV D 36	1992-10	Leitern und Tritte
VBG 89 BGV D 32	1990-04	Arbeiten an Masten, Freileitungen und Oberleitungsanlagen
VBG 100 BGV A 4	1993-04	Arbeitsmedizinische Vorsorge
VBG 103 BGV C 8	1996-08	Gesundheitsdienst
ZH 1/249 BGI 600	1998-03	Regeln für Sicherheit und Gesundheitsschutz bei Auswahl und Betrieb ortsveränderlicher elektrischer Betriebsmittel nach Einsatzbereichen

Bezugsquellen:

AGI-Arbeitsblätter; Arbeitsgemeinschaft Industriebau e. V.
Vertrieb: Calwey Verlag, Streitfeldstraße 35, 81073 München

BG-Vorschriften; Berufgenossenschaft der Feinmechanik und Elektrotechnik;
Gustav-Heinemann-Ufer 130, 50968 Köln

DVGW-Regelwerk; Deutsche Vereinigung des Gas- und Wasserfaches e. V.
Vertrieb: Wirtschafts- und Verlagsgesellschaft Gas und Wasser mbH,
Postfach 14 01 51, 53056 Bonn

RAL-Druckschriften; Deutsches Institut für Gütesicherung und Kennzeichnung e. V.
Vertrieb: Beuth Verlag GmbH, 10772 Berlin

VDE-Bestimmungen; Verband der Elektrotechnik, Elektronik, Informationstechnik e. V.
Vertrieb: VDE-VERLAG GMBH, Bismarckstraße 33, 10625 Berlin

VdS-Richtlinien
Gesamtverband der Deutschen Versicherungswirtschaft e. V.,
Vertrieb: VdS Schadenverhütung Verlag, Amsterdamer Straße 172–174, 50735 Köln

VdTÜV-Merkblätter; Verband der Technischen Überwachungs-Vereine e. V.
Vertrieb: TÜV media GmbH, Am Grauen Stein, 51105 Köln

Öffentliche Auslegestellen des Deutschen Normenwerkes

(Stand November 2010)

Ort	Anschrift	Telefon Fax
Aachen	Fachhochschule Aachen Hochschulbibliothek Bibliothekszentrale Eupener Straße 70 52066 Aachen www.fh-aachen.de/bibliothek.html fl@bibliothek.fh-aachen.de	0241 600920
Aachen	Hochschulbibliothek der RWTH Aachen Templergraben 61 52062 Aachen www.bth.rwth-aachen.de auskunft@bth.rwth-aachen.de	0241 8094460 0241 8092-273
Aalen	Hochschule Aalen Beethovenstraße 1 73430 Aalen www.htw-aalen.de info@htw-aalen.de	07361 5764800 07361 5764810
Augsburg	Hochschule Augsburg An der Fachhochschule 1 86161 Augsburg www.hs-augsburg.de bibliothek@hs-augsburg.de	0821 5586-3287 0821 5586-2930
Bautzen	Berufsakademie Sachsen Staatliche Studienakademie Bautzen Löbauer Straße 1 02625 Bautzen www.ba-bautzen.de/intern/din.html schmidt@ba-bautzen.de	03591 35300 03591 353290
Berlin	Deutsches Patent- und Markenamt – TIC – Auslegestelle Gitschiner Straße 97 10969 Berlin	030 25992-222 030 25992-404
Berlin	Beuth Hochschule für Technik Berlin Campusbibliothek Luxemburger Straße 10 13353 Berlin www.beuth-hochschule.de/bibliothek schwoer@beuth-hochschule.de	030 45042097

Ort	Anschrift	Telefon Fax
Berlin	Technische Universität Berlin Universitätsbibliothek im VOLKSWAGEN-Haus Fasanenstraße 88 10623 Berlin www.ub.tu-berlin.de info@ub.tu-berlin.de	030 314-76210
Berlin	Beuth Verlag GmbH Direktverkauf im NormenWerk Budapester Straße 31 10787 Berlin www.normenwerk.de normenwerk@beuth.de	030 2601-2257 030 2601-42257
Bielefeld	Fachhochschule Bielefeld Fachhochschulbibliothek Bertelsmann Straße 10 33615 Bielefeld www-bib.fh-bielefeld.de/docs/index.html bib.info@fh-bielefeld.de	0521 106-7272
Bochum	Universitätsbibliothek Bochum Lesesaal Universitätsstraße 150 44801 Bochum www.ub.ruhr-uni-bochum.de	0234 32-22998 0234 32-14213
Bochum	Technische Fachhochschule Georg Agricola zu Bochum Herner Straße 45 44787 Bochum	0234 68-3381 0234 68-3606
Bonn	Der Bundesminister für Wirtschaft und Technologie Bibliothek Villemombler Straße 76 53123 Bonn www.bmwi.bund.de ausleihe-bonn@bmwi.bund.de	0228 61543335 0228 61542828
Braun- schweig	Technische Universität Braunschweig Universitätsbibliothek Pockelsstraße 13 38106 Braunschweig www.biblio.tu-bs.de UB@tu-bs.de	0531 3915049 0531 3915836
Bremen	Hochschule Bremen Neustadtswall 30 28199 Bremen	0421 59052225 0421 59052625

Ort	Anschrift	Telefon Fax
Chemnitz	Technische Universität Chemnitz Universitätsbibliothek Straße der Nationen 62 09111 Chemnitz www.bibliothek.tu-chemnitz.de normen@bibliothek.tu-chemnitz.de	0371 53113182 0371 531800026
Clausthal	Technische Universität Clausthal Universitätsbibliothek Leibnizstraße 2 38678 Clausthal-Zellerfeld www.tu-clausthal.de info@tu-clausthal.de	05323 72-3500 05323 72-0
Coburg	Fachhochschule Coburg Zentralbibliothek Friedrich-Streib-Straße 2 96450 Coburg	09561 317166 09561 317366
Cottbus	BTU Cottbus Universitätsbibliothek DIN-Auslegestelle Nordstraße 4 03044 Cottbus www.ub.tu-cottbus.de eisler@tu-cottbus.de	0355 69-4162
Darmstadt	Bibliothek der Hochschule Darmstadt Schoefferstraße 8 64295 Darmstadt www.bib.h-da.de info.bib@h-da.de	06151 168783 06151 168958
Darmstadt	Technische Universität Darmstadt, Universitäts- und Landesbibliothek Schloss 64283 Darmstadt	06151 165830 06151 165897
Deggen- dorf	Fachhochschule Deggendorf Edlmairstraße 6 + 8 94469 Deggendorf www.fh-deggendorf.de bibliothek@fh-deggendorf.de	0991 3615-705 0991 3615-799
Dortmund	Fachhochschule Dortmund Hochschulbibliothek Sonnenstraße 96 44139 Dortmund www.fh-dortmund.de/bibliothek bibliothek@fhb.fh-dortmund.de	0231 9112-135 0231 9112-666

Ort	Anschrift	Telefon Fax
Dortmund	Universitätsbibliothek Dortmund Abt. Monografienbearbeitung Vogelpothsweg 76 44227 Dortmund www.ub.uni-dortmund.de claus.poppe@ub.uni-dortmund.de	0231 7554014 0231 756902
Dresden	Sächsische Landesbibliothek Staats- und Universitätsbibliothek Dresden Zellescher Weg 18 01069 Dresden zbausl@slub-dresden.de	0351 4677-123 0351 4677-111
Dresden	Hochschule für Technik und Wirtschaft Dresden (FH) Bibliothek Friedrich-List-Platz 1 01069 Dresden www.htw-dresden.de/bib cornelia.kuehn@htw-dresden.de	0351 4623688 0351 4622192
Düsseldorf	Fachhochschule Düsseldorf Hochschulbibliothek Georg-Glock-Straße 15 40474 Düsseldorf www.bibl.fh-duesseldorf.de information.bibliothek@fh-duesseldorf.de	0211 4251-556 0211 4351-559
Duisburg	Universitätsbibliothek Duisburg-Essen Normen- und Richtlinienwerke Bismarckstraße 81 BA 47057 Duisburg www.uni-due.de/ub/ fachbibliothekba@ub.uni-duisburq.de	0203 379-3261 0203 379-2066
Emden	Fachhochschule Emden/Leer Constantiaplatz 4 26723 Emden www.fh-oow.de bibliothek.emden@fh-oow.de	04921 8071770 04921 8071775
Erfurt	Fachhochschule Erfurt Hochschulbibliothek Altonaer Straße 25 99085 Erfurt www.fh-erfurt.de/bibo/ bibliothek@fh-erfurt.de	0361 6700504 0361 6700518
Erlangen	Universitätsbibliothek Erlangen-Nürnberg Erwin-Rommel-Straße 60 91058 Erlangen	09131 8527841 09131 8527843

Ort	Anschrift	Telefon Fax
Essen	Normenausschuss Bergbau (FABERG) im DIN Am Technologiepark 1 45307 Essen faberg@faberg.de	0201 1721558 0201 1721577
Esslingen	Hochschule Esslingen Flandernstraße 101 73732 Esslingen www.hs-esslingen.de info@hs-esslingen.de	0711 397-4100 0711 397-4099
Frankfurt am Main	VDE e.V. DKE Deutsche Kommission Elektrotechnik Elektronik Stresemannallee 15 60596 Frankfurt www.dke.de dke.schriftstueckservice@vde.com	069 6308- 069 6308-9846
Frankfurt am Main	Normenausschuss Maschinenbau (NAM) im DIN Lyoner Straße 18 60528 Frankfurt www.nam.din.de nam@din.de	069 66031260 069 66031557
Freiberg	Technische Universität Bergakademie Freiberg Universitätsbibliothek Agricolastraße 10 09599 Freiberg www.tu-freiburg.de unibib@ub.tu-freiburg.de	103731 394360 103731 393289
Gelsen-kirchen	Fachhochschule Gelsenkirchen Hochschulbibliothek Neidenburger Straße 43 45897 Gelsenkirchen www.hb.fh-gelsenkirchen.de/ueber_die_bibliothek	0209 9596-162 0209 9596-365
Gießen	FHB Gießen-Friedberg Wiesenstraße 14 35390 Gießen www.fh-giessen-friedberg.de/bibliothek bibliothek@bib.fh-giessen.de	0641 309-1230 0641 309-2904
Hagen	Fachhochschule Südwestfalen Haldener Straße 182 58095 Hagen www3.fh-swf.de/hagen/hagen.htm hagen-bib@fh-swf.de	02331 9330-605 02331 9330-608

Ort	Anschrift	Telefon Fax
Halle/ Saale	Mitteldeutsche Informations-, Patent-, Online-Service GmbH Julius-Ebeling-Straße 6 06112 Halle www.mipo.de info@mipo.de	0345 29398-0 0345 29398-40
Hamburg	HafenCity Universität Hamburg Hebebrandstraße 1 22297 Hamburg www.hcu-hamburg.de/imz/bibliothek bibliothek@hcu-hamburg.de	040 428274366 040 428274373
Hamburg	Hochschule für Angewandte Wissenschaften Hamburg HIBS Fachbibliothek TWI Berliner Tor 5-7 20099 Hamburg www.haw-hamburg.de/hibs fachbib.twi@haw-hamburg.de	040 42875-3675 040 42875-3675
Hamburg	Technische Universität Hamburg-Harburg Universitätsbibliothek Denickestraße 22 21073 Hamburg www.tub.tu-harburg.de bibliothek@tu-harburg.de	040 42878-2845 040 42878-2248
Hannover	Technische Informationsbibliothek und Universitätsbibliothek Hannover (TIB/UB) Welfengarten 1b 30167 Hannover www.tib.uni-hannover.de standards@tib.uni-hannover.de	0511 762-3414 0511 762-19130
Hannover	Fachhochschule Hannover Bibliothek Ricklinger Stadtweg 118 30459 Hannover www.fh-hannover.de/bibl/index.html bibliothek@fh-hannover.de	0511 9296-0 0511 9296-120
Heilbronn	Hochschule Heilbronn Bibliothek Max-Planck-Straße 39 74081 Heilbronn www.fh-heilbronn.de/diehochschule bibliothek@hs-heilbronn.de	07131 504-300

Ort	Anschrift	Telefon Fax
Ilmenau	Technische Universität Ilmenau Universitätsbibliothek Langewiesener Straße 37 98693 Ilmenau www.tu-ilmenau.de/ub auskunft.ub@tu-ilmenau.de	03677 694531 03677 694530
Ingolstadt	Fachhochschule Ingolstadt Esplanade 10 85049 Ingolstadt www.fh-ingolstadt.de bibliothek@fh-ingolstadt.de	0841 9348-216 0841 9348-99134
Jena	Fachhochschule Jena Hochschulbibliothek Carl-Zeiss-Promenade 2 07745 Jena www.fh-jena.de/bib bibliothek@fh-jena.de	03641 205270 03641 205271
Kaisers- lautern	Universitätsbibliothek Kaiserslautern Paul-Ehrlich-Straße, Gebäude 32 67663 Kaiserslautern www.ub.uni-kl.de/ub.htm unibib@ub.uni-kl.de	0631 205-3531 0631 205-2355
Karlsruhe	Hochschule Karlsruhe Technik und Wirtschaft Bismarckstraße 10 76133 Karlsruhe www.hs-karlsruhe.de	0721 925-5501 0721 925-5519
Karlsruhe	Karlsruher Institut für Technologie (KIT) KIT Bibliothek Straße am Forum 2 76131 Karlsruhe www.ubka.uni-karlsruhe.de Lesesaal@ubka.uni-karlsruhe.de	0721 6083116 0721 6084886
Kassel	Universitätsbibliothek Kassel Diagonale 10 34127 Kassel www.uni-kassel.de/bib direktion@bibliothek.uni-kassel.de	0561 8042763 0561 8042125
Kempten	Fachhochschule Kempten Bahnhofstraße 61 87435 Kempten www.hochschule-kempten.de bibliothek@fh-kempten.de	0831 2523-128 0831 2523-275

Ort	Anschrift	Telefon Fax
Köln	Fachhochschule Köln Hochschulbibliothek, Abt. Bibl.-Ingenieurwissenschaften Betzdorfer Straße 2 50679 Köln www.bibl.fh-koeln.de fhbvw@bibl.fh-koeln.de	0221 82752725 0221 82752836
Konstanz	HTWG Hochschule Konstanz für Technik, Wirtschaft und Gestaltung Brauneggerstraße 55 78462 Konstanz edler@htwg-konstanz.de	07531 206393 07531 20687393
Landshut	Fachhochschule Landshut Am Lurzenhof 1 84036 Landshut www.fh-landshut.de fh-landshut@fh-landshut.de	0871 506164 0871 506506
Leipzig	Hochschule für Technik, Wirtschaft und Kultur (FH) Hochschulbibliothek Gustav-Freytag-Straße 42 04277 Leipzig www.htwk-leipzig.de/de/biblio/information/ dittrich@bib.htwk-leipzig.de	03413076-202 0341 3076-478
Leipzig	Hochschule für Technik, Wirtschaft und Kultur (FH) Hochschulbibliothek Gustav-Freytag-Straße 42 04277 Leipzig www.bibl.htwk-leipzig.de dittrich@bib.htwk-leipzig.de	0341 3076-202 0341 3076-478
Lemgo	Hochschule Ostwestfalen-Lippe Liebigstraße 87 32657 Lemgo www.fh-luh.de/skim/bibliotheksinfo.html skim@fh-luh.de	05261 702-1
Lübeck	Zentrale Hochschulbibliothek Lübeck Ratzeburger Allee 160 23538 Lübeck www.zhb.mu-luebeck.de zhbmail@zhb.uni-luebeck.de	0451 500-3041 0451 500-2878

Ort	Anschrift	Telefon Fax
Magde- burg	Otto-von-Guericke-Universität Magdeburg Universitätsbibliothek Universitätsplatz 2 39106 Magdeburg www.ub.ovgu.de/patente normen.htm patentinformation@ovgu.de	0391 67-12979 0391 67-12913
Mannheim	Hochschule Mannheim Hochschulbibliothek Paul-Wittsack-Straße10 68163 Mannheim www.hs-mannheim.de bibliothek@hs-mannheim.de	0621 2926141 0621 2926144
Mittweida	Hochschule Mittweida (FH) Technikumplatz 17 09648 Mittweida www.htwm.de/hsb hsb@htwm.de	03727 58-1474 03727 58-1473
Mönchen- gladbach	Hochschule Niederrhein Hochschulbibliothek Webschulstraße 41–43 41065 Mönchengladbach www.hs-niederrhein.de/einrichtungen/bib bibliotheksauskunft@hs-niederrhein.de	02161 186-0
München	Technische Universität München Arcisstraße 21 80333 München www.ub.tum.de infocenter@ub.tum.de	089 289-233333 089 289-28622
München	Deutsches Patent- und Markenamt Zweibrückenstraße 12 80331 München www.dpma.de elmar.schmid@dpma.de	089 21953435 089 214952221
München	Hochschule München Bibliothek Lothstraße 13 A 80335 München www.fh-muenchen.de/home/ze/bib bibliothek@bib.fh-muenchen.de	0891265 1207 0891265 1187

Ort	Anschrift	Telefon Fax
Münster	Fachhochschule Münster Bereichsbibliothek FHZ Corrensstraße 25 48149 Münster www.fh-muenster.de/BIBL haake@fh-muenster.de	0251 83-64859 0251 83-64853
Nord- hausen	Fachhochschule Nordhausen Hochschulbibliothek Weinberghof 4 99734 Nordhausen www.fh-nordhausen.de/bibliothek.O.html bibliothek@fh-nordhausen.de	03631 420-177
Nürnberg	Georg-Simon-Ohm-Hochschule für angewandte Wissenschaften Fachhochschule Nürnberg Keßlerplatz 12 90489 Nürnberg www.fh-nuernberg.de	0911 58800 0911 5880309
Osnabrück	Fachhochschule Osnabrück Albrechtstraße 30 49076 Osnabrück www.zewi.fh-osnabrueck.de	0541 969-2211 0541 969-2983
Paderborn	Universitätsbibliothek Paderborn Warburger Straße 100 33098 Paderborn www.ub.uni-paderborn.de bibliothek@ub.uni-paderborn.de	05251 602017 05251 603486
Regens- burg	Fachhochschule Regensburg Teilbibliothek Seybothstraße Seybothstraße 2 93053 Regensburg www.fh-regensburg.de	0941 943-1038 0941 943-1436
Riesa	Staatliche Studienakademie Am Kutzschenstein 6 015191 Riesa www.ba-riesa.de ltg@ba-riesa.de	03525 707511 03525 733613
Rosen- heim	Fachhochschule Rosenheim Hochschulstraße 1 83024 Rosenheim www.fh-rosenheim.de bibliothek@fh-rosenheim.de	08031 805178 08031 805177

Ort	Anschrift	Telefon Fax
Rostock	Universität Rostock Universitätsbibliothek Patent- und Normenzentrum Albert-Einstein-Straße 2 18059 Rostock www.uni-rostock.de/ub/piz.htm ruth.lange@uni-rostock.de	0381 498-8674 0381 498-8272
Sankt Augustin	Fachhochschule Bonn-Rhein-Sieg Grantham-Allee 20 53757 Sankt-Augustin www.bib.fh-bonn-rhein-sieg.de bib.erwerbung@fh-brs.de	02241 865689 02241 8658689
Schmal-kalden	Fachhochschule Schmalkalden Hochschulbibliothek Blechhammer 4–9 98574 Schmalkalden www.fh-schmalkalden.de bibliothek@bibliothek.fh-schmalkalden.de	03683 688-0 03683 688-1923
Siegen	Universität-Gesamthochschule Siegen Universitätsbibliothek Paul-Bonatz-Straße 9–11 57076 Siegen www.ub.uni-siegen.de benutzung@ub.uni-siegen.de	0271 7402108 0271 7404279
Sigma-ringen	Hochschule Albstadt-Sigmaringen Anton-Günther-Straße 51 72488 Sigmaringen www.hs-albsig.de bung@hs-albsig.de	07571 732440
Stuttgart	Universitätsbibliothek Stuttgart Holzgartenstraße 16 70174 Stuttgart www.ub.uni-stuttgart.de auskunft@ub.uni-stuttgart.de	0711 1213513 0711 1213517
Stuttgart	Hochschule für Technik Stuttgart Schellingstraße 24 70174 Stuttgart www.hft-stuttgart.de/Hochschule/EinrichtDienstleist bibliothek@hft-stuttgart.de	0711 8926-2927

Ort	Anschrift	Telefon Fax
Stuttgart	Regierungspräsidium Stuttgart Informationszentrum Patente Haus der Wirtschaft Willi-Bleicher-Straße 19 70174 Stuttgart www.patente-stuttgart.de infopat@lgabw.de	0711 123-2785 0711 123-2560
Ulm	Hochschule Ulm Prittwitzstraße 10 89075 Ulm www.hs-ulm.de/bibliothek bibliothek@hs-ulm.de	0731 50-28113
Villingen-Schwenningen	Fachhochschule Furtwangen Außenstelle Vs Bibliothek Jakob-Kienzle-Str. 17 78054 Villingen-Schwenningen www.fh-furtwangen.de bibliothek-vs@hs-furtwangen.de	07720 307513
Weimar	Bauhaus-Universität Weimar Universitätsbibliothek Stubenstraße 6 99423 Weimar www.uni-weimar.de waldemar.weht@ub.weimar.de	03643 58-2820 03643 58-2317
Wilhelmshaven	Jade Hochschule Fachhochschule Wilhelmshaven/Oldenburg/Elsfleth Friedrich-Paffrath-Straße 101 26389 Wilhelmshaven www.fh-oow.de/bib	04421 985-2603 04421 985-2317
Wolfenbüttel	Ostfalia Hochschule für angewandte Wissenschaften Am Exer 8 38302 Wolfenbüttel www.fh-wolfenbuettel.de	05331 93918000 05331 93918004
Wuppertal	Universitätsbibliothek Wuppertal Fachbibliothek 7 Rainer-Gruenter-Straße 21 42119 Wuppertal www.bib.uni-wuppertal.de fachbibliotheken@bib.uni-wuppertal.de	0202 4391686 0202 4391199

Ort	Anschrift	Telefon Fax
Zittau	Hochschule Zittau/Görlitz (FH) Hochschulbibliothek Hochwaldstraße 2 02763 Zittau www.fh-zittau.de hsb@hs-zigr.de	03583 611274 03583 611272
Zwickau	Westsächsische Hochschule Zwickau (FH) Hochschulbibliothek Klosterstraße 3 08056 Zwickau www.fh-zwickau.de/index.php?id=701 Hochschulbibliothek@fh-zwickau.de	0375 536-12 51 0375 536-12 52

Service-Angebote des Beuth Verlags

DIN und Beuth Verlag

Der Beuth Verlag ist eine Tochtergesellschaft des DIN Deutsches Institut für Normung e. V. – gegründet im April 1924 in Berlin.

Neben den Gründungsgesellschaftern DIN und VDI (Verein Deutscher Ingenieure) haben im Laufe der Jahre zahlreiche Institutionen aus Wirtschaft, Wissenschaft und Technik ihre verlegerische Arbeit dem Beuth Verlag übertragen. Seit 1993 sind auch das Österreichische Normungsinstitut (ON) und die Schweizerische Normen-Vereinigung (SNV) Teilhaber der Beuth Verlag GmbH.

Nicht nur im deutschsprachigen Raum nimmt der Beuth Verlag damit als Fachverlag eine führende Rolle ein: Er ist einer der größten Technikverlage Europas. Von den Synergien zwischen DIN und Beuth Verlag profitieren heute 150 000 Kunden weltweit.

Normen und mehr

Die Kernkompetenz des Beuth Verlags liegt in seinem Angebot an Fachinformationen rund um das Thema Normung. In diesem Bereich hat sich in den letzten Jahren ein rasanter Medienwechsel vollzogen – über die Hälfte aller DIN-Normen werden mittlerweile als PDF-Datei genutzt. Auch neu erscheinende DIN-Taschenbücher sind als E-Books beziehbar.

Als moderner Anbieter technischer Fachinformationen stellt der Beuth Verlag seine Produkte nach Möglichkeit medienübergreifend zur Verfügung. Besondere Aufmerksamkeit gilt dabei den Online-Entwicklungen. Im Webshop unter www.beuth.de sind bereits heute mehr als 250 000 Dokumente recherchierbar. Die Hälfte davon ist auch im Download erhältlich und kann vom Anwender innerhalb weniger Minuten am PC eingesehen und eingesetzt werden.

Von der Pflege individuell zusammengestellter Normensammlungen für Unternehmen bis hin zu maßgeschneiderten Recherchedaten bietet der Beuth Verlag ein breites Spektrum an Dienstleistungen an.

So erreichen Sie uns

Beuth Verlag GmbH
Burggrafenstr. 6
10787 Berlin
Telefon 030 2601-0
Telefax 030 2601-1260
info@beuth.de
www.beuth.de

Ihre Ansprechpartner in den verschiedenen Bereichen des Beuth Verlags finden Sie auf der Seite „Kontakt“ unter www.beuth.de.

Stichwortverzeichnis

Die hinter den Stichwörtern stehenden Zahlen sind die DIN-Nummern (ohne die Buchstaben DIN) der abgedruckten Normen.

Verzeichnis der abgedruckten Dokumente siehe Seite XI ff.

DIN-Normen-Handbuch Elektrotechniker-Handwerk

– auch als E-Book erhältlich –

Sehr geehrte Kundin, sehr geehrter Kunde,

wir möchten Sie an dieser Stelle noch auf unser besonderes Kombi-Angebot hinweisen: Sie haben die Möglichkeit, diesen Titel zusätzlich als E-Book (PDF-Download) zum Preis von 20 % der gedruckten Ausgabe zu beziehen.

Ein Vorteil dieser Variante: Die integrierte Volltextsuche. Damit finden Sie in Sekundenschnelle die für Sie wichtigen Textpassagen.

Um Ihr persönliches E-Book zu erhalten, folgen Sie einfach den Hinweisen auf dieser Internet-Seite:

www.beuth.de/e-book

Ihr persönlicher, nur einmal verwendbarer E-Book-Code lautet:

21264258K616887

Vielen Dank für Ihr Interesse!

Ihr Beuth Verlag

Hinweis: Der E-Book-Code wurde individuell für Sie als Erwerber des Buches erzeugt und darf nicht an Dritte weitergegeben werden. Mit Zurückziehung dieses Buches wird auch der damit verbundene E-Book-Code für den Download ungültig.